EUROPA-FACHBUCHREIHE
für Chemieberufe

Technische Mathematik und Datenauswertung für Laborberufe

Eckhard Ignatowitz, Henrik Althaus, Ernst Bartels, Holger Rapp

8. Auflage

VERLAG EUROPA-LEHRMITTEL · Nourney, Vollmer GmbH & Co. KG
Düsselberger Straße 23 · 42781 Haan-Gruiten

Europa-Nr. 71713

Autoren in alphabetischer Reihenfolge

Dr. Henrik Althaus, OStR	Stade
Dr. Ernst Bartels, StD a. D.	Winsen/Aller
Dr. Eckhard Ignatowitz, StR a. D.	Waldbronn
Holger Rapp, Dipl.-Ing., Dipl.-Wirt.-Ing	Waldbronn

Autoren bis zur 6. Auflage:

Dr. Klaus Brink, OStR †	Leverkusen
Gew.-Lehrer Gerhard Fastert, OStR †	Stade

Leitung des Arbeitskreises und Lektorat:
Dr. Eckhard Ignatowitz

Bildentwürfe: Die Autoren

Bildbearbeitung:
Zeichenbüro des Verlags Europa-Lehrmittel, Ostfildern

8. Auflage 2021
Druck 5 4 3 2
Alle Drucke derselben Auflage sind parallel einsetzbar, da sie bis auf die Korrektur von Druckfehlern identisch sind.

ISBN 978-3-8085-8383-8

Satz: Satz+Layout Werkstatt Kluth GmbH, 50374 Erftstadt
Umschlaggestaltung: braunwerbeagentur, Radevormwald
Umschlagfoto: © angellodeco – stock.adobe.com
Druck: Plump Druck & Medien GmbH, 53619 Rheinbreitbach

Vorwort

Das Buch **TECHNISCHE MATHEMATIK UND DATENAUSWERTUNG FÜR LABORBERUFE** ist ein Lehr- und Übungsbuch für die schulische und betriebliche Ausbildung im Bereich fachbezogener Berechnungen sowie der Labordaten- und Prozessdatenauswertung.

Dieses Lehrbuch ist geeignet für Auszubildende zum Chemielaborant/in, Lacklaborant/in und Biologielaborant/in. Auch in den Berufsfachschulen Chemisch-technischer Assistent/in, Biologisch-technischer Assistent/in, Pharmazeutisch-technischer Assistent/in und Umwelt-technischer Assistent/in, an Fachschulen für Biotechniker, Chemotechniker und Umweltschutztechniker sowie in der Fachoberschule Technik (Fachrichtung Chemie), der Berufsoberschule und in naturwissenschaftlich ausgerichteten Gymnasien ist es einsetzbar.

Die Auswahl der Inhalte orientiert sich an den Rahmenlehrplänen für die Ausbildungsberufe Chemielaborant/Chemielaborantin, Biologielaborant/Biologielaborantin und Lacklaborant/Lacklaborantin.

Dieses Buch vermittelt neben den mathematischen Grundkenntnissen die Vielfalt der berufsbezogenen mathematischen Kenntnisse aus den Bereichen Chemie, Physik, Statistik, Reaktionskinetik, Analytik, Qualitätssicherung, Beschichtungsstoffe und Informatik. Es ist ein kompetenter Begleiter während der Ausbildung und ein guter Vorbereiter auf die Prüfung.

Durch seinen modularen Aufbau ist das Buch uneingeschränkt für den Lernfeld-orientierten Unterricht geeignet. Den Beispielen und Übungsaufgaben liegen konsequent Problemstellungen aus dem Berufsalltag der Laborberufe zugrunde. Besonderer Wert wurde darauf gelegt, die zahlreichen Vorgänge und Geräte durch Abbildungen zu veranschaulichen. Wichtige Gesetzmäßigkeiten und Formeln sind optisch hervorgehoben.

Am Ende eines Kapitels folgen zahlreiche praxisorientierte Übungsaufgaben, die zur Festigung des Erlernten, zur Leistungskontrolle oder zur Prüfungsvorbereitung verwendet werden können.
Die Lösungen der Beispielaufgaben sind überwiegend mit Größengleichungen gerechnet. Wo es sinnvoll ist, wird alternativ auch die Schlussrechnung angewendet. Dabei wird das Runden der Ergebnisse auf die Anzahl signifikanter Ziffern oder Stellen konsequent berücksichtigt.

In einigen Kapiteln werden die Möglichkeiten zur Nutzung von Taschenrechnern mit Statistikfunktionen sowie eines Tabellenkalkulationsprogramms bei der rechnerischen oder grafischen Auswertung von Daten und Datenreihen vorgestellt.

Die im Rahmenlehrplan der Laborberufe geforderte Kompetenz zur Nutzung englischsprachlicher Informationsquellen wird durch die Angabe der Fachbegriffe in englischer Sprache (jeweils in Klammern hinter der deutschen Bezeichnung) im Text sowie im Sachwortverzeichnis unterstützt.

Bei den Bestimmungsmethoden physikalischer oder chemischer Größen sind im Text oder in den tabellarischen Übersichten die entsprechenden DIN-Normen angegeben. Die Bezeichnung von Stoffen folgt den Vorgaben der IUPAC, aber auch die in der Anlagen- und Laborpraxis üblichen technischen Namen werden aufgeführt, soweit sie von der IUPAC als weiterhin erlaubt gekennzeichnet sind.

Zum Lehrbuch **Technische Mathematik und Datenauswertung für Laborberufe** gibt es ein **Lösungsbuch** mit durchgerechneten Lösungswegen sowie methodischen Hinweisen (Europa-Nr. 71764).

In der **8. Auflage** des vorliegenden Buches wurde eine Vielzahl von Verbesserungen durchgeführt:

- Ein neues, vielfarbiges Layout wurde realisiert, das die schnelle Erfassung der Inhalte erleichtert.
- Die Aufgaben wurden durch präzise Formulierungen und Bilder anschaulicher gestaltet.

Neu aufgenommen wurden die Themen:

- Bestimmung von Abwasser-Kennwerten (Seiten 280 bis 285) und Bestimmung der Wasserhärte (Seiten 286 bis 289)
- Verdünnungsstrategien bei fotometrischen Bestimmungen (Seiten 307 bis 310)
- Moderne Analysegeräte, z. B. Biegeschwinger (Seite 444), Molare Masse (Seite 465).

Die Autoren und der Verlag freuen sich über kritisch-konstruktive Hinweise und Verbesserungsvorschläge zum Buch. Bitte richten Sie Ihre Zuschriften per e-mail an: Lektorat@europa-lehrmittel.de

Die Autoren Sommer 2021

Inhaltsverzeichnis

1 Mathematische Grundlagen, praktisches Rechnen

Basis des Rechnens in der Chemie sind die grundlegenden mathematischen Rechnungsarten sowie deren praktische Anwendung mit dem Taschenrechner oder dem Computer.

1.1 Zahlenarten

Beim Rechnen unterscheidet man die **bestimmten Zahlen** sowie die **allgemeinen Zahlen.**
Während die bestimmten Zahlen einen festen Wert haben, wie z.B. 3, 9, 5, $^1/_2$ usw., stehen die allgemeinen Zahlen, wie z.B. *x*, *y*, *z*, als Platzhalter für beliebige Zahlen.

Bestimmte Zahlen

Die bestimmten Zahlen kann man weiter in verschiedene Zahlenarten untergliedern.

Zahlenarten der bestimmten rationalen Zahlen	Beispiele
Natürliche Zahlen: Sie sind die zum Zählen benutzten Zahlen. Es sind **positive ganze Zahlen** sowie Null (0). Sie werden normalerweise ohne Pluszeichen (+) geschrieben.	0 , 1 , 2 , 3 , 4 , ..., 10 , 11 , 12 , ..., 37 , ..., 59 , 60 , 61 , ..., 107 , ...
Die **negativen ganzen Zahlen** erhält man durch Subtrahieren einer größeren natürlichen Zahl von einer kleineren natürlichen Zahl. Beispiel: 5 – 7 = –2 ; 15 – 29 = –14	–1 , –2 , –3 , ..., –18 , –19 , ...
Die **ganzen Zahlen** umfassen die natürlichen Zahlen (positive ganze Zahlen) und die negativen ganzen Zahlen.	0, 1, 2, 3, 4, ..., 71, 72, 73, ... –1 , –2 , –3 , –4 , ..., –21 , –22 , ...
Gebrochene Zahlen, auch **Bruchzahlen** genannt, sind Quotienten aus zwei ganzen Zahlen. Quotient ist der Name für einen Bruch, d.h. eine nicht ausgeführte Divisionsaufgabe ganzer Zahlen. Bruchzahlen können positiv und negativ sein.	$\frac{1}{2}, \frac{1}{3}, \frac{2}{3}, \frac{5}{3}, 1\frac{1}{6}, \frac{7}{9}, \ldots$ $-\frac{1}{2}, -\frac{1}{3}, -\frac{5}{3}, -2\frac{1}{3}, -\frac{7}{9}, \ldots$
Dezimalzahlen sind Zahlen mit einem Komma. Es können positive und negative Dezimalzahlen sein.	1,748 , 0,250 , –8,32 , –2,0 , –0,5 , –7,8316 , 4,57 , 7,8

Die bislang genannten Zahlen bezeichnet man insgesamt als **rationale Zahlen.** Außerdem gibt es die Gruppe der **irrationalen Zahlen.** Es sind bestimmte Zahlen.

Zahlenarten der bestimmten irrationalen Zahlen	Beispiele
Wurzelzahlen	$\sqrt{2}$ = 1,4142136...; $\sqrt{3}$ = 1,7320508...
Transzendente Zahlen	π = 3,1415927...; e = 2,7182818...
Die irrationalen Zahlen sind nicht periodische Dezimalzahlen mit unendlich vielen Stellen.	

Zahlenstrahl

Die bestimmten Zahlen lassen sich außer durch Ziffern (siehe Beispiele oben) auch zeichnerisch auf einem Zahlenstrahl als Strecke darstellen **(Bild 1).** Vom Nullpunkt aus nach rechts liegen die positiven Zahlen, nach links die negativen Zahlen.

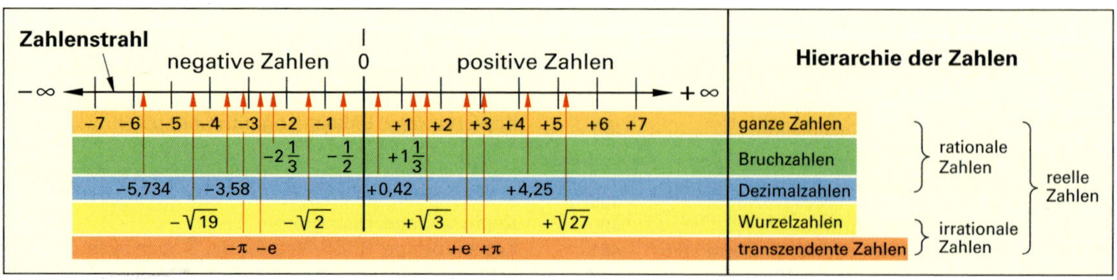

Bild 1: Zahlenarten und ihre Lage auf dem Zahlenstrahl, Hierarchie der Zahlen

1

Allgemeine Zahlen

Die allgemeinen Zahlen, auch Variable genannt, stehen als Platzhalter für eine beliebige Zahl.

In der Mathematik werden für die allgemeinen Zahlen die kleinen Buchstaben des Alphabets verwendet.

Beispiele
$a, b, c, \ldots \quad u, v, w, \ldots, \quad x, y, z$

In der technischen Mathematik benutzt man kleine oder große Buchstaben zur Benennung einer Variablen. Sie sind meist der Anfangsbuchstabe des deutschen oder englischen Namens der Variablen, wie z.B. l für Länge oder V für das Volumen.

$l, b, t, v, \ldots, \quad A, V, U, T, \ldots$
l Länge, b Breite, t Zeit (time), h Höhe, A Fläche (aerea), V Volumen, U Umfang, T thermodynamische Temperatur, ...

Aufgaben zu Zahlenarten

1. Zu welcher Zahlenart gehören folgende Zahlen: 0,7 , −18 , $\sqrt{3}$, 1/7 , 0 , −387 , −π , −0,32 ?
2. Wo liegen auf dem Zahlenstrahl die Zahlen: $-3\frac{1}{3}$, 0,85, e , −0,25 , $\sqrt{9}$, $\frac{2}{4}$, −3,50 ? Zeichnen Sie die Zahlen in den Zahlenstrahl ein.

1.2 Größen, Einheiten, Zeichen, Formeln

In chemischen Berechnungen wird meist mit Größen und Einheiten gerechnet, die mit mathematischen Zeichen in Formeln verknüpft sind.

Größen, Einheiten

Mit einer Größe (engl. physical quantity) werden chemische oder physikalische Eigenschaften beschrieben. Zu ihrer Kurzschreibweise benutzt man ein Größenzeichen, z.B. l für die Länge.
Der Wert einer Größe besteht aus einem Zahlenwert und einem Einheitenzeichen, z.B. 5,8 kg.
Das Einheitenzeichen ist eine Kurzform des Einheitennamens, z.B. kg für Kilogramm.

Beispiel: Die Länge einer 3,40 Meter langen Rohrleitung beträgt: l = 3,40 m.

Es gibt 7 **Basisgrößen,** auf die sich alle Größen zurückführen lassen **(Tabelle 1).**

Tabelle 1: Basisgrößen und ihre Einheiten (nach SI)

Physikalische Größen	Größenzeichen	Einheitenname	Einheitenzeichen
Länge	l	Meter	m
Masse	m	Kilogramm	kg
Stoffmenge	n	Mol	mol
Zeit	t	Sekunde	s
Thermodynamische Temperatur	T	Kelvin	K
Stromstärke	I	Ampere	A
Lichtstärke	I_v	Candela	cd

Mathematische Zeichen

Die mathematischen Zeichen (engl. mathematical symbols) dienen zur Kurzbezeichnung einer mathematischen Operation **(Tabelle 2).**

Beispiel: Sollen zwei Zahlen multipliziert werden, so setzt man zwischen die Zahlen einen Multiplikationspunkt, z.B. 3 · 5.

Für Flächenformate und räumliche Abmessungen ist auch das Multiplikationskreuz × zugelassen.

Beispiel: 3 m × 5 m

Tabelle 2: Mathematische Zeichen (DIN 1302)

Zeichen	Bedeutung	Zeichen	Bedeutung
+, −	plus, minus	<, >	kleiner, größer
:, —, /	geteilt durch, pro	≤ ≥	kleiner gleich, größer gleich
·, ×	mal	Δ	Differenz
=, ≠	ist gleich, ist ungleich	...	und so weiter
≈	beträgt rund	∞	unendlich
≡	identisch gleich	±	plus/minus
~	proportional	$\lvert a \rvert$	Betrag von a
≙	entspricht	$\sqrt{\ }$	Wurzel

Formeln, Größengleichungen

Die gesetzmäßigen Zusammenhänge zwischen Größen werden durch Größengleichungen (engl. equations) oder Formeln (engl. formula) ausgedrückt.
Mithilfe von Größengleichungen lassen sich durch Umstellen und Auflösen die gesuchten Größen berechnen (Seite 23).

Beispiel für Größengleichungen:

Fläche $A = l \cdot b$ Gewichtskraft $F_G = m \cdot g$
Volumen $V = l \cdot b \cdot h$ Geschwindigkeit $v = \frac{s}{t}$

1.3 Grundrechnungsarten

1.3.1 Addieren und Subtrahieren

Diese beiden Rechnungsarten werden wegen ihrer aus Strichen bestehenden mathematischen Zeichen (+, –) auch als Strichrechnungen bezeichnet.

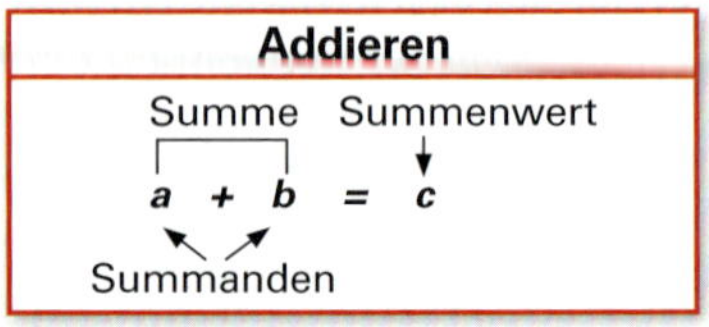

Beim **Addieren** (Zusammenzählen, engl. to add) werden die einzelnen Summanden zusammengezählt. Das Ergebnis heißt Summenwert oder kurz Summe.

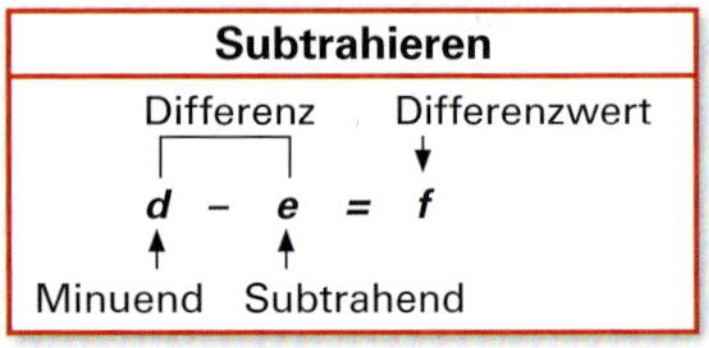

Beim **Subtrahieren** (Abziehen, engl. to subtract) zieht man von einer Zahl eine andere Zahl ab. Das Ergebnis ist der Differenzwert, einfach auch Differenz genannt.

Rechenregeln und Klammern beim Addieren und Subtrahieren	
Rechenregeln	**Beispiele**
Nur gleichartige allgemeine Zahlen bzw. Größen können addiert bzw. subtrahiert werden.	$8\ m^2 + 72\ cm^2 + 7{,}5\ m^2 - 23\ cm^2$ $= 15{,}5\ m^2 + 49\ cm^2$
Die einzelnen Glieder in einer Strichrechnung können vertauscht werden (Kommutativgesetz).	$5 - 16 + 7 = -16 + 7 + 5 = -4$; $11x - 3x + 9x = 11x + 9x - 3x = 17x$
Einzelne Glieder können zu Teilsummen bzw. Teildifferenzen zusammengefasst werden (Assoziativgesetz).	$2 + 5 - 2 - 1 = 7 - 3 = 4$ $8u - 3v + 3u + 8v = 11u + 5v$
Klammern beim Addieren und Subtrahieren	
Klammern, () oder [], fassen Teilsummen bzw. Teildifferenzen zusammen. Das Vorzeichen der Glieder in der Klammer kann sich durch das Setzen oder Weglassen von Klammern ändern.	
Steht ein + Zeichen vor einer Klammer, so kann man sie weglassen, ohne dass sich die Vorzeichen der Glieder in der Klammer ändern.	$25 + (5 - 3) = 25 + 5 - 3 = 27$; $7a + (3a - 9a) = 7a + 3a - 9a = 1a = a$
Steht ein – Zeichen vor einer Klammer, so muss man beim Weglassen der Klammer das Vorzeichen aller Glieder in der Klammer umkehren. Setzt man eine Klammer, vor der ein – Zeichen steht, so muss man ebenfalls das Vorzeichen aller Glieder, die in der Klammer stehen, umkehren.	$16 - (3 - 2 + 8 - 5) = 16 - 3 + 2 - 8 + 5 = 12$ $5x - (2x + 9a - 7b) = 5x - 2x - 9a + 7b$

Aufgaben zum Addieren und Subtrahieren

1. Ermitteln Sie das Ergebnis:
   $59{,}30\,a - 27{,}53\,a + 7{,}83\,b - 21{,}04\,b$
2. Klammern Sie aus:
   $8{,}3\,x - 7{,}8\,a + 2{,}5\,x - 9{,}2\,a$
3. Lassen Sie die Klammer weg und berechnen Sie das Ergebnis:
   $25\,a - (36\,b - 19\,a - 11\,b - 12\,a)$
4. Ermitteln Sie die Maße l_1, l_2, l_{ges} der Rohrleitung in **Bild 1**. Die Maße in der Zeichnung sind in mm angegeben.

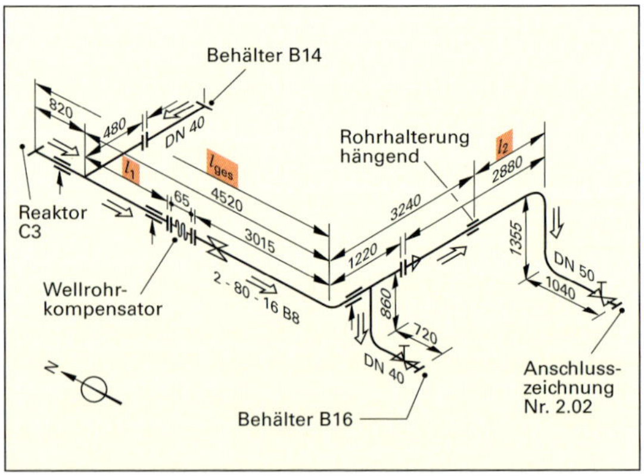

Bild 1: Maße in einer Rohrleitungszeichnung

1.3.2 Multiplizieren

Beim **Multiplizieren** (umgangssprachlich Malnehmen, engl. to multiply) werden die Faktoren miteinander malgenommen und ergeben den Produktwert, kurz auch Produkt genannt.

Das mathematische Zeichen für Multiplizieren ist · oder ×.

Bei allgemeinen Zahlen kann das Multiplikationszeichen weggelassen werden, z.B. $a\,b$ anstatt $a \cdot b$.

Die Ziffer 1 wird meist nicht mitgeschrieben. **Beispiel:** $1a = a$

Multiplikation

Produkt (a · b), Produktwert (c)

$$a \cdot b = c$$

Faktoren (a, b)

Rechenregeln beim Multiplizieren	Formeln	Beispiele
Ist ein Faktor 0, so ist das ganze Produkt 0.	$a \cdot b \cdot c \cdot 0 = 0$	$387 \cdot 229 \cdot 712 \cdot 0 = 0$
Die Faktoren können vertauscht werden.	$a \cdot b \cdot c = c \cdot b \cdot a$	$15 \cdot 28 \cdot 77 = 77 \cdot 28 \cdot 15$
Teilprodukte lassen sich zusammenfassen.	$a \cdot a \cdot b = a^2 \cdot b$	$5\,\text{m} \cdot 3\,\text{m} \cdot 2\,\text{m} = 30\,\text{m}^3$
Vorzeichen beim Multiplizieren		
Die Multiplikation von 2 Faktoren mit gleichen Vorzeichen ergibt ein positives Produkt.	$(+a) \cdot (+b) = a \cdot b = ab$ $(-a) \cdot (-b) = a \cdot b = ab$	$2 \cdot 3 = 6$; $(-7) \cdot (-3) = 21$ $(+a) \cdot (+b) = a \cdot b = ab$ $(-a) \cdot (-b) = a \cdot b = ab$
Die Multiplikation von 2 Faktoren mit unterschiedlichen Vorzeichen ergibt ein negatives Produkt.	$(+a) \cdot (-b) = -a \cdot b$ $(-a) \cdot (+b) = -a \cdot b$	$5 \cdot (-2) = -10$; $(-6) \cdot 3 = -18$ $a \cdot (-b) = -ab$; $(-4) \cdot \text{m} = -4\,\text{m}$
Multiplizieren von Klammerausdrücken		
Ein Klammerausdruck wird mit einem Faktor multipliziert, indem man jedes Glied der Klammer mit dem Faktor multipliziert.	$a \cdot (b - c) = ab - ac$	$9 \cdot (7-3) = 9 \cdot 7 - 9 \cdot 3$ $= 63 - 27 = 36$ $5 \cdot (3+2) = 5 \cdot 3 + 5 \cdot 2 = 25$
Zwei Klammerausdrücke werden multipliziert, indem jedes Glied der einen Klammer mit jedem Glied der anderen Klammer multipliziert wird.	$(a+b) \cdot (c-d)$ $= ac - ad + bc - bd$	$(12-7) \cdot (3+5)$ $= 12 \cdot 3 + 12 \cdot 5 - 7 \cdot 3 - 7 \cdot 5$ $= 36 + 60 - 21 - 35 = 40$
Bei Klammerausdrücken mit bestimmten Zahlen wird zuerst der Zahlenwert der Klammer ermittelt und dann das Produkt berechnet.		$9 \cdot (7-3) = 9 \cdot 4 = 36$; $(12-7) \cdot (3+5) = 5 \cdot 8 = 40$
Ausklammern (Faktorisieren)		
Haben mehrere Glieder einer Summe einen gemeinsamen Faktor, so kann er ausgeklammert werden. Bei allgemeinen Zahlen wird dadurch die Summe in ein Produkt umgewandelt.	$ax + bx + cx$ $= x \cdot (a+b+c)$	$19 \cdot 7 - 19 \cdot 5 = 19 \cdot (7-5)$ $= 19 \cdot 2 = 38$ $3\pi x + 3\pi y = 3\pi(x+y)$ $L_0 + L_0\alpha \cdot \Delta\vartheta = L_0\,(1 + \alpha \cdot \Delta\vartheta)$

Aufgaben zum Multiplizieren

1. Berechnen Sie die folgenden Ausdrücke
   a) $(+3) \cdot (-15)$ b) $(+9) \cdot (+7)$
   c) $(-7) \cdot (-12)$ d) $(+5) \cdot 0$
   e) $(0) \cdot (-16)$ f) $(-3a) \cdot (+8b) \cdot (+2c)$
   g) $(+9x) \cdot (-4y)$ h) $(+13\text{m}) \cdot (+4\text{m}) \cdot (+2\text{m})$

2. Führen Sie die Multiplikationen aus:
   a) $3(3a - 2b)$ b) $9(7u + 8v)$
   c) $(-5) \cdot (-4x - 7y)$ d) $(+16) \cdot (0) \cdot (4 + 32)$
   e) $(6c - 3d) \cdot (+2a)$ f) $-x(y - z)$
   g) $4uv(9r - 5s)$ h) $-(4ab + 7xy) \cdot (-12)$
   i) $W = p \cdot (V_2 - V_1)$ j) $m_M = \varrho_M \cdot \left(\frac{m_1}{\varrho_1} + \frac{m_2}{\varrho_2}\right)$

3. Multiplizieren Sie die Ausdrücke:
   a) $(7s + 5r) \cdot (3l - 6k)$
   b) $5(3u - 4v) \cdot 8 \cdot (2w - 9x)$
   c) $(-4) \cdot (9w + 3x) \cdot (-3) \cdot (8y - 5z)$
   d) $11a(-3b + 2x) \cdot (4c - 5y)$

4. Welche Zahl liefert der Ausdruck, wenn für $x = 3$ und $y = 4$ gesetzt wird?
   $7(5 - 2x) \cdot (-4) \cdot (-3 + 6y)$

5. Klammern Sie aus:
   a) $2ab + 2ac + 2ad$ b) $\pi n r_1 + \pi n r_2$
   c) $k \cdot A \cdot \vartheta_2 - k \cdot A \cdot \vartheta_1$ d) $\pi r_1^2 + \pi h^2$

1.3.3 Dividieren

1

Das Dividieren (umgangssprachlich Teilen; engl. to devide) ist die Umkehrung des Multiplizierens.

Das mathematische Zeichen für Dividieren ist der Doppelpunkt : oder der Bruchstrich — bzw. der Schrägstrich /.

Der Doppelpunkt : und der Bruchstrich — sind gleichbedeutend.

Zähler und Nenner dürfen **nicht** vertauscht werden.

Ist der Nenner null, so hat der Quotient keinen bestimmten Wert, er kann nicht bestimmt werden.

Division

Quotient: $a : b$; Zähler: a (in $\frac{a}{b}$)

$$a : b = \frac{a}{b} = c$$

Dividend: a; Divisor: b; Nenner: b (in $\frac{a}{b}$); Wert des Quotienten: c

Rechenregeln beim Dividieren	Formeln	Beispiele
Vorzeichen beim Dividieren Gleiche Vorzeichen bei Zähler und Nenner ergeben einen positiven Quotienten.	$\frac{+a}{+b} = \frac{a}{b}$; $\frac{-a}{-b} = \frac{a}{b}$;	$(+2) : (+3) = \frac{2}{3}$; $\frac{-5}{-6} = \frac{5}{6}$
Ungleiche Vorzeichen von Zähler und Nenner ergeben einen negativen Quotienten.	$\frac{-a}{+b} = -\frac{a}{b}$; $\frac{+a}{-b} = -\frac{a}{b}$	$\frac{-4}{+7} = -\frac{4}{7}$; $\frac{+3}{-5} = -\frac{3}{5}$
Dividieren von Klammerausdrücken Ein Klammerausdruck wird dividiert, indem jedes Glied in der Klammer mit dem Nenner geteilt wird.	$(a-b) : x = a : x - b : x$	$\frac{36xyz - 24xuv}{6x}$ $= \frac{36xyz}{6x} - \frac{24xuv}{6x}$
Der Bruchstrich fasst die Ausdrücke auf und unter dem Bruchstrich zusammen, als ob sie von einer Klammer umschlossen wären.	$\frac{a-b}{x} = \frac{a}{x} - \frac{b}{x}$ $\frac{a+b}{c} \cdot d = \frac{a \cdot d}{c} + \frac{b \cdot d}{c}$	$= 6yz - 4uv$
Kürzen, Erweitern Beim **Kürzen** werden Zähler und Nenner durch die gleiche Zahl geteilt.	$\frac{4ab}{6ac} = \frac{\not{4} \cdot \not{a} \cdot b \cdot 2}{\not{6} \cdot \not{a} \cdot c \cdot 3} = \frac{2b}{3c}$	$\frac{-48xy}{36y} = \frac{-4 \cdot \not{12} \cdot x\not{y}}{3 \cdot \not{12} \cdot \not{y}}$ $= -\frac{4}{3}x$
Es können nur **Faktoren** gekürzt werden oder es müssen alle Summanden gekürzt werden.	$\frac{a(b+c)}{a} = b+c$ $\frac{ab+ac}{a} = b+c$	$\frac{9x-2y}{5z}$ erweitern mit $(-3) \Rightarrow$ $\frac{(9x-2y)(-3)}{5z \cdot (-3)} = \frac{-27x+6y}{-15z}$
Beim **Erweitern** werden Zähler und Nenner mit der gleichen Zahl (Erweiterungszahl) multipliziert.	$b+c = \frac{(b+c)a}{a}$	

Aufgaben zum Dividieren

Berechnen Sie folgende Ausdrücke:

1. a) $63 : (-7)$ b) $(-64) : (-4)$ c) $(-91) : 13$ d) $\frac{105}{15}$ e) $\frac{-96}{8}$ f) $\frac{-132}{-11}$

2. a) $\frac{(-7) \cdot (18)}{12}$ b) $\frac{(11) \cdot (-14)}{(-7)}$ c) $\frac{(-9) \cdot (-18)}{(-36)}$

3. a) $(156-72) : 14$ b) $(391-144) : (121-102)$

4. Kürzen Sie soweit wie möglich:
   a) $\frac{-12uv}{3v}$ b) $\frac{6a-3b}{3}$ c) $\frac{81xyz}{-9yz}$ d) $\frac{-187rs+153rs+34rs}{-17s}$ e) $\frac{21 \cdot (-9) \cdot 4x}{(-35) \cdot (-2)}$
   f) $\frac{-(x-5)}{(5-x)}$ g) $\frac{-(7x-y) \cdot 3 + 2b}{-2b-3}$

5. Erweitern Sie:
   a) $\frac{7a}{5b}$ mit (-3) b) $\frac{3x}{-8y}$ mit (-1)

1.4 Berechnen zusammengesetzter Ausdrücke

Bei der Berechnung von Ausdrücken, die sowohl Additionen und Substraktionen (Strichrechnungen + –) als auch Multiplikationen und Divisionen (Punktrechnungen · :) enthalten, werden die Rechenoperationen in einer bestimmten Reihenfolge durchgeführt:

1. Enthält der zu verrechnende Ausdruck nur Punktrechnungen und Strichrechnungen, so gilt:

Punkt vor Strich, d.h. Punktrechnungen müssen vor den Strichrechnungen ausgeführt werden.

Beispiele: $5 \cdot 7 + 65 : 13 = 35 + 5 = 40$; $\frac{21}{7} - \frac{48}{6} + (-3) \cdot (-9) = 3 - 8 + 27 = 22$

$\frac{122-66}{8} \cdot 14 = \frac{56}{8} \cdot 14 = 98$; $125 : (+5) - (-80) : (-4) = +25 - 20 = \mathbf{5}$

2. Enthält ein Ausdruck neben Punktrechnungen und Strichrechnungen noch Klammern, so gilt:

Zuerst die Klammerausdrücke berechnen, dann die Punktrechnungen und anschließend die Strichrechnungen ausführen.

Beispiele: $3 \cdot (23 - 17) + 12 = 3 \cdot 6 + 12 = 18 + 12 = 30$

$5a \cdot (11b - 8b) - 2b \cdot (3a + 4a) = 5a \cdot 3b - 2b \cdot 7a = 15ab - 14ab = ab$

$\frac{7 \cdot (23{,}2 - 23{,}3)}{(2{,}4 + 4{,}6) \cdot (-0{,}5)} = \frac{\not 7 \cdot 0{,}1}{\not 7 \cdot 0{,}5} = \frac{0{,}1}{0{,}5} = \frac{1}{5} = \mathbf{0{,}2}$

3. Enthält der Ausdruck ineinander verschachtelte Klammerausdrücke, so gilt:

Zuerst die innerste Klammer, dann die nächstäußere Klammer usw. zusammenfassen.

Beispiel: $4ac + [(3a + 7a) \cdot 5c + 5ac] = 4ac + [10a \cdot 5c + 5ac] = 4ac + 50ac + 5ac = \mathbf{59}ac$

4. Enthält ein Ausdruck verschachtelte Klammern sowie Punktrechnungen und Strichrechnungen, so gilt:

Es wird in der Reihenfolge – Klammerausdrücke – Punktrechnungen – Strichrechnungen – ausgerechnet. Innerhalb der Klammerausdrücke gilt ebenfalls: Punktrechnungen vor Strichrechnungen.

Aufgaben zum Berechnen zusammengesetzter Ausdrücke

1. a) $-4 \cdot (0{,}2 - 3{,}2) + (14{,}5 - 8{,}5) \cdot (-0{,}1)$ b) $12x \cdot (-3y) + (0{,}75x - 0{,}50x) \cdot (+80)$
2. a) $\frac{(-2{,}5) \cdot (86 - 82)}{(1{,}3 - 0{,}8) \cdot (42 - 38)}$ b) $\frac{222}{37} - \frac{0{,}125 \cdot (-85 + 117)}{(0{,}4) \cdot (-8) \cdot (2{,}5)}$ c) $24{,}7 \cdot \frac{(1 - 0{,}392)}{(1 - 0{,}065)}$
3. a) $(23{,}8 - 21{,}3) \cdot \frac{2{,}14 + 0{,}86}{4{,}52 - 4 \cdot 0{,}38}$ b) $\frac{18{,}06 - 17{,}56}{0{,}25} + \frac{27}{3{,}2 + 5{,}8} - \frac{(0{,}2 + 2{,}8) \cdot (5{,}4 - 3{,}4)}{2{,}4 \cdot 2{,}5}$
4. a) $2x - [5y - (3x - 4y) + 7x] - y$ b) $4{,}5a \cdot [(2b - c) - c] - 8a\,(c - b)$
   c) $[-0{,}2a - (1{,}7b - 1{,}9a)] : \left[\frac{5{,}5a}{10} - 0{,}85b + 0{,}3a\right]$
5. a) $2 \cdot [-2xy - (20a - 12xy)] + 5\,(2a - x - y)$ b) $(0{,}3a \cdot (5xy - (92x - 87y) - (84y - 82x))$
   c) $(-9{,}5x + [(1{,}5x - 4y) \cdot (0{,}5 + 6{,}5)] + 29y) \cdot \frac{1}{x + y}$

1

1.5 Bruchrechnen

Ein Bruch (engl. fraction) ist eine Divisionsaufgabe, die mit einem Bruchstrich geschrieben ist. Als Bruchrechnen bezeichnet man das Rechnen mit Brüchen.

Ein Bruch besteht aus dem Zähler und dem Nenner.

Jeden Bruch kann man in eine Dezimalzahl umrechnen, z.B.: $\frac{1}{2} = 0{,}5$; $\frac{1}{3} = 0{,}333\ldots$

Mit Brüchen wird bevorzugt bei der Umwandlung von Formeln gerechnet.

Benennungen bei Brüchen

Zähler ⟶ a
Nenner ⟶ b

$$\frac{a}{b} = c$$

Bruch ($\frac{a}{b}$), Wert des Bruchs (c)

Es gibt verschiedene **Bruchararten**:

Brucharten	**Beispiele**	**Merkmale**
Echte Brüche	$\frac{1}{3}; \frac{5}{7}; \frac{2}{5}$	Zähler < Nenner
Unechte Brüche	$\frac{5}{3}; \frac{7}{3}; \frac{3}{2}$	Zähler ≥ Nenner Wert des Bruchs ≥ 1
Gemischte Zahlen	$1\frac{1}{2}; 3\frac{2}{3}$	Ganze Zahl und Bruch
Gleichnamige Brüche	$\frac{1}{7}; \frac{3}{7}; \frac{5}{7}$	Brüche mit gleichen Nennern
Ungleichnamige Brüche	$\frac{1}{3}; \frac{1}{5}; \frac{1}{6}$	Brüche mit ungleichen Nennern
Scheinbrüche	$\frac{3}{1}; \frac{6}{2}; \frac{10}{5}$	Der Wert des Bruchs ist eine ganze Zahl

Die Regeln des Kürzens und Erweiterns von Brüchen wurden bereits beim Dividieren genannt (Seite 12).

- Das Kürzen dient meist zur Vereinfachung der weiteren Rechnung oder des Ergebnisses.
- Durch Erweitern wird der Bruch so umgeformt, wie es für die weitere Rechnung vorteilhaft ist.

Beispiele zum Kürzen: $\frac{7}{21} = \frac{\cancel{7}\;1}{\cancel{21}\;3} = \frac{1}{3}$; $\frac{8ab}{14a} = \frac{\cancel{8}\,\cancel{a}b\;4}{\cancel{14}\,\cancel{a}\;7} = \frac{4b}{7}$; $\frac{32a + 4ab}{6a} = \frac{\cancel{4}\cancel{a}(8+b)\cdot 2}{\cancel{6}\,\cancel{a}\cdot 3} = \frac{2(8+b)}{3}$

Beispiel zum Erweitern: $\frac{2a-3b}{2}$ erweitern auf den Nenner $10a \Rightarrow \frac{(2a\cdot 3b)\cdot 5a}{2\cdot 5a} = \frac{5a(2a-3b)}{10a}$

1.5.1 Addieren und Subtrahieren von Brüchen

Gleichnamige Brüche werden addiert bzw. subtrahiert, indem man die Zähler zusammenfasst und den gemeinsamen Nenner beibehält.

Beispiele: $\frac{1}{3} + \frac{5}{3} = \frac{6}{3}$; $\frac{3x}{5b} + \frac{7x}{5b} - \frac{4x}{5b} = \frac{3x + 7x - 4x}{5b} = \frac{6x}{5b}$

Addieren und Subtrahieren

$$\frac{a}{x} + \frac{b}{x} - \frac{c}{x} = \frac{a + b - c}{x}$$

Brüche mit ungleichen Nennern (ungleichnamige Brüche) müssen vor dem Addieren bzw. Subtrahieren in Brüche mit gleichen Nennern (gleichnamige Brüche) umgewandelt werden und können erst dann zusammengefasst werden. Den gemeinsamen Nenner mehrerer Brüche nennt man **Hauptnenner.** Es ist das kleinste gemeinsame Vielfache, kurz das **kgV,** der einzelnen Nenner.

Schema zur Ermittlung der Summe ungleichnamiger Brüche: Beispiel: $\frac{3}{8} - \frac{5}{6} - \frac{7}{10}$

1. Zerlegung in Primzahlfaktoren

Nenner Primzahlfaktoren

8 = 2 · 2 · 2
6 = 2 · 3
10 = 2 · 5

kgV = 2 · 2 · 2 · 3 · 5 = **120**

2. Hauptnenner (kgV) bestimmen
Das kgV ist das Produkt der größten Anzahl jeder vorkommenden Primzahl: 2·2·2·3·5 = 120. (Primzahlen sind die kleinsten Faktoren, in die eine Zahl zerlegt werden kann.)

3. Erweiterungsfaktor der einzelnen Brüche bestimmen

120 : 8 = 15
120 : 6 = 20
120 : 10 = 12

4. Gleichnamigmachen der einzelnen Brüche durch Erweitern

$$\frac{3\cdot 15}{8\cdot 15} + \frac{5\cdot 20}{6\cdot 20} - \frac{7\cdot 12}{10\cdot 12} =$$

5. Addieren bzw. Subtrahieren der jetzt gleichnamigen Brüche

$$\frac{45}{120} + \frac{100}{120} - \frac{84}{120} = \frac{61}{120}$$

Zusammenfassen mehrerer Brüche mit bestimmten und allgemeinen Zahlen

Beispiel: $\frac{3x}{2a} - \frac{2x}{9ab} + \frac{5x}{18b}$

1. Hauptnenner bestimmen:

$$\begin{aligned} 2a &= 2 \cdot a \\ 9ab &= 3 \cdot 3 \cdot a \cdot b \\ 18b &= 2 \cdot 3 \cdot 3 \cdot b \\ \hline \text{kgV} &= 2 \cdot 3 \cdot 3 \cdot a \cdot b = 18ab \end{aligned}$$

2. Erweiterungsfaktoren bestimmen:

$$\begin{aligned} 18ab : 2a &= 9b \\ 18ab : 9ab &= 2 \\ 18ab : 18b &= a \end{aligned}$$

3. Erweitern und zusammenfassen:

$$\frac{3x \cdot 9b}{2a \cdot 9b} - \frac{2x \cdot 2}{9ab \cdot 2} + \frac{5x \cdot a}{18b \cdot a} = \frac{27bx}{18ab}$$

$$- \frac{4x}{18ab} + \frac{5ax}{18ab} = \frac{x(27b - 4 + 5a)}{18ab}$$

$$= \frac{x(5a + 27b - 4)}{18ab}$$

Aufgaben: Fassen Sie die folgenden Brüche zusammen

1. a) $\frac{2}{3} + \frac{1}{4} + \frac{5}{24}$ b) $\frac{14}{25} + \frac{23}{15} - \frac{1}{3} + \frac{2}{5}$
2. a) $\frac{7x}{4a} + \frac{5x}{12b}$ b) $\frac{5u}{3bc} + \frac{7u}{12c} - \frac{5u}{18b}$

1.5.2 Multiplizieren und Dividieren von Brüchen

Rechenregeln	Formeln	Beispiele
Multiplizieren **Brüche** werden multipliziert, indem jeweils die Zähler miteinander und die Nenner miteinander multipliziert werden. **Gemischte Zahlen** werden miteinander multipliziert, indem sie zuerst in unechte Brüche umgewandelt und diese dann miteinander multipliziert werden.	$\frac{a}{b} \cdot \frac{c}{d} \cdot f = \frac{a \cdot c \cdot f}{b \cdot d}$	$\frac{2}{5} \cdot \frac{2}{3} = \frac{4}{15}$; $\frac{3y}{x} \cdot \frac{4x}{y} = \frac{3\not{y} \cdot 4\not{x}}{\not{x} \cdot \not{y}} = 12$ $3\frac{1}{2} \cdot 5\frac{1}{3} = \frac{7}{2} \cdot \frac{16}{3} = \frac{112}{6} = \frac{56}{3}$
Dividieren Ein Bruch wird durch einen 2. Bruch dividiert, indem der 1. Bruch mit dem Kehrwert des 2. Bruchs multipliziert wird. **Ganze Zahlen** können als Bruch mit dem Nenner 1 geschrieben werden.	$\frac{a}{b} : \frac{c}{d} = \frac{a}{b} \cdot \frac{d}{c} = \frac{ad}{bc}$ $a = \frac{a}{1}$	$\frac{3}{8} : \frac{5}{4} = \frac{3}{8} \cdot \frac{4}{5} = \frac{12}{40} = \frac{3}{10}$; $\frac{1}{3} : 5 = \frac{1}{3} : \frac{5}{1} = \frac{1}{3} \cdot \frac{1}{5} = \frac{1}{15}$; $7 : \frac{7}{4} = \frac{7}{1} \cdot \frac{4}{7} = \frac{7 \cdot 4}{1 \cdot 7} = 4$

Aufgaben zum Bruchrechnen

1. Fassen Sie zusammen

   a) $\frac{8}{49} + \frac{6}{56} - \frac{3}{8}$ b) $3\frac{6}{25} - 18\frac{7}{10} + 24\frac{3}{5}$ c) $\frac{8x + 4y}{4a + 6b} + \frac{9x}{9b + 6a} - \frac{5}{3}$

2. Multiplizieren Sie

   a) $\frac{7}{6} \cdot \frac{3}{14}$ b) $\frac{11}{8} \cdot \frac{4}{22}$ c) $5 \cdot \frac{2}{3} \cdot \frac{3}{5}$ d) $1\frac{5}{6} \cdot 3\frac{6}{15}$ e) $\frac{9ab}{5y} \cdot \frac{15x}{12a}$

3. Dividieren Sie

   a) $\frac{1}{2} : \frac{1}{3}$ b) $\frac{7}{2} : \frac{16}{7}$ c) $\frac{9}{5} : \frac{12}{15}$ d) $3xy : \frac{1}{2}z$ e) $\frac{2x}{9y} : \frac{4x}{3y}$ f) $\frac{26ab}{33u} : \frac{13a}{22v}$

4. Berechnen Sie bzw. fassen Sie soweit wie möglich zusammen

   a) $14 \cdot \left(\frac{7}{12} + \frac{5}{8}\right)$ b) $42 \cdot \frac{7}{6} + \frac{9}{22}$ c) $\frac{8x + 8y}{3r - 3s} : \frac{4x + 4y}{9r - 9s}$ d) $\left(\frac{11}{15} - \frac{6}{10}\right) \cdot 8$ e) $\frac{5a - 3b}{6n} + \frac{5a - 3b}{3m}$

   f) $5\frac{1}{2} - \left(\frac{6}{5} - \frac{2}{10}\right) \cdot \left[5 : \left(\frac{21}{3} - \frac{10}{2}\right)\right]$ g) $4\frac{2}{3} \cdot 3\frac{8}{5}$ h) $\left(12 : 2\frac{2}{3}\right) : \frac{7}{9}$ i) $\left(\frac{u + v}{l + k} + \frac{3(u + v)}{2(k + l)} - \frac{5(u - v)}{3(k + l)}\right) \cdot \frac{1}{2}$

1.6 Rechnen mit Potenzen

Definition des Potenzbegriffs

Besteht ein Produkt aus mehreren gleichen Faktoren, so kann es abgekürzt als Potenz (engl. power) geschrieben werden.
Der Exponent (Hochzahl) gibt an, wie viel Mal die Basis (Grundzahl) mit sich selbst multipliziert wird.

Potenz

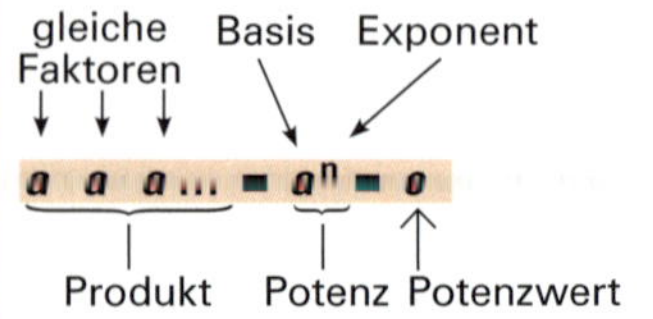

Beispiele: $2 \cdot 2 \cdot 2 \cdot 2 \cdot 2 = 2^5$ (gesprochen: 2 hoch 5)
$3^4 = 3 \cdot 3 \cdot 3 \cdot 3 = 81$

Die Potenzwerte von Potenzzahlen werden mit dem **Taschenrechner** berechnet. Dazu haben die Taschenrechner eine Potenziertaste, z. B. y^x oder $\wedge$

Beispiel: Es ist zu berechnen: $3{,}25^3$

Eingabe	3,25	y^x 3	=
Anzeige	3,25	$3{,}25^3$	34,328125

Das Vorzeichen beim Potenzieren

Beispiele: $(+2)^2 = (+2) \cdot (+2) = +4$; $(+2)^3 = (+2) \cdot (+2) \cdot (+2) = +8$; $(-2)^4 = (-2) \cdot (-2) \cdot (-2) \cdot (-2) = +16$
$(-2)^2 = (-2) \cdot (-2) = +4$; $(-2)^3 = (-2) \cdot (-2) \cdot (-2) = -8$ usw.

Merke:
- Ist die Basis positiv, so ist der Potenzwert immer positiv.
- Ist die Basis negativ und der Exponent eine gerade Zahl, so ist der Potenzwert positiv.
- Ist die Basis negativ und der Exponent eine ungerade Zahl, so ist der Potenzwert negativ.

Potenzen mit negativem Exponenten

Eine Potenz mit negativem Exponenten (z. B. a^{-n}) kann auch als Kehrwert der gleichen Potenz mit positivem Exponenten geschrieben werden.
Umgekehrt kann eine Potenz mit positivem Exponenten im Zähler eines Bruchs als Potenz mit negativem Exponenten im Nenner des Bruchs gesetzt werden.

Potenzformeln

$$a^{-n} = \frac{1}{a^n}$$

$$\frac{a^x}{b^y} = \frac{b^{-y}}{a^{-x}}$$

Beispiele: $5^{-3} = \frac{1}{5^3} = \frac{1}{125} = 0{,}008$; $\frac{3^{-4}}{4^{-2}} = \frac{4^2}{3^4} = \frac{16}{81} = 0{,}1975$; $\frac{1}{\text{min}} = \text{min}^{-1}$

Sonderfälle bei Potenzen

Potenzen mit Basis 1. **Beispiel:** $1^2 = 1 \cdot 1 = 1$; $1^3 = 1 \cdot 1 \cdot 1 = 1$
Merke: Jede Potenz mit der Basis 1 hat immer den Potenzwert 1.

$$1^n = 1$$

Potenzen mit dem Exponent 0. **Beispiel:** $\frac{2^3}{2^3} = 2^{3-3} = 2^0 = 1$, da $\frac{2^3}{2^3} = \frac{8}{8} = 1$
Merke: Jede Potenz mit dem Exponent 0 hat den Wert 1.

$$a^0 = 1$$

Potenzen mit der Basis 10 (Zehnerpotenzen)

Sehr große und sehr kleine Zahlen können als Vielfaches der Potenzen der Basis 10 (Zehnerpotenzen) geschrieben werden.
Große positive Zahlen werden als Zehnerpotenzen mit positivem Exponenten ausgedrückt.

Beispiele: $100\,000\,000 = 1{,}0 \cdot 10^8 = 10^8$; $7\,200\,000 = 7{,}2 \cdot 1\,000\,000 = 7{,}2 \cdot 10^6$

Sehr kleine Zahlen werden als Zehnerpotenzen mit negativem Exponenten geschrieben.

Beispiele: $0{,}0085 = 85 \cdot 10^{-4}$; $0{,}0002938 = 2938 \cdot 10^{-7} = 2{,}938 \cdot 10^{-4}$

Aufgaben

1. Schreiben Sie in Potenzform:
   a) $2L \cdot 4L \cdot 8L$ b) $2a \cdot 3b \cdot 2a \cdot 3b$
   c) 1,5 cm · 2,3 cm · 1,4 cm
2. Berechnen Sie den Potenzwert:
   a) $21^{2{,}5}$ b) $(-6{,}3)^3$
   c) $\left(\frac{1}{2}\right)^{-7}$ d) $2{,}4^{3{,}5}$
3. Schreiben Sie als Zehnerpotenz:
   a) 5000000 b) 0,0023
   c) 96485 d) 0,000082

Rechenregeln beim Potenzieren	Formeln	Beispiele
Addieren und Subtrahieren von Potenzen Potenzen können addiert oder subtrahiert werden, wenn sie sowohl dieselbe Basis als auch denselben Exponenten haben. Potenzausdrücke zuerst ordnen und dann die gleichnamigen Glieder zusammenfassen.	$x \cdot a^n + y \cdot a^n = (x + y) \cdot a^n$	$9 \cdot 3^4 - 6 \cdot 3^4 + 2 \cdot 3^3$ $= (9-6) \cdot 3^4 + 2 \cdot 3^3$ $= 3 \cdot 3^4 + 2 \cdot 3^3$ $4{,}2\ \text{cm}^2 + 5{,}8\ \text{cm}^2$ $= (4{,}2 + 5{,}8) \cdot \text{cm}^2 = 10{,}0\ \text{cm}^2$
Multiplizieren von Potenzen **Potenzen mit gleicher Basis** werden multipliziert, indem die Basis beibehalten und mit der Summe der Exponenten potenziert wird. **Potenzen mit gleichen Exponenten** werden multipliziert, indem ihre Basen multipliziert und der Exponent beibehalten wird.	$a^n \cdot a^m = a^{n+m}$ $a^n \cdot b^n = (a \cdot b)^n$	$2^2 \cdot 2^3 = 2 \cdot 2 \cdot 2 \cdot 2 \cdot 2 = 2^5$ oder $2^2 \cdot 2^3 = 2^{(2+3)} = 2^5$ $10^{-3} \cdot 10^6 = 10^{(-3+6)} = 10^3$ $\text{m}^3 \cdot \text{m}^{-2} = \text{m}^{(3-2)} = \text{m}^1 = \text{m}$ $5^3 \cdot 2^3 = (5 \cdot 2)^3 = 10^3 = 1000$ $4{,}0^3 \cdot \text{cm}^3 = (4{,}0 \cdot \text{cm})^3 = 64\ \text{cm}^3$
Dividieren von Potenzen **Potenzen mit gleicher Basis** werden dividiert, indem die gemeinsame Basis mit der Differenz der Exponenten potenziert wird. **Potenzen mit gleichen Exponenten** werden dividiert, indem aus den Basen ein Bruch gebildet wird, der mit dem gemeinsamen Exponent potenziert wird.	$\frac{a^n}{a^m} = a^{n-m}$ $\frac{a^n}{b^n} = \left(\frac{a}{b}\right)^n$	$\frac{2^6}{2^2} = 2^{6-2} = 2^4$ $\frac{\text{m}^5}{\text{m}^2} = \text{m}^{5-2} = \text{m}^3$ $\frac{12^3}{10^3} = \left(\frac{12}{10}\right)^3 = \left(\frac{6}{5}\right)^3 = 1{,}728$
Potenzieren von Potenzen Potenzen werden potenziert, indem man die Exponenten multipliziert.	$(a^m)^n = a^{m \cdot n}$	$(3^2)^3 = 3^{2 \cdot 3} = 3^6 = 729$ $(r^2)^x = r^{2 \cdot x} = r^{2x}$
Potenzieren von Summen aus Zahlen Eine Summe oder eine Differenz aus Zahlen wird zuerst ausgerechnet und dann potenziert.		$(2 + 5)^2 = 7^2 = 49$ $(9 - 3)^3 = 6^3 = 216$

Aufgaben zum Rechnen mit Potenzen

1. Addieren und Subtrahieren von Potenzen
   a) $4r^3 + 12r^2 - 2r^3 + 3r^3 + 3r^2$ b) $12\ \text{m}^2 + 7\ \text{m}^3 - 7\ \text{m}^2 + 5\ \text{m}^3$ c) $6{,}2x^4 + 3{,}4y^2 + 7{,}5x^4 - 3{,}4y^2$
   d) $2{,}8\pi r^2 h + \frac{4}{5}\pi r^3 - 1{,}75\pi r^3 + 2{,}2 h r^2 \pi$ e) $-14{,}3 \cdot 7^3 + 6{,}9 \cdot 11^4 + 1715 \cdot 7^{-3} + 1{,}1 \cdot 11^4 + 8{,}7 \cdot 7^3$
2. Multiplizieren von Potenzen
   a) $10^7 \cdot 10^2 \cdot 10^{-5}$ b) $0{,}4a^4 \cdot 0{,}5a^5$ c) $2{,}5 \cdot 10^5 \cdot 2{,}5 \cdot 10^{-2}$ d) $(r^3 - 2{,}5r^2) \cdot 2r^2$
   e) $d^{0{,}5x} \cdot d^{7x+3}$ f) $x^{a-n} \cdot x^{a+n}$ g) $(r+s)^2 \cdot (r+s)^3$ h) $(x+y)^a \cdot (x+y)^b$
3. Dividieren von Potenzen
   a) $\frac{10^3}{10^2}$ b) $\frac{10^3 \cdot 10^2}{10 \cdot 10^3}$ c) $\frac{225^3}{15^3}$ d) $\frac{780x^5}{39y^5}$ e) $\frac{2r^3}{3a^2} \cdot \frac{12a^2}{16r^3}$ f) $\frac{n^3}{x^4} : \frac{n^3 \cdot x^4}{a}$
4. Potenzieren von Potenzen
   a) $(5^3)^2$ b) $(10^3)^{-2}$ c) $(4^2 \cdot axy^2)^3$ d) $5 \cdot (u^2 v^3)^5$ e) $(1^7)^2 \cdot (3^0)^3$ f) $(7^2)^3 \cdot \left(\frac{1}{7}\right)^3$
5. Potenzieren von Summen   a) $(3+7)^3$ b) $(22-17)^5$ c) $(23-14)^5$ d) $(5+9)^4$

1

1.7 Rechnen mit Wurzeln

Definition des Wurzelbegriffs

Das Wurzelziehen, auch Radizieren genannt, ist die Umkehrung des Potenzierens.

Durch Wurzelziehen (engl. extraction) soll ermittelt werden, welche Zahl (x) z.B. ins Quadrat (Exponent 2) erhoben werden muss, um den Potenzwert (25) zu erhalten. Als Operatorzeichen für das Wurzelziehen verwendet man das Wurzelzeichen $\sqrt[2]{\ }$, kurz Wurzel genannt.

Beispiel: Potenzieren
$5^2 = 5 \cdot 5 = 25$

Beispiel: Wurzelziehen
$x^2 = 25; \quad x = ?$
Schreibweise mit Wurzelzeichen:
$\sqrt[2]{25} = ?$
Lösung: $\sqrt[2]{25} = 5$, da $5^2 = 25$

Beispiele: $\sqrt[2]{16} = ?$; *Lösung:* $\sqrt[2]{16} = 4$, da $4^2 = \mathbf{16}$
$\sqrt[2]{9} = ?$; *Lösung:* $\sqrt[2]{9} = 3$, da $3^2 = \mathbf{9}$

Ein Wurzelausdruck besteht aus dem Wurzelzeichen mit Wurzelexponent und der darunter stehenden Basis. Das Ergebnis ist der Wurzelwert (siehe rechts).

Einschränkung auf bestimmte Zahlen: Um Probleme beim Rechnen zu vermeiden, sollten die Basis a und der Wurzelwert c positive Zahlen und der Wurzelexponent n eine natürliche Zahl sein.

Wurzelausdruck

Wurzelexponent → n; Wurzelzeichen → $\sqrt{\ }$

$$\sqrt[n]{a} = c$$

Basis → a; Wurzelwert → c

a, c sind positive Zahlen
n ist eine natürliche Zahl (1, 2, 3, ...)

Verschiedene Wurzelexponenten

Da es bei Potenzen verschiedene Exponenten gibt (2, 3, 4, ...), gibt es auch Wurzeln mit verschiedenen Wurzelexponenten (2, 3, 4, ...).

Die einfachste Wurzel hat den Wurzelexponenten 2. Sie heißt Quadratwurzel oder einfach Wurzel. Beim Schreiben wird der Wurzelexponent 2 im Wurzelzeichen meist weggelassen: $\sqrt{\ }$

Die Wurzel mit dem Wurzelexponenten 3 heißt Kubikwurzel oder 3. Wurzel.

Ab dem Wurzelexponent 4 wird der Wurzelname nur noch mit dem Wurzelexponent gebildet, also 4. Wurzel ($\sqrt[4]{\ }$), 5. Wurzel ($\sqrt[5]{\ }$) usw.

Außer beim Wurzelexponenten 2 muss der Wurzelexponent immer geschrieben werden.

Beispiel: Quadratwurzel
$\sqrt[2]{36} = \sqrt{36} = 6$
(sprich: Wurzel aus 36 ist 6)

Beispiel: Kubikwurzel
$\sqrt[3]{64} = 4 \quad$ (da $4^3 = 64$)
(sprich: Kubikwurzel oder 3. Wurzel aus 64 ist 4

Beispiel: 4. Wurzel
$\sqrt[4]{16} = 2 \quad$ (da $2^4 = 16$)

Wurzeln in Potenzschreibweise

Ein Wurzelausdruck kann auch in Potenzschreibweise geschrieben werden. Dem Wurzeloperator entspricht ein Potenzbruch.

Der Zähler des Potenzbruchs ist der Exponent der Basis und sein Nenner ist der Wurzelexponent.

Da das Wurzelzeichen die Umkehrung des Potenzierens ist, heben sich Radizieren und Potenzieren mit demselben Exponenten auf.

In umgekehrter Reihenfolge gilt das bei negativen Zahlen nicht immer!

Wurzel als Potenzausdruck

$$\sqrt[n]{a} = \sqrt[n]{a^1} = a^{\frac{1}{n}}$$

Beispiel: $\sqrt[3]{27} = \sqrt[3]{3^3} = 3^{\frac{3}{3}} = 3^3 = 3$

Aufheben des Wurzelziehens

$$\left(\sqrt[n]{a}\right)^n = a$$

Beispiel: $\left(\sqrt[3]{64}\right)^3 = 64$

Berechnen von Wurzelzahlen

Der Wurzelwert von Wurzelzahlen wird mit dem Taschenrechner berechnet.

Zur Berechnung von Quadratwurzeln haben die Taschenrechner eine Quadratwurzeltaste, z.B. [$\sqrt{\ }$] oder [$\sqrt{x}$].

Wurzeln mit höheren Wurzelexponenten werden mit den entsprechenden Rechnertasten berechnet, z.B. [$\sqrt[x]{\ }$], [$\sqrt[x]{y}$] oder [INV] [y^x].

Beispiele: Es sind zu berechnen:
a) $\sqrt{529}$; b) $\sqrt[4]{39{,}0625}$

a)			
Eingabe	[$\sqrt{x}$]	529	[=]
Anzeige	$\sqrt{\ }$	$\sqrt{529}$	23,00000

b)				
Eingabe	4	[$\sqrt{x}$]	39,0625	[=]
Anzeige	4	$\sqrt[4]{\ }$	$\sqrt[4]{39.0625}$	2.500016

Rechenregeln beim Wurzelziehen	Formeln	Beispiele
Addieren und Subtrahieren von Wurzeln Es können nur Wurzeln mit gleichen Wurzelexponenten und gleicher Basis (sogenannte gleichnamige Wurzeln) addiert oder subtrahiert werden. Man klammert die gleichnamige Wurzel aus und addiert bzw. subtrahiert die Beizahlen (Koeffizienten).	$x \cdot \sqrt[n]{a} + y \cdot \sqrt[n]{a}$ $= (x + y) \cdot \sqrt[n]{a}$	$5 \cdot \sqrt[3]{125} + 12 \cdot \sqrt[3]{125} - 14 \cdot \sqrt[3]{125}$ $= (5 + 12 \dots 14) \cdot \sqrt[3]{125}$ $3 \cdot \sqrt[3]{125} = 3 \cdot 5 = 15$
Radizieren von Produkten Ein Produkt wird radiziert, indem • entweder der Produktwert radiziert wird oder • jeder einzelne Faktor des Produkts radiziert wird.	$\sqrt[n]{a \cdot b \cdot c} = \sqrt[n]{a} \cdot \sqrt[n]{b} \cdot \sqrt[n]{c}$	$\sqrt{36 \cdot 81} = \sqrt{2916} = 54$ oder $\sqrt{36 \cdot 81} = \sqrt{36} \cdot \sqrt{81}$ $= 6 \cdot 9 = 54$
Radizieren von Quotienten (Brüchen) Ein Quotient wird radiziert, indem • entweder der Quotientenwert radiziert wird oder • Zähler und Nenner getrennt radiziert werden.	$\sqrt[n]{\frac{a}{b}} = \frac{\sqrt[n]{a}}{\sqrt[n]{b}}$	$\sqrt{\frac{64}{16}} = \sqrt{4} = 2$ oder $\sqrt{\frac{64}{16}} = \frac{\sqrt{64}}{\sqrt{16}} = \frac{8}{4} = 2$
Radizieren von Potenzen Eine Potenz wird radiziert, indem man • die Wurzel aus der Basis zieht und den Wurzelwert mit dem Exponenten der Basis potenziert oder • die Wurzel in Potenzschreibweise umwandelt.	$\sqrt[n]{a^x} = (\sqrt[n]{a})^x$ $\sqrt[n]{a^x} = a^{\frac{x}{n}}$	$\sqrt{9^4} = (\sqrt{9})^4 = 3^4 = 81$ $\sqrt{9^4} = \sqrt[2]{9^4} = 9^{\frac{4}{2}} = 81$
Radizieren von Summen und Differenzen Eine Summe oder eine Differenz kann nur radiziert werden, wenn vorher der Summenwert zahlenmäßig ausgerechnet oder zu einem Produkt zusammengefasst wurde.	$\sqrt[n]{a + b} = \sqrt[n]{(a + b)}$	$\sqrt[3]{81 + 44} = \sqrt[3]{125} = 5$ $\sqrt{289 - 145} = \sqrt{144} = 12$ $\sqrt{39x^2 y^2 + 25x^2 y^2}$ $= \sqrt{64x^2 y^2} = 8xy$

Aufgaben zum Rechnen mit Wurzeln

1. Berechnen Sie den Wurzelwert

   a) $\sqrt{45796}$ b) $\sqrt{0{,}0065324}$ c) $\sqrt{1432{,}6225}$ d) $\sqrt[3]{39{,}785}$ e) $\sqrt[4]{42{,}424}$ f) $\sqrt{\pi}$

2. Berechnen Sie, nachdem Sie möglichst weit zusammengefasst haben

   a) $2{,}8 \cdot \sqrt{3} + 1{,}9 \cdot \sqrt{5} - 2{,}1 \cdot \sqrt{5} - 1{,}6 \cdot \sqrt{3}$ b) $\frac{1}{5} \cdot \sqrt[3]{216} + \frac{2}{3} \cdot \sqrt[3]{125} - \frac{1}{2} \cdot \sqrt[3]{64}$ c) $\sqrt{10} \cdot \sqrt{22{,}5}$

   d) $(7 + \sqrt[4]{3}) \cdot (7 - \sqrt[4]{3})$ e) $\sqrt{\frac{1}{9}}$ f) $\frac{5}{\sqrt[3]{343}}$ g) $\frac{7x \cdot \sqrt[3]{108}}{\sqrt[3]{4}}$ h) $\sqrt[3]{27^4}$ i) $125^{\frac{2}{3}}$

3. Berechnen Sie

   a) $\sqrt{1444 \cdot 729}$ b) $\sqrt[3]{125 \cdot 343 \cdot 27}$ c) $\sqrt{64^2}$ d) $3 \cdot \sqrt{\frac{1}{9}}$ e) $\frac{\sqrt[3]{2560}}{\sqrt[3]{5}}$ f) $\sqrt[4]{81^6}$ g) $\sqrt[3]{\left(\frac{3}{7}\right)^6}$

   h) $4{,}3 \cdot \sqrt[3]{343} - 3{,}8 \cdot \sqrt[3]{343}$ i) $1\frac{1}{3}\sqrt{3} + 2\frac{2}{3}\sqrt{3} - 3\sqrt{3}$ j) $\sqrt{\left(\frac{3{,}9\text{ m} - 2{,}7\text{ m}}{3}\right)^2 + (0{,}3\text{ m})^2}$

1.8 Rechnen mit Logarithmen

1.8.1 Definition des Logarithmus

Soll in einem Potenzausdruck $a^n = c$ der unbekannte Exponent n bestimmt werden, so ist das dazu erforderliche Rechenverfahren das **Logarithmieren** (engl. logarithm).

> Der Logarithmus ist der Exponent n, mit dem die Basis a potenziert werden muss, um den Numerus c zu erhalten.

Logarithmus

Numerus (→ c)

$$n = \log_a c$$

Logarithmus (→ n) Basis (→ a)

Man schreibt: $n = \log_a c$. Man spricht: n ist gleich dem Logarithmus von c zur Basis a.

Es besteht folgender Zusammenhang zwischen der Potenzrechnung, der Wurzelrechnung und dem Logarithmieren:

Bei der **Potenzrechnung**:	Berechnet wird der Potenzwert c:	$c = a^n$	z.B. $100 = 10^2$
Bei der **Wurzelrechnung**:	Berechnet wird die Basis a:	$a = \sqrt[n]{c}$	z.B. $10 = \sqrt[2]{100}$
Beim **Logarithmieren**:	Berechnet wird der Exponent n:	$n = \log_a c$	z.B. $2 = \log_{10} 100$

Beispiele für Logarithmen

$\log_2 8 = 3$	da $2^3 = 8$;	$\log_2 32 = 5$	da $2^5 = 32$
$\log_3 9 = 2$	da $3^2 = 9$;	$\log_3 27 = 3$	da $3^3 = 27$
$\log_5 25 = 2$	da $5^2 = 25$;	$\log_5 125 = 3$	da $5^3 = 125$
$\log_{10} 10 = 1$	da $10^1 = 10$;	$\log_{10} 100 = 2$	da $10^2 = 100$
$\log_{10} 1000 = 3$	da $10^3 = 1000$	$\log_{10} 10000 = 4$	da $10^4 = 10000$
$\log_{10} 0{,}1 = -1$	da $10^{-1} = \frac{1}{10^1} = 0{,}1$	$\log_{10} 0{,}01 = -2$	da $10^{-2} = \frac{1}{10^2} = 0{,}01$

Logarithmensysteme

Alle Logarithmen einer Basis bilden ein Logarithmensystem. Als Basis kann außer 0 und 1 jede positive Zahl verwendet werden.

In den Naturwissenschaften und der Technik sind zwei Logarithmensysteme in Gebrauch.

Das Logarithmensystem mit der Basis 10 ist rechnerisch am einfachsten zu handhaben und deshalb das in der Technik und den Naturwissenschaften übliche Logarithmensystem.

Logarithmen der Basis 10 werden **dekadische Logarithmen** oder **Brigg'sche Logarithmen** genannt. Man schreibt sie entweder $\log_{10}$ oder vereinfacht nur **log** oder **lg**.

Auf der Taschenrechnertastatur berechnet man dekadische Logarithmen mit der Taste [log] oder [LOG].

In den Naturwissenschaften, wie z.B. der Chemie oder Physik, wird außerdem ein Logarithmensystem mit der Basis e angewandt: $\log_e$. Es wird **natürlicher Logarithmus** genannt und abgekürzt **ln** geschrieben.

(e, die sogenannte Euler-Zahl, ist eine Zahl, die zur Beschreibung natürlicher Wachstumsvorgänge benutzt wird. Sie beträgt e = 2,7182818...; mit unendlich vielen Stellen.)

Auf dem Taschenrechner berechnet man natürliche Logarithmenwerte mit der Taste [lnx] oder [LN].

Die Logarithmen der beiden Systeme können mit einem Faktor ineinander umgerechnet werden (siehe rechts).

Umrechnen der Logarithmen

$$\lg x = 0{,}4342945 \cdot \ln x$$
$$\ln x = 2{,}3029851 \cdot \lg x$$

Beispiel: Es soll der natürliche Logarithmus (ln) der Zahl 126 mit einem Taschenrechner ermittelt werden, der nur eine [log]-Taste besitzt.

Lösung: Mit der [log]-Taste wird bestimmt: lg 126 = 2,1003705

Mit der Umrechnungsgleichung folgt:

ln 126 = 2,3025851 · lg 126 = 2,3025851 · 2,1003705 = **4,8362819**

1.8.2 Berechnen dekadischer Logarithmen

Die dekadischen Logarithmen der dekadischen Zahlen (1, 10, 100, 1000, ...) lassen sich leicht bestimmen, da diese Zahlen in ganzzahligen Zehnerpotenzen ausgedrückt werden können.

z. B.	lg 10	= 1	da 10^1	= 10
	lg 100	= 2	da 10^2	= 100
	lg 1	= 0	da 10^0	= 1
	lg 0,1	= −1	da 10^{-1}	$= \frac{1}{10} = 0{,}1$
	lg 0,01	= −2	da 10^{-2}	$= \frac{1}{100} = 0{,}01$

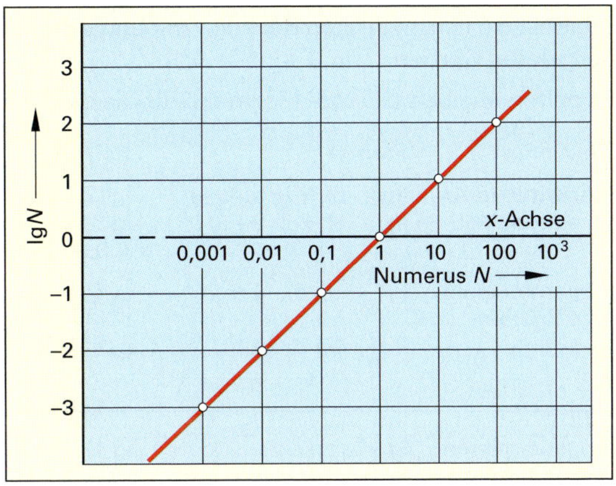

Bild 1: Numerus *N* und dekadischer Logarithmus lg*N*

Trägt man die Zehnerpotenzen in einem Diagramm in gleichen Abständen auf der *x*-Achse auf, so liegen deren dekadische Logarithmen lg*N* auf einer Geraden **(Bild 1)**. Strebt der Numerus ⇒ 0, so strebt der Logarithmus ⇒ −∞. Der dekadische Logarithmus negativer Numeri ist nicht definiert.

In der Praxis werden die **dekadischen Logarithmen** mit dem **Taschenrechner** berechnet. Er besitzt dazu eine Logarithmentaste [log] oder [LOG]. Die Berechnung erfolgt gemäß der Bedienungsanleitung des Taschenrechners.

Beispiel: lg 250 = ?	Eingabe	[LOG]	250	[ )]	[=]	⇒ **log 250 = 2,397940009**
	Anzeige	*LOG(*	*LOG(250*	*LOG(250)*	*2.397940009*	

Aufgaben: Bestimmen Sie den dekadischen Logarithmus folgender Zahlen mit dem Taschenrechner
a) 2320 b) 0,873 c) 11,3 d) 0,990 e) 0,01 f) 0,5352 g) 120000

Aus einem Logarithmuswert kann auch der Numerus zurückberechnet werden. Dazu benutzt man die Taschenrechnertasten [2nd] [LOG] oder [INV] [LOG].

Beispiel: lg *x* = 2,5	Eingabe	[2nd] [10^x]	2,5	[ )]	[=]	⇒ ***x* = 316,22777**
***x* = ?**	Anzeige	*10^(*	*10^(2,5*	*10^(2,5)*	*316.2277766*	

Aufgaben: Bestimmen Sie den Numerus der dekadischen Logarithmenwerte a) 0,752 b) 10,25

1.8.3 Berechnen natürlicher Logarithmen

Die Berechnung von Zahlenwerten des natürlichen Logarithmus erfolgt auf dem **Taschenrechner** mit der Taste [lnx] bzw. [LN].

Beispiele:	ln 1 = 0;	ln 2 = 0,693;
	ln 5 = 1,609;	ln 10 = 2,303;
	ln 0,5 = −0,693	ln 0,1 = −2,303;
Sonderfälle:	ln e = 1;	ln 1 = 0

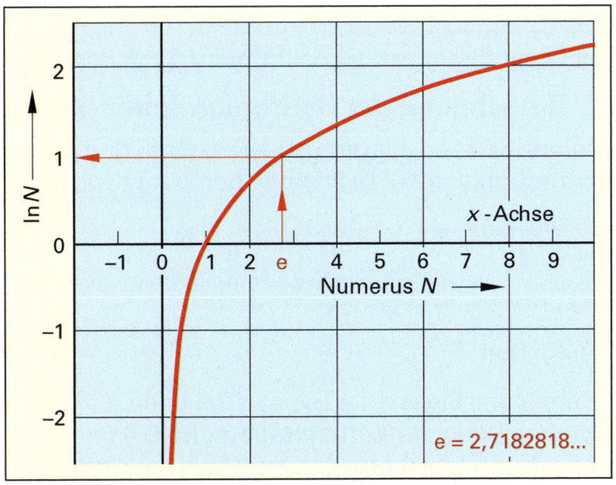

Bild 2: Natürlicher Logarithmus ln*N* über dem Numerus *N*

Aus dem Kurvenverlauf **(Bild 2)** erkennt man, dass bei Annäherung des Numerus *N* an Null (0) der natürliche Logarithmus von *N* gegen −∞ strebt. Der natürliche Logarithmus negativer Numeri ist nicht definiert.

Der Numerus eines natürlichen Logarithmuswerts wird mit den [2nd] [LN]-Tasten ermittelt.

Aufgabe: Bestimmen Sie den natürlichen Logarithmus der Zahlenwerte 20 ; 1000 ; 0,001 ; 580.

1

1.8.4 Logarithmengesetze

Die Gesetze (Formeln) zum Rechnen mit Logarithmenausdrücken können aus den Potenzgesetzen (Seite 17) hergeleitet werden.

Es gelten analoge Gesetze (Formeln) für die dekadischen und die natürlichen Logarithmen.

Rechenart	Formel	Beispiele
Logarithmieren von Produkten	$\lg(a \cdot b) = \lg a + \lg b$ $\ln(a \cdot b) = \ln a + \ln b$	$\lg(210 \cdot 38) = \lg 980 = 3{,}9020029$ oder $\lg(210 \cdot 38) = \lg 210 + \lg 38 = 2{,}3222193 + 1{,}5797836$ $= 3{,}9020029$
Logarithmieren von Brüchen	$\lg \frac{a}{b} = \lg a - \lg b$ $\ln \frac{a}{b} = \ln a - \ln b$	$\lg \frac{851}{23} = \lg 37 = 1{,}5682017$ oder $\lg \frac{851}{23} = \lg 851 - \lg 23 = 2{,}9299296 - 1{,}3617278$ $= 1{,}5682018$ (Abweichung bei der letzten Ziffer wegen Rundung)
Logarithmieren von Potenzen	$\lg a^n = n \cdot \lg a$ $\ln a^n = n \cdot \ln a$	$\lg 12^{3,5} = \lg 5985{,}9676 = 3{,}7771344$ oder $\lg 12^{3,5} = 3{,}5 \cdot \lg 12 = 3{,}5 \cdot 1{,}0791812 = 3{,}7771344$
Logarithmieren von Wurzeln	$\lg \sqrt[n]{a} = \frac{1}{n} \cdot \ln a$ $\ln \sqrt[n]{a} = \frac{1}{n} \cdot \ln a$	$\lg \sqrt[3]{778{,}688} = \lg 9{,}2 = 0{,}963787$ oder $\lg \sqrt[3]{778{,}688} = \frac{1}{3} \cdot \lg 778{,}688 = \frac{1}{3} \cdot 2{,}8913635 = 0{,}9637878$

Aufgaben

Bestätigen Sie die Logarithmengesetze, indem Sie folgende Ausdrücke nach den beiden Schreibweisen des entsprechenden Logarithmusgesetzes berechnen.

a) $\lg(147 \cdot 717 \cdot 873)$ b) $\lg \frac{4{,}38 \cdot 2{,}19}{871 \cdot 2{,}52}$ c) $\lg(0{,}97^7 \cdot 2{,}82^{3,5})$ d) $\ln \sqrt[5]{65{,}931}$

1.8.5 Logarithmieren bei der pH-Wert-Berechnung

Der pH-Wert ist definiert als der negative dekadische Logarithmus des Zahlenwertes der Hydroniumionen-Konzentration $c(H_3O^+)$ in mol/L (Seite 223).

$$\mathrm{pH} = -\lg c(H_3O^+)$$

pH-Wert-Berechnung aus der Hydroniumionen-Konzentration

Beispiele:

$c(H_3O^+) = 0{,}2$ mol/L $\Rightarrow \lg c(H_3O^+) = \lg 0{,}2 = -0{,}69897$ $\Rightarrow \mathrm{pH} = 0{,}7$

$c(H_3O^+) = 7{,}3 \cdot 10^{-3}$ mol/L $\Rightarrow \lg c(H_3O^+) = \lg(7{,}3 \cdot 10^{-3}) = -2{,}1367$ $\Rightarrow \mathrm{pH} = 2{,}1$

$c(H_3O^+) = 10^{-7}$ mol/L $\Rightarrow \lg c(H_3O^+) = \lg 10^{-7} = -7$ $\Rightarrow \mathrm{pH} = 7$

$c(H_3O^+) = 5{,}2 \cdot 10^{-12}$ mol/L $\Rightarrow \lg c(H_3O^+) = \lg(5{,}2 \cdot 10^{-12}) = \lg 5{,}2 + \lg 10^{-12}$
$= 0{,}7160033 + (-12) = -11{,}283997$ $\Rightarrow \mathrm{pH} = 11{,}3$

Die Logarithmenwerte bestimmt man mit der LOG-Taste auf dem Taschenrechner.

Berechnung der Hydroniumionen-Konzentration aus dem pH-Wert

Umgekehrt kann aus dem pH-Wert die Hydroniumionen-Konzentration $c(H_3O^+)$ in mol/L berechnet werden: $-\mathrm{pH} = \lg c(H_3O^+) \Rightarrow$

$$c(H_3O^+) = 10^{-\mathrm{pH}} \frac{\mathrm{mol}}{\mathrm{L}}$$

Beispiel: pH 5,6 $\Rightarrow c(H_3O^+) = 10^{-5,6}$ mol/L

Lösung: Mit der Numerusberechnung (Seite 21, Mitte) folgt: $c(H_3O^+) = 0{,}0000025$ mol/L = **2,5 · 10⁻⁶ mol/L**

Aufgaben

Berechnen Sie aus der Hydroniumionen-Konzentration $c(H_3O^+)$ den pH-Wert bzw. aus dem pH-Wert die Hydroniumionen-Konzentration $c(H_3O^+)$.

a) $c(H_3O^+) = 0{,}040$ mol/L b) $c(H_3O^+) = 8{,}5 \cdot 10^{-12}$ mol/L c) $c(H_3O^+) = 6{,}83 \cdot 10^{-5}$ mol/L

d) pH = 2,67 e) pH = 7,51 f) pH = 3,7 g) pH = 10,2 h) pH = 0,94

1.9 Lösen von Gleichungen

Bestimmungsgleichungen

Bestimmungsgleichungen (engl. conditional equations) sind Gleichungen mit einer gesuchten Größe. Die gesuchte Größe wird mit einem kleinen Buchstaben vom Ende des Alphabets bezeichnet: *x*, *y* oder *z*.

Beispiele: für Bestimmungsgleichungen: $x + 3 = 5$ oder $2y - 8 = -4$ oder $5z^2 = 10$

Zur Bestimmung der gesuchten Größe wird die Bestimmungsgleichung so umgestellt, dass die gesuchte Größe mit positivem Vorzeichen allein auf der linken Seite der Gleichung steht.
Je nach Gleichungsart werden verschiedene Umformregeln und Lösungswege eingesetzt.

1.9.1 Lineare Bestimmungsgleichungen

Lineare Gleichungen mit Summanden

Beispiele:

$x + 3 = 5$
$x = 5 - 3$
$\mathbf{x = 2}$

$-x - 5 = 2$
$-x = 2 + 5$
$-x = 7 \quad | \cdot (-1)$
$\mathbf{x = -7}$

Lineare Gleichungen mit Faktoren und Divisoren

Beispiele:

$5z = 10$
$z = \frac{10}{5}$
$\mathbf{z = 2}$

$\frac{x}{3} = 12$
$x = 12 \cdot 3$
$\mathbf{x = 36}$

Gemischte lineare Gleichungen

Beispiele:

$2y - 8 = -4$
$2y = -4 + 8$
$2y = +4$
$y = \frac{4}{2}$
$\mathbf{y = 2}$

$-\frac{x}{2} - 7 = 5$
$-\frac{x}{2} = 5 + 7$
$-\frac{x}{2} = 12$
$-x = 12 \cdot 2$
$-x = 24 \quad | \cdot (-1)$
$\mathbf{x = -24}$

Umformregeln

Wird ein Summand oder ein Subtrahend auf die andere Seite der Gleichung gebracht, so wird sein Vorzeichen umgekehrt.

Aus einem + Zeichen wird ein – Zeichen, aus einem – Zeichen wird ein + Zeichen.

Wird ein Faktor auf die andere Seite der Gleichung gebracht, so wird er dort in den Nenner gestellt. Er wird zum Divisor.

Wird ein Divisor auf die andere Seite der Gleichung gestellt, so wird er dort in den Zähler gestellt. Er wird zum Faktor.

Bei einer Bestimmungsgleichung mit Summanden bzw. Subtrahenden sowie Faktoren bzw. Divisoren wird zuerst der Summand oder Subtrahend auf die andere Seite der Gleichung gestellt.

Dann wird der Faktor bzw. der Divisor auf die andere Gleichungsseite gebracht.

Bringt man eine Größe einer Bestimmungsgleichung von der einen Seite auf die andere Seite der Gleichung, so erhält sie dort den umgekehrten Rechenbefehl.

Beispiele:

a) $x - \frac{42}{5} = 20$
$5x - 42 = 20 \cdot 5$
$5x = 100 + 42$
$\mathbf{x = \frac{142}{5} = 28\frac{2}{5}}$

b) $\frac{5}{2x} + 3 = \frac{4}{x} \Rightarrow \frac{5}{2x} - \frac{4}{x} = -3 \Rightarrow \frac{5-8}{2x} = -3$
$\Rightarrow \frac{-3}{2x} = -3 \Rightarrow -3 = -3 \cdot 2x \Rightarrow -3 = -6x$
$\Rightarrow \mathbf{x = \frac{-3}{-6} = \frac{1}{2} = 0{,}5}$

Aufgaben: Lösen Sie die folgenden Bestimmungsgleichungen nach der Variablen *x* auf:

1. $8{,}5x + 4{,}75 = 9$
2. $\frac{3x}{7} = 12$
3. $\frac{7}{x} = \frac{112}{8}$
4. $\frac{23 - x}{12} = 2$
5. $\frac{x-2}{3} = \frac{x}{5}$
6. $\frac{15x}{6} + 2{,}2 = -7{,}8$
7. $1{,}75x = \frac{5}{9}$
8. $21x + 184 = 57x - 32$
9. $7x - [8x + (5x - 30)] = 12$

1.9.2 Quadratische Bestimmungsgleichungen

1

Quadratische Gleichungen enthalten die gesuchte Größe in der 2. Potenz (x^2), entweder allein oder zusammen mit x-Gliedern und Zahlen.

a) Kommt die gesuchte Größe x nur im Quadrat vor, so ist es eine **rein quadratische** Gleichung.

Beispiel:

$$2x^2 = 18$$
$$x^2 = \frac{18}{2}$$
$$x^2 = 9 \quad |\sqrt{\ }$$
$$\mathbf{x_{1/2}} = \pm\sqrt{9} = \mathbf{\pm 3}$$
$$\mathbf{x_1} = +\sqrt{9} = \mathbf{+3}$$
$$\mathbf{x_2} = -\sqrt{9} = \mathbf{-3}$$

Probe:

$x_1 = +3$
$2 \cdot (+3)^2 = 18$
$2 \cdot 9 = 18$
$x_2 = -3$
$2 \cdot (-3)^2 = 18$
$2 \cdot 9 = 18$

Lösungsweg

Bei rein quadratischen Gleichungen isoliert man zuerst das x^2-Glied.

Anschließend radiziert man beide Seiten d.h. zieht aus beiden Seiten die Wurzel.

Eine rein quadratische Gleichung hat zwei Lösungen mit dem gleichen Zahlenwert aber entgegengesetztem Vorzeichen.

b) Leicht zu lösen sind auch **quadratische Gleichungen ohne Zahlenglied**.

Beispiel:

$$2x^2 - 6x = 0$$
$$x \cdot (2x - 6) = 0$$
$$\mathbf{x_1} = \mathbf{0}$$
$$2x - 6 = 0 \quad |+6;:2$$
$$\mathbf{x_2} = \frac{6}{2} = \mathbf{3}$$

Probe:

$x_1 = 0$
$\Rightarrow 2 \cdot 0^2 - 6 \cdot 0 = 0$
$0 - 0 = 0$
$x_2 = 3$
$\Rightarrow 2 \cdot 3^2 - 6 \cdot 3 = 0$
$18 - 18 = 0$

Lösungsweg

Zuerst wird die Unbekannte x ausgeklammert.

Jeder Faktor des entstandenen Produkts ist null, da das Produkt null ist.

Eine Lösung (x_1) ist deshalb null.

Die andere Lösung (x_2) wird aus dem Klammerausdruck ausgerechnet.

c) **Gemischt quadratische Gleichungen** enthalten ein x^2- und ein x-Glied sowie ein Zahlenglied.

Beispiel:

$$16x + 2x^2 = 18$$
$$2x^2 + 16x - 18 = 0 \quad |:2$$
$$\frac{2}{2}x^2 + \frac{16}{2}x - \frac{18}{2} = 0$$
$$x^2 + 8x - 9 = 0$$
$$x_{1/2} = -\frac{8}{2} \pm \sqrt{\left(\frac{8}{2}\right)^2 - (-9)}$$
$$x_{1\backslash 2} = -4 \pm \sqrt{4^2 + 9} = -4 \pm \sqrt{25}$$
$$x_{1/2} = -4 \pm 5$$
$$\mathbf{x_1} = -4 + 5 = \mathbf{1}$$
$$\mathbf{x_2} = -4 - 5 = \mathbf{-9}$$

Probe:

$x_1 = 1$:
$1 + 8 \cdot 1 - 9 = 0$
$x_2 = -9$:
$(-9)^2 + 8(-9) - 9 = 0 \Rightarrow 81 - 72 - 9 = 0$

Lösungsweg

Zuerst wird die Gleichung in der Reihenfolge der x^2-Glieder, x-Glieder und Zahlenglieder geordnet. Rechts vom Gleichheitszeichen steht die Null.

Dann wird dividiert oder multipliziert mit dem Faktor beim x^2-Glied.

Man erhält die **Normalform der quadratischen Gleichung**:

$$x^2 + px + q = 0$$

Die Lösungsformel für die Normalform der quadratischen Gleichung lautet:

$$x_{1/2} = -\frac{p}{2} \pm \sqrt{\left(\frac{p}{2}\right)^2 - q}$$

Für die Lösung x_1 gilt das +Zeichen, für die Lösung x_2 das −Zeichen.

Die beiden Lösungen sind durch eine Probe zu bestätigen.

Aufgaben: Lösen Sie die folgenden Gleichungen nach der Variablen x auf:

1. $4x^2 - 69 = 31$	2. $2x^2 - 16x = 0$	3. $x^2 - 8x - 20 = 0$
4. $4x^2 - 10 = 6x$	5. $3x^2 - 15x = -18$	6. $-40x - 100 = -5x^2$
7. $0{,}3 = -x - 0{,}6x^2$	8. $-3x^2 = 39x + 18{,}75$	9. $x^2 - 4x + 2{,}25 = x$
10. $(3{,}0 - x) \cdot (1{,}0 - x) = x - 1$	11. $2 \cdot (2 - x) \cdot (1 - x) = x^2$	12. $10^{-5} \cdot (12{,}0 - x)^2 = x$

1.9.3 Wurzelgleichungen

Gleichungen, bei denen die gesuchte Größe x unter der Wurzel steht, nennt man Wurzelgleichungen. Sie werden durch geeignetes Quadrieren gelöst.

Beispiele:

a) $\sqrt{x} = 3 \quad |^2$

$(\sqrt{x})^2 = 3^2$

$\boldsymbol{x = 9}$

Probe:

$\sqrt{9} = 3$

$3 = 3$

b) $\sqrt{3x} + 2 = 5$

$\sqrt{3x} = 5 - 2$

$\sqrt{3x} = 3 \quad |^2$

$3x = 3^2$

$\boldsymbol{x} = \frac{9}{3} = \boldsymbol{3}$

Probe:

$\sqrt{3 \cdot 3} + 2 = 5$

$\sqrt{9} + 2 = 5$

$3 + 2 = 5$

c) $3 + \sqrt{2x - 3} = x$

$\sqrt{2x-3} = x - 3 \quad |^2$

$2x - 3 = (x-3)^2 = (x-3) \cdot (x-3) = x^2 - 3x - 3x + 9$

$2x - 3 = x^2 - 6x + 9$

$x^2 - 8x + 12 = 0$

$x_{1/2} = -\left(-\frac{8}{2}\right) \pm \sqrt{\left(-\frac{8}{2}\right)^2 - 12} = 4 \pm \sqrt{16 - 12}$

$x_{1/2} = 4 \pm 2$

$\boldsymbol{x_1} = 4 + 2 = \boldsymbol{6}$

$\boldsymbol{x_2} = 4 - 2 = \boldsymbol{2}$

Probe: $x_1 = 6$

$3 + \sqrt{2 \cdot 6 - 3} = 6$

$3 + \sqrt{12 - 3} = 6$ (Probe stimmt

$3 + \sqrt{9} = 6$ ⇒ Lösung

$x_2 = 2$

$3 + \sqrt{2 \cdot 2 - 3} = 2$

$3 + \sqrt{4 - 3} = 2$ (Probe stimmt nicht

$3 + 1 \neq 2$ ⇒ keine Lösung)

Lösungsweg

Eine unter der Wurzel stehende gesuchte Größe x wird freigestellt, indem die Gleichung quadriert wird.

Steht in einer Wurzelgleichung die Wurzel zusammen mit anderen Gliedern auf einer Seite, so muss die Gleichung so umgeformt werden, dass der Wurzelausdruck isoliert auf einer Seite steht. Dann wird quadriert und nach x umgestellt.

Lösungen von Wurzelgleichungen müssen durch eine Probe bestätigt werden.

Aufgaben: Lösen Sie die folgenden Gleichungen nach der Variablen *x* auf:

1. $\sqrt{2x} + 5 = 7$
2. $\sqrt{4x + 12} = 4$
3. $5 + \sqrt{5x - 1} = x$
4. $\sqrt{10 - x} = \sqrt{6 + x}$
5. $\sqrt{3x - 2} = \sqrt{8x}$

1.9.4 Exponentialgleichungen

Exponentialgleichungen enthalten die gesuchte Größe x im Exponenten (in der Hochzahl).

Beispiele:

a) $5^{3x} = 189 \quad |\lg$

$\lg(5^{3x}) = \lg 189$

$3x \cdot \lg 5 = \lg 189$

$3x = \frac{\lg 189}{\lg 5} \approx \frac{2{,}276}{0{,}699} \approx 3{,}257$

$\boldsymbol{x} \approx \frac{3{,}257}{3} \approx \boldsymbol{1{,}086}$

b) $26 = 9 \cdot e^{5x} \quad |\ln$

$\ln 26 = \ln(9 \cdot e^{5x}) = \ln 9 + \ln(e^{5x})$

$\ln 26 = \ln 9 + 5x \cdot \ln e = \ln 9 + 5x$

$5x = \frac{\ln 26}{\ln 9} \Rightarrow x = \frac{1}{5} \cdot \frac{\ln 26}{\ln 9}$

$\boldsymbol{x} \approx \frac{1 \cdot 3{,}258}{5 \cdot 2{,}197} \approx \boldsymbol{0{,}297}$

Lösungsweg

Die gesuchte Größe x wird durch Logarithmieren aus dem Exponenten gebracht.

Dazu werden die Logarithmengesetze angewandt.

Anschließend wird nach x umgestellt.

Bei Exponentialgleichungen mit der Basis e logarithmiert man mit dem natürlichen Logarithmus ln.

Zum Umstellen nach x wendet man die Logarithmengesetze an. Da ln e = 1 ist, vereinfacht sich die Auflösung.

Anschließend wird nach x umgestellt.

Aufgaben: Lösen Sie nach *x* auf:

1. $\frac{4}{3} = 10^{2x-3}$
2. $k = A \cdot e^{\frac{E_a}{R \cdot x}}$
3. $3 \cdot e^{-0{,}25x} = 17$
4. $e^{x-3} = 4^{3x}$
5. $c = c_0 \cdot e^{-k1 \cdot x}$

1.9.5 Umstellen von Größengleichungen

1

In der Chemie, der Physik und der Technik werden gesetzmäßige Zusammenhänge zwischen Größen mit Größengleichungen (engl. equations between quantities), einfach auch Gleichungen oder Formeln genannt, beschrieben.

Beispiel: Die Fläche eines Rechtecks A wird mit der Größengleichung $A = a \cdot b$ beschrieben.

Eine Größengleichung enthält mehrere Variablen. Sie kann nach jeder Variablen aufgelöst werden. Dazu wird die Größengleichung so umgeformt, dass die gesuchte Variable auf der linken Seite der Gleichung alleine und mit positivem Vorzeichen steht. Für die Umformung von Größengleichungen gelten die gleichen Regeln wie bei den Bestimmungsgleichungen (Seite 23 bis 25).

Ist z. B. bei der Größengleichung für die Rechteckfläche $A = a \cdot b$ die Kantenlänge a gesucht, so formt man die Gleichung nach a um: $A = a \cdot b \Rightarrow a = \frac{A}{b}$

In die umgestellte Größengleichung werden die Größen mit Zahlenwert und Einheit eingesetzt und ausgerechnet, z. B. mit $A = 31{,}28\ \text{cm}^2$ und $b = 6{,}8\ \text{cm}$ folgt $a = \frac{31{,}28\ \text{cm}^2}{6{,}8\ \text{cm}} = 4{,}6\ \text{cm}$.

Beispiele zum Umstellen von Größengleichungen

a) Kreisfläche

$$A = \frac{\pi \cdot d^2}{4}$$

gesucht ist d

$$d^2 = \frac{A \cdot 4}{\pi}$$

$$d = \sqrt{\frac{4 \cdot A}{\pi}} = 2\sqrt{\frac{A}{\pi}}$$

b) Wärmeenergie

$$Q = c \cdot m \cdot \Delta\vartheta$$

gesucht ist c

$$\frac{Q}{m \cdot \Delta\vartheta} = c$$

$$c = \frac{Q}{m \cdot \Delta\vartheta}$$

c) Allgemeine Gasgleichung

$$p \cdot V = \frac{m}{M} \cdot R \cdot T$$

gesucht ist M

$$p \cdot V \cdot M = m \cdot R \cdot T$$

$$M = \frac{m \cdot R \cdot T}{p \cdot V}$$

d) Mischungsgleichung (für Lösungen)

$$m_1 \cdot w_1 + m_2 \cdot w_2 = m_M \cdot w_M$$

gesucht ist m_2

$$m_2 \cdot w_2 = m_M \cdot w_M - m_1 \cdot w_1$$

$$m_2 = \frac{m_M \cdot w_M - m_1 \cdot w_1}{w_2}$$

e) Gesamtwiderstand zweier paralleler Widerstände

$$\frac{1}{R_{ges}} = \frac{1}{R_1} + \frac{1}{R_2}$$

gesucht ist R_1

$$\frac{1}{R_1} = \frac{1}{R_{ges}} - \frac{1}{R_2}$$

$$R_1 = \frac{1}{\frac{1}{R_{ges}} - \frac{1}{R_2}}$$

f) Molare Masse eines gelösten Stoffes in einer Lösung

$$M = \frac{m \cdot (1 - x)}{x \cdot n_{LM}}$$

gesucht ist x

$$M \cdot x \cdot n_{LM} = m - m \cdot x$$

$$x\,(M \cdot n_{LM} + m) = m$$

$$x = \frac{m}{M \cdot n_{LM} + m}$$

g) Zeitgesetz der Konzentration einer Reaktion 1. Ordnung

$$c = c_o \cdot e^{-k \cdot t}$$

gesucht ist k

$$c = c_o \cdot e^{-k \cdot t} \quad |\ln$$

$$\ln c = \ln (c_o \cdot e^{-k \cdot t}) = \ln c_o + \ln e^{-k \cdot t}$$

$$\ln c - \ln c_o = -k \cdot t \cdot \ln e \qquad \text{mit } \ln e = 1$$

$$\ln c - \ln c_o = -k \cdot t$$

$$k = -\frac{\ln c - \ln c_o}{t} = \frac{\ln \frac{c}{c_o}}{t}$$

h) Geradlinig beschleunigte Bewegung mit Anfangsgeschwindigkeit

$$s = v \cdot t + \frac{a}{2} \cdot t^2$$

gesucht ist t

$$\frac{a}{2} \cdot t^2 + v \cdot t - s = 0 \qquad |:\frac{a}{2}$$

$$t^2 = \frac{2\,v}{a} \cdot t - \frac{2\,s}{a} = 0$$

$$t_{1/2} = -\frac{2\,v}{2\,a} \pm \sqrt{\left(\frac{2\,v}{2\,a}\right)^2 - \left(-2\,\frac{s}{a}\right)}$$

$$t_{1/2} = -\frac{v}{a} \pm \sqrt{\left(\frac{v}{a}\right)^2 + \frac{2\,s}{a}}$$

Aufgaben: Stellen Sie obige Gleichungen nach folgender Variablen um:

1. Beispiel b) nach $\Delta\vartheta$
2. Beispiel c) nach T
3. Beispiel d) nach w_M
4. Beispiel d) nach w_1
5. Beispiel e) nach R_2
6. Beispiel f) nach n_{LM}
7. Beispiel g) nach t
8. Beispiel h) nach a

1.10 Rechnen mit Winkeln und Winkelfunktionen

Winkelangaben

Ein Vollkreis umfasst 360° **(Bild 1)**. 90° ist ein Viertel eines Kreises, 180° ein halber Kreis. 1° ist der 360ste Teil eines Vollkreises.
Die Einheit des Winkels (engl. angle) ist das Grad, Einheitenzeichen grad oder °. Bruchteile von 1 Grad (1°) sind die Winkelminute (′) und die Winkelsekunde (″).

1° = 60′
1′ = 60″

Beispiel einer Winkelangabe: α = 48° 36′ 25″

Häufig werden Winkel auch in Dezimalschreibweise angegeben, z.B. α = 48,6°. Beide Winkelangaben können ineinander umgerechnet werden.

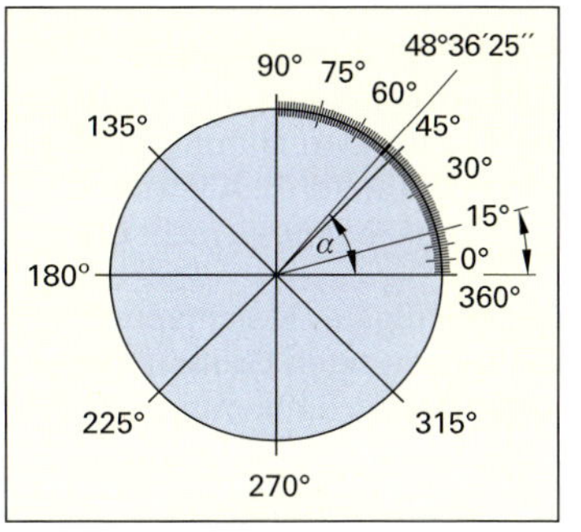

Bild 1: Winkel im Vollkreis

Beispiel 1: Wie lautet die Winkelangabe α = 48° 36′ in Dezimalschreibweise?
Lösung: $36' = 36\frac{1°}{60} = 0{,}6°$; ⇒ $\alpha = 48° + 0{,}6°$ = **48,6°**

Beispiel 2: Wie lautet die Winkelangabe α = 32,3525° in Grad, Winkelminuten und Winkelsekunden?
Lösung: 0,3525° = 0,3525 · 60′ = 21,15′; 0,15′ = 0,15 · 60″ = 9″; ⇒ **α = 32° 21′ 9″**

Aufgaben

1. Berechnen Sie die Winkel in Dezimalschreibweise: a) 12° 16′ 2″ b) 27° 44′ 59″ c) 69° 48′
2. Drücken Sie die folgenden Winkelangaben in Grad, Minuten und Sekunden aus:
   a) 19,27° b) 38,18° c) 72,75° d) 28,68°

Winkelfunktionen

Die Definition der Winkelfunktionen erfolgt am rechtwinkligen Dreieck **(Bild 2)**. Vom Winkel α aus betrachtet, bezeichnet man die Seiten des Dreiecks als Ankathete, Gegenkathete und Hypotenuse.
Als Winkelfunktionen bezeichnet man verschiedene Größenverhältnisse der Seiten des rechtwinkligen Dreiecks (siehe rechts unten): Sinus (sin), Cosinus (cos), Tangens (tan), Cotangens (cot).
Zu jedem Winkel α gehört ein Funktionswert der entsprechenden Winkelfunktion. Die Funktionswerte sind im Taschenrechner gespeichert und können mit den Funktionstasten abgerufen werden.

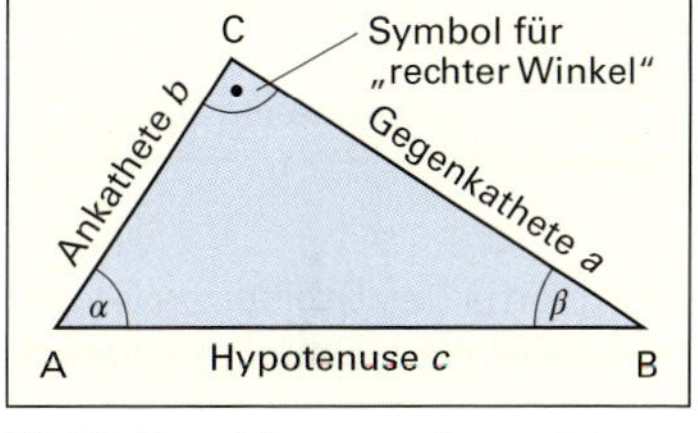

Bild 2: Bezeichnungen im rechtwinkligen Dreieck

Beispiel: sin 30,5° = ?

Eingabe	ON/C	30,5°	sin	*Lösung:*
Anzeige	0	30,5	0,5075384	**sin 30,5° = 0,5075384**

Winkelfunktionen

$$\sin\alpha = \frac{\text{Gegenkathete}}{\text{Hypotenuse}}$$

$$\cos\alpha = \frac{\text{Ankathete}}{\text{Hypotenuse}}$$

$$\tan\alpha = \frac{\text{Gegenkathete}}{\text{Ankathete}}$$

$$\cot\alpha = \frac{\text{Ankathete}}{\text{Gegenkathete}}$$

$$\text{mit } \tan\alpha = \frac{1}{\cot\alpha}$$

Aufgaben

1. Bestimmen Sie zu folgenden Winkeln die Winkelfunktionen sin, cos, tan sowie cot mit dem Taschenrechner und tragen Sie sie in eine Tabelle ein.

α	**0°**	**30°**	**45°**	**60°**	**90°**	**17° 33′**
sin α						
cos α						
tan α						
cot α						

2. Bestimmen Sie die Winkel folgender Funktionswerte:
   a) $\sin\alpha = 0{,}2215485$; b) $\tan\beta = 0{,}7954359$; c) $\cos\gamma = 0{,}378906$

1

1.11 Berechnungen mit dem Dreisatz

Zahlreiche Berechnungen aus der Labor- und Betriebspraxis können durch Dreisatzberechnung, auch Schlussrechnung genannt, einfach und anschaulich gelöst werden. Dies betrifft insbesondere die stöchiometrischen Berechnungen (Kapitel 4), das Rechnen mit Mischphasen (Kapitel 5) und analytische Berechnungen (Kapitel 8). Allerdings sollte auch bei diesen Berechnungen die Schlussrechnung das *Rechnen mit Größengleichungen* nicht prinzipiell ersetzen.

Der wichtigste Gesichtspunkt aller chemischen und physikalischen Berechnungen ist das Verständnis für die auftretenden Größen, die Abhängigkeiten zwischen den Größen sowie die Berücksichtigung der entsprechenden Einheiten.

Direkter Dreisatz

Der direkte Dreisatz (engl. direct rule of three) stellt die Beziehung zwischen zwei direkt proportionalen Größen her. Dies entspricht in einem Diagramm einer Ursprungsgeraden **(Bild 1).**

Das festgelegte Denkschema zur Berechnung wird an zwei Beispielen beschrieben.

Beispiel 1: Durch Verbrennen von 32,0 g Schwefel S entstehen 22,4 L Schwefeldioxidgas SO_2. Wie viel Liter SO_2 entstehen bei der Verbrennung von 150 g Schwefel?

Lösung:

1. Satz: aus 32,0 g S entstehen 22,4 L SO_2

2. Satz: aus 1 g S entstehen $\frac{22{,}4}{32{,}0}$ L SO_2

3. Satz: aus 150 g S entstehen $\frac{22{,}4 \cdot 150}{32{,}0}$ L = **105 L SO_2**

Es entstehen 105 L SO_2 oder: **$V(SO_2)$ = 105 L**

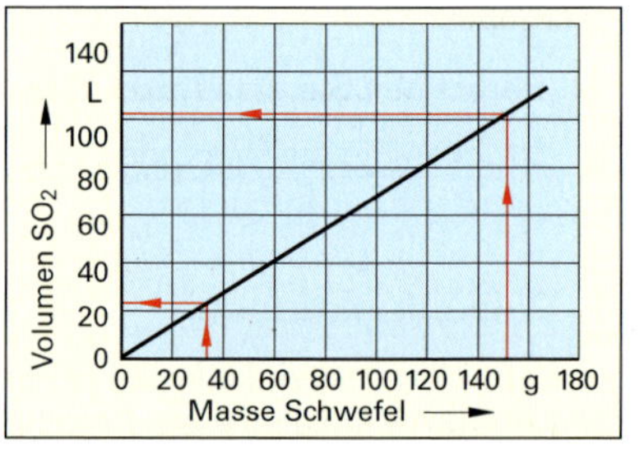

Bild 1: Abhängigkeit SO_2-Volumen zur verbrannten Schwefelmasse

Im Schema des Dreisatzes wird im 2. Satz auf die *Einheit* geschlossen, im 3. Satz auf die gesuchte *Mehrheit* der Einheit. Dabei müssen die zusammengehörenden Größen jeweils auf der gleichen Seite des Satzes untereinander angeordnet werden. Bei den Einheitenzeichen ist auf Gleichheit zu achten.

Beim *direkten Dreisatz* (Beispiel 1) führt das Vergrößern ↑ (Verkleinern ↓) der Ausgangsgröße 1 (Schwefel S) zu einer Vergrößerung ↑ (Verkleinerung ↓) der Ausgangsgröße 2 (Schwefeldioxidgas SO_2).

Das Ergebnis eines Dreisatzes muss mit dem entsprechenden Einheitenzeichen versehen sein, und es sollte die gesuchte Größe, z.B. das Volumen SO_2, oder das Größenzeichen, z.B. $V(SO_2)$, enthalten.

Im 3. Satz des Dreisatzes kann anstelle des Quotienten die gesuchte Größe als Variable (Platzhalter, z.B. *x*, *y* usw.) eingesetzt werden. Der Quotient wird anschließend ausgerechnet.

Beispiel 2: 100 g Wasser von 20°C lösen 36 g Natriumchlorid NaCl. Wie viel Gramm NaCl können bei gleicher Temperatur in 150 g Wasser gelöst werden **(Bild 2)**?

Lösung:

1. Satz: 100 g Wasser lösen 36 g NaCl

2. Satz: 1 g Wasser löst $\frac{36}{100}$ g NaCl

3. Satz: 150 g Wasser lösen x NaCl

$$x = m(\text{NaCl}) = \frac{36 \cdot 150}{100}\,\text{g} = \mathbf{54\ g}$$

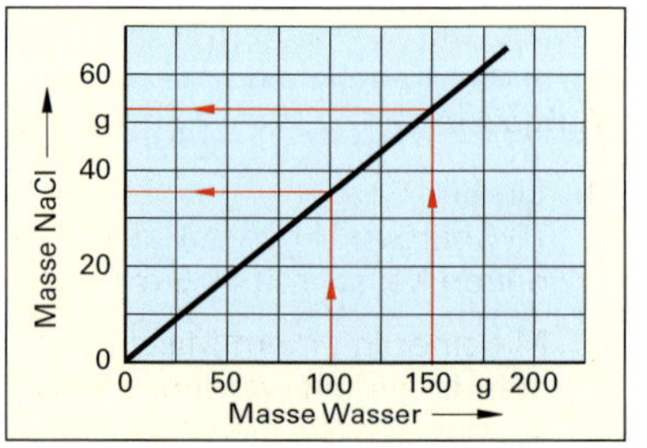

Bild 2: Abhängigkeit gelöste NaCl-Masse pro Masse Wasser

Aufgaben zu Berechnungen mit dem direkten Dreisatz

1. Beim Glühen von 100 g Calciumcarbonat $CaCO_3$ entstehen 44 g Kohlenstoffdioxid CO_2. Welche Masse an $CaCO_3$ muss geglüht werden, wenn 800 kg CO_2 hergestellt werden sollen?
2. 7,55 g Rohkohle werden nach der Trocknung mit 6,24 g ausgewogen. Wie viel Tonnen Feuchtigkeit enthält ein Kohletransport mit 785 t Rohkohle?
3. In 80 g Ammoniumnitrat NH_4NO_3 sind 28 g Stickstoff N chemisch gebunden. Berechnen Sie die Masse an Stickstoff in 2,5 t Ammoniumnitrat.

Indirekter Dreisatz

Beim indirekten Dreisatz (indirect rule of three) sind die beiden verbundenen Größen umgekehrt proportional **(Bild 1)**. Durch Vergrößern ↑ (Verkleinern ↓) der einen Größe verkleinert ↓ (vergrößert ↑) sich der Wert der zweiten Größe. Das Lösungsschema ist entspechend wie beim direkten Dreisatz.

Beispiel 1: Zwei parallel geschaltete Kreiselpumpem füllen einen Säuretank in 6 Minuten. Welche Füllzeit ist erforderlich, wenn die Befüllung mit drei parallel arbeitenden Pumpen gleicher Förderleistung erfolgt?

Lösung:

1. Satz: 2 Pumpen benötigen 6 min
2. Satz: 1 Pumpe benötigt 6 min · 2
3. Satz: 3 Pumpen benötigen x

$x = \frac{6 \cdot 2}{3}$ min = 4 min oder: ***t*** **(3 Pumpen) = 4 min**

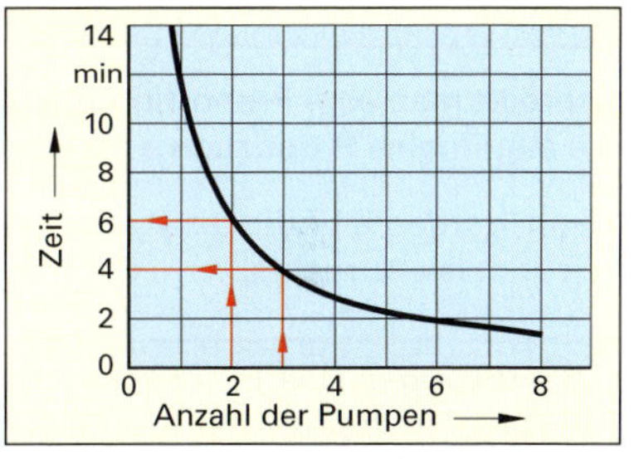

Bild 1: Abhängigkeit der Pumpzeit von der Anzahl eingesetzter Pumpen

Bei praktischen Berechnungen wird häufig auf den 2. Satz des Dreisatzes, den Schluss auf die *Einheit*, verzichtet. Man spricht vom *abgekürzten* Dreisatz oder auch von der **Schlussrechnung**.

Beispiel 2: Das Volumen einer Gasportion beträgt bei einem Druck von 2,5 bar 10 m³ **(Bild 2).** Wie groß ist das Volumen bei 7,5 bar unter gleicher Temperatur?

Lösung: Überlegung: Mit steigendem Druck wird das Volumen kleiner, deshalb *indirekter* Dreisatz.

1. Satz: bei 2,5 bar ist das Volumen 10 m³
2. Satz: bei 7,5 bar ist das Volumen x

$x = \frac{2{,}5\ \text{bar} \cdot 10\ \text{m}^3}{7{,}5\ \text{bar}} = 3{,}3333\ \text{m}^3$;

Das Volumen beträgt rund 3,3 m³ oder: $\boldsymbol{V \approx 3{,}3\ \text{m}^3}$

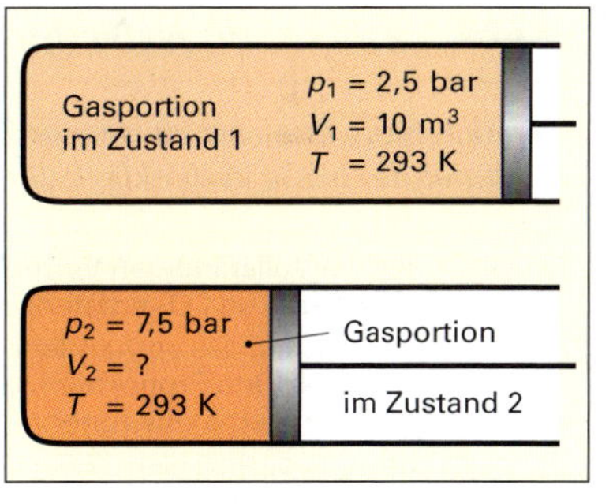

Bild 2: Abhängigkeit Volumen einer Gasportion bei steigendem Druck

Aufgaben zu Berechnungen mit dem indirekten Dreisatz

1. Ein Rührkessel hat ein Füllvolumen von 32,0 m³ Reaktionsgut. Die monatliche Produktion erfordert 70 Chargen (Ansätze). Wie viele Chargen sind monatlich nötig, wenn der 32-m³-Kessel durch einen neuen Kessel mit 40,0 m³ Füllvolumen ersetzt wird?
2. Mit einer in einem Mischbehälter enthaltenen Lacklösung konnten 30 Gebinde von 40 L Inhalt vollständig gefüllt werden. Wie viele 60-L-Gebinde werden für die gleiche Portion benötigt?
3. Zur Neutralisation von 500 kg Kalilauge wurden 110 kg Salzsäure mit dem HCl-Massenanteil 36 % benötigt. Welche Masse an Salzsäure ist erforderlich, wenn sie nur den Massenanteil 30 % hat?

1.12 Berechnungen mit Proportionen

Das Verhältnis zweier Zahlen wird durch einen Bruch oder durch ein Divisionszeichen angegeben.

Beispiel: $\frac{2}{5}$ oder $2:5$ (gesprochen: 2 zu 5)

Der Wert eines Verhältnisses ändert sich nicht, wenn seine Zähler und Nenner bzw. Dividend und Divisor mit derselben Zahl multipliziert oder durch dieselbe Zahl dividiert werden.

Beispiel: $\frac{2}{5} = \frac{2 \cdot 3}{5 \cdot 3} = \frac{6}{15} = \frac{2:10}{5:10} = \frac{0{,}2}{0{,}5}$; kann auch geschrieben werden: $2:5 = 6:15 = 0{,}2:0{,}5$

Zwei Verhältnisse mit dem gleichen Wert können gleichgesetzt werden. Dies nennt man eine **Verhältnisgleichung** (engl. ratio equation) oder eine **Proportion** (engl. proportion).

Beispiel: 2 zu 5 verhält sich wie 6 zu 15. Als Proportion geschrieben: $2:5 = 6:15$

Schreibt man eine Proportion mit allgemeinen Zahlen, so erhält man die **allgemeine Proportion** $\boldsymbol{a:b = c:d}$.

Darin werden *a* und *d* als *Außenglieder*, *b* und *c* als *Innenglieder* bezeichnet (siehe rechts).

Proportion	Produktregel
Außenglieder ↓ ↓ $a:b = c:d$ ↑ ↑ Innenglieder	$a:b = c:d$ $\Rightarrow a \cdot d = b \cdot c$

Produktregel: Das Produkt der Innenglieder einer Proportion ist gleich dem Produkt der Außenglieder.

Für das Beispiel $2:5 = 6:15$ gilt daher: $2 \cdot 15 = 5 \cdot 6 = 30$

Ist eine der Größen in einer Proportion unbekannt (= x), so kann die Proportion nach dieser unbekannten Größe umgestellt und diese berechnet werden.

Beispiel: $2:5 = x:15$; Als Bruch geschrieben: $\frac{2}{5} = \frac{x}{15} \Rightarrow x = \frac{2 \cdot 15}{5} = 6$

Wie auch beim Dreisatz ist bei der Berechnung über Proportionen zu prüfen, ob die *vorhandene* oder die *resultierende* Größe in *direkter* oder *indirekter* proportionaler Abhängigkeit zueinander stehen.

Beispiel: Bei der vollständigen Verbrennung von 12,0 g Kohlenstoff C entstehen 44,0 g Kohlenstoffdioxid CO_2. Welche Masse an CO_2 entsteht bei der Verbrennung von 78,0 g Kohlenstoff?

Lösung: Die Massen des vorhandenen Stoffes (C) und des entstehenden Stoffes (CO_2) verhalten sich direkt proportional (direkte Proportion), d.h., bei der Zunahme des Ausgangsstoffes C wird auch der Endstoff CO_2 im gleichen Verhältnis zunehmen.

Es müssen sich also 12,0 g C zu 78,0 g C verhalten wie 44,0 g CO_2 zum gesuchten Wert x.

$\Rightarrow$ $12{,}0\text{ g} : 78{,}0\text{ g} = 44{,}0\text{ g} : x$;

Als Bruch geschrieben: $\frac{12{,}0\text{ g}}{78{,}0\text{ g}} = \frac{44{,}0\text{ g}}{x} \Rightarrow \boldsymbol{x} = \frac{44{,}0\text{ g} \cdot 78{,}0\text{ g}}{12{,}0\text{ g}} = \mathbf{286\ g}$; $\boldsymbol{m(CO_2) = 286\ g}$

Aufgaben zu Berechnungen mit Proportionen

1. In 286,1 g Soda $Na_2CO_3 \cdot 10\ H_2O$ sind 180 g H_2O als Kristallwasser gebunden. Welche Masse an Natriumcarbonat Na_2CO_3 bindet 500 kg Kristallwasser?
2. In 20,112 g Rohbauxit wurden bei einer Bestimmung des Glühverlustes 480 mg Feuchtigkeit ermittelt. Berechnen Sie die Masse an Feuchtigkeit in 75 t Rohbauxit.
3. Ein Tank wird über eine Zuleitung mit dem Rohrquerschnitt 75 cm² in 40 min befüllt.
   a) Welche Füllzeit ist mit einer Zuleitung von 90 cm² zu erwarten?
   b) Bei welchem Rohrquerschnitt wird eine Füllzeit von 50 min erzielt?

1.13 Berechnungen mit Anteilen

Mit Anteilen drückt man z. B. den Gehalt einer Komponente in einer Mischung aus. Mathematisch betrachtet sind Anteile Quotienten aus jeweils zwei gleichen physikalischen Größen.

Beispiel: Welchen Massenanteil w(NaCl) hat eine Lösung, die 18 g NaCl in 100 g Lösung enthält?

Lösung: $\boldsymbol{w}\mathbf{(NaCl)} = \frac{18\ \text{g}}{100\ \text{g}} = \mathbf{0{,}18}$

Der Massenanteil in der Lösung ist: 0,18.

Anteile (engl. fractions) können auf Massen, Volumina, Stoffmengen oder Teilchenzahlen von Stoffportionen angewendet werden (Seite 168).

Die Zahlenwerte der Anteile liegen zwischen 0 und 1. Die Summe aller Anteile einer Stoffportion ergibt 1.

Bei sehr kleinen Anteilwerten können die Zahlenwerte auch mit 10er-Potenz-Faktoren multipliziert oder mit einem Kurzzeichen versehen werden. Einige wichtige Kurzzeichen sind in der folgenden Übersicht aufgeführt. Eine vollständige Übersicht zeigt Tabelle 1, Seite 170.

Anteilsangabe	Bedeutung	Kurzzeichen	Faktor
Prozent	Hundertstel	%	10^{-2}
Promille	Tausendstel	‰	10^{-3}
Parts per million[1)]	Millionstel	ppm	10^{-6}
Parts per billion[1)]	Milliardstel	ppb	10^{-9}

Die Berechnung von Anteilen kann durch Schlussrechnung, Aufstellen einer Proportion oder durch Auflösen von Größengleichungen erfolgen. Dies wird an den folgenden Beispielen gezeigt.

Beispiel 1: In einer Kaliumhydroxid-Probe wird ein Feuchtigkeits-Massenanteil von w(Feuchte) = 0,025 analysiert. Wie groß ist der Feuchtigkeits-Massenanteil in Prozent? Was bedeutet diese Angabe?

Lösung: $\boldsymbol{w}\ \mathbf{(Feuchte)} = 0{,}025 = 0{,}025 \cdot 100\ \% = \mathbf{2{,}5\ \%}$. Das bedeutet: 100 g Probe enthalten 2,5 g Feuchtigkeit.

Beispiel 2: Der Arbeitsplatzgrenzwert (AGW) von Chlor beträgt 0,000 000 5. Wie groß ist der AGW-Wert von Chlor in ppm? Hinweis: ppm heißt 1 Teilchen pro 1 000 000 Teilchen.

Lösung: $\mathbf{AGW} = 0{,}000\,000\,5 = 0{,}000\,000\,5 \cdot \frac{1}{1\,000\,000} = \mathbf{0{,}5\ ppm.}$

---

1) ppm für parts per million (englisch). In deutsch: 1 Teilchen pro 1 Million Teilchen.
ppb für parts per billion (englisch). In deutsch: 1 Teilchen pro 1 Milliarde Teilchen.

Aufgaben zu Berechnungen mit Anteilen

1. Wandeln Sie die Dezimalangaben um:
   a) 0,234 in Prozent b) 0,029 in Promille c) 0,0000170 in ppm d) 0,001350 in Prozent
2. Rechnen Sie die genannten Anteile in Dezimalzahlen um:
   a) 2,5 % b) 1,75 ‰ c) 50 ppm d) 0,134 % e) 2500 ppm f) 0,91 ‰
3. 28,52 g Quarzsand werden geglüht. Nach dem Abkühlen verbleibt ein Rückstand von 26,03 g. Welcher Masseverlust in Prozent ist eingetreten?
4. In einem Kupferkies wurden 21,78 % taubes Gestein ermittelt. Wie viel Kupfererz ist in 500 t Rohmaterial enthalten?
5. Ein Kühlwasserbecken ist mit 250 m³ Kühlwasser gefüllt; dies entspricht 65 % des maximalen Füllvolumens. Welches Volumen kann das Becken noch aufnehmen?

1

Gemischte Aufgaben zu 1 Mathematische Grundlagen und praktisches Rechnen

Grundrechnungsarten, Bruchrechnen

1. Berechnen Sie:

a) $(-3a) \cdot (5b) \cdot (-2c)$ b) $23{,}94\ \text{m} - (-16{,}35\ \text{m}) - 3{,}22\ \text{m}$ c) $(5r + 3s) \cdot (2r - 4s)$

2. Klammern Sie aus: a) $9x^2a - 6xa^2 - 15x^2a^2$ b) $\frac{\pi}{4} h\, D^2 - \frac{d\, h^2 \pi}{4}$

3. Berechnen Sie folgende Ausdrücke:

a) $\frac{(-287)}{(-7)}$ b) $\frac{\frac{\pi}{4}(D-d)^2}{D - \frac{d}{2}}$ c) $\frac{\frac{1}{2}at^2}{\frac{2}{3}at}$ d) $\frac{m_1 \cdot c_1 \cdot \vartheta_1 + m_1 \cdot c_1 \cdot \vartheta_2}{m_1 \cdot c_1 + m_1 \cdot c_1}$

e) $\frac{7{,}82\ \text{g} + 6{,}93\ \text{g} + 7{,}57\ \text{g} + 7{,}34\ \text{g} + 7{,}69\ \text{g}}{5}$ f) $\frac{(36{,}1981\ \text{g} - 24{,}2561\ \text{g}) \cdot 0{,}9982\ \text{g/cm}^3}{36{,}1981\ \text{g} - 24{,}2561\ \text{g} - 54{,}7525\ \text{g} + 44{,}2595\ \text{g}}$

4. Wandeln Sie in Dezimalzahlen um: a) $\frac{8}{10}$ b) $\frac{314\,159}{100\,000}$ c) $\frac{66}{125}$ d) $\frac{2\ \text{m}^2}{9\ \text{m}}$

5. Berechnen Sie: a) $\frac{5\,(u+v)}{(u+v) : 3a}$ b) $\frac{3-a}{7b} : \frac{a-3}{7b}$ c) $\left(-3\frac{1}{3}\right) : \left(8\frac{2}{5}\right)$

Rechnen mit dem Taschenrechner

6. Bestimmen Sie die Unbekannte:

a) $\frac{1}{R_{\text{ges}}} = \frac{1}{25\ \Omega} + \frac{1}{50\ \Omega} + \frac{1}{10\ \Omega}$ b) $k = \frac{1}{\frac{1}{25\,000} + \frac{0{,}0021}{70} + \frac{1}{12\,500}}$

c) $V_{\text{A}} = \pi \cdot (1{,}52\ \text{m})^2 \cdot \left(3{,}64\ \text{m} - \frac{1{,}52\ \text{m}}{3}\right)$ d) $\gamma_{\text{A}} = \frac{2{,}75 \cdot 0{,}05}{1 + 0{,}05\,(2{,}75 + 1)}$

7. Berechnen Sie die folgenden Aufgaben mit dem Taschenrechner mit möglichst günstiger Tastenfolge:

a) $\frac{27{,}35 - 84{,}28 \cdot 2{,}73}{53{,}13 \cdot 102{,}04}$ b) $\frac{7{,}22 \cdot 2{,}91 + 3{,}88 \cdot 0{,}13}{12{,}81 - 6{,}25 \cdot 0{,}98}$ c) $\pi \cdot 2{,}5\ \text{m} \cdot 6{,}2\ \text{m} + \frac{\pi \cdot (2{,}5\ \text{m})^2}{2}$

d) $\frac{1}{R_{\text{ges}}} = \frac{1}{23{,}4\ \Omega} + \frac{1}{18{,}3\ \Omega} + \frac{1}{6{,}9\ \Omega}$ e) $\frac{98 \cdot \pi}{12} + \frac{4{,}27}{0{,}85} - \frac{1}{2{,}3}$ f) $\frac{1}{\frac{1}{12\,400} + \frac{0{,}003}{55} + \frac{1}{6250}}$

Rechnen mit Potenzen und Wurzeln

8. Fassen Sie zusammen: a) $23 \cdot r^{2n+2} \cdot r^{-(n+1)}$ b) $(7 \cdot x^n - 2\,x^n) : 6\,x^{n-2}$ c) $\frac{u^4 - u^3}{u^2 - u}$

9. Berechnen Sie: a) $(-5{,}8)^3$ b) $4{,}5^{25}$ c) $\frac{8{,}9^3 \cdot 6{,}4^2}{0{,}82 \cdot 1{,}5^5}$ d) $3{,}2 \cdot 10^4 + 12{,}3 \cdot 10^3 + 0{,}45 \cdot 10^5$

10. Rechnen Sie den Term aus: a) $(27 + 52 - 69)^2$ b) $(2\,x - 5)^2$ c) $9\,x \cdot (x + 1)^2$

11. Ermitteln Sie den Zahlenwert: a) $\sqrt{3{,}5225}$ b) $\sqrt[3]{143{,}87}$ c) $s = \pm\sqrt{\frac{8{,}32^2 + 8{,}12^2 + 7{,}97^2 + 8{,}05^2}{3}}$

12. Fassen Sie zusammen: a) $\sqrt{2{,}5} \cdot \sqrt{14{,}4}$ b) $5^{\frac{1}{2}} \cdot 5^{\frac{1}{3}}$ c) $\sqrt[4]{81 \cdot 10^4}$ d) $\left(\frac{1}{3}\right)^{\frac{1}{3}}$ e) $(a \cdot b^2)^{\frac{1}{2}}$

Rechnen mit Logarithmen, pH-Wert-Berechnung

13. Bestimmen Sie den dekadischen Logarithmus:

a) 24 b) 100 c) 0,092 d) 10^5 e) 10^{-12} f) $8{,}92 \cdot 10^{-11}$ g) $h = 1{,}84\ \text{m} \cdot \lg \dfrac{1013\ \text{mbar}}{899\ \text{mbar}}$

14. Ermitteln Sie den Numerus x: a) $\lg x = 2{,}8395$ b) $\lg x = 0{,}053$ c) $\lg x = -1{,}842$

15. Bestimmen Sie: a) $\ln \pi$ b) $\ln 10$ c) $\ln 2{,}7182818$ d) $\vartheta_M = \dfrac{38{,}9\ °\text{C} - 26{,}5\ °\text{C}}{\ln \dfrac{38{,}9\ °\text{C}}{26{,}5\ °\text{C}}}$

16. Formen Sie die folgenden Ausdrücke mit den Logarithmengesetzen um:

a) $\lg(9 \cdot 2 \cdot 7)$ b) $\lg \frac{1}{5}$ c) $\lg x^3$ d) $\lg \sqrt{x \cdot y}$ e) $\lg \frac{1}{1-x}$ f) $\lg\left(\sqrt[3]{a \cdot b}\right)$ g) $\ln (a-1)^2$

17. Berechnen Sie:

a) $c(H_3O^+) = 0{,}55$ mol/L, pH = ? b) $c(H_3O^+) = 7{,}21 \cdot 10^{-9}$ mol/L, pH = ?

c) pH = 5,8; $c(H_3O^+)$ = ? d) pH = 11,3; $c(H_3O^+)$ = ?

Lösen von Gleichungen

18. Lösen Sie nach der Unbekannten x auf:

a) $25 = 7x + 4$ b) $\frac{3}{4}x = 7{,}5 - 0{,}75x$ c) $3x - [2x - (2 - x)] = 5x - 7$ d) $7 = \frac{12 - x}{2a}$

e) $5x - 3x - 5 = 3$ f) $\frac{1}{x} = \frac{1}{r} + \frac{1}{s}$ g) $\frac{8u}{2x - v} = \frac{1}{2}$ h) $\frac{2x}{3} - \frac{3x}{4} - 1 = \frac{5x}{12}$

19. Stellen Sie die Gleichung nach der Unbekannten um und machen Sie die Probe:

a) $9x^2 = 8$ b) $x - \frac{12}{x} = 0$ c) $\frac{x-2}{x+2} + \frac{x+2}{x-2} = 5$ d) $3x^2 - 27 = 0$ e) $(x+5)^2 = 81$

f) $20x^2 + x = 12$ g) $0{,}75x^2 + 0{,}5x - 1{,}25 = 0$ h) $\sqrt{x} = \frac{1}{3}$ i) $5 + \sqrt{x} = -3$

j) $2 + \sqrt{2x - 1} = 7$ k) $2 \cdot 5^{3x} = 4^{x+2}$ l) $\left(\frac{1}{3}\right)^x = 100$ m) $e^{x+1} + e^{x-1} = 7$

20. Lösen Sie die folgenden Größengleichungen nach der geforderten Größe auf:

a) $e = \sqrt{^2 + b^2}$; $l = ?, b = ?$ b) $V = \frac{\pi}{4} \cdot h(D^2 - d^2)$; $D = ?, d = ?, h = ?$

c) $s = \frac{1}{2} g \cdot t^2$; $t = ?$ d) $\frac{V_1}{T_1} = \frac{V_2}{T_2}$; $V_1 = ?, T_1 = ?, V_2 = ?, T_2 = ?$ e) $\frac{m}{\ddot{A} \cdot V}$; $m = ?, V = ?$

f) $\frac{m_1}{m_2} = \frac{w_M - w_2}{w_1 - w_M}$; $w_M = ?, w_1 = ?, w_2 = ?$ g) $R_w = R_k \cdot (1 + \alpha \cdot \Delta\vartheta)$; $\Delta\vartheta = ?, \alpha = ?$

h) $\vartheta_M = \frac{m_1 \cdot c_1 \cdot \vartheta_1 + m_2 \cdot c_2 \cdot \vartheta_2}{m_1 \cdot c_1 + m_2 \cdot c_2}$; $m_1 = ?, \vartheta_1 = ?, c_1 = ?$ i) $d_i = 2 \cdot \sqrt{\frac{\dot{V}}{\pi \cdot v}}$; $\dot{V} = ?, v = ?$

j) $k = A \cdot e^{\frac{E_A}{R \cdot T}}$; $T = ?, E_A = ?$ k) $k = \dfrac{1}{\frac{1}{\alpha_1} + \frac{s}{\lambda} + \frac{1}{\alpha_2}}$; $\alpha_1 = ?, \lambda = ?$

1

Rechnen mit Winkeln und Winkelfunktionen

21. Rechnen Sie die Winkelangaben in Dezimalschreibweise um:

a) 19° 36′ b) 33° 33′ 33″ c) 77° 3′ 26″ d) 26° 2′ 18″ e) 20′ 30″

22. Geben Sie die Winkel in Grad, Winkelminuten und Winkelsekunden an:

a) 67,51° b) 27,183° c) 9,27° d) 41,20° e) 62,44°

23. Bestimmen Sie die Werte der Winkelfunktionen:

a) tan 29,72° b) sin 36,4° c) cot 41,36° d) cos 12° 15′ 33″ e) sin 77° 21′

24. Ein Lichtstrahl fällt auf eine Flüssigkeitsoberfläche und wird dabei um den Winkel $\gamma = 18{,}1°$ gebrochen **(Bild 1)**. Wie groß ist der Winkel α_2?

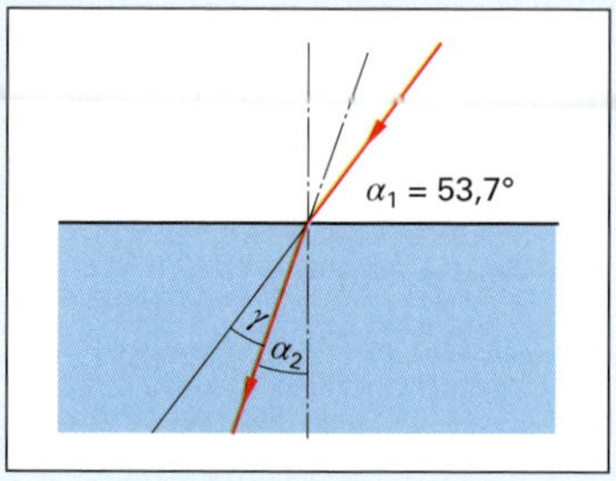

Bild 1: Lichtbrechung (Aufgabe 24)

25. Welche Winkel haben die Winkelfunktionswerte?

a) $\cos\alpha = 0{,}8245$ b) $\cot\alpha = 0{,}1763$

c) $\sin\alpha = 0{,}7968464$ d) $\tan\alpha = 0{,}7595916$

Rechnen mit Dreisatz, Proportionen, Anteilen

26. 16,0 g Methangas CH_4 haben ein Volumen von 22,4 L. Welches Volumen nehmen 125 kg Methangas bei gleichen Bedingungen ein?

27. Für eine Umsetzung werden 2,75 t reines Natriumchlorid NaCl benötigt. Das zur Verfügung stehende Rohsalz enthält pro Tonne 50 kg Nebenbestandteile. Von welcher Masse an Rohsalz ist auszugehen?

28. Aus einem Abfüllbehälter werden 30 Gebinde zu je 50 L Inhalt gefüllt. Wie viele Gebinde zu je 40 L können mit dem gleichen Volumen vollständig gefüllt werden?

29. Der Inhalt von 75 Gebinden zu je 2,5 kg Lack soll in Dosen zu je 1,4 kg umgefüllt werden. Wie viele Dosen sind dazu erforderlich?

30. 25,00 mL einer Säureprobe verbrauchen bei der Titration 28,24 mL Natronlauge-Maßlösung. Welches Volumen der gleichen Lauge muss 32,50 mL Säure zugesetzt werden, um sie zu neutralisieren?

31. Beim Eindampfen von 5,00 kg einer Lack-Lösung verbleibt ein Rückstand von 2,75 kg Feststoff. Welcher Rückstand ist nach dem Eindampfen von 75,0 kg derselben Lösung zu erwarten?

32. 100 g Wasser lösen 35,8 g Natriumchlorid. Welche Masse an NaCl kann von 750 g Wasser gelöst werden?

33. Ein Wärmetauscher mit 250 Kühlrohren hat pro Rohr eine Kühlfläche von 15 dm^2.

a) Wie groß ist die Gesamt-Kühlfläche des Wärmetauschers?

b) Um welchen Anteil in Prozent verringert sich die Kühlfläche, wenn 5 Kühlrohre nach Leckagen dichtgesetzt werden müssen?

34. In einer Elektrolysezelle werden 750 g Chlor elektrolytisch aus Kochsalz-Lösung erzeugt. 70,9 g gasförmiges Chlor nehmen ein Volumen von 22,4 L ein.

a) Welches Volumen hat die Chlorportion?

b) Um welchen Anteil in Prozent nimmt das Chlorvolumen nach Verflüssigung ab, wenn 1,571 g flüssiges Chlor ein Volumen von 1,00 cm^3 haben?

35. Technisches Natriumhydroxid hat einen Feuchte-Massenanteil von 2,5 %. Welche Masse an Wasser ist in 20,0 t Natriumhydroxid enthalten?
36. Die deutsche Trinkwasserverordnung TVO lässt einen maximalen Nitrat-Massenanteil von 50 ppm zu. Wie viel Nitrat darf in 5,0 m^3 Trinkwasser (Dichte 1,00 kg/dm^3) maximal enthalten sein?
37. Der Arbeitsplatzgrenzwert AGW für Schwefelwasserstoff H_2S beträgt 10 ppm. Welches Volumen an Schwefelwasserstoff ist in 120 m^3 Raumluft einer Abfüllhalle enthalten, wenn der AGW-Wert gerade erreicht ist?

2 Auswertung von Messwerten und Prozessdaten

Im Chemielabor und in Chemiebetrieben fallen viele Messwerte oder auch Reihen von Versuchs- und Prozessdaten an.

Die Erfassung der Messwerte und Prozessdaten sowie deren Auswertung ist ein wichtiger Teil der Arbeit im Chemielabor.

2.1 Messtechnik in der Chemie

2.1.1 Grundbegriffe der Messtechnik

Durch einen experimentellen Vorgang, das Messen, wird der Wert einer Messgröße, auch **Messwert** genannt, ermittelt.

Beispiel: Mit einem Messzylinder misst man das Volumen einer Flüssigkeitsportion **(Bild 1)**
Der erhaltene Messwert besteht aus einer Zahl und einer Einheit, z. B. mL. In Bild 1 misst man z. B. 61,3 mL.

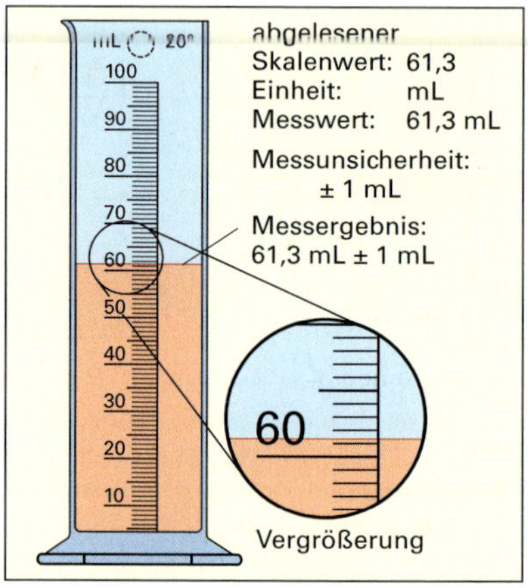

Bild 1: Bestimmung des Volumens mit dem Messzylinder

Das vollständige Messergebnis besteht aus dem Messwert (hier: 61,3 mL) und der Messunsicherheit des Messgeräts (hier: ein Messzylinder mit einer Messunsicherheit von ± 1 mL).

Messwerte sind immer nur eine Annäherung an den wahren Wert der Messgröße.

Wichtige messtechnische Grundbegriffe gemäß DIN 1319-1 sind: Die Messgröße, die Anzeige, der Skalenteilungswert, der Messwert, die Messunsicherheit und das Messergebnis.

Sie werden in untenstehender **Tabelle** und der **Tabelle** auf Seite 37 erläutert.

Tabelle: Messtechnische Grundbegriffe

Begriffe		Kurzzeichen	Beispiele	Definition, Erklärung
Messgröße (measurand)		allgemein *x* speziell *m*, *V*, *p* usw.	Masse *m* Volumen *V* Druck *p* 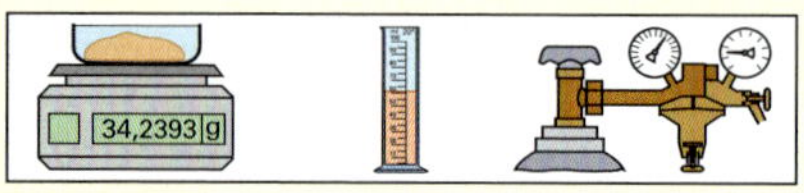 	Die zu messende Größe, z. B. die Masse, das Volumen, der Druck, der Füllstand, die Temperatur, der Volumenstrom, usw.
Anzeige (reading)		Az	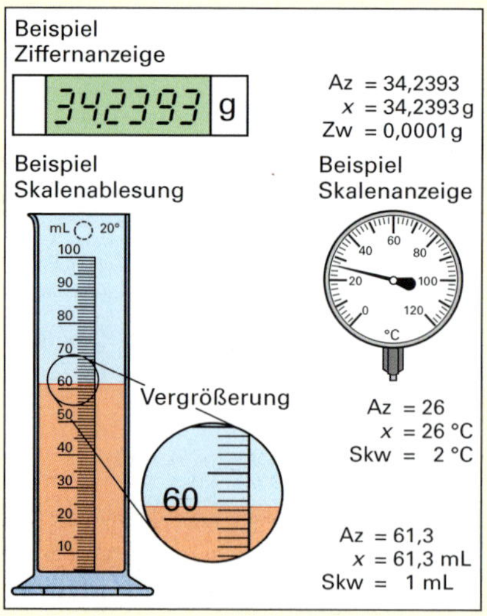 	Ablesbarer Zahlenwert.
Ziffernanzeige		Az		Digitale Anzeige auf einem Zifferndisplay.
Skalenablesung		Az		Ablesewert auf einer Strichskale.
Skalenanzeige		Az		Analoge Anzeige auf einer Strichskale.
Auflösung (resolution)	**Ziffernschrittwert**	Zw		Der Ziffernschrittwert einer Ziffernanzeige ist der kleinste Wert der Anzeigenänderung.
	Skalenteilungswert	Skw		Änderung des Wertes der Messgröße, die eine Änderung der Anzeige um einen Skalenteil bewirkt. Der Skalenteilungswert hat die Einheit der Messgröße.

Tabelle: Messtechnische Grundbegriffe (Fortsetzung)			
Begriffe	**Kurzzeichen**	**Beispiele**	**Definition, Erklärung**
Messwert (measured value)	x	Der abgelesene Wert: 6,0 bar 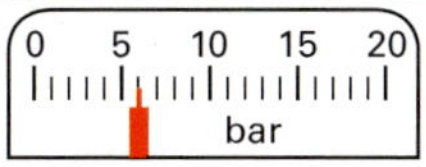 A_Z = 6,0 p = 6,0 bar Skw = 1 bar	Ermittelter Wert der zu messenden Größe. Er wird aus der Anzeige ermittelt und besteht aus Zahlenwert und Einheit. Jeder Messwert ist mit einer Messunsicherheit behaftet.
Messbereich (specified measuring range)	Meb	 Beispiele: Flüssigkeitsthermometer Messbereich: 0 °C bis 110 °C Messzylinder Messbereich: 5 mL bis 100 mL	Bereich von Messwerten, die vom Messgerät mit der garantierten Genauigkeit angezeigt werden können.
Messunsicherheit (uncertainty of measurement)	u	• Fehlergrenzen bei Messzylindern • Reproduzierbarkeit bei Waagen • Genauigkeitsklassen bei Manometern	Aus Messwerten gewonnener Genauigkeits-Kennwert eines Messgerätes. Er dient zur Kennzeichnung eines Wertebereichs, in dem sich der wahre Wert der Messgröße befindet.
Messergebnis (result of measurement)	M	Aus mehreren Messwerten wird der arithmetische Mittelwert $\bar{x}$ gebildet.	Aus Messungen gewonnener Schätzwert für den wahren Wert einer Messgröße.
Vollständiges Messergebnis	y oder das Kurzzeichen der Messgröße	Vollständiges Messergebnis für die Messgröße x: für Einzelmessungen: $y = x \pm u$ für Wiederholmessungen: $y = \bar{x} \pm u$	Messergebnis mit quantitativer Angabe zur Genauigkeit. Das vollständige Messergebnis wird aus dem Messergebnis M (z.B. dem Mittelwert $\bar{x}$) und der Messunsicherheit u gebildet.

2.1.2 Unsicherheit von Messwerten

In Abhängigkeit vom Messverfahren, vom Messgerät und dem Messenden weichen Messungen derselbe Messgröße voneinander ab. Auch bei gleichen wiederholten Messungen unter denselben Bedingungen treten Abweichungen auf: Die Messwerte streuen und machen die letzte Dezimalstelle des Messwertes unsicher. Die Unsicherheit der Messwerte wird durch die Bauart des Messgeräts und durch das Ablesen des Messgeräts verursacht.

Jedes Messgerät hat eine konstruktionsbedingte, gerätespezifische Messgeräte-Unsicherheit. Sie ist durch das physikalische Messprinzip und die Bauart, bei technischen Messgeräten durch die innere Konstruktion des Messgerätes bedingt. Hinzu kommt eine gerätespezifische Ablese-Unsicherheit. Anstatt Messunsicherheit verwendet man auch die Begriffe **Messgenauigkeit** oder **Reproduzierbarkeit**.

Angaben zur Messgenauigkeit (measurement accuracy)

Die Messgenauigkeit wird bei den verschiedenen Geräten unterschiedlich angegeben:
Bei Glasgeräten wird die Messgenauigkeit mit **Fehlergrenzen** (error margin) angegeben.

Beispiel: Eine Vollpipette mit 50 µL Nennvolumen hat Fehlergrenzen von ± 0,5 µL.

Bei Waagen wird die Messgenauigkeit durch die **Reproduzierbarkeit** (repeatability) benannt.

Beispiel: Für eine Analysenwaage wird die Reproduzierbarkeit über den gesamten Wägebereich mit ≤ 0,1 mg angegeben. Das Messergebnis lautet dann z.B. m = 28,4583 g ± 0,1 mg

Bei Manometern und anderen technischen Messgeräten gibt man die Messgenauigkeit durch eine **Genauigkeitsklasse** (modulus of precision) an. Die Messgenauigkeit berechnet sich aus der Genauigkeitsklasse in Prozent multipliziert mit dem Messbereichsendwert ME.

Beispiel: Ein Widerstandsthermometer hat einen Messbereich von 0 °C bis 120 °C und die Genauigkeitsklasse Kl 1,0. Dies bedeutet eine Messgenauigkeit von 1,0 % vom Messbereichsendwert ME.
u = (Kl/100) · ME = ±1,0 % · 120 °C = ±0,010 · 120 °C = ±1,20 °C

Geschätzte Messgenauigkeit

Liegen für die Messgenauigkeit eines Messgerätes keine Angaben vor, z.B. keine Genauigkeitsklasse, Reproduzierbarkeit oder Fehlergrenze, so lässt sich die Messgenauigkeit schätzen.

Nährungsweise beträgt die Unsicherheit von Messergebnissen:

- bei Skalenablesung und Skalenanzeige: $u \approx \pm 1/2 \cdot$ Skalenteilungswert Skw
- bei Zifferanzeige: 2 Ziffernschrittwerte: $u \approx \pm 2 \cdot$ Zw

Beispiel:
- Messzylinder mit Skw = 1 mL → $u \approx \pm 1/2 \cdot$ Skw $\approx \pm 1/2 \cdot$ 1mL $\approx \pm$ 0,5 mL;
- Laborwaage: Zw = 0,001 g → $u \approx \pm 2 \cdot$ Zw $\approx \pm 2 \cdot$ 0,001 g $\approx \pm$ 0,002 g
- Rohrfeder-Manometer mit Skw = 0,5 bar → $u \approx \pm 1/2 \cdot$ Skw $\approx \pm 1/2 \cdot$ 0,5 bar $\approx \pm$ 0,25 bar;
- Einschlussthermometer mit Skw = 0,5 °C → $u \approx 1/2 \cdot$ Skw $\approx \pm 1/2 \cdot$ 0,5 °C $\approx \pm$ 0,25 °C

Üblicherweise ist bei Messgeräten der Skalenteilungswert so gewählt, dass er der Messgenauigkeit des Messgerätes entspricht. Beim Messzylinder mit 100 mL Nennvolumen **(Bild in der Tabelle Seite 36)** z.B. ist die Fehlergrenze ± 1 mL: Das entspricht dem Skalenteilungswert. Beim Rohrfeder-Manometer von **Bild 4, Seite 40** z.B. ist die Unsicherheit ± 0,4 bar: Das entspricht knapp der Hälfte des Skalenteilungswerts.

Beim Ablesen der Skale eines Messgerätes macht es nur begrenzt Sinn, zwischen den Skalenwerten einen Schätzwert abzulesen. Diese letzte Dezimalstelle des Messwertes ist unsicher.

Messwerte ohne angegebene Unsicherheit

Bei Messwerten unbekannter Herkunft oder wenn die Unsicherheit des Messwertes nicht bekannt ist, wird angenommen, dass die letzte Ziffer unsicher (ungenau) ist, während die vorletzte Ziffer des Zahlenwertes sicher (genau) ist. Die Unsicherheit beträgt ungefähr das Einfache des Stellenwertes der letzten Ziffer. Die Volumenangabe V = 45 mL würde somit der Wertschranke 44 mL $\leq V \leq$ 46 mL entsprechen.

2.1.3 Messgenauigkeit im Labor und Chemiebetrieb

Die Anzahl der Ziffern eines Messwertes, die anzugeben sind, richten sich nach dem Messverfahren sowie nach dessen Unsicherheit.

Grundsätzlich gilt bei Messwerten für die Angabe von Ziffern:

Messwerte werden mit so viel Ziffern angegeben, dass die vorletzte Ziffer sicher (genau) ist.
Die letzte Ziffer kann geschätzt oder gerundet sein. Sie ist somit unsicher.

Messzylinder (measuring glass)

Messzylinder mit Strichteilung sind in DIN EN ISO 4788 genormt. Ihre Messgenauigkeit wird mit einer Fehlergrenze angegeben, die vom Nennvolumen abhängt (**Tabelle**). Bezugstemperatur ist 20 °C.

Tabelle: Messzylinder ME (DIN EN ISO 4788, Auswahl)

Kurzzeichen	Nennvolumen mL	Skalenteilungswert mL	Fehlergrenzen ± mL
ME 10	10	0,2	± 0,2
ME 25	25	0,5	± 0,5
ME 50	50	1	± 1
ME 100	100	1	± 1
ME 250	250	2	± 2

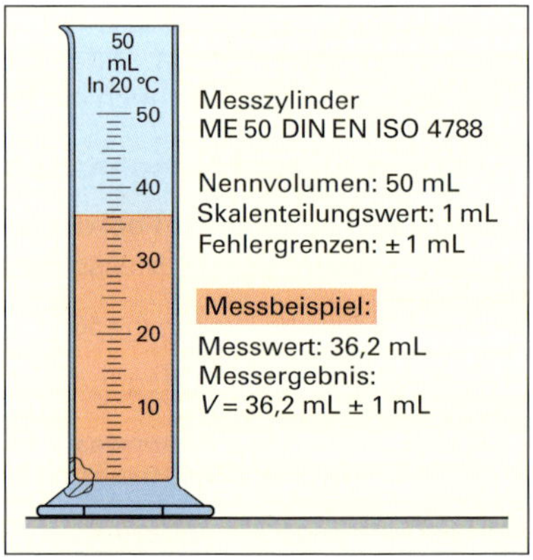

Bild 1: Messzylinder mit Messbeispiel

Für genauere Volumenmessungen sind Messzylinder mit Hauptpunkte-Ringteilung zu verwenden (Kennzeichen MH). Sie haben engere Fehlergrenzen.

Beispiel: Ein Messzylinder MH 50 mit 50 mL Nennvolumen hat Fehlergrenzen von ± 0,5 mL.

Büretten (burets)

Büretten werden bei der Titration zum genauen Abmessen von Volumia verwendet. Es gibt die Genauigkeitsklassen A, AS und B. Büretten der Klasse A und AS haben enge Fehlergrenzen; Büretten der Klasse B haben ungefähr die doppelten Fehlergrenzen der Klasse A (**Tabelle**).

Büretten sind wie Pipetten auf Auslauf geeicht (Ex).

Tabelle: Büretten nach DIN EN ISO 385 (Auswahl)

Nennvolumen mL	Skalenteilungswert mL	Klasse A Fehlergrenzen mL	Klasse AS Fehlergrenzen mL	Klasse B Fehlergrenzen mL
10	0,05	± 0,02	± 0,02	± 0,05
25	0,05	± 0,03	± 0,03	± 0,05
50	0,10	± 0,05	± 0,05	± 0,10

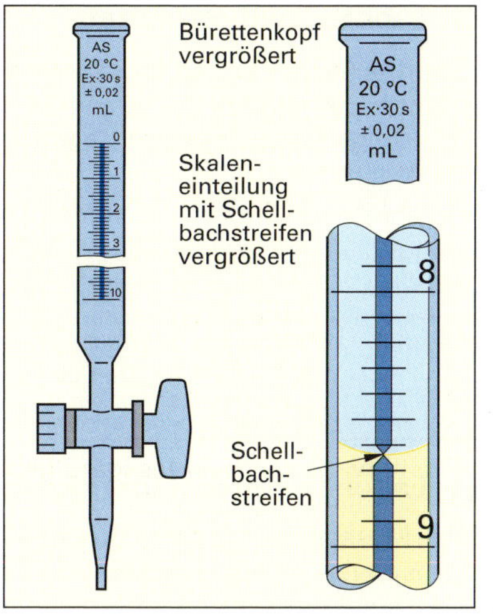

Bild 1: Bürette mit Hahn, 10 mL, Klasse AS und SCHELLBACHstreifen

Die Ablesung erfolgt am tiefsten Punkt des Miniskus mit dem oberen Rand des Teilstrichs. Bei **Büretten mit SCHELLBACHstreifen** an der sogenannten SCHELLBACHspitze **(Bild 1).**

Beispiel: Messung mit einer 10 mL-Bürette der Genauigkeitsklasse AS
V = 8,64 mL ± 0,02 mL

Laborwaagen (Makrowaagen)

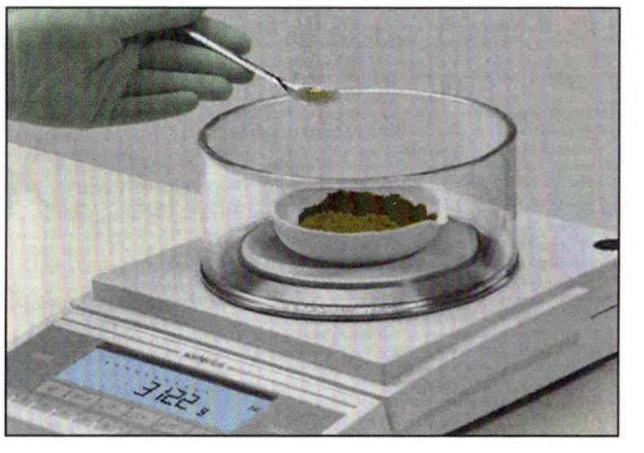

Bild 2: Laborwaage

Moderne Laborwaagen (balance) sind oberschalige Tischwaagen mit digitaler Anzeige **(Bild 2).** Der Wägebereich beträgt 200 g bis 10 kg. Die Anzeige erfolgt z. B. auf 0,1 g, 0,01 g oder 0,001 g. Die Messgenauigkeit von digitalen Waagen wird durch die Reproduzierbarkeit angegeben.

Laborwaagen haben eine Reproduzierbarkeit von ≤ ± 0,1 g, ≤ ± 0,01 g oder ≤ ± 0,001 g.

Beispiel: Eine Laborwaage zeigt einen Messwert von 175,67 g.
Bei einer gewährleisteten Reproduzierbarkeit von ≤ ± 0,01 g lautet das Wägeergebnis mit Genauigkeitsangabe:
m = 175,67 g ± 0,01 g

Analysenwaagen (Mikrowaagen)

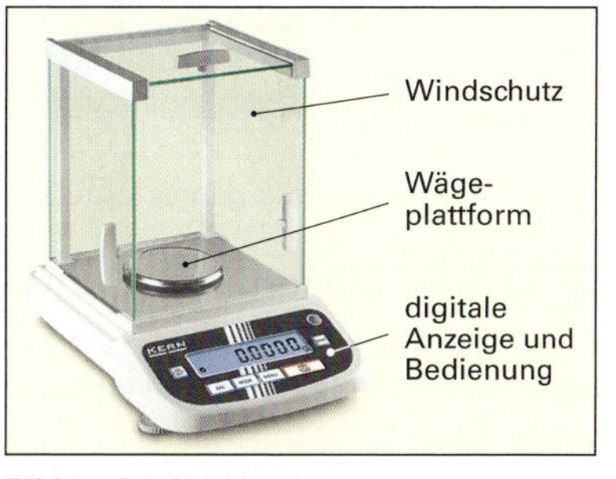

Bild 3: Analysenwaage

Analysenwaagen (analytical balance) sind die empfindlichsten Präzisionswaagen **(Bild 3).** Es sind oberschalige Tischwaagen mit Windschutz und digitaler Anzeige.

Die Reproduzierbarkeit beträgt ≤ 1 mg (0,001 g) oder ≤ 0,1 mg (0,0001 g).

Beispiel: Die Wägung einer Probe ergibt auf der Analysenwaage mit einer Reproduzierbarkeit ≤ ± 1 mg einen Wägewert von 28,296 g. Das Wägeergebnis mit Genauigkeitsangabe lautet:
m = 28,296 g ± 0,001 g

Technikumswaagen

Bild 4: Technikumswaage

Technikumswaagen (engl. scale) haben einen Wägebereich von 20 kg bis 300 kg. Sie bestehen aus einer Wägeplattform sowie einem Wägeterminal mit Rechner, Display und Drucker **(Bild 4).** Die Software der Waage ermöglicht Tarawiegen, Rezeptieren und Dosieren sowie die statistische Wägekontrolle (Qualitätssicherung).

Die Reproduzierbarkeit beträgt z. B. ≤ 2 g bei einem maximalen Lastbereich von 300 kg.

Labor-Glasthermometer (laboratory thermometer)

Laborthermometer bestehen aus Glas **(Bild 1)**. Sie haben einen Vorratsbehälter mit einer feinen Kapillare. Darin befindet sich die blau und rot eingefärbte Messflüssigkeit (Spiritus). An einer Skale wird die Temperatur abgelesen.

Bei Laborthermometern mit einem Nennmessbereich von –200 °C bis +50 °C beträgt die Fehlergrenze ± 2 °C, bei einem Nennmessbereich von 0 °C bis 210 °C ± 1° C und bei einem Nennmessbereich von 0 °C bis > 210 °C ± 2 °C.

Beispiel: Mit einem Laborthermometer mit einem Nennmessbereich 0 °C bis 120 °C wird eine Temperatur von ϑ = 83 °C gemessen.
Das Messergebnis lautet: ϑ **= 83 °C ± 1 °C.**

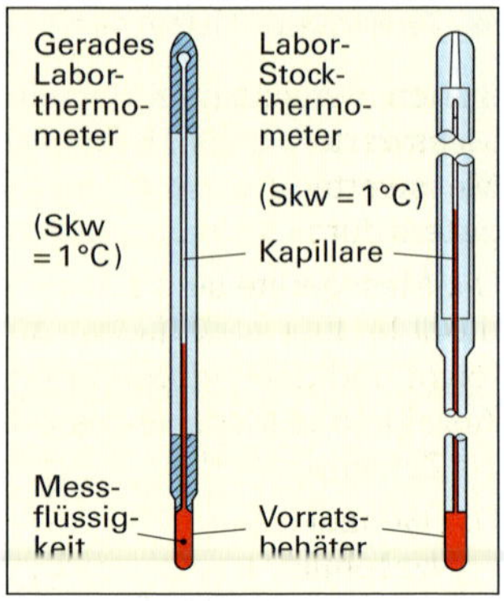

Bild 1: Labor-Glasthermometer

Labor-Thermometer mit Messfühler und Anzeigegerät

Viele Messgeräte in Labor und Chemiebetrieb bestehen aus einem Sensor (Messfühler), der ein elektrisches Signal erzeugt, und einem Anzeigegerät. Das Signal wird auf dem Display eines Handgerätes oder dem Monitor eines Computers als Messgröße angezeigt. So werden z. B. Temperaturen im Labor mit einem mobilen Messfühler gemessen **(Bild 2)**.

Das Messprinzip bei den elektronischen Temperaturmessgeräten ist überwiegend das Widerstandsthermometer (Seite 389).

Für Feinmessgeräte mit elektrischem Signal sind die Genauigkeitsklassen 0,1; 0,2 sowie 0,5 und für elektrische Betriebsmessgeräte die Genauigkeitsklassen 1; 1,5; 2,5 und 5 festgelegt.

Die Ungenauigkeit eines Messgerätes mit elektrischem Signal und digitaler Anzeige setzt sich aus der Messgeräte-Ungenauigkeit des Sensors (in Prozent des Messwerts oder des Messbereichsendwerts) und der Anzeige-Ungenauigkeit (in Ziffernschrittwerten, Digit) zusammen.

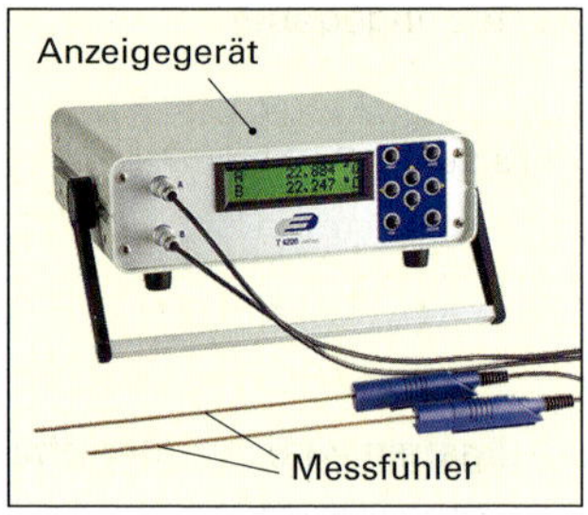

Bild 2: Digitales Labor-Temperaturmessgerät mit Messfühler und Anzeigegerät

Beispiel: Ein digitales Temperaturmessgerät **(Bild 2)** mit dem Anzeigeendwert 250 °C hat die Genauigkeitsklasse 0,2. Die Ungenauigkeit ist ± 0,2 % vom Messbereichsendwert ± 1 Digit. Es zeigt eine Temperatur von 103,1 °C an. Der Ziffernschrittwert ist 0,1 °C.
Die Messwertungenauigkeit beträgt dann:
u = ± 0,2 % · 250 °C ± 0,1 °C = ± 0,5 °C ± 0,1 °C = **± 0,6 °C**
Das Messergebnis lautet: ϑ **= 103,1 °C ± 0,6 °C**

U-Rohr-Manometer (U-tube manometer)

U-Rohr-Manometer messen den Druck mit der Höhe einer Sperrflüssigkeit **(Bild 3)**. Es können nur kleine Unter- und Überdrücke bis 200 mbar gemessen werden.

Die Messgenauigkeit kann mit dem Skalenteilungswert geschätzt werden, z. B. bei einem Skalenteilungswert von 5 mm:

$u \approx \pm 0{,}5 \cdot \text{Skw} \approx \pm 0{,}5 \cdot 5\ \text{mm} \approx \pm 2{,}5\ \text{mm}$

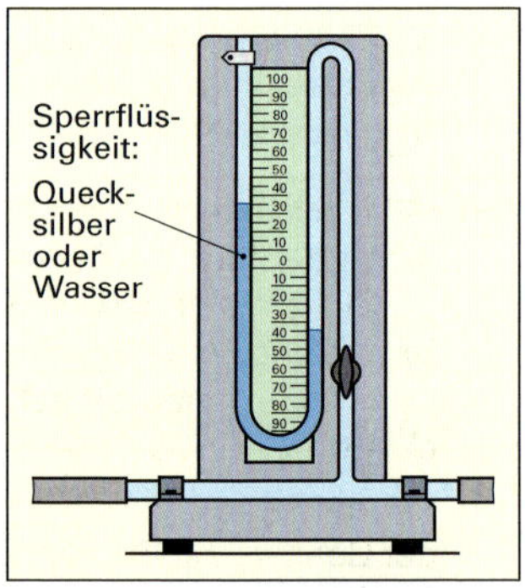

Bild 3: U-Rohr-Manometer

Beispiel: Die in **Bild 3** gezeigte Messung ergibt: p(Hg) = 70 mm ± 2,5 mm

Rohrfeder-Manometer (tubes-pring manometer)

Bei Manometern **(Bild 4)** wird die Messgenauigkeit mit Genauigkeitsklassen angegeben. Der Zahlenwert der Genauigkeitsklasse gibt die Messunsicherheit in Prozent vom Messbereichsendwert an.

Beispiel: Ein Rohrfeder-Manometer mit dem Messbereich 25 bar und der Genauigkeitsklasse 1,6 **(Bild 4)** zeigt einen Messwert von 8,0 bar an.
Die Messunsicherheit ist: u = ± 1,6 % · 25 bar = ± 0,4 bar
Das Messergebnis ist: p = 8,0 bar ± 0,4 bar

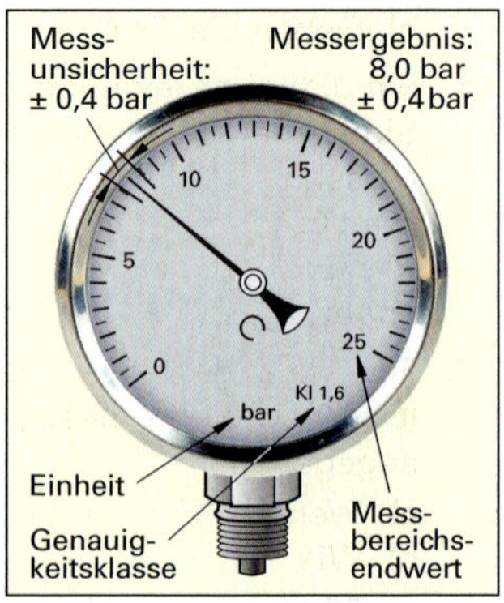

Bild 4: Rohrfeder-Manometer

Messwerte bei Computer-gestützten Auswertesystemen

Neben der analogen und digitalen Anzeige von Messwerten setzt sich immer mehr die Anzeige von Messwerten auf dem Monitor eines Auswertecomputers durch **(Bild 1)**.

Die Messgeräte sind z.B. Sensoren oder Analysenmodule. Ihre elektrischen Signale werden umgeformt und dann in den Computer eingegeben. Die Anzeige des Messwertes erfolgt auf dem Monitor als Zahlenwert oder als Graph.

Die Genauigkeit eines solchen Messsystems wird im Wesentlichen durch die Genauigkeit des Sensorsystems bestimmt. Sie wird meist als Prozentangabe des Messwertes oder des Messbereichendwertes angegeben.

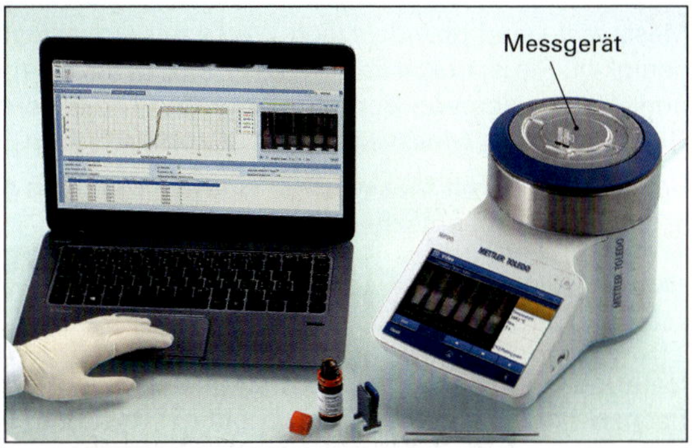

Bild 1: Schmelztemperatur-Messgerät mit Auswertecomputer und Monitor

Beispiel: Bei einem IR-Spektrometer zur Messung von Gaskomponenten im Abgas (Seite 298) wird der Messbereich von Stickoxid NO mit 0 ppm bis 150 ppm und die Reproduzierbarkeit mit < ± 0,5 % des Messbereichendwertes angegeben. Unsicherheit: u = ± 0,5 % · 150 ppm = ± 0,75 ppm

Ein Messwert von z.B. 86,0 ppm Stickstoffmonoxid (NO) muss dann wie folgt angegeben werden: w = 86,0 ppm ± 0,75 ppm.

Aufgaben zu Grundbegriffe der Messtechnik, Messunsicherheit, Messgenauigkeit

1. Mit einem Messzylinder ME 100 werden 45,8 mL einer Flüssigkeit abgefüllt. Welche Fehlergrenze hat der Messwert?
2. Welche Fehlergrenze hat eine Bürette der Klasse AS mit 25 mL Nennvolumen?
3. Eine Analysenwaage mit einer Reproduzierbarkeit von ≤ ±0,0001 g zeigt einen Messwert von 2,7319 g. Wie lautet das Wägeergebnis mit Genauigkeitsangabe?
4. Ein Rohrfeder-Manometer **(Bild 2)** soll abgelesen werden.
   a) Geben Sie die Anzeige Az, den Messwert Mw und den Skalenteilungswert Skw in der Einheit bar sowie psi an.
   b) Welche Genauigkeitsklasse hat das Manometer und welche Unsicherheit hat der Messwert?
   c) Geben Sie das Messergebnis mit Genauigkeit an.
5. Ein analog anzeigendes elektrisches Temperaturmessgerät der Genauigkeitsklasse 1,5 hat den Messbereich 0°C bis 200°C. Ermittelt wurden die Messwerte 20°C, 120°C und 180°C.
   a) Mit welcher Unsicherheit u sind die Messwerte behaftet?
   b) Geben Sie die Messergebnisse mit Genauigkeit an.
6. Ein digital anzeigendes Druckmessgerät mit elektrischem Signal hat die Genauigkeitsklasse 1,0 ± 1 Digit und den Messbereich 0 bis 40 bar. Der Ziffernschrittwert (Digit) beträgt 0,1 bar.
   Mit welcher Unsicherheit wird ein Messwert von 8,4 bar angezeigt und wie lautet das vollständige Messergebnis?
7. Für den gezeigten Schwebekörper-Durchflussmesser **(Bild 3)** wird eine Messgenauigkeit von 2,5 % vom Messwert angegeben.
   a) Welcher Wert wird am Durchflussmesser abgelesen?
   b) Wie lautet das Messergebnis mit Angabe der Messgenauigkeit in m^3/h?

Bild 2: Anzeige eines Rohrfedermanometers (Aufgabe 4)

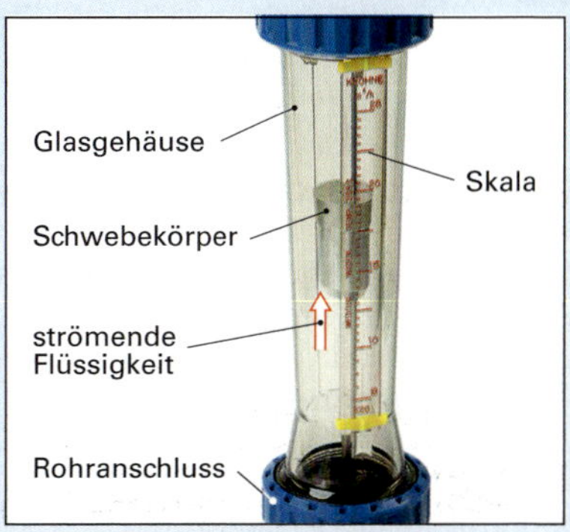

Bild 3: Schwebekörper-Durchflussmesser im Einsatz (Aufgabe 7)

2

2.2 Rechnen mit Messwerten

Messwerte sind grundsätzlich Werte mit einer bestimmten Unsicherheit, also einer eingeschränkten Genauigkeit. Sie ist durch das Messverfahren, mit dem der Messwert gewonnen wurde, bestimmt. Messwerte oder Ergebnisse von Berechnungen mit Messwerten sind deshalb nur so genau anzugeben, wie es die Genauigkeit des Messverfahrens erlaubt, mit dem die Messwerte erhalten wurden.

Beim Rechnen mit Messwerten sind die Kenntnis der **signifikanten Ziffern** und das **Runden** von Rechenergebnissen von entscheidender Bedeutung.

2.2.1 Signifikante Ziffern

Unter den signifikanten Ziffern (engl. significant figures) versteht man die Ziffern eines Messwertes oder Rechenergebnisses, die berücksichtigt werden müssen und nicht weggelassen werden dürfen. Man bezeichnet sie deshalb auch als *zu berücksichtigende Ziffern* oder als *geltende Ziffern.*

Der Messwert eines bestimmten Messgerätes wird mit einer bestimmten Ziffernzahl angezeigt oder kann mit einer bestimmten Ziffernzahl abgelesen werden. Diese Ziffern sind die signifikanten Ziffern des Messwertes. Die verschiedenen Messgeräte ergeben Messwerte mit unterschiedlich vielen signifikanten Ziffern.

Beispiele: **Laborwaage:** $m = \underbrace{175{,}6}$ g — vier signifikante Ziffern
Industriewaage: $m = \underbrace{716{,}250}$ kg — sechs signifikante Ziffern
Bürette: $V = \underbrace{8{,}36}$ mL — drei signifikante Ziffern

Besondere Aufmerksamkeit ist der Ziffer Null (0) in Dezimalzahlen zu schenken. Die Nullen am Ende einer Dezimalzahl gehören zu den signifikanten Ziffern. Die am Anfang einer Zahl stehenden Nullen sind keine signifikanten Ziffern.

Beispiele: Laborwaage:
$m = 0{,}0750$ g: 0,0 – keine signifikanten Ziffern; 750 – drei signifikante Ziffern
$m = 0{,}0075$ g: 0,00 – keine signifikanten Ziffern; 75 – zwei signifikante Ziffern
$m = 0{,}007$ g: 0,00 – keine signifikanten Ziffern; 7 – eine signifikante Ziffer

Die Anzahl der signifikanten Ziffern eines Messwertes darf nicht durch Anhängen einer Null oder durch Weglassen einer Null am Ende verändert werden.

Beispiel: Der Messwert einer Laborwaage (mit 0,1-g-Anzeige), der z.B. mit 175,6 g angezeigt wird, darf nicht als m = 175,60 g geschrieben werden oder der Messwert einer Industriewaage (mit 0,001-kg-Anzeige), der z.B. mit 716,250 kg angezeigt wird, darf nicht als m = 716,25 kg angegeben werden.

2.2.2 Runden

Beim Runden (engl. to round) wird die Stellenzahl einer rechnerisch ermittelten, vielstelligen Dezimalzahl auf eine gewünschte Stellenzahl verringert.

Man unterscheidet aufrunden und abrunden. Liegt der Zahlenwert der Ziffer nach der Rundestelle zwischen 0 und 4, dann wird der Rundestellenwert beibehalten, d.h., es wird **abgerundet** (siehe Beispiel 1). Wenn der Zahlenwert der Ziffer nach der Rundestelle zwischen 5 und 9 beträgt, dann wird der Rundestellenwert um eins erhöht, also wird **aufgerundet** (siehe Beispiel 2).

Das gerundete Ergebnis wird durch ein Rundungszeichen ≈ gekennzeichnet.

Beispiel 1: Zu rundende Zahl: **24,2469**; auf **eine** Nachkommastelle

- Gewünschte Ziffernzahl: 3
- Rundestelle
- Diese Ziffer entscheidet über das Auf- oder Abrunden. Sie beträgt 4: Also wird der Rundestellenwert beibehalten.
- Diese Ziffern bleiben außer Betracht.

Die gerundete Zahl lautet: ≈ **24,2**

Beispiel 2: Zu rundende Zahl: **9,37481**; auf 4. Stelle von links

- Gewünschte Ziffernzahl: 4
- Rundestelle
- Diese Ziffer entscheidet über das Auf- oder Abrunden. Sie beträgt 8: Also wird der Rundestellenwert um eins erhöht.
- Diese Ziffer bleiben außer Betracht.

Die gerundete Zahl lautet: ≈ **9,375**

2.2.3 Rechnen mit Messwerten ohne angegebene Unsicherheit

Bei Messwerten ohne angegebene Unsicherheit bzw. Genauigkeit (engl. uncertainty) wird angenommen, dass die vorletzte Stelle des Zahlenwertes sicher (genau) ist, während die letzte Stelle als unsicher (ungenau) anzusehen ist.

Beim Rechnen mit Messwerten ohne angegebene Unsicherheit müssen einige Regeln beachtet werden.

Addieren und Subtrahieren von Messwerten

Beim **Addieren und Subtrahieren** von Messwerten mit unterschiedlicher Anzahl von **Nachkommastellen** (Dezimalstellen) wird das Ergebnis nur mit so vielen Nachkommastellen angegeben, wie der Messwert mit der geringsten Anzahl von Nachkommastellen besitzt.

Beispiel 1: Es werden 3 Stoffportionen gemischt, deren Massen auf unterschiedlichen Waagen bestimmt wurden:

m_1 = 158,4 kg, m_2 = 16,38 kg, m_3 = 2,4072 kg

Welches Ergebnis kann angegeben werden?

158,4 kg
16,38 kg
2,4072 kg
———
177,1872 kg

Lösung: Rein rechnerisch ergibt sich der Zahlenwert m = 177,1872 kg. Das Ergebnis darf jedoch nur mit **einer** Nachkommastelle angegeben werden. Aufgerundet lautet das Ergebnis ***m*** ≈ **177,2 kg**

Beispiel 2: Es soll die molare Masse von Natriumhydroxid NaOH berechnet werden. Die molaren Massen der Elemente werden aus einem Tabellenbuch abgelesen:

M(Na) = 22,989768 g/mol
M(O) = 15,9994 g/mol
M(H) = 1,00794 g/mol

Welches Ergebnis kann angegeben werden?

Lösung: Rein rechnerisch ergibt sich:

22,989768 g/mol
15,9994 g/mol
1,00794 g/mol
———
40,068568 g/mol

Lösung: Der Wert mit der geringsten Anzahl von Nachkommastellen M(O) hat 4 Nachkommastellen.

Das Ergebnis darf deshalb nur gerundet mit 4 Nachkommastellen angegeben werden: ***M*(NaOH) = 40,0686 g/mol.**

Multiplizieren und Dividieren von Messwerten

Beim **Multiplizieren und Dividieren** von Messwerten mit unterschiedlicher **Ziffernzahl** ist das Ergebnis nur mit so vielen Ziffern anzugeben, wie der Messwert mit der kleinsten Anzahl signifikanter Ziffern besitzt.

Beispiel 1: Welche Masse hat 50,0 Liter Schwefelsäure, deren Dichte zu ϱ = 1,203 kg/L bestimmt wurde? Geben Sie die Masse mit der richtigen Anzahl an Ziffern an.

Lösung: $\varrho = m/V \Rightarrow m = V \cdot \varrho$. Rein rechnerisch ergibt sich m = 50,0 L · 1,203 kg/L = 60,15 kg.

Das Volumen 50,0 L hat mit 3 signifikanten Ziffern gegenüber der Dichte mit 4 signifikanten Ziffern die geringere Genauigkeit. Das Ergebnis ist deshalb nur mit 3 signifikanten Ziffern anzugeben. Das Rechenergebnis wird in der 3. Ziffer aufgerundet und lautet ***m*** ≈ **60,2 kg**

Beispiel 2: Das Volumen eines rechteckigen Behälters mit den Innenmaßen a = 7,9 cm, b = 9,5 cm, c = 16,8 cm ist zu berechnen. Welches Ergebnis kann unter Beachtung der Ziffernzahl angegeben werden?

Lösung: Mit $V = a \cdot b \cdot c$ = 7,9 cm · 9,5 cm · 16,8 cm folgt mit dem Taschenrechner: V = 1260,84 cm³. Dieses Taschenrechner-Ergebnis täuscht eine Genauigkeit auf 6 Ziffern vor, die nicht existiert. Der Messwert mit der kleinsten Anzahl signifikanter Ziffern hat 2 Ziffern. Das Ergebnis darf also nur auf 2 signifikante Ziffern gerundet angegeben werden.

Man schreibt das Ergebnis deshalb als zweiziffrige Zahl mit Zehnerpotenz: $\boldsymbol{V \approx 13 \cdot 10^2\ \mathrm{cm}^3}$

Oder man wählt die Volumeneinheit so, dass ein zweiziffriges Ergebnis möglich ist. Dies gelingt im vorliegenden Fall durch eine Volumenangabe in der größeren Einheit Kubikdezimeter:

$V = 13 \cdot 10^2\ \mathrm{cm}^3 = 1{,}3 \cdot 10^3\ \mathrm{cm}^3 = \mathbf{1{,}3\ dm^3}$

Beispiel 3: Das Ergebnis der Schichtdickenbestimmung einer Lackschicht d = 0,54786 mm soll dreiziffrig wiedergegeben werden.

Lösung: Mit der 3. Stelle aufgerundet ergibt sich: d = 0,54786 mm ≈ **0,548 mm** ≈ **548 µm**

Bei **Berechnungen mit Zwischenergebnissen** werden diese zunächst **nicht** auf die geringste Anzahl an Nachkommastellen bzw. signifikanter Ziffern gekürzt, sondern es wird bei den Zwischenergebnissen entweder mit der höheren Taschenrechnergenauigkeit oder mit zwei Zusatzziffern (Schutzziffern) gerechnet. Erst beim Endergebnis wird durch Runden auf die niedrigste Zahl signifikanter Ziffern bzw. Nachkommastellen gekürzt.

Kommen in einer Berechnung kleine ganzzahlige **Multiplikationsfaktoren** vor, so hat der Multiplikationsfaktor keinen Einfluss auf die Anzahl der signifikanten Ziffern des Ergebnisses.

Beispiel: Berechnen Sie das Gesamtvolumen von 4 Fässern mit 200 L Inhalt.

Lösung: $V_{ges} = 4 \cdot 200\text{ L} = \mathbf{800\text{ L}}$ Das Ergebnis hat wie das Ausgangsvolumen **drei** signifikante Ziffern.

Auch bei großen ganzzahligen Multiplikationsfaktoren behält man die Anzahl signifikanter Ziffern im Endergebnis bei.

Beispiel: Berechnen Sie das Gesamtvolumen von 54 Fässern mit 200 L Inhalt.

Lösung: $V_{ges} = 54 \cdot 200\text{ L} = 10\,800\text{ L} = \mathbf{10{,}8\text{ m}^3}$

Das Ergebnis hat wie das Ausgangsvolumen drei signifikante Ziffern.

2.2.4 Rechnen mit Messwerten mit angegebener Unsicherheit

In Messergebnissen sollte die Unsicherheit des Messwertes angegeben sein.

Beispiel: Eine Flüssigkeitsportion in einem Reaktionskessel hat das Volumen $V = 360\text{ L} \pm 25\text{ L}$.

Beim **Addieren und Subtrahieren** summieren sich die Unsicherheiten.

Beispiel: In einen Reaktionskessel werden $V_1 = 3600$ L Flüssigkeit gepumpt. Die Messunsicherheit des Volumenmessgerätes beträgt $u_1 = \pm 25$ L. Anschließend werden über eine andere Leitung weitere 240 L Flüssigkeit zugepumpt. Die Messunsicherheit des Volumenmessgerätes dieser Leitung beträgt $u_2 = \pm 15$ L. Wie viel Liter Flüssigkeit befinden sich dann im Kessel und wie groß ist die Unsicherheit der Volumenangabe?

Lösung: Bei Additionen und Subtraktionen addieren sich die Unsicherheiten. Im vorliegenden Fall:

$V_{ges} = V_1 + V_2 + u_1 + u_2 = 3600\text{ L} + 2400\text{ L} \pm 25\text{ L} \pm 15\text{ L} = \mathbf{6000\text{ L} \pm 40\text{ L}}$

Das Beispiel zeigt, dass sich durch Addieren die Unsicherheiten der Messwerte nicht nur linear fortpflanzen, sondern dass die Unsicherheit des Rechenwertes größer wird.

Beim Multiplizieren, Potenzieren usw. pflanzen sich die Unsicherheiten der Messwerte nach komplizierten Gesetzmäßigkeiten fort. Auf deren Berechnung wird hier nicht eingegangen.

Aufgaben zu Rechnen mit Messwerten

1. Benennen Sie die Anzahl signifikanter Ziffern bei folgenden Messwerten:
   a) $V = 8{,}379\text{ m}^3$ b) $m = 0{,}03694$ kg c) $M(\text{H}) = 1{,}00794$ g/mol d) $\vartheta = 0{,}640$ °C
2. Runden Sie nachstehende Größenwerte auf zwei Stellen nach dem Komma:
   a) 0,2653 kg b) 6,7462 L c) 12,4454 g d) 12,99981 m^2 e) 4,4445 m f) 0,05495 g
3. Geben Sie das Rechenergebnis mit der richtigen Ziffernzahl an:
   a) 12,65 t + 0,350 t b) 244,0 mL + 0,75 mL c) 960,3 g + 12,146 g
   d) $m = 0{,}43\text{ mol} \cdot 169{,}873\text{ g/mol}$ e) $0{,}920 \cdot 6{,}80$ f) $\varphi = \frac{523\text{ mL}}{748{,}3\text{ mL}}$
4. Ein Fass ist bis zu seiner 200-L-Messmarke mit einem Lackbindemittel gefüllt. Seine Dichte wurde mit einem Aräometer zu $\varrho = 1{,}152\text{ g/cm}^3$ bestimmt. Geben Sie die Masse des Lackbindemittels mit der richtigen Ziffernzahl an.
5. In ein Becherglas werden zuerst mit einer Bürette 12,53 mL Flüssigkeit und anschließend mit einer zweiten Bürette 7,29 mL pipettiert. Die erste Bürette hat eine Fehlergrenze von ± 0,03 mL, die zweite Bürette von ± 0,05 mL. Welches Gesamtvolumen befindet sich im Becherglas und welche Unsicherheit hat der Wert?

2.3 Auswertung von Messwertreihen

In der Regel werden bei der Ermittlung von Messwerten mehrere Messungen durchgeführt, um zufällige Abweichungen und Streuungen in der Messwertreihe auszugleichen. Daraus berechnet man verschiedene **Fehlerarten** und **statistische Kennwerte**, wie z.B. den relativen Fehler, den arithmetischen Mittelwert, den Medianwert usw.

2.3.1 Statistische Kennwerte

Der **arithmetische Mittelwert** $\bar{x}$, auch kurz Mittelwert (engl. mean) genannt, wird erhalten, indem die einzelnen Messwerte x_1, x_2, ... x_n addiert und durch die Anzahl der Messwerte dividiert werden.

Arithmetischer Mittelwert

$$\bar{x} = \frac{x_1 + x_2 + \ldots + x_n}{n}$$

Beispiel 1: Bei einer Produktanalyse wurde die Titration als Fünffachbestimmung durchgeführt. Verbraucht wurden jeweils 24,35 mL, 24,30 mL, 24,34 mL, 24,40 mL und 24,45 mL Maßlösung. Welcher mittlere Verbrauch liegt vor?

Lösung: $\bar{x} = \frac{x_1 + x_2 + x_3 + x_4 + x_5}{n} = \frac{(24{,}35 + 24{,}30 + 24{,}34 + 24{,}40 + 24{,}45)\ \text{mL}}{5} = 24{,}368\ \text{mL} \approx \mathbf{24{,}37\ mL}$

Beispiel 2: Berechnen Sie den Mittelwert der Volumina: 18,46 mL; 30,65 mL; 22,02 mL; 26,13 mL und 24,60 mL.

Lösung: $\bar{x} = \frac{x_1 + x_2 + x_3 + x_4 + x_5}{n} = \frac{(18{,}46 + 30{,}65 + 22{,}02 + 26{,}13 + 24{,}60)\ \text{mL}}{5} = 24{,}372\ \text{mL} \approx \mathbf{24{,}37\ mL}$

Ein Vergleich beider Beispiellösungen zeigt, dass beide Messwertreihen denselben Mittelwert 24,37 mL aufweisen. Es bestehen jedoch sehr unterschiedliche Abweichungen der Einzelwerte vom Mittelwert.

Die Einzelwerte der Messreihe 1 liegen sehr dicht beieinander, während die Messwerte der Messreihe 2 sehr weit vom Mittelwert abweichen.

Der arithmetische Mittelwert $\bar{x}$ gibt einen rechnerischen Mittelwert aller Messwerte an. Er macht keine Angaben über die Abweichungen der einzelnen Messwerte voneinander und vom Mittelwert.

Der **Medianwert** $\tilde{x}$ (engl. median) ist der Zentralwert der nach der Größe geordneten Messwerte einer Messwertreihe.

Medianwert $\tilde{x}$

$x_1, x_2, x_3, \mathbf{x_4}, x_5, x_6, x_7$

Beispiel 3: Geordnete Volumen-Messwerte von Beispiel 1: 24,30 mL, 24,34 mL, **24,35 mL**, 24,40 mL, 24,45 mL ⇒ Der Medianwert ist $\tilde{x}$ **= 24,35 mL**

Bei gerader Anzahl der Messwerte ist der Medianwert der Mittelwert aus den beiden Zentralwerten.

$x_1, x_2, x_3, x_4, x_5, x_6;\quad \tilde{x} = \frac{x_3 + x_4}{2}$

Die **Spannweite** ***R*** (engl. range) ist die Differenz zwischen dem größten und dem kleinsten Messwert. Sie ist ein einfaches Maß für die **Streuung** der Messwerte.

Spannweite

$$R = x_{max} - x_{min}$$

Beispiel 4: Messreihe **aus Beispiel 3:** Spannweite ***R*** = 24,45 mL – 24,30 mL = **0,15 mL**

2.3.2 Absoluter und relativer Fehler

Der **absolute Fehler** (engl. absolute error) ist der Betrag der Differenz zwischen dem größten Messwert x_{max} und dem arithmetischen Mittelwert $\bar{x}$ der Messwertreihe. Er wird als ± - Wert angegeben. Bestimmungsgleichung siehe unten. Beim **relativen Fehler** (engl. relative error) wird der absolute Fehler ins Verhältnis zum arithmetischen Mittelwert $\bar{x}$ gesetzt. Er kann auch in Prozent angegeben werden und heißt dann **prozentualer Fehler** (engl. percentage error).

	Absoluter Fehler	**Relativer Fehler**
Bestimmungsgleichung	$\pm \lvert x_{max} - \bar{x} \rvert$	$\frac{\text{absoluter Fehler}}{\bar{x}} = \frac{\pm \lvert x_{max} - \bar{x} \rvert}{\bar{x}}$
Beispiel 1 (siehe oben)	$\pm \lvert 24{,}45 - 24{,}37 \rvert$ mL = ±**0,08 mL**	$\pm \frac{0{,}08\ \text{mL}}{24{,}37\ \text{mL}}$ = ±**0,0033** = ±**0,33 %**
Beispiel 2 (siehe oben)	$\pm \lvert 30{,}65 - 24{,}37 \rvert$ mL = ±**6,28 mL**	$\pm \frac{6{,}28\ \text{mL}}{24{,}37\ \text{mL}}$ = ±**0,258** = ±**25,8 %**

Ein Vergleich der jeweiligen Fehler der Beispielrechnungen 1 und 2 zeigt, dass die Messreihen mit unterschiedlich großen Fehlern behaftet sind. Der größte, vom Mittelwert abweichende Messwert besitzt in der Messreihe 1 einen relativen Fehler von ±0,33 %, in der Messreihe 2 von 25,8 %.

Die verschiedenen Fehlerangaben (absoluter Fehler, relativer Fehler) machen bei Messreihen eine Aussage über die Abweichung des schlechtesten Messwerts vom Mittelwert. Sie geben jedoch keinen Hinweis über die Streuung der einzelnen Messwerte.

2

2.3.3 Standardabweichung

Quantitative Informationen zur Streuung von Einzelmesswerten einer Messreihe liefert die **Standardabweichung** s (engl. standard deviation). Sie wird auch Streuung oder mittlerer quadratischer Fehler genannt.

Die Berechnungsformel der Standardabweichung (siehe rechts) leitet sich aus der Wahrscheinlichkeitsrechnung, auch **Statistik** genannt, ab.

Standardabweichung

$$s = \pm \sqrt{\frac{f_1^2 + f_2^2 + \ldots + f_n^2}{n - 1}}$$

In der Berechnungsformel sind f_1, f_2, ... f_n die Abweichungen der Einzelmesswerte vom Mittelwert, z.B. $f_1 = x_1 - \bar{x}$; $f_2 = x_2 - \bar{x}$ usw.; n ist die Anzahl der Einzelmesswerte.

Beispiel: Berechnung der Standardabweichungen der Messwertreihen aus Beispiel 1 und Beispiel 2 von Seite 45.

Tabelle 1: Standardabweichung von Beispiel 1

Messwerte x_i mL	arithmetischer Mittelwert $\bar{x}$ mL	Abweichung vom Mittelwert $(x_i - \bar{x}) = f_i$ mL	Quadrat der Abweichung $(x_i - \bar{x})^2 = f_i^2$ mL²
24,35		−0,02	0,0004
24,30		−0,07	0,0049
24,34	24,37	−0,03	0,0009
24,40		−0,03	0,0009
24,45		−0,08	0,0064
	$\bar{x}_1$ = 24,37 mL		Σf_i^2 = 0,0135 mL²

$$s_1 = \pm \sqrt{\frac{f_1^2 + f_2^2 + f_3^2 + f_4^2 + f_5^2}{n-1}} = \sqrt{\frac{0{,}0135\ \text{mL}^2}{5-1}}$$

$\mathbf{s_1}$ = ±0,05809475 mL ≈ **±0,06 mL**

Tabelle 2: Standardabweichung von Beispiel 2

Messwerte x_i mL	arithmetischer Mittelwert $\bar{x}$ mL	Abweichung vom Mittelwert $(x_i - \bar{x}) = f_i$ mL	Quadrat der Abweichung $(x_i - \bar{x})^2 = f_i^2$ mL²
18,46		−5,91	34,928
30,65		6,28	39,438
22,02	24,37	−2,35	5,523
26,13		1,76	3,098
24,60		0,23	0,053
	$\bar{x}_2$ = 24,37 mL		Σf_i^2 = 83,040 mL²

$$s_2 = \pm \sqrt{\frac{f_1^2 + f_2^2 + f_3^2 + f_4^2 + f_5^2}{n-1}} = \sqrt{\frac{83{,}040\ \text{mL}^2}{5-1}}$$

$\mathbf{s_2}$ = ±4,5563 mL ≈ **±4,56 mL**

Das Messergebnis von Messwertreihen wird häufig mit dem Mittelwert $\bar{x}$ und der Standardabweichung s angegeben.

Zu Beispiel 1: $y_1 = \bar{x}_1 \pm s_1$ = **24,37 mL ± 0,06 mL**

Zu Beispiel 2: $y_2 = \bar{x}_2 \pm s_2$ = **24,37 mL ± 4,56 mL**

Angabe von Messergebnissen mit Mittelwert und Standardabweichung

$$y = \bar{x} \pm s$$

Vergleich der Messergebnisse y_1 und y_2:

Die Messwerte von Beispiel 1 schwanken nur geringfügig um den Mittelwert. Dies kommt in dem kleinen Wert der Standardabweichung s_1 = ± 0,06 mL zum Ausdruck.

Die Messwerte von Beispiel 2 streuen stark um den Mittelwert. Die Standardabweichung s_2 = ± 4,56 mL beträgt etwa 19 % des Mittelwertes $\bar{x}_2$ = 24,27 mL.

Messreihen mit derart großer Standardabweichung sind für eine praktische Verwendung ungeeignet.

Da die Messreihen aus den Beispielen 1 und 2 (Seite 45) nur jeweils 5 Messwerte enthalten, beträgt der relative Fehler der Standardabweichung 10 %.

Die Messergebnisse mit Standardabweichung geben den Mittelwert der Messwerte an und machen eine Aussage über die Streuung der einzelnen Messwerte um den Mittelwert.

Relative Standardabweichung

Die Streuung einer Messreihe kann auch durch die **relative Standardabweichung s_r** gekennzeichnet werden. Die relative Standardabweichung s_r ist die auf den Mittelwert $\bar{x}$ bezogene Standardabweichung s. Sie wird auch **Variationskoeffizient** genannt und kann als Dezimalzahl oder in Prozent angegeben werden.

Relative Standardabweichung

$$s_r = \frac{s}{\bar{x}} = \frac{s}{\bar{x}} \cdot 100\ \%$$

2

Beispiel: Welche relative Standardabweichung haben die Messreihen aus Beispiel 1 und Beispiel 2 (Seite 46)?

Lösung:

$$s_{r1} = \frac{s_1}{\bar{x}_1} = \frac{\pm 0{,}06\ \text{mL}}{24{,}37\ \text{mL}} = \pm 0{,}00246 \approx \pm 0{,}0025 \approx \mathbf{\pm 0{,}25\ \%} \quad \Rightarrow \quad \text{Messergebnis: } y_1 = 24{,}37\ \text{mL} \pm 0{,}25\ \%$$

$$s_{r2} = \frac{s_2}{\bar{x}_2} = \frac{\pm 4{,}56\ \text{mL}}{24{,}37\ \text{mL}} = \pm 0{,}1871 \approx \pm 0{,}187 \approx \mathbf{\pm 18{,}7\ \%} \quad \Rightarrow \quad \text{Messergebnis: } y_2 = 24{,}37\ \text{mL} \pm 18{,}7\ \%$$

2.3.4 Gauß'sche Normalverteilung

Eine anschauliche Darstellung der Standardabweichung s erhält man durch grafisches Auftragen der Häufigkeit der Messwerte in einem Diagramm **(Bild 1)**. Das Diagramm hat als Abszisse die Messgröße x. In der Mitte der Abszisse liegt der arithmetische Mittelwert $\bar{x}$. Auf der Ordinate sind die Häufigkeiten der Messwerte in Prozent aufgetragen.

Die glockenförmige Kurve erhält man, indem man links und rechts vom Mittelwert $\bar{x}$ die Häufigkeit der um jeweils ein bestimmtes Intervall vom Mittelwert abweichenden Messwerte aufträgt.

Die Glockenkurve wird nach ihrem Erfinder **Gauß'sche Normalverteilungskurve**[1] genannt (engl. normal distribution).

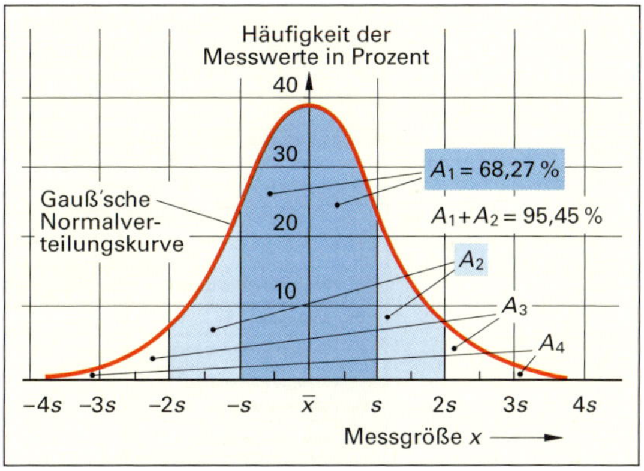

Bild 1: Gauß'sche Normalverteilungskurve und Standardabweichung

Der errechnete Wert der Standardabweichung $\pm s$ begrenzt unter der Kurve die Fläche A_1. Diese Fläche A_1 um den Mittelwert $\bar{x}$ nimmt 68,27 % der Gesamtfläche unter der Glockenkurve ein, d.h. 68,27 % der Messwerte liegen innerhalb dieser Fläche und damit innerhalb der einfachen Standardabweichung $\pm s$.

Innerhalb der zweifachen Standardabweichung $\pm 2s$ liegen 95,45 % der Messwerte, innerhalb der dreifachen Standardabweichung $\pm 3s$ liegen 99,73 % der Messwerte und innerhalb der vierfachen Standardabweichung $\pm 4s$ liegen 99,9946 % der Messwerte.

Beispiel: Das Messergebnis von Beispiel 1 auf Seite 46 lautet: $y_1 = \bar{x}_1 \pm s_1 = 24{,}37\ \text{mL} \pm 0{,}06\ \text{mL}$, die Standardabweichung s_1 beträgt $\pm 0{,}06$ mL. Wird die den Messwerten zugrunde liegende Titration unter denselben Bedingungen weitere Male durchgeführt, dann werden sich die Volumenwerte weiterer Titrationen mit 68,3%iger Wahrscheinlichkeit innerhalb der Wertgrenzen $y_1 = \bar{x}_1 \pm s_1 = 24{,}37\ \text{mL} \pm 0{,}06\ \text{mL}$ befinden, d.h. sie werden zwischen $\mathbf{y_1} = 24{,}37\ \text{mL} + 0{,}06\ \text{mL} = \mathbf{24{,}43\ mL}$ und $\mathbf{y_1} = 24{,}37\ \text{mL} - 0{,}06\ \text{mL} = \mathbf{24{,}31\ mL}$ schwanken.

Mit 95,45%iger Wahrscheinlichkeit werden sich die Volumenmesswerte innerhalb der Wertgrenzen $y_1 = \bar{x}_1 \pm 2\ s_1 = 24{,}37\ \text{mL} \pm 2 \cdot 0{,}06\ \text{mL}$ befinden, d.h. sie werden zwischen $\mathbf{y_1} = 24{,}37\ \text{mL} + 2 \cdot 0{,}06\ \text{mL} = \mathbf{24{,}49\ mL}$ und $\mathbf{y_1} = 24{,}37\ \text{ml} - 2 \cdot 0{,}06\ \text{mL} = \mathbf{24{,}25\ mL}$ schwanken.

2.3.5 Auswertung mit dem Taschenrechner und Computer

Da Mittelwerte, Standardabweichungen usw. zur Beurteilung von Messwerten häufig gebraucht werden und ihre Berechnung aufwendig ist, haben viele Taschenrechner entsprechende Funktionstasten: $\bar{x}$, $s\ (\sigma_n - 1)$, Σx , Σx^2 usw. Mit ihr können die gesuchten statistischen Werte direkt abgerufen werden.

Beispiel: Der Mittelwert und die Standardabweichung sollen unter Zuhilfenahme eines Taschenrechners für folgende Messwerte einer Dichtebestimmung berechnet werden: 1,45 g/cm^3, 1,48 g/cm^3, 1,40 g/cm^3, 1,46 g/cm^3, 1,53 g/cm^3, 1,44 g/cm^3, 1,42 g/cm^3, 1,39 g/cm^3.

[1] Karl Friedrich Gauß, deutscher Mathematiker und Astronom, 1777 bis 1855

Lösung: Je nach Rechnerfabrikat müssen die statistischen Funktionen vor oder nach den Messwerten aufgerufen werden (siehe Bedienungsanleitung des Taschenrechners).

Eingabe	1,45 [Σ+]	1,48 [Σ+]	1,40 [Σ+]	usw.	[INV] [$\bar{x}$]	[INV] [s]
Anzeige	1.45 1	1.48 2	1.40 3	...	1.44625	0.045336047

Der arithmetische Mittelwert ist $\bar{x}$ ≈ **1,45 g/cm³**, die Standardabweichung s ≈ **± 0,05 g/cm³**.
Das Messergebnis lautet: **y = 1,45 g/cm³ ± 0,05 g/cm³**
oder mit der relativen Standardabweichung s_r ausgedrückt: **y = 1,45 g/cm³ ± 3 %**

Auch mit einem **Tabellenkalkulationsprogramm** lassen sich die statistischen Kennwerte ermitteln. (Hinweise zur Datenauswertung mit Tabellenkalkulationsprogrammen in Kapitel 2.5, Seite 59.)

Die Ausführung der Berechnung wird anhand eines Beispiels gezeigt.

Beispiel: Für die Messreihe einer Dichtebestimmung ist mithilfe eines Tabellenkalkulationsprogramms der Mittelwert, die Standardabweichung und die relative Standardabweichung zu berechnen.

Dichte-Messwerte in g/cm³: 1,134; 1,137; 1,141; 1,129; 1,140; 1,131; 1,126; 1,133.

Lösung: Man erstellt eine geeignete Eingabemaske, in die die Messwerte eingetragen werden **(Bild 1).** Für die Ermittlung der statistischen Kennwerte werden Zellen mit den statistischen Funktionen belegt (siehe Seite 62; Methode 2, 5. Schritt). Die Zellenbelegung lautet:

E4 ⇒ =MITTELWERT(B3:13) ; E5 ⇒ =STABW(B3:13) ; E6 ⇒ =E5/E4 ; E7 ⇒ =E4 ; G7 ⇒ =E6

	A	B	C	D	E	F	G	H	I
1		**Dichtewerte einer Prozesslauge**							
2									
3	Messwerte in g/cm³	1,134	1,137	1,141	1,129	1,140	1,131	1,126	1,133
4	Mittelwert $\bar{x}$				1,134 g/cm³				
5	Standardabweichung s				± 0,0052				
6	Relative Standard-abweichung s_r				± 0,46%				
7	**Messergebnis**				**1,134 g/cm³**		**± 0,46%**		

Bild 1: Eingabemaske zur statistischen Auswertung einer Dichtebestimmung

Aufgaben zu 2.3 Auswertung von Messwertreihen

(Hinweis: Lösen Sie die folgenden Aufgaben a) mit einem Taschenrechner und seinen statistischen Funktionen,
b) mit einem Tabellenkalkulationsprogramm.)

1. Zur Bestimmung der Viskosität einer Flüssigkeit mit dem Kugelfallviskosimeter nach Höppler (Bild 1, Seite 451) wurden folgende Fallzeiten der Kugel gestoppt:
   140,51 s; 141,84 s; 141,63 s; 140,66 s, 141,94 s; 140,91 s und 141,59 s.
   a) Berechnen Sie die mittlere Fallzeit, die Standardabweichung, die relative Standardabweichung.
   b) Geben Sie das vollständige Messergebnis an.
2. Berechnen Sie für die nachstehenden Messreihen den relativen Fehler, den Mittelwert, den Medianwert, die Spannweite, die Standardabweichung und den Variationskoeffizienten.
   Geben Sie jeweils das Messergebnis an.
   a) m in g: 2,6735; 2,6901; 2,7121; 2,6588; 2,6476; 2,6179; 2,7021
   b) U in mV: 176; 159; 182; 166; 163
   c) v in m/s: 0,98; 0,97; 1,03; 1,11; 1,05
   d) ϱ in g/cm³: 1,208; 1,192; 1,199; 1,212; 1,207; 1,202; 1,196
3. Bei einer Neutralisationstitration werden in 5 Bestimmungen folgende Volumina an Salzsäure-Maßlösung verbraucht: 38,36 mL; 38,52 mL; 38,47 mL; 38,42 mL; 38,39 mL.
   a) Berechnen Sie den arithmetischen Mittelwert des Verbrauchs, die Standardabweichung und die relative Standardabweichung.
   b) Geben Sie die Volumen-Messwertgrenzen an, in denen sich die Volumenverbräuche mit 95,45%iger Wahrscheinlichkeit bei weiteren Titrationen dieser Bestimmung befinden werden.

2.4 Darstellung von Messergebnissen

Messergebnisse werden bei der **Auswertung von Hand** zuerst meist in eine Wertetabelle eingetragen und dann in eine grafische Darstellung eingezeichnet. Gegebenenfalls werden die Zusammenhänge der Messgrößen nach einer Auswertung als Gleichung wiedergegeben.

2

2.4.1 Messwerte in Wertetabellen

Aufstellen einer Wertetabelle

Die einfachste Form, Zusammenhänge zwischen zwei oder mehr verschiedenen Größen darzustellen, ist mit der **Wertetabelle** (engl. value table) möglich **(Bild 1).**

Eine Tabelle besteht aus Zeilen und Spalten. Sie enthält in der Kopfzeile den Titel und eine Zeile darunter die Größen und ihre Einheiten. In der 1. Spalte steht meist die Variable, z. B. die Zeit *t*. In der zweiten Spalte werden die Messwerte eingetragen und, in weiteren Spalten, aus den Messwerten errechnete Größen. Meist ist die Wertetabelle das direkte Protokoll einer Messreihe.

Durchflussvolumen V und Volumenstrom $\dot{V}$ in Abhängigkeit von der Zeit

Zeit t min	Durchflussvolumen V m^3	Volumenstrom $\dot{V}$ m^3/min
10	1,4	0,14
20	3,0	0,15
30	4,8	0,16
36	5,4	0,15
48	6,7	0,14

Bild 1: Beispiel einer Wertetabelle

Berechnung von Zwischenwerten

Aus einer Wertetabelle können nur gemessene Werte direkt abgelesen werden. Zwischenwerte lassen sich durch Berechnen ermitteln. Man nennt dies **rechnerische Interpolation** (engl. interpolation).

Beispiel 1: Welches Durchflussvolumen ist aus den Werten der obigen Tabelle nach 40 min zu erwarten?

Lösung: Das gesuchte Durchflussvolumen nach $t = 40$ min liegt zwischen den Messwerten für $t = 36$ min und $t = 48$ min. Über eine Differenzbildung zu den Wertepaaren von $t = 36$ min und $t = 48$ min wird die Zunahme des Durchflussvolumens pro Minute bestimmt:

Nach 48 min sind 6,7 m^3 durchgeflossen; nach 36 min sind 5,4 m^3 durchgeflossen

Differenz: $\Delta t = 12$ min; $\Delta V = 1{,}3\ m^3 \Rightarrow$ Durchflussvolumen pro Minute: $\frac{\Delta V}{\Delta t} = \frac{1{,}3\ m^3}{12\ min} = 0{,}108\ \frac{m^3}{min}$

$\Rightarrow$ in 4 min sind $0{,}108\ \frac{m^3}{min} \cdot 4\ min \approx 0{,}43\ m^3$ zusätzlich zugeflossen.

Das Durchflussvolumen bei $t = 40$ min beträgt dann: $V(t = 40\ min) = 5{,}4\ m^3 + 0{,}43\ m^3 \approx \mathbf{5{,}8\ m^3}$

Beispiel 2: 32,0%ige Schwefelsäure hat eine Dichte $\varrho = 1{,}235\ g/cm^3$, 35,0%ige Schwefelsäure eine Dichte von $\varrho = 1{,}260\ g/cm^3$. Welche Dichte hat eine 33,4%ige Schwefelsäure?

Lösung: 35,0 %ige Schwefelsäure hat die Dichte 1,260 g/cm^3; 32,0 %ige Schwefelsäure hat die Dichte 1,235 g/cm^3

$\Delta w_1(H_2SO_4) = 35{,}0\,\% - 32{,}0\,\% = 3{,}0\,\%$ $\qquad \Delta\varrho = 1{,}260\ g/cm^3 - 1{,}235\ g/cm^3 = 0{,}025\ g/cm^3$

$\Rightarrow \frac{\Delta\varrho}{\Delta w(H_2SO_4)} = \frac{0{,}025\ g/cm^3}{3{,}0\,\%} = 0{,}833\ g/cm^3$

$\Delta w_2(H_2SO_4) = 33{,}4\,\% - 32{,}0\,\% = 1{,}4\,\% = 0{,}014$

32,0 %ige Säure hat die Dichte 1,235 g/cm^3

33,4 %ige Säure hat die Dichte $\varrho(\mathbf{33{,}4\,\%}) = 1{,}235\ g/cm^3 + 0{,}014 \cdot 0{,}833\ g/cm^3 \approx \mathbf{1{,}247\ g/cm^3}$

Aufgabe zu Messwerten in Wertetabellen

Beim Befüllen eines Reaktionskessels mit Nitrobenzol werden folgende Messwerte erhalten:

Volumen V in L	60	100	200	250	280	300	320	350	390
Zeit t in s	12,0	20,0	39,5	49,0	56,5	60,5	64,5	70,0	79,0
Volumenstrom $\dot{V}$ in L/s									

a) Berechnen Sie den jeweiligen Volumenstrom $\dot{V}$ und tragen Sie ihn in die Tabelle ein.

b) Welches Volumen ist nach 45 s eingeströmt?

c) Nach welcher Zeit sind 260 L eingelaufen?

2.4.2 Grafische Darstellung von Messwerten

Grafische Darstellungen, auch Schaubilder oder **Diagramme** genannt (engl. diagram), ermöglichen die anschauliche Wiedergabe von Messwerten.

Meist erfolgt eine grafische Darstellung im **rechtwinkligen Koordinatensystem.** Sie ist in DIN 461 festgelegt.

Erstellen eines Diagramms

1. Ein Diagramm **(Bild 1)** enthält:
   - Eine **Abszisse**, auch waagrechte Achse oder x-Achse genannt, und eine **Ordinate**, auch senkrechte Achse oder y-Achse genannt.
   - Eine Beschriftung der Abszisse und Ordinate mit den physikalischen Größen, den Einheitenzeichen und einer Rasterung mit Zahlenwerten
   - Die Bezeichnung der Darstellung
   - Die Messpunkte
   - Den aus den Messpunkten abgeleiteten Kurvenzug, auch **Graph** genannt.

   Die Pfeilspitze unter oder am Ende der **Abszisse** und der **Ordinate** zeigt in Richtung der anwachsenden Werte **(Bild 2).**
2. Die unabhängig veränderliche Variable, z.B. die Zeit *t*, wird auf der Abszisse aufgetragen. Die abhängige Variable, z.B. das Volumen *V*, wird auf der Ordinate aufgetragen.
3. Zum Zeichnen der Diagramme bevorzugt Bleistift, Kugelschreiber oder Tuschefüller verwenden. Filzstifte sind weniger geeignet.
4. Durch die Wahl eines geeigneten Maßstabes kann eine blattfüllende grafische Darstellung im Hoch- oder Querformat erreicht werden.

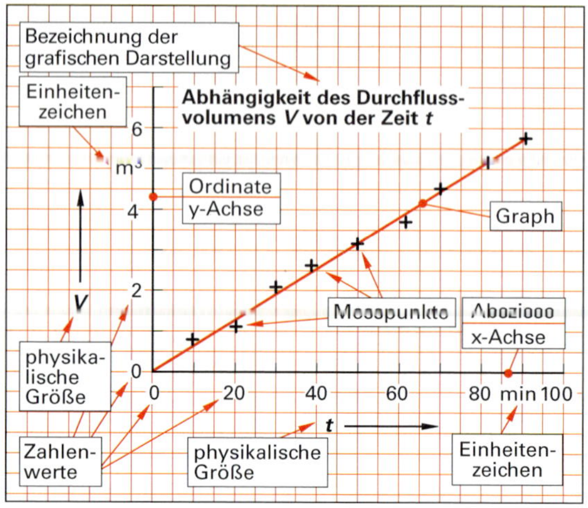

Bild 1: Normgerechte grafische Darstellung

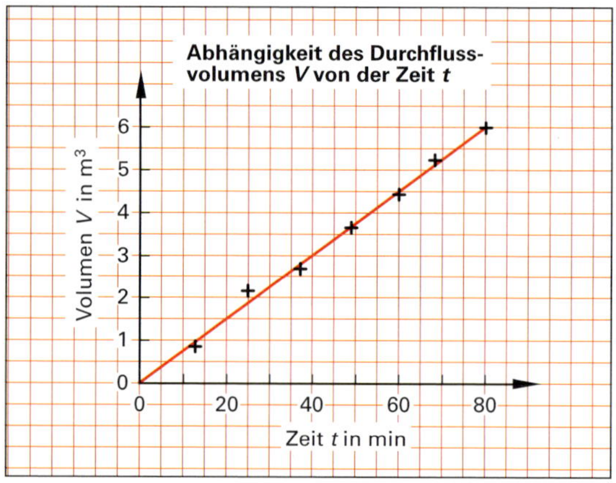

Bild 2: Ebenfalls mögliche Achsenbezeichnungen

Beispiel: Für die grafische Darstellung der Wertepaare aus Bild 1 von Seite 49, sind für die Zeitachse 4 cm pro 10 min, für die Volumenachse 2 cm pro 1 m³ geeignet.

5. Für die Maßstabseinteilung der Achsen (auch Rasterung genannt) ist eine Einer-, Zweier-, Fünfer oder Zehner-Teilung zu verwenden **(Bild 3).** Ungeeignet ist eine Dreierteilung, da Zwischenwerte nicht oder nur ungenau abgelesen werden können.
6. Für die Achseneinteilung werden ca. 2 mm lange Striche verwendet. Pro Zentimeter genügt ein Strich. Zugehörige Zahlen werden mittig zum Strich geschrieben.
7. Das Einheitenzeichen der Größe wird meist zwischen die letzten beiden Ziffern der Achse geschrieben. Die Zahlen an der Achse selbst sind einheitenlos (Bild 1).

   Üblich ist auch das Anhängen des Einheitenzeichens an die Größe, z.B. Zeit *t* in min (Bild 2), Spannung *U* in V usw. Möglich ist auch die Achsenbezeichnung in Bruchform, bei der die Größe durch das Einheitenzeichen geteilt wird, z.B. *I*/A oder *t*/min usw.

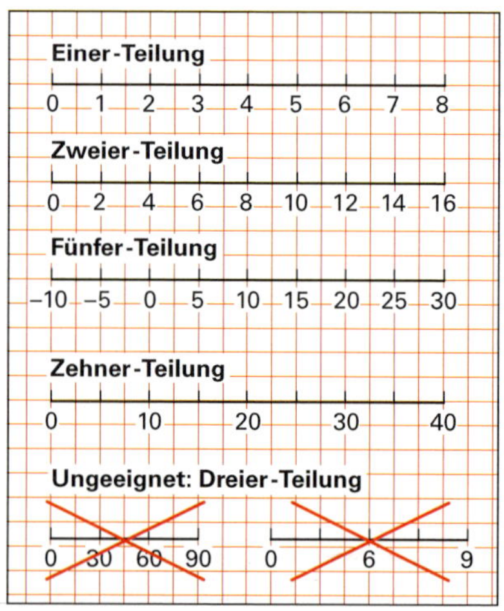

Bild 3: Geeignete Maßstabseinteilung der Achsen

8. Die aus den Messwerten erhaltenen *Messpunkte* werden durch kleine Kreuze in das Diagramm eingetragen. Weitere Zeichen sind z.B. kleine Quadrate, Dreiecke usw. **(Bild 1)**. Sie kennzeichnen andere Messreihen im gleichen Diagramm.

   Auch unterschiedliche Farben und Linienarten, z.B. Strichlinien, sind möglich.

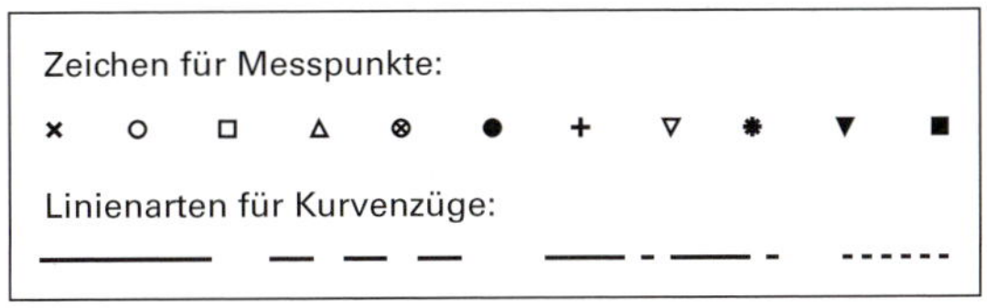

Bild 1: Zeichen und Linien für die Darstellung mehrerer Kurven in einem Diagramm

Zeichnen der Messwertkurven

Messpunkte, die linearen Gesetzmäßigkeiten gehorchen, werden durch eine **Ausgleichsgerade** (Regressionsgerade, engl. line of regression) verbunden **(Bild 2)**. Als Ausgleichsgerade bezeichnet man diejenige Gerade, die durch möglichst viele der Messpunkte verläuft und bei der die Summe der Abstände der nicht auf der Geraden liegenden Messpunkte ein Minimum ist. Stark abseits liegende Punkte, sogenannte Ausreißer, bleiben unberücksichtigt. In der Praxis zeichnet man die Ausgleichsgerade nach Augenmaß und durch Probieren.

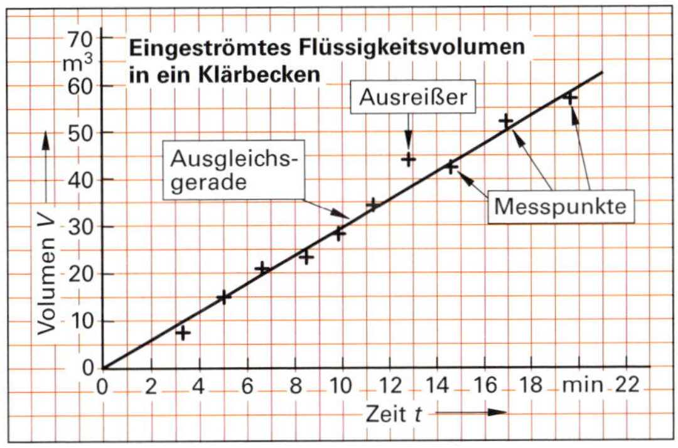

Bild 2: Ausgleichsgerade einer Messreihe

Messpunkte, die nichtlinearen Zusammenhängen gehorchen, werden mit einem Kurvenlineal zu einer **Ausgleichskurve** (Regressionskurve, engl. regression curve) verbunden **(Bild 3)**. Der gezeichnete Kurvenzug soll möglichst viele Messpunkte umfassen oder ausgleichend zwischen den Messpunkten verlaufen. Er soll harmonisch aussehen und keine Knicke aufweisen.

Beispiel: Die Abhängigkeit des Volumens einer Gasportion vom Gasdruck wurde gemessen und die Werte in eine Wertetabelle aufgenommen.

***p* in bar**	1,00	0,82	1,10	1,20	1,50	2,00
***V* in m³**	670	600	502	396	346	255

***p* in bar**	2,50	3,00	4,00	5,00	5,25
***V* in m³**	220	163	127	102	95,0

Stellen Sie das Ergebnis in einem *p-V*–Diagramm dar.

Lösung: *p-V*–Diagramm in **Bild 3**

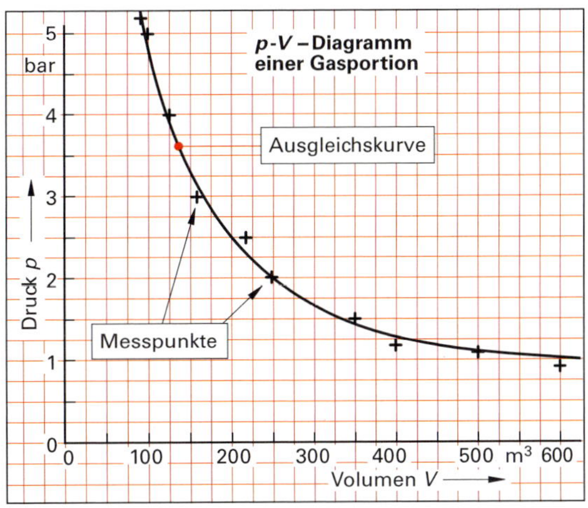

Bild 3: Ausgleichskurve einer Messreihe

Aufgaben zur grafischen Darstellung von Messwerten

1. Die Dichte von Wasser wurde bei verschiedenen Temperaturen gemessen und in eine Wertetabelle übertragen. Erstellen Sie das Dichte-Temperatur–Diagramm, tragen Sie dort die Messwerte ein und zeichnen Sie die Messwertkurve.

Temperatur in °C	0,00	1,00	2,00	3,00	3,50	4,00	4,50	5,00	6,00	7,00	8,00	9,00
Dichte in kg/m³	999,84	999,90	999,94	999,96	999,97	999,97	999,97	999,96	999,94	999,90	999,85	999,78

2. Bei einer chemischen Reaktion nimmt die Anfangskonzentration von 8,50 mol/L alle 12 Sekunden um 1,20 mol/L ab. Erstellen Sie die Wertetabelle und das Konzentrations-Zeit–Diagramm.

3. Nach dem Hooke'schen Gesetz $F = D \cdot \Delta s$ nimmt die Dehnung Δs einer Schraubenfeder proportional zur dehnenden Kraft F zu. Welche Dehnungen sind bei einer Schraubenfeder mit der Federkonstanten D = 20 N/mm zu erwarten, wenn die Zugkraft von 0 bis 210 N stetig ansteigt? Erstellen Sie eine Wertetabelle und ein Diagramm.

2.4.3 Arbeiten mit Diagrammen in der Chemie

Werden Messwerte in ein Diagramm übertragen, so gibt eine damit gezeichnete Kurve (engl. graph) diese anschaulich wieder.

Grafische Interpolation

Aus einer gezeichneten Kurve lassen sich durch grafische Interpolation (engl. graphical interpolation) beliebige Zwischenwerte unmittelbar ablesen. Die Genauigkeit der abgelesenen Größe ist vom Zeichenmaßstab abhängig.

Beispiel 1: Bei einer Temperaturmessung in einem Reaktionsbehälter wurde mit einem Thermoelement eine Thermospannung von 8,3 mV gemessen. Zur Ermittlung der Temperatur aus der Thermospannung steht die in **Bild 1** gezeigte Kalibrierkurve des Thermoelements zur Verfügung. Welche Temperatur liegt im Reaktionsbehälter vor?

Lösung: Aus Bild 1: zu U = 8,3 mV ⇒ $\boldsymbol{\vartheta = 153\,°C}$

Beispiel 2: Wie groß ist die Thermospannung U des Thermoelements bei einer Temperatur von 120°C?

Lösung: Aus Bild 1: zu ϑ = 120°C ⇒ $\boldsymbol{U = 6{,}5\ mV}$

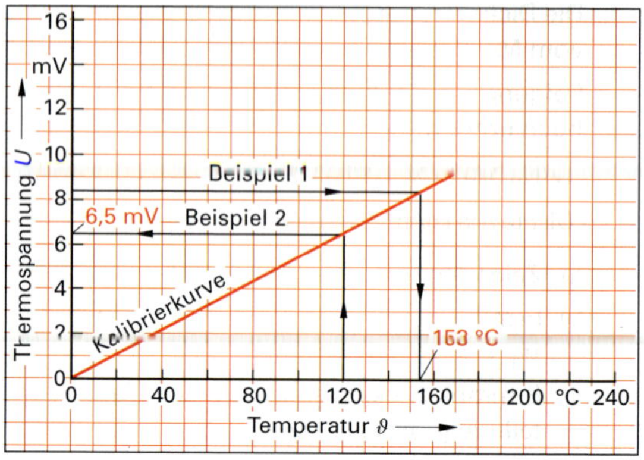

Bild 1: Interpolieren mit der Kalibrierkurve eines Thermoelements

Grafische Extrapolation

Soll ein Wert bestimmt werden, der außerhalb des durch die Messwerte festgelegten Graphen liegt, kann der gesuchte Wert durch grafisches Extrapolieren (engl. graphical extrapolation) erhalten werden. Die Extrapolation liefert jedoch nur dann brauchbare Ergebnisse, wenn davon ausgegangen werden kann, dass die Funktion über die Messwerte hinaus stetig verläuft. Bei der grafischen Extrapolation wird der Graph entsprechend dem vorherigen Kurvenverlauf verlängert (Strichlinie in **Bild 2**).

Beispiel 3: Die Thermospannung des Thermoelements aus Beispiel 1 beträgt bei einer Messung U = 11,4 mV. Welche Temperatur liegt vor?

Lösung: Die Kalibrierkurve wird verlängert **(Bild 2)** und der gesuchte Wert zu 11,4 mV abgelesen: Dies entspricht $\boldsymbol{\vartheta = 208\,°C}$.

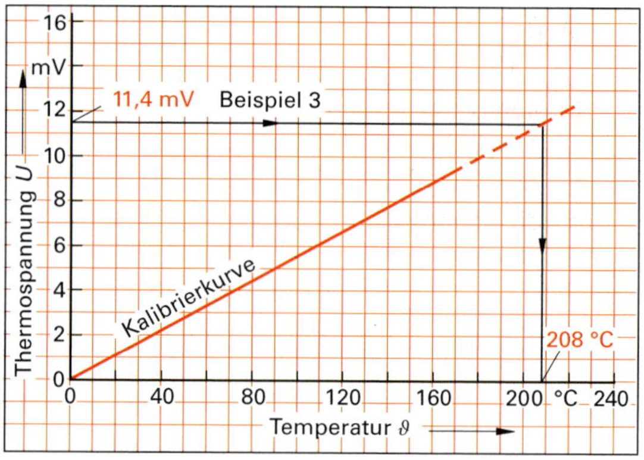

Bild 2: Extrapolieren mit der Kalibrierkurve eines Thermoelements

Nichtlineare Kalibrierkurven

Auch bei nichtlinearen Kalibrierkurven kann interpoliert und extrapoliert werden. Die Genauigkeit der ermittelten Zwischenwerte ist jedoch eingeschränkt.

Beispiel 4: Für die Durchflussmessung ($\dot{V}$) mit einer Messblende steht eine Kalibrierkurve zur Verfügung **(Bild 3)**. Sie gibt den Volumenstrom $\dot{V}$ in Abhängigkeit vom Wirkdruck Δp wieder. Wie groß ist der Volumenstrom $\dot{V}$, wenn der Wirkdruck Δp zu 220 hPa angezeigt wird?

Lösung: Die Kurve wird mit dem Kurvenlineal entsprechend der Kalibrierkurve verlängert **(Bild 3)** und der gesuchte Wert zu 220 hPa abgelesen: Man erhält: $\boldsymbol{\dot{V} = 7{,}4\ m^3/h}$.

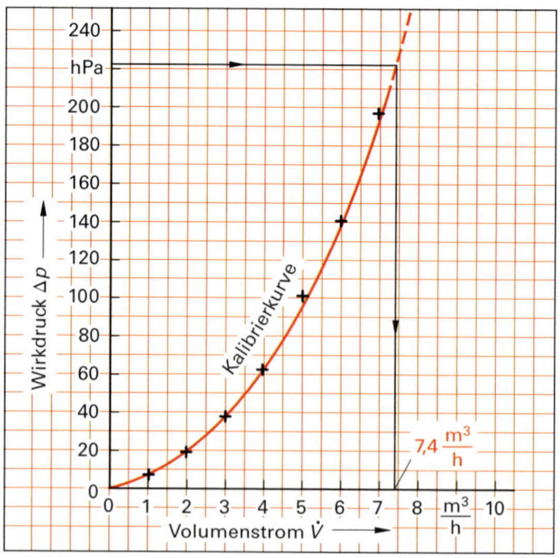

Bild 3: Extrapolieren mit der Kalibrierkurve einer Messblende

2

Aufgaben zu Arbeiten mit Diagrammen in der Chemie

1. Die Dichte von Natriumhydroxid-Lösungen ist vom Massenanteil an NaOH abhängig.

   Folgende Werte können aus einem Tabellenbuch entnommen werden:

w(NaOH) in %	26,02	28,80	30,20	32,10	35,01
Dichte ϱ in kg/m³	1285	1315	1330	1350	1380

   a) Zeichnen Sie ein w-ϱ-Diagramm.
   b) Ermitteln Sie grafisch die Dichten zu w_1 = 27,0 %; w_2 = 30,80 %; w_3 = 35,50 %.
   c) Ermitteln Sie grafisch die NaOH-Massenanteile zu ϱ_1 = 1300 kg/m³, ϱ_2 = 1356kg/m³.

2. Der pH-Wert von Lösungen ist von der H_3O^+-Ionenkonzentration abhängig. Bestimmen Sie aus **Bild 1**:
   a) den pH-Wert für die Ionenkonzentrationen $c(H_3O^+)$ in mol/L: 10^{-6}; 10^{-8}; $5 \cdot 10^{-7}$; $2 \cdot 10^{-6}$;
   b) den pH-Wert für die Ionenkonzentrationen $c(H_3O^+)$ in mol/L: $2 \cdot 10^{-8}$; $6 \cdot 10^{-7}$; $8 \cdot 10^{-9}$; $1{,}5 \cdot 10^{-8}$; $2{,}5 \cdot 10^{-6}$;
   c) die Ionenkonzentrationen $c(H_3O^+)$ zu den pH-Werten: 6,0; 6,5; 8,2; 8,5; 8,8; 9,6.

3. Eine Gasportion von V_0 = 40,0 mL (T = 273 K) wird isotherm unterschiedlichen Drücken ausgesetzt **(Bild 2)**.
   a) Welches Volumen V stellt sich jeweils bei den folgenden Drücken ein: 0,50 bar; 0,75 bar; 0,99 bar; 1,02 bar; 1,15 bar und 1,50 bar?
   b) Welcher Druck ergäbe sich, wenn das Volumen der Gasportion 30 mL; 35 mL; 50 mL; 58 mL beträgt?

4. Die Masse des Wasserdampfes, die von Luft maximal aufgenommen werden kann, ist von der Temperatur abhängig **(Bild 3)**.

   Welche Wassermasse kann die Luft pro m³ jeweils zusätzlich aufnehmen, wenn die Temperatur um je 10 °C erhöht wird und von –5 °C, +5 °C, 15 °C und 25 °C ausgegangen wird?

5. Die Reaktionsgeschwindigkeit r und die Konzentration c eines Reaktanden wurden in einer Wertetabelle eingetragen.

r in mol/s	0	0,1	0,2	0,3	0,4	0,5	0,6
c in mol/L	0	0,2	0,4	0,6	0,8	1,0	1,2

   a) Zeichnen Sie das r-c–Diagramm.
   b) Ermitteln Sie die Reaktionsgeschwindigkeit für c_1 = 0,5 mol/L und c_2 = 1,5 mol/L.

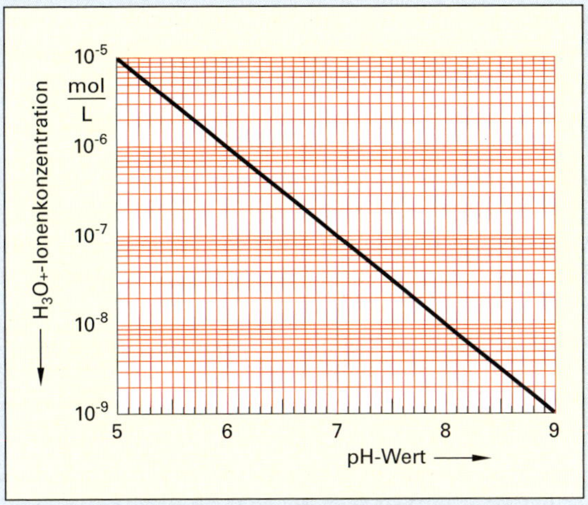

Bild 1: Abhängigkeit des pH-Wertes von der H_3O^+-Ionenkonzentration (Aufgabe 2)

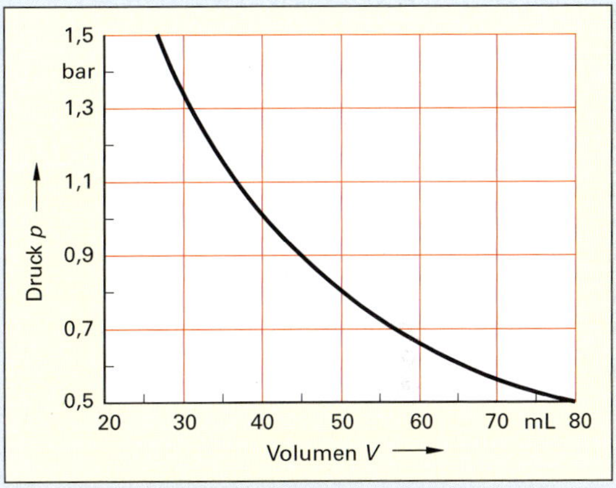

Bild 2: Abhängigkeit des Volumens einer Gasportion vom Druck (Aufgabe 3)

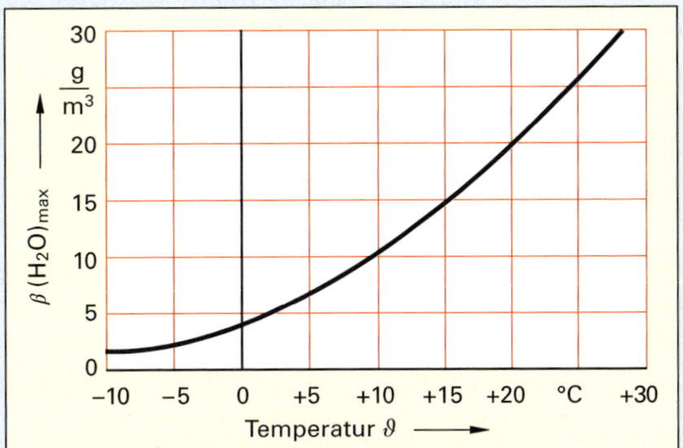

Bild 3: Sättigungs-Wasserdampfmasse in Luft (Aufgabe 4)

2.4.4 Funktionsgraphen

Es gibt eine Vielzahl von Funktionsgraphen. Sie lassen sich grob in lineare Funktionsgraphen (Geraden) und nicht lineare Funktionsgraphen (Kurven) unterteilen.

Lineare Funktionsgraphen

Achsenparallele Geraden: Bleibt der Wert der Funktion bei veränderten Werten der Variablen gleich (konstant), so wird eine waagerechte Gerade, auch Konstante genannt, erhalten. Sie verläuft parallel zur x-Achse (Abszisse) **(Bild 1).** Sie wird durch die Funktion $\boldsymbol{y = b}$ beschrieben. Die achsenparallele Gerade schneidet die Ordinate z.B. im Punkt b_1.

Achsenparallele Gerade
$y = b$

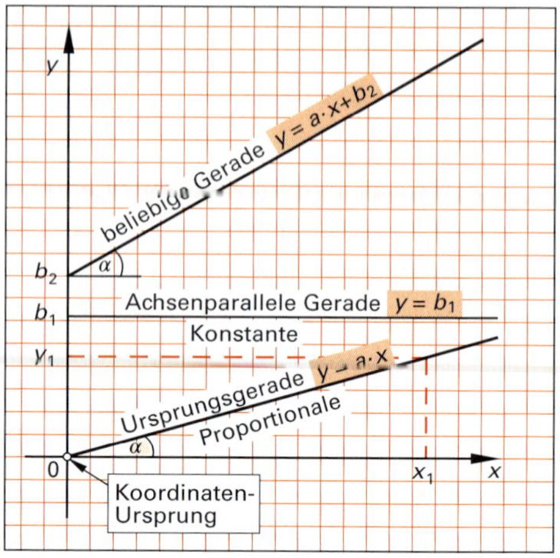

Bild 1: **Geraden im Koordinatensystem**

Ursprungsgeraden: Schneiden sich die beiden Achsen des Koordinatensystems jeweils bei Null, so heißt der Schnittpunkt „Ursprung". Geraden, die durch den Koordinatenursprung gehen, heißen Ursprungsgerade oder Proportionale (Bild 1).

Ursprungsgerade
$y = a \cdot x$

Sie entsprechen der Funktion $\boldsymbol{y = a \cdot x}$

a ist der Proportionalitätsfaktor. Er gibt die Steigung der Geraden an. Für die Bestimmung der Steigung genügt bei der Ursprungsgeraden die Kenntnis eines x/y-Wertepaares aus der Messreihe oder aus dem Diagramm.

$$a = \frac{y_1}{x_1} = \frac{y_2}{x_2} = \ldots = \frac{y}{x} = \tan \alpha$$

Mit der Steigung a können weitere y-Werte zu vorgegebenen x-Werten oder umgekehrt berechnet werden.

Beispiel 1: Eine Ursprungsgerade geht durch den Punkt P (0,7/3,5)
(Bild 2)
a) Zeichnen Sie die Ursprungsgerade in ein passend gewähltes Diagramm.
b) Welcher y-Wert gehört zu $x = 1{,}1$?

Lösung:
a) Siehe Bild 2
b) Entweder aus dem Diagramm (Bild 2) ablesen (siehe rote Linien) oder rechnerisch ermitteln:

$$\boldsymbol{a} = \frac{y}{x} = \frac{3{,}5}{0{,}7} = 5; \quad \boldsymbol{y} = a \cdot x = 5 \cdot 1{,}1 = \boldsymbol{5{,}5}$$

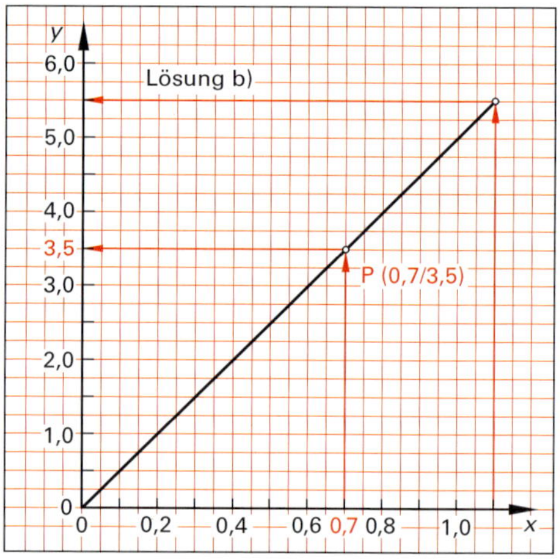

Bild 2: **Lösung zu Beispiel 1**

Beliebige Geraden: Eine beliebige Gerade wird durch die Funktion $\boldsymbol{y = a \cdot x + b}$ beschrieben (Bild 1). Sie heißt **Normalform der Geradengleichung.** Hierbei ist a der Proportionalitätsfaktor und b der Ordinatenabschnitt. Die lineare Funktion setzt sich aus einer Konstanten und einer Proportionalen zusammen.

Normalform der Geradengleichung
$y = a \cdot x + b$

Jede Gerade ist durch zwei Punkte festgelegt. Die Beziehung zur Bestimmung der Geradengleichung mit den Punkten $P_1(x_1/y_1)$ und $P_2(x_2/y_2)$ lautet wie nebenstehend angegeben.

Man nennt sie **Zwei-Punkt-Form der Geradengleichung.**

Zwei-Punkt-Form der Geradengleichung
$y = \frac{y_2 - y_1}{x_2 - x_1} \cdot (x - x_1) + y_1$

Beispiel 2: Durch die Punkte $P_1(2/3)$ und $P_2(-2/1)$ soll eine Gerade gelegt werden. Wie lautet die Normalform der Geradengleichung?

Lösung:

$$y = \frac{y_2 - y_1}{x_2 - x_1} \cdot (x - x_1) + y_1 = \frac{1-3}{-2-2} \cdot (x-2) + 3 = \frac{1}{2} \cdot (x-2) + 3 = \frac{1}{2} \cdot x - 1 + 3 \Rightarrow \boldsymbol{y = \frac{1}{2} \cdot x + 2}$$

Beispiel 3: Bei einer chemischen Reaktion nimmt die Konzentration *c* linear mit der Zeit *t* ab. In einem Konzentrations-Zeit-Diagramm mit $a = -2$ mol/(L · h) und $b = 8$ mol/L soll der Reaktionsverlauf dargestellt werden.

Lösung: Die Funktionsgleichung der Konzentration *c* in Abhängigkeit von der Zeit *t* lautet allgemein $c = a \cdot t + b$. Mit den Werten für *a* und *b* folgt: $\boldsymbol{c = -2\,\frac{mol}{L \cdot h} \cdot t + 8\,mol/L}$

Zu ausgewählten *t*-Werten werden die zugehörigen *c*-Werte errechnet, in eine Wertetabelle eingetragen und dann in ein Diagramm eingezeichnet **(Bild 1)**.

t in h	0	1	2	3	4
c in mol/L	8	6	4	2	0

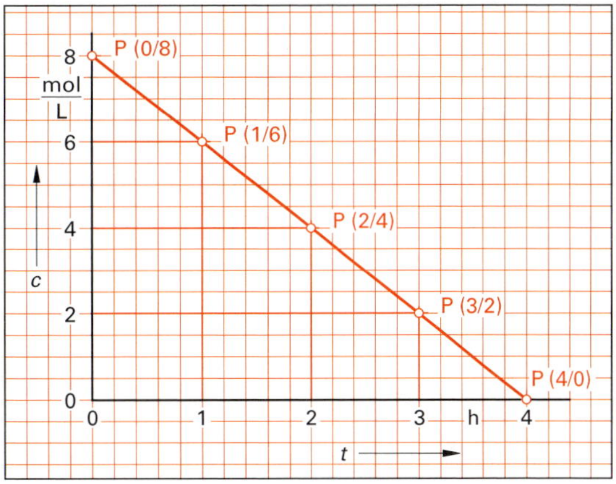

Bild 1: Lösung zu Beispiel 2

Nichtlineare Funktionsgraphen

Häufig treten Funktionen auf, bei denen sich die beiden Größen nicht proportional zueinander verhalten. In **Bild 2** sind einige typische Funktionsgraphen dargestellt.

Die Abhängigkeit der Reaktionsgeschwindigkeit von der Konzentration wird z. B. von einer **Parabel** (Funktionstyp $y = x^2$) beschrieben.

Exponentialfunktionen (Funktionstyp $y = e^x$) und Logarithmusfunktionen (Funktionstyp $y = \lg x$) beschreiben z. B. die Zeitabhängigkeit der Konzentration bei Bioreaktionen.

Durch Ändern einer oder beider Koordinateneinteilungen ist es oft möglich, nicht lineare Kurvenzüge in Geraden zu überführen (Seite 54). Damit vereinfacht sich die Deutung der Graphen.

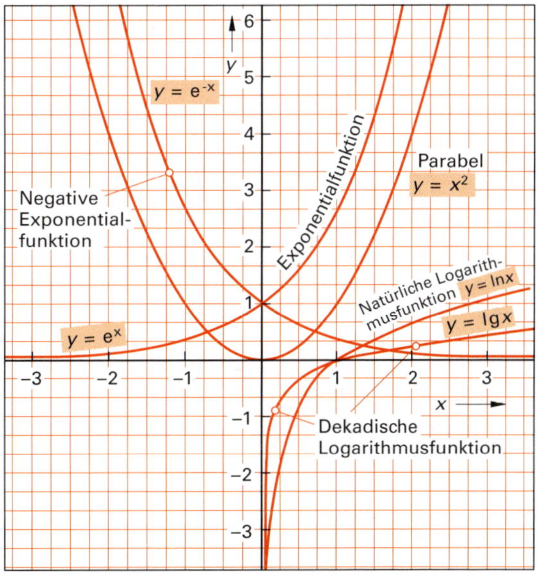

Bild 2: Nichtlineare Funktionsgraphen

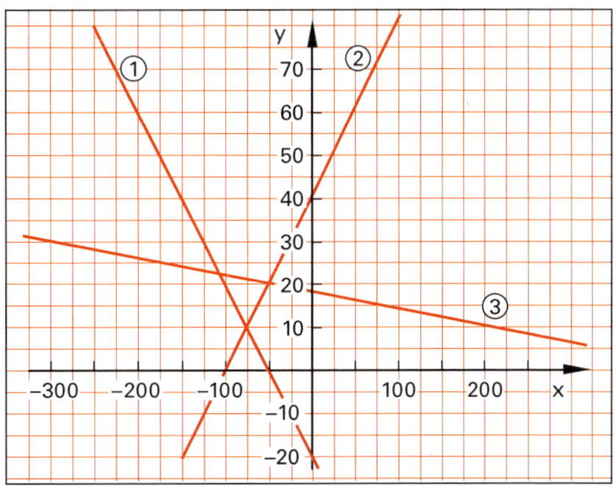

Bild 3: Verschiedene Geraden (Aufgabe 2)

Aufgaben zu Interpretation von Graphen

1. Erstellen Sie ein Schaubild für den Zusammenhang zwischen der Zugkraft *F* und der Verlängerung *s* einer Stahlfeder gemäß dem HOOKE'-schen Gesetz: $F = D \cdot s$. Die Federkonstante *D* beträgt 22,0 N/m, die Kraft *F* maximal 4 N.
2. Bestimmen Sie für die Geraden im nebenstehenden Diagramm **(Bild 3)** die Steigung *a* und den Ordinatenabschnitt *b*. Geben Sie jeweils die Funktionsgleichungen an.
3. Die Dampfdruckerniedrigung Δp eines Lösemittels durch einen gelösten Stoff folgt nach RAOULT der Beziehung $\Delta p = \chi \cdot p_0$.
   χ = Stoffmengenanteil gelöster Stoffe,
   p_0 = Dampfdruck des reinen Lösemittels.
   Stellen Sie für ein Lösemittel (p_0 = 680,0 hPa) die Dampfdruckerniedrigung Δp in Abhängigkeit des Stoffmengenanteils χ des gelösten Stoffes für den Bereich χ = 0,005 bis χ = 0,020 in einem Schaubild dar.

2.4.5 Linearisieren einer Kurve

Lineare Zusammenhänge lassen sich relativ einfach durch eine Funktionsgleichung beschreiben (Seite 54). Nicht-linear zusammenhängende Größen ergeben kompliziertere Funktionsgleichungen (Seite 55).

Um die einfachen Möglichkeiten der Erfassung von Zusammenhängen aus Geraden zu nutzen, versucht man, durch geeignete Maßnahmen nicht-lineare Kurvenzüge in Geraden zu überführen. Dies gelingt in einigen Fällen z. B. durch Ändern einer oder beider Koordinatengrößen.

Beispiel: Darstellung der *p-V*–Werte einer Gasportion eines idealen Gases a) in einem *p-V*–Diagramm und b) in einem 1/*p-V*–Diagramm. Bestimmen der Funktionsgleichung zwischen *V* und *p*.

***p* in mbar**	50,0	62,5	80,0	100	150	200	300	400	500	625	800	1000
***V* in L**	100	80,0	62,5	50,0	33,3	25,0	16,7	12,5	10,0	8,00	6,30	5,00
1/*p* in 1/mbar	0,0200	0,0160	0,0125	0,0100	0,00670	0,00500	0,00330	0,00250	0,00200	0,00160	0,0013	0,00100

Werden die *p*- und *V*-Wertepaare in ein *p-V*–Diagramm eingetragen und miteinander verbunden, wird ein nicht-linearer Kurvenzug erhalten **(Bild 1)**. Für den Kurvenzug kann zunächst keine Funktionsgleichung aufgestellt werden.

Werden die *p*-Werte jedoch in 1/*p*-Werte umgerechnet und in einem 1/*p-V*–Diagramm aufgetragen **(Bild 2)**, so wird ein linearer Zusammenhang erhalten. Die miteinander verbundenen Wertepaare ergeben eine Ursprungsgerade. Hieraus kann die **Proportionalität $1/p \sim V$** abgeleitet werden.

Die Funktionsgleichung der Geraden kann mit einem Punkt (x_1/y_1) der Geraden und der Bestimmungsgleichung für Ursprungsgeraden bestimmt werden:

$$y = a \cdot x = \frac{y_1}{x_1} \cdot x$$

Setzt man für $y \rightarrow V$ und für $x \rightarrow 1/p$, so lautet die Ursprungsgerade im 1/*p-V*–Diagramm: $V = \frac{V_1}{1/p_1} \cdot \frac{1}{p}$

Mit dem Geradenpunkt:

$V_1 = 50{,}0$ L und $1/p_1 = 0{,}0100$ 1/mbar folgt durch Einsetzen:

$$V = \frac{50{,}0\ \text{L}}{0{,}0100\ 1/\text{mbar}} \cdot \frac{1}{p} = 5000\ \text{L} \cdot \text{mbar} \cdot \frac{1}{p}$$

Es ergibt sich die Geradengleichung:

$$\boldsymbol{V = 5000\ \text{L} \cdot \text{mbar} \cdot \frac{1}{p}}$$

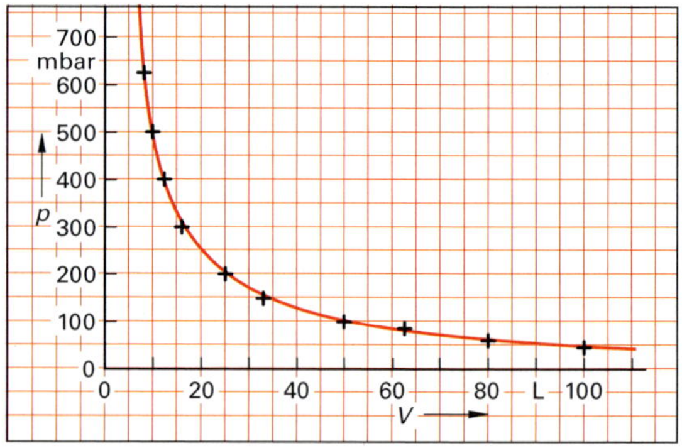

Bild 1: *p-V*–Diagramm einer Gasportion eines idelaen Gases (Beispiel von oben)

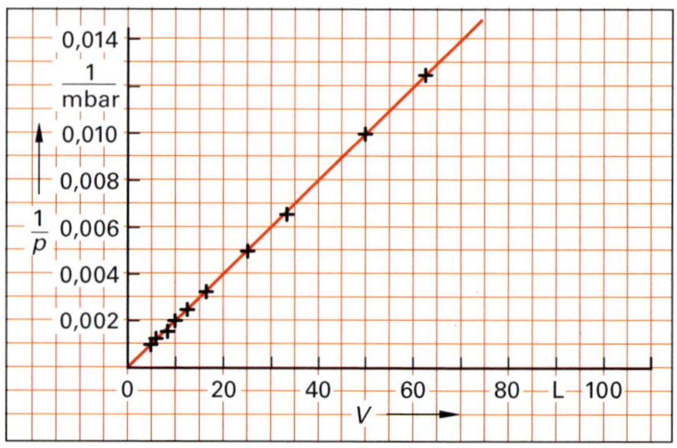

Bild 2: 1/*p-V*–Diagramm der Gasportion von Bild 1

Aufgabe

Aus einer Messreihe werden für das Volumen *V* und den Druck *p* die folgenden Wertepaare erhalten:

***p* in bar**	220	200	180	150	120	100	80	65	52	40	25	20	15	10	5
***V* in L**	1,0	1,1	1,2	1,47	1,83	2,2	2,75	3,38	4,23	5,5	8,8	11	14,7	22	44

a) Zeichnen Sie das *p-V*–Diagramm.

b) Linearisieren Sie den Graphen, indem die Wertetabelle durch 1/*p* –Werte ergänzt und ein 1/*p-V*–Diagramm gezeichnet wird.

c) Welche Volumina können für 7 bar, 30 bar und 1 bar grafisch extrapoliert werden?

2.4.6 Verwendung grafischer Papiere

Für die grafische Darstellung von Prozessdaten werden verschiedene grafische Papiere (engl. graphical papers) eingesetzt. Sie unterscheiden sich durch eine unterschiedliche Teilung (Rasterung) der Achsen.

Das **linear geteilte Papier,** auch **Millimeterpapier** genannt (engl. millimeter squared paper), hat sowohl eine linear geteilte Abszisse (*x*-Achse) als auch eine linear geteilte Ordinate (*y*-Achse) **(Bild 1).** Der Abstand der Linien im Gitternetz ist gleich und beträgt jeweils 1 Millimeter.

Auf linear geteiltem Papier werden die meisten funktionalen Zusammenhänge dargestellt, wie z. B. zeitliche Abläufe von Betriebsgrößen wie Temperatur, Druck, Durchflüsse usw.

Beim **einfach-logarithmischen Papier** (engl. logarithmic paper), auch Exponentialpapier genannt, ist eine Achse (z. B. die *x*-Achse) linear geteilt und die andere Achse (z. B. die *y*-Achse) logarithmisch geteilt **(Bild 2).** Einfach-logarithmisches Papier wird z. B. eingesetzt, wenn die Messwerte mehrere Zehnerpotenzen umfassen und dadurch auf einer linear geteilten Achse nur schwer untergebracht werden können.

Darüber hinaus werden auf einfach-logarithmischem Papier bevorzugt Vorgänge dargestellt, die eine logarithmische oder exponentielle Abhängigkeit der Größen aufweisen, wie z. B. der pH-Wert der H_3O^+-Ionen-Konzentration, pH = lg $c(H_3O^+)$ (Bild 2), oder die Zunahme der Masse *m* von Mikroorganismen in Bioreaktoren mit der Zeit *t*, $m = k \cdot e^t$. Man erhält für die Messwerte solcher Zusammenhänge auf einfach-logarithmischem Papier eine Gerade.

Beim **doppelt-logarithmischen Papier** (engl. double logarithmic paper), auch Potenzpapier genannt, sind beide Achsen logarithmisch geteilt **(Bild 3).**

Doppelt logarithmisches Papier wird eingesetzt, wenn zwei Größen einen potenziellen Zusammenhang haben, wie z. B. der Strömungswiderstandsbeiwert λ von der Reynoldszahl *Re* (Bild 1, Seite 49), die Pumpenförderhöhe *H* vom Förderstrom $\dot{V}$ oder bei bestimmten chemischen Reaktionen die Reaktionsgeschwindigkeit *r* von der Edukt-Konzentration *c*: $r = k \cdot c^2$ (Bild 3). Man erhält bei Auftragung der Messgrößen solcher Funktionen auf das doppelt-logarithmische Papier eine Gerade.

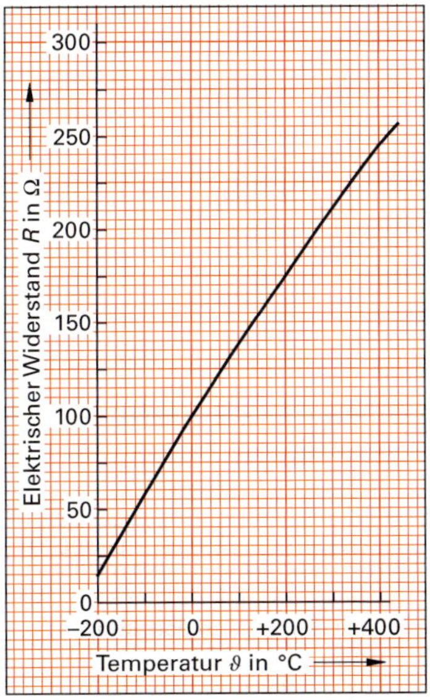

Bild 1: Elektrischer Widerstand von Platin über der Temperatur auf linear geteiltem Millimeterpapier

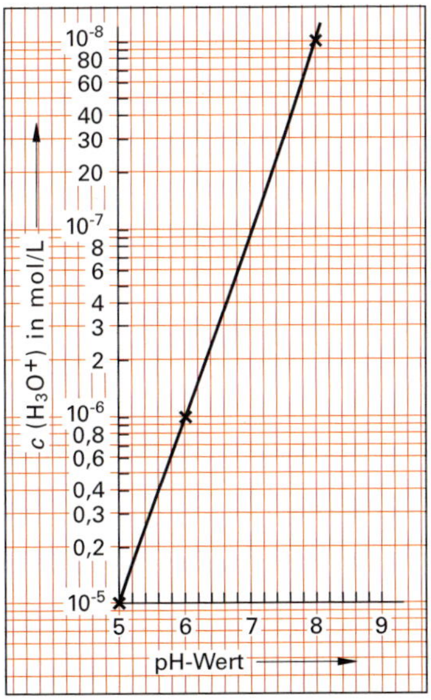

Bild 2: Abhängigkeit der $c(H_3O^+)$-Konzentration vom pH-Wert auf einfach-logarithmischem Papier

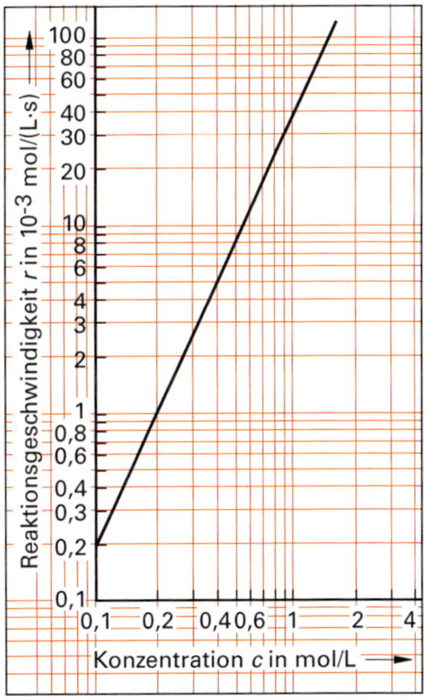

Bild 3: Reaktionsgeschwindigkeit *r* über der Konzentration *c* auf doppelt-logarithmischem Papier

Kopiervorlagen für grafische Papiere befinden sich auf den Seite 530 bis 535.

Neben diesen dreien gibt es weitere grafische Papiere (Netze genannt) für spezielle Anwendungen, wie z. B. das RRSB-Netz zur Auswertung von Siebanalysen (Seite 534) oder für die Qualitätsregelkarten für die Qualitätssicherung.

Der funktionale Zusammenhang von Messwerten kann auch mit speziellen Auswerteprogrammen auf dem Computer oder Taschenrechner ermittelt werden (siehe Seite 60 ff.).

Das Ablesen und Eintragen von Werten bei grafischen Papieren mit logarithmisch geteilten Achsen erfordert etwas Übung.

Die Zahl 3 liegt hier etwa in der Mitte des Zehnerbereichs (47 %) einer linearen Einteilung und die Zahl 5 bei rund 70 % **(Bild 1)**.

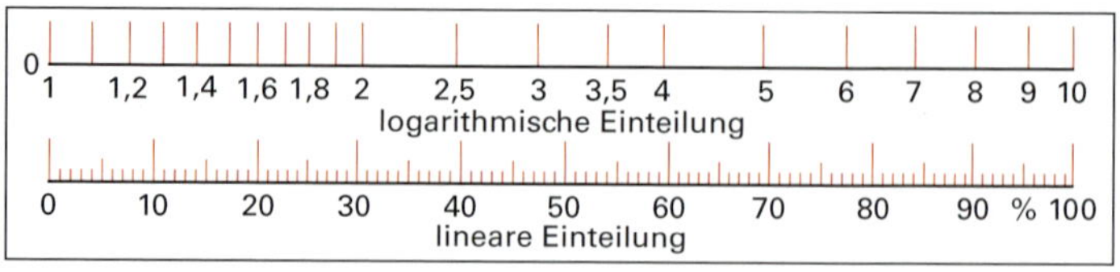

Bild 1: Gegenüberstellung einer logarithmischen und einer linearen Einteilung einer Achse

Beispiel 1: Beschriften Sie eine logarithmische Koordinateneinteilung, die beginnend bei 0,1 über 3 Zehnerpotenzen reicht.

Lösung: siehe **Bild 2**

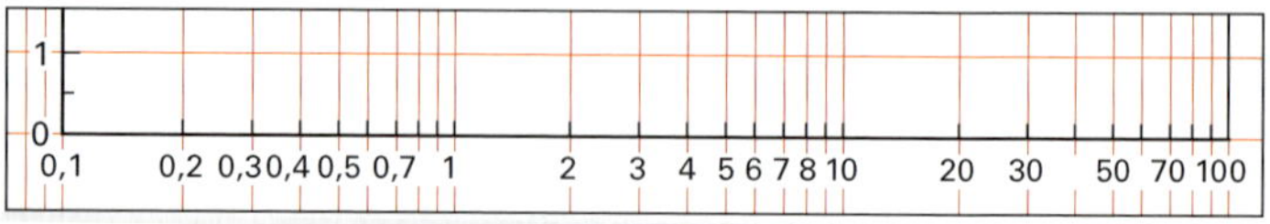

Bild 2: Lösung zu Beispiel 1

Beispiel 2: Die Reaktionsgeschwindigkeit für eine chemische Reaktion wurde zu $r = k \cdot c^2$ bestimmt. Die Konstante k für diese Reaktion beträgt $k = 0{,}85$ L/(mol · s), die Anfangskonzentration $c_0 = 2{,}0$ mol/L.

a) Ermitteln Sie charakteristische Funktionswerte zum Zeichnen eines Funktionsgraphen.

b) Zeichnen Sie den Funktionsgraphen in verschiedene grafische Papiere ein mit dem Ziel, eine Gerade zu erzielen.

c) Bestimmen Sie den Wert der Reaktionsgeschwindigkeit für $c = 2{,}5$ mol/L durch Extrapolieren.

Lösung: a) Mit dem Rechner werden die Funktionswerte zur Funktion $r = 0{,}85 \cdot c^2$ für $c \leq 2{,}0$ mol/L ausgerechnet.

b) Die Werte werden in die verschiedenen grafischen Papiere eingezeichnet **(Bild 3)**. Der Funktionsgraph ist im linearen und einfach-logarithmischen Papier eine Kurve und im doppelt-logarithmischen Papier eine Gerade.

c) Die Gerade im doppelt-logarithmischen Papier wird verlängert und bei $c = 2{,}5$ mol/L die zugehörige Reaktionsgeschwindigkeit zu $r = 5{,}3$ mol/(L · s) abgelesen.

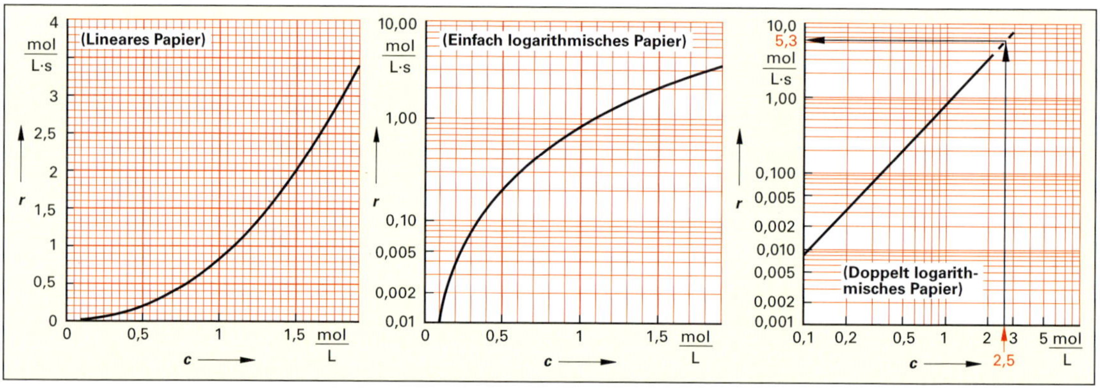

Bild 3: Lösung zu Beispiel 2 auf linerarem, einfach logarithmischem und doppelt-logarithmischen Papier

Aufgaben zur Verwendung grafischer Papiere

1. Eine chemische Reaktion verläuft nach der Gleichung $r = 0{,}040$ L/(mol · s) · c^2, die Anfangskonzentration ist $c_0 = 1{,}0$ mol/L.
   a) Zeichnen Sie den Funktionsgraphen.
   b) Linearisieren Sie ihn durch Einzeichnen in das geeignete grafische Papier.
   c) Bestimmen Sie die Konzentration c zu $r = 0{,}010$ mol/(L · s) und $r = 0{,}045$ mol/(L · s).

2. Ein Reaktionskessel mit 100 °C soll an der Umgebungsluft mit 0 °C abgekühlt werden. Für die Abkühlung gilt die Funktionsgleichung $\vartheta = 100 \cdot e^{-t/10}$. Hierin ist die Zeit t in Minuten einzusetzen.

   Nach welcher Zeit ist der Reaktionskessel a) auf 60 °C, b) auf 40 °C und c) auf 20 °C abgekühlt?

3. Für eine Gleichgewichtsreaktion A + B $\rightleftharpoons$ C wurde die Abhängigkeit des Umsatzes U der Edukte (Ausgangsstoffe) von der Zeit t untersucht. Die Zusammenhänge konnten durch die Gleichung $U = 0{,}8 \cdot (1 - e^{-10 \cdot t})$ beschrieben werden. (In der Gleichung ist t in h einzusetzen.)
   a) Stellen Sie die Abhängigkeit des Umsatzes U von der Zeit t grafisch dar.
   b) Wie viel Prozent der Edukte haben sich im Gleichgewichtszustand umgesetzt?
   c) Nach wie viel Minuten sind 50 % bzw. 75 % der Edukte umgesetzt?

2.5 Versuchs- und Prozessdatenauswertung mit dem Computer

In der Labor- und Produktionstechnik hat sich die Computertechnik zu einem unverzichtbaren Bestandteil bei der Erfassung, Speicherung und Verarbeitung von Versuchs- und Prozessdaten entwickelt.

In automatisierten Produktionsanlagen wird die Prozessdatenerfassung, ihre Auswertung und Dokumentation von computergestützten Prozessleitsystemen übernommen.

In nicht automatisierten Produktionsanlagen, in Technikumsanlagen und bei Laborversuchen bewältigt man diese Aufgaben meist mithilfe von handelsüblichen Personalcomputern oder Notebooks.

Analysen- und Messgeräte, wie z.B. Wägeeinrichtungen sowie Anlagenteile, sind häufig mit speziellen Auswertecomputern mit gerätespezifischer Auswertesoftware ausgestattet (Bild 2, 3, Seite 39).

Für Geräte und Anlagen, die keine Auswertecomputer mit einer gerätespezifischen Auswertesoftware besitzen, kann die Datenerfassung, Auswertung, Dokumentation und grafische Präsentation mit dem Tabellenkalkulationsprogramm der üblichen Standardsoftware eines PC erfolgen.

2.5.1 Das Tabellenkalkulationsprogramm Excel

Ein Tabellenkalkulationsprogramm (engl. spreadsheat) bietet umfangreiche Möglichkeiten zur Berechnung und Auswertung von Datenreihen. Die Daten lassen sich in Tabellen erfassen, rechnerisch verknüpfen, speichern und weiterverarbeiten. Darüber hinaus ermöglichen Tabellenkalkulationsprogramme auch die Aufbereitung der Daten zu Diagrammen und Präsentationsgrafiken.

Das am weitesten verbreitete Tabellenkalkulationsprogramm ist Microsoft© Excel. Mit diesem Programm sind die nachfolgenden Auswertungen durchgeführt.

Ein Tabellenkalkulationsprogramm erzeugt auf dem Bildschirm ein elektronisches Arbeitsblatt.

Die Excel-Programmoberfläche (Bild 1)

Das Tabellenkalkulationsprogramm Excel erzeugt auf dem Bildschirm ein **elektronisches Arbeitsblatt** mit darüber angeordneten Befehlsleisten.

Das Arbeitsblatt ist in Form eines Rechenblattes aufgebaut, das in **Spalten** und **Zeilen** geordnet ist **(Bild 1)**. Am oberen Rand des Arbeitsblattes ist die Einteilung der Spalten waagerecht mit fortlaufenden Buchstaben vorgegeben (A, B, C, ...). Am seitlichen linken Rand werden die Zeilen senkrecht in Ziffern gezählt (1, 2, 3, ...).

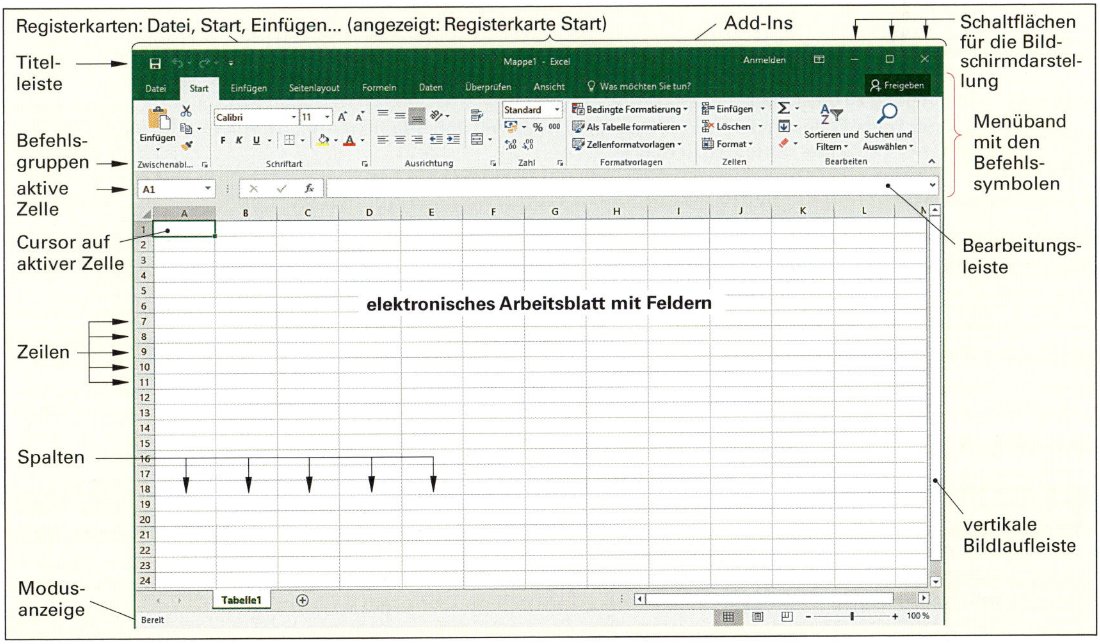

Bild 1: Monitorbild der Programmoberfläche des Tabellenkalkulationsprogramms Microsoft Excel

Am Kopf der Programmoberfläche befinden sich die Titelleiste, das Menüband mit den Registerkarten sowie die Befehls-Schaltflächen des jeweiligen Registers (Bild 1, Seite 59). Den Großteil der Programmoberfläche nimmt das **elektronische Arbeitsblatt** mit seinen Zeilen und Spalten ein.

In der **Titelleiste** stehen oben ganz links die drei Schnellbefehle: Speichern, Rückgängig machen, Wiederherstellen. Ganz rechts sieht man die Symbole für die Bildschirmdarstellung: Minimieren, Maximieren, Schließen.

Das **Menüband** besteht aus den in einer Zeile angeordneten Registerkarten: Datei, Start, Einfügen usw. und darunter einer Vielzahl von Symbolen für einzelne Befehle **(Bild 1).**

Klickt man eine Registerkarte durch linken Mausklick an, so wird sie farblich hervorgehoben (markiert) und es öffnet sich eine Seite oder eine Mehrfachzeile mit vielen Befehlssymbolen.

Bei Anklicken des ersten Registers Datei z.B. öffnet sich eine Liste mit Befehlen zur Dateienverwaltung: *Informationen, Neu, Öffnen, Speichern, Speichern unter, Drucken* usw. Hiermit können Excel-Dateien neu angelegt, geöffnet, gespeichert, gedruckt usw. werden.

Durch Anklicken des Registers Start werden direkt darunter in einer Mehrfachzeile eine Vielzahl von Befehlen zur Formatierung der Beschriftung der Zellen angeboten. Sie legen die Zwischenablage, die Schriftart, die Absätze, die Formatvorlagen usw. in den Zellen fest. Diese Formatierung ist ähnlich wie im Textverarbeitungsprogramm **Microsoft Word**.

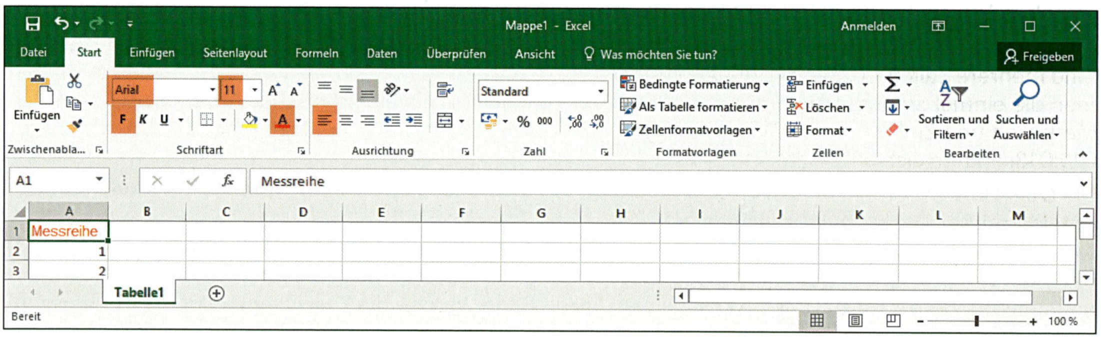

Bild 1: Excel-Programmoberfläche mit Register Start

> **Beispiel:** Das in die erste Zelle geschriebene Wort **Messreihe** soll in der Schriftart Arial, Schriftgröße 11 Punkt, Fett, in der Schriftfarbe Rot und linksbündig geschrieben werden. Klicken Sie die Befehle an, um diese Darstellung zu erreichen.
>
> *Lösung:* Die markierte Zelle mit dem Wort **Messreihe** muss mit den Befehlen Arial, 11, F, A und angeklickt werden (siehe rote Markierungen in **Bild 1**).

In der gleichen Art können die Symbolleisten der anderen Register genutzt werden.

Die Symbolleisten sind durch den Benutzer auch individuell gestaltbar. Es können aus den über 200 verfügbaren Symbolen des Programms aber auch neue Symbolleisten angelegt werden. Beide Vorgänge erfolgen durch die Option *Extras/Anpassen.* Die Symbolleisten sind über *Ansicht/Symbolleisten* ausblendbar oder frei im Bildschirmfenster platzierbar.

Das elektronische Arbeitsblatt ist durch waagerechte und senkrechte Linien in Zellen unterteilt (Bild 1). Durch Anklicken kann die Zelle markiert werden, in der geschrieben bzw. gearbeitet werden soll. Sie heißt **aktive Zelle.**

Jede Zelle ist durch die am oberen Rand des Arbeitsblattes angeordnete Buchstabenzeile und die am linken Rand verlaufende Ziffernspalte eindeutig bezeichnet.

> **Beispiel:** Die Zelle in der linken oberen Ecke des Arbeitsblattes hat die Bezeichnung A1, die Zelle in der Spalte D und der Zeile 5 hat die Bezeichnung D5.

In jede Zelle können Daten, Text und Berechnungsformeln geschrieben werden.

Die Bezeichnung der aktiven Zelle wird in einem Schriftfeld links oben über dem Arbeitsblatt angezeigt. Das Schriftfeld rechts über dem Arbeitsblatt f_x dient zur Eingabe der Daten, der Texte und der Formeln.

2.5.2 Auswertung von Messreihen mit Excel

Eine wichtige Anwendung des Tabellenkalkulationsprogramms, kurz **TKP,** ist die Berechnung von Werten mit Berechnungsformeln. Dazu wird in die Bearbeitungsleiste bei f_x die Berechnungsformel in der spezifischen Schreibweise von Excel eingeschrieben (siehe Bild 2) und die Ergebnis-Zelladresse genannt **(Bild 1).**

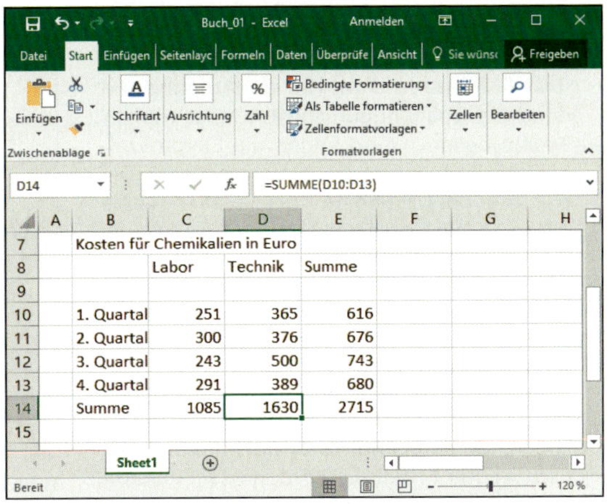

Bild 1: Berechnung von Werten mit Formeln

So berechnet z.B. die Funktionsanweisung SUMME(D10:D13) die Summe aller Werte, die im Zellbereich D10 bis D13 stehen. Es können auch mehrere einzelne Felder, die nicht in dem Bereich liegen, durch Aufzählen eingegeben werden, z.B. SUMME(D10;D12;D13).

Diese Art, Berechnungen durchzuführen, hat den Vorteil, dass veränderte Zahlen nicht in die Formeln eingegeben werden müssen. Das TKP berechnet automatisch mit der Formel immer wieder das entsprechende Ergebnis, ohne dass der Anwender die Werte selbst in die Formel eingeben muss.

Sind mehrere Zellen mit der gleichen Formel zu bearbeiten, so kann man die einmal eingegebene Formel auf die anderen Zellen durch Markieren und Ziehen mit der Maus kopieren. Die Zellbezüge (z.B. C10:C13) ändern sich automatisch.

Die **Operatorzeichen** in der Schreibweise (Syntax) von Excel unterscheiden sich teilweise von den Operatorzeichen in der allgemeinen Mathematik **(Bild 2).**

Andere Operatorzeichen als in der allgemeinen Mathematik gibt es für die Multiplikation, die Division und das Potenzieren.

Neu ist der Operator mit dem Zeichen : . Er bedeutet, dass die vorgenannte Operation für den danach genannten Zellbereich gilt.

Operator	Beispiel	Bedeutung
+	7+4	Addition
–	4–2	Subtraktion
*	5*6	Multiplikation
/	6/3	Division
^	5^2	Potenzieren
=	B5=B7	gleich
–	–(5*2)	Vorzeichen
%	10%	Prozent
:	B3:B7	Bereich von bis

Bild 2: Operatorzeichen von Excel

Zusätzlich bietet Excel **Sonderoperatoren** in Schriftform an:

SUMME bildet die Summe der Werte in den nachfolgend genannten Zellen (siehe Seite 62, Punkt 5).

MITTELWERT berechnet den Mittelwert der Werte in den genannten Zellen (siehe Seite 62, Punkt 5).

STANDARDABWEICHUNG berechnet aus den Werten der folgenden Zellen die Standardabweichung.

Beispiele: Die Formel =(A1+A2)*A5 bedeutet, dass die Summe der Zellen A1 und A2 mit der Zelle A5 multipliziert werden. Die Formel =SUMME(B2:B8) bedeutet, dass die Summen der Größen in den Zellen B2 bis B8 gebildet werden.

Die Ausführung von Berechnungen mit einem TKP wird an folgender Beispielaufgabe gezeigt.

Beispiel: Auswertung einer Dichtebestimmung mit der hydrostatischen Waage mit dem TKP Excel

Aufgabe:

In einer Versuchsreihe wurde die Dichte von Polymerstäben aus unterschiedlichen Produktionschargen mit einer hydrostatischen Waage (Seite 440) bestimmt. Nebenstehende Messwerte wurden erhalten **(Tabelle).**

Die Messwerte sollen mit Excel erfasst und ausgewertet werden.

Mit der Auswertegleichung für die hydrostatische Waage sollen die einzelnen Dichten berechnet werden.

$$\varrho_K = \frac{m_K \cdot \varrho_{Fl}}{m_K - m_S}$$

Abschließend soll aus den Einzeldichten der Mittelwert der ermittelten Dichten berechnet werden.

Tabelle: Messwerte einer Versuchsreihe zur Dichtebestimmung von Polymerstäben

Messreihe	Masse m_K des Körpers in g	Scheinbare Masse m_S des eingetauchten Körpers in g
1	4,876	0,763
2	5,134	0,813
3	4,463	0,677
4	4,967	0,745
5	5,114	0,796
Dichte der Flüssigkeit ϱ_{Fl} = 0,9982 g/mL		

Lösung:

Das Excel-Programm wird durch Anklicken auf dem Computer gestartet.

1. Es wird eine **Eingabemaske** nach dem Schema von Tabelle 1, Seite 57, erstellt **(Bild 1).** Zuerst wird der Titel der Aufgabe und dann die Spaltenüberschriften geschrieben (weiße Zellen). Dann folgen die Eingabezellen (zur Kennzeichnung blau unterlegt): Die Nummer der Messreihe 1 bis 5 (Zellen A3 bis A7), die Masse der Festkörper (B3 bis B7), die scheinbare Masse der in die Flüssigkeit eingetauchten Festkörper (C3 bis C7) und die Dichte der Auftriebsflüssigkeit (C8).

2. ***Ausgabefelder (Ergebnisfelder)*** für die errechneten Einzeldichten sind die Zellen D3 bis D7 (gelb unterlegt). Hier ist in jede Zelle jeweils die Berechnungsformel für die Dichte einzutragen. In Zelle D9 wird mit der Funktion *Mittelwert* das Endergebnis der Dichtebestimmung errechnet.

D3 | =(B3*$C$8)/(B3-C3)

	A	B	C	D
1	**Dichtebestimmung von Polymerstäben**			
2	Mess-reihe	Masse m_K des Körpers in g	Scheinbare Masse m_S des eingetauchten Körpers in g	Dichte in g/cm³
3	1	4,876	0,763	1,183
4	2	5,134	0,813	1,186
5	3	4,463	0,677	1,177
6	4	4,967	0,745	1,174
7	5	5,114	0,796	1,182
8	Dichte der Flüssigkeit ρ_{Fl} in g/mL		0,9982	
9	Mittelwert der Dichte der Probe in g/cm³:			1,181
10				

Bild 1: Excel-Auswertung des Beispiels

3. *Eingabe der* ***Berechnungsformel*** für die Einzeldichte in Zelle D3. Anstelle der Größenzeichen stehen in der Berechnungsformel die Zelladressen der jeweiligen Größe. Die Dichteformel $\varrho_K = m_K \cdot \varrho_{FL}/(m_K - m_S)$ in der Schreibweise von Excel lautet: =B3*C8/(B3–C3). Sie wird in die Zelle D3 eingegeben und erscheint auch im Feld für die Formel.

4. ***Übertragen der Berechnungsformel*** auf die übrigen Ergebnisfelder D4 bis D7.

   ⇒ Linker Mausklick auf die Zelle D3 mit der zu kopierenden Formel.

   ⇒ Nach Verschieben des Mauszeigers auf die rechte untere Zellenecke erscheint ein Kreuz (siehe Bild rechts). Nach linkem Mausklick auf dieses Kreuz und Ziehen mit gehaltener Maustaste nach unten wird die Formel in die darunter liegenden Zellen kopiert. Automatisch werden die berechneten Dichtewerte angezeigt. Diese Vorgehensweise wird auch auf die horizontal benachbarten Zellen D5, D6 und D7 angewendet.

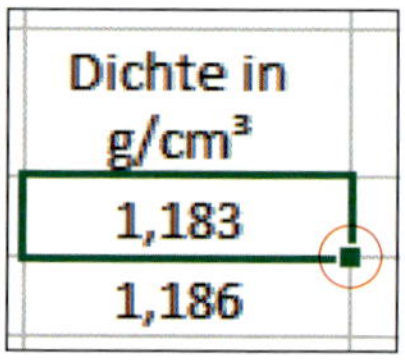

   Allerdings ändert Excel dabei auch die Adresse von Feld C8. Die Dichte der Auftriebsflüssigkeit ist aber für alle Berechnungen gleich und darf bei der Übertragung **nicht** verändert werden. Deshalb muss das Feld C8 in der Formel als **absoluter Bezug** formatiert werden. Dies geschieht durch Voranstellen des $-Zeichens vor das Zeilen- und Spaltenkennzeichen von C8. Die Formel in **Zelle D3** lautet dann: =B3*$C$8/(B3–C3)

5. **Berechnen des Mittelwerts** aus den Einzeldichten mit der Formel $\varrho = \frac{\varrho_1 + \varrho_2 + \varrho_3 + \varrho_4 + \varrho_5}{5}$ und Ausgabe des Ergebnisses in Zelle D9.

   Dazu wird in Zelle D9 die Formel für den Mittelwert in der Excel-Schreibweise mit den entsprechenden Zellen eingegeben. Sie lautet: =SUMME(D3:D7)/5.

   Durch Drücken der Enter-Taste wird das Ergebnis in Zelle D9 angezeigt (rote Zellen).

   Für die Mittelwertberechnung bietet Excel auch eine entsprechende Funktion unter den statistischen Berechnungen an: Nach Mausklick auf Zelle D3 und *Formeln/Funktion einfügen/MITTELWERT* wird ein Fenster eingeblendet, das zur Eingabe der Zelladressen für die Mittelwertberechnung auffordert: D3:D7.

   Nach Bestätigung mit *OK* ist der Formeleintrag abgeschlossen. Der Eintrag in D9 lautet: =MITTELWERT(D3:D7)

6. Abschließend ist die **Zahl der Dezimalstellen** in den Ergebnissen festzulegen: Nach Mausklick auf das Ergebnisfeld folgt: *Format/Zellen/Zahlen/Zahl/Dezimalstellen*: 3/*OK*.

   Alternativ: Ein linker Mausklick auf eines der nebenstehenden Symbole in der Formatsymbolleiste fügt in der aktiven Zelle eine Dezimalstelle hinzu (linkes Symbol) oder verringert um eine Dezimalstelle (rechtes Symbol).

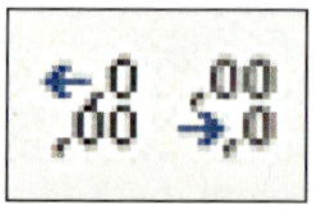

7. In der Tabelle sind weitere Formatierungen der Eintragungen möglich (Bild 1, Seite 57): Zentrieren der Spalteninhalte, fett gedruckte oder kursive Textteile. Die Tabelle kann mit Linien und Rahmen versehen und anschließend gespeichert oder ausgedruckt werden.

8. Zur Überprüfung, welche Berechnungsformel in der jeweiligen Zelle wirksam ist, wählt man im Register *Formel* im Bereich *Formeln überwachen* den Button *Formeln anzeigen.* Es erscheint das Arbeitsblatt (Bild 1) mit den Formeln in den Zellen.

Aufgaben zu Auswertung von Messreihen mit Excel

1. Erstellen Sie für die Wertetabelle Bild 1, Seite 49,
   a) die Excel-Eingabemaske mit Beschriftung des Tabellentitels sowie der Spaltenüberschriften.
   b) Tragen Sie die Messwerte der ersten beiden Spalten Zeit t und Volumen V in die Eingabefelder ein.
   c) Der Volumenstrom V_F wird mit der Formel $V_F = V/t$ berechnet. Richten Sie die Ausgabefelder zur Berechnung des Volumenstroms V_F mit der obigen Formel in der Excel-Schreibweise ein.
   d) Berechnen Sie mit Excel den Mittelwert des Volumenstroms V_F während der Versuchszeit.
   e) Zeigen Sie die Berechnungsformeln der Zellen im Arbeitsblatt an.
2. Schreiben Sie folgende Formeln in der Excel-Schreibweise mit Zelladressen (Die Zelladressen stehen in einem Zellrahmen an den jeweiligen Größen).
   a) Das Gesamtvolumen

   $$\underset{\boxed{D8}}{V_{ges}} = \underset{\boxed{D3}}{V_1} + \underset{\boxed{D4}}{V_2} + \underset{\boxed{D5}}{V_3} + \underset{\boxed{D6}}{V_4}$$

   b) Den hydrostatischen Druck

   $$\underset{\boxed{B4}}{\varrho_h} = \underset{\boxed{B1}}{\varrho_{Fl}} \cdot \underset{\boxed{B2}}{g} \cdot \underset{\boxed{B3}}{h}$$

   (p_{FL} und g sind konstant)

   c) Die Massenanteile von Bestandteilen in einer Verbindung

   $$\underset{\boxed{B4}}{w(x)} = \frac{\overset{\boxed{B1}}{a(x)} \cdot \overset{\boxed{B2}}{M(x)}}{\underset{\boxed{B3}}{M(\text{Verb})}}$$

   d) Den Mittelwert von Messwerten

   $$\underset{\boxed{C9}}{\bar{x}} = \frac{\overset{\boxed{C3}}{x_1} + \overset{\boxed{C4}}{x_2} + \overset{\boxed{C5}}{x_3} + \overset{\boxed{C6}}{x_4} + \overset{\boxed{C7}}{x_5}}{5}$$

3. Erstellen Sie mit dem Tabellenkalkulationsprogramm Excel für die Auswertung der Pyknometer-Dichtebestimmung einer Flüssigkeit (ausführliche Beschreibung Seite 441) eine Eingabemaske und werten Sie die Bestimmung mit den nachfolgenden Messwerten aus.

   Die Dichte von Wasser beträgt $\varrho_W(20\,°C) = 0{,}9982$ g/mL. Die erhaltenen Messwerte sind:

Wägedaten		Messung 1	Messung 2	Messung 3
Pyknometer leer in g	m_A	24,3978	24,3972	24,3975
Pyknometer mit Wasser von 20 °C in g	m_{DW}	49,3875	49,3868	49,3866
Pyknometer mit Flüssigkeitsprobe bei 20 °C in g	m_{DP}	54,6511	54,6533	54,6499

   Die Dichte der Flüssigkeitsprobe berechnet sich nach nebenstehender Größengleichung.

   $$\varrho\,(\text{Flü}) = \frac{m_{DP} - m_A}{m_{DW} - m_A} \cdot \varrho_W$$

   In der Auswertung sind die Dichten der Einzelbestimmungen und aus deren Mittelwert das Ergebnis der Dichtebestimmung auszugeben.
4. Bei der Bestimmung der Dichte eines wasserunlöslichen Granulats (ausführliche Beschreibung siehe Seite 441) wurden nachfolgende Wägedaten erhalten. Erstellen Sie mithilfe eines Tabellenkalkulationsprogramms eine Eingabemaske und werten Sie die Bestimmung aus. Die Auswertung ist so zu gestalten, dass die Bestimmung mit Flüssigkeiten unterschiedlicher Dichte möglich ist.

Wägedaten		Messung 1	Messung 2	Messung 3	Messung 4
Pyknometer leer in g	m_A	24,2561	24,7855	24,3377	24,4379
Pyknometer mit Probe in g	m_B	36,1981	36,4897	35,4562	36,0514
Pyknometer mit Flüssigkeit in g	m_C	44,2595	44,8593	44,4697	44,7218
Pyknometer mit Probe und Flüssigkeit in g	m_D	54,7525	55,1435	54,2387	54,8292
Dichte der Flüssigkeit in g/cm^3	$\varrho(\text{Flü}) = 0{,}9982$				

   Die Berechnung der Dichte des Granulats erfolgt mit nebenstehender Größengleichung.

   $$\varrho\,(\text{Probe}) = \frac{m_B - m_A}{m_D - m_A - m_C + m_B} \cdot \varrho\,(\text{Flü})$$

   Es sind zu berechnen und anzugeben:
   a) Die Dichten der vier Messungen
   b) Der Mittelwert der Dichten
   c) Die Standardabweichung der Dichten
   d) Der Medianwert der Dichten
   e) Die Spannweite der Dichten

2.5.3 Diagramme zeichnen mit Excel

Tabellen mit Datenreihen über die zeitliche Entwicklung von Prozessgrößen (Trends) wie z.B. Volumenströme, Temperaturen, Dichten, Viskositäten u.a. geben *keinen* raschen Überblick. Abweichungen der Daten vom vorgegebenen Sollwert sind nicht unmittelbar erkennbar. Dieses leisten **Diagramme**.

Die Tabellenkalkulationsprogramme (TKP), wie z.B. das Programm ***Excel*** von Microsoft®, haben Programmteile, mit denen Diagramme und Präsentationsgrafiken erstellt werden können. Diese ermöglichen das schnelle Erkennen der Prozessentwicklung und eine vergleichende Betrachtung.

Datenbasis der Diagramme sind die im Tabellenkalkulationsprogramm erfassten Versuchs- und Prozessdaten in Tabellenform (Bild 1, Seite 62).

Die Daten können in verschiedenen Diagrammtypen dargestellt werden. Da die Software **Microsoft Excel** amerikanischen Ursprungs ist, weichen die Diagramme in der Darstellungsart von der Diagrammdarstellung nach DIN 462 (Seite 50) ab.

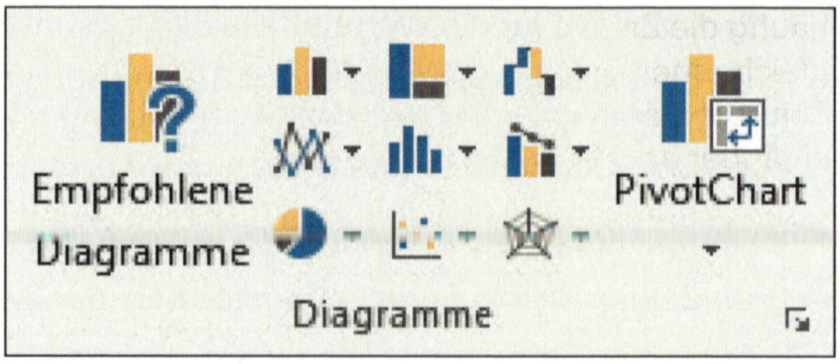

Bild 1: Befehlsgruppe Diagramme im Register *Einfügen*

Übersicht der Diagramme

Zum Erstellen eines Diagramms mit Excel klickt man in der Menüleiste das Register *Einfügen* an (Bild 1, Seite 59). Im Menüband sind bei der Befehlsgruppe *Diagramme* die Symbole für verschiedene Diagrammtypen gezeigt **(Bild 1)**.

Für eine **Übersicht der Diagramme** müssen zuerst die Daten des gewünschten Diagramms eingegeben werden. Die Übersicht der Diagrammtypen erhält man dann durch Anklicken des Pfeilsymbols in der rechten unteren Ecke.

Im erscheinenden Dialogfeld wird *alle Diagramme* angeklickt. Durch weiteres Anklicken des Diagrammtyps, z.B. *Säule,* öffnet sich eine Auflistung der unterschiedlichen Säulen-Darstellungen **(Bild 2a)**. Durch Anklicken der gewünschten Säulen-Darstellung wird das ausgewählte Säulendiagramm mit den zuvor eingegebenen Daten in das Tabellenblatt eingeblendet.

Zur Ansicht der anderen Diagrammtypen klickt man auf *Linie* bzw. auf *Kreis*. Es erscheinen die gewünschten Diagrammarten **(Bilder 2b und 2c)**.

Zudem kann man mit der Funktion *PivotChart* Daten grafisch zusammenfassen.

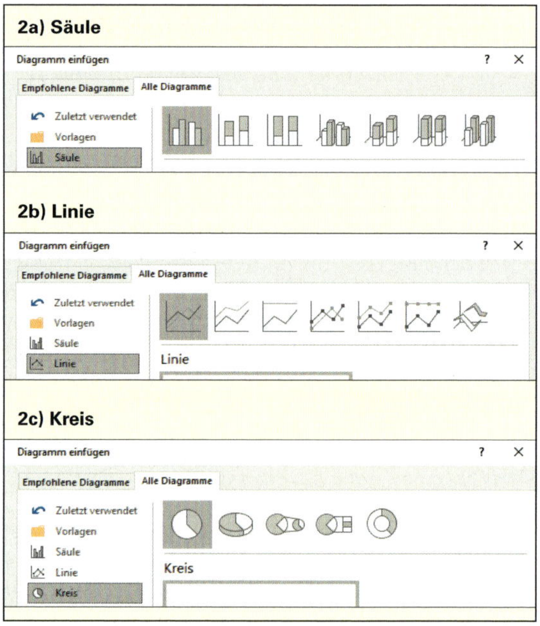

Bild 2: Übersicht der Diagrammtypen *Säule, Linie* und *Kreis*

Säulendiagramm

Mit einem Säulendiagramm (engl. column diagram) werden eine oder mehrere Datenreihen in Form von Säulen dargestellt. **Bild 3** zeigt z.B. ein 3D-Säulen-Diagramm der Luftschadstoffe. Die Art und Ausgestaltung des Säulendiagramms kann in der Gesamtübersicht (Bild 2) gewählt werden.

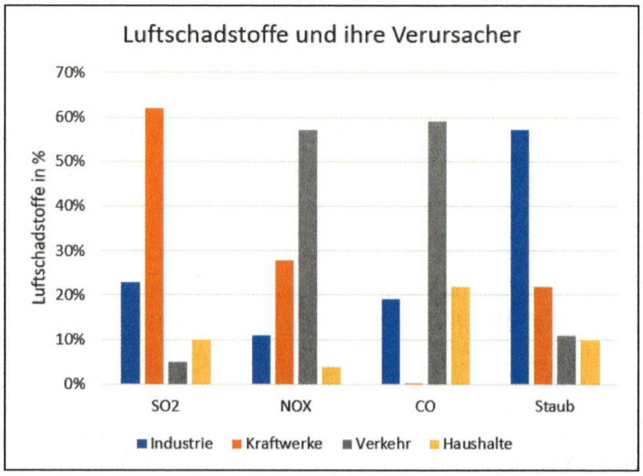

Bild 3: 3D-Säulen-Diagramm der wichtigsten Luftschadstoffe und ihre Verursacher (Stand 2016)

Die waagerechte Achse ist die Rubrikenachse, die senkrechte die Größenachse. Die Rubrikenachse ist häufig die Zeitachse und erlaubt einen direkten Vergleich einer oder mehrerer Größen im Verlauf der Zeit. Die Säulen können nebeneinander oder übereinander angeordnet sein.

Balkendiagramm

Balkendiagramme (engl. bar diagram) sind ähnlich wie Säulendiagramme aufgebaut mit dem Unterschied, dass die Rubrikenachse hier senkrecht und die Größenachse waagerecht angeordnet ist **(Bild 1)**.

Das Balkendiagramm ist weniger zur Veranschaulichung zeitlicher Entwicklungen geeignet. Es wird eingesetzt, wenn die Rubriken *qualitative* Merkmale darstellen, vor allem mit sehr langen Rubrikenbezeichnungen.

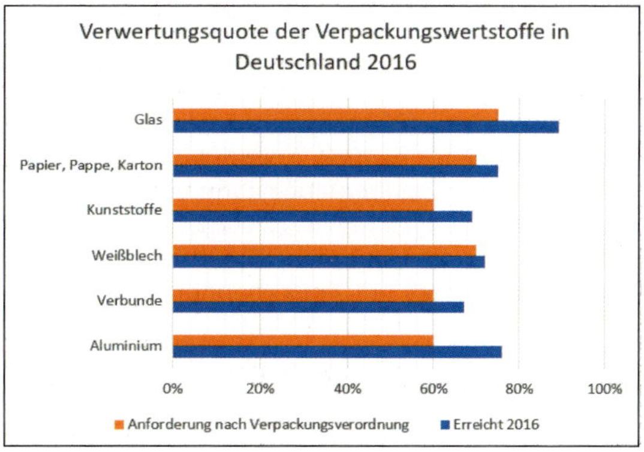

Bild 1: Balkendiagramm der Verwertung von Verpackungswertstoffen

Liniendiagramm

In einem Liniendiagramm (engl. line diagram) sind eine oder mehrere Größen in Abhängigkeit von der Zeit aufgetragen **(Bild 2)**. Trends lassen sich im Liniendiagramm gut erkennen.

Das Liniendiagramm sollte bevorzugt benutzt werden, wenn die waagerechte Achse für einen zeitlichen Verlauf einer oder mehrerer Messgrößen steht.

Abweichungen vom Standard werden bei Einblendung von Sollwerten rasch sichtbar.

Es kann der passende Typ des Liniendiagramms ausgewählt werden (Bild 2b, Seite 64).

Die Werte können im Liniendiagramm mit oder ohne Datenpunkte dargestellt werden.

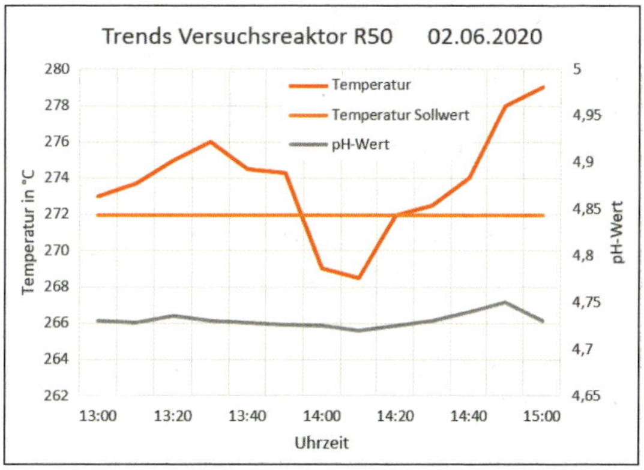

Bild 2: Liniendiagramm der Betriebsgrößen in einem Reaktor

x-y–Diagramm (Punktdiagramm)

Das *x-y*–Diagramm (engl. *x-y*–scatter) dient zur Darstellung der Abhängigkeit zwischen Datenreihen.

Es ist die typische Diagrammform zur Auswertung von analytischen Bestimmungen, bei der eine Beziehung zwischen der Messgröße und einer Gehaltsgröße eines Stoffes besteht. Typische Anwendungen sind die Fotometrie, die Refraktometrie und die Potentiometrie **(Bild 3)**.

Die Daten können auf unterschiedliche Weise dargestellt werden: Als reines Punkte-Diagramm sowie zusätzlich mit verbindender Kurve.

Im Diagramm kann die Messkurve mithilfe mathematischer Methoden analysiert werden. Bei der Potentiometrie **(Bild 3)** wird der Äquivalenzpunkt im Steigungsmaximum der Messkurve bzw. im Wendepunkt gefunden.

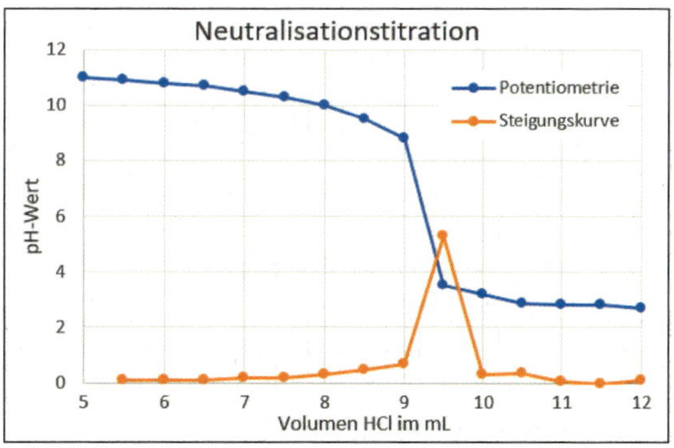

Bild 3: *x-y*–Diagramm einer Neutralisationstitration (Potentiometrie) mit pH-Kurve (blau) und Steigungskurve (rot)

Weiterhin können im *x-y*–Diagramm Messwertreihen durch Hinzufügen einer Ausgleichskurve bzw. Ausgleichsgerade analysiert werden: Die Regressionsanalyse bewertet die Streuung innerhalb der Messwerte (Bild 1, Seite 68) und ist ein wichtiges Instrument der Qualitätsüberwachung, z. B. bei der Validierung von Messgeräten.

2

Kreisdiagramm (Tortendiagramm)

Das Kreisdiagramm (engl. circle diagram) ist das Standarddiagramm für Daten, bei denen die Zusammensetzung eines Ganzen in Anteilen dargestellt werden soll. Eine häufige Anwendung ist z. B. die Darstellung der Zusammensetzung von Mischphasen **(Bild 1)**. Dabei ist die Gesamtfläche des Kreises immer 100 %, die Fläche der Kreissektoren ist ein Maß für den Anteil der Teilkomponente an der Gesamtgröße.

Es gibt mehrere Möglichkeiten der Darstellung von Kreisdiagrammen. Der gewünschte Typ kann aus einer Vorschau ausgewählt werden (Bild 2, Seite 64).

Wichtig ist beim Kreisdiagramm eine aussagekräftige Beschriftung.

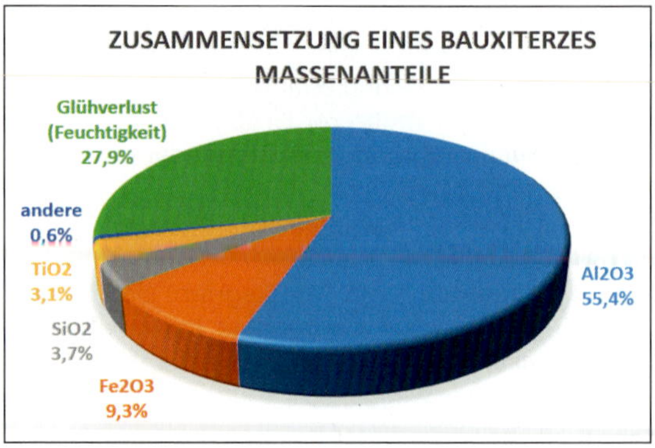

Bild 1: Dreidimensionales Kreisdiagramm einer Erz-Zusammensetzung

Netzdiagramm (Spinnennetz-Diagramm)

Bei einem Netzdiagramm (engl. radar diagram) wird, vom Mittelpunkt ausgehend, für jede Rubrik eine eigene Achse sternförmig gezeichnet **(Bild 2)**. Die Messwerte werden auf den Achsen aufgetragen und durch Linien miteinander verbunden. Auf diese Weise lassen sich mehrere Parameter in einem Diagramm darstellen und miteinander vergleichen oder in Beziehung setzen.

Gut vergleichen lassen sich periodisch wiederholende Vorgänge, wie z. B. der Sauerstoffgehalt eines Gewässers mit den Temperaturen im Laufe eines Jahres (Bild 2). Eine weitere Anwendung ist der Mischungsgrad im Verlauf eines Mischungsprozesses in einem Rührkessel.

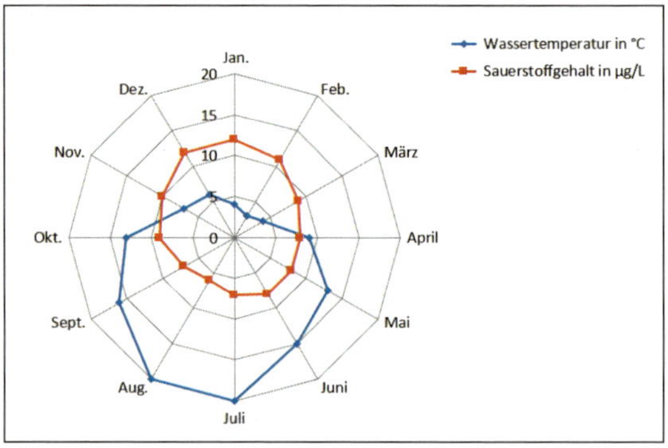

Bild 2: Netzdiagramm des Sauerstoffgehalts und der Wassertemperatur in einem Gewässer im Jahresverlauf

Erstellung von Diagrammen mit Excel

Die Erstellung eines Diagramms wird im Folgenden am Beispiel der Anteile der einzelnen Energieträger an der Primärenergieerzeugung in Deutschland aufgezeigt.

Beispiel: **Grafische Darstellung der Primärenergieerzeugung in Deutschland 2015**

Die Primärenergieerzeugung in Deutschland teilte sich im Jahr 2015 wie folgt auf die Energieträger auf:
Steinkohle: 188 PJ[1) Mineralöl: 103 PJ Erneuerbare Energien: 1681 PJ
Braunkohle: 1608 PJ Erdgas: 272 PJ Kernkraft 325 PJ Sonstige: 231 PJ
(Quelle: Umweltbundesamt, Arbeitsgemeinschaft Energiebilanzen)

Stellen Sie die Verteilung der Primärenergieträger in einem geeigneten Diagramm in PJ und % dar.

Lösung: Nach Start von Excel wird eine Eingabemaske erstellt (analog dem Beispiel auf Seite 61). Dort werden die Daten in die Eingabefelder eingetragen **(Bild 3)**.

	A	B	C	D	E	F	G	H
1	Primärenergieerzeugung in Deutschland 2015 in Petajoule PJ							
2	Energieträger	Steinkohle	Braunkohle	Mineralöl	Erdgas	Erneuerbare Energien	Kernkraft	Sonstige
3	Energie in PJ	188	1608	103	272	1631	328	231
4								

Bild 3: Datenblatt der Primärenergieerzeugung in Deutschland im Jahr 2015 mit Excel

1) PJ ist das Einheitenzeiten der Einheit Petajoule (10^{15} J)

Die einzelnen Energieträger ergeben zusammen 100 %.

Als geeigneter Diagrammtyp für die Anteile der einzelnen Energieträger wird das **Kreisdiagramm** gewählt.

Zur Erstellung des Kreisdiagramms folgende Anleitung:

Zuerst wird das Datenfeld im Arbeitsblatt markiert. Dazu wird im Arbeitsblatt das Feld A2 angeklickt und mit gedrückter Maustaste bis zur Zelle H3 gezogen.

Dann wird der gewünschte Diagrammtyp ausgewählt. Dazu wählt man im Register *Einfügen* sowie dann im Menüfeld *Diagramme* durch Anklicken das Symbol für Kreisdiagramme an.

Im sich öffnenden Pulldown-Menü **(Bild 1)** werden die möglichen Kreisdiagrammtypen angezeigt. Durch Anklicken wird *3D-Kreis* ausgewählt.

Daraufhin wird im Arbeitsblatt das Kreisdiagramm auf Basis der zu Beginn markierten Daten angezeigt.

Das Kreisdiagramm wird dann noch formatiert. Zuerst wird die im Arbeitsblatt angezeigte Diagrammüberschrift markiert und durch Ziehen ins Diagramm als Überschrift eingefügt.

Nach Anklicken im *Diagrammfeld* wird die Beschriftung der Achsen des Diagramms gewählt. Dazu klickt man das *+-Zeichen* am rechten oberen Rand des Diagramms an. Es erscheint ein Feld *Diagrammelemente*. Nach Überstreichen des Feldes *Datenbeschriftung* mit gehaltener Maus erscheint ein Pfeilsymbol ▶, das angeklickt wird. Aus der gezeigten Auswahl wählt man *Am Ende außerhalb* durch Anklicken aus. Es erscheint die gewünschte Diagrammdarstellung.

Dort werden die Achsenbeschriftungen eingeschrieben **(Bild 2)**.

Dann liegt das Diagramm in der gewünschten Form vor.

Mit einem Befehl im Register *Datei* kann das Diagramm gespeichert, gedruckt usw. werden.

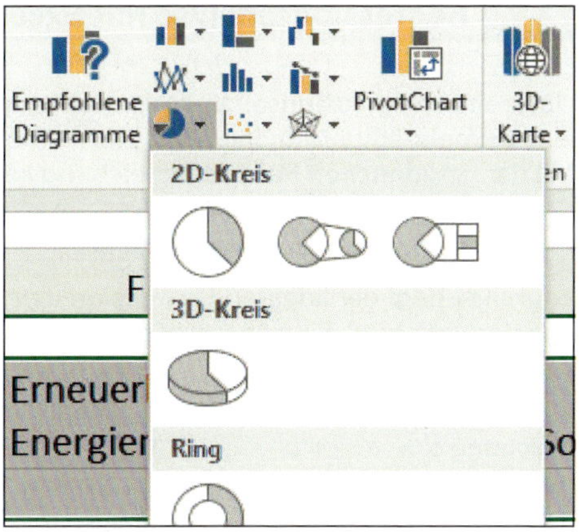

Bild 1: Auswahl-Menü für Kreisdiagramme

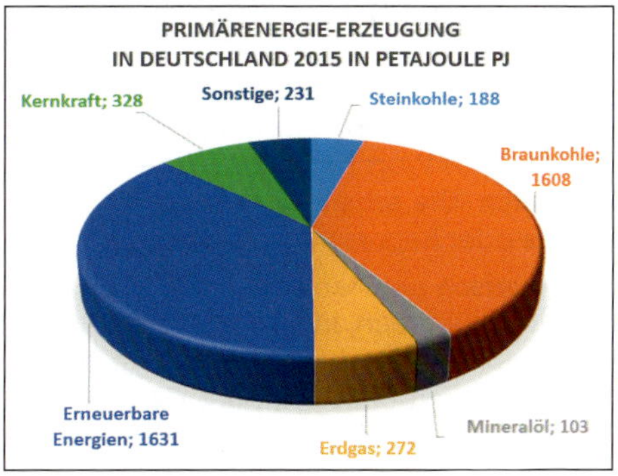

Bild 2: Excel-3D-Kreisdiagramm der Primärenergie-Erzeugung in Deutschland

2

Aufgaben zu Grafische Aufbereitung von Versuchs- und Prozessdaten in Diagrammen

1. **Tabelle 1** zeigt die Aufteilung der in Deutschland hergestellten Mineralöl-Produkte im Jahr 2015. Sie betragen insgesamt 102,0 Mio. Tonnen. Stellen Sie die Daten

   a) in einem Säulendiagramm dar b) in einem Kreisdiagramm dar

Tabelle 1: Produzierte Mineralöl-Produkte in Deutschland 2015 in Millionen Tonnen

Produkt	Diesel	Benzin	Leichtes Heizöl	Rohbenzin	Schweres Heizöl	Kerosin	Sonstiges
Produkte in Mio. t	36,8	18,2	16,1	16,3	4,5	8,5	1,6

2. In **Tabelle 2** ist die Veränderung der Anteile der Primärenergieträger in Deutschland 2016 gegenüber 1990 aufgeführt. Stellen Sie den Vergleich

   a) in einem geeigneten Doppel-Säulen-Diagramm dar

   b) in einem gewählten, gruppierten Balkendiagramm dar

Tabelle 2: Anteile der Primär-Energieträger in Deutschland 1990 und 2016

Energieträger	Mineralöl	Steinkohle	Braunkohle	Erdgas	Kernenergie	Erneuerbare Energien	Sonstige
1990, Anteile in %	35,0	15,5	21,5	15,5	11,2	0,7	0,6
2016, Anteile in %	2,5	4,2	36,4	6,2	7,4	38,2	5,3

2.5.4 Regressionsanalyse mit Excel

Unter einer Regressionsanalyse versteht man ein Auswerteverfahren, um aus einer Reihe von Messwerten eine formelmäßige Abhängigkeit (Korrelation) zwischen einer Messgröße und einer Variablen zu erstellen. Mit der gewonnenen Funktionsgleichung können beliebige Werte der Messgröße ermittelt werden.

Der einfachste Fall einer Regressionsanalyse ist die **lineare Regression.** Bei ihr wird aus Messpunkten eine Geradengleichung erstellt. In Bild 2, Seite 61, ist die händische Erstellung einer Regressionsgeraden erläutert.

Zugrunde liegt der linearen Regression eine theoretisch-physikalische, **lineare Korrelation** der Messgröße und der Variablen. Eine lineare Korrelation besteht z. B. zwischen dem Gehalt einer Lösung und der Brechzahl (Seite 241).

In einem Diagramm entspricht die lineare Abhängigkeit der Messwerte einer Geraden mit der Funktionsgleichung $y = a \cdot x + b$

Die Daten von Messwertreihen unterliegen zufälligen Abweichungen. Trägt man die Messwerte in ein Diagramm ein **(Bild 1),** so liegen sie trotz der physikalisch-theoretischen linearen Abhängigkeit in der Regel nicht exakt auf einer Geraden.

Um aus den Messpunkten in einem Diagramm eine Gerade zu erhalten, setzt man die lineare Regression ein. Das Wort Regression bedeutet Ersatz oder Ausgleich. Die erhaltene Gerade wird **Ausgleichsgerade** oder Regressionsgerade genannt.

Zeichnerisch per Hand kann die Ausgleichsgerade gewonnen werden, indem man sie so zwischen die Messpunkte legt, dass die Summe der Abstände der Messpunkte links von der Geraden so groß ist wie die Summe der Abstände rechts von der Geraden. Durch Abmessen der Abstände von der Geraden kann dies überprüft werden.

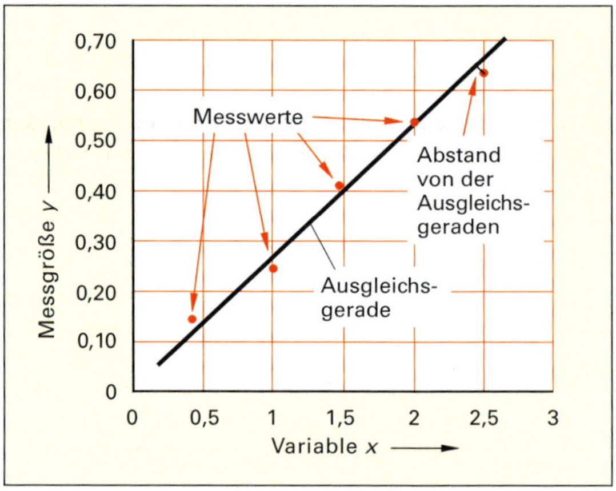

Bild 1: *x-y*-Diagramm mit Messwertpunkten und händisch eingezeichneter Ausgleichsgeraden

Das **Tabellenkalkulationsprogramm Excel** hat eine Funktion, mit der eine **Regressionsanalyse mit Mausklicken** durchgeführt werden kann. Hiermit können nicht nur lineare Regressionen (Ausgleichsgerade), sondern Regressionsanalysen beliebiger Funktionszusammenhänge (Ausgleichskurven, siehe Bild 3, Seite 51) durchgeführt werden.

Die Durchführung einer Regressionsanalyse mit Excel wird an folgendem Beispiel gezeigt.

Beispiel: Erstellung eines Kalibrier-Diagramms zur Bestimmung der Massenkonzentration β (KCl) von Kaliumchlorid-Lösungen in Abhängigkeit von der elektrischen Leitfähigkeit κ.

Aufgabe:

Die Massenkonzentration der nebenstehenden Kaliumchlorid-Lösungen **(Tabelle 1)** soll mithilfe von elektrischen Leitfähigkeits-Messungen bestimmt werden. Dazu soll eine Kalibrierkurve dienen.

Die Kalibrierkurve ist durch Leitfähigkeitsmessungen von Kalibrierlösungen zu erstellen **(Tabelle 2)**.

Tabelle 1: Probelösungen

Probe-Nr.	1	2	3	4	5
κ in μS/cm	178	291	454	342	621

1. Erstellen der Kalibrierkurve

Zunächst wird eine KCl-Lösung der Konzentration β (KCl) = 1000 mg/L im 1-L-Messkolben angesetzt. Durch Verdünnen wird daraus eine Konzentrationsreihe in 100 mL-Messkolben mit den in Tabelle 2 angegebenen Massenkonzentrationen β (KCl) erstellt. Nach dem Temperieren auf 20 °C bestimmt man die elektrische Leitfähigkeit κ der verdünnten Lösungen. Man erhält die in Tabelle 2 aufgetragenen Werte der Leitfähigkeit κ.

Tabelle 2: Leitfähigkeit von Kaliumchlorid-Kalibrierlösungen (bei 20 °C) zur Erstellung des Kalibrierdiagramms

β (KCl) in mg/L	100	200	300	400	500	600
κ in μS/cm	180	342	537	682	848	1014

Damit wird in Excel eine Eingabemaske erstellt (Bild 1, Seite 69, Zeilen 1 bis 2). In die grau unterlegten Eingabefelder (Zellen A3 bis A8) werden die Konzentrationen β der Kalibrierlösungen von Tabelle 2 sowie in die Zellen B3 bis B8 die gemessenen Leitfähigkeitswerte κ eingetragen.

Das Zellenfeld A2 bis B8 ist die Datenbasis. Es wird mit gedrückter Maustaste bei A2 und Ziehen bis B8 markiert.

Das gewünschte Diagramm für die Regressionsanalyse wird erzeugt durch Mausklick auf das Register *Einfügen* und Anklicken des Symbols. Es erscheint ein Scroll-Down-Menü verschiedener Diagrammarten. Es wird der Diagrammtyp *Punkt (XY)* angeklickt.

Daraufhin erscheint das Basis-Diagramm der Leitfähigkeit κ **(Bild 2)** gemäß den Daten von **Bild 1,** oberer Bildteil.

Zum Einfügen der Regressionsgeraden in das Diagramm wird rechts oben das + -Icon angeklickt. Aus den gezeigten *Diagrammelementen* wird *Trendlinie* ausgewählt. Durch Anklicken des ▶ - Symbols und *weitere Optionen* erscheint eine Auswahl von Trendlinienoptionen. Standardmäßig ist ein linearer Trend (eine lineare Ausgleichsgerade) eingestellt. Angeklickt wird: ☐ *Formel im Diagramm anzeigen.* → Im Diagramm wird die Ausgleichgerade (bei Excel heißt sie **Trendlinie**) und die Formel der Geraden angezeigt.

Durch einen weiteren Mausklick auf + sowie *Achsentitel* können die Achsen beschriftet werden **(Bild 2).**

2. Bestimmen der Massenkonzentration der Probelösungen

Hierzu wird im Excel-Arbeitsblatt (im unteren Teil von Bild 1) in Zeile 14 die Eingabemaske erstellt.

In den grau unterlegten Eingabezellen A15 bis A19 werden die Nummern der Probelösungen und in den Zellen B15 bis B19 die gemessenen Leitfähigkeiten κ von Tabelle 1, Seite 68, eingetragen.

Für die rechnerische Auswertung der Gehaltsbestimmung der Probelösungen werden die Funktionsdaten der Ausgleichsgeraden benötigt.

Zu diesem Zweck wird die Zelle C11 angeklickt. Der Aufruf der Funktion für die Steigung *a* wird mit folgenden Befehlen getätigt:

C11: *Einfügen / Funktion / Statistik / Steigung*

In dem sich öffnenden Fenster wird der Cursor ins Feld Y-Werte gestellt. Die Felder B3 bis B8 werden durch Anklicken und Ziehen mit gehaltener Maustaste markiert. Dann wird im Fenster der Cursor in das Feld X-Werte gestellt. Die Felder A3 bis A8 werden wie vorher beschrieben markiert. Durch Anklicken von OK wird in C11 die ermittelte Steigung angezeigt.

Nach Markieren des Feldes C12 wird, wie oben beschrieben, mit dem Befehl

C12: *Formeln / Mehrfunktionen / Statistik / Achsenabschnitt*

der Achsenabschnitt *b* ermittelt.

Damit sind für die Auswertungsfunktion der Ausgleichsgeraden:

$\boldsymbol{y = a \cdot x + b}$ die Komponenten *a* und *b* bekannt.

Durch Umformen der Gleichung nach $x \triangleq \beta(\text{KCl})$ erhält man:

$$x = \beta(\text{KCl}) = \frac{y - b}{a}$$

	A	B	C
1	**Gehalt von Kaliumchlorid-Kalibrierlösungen**		
2	**β(KCl) im mg/L**	**Leitfähigkeit χ in µS/cm bei 20°C**	
3	100	180	
4	200	342	
5	300	537	
6	400	682	
7	500	848	
8	600	1014	
9			
10	**Regressionsdaten y = a*x + b**		
11	**Steigung**	**a =**	**1,6666**
12	**y-Abschnitt**	**b =**	**17,2**
13			
14	**Probelösung**	**Leitfähigkeit χ in µS/cm bei 20°C**	**β(KCl) im mg/L**
15	**Probe 1**	178	96,4855
16	**Probe 2**	291	164,289
17	**Probe 3**	454	262,095
18	**Probe 4**	342	194,891
19	**Probe 5**	621	362,301

Bild 1: Excel-Auswertung zum Kalibrierdiagramm der KCl-Bestimmung

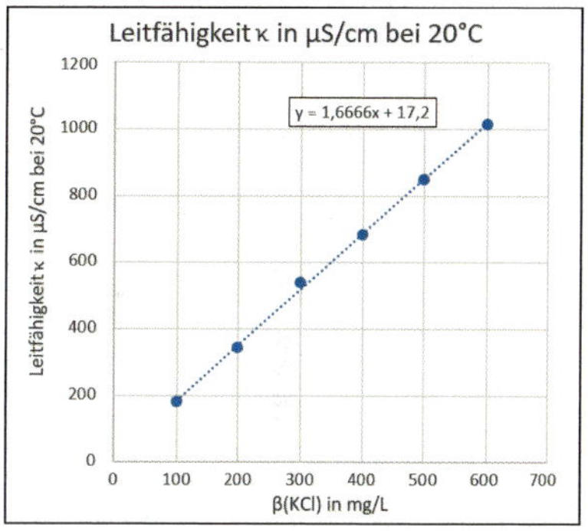

Bild 2: Kalibrierdiagramm des Beispiels mit Regressionsgeraden (Trendlinie)

Mit der Excel-Schreibweise ergibt sich z. B. für die Massenkonzentration von **Probe 1** folgender Eintrag in Zelle C15 **=((B15–$C$11/$C$13)**. Diese Formel aus Zelle C15 wird in die Zellen C16 bis C19 kopiert.

In den Zellen C15 bis C19 erscheinen nach Eingabe der gemessenen Proben-Leitfähigkeiten von Tabelle 1, Seite 68, die entsprechenden Massenkonzentrationen der Proben (rot in Bild 1).

Aufgaben zu Regressionsanalyse mit Excel

1. Zur Bestimmung der Konzentration $c(NaNO_3)$ von Proben wurden in einer Verdünnungsreihe 5 $NaNO_3$-Kalibrierlösungen hergestellt **(Tabelle 1).** Bei der anschließenden Leitfähigkeitsmessung wurden nach dem Temperieren folgende Messwerte erhalten **(Tabelle 2).**

Tabelle 1: Leitfähigkeit von Natriumnitrat-Kalibrierlösungen bei 20 °C

Konzentration in mmol/L	0,0	1,0	2,0	3,0	4,0	5,0
Leitfähigkeit in µS/cm	3,2	108	213	305	428	523

Tabelle 2: Probelösungen

Probe 1	Probe 2	Probe 3	Probe 4
256	298	487	178

Ermitteln Sie mithilfe der Messdaten und einer Regressionsanalyse nach dem Muster des obigen Beispiels die Stoffmengenkonzentrationen $c(NaNO_3)$ der vier Probelösungen.

2. Nitrat-Ionen können nach Reduktion zu Nitrit und anschließende Diazotierung von Sulfanilamid zu einem roten Azofarbstoff gekuppelt und bei 540 nm fotometrisch bestimmt werden.

   Es wurden 5 Kalibriermessungen mit vorgegebenen Nitratgehalten und die Messungen der 5 Wasserproben durchgeführt und folgende Extinktionswerte erhalten.

$\beta(NO_3^-)$ in mg/L	0	10	20	30	40	Probe 1	Probe 2	Probe 3	Probe 4	Probe 5
Extinktion (bei 540 nm)	0	0,140	0,329	0,492	0,672	0,438	0,544	0,227	0,411	0,385

   Erstellen Sie für die fotometrische Nitrat-Bestimmung mit dem Tabellenkalkulationsprogramm Excel eine Eingabemaske nach dem Muster von Bild 69/1. Führen Sie eine rechnerische und grafische Auswertung mit linearer Regression durch.

Gemischte Aufgaben zu 2 Auswertung von Messwerten und Prozessdaten

1. Eine Bürette der Klasse AS mit einem Nennvolumen von 10 mL hat die Fehlergrenzen ± 0,02 mL. Es werden bei einer Titration 5,39 mL Maßlösung verbraucht. Wie lautet die Volumenangabe mit Angabe der Messgenauigkeit?
2. In **Bild 1** ist das Ziffernblatt eines Rohrfedermanometers der Genauigkeitsklasse 1,0 während des Messvorganges abgebildet.
   a) Geben Sie die Anzeige, den Messwert und den Skalenteilungswert an.
   b) Mit welcher Unsicherheit ist der Messwert behaftet?

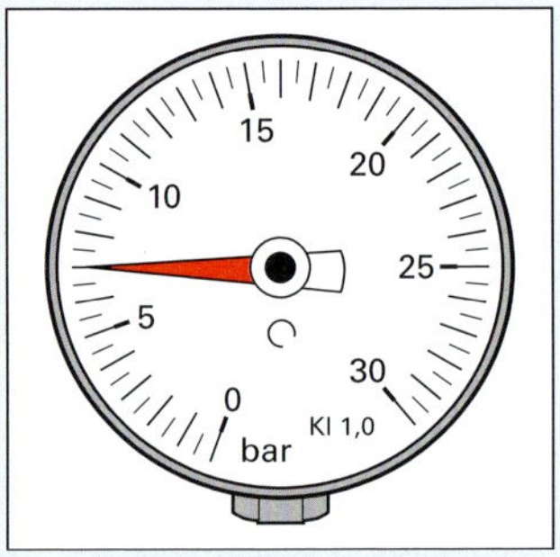

Bild 1: Ziffernblatt eines Rohrfedermanometers (Aufgabe 2)

3. Ein Widerstandsthermometer hat einen Messbereich von 0 °C bis 250 °C. Gemessen wurde die Temperatur 142 °C mit einer Messunsicherheit von ± 1,5 °C. Zu welcher Genauigkeitsklasse gehört das Messgerät?
4. Der Messbereich eines digital anzeigenden Thermoelements von 0 °C bis 400 °C ist mit einer Unsicherheit von 1 % ± 2 Digit angegeben. Wie groß ist die Messunsicherheit des Messwertes, wenn eine Temperatur von 312 °C gemessen wurde und der Ziffernschrittwert 1 °C beträgt?
5. Ein Reaktionsbehälter hat drei Anschlüsse, durch die mit 3 Pumpen Flüssigkeiten zugeführt werden können. Der Förderstrom der Pumpen ist $\dot{V}_1$ = 1,24 L/s, $\dot{V}_2$ = 0,35 L/s und $\dot{V}_3$ = 0,90 L/s. Die Pumpen 1 und 2 haben eine Fördergenauigkeit von ± 0,01 L/s, die Pumpe 3 eine Genauigkeit von 0,005 L/s.
   a) Welcher Förderstrom fließt pro Sekunde zu, wenn alle drei Zulaufarmaturen geöffnet sind?
   b) Mit welcher Unsicherheit ist der Förderstrom anzugeben?
6. Wandeln Sie die angegebenen Größenwerte in Größenwerte mit den neuen Einheitenzeichen um:
   a) 1230 cm in m b) 4685 dm^2 in m^2 c) 56 826 mg in g d) 0,862 L/s in m^3/h
   e) 0,765 g/mL in kg/m^3 f) 1,278300 km^2 in m^2 g) 7,845 kg/dm^3 in g/cm^3
   Geben Sie wo möglich die Ergebnisse gerundet auf zwei Stellen nach dem Komma an.
7. Runden Sie Rechenergebnisse folgender Aufgaben auf die richtige Ziffernzahl:
   a) 12,06 g/mL · 66 mL b) 1620 kg : 812 kg/m^3 c) 12,4 m · π d) 632 m^2 : π
   e) 960,4 t · 0,35 f) 1,013 bar · 22,41 L / 273 °C g) 2,04 mol^2/L^2 : 0,0036 L/mol
8. Die Dichte einer Natronlauge wurde zu ϱ = 1,188 g/mL gemessen. Geben Sie die Masse von 212 mL der Lauge mit der richtigen Ziffernzahl an.
9. Aus der Messreihe mit den Einzelwerten: 468,2 mg; 465,9 mg; 468,2 mg; 468,8 mg; 469,0 mg soll berechnet werden:
   a) der arithmetische Mittelwert b) der absolute und relative Fehler
   c) die Standardabweichung.

10. Berechnen Sie für die nachstehenden Messreihen den Mittelwert $\bar{x}$, die Standardabweichung s und die relative Standardabweichung s_r:
    a) Impulse pro Zeiteinheit: 1578, 1602, 1599, 1609, 1648, 1605, 1582, 1555, 1589
    b) pH-Wert: 9,35; 9,35; 9,45; 9,26; 9,38; 9,89
    c) Volumenstrom in m^3/h: 2240, 2270, 2195, 2200, 2265, 2295, 2225
    d) Spannung in mV: 86,0; 82,6; 85,8; 87,0; 86,4; 85,7; 86,1; 85,8; 85,9
    e) Volumen in mL: 25,6; 25,2; 25,7; 25,1; 24,2

2

11. 68,0 °Fahrenheit entsprechen einer Temperatur von 20,0 °Celsius, 310 °F einer Temperatur von 154 °C. Bestimmen Sie durch rechnerische Interpolation den Fahrenheit-Wert von 105 °C.
12. Eine 17,58%ige Salpetersäure hat eine Dichte von ϱ = 1,100 g/mL, eine 29,25%ige Salpetersäure die Dichte ϱ = 1,175g/mL. Welche Dichte hat eine 27,00%ige Salpetersäure, Linearität der Abhängigkeit der Dichte vom Gehalt vorausgesetzt?
13. Eine konzentrierte Natriumnitratlösung enthält 7,60 mol/L $NaNO_3$. Die Dichte beträgt ϱ = 1,38 g/cm^3. Wie viel mol/L $NaNO_3$ enthält eine Lösung mit der Dichte 1,24 g/cm^3?
14. Ethin hat im Normzustand eine Dichte von 1170,9 g/m^3, Methan eine Dichte von 716,8 g/m^3. Welche Dichte hat ein Methan-Ethin-Gemisch mit einem Volumenanteil von 12,0 % Ethin?
15. Für ein Thermoelement soll im Bereich zwischen 0 °C und 1600 °C eine Kalibrierkurve erstellt werden. Bei 400 °C wurde eine Spannung von 3,2mV, bei 1600 °C von 16,6 mV gemessen.
    Welche Thermospannung ist bei 0 °C vorhanden, Linearität vorausgesetzt?
16. a) Die Prozessdaten Volumen V und Zeit t der Aufgabe von Seite 49 unten sollen in ein Diagramm eingezeichnet werden.
    b) Extrapolieren Sie das Volumen zur Zeit t = 94 s aus dem erstellten Diagramm.
    c) Liegt eine gleichmäßige Volumenzugabe vor? Begründen Sie.
17. Bei der Rektifikation werden sogenannte Gleichgewichtsdiagramme benötigt (Seite 480). Die x- und y-Werte in diesen Diagrammen liegen zwischen 0 und 1.
    Mit vorgegebenen x-Werten lassen sich nach der Formel $y = \frac{\alpha \cdot x}{1 + x\,(\alpha - 1)}$ die y-Werte berechnen.
    a) Stellen Sie mit den genannten Werten für α drei Wertetabellen für y_1 (α = 2), y_2 (α = 5) und y_3 (α = 25) auf.
    b) Tragen Sie die x/y-Wertepaare in ein x/y-Diagramm ein und zeichnen Sie die Kurvenzüge.
18. Die Kalibrierkurve eines NiCr-Ni-Thermoelements ist in **Bild 1** abgebildet.
    a) Welche Messtemperatur kann bei einer Spannung von 6,2 mV und welche bei 15,0 mV abgelesen werden?
    b) Geben Sie die zu 220 °C und 380 °C gehörige Thermospannung an.
    c) Stellen Sie die Funktionsgleichung für die Kalbriergerade auf.

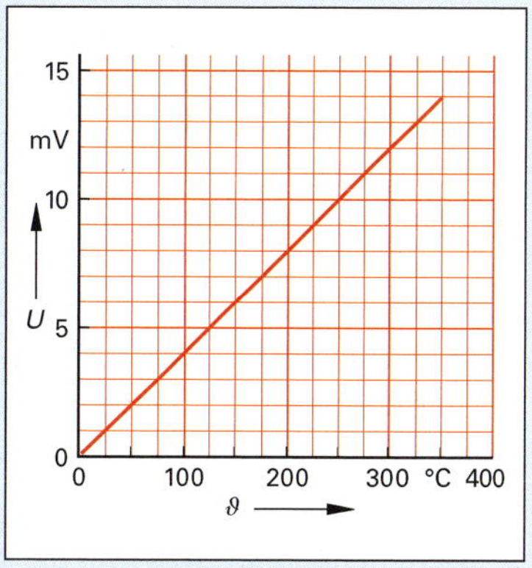

Bild 1: Kalibrierkurve eines NiCr-Ni-Thermoelements (Aufgabe 18)

19. Die Strömungsgeschwindigkeit in einer Rohrleitung folgt der Gleichung: $v = \frac{4\,\dot{V}}{\pi \cdot d^2}$. Hierin ist $\dot{V}$ der Volumenstrom in m^3/s und d der Rohrinnendurchmesser in Meter.
    a) Zeigen Sie in einem Diagramm, wie sich der Volumenstrom mit dem Rohrdurchmesser ändert. Die Strömungsgeschwindigkeit ist konstant v = 1,2 m/s.
    b) Zeigen Sie in einem zweiten Diagramm, wie sich die Strömungsgeschwindigkeit v mit dem Rohrdurchmesser ändert, wenn der Volumenstrom konstant $\dot{V}$ = 6,00 L/s beträgt.

20. Bei der Kernspaltung von Uran $^{235}_{92}U$ werden von einem Uranatom drei Neutronen freigesetzt (Seite 167). Treffen diese Neutronen auf einen anderen U-235-Kern, wird dieser ebenfalls gespalten und gleichzeitig werden auch hier 3 Neutronen abgespalten.
   a) Wie viele Neutronen stehen nach der insgesamt 11. Kettenreaktion zur Verfügung?
   b) Stellen Sie Ihr Ergebnis in verschiedenen grafischen Papieren dar.

21. Nach 1600 Jahren ist die Hälfte der Atome des radioaktiven Elements Radium $^{226}_{88}Ra$ zerfallen (**Bild 1**). Wie viele Halbwertszeiten sind mindestens erforderlich, um weniger als 5 % spaltbares Radium vorliegen zu haben?

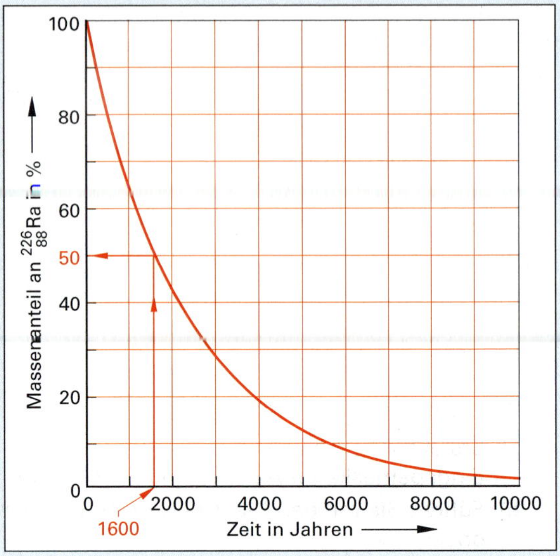

Bild 1: Radioaktiver Zerfall von $^{226}_{88}Ra$

22. Suchen Sie aus den folgenden Diagrammen jeweils den fehlenden Wert auf:
   a) Bild 2: x_1 = 1,5; x_2 = 3,1; x_3 = 4,0; y_4 = 0,8; y_5 = 2,0; y_6 = 8,5; y_7 = 55
   b) Bild 3: x_1 = 0,6; x_2 = 7,4; x_3 = 9,0; y_4 = 1,05; y_5 = 0,11; y_6 = 0,55; y_7 = 0,08
   c) Bild 4: x_1 = 14; x_2 = 20; x_3 = 23; y_4 = 30; y_5 = 125; y_6 = 800; y_7 = 8000; y_7 = 80000

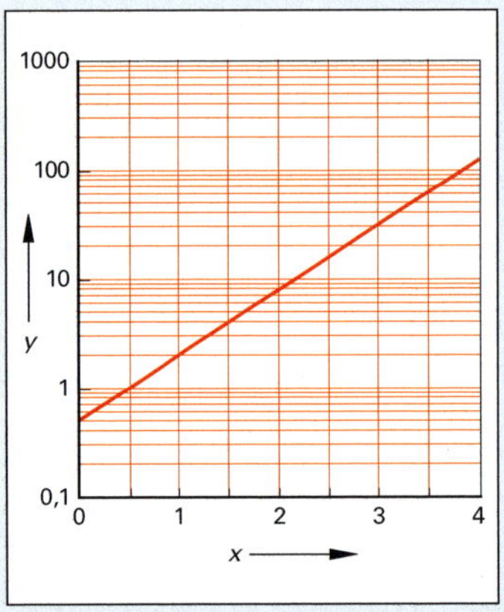

Bild 2: Einfach-logarithmisches Papier

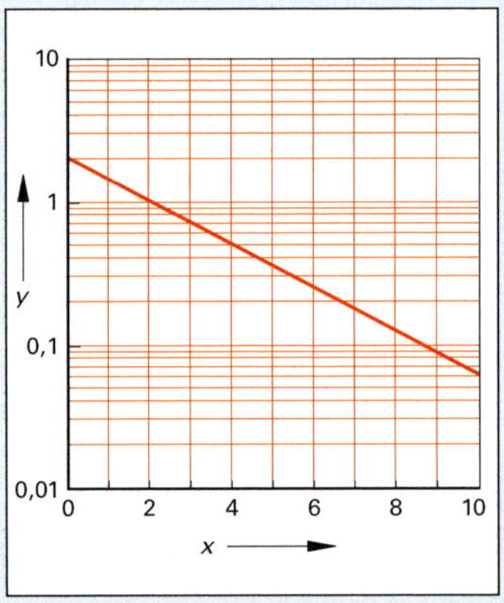

Bild 3: Einfach-logarithmisches Papier

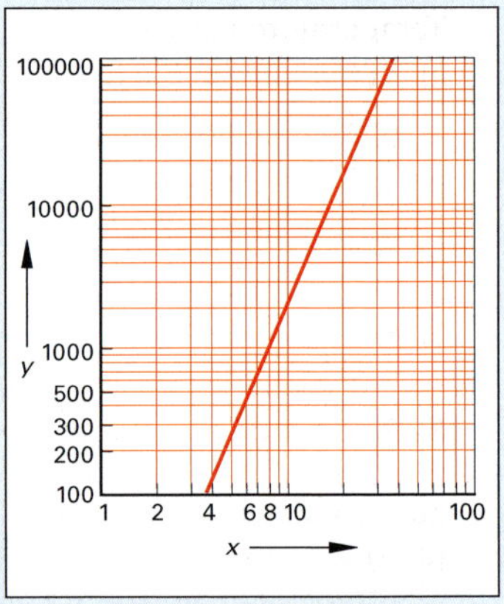

Bild 4: Doppelt-logarithmisches Papier

23. Beim Bayer-Verfahren zur Gewinnung von Aluminiumoxid aus Bauxit mithilfe von Natronlauge fallen als Abfall pro Tonne eingesetztem Bauxit zwei Tonnen Rotschlamm an. Die Analyse einer Rotschlamm-Probe ergab folgende Zusammensetzung (als Massenanteile):

Bestandteil	Fe_2O_3	Al_2O_3	SiO_2	TiO_2	Na_2O	Glühverlust	CaO	Andere
Anteil in %	34,3	18,7	13,2	11,6	9,8	7,8	3,5	1,1

Stellen Sie die Zusammensetzung des Rotschlamms in einem geeigneten Kreisdiagramm dar.

24. Die Bruttostromerzeugung in Deutschland ergab 2018 mit 646,8 TWh (Mrd. kWh) einen Zuwachs von 0,4 % gegenüber dem Vorjahr. Zur Stromerzeugung trugen folgende Energiequellen bei:

Energiequelle	Kernenergie	Steinkohle	Braunkohle	Erdgas	Windkraft	Photovoltaik	Biomasse	Wasserkraft	Hausmüll	Andere
Energie in TWh	76,0	83,2	145,5	83,4	111,5	46,2	45,7	16,6	6,2	32,5

Stellen Sie die Verteilung der Energiequellen in einer geeigneten Diagrammform dar.

25. In der nachfolgenden Tabelle ist die Veränderung der Emissionen einiger wichtiger Schadstoffe in Deutschland aufgeführt.

Jahr	1990	1995	2000	2005	2010	2015	2017
SO_2 in kt	5486	1747	646	472	409	343	315
NO_x (als NO_2) in kt	2892	2284	1947	1584	1355	1247	1184

Stellen Sie die zeitliche Entwicklung der Emissionen in einer geeigneten Diagrammform dar.

26. Der Massenanteil *w*(Aceton) im Kopfprodukt Aceton/Wasser einer Rektifiziersäule soll durch Messung der **Brechzahl**[1] n_D^{20} (auch **Brechungsindex** genannt) bestimmt werden. Zur Erstellung der Kalibrierkurve wird zunächst die Brechzahl n_D^{20} von Lösungen bekannter Zusammensetzung Aceton/Wasser mit einem ABBÉ-Refraktometer (Seite 312) bestimmt. In **Tabelle 1** sind die Aceton-Massenanteile und die zugehörigen Messwerte der Brechzahl aufgeführt, darunter die der 5 Proben.

a) Erstellen Sie mit einem Tabellenkalkulations-Programm eine Eingabemaske zur Auswertung der Refraktometrie.

b) Führen Sie mit den Messwerten die rechnerische Regressionsanalyse durch.

c) Erstellen Sie mit den Messdaten ein x-y-Diagramm und ergänzen Sie die Ausgleichsgerade.

d) Ermitteln Sie mithilfe der Regressionsdaten die Aceton-Massenanteile der 5 Proben von Tabelle 1.

Tabelle 1: Brechzahlen von Aceton/Wasser-Kalibriermischungen (Aufgabe 24)

w(Aceton) in %	Brechzahl n_D^{20}
95,0	1,35758
96,0	1,35779
97,0	1,35810
98,0	1,35831
99,0	1,35862
100,0	1,35884
Probe	
Probe 1	1,35762
Probe 2	1,35794
Probe 3	1,35851
Probe 4	1,35859
Probe 5	1,35861

27. In **Tabelle 2** sind die Dichtewerte von Wasser bei verschiedenen Temperaturen angegeben.

a) Führen Sie mit einem Tabellenkalkulations-Programm eine Regressionsanalyse durch. Prüfen Sie, ob sich die Dichte von Wasser in diesem Bereich linear zur Temperatur verändert.

b) Finden Sie mithilfe des Programms eine Funktion, welche für diesen Temperaturbereich eine optimale Ausgleichskurve der Dichte-Messwerte ergibt.

c) Ermitteln Sie die Dichtewerte für 55 °C, 65 °C und 78 °C.

Tabelle 2: Messwerte zur Dichte von Wasser (Aufgabe 25)

Temperatur	Dichte in g/cm^3
50°C	0,98805
60°C	0,98321
70°C	0,97779
75°C	0,97486
80°C	0,97183
85°C	0,96862

28. Bei der Bestimmung von Blei in einer Bodenprobe über die Atomabsorptionsspektroskopie werden 32,98 g Probe eingewogen, mehrfach ausgelaugt und filtriert. Das Filtrat wird zu 250 mL aufgefüllt (Pr_0). Von dieser Lösung werden 10 mL abpipettiert und zu 100 mL verdünnt (Pr_1) Als Standard-Lösung (Aufstocklösung Kal_0) steht eine Bleiacetat-Lösung der Konzentration 75,86 mg/L zur Verfügung. Zur Analyse werden von der Probe-Lösung Pr_1 jeweils 50,0 mL in sieben 100 mL Messkolben pipettiert, sechs der Kolben mit unterschiedlichen Volumina der Standardlösung versetzt und die Lösungen zu 100 mL aufgefüllt. In nachfolgender Tabelle sind die Aufstockvolumina und die bei 283,3 nm gemessenen Extinktionen der Proben aufgeführt.

Lösung	Pr_1	Kal_1	Kal_2	Kal_3	Kal_4	Kal_5	Kal_6
Aufstock-Volumen Kal_0 in mL	–	10,0	15,0	20,0	25,0	30,0	35,0
Aufstockkonzentration Pb in mg/L	0	7,586	11,378	15,172	18,965	22,758	26,551
Extinktion *E* bei 283,3 nm	0,038	0,065	0,077	0,088	0,103	0,118	0,130

Erstellen Sie mithilfe eines Tabellenkalkulationsprogramms ein Kalibrierdiagramm und berechnen Sie den Massenanteil w(Pb) in der untersuchten Bodenprobe (Lösungsweg siehe Seite 303).

Hinweis: Weitere Aufgaben zur Nutzung eines Tabellenkalkulationsprogrammes finden sich an vielen Stellen im Buch.

[1] n_D^{20} bedeutet Brechungsindex bei 20 °C, gemessen mit einer Natriumdampflampe bei der Wellenlänge λ = 589,3 nm (D-Linie).

3 Ausgewählte physikalische Berechnungen

Physikalische Berechnungen haben in der Chemie mehrere Funktionen. Sie dienen

- zur Bestimmung der Eigenschaften von Stoffen und Produkten,
- der Beschreibung von Vorgängen, Zuständen, Stoffströmen,
- zur Bestimmung der Abmessungen von Apparaten.

In diesem Kapitel werden der Umgang und das Rechnen mit den in der Chemie wichtigen physikalischen Größen **(Bild 1),** Einheiten und Größengleichungen vorgestellt.

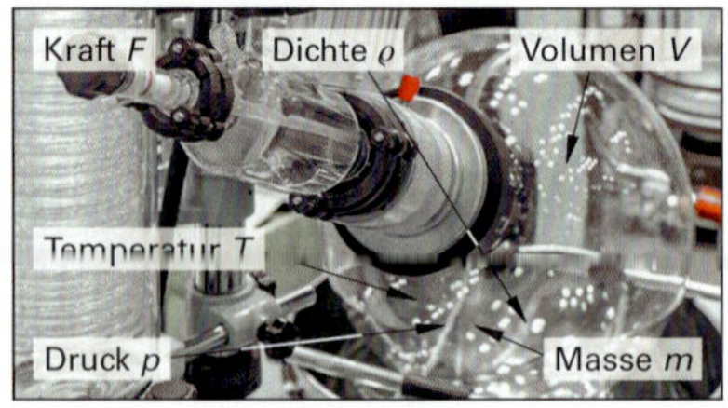

Bild 1: Physikalische Größen

3.1 Größen, Zeichen, Einheiten, Umrechnungen

Physikalische Größen (physical quantities)

Eine physikalische Größe beschreibt die **Qualität** (Beschaffenheit) oder die **Quantität** (Menge) von Körpern, Vorgängen oder Zuständen (DIN 1313).

Es gibt **sieben Basisgrößen (Tabelle 1).** Sie sind im **Internationalen Einheitensystem SI** festgelegt (**SI** von französisch: *Système International d'Unités*). Auf diese Basisgrößen lassen sich alle physikalischen Größen zurückführen.

Die Mehrzahl der physikalischen Größen bilden die aus den Basisgrößen **abgeleiteten Größen (Tabelle 2).** Sie sind aus den Basisgrößen durch Definitionsgleichungen festgelegt, z.B. der Druck durch die Gleichung $p = \frac{F}{A}$

Der **Größenwert** einer physikalischen Größe ist das Produkt aus einem Zahlenwert und einem Einheitenzeichen.

Beispiel:	l	=	5,0	m
	Größenwert	=	Zahlenwert	Einheitenzeichen

Tabelle 1: Basisgrößen und Basiseinheiten

Physikalische Basisgrößen	Formelzeichen	Basiseinheiten	Einheitenzeichen
Länge	l	Meter	m
Masse	m	Kilogramm	kg
Stoffmenge	n	Mol	mol
Zeit	t	Sekunde	s
Thermodynamische Temperatur	T	Kelvin	K
Stromstärke	I	Ampere	A
Lichtstärke	I_v	Candela	cd

Tabelle 2: Auswahl abgeleiteter Größen

Physikalische Größe	Definitionsgleichung	SI-Einheitenname	Einheitenzeichen
Fläche	$A = l^2$	Quadratmeter	m^2
Volumen	$V = l^3$	Kubikmeter	m^3
Druck	$p = \frac{F}{A}$	Newton durch Quadratmeter	N/m^2 oder Pa
Geschwindigkeit	$v = \frac{s}{t}$	Meter durch Sekunde	m/s

Formelzeichen (letter symbols)

Zur Kurzschreibweise physikalischer Größen benutzt man **Formelzeichen** (DIN 1304, Teil 1). Es sind lateinische oder griechische Groß- oder Kleinbuchstaben: A, V, p, ϱ (Tabelle 1 und 2). Zur näheren Bezeichnung der physikalischen Größe werden sie z.B. mit einem Tiefzeichen (Index) wie bei V_{ges}, p_e, ϱ_{Cu} versehen.

Formelzeichen enthalten keinen Hinweis auf die Einheit.

Formelzeichen werden *kursiv* (Schrägschrift) gedruckt, wenn es sich um ein Symbol handelt, das aus einem Buchstaben besteht, z.B. I, F, ϱ, η. Besteht das Formelzeichen aus mehreren Buchstaben, so wird es gerade geschrieben z.B. pH, DN, PN, CSB.

Einheiten (units)

Eine Einheit ist eine festgelegte Bezugsgröße. Man unterscheidet:

- SI-Basiseinheiten (Tabelle 1). Sie sind in DIN 1301, Teil 1 aufgelistet und definiert.
- Abgeleitete SI-Einheiten (Tabelle 2). Sie werden durch eine Definitionsgleichung festgelegt und mit dem Zahlenfaktor 1 durch Multiplikation oder Division der Basiseinheiten abgeleitet.

Beispiele: Einheit Quadratmeter: $1\ m^2 = 1\ m \cdot 1\ m$, Einheit Kubikmeter: $1\ m^3 = 1\ m \cdot 1\ m \cdot 1\ m$.

Für einige abgeleitete SI-Einheiten hat man als Bezeichnung den Namen berühmter Physiker festgelegt.

Beispiele: Einheit Watt: $1\,W = 1\,\frac{N \cdot m}{s}$, Einheit Newton: $1\,N = 1\,\frac{kg \cdot m}{s^2}$, Einheit Pascal: $1\,Pa = 1\,\frac{N}{m^2}$

- Einheiten, die nicht mit dem Zahlenfaktor 1 abgeleitet werden, zählen nicht zu den SI-Basiseinheiten.

Beispiele: $1\,min = 60\,s$, $1\,g = 1 \cdot 10^{-3}\,kg$, $1\,bar = 1 \cdot 10^{5}\,Pa$, $1\,d = 24\,h$, $1\,cm^2 = 1 \cdot 10^{-4}\,m^2$, $1\,L = 1 \cdot 10^{-3}\,m^3$

- Unterschiedliche Einheiten können nicht addiert, subtrahiert und logarithmiert werden. Sie lassen sich nur multiplizieren und dividieren sowie gegebenenfalls potenzieren und radizieren.

Beispiele: $1\,N \cdot 1\,m = 1\,Nm$, $1\,\frac{kg \cdot m^3}{m^3} = 1\,kg$, $1\,m^2 \cdot 1\,m = 1\,m^3$, $\sqrt{1\,\frac{m^2}{s^2}} = 1\,m/s$

3

Einheitenzeichen (symbols)

Einheitennamen werden durch Einheitenzeichen abgekürzt (Tabelle 1, Seite 74). Man schreibt sie üblicherweise mit Kleinbuchstaben, wie z.B. bei Meter m, Kilogramm kg oder Sekunde s. Ausnahme ist der Liter (Einheitenzeichen L).

Wenn der Einheitenname von einem Eigennamen eines Physikers stammt, verwendet man als Einheitenzeichen einen Großbuchstaben, wie z.B. Newton N oder Kelvin K.

Einheitenzeichen dürfen nicht mit Indices versehen werden. Indices gehören an das Formelzeichen der physikalischen Größe z.B. $V_{ges} = 2{,}4\,L$.

Vorsätze (prefixes)

Ist der Zahlenwert einer physikalischen Größe sehr groß oder sehr klein, so sollte er mit vergrößernden oder verkleinernden Vorsatzzeichen oder in Potenzschreibweise geschrieben werden, um vorstellbare Zahlenwerte zu erhalten **(Tabelle 1).**

Das Vorsatzzeichen wählt man so, dass der Zahlenwert in der Größenordnung zwischen 0,1 und 1000 liegt. Dabei sind Vorsatzzeichen mit ganzzahliger Potenz von Tausend ($10^{\pm 3n}$, n = 1, 2, 3, ...) zu bevorzugen.

Beispiele: $l = 5\,300\,000\,mm$; besser: $l = 5{,}3 \cdot 10^{6}\,mm$; oder: $l = 5300\,m$; oder: $l = 5{,}3\,km$.

Beim Umgang mit Vorsätzen sind folgende Regeln zu beachten. Vorsätze werden:

- nur in Verbindung mit Einheitennamen benutzt (also drei Kilogramm Soda und nicht drei Kilo Soda),
- nicht auf die Basiseinheit Kilogramm, sondern auf die Einheit Gramm angewendet (also Mikrogramm und nicht Mikrokilogramm),
- nicht aus mehreren Vorsätzen zusammengesetzt (also Nanometer und nicht Millimikrometer),
- nur auf Einheiten des Dezimalsystems angewandt (also z.B. nicht auf Stunden, Minuten, Grad usw.).

Vorsatzzeichen (prefix symbols)

Vorsätze werden durch entsprechende Vorsatzzeichen abgekürzt **(Tabelle unten).** Sie bilden mit dem Einheitenzeichen das Zeichen einer neuen Einheit. Sie können auch mit einer Zehnerpotenz ausgedrückt werden.

Beispiel: Masse einer Probe $m = 7{,}2\,mg$ oder $m = 7{,}2 \cdot 10^{-3}\,g$

Tabelle 1: Vorsätze und Vorsatzzeichen für dezimale Teile und Vielfache von Einheiten

Vorsatz	Vorsatzzeichen	Faktor	Potenzschreibweise	Beispiele		
Tera	T	1 000 000 000 000	10^{12}	1 Tt	= 1 Teratonne	= 10^{12} Tonnen
Giga	G	1 000 000 000	10^{9}	1 GW	= 1 Gigawatt	= 10^{9} Watt
Mega	M	1 000 000	10^{6}	1 MN	= 1 Meganewton	= 10^{6} Newton
Kilo	k	1000	10^{3}	1 kg	= 1 Kilogramm	= 10^{3} Gramm
Hekto	h	100	10^{2}	1 hL	= 1 Hektoliter	= 10^{2} Liter
Deka	da	10	10^{1}	1 dam	= 1 Dekameter	= 10^{1} Meter
Dezi	d	0,1	10^{-1}	1 dm	= 1 Dezimeter	= 10^{-1} Meter
Zenti	c	0,01	10^{-2}	1 cN	= 1 Zentinewton	= 10^{-2} Newton
Milli	m	0,001	10^{-3}	1 mmol	= 1 Millimol	= 10^{-3} Mol
Mikro	µ	0,000001	10^{-6}	1 µL	= 1 Mikroliter	= 10^{-6} Liter
Nano	n	0,000000001	10^{-9}	1 nm	= 1 Nanometer	= 10^{-9} Meter
Pico	p	0,000000000001	10^{-12}	1 pF	= 1 Picofarad	= 10^{-12} Farad

Umrechnung von Einheiten (conversion of units)

Beim Rechnen mit Größengleichungen müssen Einheiten häufig umgerechnet werden.

Bei einer Maßumwandlung ändern sich stets der Zahlenwert und die Einheit, wobei der Größenwert der physikalischen Größe erhalten bleibt.

Bei der Umwandlung von Einheiten sind die folgenden Regeln zu beachten:

- Werden Messwerte mit größeren Einheiten in Messwerte mit kleineren Einheiten umgerechnet, so sind die Zahlenwerte durch Multiplizieren mit dem Erweiterungsfaktor zu erweitern.

Beispiele: $0{,}735\ \text{m} = 0{,}735 \cdot 1000\ \text{mm} = 735\ \text{mm}$, $0{,}0000530\ \text{L} = 0{,}000\,053\,0 \cdot 10^6\ \mu\text{L} = 53{,}0\ \mu\text{L}$

- Werden Messwerte mit kleineren Einheiten in Messwerte mit größeren Einheiten umgerechnet, so sind die Zahlenwerte durch Dividieren durch den Faktor zu kürzen.

Beispiele: $735\ \text{mm} = 735 \cdot \frac{1}{1000}\ \text{m} = 0{,}735\ \text{m}$, $12\,120\ \text{cm} = 12\,120 \cdot \frac{1}{100}\ \text{m} = 121{,}20\ \text{m}$

- Der Exponent am Einheitenzeichen gilt auch für das Vorsatzzeichen.

Beispiele: $1\ \text{cm}^3 = (10^{-2}\ \text{m})^3 = 10^{-6}\ \text{m}^3$, $1\ \text{mm}^2 = (10^{-3}\ \text{m})^2 = 10^{-6}\ \text{m}^2$, $\sqrt{1\ \text{cm}^2} = \sqrt{10^{-2}\ \text{m}^2} = 0{,}1\ \text{m}$

- Bei einem Einheitenwechsel bleibt die Anzahl der signifikanten Ziffern des Zahlenwertes unverändert.

Beispiele: $10\ \text{mm} = 1{,}0\ \text{cm}$, $1{,}3\ \text{g/L} = 1{,}3\ \text{kg/m}^3$, $150\ \text{m} = 0{,}150\ \text{km}$, $0{,}0210\ \text{g} = 21{,}0\ \text{mg}$.

Größengleichungen (equations between quantities)

In einer Größengleichung, z.B. $U = R \cdot I$, wird die mathematische Beziehung zwischen physikalischen Größen dargestellt. Diese Art der Größengleichung wird vereinfacht auch als **Formel** oder **Gleichung** bezeichnet. Durch Umstellen der Formel und Einsetzen der entsprechenden Größenwerte lässt sich der neue Größenwert einer physikalischen Größe berechnen.

Beispiele: Ohm'sches Gesetz: $U = R \cdot I$; mit $U = 12{,}0\ \text{V}$ und $I = 112\ \text{mA}$ folgt: $\boldsymbol{R} = \frac{U}{I} = \frac{12{,}0\ \text{V}}{112 \cdot 10^{-3}\ \text{A}} \approx \mathbf{107\ \Omega}$

Dichte: $\varrho = \frac{m}{V}$; mit $\varrho = 1{,}25\ \text{g/cm}^3$ und $V = 1710\ \text{L}$ folgt: $\boldsymbol{m} = \varrho \cdot V = 1{,}25\ \text{kg/L} \cdot 1710\ \text{L} \approx \mathbf{2{,}14\ t}$

Volumen eines Würfels: $V = l^3$; mit $V = 270\ \text{L}$ folgt: $\boldsymbol{l} = \sqrt[3]{V} = \sqrt[3]{0{,}270\ \text{m}^3} \approx \mathbf{0{,}646\ m}$

Angabe einer physikalischen Größe

Größenwerte einer physikalischen Größe werden meistens durch eine spezielle Art einer Größengleichung angegeben **(Bild 1)**. Sie enthält das Formelzeichen, den Zahlenwert und das Einheitenzeichen der physikalischen Größe. Dabei werden Zahlenwerte und Einheitenzeichen als selbstständige Faktoren behandelt.

Das Multiplikationszeichen zwischen dem Zahlenwert und dem Einheitenzeichen wird meist weggelassen.

Beim Rechnen mit Größengleichungen muss den Einheiten die gleiche Aufmerksamkeit geschenkt werden wie den Zahlenwerten. Falls sich bei einer Berechnung nicht die richtige Einheit der physikalischen Größe ergibt, ist der Rechengang falsch.

Verwendet man beim Rechnen mit Größengleichungen nur Einheiten des SI-Einheitensystems, so wird das Ergebnis auch eine Einheit des SI-Systems erhalten.

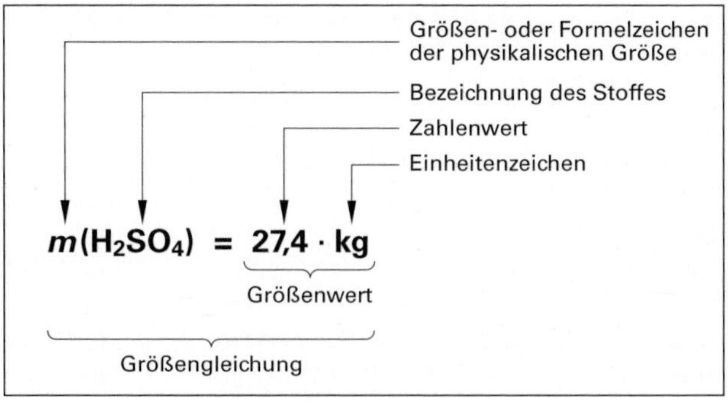

Bild 1: Angabe einer physikalischen Größe

Aufgaben zu Größen, Zeichen, Einheiten, Umrechnungen

1. Bei welchen der nachfolgenden Begriffe handelt es sich um physikalische Größen und bei welchen um Einheitennamen? Newton, Länge, Kubikmeter, Viskosität, Candela, Ampere, Energie, Kelvin, Watt, Bar, Beschleunigung. Geben Sie auch die Formel- bzw. Einheitenzeichen an.
2. Geben Sie die Formelzeichen der folgenden physikalischen Größen an : Massenanteil, Stoffmenge, Temperatur, Dichte, Masse, Volumen, Druck, Geschwindigkeit, elektrische Spannung, Volumenkonzentration.
3. Ordnen Sie die Vorsätze nach steigendem Wert und geben Sie ihre Vorsatzzeichen und ihre Potenzschreibweise an: Mega, Dezi, Mikro, Hekto, Deka, Nano, Milli.
4. Formulieren Sie die folgenden Aussagen in Form von Größengleichungen:
   a) Die Schichtdicke des Nitrolacks beträgt 45 Mikrometer.
   b) Ein Liter Aceton hat eine Masse von 791 Gramm.
   c) Die Thermospannung des Thermoelements wurde zu 3,5 Millivolt gemessen.
   d) In einer Sekunde legt die Kühlsole in der Rohrleitung 1,2 Meter zurück.
   e) 7,9 Gramm Stahl haben ein Volumen von einem Kubikzentimeter.
   f) Ein ein Meter langes Aluminiumprofil dehnt sich beim Erwärmen um ein Kelvin um 24 Mikrometer aus.
5. Ergänzen Sie in nachstehender **Tabelle** die gesuchten Zahlen in den Größengleichungen.

Stoffeigenschaft	**Größengleichung**
a) Längenausdehnungskonstante α von Blei Pb	$\alpha(\text{Pb}) = \frac{29}{1000000} \cdot \frac{1}{\text{K}} = 29 \cdot 10^{\square} \cdot \frac{1}{\text{K}} = \boxed{0,\quad\quad} \cdot \frac{1}{\text{K}}$
b) Teilchenzahl N_A in der Stoffmenge ein Mol	$N_A = 6023 \cdot 10^{20} = 6{,}023 \cdot 10^{\square} = 60{,}23 \cdot 10^{\square}$
c) Masse m des Wasserstoffatoms H	$m(\text{H}) = 0{,}000\,000\,000\,000\,000\,000\,000\,001\,674\ \text{g} = 1{,}674 \cdot 10^{\square}\ \text{g}$
d) Durchmesser d des Natriumatoms Na	$d(\text{Na}) = 18{,}6 \cdot 10^{-11}\ \text{m} = \boxed{\quad\quad}\ \text{pm} = \boxed{\quad\quad}\ \text{nm}$
e) Volumenausdehnungskonstante γ von Wasser	$\gamma(\text{H}_2\text{O}) = 0{,}0002 \cdot \frac{1}{\text{K}} = 2 \cdot 10^{\square} \cdot \frac{1}{\text{K}} = \frac{2}{10^{\square}} \cdot \frac{1}{\text{K}}$
f) Verdampfungswärme r von Wasser	$r(\text{H}_2\text{O}) = 2256 \cdot \frac{\text{J}}{\text{g}} = \boxed{\quad\quad}\ \frac{\text{kJ}}{\text{kg}} = \boxed{\quad\quad}\ \frac{\text{kJ}}{\text{g}}$
g) Dichte ϱ der Luft	$\varrho(\text{Luft}) = 1{,}3\ \text{g/L} = \boxed{\quad\quad}\ \text{kg/m}^3 = \boxed{\quad\quad}\ \text{mg/mL}$
h) spezifischer Widerstand ϱ von Kupfer Cu bei 20°C	$\varrho(\text{Cu}) = 0{,}017\ \frac{\Omega \cdot \text{mm}^2}{\text{m}} = \boxed{\quad\quad}\ \frac{\text{m}\Omega \cdot \text{mm}^2}{\text{m}} = \boxed{\quad\quad} \cdot 10^{-3}\ \frac{\text{m}\Omega \cdot \text{mm}^2}{\text{mm}}$
i) Heizwert H_u von Wasserstoff H_2	$H_u(\text{H}_2) = 10900 \cdot \text{kJ/m}^3 = \boxed{\quad\quad}\ \text{kJ/L} = \boxed{\quad\quad}\ \text{J/L}$
j) mittlerer Temperaturbeiwert α von Platin Pt	$\alpha(\text{Pt}) = 0{,}0039 \cdot \frac{1}{\text{K}} = 3{,}9 \cdot 10^{\square} \cdot \frac{1}{\text{K}} = \frac{39}{\boxed{\quad\quad}} \cdot \frac{1}{\text{K}}$
k) Lichtgeschwindigkeit v im Vakuum	$v(\text{Licht}) = 299\,792\,485\ \text{m/s} = \boxed{\quad\quad}\ \text{km/h}$
l) Bindungslänge d der C≡C-Dreifachbindung in Alkinen	$d = 0{,}121\ \text{nm} = \boxed{\quad\quad}\ \text{pm} = 1{,}21 \cdot 10^{\square}\ \text{m}$

6. Aus einem Messkolben, der mit genau einem Liter Kalilauge-Maßlösung gefüllt ist, werden nacheinander folgende Volumina entnommen: 12000 mm³, $0{,}60 \cdot 10^2$ cm³, 0,020 dm³, $1{,}70 \cdot 10^{-4}$ m³, 60 cm³, $1{,}2 \cdot 10^4$ mm³, $2{,}0 \cdot 10^{-2}$ dm³, 0,000170 m³. W/ie viel Liter Kalilauge-Maßlösung verbleiben im Messkolben?

7. Zur Herstellung von Drahtwiderständen werden von einem 1,000 m langen Konstantandraht folgende Stücke abgeschnitten: 1,2 dm, 60 mm, 0,08 m, 5 cm. Wie lang ist das Reststück?

8. Aus einem 1,00 m² großen Filtertuch werden folgende Stücke herausgeschnitten: $3{,}0 \cdot 10^3$ cm², $2{,}0 \cdot 10^5$ mm², 10 dm², 0,070 m², 1500 cm². Wie groß ist der Filtertuchverbrauch in Prozent?

9. Welche Vorsatzzeichen können sinnvollerweise in den angegebenen Größenwerten verwendet werden?

   a) 0,0041 V, b) 12580 A, c) $340 \cdot 10^6$ Hz, d) 0,0000067 L, e) $16{,}0 \cdot 10^{-6}$ m, f) 13400 N.

10. Ergänzen Sie bei den folgenden Größenwerten die vergrößernden bzw. verkleinernden Vorsätze und geben Sie den Exponenten in der Potenzschreibweise an.

    a) l = 10000 m = 10 ?m = $10^?$ dm
    b) n = 100 mol = 0,1 ?mol = $10^?$ mmol
    c) m = 0,1 kg = 10 ?g = $10^?$ t
    d) V = 10000 cm³ = 0,1 ?L = $10^?$ m³
    e) m = 1,3 t = 1300 ?g = $1{,}3 \cdot 10^?$ mg
    f) A = 100 m² = 0,0001 ?m² = $10^?$ cm²

11. Ersetzen Sie in den folgenden Größengleichungen das Vorsatzzeichen durch die Potenzschreibweise.

    a) l = 17,7 km b) R = 1,20 MΩ c) P = 30 GW d) n = 1,72 mmol
    e) V = 86 µL f) d = 327 nm g) C = 1,73 pF h) V = 23 cm³
    i) A = 1,70 mm² j) V = 167 mm³ k) A = 16,4 cm² l) V = 27,0 dm³

12. Durch ungeschickte Wahl der Einheiten wurden die in der nachfolgenden **Tabelle** aufgelisteten Zahlenwerte im Taschenrechnerdisplay erhalten. Runden Sie die Zahlenwerte auf drei signifikante Ziffern und geben Sie die neuen Größenwerte durch geeignete Auswahl entsprechender Vorsatzzeichen so an, dass der neue Größenwert in der Größenordnung zwischen 0,1 und 1000 liegt, so wie es das Beispiel in der ersten Zeile zeigt.

Tabelle: Übungen zur Angabe von Größenwerten in Größengleichungen

Nr.	Physikalische Größe		Größenwert		
	Name	Größenzeichen	Zahlenwert	Einheitenzeichen	neuer Größenwert
a)	Durchmesser	d(Faser)	$0{,}00973479 \cdot 10^{-2}$	m	97,3 µm
b)	Höhe	h(Kolonne)	$154375123 \cdot 10^{-4}$	mm	
c)	Querschnittsfläche	A(Rohr)	0,000554127	m²	
d)	Volumen	V(Tank)	$1500460{,}3 \cdot 10^3$	cm³	
e)	elektr. Widerstand	R(Leiter)	736548769,2	Ω	
f)	Masse	$m(CaCO_3)$	56635786,45	mg	
g)	Kraft	F(Spiralfeder)	0,000148922	N	
h)	Überdruck	p_e(Behälter)	250786,458	mbar	
i)	Fläche	A(Lager)	9530017,347	cm²	
j)	Volumen	V(Lösung)	$14014{,}6789 \cdot 10^{-5}$	m³	
k)	Länge	l(Rohrleitung)	$1{,}98457683 \cdot 10^{-3}$	km	
l)	Zeit	t(Umlauf)	0,004888944	h	
m)	Stoffmenge	$n(H_2O)$	12768,37653	mol	
n)	elektr. Spannung	U(Netz)	$0{,}00023173 \cdot 10^3$	kV	
o)	Stromstärke	I(Leiter)	16227,37656	mA	

3.2 Berechnung von Längen, Flächen, Oberflächen und Volumina

3.2.1 Längenberechnung

Die **Länge *l*** ist eine Basisgröße. Ihre Basiseinheit ist das Meter, Einheitenzeichen m.
Im Labor und der betrieblichen Praxis verwendet man zum Messen von Längen verschiedene Maßstäbe (z.B. Bandmaßstab, Gliedermaßstab) oder Messschieber (umgangssprachlich: Schieblehre).
Durch Multiplikation oder Division der Basiseinheit werden dezimale Vielfache oder dezimale Teile des Meters abgeleitet. Mit dem Einheiten-Vorsatzzeichen, z.B. k für Kilo oder m für Milli, wird das Vielfache oder der Bruchteil der Basiseinheit angegeben.

Rechnen mit Maßstäben

In technischen Zeichnungen sind Bauteile meist verkleinert dargestellt, damit sie auf dem Zeichenblatt dargestellt werden können. Um die Maße in der verkleinerten Zeichnung des Bauteils auf die Größe des realen Bauteils mit dem Maßstab zu bringen, müssen sie multipliziert werden. Der Maßstab M ist das Verhältnis von Zeichnungsgröße zu wirklicher Größe (siehe rechts).
M = 1:10 bedeutet z.B., dass die Zeichnungsgröße 1 mm und die wirkliche Größe 10 · 1 mm = 10 mm beträgt.
In der technischen Zeichnung sind die Maßangaben des realen Geräts in Millimeter ohne Einheit auf die Maßpfeile geschrieben (**Bild 1**, links).

$$\textbf{Maßstab} = \frac{\textbf{Zeichnungsgröße}}{\textbf{wirkliche Größe}}$$

Beispiel: M = 1 : 10 (M: Maßstab; 1: Zeichnungsgröße; 10: wirkliche Größe)

Aus der technischen Zeichnung des **Technikumsreaktors aus Glas** z.B. können seine Maße direkt abgelesen werden.

Beispiel: Man liest ab:
Der Reaktor hat eine Gesamthöhe von 700 mm und einen Außendurchmesser des Bodens von 475 mm.
Nicht angegebene Maße können durch Abmessen des Zeichnungsmaßes mit dem Maßstab M ermittelt werden.
Beispiel: Wie groß ist das mit *x* bezeichnete Maß des Technikumreaktors?
Lösung: Das Zeichnungsmaß ist 21 mm.

$$\text{Maßstab} = \frac{\text{Zeichnungsgröße}}{\text{wirkliche Größe}} \Rightarrow$$

$$\textbf{wirkliche Größe} = \frac{\text{Zeichnungsgröße}}{\text{Maßstab}}$$

$$= \frac{21\ \text{mm}}{1:25} = \frac{21\ \text{mm} \cdot 25}{1} = \textbf{525 mm}$$

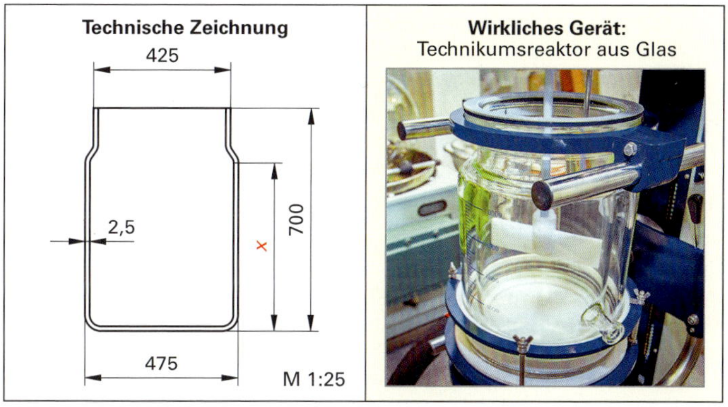

Bild 1: Technische Zeichnung und reales Gerät

Aufgaben zu Längenberechnung

1. In **Bild 2** ist ein Kegelschliff mit der DIN-Bezeichnung NS 29/32 abgebildet. Die Normschliffverbindung ist 32 mm lang. Ihr größter Durchmesser beträgt 29 mm.
   Berechnen Sie den Abbildungsmaßstab.
2. Ein Lagerraum für organische Grundchemikalien ist 10 Meter lang und 5 Meter breit.
   Wie groß ist die Zeichnungsgröße in einem Detailplan mit dem Maßstab M = 1:10, in einem Bauausführungsplan M = 1:25 und in einem Lageplan M = 1:500?

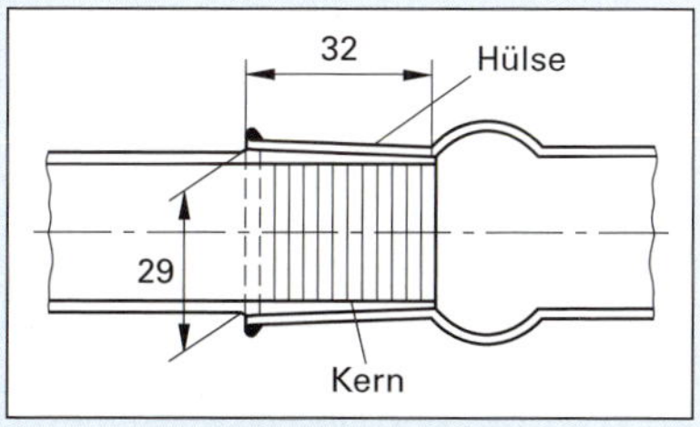

Bild 2: Normschliffverbindung NS 29/32

3.2.2 Umfangs- und Flächenberechnung

Die Flächengröße und der Umfang von geometrischen Flächen werden mit den Größengleichungen aus der folgenden **Tabelle** berechnet.

Tabelle: Berechnungsformeln geometrischer Flächen

Geradlinig begrenzte Flächen			**Kreisförmig begrenzte Flächen**	
Quadrat (square)	**Rechteck (rectangle)**	**Dreieck (triangle)**	**Kreis (circle)**	**Kreisring (circular ring)**
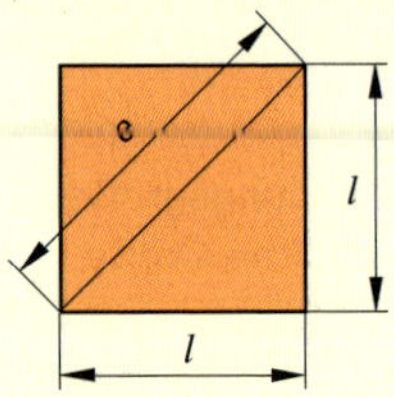	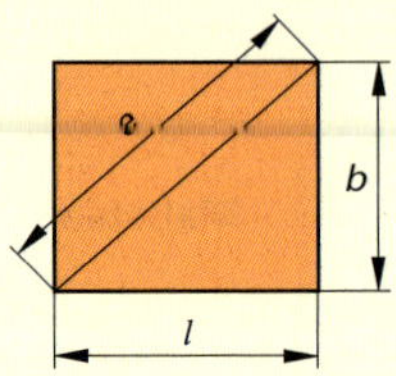	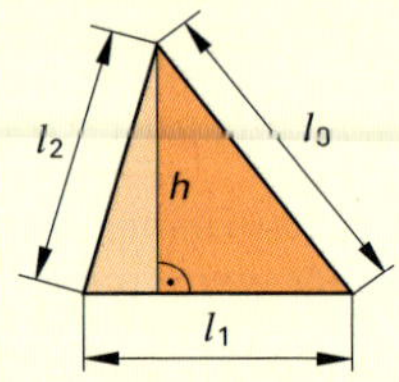	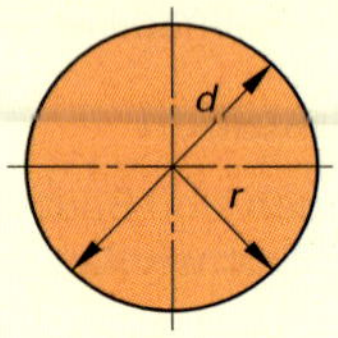	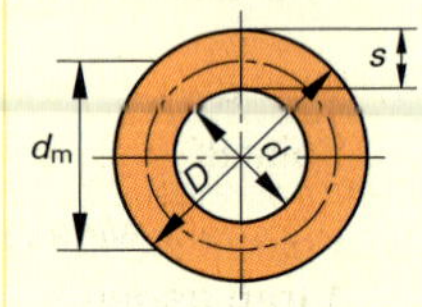
$A = l^2$ $e = \sqrt{2} \cdot l$ $U = 4 \cdot l$	$A = l \cdot b$ $e = \sqrt{l^2 + b^2}$ $U = 2 \cdot (l + b)$	$A = \frac{l_1 \cdot h}{2}$ $U = l_1 + l_2 + l_3$	$A = \frac{\pi \cdot d^2}{4}$ $A = \pi \cdot r^2$ $U = \pi \cdot d$	$A = \frac{\pi}{4} \cdot (D^2 - d^2)$ $d_m = \frac{D + d}{2}$ $s = \frac{D - d}{2}$
A Fläche U Umfang l Länge s Dicke	e Diagonale b Breite π Kreiszahl pi h Höhe	d Innendurchmesser D Außendurchmeser d_m mittlerer Durchmesser r Radius		

Beispiel: Wie groß ist der Innendurchmesser der Sinterglasplatte einer Filternutsche **(Bild 1)**? Die Filterfläche beträgt 64 cm².

Lösung: $A = \frac{\pi \cdot d^2}{4} \Rightarrow \boldsymbol{d} = \sqrt{\frac{A \cdot 4}{\pi}} = \sqrt{\frac{64\ \text{cm}^2 \cdot 4}{\pi}} \approx \mathbf{9{,}02\ cm}$

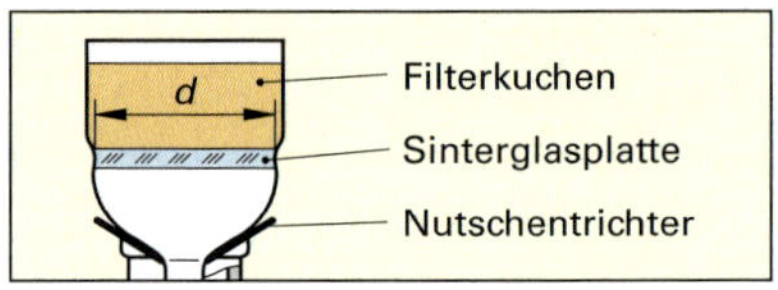

Bild 1: Filternutsche

Aufgaben zu Umfangs- und Flächenberechnung

1. Wie viel Meter Glasrohr werden benötigt, um zwölf 180°-Rohrbögen **(Bild 2)** mit einem mittleren Durchmesser von 100 mm herzustellen?

2. Eine Handfilterplatte von 11,6 cm Länge und 7,9 cm Breite soll mit einem Filtertuch belegt werden **(Bild 3)**.

   Die Kantenlängen des Filtertuchs sind 30 % größer als die Abmessungen der Handfilterplatte.

   Berechnen Sie die Fläche, den Umfang und die Länge der Diagonalen des Filtertuchs.

3. Wie groß ist der Verschnitt in Prozent, wenn aus einem quadratischen Filtertuch ein größtmögliches kreisrundes Filtertuch herausgeschnitten wird?

4. Wie groß sind Durchmesser und Umfang eines Rundfilters, wenn die Filterfläche 95,0 cm² beträgt?

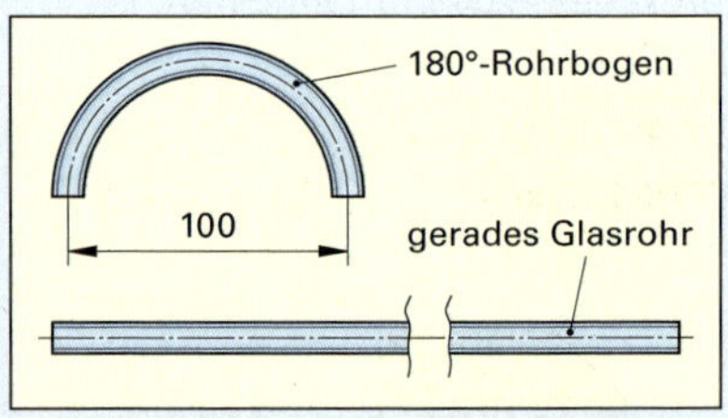

Bild 2: Rohrbögen aus Glasrohr (Aufgabe 1)

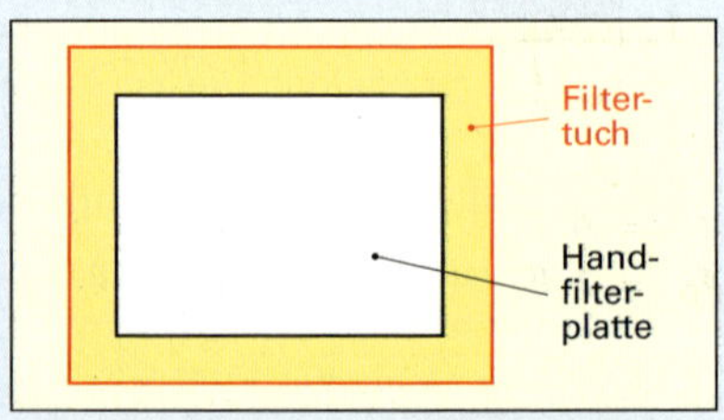

Bild 3: Filtertuch für Handfilterplatte (Aufgabe 2)

5. Wie groß ist die Dichtfläche einer PTFE-Dichtung **(Bild 1)**? Ihr Außendurchmesser beträgt 50,0 mm und ihr Innendurchmesser 30,0 mm?

6. Ein Rundkupferstab mit einem Durchmesser von 10,0 mm soll durch ein Stück Flachmaterial des gleichen Werkstoffs mit gleich großer Querschnittsfläche ersetzt werden **(Bild 2)**. Das Flachmaterial ist 15,0 mm breit.

   Wie dick muss das Flachmaterial sein?

7. Wie groß sind Umfang und Fläche des in der Tabelle Seite 80 gezeichneten Dreiecks?

   (Hinweis: Messen Sie in Tabelle 1 mit einem Maßstab auf 1 mm genau.)

8. Aus einem rechteckigen Filterpapier mit den Maßen Länge l = 20,0 cm, b = 10,0 cm soll die größtmögliche Anzahl an Rundfiltern mit einem Durchmesser von d = 5,0 cm ausgeschnitten werden **(Bild 3)**.

   a) Machen Sie eine Skizze zur Ermittlung der Anzahl an Rundfiltern.

   b) Wie viele Rundfilter werden erhalten?

   c) Wie groß ist der Verschnitt in Prozent?

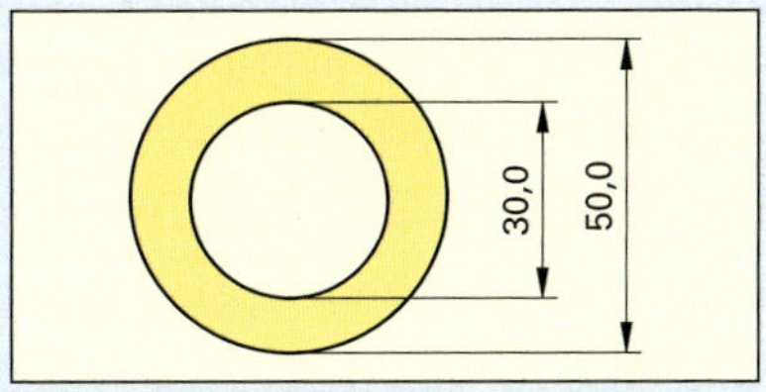

Bild 1: PTFE-Flachdichtung (Aufg. 5)

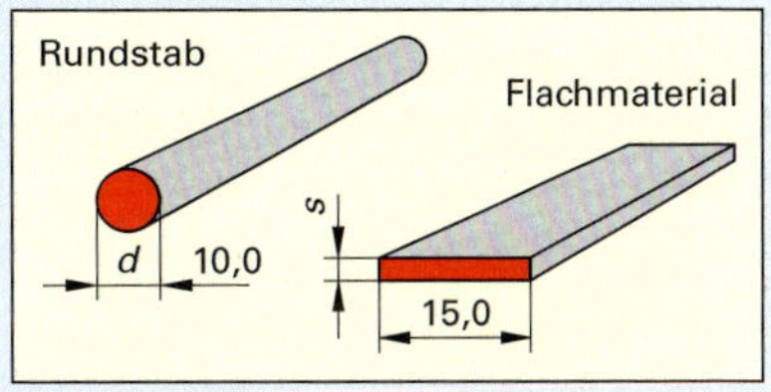

Bild 2: Aufgabe 6

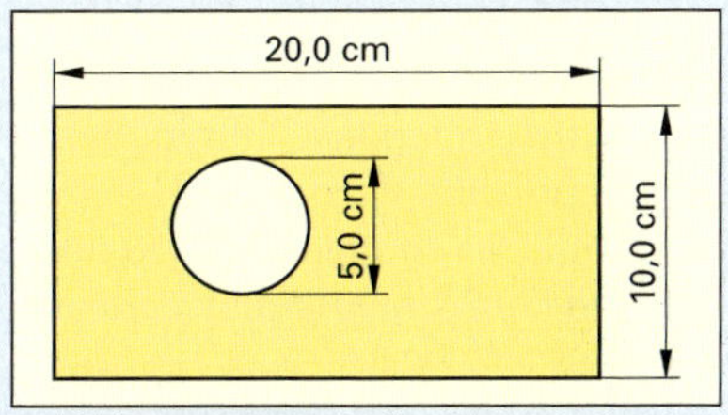

Bild 3: Rundfilter aus Rechtecktuch (Aufgabe 8)

3.2.3 Oberflächen- und Volumenberechnung

Zur Berechnung der Oberflächen und der Volumina von geometrischen Körpern dienen die in der folgenden **Tabelle** zusammengestellten Größengleichungen.

Tabelle: Berechnungsformeln geometrischer Körper

Würfel (cube)	**Quader (cuboid)**	**Zylinder (cylinder)**	**Hohlzylinder (hollow cylinder)**	**Kugel (ball)**
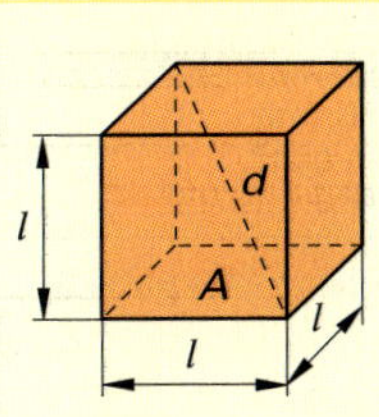	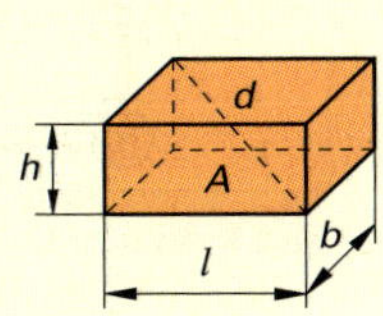	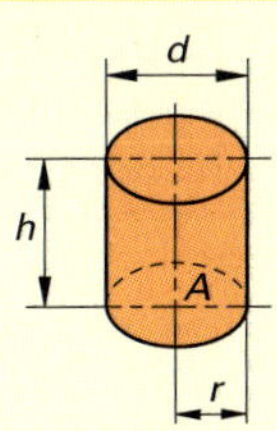	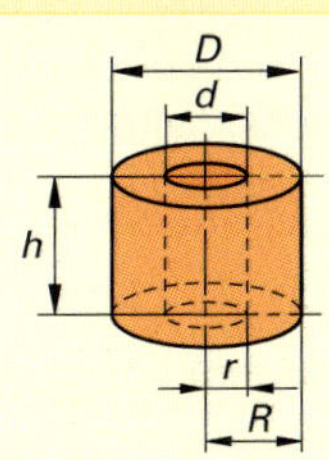	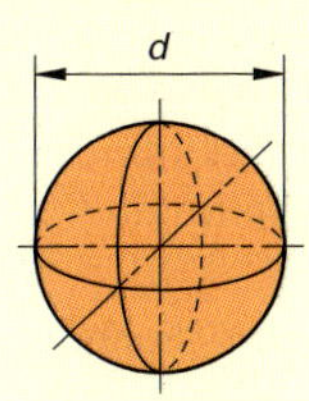
$V = A \cdot l$ $A_O = 6 \cdot l^2$	$V = l \cdot b \cdot h$ $A_O = 2\,(l \cdot b + l \cdot h + b \cdot h)$	$V = A \cdot h$ $V = \frac{\pi}{4} \cdot d^2 \cdot h$ $A_O = \pi \cdot d \cdot h + \frac{\pi \cdot d^2}{2}$	$V = \frac{\pi}{4} \cdot h \cdot (D^2 - d^2)$	$V = \frac{\pi \cdot d^3}{6}$ $V = \frac{4}{3} \cdot \pi \cdot r^3$ $A_O = \pi \cdot d^2$
V Volumen A Grundfläche	A_O Oberfläche l Länge	b Breite h Höhe	d, D Durchmesser r, R Radius	π Kreiszahl pi

Beispiel: Wie groß ist der Innendurchmesser eines 2000-mL-Becherglases, wenn der Skalenendwert 160 mm vom Boden des Becherglases entfernt ist?

Lösung: $V = \frac{\pi}{4} \cdot d^2 \cdot h \Rightarrow \mathbf{d} = \sqrt{\frac{4}{\pi} \cdot \frac{V}{h}} = \sqrt{\frac{4 \cdot 2000\ \text{cm}^3}{\pi \cdot 16{,}0\ \text{cm}}} \approx \mathbf{12{,}6\ cm}$

Aufgaben zu Oberfächen- und Volumenberechnung

1. 750 Stahlkugeln mit einem Durchmesser von d = 12,0 mm für Pendelkugellager sollen verchromt werden. Wie groß ist die zu verchromende Fläche in Quadratdezimeter?

2. Ein senkrecht stehender zylindrischer Flüssigkeitstank ist fünf Meter hoch und hat einen Innendurchmesser von 2,50 Meter **(Bild 1).** Wie viel Prozent der gesamten Innenfläche werden von der Flüssigkeit benetzt, wenn die Füllhöhe drei Meter beträgt?

3. Ein freistehendes Aluminiumatom hat einen Radius von 143 pm **(Bild 2).** In metallischer Bindung beträgt der Atomradius des Aluminiums 118 pm. Um wie viel Prozent weichen die Atomvolumina voneinander ab?

4. Wie hoch stehen 150 L Quecksilber in einer rechteckigen Amalgamzelle mit den Innenmaßen 15,00 m Länge und 2,00 m Breite?

5. Wie viel Meter Kupferdraht mit einer Querschnittsfläche von A = 0,75 mm² kann man aus einem Kupferwürfel von 10 cm Kantenlänge durch Walzen und Ziehen herstellen **(Bild 3)?**

6. Wie groß ist die Volumenänderung an Quecksilber in einem Ausdehnungsgefäß eines Thermometers **(Bild 4),** wenn sich die Höhe der Quecksilbersäule bei einer Temperaturänderung um 10,0 °C in der Kapillare (d = 0,100 mm) um 10,0 mm ändert?

7. Ein 100-mL-Messzylinder hat einen Skalenteilungswert von einem Milliliter **(Bild 5).** Sein Innendurchmesser beträgt 26,1 mm. Welchen Abstand haben die Striche der Graduierung?

8. Die Füllhöhe einer gesättigten Kupfersulfat-Lösung in einem Standzylinder mit einem Innendurchmesser von 36,5 mm beträgt 140 mm.
   a) Wie groß ist der Füllstand dieser Stoffportion in einer runden Kristallisierschale mit einem Innendurchmesser von 110,5 mm?
   b) Um wie viel Prozent vergrößert sich die Flüssigkeitsoberfläche nach dem Umfüllen?

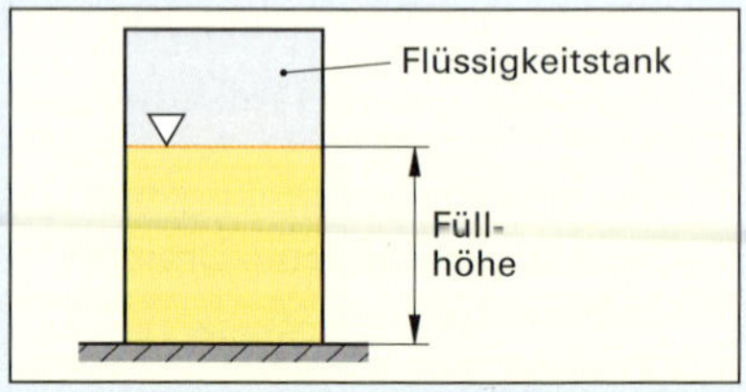

Bild 1: Innenfläche (Aufgabe 2)

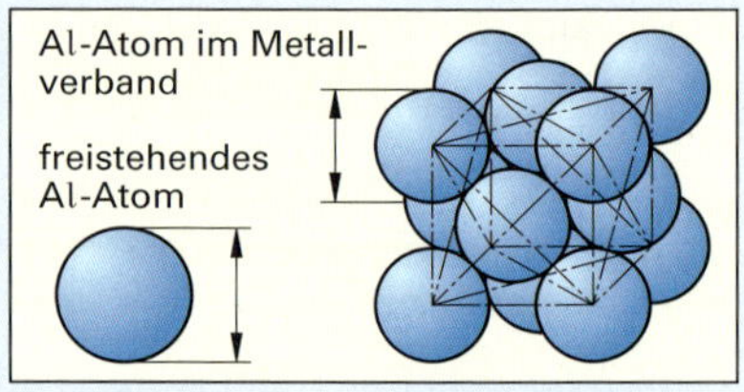

Bild 2: Al-Atome (Aufgabe 3)

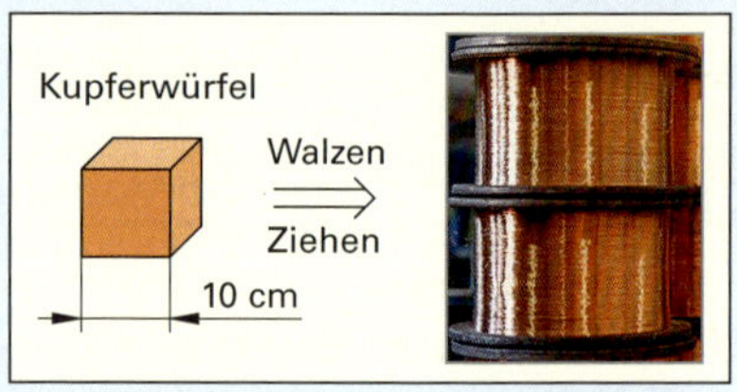

Bild 3: Kupferdraht aus Kupferwürfel (Aufgabe 5)

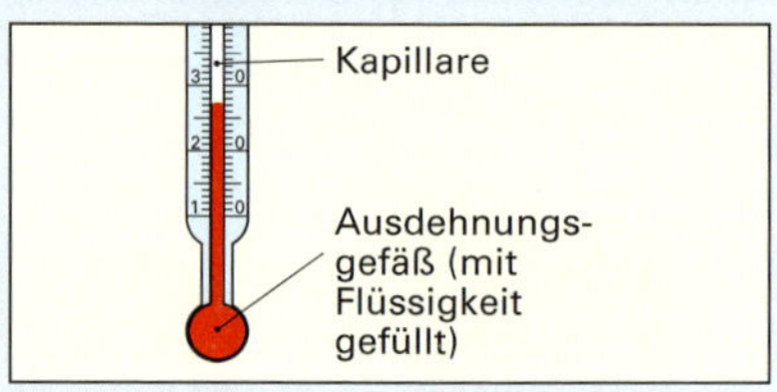

Bild 4: Volumenänderung (Aufgabe 6)

Bild 5: Skalierung (Aufgabe 7)

3.3 Berechnung von Masse, Volumen und Dichte

Beim Umgang mit Stoffen, z. B. beim Herstellen von Lösungen oder bei chemischen Reaktionen, werden die Stoffportionen genau abgemessen. Dies ist erforderlich, um z. B. Lösungen mit bestimmten Konzentrationen zu erhalten oder um Stoffportionen für eine Reaktion zu bestimmen.

Die Menge einer Stoffportion bezeichnet man als **Quantität.** Die Quantität einer Stoffportion kann durch die Masse oder bei Flüssigkeiten und Gasen durch das Volumen beschrieben werden.

Masse (mass)

Die Masse m ist eine Basisgröße mit der Basiseinheit Kilogramm und dem Einheitenzeichen kg.

Ein Kilogramm ist definiert als die Masse des Internationalen **Kilogrammprototyps** (Urkilogramm). Es ist ein Platin-Iridium-Zylinder von 39,00 mm Höhe und 39,00 mm Durchmesser.

Die Masse einer Stoffportion wird durch Wägung bestimmt **(Bild 1).** Befindet sich die Stoffportion in einer Verpackung, so bezeichnet man die gemessene Gesamtmasse als **Bruttomasse m_B**. Dies ist die Gesamtmasse des Gebindes einschließlich der Verpackung.

Die Masse der Verpackung wird als **Tara m_T** bezeichnet.

Die Masse der Stoffportion in der Verpackung nennt man **Nettomasse m_N**.

Für Bruttomasse, Nettomasse und Tara werden die üblichen Masseneinheiten verwendet, z. B. g oder kg. Die Tara kann auch in Prozent der Bruttomasse angegeben werden.

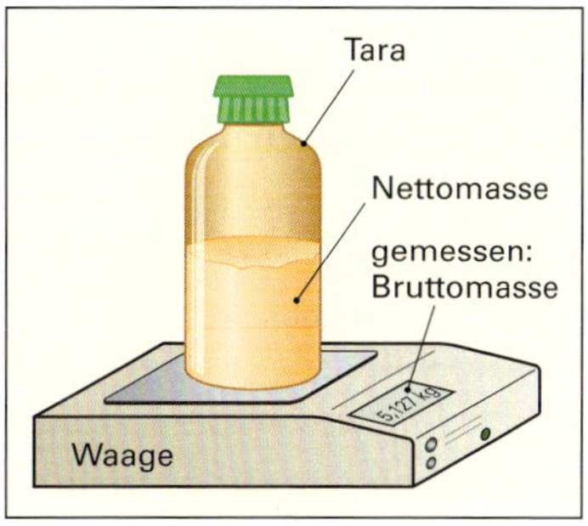

Bild 1: Massenangaben bei Gebinden

Bruttomasse

Bruttomasse = Nettomasse + Tara

$$m_B = m_N + m_T$$

Beispiel: Ein 10-L-Gebinde mit Aceton $CH_3{-}CO{-}CH_3$ hat eine Bruttomasse von 9,34 kg.

a) Wie viel Kilogramm Aceton sind in dem Gebinde enthalten, wenn die Verpackung 0,43 kg wiegt?

b) Wie groß ist die Tara in Prozent?

Lösung: a) $m_B = m_N + m_T$

$\Rightarrow$ $\boldsymbol{m_N}$**(Aceton)** $= m_B - m_T = 9{,}34\ \text{kg} - 0{,}43\ \text{kg} = \mathbf{8{,}91\ kg}$

b) 9,34 kg entsprechen einer Tara von 100 %

0,43 kg entsprechen einer Tara von x

$$\Rightarrow \boldsymbol{x} = \frac{0{,}43\ \text{kg} \cdot 100\ \%}{9{,}34\ \text{kg}} \approx \mathbf{4{,}60\ \%\ Tara}$$

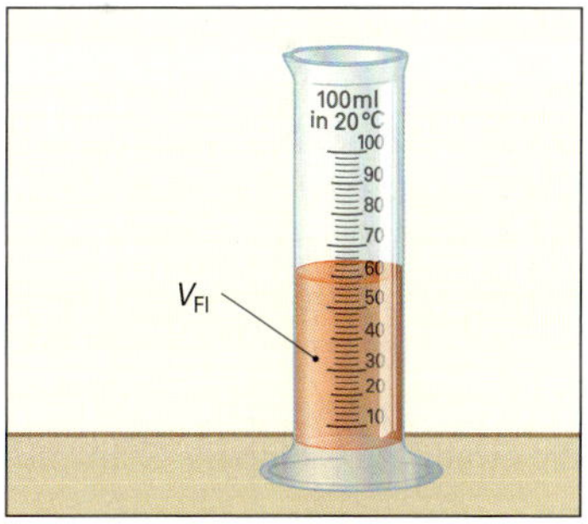

Bild 2: Messen des Flüssigkeitsvolumens mit dem Messzylinder

Volumen (volume)

Das Volumen V beschreibt den Rauminhalt eines Körpers oder eines Behälters. Es ist eine abgeleitete Größe mit der SI-Einheit Kubikmeter (Einheitenzeichen m^3). Die Bestimmung des Volumens V einer Stoffportion erfolgt auf verschiedene Weise:

- Bei geometrischen Körpern durch Berechnung (vgl. Seite 81).
- Bei unregelmäßig geformten Feststoffen durch geeignete Verdrängungsmethoden oder durch Berechnung aus Masse und Dichte.
- Bei Flüssigkeiten durch Volumenmessgeräte, z. B. Messzylinder **(Bild 2).**
- Bei Gasen durch Gasvolumen-Messgeräte, wie z. B. das **Gassammelrohr**, auch **Gasmaus** genannt **(Bild 3).**

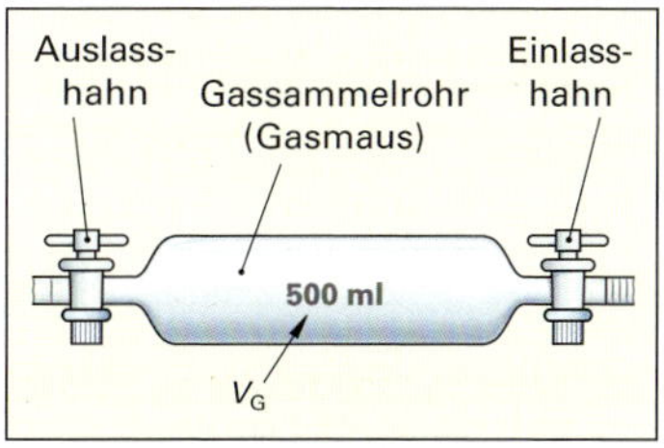

Bild 3: Messen des Gasvolumens mit der Gasmaus

Dichte (density)

Die Masse einer Stoffportion ist umso größer, je größer das Volumen der Stoffportion ist: $m \sim V$. Mit dem Proportionalitätsfaktor ϱ, der Dichte, erhält man die Größengleichung: $m = \varrho \cdot V$.

Umgestellt nach der Dichte ergibt sich die Definitionsgleichung der Dichte als Quotient aus Masse und Volumen (siehe rechts).

Stoffspezifische Dichte

$$\text{Dichte} = \frac{\text{Masse}}{\text{Volumen}}; \quad \varrho = \frac{m}{V}$$

Der Stoff darf keine Hohlräume (Poren) besitzen. Diese Dichte bezeichnet man auch als **stoffspezifische Dichte.** Sie hat für einen Stoff einen bestimmten Wert (**Tabelle** unten) und wird in der Einheit kg/m³ oder g/cm³ angegeben.

Der Größenwert der Dichte entspricht der Masse eines Stoffwürfels mit 1 cm³ Volumen **(Bild 1)**.

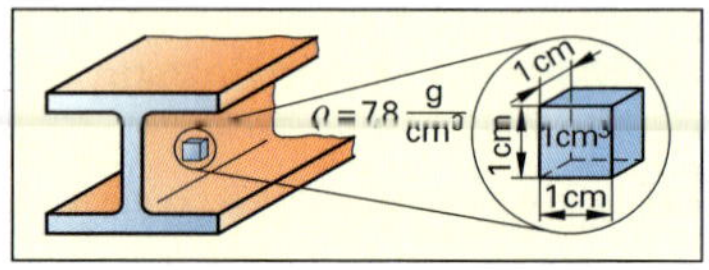

Bild 1: Dichte eines Stahlträgers

Beispiel: Die Masse von 500 mL Methanol in einem Messzylinder beträgt 396 g. Welche Dichte hat Methanol?

Lösung: $\varrho(\text{Methanol}) = \frac{m}{V} = \frac{396\ \text{g}}{500\ \text{mL}} = 0{,}792\ \text{g/mL} = \mathbf{0{,}792\ g/cm^3}$

Technische Dichten (industrial densities)

Ein Feststoffkörper oder ein Flüssigkeitsvolumen mit vollständiger Raumerfüllung besitzt keine Poren oder sonstige Hohlräume. Seine Dichte wird mit der **stoffspezifischen Dichte** ϱ beschrieben (siehe oben).

In der Realität besitzen Feststoffe z.B. durch kleine Lufteinschlüsse (Poren) in den Feststoffpartikeln, eine bestimmte Porosität **(Bild 2)**.

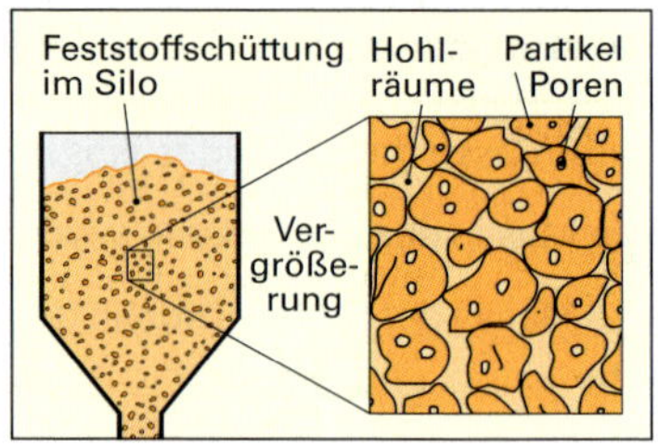

Bild 2: Innere Struktur einer Feststoffschüttung

Schüttgüter besitzen zusätzlich zwischen den Feststoffpartikeln Hohlräume, die durch die Form und Schichtung der Partikel verursacht werden. Poren und Partikelzwischenräume bewirken eine nur teilweise Raumerfüllung und damit eine geringere wirkliche Dichte (technische Dichte) als die stoffspezifische Dichte.

Zur Berechnung der Masse oder des Volumens von Feststoffschüttungen verwendet man deshalb die **Schüttdichte** $\boldsymbol{\varrho_{\text{Schütt}}}$.

Schüttdichte

$$\varrho_{\text{Schütt}} = \frac{m_{\text{Schütt}}}{V_{\text{Schütt}}}$$

Die Größengleichung zur Berechnung der Schüttdichte $\varrho_{\text{Schütt}}$ ist der Quotient aus der Masse des Schüttguts $m_{\text{Schütt}}$ und dem Volumen des Schüttguts $V_{\text{Schütt}}$.

Wird die Schüttung zusätzlich durch Vibration oder Rütteln verdichtet, so bezeichnet man die erhaltene Dichte als **Rütteldichte** $\varrho_{\text{Rütt}}$.

Wird die Schüttung durch Aufstampfen verdichtet, so bezeichnet man die erhaltene Dichte als Stampfdichte ϱ_{Sta}.

Rütteldichte	Stampfdichte
$\varrho_{\text{Rütt}} = \frac{m_{\text{Rütt}}}{V_{\text{Rütt}}}$	$\varrho_{\text{Sta}} = \frac{m_{\text{Sta}}}{V_{\text{Sta}}}$

Die nebenstehende **Tabelle** zeigt die stoffspezifischen und technischen Dichten einiger Schüttgüter.

Beispiel: Eine Feststoffschüttung in einem Becherglas hat folgende Maße: d = 49,2 mm, h = 38,0 mm. Die Masse der Schüttung beträgt 113,705 g. Wie groß ist die Schüttdichte?

Lösung:

$$V_{\text{Schütt}} = \frac{\pi}{4} \cdot d^2 \cdot h = \frac{\pi \cdot (49{,}2\ \text{mm})^2 \cdot 38{,}0\ \text{mm}}{4} \approx 72\,244\ \text{mm}^3 \approx 72{,}244\ \text{cm}^3$$

$$\boldsymbol{\varrho_{\text{Schütt}}} = \frac{m_{\text{Schütt}}}{V_{\text{Schütt}}} \approx \frac{113{,}705\ \text{g}}{72{,}244\ \text{cm}^3} \approx \mathbf{1{,}574\ g/cm^3}$$

Tabelle: Stoffspezifische und technische Dichten von Schüttgütern

Schüttgut	Stoffspez. Dichte g/cm³	Schütt-dichte g/cm³	Rüttel-dichte g/cm³
Quarzsand	2,7	1,5	1,7
Polystyrolgranulat	1,1	0,54	0,58
Aluminiumoxid	3,9	0,80	1,1
Zucker	1,6	0,88	0,99
Kalksteinmehl	2,9	1,1	1,3
Bauxit	2,5	1,05	1,35
Zement	3,1	1,24	1,80

Dichte von Stoffgemischen (densitiy of mixtures)

Das Mischen ist eine wichtige Grundoperation im Chemielabor. Beim Mischen werden feste, flüssige oder gasförmige Stoffe so miteinander vereinigt, dass Gemische mit möglichst vollständig verteilten Substanzen entstehen. Typische Stoffgemische sind z.B.: Gemenge, Suspensionen, Emulsionen, Lösungen, Schäume, Pasten, Aerosole.

Wird die beim Mischen wegen der unterschiedlichen Teilchengröße der Mischkomponenten auftretende Volumenkontraktion oder -dilatation (Volumenverringerung oder -vergrößerung) vernachlässigt, so setzt sich das Volumen des Gemisches V_M aus den Volumina der einzelnen Mischkomponenten V_1, V_2 und V_n zusammen. Der Index n steht für eine beliebige Mischkomponente.

Für das Volumen der Mischung gilt: $$V_M = V_1 + V_2 + V_n$$

Für die Masse der Mischung gilt analog: $$m_M = m_1 + m_2 + m_n$$

Durch Einsetzen von $V = m/\varrho$ bzw. $m = \varrho \cdot V$ ergeben sich die nebenstehenden Näherungsgleichungen, mit denen sich Dichten, Massen und Volumina von Stoffgemischen oder Mischkomponenten näherungsweise berechnen lassen.

Beziehungen zwischen Massen, Volumen und Dichten von Stoffgemischen

$$\varrho_1 \cdot V_1 + \varrho_2 \cdot V_2 = \varrho_M \cdot V_M$$

$$\frac{m_1}{\varrho_1} + \frac{m_2}{\varrho_2} = \frac{m_M}{\varrho_M}$$

Beispiel: Ein Buntlack Bl enthält 380 g Bindemittel mit $\varrho(\text{Bm}) = 1{,}13\ \text{g/cm}^3$, 260 g Pigment mit $\varrho(\text{Pi}) = 3{,}81\ \text{g/cm}^3$ und 360 g Lackbenzin mit $\varrho(\text{Lb}) = 0{,}771\ \text{g/cm}^3$. Welche mittlere Dichte hat der Buntlack?

Lösung: $$\frac{m_{Bm}}{\varrho_{Bm}} + \frac{m_{Pi}}{\varrho_{Pi}} + \frac{m_{Lb}}{\varrho_{Lb}} = \frac{m_{Bl}}{\varrho_{Bl}} \Rightarrow \varrho_{Bl} = \frac{m_{Bl}}{\frac{m_{Bm}}{\varrho_{Bm}} + \frac{m_{Pi}}{\varrho_{Pi}} + \frac{m_{Lb}}{\varrho_{Lb}}}$$ mit $m_{Bl} = m_{Bm} + m_{Pi} + m_{Lb}$ folgt

$$\varrho_{Bl} = \frac{m_{Bm} + m_{Pi} + m_{Lb}}{\frac{m_{Bm}}{\varrho_{Bm}} + \frac{m_{Pi}}{\varrho_{Pi}} + \frac{m_{Lb}}{\varrho_{Lb}}} = \frac{380\ \text{g} + 260\ \text{g} + 360\ \text{g}}{\frac{380\ \text{g}}{1{,}13\ \text{g/cm}^3} + \frac{260\ \text{g}}{3{,}81\ \text{g/cm}^3} + \frac{360\ \text{g}}{0{,}711\ \text{g/cm}^3}} \approx \frac{1000\ \text{g}}{(336{,}28 + 68{,}24 + 506{,}33)\ \text{cm}^3}$$

$$\varrho_{Bl} \approx \mathbf{1{,}098\ g/cm^3}$$

Aufgaben zu Berechnung von Masse, Volumen und Dichte

1. Ergänzen Sie die fehlenden Zahlenwerte:

   $\varrho(\text{Al}) = 2{,}70\ \frac{\text{g}}{\text{cm}^3} = \square\ \frac{\text{kg}}{\text{L}} = \square\ \frac{\text{g}}{\text{mL}} = \square\ \frac{\text{kg}}{\text{dm}^3} = \square\ \frac{\text{t}}{\text{m}^3}$

2. Ein runder Kunststoffzylinder aus Hart-PVC ist 28,9 cm hoch. Sein Durchmesser beträgt 51,9 mm. Wie groß ist die Dichte des Hart-PVC's, wenn die Masse des Zylinders 833,69 g beträgt?
3. Eine Kugel aus Styropor hat eine Masse von 6,12 g und einen Durchmesser von 7,90 cm. Welche Dichte hat das Styropor?
4. 2,50 Tonnen Chlorkautschuklack mit einer Dichte von $\varrho(\text{RUC}) = 1{,}80\ \text{g/cm}^3$ sollen in 3/4-Liter-Dosen abgefüllt werden. Wie viele Dosen werden benötigt?
5. Wie viel Kilogramm Chloroform ($\varrho(CHCl_3) = 1{,}489\ \text{g/cm}^3$) kann man in eine 0,50-L-Flasche füllen?
6. Wie viel Kubikzentimeter Wasser fließen aus einem Überlaufgefäß, wenn 250 g Zink-Granalien ($\varrho(\text{Zn}) = 7{,}12\ \text{g/cm}^3$) zugegeben werden?
7. Eine Vorratsflasche mit Petrolether hat eine Bruttomasse von 1,64 kg bei einer Tara (leerer Behälter) von 48,8 %. Wie viel Liter Petrolether ($\varrho(\text{Petrolether}) = 0{,}84\ \text{g/cm}^3$) sind in der Flasche enthalten?
8. Wie groß ist der Volumenunterschied zwischen einem Kilogramm 1-Propanol ($\varrho = 0{,}804\ \text{g/cm}^3$) und einem Kilogramm 2-Propanol ($\varrho = 0{,}785\ \text{g/cm}^3$) bei konstanter Temperatur?
9. Es sollen Glasrohre aus Borosilicatglas mit einem Innendurchmesser von $d = 5{,}9$ mm und einem Außendurchmesser von $D = 9{,}1$ mm hergestellt werden.
   a) Welche Masse an Borosilicatglas ($\varrho = 2{,}25\ \text{g/cm}^3$) wird pro laufendem Meter benötigt?
   b) Wie groß ist die Wandstärke der Glasrohre?

3

10. Ein Aräometer **(Bild 1)** mit einer Masse von 28,4394 g hat einen Stengeldurchmesser von 5,52 mm. Wie groß ist die Skalenlänge, wenn der Messbereich 1,10 g/cm³ bis 1,20 g/cm³ beträgt?

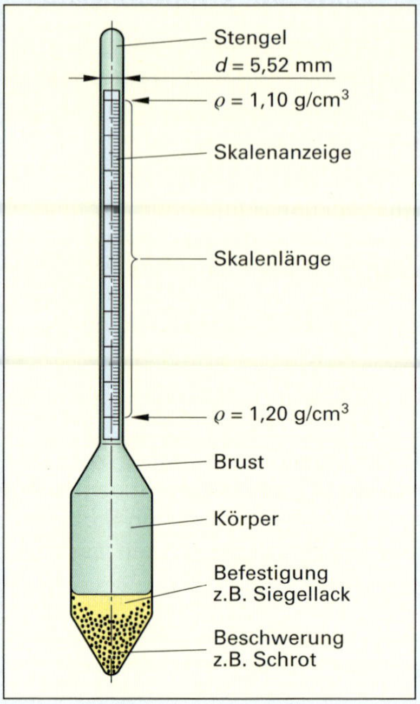

Bild 1: Aräometer (Aufgabe 10)

11. Ein Weißlack (ϱ = 1,25 g/cm³) hat folgende Zusammensetzung:
300 g Bindemittel, ϱ = 1,13 g/cm³
260 g Titandioxid TiO_2, ϱ = 4,10 g/cm³
360 g Lösemittelgemisch.
Berechnen Sie die mittlere Dichte des Lösemittelgemisches.

12. In einem Messzylinder wird die Dichte eines Leinöls bestimmt. Der Versuch liefert bei 20,0 °C folgende Messwerte:
Masse des leeren Messzylinders: m_1 = 32,75 g
Masse des mit Leinöl gefüllten Messzylinders: m_2 = 74,69 g
Volumen des Leinöls: V = 45,0 mL
Wie groß ist die Dichte des Leinöls?

13. Zur infrarotspektroskopischen Untersuchung eines Sulfonamids wird 0,56 mg dieser Substanz mit 227,13 mg Kaliumbromid KBr innig vermischt. In einer hydraulischen Presse wird die Probe anschließend zu einem Pressling von 0,624 mm Dicke und 13,0 mm Durchmesser verpresst. Welche Pressdichte hat der Pressling?

14. In einem 100-mL-Standzylinder aus Borosilicatglas mit einer Masse von 132,53 g wird Polyethylen-Granulat lose aufgeschüttet **(Bild 2)**. Das Schüttvolumen beträgt $V_{Schütt}$ = 65,5 cm³, die Bruttomasse m(Brutto) = 184,66 g. Anschließend wird der Standzylinder zwanzigmal auf einen mit einem Lappen geschützten Handteller aufgestampft. Das Stampfvolumen wird zu V_{Sta} = 59,5 cm³ gemessen.
   a) Wie groß sind die Schütt- und Stampfdichte des Polyethylengranulats?
   b) Wie groß ist die Volumenverminderung durch das Stampfen in Prozent?

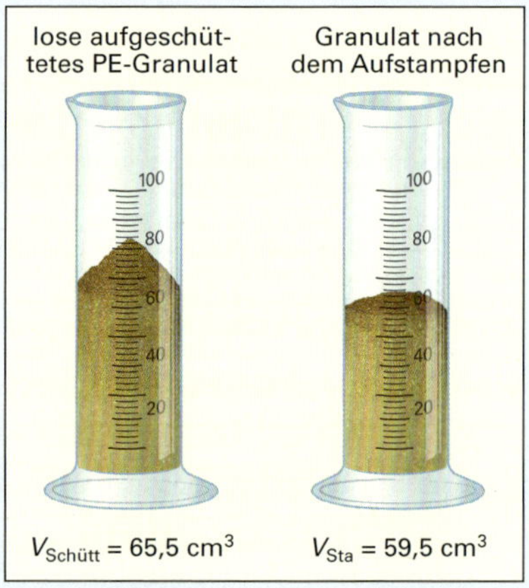

Bild 2: Bestimmung der Schütt- und Stampfdichte (Aufgabe 14)

15. Zur Durchmesserbestimmung von Kapillaren wiegt man die leere und die mit Quecksilber gefüllte Kapillare. Ein 6,00 cm langes Glaskapillarrohr hat eine Masse von 3,0634 g. Nach dem Füllen mit Quecksilber ϱ(Hg) = 13,55 g/cm³ beträgt die Masse des Kapillarrohrs 3,1384 g. Welchen Durchmesser hat die Kapillare?

16. Von einem Konstantandraht wurden bei 20,0 °C folgende Messwerte erhalten: l = 1,000 m, d = 0,401 mm, m = 1,1172 g. Wie groß ist die Dichte des Konstantans?

17. In nebenstehender **Tabelle** sind die volumen- und massenbezogenen Rohstoffkosten sowie die Dichten von drei Fassadenfarben mit unterschiedlichen Rezepturen angegeben.
Ergänzen Sie die fehlenden Werte.

Tabelle: Kosten und Dichten von Fassadenfarben

Rezeptur-Nr.:	Farbe 1	Farbe 2	Farbe 3
Rohstoffkosten in €/L	1,50		1,43
Rohstoffkosten in €/kg		0,97	0,97
Dichte in g/cm³	1,49	1,51	

18. Wie viele 2,50-L - Dosen werden zum Abfüllen von 2,50 t Chlorkautschuklack der Dichte 1,24 g/cm³ benötigt?

19. Ein Aräometer (Bild 1, Seite 86) zur Bestimmung der Dichte von Schwefelsäure bei 20 °C hat eine Masse von 16,135 g. Der Messbereich beträgt 1,000 g/cm³ bis 1,200 g/cm³ bei einer Skalenlänge von 67,95 mm. Wie groß ist der Stengeldurchmesser?

20. Ein Alkydharzlack soll nach folgender Richtrezeptur gefertigt werden:
w(Bindemittel) = 37,5 %, ϱ = 1,15 g/cm³, w(Pigment) = 28,3 %, ϱ = 3,47 g/cm³,
w(Lösemittel) = 32,2 %, ϱ = 0,75 g/cm³, w(Additive) = 2,0 %, ϱ = 0,85 g/cm³.
Welche mittlere Dichte hat die Lackfarbe?

21. Wie viel Meter Kupferdraht mit einer Querschnittsfläche von 0,750 mm² lassen sich aus einem Kilogramm Elektrolytkupfer ziehen? Es ist ϱ(Cu) = 8,93 g/cm³.

22. Von fünf metallischen Körpern wurde das Volumen und die Masse bestimmt **(Tabelle 1).**

Tabelle 1: Messreihe metallische Körper

Körper Nr.	**I**	**II**	**III**	**IV**	**V**
Volumen	0,1800 L	62,73 L	2,50 mL	0,00120 m³	2,50 cm³
Masse	489,6 g	850 kg	48 250 mg	9,43 kg	6800 mg
Dichte					
Metall					

a) Berechnen Sie die Dichte der Körper.
b) Zwei der Körper bestehen aus demselben Metall. Welche Körper sind das?
c) Aus welchem Metall könnten die Körper bestehen?
(Hinweis: Vergleichen Sie mit den Dichtewerten in einem Tabellenbuch)

23. Die Dichte von Chlorgas beträgt $\varrho(Cl_{2(g)})$ = 3,21 g/L. Flüssiges Chlor hingegen hat eine Dichte von $\varrho(Cl_{2(l)})$ = 1,57 kg/L.
a) Welches Volumen nehmen 100 m³ Chlorgas nach der Kondensation ein?
b) Welche prozentuale Volumenverminderung wird durch die Kondensation erreicht?

24. Eine 50,0-L-Stickstoff-Druckgasflasche hat eine Masse von 75,9 kg bei einer Tara von 64,6 kg **(Bild 1).**
Welche Dichte hat der in der Druckgasflasche enthaltene Stickstoff?

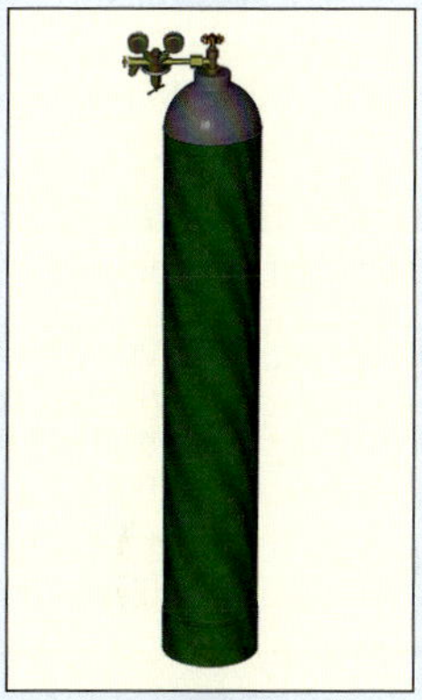

Bild 1: Stickstoff-Druckglasflasche (Aufgabe 24)

25. Welche prozentuale Massenersparnis wird erzielt, wenn Kupfer durch Aluminium als Leiterwerkstoff ersetzt wird (ϱ(Cu) = 8,93 g/cm³, ϱ(Al) = 2,72 g/cm³)?

26. Von vier Stahlkugeln wurden Durchmesser und Massen bestimmt und in die nebenstehende **Tabelle 2** eingetragen.

Tabelle 2: Messreihe Stahlkugeln

Stahlkugel Nr.	**1**	**2**	**3**	**4**
Durchmesser d in mm	6,4	9,5	10,3	14,3
Masse m in g	1,03	3,51	4,46	11,86
Volumen V in cm³				
Dichte ϱ in g/cm³				

a) Berechnen Sie das Volumen und die Dichte der einzelnen Stahlkugeln.
b) Wie groß ist die mittlere Dichte der Stahlkugeln?
c) Tragen Sie die Wertepaare Durchmesser/Masse, Durchmesser/Volumen und Masse/Volumen jeweils in ein Diagramm ein und zeichne Sie die Graphen.
d) Ermitteln Sie aus dem Steigungsdreieck im Masse-Volumen-Diagramm die mittlere Dichte der Stahlkugeln.
e) Tragen Sie in das Masse/Volumen-Diagramm die Graphen der Dichten von Quecksilber ϱ(Hg) = 13,6 g/cm³ und Aluminium ϱ(Al) = 2,70 g/cm³ ein.

Weitere Aufgaben, insbesondere zur Dichtebestimmung, befinden sich im Kapitel 14, Seite 439 ff.

3

3.4 Bewegungsvorgänge

Bewegungen spielen im Labor und Chemiebetrieb eine wichtige Rolle.

Stoffe und Güter werden bewegt, wie z. B. Stück- oder Schüttgüter auf einem Bandförderer **(Bild 1)** oder Flüssigkeiten in einer Rohrleitung.

Die Stoffe können sich mit verschiedenen Bewegungsarten bewegen.

Bild 1: Gleichförmige Bewegung auf einem Gurtbandförderer

Geradlinige gleichförmige Bewegung

Werden bei einer Bewegung in gleichen Zeitabschnitten Δt immer die gleiche Wegstrecke Δs zurückgelegt, so ist die Geschwindigkeit v konstant. Man nennt das eine gleichförmige Bewegung. Ein Gurtbandförderer z. B. bewegt das Schüttgut mit einer gleichförmigen Bewegung **(Bild 1).**

Je größer die Geschwindigkeit v ist, desto größer ist die in einem Zeitraum Δt zurückgelegte Wegstrecke s ($v \sim s$) und desto weniger Zeit wird zum Zurücklegen eines Streckenabschnitts benötigt ($v \sim 1/t$). Aus diesen zwei Proportionalitäten ergibt sich die Gleichung für die Geschwindigkeit der gleichförmigen Bewegung.

$$\text{Geschwindigkeit} = \frac{\text{Weg}}{\text{Zeit}}; \quad v = \frac{s}{t}$$

Übliche Einheitenzeichen für die Geschwindigkeit sind m/s und km/h. Zur Umrechnung gilt: 1 m/s = 3,6 km/h.

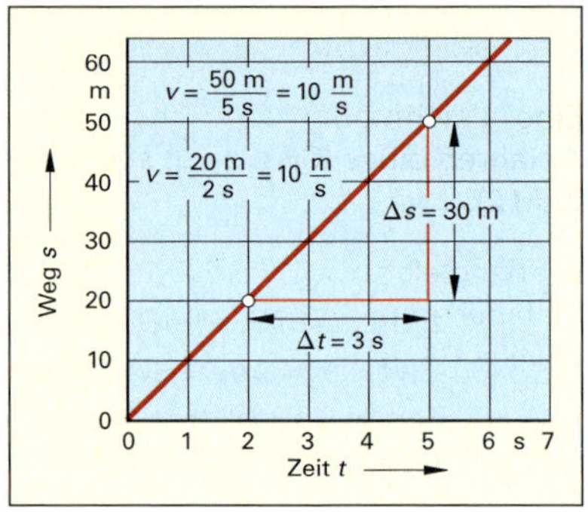

Bild 2: Weg-Zeit-Diagramm einer gleichförmigen Bewegung

Beispiel: Die Verweilzeit einer Flüssigkeit in einer 100 Meter langen Rohrleitung beträgt 5,0 Sekunden. Wie groß ist die mittlere Strömungsgeschwindigkeit $\bar{v}$ in der Rohrleitung in m/s und in km/h?

Lösung: $\bar{v} = \frac{s}{t} = \frac{100\ \text{m}}{5{,}0\ \text{s}} = \mathbf{20\ \frac{m}{s}} = \frac{20 \cdot 0{,}001\ \text{km}}{\frac{1}{3600}\ \text{h}} = 20 \cdot 3{,}6\ \frac{\text{km}}{\text{h}} = \mathbf{\frac{72\ km}{h}}$

Trägt man eine gleichförmige Bewegung in einem **Weg-Zeit-Diagramm** auf, so erhält man eine ansteigende Gerade **(Bild 2).**

In einem **Geschwindigkeit-Zeit-Diagramm** ergibt eine gleichförmige Bewegung eine waagerechte Gerade **(Bild 3).**

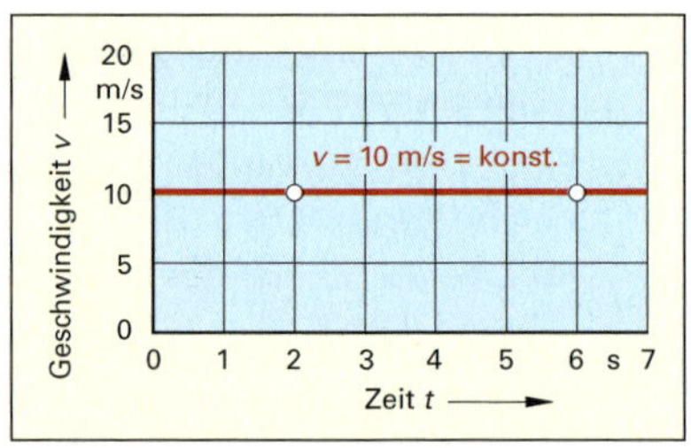

Bild 3: Geschwindigkeit-Zeit-Diagramm einer gleichförmigen Bewegung

Gleichförmige Kreisbewegung

Bei einigen Arbeiten im Labor bewegen sich Körper auf kreisförmigen Bahnen **(Bild 4).** Dabei legt ein Punkt des Körpers auf der Kreisbahn den Kreisumfang U zurück. Es ist $U = \pi \cdot d$.

Damit beträgt die Umfangsgeschwindigkeit: $v_u = \frac{s}{t} = \frac{U}{t} = \pi \cdot \frac{d}{t}$

Mit n Umdrehungen pro Zeit berechnet sich die Umfangsgeschwindigkeit zu: $v_u = \frac{U \cdot n}{t} = \frac{\pi \cdot d \cdot n}{t}$

Die Anzahl der Umdrehungen n pro Zeit t bezeichnet man als **Umdrehungsfrequenz *f*.** Sie hat das Einheitenzeichen s^{-1} oder min^{-1}.

Unter Berücksichtigung der Umdrehungsfrequenz beträgt die Umfangsgeschwindigkeit: $v_u = \pi \cdot d \cdot \frac{n}{t} = \pi \cdot d \cdot f$

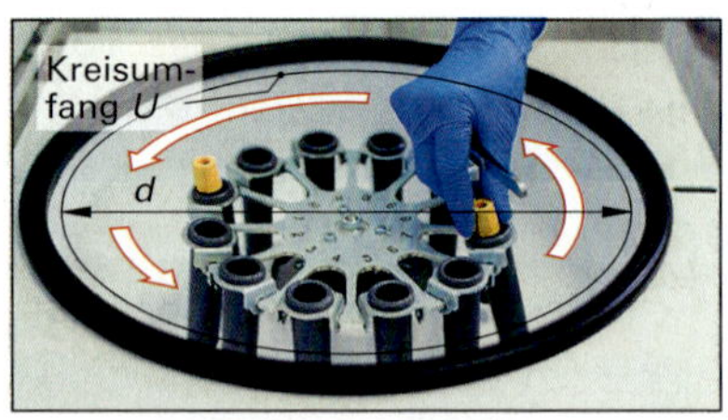

Bild 4: Kreisbewegung in der Zentrifuge

Umfangsgeschwindigkeit

$$v_u = \frac{\pi \cdot d \cdot n}{t} = \pi \cdot d \cdot f; \quad f = \frac{n}{t}$$

Beispiel 1: Wie groß ist die Umfangsgeschwindigkeit eines 1-L-Rundkolbens an einem Rotationsverdampfer **(Bild 1)?** Der Außendurchmesser des Kolbens beträgt 131 mm und seine Umdrehungsfrequenz ist $f = 45\ \text{min}^{-1}$.

Lösung: $v_u = \pi \cdot d \cdot f = \pi \cdot 0{,}131\ \text{m} \cdot 45 \frac{1}{60\ \text{s}} \approx \mathbf{0{,}31\ m/s}$

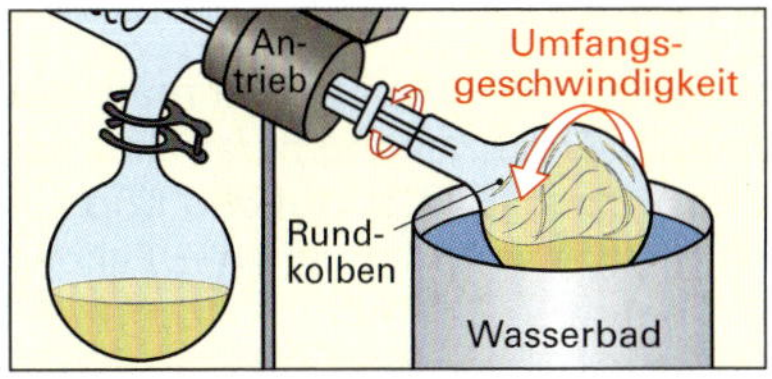

Bild 1: Rotationsverdampfer

Geradlinige gleichmäßig beschleunigte Bewegung

Nimmt bei einer Bewegung die Geschwindigkeit in gleichen Zeitabschnitten um den gleichen Betrag zu, so liegt eine gleichmäßig beschleunigte Bewegung vor.

Eine gleichmäßig beschleunigte Bewegung herrscht z.B. beim Anfahren eines ICE bis auf seine konstante Reisegeschwindigkeit **(Bild 2).**

Bild 2: Intercity beim Anfahren

Bei der gleichmäßig beschleunigten Bewegung werden in gleichen Zeitabschnitten immer größere Wegstrecken zurückgelegt und für gleiche Wegstrecken wird immer weniger Zeit benötigt.

Die physikalische Größe für die gleichmäßig beschleunigte Bewegung ist die **Beschleunigung *a*.**

Sie ist umso größer

- je größer die Geschwindigkeitsänderung Δv ist, die in einem Zeitabschnitt erreicht wird: $a \sim \Delta v$
- je kleiner die Zeitspanne Δt ist, in der die Geschwindigkeitsänderung stattfindet: $a \sim 1/\Delta t$.

Daraus ergibt sich die Definitionsgleichung der Beschleunigung:

$$\text{Beschleunigung} = \frac{\text{Geschwindigkeitsänderung}}{\text{Zeitabschnitt}}; \quad a = \frac{\Delta v}{\Delta t}$$

Das Einheitenzeichen der Beschleunigung ist m/s^2.

Ist die Beschleunigung *a* bei einer geradlinigen Bewegung konstant, so liegt eine geradlinige gleichmäßig beschleunigte Bewegung vor.

Beispiel: Ein ICE hat beim Anfahren nach 3 Sekunden eine Geschwindigkeit von 4 km/h, nach 5 Sekunden 9 km/h. Wie groß ist hierbei seine mittlere Beschleunigung?

Lösung:
$$a = \frac{\Delta v}{\Delta t} = \frac{v_2 - v_1}{t_2 - t_1} = \frac{9\ \text{km/h} - 4\ \text{km/h}}{5\ \text{s} - 3\ \text{s}}$$
$$= \frac{5\ \text{km/h}}{2\ \text{s}} = 2{,}5 \frac{\text{km}}{\text{h} \cdot \text{s}} = 2{,}5 \frac{1000\ \text{m}}{3600\ \text{s} \cdot \text{s}} \approx \mathbf{0{,}69\ \frac{m}{s^2}}$$

Im **Weg-Zeit-Diagramm** ergibt die geradlinige gleichmäßig beschleunigte Bewegung eine parabelförmig ansteigende Kurve **(Bild 3a),** im **Geschwindigkeits-Zeit-Diagramm** eine linear ansteigende Kurve **(Bild 3b).** Aus dem Steigungs-Dreieck $\Delta v/\Delta t$ kann die Beschleunigung bestimmt werden. Im **Beschleunigungs-Zeit-Diagramm** erhält man eine Gerade **(Bild 3c).**

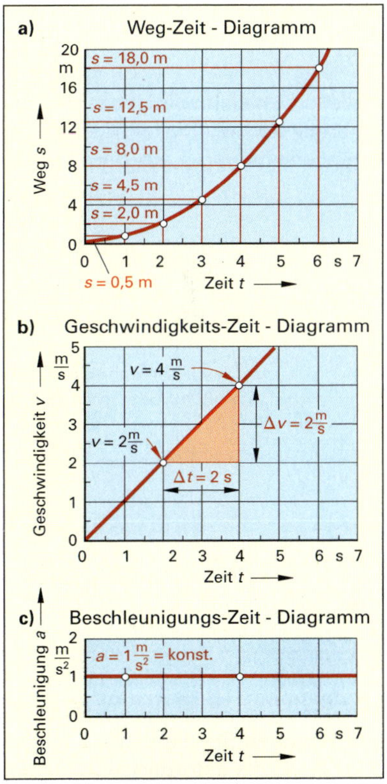

Bild 3: – Weg-Zeit-Diagramm – Geschwindigkeits-Zeit-Diagramm – Beschleunigungs-Zeit-Diagramm der geradlinigen gleichmäßig beschleunigten Bewegung

Freier Fall

Von einem freien Fall spricht man, wenn ein Körper unter der Wirkung der Erdanziehung herabfällt, wie z. B. bei einem Sprung von einem Felsen **(Bild 1)**. Auf den Köper wirkt die Erdanziehungskraft und beschleunigt ihn mit der Fallbeschleunigung $g = 9{,}81\ \text{m/s}^2$ nach unten.

Bild 1: Freier Fall eines Springers

> Der **freie Fall** eines Körpers ist eine gleichmäßig beschleunigte Bewegung mit der Fallbeschleunigung $\boldsymbol{g = 9{,}81\ \text{m/s}^2}$.

Bei gleichmäßig beschleunigten Bewegungen aus der Ruhelage stehen zur Berechnung der zurückgelegten Wegstrecke mehrere Größengleichungen zur Verfügung.

Mit der mittleren Geschwindigkeit v_m lassen sich eine Reihe von Gesetzmäßigkeiten der gleichmäßig beschleunigten Bewegung ableiten:

$v_m = \frac{s}{t} \Rightarrow s = v_m \cdot t$ mit $v_m = \frac{v}{2}$ folgt:

wird in $s = \frac{v}{2} \cdot t$ für $v = a \cdot t$ eingesetzt, so ergibt sich:

wird in $s = \frac{v}{2} \cdot t$ für $t = \frac{v}{a}$ eingesetzt, so gilt:

> $s = \frac{v}{2} \cdot t$
>
> $s = \frac{1}{2} \cdot a \cdot t^2$
>
> $s = \frac{1}{2} \cdot \frac{v^2}{a}$
>
> Zurückgelegter Weg s bei der geradlinig beschleunigten Bewegung

Findet eine gleichmäßig beschleunigte Bewegung bei vorhandener Anfangsgeschwindigkeit v_0 statt, so berechnet sich der zurückgelegte Gesamtweg s aus dem Weg der gleichförmigen Bewegung $s_1 = v_0 \cdot t$ und dem Weg der beschleunigten Bewegung $s_2 = \frac{a}{2} \cdot t^2$.

> Zurückgelegter Weg s bei gleichmäßig beschleunigter Bewegung mit Anfangsgeschwindigkeit v_0
>
> $s = s_1 + s_2 = v_0 \cdot t + \frac{a}{2} \cdot t^2$

Beispiel: Bei der Entnahme eines Chemikalienfasses aus der obersten Reihe eine Lagers fällt das Fass aus einer Höhe von 3,25 m herunter **(Bild 2)**.

a) Nach welcher Fallzeit schlägt das Fass auf?

b) Welche Geschwindigkeit hat das Fass beim Aufprall?

Lösung: a) $s = \frac{1}{2} \cdot g \cdot t^2 \Rightarrow t^2 = \frac{2 \cdot s}{g} \Rightarrow t = \sqrt{\frac{2 \cdot s}{g}}$

$\boldsymbol{t} = \sqrt{\frac{2 \cdot 3{,}25\ \text{m}}{9{,}81\ \text{m/s}^2}} = \sqrt{0{,}65\ \text{s}^2} = \mathbf{0{,}81\ s}$

b) $\boldsymbol{v} = g \cdot t = 9{,}81\ \frac{\text{m}}{\text{s}^2} \cdot 0{,}81\ \text{s} = 7{,}9\ \frac{\text{m}}{\text{s}} = \mathbf{28\ km/h}$

Bild 2: Lager für Chemiefässer

Aufgaben zu Bewegungsvorgänge

1. Rechnen Sie die in der Tabelle angegebenen Geschwindigkeitsangaben in die geforderte Einheit um.

2. Die Durchschnittsgeschwindigkeit von Gasmolekülen bei 0 °C wird verschiedenen Tabellenbüchern entnommen. In jedem Buch sind sie in einer anderen Einheit angegeben: $v(N_2) = 493\ \text{m/s}$, $v(O_2) = 1660\ \text{km/h}$, $v(CO_2) = 23{,}6\ \text{km/min}$.
   Welches Molekül besitzt die größte Durchschnittsgeschwindigkeit?

Tabelle zu Aufgabe 1

km/h	m/min	m/s
18		
	720	
		2,4

3. Säcke mit Ammoniumphosphat werden auf einem 20 Meter langen Gurtbandförderer mit einer Geschwindigkeit von 2,5 m/s von einer Absackanlage zu einem Sackpalettierer transportiert (Bild 1, Seite 88). Die 60 cm langen Säcke werden in Abständen von 5,0 Sekunden auf das Förderband gegeben.
   a) Wie groß ist die Verweilzeit der Säcke auf dem Gurtbandförderer?
   b) Wie groß ist der Abstand zwischen den Säcken auf dem Förderband?
4. Ein Brückenkran hat eine konstante Hubgeschwindigkeit v_s von 7,8 m/min **(Bild 1)**. Wie viel Sekunden benötigt er, um eine Zentrifuge 3,8 Meter hochzuheben?
5. Die Laufkatze eines Brückenkrans **(Bild 1)** bewegt ein Pumpengehäuse mit einer Geschwindigkeit von v_W = 20,0 m/min in waagerechter Richtung und gleichzeitig mit der Hubgeschwindigkeit v_s = 5,0 m/min nach oben.
   a) Mit welcher resultierenden Geschwindigkeit bewegt sich die Last?
   b) Welche Wegstrecke legt die Last in 10 Sekunden zurück?
6. Welche Umfangsgeschwindigkeit herrscht in einer Laborzentrifuge (Bild 4, Seite 88) bei einer Umdrehungsfrequenz von 5100 min^{-1}, wenn der äußere Rotationsdurchmesser 200 mm beträgt?
7. Wie groß ist die Umlauffrequenz der Tragrolle (d = 50,0 mm) eines Gurtbandförderers **(Bild 2)?** Das Förderband bewegt sich mit einer Geschwindigkeit von 1,50 m/s.
8. Im Laufrad einer Kreiselradpumpe (Bild 2, Seite 103) wird Isobutanol von 12,0 m/s auf 25,0 m/s in 0,01 Sekunden beschleunigt. Berechnen Sie
   a) die Beschleunigung, die das Isobutanol erfährt.
   b) die Strecke im Laufrad, auf der die Beschleunigung wirkt.
9. Der Minutenzeiger und der Sekundenzeiger einer Uhr in einer Messwarte ist von der Drehachse bis zur Spitze 18,0 cm lang **(Bild 3)**. Wie groß ist die Umfangsgeschwindigkeit an der Zeigerspitze
   a) des Minutenzeigers?
   b) des Sekundenzeigers?

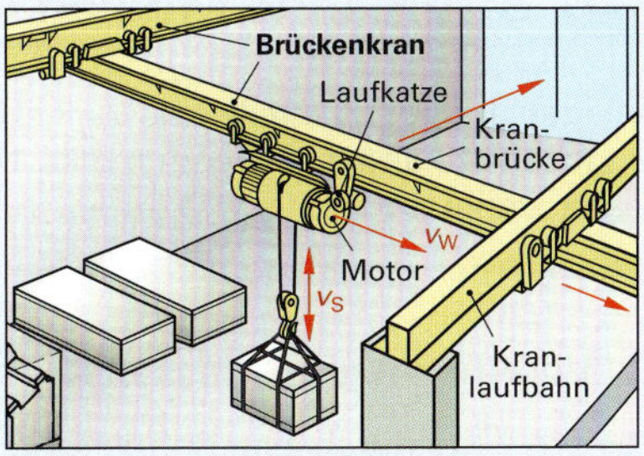

Bild 1: Brückenkran (Aufg. 4, 5)

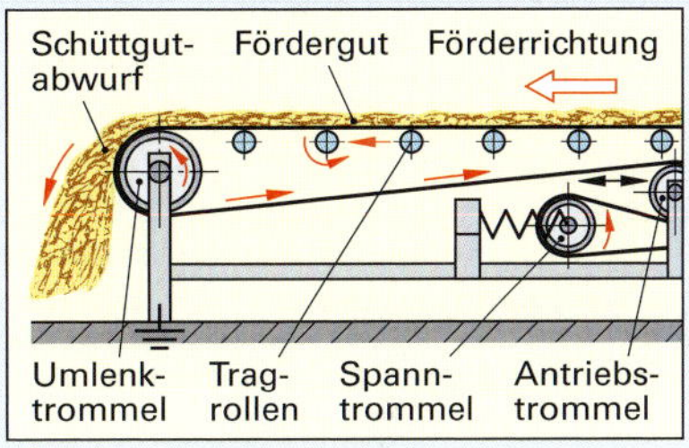

Bild 2: Gurtbandförderer (Aufg. 7)

Bild 3: Analoge Uhr (Aufg. 9)

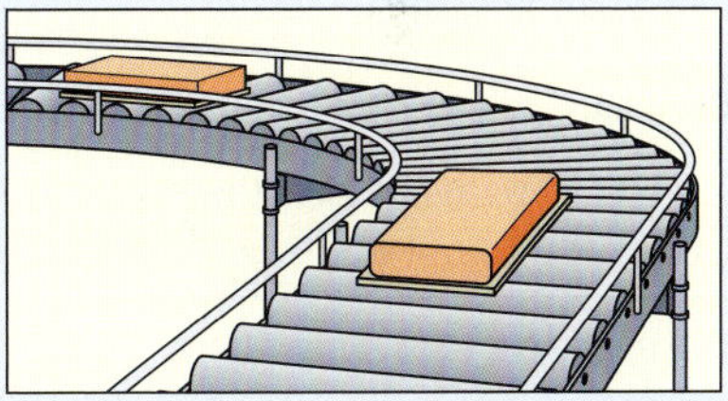

Bild 4: Rollenbahn (Aufg. 10)

10. Stückgüter werden über eine leicht geneigte 80 Meter lange Rollenbahn von einer Verpackungsanlage zum Lager transportiert **(Bild 4)**. Die Beschleunigung beträgt aufgrund der Neigung a = 0,1 m/s^2.
    a) Welche Endgeschwindigkeit wird am Ende der Rollenbahn erreicht?
    b) Wie lange dauert der Transport auf der 80 m langen Rollenbahn?
11. Bei einem Versuch zum freien Fall fällt eine Stahlkugel aus einer Höhe von 2000 mm aus einer Halterung.
    a) Berechnen Sie die Fallzeit bis zum Aufprall.
    b) Wie groß ist die Geschwindigkeit der Stahlkugel beim Aufprall?
12. Bei der Montage in einer hohen Chemieanlage fällt eine Schraube herab und schlägt nach 2,1 Sekunden auf dem Erdboden auf.
    a) Wie hoch ist die Chemieanlage?
    b) Welche Fallstrecke hat die Schraube von der ersten bis zur zweiten Sekunde zurückgelegt?

3.5 Strömende Medien in Rohrleitungen

Anlagen und Anlagenteile sind in der Chemieanlage durch Rohrleitungen miteinander verbunden **(Bild 1)**. Sie dienen zum kontinuierlichen Transport von Stoffströmen.

Diese werden durch folgende Strömungsgrößen beschrieben.

Bild 1: Rohrleitung

Volumenstrom, Massenstrom (volume flow, mass flow)

Das pro Zeit t durch eine Rohrleitung strömende Fluidvolumen V nennt man Volumenstrom $\dot{V}$. Der Massenstrom $\dot{m}$ ist die pro Zeit t durch eine Rohrleitung strömende Fluidmasse m.

Stoff- und Energieströme sind in der Technik generell mit einem Punkt oberhalb des Formelzeichens gekennzeichnet.

Volumenstrom
$\text{Volumenstrom} = \frac{\text{Volumen}}{\text{Zeit}} = \dot{V} = \frac{V}{t}$

Massenstrom
$\text{Massenstrom} = \frac{\text{Masse}}{\text{Zeit}} = \dot{m} = \frac{m}{t}$

Beispiel: 542 kg Nitrobenzol $C_6H_5NO_2$ fließen in 36,0 s durch eine Produktleitung. Berechnen Sie den Massenstrom.

Lösung: $\dot{m} = \frac{m}{t} = \frac{542\ \text{kg}}{36{,}0\ \text{s}} = \frac{542\ \text{kg}}{36{,}0 \cdot 1/3600\ \text{h}} \approx 54{,}2 \cdot 10^3\ \text{kg/h} = \mathbf{54{,}2\ t/h}$

Durchflussmasse, Durchflussvolumen (mass rate, volume rate)

Die Durchflussmasse m eines strömenden Mediums in einer Rohrleitung **(Bild 2)** steigt mit

- der Dichte ϱ des strömenden Mediums: $m \sim \varrho$
- dem Querschnitt A der durchflossenen Rohrleitung: $m \sim A$
- der Strömungsgeschwindigkeit v des Fluids: $m \sim v$
- der Strömungszeit t des strömenden Mediums: $m \sim t$.

Somit beträgt die Durchflussmasse m: $m = \varrho \cdot A \cdot v \cdot t$

Durch Einsetzen von $m = \varrho \cdot V$ erhält man: $\varrho \cdot V = \varrho \cdot A \cdot v \cdot t$

Nach dem Kürzen der Dichte ϱ ergibt sich das Durchflussvolumen V zu: $V = A \cdot v \cdot t$.

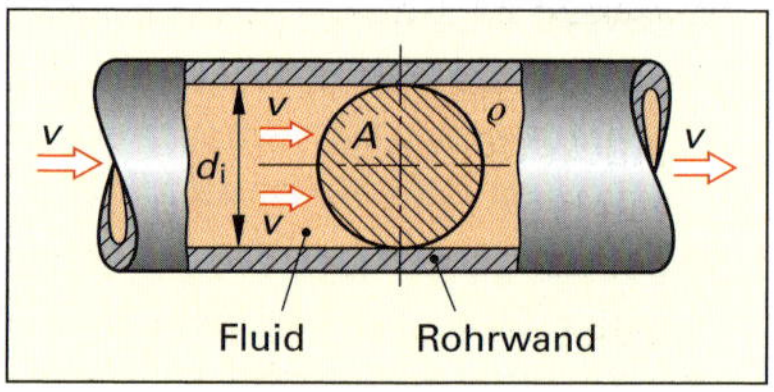

Bild 2: Einflussgrößen auf die Fluidströmung durch eine Rohrleitung

Durchflussmasse
$m = \varrho \cdot A \cdot v \cdot t$

Durchflussvolumen
$V = A \cdot v \cdot t$

Beispiel: In einer Rohrleitung (DN 50, PN 6) mit einem Innendurchmesser von 54,5 mm fließt eine Alkydharz-Lösung der Dichte $\varrho = 0{,}958\ \text{g/cm}^3$ mit einer Strömungsgeschwindigkeit von 1,30 m/s. Wie groß ist die Durchflussmasse an Alkydharz-Lösung nach 60,0 s?

Lösung: $m = \varrho \cdot A \cdot v \cdot t$ mit $A = \frac{\pi}{4} \cdot d_i^2$ folgt: $m = \varrho \frac{\pi}{4} \cdot d_i^2 \cdot v \cdot t$

$\mathbf{m} = 958\ \text{kg/m}^3 \cdot \frac{\pi}{4} \cdot (54{,}5 \cdot 10^{-3}\ \text{m})^2 \cdot 1{,}30\ \text{m/s} \cdot 60{,}0\ \text{s}$

$= 174{,}31\ \text{kg} \approx \mathbf{174\ kg}$

Mittlere Strömungsgeschwindigkeit in Rohrleitungen

Werden beide Seiten der Größengleichung zur Berechnung des Durchflussvolumens durch die Zeit t geteilt, so erhält man durch Kürzen: $V / t = \dot{V} = A \cdot \bar{v}$. Durch Umstellen nach der Größe $\bar{v}$ ergibt sich die nebenstehende Definition für die mittlere Strömungsgeschwindigkeit $\bar{v}$ (velocity of flow).

Mittlere Strömungsgeschwindigkeit
$\bar{v} = \frac{\dot{V}}{A}$

Beispiel: In einem Schlangenkühler fließen pro Minute 35 L Kühlwasser. Der Innendurchmesser des Kühlrohrs beträgt 5,45 mm. Wie groß ist die mittlere Strömungsgeschwindigkeit im Kühlrohr?

Lösung: $\bar{v} = \frac{\dot{V}}{A}$ mit $A = \frac{\pi}{4} \cdot d_i^2$ folgt: $\bar{\mathbf{v}} = \frac{4 \cdot \dot{V}}{\pi \cdot d_i^2} = \frac{4 \cdot 0{,}035\ \text{m}^3}{\pi \cdot 60{,}0\ \text{s} \cdot (54{,}5 \cdot 10^{-3}\ \text{m})^2} \approx \mathbf{0{,}250\ m/s}$

Kontinuitätsgleichung (continuity equation)

In einer Rohrleitung mit unterschiedlichen Rohrquerschnittsflächen **(Bild 1)** ist, da Flüssigkeiten in der Regel nicht komprimierbar sind, der Volumenstrom konstant. Mit $\dot{V}_1 = A_1 \cdot v_1$ und $\dot{V}_2 = A_2 \cdot v_2$ folgt nach dem Gleichsetzen der Volumenströme die Kontinuitätsgleichung: $A_1 \cdot v_1 = A_2 \cdot v_2$

In einer Rohrquerschnittsverengung steigt somit die Strömungsgeschwindigkeit mit Verringerung der Rohrquerschnittsfläche an.

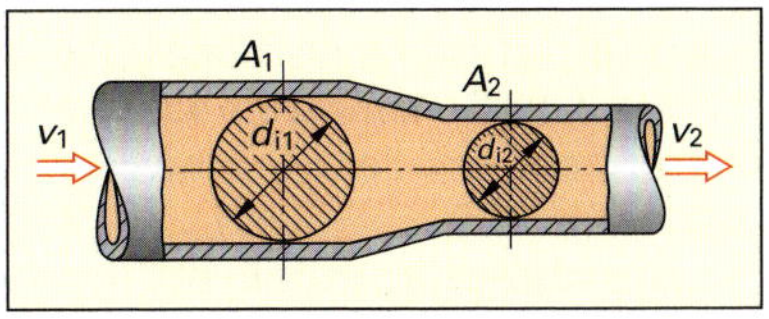

Bild 1: Rohrquerschnittsänderung

Kontinuitätsgleichung
$A_1 \cdot v_1 = A_2 \cdot v_2$

Beispiel: In einem Schlauchübergangsstück **(Bild 2)** wird der Innendurchmesser von 10,5 mm auf 7,5 mm reduziert. Wie groß ist die Strömungsgeschwindigkeit in der großen Schlauchwelle, wenn sie in der kleinen Schlauchwelle 1,5 m/s beträgt?

Lösung: $A_1 \cdot v_1 = A_2 \cdot v_2$ mit $A_1 = \frac{\pi}{4} \cdot d_{i1}^2$ und $A_2 = \frac{\pi}{4} \cdot d_{i2}^2$

folgt nach dem Kürzen von $\frac{\pi}{4}$: $d_{i1}^2 \cdot v_1 = d_{i2}^2 \cdot v_2$

$$\mathbf{v_2} = \left(\frac{d_{i1}}{d_{i2}}\right)^2 \cdot v_1 = \left(\frac{7{,}5\text{ mm}}{10{,}5\text{ mm}}\right)^2 \cdot 2{,}1\text{ m/s} \approx \mathbf{1{,}1\text{ m/s}}$$

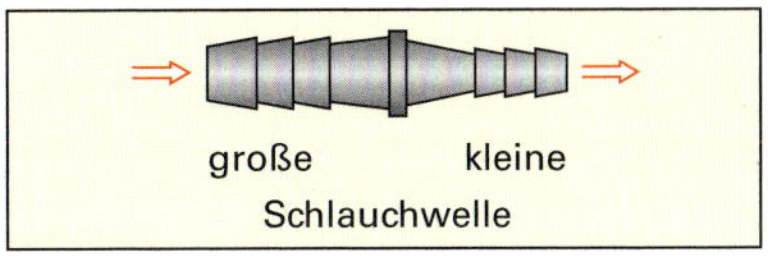

Bild 2: Schlauchübergangsstück

Aufgaben zu Strömende Medien in Rohrleitungen

1. In der Einlaufschlauchwelle eines Y-förmigen Verbindungsstücks **(Bild 3)** beträgt die Strömungsgeschwindigkeit einer Kühlsole (ϱ = 1,47 g/cm³) 1,8 m/s. Die drei Innendurchmesser der Schlauchwellen sind gleich und betragen 8,0 mm.

   Wie groß ist:

   a) Der Massenstrom in der Einlaufschlauchwelle?

   b) Der Volumenstrom in einer Auslaufschlauchwelle?

   c) Die Strömungsgeschwindigkeit in einer Auslaufschlauchwelle?

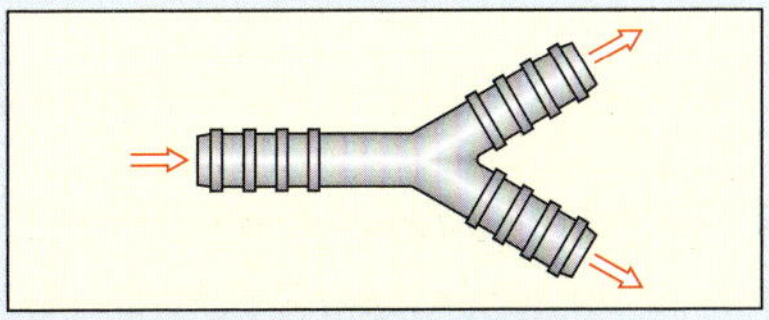

Bild 3: Verbindungsstück Y-förmig (Aufgabe 1)

2. Ein rundes Klärbecken mit einem Durchmesser von 14,20 m und einer maximalen Füllhöhe von 2,45 m wird über einen Zulaufkanal mit einer Breite von 80 cm und einer Füllhöhe von 54 cm gefüllt **(Bild 4).** Die mittlere Strömungsgeschwindigkeit im Kanal beträgt 0,25 m/s.

   a) Berechnen Sie den zulaufenden Volumenstrom.

   b) Wie lange dauert es, bis das Klärbecken gefüllt ist?

Bild 4: Klärbecken (Aufgabe 2)

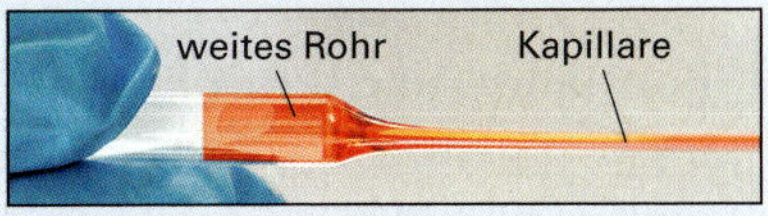

Bild 5: Pasteurpipette (Aufgabe 3)

3. Eine PASTEURpipette **(Bild 5)** hat einen Kapillar-Innendurchmesser von 0,8 mm. Der Rohrinnendurchmesser im weiten Rohrteil beträgt 5,3 mm.

   a) Wie groß ist die Strömungsgeschwindigkeit in der Kapillare, wenn sie im Rohr 0,50 cm/s beträgt?

   b) Wie groß ist die Verringerung der Querschnittsfläche in Prozent?

4. Aus einem Gummischlauch mit einem Innendurchmesser von 6,0 mm fließt Leitungswasser in ein Becherglas mit einem Innendurchmesser von 126,5 mm und einer Höhe von 180,0 mm. Die Strömungsgeschwindigkeit im Schlauch beträgt 1,1 m/s.

   a) Mit welcher Geschwindigkeit steigt der Wasserstand im Becherglas?

   b) Wie lange dauert es, bis das Becherglas zu 3/4 gefüllt ist?

5. Zur Bestimmung der kinematischen Viskosität eines Alkydharzes (ϱ = 1,15 g/cm³) wurde mit einem 4,00-mm-Auslaufbecher (Bild 2, Seite 453) eine Auslaufzeit von 80,2 s gemessen. Welche mittlere Strömungsgeschwindigkeit herrscht in der Düse, wenn die Durchflussmasse 125,77 g beträgt?

3.6 Kräfte

Eine Kraft ist eine physikalische Größe, die man an ihren Wirkungen erkennt. So kann eine Kraft z.B. ein Pumpenlaufrad in Bewegung versetzen oder z.B. eine Feder verformen.

Beschleunigungskraft (acceleration force)

Um einen Körper in Bewegung zu versetzen, ist eine Kraft F erforderlich **(Bild 1)**. Die aufzuwendende Kraft F zur Beschleunigung des Körpers ist umso größer,

- je größer die Masse m des Körpers ist $F \sim m$
- je größer die Geschwindigkeitszunahme $\Delta v/\Delta t$, d.h. die Beschleunigung a ist, die der Körper durch die Kraft erfährt: $F \sim a$

Daraus folgt die **Grundgleichung der Mechanik:** $\boldsymbol{F = m \cdot a}$

Die aus der Grundgleichung abgeleitete Einheit für die Kraft ist $[F] = \text{kg} \cdot \text{m/s}^2$. Sie wird **Newton** genannt, Kurzzeichen **N.**

Voraussetzung dieser Gleichung ist, dass der Körper sich auf der Unterlage ohne Reibung bewegen lässt.

Beispiel: Welche horizontale Kraft muss auf einen Transportkarren mit der Masse 92 kg einwirken (Bild 1), damit er seine Geschwindigkeit innerhalb von 2,3 Sekunden auf 3,5 m/s bringt?

Lösung: $F = \frac{m \cdot \Delta v}{\Delta t} = \frac{92\,\text{kg} \cdot 3{,}5\,\text{m/s}}{2{,}3\,\text{s}} \approx 140\,\frac{\text{kg} \cdot \text{m}}{\text{s}^2} \approx \mathbf{140\,N}$

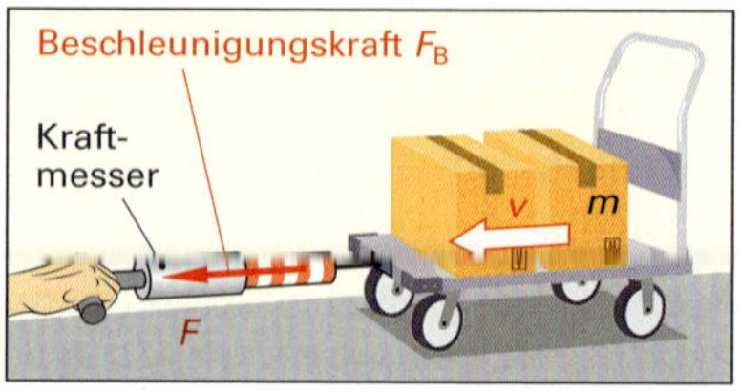

Bild 1: Beschleunigungskraft beim Anziehen eines Transportkarrens

Grundgleichung der Mechanik

Beschleunigungskraft = Masse · Beschleunigung

$$F = m \cdot a$$

$$F = m \cdot \frac{\Delta v}{\Delta t}$$

Gewichtskraft (weight-force)

Überall auf der Erde wirkt auf jeden Körper die Erdbeschleunigung $g = 9{,}81\ \text{m/s}^2$. Sie versucht alle Körper nach unten zu beschleunigen, also auch ein Paket, das man in den Händen hält **(Bild 2)**.

Setzt man in die Grundgleichung der Mechanik $F = m \cdot a$ die Erdbeschleunigung $g = 9{,}81\ \text{m/s}^2 = 9{,}81\ \text{N/kg}$ ein, so erhält man die Gewichtskraft F_G eines Körpers (siehe Formel rechts).

Beispiel: Welche Kraft ist erforderlich, um einen Körper mit einer Masse von 24,8 kg am Herabfallen zu hindern?

Lösung: $F = m \cdot g = 24{,}8\,\text{kg} \cdot 9{,}81\,\frac{\text{m}}{\text{s}^2} \approx 243{,}3\,\frac{\text{kg} \cdot \text{m}}{\text{s}^2} \approx \mathbf{243{,}3\,N}$

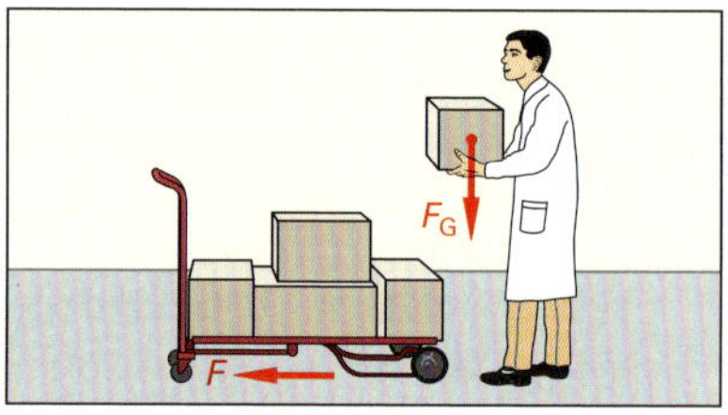

Bild 2: Gewichtskraft beim Heben

Gewichtskraft

Gewichtskraft = Masse · Erdbeschleunigung

$$F = m \cdot g$$

Formänderungskraft (force of deformation)

Ein elastischer Körper, wie z.B. eine Schraubenfeder, kann elastisch verformt werden **(Bild 3)**.

Die dazu erforderliche Verformungskraft F

- ist umso größer, je steifer die Feder und damit je größer die Federkonstante D ist: $F \sim D$
- ist umso größer, je weiter die Feder gedehnt wird: $F \sim s$

Man erhält die Größengleichung: $F = D \cdot s$
Sie wird auch **Hooke'sches Gesetz** genannt.

Beispiel: Auf eine Schraubenfeder wirkt eine Kraft von 15,2 N. Die Feder dehnt sich dabei um 3,0 mm.
Wie groß ist die Federkonstante der Schraubenfeder?

Lösung: $F = D \cdot s \Rightarrow \boldsymbol{D} = \frac{F}{s} = \frac{15{,}0\,\text{N}}{3{,}0\,\text{mm}} = \mathbf{5{,}0\,N/mm}$

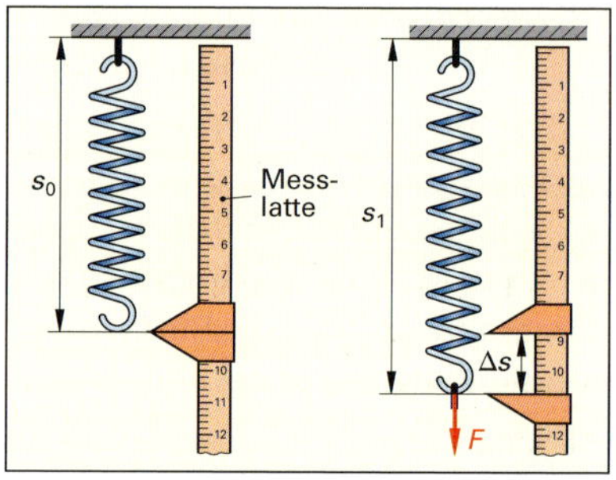

Bild 3: Dehnung einer Schraubenfeder

Formänderungskraft

Formänderungskraft = Federkonstante · Auslenkung

$$F = D \cdot s$$

Reibungskraft (frictional force)

Ist ein Körper durch eine Zugkraft F_Z beschleunigt worden **(Bild 1)**, so bewegt er sich auf seiner Unterlage nicht immer weiter mit konstanter Geschwindigkeit fort. Die Erfahrung zeigt: Er wird allmählich abgebremst und kommt zum Stillstand.

Ursache hierfür ist eine **Reibungskraft F_R** zwischen Körper und Unterlage. Sie ist gegen die Bewegungsrichtung gerichtet.

Die Reibungskraft F_R ist umso größer,

- je größer die Normalkraft F_N des Körpers ist: $F_R \sim F_N$
  (Die Normalkraft F_N wirkt senkrecht auf die Unterlage)
- je größer die Reibungszahl μ zwischen Körper und Unterlage ist: $F_R \sim \mu$

Daraus ergibt sich eine Gleichung für die Reibungskraft F_R. Diese Beziehung wird auch **Reibungsgesetz** genannt (siehe rechts).

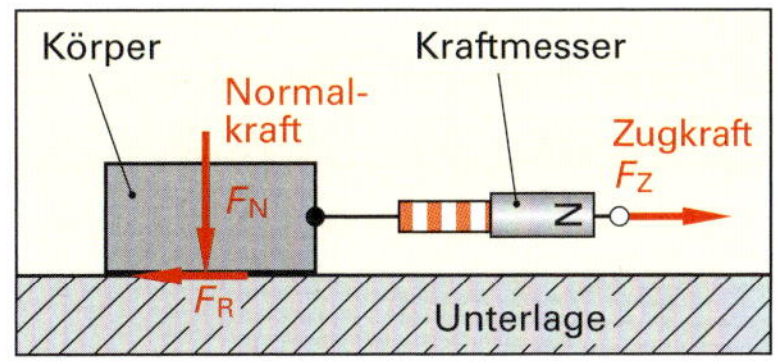

Bild 1: Experimentelle Bestimmung der Reibungskraft

Reibungsgesetz
Reibungskraft = Reibungszahl · Normalkraft
$F = \mu \cdot F_N$

Aus weiteren Experimenten erkennt man: Die Größe der aufeinander reibenden Flächen hat **keinen** Einfluss auf die Reibungskraft; sehr wohl aber die Reibungszahl μ der Flächen.

Die Normalkraft F_N ist die senkrecht auf die Unterlage wirkende Anpresskraft des Körpers (Bild 1). Bei einem waagerecht auf einer Unterlage gleitenden Körper ist die Normalkraft F_N gleich der Gewichtskraft F_G des Körpers.

Die Größe der Reibungszahl μ wird experimentell bestimmt und ist von der Reibungsart (Haften, Gleiten, Rollen) sowie von der Werkstoffpaarung und der Beschaffenheit der gleitenden Oberflächen (rau, glatt) abhängig.

Je nachdem, ob die Bauteile sich nicht gegeneinander bewegen (haften), aufeinander gleiten oder abrollen, unterscheidet man die Haftreibungszahl μ_H, die Gleitreibungszahl μ_G und die Rollreibungszahl μ_R.
Es gilt: Die Haftreibungszahl μ_H > als die Gleitreibungszahl μ_G > als die Rollreibungszahl μ_R.

Beispiel: Auf die Rollen einer Rollenbahn (Bild 2, Seite 96) wirkt eine Normalkraft eines Gebindes von 150 N. Die Reibungszahl der Rollenbahn beträgt μ_R = 0,003. Wie groß ist die in den Wälzlagern der Rollenbahn wirkende Reibungskraft?

Lösung: $\mathbf{F_R} = \mu_R \cdot F_N = 0{,}003 \cdot 150\ \text{N} = \mathbf{0{,}45\ N}$

Zentrifugalkraft (centrifugal force)

Das Zentrifugieren ist eine wichtige verfahrenstechnische Grundoperation. Dabei wird eine Suspension oder Emulsion durch Fliehkraftsedimentation getrennt. Da die Fliehkraftsedimentation mit wesentlich größeren Wirkkräften abläuft als die Schwerkraftsedimentation, kann durch Zentrifugieren eine disperse Phase mit geringem Dichteunterschied zum umgebenden Medium abgetrennt werden.

Die bei einem rotierenden Körper aufgrund seiner Massenträgheit auftretende Kraft F_Z wird als Fliehkraft oder Zentrifugalkraft bezeichnet **(Bild 2)**.

Die Zentrifugalkraft F_Z nimmt mit dem Rotationsradius r, der Masse m und dem Quadrat der Umdrehungsfrequenz f des rotierenden Körpers zu. Mit dem Proportionalitätsfaktor $4 \cdot \pi^2$ berechnet man die Zentrifugalkraft nach der nebenstehenden Größengleichung.

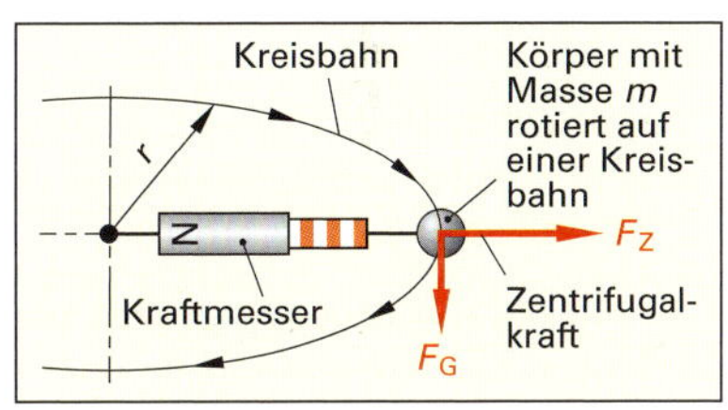

Bild 2: Messung der Zentrifugalkraft

Zentrifugalkraft
$F_Z = 4 \cdot \pi^2 \cdot m \cdot r \cdot f^2$

Beispiel: Eine Probe einer Titandioxid/Wasser-Emulsion wird in einer Laborzentrifuge getrennt **(Bild 3)**. Welche Zentrifugalkraft wirkt auf ein Proberöhrchen von 12,4 g, das auf einer Kreisbahn mit einem Durchmesser von 36,0 cm rotiert? Die Umdrehungsfrequenz der Zentrifuge beträgt 2700 min^{-1}.

Lösung: $F_Z = 4 \cdot \pi^2 \cdot m \cdot r \cdot f^2$

$$\mathbf{F_Z} = \frac{4 \cdot \pi^2 \cdot 12{,}4 \cdot 10^{-3}\ \text{kg} \cdot 0{,}180\ \text{m} \cdot 2700^2}{3600\ \text{s}^2} \approx 178{,}4\ \frac{\text{kg} \cdot \text{m}}{\text{s}^2} \approx \mathbf{178{,}4\ N}$$

Bild 3: Zentrifugieren in einer Laborzentrifuge

Aufgaben zu Kräfte

1. Berechnen Sie die Gewichtskraft eines mit Aceton gefüllten Fasses anhand folgender Angaben: Tara = 10,5 kg, d = 60,0 cm, h = 90,0 cm, ϱ(Aceton) = 0,791 g/cm³.

2. Ein Vollzylinder aus Edelstahl der Dichte ϱ = 7,9 g/cm³ hat folgende Abmessungen: h = 70,0 mm, d = 40,0 mm.
   Wie groß ist die Gewichtskraft des Zylinders?

3. Ein Federkraftmesser hat einen Messbereich von 10,0 N und die zur Verfügung stehende Skalenlänge beträgt 10,0 cm **(Bild 1).** Welche Federkonstante muss die Schraubenfeder in dem Federkraftmesser haben?

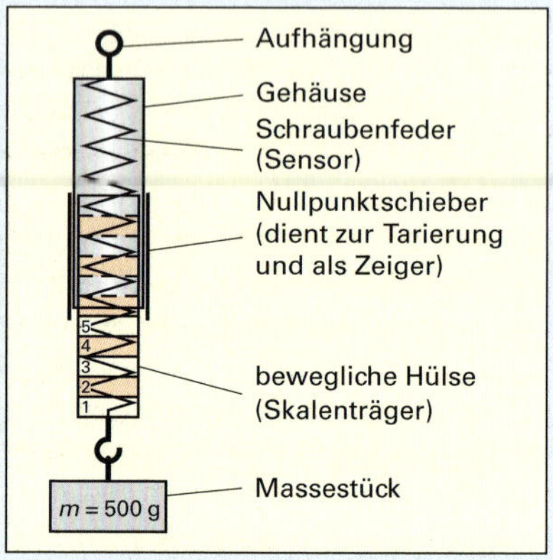

Bild 1: Federkraftmesser im Schnitt (Aufgabe 3)

4. Welche Kraft ist erforderlich, um einen mit schwerem Heizöl beladenen Kesselwagen mit einer Gesamtmasse von 50 t auf einer waagerechten Schienenstrecke in gleichförmiger Bewegung zu halten?
   Die Reibungszahl beträgt μ_R = 5,0 · 10^{-3}.

5. Zur experimentellen Bestimmung der Gleitreibungszahl wurde für einen Körper mit der Masse m = 3,1 kg eine Gleitreibungskraft von F_R = 2,9 N gemessen **(Bild 1, Seite 95).** Berechnen Sie die Gleitreibungszahl.

6. Die Schraubenfeder in einem Federkraftmesser **(Bild 1)** wird mit einem Probekörper der Masse m = 500 g belastet. Wie groß ist die Auslenkung der Feder, wenn die Federkonstante D = 1,0 N/cm beträgt?

7. Welche Beschleunigungskraft muss man aufbringen, um einen Druckgasflaschen-Transportwagen mit einer Masse von 184 kg in 1,2 Sekunden auf eine Geschwindigkeit von 1,4 m/s zu beschleunigen?

8. Am Ende einer leicht geneigten Rollenbahn (Bild 4, Seite 91) werden Stückgüter mit einer Masse von 8,7 kg aus einer Geschwindigkeit von 0,35 m/s in 0,75 s bis zur Ruhelage abgebremst **(Bild 2).** Welche Kraft ist für das Abbremsen erforderlich?

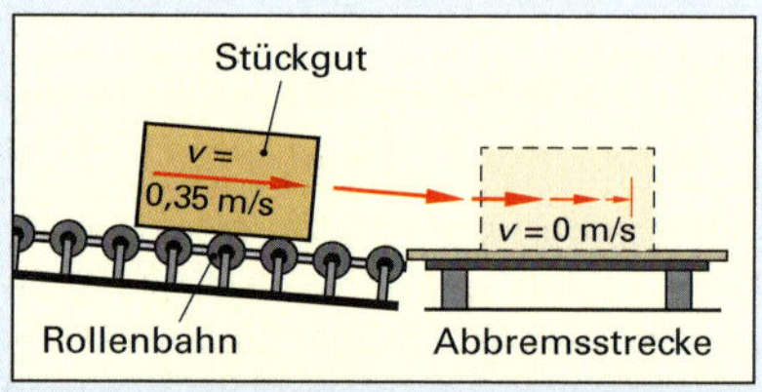

Bild 2: Abbremsen von Stückgut (Aufgabe 8)

9. Auf ein mit Glycol gefülltes Fass auf einem Rollenwagen mit einer Gesamtmasse von m = 142 kg wirkt eine Beschleunigungskraft von 130 N **(Bild 1, Seite 94).**
   Welche Beschleunigung erfährt der Rollenwagen?

10. Eine Eisen(III)-hydroxid-Suspension wird durch Zentrifugieren mit einer Laborzentrifuge getrennt **(Bild 3).** Es sind m(Zentrifugenglas) = 13,03 g; V($Fe(OH)_3$-Suspension) = 12,0 mL; ϱ($Fe(OH)_3$-Suspension) = 1,20 g/cm³; Zentrifugenradius r = 54 mm; Drehfrequenz f = 1500 min^{-1}.
    a) Wie groß sind die Masse und die Gewichtskraft des Zentrifugenglases mit Inhalt?
    b) Welche Zentrifugalkraft wirkt auf das mit $Fe(OH)_3$-Suspension gefüllte Zentrifugenglas?

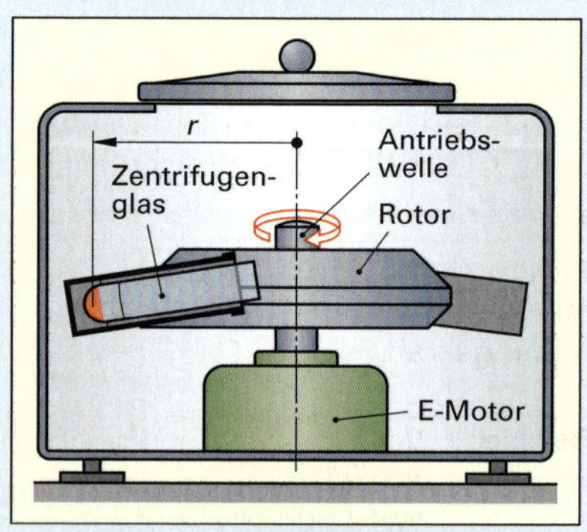

Bild 3: Laborzentrifuge im Betrieb (Aufgabe 10)

11. Wie ändert sich die Zentrifugalkraft in einer Laborzentrifuge, wenn unter konstanten Bedingungen die Umdrehungsfrequenz von 1200 min^{-1} auf 1800 min^{-1} erhöht wird?

3.7 Arbeit

Beim Arbeiten mit Gegenständen, wie z.B. beim Verschieben eines Wagens mit einer Kraft F um die Strecke s, wird mechanische Arbeit W verrichtet **(Bild 1)**. Die Arbeit W steigt mit der aufgebrachten Kraft F ($W \sim F$) und mit dem in Kraftrichtung zurückgelegten Weg s ($W \sim s$). Daraus erhält man die Definitionsgleichung der mechanischen Arbeit $W = F \cdot s$.

Die abgeleitete SI-Einheit der Arbeit ist $[W] = [F] \cdot [s] = 1\ \text{N} \cdot 1\ \text{m}$. 1 N·m wird 1 Joule genannt, Einheitenzeichen J, oder Wattsekunde, Einheitenzeichen Ws.

Große Arbeitsbeträge gibt man in Kilowattstunden (kWh) an:

$$1\ \text{N}\cdot\text{m} = 1\ \text{J} = 1\ \text{Ws}$$
$$1\ \text{kWh} = 3{,}6 \cdot 10^6\ \text{J}$$

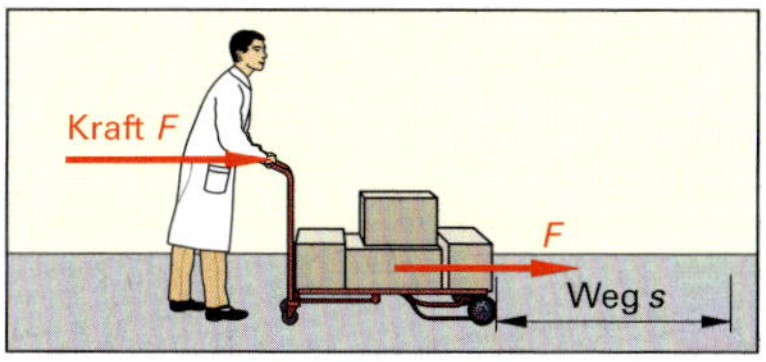

Bild 1: Verrichten von Arbeit

Mechanische Arbeit
Arbeit = Kraft · Weg
$W = F \cdot s$

Beispiel: Es wird eine Arbeit von einem Joule verrichtet, wenn eine Kraft von einem Newton gegen einen Widerstand in Kraftrichtung um einen Meter verschoben wird.

Im **Arbeitsdiagramm** (Kraft-Weg-Diagramm) stellt die Fläche, die von der Kraft und dem Weg gebildet wird, ein Maß für die verrichtete Arbeit dar **(Bild 2)**. Bei konstanter Kraft ergibt sich ein Rechteck mit der Fläche $W = F \cdot s$.

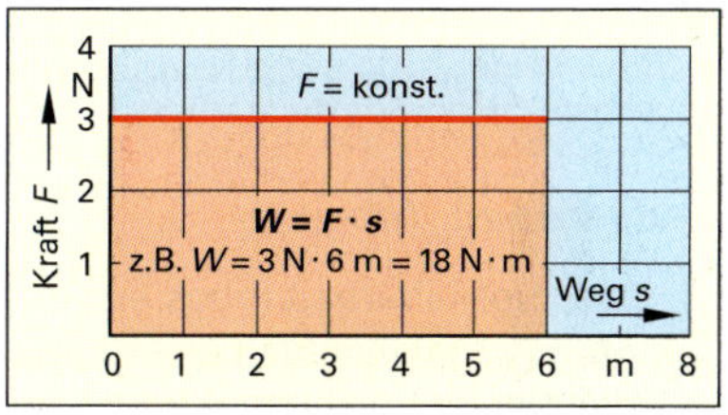

Bild 2: Arbeitsdiagramm

Hubarbeit (lifting work)

Zum Hochheben eines Körpers mit der Masse m (Bild 2, Seite 94) muss die Gewichtskraft F_G während der Hebestrecke s (Höhe) aufgebracht werden. Setzt man in die Gleichung der mechanischen Arbeit $W = F \cdot s$ für die Kraft F die Gewichtskraft $F_G = m \cdot g$ und für die Strecke s die Höhe h, erhält man die Hubarbeit W_H zum Hochheben einer Last.

Hubarbeit
Hubarbeit = Gewichtskraft · Hubhöhe
$W_H = F_G \cdot h = m \cdot g \cdot h$

Beispiel: Wie groß ist die aufzuwendende Hubarbeit, wenn eine Last mit einer Masse von 20 kg einen Meter hochgehoben wird?

Lösung: $\mathbf{W_H} = m \cdot g \cdot h = 20\ \text{kg} \cdot 9{,}81\ \text{N/kg} \cdot 1\ \text{m} \approx \mathbf{196\ N \cdot m}$

Beschleunigungsarbeit (accelerator work)

Um einen Gegenstand zu beschleunigen, muss Beschleunigungsarbeit W_B geleistet werden (Bild 1, Seite 94). Mit $F_B = m \cdot a$ und den Gesetzen der beschleunigten Bewegung $v = a \cdot t$ und $s = \frac{1}{2} \cdot \frac{v^2}{a}$ (Seite 89) erhält man die nebenstehende Gleichung.

Beschleunigungsarbeit
$W_B = \frac{1}{2} \cdot m \cdot v^2$

Beispiel: Welche Beschleunigungsarbeit wird in einer horizontalen Rohrleitung beim Anfahren einer Kanalradpumpe verrichtet, wenn 150 kg Klärschlamm in der Rohrleitung auf 1,6 m/s beschleunigt werden?

Lösung: $\mathbf{W_B} = \frac{1}{2} \cdot m \cdot v^2 = \frac{1}{2} \cdot 150\ \text{kg} \cdot (1{,}6\ \text{m/s}^2)^2 = 192\ \frac{\text{kg} \cdot \text{m}^2}{\text{s}^2} = \frac{192\ \text{kg} \cdot \text{m} \cdot \text{m}}{\text{s}^2} = 192\ \text{N} \cdot \text{m} = 192\ \text{J} \approx \mathbf{0{,}192\ kJ}$

Reibungsarbeit (frictional work)

Auch zum Überwinden einer Reibung (Bild 1, Seite 95) muss Reibungsarbeit aufgebracht werden.

Zu einer Größengleichung zur Berechnung der Reibungsarbeit W_R gelangt man, wenn in die Gleichung $W = F \cdot s$ für die Kraft F die Reibungskraft $F_R = \mu \cdot F_N$ eingesetzt wird.

Reibungsarbeit
$W_R = \mu \cdot F_N \cdot s$

Beispiel: Beim Verschieben einer mobilen Kreiselpumpenanlage auf einer Stahlunterlage beträgt die Reibungszahl $\mu = 0{,}1$.

Welche Reibungsarbeit ist zu verrichten, wenn die Pumpenanlage ($m = 155$ kg) 12 m waagerecht verschoben werden soll?

Lösung: $\mathbf{W_R} = \mu \cdot F_N \cdot s = \mu \cdot F_G \cdot s = \mu \cdot m \cdot g \cdot s = 0{,}1 \cdot 155\ \text{kg} \cdot 9{,}81\ \text{N/kg} \cdot 12\ \text{m} \approx \mathbf{1825\ N \cdot m} \approx \mathbf{1{,}825\ kJ}$

3

Spannarbeit (clamping work)

Beim Spannen einer Schraubenfeder (Bild 3, Seite 94) wird Spannarbeit geleistet. Die Spannkraft wächst mit dem Weg linear an. Die erforderliche Spannarbeit W_{Sp} wird im Arbeitsdiagramm **(Bild 1)** durch die Dreiecksfläche unter der Ursprungsgeraden mit dem Flächeninhalt $W_{Sp} = \frac{1}{2} \cdot F \cdot s$ beschrieben.

Mit der Formänderungskraft $F = D \cdot s$ ergibt sich eine Größengleichung zur Berechnung der Spannarbeit. D ist die Federkonstante.

$$W_{Sp} = \frac{1}{2} \cdot F \cdot s = \frac{1}{2} \cdot D \cdot s \cdot s = \frac{1}{2} \cdot D \cdot s^2$$

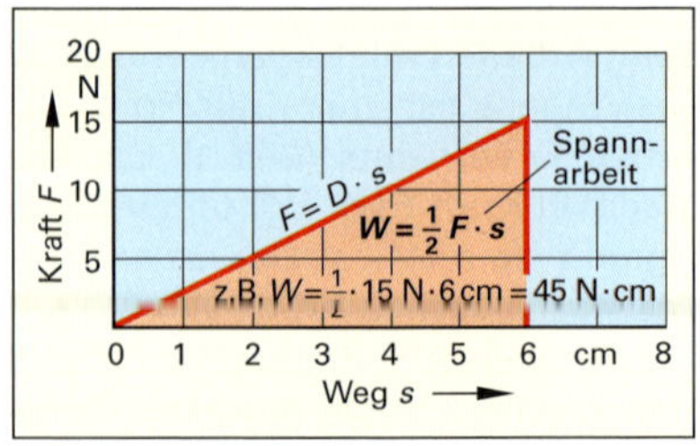

Bild 1: Spannarbeit einer Feder im *F-s*-Diagramm

Beispiel: Welche Spannarbeit wird an der Schraubenfeder eines Federkraftmessers gemäß **Bild 1**, Seite 96, verrichtet, wenn die Feder beim Skalenendwert von 5,0 N um 100 mm ausgelenkt wird?

Lösung: $W_{Sp} = \frac{1}{2} \cdot F \cdot s$

$\boldsymbol{W_{Sp}} = 0{,}5 \cdot 5{,}0\ \text{N} \cdot 0{,}100\ \text{m} = 0{,}25\ \text{N} \cdot \text{m} = \mathbf{0{,}25\ J}$

Spannarbeit
$W_{Sp} = \frac{1}{2} \cdot F \cdot s = \frac{1}{2} \cdot D \cdot s^2$

Aufgaben zu Arbeit

1. Welche Hubarbeit muss eine Kreiselradpumpe verrichten, um 5,4 m³ Glycerin (ϱ = 1,260 g/cm³) in einen 3,7 m hoch gelegenen Vorratstank zu pumpen **(Bild 2)?**

2. Welche Masse an Kühlwasser kann eine Kreiselradpumpe über eine Höhendifferenz von 10,0 m transportieren, wenn sie eine Hubarbeit von einer Kilowattstunde verrichtet?

3. Zur Beschleunigung eines Elektrons mit der Ruhemasse $m_O = 9{,}1096 \cdot 10^{-31}$ kg in einem Massenspektrometer wird pro Elektron eine Beschleunigungsarbeit von 70 Elektronenvolt (eV) (1,0 eV = $1{,}6 \cdot 10^{-19}$ J) verrichtet. Welche Geschwindigkeit erreicht das Elektron?

4. Eine Dickstoffpumpe fördert 2,0 m³ Schlamm (ϱ = 2,8 g/cm³) mit einer Strömungsgeschwindigkeit von 1,0 m/s in einen Absetzkasten. Welche Beschleunigungsarbeit ist dazu erforderlich?

5. Die Rückstellfeder eines Regelventils **(Bild 3)** wird durch einen angelegten Regeldruck um 31 mm gestaucht. Die Federkonstante der Feder beträgt D = 10 N/mm. Welche Spannarbeit ist in der Rückstellfeder gespeichert?

6. Welchen Messwert zeigt ein Federkraftmesser analog **Bild 1**, Seite 96 an, wenn an der Schraubenfeder bei einer Auslenkung von 50 mm eine Spannarbeit von 25 mJ verrichtet wurde?

7. Mit einer Hebebühne wird an einer Chemieanlage eine Außenreparatur durchgeführt **(Bild 4)**. Der Hebebühnenkorb mit Monteur, Werkzeugkasten und Hebegestänge wiegen zusammen 350 kg. Zur Montage wird die Hebebühne um 12,0 m hochgefahren. Welche Arbeit muss dazu vom Hebebühnenmotor aufgebracht werden?

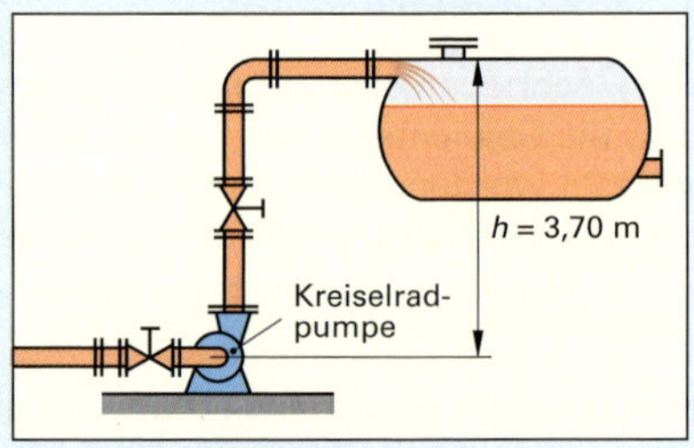

Bild 2: Fördern mit einer Pumpe (Aufgabe 1)

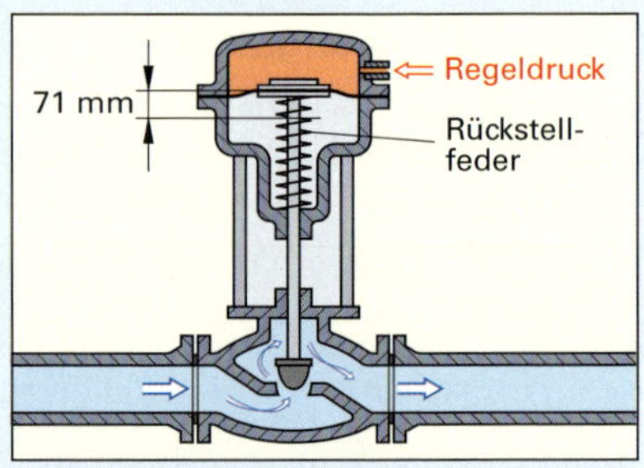

Bild 3: Federspannung in einem Regelventil (Aufgabe 5)

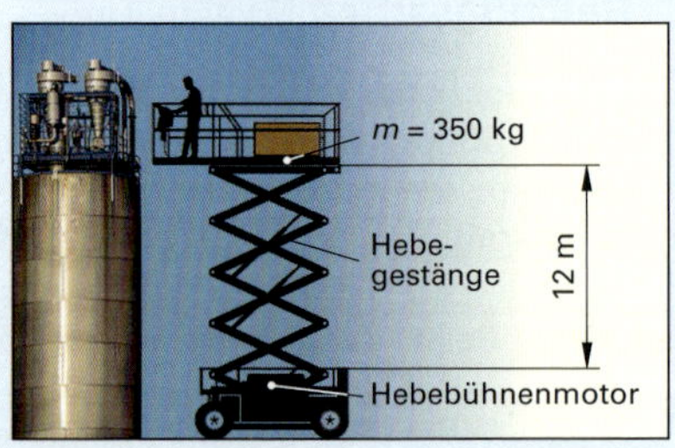

Bild 4: Hochfahren einer Hebebühne (Aufgabe 7)

8. Zur experimentellen Bestimmung der Gleitreibungszahl wurde ein Probekörper aus Holz 80,0 cm über eine kunststoffbeschichtete Tischplatte gezogen (Bild 1, Seite 95). Die mittlere Gleitkraft wurde mit einem Federkraftmesser zu F_R = 0,75 N bestimmt. Wie groß war die verrichtete Reibungsarbeit?
9. Die Bremsen eines mit Kalkstickstoff beladenen Güterwaggons (m = 45,000 t) verrichten eine Reibungsarbeit von 0,90 MJ, um ihn auf einer waagerechten Strecke zum Stehen zu bringen. Wie lang ist die Bremsstrecke, wenn die Fahrwiderstandszahl $\mu_F = 5{,}0 \cdot 10^{-3}$ beträgt?
10. 150 000 m^3 Wasser strömen in einem Speicherkraftwerk aus einem Speicherbecken herab **(Bild 1)** und verrichten an den Turbinen des Wasserkraftwerks eine Arbeit von 60 MWh. Wie groß ist die Fallhöhe des Wassers? (Die Strömungsverluste sollen nicht berücksichtigt werden.)
11. Der Antriebsmotor eines Becherförderers verrichtet eine Arbeit von 1,2 kWh **(Bild 2)**. Welche Masse an Aluminiumoxid Al_2O_3 kann damit über eine Höhendifferenz von 6,2 m angehoben werden? (Die Reibungsverluste sollen unberücksichtigt bleiben.)

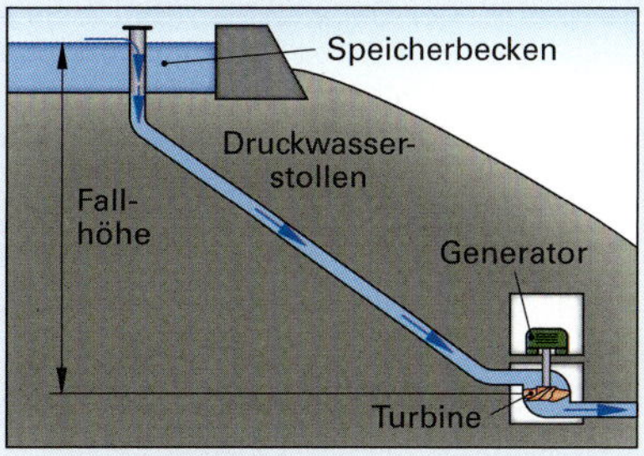

Bild 1: Speicherkraftwerk (Aufgabe 10)

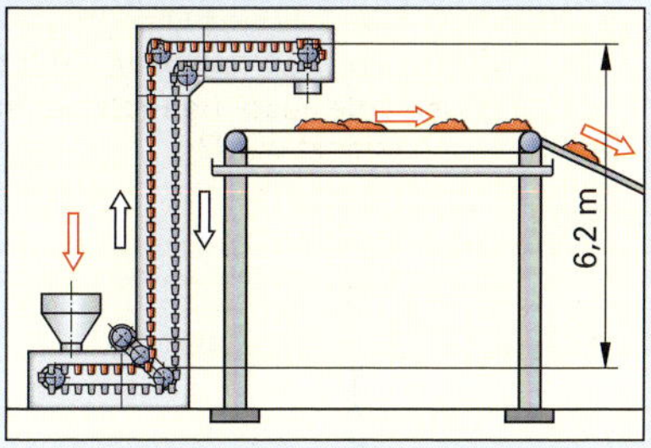

Bild 2: Becherförderer (Aufgabe 11)

3

3.8 Leistung

Unter der mechanischen Leistung P wird die pro Zeiteinheit t verrichtete mechanische Arbeit W verstanden (siehe rechts).

Die abgeleitete Einheit der **Leistung** (power) ist $[P] = [W]/[t]$ = 1 N · m/s. Sie wird Watt genannt, Einheitenzeichen W.

$$1\,\text{N} \cdot \frac{\text{m}}{\text{s}} = 1\,\frac{\text{J}}{\text{s}} = 1\,\text{W}; \quad 1000\,\text{W} = 1\,\text{kW},\ 10^6\,\text{W} = 1\,\text{MW}$$

Mechanische Leistung

$$\text{Leistung} = \frac{\text{Arbeit}}{\text{Zeit}}; \quad P = \frac{W}{t}$$

Analog zu den verschiedenen Arten der Arbeit (Seite 97) gibt es die entsprechenden Leistungsarten.

Die **Hubleistung P_H** wird verrichtet, wenn eine Hubarbeit W_H pro Zeit t wirkt, wie z. B. beim Heben einer Last **(Bild 3)**.

Hubleistung

$$P_H = \frac{m \cdot g \cdot h}{t} = F_G \cdot v$$

Man erhält eine Berechnungsgleichung durch Einsetzen der Hubarbeit W_H in die Definitionsgleichung der Leistung:

$$P_H = \frac{W_H}{t} = \frac{F_G \cdot h}{t} = \frac{m \cdot g \cdot h}{t} = m \cdot g \cdot v = F_G \cdot v$$

Beispiel: Mit einem Gabelstapler wird ein Gebinde mit 40 kg in 2,0 Sekunden auf 2,20 m Höhe gehoben **(Bild 3)**.
Die vom Gabelstapler zu erbringende Hubleistung beträgt

Lösung: $$\boldsymbol{P_H} = \frac{W_H}{t} = \frac{m \cdot g \cdot h}{t} = \frac{40\,\text{kg} \cdot 9{,}81\,\text{N} \cdot 2{,}2\,\text{m}}{2{,}0\,\text{s} \cdot \text{kg}} \approx 432\,\frac{\text{N} \cdot \text{m}}{\text{s}}$$

$\approx$ **432 W**

Bild 3: Leistung beim Heben einer Last

Die **Beschleunigungsleistung P_B** kann man analog ableiten:

$$P_B = \frac{W_B}{t} = \frac{F_B \cdot s}{t} = \frac{m \cdot a \cdot s}{t} = m \cdot a \cdot v = F_B \cdot v$$

Beschleunigungsleistung

$$P_B = \frac{m \cdot a \cdot s}{t} = F_B \cdot v$$

Beispiel 1: Der Gabelstapler (Bild 3, Seite 99) mit einer Eigenmasse von 1,245 t beschleunigt beim Transport einer Palette mit Kalkstickstoff (m = 620 kg) mit einer mittleren Beschleunigung von a = 1,20 m/s². Welche Beschleunigungsleistung ist zum Erreichen einer Geschwindigkeit von 30 km/h erforderlich?

Lösung: Gesamtmasse m_{ges} = 1245 kg + 620 kg = 1865 kg;

$$\boldsymbol{P_B} = m_{ges} \cdot a \cdot v = 1865\,\text{kg} \cdot 1{,}20\,\frac{\text{m}}{\text{s}^2} \cdot \frac{30 \cdot 10^3\,\text{m}}{3600\,\text{s}} = 18\,650\,\frac{\text{N} \cdot \text{m}}{\text{s}} = 18\,650\,\frac{\text{J}}{\text{s}} = 18\,650\,\text{W} = \mathbf{18{,}65\,kW}$$

Aufgaben zu Leistung

3

1. Der Elektromotor einer Drehschieberpumpe hat eine Leistung von P_W = 0,25 kW **(Bild 1)**. Welche Arbeit verrichtet der Motor, wenn er während 4 Stunden, 15 Minuten einen Exsikkator absaugt?

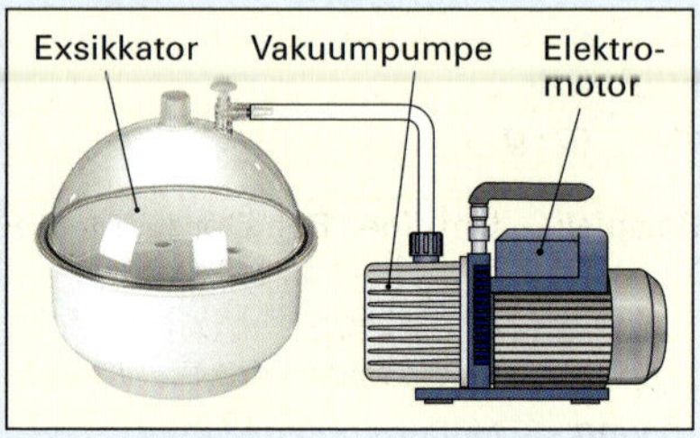

Bild 1: Evakuieren eines Exsikkators (Aufgabe 1)

2. Wie groß ist die Hubleistung einer Kreiselradpumpe, die pro Stunde 28 · 10³ m³ Kühlwasser in 18 m Höhe in einen Kühlturm einspeist **(Bild 2)**?

3. Eine Zahnradpumpe mit einer Hubleistung von 4,2 kW soll Thermoöl mit einer Geschwindigkeit von 1,0 m/s in einen Wärmeaustauscher einspeisen.

   Wie groß ist das geförderte Volumen?

   Die Dichte des Thermoöls beträgt ϱ = 0,84 g/cm³.

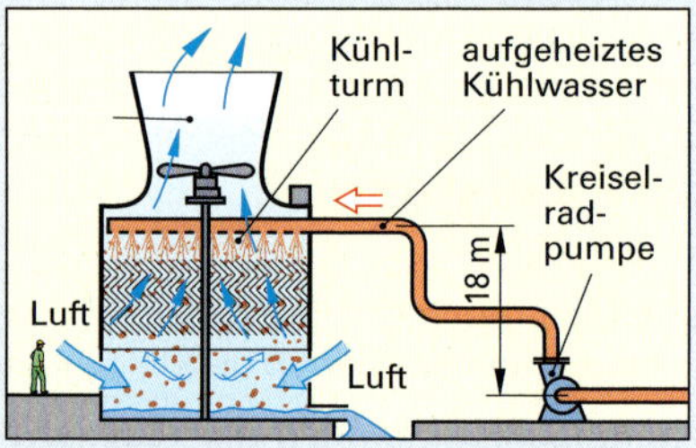

Bild 2: Fördern mit der Kreiselpumpe (Aufgabe 2)

4. Zur Produktion von 2740 t Eisen pro Tag müssen einem 30 m hohen Hochofen 5480 t Eisenerz, 2750 t Kokskohle und 1360 t Kalkstein über einen Schrägaufzug zugeführt werden. Welche Hubleistung ist dafür erforderlich?

5. Ein Portalkran auf einem Industriegelände hat eine Gesamtmasse von m = 36 t **(Bild 3)**. Die Beschleunigungsleistung des Fahrantriebsmotors beträgt 1,2 kW beträgt.

   Welche Strecke benötigt er, um in 3 s auf a = 0,2 m/s² zu beschleunigen?

Bild 3: Beschleunigen eines Portalkrans (Aufgabe 5)

6. Die Hubleistung einer Membranpumpe beträgt 2,0 kW.

   Wie viel Kubikmeter Oleum mit einer Dichte ϱ = 1,99 g/cm³ können damit pro Stunde auf 15 m Höhe in eine Absorptionskolonne eingespeist werden?

7. Eine Schneckentrogpumpe pumpt im Einlaufhebewerk einer Kläranlage pro Minute 120 m³ schlammiges Abwasser 5,30 m hoch in das Klärbecken **(Bild 4)**.

   Die Dichte des Abwassers beträgt ϱ_{Abw} = 1,08 g/cm³.

   Wie groß ist die Hubleistung der Schneckentrogpumpe?

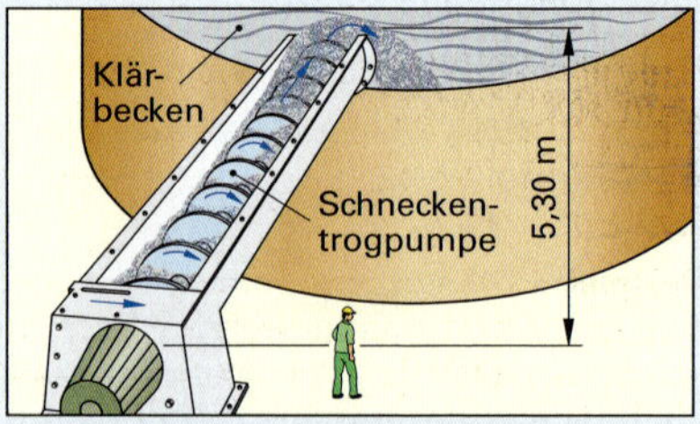

Bild 4: Fördern mit der Schneckentrogpumpe (Aufgabe 7)

3.9 Energie

Die Begriffe Energie und Arbeit sind miteinander verknüpft.

Als **Energie** bezeichnet man in der Physik das Arbeitsvermögen eines Körpers.

Im Gegensatz zur **Arbeit** (Seite 97), die einen Vorgang darstellt, beschreibt die Energie einen Zustand.

Für die Energie werden die gleichen Einheitenzeichen verwendet wie für die Arbeit, also J, Ws oder kWh.

Potenzielle Energie (potential energy)

Eine Last, die durch Hubarbeit gehoben wurde, besitzt gegenüber dem Zustand in der ursprünglichen Höhe potenzielle Energie (Lageenergie). Die potenzielle Energie W_{pot} ist so groß, wie die an der Last verrichtete Hubarbeit $W_H = m \cdot g \cdot h$.

Potenzielle Energie

$$W_{pot} = m \cdot g \cdot h$$

Beispiel: Um einen Behälter zur Montage um 10 Meter zu heben, verrichtet ein Kran eine Hubarbeit von 25 kJ **(Bild 1).** Wie groß ist:

a) die Lageenergie des gehobenen Behälters gegenüber der Ausgangslage?

b) die Masse des Behälters?

Lösung: a) $W_H = W_{pot} = \mathbf{25\ kJ}$

b) $W_{pot} = m \cdot g \cdot h \Rightarrow \mathbf{m} = \frac{W_{pot}}{g \cdot h} = \frac{25 \cdot 10^3\ N \cdot m}{9{,}81\ N/kg \cdot 10\ m} \approx \mathbf{255\ kg}$

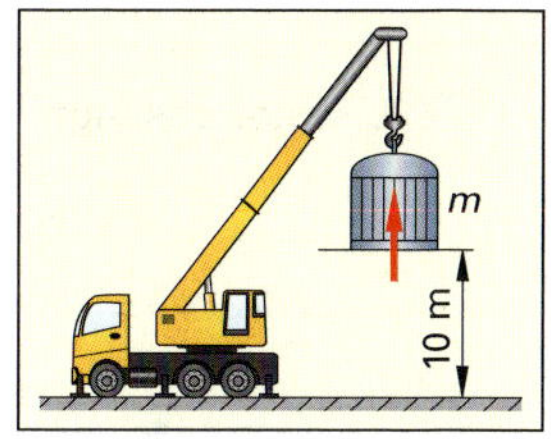

Bild 1: Potenzielle Energie eines gehobenen Behälters

Kinetische Energie (kinetic energy)

Ein Körper, der sich mit der Geschwindigkeit v bewegt, besitzt kinetische Energie (Bewegungsenergie).

Die kinetische Energie W_{kin} ist so groß wie die am Körper verrichtete Beschleunigungsarbeit $W_B = \frac{1}{2} \cdot m \cdot v^2$.

Kinetische Energie

$$W_{kin} = \frac{1}{2} \cdot m \cdot v^2$$

Beispiel: Welche kinetische Energie ist in einer herabfallenden Chrom-Nickel-Stahlkugel (d = 15,446 mm, ϱ = 8,0866 g/cm³) gespeichert **(Bild 2),** wenn die Fallgeschwindigkeit der Stahlkugel 1,47 m/s beträgt?

Lösung: $W_{kin} = \frac{1}{2} \cdot m \cdot v^2$; mit $m = \varrho \cdot v$ und $v = \frac{\pi}{6} \cdot d^3$

folgt: $W_{kin} = \frac{1}{2} \cdot \varrho \cdot \frac{\pi}{6} \cdot d^3 \cdot v^2 = \frac{\pi}{12} \cdot \varrho \cdot d^3 \cdot v^2$

$$\mathbf{W_{kin}} = \frac{\pi \cdot 8{,}0866\ kg \cdot 1{,}5446^3\ cm^3 \cdot (1{,}47)^2\ m^2}{12 \cdot 10^3 \cdot cm^3 \cdot s^2}$$

$$\approx 16{,}9 \cdot 10^{-3} \frac{kg \cdot m^2}{s^2} = 16{,}9 \cdot 10^{-3}\ N \cdot m = \mathbf{16{,}9 \cdot 10^{-3}\ J}$$

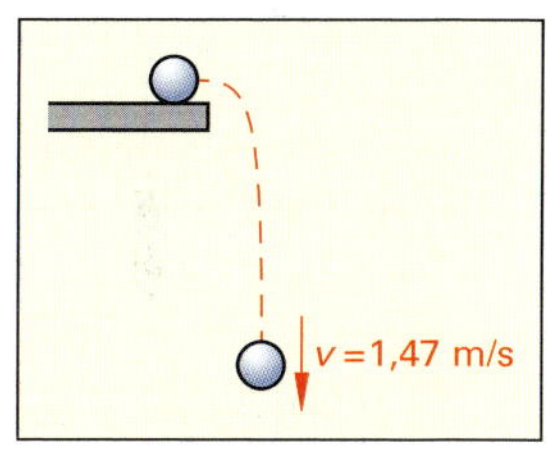

Bild 2: Kinetische Energie einer fallenden Kugel

Spannenergie (clamping energy)

Beim Spannen einer Feder **(Bild 3)** speichert die Feder die zum Spannen verrichtete Arbeit $W_{Sp} = \frac{1}{2} \cdot D \cdot s^2$ in Form von Spannenergie. Die Spannenergie W_{Sp} wird auch als potenzielle Energie der Feder bezeichnet und mit der gleichen Formel berechnet wie die Spannarbeit.

Spannenergie

$$W_{Sp} = \frac{1}{2} \cdot D \cdot s^2$$

Beispiel: Wie groß ist die Spannenergie einer Schraubenfeder (D = 1,5 N/mm) aus warmgewalztem Federstahl (60 SiCr 7) in einem Federkraftmesser **(Bild 3),** wenn die Zugfeder um 8,0 cm gespannt wird?

Lösung: $\mathbf{W_{Sp}} = \frac{1}{2} \cdot D \cdot s^2 = \frac{1}{2} \cdot 1{,}5\ N/mm \cdot (80\ mm)^2$

$\approx 4{,}8 \cdot 10^3\ N \cdot mm = 4{,}8\ N \cdot m = \mathbf{4{,}8\ J}$

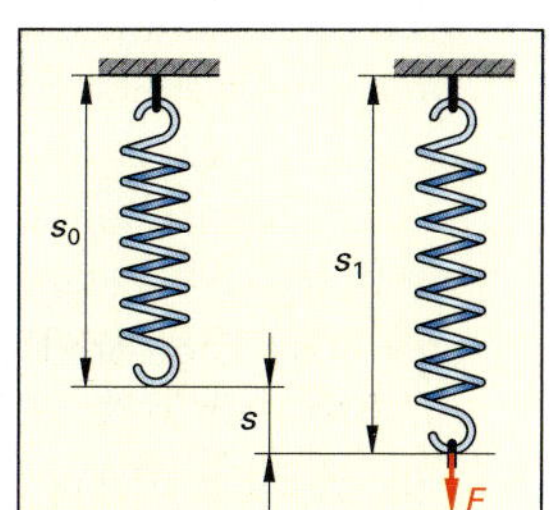

Bild 3: Spannenergie einer gespannten Feder

Wärmeenergie (heat energy)

Beim Abbremsen eines Fahrzeugs wird die in ihm gespeicherte kinetische Energie in den Bremsscheiben durch die Reibung an den Bremsbelägen in Wärmeenergie Q umgewandelt **(Bild 1).**

Die Bremsscheiben können sich auf langen Gefällstrecken im Gebirge bis zum Glühen erhitzen.

Die Wärmeenergie Q ist der Masse des erwärmten Körpers m und seiner Temperaturerhöhung $\Delta\vartheta$ proportional. Mit einem Proportionalitätsfaktor, der **spezifischen Wärmekapazität *c*,** erhält man eine Gleichung für die in einem Körper gespeicherte Wärmeenergie (siehe rechts).

Bild 1: Wärmeenergie in den glühenden Bremsscheiben eines abgebremsten Fahrzeugs

Wärmeenergie
$Q = c \cdot m \cdot \Delta\vartheta$

Beispiel: Beim Abbremsen eines Kraftfahrzeugs erwärmen sich die Bremsscheiben um 43,0 K. Die Masse der Bremsscheiben ist: m_{Br} = 8,50 kg, ihre spezifische Wärmekapazität c_{Br} = 0,460 kJ/(kg · K).

Wie groß ist die in den Bremsscheiben aufgenommene Wärmeenergie?

Lösung: $Q = c \cdot m \cdot \Delta\vartheta = 0{,}460\,\frac{\text{kJ}}{\text{kg} \cdot \text{K}} \cdot 8{,}50\text{ kg} \cdot 43{,}0\text{ K}$

$= 168{,}13\text{ kJ} \approx \mathbf{168\text{ kJ}}$

Aufgaben zu Energie

1. In einem Pumpspeicher-Kraftwerk (Bild 1, Seite 99) wird in das 300 m höher gelegene Speicherbecken Wasser hochgepumpt. Wie viel Wasser muss pro Stunde hochgepumpt werden, damit eine potenzielle Energie von 1,2 TJ zur Stromerzeugung zur Verfügung steht?

2. Eine Kreiselradpumpe speist 650 L Waschwasser in 24,0 m Höhe in eine Waschkolonne (Bild 2, Seite 98). Um welchen Betrag steigt dabei die potenzielle Energie der Waschflüssigkeit?

3. Ein mit Kerosin beladener Kesselwagen mit einer Gesamtmasse von 50 t wird aus verschiedenen Geschwindigkeiten abgebremst.
   a) Welche Energie müssen die Bremsen aufnehmen, wenn er aus einer Geschwindigkeit von 30 km/h, 60 km/h und 90 km/h jeweils bis zum Stillstand abgebremst wird?
   b) Vergleichen Sie die Geschwindigkeiten mit den berechneten Energien und prüfen Sie, ob eine Proportionalität besteht.

4. Die mittlere Geschwindigkeit des Wasserstoffmoleküls in einem Gasraum beträgt bei ϑ = 0 °C $v(H_2)$ = 1843 m/s und bei ϑ = 100 °C $v(H_2)$ = 2155 m/s. Die Masse eines Wasserstoffmoleküls beträgt $m(H_2) = 3{,}3473 \cdot 10^{-24}$ g.
   Wie groß ist durch die Temperaturerhöhung der Zuwachs an kinetischer Energie des Moleküls?

5. Bei der unsachgemäßen Demontage eines Sicherheitsventils **(Bild 2)** wird eine Federhaltescheibe mit einer Masse von 45,0 g durch eine um 2,0 cm vorgespannte Schraubenfeder (D = 4,0 kN/m) senkrecht in die Höhe geschleudert.
   a) Welche Energie wird auf die Federhaltescheibe übertragen?
   b) Wie hoch steigt die Federhaltescheibe?

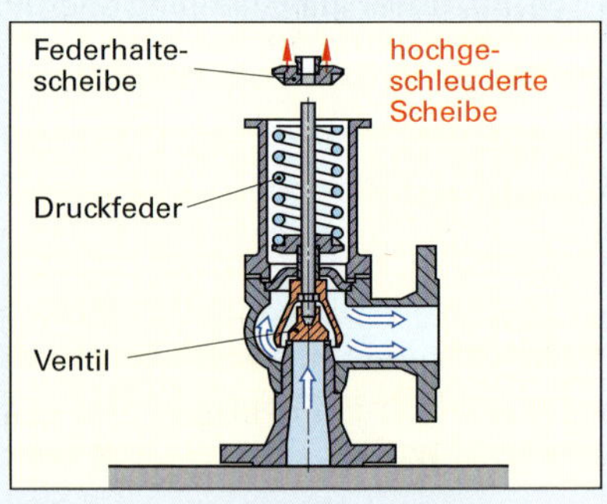

Bild 2: Sicherheitsventil (Aufg. 5)

6. Ein mit Braunkohle beladener Eisenbahnwaggon mit einer Gesamtmasse von 40,26 t fährt mit einer Restgeschwindigkeit von 0,90 km/h gegen einen Prellbock **(Bild 1).** Um welche Strecke werden die Pufferfedern mit einer Federkonstante von D = 10 kN/cm zusammengedrückt?
7. Durch eine Druckkraft von 1,6 kN wird eine Druckfeder in einem Reduzierventil um 1,5 cm zusammengedrückt. Wie groß ist die Spannenergie der verformten Feder?
8. Ein Tankwaggon mit einer Gesamtmasse von 46,8 t wird von einer Geschwindigkeit von 90 km/h bis zum Stillstand abgebremst. Die Masse der Bremsen des Tankwaggons beträgt 920 kg, ihre spezifische Wärmekapazität 0,48 kJ/(kg·K). Um wie viel Grad erwärmen sich die Bremsen des Tankwaggons durch den Bremsvorgang?

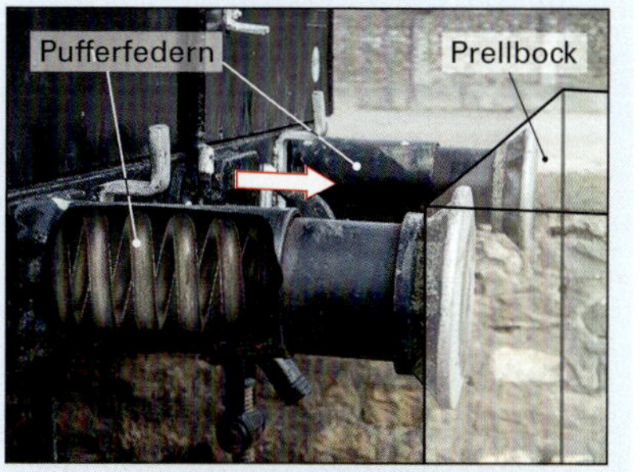

Bild 1: Abfedern eines Eisenbahnwaggons (Aufgabe 6)

3.10 Wirkungsgrad

Bei der Energieumwandlung entstehen Energieverluste. Sie werden meistens durch den Wirkungsgrad berücksichtigt.

Wirkungsgrad

$$\eta = \frac{W_{Nutz}}{W_{zu}} = \frac{P_{Nutz}}{P_{zu}}$$

Als **Wirkungsgrad η** (efficiency) bezeichnet man das Verhältnis von genutzter Energie oder genutzter Leistung (W_{Nutz}, P_{Nutz}) zur zugeführten Energie oder zugeführten Leistung (W_{zu}, P_{zu}) einer Maschine.

Er ist eine dimensionslose Dezimalzahl, die auch in Prozent angegeben werden kann. Der Wirkungsgrad ist stets kleiner als 1 bzw. kleiner als 100 %.

Sind mehrere Maschinen an der Energieumwandlung beteiligt, so errechnet sich der Gesamtwirkungsgrad η_{ges} durch Multiplikation der Wirkungsgrade der einzelnen Maschinen.

Gesamtwirkungsgrad

$$\eta_{ges} = \eta_1 \cdot \eta_2 \cdot \eta_3$$

Beispiel 1:

Bei einer Kreisel-Pumpenanlage, die durch einen Elektromotor angetrieben wird, entstehen Verluste an verschiedenen Stellen **(Bild 2):**

- Im E-Motor durch Ohm'sche Verluste, Ummagnetisierungs-, Lüfterantriebs- und Lagerreibungsverluste: η_E = 0,85;
- In der Kreiselradpumpe durch innere Reibung in der geförderten Flüssigkeit sowie durch Reibungsverluste in den Lagern und Dichtungen: η_P = 0,70.

Der Gesamtwirkungsgrad der Pumpenanlage beträgt dann:

$\eta_{ges} = \eta_E \cdot \eta_P = 0{,}85 \cdot 0{,}70 \approx \mathbf{0{,}60}$

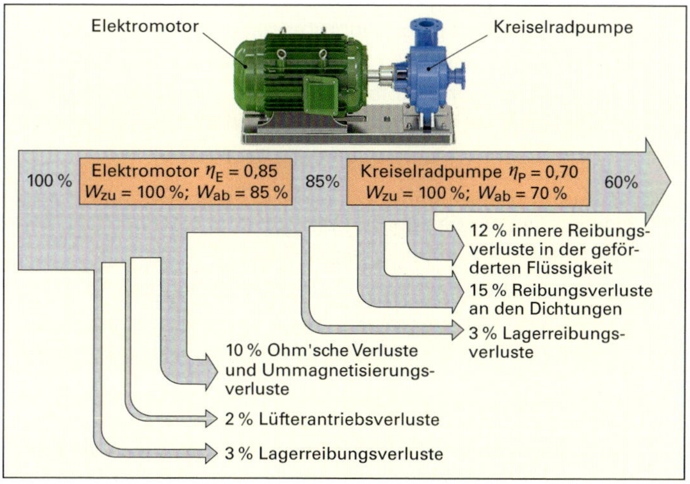

Bild 2: Energieverluste in einer Pumpenanlage (Beispiel 1)

Beispiel 2: Welche elektrische Leistung nimmt ein Rührwerksmotor bei einem Wirkungsgrad von 85 % auf, wenn er an das angekuppelte Planetengetriebe eine mechanische Leistung von 6,8 kW abgibt?

Lösung: $\eta = \frac{P_{Nutz}}{P_{zu}} \Rightarrow \mathbf{P_{zu}} = \frac{P_{Nutz}}{\eta} = \frac{6{,}8\ kW}{0{,}85} = \mathbf{8{,}0\ kW}$

3

Aufgaben zu Wirkungsgrad

1. Eine Pumpe für das Labor besteht aus den Maschinenteilen Elektromotor, Getriebe und Schlauchpumpe **(Bild 1)**.

   Der Gesamtwirkungsgrad der Pumpe beträgt η_P = 0,61. Wie groß ist der Wirkungsgrad der Schlauchpumpe?

   Durch die Kupplungen sollen keine Leistungsverluste auftreten.

2. An einer Spindelpresse, die von einem Getriebemotor angetrieben wird, werden folgende Leistungsdaten ermittelt:

   Vom Motor aufgenommene Leistung: P_{zu} = 10,5 kW.

   Vom Motor an das Getriebe abgegebene Leistung: P_{ab} = 8,4 kW.

   Vom Getriebe an die Spindel abgegebene Leistung: P_{ab} = 5,9 kW.

   Von der Spindel an den Pressenstempel abgegebene Leistung: P_{ab} = 1,8 kW.

   Berechnen Sie die Einzelwirkungsgrade der Maschinenteile sowie den Gesamtwirkungsgrad der Spindelpresse.

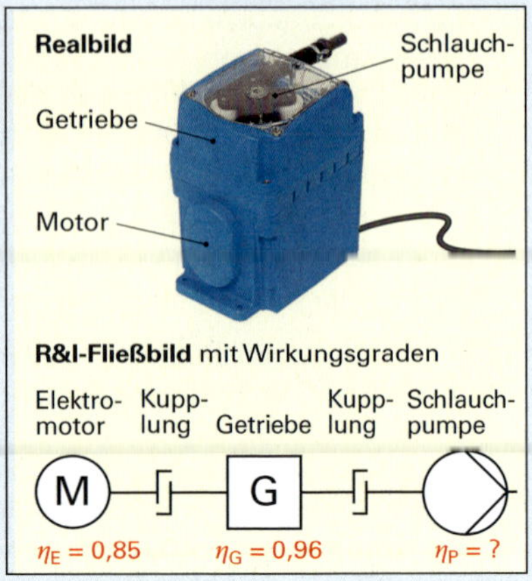

Bild 1: Labor-Schlauchpumpe (Aufgabe 1)

3. Eine Kreiselradpumpe (Bild 2, Seite 103) fördert pro Minute 2,5 m³ VE-Wasser in einen 3,0 m hoch gelegenen Verdampfer. Welchen Wirkungsgrad hat die Pumpe, wenn die vom Drehstrommotor abgegebene Leistung 1,6 kW beträgt?

4. Ein Gurtbandförderer (Bild 1, Seite 88) transportiert pro Stunde 100 t Bauxit über eine Höhe von 7,2 m in eine Mahlanlage. Berechnen Sie die Förderleistung und den Wirkungsgrad des Förderers, wenn der Antriebsmotor eine Nutzleistung von 8,0 kW abgibt.

5. Bei einer Motor-getriebenen Laborpresse zur Herstellung von Presslingen **(Bild 2)** bringt der Druckkolben eine mittlere Kraft von 980 N bei einer mittleren Kolbengeschwindigkeit von 0,5 cm/s auf.

   Berechnen Sie:

   a) die Nutzleistung der Laborpresse.

   b) die aufgenommene Leistung von Motor, Getriebe, Hydraulik und Druckkolben. (Hinweis: Die Wirkungsgrade der einzelnen Maschinenteile sind in **Bild 2** angegeben.)

   c) den Gesamtwirkungsgrad der Laborpresse.

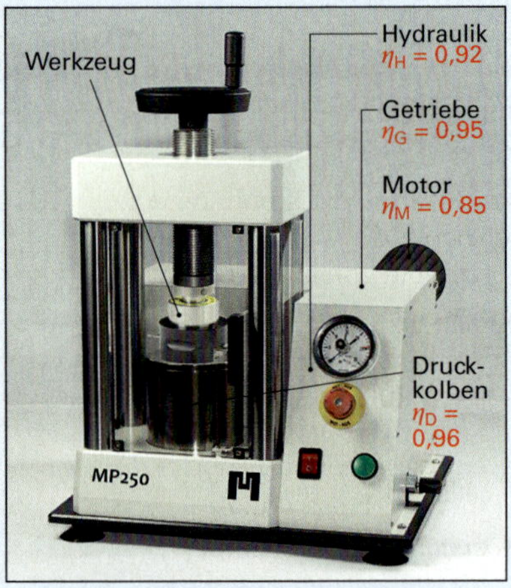

Bild 2: Laborpresse (Aufgabe 5)

6. Ein Kreiselradpumpenmotor (Bild 2, Seite 103) nimmt eine elektrische Energie von 3,2 kWh aus dem Netz auf. Der Wirkungsgrad der Pumpenanlage beträgt 70 %.

   a) Welche Hubarbeit kann die Pumpe verrichten?

   b) Wie viel Kubikmeter Kalilauge (ϱ(KOH) = 1,20 g/cm³) können damit über eine Höhendifferenz von 2,4 m gefördert werden?

7. Eine Kreiselradpumpe (Bild 2, Seite 103) soll pro Stunde 150 m³ Waschfiltrat (ϱ = 1,1 g/cm³) fördern. Die Kreiselradpumpe hat eine Leistungsaufnahme von 3,8 kW bei einem Wirkungsgrad von η = 0,60. Welche Förderhöhe kann theoretisch erreicht werden?

8. Der Antriebsmotor eines Laborbackenbrechers nimmt eine elektrische Leistung von 1,16 kW aus dem Netz auf und gibt eine mechanische Leistung von 1,10 kW an den Backenbrecher ab.

   a) Wie groß ist die Verlustleistung des Antriebsmotors?

   b) Berechnen Sie den Wirkungsgrad des Antriebsmotors.

3.11 Druck und Druckarten

Zur Kompression eines Gases ist eine Kraft erforderlich. Drückt man z. B. auf den Kolben eines Kolbenprobers, so bewirkt die Kraft F einen Druck p in der Gasportion **(Bild 1)**.

Der erzeugte Druck p (pressure) ist umso größer, je größer die wirkende Kraft F ($p \sim F$) und je kleiner die wirksame Kolbenfläche A ist ($p \sim 1/A$). Somit lautet die Definitionsgleichung des Druckes $p = F/A$.

Da die Kraft die Einheit Newton (N) und die Fläche die Einheit Quadratmeter (m²) hat, ergibt sich für den Druck das Einheitenzeichen $[F] = \text{N/m}^2$. Für größere Drücke wird das Hektopascal (hPa) oder das Bar (bar), für kleinere Drücke das Millibar (mbar) verwendet. Es gelten die nebenstehenden Umrechnungen.

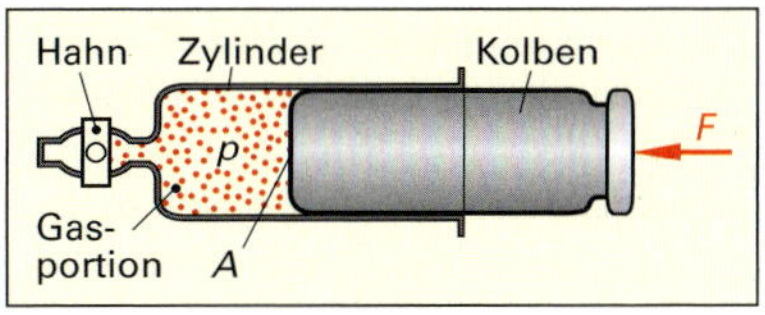

Bild 1: Druckerzeugung in einem Kolbenprober

Druckdefinition

$$\text{Druck} = \frac{\text{Kraft}}{\text{Fläche}}; \quad p = \frac{F}{A}$$

Beispiel: Welcher Öldruck herrscht im Zylinder einer hydraulischen Presse bei einer Presskraft von $F = 39$ kN? Der wirksame Stempeldurchmesser des Zylinders beträgt $d = 100$ mm.

Lösung: $p = \frac{F}{A}$; mit $A = \frac{\pi}{4} \cdot d^2$ folgt: $p = \frac{F \cdot 4}{\pi \cdot d^2}$

$\boldsymbol{p} = \frac{39\text{ kN} \cdot 4}{\pi \cdot (10{,}0\text{ cm})^2} \approx 495 \frac{\text{N}}{\text{cm}^2} \approx$ **49,5 bar**

Umrechnung von Druckeinheiten

1 N/m² = 1 Pa (Pascal)
100 000 Pa = 1 bar = 10 N/cm²
1 hPa = 100 Pa = 1 mbar

Druckarten (modes of pressure)

Der **absolute Druck p_{abs}** ist der Druck gegenüber dem Druck null im luftleeren Raum (abs von lat. absolutus: losgelöst, unabhängig). Er kann jeden beliebigen Wert annehmen, der gleich oder größer als null ist **(Bild 2)**.

Der **Atmosphärendruck p_{amb}** (amb von lat. ambiens: umgebend) ist der zur Zeit der Messung am Messort herrschende absolute Luftdruck **(Bild 2)**. Er ist nicht konstant. Sein mittlerer Wert beträgt auf Meereshöhe 1013 mbar, sein Schwankungsbereich ist ca. 50 mbar.

Die Differenz zwischen dem absoluten Druck p_{abs} und dem jeweils herrschenden Atmosphärendruck p_{amb} wird als **Überdruck p_e** bezeichnet (e von lat. excedens: überschreitend).

Der Überdruck p_e hat einen positiven Wert, wenn der Absolutdruck p_{abs} größer ist als der Atmosphärendruck p_{amb}. Er ist negativ, wenn der Absolutdruck p_{abs} kleiner ist als der Atmosphärendruck p_{amb}.

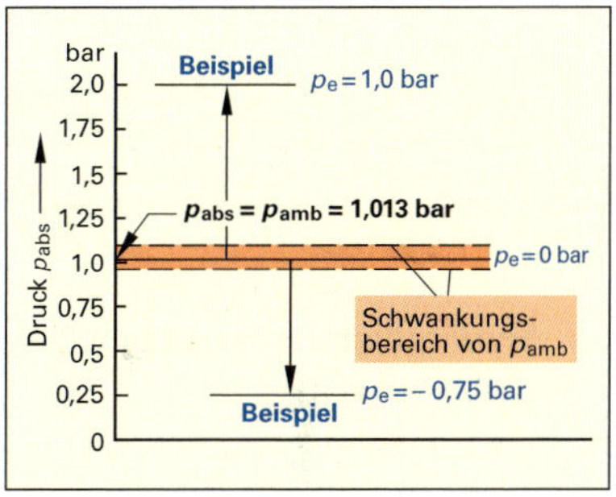

Bild 2: Druckarten

Überdruck

$$p_e = p_{abs} - p_{amb}$$

Beispiel: Wie groß sind in einem offenen Behälter der Überdruck p_e und der Absolutdruck p_{abs}, wenn der Umgebungsdruck p_{amb} = 1008 mbar beträgt?

Lösung: $\boldsymbol{p_e}$ **= 0 bar,** da offener Behälter; $\boldsymbol{p_{abs}} = p_e + p_{amb}$ = 0 bar + 1008 mbar = **1008 mbar**

Aufgaben zu Druck und Druckarten

1. Der Überdruck in einer mit Wasserstoff gefüllten Druckgasflasche beträgt p_e = 150 bar. Berechnen Sie den absoluten Druck bei einem Umgebungsdruck von p_{amb} = 10 N/cm².
2. Wie groß ist der Druck im Saugrohr eines Turboverdichters, wenn der Luftdruck 1000 mbar und der absolute Druck 0,60 bar beträgt?
3. Wie groß ist der Druck in Pascal, wenn eine Kraft von 15 mN auf eine Fläche von A = 5,0 mm² wirkt?
4. Mit welcher Kraft wird die Metallmembran in einem Plattenfedermanometer am Skalenendwert p_e = 10,0 bar belastet, wenn der wirksame Plattendurchmesser 100 mm beträgt?

3.12 Druck in Flüssigkeiten

In einer ruhenden Flüssigkeit in einem Behälter setzt sich der **Gesamtdruck p_{ges}** aus dem statischen Systemdruck p_{System} und dem hydrostatischen Druck p_h zusammen (siehe Formeln rechts).
Den **statischen Systemdruck p_{System}** berechnet man aus der Presskraft F, die auf die Pressfläche A wirkt **(Bild 1)**.
Der **hydrostatische Druck p_h** wird durch die Gewichtskraft der Flüssigkeit hervorgerufen, die über dem Messort steht.
Den hydrostatischen Druck berechnet man aus der Dichte ϱ, der Erdbeschleunigung g und der Füllhöhe der Flüssigkeit h. Der hydrostatische Druck p_h ist unabhängig vom Durchmesser des Behälters. Er wirkt in gleicher Größe in alle Raumrichtungen (Bild 1).

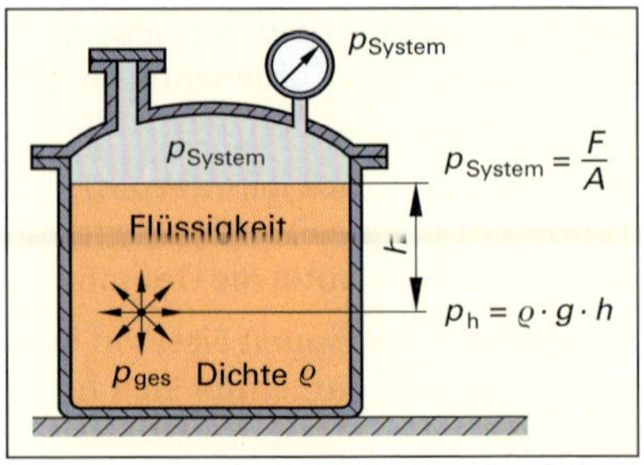

Bild 1: Druckarten in einer ruhenden Flüssigkeit in einem Behälter

Gesamtdruck

$$p_{ges} = p_{System} + p_h$$

Statischer Druck im System

$$p_{System} = \frac{F}{A}$$

Hydrostatischer Druck

$$p_h = \varrho \cdot g \cdot h$$

Beispiel: Ein Schwimmdachtank hat einen Innendurchmesser von 30,0 Meter. Er ist 10,0 Meter hoch mit Rohöl der Dichte ϱ = 870 kg/m³ gefüllt. Das Schwimmdach mit einer Masse von 10,0 Tonnen lastet auf der Ölfüllung (g = 9,81 N/kg).

a) Wie groß ist der statische Systemdruck, der durch das Schwimmdach hervorgerufen wird?

b) Wie groß ist der hydrostatische Druck am Tankboden?

c) Wie groß ist der Gesamtdruck am Tankboden?

Lösung: a) $p_{System} = \frac{F}{A}$; mit $F = m \cdot g$ und $A = \frac{\pi}{4} \cdot d^2$ folgt:

$$\boldsymbol{p_{System}} = \frac{m \cdot g \cdot 4}{\pi \cdot d^2} = \frac{10{,}0 \cdot 10^3\ \text{kg} \cdot 9{,}81\ \text{N} \cdot \text{kg} \cdot 4}{\pi \cdot 30{,}0^2 \cdot \text{m}^2 \cdot \text{kg}} \approx \mathbf{139\ N/m^2}$$

b) $$\boldsymbol{p_h} = \varrho \cdot g \cdot h = \frac{870\ \text{kg} \cdot 9{,}81\ \text{N} \cdot 10{,}0\ \text{m}}{\text{m}^3 \cdot \text{kg}} = 85347\ \text{N/m}^2 \approx \mathbf{0{,}853\ bar}$$

c) $$\boldsymbol{p_{ges}} = p_{System} + p_h \approx 139\ \text{N/m}^2 + 85347\ \text{N/m}^2 \approx 85486\ \text{N/m}^2 \approx \mathbf{0{,}855\ bar}$$

Hydraulische Presse (hydraulic press)

Eine hydraulische Presse dient zur Minderung oder Vergrößerung von Kräften **(Bild 2)**. Der Druck in der Hydraulikflüssigkeit wirkt dabei in alle Richtungen gleichmäßig. Da der statische Druck p_1 am Kraftkolben genauso groß ist wie der Druck p_2 am Lastkolben, gilt: $p_1 = p_2 = p$ = konst.

Mit $p_1 = \frac{F_1}{A_1}$ und $p_2 = \frac{F_2}{A_2}$ folgt: $\frac{F_1}{A_1} = \frac{F_2}{A_2}$ und damit: $F_2 = \frac{A_2}{A_1} \cdot F_1$

Die Kraftvergrößerung entspricht dem Verhältnis der Flächen $\frac{A_2}{A_1}$.

Das vom Kraftkolben verdrängte Volumen an Hydraulikflüssigkeit beträgt $V_1 = A_1 \cdot s_1$. Da Flüssigkeiten nicht komprimierbar sind, muss dieses Volumen auch im Lastkolben verdrängt werden: $V_1 = V_2 = A_2 \cdot s_2$.

Somit gilt: $A_1 \cdot s_1 = A_2 \cdot s_2$ und damit: $s_2 = \frac{A_1 \cdot s_1}{A_2}$

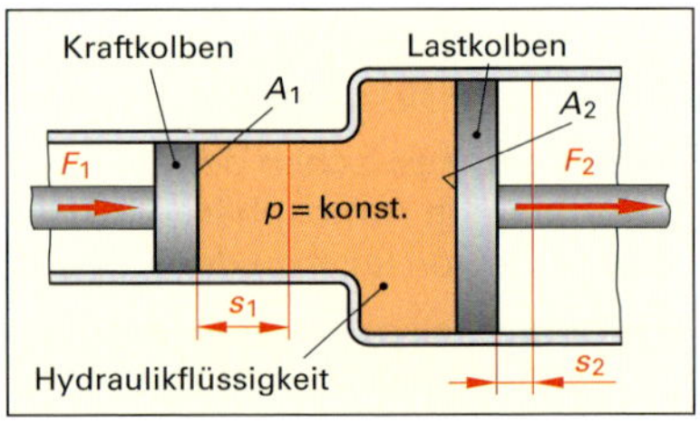

Bild 2: Prinzip der hydraulischen Presse

Hydraulische Presse

$$\frac{F_1}{A_1} = \frac{F_2}{A_2}; \quad A_1 \cdot s_1 = A_2 \cdot s_2$$

Beispiel: Eine hydraulische Hebe- und Kippvorrichtung für Fässer hat einen Kraftkolben mit einem Durchmesser von d_K = 2,00 cm. Die Wirkfläche des Lastkolbens beträgt A_L = 30,0 cm². Ein Fass mit Decalin $C_{10}H_{18}$ (m_L = 250 kg) soll um h_L = 1,20 m angehoben werden. Berechnen Sie:

a) Die notwendige Kraft F_K am Kraftkolben. b) Den Weg s_K am Kraftkolben.

c) Den Druck in der Hydraulikflüssigkeit.

Lösung: a) $\frac{F_1}{A_1} = \frac{F_2}{A_2} \Rightarrow \frac{F_K}{A_K} = \frac{F_L}{A_L} \Rightarrow F_K = \frac{F_L \cdot A_K}{A_L}$ mit $F_L = m_L \cdot g$ und $A_K = \frac{\pi}{4} \cdot d_K^2$ folgt:

$$\boldsymbol{F_K} = \frac{m_L \cdot g \cdot \pi \cdot d_K^2}{A_L \cdot 4} = \frac{250\ \text{kg} \cdot 9{,}81\ \text{N} \cdot \pi \cdot 4{,}00\ \text{cm}^2}{30{,}0\ \text{cm}^2 \cdot \text{kg} \cdot 4} = \frac{250 \cdot 9{,}81 \cdot \pi \cdot 4{,}00}{30{,}0 \cdot 4} \cdot \frac{\text{kg} \cdot \text{N} \cdot \text{cm}^2}{\text{cm}^2 \cdot \text{kg}} \approx \mathbf{257\ N}$$

b) $A_1 \cdot s_1 = A_2 \cdot s_2 \Rightarrow A_K \cdot s_K = A_L \cdot s_L \Rightarrow s_K = \frac{A_L \cdot s_L}{A_K}$, mit $A_K = \frac{\pi}{4} \cdot d_K^2$ folgt:

$$\mathbf{s_K} = \frac{A_L \cdot s_L \cdot 4}{\pi \cdot d_K^2} = \frac{30{,}0\ \text{cm}^2 \cdot 120\ \text{cm} \cdot 4}{\pi \cdot 4{,}00\ \text{cm}^2} = 1146\ \text{cm} \approx \mathbf{11{,}5\ m}$$

c) $p = \frac{F_L}{A_L}$, mit $F_L = m_L \cdot g$ folgt: $\mathbf{p} = \frac{m_L \cdot g}{A_L} = \frac{250\ \text{kg} \cdot 9{,}81\ \text{N}}{30{,}0\ \text{cm}^2 \cdot \text{kg}} = 81{,}75\ \text{N/cm}^2 \approx \mathbf{8{,}81\ bar}$

Druckwandler (pressure converter)

Ein Druckwandler dient zur Vergrößerung oder Verminderung des Drucks in zwei voneinander getrennten Leitungssystemen **(Bild 1)**.

Der Druckwandler besteht aus zwei Druckölzylindern, die durch einen doppelseitigen Kolben mit zwei unterschiedlichen Durchmessern verbunden sind.

Er wird z.B. zur Erhöhung oder Reduzierung des Drucks in hydraulischen Anlagen eingesetzt, ohne dass dafür separate Pumpen erforderlich sind.

Das Übersetzungsverhältnis des Druckwandlers ist fest.

Berechnung: Im Gleichgewicht wirken auf die beiden Kolbenflächen A_1 und A_2 gleich große Kräfte $F_1 = F_2$ (Bild 1).

Mit $F_1 = p_1 \cdot A_1$ und $F_2 = p_2 \cdot A_2$ folgt die Größengleichung für das Übersetzungsverhältnis des Druckwandlers: $p_1 \cdot A_1 = p_2 \cdot A_2$

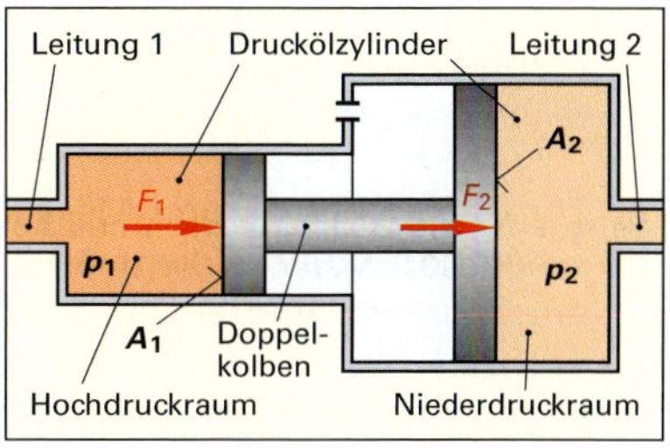

Bild 1: Druckwandler (schematisch)

Übersetzungsverhältnis Druckwandler
$p_1 \cdot A_1 = p_2 \cdot A_2$

Beispiel: Die beiden wirksamen Flächen des Kolbens eines Druckwandlers in einer Membranfilterpresse haben einen Durchmesser von $d_1 = 50{,}0$ mm und $d_2 = 20{,}0$ mm. Welcher Druck p_2 wird erzeugt, wenn im Niederdruckzylinder der Druck $p_1 = 2{,}00$ bar beträgt?

Lösung: $p_1 \cdot A_1 = p_2 \cdot A_2 \Rightarrow p_2 = p_1 \cdot \frac{A_1}{A_2}$; mit $A_1 = \frac{\pi}{4} \cdot d_1^2$ und $A_2 = \frac{\pi}{4} \cdot d_2^2$ folgt: $p_2 = p_1 \cdot \frac{\frac{\pi}{4} \cdot d_1^2}{\frac{\pi}{4} \cdot d_2^2}$

$$\mathbf{p_2} = p_1 \cdot \frac{d_1^2}{d_2^2} = 2{,}00\ \text{bar} \cdot \frac{(50{,}0\ \text{mm})^2}{(20{,}0\ \text{mm})^2} = 2{,}00\ \text{bar} \cdot \frac{2500\ \text{mm}^2}{400\ \text{mm}^2} \approx \mathbf{12{,}5\ bar}$$

Aufgaben zu Druck in Flüssigkeiten

1. Ergänzen Sie in der folgenden **Tabelle** die fehlenden Druckangaben (gegebenenfalls in Potenzschreibweise).

Tabelle zu Aufgabe 1

N/m²	bar	Pa	mbar	N/cm²	hPa
					10^{-2}
				10,13	
			1		
		10^7			
	0,1				
10					

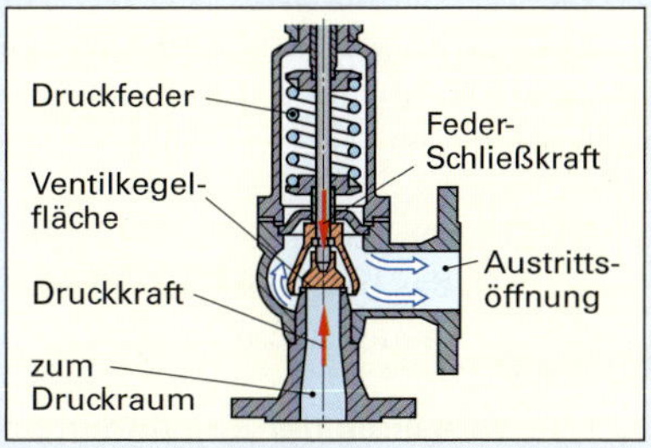

Bild 2: Sicherheitsventil (Aufgabe 2)

2. Welche Schließkraft muss an einem federbelasteten Sicherheitsventil **(Bild 2)** mit einer wirksamen Ventilkegelfläche von 125 mm² eingestellt werden, wenn das Ventil bei 20,0 bar öffnen soll?

3. Eine Flüssigkeit übt auf eine Kolbenfläche von 5,0 mm² eine Kraft von 15 mN aus (Bild 2, Seite 106). Welcher Druck in Pascal herrscht in der Flüssigkeit?

4. Ein zylindrischer Flüssigkeitstank (Bild 1, Seite 106) hat einen Durchmesser von d = 2,50 m. Er enthält 10,0 m^3 Aceton mit einer Dichte von $\varrho(CH_3COCH_3)$ = 0,791 g/cm^3. Wie groß ist der Bodendruck im Behälter in bar, wenn in ihm ein Überdruck von p_e = 0,233 N/mm^2 herrscht?

5. In der Gasphase eines mit Dichlormethan gefüllten Behälters beträgt der Druck p_e = 453 mbar **(Bild 1).** Zur Messung der Standhöhe durch Einperlen von Stickstoff ist ein Druck von p_{eM} = 0,80 bar erforderlich. Die Dichte des Dichlormethans beträgt $\varrho(CH_2Cl_2)$ = 1,325 g/cm^3. Wie viel Meter taucht das Einperlrohr in das Lösemittel ein?

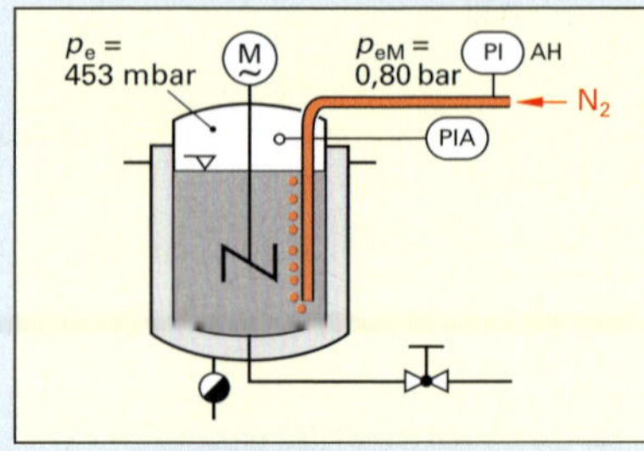

Bild 1: Standhöhenmessung mit Einperlmethode (Aufgabe 5)

6. Zur Demonstration und Messung des hydrostatischen Bodendrucks dient der abgebildete Bodendruckapparat **(Bild 2).** Die Gefäßaufsätze können nacheinander in die Halterung gestellt werden. Sie haben die gleiche Bodenfläche.
   a) Welche Kraft wirkt auf die Membran, wenn der untere Rohrinnendurchmesser 26,0 mm und die Füllhöhe des Wassers in den Gefäßaufsätzen 24,0 cm beträgt?
   b) Wie groß ist der Bodendruck in Millibar?
   c) Warum ist der Bodendruck von der Form der Gefäßaufsätze unabhängig?
   d) Welches Wasservolumen befindet sich im Aufsatz Nr. 1?

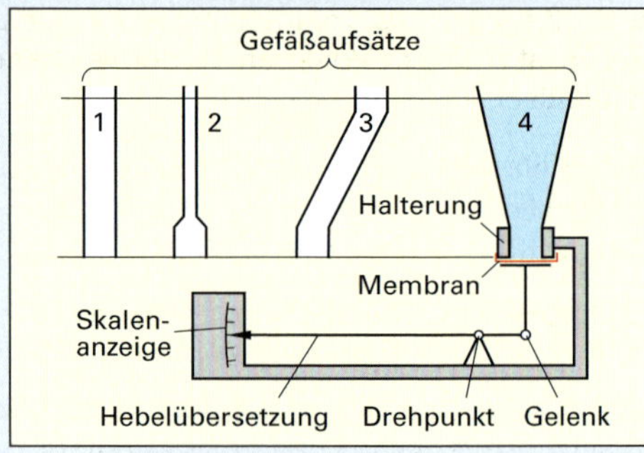

Bild 2: Apparat zur Messung des Bodendrucks (Aufgabe 6)

7. In einem Scheidetrichter **(Bild 3)** soll eine wässrige Phase (ϱ = 1,12 g/cm^3) von einer organischen Phase (ϱ = 0,81 g/cm^3) getrennt werden. Das Gemisch steht 135 mm über dem Ablaufhahn. Die Trenngrenze liegt 65 mm unterhalb der Oberfläche. Wie groß ist der Bodendruck, der durch das Flüssigkeitsgemisch hervorgerufen wird?

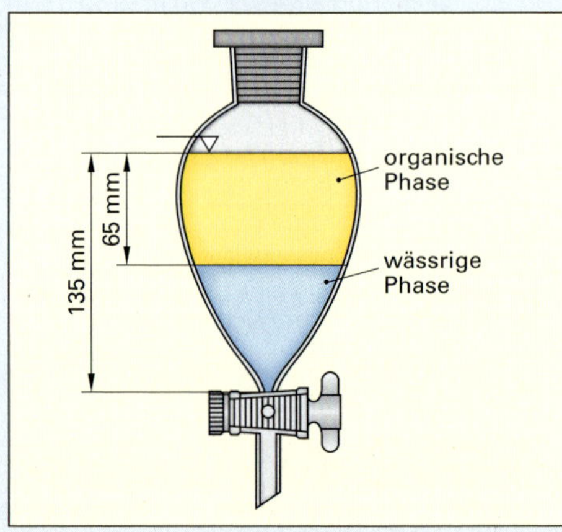

Bild 3: Trennen im Scheidetrichter (Aufgabe 7)

8. Ein Druckwandler (Bild 1, Seite 107) arbeitet im Niederdruckraum mit Druckwasser von 6,5 bar. Welcher Druck wird auf der Hochdruckseite erzeugt, wenn die Kolbendurchmesser d_1 = 60 mm, d_2 = 600 mm und die Reibungsverluste 10 % betragen?

9. Ein Druckwandler reduziert einen Druck von p_1 = 5,0 bar auf p_2 = 20 N/cm^2 (Bild 1, Seite 107). Wie groß ist das bei einer Kolbenbewegung hochdruckseitig verdrängte Flüssigkeitsvolumen, wenn niederdruckseitig 10 cm^3 verdrängt werden?

10. Das Verhältnis der Kolbendurchmesser an einer hydraulischen Presse (Bild 2, Seite 106) beträgt $d_1 : d_2$ = 1 : 4. Welche Kraft muss am Kraftkolben wirken, wenn eine Presskraft von 160 kN erzeugt werden soll?

11. Um wie viel Millimeter wird der Lastkolben (d = 20,0 cm) an einer hydraulischen Presse (Bild 2, Seite 106) bei einem Kolbenhub von 10,0 cm herausgedrückt, wenn die Querschnittsfläche des Pumpenkolbens 20,0 cm^2 beträgt?

3.13 Auftriebskraft

Taucht man einen Körper in Wasser und misst die Kräfte mit einem Kraftmesser **(Bild 1)**, so stellt man fest:

Die Auftriebskraft F_A (lift force), die ein Körper mit der Gewichtskraft F_G in einer Flüssigkeit erfährt, ist so groß wie die Gewichtskraft F_{Fl} der von ihm verdrängten Flüssigkeit: $F_A = F_{Fl}$.

Mit $F_{Fl} = m_{Fl} \cdot g$ und $m_{Fl} = \varrho_{Fl} \cdot V$ folgt für die **Auftriebskraft** $F_A = F_{Fl} = \varrho_{Fl} \cdot V \cdot g$.

Die Gleichung wird **archimedisches Gesetz** genannt.

Die Größe V ist das Volumen V_K des eingetauchten Körpers. Es ist mit dem Volumen V_{Fl} der verdrängten Flüssigkeit identisch.

Die Restgewichtskraft F_R ist die Differenz aus der Gewichtskraft F_G des Körpers und der Auftriebskraft: $F_R = F_G - F_A$.

Ist F_A größer als F_R, so schwimmt der Körper: $\varrho_K < \varrho_{Fl}$

Ist F_A kleiner als F_R, so versinkt der Körper: $\varrho_K > \varrho_{Fl}$

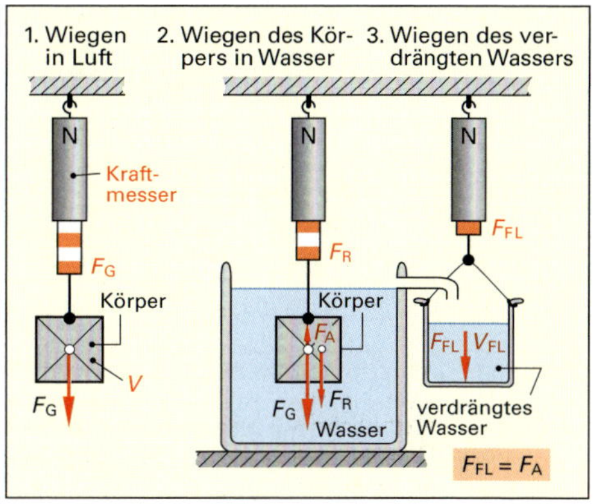

Bild 1: Versuch zur Bestimmung des Auftriebskraft

Archimedisches Gesetz der Auftriebskraft

$$F_A = \varrho_{Fl} \cdot V \cdot g$$

Beispiel: In einem Höppler-Kugelfall-Viskosimeter **(Bild 2)** wird die dynamische Viskosität von Glycerin (Propantriol, ϱ = 1,220 g/cm³) mit einer herabrollenden Edelstahlkugel in einem Fallrohr bestimmt. Welche Auftriebskraft erfährt die Edelstahlkugel (d = 11,10 mm) im Fallrohr?

Die Erdbeschleunigung beträgt g = 9,81 N/kg.

Lösung:

$$F_A = \varrho_{Fl} \cdot V \cdot g = \varrho_{Fl} \cdot \frac{\pi}{6} \cdot d^3 \cdot r^3 \cdot g$$

$$F_A = \frac{1220 \text{ kg} \cdot \pi \cdot (11{,}10 \cdot 10^{-3})^3 \text{ m}^3 \cdot 9{,}81 \text{ N}}{\text{m}^3 \cdot 6 \cdot \text{kg}}$$

$$\mathbf{F_A} = 8{,}5703 \cdot 10^{-3} \text{ N} \approx \mathbf{8{,}57 \text{ mN}}$$

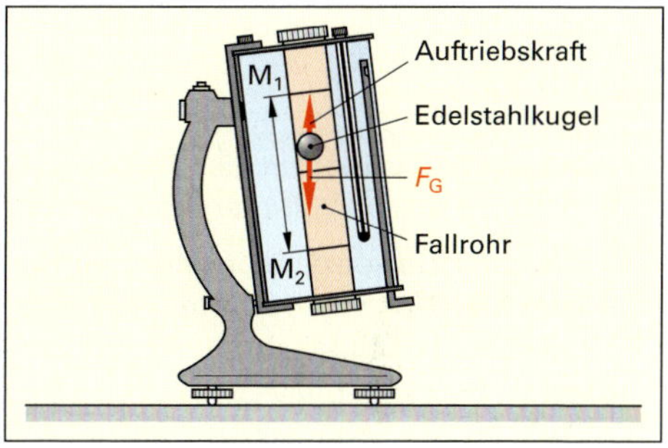

Bild 2: Höppler-Viskosimeter

Eintauchtiefe eines Schwimmkörpers

Ein Schwimmkörper **(Bild 3)** taucht umso tiefer in eine Flüssigkeit ein,

- je größer die Dichte ϱ_K des Körpers ($h_E \sim \varrho_K$) und
- je kleiner die Dichte ϱ_{Fl} der Flüssigkeit ($h_E \sim 1/\varrho_{Fl}$) ist.

Dies gilt auch für **Hohlkörper** aus Werkstoffen mit einer größeren Dichte als die Dichte der Flüssigkeit, in der sie schwimmen **(Bild 4)**. So schwimmt z. B. ein Schiff aus Stahlplatten (ϱ_{St} = 7,85 g/cm³) im Wasser (ϱ_W = 1 g/cm³). Ursache hierfür ist der luftgefüllte Hohlraum im Schwimmkörper unterhalb der Wasseroberfläche.

Die Gewichtskraft des Schiffskörpers F_G drückt ihn soweit in das Wasser, bis die Gewichtskraft des verdrängten Wasservolumens F_A (≙ dem Auftrieb) gleich groß ist: $F_G = F_A$

In der Messtechnik wird die Eintauchtiefe eines **Aräometers** (Bild 1, Seite 86) genutzt, um auf einer kalibrierten Strichskale die Dichte oder die Gehaltsgröße einer Flüssigkeit abzulesen.

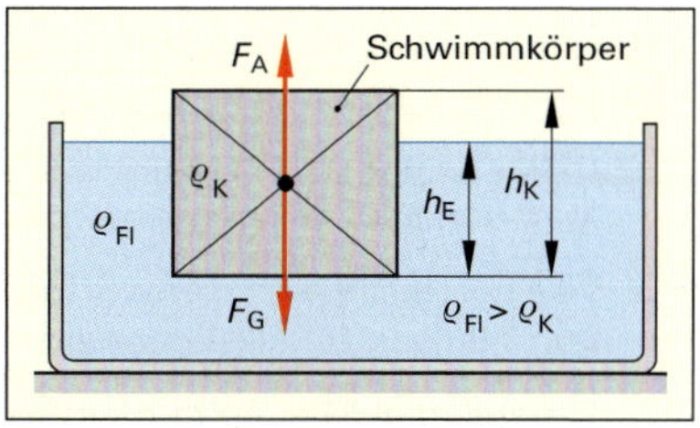

Bild 3: Kräfte am Schwimmkörper

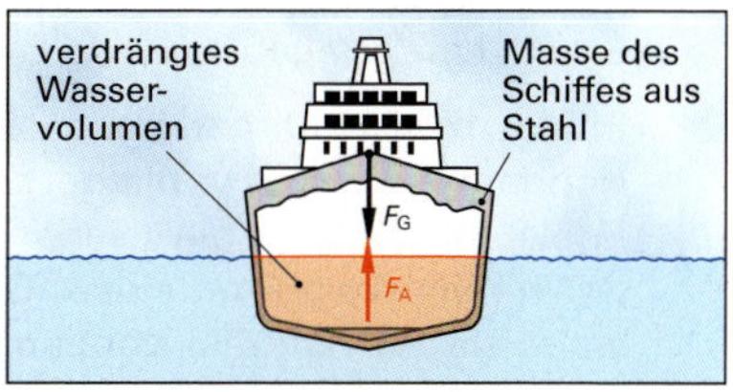

Bild 4: Schwimmendes Schiff

Berechnung der Eintauchtiefe

Ein Körper schwimmt, wenn seine Gewichtskraft genau so groß ist wie die Auftriebskraft, die er in der Flüssigkeit erfährt: $F_G = F_A$ (**Bild 3**, Seite 109). Mit $F_A = V_E \cdot \varrho_{Fl} \cdot g$ und $F_G = m_K \cdot g = V_K \cdot \varrho_K \cdot g$ erhält man nach dem Gleichsetzen der Kraft und Kürzen der Erdbeschleunigung g: $V_E \cdot \varrho_{Fl} = V_K \cdot \varrho_K$.

In dieser Gleichung ist V_E das Eintauchvolumen und V_K das Volumen des gesamten Korpers. Mit $V_E = A \cdot h_E$ und $V_K = A \cdot h_K$ ergibt sich nach dem Einsetzen, Kürzen der Grundfläche A und nach dem Umstellen eine Größengleichung für die Eintauchtiefe h_E eines Schwimmkörpers.

Eintauchtiefe eines Körpers

$$h_E = h_K \cdot \frac{\varrho_K}{\varrho_{FL}}$$

Beispiel: Wie tief taucht ein Aräometer **(Bild 1)** mit einer Masse von 16,53 g, einem Volumen von 19,05 cm³ und einer Bauhöhe von 18,35 cm bei 20,0 °C in Wasser der Dichte $\varrho = 0{,}9982\ \text{g/cm}^3$ ein?

Lösung: $h_E = h_K \cdot \frac{\varrho_K}{\varrho_{Fl}}$ mit $\varrho_K = \frac{m_K}{V_K}$ folgt:

$$\boldsymbol{h_E} = \frac{h_K \cdot m_K}{\varrho_{Fl} \cdot V_K} = \frac{18{,}35\ \text{cm} \cdot 16{,}53\ \text{g}}{0{,}9982\ \text{g/cm}^3 \cdot 19{,}05\ \text{cm}^3} \approx \mathbf{15{,}95\ cm}$$

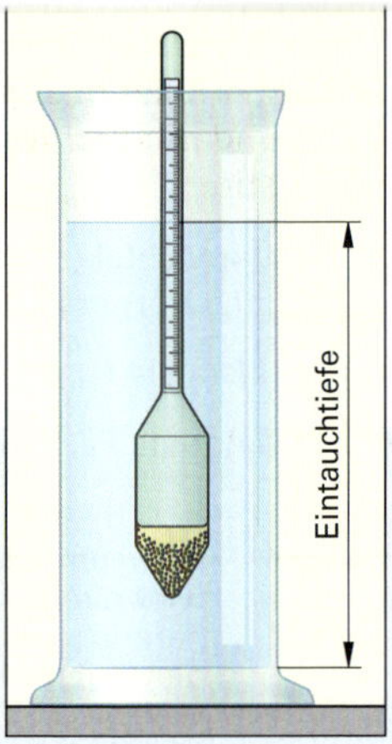

Bild 1: Messen mit dem Aräometer (Aufgabe 1)

Aufgaben zu Auftriebskraft

1. Wie groß ist das Eintauchvolumen eines Aräometers **(Bild 1)** in Schwefelsäure der Dichte $\varrho(H_2SO_4) = 1{,}140\ \text{g/cm}^3$, wenn die Auftriebskraft 165 mN beträgt?
2. Welche Restgewichtskraft hat der Senkkörper der WESTPHAL'schen Waage in Testbenzin der Dichte $\varrho = 0{,}770\ \text{g/cm}^3$, wenn seine Masse 15,01 g und sein Volumen 4,990 cm³ beträgt?
3. Welche Auftriebskraft erfährt eine Hohlkugel aus Edelstahl mit einem Durchmesser von 100 mm, wenn sie zur Hälfte in Wasser der Dichte 0,9982 g/cm³ eintaucht?
4. Eine Eisenkugel mit einem Volumen von 1,00 cm³ und eine Aluminiumkugel befinden sich an einer gleicharmigen Balkenwaage im Kräftegleichgewicht. Zu welcher Seite und mit welcher Kraft wird der Waagebalken aus dem Gleichgewicht gebracht, wenn beide an den Armen des Waagebalkens hängenden Metallkugeln vollständig in Wasser eintauchen? ($\varrho(Fe) = 7{,}86\ \text{g/cm}^3$, $\varrho(Al) = 2{,}70\ \text{g/cm}^3$)
5. Ein Magnet-Rührstäbchen hat an der Luft eine Gewichtskraft von 68,9 mN **(Bild 2).** Beim vollständigen Eintauchen in Wasser wird eine Restgewichtskraft von 52,6 mN gemessen. Wie groß ist die Dichte des Rührstäbchens?
6. Wie tief taucht ein Eisenwürfel mit 10,0 mm Kantenlänge und einer Masse von 7,86 g in Quecksilber der Dichte $\varrho(Hg) = 13{,}55\ \text{g/cm}^3$ ein?
7. Um wie viel Millimeter steigt der Wasserspiegel in einem Becherglas mit einem Innendurchmesser von 8,4 cm, wenn ein Holzwürfel ($\varrho = 0{,}76\ \text{g/cm}^3$) mit einer Kantenlänge von 3,4 cm hineingegeben wird?
8. In einem Schwimmerkondensatableiter **(Bild 3)** wird der Kondensatorablauf von einer Schwimmer-Hohlkugel aus Edelstahl gesteuert. Welche Auftriebskraft erfährt die Schwimmerkugel mit einem Durchmesser von 100 mm, wenn sie zur Hälfte in Kondensat der Dichte 0,996 g/cm³ eintaucht?

Bild 2: Magnet-Rührstäbchen (Aufg. 5)

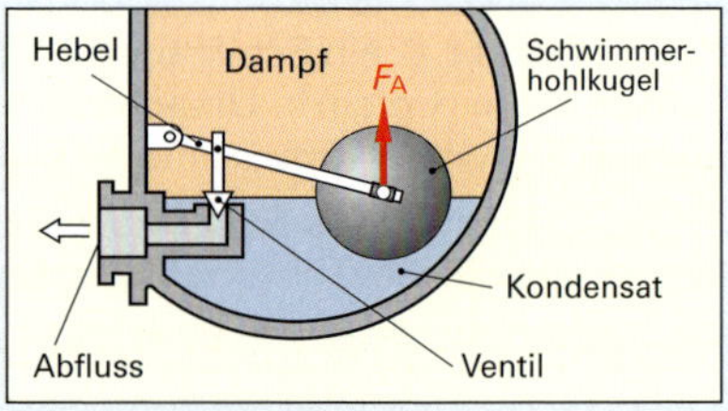

Bild 3: Schwimmerkugel in einem Kondensatableiter (Aufgabe 8)

3.14 Gaskinetik

Die Teilchen einer Gasportion bewegen sich im atomaren Größenbereich mit sehr hoher Geschwindigkeit und prallen ständig gegeneinander sowie gegen die Gefäßinnenwand **(Bild 1)**. Dadurch wird der Gasdruck erzeugt.

Die Moleküle in der Luft bewegen sich beispielsweise bei Zimmertemperatur (20 °C) und Normaldruck (p_N = 1,013 bar) mit nahezu 500 m/s durch den Raum.

Ihre freie Flugstrecke beträgt im Mittel 100 nm (10^{-9} m) und sie stoßen pro Sekunde ca. $5 \cdot 10^9$ mal mit anderen Molekülen in der Luft zusammen.

Die Raumerfüllung (Eigenvolumen) der Luftteilchen beträgt 0,01 % und die Dichte der Luft ist mit 1,3 g/L vergleichsweise gering.

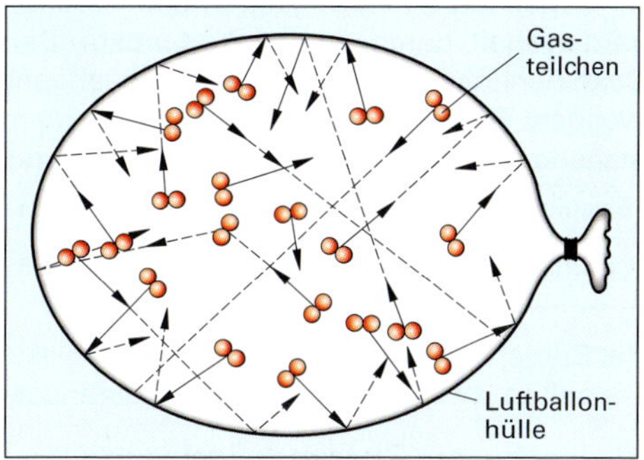

Bild 1: Bewegung der Gasteilchen
(in der Ballonhülle im atomaren Maßstab gezeichnet)

Geschwindigkeit der Gasteilchen und kinetische Energie

Die **mittlere Geschwindigkeit $\bar{v}$ der Gasteilchen** ist von ihrer Masse und der thermodynamischen Temperatur T abhängig. Sie nimmt mit steigender Temperatur zu und bei größerer Masse der Teilchen ab.

Man berechnet die mittlere Geschwindigkeit $\bar{v}$ der Gasteilchen eines idealen Gases mit der nebenstehenden Größengleichung.

In ihr stellt die Größe M die molare Masse der Teilchen dar (vgl. Seite 128). Die Größe R ist die Gaskonstante. Sie beträgt: $R = 8{,}314\ \mathrm{J \cdot K^{-1} \cdot mol^{-1}}$.

Mittlere Geschwindigkeit der Gasteilchen

$$\bar{v} = \sqrt{\frac{8 \cdot R \cdot T}{\pi \cdot M}}$$

Beispiel: Welche mittlere Geschwindigkeit haben Stickstoff-Moleküle bei einer Temperatur von 20,0 °C?

Lösung: $$\bar{\boldsymbol{v}} = \sqrt{\frac{8 \cdot R \cdot T}{\pi \cdot M}} = \sqrt{\frac{8 \cdot 8{,}314\ \mathrm{kg \cdot m^2 \cdot s^{-2} \cdot mol^{-1} \cdot K^{-1}} \cdot 293{,}15\ \mathrm{K}}{\pi \cdot 28{,}0134\ \mathrm{kg} \cdot 10^{-3} \cdot \mathrm{mol^{-1}}}} = \sqrt{221{,}6 \cdot 10^3\ \frac{\mathrm{m^2}}{\mathrm{s^2}}} \approx \mathbf{471\ m/s}$$

Bei konstanter Temperatur T haben die Teilchen mit einer großen Masse eine relativ geringe mittlere Teilchengeschwindigkeit und die Teilchen mit einer kleinen Masse eine relativ hohe mittlere Teilchengeschwindigkeit.

Beide Teilchenarten leisten demzufolge den gleichen Beitrag zur kinetischen Energie der Gasportion.

Die **mittlere kinetische Energie $\overline{W}$** einer Gasportion ist aus diesem Grund nicht von der Stoffart, sondern nur von der Temperatur des Gases abhängig. Siehe nebenstehende Größengleichung.

Mittlere kinetische Energie

$$\overline{W}_{kin} = \frac{3}{2} \cdot R \cdot T$$

Beispiel: Wie groß ist die mittlere kinetische Energie von einem Mol Stickstoff-Molekülen bei einer Temperatur von 20,0 °C?

Lösung: $$\overline{\boldsymbol{W}}_{\mathbf{kin}} = \frac{3}{2} \cdot R \cdot T = \frac{3}{2} \cdot 8{,}314\ \mathrm{J \cdot mol^{-1} \cdot K^{-1}} \cdot 293{,}15\ \mathrm{K} \approx \mathbf{3{,}66\ kJ/mol}.$$

Aufgaben zu Gaskinetik

1. Zur Steigerung der Reaktionsgeschwindigkeit wird die Temperatur einer Ammoniak-Portion auf 300 °C erhöht. Wie groß ist die mittlere Teilchengeschwindigkeit bei dieser Temperatur?
2. Auf welche Temperatur muss eine Wasserstoff-Portion erhitzt werden, damit sich die Wasserstoffmoleküle mit einer mittleren Geschwindigkeit von 2000 m/s bewegen?
3. Zum Starten einer Thermolyse wird einer Gasportion durch Erwärmen eine Aktivierungsenergie von 6,85 kJ/mol zugeführt. Bei welcher Temperatur läuft die Reaktion ab?
4. Eine Helium- und eine Argon-Portion haben jeweils eine mittlere kinetische Energie von 3,72 kJ/mol. Welcher Unterschied besteht in der mittleren Teilchengeschwindigkeit der Gasportionen?

3

3.15 Druck in Gasen, Gasgesetze

Im Gegensatz zu Flüssigkeiten und Feststoffen sind Gase komprimierbar. Der Zustand einer Gasportion wird deshalb durch die drei **Zustandsgrößen Druck *p*, Volumen *V* und Temperatur *T*** beschrieben.

Beim Rechnen mit den **Gasgesetzen** ist generell die thermodynamische Temperatur T in Kelvin (K) zu verwenden. Temperaturen in Grad Celsius (ϑ) müssen mit der nebenstehenden Größengleichung in Kelvin (K) umgerechnet werden.

Beispiel: Welche Temperatur in Kelvin entsprechen 102,8 °C?

Lösung: $T = \left(\frac{102{,}8\ °\mathrm{C}}{°\mathrm{C}} + 273{,}15\right)\ \mathrm{K} = \mathbf{375{,}95\ K}$

Umrechnung in thermodynamische Temperatur

$$T = \left(\frac{\vartheta}{°\mathrm{C}} + 273{,}15\right)\ \mathrm{K}$$

Zur Berechnung der Zustandsgrößen bei Gasportionen gibt es mehrere Gasgesetze (ideal gas laws). Sie gelten jeweils für eine Art der Zustandsänderung der Gasportion.

Isotherme Zustandsänderung (T = konst.)

Wird bei gleichbleibender Temperatur das Volumen einer Gasportion verringert, so steht den Teilchen des Gases ein kleinerer Raum zur Verfügung. Sie prallen häufiger und heftiger gegen die Gefäßinnenwand. Man stellt fest: Der Druck steigt im gleichen Verhältnis der Volumenminderung: $p = 1/V$.

Das Produkt aus zusammengehörenden Druck- und Volumenwertepaaren $p \cdot V$ wird als Druckenergie W bezeichnet. Sie ist bei gleicher Temperatur gleich groß: $W = p \cdot V$ = konst. Für zwei Zustände erhält man: $p_1 \cdot V_1 = p_2 \cdot V_2$. Dies wird als **Gesetz von Boyle-Mariotte** bezeichnet.

Beispiel: Wird das Volumen einer Gasportion bei konstanter Temperatur T um die Hälfte verringert, so steigt der Druck auf das Doppelte **(Bild 1)**.

$$p_1 \cdot V_1 = p_2 \cdot V_2$$

Druck-Verdoppelung

$$2\ \mathrm{bar} \cdot 10\ \mathrm{L} = 4\ \mathrm{bar} \cdot 5\ \mathrm{L}$$

Volumen-Halbierung

Boyle-Mariotte-Gesetz

$$p_1 \cdot V_1 = p_2 \cdot V_2 = \text{konst.}$$

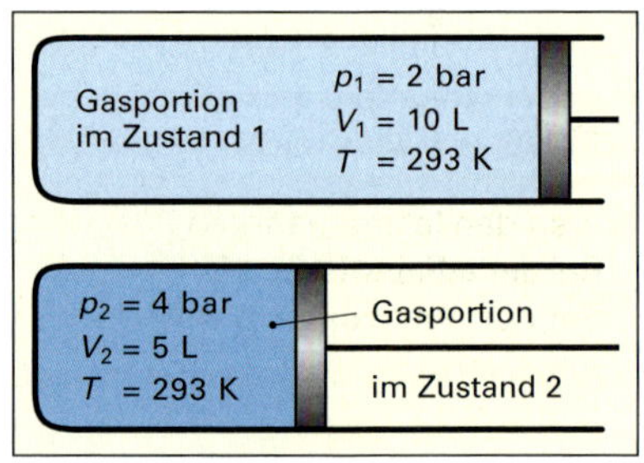

Bild 1: Beispiel zum Gesetz von Boyle-Mariotte

Isobare Zustandsänderung (p = konst.)

Hierbei wird der Druck in der Gasportion konstant gehalten.

Mit steigender Temperatur wird die Geschwindigkeit der Teilchen immer größer. Sie prallen mit höherer Energie gegen die Gefäßinnenwand. Die Teilchen erboxen sich ein größeres Volumen: $V \sim T$.

Der Quotient aus zusammengehörenden Volumen- und Temperaturwertepaaren ist immer gleich groß: V/T = konst. Dies ist das **Gesetz von Gay-Lussac** (siehe rechts).

Beispiel: Wird die thermodynamische Temperatur T einer Gasportion bei konstantem Druck verdoppelt, so verdoppelt sich auch das Volumen **(Bild 2)**.

Volumen-Verdoppelung

$$\frac{V_1}{T_1} = \frac{V_2}{T_2} \qquad \frac{10\ \mathrm{L}}{300\ \mathrm{K}} = \frac{20\ \mathrm{L}}{600\ \mathrm{K}}$$

Temperatur-Verdoppelung

Gay-Lussac-Gesetz

$$\frac{V_1}{T_1} = \frac{V_2}{T_2} = \text{konst.}$$

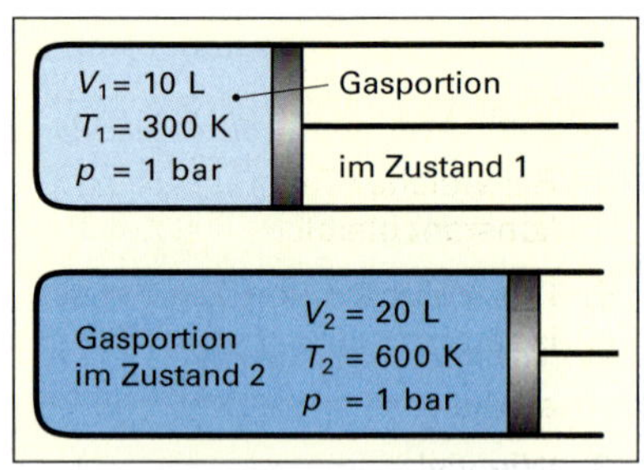

Bild 2: Beispiel zum Gesetz von Gay-Lussac

Isochore Zustandsänderung (V = konst.)

Hierbei ist die Gasportion in einem konstant großen Volumen eingeschlossen; den Teilchen steht mit steigender Temperatur nur ein konstantes Volumen zur Verfügung.

Die höhere Teilchengeschwindigkeit bewirkt beim Aufprall der Teilchen eine größere Kraft F auf die Gefäßinnenwand A ($p = F/A$). Dadurch steigt der Druck der Gasportion: $p \sim T$.

Amontons-Gesetz

$$\frac{p_1}{T_1} = \frac{p_2}{T_2} = \text{konst.}$$

Auch hier ist der Quotient aus zusammengehörenden Druck- und Temperaturwertepaaren immer gleich groß: p/T = konst. Dies ist das **Gesetz von Amontons** (siehe Seite 112 unten):

Beispiel: Wird die thermodynamische Temperatur T einer Gasportion bei konstantem Volumen verdoppelt, so verdoppelt sich auch der Druck **(Bild 1)**.

Druck-Verdoppelung

$$\frac{p_1}{T_1} = \frac{p_2}{T_2} \quad \Rightarrow \quad \frac{2\text{ bar}}{300\text{ K}} = \frac{4\text{ bar}}{600\text{ K}}$$

Temperatur-Verdoppelung

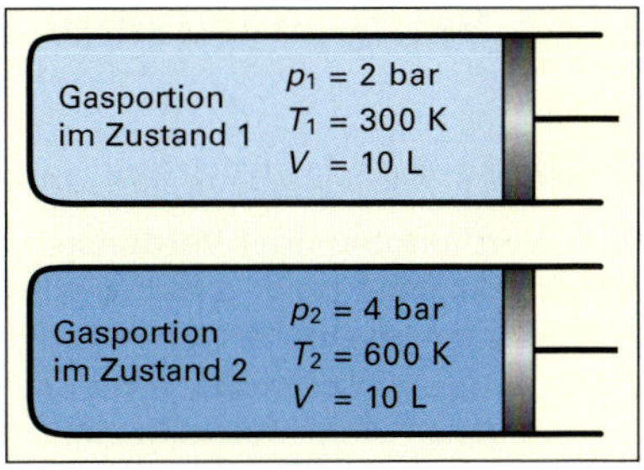

Bild 1: Beispiel zum Gesetz von Amontons

Allgemeine Zustandsänderung

Die drei bislang genannten Gasgesetze lassen sich zu einer **allgemeinen Zustandsgleichung der Gase** zusammenfassen.
Sie beschreibt jede Zustandsänderung einer Gasportion eines idealen Gases bei variabler Temperatur T, Druck p und Volumen V.

Allgemeine Zustandsgleichung idealer Gase

$$\frac{p_1 \cdot V_1}{T_1} = \frac{p_2 \cdot V_2}{T_2} = \text{konst.}$$

Beispiel: Eine unter Sperrflüssigkeit stehende Ethen-Gasportion $H_2C{=}CH_2$ hat bei ϑ = 25,0 °C folgende Zustandsgrößen: V = 76 mL, p = 1078 mbar. Welches Volumen hat die Ethen-Gasportion bei einem Druck von 1003 mbar und der Temperatur 20,0 °C?

Lösung: $\frac{p_1 \cdot V_1}{T_1} = \frac{p_2 \cdot V_2}{T_2} \Rightarrow \boldsymbol{V_2} = \frac{p_1 \cdot V_1 \cdot T_2}{p_2 \cdot T_1} = \frac{1078\text{ mbar} \cdot 76\text{ mL} \cdot 293{,}15\text{ K}}{1003\text{ mbar} \cdot 298{,}15\text{ K}} = 80{,}313\text{ mL} \approx \mathbf{80{,}3\text{ mL}}$

Neben den letztgenannten Zustandsänderungen unterscheidet man in der Technik zwei weitere:

- Bei der **adiabatischen** Zustandsänderung erfolgt kein Wärmeaustausch Q mit der Umgebung: Q = konst.
- Bei der **polytropen** Zustandsänderung erfolgt die Änderung des Gaszustandes im Gegensatz zur isothermen und adiabatischen Zustandsänderung unter realen Bedingungen mit Temperaturänderung und Wärmeaustausch. Diese Zustandsänderungen werden hier nicht weiter behandelt.

Volumenänderungsarbeit

Das Produkt aus Druck p und Volumenänderung ΔV wird als Volumenänderungsarbeit W bezeichnet. Es ist die Arbeit, die eine Gasportion verrichten muss, um z.B. gegenüber dem äußeren Luftdruck ein bestimmtes Volumen zu erreichen.

Volumenänderungsarbeit

$$W = p \cdot \Delta V$$

Beispiel: Welche Volumenänderungsarbeit wird verrichtet, wenn bei der katalytischen Zersetzung einer Wasserstoffperoxid-Lösung bei einem Druck von 1030,2 mbar 29,3 mL Sauerstoff entstehen?

Lösung: $\boldsymbol{W} = p \cdot \Delta V = 1{,}0302 \cdot 10^5\text{ Pa} \cdot 29{,}3 \cdot 10^{-6}\text{ m}^3 = 3{,}0185\,\frac{\text{N} \cdot \text{m}^3}{\text{m}^2} \approx 3{,}02\text{ Nm} \approx \mathbf{3{,}02\text{ J}}$

Aufgaben zu Druck in Gasen[1)]

1. Bei welcher Temperatur nimmt ein Gas das doppelte Volumen ein wie bei 20 °C, wenn der Druck konstant bleibt?
2. Das Volumen von 250,0 mL Luft wird von p_{amb} = 1025 mbar in einem Kolbenprober (Bild 105/1) isotherm um ein Drittel verringert.

   a) Welcher Druck p_e stellt sich ein? b) Welche Volumenarbeit wird verrichtet?
3. Wie viel Kubikmeter Sauerstoff können bei konstanter Temperatur aus einer Druckgasflasche mit dem Nennvolumen 50,0 L entnommen werden? Der Gasdruck in der Flasche wurde zu p_{abs} = 150 bar gemessen. Der Umgebungsdruck beträgt 1,01 bar.
4. Zum Abpressen eines Laborautoklaven von 5,23 L Rauminhalt mit Stickstoff wird eine 50-L-Druckgasflasche angeschlossen, in dem sich Stickstoff unter einem Druck von p_{abs} = 150 bar befindet. Welcher Druck wird im Autoklaven nach dem Druckausgleich erreicht?

[1)] **Hinweis:** Weitere Aufgaben zu Druck in Gasen befinden sich im Abschnitt 4.7 Seite 135 ff.

3

3.16 Sättigungsdampfdruck, Partialdruck

Sättigungsdampfdruck (saturation vapor pressure)

Beim Verdampfen oder Verdunsten einer Flüssigkeit gehen Flüssigkeitsmoleküle ständig von der flüssigen Phase in die Gasphase über und umgekehrt, bis sich ein dynamischer Gleichgewichtszustand eingestellt hat **(Bild 1)**. Bei diesem Gleichgewichtszustand steigen gleich viele Moleküle aus der Flüssigkeit auf, wie von der Dampfphase in die Flüssigkeit zurückgelangen.

Der Druck, der im Gleichgewicht in der Dampfphase herrscht, wird als **Sättigungsdampfdruck** p_s bezeichnet. Er ist neben der Stoffart von der Temperatur abhängig **(Bild 2)**.

Beispiel: Der Sättigungsdampfdruck von Wasser beträgt bei 100 °C: p_s = 1013 mbar (Normdruck).

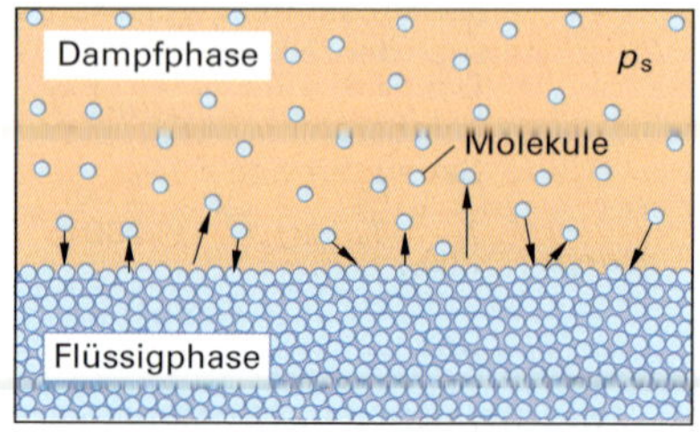

Bild 1: Schematische Darstellung von Flüssigkeit und Dampfphase im dynamischen Gleichgewicht (in einem geschlossenen Behälter)

Partialdruck (partial pressure)

Im Labor und der betrieblichen Praxis kommen häufig Gasmischungen zum Einsatz, z.B. die zur Synthese eingesetzten Gasgemische $H_2 + Cl_2$, $CO + H_2$ oder $N_2 + 3\,H_2$.

Die Zusammensetzung eines Gasgemisches lässt sich durch den Stoffmengenanteil χ (χ: griechischer Großbuchstabe Chi) der einzelnen Komponenten beschreiben, z.B. χ(X) (Seite 169).

Die Zusammensetzung ist abhängig vom Teildruck, mit dem die einzelnen Komponenten des Gasgemisches zum Gesamtdruck p_{ges} beitragen. In einem Gasgemisch erzeugt jede Komponente einen Teildruck, auch Partialdruck genannt, z.B. p(X).

Der Partialdruck entspricht dem Dampfdruck, den das Gas erzeugen würde, wenn es allein in der Gasphase vorläge und allein das gesamte Volumen V_{ges} erfüllen würde, den das gesamte Gas einnimmt. Jedes Gas in der Mischung verhält sich so, als wären die anderen Gas-Komponenten nicht vorhanden.

Der Gesamtdruck p_{ges} eines Gasgemisches ist demzufolge gleich der Summe der Partialdrücke p(X), p(Y), ... der Komponenten (X), (Y), ... Dieser Zusammenhang wird als **Dalton'sches[1] Partialdruckgesetz** bezeichnet.

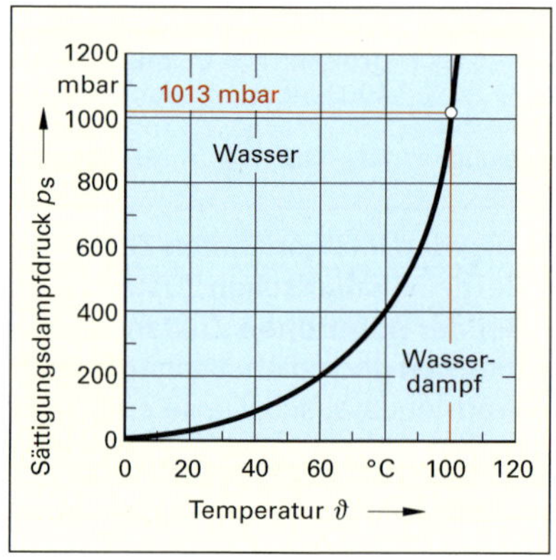

Bild 2: Sättigungsdampfdruckkurve von Wasser

Dalton'sches Partialdruckgesetz

$$p_{ges} = p(X) + p(Y) + \ldots$$

Beispiel: In der Atmosphäre hat Sauerstoff den Partialdruck $p(O_2)$ = 0,2 bar und Stickstoff den Partialdruck $p(N_2)$ = 0,8 bar. Wie groß ist der Gesamtdruck?

Lösung: $\mathbf{p_{ges}} = p_{amb} = p(O_2) + p(N_2) = 0{,}2\text{ bar} + 0{,}8\text{ bar} = \mathbf{1{,}0\text{ bar}}$

Stoffmengenanteil einer Gaskomponente

Der Stoffmengenanteil einer Gaskomponente χ(X) eines Gasgemisches berechnet sich mit den nebenstehenden Formeln.

Da gleich große Gas-Stoffmengen bei gleicher Temperatur gleich große Volumina und gleich große Drücke besitzen, verhält sich die Teil-Stoffmenge n(X) zur gesamten Stoffmenge n_{ges} der Gasmischung wie der Partialdruck p(X) zum Gesamtdruck p_{ges} oder wie das Partialvolumen V(X) zum Gesamtvolumen V_{ges}.

Ein Mol eines Gases hat bei Normbedingungen für alle Gase praktisch das gleiche Volumen. Aus diesem Grund ist der Stoffmengenanteil χ(X) einer Gaskomponente X gleich dem Volumenanteil φ(X) (φ: griechischer Buchstabe phi).

Stoffmengenanteil einer Gaskomponente in einem Gasgemisch

$$\chi(X) = \frac{n(X)}{n_{ges}}$$

$$\chi(X) = \frac{p(X)}{p_{ges}}$$

$$\chi(X) = \frac{V(X)}{V_{ges}} = \varphi(X)$$

[1] John Dalton (1766–1844), englischer Physiker

Beispiel: Bei einem Versuch wurden bei der thermischen Zersetzung von Quecksilberoxid 30,0 mL Sauerstoff über Wasser als Sperrflüssigkeit bei p_{amb} = 1030,2 mbar und ϑ = 20,5 °C aufgefangen **(Bild 1)**.

Die Sauerstoff-Gasportion im Auffangzylinder steht mit dem Wasser im Gleichgewicht und enthält gasförmiges Wasser.

Der Sättigungsdampfdruck des Wassers beträgt bei dieser Temperatur $p_s(H_2O)$ = 24,2 mbar. Wie viel Milliliter trockener Sauerstoff sind im Standzylinder enthalten?

Lösung: $\chi(O_2) = \frac{p(O_2)}{p_{ges}} = \frac{V(O_2)}{V_{ges}} \Rightarrow V(O_2) = \frac{p(O_2) \cdot V_{ges}}{p_{ges}}$

Der Gesamtdruck in der Gasportion setzt sich aus dem Sauerstoffpartialdruck $p(O_2)$ und dem Wasserpartialdruck $p(H_2O)$ zusammen:

$p_{ges} = p(O_2) + p(H_2O) \Rightarrow p(O_2) = p_{ges} - p_{H_2O}$

Das trockene O_2-Volumen: $\boldsymbol{V(O_2)} = \frac{(p_{ges} - p_{H_2O}) \cdot V_{ges}}{p_{ges}} = \frac{(1030{,}2\ \text{mbar} - 24{,}2\ \text{mbar}) \cdot 30{,}0\ \text{mL}}{1030{,}2\ \text{mbar}} \approx \mathbf{29{,}3\ mL}$

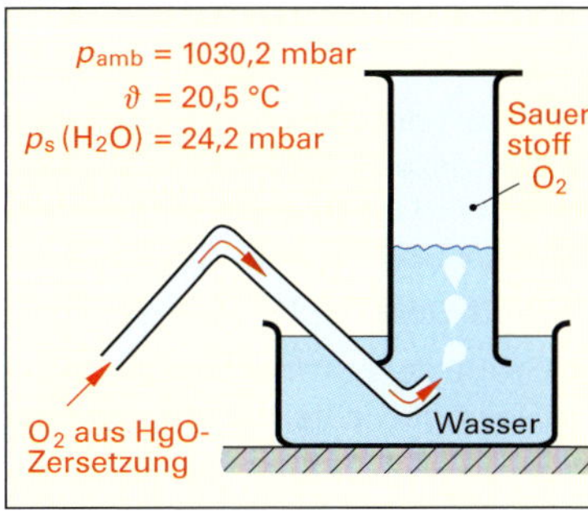

Bild 1: Auffangen einer Gasportion

Aufgaben zu Sättigungsdampfdruck, Partialdruck

1. Das bei der Ammoniaksynthese eingesetzte Gasgemisch aus H_2 und N_2 hat folgende Volumenanteile: $\varphi(H_2)$ = 75 %, $\varphi(N_2)$ = 25 %. Berechnen Sie die Partialdrücke der beiden Gas-Komponenten bei einem Gesamtdruck von p_{ges} = 325 bar.

2. Bei der Hydrolyse von Aluminiumcarbid wird Methangas CH_4 gebildet: $Al_4C_3 + 12\ H_2O \rightarrow 4\ Al(OH)_3 + 3\ CH_4$.
   In einem Versuch wurden 530 mL Methan über Wasser als Sperrflüssigkeit aufgefangen **(Bild 2)**. Die Temperatur des Wassers betrug $\vartheta(H_2O)$ = 20,0 °C. Der Sättigungsdampfdruck des Wassers bei dieser Temperatur ist p_s = 23,4 mbar. Der Druck in der Gasmischung war gleich dem Umgebungsdruck p_{amb} = 1005,3 mbar. Welche Masse an Methan wurde freigesetzt?

3. In einem Amalgamzersetzer wird Natriumamalgam am Grafitkontakt zersetzt **(Bild 3)**. Dabei entsteht Quecksilber, Natronlauge und pro Stunde 40 m^3 feuchter Wasserstoff. Der Druck im Amalgamzersetzer beträgt aus sicherheitstechnischen Gründen p_e = 5,9 mbar, bei einem Luftdruck von p_{amb} = 998,5 mbar und einer Temperatur von ϑ = 75 °C im Zersetzer. Wie viel Kubikmeter trockener Wasserstoff entstehen pro Stunde, wenn der Sättigungsdampfdruck des Wassers bei dieser Temperatur $p_s(H_2O)$ = 407,8 mbar beträgt?

4. Bei der Thermolyse von Ammoniumnitrat NH_4NO_3 wurden 67,5 mL eines Gasgemisches über Wasser als Sperrflüssigkeit freigesetzt. Das entstandene Gasgemisch enthält Stickstoff und Sauerstoff im Volumenverhältnis $V(N_2) : V(O_2)$ = 2 : 1. Das Gasgemisch hat eine Temperatur von 22 °C und steht unter einem Druck von 1025,6 mbar; der Partialdruck des Wasserdampfs beträgt bei 22 °C $p_s(H_2O)$ = 26,4 mbar.
   Wie groß ist das Volumen an trockenem Stickstoff und Sauerstoff im Gasgemisch?

5. In einem Scheibengasbehälter **(Bild 4)** steht Erdgas unter einem Druck von p_{abs} = 1050 mbar. Durch Analyse des Erdgases wurden folgende Volumenanteile ermittelt: $\varphi(CH_4)$ = 84 %, $\varphi(C_2H_6)$ = 7 %, $\varphi(N_2)$ = 8 %, $\varphi(O_2)$ = 1 %. Berechnen Sie den Partialdruck der Bestandteile des Erdgases.

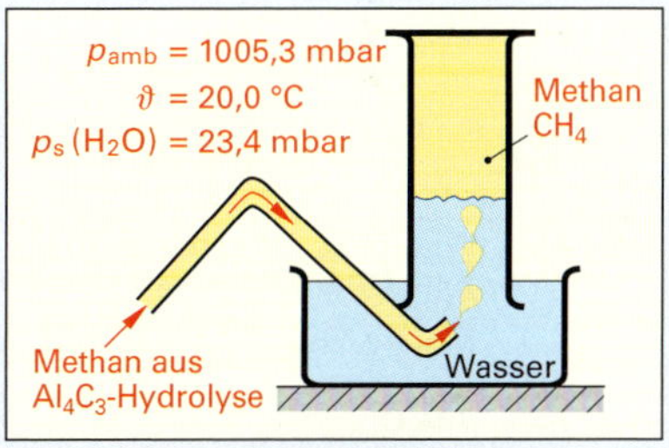

Bild 2: Bestimmen der Masse an Methan (Aufgabe 2)

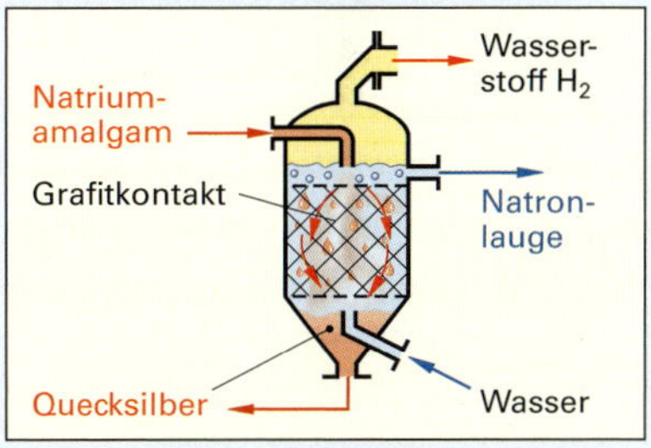

Bild 3: Wasserstoff aus dem Amalgamzersetzer (Aufgabe 3)

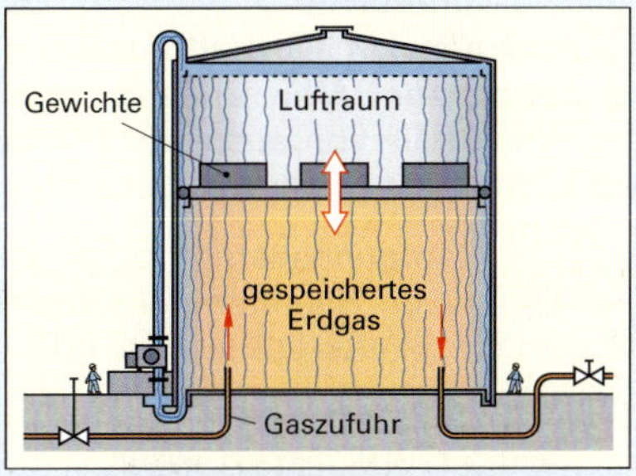

Bild 4: Erdgas in Scheibengasbehälter (Aufgabe 5)

3.17 Luftfeuchtigkeit

In der Luft der Atmosphäre ist durch das Verdunsten von Wasser aus Gewässern und nassen Oberflächen ein Wassergehalt vorhanden. Er wird Luftfeuchte (humidity) genannt.

Auch in jedem Gefäß, in dem sich Wasser befindet, enthält der Gasraum über der Flüssigkeit eine Luftfeuchte **(Bild 1)**.

Die Größe der Luftfeuchte ist von der Temperatur und vom erreichten Gleichgewichtszustand abhängig. Es gibt mehrere Kennwerte, um den Wassergehalt der Luft zu beschreiben.

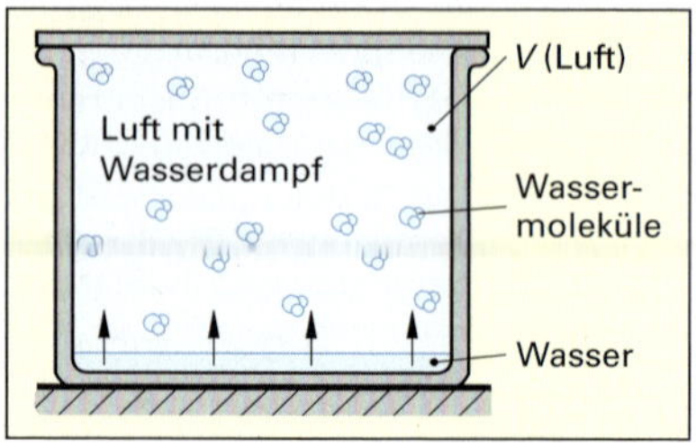

Bild 1: Entstehen der Luftfeuchtigkeit

3

Maximale Luftfeuchte (maximum humidity)

Maximale Luftfeuchte $\beta(H_2O)_{max}$ oder Sättigungs-Massenkonzentration heißt die Masse an Wasserdampf, die ein Kubikmeter Luft bei einer bestimmten Temperatur maximal aufnehmen kann (siehe rechts). Sie wird in Gramm durch Kubikmeter angegeben.

Bei gegebenem Sättigungsdampfdruck p_s lässt sich die maximale Luftfeuchte $\beta(H_2O)_{max}$ auch mithilfe der allgemeinen Gasgleichung (vgl. Seite 136) berechnen:

Maximale Feuchte

$$\beta(H_2O)_{max} = \frac{m(H_2O)_{max}}{V(Luft)}$$

$$\beta(H_2O)_{max} = \frac{p_s(H_2O) \cdot M(H_2O)}{R \cdot T}$$

$$p \cdot V = \frac{m}{M} \cdot R \cdot T \quad \Rightarrow \quad \frac{m(H_2O)_{max}}{V(Luft)} = \frac{p_s(H_2O) \cdot M(H_2O)}{R \cdot T} = \beta(H_2O)_{max}$$

Beispiel: Wie groß ist die maximale Luftfeuchte, wenn der Sättigungsdampfdruck des Wassers bei 20 °C $p_s(H_2O)$ = 23,4 mbar beträgt?
Molare Masse des Wassers $M(H_2O)$ = 18,02 g/mol , R = 0,08314 bar · L/(K · mol)

Lösung: $\boldsymbol{\beta(H_2O)_{max}} = \frac{p_s(H_2O) \cdot M(H_2O)}{R \cdot T} = \frac{0{,}0234\ \text{bar} \cdot 18{,}02\ \text{g} \cdot \text{mol} \cdot \text{K}}{0{,}08314\ \text{bar} \cdot \text{L} \cdot \text{mol} \cdot 293\ \text{K}} = 0{,}0173098\ \text{g/L} \approx \mathbf{17{,}3\ g/m^3}$

Absolute Luftfeuchte (absolute humidity)

Als absolute Luftfeuchte $\beta(H_2O)_{abs}$ bezeichnet man die Massenkonzentration an Wasserdampf, wenn Luft bei einer bestimmten Temperatur unvollständig mit Wasserdampf gesättigt ist.

Wird feuchte Luft abgekühlt, so kann sie immer weniger Wasserdampf halten. Beim Taupunkt überschreitet die absolute Luftfeuchte die maximale Luftfeuchte, und der überschüssige Wasserdampf wird in Form von Nebel oder Eiskristallen ausgeschieden.

Absolute Luftfeuchte

$$\beta(H_2O)_{abs} = \frac{m(H_2O)_{abs}}{V(Luft)}$$

Relative Luftfeuchte (relative humidity)

Relative Luftfeuchte φ_r wird das Verhältnis der absoluten Luftfeuchte zur maximalen Luftfeuchte bei einer bestimmten Lufttemperatur genannt. Man erhält die relative Luftfeuchte φ_r auch aus dem Verhältnis von absoluter Masse ($m(H_2O)_{abs}$) zu maximaler Masse ($m(H_2O)_{max}$) an Wasserdampf in der Luftportion.

Falls die Sättigungsdampfdrücke des Wassers beim Taupunkt $p_s(H_2O)_T$ und bei Raumtemperatur $p_s(H_2O)_{RT}$ bekannt sind, errechnet sich die relative Luftfeuchte durch Division dieser Sättigungsdampfdrücke.

Relative Luftfeuchte

$$\varphi_r = \frac{\beta(H_2O)_{abs}}{\beta(H_2O)_{max}}$$

$$\varphi_r = \frac{m(H_2O)_{abs}}{m(H_2O)_{max}}$$

$$\varphi_r = \frac{p_s(H_2O)_T}{p_s(H_2O)_{RT}}$$

Die relative Luftfeuchte φ_r wird als Dezimalzahl oder in Prozent angegeben. Sie steigt bei Abkühlung einer Luftportion an, da die Sättigungsmenge kleiner wird.

Den Zusammenhang von Sättigungsdampfdruck und Temperatur zeigt Bild 2, Seite 114.

Beispiel: Die relative Luftfeuchte in einem Labor mit einem Volumen von $V(\text{Luft}) = 70{,}0\ m^3$ beträgt bei $\vartheta = 22°C$ $\varphi_r = 45{,}0\ \%$.
Der Sättigungsdampfdruck des Wassers beträgt bei dieser Temperatur $p_s(H_2O) = 26{,}43$ mbar.
Wie viel Wasser befindet sich in der Raumluft des Labors?

Lösung: $\varphi_r = \frac{m(H_2O)_{abs}}{m(H_2O)_{max}} \Rightarrow m(H_2O)_{abs} = \varphi_r \cdot m(H_2O)_{max}$; mit $m(H_2O)_{max} = \beta(H_2O)_{max} \cdot V(\text{Luft})$ und

$$\beta(H_2O)_{max} = \frac{p_s(H_2O) \cdot M(H_2O)}{R \cdot T} \quad \text{folgt:} \quad m(H_2O)_{abs} = \varphi_r \cdot \frac{p_s(H_2O) \cdot M(H_2O)}{R \cdot T} \cdot V(\text{Luft})$$

$$\boldsymbol{m(H_2O)_{abs}} = \frac{0{,}450 \cdot 0{,}02643\ \text{bar} \cdot 18{,}02\ \text{g} \cdot 70{,}0 \cdot 10^3\ \text{L} \cdot \text{mol} \cdot \text{K}}{0{,}0831\ \text{bar} \cdot \text{L} \cdot \text{mol} \cdot 295\ \text{K}} \approx \mathbf{612\ g}$$

3

Aufgaben zu Luftfeuchtigkeit

1. Wie groß ist die relative Luftfeuchte in einem Trockenschrank **(Bild 1)** mit einer Innentemperatur von 80°C, wenn der Taupunkt bei 70°C liegt? Die Sättigungsdampfdrücke betragen: $p_s(H_2O,\ 70°C) = 311{,}6$ mbar, $p_s(H_2O, 80°C) = 473{,}6$ mbar.
2. Wie groß ist die maximale Luftfeuchte in einem Hochregallager bei 20°C, wenn der Sättigungsdampfdruck bei dieser Temperatur $p_s(H_2O, 20°C) = 23{,}4$ mbar beträgt?
3. Wie viel Gramm Wasser kondensieren bei der Inbetriebnahme eines Kälteschranks mit einem Volumen von 280 L, wenn die Innentemperatur von 20°C bei einer relativen Luftfeuchte von 85 % auf 7°C absinkt? $p_s(H_2O,\ 20°C) = 23{,}4$ mbar, $p_s(H_2O, 7°C) = 10{,}0$ mbar.
4. Wie groß ist die maximale Luftfeuchte in Gramm pro Kubikmeter in einem Exsikkator **(Bild 2)** über Calciumchlorid $CaCl_2$ als Trockenmittel bei 25°C, wenn der Sättigungsdampfdruck des Wassers bei dieser Temperatur $p_s(H_2O) = 0{,}30$ mbar beträgt?

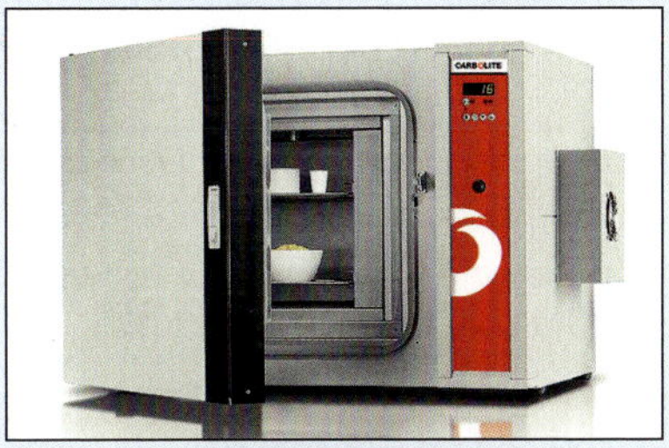

Bild 1: Trockenschrank (Aufg. 1)

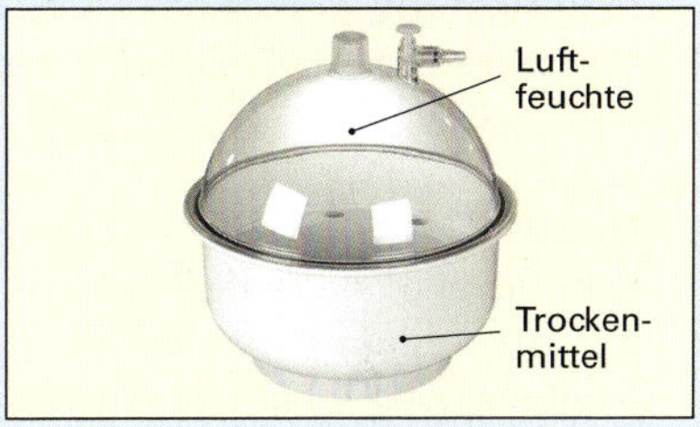

Bild 2: Exsikkator (Aufgabe 4)

Gemischte Aufgaben zu Ausgewählte physikalische Berechnungen

1. Wenn man für den Atomkern und das Atom Kugelgestalt annimmt, dann beträgt der Radius des Eisenatomkerns d_{AK} $5{,}0 \cdot 10^{-15}$ m und der Radius der Eisenatomhülle d_{AH} ist 126 pm (126 Picometer) **(Bild 3)**.
   a) Um welchen Faktor ist das Volumen der Eisenatomhülle größer als das seines Atomkerns?
   b) Wenn der Durchmesser der Eisenatomhülle auf einen Kilometer vergrößert wäre, welchen Durchmesser hätte dann der Atomkern?
   c) Welcher Anteil des Atomhüllenvolumens entfällt auf den Atomkern?
   d) Wie groß ist die Dichte des Eisenatomkerns, wenn die Masse des Eisenatoms $m(\text{Fe}) = 9{,}2738 \cdot 10^{-26}$ kg beträgt?

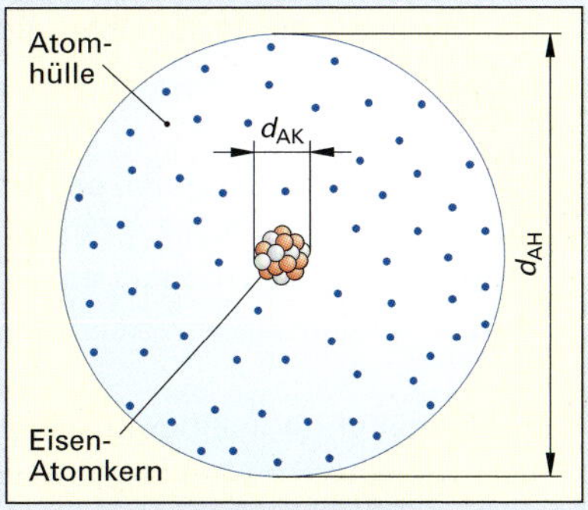

Bild 3: Größe eines Eisenatoms (schematisch) (Aufgabe 1)

3

2. Wie groß ist der Eigenvolumenanteil an Argonatomen in einer Gasportion von 22,4 L unter Normbedingungen, wenn der Radius eines Argonatoms 98 pm beträgt und sich $6{,}022 \cdot 10^{23}$ Argonatome in der Gasphase befinden?

3. Das Volumen eines Zinkatoms beträgt $10{,}0 \cdot 10^{-21}$ mm³. Wie groß ist der Atomradius des Zinkatoms in Picometer, wenn für das Zinkatom eine Kugelgestalt angenommen wird?

4. Aus einem stehenden zylindrischen Tank **(Bild 1)** mit den Innenmaßen h = 3,50 m und d = 1,50 m werden 500 L Natronlauge abgefüllt. Der Tank ist vor dem Abfüllen zu 70,0 % gefüllt.
   Wie hoch ist der Flüssigkeitsstand nach der Entnahme?

5. Wie viel Quadratmeter Blattgold kann man aus 1 Gramm Gold herstellen?
   (Blattgold hat eine Dicke von d = 0,10 µm, seine Dichte beträgt ϱ(Au) = 19,32 g/cm³)

6. Auf der Verpackung einer Rolle Aluminiumfolie stehen folgende Angaben: Länge 30,0 m, Breite 30,0 cm, Nettogewicht 310 g, Foliendicke 13 µm. Überprüfen Sie die Nettomasse der Folie mithilfe der Dichte des Aluminiums ϱ(Al) = 2,70 g/cm³.

7. Nach DIN EN 1236 liegt die Rütteldichte bis zu 10 % über der Schüttdichte und darf manchmal diesen Wert überschreiten. Überprüfen Sie diese Aussage mithilfe der in der nebenstehenden Tabelle angegebenen Werte.

8. Ein Kraftwagen fährt mit einer Geschwindigkeit von 50 km/h und wird dabei von einem Fahrzeug mit einer Geschwindigkeit von 60 km/h überholt. Die Fahrzeuge sind jeweils 4,0 m lang. Der gegenseitige Abstand der Kraftwagen beträgt vor und nach dem Überholen 25 m.
   a) Wie lange dauert der Überholvorgang?
   b) Welche Fahrstrecke legt der Überholer dabei zurück?

9. In einem Sedimentiergefäß setzen sich die Feststoffpartikel mit einer mittleren Absetzgeschwindigkeit von 0,92 cm/min ab **(Bild 2)**. Die Sedimentierstrecke beträgt 17,5 cm.
   Welche mittlere Absetzzeit haben die Feststoffpartikel?

10. Ein Flügelrührer in einem Dreihalsrundkolben **(Bild 3)** rotiert mit einer Umdrehungsfrequenz von 120 min⁻¹, sein äußerer Rührkreisdurchmesser beträgt 60,0 mm.
    Wie groß ist die Umfangsgeschwindigkeit des Flügelrührers an seinem äußeren Flügelende?

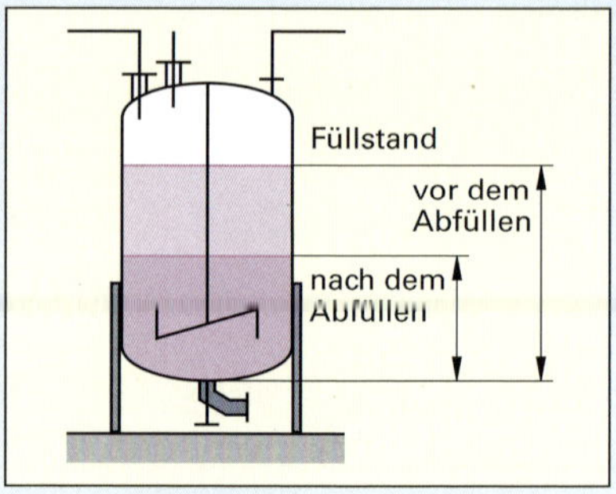

Bild 1: Zylindrischer Flüssigkeitstank (Aufgabe 4)

Tabelle: Technische Dichten von Schüttgütern (Aufgabe 7)

Schüttgut	Stoffdichte t/m³	Schüttdichte t/m³	Rütteldichte t/m³
Quarzsand	2,7	1,5	1,7
Polystyrolgranulat	1,1	0,54	0,58
Thomasphosphat	2,2	1,7	2,1
Al_2O_3	3,9	0,80	1,1
Zucker	1,6	0,88	0,99
Kalksteinmehl	2,9	1,1	1,3
Bauxit	2,5	1,05	1,35
Zement	3,1	1,24	1,80

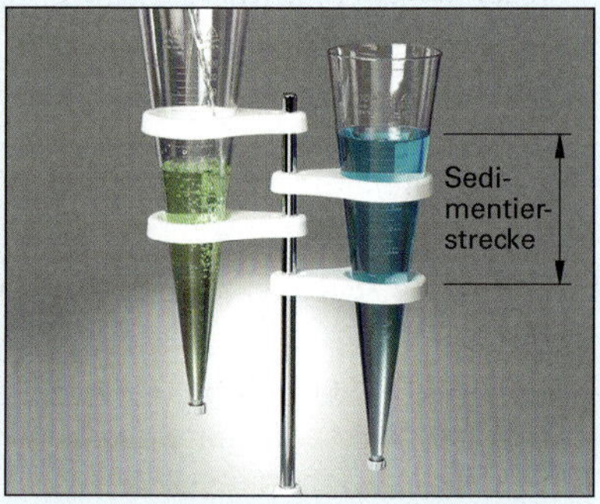

Bild 2: Absetzen im Sedimentiergefäß (Aufgabe 9)

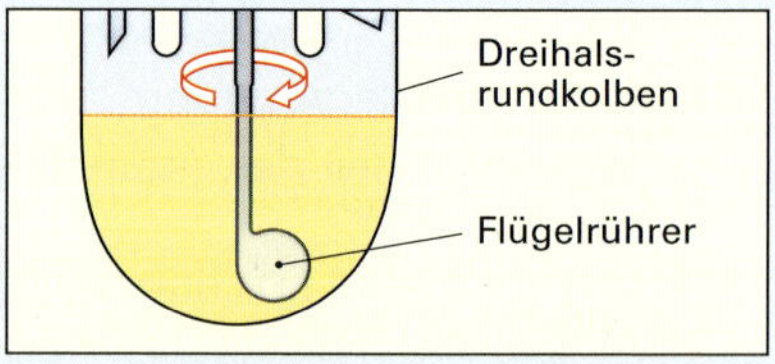

Bild 3: Rotierender Rührer (Aufgabe 10)

11. Beim freien Fall wurde von einer Stahlkugel eine Fallstrecke von 1000 mm in einer Fallzeit von t = 0,45 s durchfallen. Wie groß ist die Fallbeschleunigung?

12. Ein Kesselwagen hat leer eine Masse von 11,825 t. Er ist mit 55 m³ Flüssigschwefel (ϱ = 1,785 g/cm³) beladen. Zur waagerechten Verschiebung des beladenen Kesselwagens ist eine Kraft von 5,500 kN erforderlich.
    a) Wie groß ist die Gesamtmasse des beladenen Kesselwagens?
    b) Wie groß ist die Normalkraft des beladenen Kesselwagens?
    c) Wie groß ist die Rollreibungszahl des Kesselwagens?

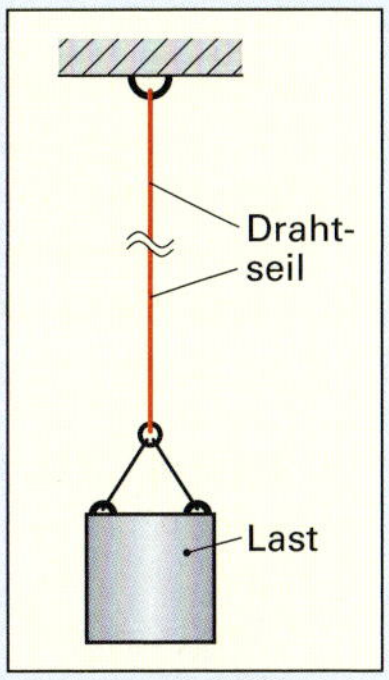

Bild 1: Drahtseil mit Last (Aufgabe 13)

13. Ein senkrecht hängendes Drahtseil **(Bild 1)** darf maximal mit einer Zugkraft von 10,0 kN belastet werden. Es hat eine Masse von 150 kg. Berechnen Sie die Masse der Last, mit der das Tragseil am unteren Ende höchstens belastet werden darf.

14. Ein zylindrischer Tank wird zur Überprüfung der Dichtigkeit mit einem Überdruck von 7,5 bar abgepresst. Der Tank hat einen Innendurchmesser von 2,0 m und ist an beiden Seiten durch Klöpperböden verschlossen **(Bild 2)**. Mit welcher Kraft werden die je 0,50 cm breiten Schweißnähte belastet?

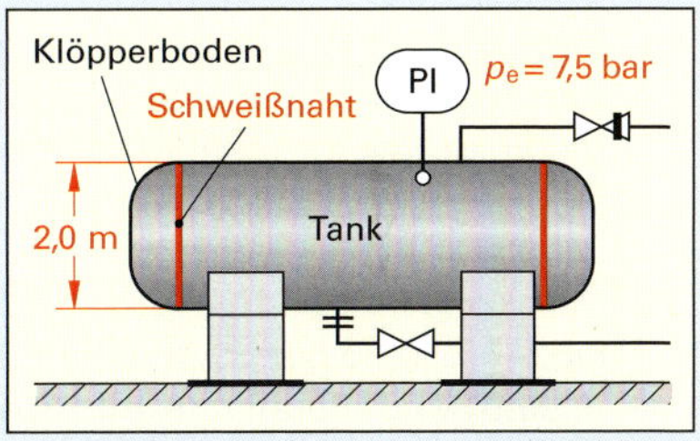

Bild 2: Abpressen eines Tanks (Aufg. 14)

15. Welche Hubkraft muss ein Hubstapler aufwenden, um eine Palette mit PVC-Granulat mit einer Masse von 250 kg in 4,0 Sekunden auf eine Hubgeschwindigkeit von 0,50 m/s zu bringen?

16. In einer Versuchsreihe werden an einer Schraubenfeder durch Belastung mit unterschiedlichen Massen die Auslenkungen gemessen **(Bild 3)**. Man erhielt die in der nebenstehenden Tabelle wiedergegebenen Messergebnisse.
    a) Stellen Sie die Messwerte in einem Kraft-Auslenkungs-Diagramm grafisch dar.
    b) Extrapolieren Sie die Auslenkung bei einer Gewichtskraft von 3,30 N.
    c) Interpolieren Sie die Masse bei einer Auslenkung von 4,80 cm.
    d) Bestimmen Sie aus der Steigung des Graphen die Federkonstante D.
    e) Tragen Sie den Graphen einer härteren und einer weicheren Feder qualitativ ins Diagramm ein.

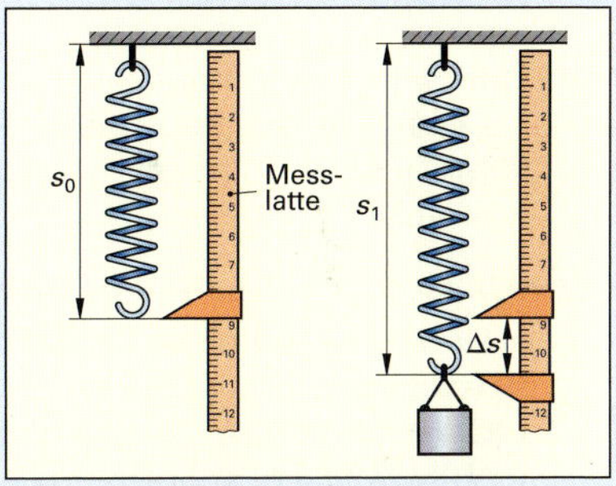

Bild 3: Versuchsreihe an einer Schraubenfeder (Aufg. 16)

Tabelle: Messergebnisse Aufg. 16

Masse in Gramm	Auslenkung in Zentimeter
50	2,7
100	4,3
150	5,6
200	8,6
250	11,3

17. Ein Radiumpräparat mit der Kernladungszahl 86 sendet α-Teilchen mit einer Geschwindigkeit von $15{,}2 \cdot 10^6$ m/s aus (Bild 1, Seite 167). Sie werden in einer Luftschicht von 3,30 cm Dicke bei ϑ = 15 °C und p_{amb} = 1013 mbar so stark abgebremst, dass sie ihre ionisierende Wirkung verlieren.
    a) Wie groß ist die kinetische Energie der α-Teilchen (Ruhemasse m_o ($^4_2$He) = $6{,}6447 \cdot 10^{-27}$ kg)?
    b) Welche Verzögerung erfahren die α-Teilchen in der Luft?

18. Eine Stahlkugel in einem federbelasteten Sicherheitseckventil hat einen Durchmesser von 10,0 mm **(Bild 1)**. Die Druckfeder ist 20 mm vorgespannt und hat eine Federkonstante von D = 78 N/mm. Bei welchem Druck öffnet das Ventil, wenn die Stahlkugel mit einem Drittel ihrer Oberfläche gegen das unter Druck stehende Medium abdichtet?

19. Bei der katalytischen Zersetzung einer Wasserstoffperoxid-Lösung wurden bei ϑ = 21,0 °C und p_{amb} = 997,5 hPa 45,5 mL Sauerstoff über Wasser als Sperrflüssigkeit aufgefangen (Apparatur siehe Bild 1, Seite 115). Der Sättigungsdampfdruck des Wassers bei 21,0 °C beträgt p_s = 24,9 mbar.
Wie viel Milliliter trockener Sauerstoff befinden sich im Auffangzylinder?

20. Eine Hubkolbenpumpe mit einem Kolbendurchmesser von 130 mm **(Bild 2)** soll pro Kolbenhub 2000 cm^3 Cyclohexan in eine Extraktionskolonne pumpen.
Wie groß muss der Kolbenhub h der Pumpe sein?

21. Eine Kreiselradpumpe fördert 800 L einer Ethanol-Suspension (ϱ = 0,80 g/cm^3) über eine Höhendifferenz von 8,7 m in eine Bandfilteranlage **(Bild 3)**. Der Pumpenmotor nimmt aus dem Netz eine Leistung von 500 W auf. Die Pumpenanlage hat einen Wirkungsgrad von 69 %.
Welche Zeit ist für den Fördervorgang erforderlich?

22. Eine Membranpumpe verrichtet eine Hubarbeit von 1,5 kWh. Wie viel Kubikmeter Sole (ϱ = 1,2 g/cm^3) kann damit in einen 3,0 m hoch gelegenen Behälter gepumpt werden?

23. Vergleichen Sie die kinetische Energie eines Sauerstoffmoleküls mit der eines Stickstoffmoleküls bei folgenden Molekulargeschwindigkeiten und Massen (T = 273,15 K):
$v(O_2)$ = 461,6 m/s, $m(O_2) = 5{,}3136 \cdot 10^{-26}$ kg
$v(N_2)$ = 493,4 m/s, $m(N^2) = 4{,}6518 \cdot 10^{-26}$ kg

24. Die Sinterplatte einer Filternutsche hat einen Innendurchmesser von d = 90,0 mm **(Bild 4)**. Auf der Sinterglasplatte befindet sich 500 mL Filterkuchen mit einer Dichte von ϱ = 1,8 g/cm^3.
Das Wasserstrahlvakuum in der Saugflasche beträgt p_{abs} = 250 mbar und der Umgebungsdruck ist p_{amb} = 1025 hPa.
Mit welcher Kraft wird die Sinterglasplatte belastet?

25. Wie ändert sich die Dichte eines Gases, wenn der Druck bei konstanter Temperatur verdoppelt wird?

26. Berechnen Sie die kinetische Energie eines Elektrons (Ruhemasse: $m_o = 9{,}109601 \cdot 10^{-31}$ kg) in einem Massenspektrometer, das mit einer Geschwindigkeit von $5{,}0 \cdot 10^6$ m/s auf die zu untersuchende Substanz gelenkt wird.

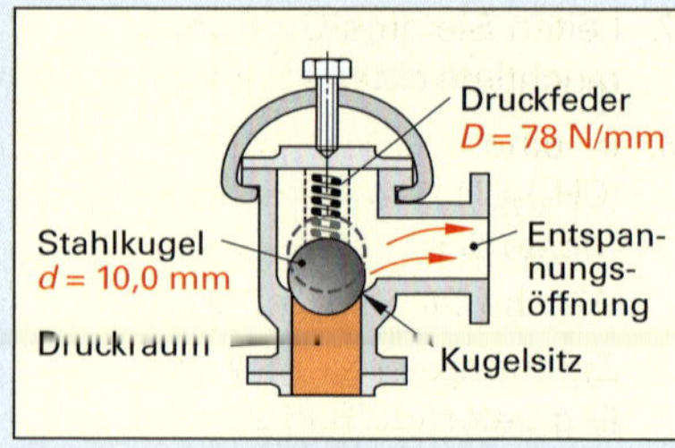

Bild 1: Sicherheitsventil (Aufgabe 18)

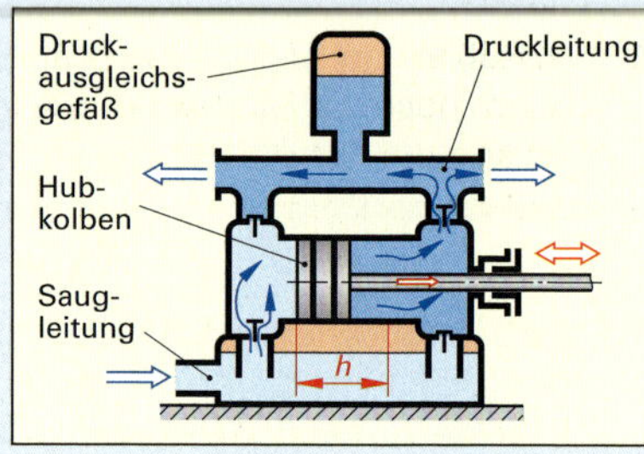

Bild 2: Hubkolbenpumpe (Aufg. 20)

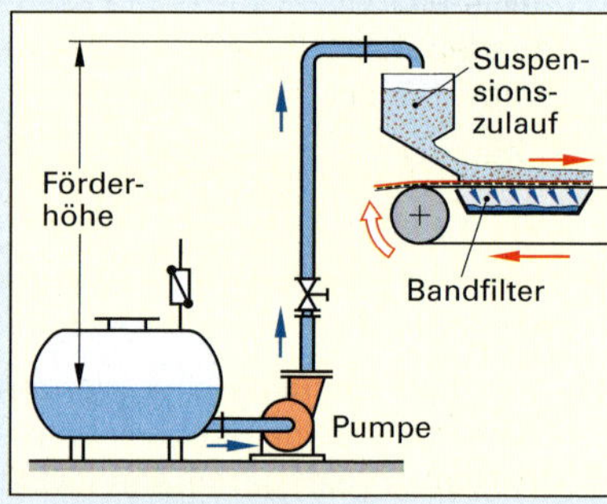

Bild 3: Fördern mit einer Kreiselpumpe (Aufgabe 21)

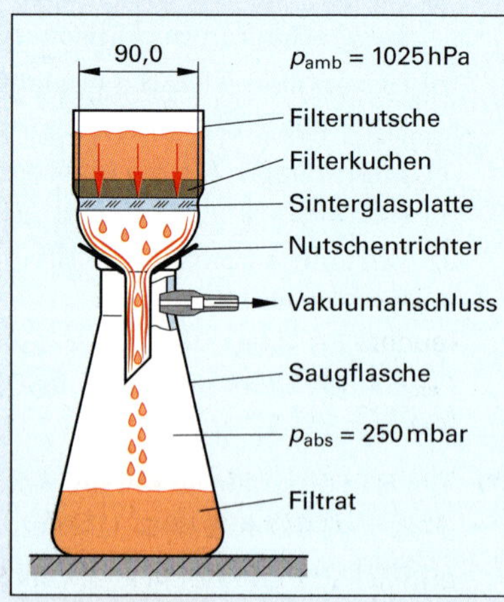

Bild 4: Filtrieren mit der Filternutsche (Aufgabe 24)

27. Leiten Sie eine Größengleichung ab, mit der sich die Eintauchtiefe eines schwimmenden Körpers berechnen lässt.

28. In einem U-Rohr stehen Wasser und Diisopropylether $(CH_3)_2CH\text{-}O\text{-}CH(CH_3)_2$ mit den in **Bild 1** gezeigten Höhen. Die Dichte des Wassers beträgt $\varrho_W = 0{,}9982\ g/cm^3$.
Welche Dichte hat Diisopropylether?

29. Zur Infrarotspektroskopie wird mit einer Presse ein Pressling gefertigt (Bild 2, Seite 104). Welcher Druck herrscht in einem Pressling mit 13,0 mm Durchmesser im Presswerkzeug bei einer Druckkraft der hydraulischen Presse von 9,95 kN?

30. Ein Rührkessel mit einer Behälterfüllung von 10,00 m³ wird 3,00 m hoch mit VE-Wasser gefüllt **(Bild 2)**. Kreiselradpumpen können das Wasser
a) über ein Steigrohr von oben einströmen lassen,
b) durch ein am Boden einmündendes Rohr in den Kessel drücken.
Welche Arbeit ist in den beiden genannten Fällen zu verrichten?

31. In U-Rohr-Manometern erfolgt die Druckmessung je nach Sperrflüssigkeit in Millimeter Wassersäule (mm_{WS}) oder in Millimeter Quecksilbersäule (mm_{HgS}). Rechnen Sie die folgenden Druckangaben in Millimeter Wassersäule und Millimeter Quecksilbersäule um:
1 bar = ☐ Pa = ☐ N/cm² =
= ☐ mm_{WS} = ☐ mm_{HgS}.

32. In einem Glockengasbehälter mit einem Durchmesser von d = 12,00 m steht Erdgas unter einem Druck von p_{abs} = 1,50 bar. Welche Masse hat die Gasometerglocke, wenn der Umgebungsdruck p_{amb} = 1,00 bar beträgt?

33. Welcher absolute Unterdruck p_e kann mit einer Wasserstrahlpumpe **(Bild 3)** bei einer Wassertemperatur von $\vartheta(H_2O)$ = 9,0 °C höchstens erreicht werden?
Der Sättigungsdampfdruck des Wassers beträgt bei dieser Temperatur $p_s(H_2O)$ = 11,5 mbar und der Umgebungsdruck p_{amb} = 1020 mbar.

34. Bei der Hydrolyse von Calciumcarbid entsteht Ethin C_2H_2 nach der Reaktionsgleichung:
$(CaC_2 + 2\,H_2O \rightarrow C_2H_2 + Ca(OH)_2)$.
Bei einem Versuch wurde die Masse an Ethin zu 0,65 Gramm berechnet.
Welches Volumen hat das über Wasser gespeicherte feuchte Ethingas (Bild 2, Seite 115), das bei ϑ = 20 °C und p_{amb} = 1018 mbar aufgefangen wird?
($p_s(H_2O$, 20 °C) = 23,4 mbar)

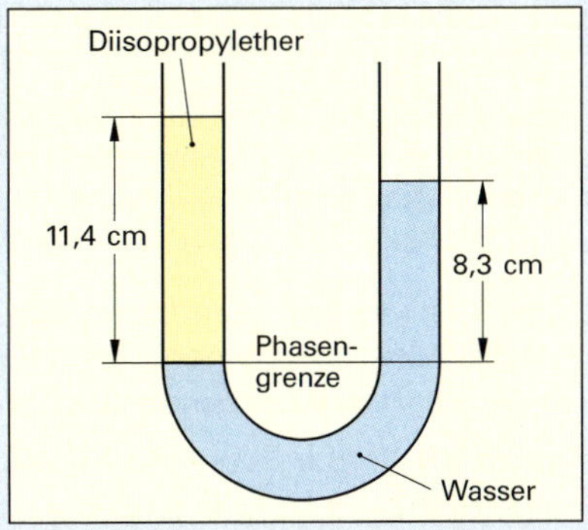

Bild 1: Wasser und Diisopropylether in einem U-Rohr (Aufgabe 28)

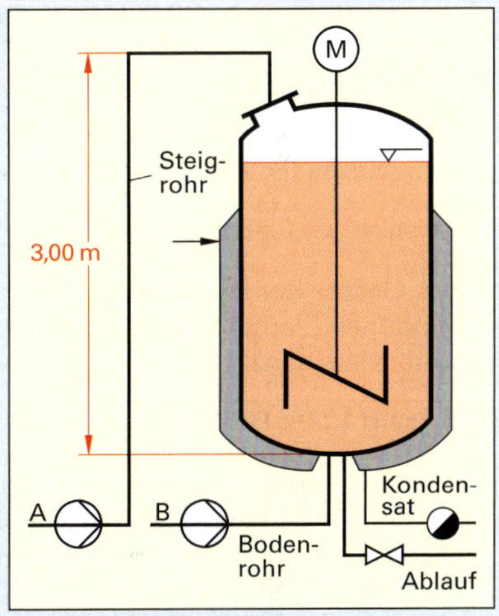

Bild 2: Befüllen eines Rührkessels (Aufgabe 30)

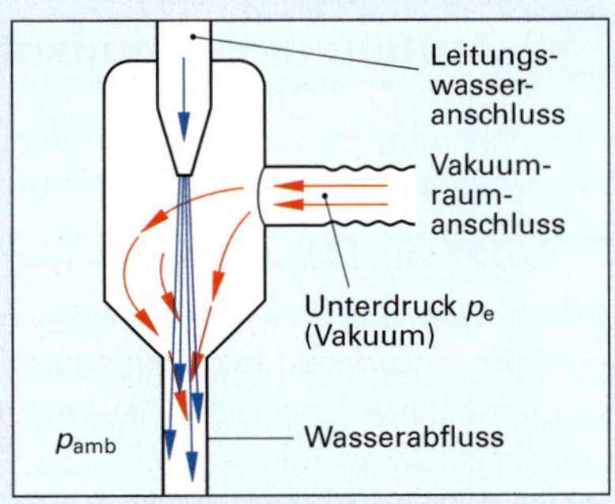

Bild 3: Vakuum mit der Wasserstrahlpumpe (Aufgabe 33)

35. Bei der katalytischen Zersetzung einer Wasserstoffperoxid-Lösung mit Mangandioxid
$(2\,H_2O_2 \xrightarrow{Mn_2O_5} 2\,H_2O + O_2)$ wurden 250 mL Sauerstoff bei ϑ = 20 °C und p_{amb} = 1010 mbar entwickelt und über Wasser als Sperrflüssigkeit aufgefangen.
Welche Masse und welches Volumen hat der Sauerstoff im feuchten Gas?
Der Sättigungsdampfdruck des Wassers beträgt bei 20 °C $p_s(H_2O)$ = 23,4 mbar.

4 Stöchiometrische Berechnungen

Stöchiometrische Berechnungen befassen sich mit den Stoffportionen von Elementen und chemischen Verbindungen in chemischen Reaktionen.

Eine **Stoffportion** bezeichnet einen abgemessenen Teil eines Stoffes.

Zur Kennzeichnung einer Stoffportion sind Angaben über ihre **Qualität** und über ihre **Quantität** notwendig.

Zur qualitativen und quantitativen Beschreibung von Verbindungen verwendet man chemische Formeln. Sie beschreiben die Elemente einer Verbindung durch einfache Zahlenverhältnisse.

Eine Stoffportion kann beschrieben werden:

- **qualitativ** d.h., *woraus* die Stoffportion besteht ⇒ durch die Bezeichnung der Stoffart.
- **quantitativ** d.h., wie groß die Stoffportion ist ⇒ durch geeignete physikalische Größen wie die Masse m, das Volumen V, die Teilchenzahl N oder die Stoffmenge n.
  Man nennt diese Größen auch **Quantitäten einer Stoffportion.**

4

4.1 Grundgesetze der Chemie

Basis aller stöchiometrischen Berechnungen sind zwei **Grundgesetze der Chemie:**

1. Das **Gesetz von der Erhaltung der Masse:** Bei chemischen Reaktionen ist die Gesamtmasse der Ausgangsstoffe (Edukte) gleich der Gesamtmasse der Endstoffe (Produkte).

Beispiel: 5,6 g Eisen Fe reagieren mit 3,2 g Schwefel S zu 5,6 g + 3,2 g = 8,8 g Eisensulfid FeS.

2. Das **Gesetz der konstanten und multiplen Proportionen:** In chemischen Verbindungen liegen die gebundenen Elemente in festgelegten Massenverhältnissen vor; die Anzahl der gebundenen Atome ist dabei stets ganzzahlig.

Beispiel 1: Die Elemente Wasserstoff H und Chlor Cl verbinden sich zu Chlorwasserstoff stets im Massenverhältnis 1 g H : 35,4 g Cl.
Im Chlorwasserstoff-Molekül ist das Verbindungsverhältnis der Atome stets
1 Atom H : 1 Atom Cl ⇒ Formel der Verbindung: **HCl**

Beispiel 2: Die Elemente Aluminium Al und Sauerstoff O verbinden sich zu Aluminiumoxid stets im Massenverhältnis 53,96 g Al : 48,00 g O.
In der Verbindung Aluminiumoxid ist das Verbindungsverhältnis der Atome stets
2 Atome Al : 3 Atome O ⇒ Formel der Verbindung: $\mathbf{Al_2O_3}$

4.2 Aufbau der chemischen Elemente

Für stöchiometrische Berechnungen benötigt man Kenntnisse über den inneren Aufbau der Stoffe.

Atombau, Elementarteilchen

Eine Stoffportion besteht aus einer unvorstellbar großen Anzahl von Atomen, Molekülen oder Formeleinheiten.

Die Atome selbst (atoms) bestehen aus Atombausteinen, **Elementarteilchen** genannt (fundamental particles). Sie sind in einem sehr kleinen Massezentrum (dem Atomkern) und einem den Kern umgebenden Raum (der Atomhülle) angeordnet. **Bild 1** zeigt diesen Aufbau am Beispiel eines Lithiumatoms.

Im **Atomkern** befinden sich die positiv geladenen **Protonen** und ungeladene **Neutronen.** Sie werden Nukleonen genannt. Die **Atomhülle** wird von den **Elektronen** gebildet, die den Kern umkreisen **(Bild 1).**

In der nebenstehenden **Tabelle** sind wichtige Eigenschaften der Elementarteilchen genannt.

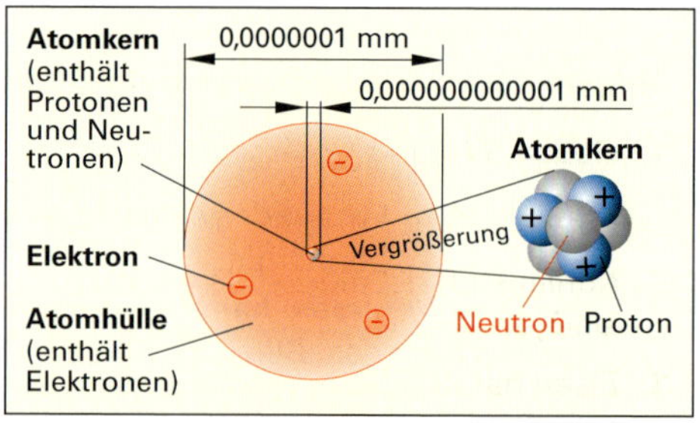

Bild 1: Aufbau eines Lithiumatoms

Tabelle: Eigenschaften von Elementarteilchen

Elementarteilchen	Symbol	elektr. Ladung	Masse in g
Proton	p	+1	$1{,}6725 \cdot 10^{-24}$
Neutron	n	0	$1{,}6792 \cdot 10^{-24}$
Elektron	e	−1	$0{,}000592 \cdot 10^{-24}$

Isotopenschreibweise eines Elements

Für die Beschreibung des Atomkerns eines Elements (Bild 1, Seite 122) benutzt man die Isotopenschreibweise (Beispiel rechts). Sie besteht aus dem Elementsymbol und zwei vorangestellten Ziffern.

Die ***Protonenzahl*** (z.B. für Lithium $Z = 3$) steht als tiefgestellte Ziffer links unten vor dem Elementsymbol. Sie wird auch als **Kernladungszahl** oder **Ordnungszahl** bezeichnet und legt die Stellung des Elements im Periodensystem fest.

Beispiel: Isotopenschreibweise des Atomkerns eines Lithiumatoms

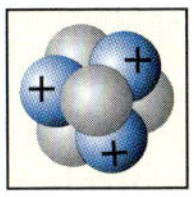

↓ Nukleonenzahl (Massenzahl)

${}^{7}_{3}\mathrm{Li}$ ← Elementsymbol

↑ Protonenzahl (Ordnungszahl)

Die **Nukleonenzahl** (z.B. für Lithium $A = 7$) steht als hochgestellte Ziffer links oben vor dem Elementsymbol. Sie ergibt sich aus der Summe der Protonenzahl Z und der Neutronenzahl N zu $\boldsymbol{A = Z + N}$. Sie wird auch als **Massenzahl** bezeichnet.

Atome, die durch ihre Symbole exakt im Aufbau des Kerns beschrieben sind, wie z.B. ${}^{1}_{1}\mathrm{H}$, ${}^{12}_{6}\mathrm{C}$, ${}^{16}_{8}\mathrm{O}$ und ${}^{235}_{92}\mathrm{U}$, werden als **Nuklide** bezeichnet.

Beispiel 1: Aus welchen und wie vielen Elementarteilchen ist das Nuklid ${}^{23}_{11}\mathrm{Na}$ aufgebaut?

Lösung: Protonenzahl $\boldsymbol{Z = 11}$, Nukleonenzahl $\boldsymbol{N = 23}$;
Neutronenzahl = Nukleonenzahl − Protonenzahl ⇒ $N = A - Z = 23 - 11 =$ **12 Neutronen**
Da ein neutrales Atom vorliegt, ist die Protonenzahl gleich der Elektronenzahl: **11 Elektronen**

Es gibt Elemente, die aus Atomen mit verschiedenen Nukliden bestehen. So besteht der in der Natur vorkommende Kohlenstoff aus drei Nukliden: ${}^{12}_{6}\mathrm{C}$, ${}^{13}_{6}\mathrm{C}$, und ${}^{14}_{6}\mathrm{C}$. Man nennt sie **Isotope**. Näheres dazu auf Seite 166.

Ionen

Bei unterschiedlicher Anzahl von Protonen und Elektronen liegen „geladene Atome" vor. Sie werden als **Ionen** bezeichnet. **Kationen** nennt man positiv geladene Ionen, sie entstehen aus Atomen durch Abgabe von Elektronen. Als **Anionen** werden negativ geladene Ionen bezeichnet; sie entstehen aus Atomen durch Aufnahme von Elektronen.

Beispiel 1: Aus einem Kupferatom Cu mit 34 Neutronen werden 2 Elektronen abgespalten. Wie sind dieser Vorgang und das entstehende Ion in der Isotopenschreibweise darzustellen?

Lösung: ${}^{63}_{29}\mathrm{Cu} - 2\,\mathrm{e} \longrightarrow \boldsymbol{{}^{63}_{29}\mathrm{Cu}^{2+}}$

Beispiel 2: Aus welchen und wie vielen Elementarteilchen ist das Nuklid ${}^{56}_{26}\mathrm{Fe}^{2+}$ aufgebaut?

Lösung: Protonenzahl $\boldsymbol{Z = 26}$, Nukleonenzahl $\boldsymbol{N = 56}$; Da ein zweifach positiv geladenes Kation vorliegt, ist die Elektronenzahl in der Atomhülle $Z - 2 = 26 - 2 =$ **24**
Neutronenzahl $\boldsymbol{N} = A - Z = 56 - 26 =$ **30**

Aufgaben zum Aufbau der chemischen Elemente

1. Geben Sie den atomaren Aufbau der folgenden Atome aus Protonen, Neutronen und Elektronen an:
   a) ${}^{35}_{17}\mathrm{Cl}$ b) ${}^{238}_{92}\mathrm{U}$ c) ${}^{37}_{17}\mathrm{Cl}$ d) ${}^{63}_{29}\mathrm{Cu}$ e) ${}^{17}_{8}\mathrm{O}$ f) ${}^{27}_{13}\mathrm{Al}$
2. Kohlenstoff hat die stabilen Isotope ${}^{12}_{6}\mathrm{C}$, ${}^{13}_{6}\mathrm{C}$ und ${}^{14}_{6}\mathrm{C}$. Aus welchen und wie vielen Elementarteilchen sind jeweils die drei Kohlenstoff-Isotope aufgebaut?
3. Eisen hat die Kernladungszahl $Z = 26$, seine natürlichen Isotope besitzen 28, 30, 31 und 32 Neutronen. Geben Sie die Isotope des Eisens in der Isotopenschreibweise an.
4. Welche der folgenden Nuklide sind Isotope eines Elements? Ersetzen Sie die Variable X durch das entsprechende Elementsymbol. (Hinweis: Verwenden Sie ein Tabellenbuch oder Periodensystem)
   a) ${}^{40}_{20}\mathrm{X}$ ${}^{40}_{18}\mathrm{X}$ ${}^{40}_{19}\mathrm{X}$ ${}^{36}_{18}\mathrm{X}$ ${}^{36}_{16}\mathrm{X}$ ${}^{42}_{20}\mathrm{X}$ ${}^{41}_{19}\mathrm{X}$ b) ${}^{50}_{23}\mathrm{X}$ ${}^{50}_{24}\mathrm{X}$ ${}^{112}_{50}\mathrm{X}$ ${}^{115}_{50}\mathrm{X}$ ${}^{50}_{22}\mathrm{X}$ ${}^{51}_{23}\mathrm{X}$ ${}^{52}_{24}\mathrm{X}$
5. Aus welchen Elementarteilchen sind die folgenden Ionen aufgebaut?
   a) ${}^{35}_{17}\mathrm{Cl}^{1-}$ b) ${}^{17}_{8}\mathrm{O}^{2-}$ c) ${}^{37}_{17}\mathrm{Cl}^{1-}$ d) ${}^{63}_{29}\mathrm{Cu}^{2+}$ e) ${}^{208}_{82}\mathrm{Pb}^{4+}$ f) ${}^{27}_{13}\mathrm{Al}^{3+}$

4.3 Symbole und Ziffern in chemischen Formeln

Die Bezeichnung der Atome chemischer Elemente erfolgt durch eine Kurzschreibweise mit festgelegten **Symbolen** (symbols) aus einem oder zwei Buchstaben. Im Anhang, Seite 519, sind die Symbole aller Elemente aufgetragen.

Chemische Verbindungen bestehen aus zwei oder mehr Teilchen, die infolge chemischer Reaktion neue Einheiten gebildet haben.

Die **chemische Formel** (formula) einer Verbindung setzt sich aus den Symbolen der beteiligten Elemente zusammen (siehe Beispiel rechts). Teilweise stehen an den Symbolen tiefgestellte Zahlen.

Die Anzahl der Formeleinheiten wird durch einen **Koeffizienten** (coefficient) angegeben, der als arabische Ziffer vor der chemischen Formel steht.

Der Koeffizient 1 wird in der Regel nicht geschrieben, wie z. B. bei Chlorwasserstoff HCl.

Der stöchiometrische **Index** (index) gibt die Anzahl der Atome oder Atomgruppen an, denen der Index nachgestellt ist. Indices werden durch Ziffern angegeben, die unten rechts am Atomsymbol stehen.

Bei Atomgruppen stehen sie rechts unten an einer Klammer, welche die Symbole einer Atomgruppe einschließt. Der Index gilt für alle Atome in der Klammer.

Beispiel: 2 Moleküle Schwefelsäure

Der **Koeffizient** gibt die Anzahl der Atome, Moleküle oder Formeleinheiten an.

$$2\ H_2SO_4$$

Der **Index** gibt die Anzahl der Atome in einem Molekül oder einer Formeleinheit an.

Bild 1: Bedeutung von Index und Koeffizient in chemischen Formeln

Beispiele:

4 Na	: 4 Atome **Natrium**	2 O_3	: 2 Moleküle **Ozon** aus je 3 Atomen O
2 HCl	: 2 Moleküle **Chlorwasserstoff** aus je 1 Atom H und 1 Atom Cl	$CaCO_3$	: 1 Formeleinheit **Calciumcarbonat** aus formal 1 Atom Ca, 1 Atom C und 3 Atomen O
$Ca(OH)_2$	: Eine Formeleinheit **Calciumhydroxid** aus 1 Calcium-Ion und 2 Hydroxidgruppen mit je 1 Atom H und O.	2 $(NH_4)_2SO_4$	: 2 Formeleinheiten **Ammoniumsulfat** aus formal zwei Ammoniumgruppen mit je 1 Atom N und 4 Atomen H sowie einer Sulfatgruppe aus 1 Atom S und 4 Atomen O.

Verbindungen mit Solvathülle

Einen Sonderfall stellen Verbindungen dar, die Kristallwassermoleküle (water of crystallization) oder ähnliche kleine Solvatmoleküle gebunden haben **(Bild 2)**. Zwischen das Symbol der solvatfreien Verbindung und die Ziffer für die Anzahl der Solvatmoleküle wird ein Punkt auf halber Höhe der Schreibzeile gesetzt.

Beispiel: Natriumsulfat-Decahydrat (Natriumsulfat-10-hydrat)

$$Na_2SO_4 \cdot 10\ H_2O$$

Bild 2: Formelschreibweise einer Verbindung mit Hydrathülle

Beispiel: $CaCl_2 \cdot 8\ NH_3$: Calciumchlorid-Octaamin (Calciumchlorid-8-amin)

Ladungszahl von Ionen

Die **Ladungszahl *z*** eines Ions (ionic valence) ist rechts oben am Elementsymbol als hochgestellte Ziffer mit dem Ladungssymbol + oder – anzugeben **(Bild 3)**. Bei einfach geladenen Ionen entfällt die Angabe der Ziffer 1. Ionen, die aus einer Gruppe von Atomen bestehen, können zur Verdeutlichung durch eine runde oder eckige Klammer eingeschlossen werden. Das Zeichen für die Ionenladung steht dann rechts oben außerhalb der Klammer.

Beispiele:

Natrium-Ion	Sulfat-Ion
Na^+	SO_4^{2-}

Bild 3: Formelschreibweise von Ionen

Beispiele: Cl^- Chlorid-Ion, Fe^{3+} Eisen(III)-Ion, $[MnO_4]^-$ Permanganat-Ion

Aufgaben zu Symbolen und Ziffern in chemischen Formeln

1. Welche Bedeutung haben die Ziffern, Symbole und Formeln in den folgenden Ausdrücken?
   2 Br_2, 4 Hg, CH_4, $BaSO_4$, 2 NH_4^+, 2 Zn, 2 FE^{2+}, CO, 3 Co, 2 $AlCl_3$, NO_3^-, HCO_3^-, NaOH, 2 HNO_3, 2 CN^-, 3 O_2, 2 N_2, 2 Ar, $Na_2CO_3 \cdot 10\ H_2O$.
2. Durch welche Ziffern, Symbole oder Formeln werden die folgenden Teilchen beschrieben?
   a) zwei Moleküle Chlor
   b) eine Formeleinheit Kaliumhydroxid
   c) ein Molekül Kohlenstoffdioxid
   d) eine Formeleinheit Aluminiumoxid
   e) zwei Atome Zink
   f) drei Moleküle Kohlenstoffmonoxid
   g) eine Formeleinheit Aluminiumchlorid
   h) zwei Formeleinheiten Calciumoxid
   i) eine Formeleinheit Aluminiumhydroxid
   j) ein Molekül Schwefel(IV)-oxid
3. Beschreiben Sie die Zusammensetzung folgender Formeleinheiten bzw. Moleküle und Ionen:
   $KMnO_4$, P_4, $Na_2S_2O_3$, $Ba(OH)_2$, SiO_2, S_8, $Pb(NO_3)_2$, $Ca(HCO_3)_2$, $(NH_4)H_2PO_4$, HS^-, $CHCl_3$, PO_4^{3-}, $Al_2(SO_4)_3$, C_2H_5OH, HPO_4^{2-}, $FeSO_4 \cdot 7\ H_2O$, $[Cu(NH_3)_4]^{2+}$, H_2O_2.

4.4 Quantitäten von Stoffportionen

Für einen abgegrenzten Stoffbereich wird die Bezeichnung **Stoffportion** (portion of substance) verwendet. Sie kann aus einem oder mehreren Stoffen oder aus einem definierten Bestandteil eines Stoffes bestehen.

Die Quantität einer Stoffportion kann durch die Größen Masse *m*, Volumen *V* oder Stoffmenge *n* angegeben werden **(Bild 1)**.

Die Masse und das Volumen einer Stoffportion sind durch die Dichte verknüpft: $m = \varrho \cdot V$.

Man beschreibt die Quantität einer Stoffportion mit einer Größengleichung, z.B. m = 3,21 g.

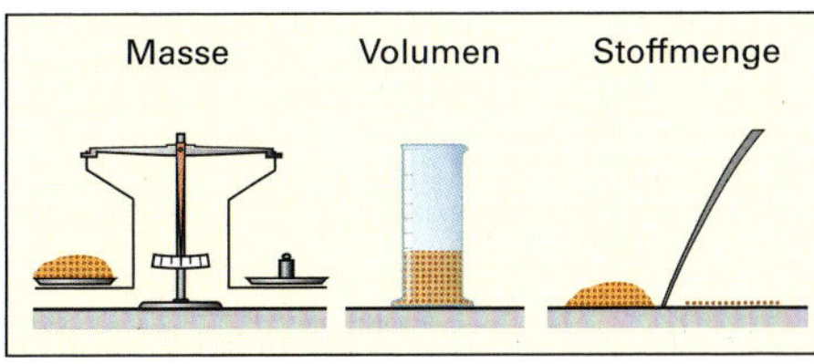

Bild 1: Angabemöglichkeiten für Stoffportionen

Beispiele für die Angabe von Stoffportionen:
- 2,0 kg Natriumchlorid bzw. eine Natriumchlorid-Portion mit m(NaCl) = 2,0 kg
- 0,5 kg Salzsäure der Stoffmengenkonzentration 0,1 mol/L bei 20 °C bzw. eine Salzsäure-Portion mit m(HCl) = 0,5 kg und c(HCl, 20 °C) = 0,1 mol/L
- 2,053 m^3 Chlorgas bei 20 °C und 1 bar bzw. eine Chlorgas-Portion mit $V(Cl_2$, 20 °C, 1 bar) = 2,053 m^3

4.4.1 Stoffmenge

Mit der Basisgröße **Stoffmenge *n*** (amount of substance) wird die Quantität einer Stoffportion auf der Grundlage der Anzahl der darin enthaltenen Teilchen angegeben.
Die SI-Basiseinheit der Stoffmenge ist das **Mol,** das Einheitenzeichen ist **mol.**

Nach DIN 1301 ist definiert: 1 Mol ist die Stoffmenge einer Stoffportion, die aus ebenso vielen Stoffteilchen besteht, wie Atome in 12 g des Kohlenstoffnuklids ^{12}C enthalten sind. Dies sind $6{,}022 \cdot 10^{23}$ Teilchen.
Die pro Mol eines Stoffes enthaltene Teilchenzahl $\boldsymbol{N_A = 6{,}022 \cdot 10^{23}\ mol^{-1}}$ wird **Avogadro-Konstante** genannt.

Bei Stoffmengen muss die Art der Teilchen der Stoffportion (die Stoffart) präzise genannt werden. Dies können Atome, Moleküle, Ionen, Elektronen, Protonen sowie andere Teilchen oder auch Atomgruppen sein.

Beispiele für Stoffmengenangaben:

Stoffportion 1:	n(C)	= 1 mol	enthält	$6{,}022 \cdot 10^{23}$ Kohlenstoffatome C
Stoffportion 2:	$n(H_2O)$	= 1 kmol	enthält	$10^3 \cdot 6{,}022 \cdot 10^{23} = 6{,}022 \cdot 10^{26}$ Wassermoleküle H_2O
Stoffportion 3:	$n(Ca^{2+})$	= 1 mmol	enthält	$10^{-3} \cdot 6{,}022 \cdot 10^{23} = 6{,}022 \cdot 10^{20}$ Calcium-Ionen Ca^{2+}
Stoffportion 4:	$n(NO_3^-)$	= 1 mol	enthält	$6{,}022 \cdot 10^{23}$ Nitrat-Ionen NO_3^-

Die in einer beliebigen Stoffmenge des Stoffes X enthaltene Anzahl Stoffteilchen $N(X)$ lässt sich mithilfe der Avogadro-Konstante berechnen: Teilchenzahl $N(X)$ = Stoffmenge $n(X)$ · Avogadro-Konstante N_A

Teilchenzahl

$N(X) = n(X) \cdot N_A$

Beispiel: Wie viele Moleküle sind in 2 mol Wasser H_2O enthalten?

Lösung: $N(H_2O) = n(H_2O) \cdot N_A = 2\ \text{mol} \cdot 6{,}022 \cdot 10^{23}\ \text{mol}^{-1} = 12{,}044 \cdot 10^{23} = 1{,}2044 \cdot 10^{24}$ Moleküle.
Das sind 1 204 400 000 000 000 000 000 000 Wassermoleküle.

4.4.2 Molare Masse

4

Die Stoffmenge n von 1 mol ist als Stoffportion mit $6{,}022 \cdot 10^{23}$ Teilchen eines Stoffes definiert.

Aus der darin enthaltenen, unvorstellbar großen Anzahl von Teilchen wird deutlich, dass Stoffmengen praktisch nicht durch Zählen ermittelt werden können, sondern durch Wiegen oder bei Gasen durch Volumenmessung bestimmt werden müssen.

Da jedes Teilchen eine stoffspezifische Masse besitzt, kann man eine Beziehung zwischen der Masse $m(X)$ eines Teilchens und der Stoffmenge $n(X)$ herstellen.

Der Quotient aus beiden Größen wird als **molare Masse $M(X)$** bezeichnet (molar mass). Sie kann mit nebenstehender Gleichung berechnet werden.

Grundgleichung für stöchiometrische Berechnungen

$$\text{Molare Masse} = \frac{\text{Masse}}{\text{Stoffmenge}}$$

$$M(X) = \frac{m(X)}{n(X)}$$

Die molare Masse $M(X)$ ist die Masse von 1 mol des Stoffes X. Die SI-Einheit der molaren Masse ist kg/mol oder g/mol.

Zur experimentellen Bestimmung der molaren Masse einer Substanz gibt es mehrere Verfahren (Seite 458). Sehr genaue Werte werden durch die Massenspektroskopie erhalten. Allerdings ist die Genauigkeit für die einzelnen Elemente sehr unterschiedlich.

In der nebenstehenden **Tabelle** ist die **molare Masse *M*** häufig vorkommender Elemente aufgeführt. Im Anhang, Seite 519, sind die molaren Massen aller Elemente aufgetragen.

Tabelle: Molare Massen

Element	Symbol	$M(X)$ in g/mol
Wasserstoff	H	1,00794
Kohlenstoff	C	12,01115
Stickstoff	N	14,00674
Sauerstoff	O	15,9994
Natrium	Na	22,989768
Magnesium	Mg	24,3050
Aluminium	Al	26,981539
Schwefel	S	32,066
Chlor	Cl	35,4527
Kalium	K	39,0983
Calcium	Ca	40,078
Kupfer	Cu	63,546
Blei	Pb	207,2

Die molare Masse von Verbindungen oder Atomgruppen wird aus der Summe der molaren Massen der in der Verbindung enthaltenen Teilchen berechnet.

Für die praktischen Berechnungen ist eine Rechengenauigkeit mit auf zwei Dezimalstellen gerundeten Werten hinreichend genau.

Beispiel 1: Welche molare Masse hat Calciumcarbonat $CaCO_3$?

Lösung:

$$\begin{aligned} M(CaCO_3) &= M(Ca) + M(C) + 3 \cdot M(O) \\ M(Ca) &= 40{,}078\ \text{g/mol} \\ +M(C) &= 12{,}01115\ \text{g/mol} \\ +3 \cdot M(O) &= 3 \cdot 15{,}9994\ \text{g/mol} \\ \hline \mathbf{M(CaCO_3)} &= 100{,}08735\ \text{g/mol} \approx \mathbf{100{,}087\ g/mol} \end{aligned}$$

Die **molare Masse von Ionen** wird ebenso aus den molaren Massen der Atome berechnet.

Beispiel 2: Welche molare Masse hat das Sulfat-Ion SO_4^{2-}?

Lösung:

$$\begin{aligned} M(SO_4^{2-}) &= M(S) + 4 \cdot M(O) + 2 \cdot M(e^-) \\ M(S) &= 32{,}066\ \text{g/mol} \\ +4 \cdot M(O) &= 4 \cdot 15{,}9994\ \text{g/mol} \\ +2 \cdot M(e^-) &= 2 \cdot 0{,}0005486\ \text{g/mol} \\ \hline \mathbf{M(SO_4^{2-})} &= 96{,}0646972\ \text{g/mol} \approx \mathbf{96{,}065\ g/mol} \end{aligned}$$

Aus dem Vergleich der molaren Massen der Elemente und der Elektronen wird deutlich, dass die extrem geringe molare Elektronenmasse für praktische Berechnungen vernachlässigt werden kann.

Die molaren Massen **gebräuchlicher chemischer Verbindungen** sind in chemischen Tabellenbüchern aufgelistet.

Beispiel 1: Welche Masse hat die Stoffmenge 0,400 mol Calciumoxid CaO?

Lösung: mit $M(\text{CaO}) = 56{,}08$ g/mol (aus einem Tabellenbuch)

$$M(\text{CaO}) = \frac{m(\text{CaO})}{n(\text{CaO})} \Rightarrow \boldsymbol{m}(\textbf{CaO}) = M(\text{CaO}) \cdot n(\text{CaO}) = 56{,}08\,\frac{\text{g}}{\text{mol}} \cdot 0{,}400\text{ mol} = 22{,}432\text{ g} \approx \mathbf{22{,}43\ g}$$

Beispiel 2: Welche Stoffmenge $n(H_2SO_4)$ entspricht 250,0 g reiner Schwefelsäure?

Lösung: mit $M(H_2SO_4) = 98{,}08$ g/mol (aus einem Tabellenbuch)

$$M(H_2SO_4) = \frac{m(H_2SO_4)}{n(H_2SO_4)} \Rightarrow \boldsymbol{n}(\mathbf{H_2SO_4}) = \frac{m(H_2SO_4)}{M(H_2SO_4)} = \frac{250{,}0\text{ g}}{98{,}08\text{ g/mol}} = 2{,}5489\text{ mol} \approx \mathbf{2{,}549\ mol}$$

4.4.3 Atomare Masseneinheit

Die absolute Masse m eines Teilchens des Stoffes X erhält man durch Division der molaren Masse $M(\text{X})$ durch die darin enthaltene Teilchenzahl N_A.

Masse eines Teilchens (Atom, Molekül)

$$m(\text{X}) = \frac{M(\text{X})}{N_A}$$

Beispiel: Welche Masse hat ein Wasserstoffatom?

Lösung: $$\boldsymbol{m}(\mathbf{H}) = \frac{M(\text{H})}{N_A} = \frac{1{,}00794\text{ g/mol}}{6{,}022 \cdot 10^{23}\text{ 1/mol}} \approx \mathbf{1{,}674 \cdot 10^{-24}\ g}$$

Die Masse $m(\text{H}) \approx 1{,}674 \cdot 10^{-24}$ g ist eine unvorstellbar kleine Masse.

Um nicht mit derart kleinen Zahlen rechnen zu müssen, wurde die **atomare Masseneinheit u** (atomic mass unit) eingeführt. Sie ist wie folgt definiert.

Die atomare Masseneinheit 1 u ist der zwölfte Teil der Masse eines ^{12}C-Nuklids ; $1\text{ u} = \frac{1}{12} \cdot m(^{12}\text{C})$

Die absolute Masse für 1 u wird erhalten aus: $\mathbf{1\ u} = \frac{M(\text{X})}{12 \cdot N_A} = \frac{12{,}00\text{ g/mol}}{12 \cdot 6{,}022 \cdot 10^{23}\text{ 1/mol}} = \mathbf{1{,}661 \cdot 10^{-24}\ g}$

Die Masse $m(\text{X})$ eines Teilchens des Stoffes X in der atomaren Masseneinheit u hat den gleichen Zahlenwert wie die molare Masse $M(\text{X})$ dieses Teilchens:

$m(\text{H}) = 1{,}00794$ u
$M(\text{H}) = 1{,}00794$ g/mol

Für das praktische Rechnen hat die atomare Masseneinheit u keine Bedeutung.

Aufgaben zu Quantitäten von Stoffportionen

1. Berechnen Sie die molaren Massen der Verbindungen unter Berücksichtigung der Rundungsregeln:
   a) $NiCl_2$ Nickelchlorid
   b) Al_2O_3 Aluminiumoxid
   c) $Ca(PO_4)_2$ Calciumphosphat
   d) NO_3^- Nitrat-Ion
   e) $Al_2(SO_4)_3$ Aluminiumsulfat
   f) $Na_2CO_3 \cdot 10\,H_2O$ Natriumcarbonat-Decahydrat
   g) $CaC_2O_4 \cdot H_2O$ Calciumoxalat-Monohydrat
   h) CH_3COO^- Acetat-Ion (Ethanat-Ion)

2. Berechnen Sie die Stoffmengen folgender Stoffportionen:
   a) 35,0 g Aluminium Al
   b) 2,55 mg Iod I_2
   c) 2,500 g Gold Au
   d) 50,0 g Wasserstoff H_2
   e) 150 µg Kohlenstoff C
   f) 2,20 t Chlorgas Cl_2

3. Berechnen Sie die Masse folgender Stoffportionen:
   a) 1,75 mol Schwefelsäure H_2SO_4
   b) 1,30 mmol Calcium-Ionen Ca^{2+}
   c) 3,0 kmol Cyclohexan C_6H_{12}
   d) 5,20 mol Chlor Cl_2
   e) 5,5 kmol Kupfer(II)-oxid CuO
   f) 2,0 mmol Nitrat-Ionen NO_3^-
   g) 55,0 mol Sauerstoff O_2
   h) 0,0050 mmol Platin Pt
   i) 2,50 mol Glycerin $C_3H_8O_3$

4. Wie viele Atome sind in 1,0 kg Eisen enthalten?

5. Wie viele Moleküle enthalten 200 mg reine Schwefelsäure H_2SO_4?

6. Wie viele Wassermoleküle enthalten 2,0 Liter Wasser von 20 °C (Dichte $\varrho = 0{,}9982$ g/cm³)?

4.5 Zusammensetzung von Verbindungen und Elementen

In chemischen Verbindungen und natürlichen Isotopengemischen liegen die Bestandteile mit bestimmten Massenanteilen vor. In Verbindungen wird die stöchiometrische Zusammensetzung der Bestandteile durch die Formel der Verbindung festgelegt.

4.5.1 Massenanteile von Bestandteilen in Verbindungen

4

Aus der molaren Masse einer chemischen Verbindung M (Verb) und den bekannten molaren Massen der beteiligten Elemente M(X) kann der Massenanteil w(X) eines Elements X oder einer Atomgruppe berechnet werden (siehe rechts).

Dabei steht der **Faktor *a*(X)** für die Anzahl der in der Verbindung vorhandenen Elementatome oder Atomgruppen.

Massenanteile von Bestandteilen in Verbindungen

$$w(\mathrm{X}) = \frac{a(\mathrm{X}) \cdot M(\mathrm{X})}{M(\mathrm{Verb})}$$

Der Massenanteil w(X) ist ein Quotient zweier gleicher Größen und hat deshalb keine Einheit. Er wird üblicherweise als Bruchteil von 1 (z.B. 0,75 g/g = 0,75) oder in Prozent (z.B. 75 g/100 g = 75 %) angegeben.

Beispiel 1: Welche Massenanteile w(Al) und w(O) haben die Elemente Al und O in Aluminiumoxid Al_2O_3?

Lösung: M(Al) = 26,98 g/mol, M(O) = 16,00 g/mol, $M(Al_2O_3)$ = 101,96 g/mol; (aus einem Tabellenbuch)

$$\boldsymbol{w(\mathrm{Al})} = \frac{a(\mathrm{Al}) \cdot M(\mathrm{Al})}{M(\mathrm{Al_2O_3})} = \frac{2 \cdot 26{,}98\ \mathrm{g/mol}}{101{,}96\ \mathrm{g/mol}} = 0{,}52922 \approx \mathbf{52{,}92\ \%}$$

$$\boldsymbol{w(\mathrm{O})} = \frac{a(\mathrm{O}) \cdot M(\mathrm{O})}{M(\mathrm{Al_2O_3})} = \frac{3 \cdot 16{,}00\ \mathrm{g/mol}}{101{,}96\ \mathrm{g/mol}} = 0{,}47077 \approx \mathbf{47{,}08\ \%}$$

Kontrolle: $w(\mathrm{Al}) + w(\mathrm{O}) = 52{,}92\ \% + 47{,}08\ \% = 100\ \%$

Beispiel 2: Welcher Massenanteil Kristallwasser $w(H_2O)$ ist in Eisensulfat-Heptahydrat $FeSO_4 \cdot 7\ H_2O$ gebunden?

Lösung: M(Fe) = 55,85 g/mol, M(O) = 16,00 g/mol, M(S) = 32,07 g/mol, $M(H_2O)$ = 18,02 g/mol, $a(H_2O)$ = 7, $M(FeSO_4 \cdot 7\ H_2O)$ = 278,02 g/mol; (aus einem Tabellenbuch)

$$\boldsymbol{w(\mathrm{H_2O})} = \frac{a(\mathrm{H_2O}) \cdot M(\mathrm{H_2O})}{M(\mathrm{FeSO_4 \cdot 7H_2O})} = \frac{7 \cdot 18{,}02\ \mathrm{g/mol}}{278{,}02\ \mathrm{g/mol}} = 0{,}45371 \approx \mathbf{45{,}37\ \%}$$

Lösungsweg mit Schlussrechnung:

In 278,02 g $FeSO_4 \cdot 7\ H_2O$ sind $7 \cdot 18{,}02$ g H_2O chemisch gebunden.
In 100 g $FeSO_4 \cdot 7\ H_2O$ sind x H_2O chemisch gebunden.

$$\boldsymbol{x} = m(\mathrm{H_2O}) = \frac{7 \cdot 18{,}02\ \mathrm{g} \cdot 100\ \mathrm{g}}{278{,}02\ \mathrm{g}} = \mathbf{45{,}3708\ g}$$

45,3708 g von 100 g sind ≈ 45,37 % ⇒ $\boldsymbol{w(\mathrm{H_2O})} = \mathbf{45{,}37\ \%}$

4.5.2 Masse der Bestandteile in Portionen von Verbindungen

So wie man aus den molaren Massen einer Verbindung die Massenanteile w(X) der Elemente oder von Atomgruppen berechnen kann, so ist es auch möglich, die Massenzusammensetzung einer Portion einer Verbindung m(X) zu ermitteln.
Dazu multipliziert man den Massenanteil w(X) mit der Masse der Verbindung m(Verb) und erhält die nebenstehende Gleichung.

Masse der Bestandteile in Portionen von Verbindungen

$$m(\mathrm{X}) = \frac{a(\mathrm{X}) \cdot M(\mathrm{X})}{M(\mathrm{Verb})} \cdot m(\mathrm{Verb})$$

Beispiel 1: Welche Masse an Stickstoff N ist in 1000 kg des Düngers Ammoniumnitrat NH_4NO_3 chemisch gebunden?

Lösung: M(N) = 14,01 g/mol, M(O) = 16,00 g/mol, M(H) = 1,008 g/mol, a(N) = 2, $M(NH_4NO_3)$ = 80,04 g/mol, $m(NH_4NO_3)$ = 1000 kg; (aus einem Tabellenbuch)

$$\boldsymbol{m(\mathrm{N})} = \frac{a(\mathrm{N}) \cdot M(\mathrm{N})}{M(\mathrm{NH_4NO_3})} \cdot m(\mathrm{NH_4NO_3}) = \frac{2 \cdot 14{,}01\ \mathrm{g/mol}}{80{,}04\ \mathrm{g/mol}} \cdot 1000\ \mathrm{kg} = 350{,}075\ \mathrm{kg} \approx \mathbf{350{,}1\ kg}$$

Beispiel 2: Welche Masse an Natriumnitrat $NaNO_3$ ist erforderlich, um 1,50 t Nitrat NO_3^- zu erhalten?

Lösung: $M(NaNO_3) = 85{,}00$ g/mol, $M(NO_3^-) = 62{,}00$ g/mol, $a(NO_3^-) = 1$; (aus einem Tabellenbuch)

$$m(NO_3^-) = \frac{a(NO_3^-) \cdot M(NO_3^-)}{M(NaNO_3)} \cdot m(NaNO_3) \quad \Rightarrow \quad m(NaNO_3) = \frac{m(NO_3^-) \cdot M(NaNO_3)}{a(NO_3^-) \cdot M(NO_3^-)}$$

$$\boldsymbol{m(NO_3^-)} = \frac{1500 \text{ kg} \cdot 85{,}00 \text{ g/mol}}{62{,}00 \text{ g/mol} \cdot 1} = 2056{,}4516 \text{ kg} \approx \mathbf{2{,}06\ t}$$

Alternative Lösung mit Schlussrechnung:

62,00 g NO_3^- sind in 85,00 g $NaNO_3$ chemisch gebunden

1,50 t NO_3^- sind in x $NaNO_3$ chemisch gebunden

$$x = \boldsymbol{m(NaNO_3)} = \frac{85{,}00 \text{ g} \cdot 1{,}50 \text{ t}}{62{,}00 \text{ g}} \approx \mathbf{2{,}06\ t}$$

Beispiel 3: Wie viel Tonnen Kupferkieserz mit einem Massenanteil $w(CuFeS_2) = 5{,}00\,\%$ müssen zur Herstellung von 500 kg Kupfer verarbeitet werden?

Lösung: $M(CuFeS_2) = 183{,}54$ g/mol (aus einem Tabellenbuch), $a(Cu) = 1$;

1. Berechnung der Masse an $CuFeS_2$

$$m(Cu) = \frac{a(Cu) \cdot M(Cu)}{M(CuFeS_2)} \cdot m(CuFeS_2) \quad \Rightarrow \quad \boldsymbol{m(CuFeS_2)} = \frac{m(Cu) \cdot M(CuFeS_2)}{a(Cu) \cdot M(Cu)} = \frac{500 \text{ kg} \cdot 183{,}54 \text{ g/mol}}{1 \cdot 62{,}00 \text{ g/mol}} = \mathbf{1444\ kg}$$

2. Berechnung der Masse an Kupferkieserz

5,00 g $CuFeS_2$ sind in 100 g Kupferkies enthalten

1444 kg $CuFeS_2$ sind in x Kupferkies enthalten

$$\boldsymbol{m(\text{Kupferkies})} = \frac{100 \text{ g} \cdot 1444 \text{ kg}}{5{,}00 \text{ g}} = 28880 \text{ kg} \approx \mathbf{28{,}9\ t}$$

4.5.3 Zusammensetzung von Isotopengemischen

Die Mehrzahl der in der Natur vorkommenden Elemente sind Gemische mehrerer Isotope des Elements (isotopic mixtures). Die in Tabellenbüchern angegebenen Atommassen dieser Elemente sind demnach durchschnittliche Atommassen, berechnet aus den Atommassen der Isotope und ihrem in der Natur vorkommenden Anteil.

Diese durchschnittlichen Atommassen können bei Kenntnis von Anteil und exakter Masse jedes Isotops mithilfe der **Mischungsgleichung** (mixture equation) errechnet werden (siehe rechts). Die Massenanteile sind als Teile von 1 oder in Prozent einzusetzen.

Durchschnittliche Atommasse eines Isotopengemischs aus *n* Isotopen

$$m(X) = m_1 \cdot w_1 + m_2 \cdot w_2 + \ldots + m_n \cdot w_n$$

Beispiel: Welche Atommasse und welche molare Masse hat das Element Stickstoff $_7N$?

Hinweis: Natürlich vorkommender Stickstoff besteht aus den Nukliden $^{14}_{7}N$ (m = 14,003074 u, w = 99,634 %) und $^{15}_{7}N$ (m = 15,000109 u, w = 0,366 %).

Lösung: $m(N) = m(^{14}_{7}N) \cdot w(^{14}_{7}N) + m(^{15}_{7}N) \cdot w(^{15}_{7}N)$

$\boldsymbol{m(N)} = 14{,}003074 \text{ u} \cdot 0{,}99634 + 15{,}000109 \text{ u} \cdot 0{,}00366 \approx \mathbf{14{,}0\ u}; \quad \Rightarrow \quad \boldsymbol{M(N)} \approx \mathbf{14{,}0\ g/mol}$

Aufgaben zur Zusammensetzung von Verbindungen und Elementen

1. Berechnen Sie die Massenanteile der Elemente in den Verbindungen:
   a) Schwefelsäure H_2SO_4
   b) Bariumhydroxid $Ba(OH)_2$
   c) Aluminiumsulfat $Al_2(SO_4)_3$
   d) Ethanol C_2H_5OH
   e) Ammoniumdichromat $(NH_4)_2Cr_2O_7$
   f) Gips $CaSO_4 \cdot \frac{1}{2} H_2O$

2. Welchen Massenanteil an Kristallwasser haben die Verbindungen?
   a) Natriumcarbonat-Decahydrat $Na_2CO_3 \cdot 10\,H_2O$
   b) Eisensulfat-Heptahydrat $FeSo_4 \cdot 7\,H_2O$
   c) Ammoniumeisensulfat $Fe(NH_4)_2(SO_4)_2 \cdot 6\,H_2O$
   d) Calciumsulfat-Dihydrat $CaSO_4 \cdot 2\,H_2O$
   e) Alaun $KAl(SO_4)_2 \cdot 12\,H_2O$
   f) Blutlaugensalz $K_4[Fe(CN)_6] \cdot 3\,H_2O$

4

3. Welchen Nitrat-Massenanteil hat Calciumnitrat $Ca(NO_3)_2$?
4. Berechnen Sie den Chlorid-Massenanteil in Steinsalz mit dem Massenanteil $w(NaCl) = 97{,}5\ \%$.
5. Tierknochen bestehen zu 57,8 % aus Calciumphosphat $Ca_3(PO_4)_2$. Wie groß ist der Phosphat-Massenanteil w (PO_4^{3-})?
6. Welchen Bromid-Massenanteil hat Bromcarnallit, ein in Kalisalzen enthaltenes Salz der Zusammensetzung $KBr \cdot MgBr_2 \cdot 6\ H_2O$, das als Rohstoff für die Bromgewinnung eingesetzt wird?
7. Die Analyse eines Bauxit ergab einen Massenanteil $w(AlO(OH)) = 63{,}5\ \%$.
   a) Welchen Massenanteil $w(Al)$ hat der Bauxit?
   b) Wie viel Aluminium kann aus 700 kt Bauxit gewonnen werden?
8. Wie viel technischer Harnstoff mit dem Massenanteil $w(CO(NH_2)_2) = 98{,}55\ \%$ muss verfügbar sein, wenn darin 1,25 kg chemisch gebundener Stickstoff N enthalten sein sollen?
9. Wie groß ist der Stickstoff-Massenanteil $w(N)$ in einem technischen Ammoniumnitrat mit dem Massenanteil $w(NH_4NO_3) = 92{,}5\ \%$?
10. Die Analyse eines Pigments ergab für 1,543 g Einwaage 58 mg Bleisulfat Wie groß ist der Massenanteil $w(Pb)$ an chemisch gebundenem Blei in einem Beschichtungsstoff, wenn dieser einen Massenanteil $w(\text{Pigment}) = 14\ \%$ hat?
11. Natürlich vorkommendes Bor $_5B$ besteht zu 19,902 % aus dem Isotop $^{10}_{5}B$ mit der molaren Masse 10,0129 g/mol und zu 80,092 % aus dem Isotop $^{11}_{5}B$ mit der molaren Masse 11,0093 g/mol. Wie groß ist die molare Masse des Mischelements Bor?

4.6 Empirische Formel, Molekülformel (Teilchenformel)

Um die chemische Zusammensetzung einer unbekannten Verbindung eindeutig zu bestimmen, sind mehrere experimentelle Schritte und Berechnungen mit den gewonnenen Daten erforderlich:

- Durch **qualitative Analyse** werden die in der Verbindung vorhandenen Elemente ermittelt.
- Durch **quantitative Analyse** (auch **Elementaranalyse** genannt) werden die Massen und daraus die Massenanteile der in der Verbindung gebundenen Elemente bestimmt (Seite 135).
- Durch geeignete Experimente (vgl. Seite 140) und anschließende Berechnung wird die **molare Masse** der Verbindung ermittelt.
- Durch **Strukturaufklärung** werden, insbesondere bei organischen Verbindungen, funktionelle Gruppen in der Substanz identifiziert.

Zur Beschreibung einer chemischen Verbindung benutzt man unterschiedliche **chemische Formeln**. Sie haben verschiedene Bezeichnungen.
Im Folgenden werden nach IUPAC[1)] die Namen **empirische Formel** (früher Elementarformel) sowie die **Molekülformel** (Teilchenformel) verwendet. Bei organischen Stoffen nennt man sie auch **Summenformel,** da sie die einzelnen Elemente nur summarisch ohne funktionale Gruppen angibt.

Empirische Formel (empirical formula)

Die empirische Formel ist die einfachste Formel für eine chemische Verbindung. In ihr wird nur das Verhältnis der einzelnen Atome in kleinstmöglichen ganzen Zahlen zum Ausdruck gebracht. Dieses Atomverhältnis entspricht dem Verhältnis der Stoffmengen der Elemente in der Verbindung.

Die empirische Formel wird bevorzugt bei Verbindungen angewandt, die Teilchenverbände bilden, wie z. B. die anorganischen Stoffe.

Bei organischen Verbindungen gibt die empirische Formel nur das Verhältnis der einzelnen Atomarten an.

Beispiele für empirische Formeln:

Eisenoxid	Bleioxid	Natriumthiosulfat
Fe_2O_3	Pb_3O_4	$Na_2S_2O_3$

[1)] IUPAC: International Union of Pure and Applied Chemistry ist die internationale Organisation zur Festlegung von Bezeichnungen, Nomenklaturen und Stoffwerten in der Chemie.

Molekülformel (Teilchenformel) (molecular formula)

Die Molekülformel (Teilchenformel) wird verwendet, wenn der Stoff aus einzelnen, diskreten Molekülen (Teilchen) besteht. Sie gibt die tatsächliche Anzahl der einzelnen Atome an, die in einem Molekül enthalten sind.

Beispiele für Molekülformeln			
Wasser	Ethan	Ethanol	Benzol
H_2O	C_2H_6	C_2H_6O	C_6H_6

4.6.1 Berechnung der empirischen Formel einer Verbindung

Basis der Berechnung sind die durch eine quantitative Analyse ermittelten Massen oder die Massenanteile der Atomarten einer Verbindung.

1. Der Rechengang basiert bei gegebenen Massen auf der *Grundgleichung für stöchiometrische Berechnungen* $M(X) = m(X)/n(X)$ (Seite 128). Umgestellt ergibt sie die nebenstehende Gleichung für $n(X)$.

Stoffmenge

$$n(X) = \frac{m(X)}{M(X)}$$

Beispiel 1: Durch Elementaranalyse einer Kohlenwasserstoff-Verbindung wurden die Massenanteile $w(C) = 74{,}87\ \%$ und $w(H) = 25{,}13\ \%$ bestimmt. Welche empirische Formel hat die Verbindung?

Lösung: Molare Massen: $M(C) = 12{,}011$ g/mol; $M(H) = 1{,}008$ g/mol; (aus einem Tabellenbuch)

Man geht von 100 g der Verbindung aus. Die Massenanteile in Prozent ergeben dann direkt die Massen der Elemente in Gramm: In 100 g Probe sind 74,87 g C und 25,13 g H enthalten.

$$n(C) = \frac{m(C)}{M(C)} = \frac{74{,}87\ \text{g}}{12{,}011\ \text{g/mol}} = 6{,}233\ \text{mol}$$

$$n(H) = \frac{m(H)}{M(H)} = \frac{25{,}13\ \text{g}}{1{,}008\ \text{g/mol}} = 24{,}931\ \text{mol}$$

Um das kleinstmögliche Verhältnis der Stoffmengen zu erhalten, wird durch die kleinste der berechneten Zahlen dividiert(= 6,233).

6,233 mol C : 6,233 = 1 mol C
24,931 mol H : 6,233 = 4 mol H
⇒ Die Verbindung hat die empirische Formel: $\mathbf{CH_4}$

2. Bei gegebenen Massenanteilen einer Verbindung wird die empirische Formel mithilfe der nach $a(X)$ umgestellten Formel für die *Massenanteile von Bestandteilen einer Verbindung* (Seite 130) ermittelt. Man erhält die nebenstehende Gleichung für $a(X)$.

Massenanteil

$$a(X) = \frac{M(\text{Verb})}{M(X)} \cdot w(X)$$

Beispiel 2: Die Elementaranalyse einer Verbindung aus Fe und O ergibt folgende Massenanteile: $w(Fe) = 0{,}69852$; $w(O) = 0{,}30258$. Welche empirische Formel hat die Verbindung?

Lösung: Molare Massen: $M(Fe) = 55{,}845$ kg/kmol; $M(O) = 15{,}999$ kg/kmol; $M(Fe_2O_3) = 159{,}69$ kg/kmol

Die Anzahl der in der chemischen Verbindung vorhandenen Elementatome berechnet man mit obiger Formel für $a(X)$.

Für Fe: $$\mathbf{a(Fe)} = \frac{M(Fe_2O_3)}{M(Fe)} \cdot w(Fe) = \frac{159{,}69\ \text{kg/mol}}{59{,}845\ \text{kg/kmol}} \cdot 0{,}69852 = 1{,}9974 \approx \mathbf{2}$$

Für O: $$\mathbf{a(O)} = \frac{M(Fe_2O_3)}{M(O)} \cdot w(O) = \frac{159{,}69\ \text{kg/kmol}}{15{,}999\ \text{kg/kmol}} \cdot 0{,}30258 = 3{,}0201 \approx \mathbf{3}$$

⇒ Die empirische Formel der Verbindung lautet: $\mathbf{Fe_2O_3}$.

Aufgaben zu Berechnung der empirischen Formel einer Verbindung

1. Welche empirischen Formeln haben die Verbindungen mit folgenden Zusammensetzungen:

a) $w(K) = 28{,}22\ \%$, $w(Cl) = 25{,}59\ \%$ und $w(O) = 46{,}19\ \%$

b) $w(Na) = 32{,}86\ \%$, $w(Al) = 12{,}85\ \%$ und $w(F) = 54{,}29\ \%$

c) $w(Fe) = 36{,}67\ \%$, $w(S) = 21{,}11\ \%$ und $w(O) = 42{,}13\ \%$

d) $w(C) = 52{,}13\ \%$, $w(H) = 13{,}13\ \%$ und $w(O) = 34{,}74\ \%$

e) $w(H_2O) = 50{,}01\ \%$, $w(S) = 12{,}69\ \%$, $w(O) = 19{,}04\ \%$ und $w(Na) = 18{,}25\ \%$

f) $m(Cu) = 2{,}385$ g, $m(O) = 0{,}300$ g

g) $m(Pb) = 1{,}7385$ g, $m(Cr) = 0{,}4363$ g, $m(O) = 0{,}5370$ g

h) $w(K) = 7{,}83\ \%$, $w(Cr) = 10{,}41\ \%$, $w(SO_4^{2-}) = 38{,}47\ \%$ und $w(H_2O) = 43{,}29\ \%$ Kristallwasser

4.6.2 Berechnung der Molekülformel einer Verbindung

Um aus der empirischen Formel (dem kleinstmöglichen Stoffmengenverhältnis der beteiligten Atomarten) die Molekül- bzw. Teilchenformel zu berechnen, muss die **molare Masse** der untersuchten Substanz experimentell bestimmt werden.

Für Gase und leicht verdampfbare Flüssigkeiten kann die Bestimmung nach dem Prinzip von Avogadro entweder mit der Gasmaus oder mit einer Apparatur nach Victor Meyer durchgeführt werden (Seite 124).

Für feste Stoffe können Methoden herangezogen werden, welche auf der Erhöhung des Siedepunktes (Kryoskopie) oder der Senkung des Erstarrungspunktes (Ebullioskopie) eines reinen Lösemittels nach Lösen einer bestimmten Stoffportion der Probesubstanz beruhen (Seite 461).

Die Ermittlung der Molekülformel wird im Folgenden an konkreten Beispielen erläutert:

Beispiel 1: Bei der Verbindung in Beispiel 1 von Seite 131 wurde experimentell eine molare Masse von $M(\text{exp}) = 16{,}04$ g/mol bestimmt. Die empirische Formel lautete CH_4. Welche Molekülformel hat die Verbindung?

Lösung: Aus der empirischen Formel kann die molare Masse $M(\text{ber.})$ der Verbindung berechnet werden:

$$M(\text{ber.}) = 1 \cdot M(\text{C}) + 4 \cdot M(\text{H}) = 12{,}011\ \text{g/mol} + 4 \cdot 1{,}008\ \text{g/mol} = 16{,}04\ \text{g/mol}$$

Den **Erweiterungsfaktor** F berechnet man nach: $F = \dfrac{M(\text{exp})}{M(\text{ber.})}$; Man erhält: $F = \dfrac{16{,}04\ \text{g/mol}}{16{,}04\ \text{g/mol}} = 1$

⇒ Die Molekülformel der Verbindung lautet: $\mathbf{CH_4}$

Beispiel 2: Bei einer Verbindung wurde eine molare Masse von $M(\text{exp}) = 172{,}3$ g/mol bestimmt. Die empirische Formel wurde zu $C_5H_{10}O$ ermittelt. Welche Molekülformel hat die Verbindung?

Lösung: Aus der empirischen Formel kann die molare Masse $M(\text{ber.})$ der Verbindung berechnet werden:

$$M(\text{ber.}) = 5 \cdot M(\text{C}) + 10 \cdot M(\text{H}) + 1 \cdot M(\text{O}) = 5 \cdot 12{,}011\ \text{g/mol} + 10 \cdot 1{,}008\ \text{g/mol} + 15{,}999\ \text{g/mol} = 86{,}134\ \text{g/mol}$$

Den Erweiterungsfaktor berechnet man nach: $\mathbf{F} = \dfrac{M(\text{exp})}{M(\text{ber.})} = \dfrac{172{,}3\ \text{g/mol}}{86{,}314\ \text{g/mol}} = 2{,}0004 \approx \mathbf{2}$

Die empirische Formel $C_5H_{10}O$ muss mit dem Faktor 2 erweitert werden.
Die Molekülformel lautet $2 \cdot (C_5H_{10}O)$ ⇒ $\mathbf{C_{10}H_{20}O_2}$

Bei bekannten Massenanteilen der Elemente und der molaren Masse der unbekannten Verbindung kann das Stoffmengenverhältnis in der Molekülformel auch ohne den Umweg über die empirische Formel berechnet werden.

Beispiel: Durch Analyse einer Verbindung wurden die Massenanteile $w(\text{Na}) = 19{,}31\ \%$, $w(\text{S}) = 26{,}93\ \%$ und $w(\text{O}) = 53{,}76\ \%$ ermittelt. Die Bestimmung der molaren Masse der Verbindung ergab $M(\text{Verb}) = 238{,}1$ g/mol.
Welche Molekülformel hat die Verbindung?

Lösung: Molare Massen $M(\text{Na}) = 22{,}99$ g/mol, $M(\text{S}) = 32{,}07$ g/mol, $M(\text{O}) = 16{,}00$ g/mol.
mit $w(\text{Na}) = 0{,}1931$, $w(\text{S}) = 0{,}2693$ und $w(\text{O}) = 0{,}5376$ ergibt sich die Anzahl der Elemente in der Verbindung:

$$a(\text{Na}) = \frac{w(\text{Na}) \cdot M(\text{Verb})}{M(\text{Na})} = \frac{0{,}1931 \cdot 238{,}1\ \text{g/mol}}{22{,}99\ \text{g/mol}} = 1{,}999 \approx 2$$

$$a(\text{S}) = \frac{w(\text{S}) \cdot M(\text{Verb})}{M(\text{S})} = \frac{0{,}2693 \cdot 238{,}1\ \text{g/mol}}{32{,}07\ \text{g/mol}} = 1{,}999 \approx 2$$

$$a(\text{O}) = \frac{w(\text{O}) \cdot M(\text{Verb})}{M(\text{O})} = \frac{0{,}5376 \cdot 238{,}1\ \text{g/mol}}{16{,}00\ \text{g/mol}} = 8{,}000 = 8$$

Die Molekülformel lautet: $\mathbf{Na_2S_2O_8}$

Aufgaben zu Berechnung der Molekülformel einer Verbindung

1. Welche Molekül- bzw. Teilchenformeln haben die Verbindungen mit folgender Zusammensetzung:
   a) $w(\text{Ca}) = 38{,}70\ \%$, $w(\text{P}) = 20{,}00\ \%$ und $w(\text{O}) = 41{,}30\ \%$ $M = 310{,}2$ g/mol
   b) $w(\text{C}) = 39{,}99\ \%$, $w(\text{H}) = 6{,}72\ \%$ und $w(\text{O}) = 53{,}30\ \%$ $M = 60{,}02$ g/mol

2. Die Elementaranalyse einer organischen Verbindung ergab aus 132,50 mg Probesubstanz 85,15 mg Kohlenstoff (C) und 9,53 mg Wasserstoff (H). Sauerstoff wurde nur qualitativ nachgewiesen. Die molare Masse wurde zu $M(\text{exp}) = 112{,}1$ g/mol bestimmt.
   a) Welche empirische Formel hat die Verbindung?
   b) Wie lautet die Molekülformel?

4.6.3 Ermittlung der Molekülformel mit der Elementaranalyse

Die **Elementaranalyse** (organic analysis) ist eine quantitative Bestimmung der Elemente in einer organischen Verbindung.

Aus der Analyse werden die Massen und daraus die Massenanteile der Elemente ermittelt.

Organische Verbindungen aus den Elementen Kohlenstoff C, Wasserstoff H und Sauerstoff O werden im Laborversuch in einem Verbrennungsrohr durch Kupfer(II)-oxid CuO oxidiert **(Bild 1)**.

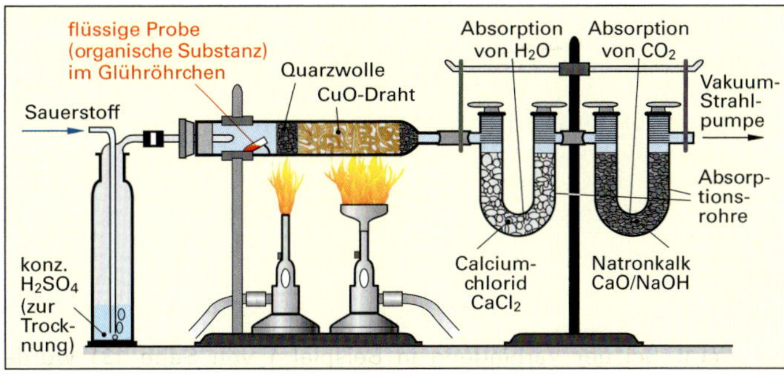

Bild 1: Elementaranalyse einer organischen Flüssigkeit

Aus dem Kohlenstoff C in der Verbindung entsteht Kohlenstoffdioxid CO_2 und aus dem Wasserstoff H entsteht Wasser H_2O.

Das Kohlenstoffdioxid wird an Natronkalk in einem U-Rohr gebunden. Der kondensierte Wasserdampf wird von Magnesiumperchlorat oder Calciumchlorid absorbiert.

Die Bestimmung der Massen an CO_2 und H_2O erfolgt durch Differenzwägung der Absorptionsrohre.

Daraus können mit den nebenstehenden Formeln die Massen an Kohlenstoff und Wasserstoff berechnet werden.

Die Masse an Sauerstoff erhält man aus der Differenz der Probenmasse sowie der Kohlenstoff- und Wasserstoffmasse.

Daraus berechnet man die Stoffmengen nach $n(X) = m(X) / M(X)$.

Das Verhältnis der einzelnen Stoffmengen in der Verbindung erhält man durch Division mit der kleinsten Stoffmenge.

Daraus wird die empirische Formel bestimmt. Mit dem Erweiterungsfaktor (Seite 134) erhält man die Molekülformel.

Masse an Kohlenstoff aus dem absorbierten CO_2

$$m(\mathrm{C}) = \frac{M(\mathrm{C}) \cdot m(\mathrm{CO_2})}{M(\mathrm{CO_2})}$$

Masse an Wasserstoff aus dem absorbierten H_2O

$$m(\mathrm{H}) = \frac{2 \cdot M(\mathrm{H}) \cdot m(\mathrm{H_2O})}{M(\mathrm{H_2O})}$$

Masse an Sauerstoff durch Massendifferenzberechnung

$$m(\mathrm{O}) = m(\mathrm{Probe}) - [m(\mathrm{C}) + m(\mathrm{H})]$$

Beispiel: In einer organischen Verbindung wurden die Elemente C, H und O nachgewiesen. Die molare Masse der Probe wurde zu 46,13 g/mol bestimmt. Die Elementaranalyse ergab folgende Wägeergebnisse.

Einwaage an Probesubstanz: 3,403 g

Einwaage Natronkalk-Absorptionsrohr: 44,372 g — Einwaage $CaCl_2$-Absorptionsrohr: 56,278 g

Auswaage Natronkalk-Absorptionsrohr: 50,884 g — Auswaage $CaCl_2$-Absorptionsrohr: 60,274 g

Lösung: $m(\mathrm{CO_2}) = 50{,}884\ \mathrm{g} - 44{,}372\ \mathrm{g} = 6{,}512\ \mathrm{g}$ — $m(\mathrm{H_2O}) = 60{,}274\ \mathrm{g} - 56{,}278\ \mathrm{g} = 3{,}996\ \mathrm{g}$

$$\boldsymbol{m(\mathrm{C})} = \frac{M(\mathrm{C}) \cdot m(\mathrm{CO_2})}{M(\mathrm{CO_2})} = \frac{12{,}011\ \mathrm{g/mol} \cdot 6{,}512\ \mathrm{g}}{44{,}010\ \mathrm{g/mol}} = \mathbf{1{,}777\ g} \quad \Rightarrow \quad n(\mathrm{C}) = \frac{1{,}777\ \mathrm{g}}{12{,}011\ \mathrm{g/mol}} = 0{,}1479\ \mathrm{mol}$$

$$\boldsymbol{m(\mathrm{H})} = \frac{2 \cdot M(\mathrm{H}) \cdot m(\mathrm{H_2O})}{M(\mathrm{H_2O})} = \frac{2 \cdot 1{,}008\ \mathrm{g/mol} \cdot 3{,}996\ \mathrm{g}}{18{,}015\ \mathrm{g/mol}} = \mathbf{0{,}4472\ g} \quad \Rightarrow \quad n(\mathrm{H}) = \frac{0{,}4472\ \mathrm{g}}{1{,}008\ \mathrm{g/mol}} = 0{,}4437\ \mathrm{mol}$$

$$\boldsymbol{m(\mathrm{O})} = \mathrm{m(Probe)} - [\mathrm{m(C)} + \mathrm{m(H)}] = 3{,}403\ \mathrm{g} - [1{,}777\ \mathrm{g} + 0{,}4472\ \mathrm{g}] \approx \mathbf{1{,}179\ g} \quad \Rightarrow \quad n(\mathrm{O}) = \frac{1{,}179\ \mathrm{g}}{16{,}00\ \mathrm{g/mol}} = 0{,}0737\ \mathrm{mol}$$

Berechnung der Stoffmengenverhältnisse

$$\mathrm{C:}\ \frac{n(\mathrm{C})}{n(\mathrm{O})} = \frac{0{,}1479\ \mathrm{mol}}{0{,}0737\ \mathrm{mol}} = 2{,}007 \approx 2$$

$$\mathrm{H:}\ \frac{n(\mathrm{H})}{n(\mathrm{O})} = \frac{0{,}4437\ \mathrm{mol}}{0{,}0737\ \mathrm{mol}} = 6{,}020 \approx 6$$

$$\mathrm{O:}\ \frac{n(\mathrm{O})}{n(\mathrm{O})} = \frac{0{,}0737\ \mathrm{mol}}{0{,}0737\ \mathrm{mol}} = 1$$

⇒ **Empirische Formel: C_2H_6O**

Ermittlung des Erweiterungsfaktors: $F = \frac{M(\mathrm{exp})}{M(\mathrm{ber})}$

$$M(\mathrm{ber}) = (2 \cdot 12{,}011 + 6 \cdot 1{,}008 + 16{,}00)\ \mathrm{g/mol} = 46{,}07\ \mathrm{g/mol}$$

$$F = \frac{46{,}13\ \mathrm{g/mol}}{46{,}07\ \mathrm{g/mol}} \approx 1$$

⇒ Die **Molekülformel** ist identisch mit der empirischen Formel und lautet ebenfalls **C_2H_6O**

4

Aufgaben zu Ermittlung der Molekülformel mit der Elementaranalyse

1. Die Elementaranalyse einer organischen Verbindung ergab aus 132,5 mg Probesubstanz 312 mg Kohlenstoffdioxid CO_2 und 85,2 mg Wasser H_2O, Sauerstoff wurde nur qualitativ nachgewiesen. Die molare Masse wurde zu M = 112,1 g/mol bestimmt. Welche Molekülformel hat die Verbindung?
2. Die Elementaranalyse einer aus Kohlenstoff, Wasserstoff und Schwefel bestehenden Verbindung ergab aus 150 mg Probesubstanz 137,5 g Kohlenstoffdioxid, 112,5 mg Wasser und 306,2 mg Schwefelsäure H_2SO_4. Für die Bestimmung der molaren Masse wurden 150 mg Substanz vollständig verdampft und ergaben bei 18 °C und 990 mbar ein Volumen von 76,4 mL.

   Welche empirische Formel und welche Molekülformel hat die Verbindung?

Gemischte Aufgaben Empirische Formel, Molekülformel

1. Die Analyse einer Substanz ergibt folgende Daten: w(H) = 5,15 %, w(C) = 61,29 %, w(N) = 10,22 % und w(O) = 23,34 %. Ermitteln Sie aus den Versuchsdaten die empirische Formel der Verbindung.
2. 100 mg einer Verbindung aus Kohlenstoff, Wasserstoff und Sauerstoff ergeben bei der Oxidation 238 mg Kohlenstoffdioxid und 122 mg Wasser. Bei der Bestimmung der molaren Masse entsteht aus 150 mg Substanz bei 935 mbar und 20 °C ein Volumen von 52,8 mL. Berechnen Sie die empirische Formel und die Molekülformel der untersuchten Substanz.
3. Eine organische Verbindung enthält die Elemente Kohlenstoff, Wasserstoff und Schwefel. 200 mg der Verbindung ergeben nach Oxidation bei 24 °C und 1032 mbar ein Volumen von 154 mL Kohlenstoffdioxid, 76,9 mL Schwefeldioxid sowie 174 mg Wasser. Bei der Bestimmung der molaren Masse nehmen 150,0 mg der Verbindung bei 18 °C und 990 mbar ein Volumen von 59 mL ein.

   Berechnen Sie die Molekülformel der Verbindung.

4.7 Berechnungen mit Gasportionen

Gase nehmen jeden ihnen zur Verfügung stehenden Raum ein. Die Stoffteilchen haben im Gasraum atomar betrachtet verhältnismäßig große Abstände **(Bild 1)**. Sie bewegen sich regellos und stoßen unaufhörlich aneinander und gegen die Gefäßinnenwand. Mit steigender Temperatur nimmt die Bewegung zu. Wenn das Gas sich in einem Gefäß befindet und deshalb das Volumen konstant bleibt, steigt der Druck, da die Gasteilchen häufiger und heftiger gegen die Gefäßinnenwand prallen.

Der erzeugte Druck ist von der Stoffart des Gases unabhängig, weil sich Gasteilchen mit geringer Masse, wie z.B. Wasserstoff H_2, sehr schnell und Gasteilchen mit größerer Masse, wie z.B. Chlor Cl_2, entsprechend langsamer bewegen. Da die kinetische Energie der Gasteilchen bei gleicher Temperatur gleich ist, „erboxen" sie sich folglich das gleiche Volumen.

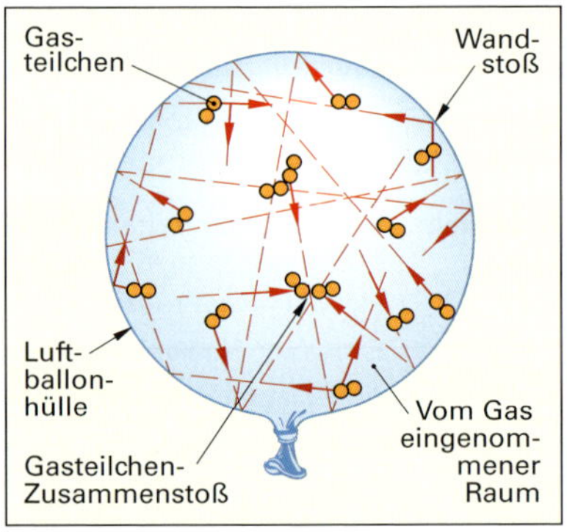

Bild 1: Ein Gas in einem Behältnis (schematisch im atomaren Größenbereich)

Diese Gesetzmäßigkeit ist auch als das **Gesetz von Avogadro** bekannt. Es besagt: Gleiche Gasvolumina enthalten bei gleicher Temperatur und gleichem Druck die gleiche Anzahl von Teilchen, unabhängig von der Stoffart des Gases.

4.7.1 Gase bei Normbedingungen

Das **molare Volumen** V_m (molar volume) ist das Volumen, das **ein Mol** eines Gases einnimmt. Es ist ein stoffmengenbezogenes Volumen mit dem Einheitenzeichen L/mol bzw. $L \cdot mol^{-1}$.

Dieses Volumen ist nach Avogadro unabhängig von der Stoffart. Es ist nur von den herrschenden Zuständen Druck p und Temperatur T abhängig.

Molares Normvolumen idealer Gase

Die **Normbedingungen NB** (standard conditions), auch als Normzustand NZ bezeichnet, sind gekennzeichnet durch den **Normdruck** (normal pressure) p_n = 1,01325 bar, gerundet 1,013 bar, und die **Normtemperatur** (standard temperature) T_n = 273,15 K, gerundet 273 K (ϑ_n = 0 °C). Die Normbedingungen sind in DIN 1343 festgelegt.

Das Volumen einer Gasportion im Normzustand wird **Normvolumen** (standard volume) V_n genannt.

Das stoffmengenbezogene **molare Normvolumen $V_{m,n}$** einer Gasportion berechnet man als Quotient aus dem Volumen bei Normbedingungen V_n und der Stoffmenge n. Sein Einheitenzeichen ist L/mol bzw. mol · L^{-1}.

Das Größenzeichen des **molaren Normvolumens** für ideale Gase ist $V_{m,0}$. Es beträgt $V_{m,0}$ **= 22,41410 L/mol**, gerundet 22,41 L/mol.

Normbedingungen	
p_n	≈ 1,013 bar
T_n	≈ 273 K
ϑ_n	= 0 °C
$V_{m,0}$	≈ 22,41 L/mol

Molares Normvolumen

$$V_{m,n}(X) = \frac{V_n(X)}{n(X)}$$

4

Ein Mol eines idealen Gases nimmt bei Normbedingungen ein Volumen von **$V_{m,0}$ = 22,41 L** ein.

Das molare Normvolumen $V_{m,0}$ von 22,41 L/mol gilt exakt nur für ideale Gase. Die ein- und zweiatomigen Gase, wie z. B. die Edelgase, sowie Wasserstoff, Stickstoff, Sauerstoff, verhalten sich näherungsweise wie ideale Gase. Ferner gilt es annähernd auch für andere weitgehend unpolare Gase wie CH_4, CO, NO u. a. bei hohen Temperaturen und niedrigen Drücken **(Bild 1)**. Diese Erkenntnis wurde von dem Physiker **Avogadro** entwickelt und ist nach ihm benannt.

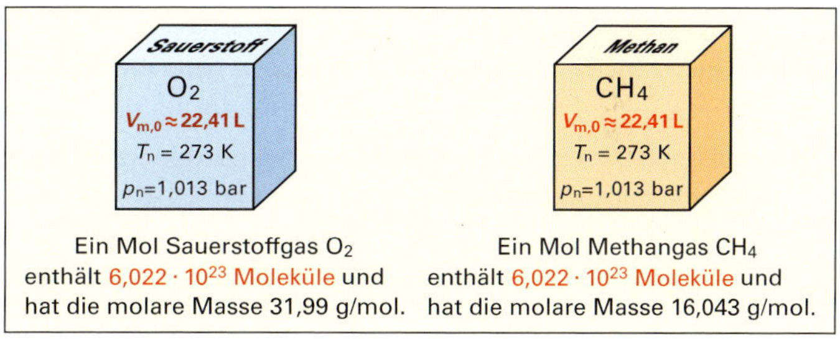

Bild 1: Molares Normvolumen und molare Masse idealer Gase

Beispiel: Welches Volumen nehmen 3,500 mol Wasserstoff H_2 bei Normbedingungen ein?

Lösung: $V_{m,0}(H_2) = \frac{V_n(H_2)}{n(H_2)} \Rightarrow \mathbf{V_n(H_2)} = V_{m,0} \cdot n(H_2) = 22{,}41\ \text{L/mol} \cdot 3{,}500\ \text{mol} = 78{,}435\ \text{L} \approx \mathbf{78{,}44\ L}$

Ideale und reale Gase (ideal and real gases)

Bei **idealen** Gasen wird von der Modellvorstellung ausgegangen, dass zwischen den Gasteilchen keine Anziehungskräfte wirken und dass die Gasteilchen kein Eigenvolumen besitzen. Für alle in der Natur vorkommenden Gase trifft diese Idealvorstellung nicht zu, sie sind demnach reale Gase. Das molare Volumen realer Gase weicht vom exakten Wert idealer Gase $V_{m,0}$ = 22,41410 L/mol mehr oder weniger stark ab. Die Werte betragen z. B. für Sauerstoff $V_{m,n}(O_2)$ = 22,394 L/mol und für Chlor $V_{m,n}(Cl_2)$ = 22,064 L/mol. In der Regel ist für praktische Berechnungen der gerundete Wert $V_{m,0}$ = 22,41 L/mol hinreichend genau.

Berechnung des Normvolumens einer Gasportion

Gase werden im Labor und Chemiebetrieb in Stahl-Druckgasflaschen vorgehalten **(Bild 2)**. Die Masse m(X) einer entnommenen Gasportion wird durch die Differenzwägung vor und nach der Gasentnahme bestimmt. Daraus wird mit nebenstehender Gleichung das Normvolumen der Gasportion berechnet.

Normvolumen einer Gasportion

$$V_n(X) = \frac{V_{m,n} \cdot m(X)}{M(X)}$$

Man erhält die Gleichung aus der Definition des molaren Volumens durch Einsetzen von $n(X) = m(X)/M(X)$ und anschließendes Umstellen nach $V_n(X)$.

Bild 2: Gasflaschen

Beispiel 1: Berechnen Sie das Volumen von 0,800 kg Sauerstoffgas bei Normbedingungen.

Lösung: $\mathbf{V_n(O_2)} = \frac{V_{m,0} \cdot m(O_2)}{M(O_2)} = \frac{22{,}41\ \text{L/mol} \cdot 800\ \text{g}}{31{,}99\ \text{g/mol}} = 560{,}425\ \text{L} \approx \mathbf{560\ L}$

Beispiel 2: Welche Dichte hat Ethin (Acetylen) C_2H_2 bei Normbedingungen?

Lösung: $M(C_2H_2)$ = 26,38 g/mol, $V_{m,0}$ = 22,41 L/mol; aus $\varrho = \frac{m}{V}$ und $V_{m,0} = \frac{V_n \cdot m}{M}$ folgt durch Einsetzen:

$$\varrho(\mathbf{C_2H_2}) = \frac{M(C_2H_2)}{V_{m,0}} = \frac{26{,}038\ \text{g/mol}}{22{,}41\ \text{L/mol}} = 1{,}1619\ \text{g/L} \approx \mathbf{1{,}162\ g/L}$$

Aufgaben zu Gasen bei Normbedingungen

1. Berechnen Sie das Volumen folgender Gasportionen bei Normbedingungen.
   a) 2,50 mol Ammoniak NH_3 b) 76,5 g Methan CH_4 c) 2,0 mmol Chlor Cl_2
   d) 250 mg Ammoniak NH_3 e) 5,5 kmol Schwefeldioxid SO_2 f) 12,5 kg Chlorwasserstoff HCl
2. Welche Stoffmengen und welche Massen haben folgende Gasportionen bei Normbedingungen?
   a) 800 L Stickstoff N_2 b) 250 m³ Ethen C_2H_4 c) 2,80 m³ Ethin C_2H_2
   d) 420 mL Hydrogensulfid H_2S e) 225 L Chlormethan CH_3Cl f) 1200 L Sauerstoff O_2
   g) $2{,}5 \cdot 10^3$ m³ Helium He h) 50 L Argon Ar i) 250 mL Wasserstoff H_2
3. Eine Druckgasflasche enthält 550 g Chlor im verflüssigten Zustand. Welches Volumen an Gas kann bei Normbedingungen entnommen werden, wenn das Flaschenvolumen 5,00 L beträgt?
4. Welche Masse an Wasserstoff verbleibt in einer 50-L-Stahlflasche, wenn sie bei Normbedingungen „entleert" wird? Wie viele Wasserstoff-Moleküle sind dann noch in der Flasche vorhanden?
5. Berechnen Sie die Dichten folgender Gasportionen bei Normbedingungen.
   a) Kohlenstoffmonoxid CO b) Propan C_3H_8 c) Chlorwasserstoff HCl d) Argon Ar

4.7.2 Gasportionen bei beliebigen Drücken und Temperaturen

Die Volumina von Gasportionen sind nur vergleichbar, wenn sie bei gleichem Druck und gleicher Temperatur vorliegen. Die üblichen Vergleichsbedingungen sind die Normbedigungen.

Liegen Gase nicht bei Normbedingungen vor, dann müssen sie auf diese umgerechnet werden. Die Umrechnung der Gaszustände kann mithilfe der **allgemeinen Zustandsgleichung idealer Gase** erfolgen (siehe rechts). Sie beschreibt quantitativ den Zusammenhang zwischen Volumen, Druck und Temperatur einer Gasportion bei verschiedenen Zuständen **(Bild 1)**.

In der Gleichung bezeichnet der Index 1 den Gaszustand 1, der Index 2 den Gaszustand 2. Mit dem Index n wird der Zustand des Gases bei **Normbedingungen** (p_n = 1,01325 bar, T_n = 273,15 K) gekennzeichnet.

Da ein Mol jeder Gasart bei Normbedingungen praktisch das gleiche Volumen von $V_{m,0}$ = 22,41410 L/mol hat, ergibt sich für Normbedingungen der folgende Quotient:

$$\frac{p_n \cdot V_n}{T_n} = \frac{1{,}01325\ \text{bar} \cdot 22{,}41410\ \text{L}}{273{,}15\ \text{K} \cdot \text{mol}} = \mathbf{0{,}08314\ \frac{bar \cdot L}{K \cdot mol}} = \boldsymbol{R}$$

Man erhält für alle idealen Gase diese konstante Größe. Sie wird als **allgemeine Gaskonstante *R*** (universal gas constant) bezeichnet.

In die Zustandsgleichung eingesetzt, erhält man $\frac{p \cdot V}{T} = R$ und umgestellt: $p \cdot V = R \cdot T$. Die Gleichung gilt für ein Mol Gas.

Für eine beliebige Stoffmenge *n* Gas gilt: $p \cdot V = n \cdot R \cdot T$. Setzt man für $n = m/M$, so erhält man die nebenstehende **allgemeine Gasgleichung** (ideal gas equation).

Die allgemeine Gasgleichung ermöglicht Berechnungen der Massen, Volumina, molaren Massen und Dichten von Gasen für beliebige Zustandsgrößen. Sie wird auch zur Auswertung der Bestimmung der molaren Masse genutzt (Seite 140).

Zustandsgleichung idealer Gase

$$\frac{p_1 \cdot V_1}{T_1} = \frac{p_2 \cdot V_2}{T_2} = \frac{p_n \cdot V_n}{T_n}$$

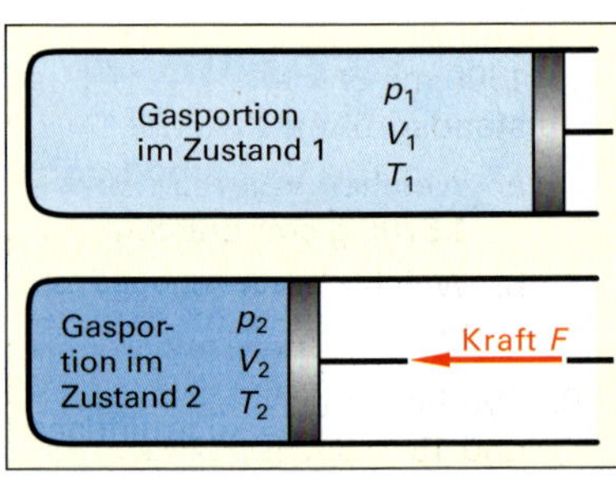

Bild 1: Zwei Zustände einer Gasportion

Allgemeine Gasgleichung

$$p \cdot V = \frac{m \cdot R \cdot T}{M}$$

Beispiel: Welches Volumen nehmen 120 g Chlorgas bei 25°C und 980 mbar ein?

Lösung: $p \cdot V(X) = \frac{m(X) \cdot R \cdot T}{M(X)} \Rightarrow \mathbf{V(Cl_2)} = \frac{m(Cl_2) \cdot R \cdot T}{M(Cl_2) \cdot p} = \frac{120\text{ g} \cdot 83{,}14 \frac{\text{mbar} \cdot \text{L}}{\text{K} \cdot \text{mol}} \cdot 298\text{ K}}{70{,}91\text{ g/mol} \cdot 980\text{ mbar}} \approx \mathbf{42{,}8\text{ L}}$

Aufgaben zu Gasportionen bei beliebigen Drücken und Temperaturen

1. Berechnen Sie die Volumina der Gasportionen.
   a) 2,13 kg Chlor Cl_2 bei 75°C und 1,85 bar
   b) 25 mg Propen C_3H_6 bei 120°C und 2,0 bar
   c) 1,65 t Ethan C_2H_6 bei 52°C und 55 N/cm²
   d) 250 kg Ammoniak NH_3 bei 450°C und 250 bar
2. Berechnen Sie die Massen der Gasportionen.
   a) 50 m³ Stickstoff N_2 bei 150 bar und 55°C
   b) 250 m³ Ethin C_2H_2 bei 200 bar und 285°C
   c) 500 mL Ethen C_2H_4 bei 800 mbar und 15°C
   d) 225 L n-Hexan C_6H_{14} bei 80 bar und 75°C

4

3. Welche Masse Wasser wurde verdampft, wenn der Dampf bei 110°C und 1020 mbar ein Volumen von 2,5 m³ einnimmt?
4. Durch Luftverflüssigung und anschließende Trennung in einer Rektifiziersäule entstehen 500 kg Sauerstoff. Wie viele 50-L-Stahl-Druckgasflaschen **(Bild 1)** können bei 20°C mit einem Nenndruck von 200 bar damit gefüllt werden?
5. 100 m³ Stickstoff stehen bei −45 °C unter 3,0 bar Druck. Welches Volumen an flüssigem Stickstoff mit der Dichte ϱ = 0,812 g/cm³ wird aus dieser Gasportion erhalten?
6. Ein zylindrischer Behälter von 2,5 m Durchmesser und 6,4 m Länge ist mit Propengas C_3H_6 von 32°C unter einem Druck von 25 bar gefüllt **(Bild 2)**. Welche Masse an Propen enthält der Behälter?
7. In einem Speicher-Behälter von 18,40 m Durchmesser wird Erdgas bei einem Druck von 14,35 bar und 16°C gelagert **(Bild 3)**. Welchem Gasvolumen entspricht das bei 1,000 bar und 20°C?
8. Ein Schrauben-Kompressor saugt Luft bei einem Druck von 1,005 bar und 23°C an **(Bild 4)**. Er kann pro Stunde 10000 m³ Luft verdichten. Welches Volumen an verdichteter Luft gibt der Kompressor pro Stunde ab, wenn sie auf 50,0 bar verdichtet wird und sich dabei auf 47°C erwärmt?
9. 1500 m³ Chlorgas aus Membranzellen mit den Betriebszustandsgrößen 75°C und 995 mbar werden verflüssigt.
   a) Welches Volumen an flüssigem Chlor der Dichte ϱ = 1,5705 g/cm³ entsteht aus der Gasportion?
   b) Welche Volumenabnahme in Prozent tritt bei der Verflüssigung ein?
10. Synthesegas wird bei der Ammoniak-Synthese von 1,0 bar und 15°C auf 350 bar komprimiert und dabei auf 450°C erwärmt. Um wie viel Prozent ändert sich das Volumen gegenüber dem Ausgangsvolumen?
11. Einer 50-Liter-Stahl-Druckgasflasche mit Wasserstoff unter 180 bar werden bei 1025 mbar Umgebungsdruck bei konstanter Temperatur 2,25 m³ Gas entnommen. Welchen Druck zeigt das Flaschenmanometer nach der Entnahme?

Bild 1: Druckgasflaschen (Aufgabe 4)

Bild 2: Propangas-Behälter (Aufgabe 6)

Bild 3: Erdgas-Behälter (Aufgabe 7)

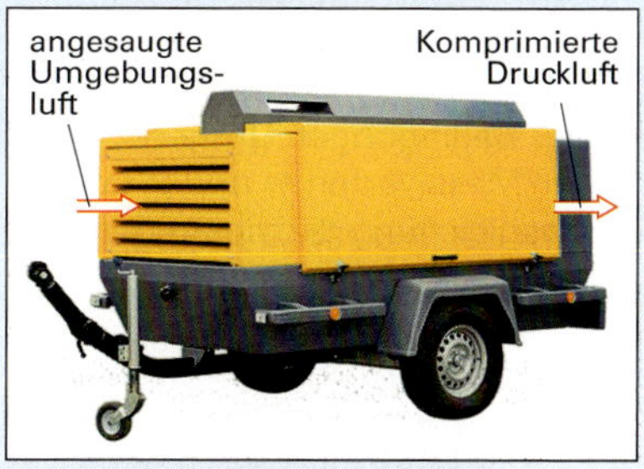

Bild 4: Luftkompression mit dem Schrauben-Kompressor (Aufgabe 8)

4.7.3 Bestimmung der molaren Masse aus der allgemeinen Gasgleichung

Die molare Masse ist eine wichtige physikalische Größe. Ihre Kenntnis ist z. B. bei der Bestimmung der Formel unbekannter Verbindungen oder der Berechnung der Masse von Gasportionen hilfreich.

Zur Bestimmung der molaren Masse stehen unterschiedliche Methoden zur Verfügung. Die klassischen Methoden beruhen bei Gasen oder leicht verdampfbaren Flüssigkeiten auf den Gesetzmäßigkeiten der idealen Gase (Seite 136).

Bestimmung der molaren Masse von Gasen

Das Gas, dessen molare Masse bestimmt werden soll, wird in ein evakuiertes Glasgefäß mit bekanntem Volumen gefüllt und der Gasdruck auf den Umgebungsdruck eingestellt. Man verwendet einen als **Gasproberohr** oder **Doppelhahnrohr** bzw. **Gasmaus** bezeichneten, zylinderförmigen, dickwandigen Glasbehälter **(Bild 1)**.

Zuerst wiegt man die evakuierte Gasmaus (m_1), dann die mit dem Probegas gefüllte Gasmaus (m_2) und bestimmt aus der Differenz der Wägungen die Masse m der Gasportion.

Ist das Volumen V der Gasmaus bekannt und somit das Volumen der Gasportion, kann die molare Masse aus der umgestellten allgemeinen Gasgleichung berechnet werden (siehe rechts).

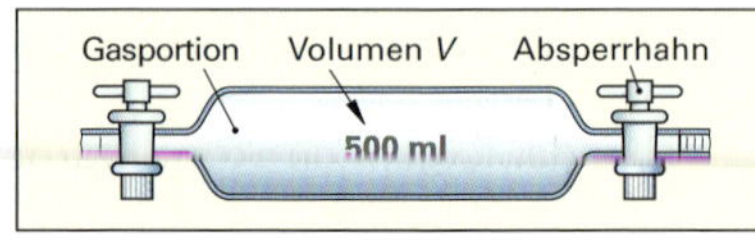

Bild 1: Gasmaus nach DIN 12473-1

Molare Masse aus der allgemeinen Gasgleichung

$$M(\mathrm{X}) = \frac{m(\mathrm{X}) \cdot R \cdot T}{p \cdot V(\mathrm{X})}$$

Beispiel: Zur Bestimmung der molaren Masse von Propangas wird eine evakuierte Gasmaus von 500 mL Nennvolumen zu 48,726 g ausgewogen. Gefüllt mit dem Propangas unter 1,013 bar und 22,9 °C (295,9 K) wiegt die Gasmaus 149,302 g. Wie groß ist die molare Masse von Propangas?

Lösung: $m(\text{Propan}) = m_1 - m_2 = 149{,}302\text{ g} - 148{,}726\text{ g} = 0{,}576\text{ g}$

$$\boldsymbol{M}\textbf{(Propan)} = \frac{m(\text{Propan}) \cdot R \cdot T}{p \cdot V(\text{Propan})} = \frac{0{,}576\text{ g} \cdot 0{,}08314\,\frac{\text{bar} \cdot \text{L}}{\text{K} \cdot \text{mol}} \cdot 295{,}9\text{ K}}{1{,}013\text{ bar} \cdot 0{,}500\text{ L}} = 27{,}9768\text{ g/mol} \approx \mathbf{27{,}98\text{ g/mol}}$$

Bestimmung der molaren Masse leicht verdampfbarer Flüssigkeiten

Die molare Masse leicht verdampfbarer Flüssigkeiten kann in einer Apparatur nach **Victor Meyer** bestimmt werden **(Bild 2)**.

Die Substanzprobe ist in einer dünnwandigen Glasampulle eingeschmolzen. Sie wird von oben in die Apparatur eingebracht und von einem Glasstab gehalten.

Nach dem Temperieren des Verdampferkolbens auf eine Temperatur, die oberhalb der Verdampfungstemperatur der Probe liegt, wird der Glasstab teilweise herausgezogen. Dadurch fällt die Substanzampulle in den Verdampferkolben, wo sie zerbricht. Die Probe wird freigesetzt und verdampft.

Das entstehende Proben-Gasvolumen verdrängt ein gleich großes Luftvolumen V aus dem Verdampferkolben in den Auffangzylinder. Dort kann das auf Badtemperatur abgekühlte Volumen abgelesen werden. Das Gas ist wasserdampfgesättigt.

Mit den Bedingungen Umgebungsdruck p und Temperatur T sowie den Messwerten m und V kann mit der umgestellten allgemeinen Gasgleichung die molare Masse berechnet werden.

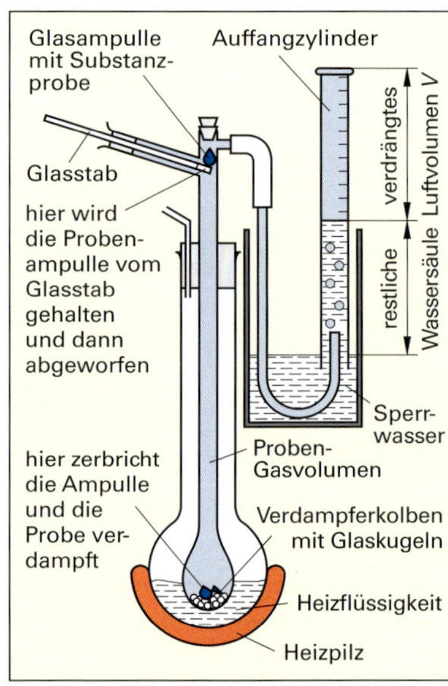

Bild 2: Apparatur zur Bestimmung der molaren Masse nach Victor Meyer

Beispiel: In einer Apparatur zur Bestimmung der molaren Masse nach Victor Meyer werden 0,1254 g einer Flüssigkeit verdampft. Das trockene Luftvolumen im Standzylinder beträgt 37,3 mL. Die Umgebungstemperatur ist 22,0 °C (295,0 K), der Luftdruck 1015,0 mbar. Wie groß ist die molare Masse der Flüssigkeit?

Lösung:

$$\boldsymbol{M}\textbf{(Probe)} = \frac{m(\text{Probe}) \cdot R \cdot T}{p \cdot V(\text{Probe})} = \frac{0{,}1254 \cdot 0{,}08314\,\frac{\text{bar} \cdot \text{L}}{\text{K} \cdot \text{mol}} \cdot 295{,}0\text{ K}}{1{,}0150\text{ bar} \cdot 0{,}0373\text{ L}} \approx 81{,}23715\text{ g/mol} \approx \mathbf{81{,}24\text{ g/mol}}$$

Aufgaben zur Bestimmung der molaren Masse aus der allgemeinen Gasgleichung

1. Eine Gasmaus mit einem Volumen von 0,5281 L wiegt evakuiert 143,7820 g und mit Gas gefüllt 144,4813 g. Der Luftdruck beträgt 1012 mbar, die Umgebungstemperatur 21,0 °C.
   a) Welche molare Masse hat das Gas? b) Um welches Gas könnte es sich handeln?
2. 0,4411 g eines Kohlenwasserstoffes nehmen im Gaszustand bei 980 mbar und 38 °C ein Volumen von 264 mL ein. Wie groß ist die molare Masse der Probe?
3. 236 mg eines Gases nehmen bei 1127 mbar und 31,0 °C ein Volumen von 304 mL ein. Welche molare Masse hat das Gas?
4. In einer Apparatur nach Victor Meyer wurden 0,283 g einer organischen Verbindung verdampft. Bei einer Temperatur von 18 °C und einem Druck von 1025 hPa entstand ein Volumen von 95,4 mL. Welcher der folgenden Stoffe wurde untersucht: Pentan C_5H_{12}; Penten C_5H_{10}; Pentin C_5H_8?

4

4.7.4 Dichte einer Gasportion

Das Volumen der Gase ist stark druck- und temperaturabhängig. Da die Dichte ϱ der Quotient von Masse durch Volumen ist, hat eine Gasportion nach dem Komprimieren wegen des geringeren Volumens und einer größeren Zahl von Gasteilchen pro Volumeneinheit folglich eine höhere Dichte.

Dichte einer Gasportion bei Normbedingungen

Bei Normbedingungen hat ein Mol idealer Gase das Normvolumen $V_{m,0}$ = 22,41 L/mol. Mit der molaren Masse M des Gases und dem molaren Normvolumen ergibt sich durch Einsetzen:

$$\varrho(\text{X,NB}) = \frac{m(\text{X})}{V(\text{X})} = \frac{M(\text{X})}{V_{m,0}} = \frac{M(\text{X})}{22{,}41\ \text{L/mol}}$$

Dichte einer Gasportion bei Normbedingungen

$$\varrho(\text{X,NB}) = \frac{M(\text{X})}{V_{m,0}}$$

Die Dichte von Gasen wird üblicherweise in der Einheit g/L oder kg/m³ angegeben. Für genaue Berechnungen ist anstelle des Normvolumens idealer Gase $V_{m,0}$ = 22,41 L/mol das reale Normvolumen $V_{m,n}$ einzusetzen, das Tabellenwerken zu entnehmen ist.

Beispiel: Welche Dichte hat Ammoniak NH_3 bei Normbedingungen?

Lösung: Mit $M(NH_3)$ = 17,03 g/mol und dem realen Normvolumen $V_{m,n}$ = 22,078 L/mol folgt:

$$\varrho(\text{NH}_3,\text{NB}) = \frac{M(\text{NH}_3)}{V_{m,n}} = \frac{17{,}03\ \text{g/mol}}{22{,}078\ \text{L/mol}} = 0{,}771356\ \text{g/L} \approx \mathbf{0{,}7714\ g/L}$$

Dichte einer Gasportion bei Betriebsbedingungen

Für beliebige Betriebstemperaturen und Betriebsdrücke kann der Bezug zwischen den Betriebszustandsgrößen und der Dichte einer Gasportion aus der allgemeinen Gasgleichung hergestellt werden:

Aus $p \cdot V = n \cdot R \cdot T$ folgt mit $n = m/M$ durch Einsetzen:

$$p \cdot V = \frac{m(\text{X})}{M(\text{X})} \cdot R \cdot T$$

Mit $\varrho = m/V$ ergibt sich durch Einsetzen und Umformen nach der Dichte die nebenstehende Größengleichung zur Berechnung der Dichte einer Gasportion bei beliebigen Betriebsbedingungen.

Dichte einer Gasportion bei beliebigen Betriebsbedingungen

$$\varrho(\text{X},T,p) = \frac{M(\text{X}) \cdot p}{R \cdot T}$$

Beispiel: Welche Dichte hat Kohlenstoffdioxid CO_2 bei 22,0 °C und 985 mbar?

Lösung:

$$\varrho(\text{CO}_2, 22{,}0\,°\text{C}, 985\ \text{bar}) = \frac{M(\text{CO}_2) \cdot p}{R \cdot T} = \frac{44{,}01\ \text{g/mol} \cdot 0{,}985\ \text{bar}}{0{,}08314\,\frac{\text{L} \cdot \text{bar}}{\text{K} \cdot \text{mol}} \cdot 295{,}15\ \text{K}} = 1{,}76659\ \text{g/L} \approx \mathbf{1{,}767\ g/L}$$

Aufgaben zur Dichte einer Gasportion

1. Berechnen Sie die Dichten folgender Gase bei Normbedingungen.
   a) Wasserstoff H_2 b) Methan CH_4, ($V_{m,n}$ = 22,381 L/mol) c) Ethen C_2H_4 ($V_{m,n}$ = 22,258 L/mol)
2. Welche Dichte haben folgende Gasportionen?
   a) Wasserstoff H_2 unter 200 bar und 25 °C b) Schwefeldioxid SO_2 bei 180 °C und 985 mbar

4.8 Rechnen mit Reaktionsgleichungen

4.8.1 Aufbau von Reaktionsgleichungen

Chemische Reaktionen werden symbolisch durch Reaktionsgleichungen beschrieben. Sie stellen das quantitative Reaktionsgeschehen kurz und übersichtlich, einheitlich und eindeutig in Form von Formeln und Symbolen dar **(Bild 1).**

Die **Reaktionsgleichung** (reaction equation) ist keine Gleichung im mathematischen Sinn. Sie beschreibt vielmehr eine chemische Reaktion unter Angabe der Stoffart und der Zahlenverhältnisse der an der Reaktion beteiligten Reaktionspartner.

In Reaktionsgleichungen erscheinen auf beiden Seiten die gleichen Atome in gleicher Anzahl, aber in unterschiedlicher Gruppierung (**Bild 2,** oben).

Die Reaktionsgleichung enthält auf der linken Seite die Ausgangsstoffe (Edukte) und auf der rechten Seite die Endstoffe (Produkte). Sind mehrere Reaktionspartner beteiligt, werden sie durch ein Pluszeichen voneinander getrennt. Es hat in der Bedeutung „und" einen aufzählenden Charakter und ist nicht mit der Grundrechnungsart Addition zu verwechseln.

Der **Reaktionspfeil** gibt die Richtung der Reaktion an. Er bedeutet soviel wie: „reagiert/reagieren zu" oder „reagiert/reagieren unter Bildung von".

Es gibt verschiedene Arten von Reaktionspfeilen mit unterschiedlicher Bedeutung: Bei Gleichgewichtsreaktionen (vgl. Seite 211) verwendet man zwei entgegengesetzte Halbspitzen (Gleichgewichtspfeile), um den Reaktionsfortschritt anzugeben **(Bild 2).** Es sind meist Reaktionen in wässriger Lösung oder in der Gasphase, die in Abhängigkeit von den Reaktionsbedingungen sowohl von links nach rechts als auch von rechts nach links verlaufen können. Bei Gleichgewichtsreaktionen liegen die Produkte und die nicht umgesetzten Edukte nebeneinander vor.

Sind Edukte und Produkte im Gleichgewichtszustand in etwa gleicher Konzentration vorhanden, ist die Länge der Pfeile für die Hin- und Rückreaktion gleich. Diese Darstellung wird auch dann verwendet, wenn die Lage des Gleichgewichts unbekannt ist.

$$\underbrace{A + B}_{\text{Edukte}} \xrightarrow[\text{Temperatur}]{\text{Druck}} \underbrace{C + D}_{\text{Produkte}}$$

Bild 1: Grundform einer chemischen Reaktionsgleichung

$N_2 + 3\,H_2 \underset{400\,°C,\ 300\,bar}{\overset{Fe}{\rightleftharpoons}} 2\,NH_3 \mid \Delta_r H = -92\,kJ$	Eisenkatalysierte Gleichgewichtsreaktion, die bei einer Temperatur von 400 °C und einem Druck von 300 bar abläuft. Pro Formelsatz, d.h., bezogen auf die Bildung von 2 mol NH_3, werden 92 kJ Wärmeenergie freigesetzt.
$NH_3 + H_2O \rightleftharpoons NH_4^+ + OH^-$	Das Gleichgewicht der Reaktion liegt auf der Seite der Edukte (links).
$HCl + H_2O \rightleftharpoons H_3O^+ + Cl^-$	Das Gleichgewicht der Reaktion liegt auf der Seite der Produkte (rechts).
$S + O_2 \longrightarrow SO_2 \mid \text{exotherm}, -\Delta_r H$	Die Verbrennung von Schwefel verläuft unter Abgabe von Wärmeenergie.
$NH_4NO_3 \longrightarrow N_2O + 2\,H_2O \mid \text{endotherm}, +\Delta_r H$	Ammoniumnitrat wird durch Zufuhr von Wärmeenergie thermisch zersetzt.
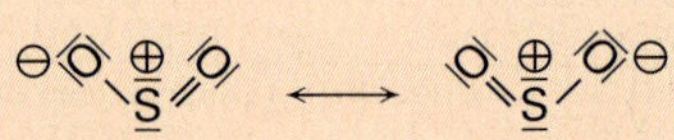	Mesomere Grenzstrukturen des Schwefeldioxids.
$CaCO_3 + 2\,NaCl \not\longrightarrow Na_2CO_3 + CaCl_2$	Es erfolgt keine Reaktion im Sinne der Reaktionsgleichung.

Bild 2: Bedeutung von Reaktionspfeilen in Reaktionsgleichungen

Unterschiedlich lange Reaktionspfeile kennzeichnen die Lage des Gleichgewichts, wobei die Reaktion in Richtung des längeren Pfeils verstärkt abläuft.

Über bzw. unter dem Reaktionspfeil können die zur Durchführung der Reaktion erforderlichen Reaktionsbedingungen (Druck, Temperatur, Lösemittel, Katalysator) angegeben werden.

Hinter der Reaktionsgleichung können, durch einen senkrechten Strich abgetrennt, Angaben zur Energieänderung erfolgen (Bild 2). Soll die Energieänderung nur qualitativ angegeben werden, so ist der Reaktionsgleichung die Aussage „exotherm" oder „endotherm" anzufügen.

Mesomere Grenzformeln werden durch einen Mesomeriepfeil $\longleftrightarrow$ miteinander verbunden (Bild 2, Seite 140).

Läuft eine Reaktion nicht im Sinne der Reaktionsgleichung ab, streicht man den Reaktionspfeil durch.

In der Chemie laufen chemische Reaktionen häufig in **wässriger Lösung** ab. Bei diesen Ionenreaktionen werden die Teilchen, die in Wasser als Ionen vorliegen, in Ionenform geschrieben **(Bild 1).** Überwiegend undissoziierte Teilchen, z.B. schwer lösliche Salze, werden nicht in Ionenform geschrieben.

Beispiele:

Na_2CO_3 bedeutet eine Formeleinheit Natriumcarbonat (Soda), bestehend aus zwei Natrium-Ionen Na^+ und einem Carbonat-Ion CO_3^{2-}.

$CaCl_2$ bedeutet eine Formeleinheit Calciumchlorid, bestehend aus einem Calcium-Ion Ca^{2+} und zwei Chlorid-Ionen Cl^-.

$$Na_2CO_3 \xrightarrow{H_2O} 2Na^+ + CO_3^{2-}$$

$$H_2SO_4 + H_2O \longrightarrow H_3O^+ + HSO_4^-$$

$$Ba^{2+} + 2\,Cl^- + 2\,Na^+ + SO_4^{2-} \longrightarrow$$

$$\longrightarrow BaSO_4 + 2\,Na^+ + 2\,Cl^-$$

Bild 1: Reaktionsgleichungen mit Ionenschreibweise

Um den Aggregatzustand der reagierenden Stoffe in Reaktionsgleichungen eindeutig zu kennzeichnen, werden Kurzzeichen als Index in Klammern hinter die Formel gesetzt **(Bild 2).** Als Abkürzung dienen die Anfangsbuchstaben der entsprechenden englischen Worte:

(s) fest (solid)

(l) flüssig (liquid)

(g) gasig (gaseous)

Soll in der Reaktionsgleichung zum Ausdruck kommen, dass die Ionen hydratisiert sind, so wird der Index (aq) (von lateinisch: aqua = Wasser) verwendet.

$$CaCl_{2(s)} \xrightarrow{H_2O} Ca^{2+}_{(aq)} + 2Cl^-_{(aq)}$$

$$NH_{3(g)} + HCl_{(g)} \longrightarrow NH_4Cl_{(s)}$$

$$Ba^{2+}_{(aq)} + SO^{2-}_{4(aq)} \longrightarrow BaSO4_{(s)}$$

$$2\,HgO_{(s)} \longrightarrow 2\,Hg_{(l)} + O_{2(g)}$$

$$HCl_{(g)} + H_2O_{(l)} \longrightarrow H_3O^+_{(aq)} + Cl^-_{(aq)}$$

Bild 2: Reaktionsgleichungen mit Angabe von Aggregatzuständen und Hydrationsvorgängen

Aufgaben zu Reaktionsgleichungen

Formulieren Sie zu den folgenden Reaktionen die Reaktionsgleichungen. Berücksichtigen Sie dabei die Aggregat- bzw. Lösungszustände und gegebenenfalls die Energieänderung der Reaktionen.

a) Beim Versetzen einer Calciumchlorid-Lösung mit einer Schwefelsäure-Lösung fällt Calciumsulfat aus.

b) Aluminiumspäne reagieren mit Brom unter starker Wärmeentwicklung im Stoffmengenverhältnis 2 : 3 unter Bildung von zwei Formeleinheiten Aluminiumbromid.

c) Magnesium verbrennt an der Luft unter Bildung von Magnesiumoxid und Magnesiumnitrid.

d) Das Carbonat-Ion steht in wässriger Lösung mit dem Hydrogencarbonat-Ion im Gleichgewicht.

e) Beim Versetzen einer Bariumchlorid-Lösung mit einer Natriumsulfat-Lösung fällt Bariumsulfat aus.

f) Zwei Formeleinheiten Kaliumhydroxid reagieren in wässriger Lösung mit einem Molekül Kohlenstoffdioxid unter Bildung von Kaliumcarbonat und Wasser.

g) Beim Brennen von Kalkstein (Calciumcarbonat) entstehen gebrannter Kalk (Calciumoxid) und Kohlenstoffdioxid.

h) Natronlauge wird von Salzsäure unter Bildung von Natriumchlorid und Wasser neutralisiert.

i) Zwei Atome Natrium reagieren mit zwei Molekülen Wasser unter Bildung von zwei Formeleinheiten Natriumhydroxid und einem Molekül Wasserstoff.

j) Beim Glühen von zwei Formeleinheiten Natriumhydrogencarbonat entstehen eine Formeleinheit Natriumcarbonat, ein Molekül Wasser und ein Molekül Kohlenstoffdioxid.

4.8.2 Aufstellen von Reaktionsgleichungen

Dem Aufstellen von Reaktionsgleichungen liegen die folgenden Regeln zugrunde:

- Das Prinzip von der Erhaltung der Elemente. Es besagt: Die auf der linken Seite der Reaktionsgleichung genannten Elemente müssen auch auf der rechten Seite erscheinen.
- Das Prinzip von der Erhaltung der Anzahl der Atome. Es lautet: Die Anzahl der Atome der einzelnen an der Reaktion beteiligten Stoffe muss auf der linken und rechten Seite der Reaktionsgleichung gleich groß sein.
- Das Prinzip von der Erhaltung der Ladung: Die Summe der Ladungen muss vor und nach der Reaktion gleich groß sein.
- Das Prinzip von der Erhaltung der Redox-Äquivalente: Die Zahl der abgegebenen und aufgenommenen Elektronen muss gleich sein.
- In Reaktionsgleichungen werden bevorzugt die kleinstmöglichen ganzzahligen Beträge stöchiometrischer Koeffizienten verwendet.

$Fe + S \longrightarrow FeS$

links: Fe und S — rechts: Fe und S

$4\,NH_3 + 5\,O_2 \longrightarrow 4\,NO + 6\,H_2O$

Atombilanz links: 4 N, 12 H, 10 O — Atombilanz rechts: 4 N, 12 H, 10 O

$CO_3^{2-} + H_2O \rightleftharpoons HCO_3^- + HO^-$

Ladungsbilanz links: zwei negative Ladungen — Ladungsbilanz rechts: zwei negative Ladungen

$Cu^{2+} + Fe \longrightarrow Fe^{2+} + Cu$

Das Kupfer-Ion nimmt zwei Elektronen vom Eisenatom auf.

$2\,C_6H_6 + 15\,O_2 \longrightarrow 12\,CO_2 + 6\,H_2O$

Kleinstmögliche ganzzahlige Koeffizienten

Das Aufstellen einer Reaktionsgleichung erfolgt in mehreren Einzelschritten:

1. Zum Aufstellen von Reaktionsgleichungen ist die Kenntnis der richtigen Symbole und Formeln der Ausgangsstoffe sowie der Reaktionsprodukte erforderlich. Aus diesem Grund wird im ersten Schritt eine Reaktionsgleichung ohne stöchiometrische Koeffizienten aufgestellt.
2. In einem zweiten Schritt muss die Reaktionsgleichung durch Einfügen der stöchiometrischen Koeffizienten rechnerisch ausgeglichen (bilanziert) werden. Der Koeffizient 1 wird nicht geschrieben.

   In den meisten Fällen, insbesondere bei einfachen Redox-Reaktionen und doppelten Umsetzungen, kann man die Koeffizienten durch einfache Überlegungen und unter Beachtung der oben angegebenen Regeln finden. Es hat sich als zweckmäßig erwiesen, beim Ausgleichen mit dem Element zu beginnen, das in den einzelnen Formeln und auf jeder Seite der Reaktionsgleichung nur einmal vertreten ist und in der geringsten Anzahl vorkommt. Es dient als Leitelement. Ausgehend vom Leitelement werden die anderen Elemente oder Atomgruppen nacheinander bilanziert.
3. Zum Schluss wird in einer Probe die Anzahl der einzelnen Atomsorten auf der linken und rechten Seite der Reaktionsgleichung verglichen. Bei Reaktionen mit molekularen Gasen (O_2, N_2, Cl_2 usw.), bei denen die kleinste Einheit das Molekül ist, ist es mitunter sinnvoll, diese Moleküle in der noch nicht ausgeglichenen Reaktionsgleichung in atomarer Form zu schreiben. Durch Verdoppeln aller Koeffizienten am Ende der Bilanzierung erhält man die endgültige Reaktionsgleichung mit molekularen Gasen.

Die folgenden Beispiele zeigen den Gedankengang auf, der zum Auffinden der richtigen stöchiometrischen Koeffizienten verfolgt werden muss.

Beispiel 1: Formulierung der Reaktionsgleichung zur vollständigen Verbrennung von Methan.

Lösung: 1. Schritt: Methan CH_4 verbrennt mit Sauerstoff O_2 zu Kohlenstoffdioxid CO_2 und Wasser H_2O.

Unbilanzierte Reaktionsgleichung: „ $CH_4 + O_2 \longrightarrow CO_2 + H_2O$ “

2. Schritt: Als Leitelement für die Bilanzierung wird Kohlenstoff gewählt.

- Aus einem Molekül CH_4 entsteht ein Molekül CO_2. ⇒ Koeffizienten bei CH_4 und CO_2: **1**
- Kohlenstoff ist im Methan-Molekül mit 4 Wasserstoffatomen verbunden und verbrennt demzufolge zu zwei Wassermolekülen. ⇒ Koeffizient bei H_2O: **2**
- Da die Produkte insgesamt vier chemisch gebundene Sauerstoffatome enthalten, erfordert die Verbrennung zwei Moleküle Sauerstoff. ⇒ Koeffizient bei O_2: **2**

Ergebnis: $\mathbf{CH_4 + 2\,O_2 \longrightarrow CO_2 + 2\,H_2O}$

3. Probe: Stoffbilanz links: 1 C, 4 H, 4 O, Stoffbilanz rechts: 1 C, 4 H, 4 O

Beispiel 2: Formulierung der Reaktionsgleichung zur Reaktion von Aluminiumhydroxid mit Salzsäure.

Lösung: 1. Schritt: Aluminiumhydroxid $Al(OH)_3$ reagiert mit Salzsäure HCl unter Bildung von Aluminiumchlorid $AlCl_3$ und Wasser H_2O. Die unbilanzierte Reaktionsgleichung lautet:

„ $Al(OH)_3 + HCl \longrightarrow AlCl_3 + H_2O$ "

2. Schritt: Als Leitelement für die Bilanzierung wird Aluminium gewählt.

- Zur Bildung einer Formeleinheit $AlCl_3$ sind 3 HCl-Moleküle erforderlich.
  ⇒ Koeffizient bei HCl: **3**
- 3 Sauerstoffatome in den Hydroxid-Gruppen erfordern 3 Wassermoleküle.
  ⇒ Koeffizient bei H_2O: **3** (Alternativ: 3 H-Atome im $Al(OH)_3$ und 3 H-Atome im HCl erfordern 3 H_2O-Moleküle. ⇒ Koeffizient bei H_2O: **3**).

Ergebnis: $Al(OH)_3 + 3\,HCl \longrightarrow AlCl_3 + 3\,H_2O$

3. Probe: Stoffbilanz links: 1 Al, 3 O, 6 H, 3 Cl; Stoffbilanz rechts: 1 Al, 3 O, 6 H, 3 Cl.

4

Beispiel 3: Pyrit FeS_2, Bestandteil eines sulfidischen Eisenerzes, reagiert beim Rösten unter Sauerstoffzufuhr O_2 zu Eisen(III)-oxid Fe_2O_3 und Schwefeldioxid SO_2. Die Reaktionsgleichung ist zu formulieren.

Lösung: 1. Schritt: Die unbilanzierte Reaktionsgleichung lautet: „ $FeS_2 + O \longrightarrow Fe_2O_3 + SO_2$ "

2. Schritt: Als Leitelement für die Bilanzierung wird Eisen gewählt.

- 2 Eisen-Ionen im Fe_2O_3 erfordern 2 FeS_2. ⇒ Koeffizient bei FeS_2: **2**
- 4 Schwefel-Ionen aus 2 FeS_2 ergeben 4 SO_2. ⇒ Koeffizient bei SO_2: **4**
- 3 O im Fe_2O_3 und 8 O aus 4 SO_2 erfordern 11 O. ⇒ Koeffizient bei O_2: $5\frac{1}{2}$
  Zwischenergebnis: $2\,FeS_2 + 5\frac{1}{2}\,O_2 \longrightarrow Fe_2O_3 + 4\,SO_2$.
- Durch Verdoppeln aller Koeffizienten ergibt sich eine ganze Zahl als Koeffizient für molekularen Sauerstoff.

Ergebnis: $4\,FeS_2 + 11\,O_2 \longrightarrow 2\,Fe_2O_3 + 8\,SO_2$.

3. Probe: Stoffbilanz links: 4 Fe, 8 S, 22 O; Stoffbilanz rechts: 4 Fe, 8 S, 22 O.

Beispiel 4: Aluminium Al reagiert mit Oxonium-Ionen H_3O^+ unter Bildung von Aluminium-Ionen Al^{3+}, Wasser H_2O und Wasserstoff H_2. Es ist die Reaktionsgleichung mit Angabe der Aggregat- bzw. Hydratationszustände zu formulieren.

Lösung: 1. Schritt: Die unbilanzierte Reaktionsgleichung lautet: „ $Al + H_3O^+ \longrightarrow Al^{3+} + H_2O + H$ "

2. Schritt: Als Leitelement für die Bilanzierung wird Aluminium gewählt:

- Ein dreifach positiv geladenes Aluminium-Ion erfordert 3 einfach positiv geladene Hydronium-Ionen. ⇒ Koeffizient bei H_3O^+: **3**
- Drei Oxonium-Ionen reagieren zu 3 Wassermolekülen und 3 Wasserstoffatomen. ⇒ Koeffizienten bei H_2O und H: jeweils **3**
  Zwischenergebnis: $Al + 3\,H_3O^+ \longrightarrow Al^{3+} + 3\,H_2O + 3\,H$
- Durch Verdoppeln aller Koeffizienten ergibt sich die korrekte Reaktionsgleichung mit molekularem Wasserstoff.

Ergebnis: $2\,Al_{(s)} + 6\,H_3O^+_{(aq)} \longrightarrow 2\,Al^{3+}_{(aq)} + 6\,H_2O_{(l)} + 3\,H_{2(g)}$.

3. Probe: Stoffbilanz links: 2 Al, 18 H, 6 O; Stoffbilanz rechts: 2 Al, 18 H, 6 O.
Ladungsbilanz links: 6^+ Ladungsbilanz rechts: $2 \cdot 3^+ = 6^+$

Beispiel 5: Formulierung der Reaktionsgleichung zur Reaktion von Calciumphosphat $Ca_3(PO_4)_2$ mit Schwefelsäure H_2SO_4.

Lösung: 1. Schritt: Die unbilanzierte Reaktionsgleichung lautet: „ $Ca_3(PO_4)_2 + H_2SO_4 \longrightarrow CaSO_4 + H_3PO_4$ "

2. Schritt: Als Leitelement für die Bilanzierung wird Calcium gewählt.

- 3 Calcium-Ionen im $Ca_3(PO_4)_2$ ergeben 3 Formeleinheiten $CaSO_4$. ⇒ Koeffizient beim Calciumsulfat $CaSO_4$: **3**
- 2 Phosphat-Ionen im $Ca_3(PO_4)_2$ erfordern 2 Moleküle H_3PO_4. ⇒ Koeffizient bei H_3PO_4: **2**
- 3 Sulfat-Ionen im $CaSO_4$ erfordern 3 Moleküle H_2SO_4. ⇒ Koeffizient bei H_2SO_4: **3**

Ergebnis: $Ca_3(PO_4)_2 + 3\,H_2SO_4 \longrightarrow 3\,CaSO_4 + 2\,H_3PO_4$.

3. Probe: Stoffbilanz links: 3 Ca, 2 P, 20 O, 6 H, 3 S; Stoffbilanz rechts: 3 Ca, 2 P, 20 O, 6 H, 3 S.

Aufgaben zum Aufstellen von Reaktionsgleichungen

1. Erstellen Sie die Reaktionsgleichungen zur Bildung folgender Verbindungen aus den Elementen:
   a) Schwefeldioxid SO_2 b) Phosphor(V)-oxid P_2O_5 c) Eisen(III)-oxid Fe_2O_3
   d) Aluminiumbromid $AlBr_3$ e) Ammoniak NH_3 f) Phosphortrichlorid PCl_3
   g) Calciumoxid CaO h) Wasser H_2O i) Calciumnitrid Ca_3N_2
   j) Kohlenstoffmonoxid CO k) Schwefelwasserstoff H_2S l) Hydrogenchlorid HCl
   m) Schwefelhexafluorid SF_6 n) Natriumperoxid Na_2O_2 o) Kaliumsulfid K_2S

2. Die Kohlenwasserstoffe:
   a) Propan C_3H_8, b) Butan C_4H_{10}, c) Oktan C_8H_{18}, d) Ethin C_2H_2,
   e) Benzol C_6H_6 sowie die Alkohole: f) Methanol CH_3OH und g) Ethanol C_2H_5OH
   verbrennen mit Sauerstoff O_2 zu Kohlenstoffdioxid CO_2 und Wasser H_2O.
   Formulieren Sie die Reaktionsgleichungen.

3. Die Basen:
   a) Kaliumhydroxid KOH, b) Calciumhydroxid $Ca(OH)_2$ und c) Aluminiumhydroxid $Al(OH)_3$
   werden jeweils mit Salpetersäure HNO_3, Schwefelsäure H_2SO_4 und Phosphorsäure H_3PO_4 neutralisiert. Formulieren Sie die Reaktionsgleichungen als Stoff- und Ionengleichungen.

4. Ergänzen Sie in den Reaktionsgleichungen die stöchiometrischen Koeffizienten:
   a) $Na_2CO_3 \cdot 10\,H_2O + HCl \longrightarrow NaCl + H_2O + CO_2$
   b) $Fe_2O_3 + H_2SO_4 \longrightarrow Fe_2(SO_4)_3 + H_2O$
   c) $Ca_3N_2 + H_2O \longrightarrow Ca(OH)_2 + NH_3$
   d) $Ca_3(PO_4)_2 + SiO_2 \longrightarrow CaSiO_3 + P_2O_5$
   e) $P_4 + Br_2 \longrightarrow PBr_3$
   f) $CH_4 + Cl_2 \longrightarrow CHCl_3 + HCl$
   g) $Ca + H_2O \longrightarrow Ca(OH)_2 + H_2$
   h) $Mg + H_3O^+ \longrightarrow Mg^{2+} + H_2 + H_2O$
   i) $PCl_5 + P_2O_5 \longrightarrow POCl_3$
   j) $Ca_3(PO_4)_2 + H_3PO_4 \longrightarrow Ca(H_2PO_4)_2$

5. Die Herstellung von Salpetersäure HNO_3 nach dem Ostwald-Verfahren verläuft in drei Schritten:
   a) Zuerst wird Ammoniak NH_3 mit Luftsauerstoff an Platinnetzen katalytisch zu Wasserdampf und Stickstoffmonoxid NO verbrannt.
   b) Das Stickstoffmonoxid setzt sich weiter mit Luftsauerstoff zu Stickstoffdioxid NO_2 um.
   c) Anschließende Absorption mit Wasser liefert Salpetersäure und Stickstoffmonoxid, was im Kreislauf wieder der Aufoxidation zugeführt wird.
   Formulieren Sie die Reaktionsgleichungen.

6. Formulieren Sie die Stoff- und Ionengleichungen zu den folgenden Nachweisreaktionen:
   a) Nachweis der Sulfat-Ionen im Kaliumsulfat K_2SO_4 durch eine Bariumchlorid-Lösung $BaCl_2$.
   b) Carbonat-Nachweis im Natriumcarbonat Na_2CO_3 durch eine Calciumhydroxid-Lösung $Ca(OH)_2$.
   c) Chlorid-Nachweis im Magnesiumchlorid $MgCl_2$ durch eine Silbernitrat-Lösung $AgNO_3$.

7. Phosphorsäure H_3PO_4 kann durch Nassaufschluss von Apatit $Ca_5(PO_4)_3F$ mit Salpetersäure HNO_3 nach dem Odda-Verfahren erhalten werden. Als Nebenprodukte entstehen Calciumnitrat $Ca(NO_3)_2$ und Fluorwasserstoff HF. Letzterer reagiert mit dem im Apatit enthaltenen Siliciumdioxid SiO_2 in einer Nebenreaktion zu Hexafluorokieselsäure H_2SiF_6 und Wasser. Formulieren Sie die Reaktionsgleichungen.

4.8.3 Oxidationszahlen

Bei einfachen Redox-Reaktionen zwischen Atomen und Ionen, z. B. $Fe + Cu^{2+} \longrightarrow Cu + Fe^{2+}$, ist anhand der Ionenladung der Elektronenübergang vom Eisenatom zum Kupfer-Ion leicht erkennbar.

Wenn aber an einer Redox-Reaktion Moleküle oder geladene Atomgruppen, wie z. B. SO_3^{2-}, MnO_4^-, beteiligt sind, lassen sich aus dem Reaktionsverlauf und aus der Reaktionsgleichung die Elektronenübergänge nur schwer erkennen.

Hilfreich ist dann die **Oxidationszahl** (oxidation number). Mithilfe der Oxidationszahl lassen sich Redox-Vorgänge und komplizierte Redox-Gleichungen leichter verfolgen bzw. formulieren (Seite 147).

Die Oxidationszahl eines Elementes in einer chemischen Einheit (Formel) gibt nach IUPAC die Ladung an, die ein Atom des Elementes haben würde, wenn die Elektronen jeder Bindung an diesem Atom dem jeweils elektronegativeren Atom zugeordnet werden.

Ein Maß für die Fähigkeit eines Atoms, Bindungselektronen anzuziehen, ist die **Elektronegativität**. Die Elektronegativitätswerte der wichtigsten Hauptgruppenelemente sind in **Tabelle 1** wiedergegeben.

Die Oxidationszahlen werden, um sie besser von der Ionenladung unterscheiden zu können, in römischen Ziffern mit vorangestelltem Plus- oder Minuszeichen über das Elementsymbol in der Formel geschrieben.

Gibt man den Namen der Verbindung an, so ist die Oxidationszahl (ohne Plus- oder Minuszeichen) Bestandteil des Namens.

Tabelle 1: Elektronegativitätswerte nach Pauling

1	**H** 2,2	II	III	IV	V	VI	VII
2	**Li** 0,98	**Be** 1,57	**B** 2,04	**C** 2,55	**N** 3,04	**O** 3,44	**F** 3,98
3	**Na** 0,93	**Mg** 1,31	**Al** 1,61	**Si** 1,9	**P** 2,19	**S** 2,58	**Cl** 3,16
4	**K** 0,82	**Ca** 1	**Ga** 1,81	**Ge** 2,01	**As** 2,18	**Se** 2,55	**Br** 2,96
5	**Rb** 0,82	**Sr** 0,95	**In** 1,78	**Sn** 1,96	**Sb** 2,05	**Te** 2,1	**I** 2,66

Beispiele: $H\overset{+V}{N}O_3$ Stickstoff(V)-säure, $\overset{+V}{P}Cl_5$ Phosphor(V)-chlorid, $\overset{+II}{C}O$ Kohlenstoff(II)-oxid

Beim Zuordnen der Oxidationszahlen zu den Elementen sind die nachfolgenden **Regeln** zu beachten. Eine weiter oben stehende Regel hat dabei Vorrang gegenüber einer weiter unten stehenden.

1. Elemente haben immer die Oxidationszahl Null. Besteht ein Element aus Molekülen, so erhält jedes Atom die Oxidationszahl Null.
   $\overset{0}{Na}$, $\overset{0}{Ca}$, $\overset{0}{Si}$, $\overset{0}{N_2}$, $\overset{0}{P_4}$, $\overset{0}{S_8}$, $\overset{0}{F_2}$
2. Fluor hat immer die Oxidationszahl –I.
   $Na\overset{-I}{F}$, $C_2\overset{-I}{F_4}$, $H\overset{-I}{F}$, $O\overset{-I}{F_2}$, $NO_2\overset{-I}{F}$, $S\overset{-I}{F_6}$
3. Metalle sowie Bor und Silicium haben immer positive Oxidationszahlen. In den ersten drei Hauptgruppen des Periodensystems der Elemente stimmen die Oxidationszahlen mit der Hauptgruppennummer überein.
   $\overset{+I}{Cs}F$, $\overset{+II}{Mg}O$, $\overset{+III}{B_2}O_3$, $\overset{+IV}{Si}O_2$, $\overset{+III}{Fe_2}O_3$, $\overset{+IV}{Pb}O_2$
4. Wasserstoff hat die Oxidationszahl +I, außer, wenn er mit Metallen zu Metallhydriden verbunden ist. Dann beträgt die Oxidationszahl –I.
   $\overset{+I}{H_2}SO_3$, $\overset{+I}{H_2}S$, $N\overset{+I}{H_3}$, $C\overset{+I}{H_4}$, $Na\overset{-I}{H}$, $LiAl\overset{-I}{H_4}$, $Ca\overset{-I}{H_2}$
5. Sauerstoff hat in der Regel die Oxidationszahl –II, außer in Peroxiden, wo sie –I beträgt.
   $HN\overset{-II}{O_3}$, $C\overset{-II}{O_2}$, $Fe_2\overset{-II}{O_3}$, $Ba\overset{-I}{O_2}$, $H_2\overset{-I}{O_2}$, $Na_2\overset{-I}{O_2}$
6. Halogene haben in Halogeniden immer die Oxidationszahl –I.
   $Li\overset{-I}{F}$, $Al\overset{-I}{Br_3}$, $K\overset{-I}{I}$, $Ca\overset{-I}{Cl_2}$
7. Bei einatomigen Ionen ist die Oxidationszahl gleich der elektrischen Ladung der Ionen.
   $\overset{-II}{O^{-2}}$, $\overset{-I}{I^-}$, $\overset{+II}{Zn^{2+}}$, $\overset{+I}{Cu^+}$, $\overset{+III}{Al^{3+}}$, $\overset{+II}{Mg^{2+}}$, $\overset{+I}{K^+}$
8. Die Summe der Oxidationszahlen aller Atome in einer Stoffart entspricht der Ladung des Teilchens. Bei neutralen Teilchen ist sie gleich Null, bei Ionen gleich der Ionenladung.
   $\overset{+I}{H_2}\overset{-II}{S}$: $2 \cdot (+1) - 2 = 2 - 2 = 0$
   $\overset{+I}{H_2}\overset{+V}{P}\overset{-II}{O_4^-}$: $2 \cdot (+1) + 5 - 8 = 2 + 5 - 8 = -1$

Zur **Bestimmung der Oxidationszahl** (abgekürzt: OZ) in Molekülen oder Ionen mit kovalenten Bindungen wird jede Bindung vollständig dem elektronegativeren Atom zugeordnet.

In dem nebenstehenden Beispiel H_2SO_4 ergibt sich die Oxidationszahl des Schwefels aus der Summe der Oxidationszahlen des Wasserstoffs und des Sauerstoffs.

Wenn zwei Atome mit gleicher Elektronegativität miteinander verbunden sind, wie z. B. beim H_2O_2, dann wird das Elektronenpaar zur Berechnung der OZ zwischen den beiden Atomen geteilt. Dies gilt insbesondere in der organischen Chemie für C-C-Bindungen in Kohlenwasserstoffen und deren Derivate.

Im nebenstehenden Beispiel (Ethen) berechnet sich die OZ des Kohlenstoffs, indem man die Summe der Oxidationszahlen des Wasserstoffs durch zwei teilt. Die Oxidationszahl des Kohlenstoffs ist negativ, da er das elektronegativere Element ist.

Im Beispiel Ethanol haben die H-Atome die OZ +I, das O-Atom die OZ –II. Somit ergibt sich für das C-Atom der Methylgruppe die OZ –III und für das C-Atom der Methylengruppe die OZ –I.

Schwefelsäure
+I +VI –II
H_2 S O_4

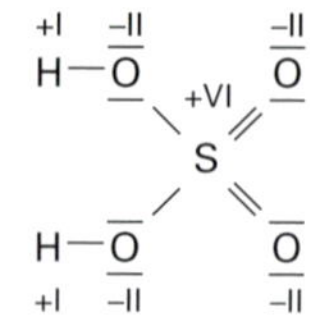

Wasserstoffperoxid
+I –I
H_2 O_2

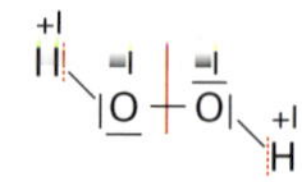

Ethen
–II +I –II
C_2 H_4

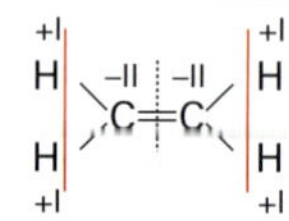

Ethanol
–III +I –I +I –II +I
C H_3C H_2 O H

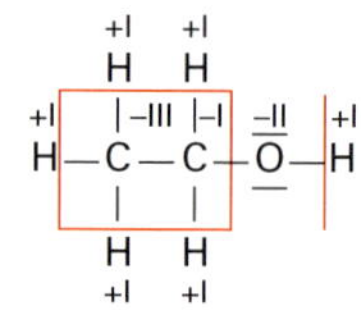

Aufgaben zu Oxidationszahlen

1. Ermitteln Sie die fehlenden Oxidationszahlen der Atome zu den in den Regeln 2 bis 6 angegebenen Beispielen von Seite 131.
2. Bestimmen Sie die Oxidationszahlen aller Atome außer Wasserstoff in den folgenden Molekülen:
   a) HNO_2 b) H_2PO_3 c) P_4O_{10} d) C_6H_6 e) $HClO_4$
   f) CO_2 g) HBr h) ClO_2 i) NF_3 j) NO_2Cl
   k) SO_3 l) N_2O_3 m) $POCl_3$ n) N_2O o) Br_2
   p) N_2O_5 q) SO_2Cl_2 r) C_2H_6 s) F_2 t) SCl_2
3. Ermitteln Sie die Oxidationszahlen aller Atome in den folgenden Salzen:
   a) $KMnO_4$ b) $K_2Cr_2O_7$ c) $Fe_2(SO_4)_3$ d) $Na_2S_2O_3$ e) $Ca(OCl)_2$
   f) Ca_3P_2 g) $Ca(HS)_2$ h) $Ca_3(PO_4)_2$ i) $Fe(NH_4)(SO_4)_2$ j) CaH_2
   k) $CaSiO_3$ l) Cr_2O_3 m) $Fe_3(PO_4)_2$ n) $Cu(NO_3)_2$ o) KNO_2
   p) KHS q) Mg_3N_2 r) NH_4Cl s) Na_2SO_3 t) Na_2CO_3
4. Bestimmen Sie mithilfe der Oxidationszahlen die Ionenladung folgender Ionen:
   a) H_2PO_4 b) ClO_4 c) HCO_3 d) S e) NH_4
   f) CN g) HPO_4 h) HS i) NO_3 j) H_3O
   k) CO_3 l) $Al(H_2O)_6$ m) PO_4 n) $Al(OH)_4$ o) NH_3OH
   p) O q) $Cu(NH_3)_4$ r) OH s) HSO_4 t) SO_4
5. Bestimmen Sie die Oxidationszahlen aller Atome außer Wasserstoff in den folgenden organischen Verbindungen. Geben Sie gegebenenfalls die Ionenladung an.
   a) C_6H_{12} b) $CH_3{-}CH_3$ c) $CH_3{-}\overline{N}H_2$ d) $CH_3{-}\overline{O}H$
   e) $CH_3{-}CH{=}CH_2$ f) $CH_3{-}CH_2{-}CH_3$ g) $CH_3{-}CH_2{-}NH_3$ h) CH_3Cl
   i) $HC{\equiv}CH$ j) $CH_3{-}\overline{O}{-}CH_2{-}CH_3$ k) $(CH_3)_2C{=}\overline{O}$ l) $CH_3{-}CH_2{-}C(=\overline{O}){-}\overline{O}{-}H$
   m) $CH_3{-}CH_2{-}C(=\overline{O}){-}H$ n) $CH_3{-}C(=\overline{O}){-}\overline{O}|$ o) $CH_3{-}C(=\overline{O}){-}\overline{O}{-}H$ p) $CH_3{-}SO_2{-}Cl$

4.8.4 Aufstellen von Redox-Gleichungen

Redox-Reaktionen sind chemische Reaktionen mit Elektronenübertragung. Sie beinhalten eine **Reduktion** und eine **Oxidation,** woraus sich der Name **Redox-Reaktion** herleitet **(Bild 1).**

Bei der **Oxidation** werden von einem Stoff Elektronen abgegeben, er wird oxidiert. Da Elektronen negativ geladen sind, wird die Oxidationszahl dadurch größer. Der Stoff, der die Elektronen aufnimmt, wird als Oxidationsmittel bezeichnet,

Bei der **Reduktion** werden von einem Stoff Elektronen aufgenommen; er wird reduziert. Dabei wird die Oxidationszahl kleiner. Der Stoff, der die Elektronen abgibt, ist das Reduktionsmittel.

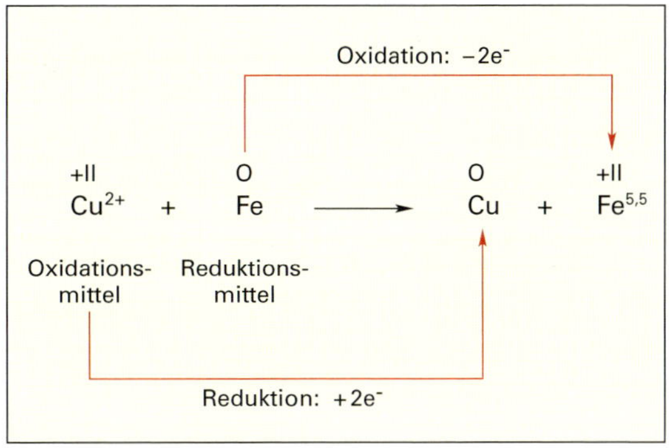

Bild 1: Redox-Reaktion

In Redox-Reaktionen können die gesuchten stöchiometrischen Koeffizienten oftmals leichter über die Elektronenbilanz als über die Stoffbilanz bestimmt werden. Dabei ist es mithilfe der Oxidationszahlen (Seite 131) möglich, auch schwierige Redox-Gleichungen aufzustellen.

An Beispielen wird gezeigt, wie man zweckmäßigerweise vorgeht.

Beispiel 1: Bei der Herstellung von Salpetersäure nach dem Ostwald-Verfahren verbrennt im ersten Verfahrenschritt Ammoniak NH_3 mit Luftsauerstoff O_2 am Platin-Rhodiumkatalysator zu Stickstoffmonoxid NO und Wasserdampf H_2O. Wie lautet die Reaktionsgleichung?

Lösung:

1. Zuerst wird die nicht stöchiometrische Reaktionsgleichung mit den Formeln der Edukte und Produkte formuliert.

$$NH_3 + O_2 \longrightarrow NO + H_2O$$

2. Anschließend werden die Oxidationszahlen der in den Edukten und den Produkten enthaltenen Atome ermittelt.

$$\overset{-III\,+I}{NH_3} + \overset{0}{O_2} \longrightarrow \overset{+II\,-II}{NO} + \overset{+I\,-II}{H_2O}$$

3. An Veränderungen der Oxidationszahlen wird überprüft, welches Element oxidiert (Oxidationszahl wird positiver) und welches Element reduziert wird (Oxidationszahl wird negativer).

Oxidation: −5 e⁻

$$\overset{-III}{NH_3} + \overset{0}{O_2} \longrightarrow \overset{+II\,-II}{NO} + \overset{+I\,-II}{H_2O}$$

Reduktion: +2 e⁻ +2 e⁻ = +4 e⁻

4. Ausgleich der Elektronenbilanz durch Erweitern der Teilvorgänge mit dem kleinsten gemeinsamen Vielfachen (kgV). Das kgV beträgt hier: 5 · 4 = 20. Es werden 20 Elektronen übertragen. Demzufolge wird der Oxidationsvorgang mit dem Faktor 4, der Reduktionsvorgang mit dem Faktor 5 erweitert.

Oxidation: $\overset{-III}{NH_3} \xrightarrow{-5\,e^-} \overset{+II}{NO}$ | · 4

Reduktion: $\overset{0}{O_2} \xrightarrow{+4\,e^-} 2\,\overset{-II}{O}$ | · 5

Erweiterungs-faktoren

$$\mathbf{4\,NH_3 + 5\,O_2 \longrightarrow NO + H_2O}$$

5. Zum Schluss werden die restlichen Atome bilanziert (vgl. Seite 128)

4 Stickstoffatome erfordern 4 NH_3 und ergeben 4 NO

5 Moleküle O_2 ergeben auf der rechten Seite insgesamt 10 O

4 NO enthalten 4 Atome O, Rest 10 – 4 = 6 O, ergeben 6 H_2O

Letzter Lösungsschritt alternativ:

4 NH_3 enthalten 12 Atome H, ergibt 12 : 2 = 6 Moleküle H_2O

6. Die Reaktionsgleichung lautet somit:

$$\mathbf{4\,NH_3 + 5\,O_2 \longrightarrow 4\,NO + 6\,H_2O}$$

7. Am Ende wird die Anzahl der Atome auf der Edukt- und Produktseite überprüft.

Stoffbilanz links: 4 N, 12 H, 10 O

Stoffbilanz rechts: 4 N, 12 H, 10 O

Beispiel 2: Stickstoffdioxid NO_2 in Abgasen, z. B. aus Kohlekraftwerken, kann nach dem DeNOx-Verfahren in einem Festbettreaktor nach Zugabe von Ammoniak NH_3 katalytisch zu Stickstoff N_2 und Wasserdampf H_2O umgesetzt werden. Formulieren Sie die Reaktionsgleichung zu dieser Gasreaktion.

1. Nichtstöchiometrische Reaktionsgleichung: $NO_2 + NH_3 \longrightarrow N_2 + H_2O$

2. Eintragen der Oxidationszahlen: $\overset{+IV}{N}\overset{-II}{O_2} + \overset{-III}{N}\overset{+I}{H_3} \longrightarrow \overset{0}{N_2} + \overset{+I}{H_2}\overset{-II}{O}$

3. Überprüfen der Oxidationszahlen auf Veränderungen:

Oxidation: − 3 e⁻ ($NH_3 \to N_2$)

$\overset{+IV}{NO_2} + \overset{-III}{NH_3} \longrightarrow \overset{0}{N_2} + H_2O$

Reduktion: + 4 e⁻ ($NO_2 \to N_2$)

4. Teilvorgänge mit Elektronenbilanz:

Oxidation: $2\ \overset{-III}{NH_3} \xrightarrow{-6\,e^-} \overset{0}{N_2}$ | · 8   2 Moleküle NH_3 wegen der N_2-Bildung

Reduktion: $2\ \overset{+IV}{NO_2} \xrightarrow{+8\,e^-} \overset{0}{N_2}$ | · 6   2 Moleküle NO_2 wegen der N_2-Bildung

kgV = 6 · 8 = 48, Erweiterungsfaktoren Oxidation × 8, Reduktion × 6

$\mathbf{6\ NO_2 + 8\ NH_3 \longrightarrow N_2 + H_2O}$

5. Atombilanz:

6 Moleküle NO_2 ergeben 3 Moleküle N_2
8 Moleküle NH_3 ergeben 4 Moleküle N_2
Insgesamt entstehen 4 + 3 = 7 Moleküle Stickstoff N_2
8 Moleküle NH_3 enthalten 24 Atome H und ergeben somit 12 Moleküle H_2O

6. Reaktionsgleichung: $\mathbf{6\ NO_2 + 8\ NH_3 \longrightarrow 7\ N_2 + 12\ H_2O}$

7. Probe:

Stoffbilanz links: 14 N, 12 O, 24 H
Stoffbilanz rechts: 14 N, 12 O, 24 H

Beispiel 3: Stickstoffmonoxid NO in Abgasen, z. B. beim Ostwald-Verfahren, kann nach dem EnviNOx-Verfahren in einem Festbettreaktor nach Zugabe von Ammoniak NH_3 zu Stickstoff N_2 und Wasserdampf H_2O katalytisch umgesetzt werden:

1. Nichtstöchiometrische Reaktionsgleichung: $NO + NH_3 + O_2 \longrightarrow N_2 + H_2O$

2. Eintragen der Oxidationszahlen: $\overset{+II}{N}\overset{-II}{O} + \overset{-III}{N}\overset{+I}{H_3} + \overset{0}{O_2} \longrightarrow \overset{0}{N_2} + \overset{+I}{H_2}\overset{-II}{O}$

3. Überprüfen der Oxidationszahlen auf Veränderungen:

Oxidation: − 3 e⁻ ($NH_3 \to N_2$)

$\overset{+II}{NO} + \overset{-III}{NH_3} + \overset{0}{O_2} \longrightarrow \overset{0}{N_2} + \overset{-II}{H_2O}$

Reduktion: + 2 e⁻ ($NO \to N_2$)
+ 2 e⁻ = + 4 e⁻ ($O_2 \to H_2O$)

4. Teilvorgänge mit Elektronenbilanz:

Oxidation: $\overset{-III}{NH_3} \xrightarrow{-3\,e^-} \overset{0}{N_2}$ | · 4   Reduktion: $\overset{0}{O_2} \xrightarrow{+4\,e^-} 2\ \overset{-II}{O}$ | · 1

kgV = 3 · 4 = 12   Reduktion: $\overset{+II}{NO} \xrightarrow{+2\,e^-} \overset{0}{N_2}$ | · 4

$\mathbf{4\ NO + 4\ NH_3 + 1\ O_2 \longrightarrow N_2 + H_2O}$

5. Atombilanz:

4 Moleküle NO und 4 Moleküle NH_3 ergeben 4 Moleküle N_2
4 Moleküle NH_3 enthalten 12 Atome H und ergeben 12 : 2 = 6 Moleküle H_2O

6. Reaktionsgleichung: $\mathbf{4\ NO + 4\ NH_3 + O_2 \longrightarrow 4\ N_2 + 6\ H_2O}$

7. Probe:

Stoffbilanz links: 8 N, 6 O, 12 H
Stoffbilanz rechts: 8 N, 6 O, 12 H

Aufgaben zum Aufstellen von Redox-Gleichungen

1. Formulieren Sie zu den folgenden Redox-Vorgängen die Reaktionsgleichungen:
   a) Kalium, Calcium und Aluminium reagieren jeweils mit den Halogenen Fluor, Chlor und Brom unter Bildung der entsprechenden Halogenide.
   b) Magnesium verbrennt jeweils mit den Oxidationsmitteln Sauerstoff, Stickstoff, Wasserdampf und Kohlenstoffdioxid.
   c) Kupfer reagiert mit heißer konzentrierter Schwefelsäure unter Bildung von Kupfer(II)-sulfat, Schwefeldioxid und Wasser.
   d) Bei der Elektrolyse von verdünnter Schwefelsäure werden an der Kathode Wassermoleküle zu Wasserstoff reduziert und an der Anode Wassermoleküle zu Sauerstoff oxidiert.
   e) Aluminium reagiert mit verdünnter Natronlauge zu Natriumaluminat $Na[Al(OH)_4]$ und Wasserstoff.
   f) Methanal wird durch Kupfer(II)-oxid zu Methansäure oxidiert. Letztere bildet bei der erneuten Oxidation mit Kupfer(II)-oxid Kohlenstoffdioxid und Wasser.
   g) 2-Propanol wird mit Kupfer(II)-oxid zu Propanon oxidiert.
   h) Beim Verbrennen von Lithium, Natrium oder Kalium an der Luft werden Lithiumoxid, Natriumperoxid Na_2O_2 oder Kaliumhyperoxid (Kaliumdioxid) KO_2 gebildet.
   i) Silber reagiert mit konzentrierter Salpetersäure unter Bildung von Silbernitrat, Stickstoff(IV)-oxid und Wasser.
   j) Beim Laden eines Bleiakkumulators bildet sich aus dem Blei(II)-sulfat an den Elektroden Blei und Blei(IV)-oxid, wobei die Konzentration an Schwefelsäure zunimmt.
   k) In Kalilauge gelöstes Kaliumnitrat reagiert mit Zinkpulver beim Erwärmen unter Bildung von Ammoniak und Kalium-trihydroxo-zinkat(II), $K[Zn(OH)_3]$.
   l) Bei der Reaktion einer heißen verdünnten Methansäure HCOOH mit einer schwefelsauren Kaliumpermanganat-Lösung ($KMnO_4$) werden unter CO_2-Entwicklung und Entfärbung Mn^{2+}-Ionen gebildet.
   m) Chrom(III)-oxid reagiert mit Kaliumnitrat und Soda Na_2CO_3 in der Schmelze unter Bildung von Natriumchromat Na_2CrO_4, Kaliumnitrit und Kohlenstoffdioxid.
   n) Eisen(II)-sulfat wird in schwefelsaurer Kaliumpermanganat-Lösung zu Eisen(III)-sulfat oxidiert, wobei die Permanganat-Lösung unter Bildung von Mangan(II)-sulfat entfärbt wird.

2. Formulieren Sie die folgenden Redox-Schemata und entscheiden Sie, ob es sich um eine Dis- oder Komproportionierung handelt:
   a) Vollständige Verbrennung von Ethanol zu Kohlenstoffdioxid und Wasser.
   b) Zerfall von salpetriger Säure in Salpetersäure, Stickstoff(II)-oxid und Wasser.
   c) Thermische Zersetzung von Hydroxylamin NH_2OH in Distickstoffoxid, Ammoniak und Wasser.
   d) Bildung von Stickstoff und Wasser aus Ammonium- und Nitrit-Ionen.

3. Ergänzen Sie in den Reaktionsgleichungen die Reaktionskoeffizienten. Bei welchen Reaktionen handelt es sich um Redox-Reaktionen?
   a) $OH^- + SO_3 \longrightarrow SO_4^{2-} + H_2O$
   b) $H_2S + H_2O_2 \longrightarrow H_2SO_4 + H_2O$
   c) $Al_4C_3 + H_2O \longrightarrow Al(OH)_3 + CH_4$
   d) $P_4 + H_2O \longrightarrow PH_3 + H_3PO_2$

4. Ergänzen Sie die Reaktionskoeffizienten in den folgenden Redox-Gleichungen:
   a) $KMnO_4 + H_2O_2 + H_2SO_4 \longrightarrow MnSO_4 + K_2SO_4 + H_2O + O_2$
   b) $Cr^{3+} + H_2O_2 + OH^- \longrightarrow CrO_4^{2-} + H_2O$
   c) $Cr_2O_7^{2-} + SO_3^{2-} + H_3O^+ \longrightarrow Cr^{3+} + SO_4^{2-} + H_2O$
   d) $BrO_3^- + Fe^{2+} + H_3O^+ \longrightarrow Br^- + Fe^{3+} + H_2O$
   e) $Ca_3(PO_4)_2 + C + SiO_2 \longrightarrow CaSiO_3 + CO + P_4$

4

Gemischte Aufgaben zum Rechnen mit Reaktionsgleichungen

1. Die Herstellung von Aluminium nach dem Bayer-Verfahren verläuft in vier Reaktionsschritten:
   a) Zuerst wird das im Bauxit als Hauptbestandteil enthaltene Aluminiumhydroxid $Al(OH)_3$ mit Natronlauge unter Druck und bei bis zu 270 °C herausgelöst (extrahiert). Hierbei entsteht Natriumaluminat $Na[(Al(OH)]_4$. Die ebenfalls im Bauxit enthaltenen Fremdoxide wie Fe_2O_3, SiO_2 und TiO_2 bleiben ungelöst und ergeben nach der Filtration den Rotschlamm.
   b) Durch Abkühlen und Impfen der Natriumaluminat-Lösung kristallisiert reines Aluminiumhydroxid aus.
   c) Das Aluminiumhydroxid wird filtriert und durch Calcinieren in einem Wirbelschichtofen bei 1100 °C zu Aluminiumoxid Al_2O_3 und Wasser umgesetzt.
   d) Zum Schluss wird das Aluminiumoxid mittels Schmelzfluss-Elektrolyse an Grafit-Elektroden zu elementarem Aluminium reduziert. Dabei entsteht Kohlenstoffmonoxid CO und Kohlenstoffdioxid CO_2.

   Formulieren Sie die Reaktionsgleichungen zu den einzelnen Teilschritten a) bis d).

2. Die Herstellung von Hydrazin nach dem Raschig-Verfahren verläuft in drei Teilschritten:
   a) Zuerst werden Natronlauge NaOH und Chlor Cl_2 zu Natriumhypochlorit NaOCl umgesetzt. Als Nebenprodukte entstehen Natriumchlorid NaCl und Wasser.
   b) In einem zweiten Reaktionsschritt reagiert Ammoniak NH_3 mit dem entstandenen Natriumhypochlorit zu Chloramin NH_2Cl unter Rückbildung von Natronlauge.
   c) Die alkalische Chloramin-Lösung wird anschließend mit Ammoniak unter Bildung von Hydrazin N_2H_4 und Chlorwasserstoff umgesetzt.

   Formulieren Sie die Reaktionsgleichungen zu den einzelnen Teilschritten.

3. Zur Laborsynthese von Chlorgas wird in einem Gasentwickler konzentrierte Salzsäure HCl auf festes Kaliumpermanganat getropft. Als Nebenprodukte werden Manganchlorid $MnCl_2$, Kaliumchlorid KCl und Wasser gebildet. Wie lautet die Reaktionsgleichung?

4. Bei der Soda-Herstellung nach dem Solvay-Verfahren laufen die nachfolgend aufgeführten Verfahrensschritte ab. Dazu sind die einzelnen Reaktionsgleichungen zu formulieren.
   a) In eine Natriumchlorid-Lösung wird zuerst Ammoniak NH_3 und anschließend Kohlenstoff(IV)-oxid CO_2 eingeleitet, wobei Natriumhydrogencarbonat $NaHCO_3$ und Ammoniumchlorid NH_4Cl entstehen.
   b) Das Natriumhydrogencarbonat wird abfiltriert und calciniert, wobei es sich bei 180 °C in Soda Na_2CO_3 umwandelt.
   c) Das Kohlenstoffdioxid aus der Calcinierung wird wieder in den Prozess zurückgeführt. Die Hauptmasse des zur Reaktion benötigten Kohlenstoffdioxids entsteht jedoch beim Brennen von Kalkstein $CaCO_3$ und der damit verbundenen Verbrennung von Kohle.
   d) Der beim Kalkbrennen entstandene Kalk CaO ergibt mit Wasser Kalkmilch $Ca(OH)_2$.
   e) Kalkmilch setzt aus der Ammoniumchlorid-Lösung wieder Ammoniak frei.

5. Stellen Sie die Reaktionsgleichung für den explosionsartigen Zerfall von Nitroglycerin $C_3H_5N_3O_9$ auf. Bei der Explosion entstehen als gasförmige Reaktionsprodukte: Sauerstoff O_2, Stickstoff N_2, Kohlenstoffdioxid CO_2 und Wasserdampf H_2O.

6. In einem Abgaskatalysator wird Stickstoffmonoxid und Kohlenstoffmonoxid zu Stickstoff und Kohlenstoffdioxid umgesetzt. Wie lautet die Reaktionsgleichung?

7. Zur Laborsynthese von Anilin $C_6H_5{-}NH_2$ wird Nitrobenzol $C_6H_5{-}NO_2$ mit Zink in verdünnter Salzsäure HCl umgesetzt. Stellen Sie die Reaktionsgleichung auf. Das Zink liegt nach der Reaktion als Chlorid $ZnCl_2$, das Anilin als Hydrochlorid $C_6H_5{-}NH_3Cl$ vor.

8. Wie lautet die allgemeine Reaktionsgleichung zur vollständigen Verbrennung eines Alkans mit der allgemeinen Molekülformel C_nH_{2n+2}?

4.9 Umsatzberechnung bei chemischen Reaktionen

4.9.1 Umsatzberechnung bei Einsatz reiner Stoffe

Die in einer Reaktionsgleichung verwendeten Symbole und Formeln haben neben einer qualitativen auch eine quantitative Bedeutung.

Beispiel 1: Aus der Reaktionsgleichung zur Synthese des Wassers aus den Elementen

$$2\ H_2 + O_2 \longrightarrow 2\ H_2O$$

lassen sich folgende Aussagen ableiten:

	Wasserstoff	und	Sauerstoff		reagieren zu		Wasser
2 Moleküle	Wasserstoff	und	1 Molekül	Sauerstoff	reagieren zu	2 Molekülen	Wasser
2 Mol	Wasserstoff	und	1 Mol	Sauerstoff	reagieren zu	2 Mol	Wasser
2 Liter	Wasserstoff	und	1 Liter	Sauerstoff	reagieren zu	2 Liter	Wasserdampf
4 Gramm	Wasserstoff	und	32 Gramm	Sauerstoff	reagieren zu	36 Gramm	Wasser

Die letzte Aussage ist auch als Gesetz von der Erhaltung der Masse bekannt (Seite 108). Es ist die Basis zur Berechnung des Stoffumsatzes (turnover).

Zunächst wird bei der Umsatzberechnung davon ausgegangen, dass die Reaktion mit vollständig reinen Stoffen durchgeführt wird sowie vollständig (quantitativ) und ohne Nebenreaktionen abläuft.

Die Umsatzberechnung erfolgt mit einer **Dreisatz-Schlussrechnung.**

Beispiel 2: Welche Masse an Phosphor(V)-oxid P_4O_{10} entsteht bei der Verbrennung von 20,0 g weißem Phosphor?

Lösung:

1. Aufstellen der Reaktionsgleichung, gegebene und gesuchte Größen unterstreichen: $\underline{P_4} + 5\ O_2 \longrightarrow \underline{P_4O_{10}}$
2. Umgesetzte Stoffmengen: $n(P_4) = 1$ mol $\quad n(P_4O_{10}) = 1$ mol
3. Heraussuchen der molaren Massen: $M(P_4) = 123{,}90$ g/mol, $\quad M(P_4O_{10}) = 283{,}89$ g/mol
4. Berechnung der umgesetzten Massen durch Schlussrechnung:

123,90 g P_4 reagieren zu 283,89 g P_4O_{10}

20,0 g P_4 reagieren zu x P_4O_{10}

$$\Rightarrow \boldsymbol{x = m(P_4O_{10})} = \frac{20{,}0\ \text{g} \cdot 283{,}89\ \text{g}}{123{,}90\ \text{g}} \approx \mathbf{45{,}8\ g}$$

Die Stoffumsätze bei chemischen Reaktionen lassen sich auch mit einer **Größengleichung** berechnen. Sie wird nachfolgend abgeleitet. Dazu erinnert man sich folgender Erkenntnisse:

- Das Verhältnis der Reaktionskoeffizienten ν der entprechenden Stoffe in der Reaktionsgleichung ist gleich dem Verhältnis der umgesetzten Stoffmengen n: $\nu_1/\nu_2 = n_1/n_2$.
- Ferner sind die Massenverhältnisse zweier sich zu einer Verbindung vereinigenden Stoffe konstant: $m(X_1)/m(X_2) =$ konst. (Gesetz der konstanten Proportionen, Seite 122).

  Mit der Grundgleichung für stöchiometrische Berechnungen (Seite 126) $m(X) = n(X) \cdot M(X)$ folgt die nebenstehende Gleichung für den Stoffumsatz.

Stoffumsatzgleichung

$$\frac{m(X_1)}{n(X_1) \cdot M(X_1)} = \frac{m(X_2)}{n(X_2) \cdot M(X_2)}$$

Mit der **Stoffumsatzgleichung** lässt sich z.B. die Masse $m(X_1)$ des Stoffes X_1 bei gegebener Masse $m(X_2)$ des Stoffes X_2 berechnen, wenn die molaren Massen $M(X_1)$ und $M(X_2)$ der Stoffe X_1 und X_2 bekannt sind. Das Stoffmengenverhältnis $n(X_1)/n(X_2)$ lässt sich direkt aus der Reaktionsgleichung ablesen. Es entspricht dem Verhältnis der Reaktionskoeffizienten.

Beispiel 3: Ermittlung des Stoffumsatzes der Reaktion von Beispiel 2 mit der Stoffumsatzgleichung.

Lösung:

$$\frac{m(P_4)}{n(P_4) \cdot M(P_4)} = \frac{m(P_4O_{10})}{n(P_4O_{10}) \cdot M(P_4O_{10})}$$

$$\Rightarrow \boldsymbol{m(P_4O_{10})} = \frac{m(P_4) \cdot n(P_4O_{10}) \cdot M(P_4O_{10})}{n(P_4) \cdot M(P_4)} = \frac{20{,}0\ \text{g} \cdot 1\ \text{mol} \cdot 283{,}89\ \text{g/mol}}{1\ \text{mol} \cdot 123{,}90\ \text{g/mol}} = 45{,}82567\ \text{g} \approx \mathbf{45{,}8\ g}$$

4

Aufgaben zur Umsatzberechnung bei Einsatz reiner Stoffe

1. Eisenpulver reagiert mit Schwefelblüte beim Erhitzen unter Bildung von Eisensulfid.
   $Fe + S \longrightarrow FeS$
   Welche Masse an Eisensulfid kann aus 5,0 g Eisenpulver hergestellt werden?
2. Quecksilberoxid zerfällt beim Erwärmen in Quecksilber und Sauerstoff: $2\,HgO \longrightarrow 2\,Hg + O_2$
   Wie viel Gramm Quecksilber entstehen bei der thermischen Zersetzung von 1,25 g Quecksilberoxid?
3. Welche Masse an Kupfer kann durch Reduktion von 1,376 g Kupfer(II)-oxid mit Wasserstoff nach der Reaktionsgleichung $CuO + H_2 \longrightarrow Cu + H_2O$ gewonnen werden?
4. Wie viel Tonnen Schwefelwasserstoff müssen verbrannt werden, um 100 t Schwefel herzustellen?
   Die Reaktionsgleichung lautet: $2\,H_2S + O_2 \longrightarrow 2\,H_2O + 2\,S$
5. Beim Solvay-Verfahren zur Soda-Herstellung wird Natriumhydrogencarbonat bei 200 °C zu Soda $NaCO_3$ calciniert: $2\,NaHCO_3 \longrightarrow Na_2CO_3 + CO_2 + H_2O$
   Welche Masse an Soda $NaCO_3$ entsteht beim Calcinieren von 1000 kg Natriumhydrogencarbonat?
6. Gebrannter Kalk CaO wird mit Wasser angerührt (gelöscht): $CaO + H_2O \longrightarrow Ca(OH)_2$
   Wie viel Kilogramm Löschkalk $Ca(OH)_2$ entstehen aus 25 kg gebranntem Kalk?
7. Eine Ammoniak-Syntheseanlage produziert nach der Reaktionsgleichung $N_2 + 3\,H_2 \longrightarrow 2\,NH_3$ pro Stunde 60 t Ammoniak NH_3.
   Wie viel Tonnen Stickstoff und Wasserstoff werden dazu benötigt?
8. Bei der Reaktion von Natriumchlorid und Schwefelsäure entsteht Natriumsulfat (Glaubersalz): $2\,NaCl + H_2SO_4 \longrightarrow Na_2SO_4 + 2\,HCl$
   Welche Masse an Glaubersalz Na_2SO_4 entsteht bei der Reaktion von 10 g Natriumchlorid mit Schwefelsäure?
9. Phosphor(V)-oxidchlorid wird in der chemischen Technik durch Oxidation von Phosphortrichlorid mit reinem Sauerstoff in praktisch quantitativer Ausbeute hergestellt. $2\,PCl_3 + O_2 \longrightarrow 2\,POCl_3$
   Welche Masse an Phosphortrichlorid wird täglich umgesetzt, wenn 40 t Phosphoroxidchlorid pro Tag zu produzieren sind?
10. Aluminium wird durch Schmelzflusselektrolyse von Aluminiumoxid hergestellt:
    $Al_2O_3 + 2\,C \longrightarrow 2\,Al + CO_2 + CO$. Den erforderlichen Kohlenstoff C liefern Elektroden.
    Wie groß ist der Elektrodenverbrauch pro Kilogramm Aluminium?
11. Kesselstein $CaCO_3$ bildet sich, wenn Calciumhydrogen-haltiges Wasser erhitzt wird: Die Reaktionsgleichung lautet: $Ca(HCO_3)_2 \longrightarrow CaCO_3 + CO_2 + H_2O$
    Wie viel Gramm Kesselstein $CaCO_3$ entstehen, wenn 1000 L Wasser mit einer temporären Härte von $c(Ca(HCO_3)_2) = 2{,}3$ mmol/L zum Sieden erhitzt wird?
12. Anilin $C_6H_5NH_2$ wird durch katalytische Gasphasenhydrierung von Nitrobenzol $C_6H_5NO_2$ in praktisch quantitativer Ausbeute hergestellt: $C_6H_5NO_2 + 3\,H_2 \longrightarrow C_6H_5NH_2 + 2\,H_2O$
    Wie viel Kubikmeter Nitrobenzol mit der Dichte $\varrho = 1{,}20\ g/cm^3$ müssen umgesetzt werden, wenn pro Stunde 15,0 t Anilin produziert werden sollen?
13. Welche Masse an Benzolsulfonsäure entsteht bei der Sulfonierung von 100 t Benzol mit Oleum?
    $C_6H_6 + SO_3 \longrightarrow C_6H_5SO_3H$
14. Von 12,00 g Aluminium werden 25% mit Brom zu Aluminiumbromid oxidiert.
    $2\,Al + 3\,Br_2 \longrightarrow 2\,AlBr_3$. Wie groß ist die Massenzunahme in Gramm?

4.9.2 Umsatzberechnung bei Einsatz verunreinigter oder gelöster Stoffe

Chemische Reaktionen werden bevorzugt in Lösung oder in der Gasphase durchgeführt. Der Reaktionsablauf wird dadurch begünstigt, da die gelösten Teilchen wegen der größeren Beweglichkeit häufiger und heftiger zusammenstoßen und damit reagieren können.

In der chemischen Technik kommen häufig technische Ausgangsstoffe zum Einsatz, die mit anderen Substanzen verunreinigt sind. Dies muss bei der Umsatzberechnung durch eine vorausgehende Gehaltsberechnung (Seite 168) berücksichtigt werden.

An Beispielen wird der Rechengang bei der Umsatzberechnung aufgezeigt:

Beispiel 1: Welche Masse an Fluorwasserstoff entsteht bei der Reaktion von 20,0 g Flussspat mit einem Massenanteil an Calciumfluorid von $w(CaF_2)$ = 96,0 % mit Schwefelsäure?

Lösung:

1. Aufstellen der Reaktionsgleichung: $CaF_2 + H_2SO_4 \longrightarrow CaSO_4 + 2\,HF$
2. Umgesetzte Stoffmengen: $n(CaF_2) = 1\text{ mol}$ $\qquad n(HF) = 2\text{ mol}$
3. Angabe der molaren Massen: $M(CaF_2) = 78{,}08\text{ g/mol}$ $\qquad M(HF) = 20{,}01\text{ g/mol}$

Umsatzberechnung durch Schlussrechnung:

4. Berechnung der Masse an Calciumfluorid, CaF_2, im Flussspat:

100 g Flussspat enthalten 96,0 g CaF_2
20 g Flussspat enthalten x CaF_2

$$\Rightarrow x = m(CaF_2) = \frac{20{,}0\text{ g} \cdot 96{,}0\text{ g}}{100\text{ g}} = 19{,}2\text{ g}$$

5. Umsatzberechnung:

78,08 g CaF_2 reagieren zu 2 · 20,01 g HF
19,2 g CaF_2 reagieren zu y HF

$$\Rightarrow y = \boldsymbol{m(HF)} = \frac{19{,}2\text{ g} \cdot 2 \cdot 20{,}01\text{ g}}{78{,}08\text{ g}} \approx \mathbf{9{,}84\text{ g}}$$

Umsatzberechnung mithilfe der Stoffumsatzgleichung:

$$\frac{m(CaF_2)}{n(CaF_2) \cdot M(CaF_2)} = \frac{m(HF)}{n(HF) \cdot M(HF)} \quad \text{mit} \quad m(CaF_2) = w(CaF_2) \cdot m(\text{Flussspat}) \quad \text{folgt:}$$

$$\frac{w(CaF_2) \cdot m(\text{Flussspat})}{n(CaF_2) \cdot M(CaF_2)} = \frac{m(HF)}{n(HF) \cdot M(HF)} \Rightarrow m(HF) = \frac{w(CaF_2) \cdot M(\text{Flussspat}) \cdot n(HF) \cdot M(HF)}{n(CaF_2) \cdot M(CaF_2)}$$

$$\boldsymbol{m(HF)} = \frac{0{,}960 \cdot 20{,}0\text{ g} \cdot 2\text{ mol} \cdot 20{,}01\text{ g/mol}}{1\text{ mol} \cdot 78{,}98\text{ g/mol}} \approx \mathbf{9{,}84\text{ g}}$$

Beispiel 2: Wie viel Gramm Salzsäure mit einem Massenanteil von $w(HCl)$ = 30,0 % sind erforderlich, um 2,50 g Calciumcarbonat aufzulösen?

Lösung:

1. Reaktionsgleichung: $CaCO_3 + 2\,HCl \longrightarrow CaCl_2 + CO_2 + H_2O$
2. Stoffmengenumsatz: $n(CaCO_3) = 1\text{ mol}$, $\qquad n(HCl) = 2\text{ mol}$
3. Molare Massen: $M(CaCO_3) = 100{,}09\text{ g/mol}$, $\qquad M(HCl) = 36{,}46\text{ g/mol}$

Umsatzberechnung durch Schlussrechnung:

4. Umsatzberechnung:

100,09 g $CaCO_3$ werden von 2 · 36,46 g HCl gelöst
2,50 g $CaCO_3$ werden von x HCl gelöst

$$\Rightarrow x = m(HCl) = \frac{2{,}50\text{ g} \cdot 2 \cdot 36{,}46\text{ g}}{100{,}09\text{ g}} = 1{,}82\text{ g}$$

5. Berechnung der erforderlichen Masse an Salzsäure:

30,0 g HCl sind in 100 g HCl-Lsg. gelöst
1,82 g HCl sind in y HCl-Lsg. gelöst

$$\Rightarrow y = \boldsymbol{m(\text{HCl-Lsg.})} = \frac{1{,}82\text{ g} \cdot 100\text{ g}}{30{,}0\text{ g}} \approx \mathbf{6{,}07\text{ g}}$$

Umsatzberechnung mithilfe der Stoffumsatzgleichung:

$$\frac{m(CaCO_3)}{n(CaCO_3) \cdot M(CaCO_3)} = \frac{m(HCl)}{n(HCl) \cdot M(HCl)} \quad \text{mit} \quad m(HCl) = w(HCl) \cdot m(\text{HCl-Lsg.}) \quad \text{folgt:}$$

$$\frac{m(CaCO_3)}{n(CaCO_3) \cdot M(CaCO_3)} = \frac{w(HCl) \cdot m(\text{HCl-Lsg.})}{n(HCl) \cdot M(HCl)} \Rightarrow m(\text{HCl-Lsg.}) = \frac{M(CaCO_3) \cdot n(HCl) \cdot M(HCl)}{w(HCl) \cdot n(CaCO_3) \cdot M(CaCO_3)}$$

$$\boldsymbol{m(\text{HCl-Lsg.})} = \frac{2{,}50\text{ g} \cdot 2\text{ mol} \cdot 36{,}46\text{ g/mol}}{0{,}300 \cdot 1\text{ mol} \cdot 100{,}09\text{ g/mol}} \approx \mathbf{6{,}07\text{ g}}$$

Beispiel 3: Welche Masse an Wasser ist erforderlich, wenn aus 15,0 g Phosphor(V)-oxid eine Phosphorsäure mit einem Massenanteil von $w(H_3PO_4) = 30{,}0\,\%$ hergestellt werden soll?

Lösung:
1. Reaktionsgleichung: $P_4O_{10} + 6\,H_2O \longrightarrow 4\,H_3PO_4$
2. Stoffmengenumsatz: $n(P_4O_{10}) = 1$ mol, $n(H_3PO_4) = 4$ mol
3. Molare Massen: $M(P_4O_{10}) = 283{,}89$ g/mol, $M(H_3PO_4) = 98{,}00$ g/mol

Lösung durch Schlussrechnung:

4. Umsatzberechnung:
283,89 g P_4O_{10} reagieren zu $4 \cdot 98{,}00$ g H_3PO_4
15,0 g P_4O_{10} reagieren zu x H_3PO_4
$$\Rightarrow x = m(H_3PO_4) = \frac{15{,}0\text{ g} \cdot 4 \cdot 98{,}00\text{ g}}{283{,}89\text{ g}} = 20{,}71\text{ g}$$

5. Gehaltsberechnung:
30,0 g H_3PO_4 sind in 100 g H_3PO_4-Lsg gelöst
20,71 g H_3PO_4 sind in y H_3PO_4-Lsg gelöst
$$\Rightarrow y = m(H_3PO_4\text{-Lsg.}) = \frac{20{,}71\text{ g} \cdot 100{,}00\text{ g}}{30{,}0\text{ g}} = 69{,}03\text{ g}$$

6. Berechnung der Masse an Wasser in der Phosphorsäure-Lösung:
$$\boldsymbol{m(H_2O)} = m(H_3PO_4\text{-Lsg.}) - m(P_4O_{10}) = 69{,}03\text{ g} - 15{,}0\text{ g} = 54{,}03\text{ g} \approx \mathbf{54{,}0\ g}$$

Lösung mithilfe der Stoffumsatzgleichung:

$$\frac{m(P_4O_{10})}{n(P_4O_{10}) \cdot M(P_4O_{10})} = \frac{m(H_3PO_4)}{n(H_3PO_4) \cdot M(H_3PO_4)} \quad \text{mit} \quad m(H_3PO_4) = w(H_3PO_4) \cdot m(H_3PO_4\text{-Lsg.}) \quad \text{folgt:}$$

$$\frac{m(P_4O_{10})}{n(P_4O_{10}) \cdot M(P_4O_{10})} = \frac{w(H_3PO_4) \cdot m(H_3PO_4\text{-Lsg.})}{n(H_3PO_4 \cdot M(H_3PO_4)}$$

$$\Rightarrow \quad m(H_3PO_4\text{-Lsg.}) = \frac{m(P_4O_{10}) \cdot n(H_3PO_4) \cdot M(H_3PO_4)}{w(H_3PO_4) \cdot n(H_3PO_4) \cdot M(P_4O_{10})}$$

$$m(H_3PO_4\text{-Lsg.}) = \frac{15{,}0\text{ g} \cdot 4\text{ mol} \cdot 98{,}00\text{ g/mol}}{0{,}300 \cdot 1\text{ mol} \cdot 283{,}89\text{ g/mol}} \approx 69{,}04\text{ g}$$

$$\boldsymbol{m(H_2O)} = m(H_3PO_4\text{-Lsg.}) - m(P_4O_{10}) = 69{,}04\text{ g} - 15{,}0\text{ g} = 54{,}04\text{ g} \approx \mathbf{54{,}0\ g}$$

Beispiel 4: Welcher Masseverlust ist beim Calcinieren von 1000 kg Natriumhydrogencarbonat $NaHCO_3$ mit einem Feuchtigkeitsmassenanteil von 1,75 % zu Soda Na_2CO_3 zu erwarten?

Lösung:
1. Reaktionsgleichung: $2\,NaHCO_{3(s)} \xrightarrow{180\,°C} Na_2CO_{3(s)} + CO_{2(g)} + H_2O_{(g)}$
2. Stoffmengenumsatz: $n(NaHCO_3) = 2$ mol, $n(Na_2CO_3) = 1$ mol
3. Molare Massen: $M(NaHCO_3) = 84{,}01$ g/mol, $M(Na_2CO_3) = 105{,}99$ g/mol
4. Gehaltsberechnung:
100 kg $NaHCO_3$ enthalten 1,75 kg H_2O
1000 kg $NaHCO_3$ enthalten x H_2O
$$\Rightarrow x = m(H_2O) = \frac{1000\text{ kg} \cdot 1{,}75\text{ kg}}{100\text{ kg}} = 17{,}5\text{ kg}$$
5. Umsatzberechnung:

Umgesetzt werden:		
	1000 kg	feuchtes $NaHCO_3$
	– 17,5 kg	Wasser
	= 982,5 kg	trockenes $NaHCO_3$

$2 \cdot 84{,}01$ kg $NaHCO_3$ bilden 105,99 kg Na_2CO_3
982,5 kg $NaHCO_3$ bilden y Na_2CO_3
$$\Rightarrow y = m(Na_2CO_3) = \frac{982{,}5\text{ kg} \cdot 105{,}99\text{ kg}}{2 \cdot 84{,}01\text{ kg}} = 619{,}8\text{ kg}$$

6. Berechnung des Masseverlustes:

Vor dem Aufheizen	1000 kg	feuchtes $NaHCO_3$
nach dem Aufheizen	– 619,8 kg	trockenes Na_2CO_3
Masseverlust	= 380,2 kg	flüchtige Bestandteile

Der Masseverlust beträgt 380,2 kg. Das sind $\frac{380{,}2\text{ kg}}{1000\text{ kg}}$ = 38,02% der Ausgangsmasse.

Aufgaben zur Umsatzberechnung bei Einsatz verunreinigter und gelöster Stoffe

1. Wie viel Gramm Methansäure mit einem Massenanteil von $w(HCOOH)$ = 30 % werden zur Neutralisation von 30 g Natriumcarbonat benötigt?

   $Na_2CO_3 + 2\,HCOOH \longrightarrow 2\,NaHCOO + CO_2 + H_2O$

2. Welche Masse gebrannter Kalk (Calciumoxid, CaO) kann theoretisch aus 2,00 t Kalkstein mit dem Massenanteil $w(CaCO_3)$ = 84,5 % gewonnen werden?

   $CaCO_3 \xrightarrow{1200\,°C} CaO + CO_2$

3. Wie viel Tonnen Schwefeldioxid SO_2 entstehen beim Abrösten von 250 t Eisenkies mit dem Massenanteil $w(FeS_2)$ = 21,5 % in einem Etagen-Röstofen **(Bild 1)?**

   $4\,FeS_2 + 11\,O_2 \xrightarrow{600\,°C} 2\,Fe_2O_3 + 8\,SO_2$

4. Bei der Aluminiumgewinnung nach dem Bayer-Verfahren wird in einem Zwischenschritt Aluminiumhydroxid $Al(OH)_3$ durch Calcinieren bei 1100 °C zu Aluminiumoxid umgewandelt: $2\,Al(OH)_3 \xrightarrow{1100\,°C} Al_2O_3 + 3\,H_2O$

   Welche Masse an Aluminiumoxid kann theoretisch nach dem Glühen von 1000 kg Aluminiumhydroxid mit einem Feuchtigkeitsanteil von 2,55 % erhalten werden?

5. Zur Rauchgasentschwefelung in einem Kohlekraftwerk werden pro Stunde 170 t Kalkmilch mit einem Massenanteil von $w(Ca(OH)_2)$ = 5,0 % benötigt **(Bild 2).** Die Kalkmilch wird durch Einrühren von gebranntem Kalk CaO in Wasser erzeugt: $CaO + H_2O \longrightarrow Ca(OH)_2$

   Welche Masse gebrannter Kalk mit dem Massenanteil $w(CaO)$ = 90 % muss dazu stündlich eingerührt werden?

6. Nach dem Ausbringen auf dem Feld löst sich der Calciumcyanamid $CaCN_2$-Anteil im Kalkstickstoffdünger durch Regen und die Bodenfeuchtigkeit nach der Reaktionsgleichung: $CaCN_2 + 3\,H_2O \longrightarrow CaCO_3 + 2\,NH_3$

   Der Massenanteil an Calciumcyanamid $CaCN_2$ in einem technischen Kalkstickstoffdünger beträgt 90,0 %. Welche Masse an Ammoniak wird aus 25,0 kg Kalkstickstoffdünger durch Reaktion mit Wasser im Erdboden freigesetzt?

7. Bei einer Alkali-Chlorid-Elektrolyse werden pro Elektrolysezelle stündlich 3,50 m³ Reinsole (NaCl) zugeführt **(Bild 3).**

   Die Massenkonzentration an Natriumchlorid in der Sole sinkt im Verlauf der Elektrolyse in der Anodenzelle von 280 g/L auf 235 g/L.

   Die Elektrolyse verläuft nach der summarischen Reaktionsgleichung:

   $2\,NaCl + 2\,H_2O \longrightarrow 2\,NaOH + H_2\uparrow + Cl_2\uparrow$

   Welche Masse an Chlor wird täglich aus 156 in Reihe geschalteten Elektrolysezellen produziert?

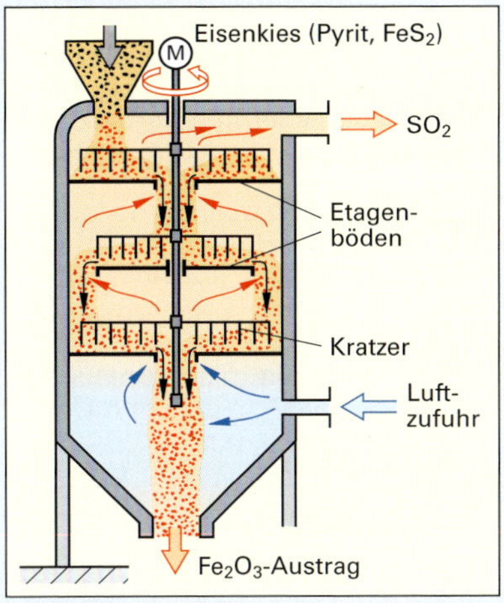

Bild 1: Etagen-Röstofen (Aufgabe 3)

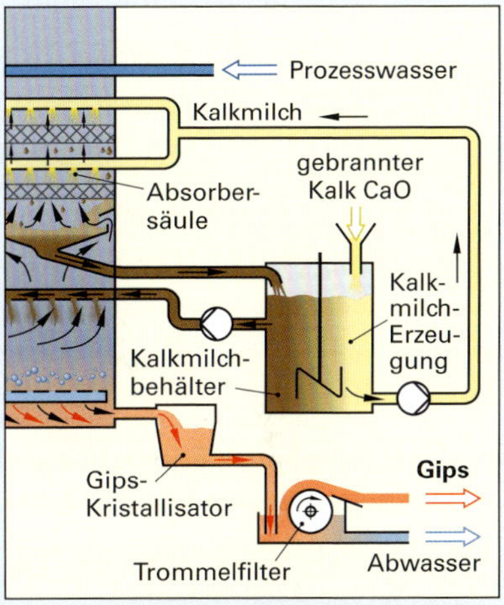

Bild 2: Kalkmilch-Erzeugung zur Rauchgasentschwefelung (Aufgabe 5)

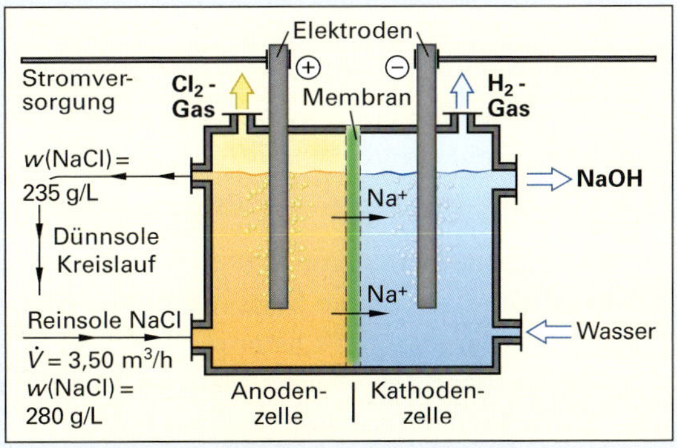

Bild 3: Alkalichlorid-Elektrolysezelle (Aufgabe 7)

4

8. 3,2 g Phosphor (V)-oxid werden vorsichtig in 50,0 g Wasser gelöst. Sie reagieren gemäß der Reaktionsgleichung: $P_4O_{10} + 6\,H_2O \longrightarrow 4\,H_3PO_4$
Wie groß ist der Massenanteil an Phosphorsäure in der gebildeten Phosphorsäure-Lösung?

9. Welches Volumen an Salzsäure (w(HCl) = 25 %, ϱ(HCl) = 1,123 g/mL) ist zur Neutralisation von 10 mL Natronlauge (w(NaOH) = 30 %, ϱ(NaOH) = 1,325 g/mL) erforderlich?
Die Reaktionsgleichung lautet: $NaOH + HCl \longrightarrow NaCl + H_2O$

10. 5,0 cm³ Chlorsulfonsäure (ϱ = 1,720 g/cm³) werden vorsichtig in 100 cm³ Wasser eingetragen.
Sie reagieren nach: $HSO_3Cl + H_2O \longrightarrow H_2SO_4 + HCl$
Wie viel Gramm Natronlauge (w(NaOH) = 20 %) wird zur vollständigen Neutralisation der Lösung benötigt?

11. Die Gesamthärte eines Brauchwassers wurde zu $c(Ca^{2+})$ = 4,5 mmol/L bestimmt. Welche Masse an Soda wird benötigt, um 10 m³ des Brauchwassers durch Fällung zu enthärten?
$Ca^{2+} + Na_2CO_3 \longrightarrow CaCO_3 + 2\,Na+$

12. Bei der Reaktion von Natrium mit Wasser wurden 200 g Natronlauge mit einem Massenanteil von w(NaOH) = 1,2 % erhalten. Reaktionsgleichung: $2\,Na + 2\,H_2O \longrightarrow 2\,NaOH + H_2$
Wie viel Gramm Natrium haben sich zu Natronlauge umgesetzt?

13. In eine Natronlauge (w(NaOH) = 20 %) wird Kohlenstoffdioxid eingeleitet. Es kommt zu folgender Reaktion: $2\,NaOH + CO_2 \longrightarrow Na_2CO_3 + H_2O$
Wie groß ist der Massenanteil an Natriumcarbonat in der entstehenden Soda-Lösung?

14. 175 t Schwefelsäure mit einem Massenanteil von $w(H_2SO_4)$ = 98 % sollen in einem Gegenstromabsorber in Oleum mit $w(SO_3)$ = 30 % überführt werden.
Die Reaktionsgleichung lautet: $SO_3 + H_2O \longrightarrow H_2SO_4$
Wie viel Tonnen SO_3 müssen absorbiert werden?

15. Wie groß ist der Massenanteil an Natriumethanolat in einer ethanolischen Natriumethanolat-Lösung, wenn 46 g krustenfreies Natrium vorsichtig mit 800 mL Ethanol der Dichte 0,791 g/cm³ umgesetzt werden?
$2\,Na + 2\,CH_3CH_2OH \longrightarrow 2\,NaCH_3CH_2O + H_2$

16. In einer 1-L-Dreihalskolbenapparatur **(Bild 1)** sollen 60,0 g in Diethylether $CH_3CH_2{-}O{-}CH_2CH_3$ gelöstes Ethylmagnesiumbromid hergestellt werden.
a) Welche Masse an Magnesiumspänen ist im Rundkolben in Ether suspendiert vorzulegen?
b) Wie viel Gramm Ethylbromid sind im Tropftrichter in Ether gelöst vorzulegen?
$CH_3CH_2{-}Br + Mg \longrightarrow CH_3CH_2{-}Mg{-}Br$

17. Zum Absolutieren von 1,0 L 1,4-Dioxan ($\varrho(C_4H_8O_2)$ = 1,034 g/cm³) mit einem Massenanteil an Wasser von 1,5 % wird Natriumdraht mit einer hydraulischen Presse in das Gebinde gepresst. Welche Masse an Natrium muss zum Absolutieren mindestens verpresst werden?
$2\,Na + 2\,H_2O \longrightarrow 2\,NaOH + H_2$

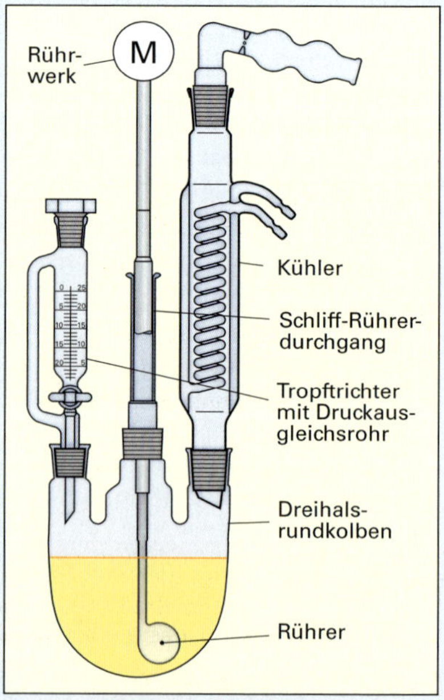

Bild 1: Dreihalskolbenapparatur (Aufgabe 16)

4.9.3 Umsatzberechnung bei Gasreaktionen

Gasreaktionen sind chemische Reaktionen, die in der Gasphase ablaufen, oder Reaktionen, an denen Gase beteiligt sind.

Als Grundlage für die quantitative Erfassung des Stoffumsatzes dient auch hier die Reaktionsgleichung. Die Umrechnung der Massen m, Stoffmengen n und Volumina V erfolgt durch die Grundgleichung der Stöchiometrie $M(X) = m(X)/n(X)$ sowie durch die Definitionsgleichung für das stoffmengenbezogene (molare) Normvolumen $V_{m,n} = V_n(X)/n(X)$. Mit diesen beiden Grundgleichungen lässt sich die nebenstehende Stoffumsatzgleichung für Gasreaktionen bei Normbedingungen ableiten.

Wenn nur Gase an der Gasreaktion beteiligt sind, dann lässt sich die Stoffumsatzgleichung durch Kürzen des molaren Normvolumens $V_{m,n}$ weiter vereinfachen, da das molare Normvolumen von der Gasart unabhängig ist (vgl. Seite 135).

Das molare Normvolumen $V_{m,n}$ beträgt nach DIN 1343 bei Normbedingungen (T_n = 273,15 K, p_n = 1,013 bar) für ideale Gase $V_{m,0}$ = 22,41 L/mol.

Weicht der Gaszustand von den Normbedingungen ab, so muss dies mithilfe der Zustandsgleichung der Gase oder mittels der allgemeinen Gasgleichung berücksichtigt werden.

Stoffumsatzgleichung für Gasreaktionen bei Normbedingungen

$$\frac{m(X_1)}{n(X_1) \cdot M(X_1)} = \frac{V_n(X_2)}{n(X_2) \cdot V_{m,n}}$$

$$\frac{V_n(X_1)}{n(X_1)} = \frac{V_n(X_2)}{n(X_2)}$$

Zustandsgleichung der Gase

$$\frac{p_n \cdot V_n}{T_n} = \frac{p_1 \cdot V_1}{T_1}$$

Allgemeine Gasgleichung

$$p \cdot V = \frac{m \cdot R \cdot T}{M}$$

Beispiel 1: Phosgen $COCl_2$ wird durch kontinuierliche Chlorierung von Kohlenstoffmonoxid am Aktivkohle-Festbettkontakt bei 80 °C und einem Druck von p = 3,0 bar in der Gasphase in praktisch quantitativer Ausbeute hergestellt.

a) Welcher Volumenstrom an Kohlenstoffmonoxid im Normzustand ist zur Synthese von 5,0 t/h Phosgen erforderlich, wenn mit einem Überschuss von Kohlenstoffmonoxid von 5,0 % gearbeitet wird?

b) Wie groß ist das Volumen an Kohlenstoffmonoxid unter Reaktionsbedingungen?

Lösung:

1. Reaktionsgleichung: $CO_{(g)} + Cl_{2(g)} \longrightarrow COCl_{2(g)}$
2. Stoffmengenumsatz: $n(CO) = 1$ mol; $n(COCl_2) = 1$ mol
3. Molares Volumen/molare Masse: $V_{m,0}(CO) = 22{,}41$ L/mol, $M(COCl_2) = 98{,}92$ g/mol

Lösung durch Schlussrechnung:

4. Umsatzberechnung:

1 · 98,92	g/h	$COCl_2$ entstehen aus	1 · 22,41	L/h	CO	$x = \dot V_n(CO) = \frac{5{,}0\ t/h \cdot 22{,}41 \cdot 10^3\ m^3/h}{98{,}92\ t/h}$
1 · 98,92	kg/h	$COCl_2$ entstehen aus	1 · 22,41	m³/h	CO	
1 · 98,92	t/h	$COCl_2$ entstehen aus	1 · 22,41 · 10³	m³/h	CO	$\dot V_n(CO) = 1{,}133 \cdot 10^3\ m^3/h$
5,0	t/h	$COCl_2$ entstehen aus	x		CO	

Unter Berücksichtigung eines Überschusses an Kohlenstoffmonoxid von 5,0 % beträgt der Volumenstrom an Kohlenstoffmonoxid: $\boldsymbol{\dot V_n(CO)} = 1{,}133 \cdot 10^3\ m^3/h \cdot 1{,}050 = 1{,}189 \cdot 10^3\ m^3/h \approx \mathbf{1{,}2 \cdot 10^3\ m^3/h}$.

5. Berechnung des Volumenstroms an Kohlenstoffmonoxid bei Reaktionsbedingungen:

$$\frac{p_n \cdot \dot V_n}{T_n} = \frac{p_{CO} \cdot \dot V_{CO}}{T_{CO}} \Rightarrow \dot V_{CO} = \frac{p_n \cdot \dot V_{n,CO} \cdot T_{CO}}{T_n \cdot p_{CO}} = \frac{1{,}13\ bar \cdot 1{,}189 \cdot 10^3\ \frac{m^3}{h} \cdot 353{,}15\ K}{273{,}15\ K \cdot 3{,}0\ bar} \approx \mathbf{0{,}52 \cdot 10^3\ m^3/h}$$

Beispiel 2: Schwefelhexafluorid SF_6 wird als Schutz- und Isoliergas verwendet. Es entsteht bei der Fluorierung von elementarem Schwefel im Fluorgasstrom in einer stark exothermen Reaktion. Welches Normvolumen an Fluor ist mindestens erforderlich, um ein Normvolumen von 100 L Schwefelhexafluorid herzustellen?

Lösung:

1. Reaktionsgleichung: $S_{(s)} + 3\ F_{2(g)} \longrightarrow SF_{6(g)}$ | $\Delta_r H = -1220$ kJ/mol
2. Stoffmengenumsatz: $n(F_2) = 3$ mol, $n(SF_6) = 1$ mol
3. Molares Volumen: $V_{m,0}(F_2) = 22{,}41$ L/mol, $V_{m,0}(SF_6) = 22{,}41$ L/mol

Berechnung durch Schlussrechnung:

4. Umsatzberechnung:

22,41 L SF_6 erfordern 3 · 22,41 L F_2
100 L SF_6 erfordern x F_2

$$\Rightarrow \quad x = \boldsymbol{V_n(F_2)} = \frac{100\ \text{L} \cdot 3 \cdot 22{,}41\ \text{L}}{22{,}41\ \text{L}} = \mathbf{300\ L}$$

Berechnung mithilfe der Stoffumsatzgleichung:

$$\frac{V_n(F_2)}{n(F_2)} = \frac{V_n(SF_6)}{n(SF_6)} \quad \Rightarrow \quad \boldsymbol{V_n(F_2)} = \frac{n(F_2) \cdot V_n(SF_6)}{n(SF_6)} = \frac{3\ \text{mol} \cdot 100\ \text{L}}{1\ \text{mol}} = \mathbf{300\ L}$$

Aufgaben zu Umsatzberechnung bei Gasreaktionen

1. Wie viel Steinsalz mit einem Massenanteil an Natriumchlorid von 92 % ist erforderlich, um unter Normbedingungen elektrolytisch einen Kubikmeter Chlorgas zu gewinnen?

   $$2\ NaCl + 2\ H_2O \xrightarrow{\text{elektrische Energie}} 2\ NaOH + H_2 + Cl_2$$

2. Wie viel Liter Wasserstoff entweichen bei p_{amb} = 1025 mbar und ϑ = 28 °C über den Rückflusskühler einer Kegelschliff-Reaktionsapparatur, wenn 18,0 g krustenfreies Natrium mit einem Überschuss an Methanol zu einer Natriummethanolat-Lösung umgesetzt werden?

   $$2\ Na + 2\ CH_3OH \longrightarrow 2\ NaCH_3O + H_2$$

3. Bei der Elektroyse von verdünnter Schwefelsäure wurden 50,0 mL Knallgas bei p_{amb} = 1005 mbar und ϑ = 20,2 °C mithilfe einer pneumatischen Wanne aufgefangen. Wie viel Wasser ist elektrolysiert worden?

   $$2\ H_2O \xrightarrow{\text{elektrische Energie}} 2\ H_2 + O_2$$

4. Bei der Reaktion von Calciumcarbid mit Wasser wurden aus 1,50 Gramm Calciumcarbid 422mL Ethin erhalten. Das Volumen der Gasportion konnte bei einer Temperatur von ϑ = 20 °C und einem Druck von p_{amb} = 1080 mbar gemessen werden. Wie groß ist der Massenanteil $w(CaC_2)$ im Calciumcarbid?

   $$CaC_2 + 2\ H_2O \longrightarrow C_2H_2 + Ca(OH)_2$$

5. Für den Springbrunnenversuch wird bei einer Temperatur von ϑ = 20 °C und einem Druck von p_{amb} = 1003 mbar ein Liter Chlorwasserstoffgas benötigt. Das Chlorwasserstoffgas soll durch Reaktion von Natriumchlorid NaCl mit Schwefelsäure hergestellt werden.

   Die Reaktionsgleichung lautet: $2\ NaCl + H_2SO_4 \longrightarrow Na_2SO_4 + 2\ HCl$

   Welche Masse an Natriumchlorid muss dazu mindestens mit Schwefelsäure umgesetzt werden?

6. Ein Membranzellen-Elektrolyseapparat (Bild 3, Seite 155) produziert pro Stunde umgerechnet auf Normbedingungen 700 m^3 Chlorgas:

   Die Reaktionsgleichung lautet: $2\ NaCl + 2\ H_2O \xrightarrow{\text{elektrische Energie}} 2\ NaOH + H_2 + Cl_2$

   Welche Masse an Natriumchlorid ist dazu erforderlich?

7. Zur Erzeugung von Schwefelsäure wird im 1. Verfahrensschritt in einem Verbrennungsofen Schwefel zu SO_2 verbrannt **(Bild 1)**. Es wird stündlich ein Normvolumen von 6,0 · 10^3 m^3 Schwefeldioxid erzeugt.

   Die Reaktionsgleichung: $S + O_2 \longrightarrow SO_2$

   Welche Masse an Schwefel wird dazu benötigt?

8. Methanol wird in einem großtechnischen Verfahren aus Synthesegas (CO, H_2) hergestellt. Die Reaktionsgleichung lautet:

   $$CO + 2\ H_2 \xrightarrow{\text{elektrische Energie}} H_3C\text{-}OH$$

   Welches Normvolumen an Wasserstoff muss pro Stunde mit einem Normvolumen von 24,5 · 10^3 m^3 Kohlenstoffmonoxid zur Reaktion gebracht werden?

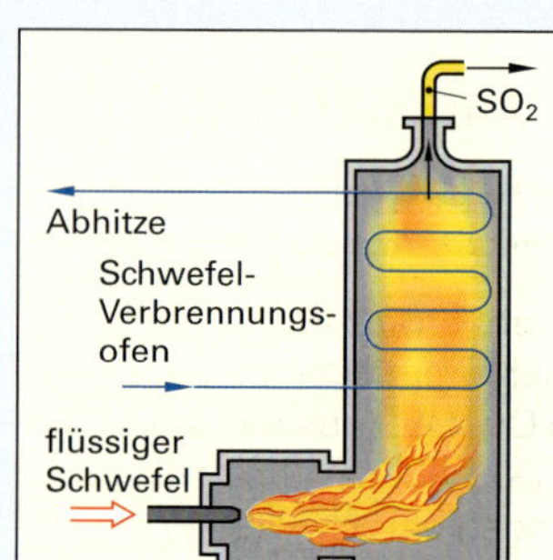

Bild 1: SO_2-Gewinnung (Aufgabe 7)

9. Die Synthese von Phosphortrichlorid erfolgt kontinuierlich durch Chlorierung von weißem Phosphor gemäß der Reaktionsgleichung: $P_4 + 6\,Cl_2 \longrightarrow 4\,PCl_3$

   Welches Normvolumen an Chlorgas ist zur Herstellung von 100 t Phosphortrichlorid pro Tag erforderlich?

10. Salpetersäure wird großtechnisch in einer mehrstufigen Anlage nach dem Ostwald-Verfahren hergestellt **(Bild 1).**

    Die summarische Reaktionsgleichung lautet:

    $NH_3 + 2\,O_2 \longrightarrow HNO_3 + H_2O$

    Eine Salpetersäureanlage synthetisiert täglich 2000 Tonnen Salpetersäure mit $w(HNO_3) = 70\,\%$.

    a) Welches Volumen an Ammoniak ist dazu im Normzustand erforderlich?

    b) Welches Volumen an Luft im Normzustand wird benötigt, wenn die Luft einen Volumenanteil an Sauerstoff $\varphi(O_2) = 20\,\%$ hat?

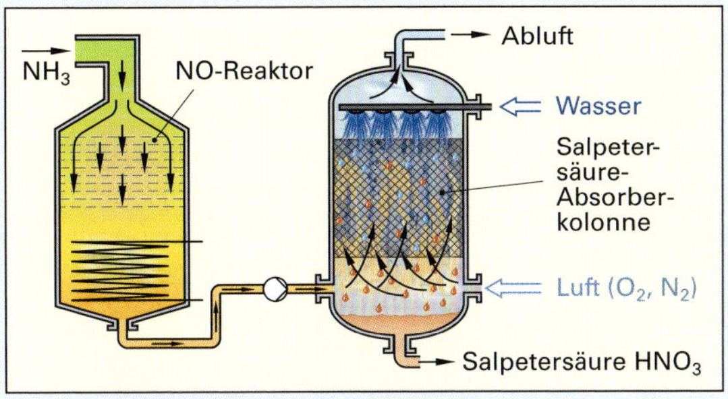

Bild 1: Salpetersäureherstellung nach dem Ostwald-Verfahren (Aufgabe 10)

11. Bei der Verbrennung von schwefelhaltigem Heizöl mit einer Dichte von $\varrho = 0{,}83$ g/cm³ entstehen pro Kubikmeter Heizöl 5,0 Kubikmeter Schwefeldioxid: $S + O_2 \longrightarrow SO_2$

    Das Volumen der Gasportion wurde bei einer Temperatur von 213 °C und einem Druck von 1052 bar gemessen. Wie groß ist der Massenanteil an Schwefel im Heizöl?

4.9.4 Umsatzberechnung unter Berücksichtigung der Ausbeute

Eine Vielzahl von chemischen Stoffen setzt sich **nicht quantitativ** (vollständig) zu den Reaktionsprodukten um, die aufgrund stöchiometrischer Berechnungen erwartet werden.

Die Ursachen für diese Umsatzverluste sind:

- unerwünschte Nebenreaktionen,
- unvermeidbare Verluste bei der Aufarbeitung der Reaktionsprodukte,
- unvollständiger Reaktionsablauf, z. B. bei Gleichgewichtsreaktionen,
- ein nichtstöchiometrisches Stoffmengenverhältnis der Ausgangsstoffe.

In der Summe bewirken sie einen geringeren Ertrag an Produkten, der durch die Ausbeute ausgedrückt wird.

Ausbeute (yield)

Der Begriff Ausbeute wird im zweifachen Sinn verwandt. Allgemein bezeichnet man mit Ausbeute die bei einer chemischen Reaktion tatsächlich entstehende Masse $m_0(X)$ an Produkt X.

Im erweiterten Sinn ist die **Ausbeute η** der Wirkungsgrad einer chemischen Reaktion. Man berechnet die Ausbeute η als Quotient aus der tatsächlich entstandenen Produktmasse $m_0(X)$ und der theoretisch durch stöchiometrische Überlegungen berechneten Produktmasse $m_{calc}(X)$.

Ausbeute (Wirkungsgrad)

$$\eta(X) = \frac{m_0(X)}{m_{calc}(X)} = \frac{n_0(X)}{n_{calc}(X)} = \frac{V_0(X)}{V_{calc}(X)}$$

Die Ausbeute η wird als Dezimalzahl oder in Prozent angegeben. Bezugsgrößen können neben der Masse m auch die Stoffmenge n oder das Volumen V sein. Bei kontinuierlich ablaufenden Prozessen lassen sich die Ausbeuten auch auf Stoffströme ($\dot{m}$, $\dot{n}$, $\dot{V}$) beziehen.

Beispiel 1: Bei der Methanolsynthese (Bild 1, Seite 163) wird die Ausbeute bei einmaligem Durchgang des aus Kohlenstoffmonoxid und Wasserstoff bestehenden Synthesegases durch den Reaktor absichtlich beschränkt. Sonst werden unerwünschte Nebenreaktionen durch zu starken Temperaturanstieg begünstigt.

Wie groß ist die Ausbeute bei einmaligem Durchgang des Synthesegases durch den Reaktor, wenn dem Kreislauf pro Stunde 12,0 t Methanol durch Kondensation entzogen werden und die bei vollständigem Umsatz entstehende Methanolmasse pro Stunde 80,0 t beträgt?

Lösung: $\eta = \frac{m_0(CH_3OH)}{m_{calc}(CH_3OH)} = \frac{12{,}0\ t}{80{,}0\ t} = 0{,}150 = \mathbf{15{,}0\ \%}$

Beispiel 2: Monochlormethan wird durch Gasphasenchlorierung von Methan bei 400 °C bis 450 °C hergestellt, wobei auch höherchlorierte Chlormethane entstehen.

Welche Ausbeute an Monochlormethan wird erreicht, wenn pro Stunde aus 20,0 t Methan 23,0 t Monochlormethan hergestellt werden?

Lösung:

1. Aufstellen der Reaktionsgleichung: $CH_4 + Cl_2 \longrightarrow CH_3Cl + HCl$
2. Umgesetzte Stoffmengen: $n(CH_4) = 1\ mol$ $\quad n(CH_3Cl) = 1\ mol$
3. Angabe der molaren Massen: $M(CH_4) = 16{,}043\ g/mol$ $\quad M(CH_3Cl) = 50{,}448\ g/mol$

Lösung durch Schlussrechnung:

4. Umsatzberechnung: 16,043 g CH_4 bilden 50,488 g CH_3Cl
   20,0 t CH_4 bilden x CH_3Cl
   $x = m(CHCl_3) = \frac{20{,}0\ t \cdot 50{,}488\ g}{16{,}043\ g} = 62{,}94\ t$
5. Ausbeuteberechnung: 62,94 g CH_3Cl sind 100 % Ausbeute
   23,0 t CH_3Cl sind y Ausbeute
   $\mathbf{y = \eta(CH_3Cl)} = \frac{23{,}0\ t \cdot 100\ \%}{62{,}94\ g} \approx \mathbf{36{,}5\ \%}$

Lösung mithilfe der Stoffumsatzgleichung:

$$\frac{m(CH_4)}{n(CH_4) \cdot M(CH_4)} = \frac{m(CH_3Cl)}{n(CH_3Cl) \cdot M(CH_3Cl)} \quad \text{mit} \quad n(CH_4) = n(CH_3Cl) \quad \text{und} \quad m_{calc}(CH_3Cl) = \frac{m_0(CH_3Cl)}{\eta(CH_3Cl)}$$

$$\text{folgt:} \quad \frac{m(CH_4)}{M(CH_4)} = \frac{m_0(CH_3Cl)}{\eta(CH_3Cl) \cdot M(CH_3Cl)} \Rightarrow \eta(CH_3Cl) = \frac{m_0(CH_3Cl) \cdot M(CH_4)}{m(CH_4) \cdot M(CH_3Cl)}$$

$$\mathbf{\eta(CH_3Cl)} = \frac{23{,}0\ t \cdot 16{,}043\ g/mol}{20{,}0\ t \cdot 50{,}488\ g/mol} \approx 0{,}365 = \mathbf{36{,}5\ \%}$$

Beispiel 3: Welche Masse an Essigsäureethylester wird bei der Veresterung von Essigsäure mit 530 g Ethanol synthetisiert, wenn die Ausbeute 60 % beträgt?

Lösung:

1. Reaktionsgleichung: $CH_3{-}C(=O){-}OH + CH_3{-}CH_2{-}OH \longrightarrow CH_3{-}C(=O){-}O{-}CH_2{-}CH_3 + H_2O$
2. Stoffmengenumsatz: $n(Eth.) = 1\ mol,$ $\quad n(Ester) = 1\ mol$
3. Molare Masse: $M(Eth.) = 46{,}07\ g/mol,$ $\quad M(Ester) = 88{,}11\ g/mol$
4. Berechnung der stöchiometrisch entstehenden Masse an Essigsäureethylester:

$$\frac{m(Eth.)}{n(Eth.) \cdot M(Eth.)} = \frac{m(Ester)}{n(Ester) \cdot M(Ester)} \quad \text{mit} \quad n(Eth.) = n(Ester) \quad \text{folgt:}$$

$$\frac{m(Eth.)}{M(Eth.)} = \frac{m(Ester)}{M(Ester)} \Rightarrow m(Ester) = \frac{m(Eth.) \cdot M(Ester)}{M(Eth.)} = \frac{530\ g \cdot 88{,}11\ g/mol}{46{,}07\ g/mol} \approx 1014\ g$$

5. Berechnung der Masse an Essigsäureethylester unter Berücksichtigung der Ausbeute:

$$\eta(Ester) = \frac{m_0(Ester)}{m_{calc}(Ester)} \Rightarrow \mathbf{m_0(Ester)} = \eta(Ester) \cdot m_{calc}(Ester) = 0{,}60 \cdot 1014\ g = 608{,}4\ g \approx \mathbf{0{,}61\ kg}$$

Gesamtausbeute (total yield)

Zur Berechnung der Gesamtausbeute η_{ges} bei mehrstufigen Synthesen werden die Einzelausbeuten multipliziert. Die Gesamtausbeute einer chemischen Reaktion ist stets kleiner als die kleinste Einzelausbeute.

Gesamtausbeute
$\eta_{ges} = \eta_1 \cdot \eta_2 \cdot \eta_3 \cdot \ldots$

Beispiel: Die Herstellung von Schwefelsäure erfolgt in drei Verfahrensschritten **(Bild 1)**: Schwefelverbrennung, Aufoxidation im Kontaktofen und Absorption in Wasser zu Schwefelsäure.

Die Schwefelverbrennung hat eine Ausbeute von 99,7 %, die Aufoxidation des Schwefeldioxids zu Schwefeltrioxid hat eine Ausbeute von 97,0 % und bei der anschließenden Absorption des Schwefeltrioxids in Oleum wird eine Ausbeute von 99,6 % erreicht.

Wie groß ist die Gesamtausbeute bei der Schwefelherstellung?

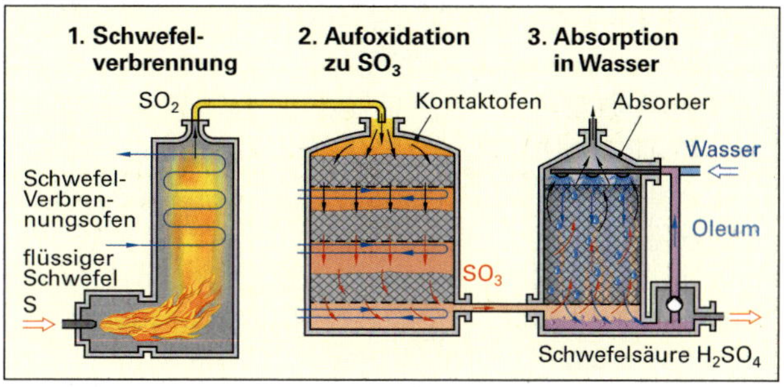

Bild 1: Schwefelsäureherstellung in drei Schritten

Lösung: $\eta_{ges} = \eta_1 \cdot \eta_2 \cdot \eta_3 = 0{,}997 \cdot 0{,}970 \cdot 0{,}996 \approx 0{,}963 = \mathbf{96{,}3\,\%}$

Aufgaben zu Umsatzberechnung unter Berücksichtigung der Ausbeute

1. Die Gesamtausbeute eines Farbstoffzwischenprodukts beträgt 50 %. Zur Synthese sind drei Reaktionsschritte erforderlich. Im ersten und dritten Reaktionsschritt wurde eine Ausbeute von 70 % bzw. 75 % erzielt. Wie groß war die Ausbeute im zweiten Reaktionsschritt?

2. Die Laborsynthese von Benzolsulfonamid $C_6H_5SO_2NH_2$ wird nach dem folgenden Reaktionsschema durchgeführt **(Bild 1)**.

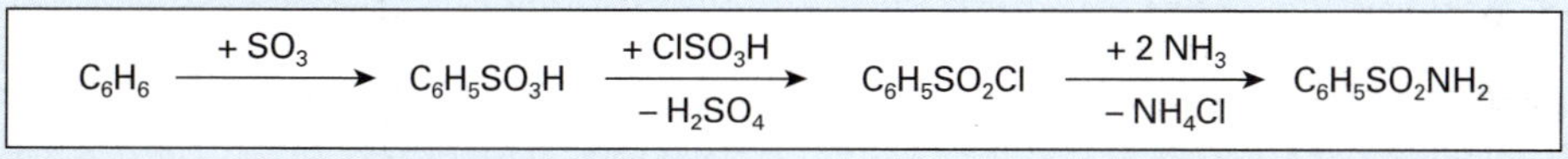

$$C_6H_6 \xrightarrow{+\,SO_3} C_6H_5SO_3H \xrightarrow[-\,H_2SO_4]{+\,ClSO_3H} C_6H_5SO_2Cl \xrightarrow[-\,NH_4Cl]{+\,2\,NH_3} C_6H_5SO_2NH_2$$

Bild 1: Laborsynthese von Benzolsulfonamid

Wie groß ist die Gesamtausbeute der Synthese, wenn die einzelnen Reaktionsschritte folgende Wirkungsgrade haben: Sulfonierung η = 95 %, Chlorierung η = 85 %, Aminierung η = 80 %?

3. Bei der Thermolyse von 0,6863 g Ammoniumhydrogencarbonat (Backpulver) werden nach dem Trocknen, umgerechnet auf Normbedingungen, 350 mL Gasgemisch erhalten. Berechnen Sie die Ausbeute.

$$NH_4HCO_{3(s)} \xrightarrow{\vartheta} NH_{3(g)} + CO_{2(g)} + H_2O_{(l)}$$

4. Ein Gasgemisch aus 3,0 L Wasserstoff und 1,0 L Stickstoff im Normzustand werden in einem Autoklaven zur Reaktion gebracht. $N_{2(g)} + 3\,H_{2(g)} \longrightarrow 2\,NH_{3(g)}$

Die Ausbeute an Ammoniak beträgt 10 %.

Wie groß ist das Volumen der Gasmischung nach der Reaktion, wenn wieder Normbedingungen vorliegen?

5. Welche Masse an Kaliumnitrat muss thermisch zersetzt werden, wenn bei nur 96 %iger Ausbeute 0,50 L Sauerstoff unter Normbedingungen hergestellt werden sollen?

Reaktionsgleichung: $2\,KNO_3 \xrightarrow{\text{Erwärmung}} 2\,KNO_2 + O_2$

4

6. Schwefel wird in einem Verbrennungsofen zur SO_2-Herstellung verbrannt (Bild 1, Seite 158).
Reaktionsgleichung: $S + O_2 \longrightarrow SO_2$
Beim Verbrennen von 20,0 t Schwefel entstehen 39,8 t Schwefeldioxid.
Berechnen Sie die Ausbeute in Prozent.

7. Chrom wird durch aluminothermische Reduktion von Chrom(III) oxid mit Aluminium hergestellt. Das aufbereitete Cr_2O_3-Pulver wird mit Aluminiumpulver vermischt und gezündet. Die Reaktion läuft als exotherme Reaktion selbstständig ab. Es entsteht metallisches Chrom und Al_2O_3:
Reaktionsgleichung: $Cr_2O_3 + 2\,Al \longrightarrow Al_2O_3 + 2\,Cr$
Wie viel Kilogramm Chrom werden pro Tonne Chrom(III) oxid erhalten, wenn die Ausbeute 87,0 % beträgt?

8. Weißer Phosphor wird elektrochemisch aus Apatit $Ca_5(PO_4)_3F$ durch Reduktion mit Kohlenstoff hergestellt **(Bild 1)**. Die Reaktionsgleichung lautet:
$$2\,Ca_5(PO_4)_3F + 15\,C + 8\,SiO_2 \longrightarrow 6\,P + 15\,CO + 6\,CaSiO_3 + Ca_4Si_2O_7F_2$$
Die Ausbeute beträgt 92 %.
Welche Masse an Apatit mit einem Massenanteil an Calciumfluorophosphat von $w(Ca_5(PO_4)_3F)$ = 82 % ist pro Tonne Elementarphosphor erforderlich?

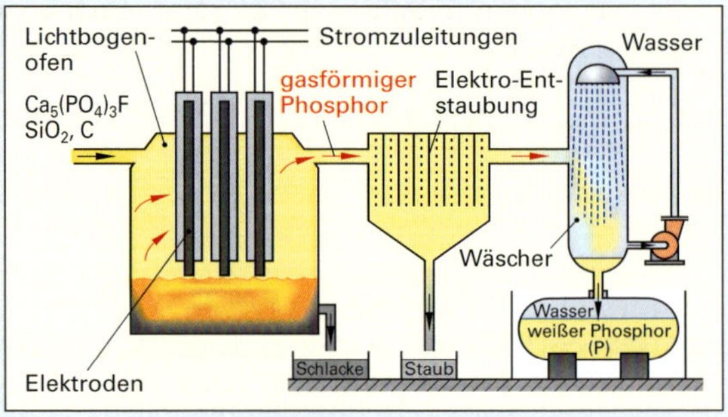

Bild 1: Industrielle Herstellung von weißem Phosphor (Aufgabe 8)

9. Zur Herstellung von Styrol wird Ethylbenzol in Rohrbündelreaktoren katalytisch dehydriert.
Die Reaktionsgleichung lautet: $C_6H_5\text{–}CH_2\text{–}CH_3 \longrightarrow C_6H_5\text{–}CH{=}CH_2 + H_2$
Die Ausbeute beträgt 90 %.
Wie viel Tonnen Ethylbenzol müssen eingesetzt werden, wenn pro Stunde 10 t Styrol hergestellt werden sollen?

10. Aluminiumcarbid Al_4C_3 reagiert mit Wasser zu Methan und $Al(OH)_3$.
Die Reaktionsgleichung ist: $Al_4C_3 + 12\,H_2O \longrightarrow 4\,Al(OH)_3 + 3\,CH_4$
In einem Experiment entstand bei der Reaktion von 1,2 g technischen Aluminiumcarbid ($w(Al_4C_3)$ = 94 %) mit Wasser 490 mL Methan.
Das Volumen der getrockneten Gasportion wurde bei 22 °C und 1020 mbar bestimmt.
Wie groß ist die Ausbeute an Methan in Prozent?

11. Chlorbenzol wird mit 65 %iger Ausbeute zu para-Nitrochlorbenzol umgesetzt.
$C_6H_5Cl + HNO_3 \longrightarrow Cl\text{–}C_6H_4\text{–}NO_2 + H_2O$
Welche Masse an Chlorbenzol muss eingesetzt werden, wenn täglich 50 t para-Nitrochlorbenzol produziert werden sollen?

12. Die Gesamtausbeute eines Farbstoffzwischenprodukts beträgt 50 %. Zur Synthese sind drei Reaktionsschritte erforderlich. Im ersten und dritten Reaktionsschritt wurde eine Ausbeute von 70 % bzw. 75 % erzielt.
Wie groß war die Ausbeute im zweiten Reaktionsschritt?

Gemischte Aufgaben zu Umsatzberechnung

1. 1,253 g Kupfer(II)-oxid werden in einem Quarzrohr mit Wasserstoff zu elementarem Kupfer reduziert.
   Die Reaktionsgleichung: $CuO + H_2 \longrightarrow Cu + H_2O$
   a) Welches Volumen an Wasserstoff wird bei 20 °C und 1150 mbar benötigt, wenn mit einem Überschuss an Wasserstoff von 30 % gearbeitet wird?
   b) Der Wasserstoff wird einer 1-Liter-Druckgasflasche bei einer Temperatur von 20 °C und einem Flaschendruck von 150,0 bar entnommen. Welcher Druck stellt sich nach der Gasentnahme in der Druckgasflasche ein?

2. Ein 750-MW-Kraftwerk hat einen Kohlebedarf von 245 t/h. Bei der Kohleverbrennung entstehen 11,0 m^3 Rauchgase pro Kilogramm Kohle. Die Entfernung des Schwefeldioxids im Rauchgas erfolgt durch Gegenstromabsorption in Absorptionskolonnen mittels einer Kalkstein-Suspension **(Bild 1)**. Dabei wird Calciumsulfit $CaSO_3$ gebildet.
   $CaCO_3 + SO_2 \longrightarrow CaSO_3 + CO_2$
   Im unteren Teil der Kolonne wird das Calciumsulfit mit Luftsauerstoff in wässriger Lösung zum Calciumsulfat oxidiert.
   $2\,CaSO_3 + O_2 \longrightarrow 2\,CaSO_4$
   a) Das Rauchgas soll von 3100 mg SO_2 pro Kubikmeter auf den zulässigen Grenzwert von 400 mg/m^3 entschwefelt werden. Wie viel Tonnen Kalkstein mit einem Massenanteil von $w(CaCO_3)$ = 90,0 % sind dazu täglich erforderlich?
   b) Welche Masse an Gips ($CaSO_4 \cdot 2\,H_2O$) fällt täglich an?

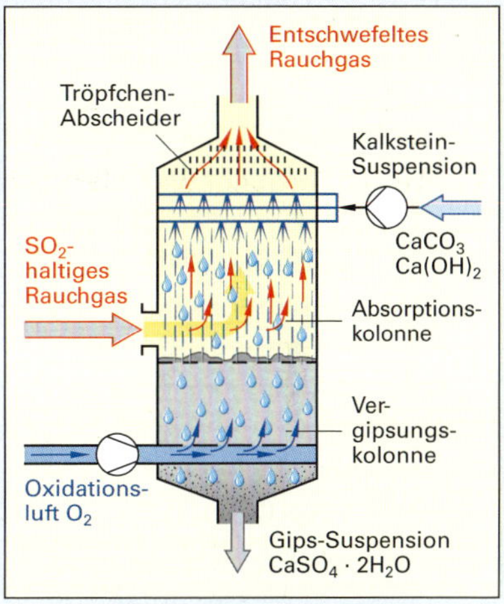

Bild 1: Rauchgasentschwefelung (Aufgabe 2)

3. Bei der Methanolsynthese setzt sich das aus Kohlenstoffmonoxid CO und Wasserstoff H_2 bestehende Synthesegas bei einmaligem Durchgang durch den Reaktor zu 14 % in Methanol um **(Bild 2)**.
   Die Reaktionsgleichung ist: $CO + 2\,H_2 \longrightarrow CH_3OH$
   Wie viel Tonnen Methanol erhält man pro Stunde, wenn $300 \cdot 10^3$ m^3 Synthesegas durch den Reaktor strömen?

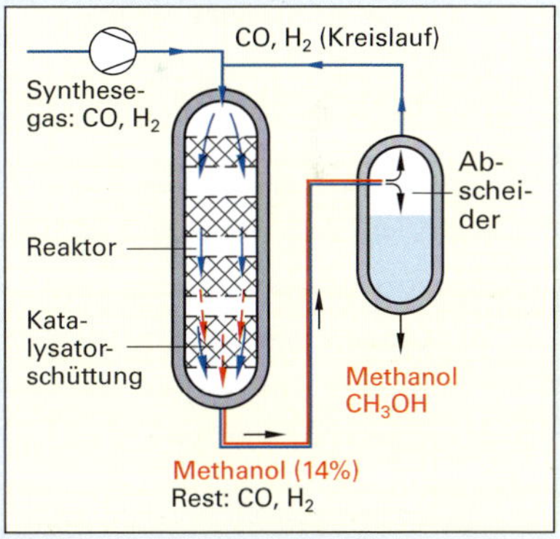

Bild 2: Methanolsynthese (Aufgabe 3)

4. Formaldehyd HCHO wird großtechnisch durch Oxidation von Methanol in der Gasphase durch Katalyse an einem Silberkontakt hergestellt.
   Die Reaktionsgleichung:
   $2\,CH_3OH + O_2 \longrightarrow 2\,HCHO + 2\,H_2O$.
   Die Ausbeute beträgt 94 %.
   Welches Volumen an Methanol mit der Dichte $\varrho(CH_3OH)$ = 0,792 t/m^3 muss pro Stunde oxidiert werden, um 50 t /h Formaldehyd-Lösung mit $w(HCHO)$ = 37 % herzustellen?

5. Eine Salpetersäurefabrik (Bild 1, Seite 159) produziert am Tag 1500 Tonnen Salpetersäure mit $w(HNO_3)$ = 100 %. Die Reaktionsgleichung lautet: $NH_3 + 2\,O_2 \longrightarrow HNO_3 + H_2O$
   a) Wie viel Tonnen Ammoniak sind dafür erforderlich, wenn die Gesamtreaktion praktisch quantitativ nach folgender Gesamtgleichung verläuft?
   b) Bei der Oxidation dienen Platinnetze als Katalysatoren. Durch Verdampfung und mechanischen Abrieb werden pro Tonne Salpetersäure 200 mg Platin verbraucht, wovon 80,0 % durch Absorption zurückgewonnen werden.
   Berechnen Sie den Platinverlust in Euro, wenn ein Kilogramm Platin 10 000,00 € kostet.

6. 300 Kubikmeter Abluft sollen in einer Gegenstrom-Absorptionskolonne gereinigt werden **(Bild 1)**. Die Abluft hat folgende Volumenanteile: $\varphi(H_2S)$ = 1,24 %, $\varphi(HCl)$ = 1,60 %.

   Bei der Absorption in Kalilauge (w(KOH) = 15,0 %, ϱ(KOH) = 1,135 g/cm³) werden Kaliumchlorid und Kaliumhydrogensulfid gebildet.

   $HCl + KOH \longrightarrow KCl + H_2O$;

   $H_2S + KOH \longrightarrow KHS + H_2O$

   Welches Volumen an Kalilauge ist erforderlich, wenn mit einem KOH-Überschuss von 30,0 % gearbeitet wird?

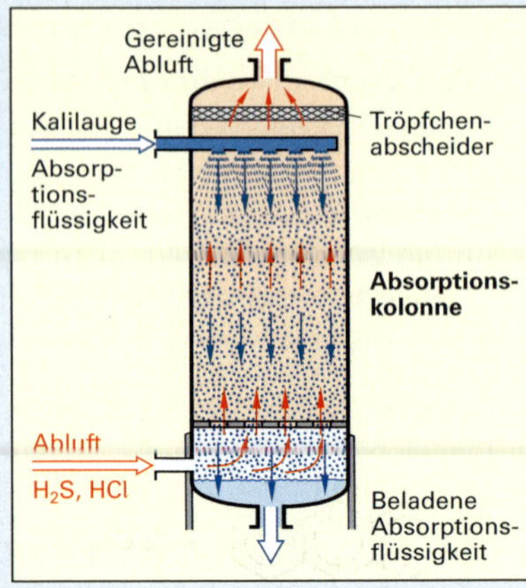

Bild 1: Gegenstrom-Absorber (Aufg. 6)

4

7. Soda wird nach dem Solvay-Verfahren hergestellt **(Bild 2)**. Im 1. Verfahrensschritt, bei der Herstellung von Natriumhydrogencarbonat, beträgt die Ausbeute 75 %.

   $2\,NaCl + 2\,CO_2 + 2\,NH_3 + 2\,H_2O \longrightarrow 2\,NaHCO_3 + 2\,NH_4Cl$;

   Im 2. Verfahrensschritt, der anschließenden Calcinierung, verläuft die Reaktion praktisch quantitativ:

   $2\,NaHCO_3 \longrightarrow Na_2CO_3 + H_2O + CO_2$

   Wie viel Tonnen Steinsalz mit einem Massenanteil von w(NaCl) = 95 % sind einzusetzen, wenn pro Stunde 60 t Soda synthetisiert werden sollen?

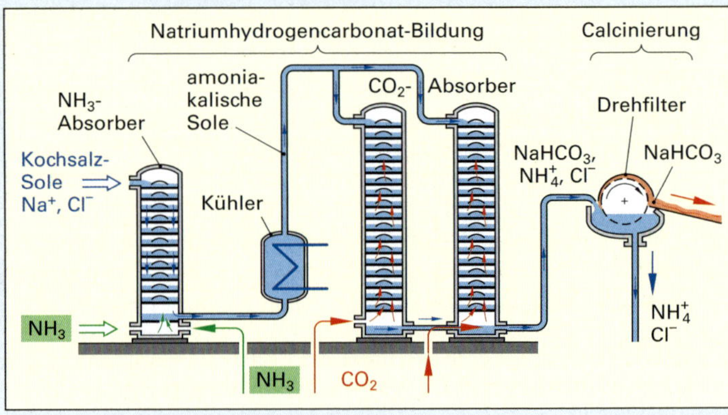

Bild 2: Solvay-Verfahren (Aufgabe 7)

8. Hydrazinhydrat wird im Labor durch Reaktion von Natronlauge mit Chlor und Ammoniak hergestellt. Die summarische Reaktionsgleichung lautet:

   $2\,NaOH + Cl_2 + 2\,NH_3 \longrightarrow N_2H_4 \cdot H_2O + 2\,NaCl + H_2O$

   Die Gesamtausbeute beträgt 70 %.

   Welche Masse an Ammoniak muss pro Tonne hergestelltem Hydrazinhydrat $N_2H_4 \cdot H_2O$ zur Reaktion gebracht werden?

9. Fluorwasserstoff wird in Drehrohröfen aus Säurespat durch Reaktion mit Schwefelsäure in 94,0 %iger Ausbeute hergestellt **(Bild 3)**. Die Reaktionsgleichung ist:

   $CaF_2 + H_2SO_4 \longrightarrow 2\,HF + CaSO_4$

   a) Wie viel Tonnen Säurespat mit einem Massenanteil an Calciumfluorid von $w(CaF_2)$ = 97,0 % sind erforderlich, wenn pro Drehrohrofen täglich 40,0 t Fluorwasserstoff hergestellt werden sollen?

   b) Welche Masse an Roherz mit $w(CaF_2)$ = 45,0 % muss täglich durch Flotation aufbereitet werden, um den Säurespat herzustellen?

   c) Wie viel Tonnen Schwefelsäure ($w(H_2SO_4)$ = 98,0 %) werden benötigt, wenn mit einem Schwefelsäureüberschuss von 5,00 % gearbeitet wird?

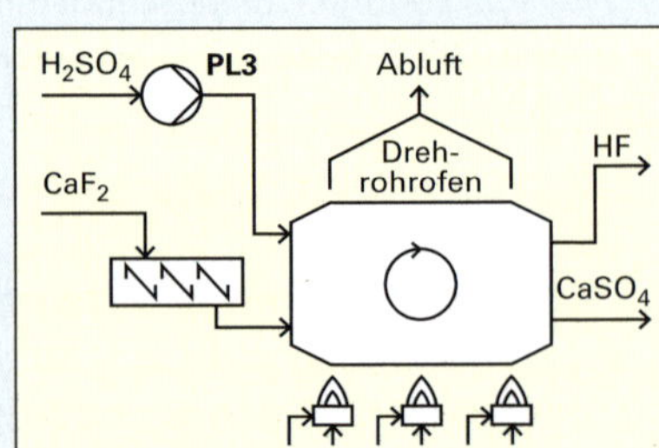

Bild 3: HF-Produktion (Aufgabe 9)

10. Chloroacetamid wird durch Reaktion von Chloressigsäureethylester mit Ammoniak hergestellt:

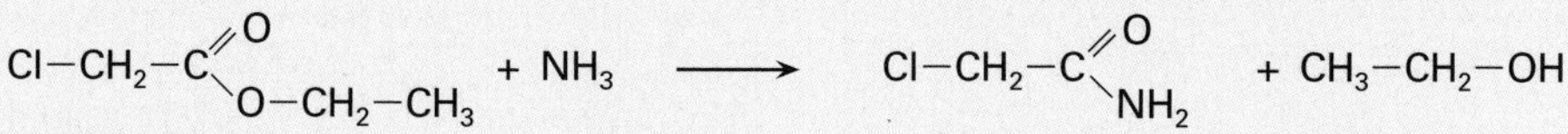

Chloressigsäureethylester Ammoniak Chloroacetamid Ethanol

Welches Volumen an Ammoniak-Lösung ($w(NH_3)$ = 27,3 %, $\varrho(NH_4OH)$ = 0,900 g/cm³) ist zur Ammonolyse von 21,5 g Chloressigsäureethylester erforderlich, wenn mit einem 3,3-fachen Überschuss an Ammoniak-Lösung gearbeitet wird?

11. Anthrachinon, eines der wichtigsten Farbstoffzwischenprodukte, kann durch Oxidation von Anthracen mit Chromsäure hergestellt werden. Die Ausbeute beträgt 80 %.

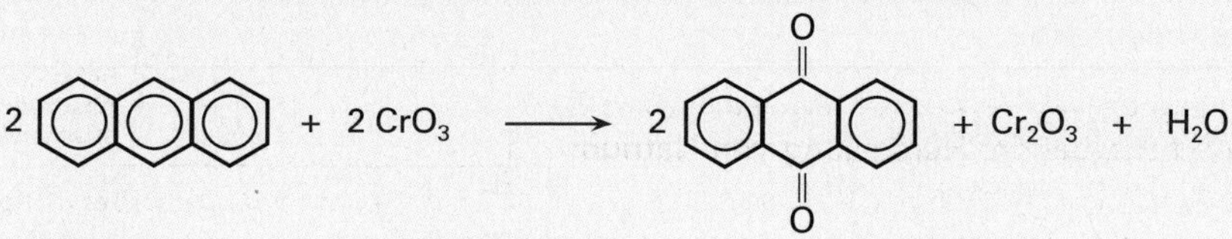

Anthracen Chromsäure Anthrachinon

Welche Masse an Anthrachinon wird bei der Oxidation von 1,78 g Anthracen erhalten?

12. Phthalsäureanhydrid (PSA), ein wichtiges Zwischenprodukt zur Synthese von Phthalat-Weichmachern, Alkyd- und Polyesterharzen, kann durch katalytische Gasphasen-Oxidation von o-Xylol an einem Fest- oder Fließbett-Katalysator auf V_2O_5-Basis mit einem Ausbeuteverlust von 5,0 % hergestellt werden.

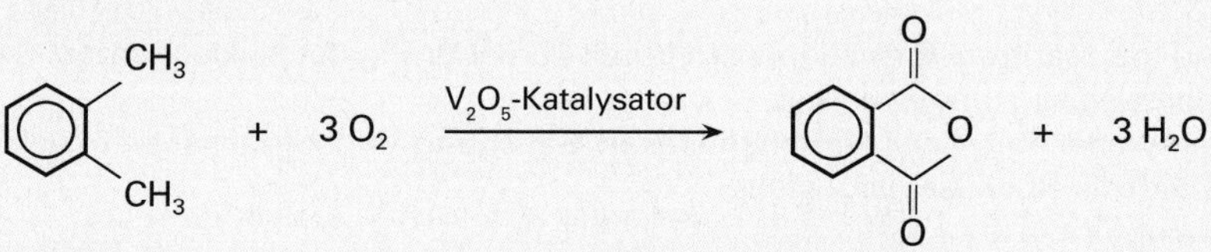

o-Xylol Phthalsäureanhydrid

Welches Volumen an o-Xylol (ϱ = 0,8811 g/mL) ist pro Tonne Phthalsäureanhydrid einzusetzten?

13. Polycarbonat (PC), ein Kunststoff zur Produktion bruchsicherer Verglasungen, wird unter anderem durch Grenzflächen-Polykondensation von Bisphenol A mit Phosgen hergestellt.

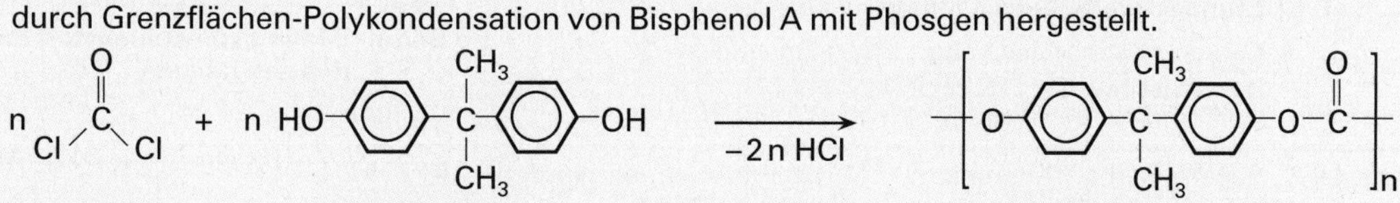

Phosgen Biphenyl A Polycarbonat

Welche Masse an Phosgen ist zur Produktion einer PC-Platte mit der Masse m = 15,0 kg erforderlich, wenn Ausbeuteverluste vernachlässigt werden?

14. Acetylsalicylsäure, eines der bekanntesten Analgetika, wird durch Acetylierung von Salicylsäure mit Essigsäureanhydrid hergestellt. Es ist mit einem Ausbeuteverlust von 25 % zu rechnen.

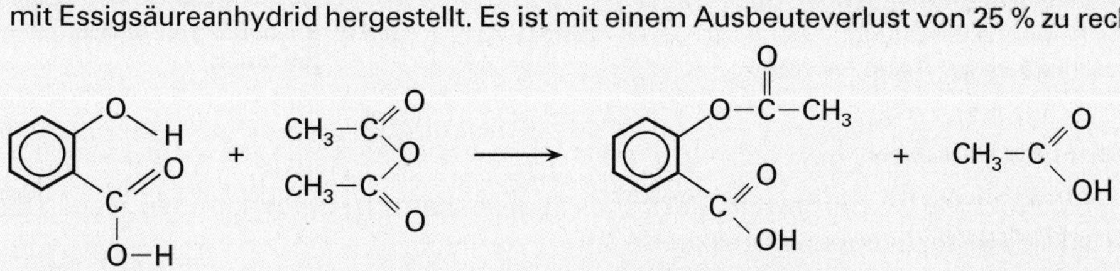

Salicylsäure Diethansäure Acetylsalicylsäure Ethansäure

Welche Masse an Salicylsäure ist zur Synthese von 100 kg Acetylsalicylsäure erforderlich?

4.10 Kernreaktionen

Isotope

Nur 20 der derzeit bekannten 118 Elemente sind **Reinelemente;** sie bestehen aus nur einer Nuklidart (Atomsorte, Seite 123). Beispiele für Reinelemente sind $^{23}_{11}Na$ Natrium, $^{19}_{9}F$ Fluor, $^{27}_{13}Al$ Aluminium und $^{127}_{53}I$ Iod.

Alle übrigen Elemente sind **Mischelemente,** d.h., sie kommen in der Natur als Isotopengemische vor, wie z.B. Wasserstoff **(Tabelle unten).** Mischelemente bestehen aus mehreren Nukliden mit gleicher Protonenzahl, aber unterschiedlicher Neutronenzahl. Sie unterscheiden sich in der Masse. Die chemischen Eigenschaften der Isotope eines Elements sind gleich.

> Isotope nennt man die Nuklide des gleichen Elements. Sie haben die gleiche Protonenzahl, aber eine unterschiedliche Neutronenzahl.

Tabelle: Isotope des Elements Wasserstoff $_1H$

Isotop	$^{1}_{1}H$	$^{2}_{1}H$	$^{3}_{1}H$
Bezeichnung	leichter Wasserstoff	schwerer Wasserstoff oder Deuterium	überschwerer Wasserstoff oder Tritium (radioaktiv)
Elementarteilchen	1 Proton, 1 Elektron, 0 Neutronen	1 Proton, 1 Elektron, 1 Neutron	1 Proton, 1 Elektron, 2 Neutronen
Natürliche Häufigkeit im Wasserstoff	99,9844 %	0,0156 %	≈ 10^{-16} %

Kernumwandlungen

Bei einer Kernumwandlung (nuclear transformation) wird durch Veränderung der Nukleonenzahl das vorhandene Nuklid in ein anderes Nuklid umgewandelt.
Kernreaktionen werden entweder mit einer **kernchemischen Gleichung** (in Isotopenschreibweise) beschrieben oder mit einer **Kurzschreibweise** dargestellt.

Beispiel 1: In der Atmosphäre bildet sich aus Stickstoff ^{14}N durch Reaktion mit den Neutronen der Höhenstrahlung in geringen Mengen der radioaktive Kohlenstoff ^{14}C und ein freies Proton **(Bild 1).**
Wie stellt man den Vorgang durch eine kernchemische Gleichung sowie in Kurzschreibweise dar?

Lösung: Kernchemische Gleichung: $^{14}_{7}N + ^{1}_{0}n \longrightarrow ^{14}_{6}C + ^{1}_{1}p$
Kurzschreibweise: $^{14}N(n, p)\,^{14}C$

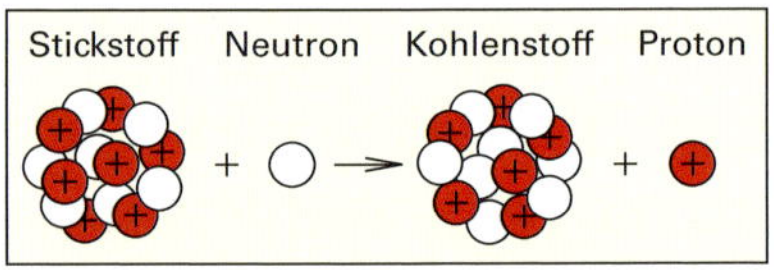

Bild 1: Bildung von Kohlenstoff durch Höhenstrahlung

Beispiel 2: Beschießt man Aluminium ^{27}Al mit Protonen, so werden α-Teilchen (= Heliumkerne $^{4}_{2}\alpha$) ausgesandt **(Bild 2).**
Stellen Sie den Vorgang durch eine kernchemische Reaktionsgleichung in Isotopenschreibweise und in Kurzschreibweise dar.

Lösung: Die Summe der Nukleonen und der Kernladungszahlen muss auf beiden Seiten der Gleichung übereinstimmen: Es entsteht ein Magnesiumnuklid ^{24}Mg.

Kernchemische Gleichung: $^{27}_{13}Al + ^{1}_{1}p \longrightarrow ^{24}_{12}Mg + ^{4}_{2}\alpha$
Kurzschreibweise: $^{27}Al(p, \alpha)\,^{24}Mg$

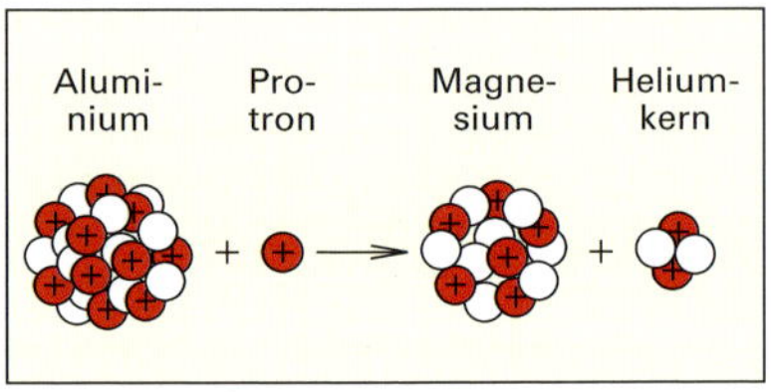

Bild 2: Beschuss von Al-Atomen mit Protonen

Aufgabe zu Kernumwandlungen

Von den folgenden Nukliden werden jeweils Elektronen abgespalten oder aufgenommen. Geben Sie die entstehenden Nuklide in der Isotopenschreibweise an:

a) $^{23}_{11}Na - 1\,e \longrightarrow$ b) $^{64}_{30}Zn\ - 2\,e \longrightarrow$ c) $^{16}_{8}O^{2-}\ - 2\,e \longrightarrow$

d) $^{32}_{16}S\ + 2\,e \longrightarrow$ e) $^{56}_{26}Fe^{2+} - 1\,e \longrightarrow$ f) $^{208}_{82}Pb^{4+} + 2\,e \longrightarrow$

Natürliche Radioaktivität

Bei der natürlichen Radioaktivität (natural radioactivity) findet eine spontane Kernumwandlung instabiler Nuklide statt, wie z.B. des radioaktiven Radium–226, unter Aussendung von α- oder β-Teilchen **(Bild 1).**

α-Teilchen sind Heliumkerne $^{4}_{2}\alpha$.

β-Teilchen sind Elektronen $^{1}_{0}e$. Sie entstehen durch Zerfall eines Neutrons in ein Proton und ein Elektron:

$$^{1}_{0}n \longrightarrow {}^{0}_{-1}e + {}^{1}_{1}p$$

Der Zerfallsprozess kann von energiereicher γ-Strahlung begleitet sein.

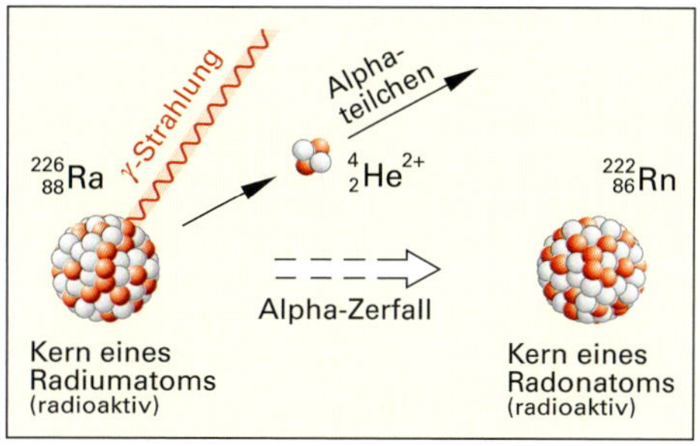

Bild 1: Natürlicher radioaktiver Zerfall des Radiumatoms

Beispiel 1: Thorium–230 zerfällt unter Aussendung von α-Strahlung. Der Zerfall ist in einer Isotopengleichung darzustellen.

Lösung: $^{230}_{90}Th \longrightarrow {}^{226}_{88}Ra + {}^{4}_{2}\alpha$ Die Nukleonenzahl verringert sich um 4, die Kernladungszahl verringert sich um 2.

Beispiel 2: Blei ^{214}Pb zerfällt unter Aussendung von β-Strahlung. Der Zerfall ist in einer Isotopengleichung darzustellen.

Lösung: $^{214}_{82}Pb \longrightarrow {}^{214}_{83}Bi + {}^{0}_{-1}\beta$ Die Nukleonenzahl verringert sich nicht, die Kernladungszahl vergrößert sich um 1.

Kernspaltung

Bei der Kernspaltung (nuclear fission) werden Atomkerne mit großer Massenzahl, wie z.B. Uran 235, mit Neutronen beschossen **(Bild 2).** Dabei spaltet sich der schwere Uran $^{235}_{92}U$-Atomkern in zwei mittelschwere Kerne $^{89}_{36}Kr$, $^{144}_{56}Ba$ und zwei oder drei Neutronen $^{1}_{0}n$.

Diese Kernspaltung ist mit sehr großer Energieabgabe verbunden. Sie wird zur Energieerzeugung in Kernreaktoren genutzt und ist technisch von großer Bedeutung.

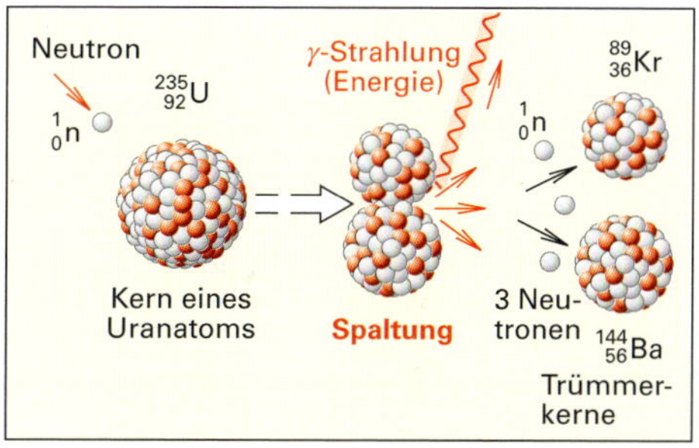

Bild 2: Kernspaltung des Uran-235-Atomkerns

Beispiel: Bei der Spaltung von Uran ^{235}U durch ein Neutron zerfällt der Urankern in einen Bariumkern ^{144}Ba, einen Kryptonkern ^{89}Kr und drei Neutronen. Der Vorgang ist in einer Isotopengleichung darzustellen.

Lösung: $^{235}_{92}U + {}^{1}_{0}n \longrightarrow {}^{144}_{56}Ba + {}^{89}_{36}Kr + 3\,{}^{1}_{0}n$ + Energie

Aufgaben zu Kernreaktionen

1. Vervollständigen Sie die kernchemischen Gleichungen (in Kurzschreibweise) für folgende künstliche Kernumwandlungen:

   a) $^{11}B(n, \alpha)$? b) ^{6}Li (?, α) ^{3}H c) ?(α, n) ^{242}Cm d) ^{209}Bi (α, ?) ^{211}At

2. Trifft ein energiearmes Neutron auf einen Uranatomkern ^{235}U, führt dies unter Energieabgabe zu einer Spaltung des Kerns in ein Bromnuklid ^{87}Br unter Emission von zwei Neutronen und einem weiteren, zu ermittelnden Nuklid. Geben Sie für die Kernspaltung die Isotopengleichung an.

3. Beim α-Zerfall des radioaktiven Isotops $^{226}_{88}Ra$ entsteht ein Radon-Isotop. Geben Sie den Zerfall in einer Isotopengleichung an.

4. Das radioaktive Wasserstoff-Isotop Tritium ^{3}H wandelt sich durch β-Zerfall in einen stabilen Kern um. Geben Sie den Zerfall in einer Isotopengleichung an.

5. Beim Zerfall des radioaktiven Isotops $^{90}_{38}Sr$ entsteht das Isotop $^{90}_{39}Y$. Welche Strahlung wird dabei ausgesandt? Überprüfen Sie anhand der Zerfallsgleichung.

5 Rechnen mit Gehaltsgrößen von Mischungen

Mischungen (mixed phases) sind feste, flüssige oder gasförmige Stoffportionen aus mehreren Stoffen, die ineinander vermischt sind. Bei **homogenen** Mischungen, wie z.B. Lösungen, sind die verschiedenen Bestandteile optisch nicht sichtbar. In **heterogenen** Mischungen, wie z.B. Suspensionen, liegen die Bestandteile nebeneinander unterscheidbar vor.

In der Chemie spielen Gasgemische und flüssige Mischungen, vor allem die Lösungen, eine besonders wichtige Rolle. In den Chemieanlagen werden die chemischen Reaktionen wegen der hohen Teilchenbeweglichkeit bevorzugt in diesen beiden Phasen durchgeführt.

5.1 Gehaltsgrößen von Mischungen

5

Der Ausdruck **Gehalt** dient heute nur noch als Oberbegriff für die **qualitative** Beschreibung der Zusammensetzung einer Mischung. So sagt man beispielsweise: Der Säuregehalt wurde durch Abdampfen erhöht.

Die **Begriffe** zur **quantitativen** Beschreibung des Gehalts von Mischungen sind nach DIN 1310 festgelegt. Man unterscheidet:

Anteile **Konzentrationen** **Verhältnisse**

Dabei werden die in der Mischung enthaltenen Komponenten mithilfe der Größen **Masse *m***, **Volumen *V*** und **Stoffmenge *n*** zueinander in Beziehung gesetzt.

Anteile	Konzentrationen	Verhältnisse
sind Quotienten aus der Masse *m* oder dem Volumen *V* oder der Stoffmenge *n* und der Summe der gleichen Größe aller Komponenten der Mischung	sind Quotienten aus der Masse *m* oder dem Volumen *V* oder der Stoffmenge *n* und dem Volumen der Mischung (z.B. einer Lösung)	sind Quotienten aus der Masse *m* oder dem Volumen *V* oder der Stoffmenge *n* und der gleichen Größe einer anderen Komponente der Mischung (z.B. des Lösemittels)

In der folgenden **Übersicht** sind die Definitionen der Gehaltsgrößen – *Anteile, Konzentrationen, Verhältnisse* – zusammengestellt.

Es werden folgende Abkürzungen verwendet: (X) = gelöster Stoff, (Lsg) = Lösung bzw. Mischung, (Lm) = Lösemittel.

Griechische Buchstaben: β = Beta, ζ = Zeta, φ = Phi, σ = Sigma, ψ = Psi, χ = Chi.

Übersicht: Definitionen der Gehaltsgrößen nach DIN 1310 (in Klammern ihre englischen Bezeichnungen)

Anteilsangaben	Konzentrationsangaben	Verhältnisangaben
Massenanteil *w* (mass fraction) $w(\mathrm{X}) = \frac{m(\mathrm{X})}{m(\mathrm{Lsg})}$	**Massenkonzentration β** (mass concentration) $\beta(\mathrm{X}) = \frac{m(\mathrm{X})}{V(\mathrm{Lsg})}$	**Massenverhältnis ζ** (mass ratio) $\zeta(\mathrm{X}) = \frac{m(\mathrm{X})}{m(\mathrm{Lm})}$
Volumenanteil φ (volume fraction) $\varphi(\mathrm{X}) = \frac{V(\mathrm{X})}{V(\mathrm{X}) + V(\mathrm{Lm})}$	**Volumenkonzentration σ** (volume concentration) $\sigma(\mathrm{X}) = \frac{V(\mathrm{X})}{V(\mathrm{Lsg})}$	**Volumenverhältnis ψ** (proportion by volume) $\psi(\mathrm{X}) = \frac{V(\mathrm{X})}{V(\mathrm{Lm})}$
Stoffmengenanteil χ (molar fraction) $\chi(\mathrm{X}) = \frac{n(\mathrm{X})}{n(\mathrm{X}) + n(\mathrm{Lm})}$	**Stoffmengenkonzentration *c*** (molar concentration) $c(\mathrm{X}) = \frac{n(\mathrm{X})}{V(\mathrm{Lsg})}$	**Stoffmengenverhältnis *r*** (mole ratio of a solute substance) $r(\mathrm{X}) = \frac{n(\mathrm{X})}{n(\mathrm{Lm})}$

Beispiel: Für eine wässrige Ethanol-Lösung aus 80,0 mL Ethanol C_2H_5OH und 100 mL Wasser H_2O der Dichte 0,998 kg/L sollen die verschiedenen Gehaltsangaben berechnet werden.

Es wurden folgende Daten gemessen bzw. berechnet:

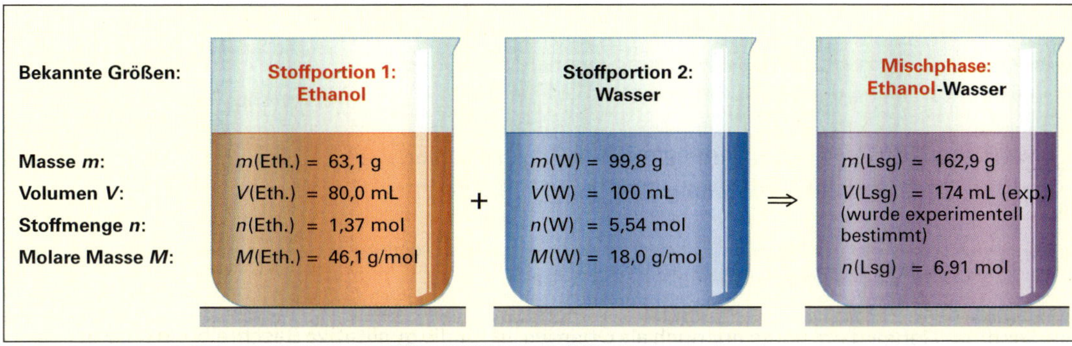

Mit diesen Werten werden die verschiedenen Anteile, Konzentrationen und Verhältnisse der Ethanol-Lösung berechnet **(Übersicht)**.

Übersicht: Berechnung der Gehalte der Beispiel-Ethanol-Lösung

Anteilsangaben	Konzentrationsangaben	Verhältnisangaben
Massenanteil w $w(C_2H_5OH) = \frac{m(C_2H_5OH)}{m(Lsg)} = \frac{63{,}1\ g}{162{,}9\ g} \approx 0{,}387$ **$= 38{,}7\ \%$**	**Massenkonzentration β** $\beta(C_2H_5OH) = \frac{m(C_2H_5OH)}{V(Lsg)} = \frac{63{,}1\ g}{174\ mL} \approx$ **$363\ g/L$**	**Massenverhältnis ζ** $\zeta(C_2H_5OH) = \frac{m(C_2H_5OH)}{m(H_2O)} = \frac{63{,}1\ g}{99{,}8\ g} \approx$ **$0{,}632$**
Volumenanteil φ $\varphi(C_2H_5OH) = \frac{V(C_2H_5OH)}{V(C_2H_5OH) + V(H_2O)} = \frac{80\ mL}{180\ mL} \approx$ **$0{,}444$ $= 44{,}4\ \%$**	**Volumenkonzentration σ** $\sigma(C_2H_5OH) = \frac{V(C_2H_5OH)}{V(Lsg)} = \frac{80\ mL}{174\ mL} \approx$ **$0{,}460$**	**Volumenverhältnis ψ** $\psi(C_2H_5OH) = \frac{V(C_2H_5OH)}{V(H_2O)} = \frac{80\ mL}{100\ mL} \approx$ **$0{,}800$**
Stoffmengenanteil χ $\chi(C_2H_5OH) = \frac{n(C_2H_5OH)}{n(C_2H_5OH) + n(H_2O)} = \frac{1{,}37\ mol}{6{,}91\ mol} \approx$ **$0{,}198$ $= 19{,}8\ \%$**	**Stoffmengenkonzentration c** $c(C_2H_5OH) = \frac{n(C_2H_5OH)}{V(Lsg)} = \frac{1{,}37\ mol}{174\ mL} \approx$ **$7{,}87\ mol/L$**	**Stoffmengenverhältnis r** $r(C_2H_5OH) = \frac{n(C_2H_5OH)}{n(H_2O)} = \frac{1{,}37\ mol}{5{,}54\ mol} \approx$ **$0{,}247$**

Die nachfolgenden Berechnungen befassen sich mit den in der chemischen Laborpraxis und Produktion am häufigsten verwendeten Gehaltsgrößen:

- **Massenanteil w**
- **Volumenanteil φ**
- **Stoffmengenanteil χ**
- **Massenkonzentration β**
- **Volumenkonzentration σ**
- **Stoffmengenkonzentration c**

Neben den Gehaltsgrößen aus der obigen Übersicht kommen zwei weitere Gehaltsgrößen zur Anwendung:

- Die **Löslichkeit** $L^*(X, \vartheta) = \frac{m(X)}{m(Lm)}$, (siehe Seite 183) (Die Löslichkeit L^* ist ein Massenverhältnis) (solubility)
- Die **Molalität** $b(X) = \frac{n(X)}{m(Lm)}$, (siehe Seite 461) (molality)

Für die Gehaltsgrößen werden in der Praxis teilweise noch veraltete Bezeichnungen verwendet. In den folgenden Berechnungen wird konsequent den in der DIN 1310 festgelegten Gehaltsangaben der Vorzug gegeben..

5.1.1 Massenanteil *w*

Der **Massenanteil *w*(X)** (mass fraction) einer Komponente X ist der Quotient aus der Masse *m*(X) dieser Komponente und der Masse der Lösung *m*(Lsg).

Die Masse der Lösung *m*(Lsg) ist die Summe aus der Masse des Lösemittels *m*(Lm) und der Masse des gelösten Stoffes *m*(X).

Der Massenanteil *w*(X) wird als Dezimalzahl oder in Prozent angegeben. Insbesondere für kleine und kleinste Massenanteile gibt es die in der unten stehenden **Tabelle** genannten Angabemöglichkeiten.

Massenanteil

$$w(\mathrm{X}) = \frac{m(\mathrm{X})}{m(\mathrm{Lsg})}$$

mit $m(\mathrm{Lsg}) = m(\mathrm{Lm}) + m(\mathrm{X})$

Darüber hinaus besteht die Möglichkeit, den Massenanteil mit gleichen oder ungleichen Einheitenzeichen für die Zähler- und Nennergröße anzugeben (vgl. Tabelle, unten).

Beispiel 1: Eine Natronlauge wird aus einer Elektrolysezelle mit dem Massenanteil *w*(NaOH) = 0,351 abgezogen. Wie groß ist der Massenanteil der Natronlauge in Prozent? Was bedeutet diese Angabe?

Lösung: $\boldsymbol{w}$**(NaOH)** $= 0{,}351 = 0{,}351 \cdot 100\,\% = \mathbf{35{,}1\,\%}$

Die Angabe bedeutet: In 100 g Natronlauge sind 35,1 g Natriumhydroxid NaOH gelöst.

Beispiel 2: In 2000 g Wasser werden 500 g NaCl gelöst **(Bild 1)**. Welchen Massenanteil *w*(NaCl) hat die entstehende Natriumchlorid-Lösung **(Bild 1)?**

Lösung:

$m(\mathrm{Lsg}) = m(\mathrm{Lm}) + m(\mathrm{NaCl})$

$m(\mathrm{Lsg}) = 2000\ \mathrm{g} + 500\ \mathrm{g} = 2500\ \mathrm{g}$

$$\boldsymbol{w}(\mathbf{NaCl}) = \frac{m(\mathrm{NaCl})}{m(\mathrm{Lsg})} = \frac{500\ \mathrm{g}}{2500\ \mathrm{g}}$$

$$= 0{,}2000 \approx \mathbf{20{,}0\,\%}$$

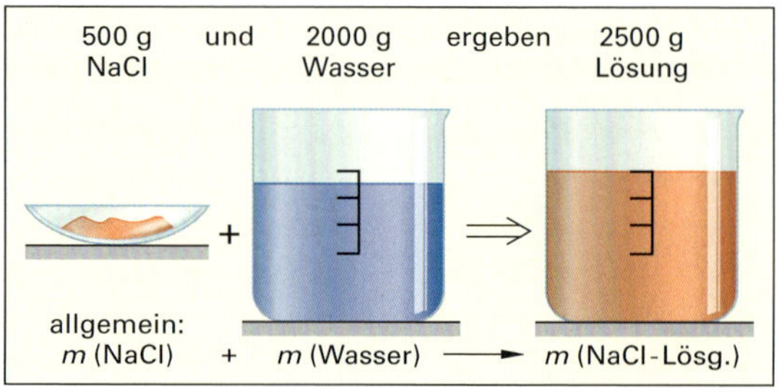

Bild 1: Größen zur Bestimmung des Massenanteils *w*

Insbesondere für kleine und kleinste Massenanteile gibt es spezielle Angabemöglichkeiten **(Tabelle)**.

Tabelle: Angabemöglichkeiten für Massenanteile

in %	in ‰	in ppm	in ppb*	in ppt**	in ppq***
Prozent ⇒ Teile pro 100 Teile	Promille ⇒ Teile pro 10^3 Teile	parts per million ⇒ Teile pro 10^6 Teile	parts per billion ⇒ Teile pro 10^9 Teile	parts per trillion ⇒ Teile pro 10^{12} Teile	parts per quadrillion ⇒ Teile pro 10^{15} Teile
Beispiel: Der Massenanteil *w*(Zucker) in Wasser (1 L ≙ 1 kg) beträgt nach Lösen **eines Zuckerwürfels** (*m* = 2,7 g) in:					
0,27 L ≙ 2 Tassen	2,7 L ≙ 2,7 Flaschen	2700 L ≙ Tankwagen	2,7 Mio. L ≙ eine Tankerladung	2,7 Milliarden L ≙ Stauseefüllung	2,7 Billionen L ≙ Starnberger See
		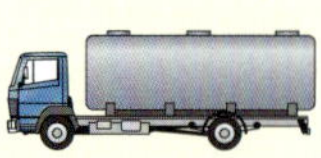	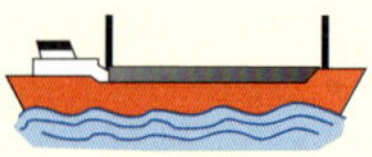		
w = 1 % = 1 g/100 g	*w* = 1 ‰ = 1 g/1000 g = 1 g/1 kg	*w* = 1 ppm = 1 mg/1 kg = 1 g/1000 kg	*w* = 1 ppb = 1 µg/1 kg = 1 mg/1000 kg	*w* = 1 ppt = 1 ng/1 kg = 1 µg/1000 kg	*w* = 1 ppq = 1 pg/1 kg = 1 µg/1000 t

* *parts per billion ppb:* b steht für *billion,* die amerikanische Bezeichnung für *Milliarde.*

** *parts per trillion ppt:* t steht für *trillion,* die amerikanische Bezeichnung für *Billion.*

*** *parts per quadrillion:* q steht für *quadrillion,* die amerikanische Bezeichnung für *Billiarde.*

Enthält der zu lösende Stoff gebundenes Wasser, so muss dieses Kristallwasser bei der Berechnung der zu lösenden Stoffportion herausgerechnet werden.

Beispiel 3: Wie viel Eisensulfat-Heptahydrat $FeSO_4 \cdot 7\,H_2O$ muss eingewogen werden, wenn 750 g Eisensulfat-Lösung mit einem Massenanteil $w(FeSO_4) = 12{,}5\,\%$ angesetzt werden sollen?

Lösung mit Schlussrechnung:

$M(FeSO_4) = 151{,}91$ g/mol, $M(FeSO_4 \cdot 7\,H_2O) = 278{,}02$ g/mol

Berechnung der in der Lösung enthaltenen Masse an Eisensulfat $FeSO_4$:

In 100 g Lösung sind 12,5 g Eisensulfat enthalten

In 705 g Lösung sind x Eisensulfat enthalten

$$\Rightarrow \quad x = m(FeSO_4) = \frac{12{,}5\text{ g} \cdot 750\text{ g}}{100\text{ g}} = 93{,}75\text{ g}$$

Berechnung der einzuwiegenden Masse an Eisensulfat-Heptahydrat mit den molaren Massen:

151,91 g $FeSO_4$ sind in 278,02 g $FeSO_4 \cdot 7\,H_2O$ enthalten

93,75 g $FeSO_4$ sind in y $FeSO_4 \cdot 7\,H_2O$ enthalten

$$\Rightarrow \quad y = \boldsymbol{m(FeSO_4 \cdot 7\,H_2O)} = \frac{93{,}75\text{ g} \cdot 278{,}02\text{ g}}{151{,}91\text{ g}} \approx \mathbf{172\text{ g}}$$

Lösung mit Größengleichung:

$$w(FeSO_4) = \frac{m(FeSO_4)}{m(Lsg)} \quad \Rightarrow \quad m(FeSO_4) = w(FeSO_4) \cdot m(Lsg) = 0{,}125 \cdot 750\text{ g} = 93{,}75\text{ g}$$

$$\boldsymbol{m(FeSO_4 \cdot 7\,H_2O)} = \frac{m(FeSO_4) \cdot M(FeSO_4 \cdot 7\,H_2O)}{M(FeSO_4)} = \frac{93{,}75\text{ g} \cdot 278{,}02\text{ g/mol}}{151{,}91\text{ g/mol}} = 171{,}58\text{ g} \approx \mathbf{172\text{ g}}$$

5

Aufgaben zu Massenanteil *w*

1. In 550 g Wasser werden 200 g Natriumsulfat Na_2SO_4 gelöst. Welchen Massenanteil $w(Na_2SO_4)$ hat die Lösung in Prozent?
2. Welche Massen an Wasser und an Natriumchlorid werden zur Herstellung von 350 g Kochsalzlösung mit dem Massenanteil $w(NaCl) = 7{,}8\,\%$ benötigt?
3. Aus 30 g Kaliumhydroxid soll eine Kalilauge mit dem Massenanteil $w(KOH) = 4{,}1\,\%$ angesetzt werden. Welche Masse an Lösung wird erhalten?
4. Aus 6,20 kg Farbstoff-Lösung mit $w(\text{Farbstoff}) = 12{,}5\,\%$ soll durch Abdampfen von Wasser eine Farbstoffpaste, $w(H_2O) = 45\,\%$, hergestellt werden. Wie viel Wasser ist abzudampfen?
5. 5,5 kg Calciumchlorid-Hexahydrat $CaCl_2 \cdot 6\,H_2O$ werden in 80 kg Wasser gelöst. Berechnen Sie den Massenanteil $w(CaCl_2)$ in der Lösung.
6. Wie viel Soda (Natriumcarbonat-Decahydrat) $Na_2CO_3 \cdot 10\,H_2O$ ist einzuwiegen, wenn 50,0 kg Soda-Lösung mit einem Massenanteil $w(Na_2CO_3) = 2{,}50\,\%$ entstehen sollen?
7. In 12,5 kg Wasser werden 3,0 m^3 Hydrogenchlorid HCl unter Normbedingungen gelöst. Wie groß ist der Massenanteil $w(HCl)$?
8. Eine Ammoniak-Lösung der Dichte $\varrho = 0{,}940$ kg/dm^3 enthält in 250 mL Lösung 34,97 g Ammoniak. Welchen Massenanteil $w(NH_3)$ hat die Lösung?
9. Welches Volumen an Ammoniak von 22,5 °C und 1024 mbar ist in 250 g Wasser zu lösen, damit eine Ammoniak-Lösung mit dem Massenanteil $w(NH_3) = 25{,}0\,\%$ entsteht?
10. In 250 kg Eisensulfat-Lösung sind 550 g Eisensulfat-Heptahydrat mit einem Massenanteil $w(FeSO_4 \cdot 7\,H_2O) = 98{,}9\,\%$ gelöst. Wie groß ist der Massenanteil $w(FeSO_4)$ der Lösung?
11. Welche Masse an HNO_3 ist in 370 mL Salpetersäure-Lösung mit dem Massenanteil $w(HNO_3) = 8{,}0\,\%$ und der Dichte 1,0427 g/cm^3 enthalten?
12. 250 g technisches Natriumsulfat $w(Na_2SO_4) = 97{,}6\,\%$ sollen in Wasser zu einer Lösung mit dem Massenanteil $w(Na_2SO_4) = 50$ ppm eingetragen werden. Welche Masse Wasser ist vorzulegen?

5.1.2 Volumenanteil φ

Der **Volumenanteil φ(X)** (volume fraction) einer Komponente X ist der Quotient aus dem Volumen V(X) der Komponente und der Summe der Volumina an Lösemittel V(Lm) und der Komponente V(X).

Volumenanteil

$$\varphi(\mathrm{X}) = \frac{V(\mathrm{X})}{V(\mathrm{Lm}) + V(\mathrm{X})}$$

Die Gleichung ist auf mehrere Mischungskomponenten erweiterbar.

Der Volumenanteil φ(X) wird als Dezimalzahl oder in Prozent angegeben. Analog zum Massenanteil w(X) gibt es die in der Tabelle, Seite 170, genannten Angabemöglichkeiten mit gleichen oder ungleichen Einheitenzeichen für die Zähler- und Nennergröße.

Beim Mischen von Flüssigkeiten kommt es häufig zur Volumenkontraktion (Volumenverringerung) oder zur Volumendilatation (Volumenvergrößerung). Daher sollte der Volumenanteil φ(X) nur für Flüssigkeitsgemische verwendet werden, bei denen sich das Volumen beim Mischen nicht verändert. Eine geeignetere, volumenbezogene Gehaltsangabe für Flüssigkeitsgemische ist die Volumenkonzentration σ(X) (siehe Seite 178).

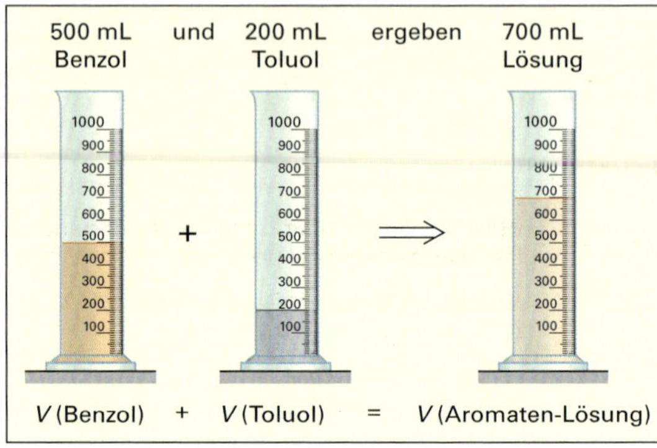

Bild 1: Größenangaben zum Beispiel 1

Beispiel 1: 500 mL Benzol werden mit 200 mL Toluol gemischt **(Bild 1).** Welchen Volumenanteil an Benzol hat die entstehende Aromaten-Lösung?

Lösung: $\boldsymbol{\varphi}\textbf{(Benzol)} = \frac{V(\mathrm{Benzol})}{V(\mathrm{Benzol}) + V(\mathrm{Toluol})} = \frac{500\,\mathrm{mL}}{700\,\mathrm{mL}} = 0{,}71429 \approx \mathbf{71{,}4\,\%}$

Beispiel 2: Welche Masse an n-Hexan darf maximal verdunsten, bis in einem Arbeitsraum von 480 m³ Raumvolumen der Arbeitsplatzgrenzwert (AGW) φ(Hexan) = 100 ppm bei 20 °C und 1013 mbar erreicht ist? Das Luftvolumen V(Luft) = 460 m³ ändert sich durch das Verdunsten von n-Hexan nicht, da der Druck der Raumluft konstant bleibt.

Lösung: $V_{m,n} = 22{,}41\,\frac{\mathrm{L}}{\mathrm{mol}}$; $M(C_6H_{14}) = 86{,}18\,\frac{\mathrm{g}}{\mathrm{mol}}$; $R = 0{,}08314\,\frac{\mathrm{L \cdot bar}}{\mathrm{K \cdot mol}}$; $\varphi(\mathrm{Hexan}) = 100\,\mathrm{ppm} = 100\,\frac{\mathrm{mL}}{\mathrm{m^3}}$

$$\varphi(\mathrm{Hexan}) = \frac{V(\mathrm{Hexan})}{V(\mathrm{Luft})} \Rightarrow V(\mathrm{Hexan}) = \varphi(\mathrm{Hexan}) \cdot V(\mathrm{Luft}) = 100\,\mathrm{mL/m^3} \cdot 480\,\mathrm{m^3} = 48{,}0\,\mathrm{L}$$

$$\boldsymbol{m}\textbf{(Hexan)} = \frac{V(\mathrm{X}) \cdot p \cdot M(\mathrm{X})}{R \cdot T} = \frac{48{,}0\,\mathrm{L} \cdot 1{,}013\,\mathrm{bar} \cdot 86{,}18\,\mathrm{g/mol}}{0{,}08314\,\frac{\mathrm{L \cdot bar}}{\mathrm{K \cdot mol}} \cdot 293\,\mathrm{K}} = 172{,}02\,\mathrm{g} \approx \mathbf{172\,g}$$

Aufgaben zum Volumenanteil φ

1. In 1000 L Luft sind 0,30 L Kohlenstoffdioxid CO_2. Welchen Volumenanteil $\varphi(CO_2)$ in ppm hat Luft?
2. Aus 500 m³ eines Gasgemisches wurde das Kohlenstoffdioxid ausgewaschen. Nach der Gaswäsche verblieben noch 475 m³ Restgas. Welchen Volumenanteil $\varphi(CO_2)$ hatte das Gasgemisch?
3. Welches Erdölvolumen mit einem Volumenanteil φ(Benzin) = 21,3 % muss eine Raffinerie stündlich durchsetzen, wenn in diesem Zeitraum 25,0 m³ Benzin produziert werden sollen?
4. Der AGW-Wert für Xylol C_8H_{10} beträgt bei 20 °C und 1013 mbar 200 cm³/m³. Welche Masse Xylol darf in einem Raum von 80,0 m³ höchstens verdunsten, damit die zulässige AGW-Grenze nicht überschritten wird? Der Dampf ist als ideales Gas anzusehen. $M(C_8H_{10})$ = 106,167 g/mol
5. Die Explosionsgrenzen für n-Butylacetat betragen bei 20 °C und 1,013 bar φ_{min} = 1,2 % und φ_{max} = 7,5 %. Welches Volumen an n-Butylacetat muss in einem Reaktionskessel mit 12,5 m³ Luft/n-Butylacetat-Gemisch unterschritten sein und welches Volumen muss überschritten sein, damit **kein** zündfähiges Gemisch vorliegt?

5

5.1.3 Stoffmengenanteil χ

Der **Stoffmengenanteil** χ (molar fraction) einer Komponente X ist der Quotient aus der Stoffmenge n(X) der Komponente und der Summe der Stoffmenge des Lösemittels n(Lm) und der Komponente n(X).

Stoffmengenanteil

$$\chi(\text{X}) = \frac{n(\text{X})}{n(\text{Lm}) + n(\text{X})}$$

Die Größengleichung zur Berechnung des Stoffmengenanteils kann auf mehrere Mischungskomponenten erweitert werden.

Der Stoffmengenanteil χ kann wie beim Massen- und Volumenanteil mit gleichen Einheitenzeichen (mol/mol) oder ungleichen Einheitenzeichen (mmol/mol) für die Zähler- und Nennergröße angegeben werden. Die Angaben Prozent %, Promille ‰ sowie ppm, ppb, ppt und ppq sind auch möglich.

Beispiel 1: Ein Reaktionsgemisch enthält 78 g Benzol C_6H_6 und 23 g Toluol (Methylbenzol) C_7H_8 **(Bild 1).** Wie groß sind die Stoffmengenanteile der beiden Komponenten?

Lösung: $M(C_6H_6) = 78{,}11$ g/mol, $M(C_7H_8) = 92{,}14$ g/mol (aus einem Tabellenbuch)

Mit $n(\text{X}) = \frac{m(\text{X})}{M(\text{X})}$ folgt:

$$n(C_6H_6) = \frac{78{,}0\ \text{g}}{78{,}11\ \text{g/mol}} = 0{,}9986\ \text{mol}$$

$$n(C_7H_8) = \frac{23{,}0\ \text{g}}{92{,}14\ \text{g/mol}} = 0{,}2496\ \text{mol}$$

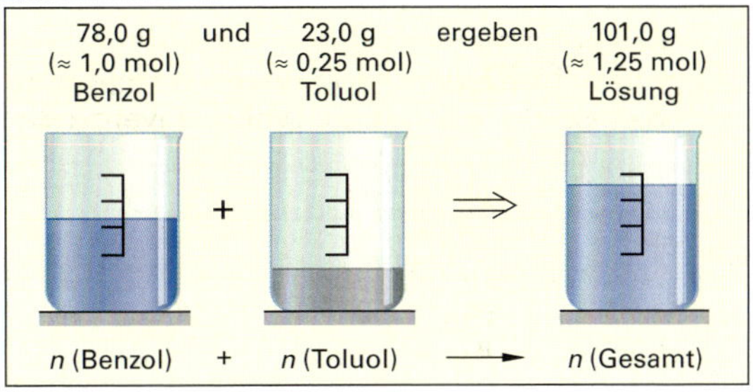

Bild 1: Größenangaben zu Beispiel 1

$$\boldsymbol{\chi(C_6H_6)} = \frac{n(C_6H_6)}{n(C_6H_6) + n(C_7H_8)} = \frac{0{,}9986\ \text{mol}}{0{,}9986\ \text{mol} + 0{,}2496\ \text{mol}} = \frac{0{,}9986\ \text{mol}}{1{,}2482\ \text{mol}} = 0{,}8000 \approx \mathbf{80{,}0\ \%}$$

$$\boldsymbol{\chi(C_7H_8)} = 100\ \% - \chi(C_6H_6) = 100\ \% - 80{,}0\ \% = \mathbf{20{,}0\ \%}$$

Beispiel 2: 800 L eines Gasgemisches bei Normbedingungen enthalten 550 L Propen C_3H_6, 150 L Chlorgas Cl_2 und 100 L Chlorwasserstoff HCl. Welche Stoffmengenanteile hat das Gasgemisch?

Lösung: Bei Normbedingungen beträgt das molare Volumen idealer Gase $V_{m,n} = 22{,}41$ L/mol

$$V_{m,n} = \frac{V(\text{X})}{n(\text{X})} \Rightarrow n(\text{X}) = \frac{V(\text{X})}{V_{m,n}}$$

$$n(C_3H_6) = \frac{550\ \text{L}}{22{,}41\ \text{L/mol}} \approx 24{,}543\ \text{mol}$$

$$n(Cl_2) = \frac{150\ \text{L}}{22{,}41\ \text{L/mol}} \approx 6{,}693\ \text{mol}$$

$$n(\text{HCl}) = \frac{100\ \text{L}}{22{,}41\ \text{L/mol}} \approx 4{,}462\ \text{mol}$$

$$\boldsymbol{\chi(C_3H_6)} = \frac{24{,}543\ \text{mol}}{24{,}543\ \text{mol} + 6{,}693\ \text{mol} + 4{,}462\ \text{mol}} = \frac{24{,}543\ \text{mol}}{35{,}698\ \text{mol}} = 0{,}68751 \approx \mathbf{68{,}8\ \%}$$

$$\boldsymbol{\chi(Cl_2)} = \frac{6{,}693\ \text{mol}}{35{,}698\ \text{mol}} = 0{,}187488 \approx \mathbf{18{,}7\ \%}$$

$$\boldsymbol{\chi(\text{HCl})} = \frac{4{,}462\ \text{mol}}{35{,}698\ \text{mol}} = 0{,}12499 \approx \mathbf{12{,}5\ \%}.$$

Kontrollrechnung: $\chi(C_3H_6) + \chi(Cl_2) + \chi(\text{HCl}) = 68{,}85\ \% + 18{,}7\ \% + 12{,}5\ \% = 100\ \%$

Aufgaben zum Stoffmengenanteil χ

1. Ein Gasgemisch besteht im Normzustand aus 0,500 L Kohlenstoffmonoxid CO, 2,50 L Sauerstoff O_2 und 8,00 L Stickstoff N_2. Berechnen Sie die Stoffmengenanteile des Gasgemisches.
2. Ein Lösemittelgemisch enthält folgende Aromaten: 550 kg Benzol C_6H_6, 350 kg Toluol C_7H_8 und 80,0 kg m-Xylol C_8H_{10}. Welche Stoffmengenanteile hat das Lösemittelgemisch?
3. 12,5 g Essigsäure CH_3COOH werden in 100 g Wasser gelöst. Welchen Stoffmengenanteil χ(Säure) hat die Essigsäure-Lösung?
4. 250 mL Ethanol der Dichte 0,7895 g/cm^3 und 300 mL Methanol der Dichte 0,7915 g/cm^3 werden gemischt. Welche Stoffmengenanteile an Alkoholen hat die Mischung?

Gemischte Aufgaben zu Rechnen mit Anteilen

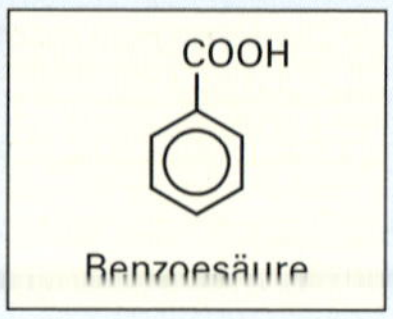

1. In 58,0 g wässriger Benzoesäure-Lösung sind 280 mg Benzoesäure gelöst. Berechnen Sie den Massenanteil *w*(Säure) der Lösung.
2. Eine Calciumchlorid-Lösung hat einen Massenanteil von $w(CaCl_2) = 8{,}00\ \%$. Welche Masse an Salz ist in 280 g dieser Lösung enthalten?
3. Welche Massen an Natriumsulfat mit 2,50 % Feuchtigkeit und Wasser benötigt man zur Herstellung von 1250 g Natriumsulfat-Lösung mit dem Massenanteil $w(Na_2SO_4) = 18{,}2\ \%$?
4. In 560 g Soda-Lösung sind 81,0 g Natriumcarbonat-Decahydrat $Na_2CO_3 \cdot 10\ H_2O$ gelöst. Wie groß ist der Massenanteil $w(Na_2CO_3)$ der Lösung?
5. Herzustellen sind 2,84 m³ Kalilauge mit $w(KOH) = 10{,}5\ \%$ und der Dichte $\varrho = 1{,}095$ g/mL. Wie viel Kaliumhydroxid mit 3,50 % Feuchtigkeitsanteil ist einzuwiegen?
6. Welche Masse an Lösung mit einem Massenanteil $w(ZnSO_4) = 12{,}5\ \%$ wird erhalten, wenn in einem Rührkessel 250 kg Zinksulfat-Heptahydrat $ZnSO_4 \cdot 7\ H_2O$ in Wasser gelöst werden?
7. Wie viel Natriumhydroxid ist in 1,25 m³ Natronlauge der Dichte $\varrho = 1{,}430$ g/cm³ gelöst, deren Massenanteil $w(NaOH) = 40{,}0\ \%$ beträgt?
8. Aus dem HCl-haltigen Rauchgas einer Reststoff-Verwertungsanlage, kurz RVA, werden 1540 m³ Chlorwasserstoffgas (Hydrogenchlorid) HCl unter Normbedingungen in 10,0 m³ Wasser, $\varrho = 1{,}00$ kg/dm³, absorbiert **(Bild 1)**. Welchen Massenanteil *w*(HCl) hat die entstehende HCl-Säurelösung?
9. 52,3 m³ Ammoniakgas ($\vartheta = 14$ °C, $p = 985$ mbar) werden in Wasser absorbiert, wobei eine Ammoniak-Lösung mit $w(NH_3) = 25{,}3\ \%$ und der Dichte $\varrho = 0{,}906$ g/mL entsteht. Wie viele Gebinde mit einem Füllvolumen von 2,50 L können mit dem Produkt gefüllt werden?
10. Das Synthesegas einer Ammoniakanlage enthält 2,60 m³ N_2, 7,80 m³ H_2 und 0,58 m³ NH_3. Berechnen Sie die Volumenanteile der drei Gemisch-Bestandteile.
11. 1,80 kg Isopropanol, $\varrho = 0{,}785$ g/cm³, und 4,65 kg Isobutanol, $\varrho = 0{,}803$ g/cm³, werden gemischt. Wie groß ist der Volumenanteil φ(Isopropanol)?

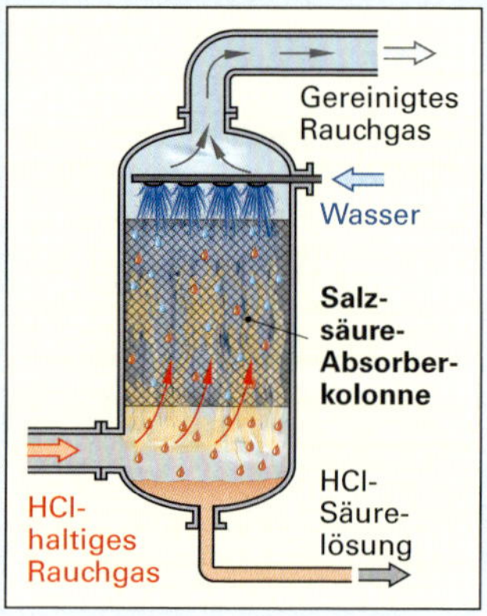

Bild 1: Absorption von HCl-Gas aus Rauchgas (Aufgabe 8)

12. In einem Lösemittellager mit einem Raumvolumen von 600 m³ verdunsten unbemerkt 25,0 g 1,2,3-Trichlorbenzol (siehe rechts). Um wie viel Prozent wird dadurch der AGW-Wert von 5,00 mL/m³ bei 22 °C und 1018 mbar überschritten? $M(C_6H_3Cl_3) = 181{,}45$ g/mol

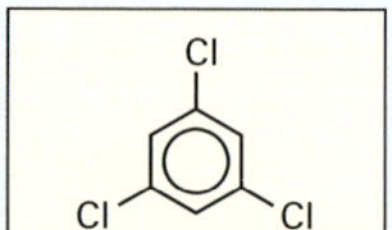

13. In einer geschlossenen Fertigungshalle von 400 m³ Raumvolumen verdunsten 105 g Trichlorethen (CCl_2=CHCl). Die Raumtemperatur beträgt 20 °C, der Luftdruck 1013 mbar. Wie groß ist der Volumenanteil φ(Trichlorethen) im Raum in mL/m³, wenn man die Dämpfe rechnerisch als ideales Gas betrachtet? $M(C_2HCl_3) = 131{,}39$ g/mol
14. 670 mL Luft werden mit Kohlenstoffdioxid bei Normbedingungen gemischt. Welches Volumen an Kohlenstoffdioxid muss zur Luft gemischt werden, damit der Volumenanteil $\varphi(CO_2) = 22{,}0\ \%$ beträgt?
15. Wie groß ist der Volumenanteil $\varphi(CO_2)$ in Luft, wenn bei Normbedingungen in 50,0 L Luft 2,48 g Kohlenstoffdioxid nachgewiesen wurden? $\varphi(CO_2) = 1{,}977$ g/L bei Normbedingungen.
16. 250 mg eines Gemisches aus Methan CH_4 und Ethan C_2H_6 mit einem Stoffmengenanteil $\chi(CH_4) = 0{,}35$ werden quantitativ oxidiert. Welche Stoffmengen $n(CO_2)$ und $n(H_2O)$ entstehen?
17. Eine Lösung enthält 75,0 L Methanol CH_3OH der Dichte $\varrho = 0{,}791$ g/cm³ und 450 L Butanol C_4H_9OH der Dichte $\varrho = 0{,}810$ g/cm³. Berechnen Sie den Stoffmengenanteil $\chi(CH_3OH)$.

Hinweis: Ergänzende Themen und Aufgaben für Lacklaboranten (Anteile in Beschichtungsstoffen, Umrechnung von Rezepturen) befinden sich in Kapitel 16 ab Seite 493.

5.1.4 Umrechnen der verschiedenen Anteile

In der chemischen Praxis tritt häufig der Fall auf, dass der Gehalt einer Mischung, z.B. einer Lösung, nur in **einer** Anteil-Gehaltsgröße bekannt ist. Zur weiteren Berechnung benötigt man jedoch die Gehaltsgröße in einer **anderen** Anteil-Gehaltsgröße.

Beispiel: Von einem Flüssigkeitsgemisch sind die Massenanteile w der Gemischkomponenten bekannt. Für die Berechnung der Gemisch-Trennung durch Rektifikation werden die Stoffmengenanteile χ benötigt.

Zur Umrechnung ermittelt man für die Bezugs-Stoffportionen (z.B. 100 g, 1 L oder 1 mol) die benötigten Quantitäten (m, M, n, ϱ, V, ...) und berechnet daraus die Anteile mit den Definitionsgleichungen.

Eine **Umrechnungstabelle** mit den Umrechnungsformeln der wichtigsten Gehaltsgrößen befindet sich auf Seite 527.

Beispiel 1: Von einem Xylol/Toluol-Gemisch ist der Massenanteil des Xylols bekannt: $w(\text{Xylol}) = 0{,}140$. Es sollen die Stoffmengenanteile des Flüssigkeitsgemisches berechnet werden.

Lösung: $w(\text{Xylol}) = 0{,}140 = 14{,}0\,\% \Rightarrow w(\text{Toluol}) = 100\,\% - 14{,}0\,\% = 86{,}0\,\%$

$M(\text{Xylol}) = 106{,}2$ g/mol, $M(\text{Toluol}) = 92{,}14$ g/mol (aus einem Tabellenbuch)

100 g Gemisch enthalten 14,0 g Xylol und 86,0 g Toluol. Darin sind folgende Stoffmengen gelöst:

$$n(\text{Xylol}) = \frac{m(\text{Xylol})}{M(\text{Xylol})} = 0{,}1318\text{ mol}; \qquad n(\text{Toluol}) = \frac{m(\text{Toluol})}{M(\text{Toluol})} = \frac{86{,}0\text{ g}}{92{,}14\text{ g/mol}} = 0{,}9333\text{ mol}$$

Mit der Definitionsgleichung des Stoffmengenanteils $\chi(\text{X}) = \dfrac{n(\text{X})}{n(\text{X}) + n(\text{Lm})}$ folgt:

$$\boldsymbol{\chi(\text{Xylol})} = \frac{n(\text{Xylol})}{n(\text{Xylol}) + n(\text{Toluol})} = \frac{0{,}1318\text{ mol}}{0{,}1318\text{ mol} + 0{,}9333\text{ mol}} = 0{,}1237 \approx \mathbf{12{,}4\,\%}$$

$$\boldsymbol{\chi(\text{Toluol})} = \frac{n(\text{Toluol})}{n(\text{Xylol}) + n(\text{Toluol})} = \frac{0{,}9333\text{ mol}}{0{,}1318\text{ mol} + 0{,}9333\text{ mol}} = 0{,}8762 \approx \mathbf{87{,}6\,\%}.$$

Für die Umrechnung eines Massenanteils oder eines Stoffmengenanteils in einen Volumenanteil (oder umgekehrt) müssen die Dichten der gesuchten Gemisch-Komponenten bzw. die Dichte der Mischphase bekannt sein.

Beispiel 2: Ein Methan/Ethan-Gasgemisch hat einen Methan-Volumenanteil $\varphi(CH_4) = 95{,}6\,\%$. Wie groß ist der Massenanteil w(Methan)? Dichten bei Normbedingungen: $\varrho(CH_4) = 0{,}7168$ g/L, $\varrho(C_2H_6) = 1{,}2605$ g/L

Lösung: Molare Massen: $M(\text{Methan}) = 16{,}04$ g/mol, $M(\text{Ethan}) = 28{,}054$ g/mol (aus einem Tabellenbuch)

Vorüberlegung: 100 L Gasgemisch enthalten 95,6 L Methan und 100 L – 95,6 L = 4,4 L Ethan

$$\varrho = \frac{m}{V} \Rightarrow m(CH_4) = \varrho(CH_4) \cdot V(CH_4) = 0{,}7168\text{ g/L} \cdot 95{,}6\text{ L} = 68{,}311\text{ g}$$

$$m(C_2H_6) = \varrho(C_2H_6) \cdot V(C_2H_6) = 1{,}2605\text{ g/L} \cdot 4{,}4\text{ L} = 5{,}5462\text{ g}$$

$$\boldsymbol{w(CH_4)} = \frac{m(CH_4)}{m(CH_4) + m(C_2H_6)} = \frac{68{,}311\text{ g}}{68{,}311\text{ g} + 5{,}5462\text{ g}} = 0{,}924906 \approx \mathbf{92{,}5\,\%}$$

Beispiel 3: In einem Ethanol/Glycerin-Gemisch beträgt der Volumenanteil ϱ(Ethanol) = 48,4 %. Wie groß ist der Stoffmengenanteil χ(Ethanol)? Dichtewerte: $\varrho(C_2H_5OH) = 0{,}789$ g/cm³, $\varrho(C_3H_5(OH)_3) = 1{,}260$ g/cm³

Lösung: Molare Massen: $M(\text{Ethanol}) = 46{,}07$ g/mol, $M(\text{Glycerin}) = 92{,}09$ g/mol

Vorüberlegung: 100 mL Gemisch enthalten 48,4 mL Ethanol und 100 mL – 48,4 mL = 51,6 mL Glycerin.

$$\varrho = \frac{m}{V} \Rightarrow m(\text{Eth.}) = \varrho(\text{Eth.}) \cdot V(\text{Eth.}); \qquad \text{mit } n(\text{Eth.}) = \frac{m(\text{Eth.})}{M(\text{Eth.})} \text{ folgt durch Einsetzen:}$$

$$n(\text{Eth.}) = \frac{\varrho(\text{Eth.}) \cdot V(\text{Eth.})}{m(\text{Eth.})} = \frac{0{,}789\text{ g/cm}^3 \cdot 48{,}4\text{ mL}}{46{,}07\text{ g/mol}} = 0{,}8310\text{ mol}$$

$$n(\text{Glyc.}) = \frac{\varrho(\text{Glyc.}) \cdot V(\text{Glyc.})}{m(\text{Glyc.})} = \frac{1{,}260\text{ g/cm}^3 \cdot 51{,}6\text{ mL}}{92{,}09\text{ g/mol}} = 0{,}7060\text{ mol}$$

$$\boldsymbol{\chi(\text{Ethanol})} = \frac{n(\text{Eth.})}{n(\text{Eth.}) + n(\text{Glyc.})} = \frac{0{,}8310\text{ mol}}{0{,}8310\text{ mol} + 0{,}7060\text{ mol}} = 0{,}54066 \approx \mathbf{54{,}1\,\%}.$$

5

Aufgaben zu Umrechnungen der verschiedenen Anteile

1. Ein Gasgemisch enthält die Stoffmengenanteile $\chi(CO_2)$ = 70,0 % und $\chi(SO_2)$ = 30,0 %. Wie groß ist der Massenanteil $w(CO_2)$ im Gemisch?

2. Eine wässrige Lösung von 2-Propanol mit der Dichte 0,945 g/cm³ hat den Volumenanteil φ(2-Propanol) = 40,0 %. Wie groß ist der Propanol-Massenanteil, wenn die Dichte des reinen Alkohols zu 0,784 g/cm³ ermittelt wurde?

3. In einer Anlage zur Rückgewinnung von Methanol-dämpfen aus einem Abgas **(Bild 1)** fällt in der Absorptionskolonne K01 eine wässrige Methanol-Lösung mit dem Massenanteil $w(CH_3OH)$ = 7,5 % an. Die Lösung wird anschließend in einer Rektifikationskolonne getrennt, das regenerierte Waschwasser wieder in die Absorptionskolonne aufgegeben.
Welchen Methanol-Volumenanteil hat die Lösung?
Dichten bei 20 °C: $\varrho(H_2O)$ = 0,9982 g/cm³,
$\varrho(CH_3OH)$ = 0,7917 g/cm³, ϱ (Lsg) = 0,9790 g/cm³

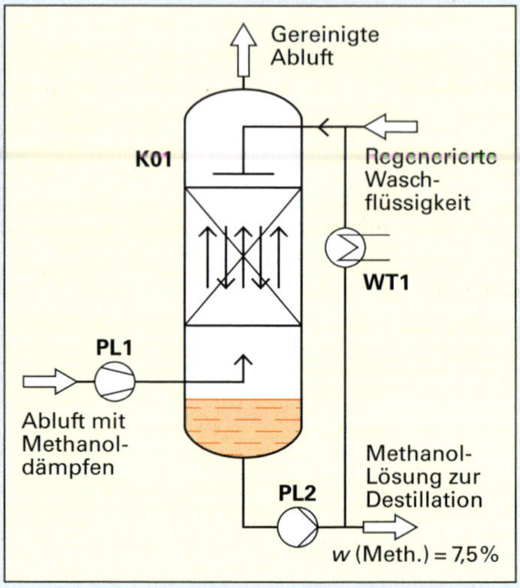

Bild 1: Rückgewinnung von Methanol aus Abluft durch Absorption (Aufgabe 3)

4. Ein Gemisch aus Benzol C_6H_6 und Toluol $C_6H_5CH_3$ hat den Massenanteil w(Benzol) = 20,5 %.
Welcher Volumenanteil ϱ(Benzol) liegt vor? Dichten:
$\varrho(C_6H_6)$ = 0,879 g/cm³, $\varrho(C_6H_5CH_3)$ = 0,867 g/cm³

5. Ein Ethanol/Glycerin-Gemisch hat den Volumenanteil φ(Ethanol) = 48,4 %.
Welcher Stoffmengenanteil χ(Ethanol) liegt vor?
Dichtewerte: $\varrho(C_2H_5OH)$ = 0,789 g/cm³,
$\varrho(C_3H_5(OH)_3)$ = 1,260 g/cm³

6. In einer Waschkolonne fallen täglich 7,50 t Harnstoff-Lösung mit einem Massenanteil von $w(NH_2\text{-}CO\text{-}NH_2)$ = 6,50 % an. Welchen Stoffmengenanteil χ(Harnstoff) enthält die Lösung?

7. Die Analyse eines Kalksteins ergab die Massenanteile $w(CaCO_3)$ = 87,5 %, $w(CaSO_4)$ = 7,40 % und $w(CaCl_2)$ = 5,10 %. Berechnen Sie die Stoffmengenanteile der drei Bestandteile.

8. In der Absorptionskolonne einer Salpetersäureanlage (Bild 1, Seite 159) fällt Salpetersäure mit dem Massenanteil $w(HNO_3)$ = 50,5 % an. Welchen Volumenanteil $\varphi(HNO_3)$ hat die Säure?
Dichten bei 20 °C: $\varrho(HNO_3\text{-Lsg})$ = 1,313 g/cm³, $\varrho(HNO_3)$ = 1,513 g/cm³

9. Das bei 109 °C siedende Azeotrop der Salzsäure hat den Massenanteil w(HCl) = 20,2 %. Wie groß ist der Stoffmengenanteil χ(HCl) des Azeotrops?

10. Ein Gasgemisch hat im Normzustand die Volumenanteile $\varphi(CO_2)$ = 40,0 % und $\varphi(N_2)$ = 60,0 %. Wie groß ist der Massenanteil $w(CO_2)$ des Gemisches?
Dichten bei Normbedingungen: $\varrho(CO_2)$ = 1,977 g/L, ϱ(Gasgemisch) = 1,541 g/L.

11. Wie groß ist der Massenanteil $w(O_2)$ in einer Abluft, wenn bei der Analyse ein Volumenanteil $\varphi(O_2)$ = 17,4 % bei Normbedingungen festgestellt wurde?
Dichten bei Normbedingungen: $\varrho(O_2)$ = 1,429 g/L, ϱ(Abluft) = 1,298 g/L.

12. Ein Lösemittelgemisch aus Aceton $CH_3\text{–}CO\text{–}CH_3$ und Dichlormethan CH_2Cl_2 hat die Massenanteile $w(CH_3\text{–}CO\text{–}CH_3)$ = 34,0 % und $w(CH_2Cl_2)$ = 66,0 %. Wie groß ist der Stoffmengenanteil $\chi(CH_2Cl_2)$ des Gemisches?
Molare Massen: $M(CH_3\text{–}CO\text{–}CH_3)$ = 58,1 g/mol, $M(CH_2Cl_2)$ = 84,9 g/mol

13. Ein Gasgemisch besteht zu gleichen Volumenanteilen aus Methan CH_4 und Ethen C_2H_4. Wie groß ist der Massenanteil $w(C_2H_4)$ des Gemisches?
Dichten bei Normbedingungen: $\varrho(CH_4)$ = 0,7168 g/L, $\varrho(C_2H_4)$ = 1,2605 g/L.

5.1.5 Massenkonzentration β

Konzentrationen sind die Quotienten aus einer der Größen Masse m, Volumen V oder Stoffmenge n einer Komponente und dem **Volumen** der Lösung.

Die **Massenkonzentration β(X)** (mass concentration) einer Komponente X ist der Quotient aus der Masse m(X) dieser Komponente und dem Volumen der Lösung V(Lsg).

Einheitenzeichen der Massenkonzentration sind z. B.: kg/m^3, g/L, mg/L.

Massenkonzentration

$$\beta(\text{X}) = \frac{m(\text{X})}{V(\text{Lsg})}$$

Beispiel 1: 15,0 g Eisen(II)-sulfat werden in einen Messkolben eingewogen und mit demineralisiertem Wasser zu 500 mL Lösung aufgefüllt **(Bild 1)**.
Wie groß ist die Massenkonzentration $\beta(FeSO_4)$ der hergestellten Lösung?

Lösung: $\boldsymbol{\beta(FeSO_4)} = \frac{m(FeSO_4)}{V(\text{Lsg})} = \frac{15{,}0\ \text{g}}{0{,}500\ \text{L}} = \mathbf{30{,}0\ g/L}$

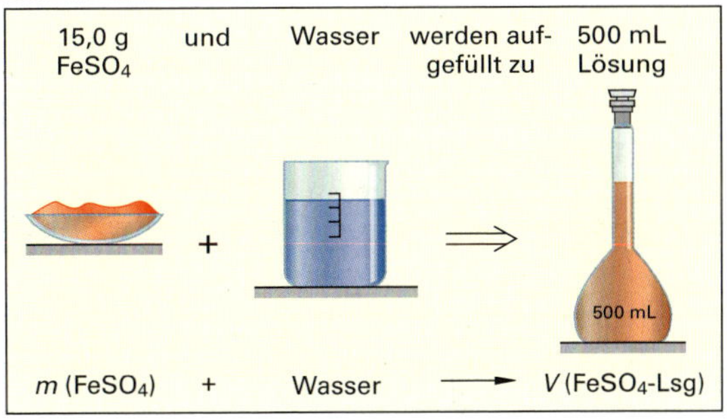

Bild 1: Größenangaben zu Beispiel 1

Beispiel 2: 150 mg Natriumnitrat $NaNO_3$ werden im Messkolben mit Wasser gelöst und zu 2000 mL Lösung aufgefüllt. Welche Massenkonzentration an Nitrat-Ionen $\beta(NO_3^-)$ weist die Lösung auf?

$M(NaNO_3)$ = 84,99 g/mol, $M(NO_3^-)$ = 62,00 g/mol

Lösung $m(NO_3^-) = \frac{M(NO_3^-) \cdot m(NaNO_3)}{M(NaNO_3)} = \frac{62{,}00\ \text{g/mol} \cdot 150\ \text{mg}}{84{,}99\ \text{g/mol}} = 109{,}42\ \text{mg}$

$\boldsymbol{\beta(NO_3^-)} = \frac{m(NO_3^-)}{V(\text{Lsg})} = \frac{109{,}42\ \text{mg}}{2000\ \text{mL}} = 0{,}054712\ \text{mg/mL} \approx \mathbf{54{,}7\ mg/L}$

Beispiel 3: Welches Volumen an Salzsäure mit w(HCl) = 13,5 % und der Dichte ϱ = 1,065 g/mL wird zur Herstellung von 5,000 L Salzsäure-Lösung mit der Massenkonzentration β(HCl) = 45,5 g/L benötigt?

Lösung: $\beta(\text{HCl}) = \frac{m(\text{HCl})}{V(\text{Lsg})} \Rightarrow m(\text{HCl}) = \beta(\text{HCl}) \cdot V(\text{Lsg}) = 45{,}5\ \text{g/L} \cdot 5{,}000\ \text{L} = 227{,}5\ \text{g}$

$w(\text{HCl}) = \frac{m(\text{HCl})}{m(\text{Lsg})} \Rightarrow m(\text{Lsg}) = \frac{m(\text{HCl})}{w(\text{HCl})} = \frac{227{,}5\ \text{g}}{0{,}135} = 1685{,}185\ \text{g}$

$\varrho(\text{Lsg}) = \frac{m(\text{Lsg})}{V(\text{Lsg})} \Rightarrow \mathbf{V(HCl\text{-}Lsg)} = \frac{m(\text{Lsg})}{\varrho(\text{Lsg})} = \frac{1685{,}185\ \text{g}}{1{,}065\ \text{g/mL}} = 1582{,}33\ \text{mL} \approx \mathbf{1{,}582\ L}$

Aufgaben zur Massenkonzentration β

1. In 500 mL wässriger Fructose-Lösung sind 125 mg Fructose enthalten. Berechnen Sie die Massenkonzentration β(Fructose).
2. Aus Membranzellen der Alkalichlorid-Elektrolyse verlässt Dünnsole die Zellen mit einer Massenkonzentration β(NaCl) = 283 g/L. Sie soll durch Zusatz von festem NaCl auf 311 g/L aufkonzentriert werden. Welche Masse an NaCl ist 1,50 m^3 der Dünnsole zuzusetzen?
3. Durch Eindampfen von 1000 kg Natronlauge der Dichte 1,525 g/cm^3 werden 500 kg Natriumhydroxid NaOH erhalten. Welche Massenkonzentration β(NaOH) hat die Lauge?
4. Berechnen Sie die Massenkonzentration β(Cu) einer Lösung, die durch Lösen von 12,5 g Kupfersulfat $CuSO_4$ und anschließendes Auffüllen im Messkolben auf 2,0 L erhalten wird.
5. Die Massenkonzentration an Chlorgas in einer Abluft beträgt $\beta(Cl_2)$ = 0,25 mg/L. Welche Masse an Chlorgas ist in 50,0 m^3 der Abluft enthalten?
6. Welche Masse an Salpetersäure mit dem Massenanteil $w(HNO_3)$ = 25 % muss auf 5,0 L verdünnt werden, wenn sie die Massenkonzentration $\beta(HNO_3)$ = 50 g/L erhalten soll?

5

5.1.6 Volumenkonzentration σ

Die **Volumenkonzentration σ(X)** (volume concentration) einer Komponente X ist der Quotient aus dem Volumen V(X) dieser Komponente und dem Volumen der Lösung V(Lsg).

Die Volumenkonzentration kann mit folgenden Einheitenzeichen angegeben werden: L/L; L/100 L = mL/100 mL = Prozent %
mL/L = 10^{-3} = Promille; mL/m^3 = mL/1000 L = 10^{-6} = ppm

Volumenkonzentration

$$\sigma(\text{X}) = \frac{V(\text{X})}{V(\text{Lsg})}$$

Beispiel 1: 480 mL Ethanol werden mit demineralisiertem Wasser im Messzylinder zu 500 mL aufgefüllt **(Bild 1).** Welche Volumenkonzentration σ(Ethanol) hat die Lösung?

Lösung: $\boldsymbol{\sigma}$**(Ethanol)** $= \frac{V(\text{Ethanol})}{V(\text{Lsg})} = \frac{480 \text{ mL}}{500 \text{ mL}} \approx$ **96,0 %**

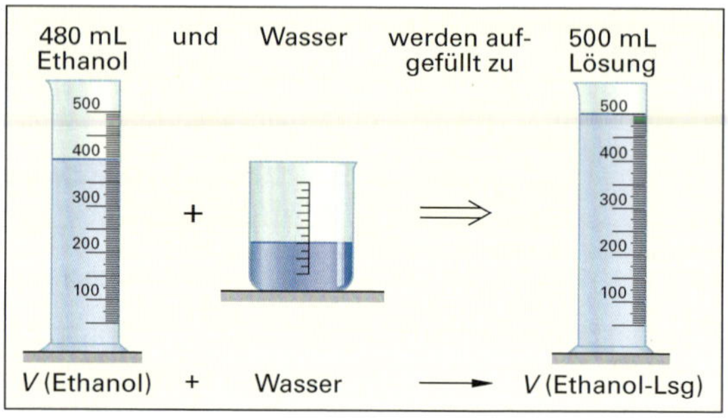

Bild 1: Größenangaben zu Beispiel 1

5

Beim Mischen von Ethanol und Wasser ist das tatsächlich erhaltene Gesamtvolumen kleiner als das rechnerische Gesamtvolumen der beiden Einzelflüssigkeiten. Wie das Beispiel (Tabelle 1, Seite 169) zeigt, beträgt die Volumenkonzentration σ an Ethanol 46,0 % und der Volumenanteil φ an Ethanol 44,4 %. Beim Mischen tritt eine **Volumenverminderung** (Volumenkontraktion) ein. Sie ist durch die starken Wasserstoffbrückenbindungen zu erklären. Bei Lösungen sollte deshalb bevorzugt die Volumenkonzentration σ(X) als Gehaltsangabe verwendet werden. Da beim Mischen von Gasen keine Volumenänderung eintritt, kann man zur Gehaltsangabe eines Gasgemisches wahlweise den Volumenanteil φ oder die Volumenkonzentration σ verwenden.

Beispiel 2: Welche Volumina an Methanol (ϱ = 0,7958 g/mL) und an Wasser (ϱ = 0,9991 g/mL) werden zur Herstellung von 800 L Lösung (ϱ = 0,9389 g/mL) der Volumenkonzentration ϱ(Methanol) = 46,0 % benötigt?

Lösung: $\varrho = m/V \Rightarrow m(\text{Lsg}) = \varrho(\text{Lsg}) \cdot V(\text{Lsg}) = 0{,}9389 \text{ kg/L} \cdot 800 \text{ L} = 751{,}12 \text{ kg}$

$\sigma(\text{Methanol}) = \frac{V(\text{Methanol})}{V(\text{Lsg})} \Rightarrow$ **V(Methanol)** $= \sigma(\text{Methanol}) \cdot V(\text{Lsg}) = 0{,}460 \cdot 800 \text{ L} =$ **368 L**

$\varrho(\text{Methanol}) = \frac{m(\text{Methanol})}{V(\text{Methanol})} \Rightarrow m(\text{Methanol}) = \varrho(\text{Meth.}) \cdot V(\text{Meth.}) = 0{,}7958 \text{ kg/L} \cdot 368 \text{ L} = 292{,}85 \text{ kg}$

$m(\text{Wasser}) = m(\text{Lsg}) - m(\text{Methanol}) = 751{,}12 \text{ kg} - 292{,}85 \text{ kg} = 458{,}27 \text{ kg}$

$\varrho(\text{Wasser}) = \frac{m(\text{Wasser})}{V(\text{Wasser})} \Rightarrow$ **V(Wasser)** $= \frac{m(\text{Wasser})}{\varrho(\text{Wasser})} = \frac{458{,}27 \text{ kg}}{0{,}9991 \text{ kg/L}} = 458{,}68 \text{ L} =$ **459 L**

Aufgaben zur Volumenkonzentration σ

1. In 2,50 m^3 wässriger Propanol-Lösung sind 200 L Propanol enthalten. Wie groß ist die Volumenkonzentration σ(Propanol)?
2. 350 L Ameisensäure-Lösung haben die Volumenkonzentration σ(HCOOH) = 24,3 %. Welches Volumen an Ameisensäure HCOOH enthält die Lösung?
3. Eine Lösung von 1-Butanol in Ethanol hat die Volumenkonzentration σ(Butanol) = 25,2 %, die Lösung enthält 240 L Butanol. Berechnen Sie das Gesamtvolumen der Lösung.
4. Aus 212 L eines Aceton/Ester-Gemisches werden 110 L Aceton abdestilliert. Der Sumpf weist die Volumenkonzentration σ(Aceton) = 6,4 % auf. Wie groß war die Volumenkonzentration σ(Aceton) im Ausgangsgemisch?
5. 500 L einer Lösung von Ethanol in Wasser enthalten 125 L Ethanol. Berechnen Sie die Volumenkonzentration σ(Ethanol) sowie das Volumen des Lösemittels Wasser.
   Dichten bei 20 °C: ϱ(Lsg) = 0,9670 g/mL, ϱ(Ethanol) = 0,7892 g/mL, ϱ(Wasser) = 0,9982 g/mL

5.1.7 Stoffmengenkonzentration *c* und Äquivalentkonzentration *c*(1/z*X)

Die **Stoffmengenkonzentration *c*(X)** (molar concentration) einer Komponente X ist der Quotient aus der Stoffmenge *n*(X) dieser Komponente und dem Volumen der Lösung *V*(Lsg).

Im Zusammenhang mit dem Größenzeichen ***c*** ist auch die vereinfachte Bezeichnung **Konzentration** zulässig.

Stoffmengenkonzentration

$$c(\text{X}) = \frac{n(\text{X})}{V(\text{Lsg})}$$

Als Einheitenzeichen der Stoffmengenkonzentration *c* werden verwendet: mol/m^3, mol/L, mmol/L u. a.

Beispiel 1: 20,0 g Natriumhydroxid NaOH p.a. werden im Messkolben mit demin. Wasser zu 500 mL Natronlauge aufgefüllt **(Bild 1)**. Wie groß ist die Stoffmengenkonzentration *c*(NaOH) der Lauge?

Lösung: $n(\text{NaOH}) = \frac{m(\text{NaOH})}{M(\text{NaOH})} = \frac{20{,}0\ \text{g}}{40{,}00\ \text{g/mol}}$

$n(\text{NaOH}) = 0{,}500\ \text{mol}$

$c(\text{NaOH}) = \frac{n(\text{NaOH})}{V(\text{Lsg})} = \frac{0{,}500\ \text{mol}}{500\ \text{mL}}$

$\boldsymbol{c(\text{NaOH}) = 1{,}00\ \text{mol/L}}$

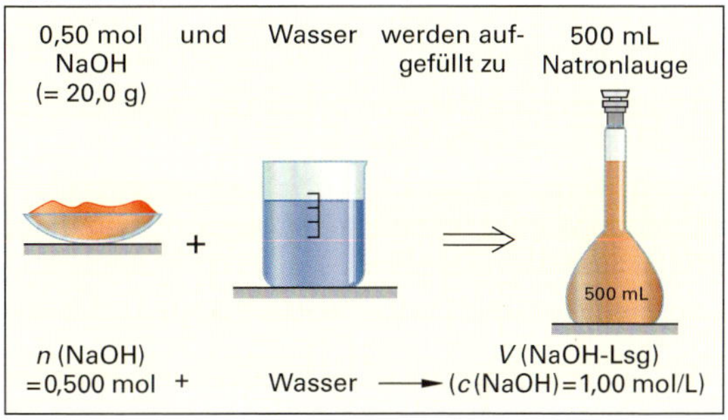

Bild 1: Größenangaben zu Beispiel 1

Beispiel 2: Es sollen 5,000 L Silbernitrat-Lösung der Stoffmengenkonzentration $c(\text{AgNO}_3) = 0{,}10\ \text{mol/L}$ hergestellt werden. Wie viel Silbernitrat $AgNO_3$ ist einzuwiegen und mit Wasser aufzufüllen?

Lösung: $c(\text{AgNO}_3) = \frac{n(\text{AgNO}_3)}{V(\text{Lsg})} \Rightarrow n(\text{AgNO}_3) = c(\text{AgNO}_3) \cdot V(\text{Lsg})$; mit $n(\text{AgNO}_3) = \frac{m(\text{AgNO}_3)}{M(\text{AgNO}_3)}$ folgt:

$m(\text{AgNO}_3) = c(\text{AgNO}_3) \cdot V(\text{Lsg}) \cdot M(\text{AgNO}_3)$; mit $M(\text{AgNO}_3) = 169{,}873\ \text{g/mol}$ folgt:

$\boldsymbol{m(\text{AgNO}_3)} = 0{,}10\ \text{mol/L} \cdot 5{,}000\ \text{L} \cdot 169{,}873\ \text{g/mol} = 84{,}9365\ \text{g} \approx \boldsymbol{84{,}9\ \text{g}}$

Wasserhärte – eine Stoffmengenkonzentration

Die **Wasserhärte** (water hardness) wird von gelösten Calcium- und Magnesium-Ionen im Wasser verursacht. Sie wird nach DIN 38409-6 als Stoffmengenkonzentration angegeben (siehe auch Seite 286).

Die **Gesamthärte des Wassers GH** ist die **Stoffmengenkonzentration der Ca^{2+}- und Mg^{2+}-Ionen** in mmol/L im Wasser.

Beispiel: $c(\text{Ca}^{2+} + \text{Mg}^{2+}) = 5{,}1\ \text{mmol/L}$

Gesamthärte des Wassers

$$\text{GH} = c(\text{Ca}^{2+}) + c(\text{Mg}^{2+})$$

Als **Carbonathärte des Wassers CH** wird der Anteil an Ca^{2+}- und Mg^{2+}-Ionen bezeichnet, der zur Stoffmengenkonzentration an Hydrogencarbonat-Ionen $c(\text{HCO}_3^-)$ im Wasser äquivalent ist.

Carbonathärte

$$\text{CH} = \frac{c(\text{HCO}_3^-)}{2}$$

Die **Nichtcarbonathärte NCH** ist die Differenz zwischen der Gesamthärte GH und der Carbonathärte CH.

Nichtcarbonhärte

$$\text{NCH} = \text{GH} - \text{CH}$$

Im Alltag ist auch die Härteangabe in Grad deutscher Härte °dH gebräuchlich (Seite 286).

Umrechnung: 1 d° = 0,179 mmol/L (Ca^{2+} + Mg^{2+})-Ionen;
1 mmol/L (Ca^{2+} + Mg^{2+})-Ionen = 5,6 °d

Beispiel 3: Die Analyse eines Trinkwassers (z.B. aus Stade-Haddorf) ergab folgende gelöste Inhaltsstoffe:
Kationen: $c(\text{Ca}^{2+}) = 2{,}37\ \text{mmol/L}$, $c(\text{Mg}^{2+}) = 0{,}22\ \text{mmol/L}$, $c(\text{Na}^+) = 0{,}90\ \text{mmol/L}$, $c(\text{K}^+) = 0{,}07\ \text{mmol/L}$
Anionen: $c(\text{Cl}^-) = 0{,}85\ \text{mmol/L}$, $c(\text{SO}_4^{2-}) = 0{,}84\ \text{mmol/L}$, $c(\text{HCO}_3^-) = 3{,}57\ \text{mmol/L}$, $c(\text{NO}_3^-) = 0{,}04\ \text{mmol/L}$
Berechnen Sie die Gesamtwasserhärte GH und die Carbonathärte CH.

Lösung: $\textbf{GH} = c(\text{Ca}^{2+}) + c(\text{Mg}^{2+}) = 2{,}37\ \text{mmol/L} + 0{,}22\ \text{mmol/L} = \boldsymbol{2{,}59\ \text{mmol/L}}$
$\textbf{CH} = c(\text{HCO}_3^-)/2 = 3{,}57\ \text{mmol/L}/2 = 1{,}785\ \text{mmol/L} = \boldsymbol{1{,}79\ \text{mmol/L}}$

Äquivalentkonzentration (equivalent concentration)

Legt man bei der Berechnung der Stoffmenge das **Äquivalentteilchen** zugrunde, erhält man die **Äquivalentkonzentration $c(1/z^*X)$.**

Das Äquivalentteilchen ist der z^*-te Bruchteil des Teilchens (Atom, Ion, Molekül, Atomgruppe), wobei z eine ganze Zahl ist und die stöchiometrische Wertigkeit bzw. die Veränderung der Oxidationszahl bei Redox-Reaktionen darstellt.

Für die symbolische Darstellung von Äquivalentteilchen wird der Bruch $\frac{1}{z^*}$ dem Symbol des Teilchens X vorangestellt, z.B. bei Schwefelsäure $c(\frac{1}{2}H_2SO_4)$. Die Stoffmengenangabe bezieht sich dann auf die vorhandenen wirksamen Teilchen der Lösung (z.B. H^+-Ionen, OH^--Ionen, Elektronen und andere).

Bei der Berechnung der Äquivalentkonzentration von Schwefelsäure z.B. sind die Äquivalentteilchen die H^+-Ionen: Ein Mol Schwefelsäure enthält zwei Mol H^+-Ionen.

Äquivalentkonzentration

$$c\left(\frac{1}{z^*}X\right) = \frac{n\left(\frac{1}{z^*}X\right)}{V(Lsg)}$$

Umrechnung Äquivalentkonzentration – Stoffmengenkonzentration

$$n\left(\frac{1}{z^*}X\right) = z^* \cdot n(X)$$

$$c(X) = \frac{1}{z^*} \cdot c\left(\frac{1}{z^*}X\right)$$

$$c\left(\frac{1}{z^*}X\right) = z^* \cdot c(X)$$

Zwischen der Stoffmengenkonzentration $c(X)$ und der Äquivalentkonzentration $c(1/z^*X)$ bestehen nebenstehende Zusammenhänge. Dies soll an einigen **Beispielen** erläutert werden.

Äquivalentkonzentration $c\left(\frac{1}{z^*}X\right)$				Stoffmengenkonzentration $c(X)$		
a) $c\left(\frac{1}{1}HCl\right)$	= 0,1 mol/L	bedeutet:	$\boldsymbol{c(H^+)}$ = **0,1 mol/L**	entspricht:	$c(HCl)$	$= \frac{1}{1} \cdot 0{,}1$ mol/L = **0,1 mol/L**
b) $c\left(\frac{1}{2}H_2SO_4\right)$	= 0,1 mol/L	bedeutet:	$\boldsymbol{c(H^+)}$ = **0,1 mol/L**	entspricht:	$c(H_2SO_4)$	$= \frac{1}{2} \cdot 0{,}1$ mol/L = **0,05 mol/L**
c) $c\left(\frac{1}{2}Ba(OH)_2\right)$	= 0,1 mol/L	bedeutet:	$\boldsymbol{c(OH^-)}$ = **0,1 mol/L**	entspricht:	$c(Ba(OH)_2)$	$= \frac{1}{2} \cdot 0{,}1$ mol/L = **0,05 mol/L**
d) $c\left(\frac{1}{5}KMnO_4\right)$	= 0,1 mol/L	bedeutet:	$\boldsymbol{c(e^-)}$ = **0,1 mol/L**	entspricht:	$c(KMnO_4)$	$= \frac{1}{5} \cdot 0{,}1$ mol/L = **0,02 mol/L**

Beispiel 4: 7,9040 g Kaliumdichromat $K_2Cr_2O_7$ werden im Messkolben gelöst und zu 250 mL Lösung aufgefüllt. Welche Äquivalentkonzentration $c(\frac{1}{6}K_2Cr_2O_7)$ hat die Lösung? $M(K_2Cr_2O_7)$ = 294,1846 g/mol

Lösung: $c\left(\frac{1}{6}K_2Cr_2O_7\right) = 6 \cdot \frac{n(K_2Cr_2O_7)}{V(Lsg)}$, mit $n(K_2Cr_2O_7) = \frac{m(K_2Cr_2O_7)}{M(K_2Cr_2O_7)}$ folgt durch Ersetzen:

$$c\left(\frac{1}{6}K_2Cr_2O_7\right) = 6 \cdot \frac{m(K_2Cr_2O_7)}{M(K_2Cr_2O_7) \cdot V(Lsg)} = 6 \cdot \frac{7{,}9040\ \text{g}}{294{,}1846\ \text{g/mol} \cdot 0{,}250\ \text{L}} = 0{,}645\ \text{mol/L}$$

Aufgaben zu Stoffmengenkonzentration c, Äquivalentkonzentration $c(1/z^*X)$

1. Welche Stoffmengenkonzentration $c(NaCl)$ hat eine Natriumchlorid-Lösung, die durch Lösen von 15,00 g NaCl und anschließendes Auffüllen im Messkolben auf 500 mL erhalten wird?
2. 250 mL Salzsäure mit $w(HCl)$ = 32,14 % und der Dichte ϱ(20 °C) = 1,160 g/cm³ werden im Messkolben auf 5,00 L aufgefüllt. Welche Stoffmengenkonzentration $c(HCl)$ hat die Lösung?
3. Es sind 800 mL Natriumcarbonat-Lösung der Konzentration $c(Na_2CO_3)$ = 0,20 mol/L herzustellen. Welche Einwaage an Natriumcarbonat-Decahydrat $Na_2CO_3 \cdot 10\,H_2O$ ist erforderlich?
4. Es sollen 5,0 L Schwefelsäure, $c(\frac{1}{2}H_2SO_4)$ = 0,20 mol/L, hergestellt werden. Zur Verfügung steht eine Schwefelsäure mit $w(H_2SO_4)$ = 96,0 %. Welche Masse dieser Säure ist einzuwiegen?
5. 6,2040 g Kaliumbromat $KBrO_3$ werden in Wasser gelöst und zu 250 mL Lösung aufgefüllt. Wie groß ist die Äquivalentkonzentration $c(\frac{1}{6}KBrO_3)$?
6. Wie viel Kaliumpermanganat wird zur Herstellung von 2000 mL Maßlösung mit der Äquivalentkonzentration $c(\frac{1}{5}KMnO_4)$ = $0{,}\underline{1}$ mol/L benötigt? (Zur Angabe $0{,}\underline{1}$ siehe Seite 237.)
7. 180 L Calciumchlorid-Lösung enthalten 66,5 g Calciumchlorid. Welche Konzentrationen $c(CaCl_2)$ und $c(Ca^{2+})$ enthält die Lösung? Welcher Wasserhärte GH in mmol Ca^{2+}/L entspricht das?
8. In einer Wasserprobe wird eine Gesamthärte von 2,34 mmol/L Calcium-Ionen Ca^{2+} ermittelt. Welcher Massenkonzentration $\beta(Ca^{2+})$ entspricht das? Welche Masse an gelösten Calcium-Ionen liegt in 2,50 m³ des untersuchten Wassers vor?

5.1.8 Umrechnen der verschiedenen Konzentrationen

Das Umrechnen der unterschiedlichen Konzentrationsangaben kann beispielsweise bei der Auswertung maßanalytischer Bestimmungen oder bei Stoffumsetzungen, beispielsweise Fällungsreaktionen, erforderlich sein.

Beispiel 1: Welche Stoffmengenkonzentration $c(\text{NaOH})$ hat eine Natronlauge mit der Massenkonzentration $\beta(\text{NaOH}) = 22{,}5\ \text{g/L}$?

Lösung: Mit $M(\text{NaOH}) = 40{,}00\ \text{g/mol}$ und mit $n(\text{X}) = \frac{m(\text{X})}{M(\text{X})}$ folgt durch Einsetzen:

$$\mathbf{c(NaOH)} = \frac{n(\text{NaOH})}{V(\text{Lsg})} = \frac{m(\text{NaOH})}{M(\text{NaOH}) \cdot V(\text{Lsg})} = \frac{22{,}5\ \text{g}}{40{,}00\ \text{g/mol} \cdot 1\ \text{L}} \approx \mathbf{0{,}563\ mol/L}$$

Beispiel 2: Eine wässrige Methanol-Lösung hat die Volumenkonzentration $\sigma(CH_3OH) = 22{,}5\ \%$. Wie groß ist die Stoffmengenkonzentration $c(CH_3OH)$ der Methanol-Lösung?
Die Dichte des reinen Methanols beträgt $0{,}7915\ \text{g/cm}^3$, die molare Masse ist $M(CH_3OH) = 32{,}042\ \text{g/mol}$.

Lösung: Vorüberlegung: In 100 mL Lösung sind 22,5 mL Methanol und 100 mL – 22,5 mL = 77,5 mL Wasser enthalten. Die Masse von 22,5 mL Methanol beträgt:

$$\varrho = m/V \;\Rightarrow\; m(\text{Methanol}) = V(\text{Methanol}) \cdot \varrho(\text{Methanol}) = 22{,}5\ \text{mL} \cdot 0{,}7915\ \text{g/cm}^3 = 17{,}80875\ \text{g}$$

$c(\text{Methanol}) = \frac{n(\text{Methanol})}{V(\text{Lsg})}$; mit $n = \frac{m}{M}$ folgt für das Volumen von 100 mL = 0,100 L wässrige Lösung durch Einsetzen:

$$\mathbf{c(Methanol)} = \frac{m(\text{Methanol})}{M(\text{Methanol}) \cdot V(\text{Lsg})} = \frac{17{,}80875\ \text{g}}{32{,}042\ \text{g/mol} \cdot 0{,}100\ \text{L}} = 5{,}5579\ \text{mol/L} \approx \mathbf{5{,}56\ mol/L}$$

Aufgaben zu Umrechnung der verschiedenen Konzentrationen

1. Berechnen Sie die Massenkonzentration einer Natriumthiosulfat-Lösung der Stoffmengenkonzentration $c(Na_2S_2O_3) = 0{,}20\ \text{mol/L}$.
2. Welche Stoffmengenkonzentration $c(\text{NaCl})$ hat eine Kochsalzlösung der Massenkonzentration $\beta(\text{NaCl}) = 0{,}25\ \text{g/L}$?
3. Welche Massenkonzentration hat eine Salzsäure der Konzentration $c(\text{HCl}) = 0{,}50\ \text{mol/L}$?
4. Eine Kalilauge hat die Massenkonzentration $\beta(\text{KOH}) = 30{,}2\ \text{g/L}$. Berechnen Sie die Äquivalentkonzentration $c\left(\frac{1}{1}\ \text{KOH}\right)$ der Lauge.
5. Eine Wasserprobe hat eine Stoffmengenkonzentration $c(Ca^{2+}) = 1{,}01\ \text{mmol/L}$. Berechnen Sie die Massenkonzentration $\beta(Ca^{2+})$.
6. Wie groß ist die Stoffmengenkonzentration einer wässrigen Aceton-Lösung mit der Volumenkonzentration $\sigma(CH_3\text{-}CO\text{-}CH_3) = 30{,}4\ \%$? $\varrho(\text{Aceton}) = 0{,}7905\ \text{g/mL}$, $M(\text{Aceton}) = 58{,}1\ \text{g/mol}$.
7. Die Analyse eines Trinkwassers ergab folgende gelöste Inhaltsstoffe:
   Kationen: $\beta(Ca^{2+}) = 94{,}8\ \text{mg/L}$, $\beta(Mg^{2+}) = 5{,}3\ \text{mg/L}$, $\beta(Na^{+}) = 20{,}8\ \text{mg/L}$, $\beta(K^{+}) = 2{,}7\ \text{mg/L}$
   Anionen: $\beta(Cl^{-}) = 30{,}0\ \text{mg/L}$, $\beta(SO_4^{2-}) = 81{,}2\ \text{mg/L}$, $\beta(HCO_3^{-}) = 218{,}4\ \text{mg/L}$, $\beta(NO_3^{-}) = 2{,}3\ \text{mg/L}$
   Berechnen Sie die Wasserhärte GH und die Hydrogencarbonathärte CH.

Gemischte Aufgaben zu Rechnen mit Konzentrationen

1. 7,00 L Salzlösung enthalten 61,5 g Kaliumchlorid. Wie groß ist die Massenkonzentration $\beta(\text{KCl})$?
2. Die Massenkonzentration von Schwefeldioxidgas in Luft beträgt $\beta(SO_2) = 5{,}0\ \mu\text{g/L}$. Berechnen Sie die Masse des Schwefeldioxidgases in $105 \cdot 10^3\ \text{m}^3$ Luft.
3. 1,50 L einer Eisen (II)-sulfat-Lösung werden durch Lösen von 8,00 g $FeSO_4 \cdot 7\ H_2O$ hergestellt. Wie groß ist die Massenkonzentration an Fe^{2+}-Ionen der Lösung?
4. 350 kg Natronlauge der Dichte $\varrho = 1{,}370\ \text{g/cm}^3$ enthalten 119 kg gelöstes Natriumhydroxid. Wie groß sind die Massenkonzentrationen an Natriumhydroxid und an Natrium-Ionen?

5. In einem Technikum mit 400 m^3 Volumen verdunsten 105 g Trichlorethen ($CCl_2 = CHCl$) bei 20 °C und einem Luftdruck von 1013 mbar. Welche Volumenkonzentration σ(Trichlorethen) stellt sich ein? (Der Dampf ist als ideales Gas anzusehen)
6. In einem Labor mit einem Raumvolumen von 600 m^3 werden unbemerkt 320 mL o-Xylol C_8H_{10} (ϱ = 0,880 g/mL) verschüttet. Um wie viel Prozent wird durch das vollständig verdunstete Lösemittel der Arbeitsplatzgrenzwert von 440 mg/m^3 überschritten?
7. Welches Volumen an Diethylether $C_4H_{10}O$ darf bei 20 °C und 1008 mbar in einem Laborraum mit 205 m^3 Rauminhalt maximal entweichen, wenn der Arbeitsplatzgrenzwert von Diethylether 400 cm^3/m^3 beträgt?
8. Welches Volumen eines Benzol/Toluol-Gemisches mit einer Massenkonzentration $\beta(C_6H_6)$ = 250 g/L kann man aus 500 mL Benzol der Dichte ϱ = 0,879 g/cm^3 herstellen (Bild 1, Seite 179)?
9. In 250 m^3 Abluft sind 7,0 L Kohlenstoffmonoxid CO enthalten. Berechnen Sie, ob der Arbeitsplatzgrenzwert von 30 ppm überschritten wird.
10. Ein Hexan/Heptan-Gemisch hat eine Hexan-Volumenkonzentration $\sigma(C_6H_{14})$ = 0,360. Welche Masse an Hexan der Dichte ϱ = 0,659 g/cm^3 ist in 1,58 m^3 des Gemisches enthalten?
11. Die Massenkonzentration eines Aceton/Wasser-Gemisches beträgt β(Aceton) = 385 g/L. Wie groß ist die Volumenkonzentration an Aceton? ϱ(Aceton) = 0,791 g/cm^3
12. Welche Einwaage an Natriumnitrat erfordert die Herstellung von 1200 mL Natriumnitrat-Lösung der Stoffmengenkonzentration $c(NaNO_3)$ = 0,300 mol/L?
13. 400 kg Natronlauge der Dichte ϱ = 1,320 g/cm^3 enthalten 131,7 kg NaOH. Welche Stoffmengenkonzentrationen c(NaOH) und $c(OH^-)$ hat die Lösung?
14. Eine Schwefelsäure-Lösung hat die Äquivalentkonzentration $c(\frac{1}{2}H_2SO_4)$ = 2,50 mol/L. Wie groß ist die Stoffmengenkonzentration $c(H_2SO_4)$?
15. 7,8045 g Kaliumdichromat werden in Wasser gelöst und auf 500 mL aufgefüllt. Welche Äquivalentkonzentration $c(\frac{1}{6}K_2Cr_2O_7)$ hat die hergestellte Lösung?
16. Die Analyse eines Grundwassers ergab folgende gelöste Inhaltsstoffe:
    Kationen: $c(Ca^{2+})$ = 0,454 mmol/L, $c(Mg^{2+})$ = 0,152 mmol/L, $c(Na^+)$ = 0,463 mmol/L, $c(K^+)$ = 0,063 mmol/L
    Anionen: $c(Cl^-)$ = 0,150 mmol/L, $c(SO_4^{2-})$ = 0,233 mmol/L, $c(HCO_3^-)$ = 0,749 mmol/L
    Berechnen Sie die Wasserhärten GH und CH.
17. Die Analyse von Brauchwasser enthält neben Stoffen im Spurenbereich folgende Angaben über die ermittelten Massenkonzentrationen:
    Kationen: $\beta(Ca^{2+})$ = 100 mg/L, $\beta(Mg^{2+})$ = 12,0 mg/L, $\beta(Na^+)$ = 8,0 mg/L, $\beta(K^+)$ = 2,0 mg/L
    Anionen: $\beta(Cl^-)$ = 16,0 mg/L, $\beta(SO_4^{2-})$ = 60,2 mg/L, $\beta(HCO_3^-)$ = 280 mg/L, $\beta(NO_3^-)$ = 6,0 mg/L
    a) Berechnen Sie die Wasserhärten GH und CH.
    b) Geben Sie an, zu welchem Härtebereich der Trinkwasserverordnung TVO nach der nebenstehenden **Tabelle** die untersuchte Wasserprobe zählt.

Tabelle: Härtebereiche von Trinkwasser gemäß TVO

Härtebereich	Härte in mmol/L	Beurteilung
1	< 1,5	weich
2	1,5 bis 2,5	mittel
3	> 2,5	hart

18. Welches Volumen an Phosphorsäure-Lösung $c(\frac{1}{1}H_3PO_4)$ = 0,5 mol/L lässt sich aus 250 g Phosphorsäure mit dem Massenanteil $w(H_3PO_4)$ = 37,5 % herstellen?
19. Wie groß ist die Äquivalentkonzentration einer Ammoniak-Lösung, die pro Liter Lösung 450 L gasförmiges Ammoniak NH_3 von Normbedingungen enthält?
20. In einem Chemikalien-Lagerraum der Größe 12 m × 10,0 m × 3,0 m werden 200 mL Aceton bei 21 °C und 1025 mbar Umgebungsdruck verschüttet. Welche Volumenkonzentration an Aceton wird nach vollständigem Verdunsten in der Raumluft erreicht? Wird die untere Explosionsgrenze des Acetons von 2,5 % erreicht?

5

5.1.9 Löslichkeit L^*

Die **Löslichkeit $L^*(X, \vartheta)$** (solubility) eines Stoffes gibt an, wie viel Gramm des reinen, wasserfreien Stoffes X maximal bei der angegebenen Temperatur ϑ im Lösemittel Lm gelöst werden kann.

Löslichkeit

$$L^*(X,\vartheta) = \frac{m_{max}(X)}{m(Lm)}$$

Die Löslichkeit ist ein **Massenverhältnis** (mass ratio). Sie wird in der Regel auf 100 g Lösemittel bezogen und in der **Einheit g/100 g Lm** angegeben (Tabelle, Seite 169).

Hinweis: Es ist besonders der Unterschied zwischen der **Löslichkeit $L^*(X)$** (= Masse maximal lösbarer Substanz in 100 g **Lösemittel**) und dem **Massenanteil $w(X)$** (= Masse gelöste Substanz in 100 g **Lösung**) zu beachten.

Die Temperaturabhängigkeit der Löslichkeit L^* von Stoffen wird in Löslichkeits-Temperatur-Diagrammen dargestellt **(Bild 1).**

Die **Sättigungs-Lösekurve** gibt die Löslichkeit $L^*(X, \vartheta)$ des Stoffes bei den entsprechenden Temperaturen an: Hier ist die Lösung gesättigt. Oberhalb bzw. unterhalb der Sättigungs-Lösekurve sind die Bereiche der übersättigten und der ungesättigten Lösung.

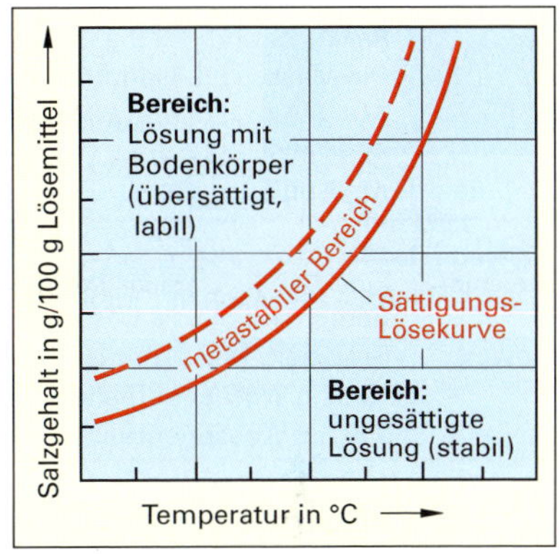

Bild 1: Löslichkeits-Temperatur-Diagramm

Im Bereich der **übersättigten** Lösung kommt es zur spontanen Kristallbildung, d. h. zur Bildung eines Bodenkörpers.

Der Bereich unmittelbar oberhalb der Sättigungs-Lösekurve wird als **metastabiler Bereich** bezeichnet. In diesem Bereich erfolgt keine spontane Kristallbildung. Erst nach Zusatz von Impfkristallen oder durch Kratzen an der Gefäßinnenwand bilden sich dort bei langsamer Kristallisationsgeschwindigkeit relativ große Kristalle. Sie können leicht von der übrigen Mutterlauge abgetrennt werden.

Im übersättigten Bereich (oberhalb des metastabilen Bereichs) bilden sich spontan Kristallisationskeime, die zu rascher Kristallbildung mit kleinen Kristallen führen.

Bild 2 zeigt in Abhängigkeit vom Grad der Übersättigung:

- die *Keimbildungsgeschwindigkeit* (— - —)
- die *Wachstumsgeschwindigkeit der Kristalle* (———)
- die entstehende *Kristallgröße* (———)

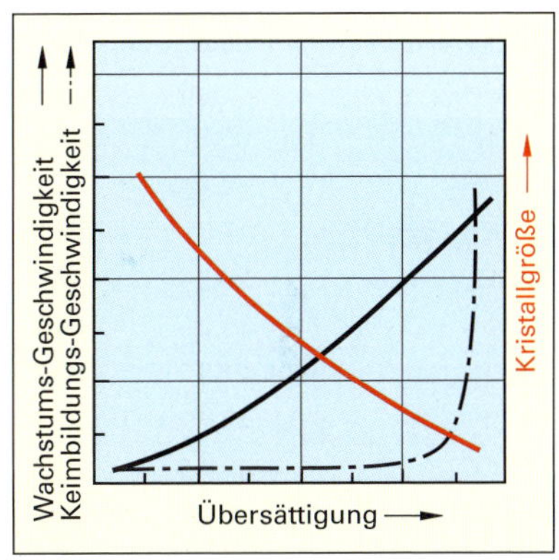

Bild 2: Kristallbildung und Kristallgröße

Die Abhängigkeit der Löslichkeit L^* von Salzen mit der Temperatur ist sehr unterschiedlich **(Bild 3).**

Beispiel: (Bild 3):

Bei Ammoniumsulfat $(NH_4)_2SO_4$ und Kaliumchlorid KCl sowie vor allem bei Kaliumnitrat KNO_3 nimmt die Löslichkeit mit zunehmender Temperatur sehr stark zu: Diese Salze können aus einer heißgesättigten Lösung durch **Abkühlung** und dadurch bedingte Auskristallisation mit hoher Ausbeute gewonnen werden **(Kühl-Kristallisation,** Pfeil ⇐ in **Bild 3).**

Bei Natriumchlorid NaCl ändert sich die Löslichkeit kaum mit veränderter Temperatur. Aus einer gesättigten Lösung kann NaCl praktisch nicht durch Kühlkristallisation, sondern nur durch Abdampfen des Lösemittels gewonnen werden **(Verdampfungs-Kristallisation;** Pfeil ⇑ in **Bild 3).**

Bei Natriumsulfit Na_2SO_3 nimmt die Löslichkeit mit steigender Temperatur ab: Es ist durch Erhitzen zur Kristallisation zu bringen **(Erhitzungs-Kristallisation,** Pfeil ⇒ in **Bild 3).**

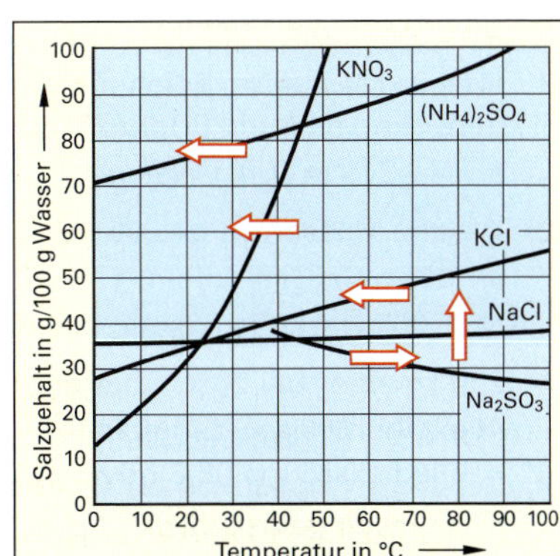

Bild 3: Sättigungs-Lösekurven und Möglichkeiten zur Kristallisation

Exakte Werte für die Löslichkeit L^* von Salzen werden aus Tabellenwerken entnommen. Die **Tabelle** auf **Seite 184** zeigt eine Auswahl.

Beispiel 1: Die Löslichkeit von Natriumchlorid NaCl beträgt $L^*(\text{NaCl}, 20\,°C) = 35{,}9\ g/100\ g$ Wasser. Wie viel Kilogramm Natriumchlorid sind in 2,00 t Wasser von 20 °C löslich?

Lösung: $L^*(\text{NaCl}, 20\,°C) = \frac{m(\text{NaCl})}{m(\text{Lm})} \Rightarrow \mathbf{m(NaCl)} = L^*(\text{NaCl}) \cdot m(\text{Lm}) = \frac{35{,}9\ g \cdot 2000\ kg}{100\ g} = \mathbf{718\ kg}$

Beispiel 2: 500 g einer bei 80 °C gesättigten Lösung von Calciumchlorid $CaCl_2$ werden auf 20 °C abgekühlt. Wie viel Kilogramm $CaCl_2$ kristallisieren als Bodenkörper aus?
Löslichkeiten gemäß **Tabelle:** $L^*(CaCl_2, 80\,°C) = 149{,}4\ g/100\ g$, $L^*(CaCl_2, 20\,°C) = 73{,}9\ g/100\ g$

Lösung: Bei 80 °C sind 149,4 g $CaCl_2$ in 100 g Wasser gelöst, das entspricht 249,4 g Lösung.
Bei 20 °C sind 73,9 g $CaCl_2$ in 100 g Wasser gelöst, das entspricht 173,9 g Lösung.
Die Masse an Lösemittel (100 g) bleibt beim Abkühlen unverändert:
Aus 249,4 g Lösung kristallisieren 149,4 g – 73,9 g = 75,5 g $CaCl_2$ aus ⇒ *Schlussrechnung:*
Aus 249,4 g Lsg krist. 75,5 kg $CaCl_2$ aus
Aus 500 g Lsg krist. x $CaCl_2$ aus

$$\Rightarrow \mathbf{x = m(CaCl_2)} = \frac{500\ g \cdot 75{,}5\ g}{249{,}4\ g} = 151{,}363\ g \approx \mathbf{151\ g}$$

Beispiel 3: Eine bei 20 °C gesättigte Lösung von Kaliumchlorat $KClO_3$ hat einen Massenanteil $w(KClO_3) = 6{,}8\,\%$. Berechnen Sie die Löslichkeit von Kaliumchlorat bei dieser Temperatur.

Lösung: Bei einem Massenanteil von 6,8 % enthalten 100 g Lösung 6,8 g Kaliumchlorat und 93,2 g Wasser.
93,2 g Wasser enthalten 6,8 g $KClO_3$
100 g Wasser enthalten x $KClO_3$

$$\Rightarrow \mathbf{x = L^*(KClO_3, 20\,°C)} = \frac{6{,}8\ g \cdot 100\ g}{93{,}2\ g} \approx \mathbf{7{,}3\ g/100\ g\ H_2O}$$

Tabelle: Löslichkeit einiger Salze in Wasser (Gramm reine Substanz in 100 g Wasser)

ϑ in °C	**10**	**20**	**30**	**40**	**50**	**60**	**80**	**100**
Gelöster Stoff X				**L^*(X) in g/100 g Wasser**				
$AgNO_3$	159,4	219,2	281,7	334,8	400,0	471,1	651,9	1023,6
$BaCl_2$	33,3	35,1	38,2	40,8	43,6	46,2	52,0	58,7
$Ba(OH)_2$	2,56	4,10	6,05	8,58	13,2	21,2	115,0	171,0
$CaCl_2$	65,3	73,9	102,0	127,2	135,0	138,1	149,4	157,7
$Ca(OH)_2$	0,125	0,17	0,109	0,13	0,092	0,11	0,09	0,07
$CuSO_4 \cdot 5\,H_2O$	17,6	20,8	20,4	29,0	33,3	39,1	53,6	73,7
$FeSO_4 \cdot 7\,H_2O$	20,5	26,6	33,0	40,3	47,6	55,0	43,8	31,6
KCl	31,2	34,2	37,3	40,3	43,1	45,6	51,0	56,2
KNO_3	21,5	31,7	45,6	63,9	85,7	109,9	169,0	245,2
NaCl	35,7	35,9	36,1	36,4	36,7	37,1	38,1	39,2
Na_2CO_3	12,4	21,4	39,7	48,5	47,4	46,5	45,8	45,5
$NaHCO_3$	8,11	9,6	11,1	12,7	14,4	16,0	19,7	23,6
NH_4Cl	33,3	37,6	41,4	46,0	50,4	55,3	65,6	77,3

Aufgaben zur Löslichkeit L^*

1. Welche Massen an Reinsubstanz können in folgenden Wasserportionen von 20 °C gerade gelöst werden, ohne dass ein Bodenkörper auskristallisiert?
   a) Na_2CO_3 in 200 g Wasser b) NH_4Cl in 5,00 kg Wasser c) $FeSO_4$ in 5,50 t Wasser
2. Welche Massen an gelöster Substanz enthalten folgende gesättigte Lösungen?
   a) 800 g $Ca(OH)_2$-Lösung bei 40 °C b) 2,00 kg KCl-Lösung bei 60 °C
   c) 5,00 t $NaHCO_3$-Lösung bei 80 °C d) 200 g $AgNO_3$-Lösung bei 20 °C
3. 200 kg einer bei 20 °C über dem Bodenkörper stehenden Natriumchlorid-Lösung werden auf 60 °C erwärmt. Welche Masse an NaCL geht zusätzlich in Lösung?
4. In 500 kg Wasser von 50 °C werden 600 kg Kaliumnitrat KNO_3 eingetragen. Berechnen Sie, wie viel KNO_3 nicht gelöst wird.
5. 2,00 t einer bei 100 °C gesättigten Lösung von Natriumcarbonat Na_2CO_3 werden auf 10 °C abgekühlt. Wie viel Na_2CO_3 kristallisiert aus?

5.2 Umrechnen von Anteilen – Konzentrationen – Löslichkeiten

Genauso wie es möglich ist, die verschiedenen Anteile oder Konzentrationen ineinander umzurechnen, kann man auch Anteile in Konzentrationen und umgekehrt oder die Löslichkeit in Anteile und Konzentrationen umrechnen.

Eine Umrechnungstabelle der verschiedenen Gehaltsgrößen befindet sich auf Seite 529.

5.2.1 Umrechnung Massenanteil $w(X) \Leftrightarrow$ Stoffmengenkonzentration $c(X)$

Voraussetzung für Umrechnungen zwischen Anteilen und Konzentrationen ist die Kenntnis der Dichte der Lösungen. Am zweckmäßigsten ist es, von einem Lösungvolumen von 1 L auszugehen. Mithilfe der bekannten molaren Masse $M(X)$ der gelösten Substanz kann die gelöste Stoffportion berechnet werden.

Beispiel 1: Berechnen Sie die Stoffmengenkonzentration $c(H_2SO_4)$ einer Schwefelsäure-Lösung mit dem Massenanteil $w(H_2SO_4)$ = 10,56 % und der Dichte $\varrho(20°C)$ = 1,070 g/cm³. $M(H_2SO_4)$ = 98,079 g/mol

Lösung: Die Masse von 1 L Lösung beträgt $\varrho = m/V \Rightarrow m(\text{Lsg}) = \varrho \cdot V = 1{,}070\ \text{g/cm}^3 \cdot 1000\ \text{cm}^3 = 1070\ \text{g}$

In 1 L Lösung vorhandene Masse Schwefelsäure:

$$w(H_2SO_4) = \frac{m(H_2SO_4)}{m(\text{Lsg})} \quad \Rightarrow \quad m(H_2SO_4) = w(H_2SO_4) \cdot m(\text{Lsg}) = 0{,}1056 \cdot 1070\ \text{g} = 112{,}992\ \text{g}$$

$$c(H_2SO_4) = \frac{n(H_2SO_4)}{V(\text{Lsg})};\ \text{ausgehend von einem Liter Lösung folgt mit}\ n = \frac{m}{M}\ \text{durch Einsetzen:}$$

$$\mathbf{c(H_2SO_4)} = \frac{m(H_2SO_4)}{M(H_2SO_4) \cdot V(\text{Lsg})} = \frac{112{,}992\ \text{g}}{98{,}079\ \text{g/mol} \cdot 1{,}000\ \text{L}} = 1{,}15205\ \text{mol/L} \approx \mathbf{1{,}152\ mol/L}$$

Beispiel 2: Welchen Massenanteil $w(HNO_3)$ hat eine Salpetersäure der Stoffmengenkonzentration $c(HNO_3)$ = 0,945 mol/L und der Dichte ϱ = 1,030 g/cm³?

Lösung: Masse von 1 L Lösung: $m(\text{Lsg}) = \varrho \cdot V = 1{,}030\ \text{g/cm}^3 \cdot 1\ \text{L} = 1{,}030\ \text{g/cm}^3 \cdot 1000\ \text{cm}^3 = 1030\ \text{g}$

$$w(HNO_3) = \frac{m(HNO_3)}{m(\text{Lsg})};\ \text{aus}\ c(HNO_3) = \frac{n(HNO_3)}{V(\text{Lsg})}\ \text{und mit}\ n(HNO_3) = \frac{n(HNO_3)}{M(HNO_3)}\ \text{folgt durch Ersetzen:}$$

$$c(HNO_3) = \frac{n(HNO_3)}{V(\text{Lsg}) \cdot M(HNO_3)} \Rightarrow m(HNO_3) = c(HNO_3) \cdot V(\text{Lsg}) \cdot M(HNO_3);\ \text{durch Ersetzen folgt:}$$

$$\mathbf{w(HNO_3)} = \frac{c(HNO_3) \cdot V(\text{Lsg}) \cdot M(HNO_3)}{m(\text{Lsg})} = \frac{0{,}945\ \text{mol/L} \cdot 1000\ \text{L} \cdot 63{,}01\ \text{g/mol}}{1{,}030\ \text{g}} = 0{,}057810 \approx \mathbf{5{,}78\ \%}$$

Aufgaben zu Umrechnung Massenanteil $\Leftrightarrow$ Stoffmengenkonzentration

1. Berechnen Sie die Stoffmengenkonzentration einer Kalilauge mit dem Massenanteil $w(KOH)$ = 12,08 % und der Dichte $\varrho(20°C)$ = 1,110 g/cm³.
2. Welchen Massenanteil in Prozent hat Salzsäure der Stoffmengenkonzentration $c(HCl)$ = 3,03 mol/L mit der Dichte $\varrho(20°C)$ = 1,050 g/cm³?
3. Welche Stoffmengenkonzentration $c(K_2SO_4)$ hat eine Kaliumsulfat-Lösung mit dem Massenanteil $w(K_2SO_4)$ = 10,0 % und der Dichte $\varrho(20°C)$ = 1,0807 g/cm³?
4. Eine Ammoniak-Lösung mit der Dichte $\varrho(20°C)$ = 0,965 g/cm³ hat die Stoffmengenkonzentration $c(NH_3)$ = 4,55 mol/L. Ermitteln Sie den Massenanteil $w(NH_3)$ der Lösung.
5. Welchen Massenanteil $w(H_2SO_4)$ hat eine Schwefelsäure mit der Äquivalentkonzentration $c(\frac{1}{2}\,H_2SO_4)$ = 2,0 mol/L und der Dichte ϱ = 1,062 g/mL?
6. Für eine Neutralisation werden 180,5 kg Natriumcarbonat Na_2CO_3 benötigt. In welchem Volumen an Soda-Lösung der Konzentration $c(Na_2CO_3)$ = 0,60 mol/L und der Dichte ϱ = 1,061 g/cm³ ist diese Stoffportion enthalten? Wie groß sind die Konzentration $c(CO_3^{2-})$, die Äquivalentkonzentration $c(\frac{1}{2}\,Na_2CO_3)$ sowie der Massenanteil $w(Na_2CO_3)$?

5

5.2.2 Umrechnung Massenanteil w(X) ⇔ Massenkonzentration β(X)

Für die Umrechnung eines Massenanteils w(X) in eine Massenkonzentration β(X) ist die Kenntnis der Dichte der Lösung notwendige Voraussetzung.
Es ist zweckmäßig, die Quantitäten für 1 Kilogramm bzw. 1 Liter Lösung umzurechnen.

Beispiel 1: Wie groß ist die Massenkonzentration $\beta(H_2SO_4)$ einer Schwefelsäure mit dem Massenanteil $w(H_2SO_4)$ = 20,08 % und der Dichte ϱ(20°C) = 1,140 g/cm³?

Lösung: Volumen von 1 kg Lösung:

$$\varrho(\text{Lsg}) = \frac{m(\text{Lsg})}{V(\text{Lsg})} \Rightarrow V(\text{Lsg}) = \frac{m(\text{Lsg})}{\varrho(\text{Lsg})} = \frac{1000\ \text{g}}{1{,}140\ \text{g/cm}^3} = 877{,}2\ \text{cm}^3 = 0{,}8772\ \text{L}$$

100 g Säure enthalten 20,08 g H_2SO_4; 1000 g Säure enthalten 200,8 g H_2SO_4

$$\boldsymbol{\beta(H_2SO_4)} = \frac{m(H_2SO_4)}{V(\text{Lsg})} = \frac{200{,}8\ \text{g}}{0{,}8772\ \text{L}} = 220{,}01\ \text{g} \approx \mathbf{228{,}0\ g/L}$$

Beispiel 2: Welchen Massenanteil w(KOH) in Prozent hat eine Kalilauge der Dichte ϱ(20°C) = 1,095 g/cm³ mit der Massenkonzentration β(KOH) = 115 g/L?

Lösung: Masse von 1 L Lösung:

$$\varrho(\text{Lsg}) = \frac{m(\text{Lsg})}{V(\text{Lsg})} \Rightarrow m(\text{Lsg}) = \varrho(\text{Lsg}) \cdot V(\text{Lsg}) = 1{,}095\ \text{g/cm}^3 \cdot 1000\ \text{cm}^3 = 1095\ \text{g}$$

$$\boldsymbol{w(\text{KOH})} = \frac{m(\text{KOH})}{m(\text{Lsg})} = \frac{115\ \text{g}}{1095\ \text{g}} = 0{,}1050 \approx \mathbf{10{,}5\ \%}$$

Aufgaben zu Umrechnung Massenanteil ⇔ Massenkonzentration

1. Ermitteln Sie die Massenkonzentration β(X) folgender Lösungen:
   a) w(NaCl) = 6,0 %, ϱ(20 °C) = 1,041 g/cm³
   b) $w(KNO_3)$ = 10,0 %, ϱ(20 °C) = 1,063 g/cm³
   c) w(KBr) = 12,0 %, ϱ(20 °C) = 1,090 g/cm³
   d) w(NaOH) = 13,73 %, ϱ(20 °C) = 1,150 g/cm³
2. Welchen Massenanteil w(X) in Prozent haben die folgenden Lösungen?
   a) $\beta(HNO_3)$ = 800 g/L, ϱ(20 °C) = 1,360g/cm³
   b) $\beta(NH_3)$ = 145,1 g/L, ϱ(20 °C) = 0,938 g/cm³
   c) β(HCl) = 55,5 g/L, ϱ(20 °C) = 1,025 g/cm³
   d) $\beta(NH_4Cl)$ = 200 g/L, ϱ(20 °C) = 1,053 g/cm³
3. Eine Lösung der Dichte ϱ(20 °C) = 1,054 g/cm³ hat einen Massenanteil $w(Ca(OH)_2)$ = 8,80 %. Wie groß ist die Massenkonzentration $\beta(OH^-)$ dieser Lösung?
4. Zur Herstellung von Natronlauge (β(NaOH) = 180 g/L, ϱ(20 °C) = 1,171 g/cm³) stehen 2,25 kg Natriumhydroxid mit einem Massenanteil von w(NaOH) = 98,7 % zur Verfügung.
   a) Wie viel Liter Lauge können damit angesetzt werden?
   b) Welche Masse hat die hergestellte Lösung?
5. Welche Ammonium-Massenkonzentration $\beta(NH_4^+)$ hat eine Lösung mit dem Massenanteil $w((NH_4)_2SO_4)$ = 20,0 % und der Dichte ϱ = 1,1154 g/mL?

5.2.3 Umrechnung: Massenanteil w(X) ⇔ Volumenkonzentration σ(X)

Für die Umrechnung eines Massenanteils w(X) in eine Volumenkonzentration σ(X) müssen die Dichten des gelösten Stoffes und der Lösung bekannt sein.
Zu beachten ist die häufig auftretende **Volumenkontraktion.** Die Summe der Einzelvolumina V(Lm) + V(X) entspricht dann **nicht** dem tatsächlichen Gesamtvolumen der Lösung V(Lsg).

Beispiel 1: Welche Volumenkonzentration σ(Methanol) hat eine wässrige Lösung von Methanol mit einem Massenanteil w(Methanol) = 50,0 %? ϱ(Methanol, 100 %) = 0,792 g/cm³, ϱ(Lösung) = 0,915 g/cm³

Lösung: 100 g Lösung enthalten 50,0 g Methanol

Volumen von 100 g Lösung:

$$V(\text{Lsg}) = \frac{m(\text{Lsg})}{\varrho(\text{Lsg})} = \frac{100\ \text{g}}{0{,}915\ \text{g/cm}^3} = 109{,}2896\ \text{cm}^3$$

Volumen von 50,0 g Methanol:

$$V(\text{M}) = \frac{m(\text{M})}{\varrho(\text{M})} = \frac{50{,}0\ \text{g}}{0{,}792\ \text{g/cm}^3} = 63{,}1313\ \text{cm}^3$$

$$\boldsymbol{\sigma(\text{Methanol})} = \frac{V(\text{Methanol})}{V(\text{Lsg})} = \frac{63{,}1313\ \text{cm}^3}{109{,}2896\ \text{cm}^3} = 0{,}57765 \approx \mathbf{57{,}8\ \%}$$

Beispiel 2: Berechnen Sie den Massenanteil $w(\text{HCOOH})$ einer Lösung von Ameisensäure (Methansäure) HCOOH in Wasser mit einer Volumenkonzentration $\sigma(\text{HCOOH}) = 12{,}00\ \%$.
Dichten bei 20°C: $\varrho(\text{HCOOH, 100 \%}) = 1{,}2213\ \text{g/cm}^3$, $\varrho(\text{Lösung}) = 1{,}0297\ \text{g/cm}^3$

Lösung: 100 mL Lösung enthalten 12,00 mL Ameisensäure
Masse von 100 mL Lösung: $m(\text{Lsg}) = \varrho(\text{Lsg}) \cdot V(\text{Lsg}) = 1{,}0297\ \text{g/cm}^3 \cdot 100\ \text{mL} = 102{,}97\ \text{g}$
Masse von 12,00 mL Säure: $m(\text{Säure}) = \varrho(\text{Säure}) \cdot V(\text{Säure}) = 1{,}2213\ \text{g/cm}^3 \cdot 12{,}00\ \text{mL} = 14{,}6556\ \text{g}$

$$\boldsymbol{w}\textbf{(Ameisensäure)} = \frac{m(\text{Säure})}{m(\text{Lsg})} = \frac{14{,}6556\ \text{g}}{102{,}97\ \text{g}} = 0{,}14233 \approx \mathbf{14{,}23\ \%}$$

Aufgaben zu Umrechnung Massenanteil $w(X)$ ⇔ Volumenkonzentration $\sigma(X)$

1. Welche Volumenkonzentration $\sigma(\text{Ameisensäure})$ hat eine wässrige Ameisensäure mit einem Massenanteil $w(\text{Säure}) = 30{,}0\ \%$? (Dichten bei 20 °C: $\varrho(\text{Ameisensäure}) = 1{,}221\ \text{g/cm}^3$, $\varrho(\text{Lösung}) = 1{,}073\ \text{g/cm}^3$)
2. Berechnen Sie den Massenanteil $w(\text{Ethanol})$ einer wässrigen Ethanol-Lösung mit einer Volumenkonzentration $\sigma(\text{Ethanol}) = 94{,}0\ \%$. (Dichten bei 20 °C: $\varrho(\text{Ethanol}) = 0{,}792\ \text{g/cm}^3$, $\varrho(\text{Lösung}) = 0{,}809\ \text{g/cm}^3$)
3. Eine Schwefelsäure-Lösung hat die Volumenkonzentration $\sigma(H_2SO_4) = 31{,}2\ \%$ ($\varrho = 1{,}335$ g/mL). Wie groß ist der Massenanteil $w(H_2SO_4)$, wenn die reine Säure eine Dichte von 1,850 g/mL aufweist?
4. Wie groß ist die Volumenkonzentration einer Essigsäure-Lösung der Dichte 1,056 g/mL, wenn das Gebinde mit dem Massenanteil $w(\text{Essigsäure}) = 48{,}0\ \%$ beschriftet ist? Die Dichte der konzentrierten Essigsäure wurde zu 1,050 g/mL bestimmt.

5

5.2.4 Umrechnung: Massenanteil $w(X)$ ⇔ Löslichkeit $L^*(X)$

Sowohl der Massenanteil $w(X) = \dfrac{m(X)}{m(\text{Lsg})}$ als auch die Löslichkeit $L^*(X) = \dfrac{m_{max}(X)}{m(\text{Lm})}$ sind Massenverhältnisse.

Der Massenanteil ***w*** gibt die Masse des **gelösten Stoffes in 100 g *Lösung*** an.
Die Löslichkeit ***L**** nennt die **maximal lösbare Masse des Stoffes in 100 g *Lösemittel*.**

Beispiel 1: Welchen Massenanteil $w(K_2CO_3)$ in Prozent hat eine bei 20°C gesättigte Kaliumcarbonat-Lösung?
$L^*(K_2CO_3, 20°C) = 110{,}5\ \text{g}/100\ \text{g Wasser}$.

Lösung: Masse Lösung: $m(\text{Lsg}) = m(\text{Lm}) + m(K_2CO_3) = 100\ \text{g Wasser} + 110{,}5\ \text{g}\ K_2CO_3 = 210{,}5\ \text{g}$

$$\boldsymbol{w}\mathbf{(K_2CO_3)} = \frac{m(K_2CO_3)}{m(\text{Lsg})} = \frac{110{,}5\ \text{g}}{210{,}5\ \text{g}} = 0{,}52494 \approx \mathbf{52{,}49\ \%}$$

Beispiel 2: Welche Löslichkeit hat Kaliumnitrat KNO_3 in Wasser von 50°C, wenn der Massenanteil einer gesättigten Lösung $w(KNO_3) = 46{,}15\ \%$ beträgt?

Lösung: 100 g Lösung enthalten 46,15 g KNO_3 und 100 g – 46,15 g = 53,85 g Wasser

$$\mathbf{L^*(KNO_3, 50°C)} = \frac{m(KNO_3) \cdot 100\ \text{g}}{m(\text{Lm})} = \frac{46{,}15\ \text{g} \cdot 100\ \text{g}}{53{,}85\ \text{g}} \approx \mathbf{85{,}70\ g/100\ g\ Wasser}$$

Aufgaben zu Umrechnung Massenanteil $w(X)$ ⇔ Löslichkeit $L^*(X)$

1. Welchen Massenanteil $w(X)$ in Prozent haben folgende bei 40 °C gesättigte Lösungen? (Löslichkeiten aus Tabelle Seite 184)
   a) $AgNO_3$ b) $Ba(OH)_2$ c) NaCl d) KCl e) $NaHCO_3$ f) $CuSO_4$
2. Ermitteln Sie die Löslichkeit $L^*(X, \vartheta)$ in g/100 g Wasser der gesättigten Lösungen mit den folgenden Massenanteilen:
   a) $w(\text{NaCl}) = 27{,}0\ \%$, $\vartheta = 50\ °C$
   b) $w(NaHCO_3) = 8{,}60\ \%$, $\vartheta = 20\ °C$
   c) $w(NaHCO_3) = 13{,}80\ \%$, $\vartheta = 60\ °C$
   d) $w(KNO_3) = 39{,}3\ \%$, $\vartheta = 40\ °C$
3. Um eine bei 20 °C gesättigte Lösung von Kaliumchlorat herzustellen, müssen 7,3 g $KClO_3$ in 100 g Wasser gelöst werden. Die Dichte der Lösung bei dieser Temperatur beträgt 1,042 g/cm³.
   Welchen Massenanteil $w(KClO_3)$ in Prozent und welche Stoffmengenkonzentration $c(KClO_3)$ hat diese Lösung?

Gemischte Aufgaben zu Umrechnen der Gehaltsgrößen

1. Wie viel technisches Kaliumhydroxid mit w(KOH) = 95,4 % ist einzuwiegen, wenn 800 kg Kalilauge mit einem Massenanteil w(KOH) = 20,0 % und der Dichte ϱ = 1,188 g/cm³ entstehen sollen? Wie groß sind die Konzentrationen c(KOH) und β(KOH)?
2. Für die Rauchgasentschwefelung nach dem Wellmann-Lord-(WL)-Verfahren werden zur Absorption des SO_2 75,0 m³ gesättigte Natriumsulfit-Lösung, $w(Na_2SO_3)$ = 21,2 % (ϱ = 1,20 g/cm³) benötigt. Wie viel technisches Natriumsulfit, $w(Na_2SO_3 \cdot 7\,H_2O)$ = 85,2 %, muss gelöst werden?
3. Wie groß ist der Volumenanteil $\varphi(CO_2)$ in der Luft in Prozent, wenn bei Normbedingungen in 75,0 L Luft 2,88 g CO_2 nachgewiesen werden? $\varrho(CO_2)$ = 1,977 g/L.
4. 500 L Salzsäure der Dichte ϱ = 1,125 g/cm³ enthalten 142,0 kg Chlorwasserstoffgas HCl. Berechnen Sie den Massenanteil w(HCl) sowie die Konzentrationen β(HCl) und c(HCl) der Lösung.
5. Welche Masse an technischem Natriumchlorid, w(NaCl) = 96,5 %, und welche Masse an Wasser ist erforderlich, um 50 L Kühlsole mit dem Massenanteil w(NaCl) = 26,0 % und der Dichte ϱ = 1,197 g/cm³ herzustellen? Wie groß ist die Massenkonzentration β(Cl-) in der Sole?
6. Ein Synthesegas hat die Massenanteile $w(H_2)$ = 63,5 % und w(CO) = 36,5 %. Welchen Volumenanteil φ(CO) hat das Gasgemisch? ϱ(CO) = 1,250 g/L, $\varrho(H_2)$ = 0,0899 g/L bei Normbedingungen.
7. Welchen Volumenanteil φ(Benzol) hat ein Aromatengemisch, das in 1500 L Gemisch 600 dm³ Benzol C_6H_6, ϱ = 0,879 g/cm³, enthält? Berechnen Sie die Stoffmengenkonzentration $c(C_6H_6)$.
8. Eine Ammoniak-Lösung der Dichte ϱ = 0,883 g/cm³ weist eine Stoffmengenkonzentration $c(NH_3)$ = 17,4 mol/L auf. Wie groß sind der Massenanteil $w(NH_3)$ und die Massenkonzentration $\beta(NH_3)$?
9. Für eine Reaktion werden 180,5 g Natriumcarbonat Na_2CO_3 benötigt. In welchem Volumen an Soda-Lösung mit $c(Na_2CO_3)$ = 0,60 mol/L und der Dichte ϱ = 1,061 g/cm³ ist diese Stoffportion enthalten? Wie groß sind der Massenanteil $w(Na_2CO_3)$ und die Massenkonzentration $\beta(CO_3^{2-})$?
10. Eine Schwefelsäure-Lösung mit $w(H_2SO_4)$ = 50,0 % hat die Dichte 1,395 g/cm³. Reine Säure hat eine Dichte von 1,840 g/cm³, Wasser die Dichte 0,998 g/cm³. Berechnen Sie die Konzentrationen $c(\frac{1}{2}\,H_2SO_4)$ und $\beta(H_2SO_4)$ sowie die Anteile $\chi(H_2SO_4)$ und $\sigma(H_2SO_4)$.
11. 7,50 m³ HCl-Gas wurden bei 1,20 bar und 15 °C in einer Absorptionskolonne in 540 kg Wasser absorbiert. Welchen Massenanteil w(HCl) und welche Konzentrationen β(HCl) und c(HCl) hat die entstehende Salzsäure der Dichte ϱ = 1,011 g/cm³?
12. Berechnen Sie die Konzentrationen σ(2-Propanol), β(2-Propanol) und c(2-Propanol) einer wässrigen 2-Propanol-Lösung der Dichte ϱ = 0,970 g/cm³, deren Massenanteil w(2-Propanol) = 20,0 % beträgt. Die Dichte des reinen Alkohols beträgt ϱ(2-Propanol) = 0,785 g/cm³.
13. Eine Schwefelsäure-Lösung (ϱ = 1,300 g/cm³) hat die Konzentration $c(SO_4^{2-})$ = 5,26 mol/L. Wie groß sind der Massenanteil $w(H_2SO_4)$ sowie die Konzentrationen $c(\frac{1}{2}\,H_2SO_4)$ und $\beta(H_2SO_4)$?
14. Welche Äquivalentkonzentration $c(\frac{1}{2}\,H_2SO_4)$ hat eine Maßlösung, die durch Vorlegen von 38,0 g Schwefelsäure mit $w(H_2SO_4)$ = 65,0 % und Auffüllen mit Wasser auf 250 mL erhalten wird?
15. Welches Volumen an Salzsäure mit w(HCl) = 10,5 % (ϱ = 1,050 g/cm³) benötigt man zur Herstellung von 150 L Säurelösung mit β(HCl) = 75 mg/L? Wie groß ist die Konzentration $c(H_3O^+)$?
16. Eine bei 20 °C gesättigte Kaliumhydrogencarbonat-Lösung hat den Massenanteil $w(KHCO_3)$ = 24,9 % und die Dichte ϱ = 1,180 g/cm³. Wie groß ist das Löslichkeitsprodukt $K_L(KHCO_3)$ und die Massenkonzentration $\beta(KHCO_3)$? Welche Masse an Salz enthalten 500 L gesättigte Lösung?
17. Beim Solvay-Verfahren wird durch Einleiten von CO_2 in eine NaCl-Sole Natriumhydrogencarbonat $NaHCO_3$ ausgefällt. Wie viel $NaHCO_3$ bleibt nach der Fällung und Filtration in 1000 kg Lösung von 20 °C noch gelöst, wie groß ist der Massenanteil $w(NaHCO_3)$?
18. Berechnen Sie die in der Übersicht von Seite 168 genannten neun Gehaltsgrößen für eine wässrige Essigsäure-Lösung, die man nach dem Lösen von 10,0 g Säure in 90,0 g Wasser von 20 °C erhält. Dichten: ϱ(Lösung) = 1,0195 g/cm³, ϱ(Wasser) = 0,9982 g/cm³, ϱ(Säure) = 1,0497 g/cm³

5.3 Gehaltsgrößen beim Mischen, Verdünnen und Konzentrieren von Lösungen

Sowohl in der Produktion als auch im Labor werden häufig Lösungen benötigt, die mit dem geforderten Gehalt nicht zur Verfügung stehen und deshalb hergestellt werden müssen.

Der Gehalt vorhandener Lösungen lässt sich auf verschiedene Weise verändern:

Verdünnen der Lösung durch: (to dilute)
- Zusatz gleichartiger Lösung mit geringerem Gehalt (Mischen)
- Zusatz von reinem Lösemittel (Verdünnen)

Konzentrieren der Lösung durch: (to concentrate)
- Zusatz gleichartiger Lösung mit höherem Gehalt (Mischen)
- Zusatz von Reinsubstanz (Konzentrieren)
- Abdampfen von reinem Lösemittel (Konzentrieren)

Im Folgenden wird die Berechnung der verschiedenen Verfahren behandelt.

5.3.1 Mischen von Lösungen

Das Mischen kann sowohl zum Verdünnen als auch zum Konzentrieren einer Lösung durchgeführt werden.

Beispiel: (Bild 1) Die Lösungen 1 und 2 enthalten beide die Komponente X mit unterschiedlichem Gehalt und werden gemischt. Es sind m_1 und m_2 die Massen der Lösungen 1 und 2, m_M die Masse der Mischung, w_1 und w_2 die Massenanteile der Komponente X in Lösung 1 und 2, w_M der Massenanteil der Komponente X in der Mischung.

Nach dem Mischen der Einzel-Lösungen ist die Gesamtmasse der Mischung m_M gleich der Summe der Einzelmassen $m_M = m_1 + m_2$.

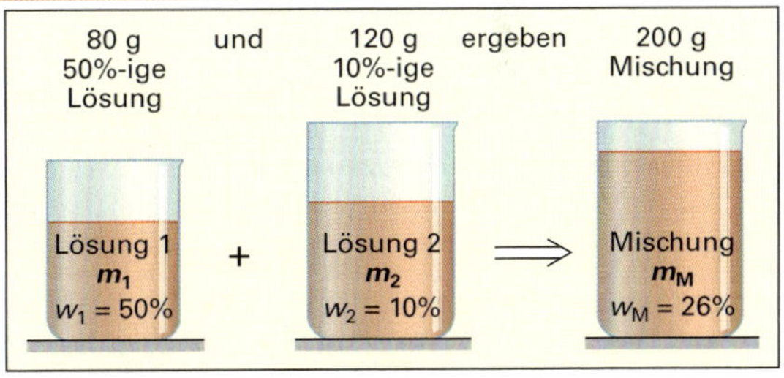

Bild 1: Mischen von zwei Lösungen (Beispiel)

Die Masse an gelöster Substanz X in einer Mischung ist gleich der Summe der Einzelmassen an gelöster Substanz in den Ausgangslösungen: $m(X)_M = m(X)_1 + m(X)_2$.

Alle mit dem Verdünnen und Konzentrieren von Lösungen zusammenhängenden Gehaltsgrößen lassen sich durch Schlussrechnung oder mit der **Mischungsgleichung** (equation of mixtures) lösen.

Grundlage der Mischungsgleichung ist die Definitionsgleichung für den Massenanteil $w(X)$:

$$w(X) = \frac{m(X)}{m(M)} \quad \Rightarrow \quad m(X) = w(X) \cdot m(M)$$

Die Massen der Komponenten X in den Lösungen 1 und 2 sowie in der Mischung berechnen sich

in Lösung 1: $m(X)_1 = m_1 \cdot w_1$

in Lösung 2: $m(X)_2 = m_2 \cdot w_2$

in der Mischung $m(X)_M = m_M \cdot w_M$

Mit $m(X)_M = m(X)_1 + m(X)_2$ ergibt sich die **Mischungsgleichung** für zwei Lösungen.

Sollen n Komponenten gemischt werden, wird die Mischungsgleichung entsprechend erweitert.

Mischungsgleichung für 2 Lösungen

$$m_1 \cdot w_1 + m_2 \cdot w_2 = m_M \cdot w_M$$

Mischungsgleichung für *n* Lösungen

$$m_1 \cdot w_1 + m_2 \cdot w_2 + \ldots + m_n \cdot w_n = m_M \cdot w_M$$

Beispiel: 80 g Natronlauge, $w(NaOH) = 50\,\%$, und 120 g Natronlauge, $w(NaOH) = 10\,\%$, werden gemischt (Bild 1).
a) Welche Masse an Mischung entsteht?
b) Welchen Massenanteil $w(NaOH)$ hat die Mischung?

Lösung: $m_1 = 80\,g$, $w_1 = 50\,\% = 0{,}50$, $m_2 = 120\,g$, $w_2 = 10\,\% = 0{,}10$

a) $\boldsymbol{m_M} = m_1 + m_2 = 80\,g + 120\,g = \mathbf{200\,g}$

b) Lösung der Mischungsgleichung:
$80\,g \cdot 0{,}50 + 120\,g \cdot 0{,}10 = 200\,g \cdot w_M$

$$\boldsymbol{w_M} = \frac{80\,g \cdot 0{,}50 + 120\,g \cdot 0{,}10}{200\,g} = 0{,}26 \approx \mathbf{26\,\%}$$

Berechnung durch Schlussrechnung:

Lauge 1: 100 g Lauge enthalten 50 g NaOH
80 g Lauge enthalten 40 g NaOH

Lauge 2: 100 g Lauge enthalten 10 g NaOH
120 g Lauge enthalten 12 g NaOH

Lauge 1:	80 g Lauge enthalten 40 g NaOH
+ Lauge 2:	120 g Lauge enthalten 12 g NaOH
Mischung:	200 g Lauge enthalten 52 g NaOH

Massenanteil: $\boldsymbol{w(\text{NaOH})} = m(\text{NaOH})/m(\text{Lsg}) = 52\ \text{g}/200\ \text{g} = 0{,}26 \approx$ **26 %**

Mischungskreuz (distributive law)

In der Praxis sind meistens jeweils nur zwei Lösungen zu mischen. Sind deren Massenanteile w_1 und w_2 und der Massenanteil w_M der Mischung bekannt, können die Massen der zu mischenden Teillösungen m_1 und m_2 mit dem **Mischungskreuz** berechnet werden.

Das Mischungskreuz ist eine aus der Mischungsgleichung (Seite 169) abgeleitete Rechenhilfe. Dazu formt man die Mischungsgleichung nach dem Massenverhältnis m_1/m_2 um:

$$m_1 \cdot w_1 + m_2 \cdot w_2 = (m_1 + m_2) \cdot w_M = m_1 \cdot w_M + m_2 \cdot w_M$$

$$m_1 \cdot w_1 - m_1 \cdot w_M = m_2 \cdot w_M - m_2 \cdot w_2$$

$$m_1 \cdot (w_1 - w_M) = m_2 \cdot (w_M - w_2)$$

Durch Umstellen erhält man:

$$\frac{m_1}{m_2} = \frac{w_M - w_2}{w_1 - w_M}$$

Die Gleichung besagt: Das Massenverhältnis $m_1 : m_2$, in welchem zwei Lösungen 1 und 2 gemischt werden müssen, ist gleich dem umgekehrten Verhältnis aus der Differenz ihrer Massenanteile zu den Massenanteilen der Mischung.

Die daraus abgeleitete grafische Schreibweise (siehe rechts) wird als **Mischungskreuz** oder als **Andreaskreuz** bezeichnet.

Die Berechnung einer Mischungsaufgabe mit dem Mischungskreuz zeigt das folgende Beispiel.

Mischungskreuz

w_1 ↘ ↗ $w_M - w_2 \Rightarrow m_1$
w_M
w_2 ↗ ↘ $w_1 - w_M \Rightarrow m_2$

Summe: $m_1 + m_2 \Rightarrow m_M$

Beispiel: Es sollen 150 kg Salpetersäure mit einem Massenanteil $w(HNO_3) = 15{,}0\ \%$ hergestellt werden. Zur Verfügung stehen eine 10,0 %ige und eine 65,0 %ige Salpetersäure. Welche Massen der Ausgangslösungen sind zu mischen?

Lösung: **Berechnung mit dem Mischungskreuz**

Mischungskreuz

w_1 ↘ ↗ m_1
w_M
w_2 ↗ ↘ m_2

Summe: m_M

1. **Einsetzen** der gegebenen Größen:
$w_1 = 65{,}0\ \%$; $w_2 = 10{,}0\ \%$
$w_M = 15{,}0\ \%$

65,0 % ↘ ↗ **5,0 (kg) ≙ m_1**
15,0 %
10,0 % ↗ ↘ **50,0 (kg) ≙ m_2**

Summe: **55,0 (kg) ≙ 150 kg**

2. **Ermitteln** der zu mischenden Verhältnismassen m_1 und m_2 durch diagonale Differenzbildung der Zahlen im Mischungskreuz:

65,0 – 15,0 = 50,0 ⇒ $\boldsymbol{m_2}$ = **50,0 kg**
15,0 – 10,0 = 5,0 ⇒ $\boldsymbol{m_1}$ = **5,0 kg**

Verhältnis aus dem Mischungskreuz:
Es müssen 5,0 kg der 65,0 %igen und 50,0 kg der 10,0 %igen HNO_3 gemischt werden, um 55,0 kg der 15,0 % Säure zu erhalten.

3. **Berechnen der erforderlichen Massen durch Schlussrechnung:**
Zur Herstellung von 150 kg 15,0 %iger Salpetersäure ergeben sich folgende Ansätze:

55,0 kg 15,0 %ige HNO_3 erfordern 5,0 kg 65,0 %ige Säure
150 kg 15,0 %ige HNO_3 erfordern x 65,0 %ige Säure

$$x = \frac{5{,}0\ \text{kg} \cdot 150\ \text{kg}}{55{,}0\ \text{kg}} \approx \textbf{13,6 kg}\ \ \textbf{65 \%ige Säure}$$

55,0 kg 15,0 %ige HNO_3 erfordern 50,0 kg 10,0 %ige Säure
150 kg 15,0 %ige HNO_3 erfordern y 10,0 %ige Säure

$$y = \frac{50{,}0\ \text{kg} \cdot 150\ \text{kg}}{55{,}0\ \text{kg}} \approx \textbf{136,4 kg}\ \ \textbf{10 \%ige Säure}$$

Speziell für Aufgabenstellungen, bei denen die Massen von zwei zu mischenden Lösungen berechnet werden sollen, ist das Mischungskreuz eine einfache Rechenhilfe. Es kann nicht zur Anwendung kommen, wenn die Massenanteile der Mischung oder der zu mischenden Lösungen zu ermitteln sind.

5.3.2 Verdünnen von Lösungen

Wird eine Lösung nicht mit einer anderen Lösung des gleichen Stoffes, sondern mit reinem Lösemittel, z.B. mit Wasser, gemischt (verdünnt), dann ergibt sich der Massenanteil der Komponente X für das Lösemittel zu $w(\text{X}) = 0$. Das Lösemittel ist als nullprozentige Lösung anzusehen. In der Mischungsgleichung $m_1 \cdot w_1 + m_2 \cdot w_2 = m_M \cdot w_M$ wird der Term $m_2 \cdot w_2 = 0$, da $w_2 = 0$.

Damit vereinfacht sich die Mischungsgleichung zu:

Mischungsgleichung zum Verdünnen

$$m_1 \cdot w_1 = m_M \cdot w_M = (m_1 + m_2) \cdot w_M$$

Beispiel 1: 400 kg Kalilauge mit einem Massenanteil $w(\text{KOH}) = 35{,}0\,\%$ werden mit 160 g Wasser verdünnt **(Bild 1).** Wie groß ist der Massenanteil $w(\text{KOH})$ der entstehenden Kalilauge?

Lösung: $m_1 \cdot w_1 = m_M \cdot w_M \Rightarrow w_M = \dfrac{m_1 \cdot w_1}{m_M}$

$$\boldsymbol{w_M} = \frac{400\text{ g} \cdot 0{,}350}{560\text{ g}} = 0{,}250 = \mathbf{25{,}0\,\%}$$

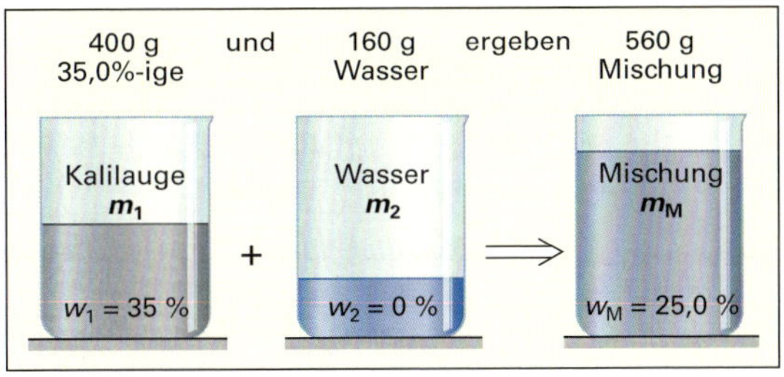

Bild 1: Verdünnen einer Lösung (Beispiel 1)

Beispiel 2: 18,0 kg Alkydharz-Lösung in Xylol mit $w(\text{Alkydharz}) = 75{,}0\,\%$ sollen mit Xylol auf einen Alkydharz-Massenanteil von 45,0 % verdünnt werden. Welche Masse an Lösemittel (Lm) ist zuzusetzen, wie viel verdünnte Alkydharz-Lösung wird erhalten?

Lösung:

w_1 ↘ w_M ↗ m_1
w_2 ↗ w_M ↘ m_2
Summe: m_M

75 % ↘ 45 % ↗ 45,0 (g) ≙ 18 kg
0 % ↗ 45 % ↘ 30,0 (g) ≙ $m(\text{Lm})$
Summe: 75,0 (g) ≙ m_M

$$m(\text{Lm}) = \frac{18{,}0\text{ kg} \cdot 30{,}0\text{ g}}{45{,}0\text{ g}} = \mathbf{12{,}0\text{ kg}}$$

$$m_M = \frac{18{,}0\text{ kg} \cdot 75{,}0\text{ g}}{45{,}0\text{ g}} = \mathbf{30{,}0\text{ kg}}$$

Aufgaben zu Mischen und Verdünnen von Lösungen

1. 1,45 t Lacklösung mit einem Massenanteil $w(\text{Lack}) = 70{,}0\,\%$ und 325 kg einer Lacklösung mit $w(\text{Lack}) = 16{,}5\,\%$ werden gemischt. Welchen Massenanteil $w(\text{Lack})$ hat die Mischung?
2. Es sind 580 kg einer Salzlösung mit einem Salz-Massenanteil von 28,7 % herzustellen. Zur Verfügung stehen Lösungen mit den Massenanteilen $w(\text{Salz}) = 14{,}5\,\%$ und $w(\text{Salz}) = 32{,}3\,\%$. Welche Massen der Salzlösungen sind zu mischen?
3. Welche Masse an Salzsäure mit dem Massenanteil $w(\text{HCl}) = 30{,}0\,\%$ lässt sich durch Mischen von 800 kg Säure mit $w(\text{HCl}) = 7{,}50\,\%$ und einer zweiten Säure mit $w(\text{HCl}) = 36{,}0\,\%$ herstellen?
4. 185,5 kg Schwefelsäure ($w(H_2SO_4) = 80{,}0\,\%$) werden mit 150 kg einer zweiten Schwefelsäure-Lösung gemischt. Die entstehende Lösung hat einen Massenanteil $w(H_2SO_4) = 62{,}5\,\%$. Wie groß war der Massenanteil $w(H_2SO_4)$ der zweiten Säure?
5. 85,0 kg Salpetersäure-Lösung ($w(HNO_3) = 50{,}8\,\%$) werden mit zwei weiteren Salpetersäure-Lösungen aus Produktionsrückständen gemischt: Zugefügt werden 250 kg mit $w(HNO_3) = 12{,}5\,\%$ und 110 kg mit $w(HNO_3) = 22{,}5\,\%$. Welchen Massenanteil $w(HNO_3)$ hat die Mischung?
6. 2,50 t Natronlauge ($w(\text{NaOH}) = 35{,}0\,\%$) sollen aus einer 50,0 %igen Natronlauge und Wasser hergestellt werden. Welche Massen der Ausgangsstoffe müssen gemischt werden?
7. 250 kg Salzlösung ($w(\text{KCl}) = 32{,}5\,\%$) werden mit Wasser zu 650 kg Kaliumchlorid-Lösung verdünnt. Welchen Massenanteil $w(\text{KCl})$ hat die Mischung?
8. Wie viel Phosphorsäure ($w(H_3PO_4) = 55{,}0\,\%$) ist mit Wasser zu verdünnen, damit 3,05 t Säure mit $w(H_3PO_4) = 12{,}5\,\%$ entstehen?
9. Welche Masse an Wasser muss 450 L Kalilauge ($w(\text{KOH}) = 45{,}2\,\%$, $\varrho = 1{,}455\text{ g/cm}^3$) zugesetzt werden, damit eine Lauge $w(\text{KOH}) = 32{,}5\,\%$ entsteht?

5.3.3 Volumenberechnung beim Mischen von Lösungen

Mit der Mischungsgleichung und dem Mischungskreuz können die zu mischenden **Massen** und Massenanteile der beteiligten Lösungen berechnet werden (siehe Seite 189 ff.).

Die zugehörigen **Volumina** sind aus den bekannten Dichten der Lösungen mit der Gleichung $V = m/\varrho$ zu bestimmen. Dabei ist die häufig auftretende **Volumenkontraktion** (Volumenverminderung) beim Mischen zu berücksichtigen (Seite 178).

Beispiel: Es sollen 150 L Salpetersäure ($w(HNO_3)$ = 15,0 %, ϱ = 1,084 g/cm³) hergestellt werden. Als Ausgangslösungen stehen Säuren mit $w(HNO_3)$ = 68,0 %, ϱ = 1,405 g/cm³, und $w(HNO_3)$ = 10,0 %, ϱ = 1,054 g/cm³, zur Verfügung. Welche Volumina der beiden Säuren sind zu mischen?

w_1 = 68,0 %, ϱ_1 = 1,405 g/cm³, w_2 = 10,0 %, ϱ_2 = 1,054 g/cm³, V_M = 150 L, w_M = 15,0 %,
ϱ_M = 1,084 g/cm³ = 1,084 kg/L, V_1 = ?, V_2 = ?

Lösung mit der ***Mischungsgleichung:*** Hier ist es zweckmäßig, zunächst die Masse der Mischung zu berechnen.

$m_M = V_M \cdot \varrho_M = 150\ \text{L} \cdot 1{,}084\ \text{kg/L} = 162{,}6\ \text{kg}$

In der Mischungsgleichung wird die Masse m_1 ersetzt durch: $m_1 = m_M - m_2$

$(m_M - m_2) \cdot w_1 + m_2 \cdot w_2 = m_M \cdot w_M \quad \Rightarrow \quad m_M \cdot w_1 - m_2 \cdot w_1 + m_2 \cdot w_2 = m_M \cdot w_M \quad \Rightarrow$

$m_2 \cdot w_2 - m_2 \cdot w_1 = m_M \cdot w_M - m_M \cdot w_1 \quad \Rightarrow \quad m_2 \cdot (w_2 - w_1) = m_M \cdot (w_M - w_1) \quad \Rightarrow$

$$m_2 = \frac{m_M \cdot (w_M - w_1)}{w_2 - w_1} = \frac{162{,}6\ \text{kg} \cdot (0{,}150 - 0{,}680)}{0{,}100 - 0{,}680} = 148{,}583\ \text{kg 10 \%ige Säure}$$

$$\boldsymbol{V_2} = \frac{m_2}{\varrho_2} = \frac{148{,}583\ \text{kg}}{1{,}054\ \text{kg/L}} = 140{,}970\ \text{L} \approx \mathbf{141\ L\ 10\ \%ige\ Säure}$$

$$m_1 = m_M - m_2 = 162{,}6\ \text{kg} - 148{,}583\ \text{kg} = 14{,}017\ \text{kg 68 \%ige Säure}$$

$$\boldsymbol{V_1} = \frac{m_1}{\varrho_1} = \frac{14{,}017\ \text{kg}}{1{,}405\ \text{kg/L}} = 9{,}977\ \text{L} \approx \mathbf{9{,}98\ L\ 68\ \%ige\ Säure}$$

Lösung mit dem ***Mischungskreuz:***

		m	⇒	m_n	: ϱ_n	= V_n		
68,0 %	↘	5,0 (g)		5,0 g	: 1,405 g/cm³	= 3,559 mL	⇒	V_1
	15,0 %							
10,0 %	↗	53,0 (g)		53,0 g	: 1,054 g/cm³	= 50,285 mL	⇒	V_2
Summe:		m_M		58,0 g	: 1,084 g/cm³	= 53,506 mL	⇒	V_M

Es müssen 3,559 mL 68 %ige Säure mit 50,285 mL 10 %iger Säure gemischt werden, damit 53,506 mL 15 %ige Säure entstehen (Summe der Einzelvolumina: 3,559 mL + 50,285 mL = 53,844 mL).

Mit V_M = 150 L ergibt sich:

53,506 mL	Mischung erfordern	3,559 mL	68 %ige Säure	$\boldsymbol{x} = \frac{3{,}559\ \text{mL} \cdot 150\ \text{L}}{53{,}506\ \text{mL}} \approx$ **9,98 L 68 %ige Säure**
150 L	Mischung erfordern	x	68 %ige Säure	
53,506 mL	Mischung erfordern	50,285 mL	10 %ige Säure	$\boldsymbol{y} = \frac{50{,}258\ \text{mL} \cdot 150\ \text{L}}{53{,}506\ \text{mL}} \approx$ **141 L 10 %ige Säure**
150 L	Mischung erfordern	y	10 %ige Säure	

Aufgaben zur Volumenberechnung beim Mischen von Lösungen

1. 250 mL Schwefelsäure-Lösung mit dem Massenanteil $w(H_2SO_4)$ = 22,0 % (ϱ = 1,155 g/mL) sind anzusetzen. Welche Volumina der Ausgangslösungen mit den Massenanteilen $w(H_2SO_4)$ = 60,6 % (ϱ = 1,505 g/mL) und $w(H_2SO_4)$ = 14,0 % (ϱ = 1,095 g/mL) sind erforderlich?
2. 500 mL Salpetersäure-Lösung mit dem Massenanteil $w(HNO_3)$ = 59,7 % (Dichte ϱ = 1,365 g/mL) werden mit Wasser zu einer Lösung mit $w(HNO_3)$ = 50,0 % der Dichte ϱ = 1,310 g/mL verdünnt. Welches Volumen der neuen Lösung entsteht, welches Volumen an Wasser ist einzusetzen?
3. Aus einer Natronlauge mit $w(NaOH)$ = 50,0 % mit der Dichte ϱ = 1,526 g/mL sollen durch Verdünnen mit Wasser 5,00 m³ Natronlauge mit $w(NaOH)$ = 35,0 % (ϱ = 1,380 g/mL) hergestellt werden. Welche Volumina der Ausgangslösung und an Wasser sind erforderlich?

5.3.4 Konzentrieren von Lösungen

Konzentrieren durch Zugabe von Reinstoff

Beim Erhöhen des Massenanteils durch Zusatz von Reinstoff in festem, flüssigem oder gasförmigem Zustand gilt für diese Komponente $w(\text{X}) = 100\,\% = 1$. Für technisch reine oder kristallwasserhaltige Stoffe ist der definierte Massenanteil an Reinsubstanz einzusetzen.

Beispiel 1: In 300 g KCl-Lösung mit dem Massenanteil $w(\text{KCl}) = 15{,}0\,\%$ werden 20,0 kg Kaliumchlorid gelöst **(Bild 1).** Welchen Massenanteil $w(\text{KCl})$ hat die neue Lösung?

Lösung: Mit der Mischungsgleichung:

$m_1 \cdot w_1 + m_2 \cdot w_2 = m_M \cdot w_M$ folgt:

$$w_M = \frac{m_1 \cdot w_1 + m_2 \cdot w_2}{m_M}$$

$$\mathbf{w_M} = \frac{300\text{ g} \cdot 0{,}150 + 20{,}0\text{ kg} \cdot 1}{320\text{ g}} \approx \mathbf{20{,}3\,\%}$$

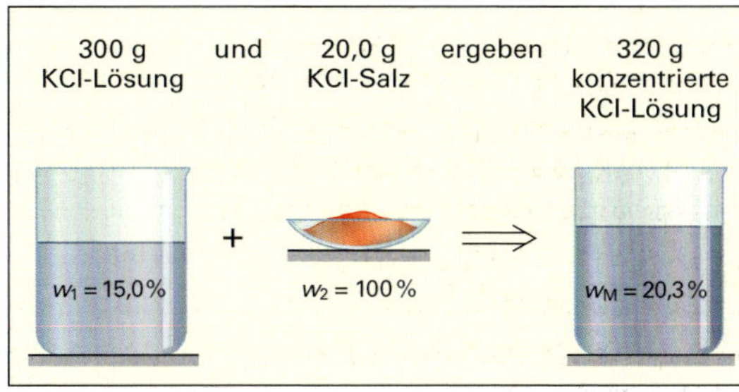

Bild 1: Konzentrieren durch Zusatz von Reinstoff (Beispiel 1)

Konzentrieren durch Abdampfen von Lösemittel

Beim Erhöhen des Massenanteils durch Abdampfen von Lösemittel (Einengen der Lösung) ist die Masse der entstehenden konzentrierteren Lösung m_M um die Masse des abgedampften Lösemittels m_{Lm} geringer, als die Masse der Ausgangslösung: $m_M = m_1 - m_{Lm}$. Im abgedampften reinen Lösemittel ist der Massenanteil $w(\text{X}) = 0$. In der Mischungsgleichung ist damit der Term $m_{Lm} \cdot w_{Lm} = 0$.

Damit vereinfachen sich die Mischungsgleichung und das Mischungskreuz (siehe unten).

Beispiel 2: Aus 540 g Farbstoff-Lösung mit $w(\text{Farbstoff}) = 8{,}50\,\%$ werden 460 g Lösemittel abgedampft **(Bild 2).**

Wie groß ist der Massenanteil $w(\text{Farbstoff})$ im Konzentrat?

Lösung: $m_M = 540\text{ g} - 460\text{ g} = 80\text{ g}$

Mit der Mischungsgleichung folgt:

$$\mathbf{w_M} = \frac{m_1 \cdot w_1}{m_M} = \frac{540\text{ g} \cdot 0{,}0850}{80\text{ g}} \approx \mathbf{57{,}4\,\%}$$

Mischungsgleichung und **Mischungskreuz** zum **Konzentrieren durch Abdampfen**	$m_1 \cdot w_1 = m_M \cdot w_M = (m_1 - m_{Lm}) \cdot w_M$ w_1 ↘ w_M ↗ w_M ⇒ m_1 0 ↗ w_M ↘ $w_M - w_1$ ⇒ m_{Lm} Differenz: $m_1 - m_{Lm}$ ⇒ m_M

Beispiel 3: Ein Trockner wurde mit 450 kg Farbstoffpaste mit dem Feuchteanteil $w(H_2O) = 18{,}5\,\%$ befüllt.

Welche Masse an Wasser muss der Paste entzogen werden, wenn ein Restfeuchte-Massenanteil von $w(H_2O) = 2{,}80\,\%$ im Farbstoff verbleiben soll?

Lösung:

81,5 % ↘ 97,2 (g) ⇒ 450 kg

97,2 %

0 % ↗ 15,7 (g) ⇒ m_{Lm}

Differenz: 85,5 (g) ⇒ m_M

Aus 97,2 kg Paste sind 15,7 kg Wasser abzudampfen, mit $m_1 = 450$ kg folgt:

$$\mathbf{m_{Lm}} = \frac{450\text{ kg} \cdot 15{,}7\text{ kg}}{97{,}2\text{ kg}} \approx \mathbf{72{,}7\text{ kg}}$$

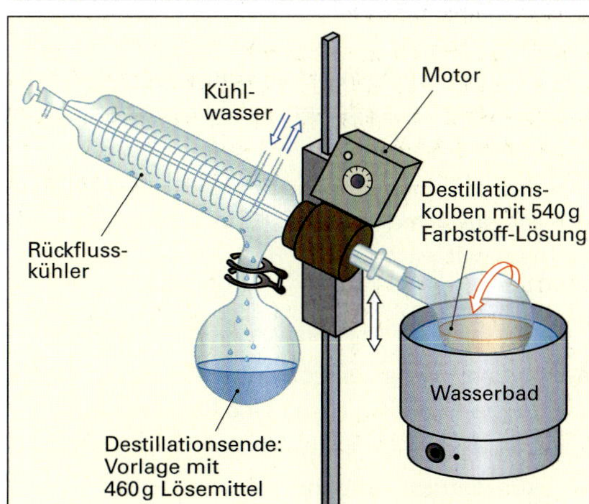

Bild 2: Konzentrieren durch Abdampfen von Lösemittel im Rotationsverdampfer (Beispiel 2)

Aufgaben zu Konzentrieren von Lösungen

1. In 2000 kg Salzlösung mit w(Salz) = 12,5 % werden noch 8 Säcke zu je 25,0 kg Salz gelöst. Welchen Massenanteil w(Salz) hat die entstehende Lösung?
2. In 250 mL Kalilauge mit w(KOH) = 10,5 % der Dichte ϱ = 1,095 g/cm³ werden 40,0 g festes Kaliumhydroxid mit w(KOH) = 98,0 % gelöst. Wie groß ist der Massenanteil w(KOH) der Lösung?
3. Welche Masse an Chlorwasserstoffgas HCl muss in 800 L Salzsäure mit w(HCl) = 10,5 % und ϱ = 1,050 g/cm³ gelöst werden, wenn der Massenanteil w(HCl) auf 36,5 % steigen soll?
4. In 500 g Ammoniakwasser werden 136 g Ammoniakgas NH_3 gelöst, der Massenanteil $w(NH_3)$ steigt dabei auf 25,0 %. Welchen Massenanteil $w(NH_3)$ hatte die Ausgangslösung?
5. Welche Masse an Calciumchlorid-Lösung mit $w(CaCl_2)$ = 8,0 % und an reinem Calciumchlorid $CaCl_2$ wird zur Herstellung von 1,20 m³ Calciumchlorid-Lösung mit dem Massenanteil $w(CaCl_2)$ = 9,5 % und der Dichte ϱ = 1,079 g/cm³ benötigt?
6. Eine Farbstoffpaste mit den Massenanteilen w(NaCl) = 7,00 %, w(Farbstoff) = 74,0 % und $w(H_2O)$ = 19,0 % hat nach dem Trocknen einen Massenanteil $w(H_2O)$ = 10,2 %. Wie groß ist der Massenanteil w(Farbstoff) im Produkt?
7. Wie viel technisches Natriumhydroxid mit w(NaOH) = 98,5 % ist in 300 mL Natronlauge mit w(NaOH) = 11,0 % und ϱ = 1,120 g/mL zu lösen, damit der Massenanteil auf 30,0 % steigt?
8. 550 mL Soda-Lösung mit $w(Na_2CO_3)$ = 6,90 % und ϱ = 1,070 g/cm³ sollen durch Zusatz von Soda $Na_2CO_3 \cdot 10\,H_2O$ auf $w(Na_2CO_3)$ = 12,0 % konzentriert werden. Wie viel Lösung entsteht?
9. In 250 L Ammoniak-Lösung mit $w(NH_3)$ = 15,5 % der Dichte ϱ = 0,938 g/cm³ werden 6200 L Ammoniakgas im Normzustand gelöst. Welchen Massenanteil $w(NH_3)$ hat die neue Lösung?
10. 15,0 m³ Chlorwasserstoff HCl von 1032 mbar und 17 °C werden in 450 L Salzsäure mit dem Massenanteil w(HCl) = 12,5 % und der Dichte ϱ = 1,060 g/cm³ vollständig absorbiert. Welchen Massenanteil w(HCl) hat die entstehende Säure-Lösung?
11. Bei der Alkalichlorid-Elektrolyse (Bild 3, Seite 155) verlässt Dünnsole die Membranzellen mit einem Massenanteil w(NaCl) = 19,5 %. Durch Zusatz von festem Steinsalz mit w(NaCl) = 98,2 % soll sie aufkonzentriert werden. In welcher Masse an Dünnsole müssen 150 kg Steinsalz gelöst werden, um sie auf w(NaCl) = 26,5 % zu konzentrieren? Wie viel Sole entsteht?
12. 5500 kg Lauge aus Diaphragma-Zellen mit einem Massenanteil w(NaOH) = 11,2 % sollen durch Abdampfen von Wasser auf einen Massenanteil w(NaOH) = 50,0 % konzentriert werden. Wie viel Wasser ist abzudampfen? Welches Volumen an Lauge der Dichte ϱ = 1,525 g/cm³ entsteht?
13. Ein Lackbetrieb produziert wässrige Farbstoff-Lösungen. In der Produktion wird der Massenanteil w(Farbstoff) = 16,0 % auf w(Farbstoff) = 24,0 % umgestellt. Dabei ist ein verbliebener Produktionsrest von 940 kg der Lösung mit w(Farbstoff) = 16,0 % aufzuarbeiten. Welche Masse an reinem Farbstoff muss dieser Portion noch zugesetzt werden, um 3000 kg Lösung mit w(Farbstoff) = 24,0 % zu erhalten?
14. 150m³ Dünnsäure mit einem Massenanteil $w(H_2SO_4)$ = 12,5 % und der Dichte ϱ = 1,080 g/cm³ sollen durch mehrstufiges Eindampfen zu einem Produkt mit $w(H_2SO_4)$ = 80,0 % und ϱ = 1,727 g/cm³ recycelt werden. Welche Masse an Wasser ist insgesamt abzudampfen?
15. Aus 650 kg Farbpaste mit einem Feuchtegehalt von $w(H_2O)$ = 22,5 % werden in einem Vakuumtrockner 145 kg Wasser abgedampft. Welche Restfeuchte hat der Farbstoff nach dem Trocknen?
16. Welche Masse an Lösemittel muss aus 25,0 kg Farbstoff-Lösung mit w(Farbstoff) = 8,50 % abgedampft werden, damit eine Paste mit einem Massenanteil w(Lösemittel) = 15,0 % entsteht?
17. Eine Paste mit einem Massenanteil w(Feststoff) = 75,5 % soll auf einen Massenanteil von 92,0 % konzentriert werden.
    a) Welche Masse an Wasser muss aus 365 g Paste abgedampft werden?
    b) Wie viel Produkt entsteht?

Gemischte Aufgaben zu Rechnen mit Mischphasen

1. Durch Lösen von Eisen (II)-sulfat-Heptahydrat in Wasser sind 500 mL Lösung mit einem Massenanteil von $w(FeSO_4)$ = 2,0 % und ϱ = 1,018 g/cm³ herzustellen. Welche Massen an Wasser und Salz sind einzuwiegen?
2. 5,0 m³ Chlorwasserstoffgas von 20 °C und 1050 mbar werden in einer Absorptionskolonne in 50,0 kg Wasser vollständig absorbiert. Welchen Massenanteil w(HCl) hat die entstehende Salzsäure?
3. 400 g Salpetersäure-Lösung der Dichte ϱ = 1,234 g/cm³ enthalten 152 g Salpetersäure HNO_3. Wie groß ist die Massenkonzentration $\beta(HNO_3)$?
4. Welche Masse technisches Natriumhydroxid mit dem Massenanteil w(NaOH) = 92,5 % muss in 1,25 kg Wasser gelöst werden, damit eine Natronlauge mit w(NaOH) = 32,5 % entsteht?
5. Welches Volumen an Ammoniakgas NH_3 im Normzustand ist in 20,5 m³ Ammoniak-Lösung mit einem Massenanteil $w(NH_3)$ = 17,1 % und der Dichte ϱ = 0,933 g/cm³ gelöst?
6. Berechnen Sie den Massenanteil w(HCl) und die Stoffmengenkonzentration c(HCl) einer Salzsäure-Lösung mit der Massenkonzentration β(HCl) = 248 g/L und der Dichte ϱ = 1,110 g/cm³.
7. In welchem Volumen an Kupfersulfat-Lösung mit einer Stoffmengenkonzentration $c(CuSO_4)$ = 0,587 mol/L sind 800 mg Kupfer-Ionen Cu^{2+} enthalten?
8. Welchen Massenanteil w(KOH) und welche Massenkonzentration β(KOH) hat eine Kalilauge mit der Stoffmengenkonzentration c(KOH) = 4,20 mol/L und der Dichte ϱ = 1,185 g/cm³?
9. Welche Masse gelöstes Calciumhydroxid $Ca(OH)_2$ ist in 250 mL Kalkwasser der Stoffmengenkonzentration $c(Ca(OH)_2)$ = 0,050 mol/L enthalten?
10. 150m³ Chlorwasserstoffgas von 25 °C und 0,978 bar werden in Wasser absorbiert, es entstehen 2,50 m³ Salzsäure-Lösung. Welche Stoffmengenkonzentration c(HCl) hat die Lösung?
11. 750 L Farbstoff-Suspension werden durch Abdampfen von Wasser auf ein Volumen von 400 L eingeengt. Die entstehende Suspension enthält 70,3 g Farbstoff je Liter. Welche Massenkonzentration β(Farbstoff) lag in der Ausgangs-Suspension vor?
12. Ein Lösemittel-Gemisch mit w(Cyclohexan) = 73,0 % und ϱ = 0,765 g/cm³ enthält 350 L Cyclohexan der Dichte ϱ = 0,778 g/cm³. Kann das Gemisch in einem Behälter mit 500 L Füllvolumen gelagert werden?
13. Welche Volumenkonzentration σ(Glycerin) hat eine wässrige Lösung von Glycerin mit einem Massenanteil w(Glycerin) = 28,0 % und der Dichte ϱ = 1,120 g/cm³? ϱ(Glycerin) = 1,260 g/cm³
14. Welches Volumen an Wasser mit ϱ = 1,00 g/cm³ enthalten 1000 L verunreinigtes Isopropanol mit w(Alkohol) = 85,0 % (ϱ = 0,822 g/cm³), wenn reiner Alkohol die Dichte ϱ = 0,785 g/cm³ hat?
15. Aus 750 kg Soda $Na_2CO_3 \cdot 10\ H_2O$ ist Soda-Lösung mit dem Massenanteil $w(Na_2CO_3)$ = 12,5 % anzusetzen. Wie viel Wasser ist vorzulegen, wie viel Produkt entsteht?
16. 800 g einer bei 10 °C gesättigten Kaliumchlorid-Lösung mit Bodenkörper werden auf 50 °C erwärmt. Welche Masse an KCl geht zusätzlich in Lösung?
17. 250 g einer bei 80 °C gesättigten Ammoniumchlorid-Lösung werden auf 20 °C abgekühlt. Wie viel NH_4Cl kristallisiert aus?
18. Die gesättigte Lösung von Kaliumbromat in Wasser von 40 °C hat die Stoffmengenkonzentration $c(KBrO_3)$ = 0,75 mol/L (Dichte ϱ = 1,083 g/cm³). Berechnen Sie die Löslichkeit $L^*(KBrO_3)$.
19. 10,5 m³ Ammoniak-Lösung mit $w(NH_3)$ = 24,0 % und ϱ = 0,910 g/cm³ werden mit 6,50 m³ Wasser versetzt. Welchen Massenanteil $w(NH_3)$ hat die Mischung?
20. Ein Kristallisierbecken in einer Anlage zur Gewinnung von Meersalz wird mit 18 000 m³ Meerwasser mit einem Massenanteil w(Salz) = 3,65 % und der Dichte ϱ = 1,031 g/cm³ gefüllt.
    a) Welche Masse an Wasser muss verdunsten, damit eine Sole mit w(Salz) = 35,0 % entsteht?
    b) Welche Masse an Salz kann theoretisch gewonnen werden?

21. Welche Masse an Kaliumchlorid-Lösung der Konzentration $c(KCl)$ = 3,0 mol/L und der Dichte ϱ = 1,133 g/cm^3 ist mit 146 mL Wasser zu verdünnen, damit eine Lösung mit dem Massenanteil $w(KCl)$ = 10,0 % entsteht?
22. Aus wasserfreiem, technischem Kaliumhydroxid ($w(KOH)$ = 97,5 %) sind 350 L Kalilauge mit $w(KOH)$ = 33,0 % und ϱ = 1,320 g/cm^3 herzustellen. Welche Massen an KOH und an Wasser sind einzusetzen?
23. Aus 21,0 g technischer Soda mit $w(Na_2CO_3 \cdot 10\,H_2O)$ = 85,5 % ist eine Soda-Lösung mit dem Massenanteil $w(Na_2CO_3)$ = 12,0 % und der Dichte ϱ = 1,124 g/cm^3 herzustellen. Welches Volumen an Lösung entsteht?
24. Durch Absorption von Chlorwasserstoff in Wasser sollen 100 L Salzsäure-Lösung der Konzentration $c(HCl)$ = 0,655 mol/L mit ϱ = 1,010 g/cm^3 hergestellt werden. Welches Volumen an Chlorwasserstoff bei 20 °C und 1020 mbar ist einzuleiten, wie viel Wasser ist vorzulegen?
25. In einem Waschturm fallen täglich 7,20 t Harnstoff-Lösung mit w(Harnstoff) = 5,20 % an. Dieser Lösung werden 42,5 t Lösung mit w(Harnstoff) = 70,0 % zugesetzt. Welchen Massenanteil hat die entstehende Lösung?

5

26. 1,45 kg Lackfarbe mit w(Lack) = 75,0 % werden mit 950 g reinem Lösemittel versetzt. Berechnen Sie den Massenanteil w(Lack) in der entstehenden Lackfarbe.
27. 150 g Schwefelsäure-Lösung mit $w(H_2SO_4)$ = 8,50 % sollen durch Zumischen einer Schwefelsäure mit $w(H_2SO_4)$ = 98,0 % auf einen Massenanteil von $w(H_2SO_4)$ = 55 % gebracht werden. Berechnen Sie die Masse an 98,0 %iger Säure, die zugesetzt werden muss.
28. Welches Volumen an Kalilauge mit dem Massenanteil $w(KOH)$ = 36,0 % (ϱ = 1,355 g/mL) wird durch Mischen von 510 mL Lauge von $w(KOH)$ = 50,0 % (ϱ = 1,511 g/mL) mit Kalilauge von $w(KOH)$ = 14,5 % (ϱ = 1,133 g/mL) erhalten?
29. Beim Bauxit-Aufschluss nach dem Bayer-Verfahren fällt Dünnlauge mit $\beta(NaOH)$ = 87,0 g/L (ϱ = 1,087 g/cm^3) an. Sie soll durch Zumischen von konzentrierter Lauge mit $w(NaOH)$ = 50,0 % (ϱ = 1,525 g/cm^3) auf die Massenkonzentration $\beta(NaOH)$ = 188 g/L (ϱ = 1,175 g/cm^3) aufkonzentriert werden. Welches Volumen an konzentrierter Lauge muss eingesetzt werden, um 2000 m^3 angereicherte Lauge zu erhalten, welches Volumen an Dünnlauge ist vorzulegen?
30. 2,50 t Dünnsäure sollen in zwei Destillationsstufen von $w(H_2SO_4)$ = 20,2 % auf $w(H_2SO_4)$ = 98,0 % verstärkt werden. Nach der ersten Destillationsstufe wird $w(H_2SO_4)$ = 65,0 % erzielt.
    a) Wie viel Wasser ist in der ersten und wie viel in der zweiten Destillationsstufe abzudampfen?
    b) Welche Masse an Endprodukt mit dem Massenanteil $w(H_2SO_4)$ = 98,0 % entsteht?
31. 12,5 L Essigsäure mit dem Massenanteil w(Säure) = 4,0 % (ϱ = 1,004 kg/dm^3) sollen durch Zusatz von reiner Essigsäure der Dichte ϱ = 1,050 kg/dm^3 auf den Massenanteil w(Säure) = 6,0 % aufkonzentriert werden. Welches Volumen an reiner Säure muss zugesetzt werden?
32. Ein zylindrischer Tank mit einem Innendurchmesser von 3,0 m und einer Höhe von 5,5 m ist zur Hälfte mit Kalilauge, $w(KOH)$ = 32,0 % (ϱ = 1,310 g/cm^3), gefüllt. In den Tank werden weitere 15,0 t Kalilauge mit $w(KOH)$ = 14,2 % gepumpt. Welchen Massenanteil $w(KOH)$ hat die Füllung?
33. Ein Tank mit 45,0 m^3 Füllvolumen soll mit Schwefelsäure des Massenanteils $w(H_2SO_4)$ = 60,0 % (ϱ = 1,499 g/cm^3) gefüllt werden. Verfügbar sind Säuren mit den Massenanteilen $w(H_2SO_4)$ = 50,0 % (ϱ = 1,395 g/cm^3) sowie $w(H_2SO_4)$ = 85,0 % (ϱ = 1,779 g/cm^3). Welche Volumina der Ausgangssäuren müssen in den Tank verpumpt werden?
34. 5,50 m^3 Dünnsole mit ϱ = 1,148 g/cm^3 verlassen die Membranzellen einer Alkalichlorid-Elektrolyse mit $w(NaCl)$ = 20,0 %. Die Sole soll durch Zusatz von festem Steinsalz mit $w(NaCl)$ = 96,0 % auf einen Massenanteil $w(NaCl)$ = 26,5 % konzentriert werden. Welche Masse an Steinsalz ist zu lösen, wie viel Produkt entsteht?
35. Berechnen Sie die neun Gehaltsgrößen nach der Tabelle, Seite 169 für folgende wässrige Lösungen:
    a) 21,951 g H_2SO_4 (ϱ = 1,8305 g/cm^3) in 100 g H_2O (ϱ = 0,998 g/cm^3), ϱ(Lsg) = 1,1243 g/cm^3
    b) 66,67 g Methanol (ϱ = 0,7917 g/cm^3) in 100 g H_2O (ϱ = 0,998 g/cm^3), ϱ(Lsg) = 0,9345 g/cm^3.

6 Berechnungen zum Verlauf chemischer Reaktionen

Bei chemischen Reaktionen sind neben dem stofflichen Umsatz (Stöchiometrie, Seite 140) und dem energetischen Umsatz (Thermodynamik, Seite 427) zusätzlich zwei Fragen von Bedeutung:

1. Mit welcher Geschwindigkeit läuft eine Reaktion ab?
2. Verläuft die Reaktion vollständig gemäß der stöchiometrischen Reaktionsgleichung oder kommt sie bei einem teilweisen Umsatz zum Stillstand?

Mit diesen Aspekten bei chemischen Reaktionen befasst sich die Reaktionskinetik.

6.1 Reaktionsgeschwindigkeit

Chemische Reaktionen verlaufen je nach der Art der Reaktionspartner und den Reaktionsbedingungen mit unterschiedlicher Geschwindigkeit ab **(Bild 1):**

- Die natürliche Bildung von Kohle und Erdöl aus organischer Substanz benötigte viele Millionen Jahre, verläuft also mit äußerst geringer Geschwindigkeit.
- Das Verrotten organischer Stoffe wie Holz oder Fäkalien dauert Monate bis Jahre.
- Das Rosten von Eisen (Korrosion) verläuft mäßig schnell und im Zeitraum von Tagen bis Jahren.
- Die Neutralisation von Säuren und Basen oder die Fällung von Salzen aus Lösungen erfolgt in Sekundenbruchteilen.

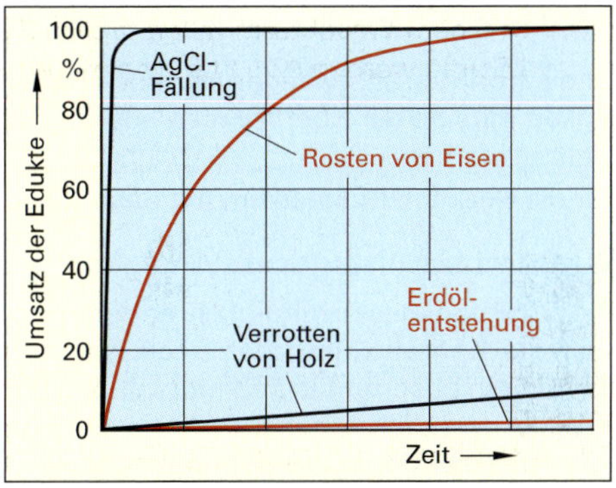

Bild 1: Reaktionsverlauf unterschiedlicher chemischer Reaktionen

Bei den genannten Beispielen ist die Umwandlung der Ausgangsstoffe (Edukte) in die Endstoffe (Produkte), also die Konzentrationsänderung Δc, im gleichen Zeitintervall Δt von sehr unterschiedlicher Größe. Sie wird als **Reaktionsgeschwindigkeit *r*** bezeichnet (reaction rate).

> Die **Reaktionsgeschwindigkeit *r*** ist definiert als die Änderung der Stoffmengenkonzentration Δc eines Reaktionsteilnehmers pro Zeiteinheit Δt.

Reaktionsgeschwindigkeiten

$$r(\text{Produkt}) = \frac{\Delta c(\text{Produkt})}{\Delta t}$$

$$r(\text{Edukt}) = -\frac{\Delta c(\text{Edukt})}{\Delta t}$$

Zur grafischen **Bestimmung der Reaktionsgeschwindigkeit *r*** werden die Konzentrationen der Reaktionspartner in einem Diagramm gegen die Reaktionszeit *t* aufgetragen **(Bild 2).** Aus dem Steigungsdreieck $\Delta c/\Delta t$ im Konzentrations-Zeit-Diagramm kann die durchschnittliche Reaktionsgeschwindigkeit *r* im Zeitraum Δt ermittelt werden.

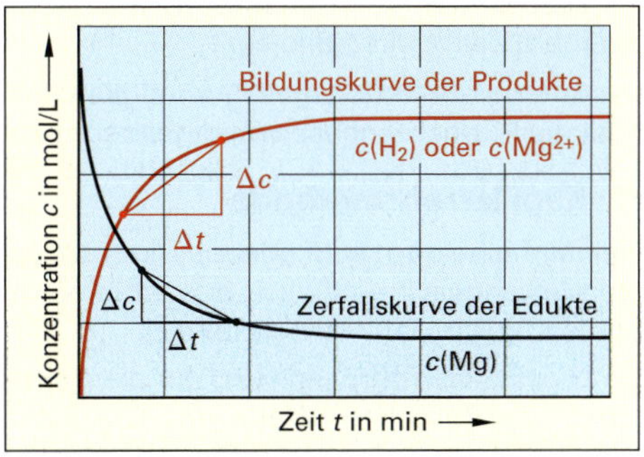

Bild 2: Konzentrationsänderung in Abhängigkeit von der Zeit

Am leichtesten ist die Reaktionsgeschwindigkeit mäßig schnell ablaufender Reaktionen zu messen, bei denen Gase entstehen. Dies soll am Beispiel der Reaktion zwischen Magnesium und Salzsäure untersucht werden, bei der das entstehende Wasserstoffvolumen im Kolbenprober in Zeitintervallen ermittelt und mit den Gasgesetzen auf die Stoffmenge umgerechnet wird: $Mg_{(s)} + 2\,H^+_{(aq)} \rightarrow Mg^{2+}_{(aq)} + H_{2(g)}$

Die Elemente Wasserstoff (H_2) und Magnesium (Mg) liegen nicht in gelöster Form vor. Zur Vereinfachung wird hier dennoch von Konzentrationen gesprochen.

Die Geschwindigkeit dieser Reaktion ist gekennzeichnet (Bild 2) durch:

a) die **Konzentrationsabnahme** von Magnesiumatomen und Wasserstoffionen (schwarze Kurve) und

b) die **Konzentrationszunahme** von Magnesiumionen und Wasserstoffmolekülen (rote Kurve).

Berechnung der Reaktionsgeschwindigkeiten (Bild 1, Seite 197):

a) Die Konzentrationen $c(Mg^{2+})$ und $c(H_2)$ nehmen zu, die Konzentrationsänderung Δc ist positiv, die Kurve hat eine positive Steigung. Man spricht bei den Produkten von der **Bildungsgeschwindigkeit**.

Pro ein Mol Magnesium-Ionen entsteht ein Mol Wasserstoff. Daraus folgt die nebenstehende Beziehung zwischen den beiden Reaktionsgeschwindigkeiten:

$$r(Mg^{2+}) = r(H_2) = \frac{\Delta c(Mg^{2+})}{\Delta t} = \frac{\Delta c(H_2)}{\Delta t}$$

b) Die Konzentrationen an Magnesium $c(Mg)$ und an Wasserstoff-Ionen $c(H^+)$ aus der Salzsäure nehmen ab. Δc ist negativ, die Kurve hat eine negative Steigung (Bild 2, Seite 197). Man spricht bei den Edukten von der **Zerfallsgeschwindigkeit** und versieht den Term $\Delta c/\Delta t$ mit einem Minuszeichen, da die Reaktionsgeschwindigkeit keine negativen Werte annehmen kann.

Es werden pro ein Mol Magnesium zwei Mol Wasserstoff-Ionen umgesetzt. Deshalb erfolgt die Abnahme der Wasserstoff-Ionen mit doppelt so großer Geschwindigkeit wie die Abnahme des Magnesiums.

Aus diesem Grund gilt: $r(H^+) = 2 \cdot r(Mg)$, oder: $\frac{1}{2} r(H^+) = r(Mg) = -\frac{\Delta c(Mg)}{\Delta t} = -\frac{1}{2} \cdot \frac{\Delta c(H^+)}{\Delta t}$

Ist die Konzentrationsänderung eines Produkts oder eines Edukts bekannt, kann die Reaktionsgeschwindigkeit mithilfe der Koeffizienten aus der Reaktionsgleichung auf die übrigen Reaktionsteilnehmer umgerechnet werden.

Für die Reaktion Magnesium mit Salzsäure gilt: $r = \frac{\Delta c(Mg^{2+})}{\Delta t} = \frac{\Delta c(H_2)}{\Delta t} = -\frac{\Delta c(Mg)}{\Delta t} = -\frac{1}{2} \cdot \frac{\Delta c(H^+)}{\Delta t}$

Durchschnittsgeschwindigkeit (average velocity)

Die Reaktionsgeschwindigkeit ändert sich fortlaufend, da sich die Konzentration der Reaktionspartner ändert. Bei den für ein bestimmtes Zeitintervall Δt betrachteten Reaktionsgeschwindigkeiten handelt es sich demnach um **Durchschnitts-Reaktionsgeschwindigkeiten r_D.**

Zeichnerisch erhält man die Durchschnittsgeschwindigkeit im *c-t*–Diagramm als Steigung einer Sekante an die Bildungskurve **(Bild 1).** Je größer die Steigung der Sekante ist, umso größer ist die Reaktionsgeschwindigkeit. Die Werte für den Quotienten $\Delta c/\Delta t$ sind aus dem Steigungsdreieck im Diagramm abzulesen.

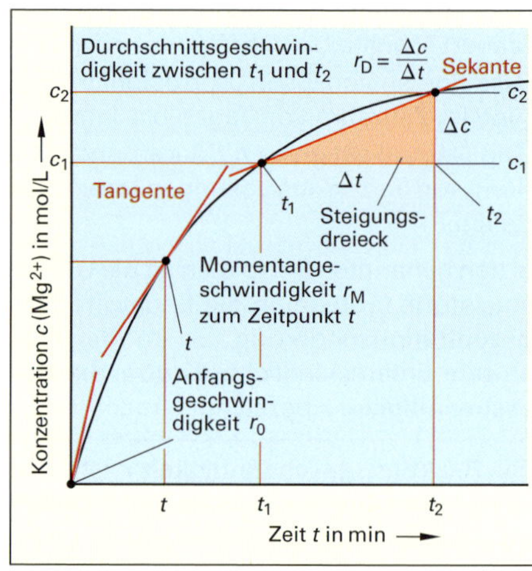

Bild 1: Reaktionsgeschwindigkeit

Momentangeschwindigkeit (instantaneous velocity)

Wählt man das Zeitintervall unendlich klein, so wird aus der Sekante eine Tangente. Die Steigung der Tangente entspricht der **Momentan-Reaktionsgeschwindigkeit r_M** der Reaktion zu einem Zeitpunkt *t* (Bild 1).

Die **Anfangs-Reaktionsgeschwindigkeit** (initial reaction rate) r_0 ist die Momentangeschwindigkeit zum Zeitpunkt $t = 0$.

Kapillarrohrmethode

Eine einfache und recht genaue Methode zur Ermittlung der Momentangeschwindigkeit aus einer Konzentrationskurve ist die Kapillarrohrmethode **(Bild 2).**

Ein Glaskapillarröhrchen wird auf die Kurve gelegt (a). Man dreht das Röhrchen. Wenn das Glaskapillarröhrchen die Kurve in der gewünschten Stelle senkrecht schneidet, verläuft die Kurve ohne Lichtbrechung durch die Kapillare. In dieser Position werden an seinen beiden Enden mittige Markierungspunkte eingezeichnet (b) und miteinander zu einer Geraden verbunden. Rechtwinklig zu dieser Geraden erhält man eine Tangente (c). Ihre Steigung entspricht der Momentangeschwindigkeit im Kurvenschnittpunkt. Die Werte für Δc und Δt ergeben sich aus einem beliebig eingezeichneten Steigungsdreieck an der Tangente (d).

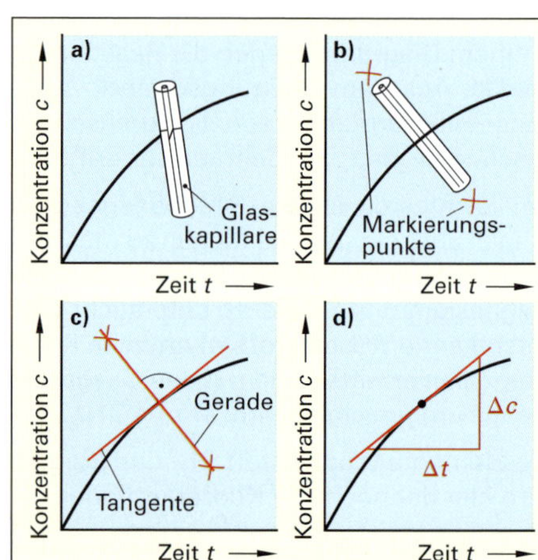

Bild 2: Ermittlung der Momentangeschwindigkeit mit der Kapillarmethode

Beispiel: Zink setzt sich mit Salzsäure unter Bildung von Wasserstoff um: $Zn_{(s)} + 2HCl_{(aq)} \longrightarrow ZnCl_{2(aq)} + H_{2(g)}$
Die angegebenen Messwerte der Wasserstoffvolumina $V(H_2)$ in der **Tabelle** wurden mit 5,0 mL Salzsäure der Konzentration c(HCl) = 1,0 mol/L und überschüssigen Zinkgranalien bei 22,0 °C und 1,023 bar erhalten.

Tabelle: Reaktionsverlauf von Zink und Salzsäure (ϑ = 22,0 °C, p = 1,023 bar)

durch Messung erhaltene Messwerte	t in min	0	1	2	3	4	6	8	10	12	15
	$V(H_2)$ in mL	0,0	15,0	21,5	26,5	30,5	35,8	39,2	41,5	42,9	43,5
berechnete Lösungswerte	$n(H_2)$ in mmol	0	0,626	0,897	1,105	1,272	1,493	1,635	1,731	1,789	1,814
	$c(H^+)$ in mol/L	1,000	0,750	0,641	0,558	0,491	0,404	0,346	0,308	0,284	0,274
	$c(Zn^{2+})$ mol/L	0	0,125	0,179	0,221	0,254	0,299	0,327	0,346	0,357	0,362

a) Berechnen Sie aus den Wasserstoffvolumina $V(H_2)$ die Stoffmengenkonzentrationen $c(H^+)$ und $c(Zn^{2+})$ und tragen Sie diese jeweils in einem Diagramm in Abhängigkeit von der Zeit auf.

b) Ermitteln Sie in den Diagrammen die Durchschnittsgeschwindigkeit $r_D(H^+)$ für den Zeitraum 5 bis 9 Minuten und die Momentangeschwindigkeit $r_M(Zn^{2+})$ nach 5 Minuten Reaktionszeit.

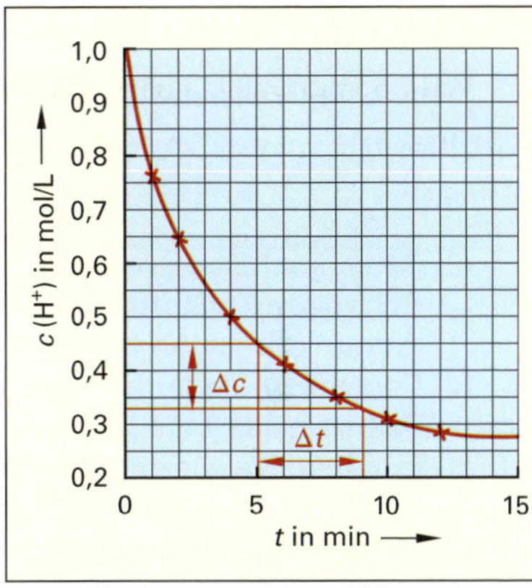

Bild 1: Reaktionsgeschwindigkeit $r(H^+)$

Lösung: a) Berechnung der **Stoffmengen:** Aus den gemessenen Wasserstoffvolumina können die Stoffmengen $n(H_2)$ mithilfe der allgemeinen Gasgleichung (Seite 142) ermittelt werden:

$$p \cdot V = n \cdot R \cdot T \quad \Rightarrow \quad n(H_2) = \frac{p \cdot V(H_2)}{R \cdot T}$$

Für t = 1 min: $n(H_2) = \dfrac{1{,}023 \text{ bar} \cdot 15{,}0 \text{ mL}}{83{,}14 \frac{\text{mL} \cdot \text{mbar}}{\text{K} \cdot \text{mmol}} \cdot 295 \text{ K}} = 0{,}626$ mmol

Bilanz für die **Stoffmengenkonzentration $c(H^+)$:**

Das Stoffmengenverhältnis $n(H^+)/n(H_2)$ beträgt:

$$\frac{n(H^+)}{n(H_2)} = \frac{2 \text{ mol}}{1 \text{ mol}} \quad \Rightarrow \quad n(H^+) = 2 \cdot n(H_2)$$

Das heißt: 1 mol gebildetes H_2verbraucht 2 mol H^+-Ionen.
Umgesetzte Stoffmenge $n(H^+)$ zum Zeitpunkt t = 1 min:
$n(H^+) = 2 \cdot n(H_2) = 2 \cdot 0{,}626$ mmol = 1,252 mmol.
Mit der Anfangskonzentration $c_0(H^+)$ = 1,0 mol/L und $n_0(H^+) = c(HCl) \cdot V(HCl)$ = 1,0 mol/L · 5,0 mL = 5,0 mmol folgt für die zum Zeitpunkt t = 1 min noch verbliebene Stoffmenge $n(H^+)$: $n(H^+)$ = 5,0 mmol − 1,252 mmol = 3,748 mmol.
Mit $c(H^+) = n(H^+)/V(HCl)$ folgt zum Zeitpunkt t = 1 min:
$c(H^+)$ = 3,748 mmol/5,0 mL ≈ **0,750 mol/L**

Bilanz für die **Stoffmengenkonzentration $c(Zn^{2+})$:**
Pro 1 mol H_2 entsteht 1 mol Zn^{2+}.
Für den Zeitpunkt t = 1 min gilt: $n(Zn^{2+}) = n(H_2)$ = 0,626 mmol. Mit $c(Zn^{2+}) = n(Zn^{2+})/V(HCl)$ folgt:
$c(Zn^{2+})$ = 0,626 mmol/5,0 mL ≈ **0,125 mol/L (Bild 1)**

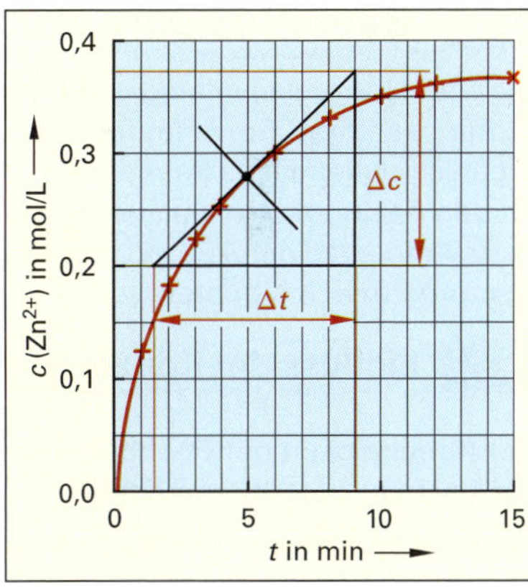

Bild 2: Reaktionsgeschwindigkeit $r(Zn^{2+})$

Auf diese Weise werden für die weiteren genannten Zeiten die $c(H^+)$-Werte und $c(Zn^{2+})$-Werte berechnet **(Tabelle)** und im Diagramm aufgetragen (Bild 1 und **Bild 2).**

b) Für die **Durchschnittsgeschwindigkeit $r_D(H^+)$** werden aus dem Steigungsdreieck der Sekante im Diagramm (Bild 1) die Stoffmengen für die Zeitpunkte 5 min und 9 min abgelesen und eingesetzt:

$$\mathbf{r_D(H^+)} = -\frac{\Delta c}{\Delta t} = -\frac{c_2 - c_1}{t_2 - t_1} = -\frac{0{,}325 \text{ mol/L} - 0{,}450 \text{ mol/L}}{9 \text{ min} - 5 \text{ min}} = -\frac{-0{,}125 \text{ mol/L}}{4 \text{ min}} \approx \mathbf{31 \text{ mmol/L} \cdot \text{min}^{-1}}$$

Die **Momentangeschwindigkeit $r_M(Zn^{2+})$** für den Zeitpunkt 5 min wird aus dem Steigungsdreieck erhalten, nachdem mithilfe der Kapillarrohrmethode eine Tangente an den Graphen gelegt wurde (Bild 2):

$$\mathbf{r_M(Zn^{2+})} = \frac{\Delta c}{\Delta t} = \frac{c_2 - c_1}{t_2 - t_1} = \frac{0{,}37 \text{ mol/L} - 0{,}20 \text{ mol/L}}{9 \text{ min} - 1{,}6 \text{ min}} \approx \mathbf{23 \text{ mmol/L} \cdot \text{min}^{-1}}$$

Aufgaben zur Reaktionsgeschwindigkeit

1. Ameisensäure (Methansäure) wird durch Brom nach folgender Reaktionsgleichung zu Kohlenstoffdioxid oxidiert: $HCOOH_{(aq)} + Br_{2(aq)} \longrightarrow CO_{2(g)} + 2\,HBr_{(aq)}$
Die Anfangskonzentration an Brom beträgt 20,0 mmol/L. Nach Zugeben einer Ameisensäure-Lösung beträgt sie nach 30 s Reaktionszeit 8,0 mmol/L, nach 60 s 2,0 mmol/L. Berechnen Sie die Durchschnittsgeschwindigkeiten für den Abbau von Br_2 und die Bildung von HBr für den Zeitraum 30 s bis 60 s.

2. Im Überschuss vorliegende Marmorbruchstücke (überwiegend $CaCO_3$) werden mit 50 mL Salzsäure der Konzentration $c(HCl) = 2{,}0$ mol/L zur Reaktion gebracht. Das Calciumcarbonat aus dem Marmor setzt sich mit der Säure zu Kohlenstoffdioxid und Calciumchlorid um:
$CaCO_{3(s)} + 2\,HCl_{(aq)} \longrightarrow CaCl_{2(aq)} + CO_{2(g)} + H_2O_{(l)}$
Die **Tabelle** zeigt den Massenverlust durch das entweichende CO_2 in Abhängigkeit von der Zeit.

Tabelle: Entstehende CO_2-Masse bei der Reaktion von Marmor mit Salzsäure

t in s	0	20	40	60	80	100	120	140	160	180	200	240	280	320	360	400	500
$m(CO_2)$ in g	0,00	0,23	0,42	0,58	0,70	0,79	0,86	0,93	0,97	1,01	1,03	1,06	1,09	1,12	1,13	1,14	1,15

a) Berechnen Sie jeweils aus der Masse des Kohlenstoffdioxids die entsprechende Stoffmenge an CO_2 sowie die Stoffmengenkonzentration der gebildeten Calcium-Ionen. Tragen Sie in einem Diagramm jeweils die Stoffmenge $n(CO_2)$ und die Konzentration $c(Ca^{2+})$ gegen die Zeit auf.
b) Berechnen Sie mithilfe der Werte der Tabelle die Durchschnittsgeschwindigkeit $r_0(CO_2)$ für den Zeitraum 80 s bis 100 s.
c) Ermitteln Sie aus dem Diagramm die durchschnittlichen Reaktionsgeschwindigkeiten $r(Ca^{2+})$ und $r(CO_2)$ im Zeitraum 90 s bis 150 s.
d) Bestimmen Sie mithilfe der Kapillarmethode die Momentangeschwindigkeit $r_M(Ca^{2+})$ nach 200 s sowie die Anfangsgeschwindigkeit $r_0(H^+)$.

6

6.2 Beeinflussung der Reaktionsgeschwindigkeit

Die Reaktionsgeschwindigkeit wird in erster Linie durch die Reaktivität der an der Reaktion beteiligten Stoffe bestimmt. So verlaufen beispielsweise Ionenreaktionen mit sehr hoher Reaktionsgeschwindigkeit; organisch-chemische Reaktionen dagegen sehr viel langsamer ab.
Zu den Faktoren, mit welchen man die Reaktionsgeschwindigkeit beeinflussen kann, zählen neben dem Zerteilungsgrad der Ausgangsstoffe vor allem die Konzentration, die Temperatur und der Einsatz von Katalysatoren bzw. Inhibitoren.

6.2.1 Einfluss der Konzentration auf die Reaktionsgeschwindigkeit

Die Abhängigkeit der Reaktionsgeschwindigkeit von der Konzentration lässt sich kontinuierlich mit fotometrischen, potentiometrischen oder konduktometrischen Messungen ermitteln.

Methode der Anfangsgeschwindigkeit
(method of initial velocity)

Die Methode der *Anfangsgeschwindigkeit* liefert brauchbare Ergebnisse zur Bestimmung der Konzentrationsabhängigkeit der Reaktionsgeschwindigkeit. Sie beruht darauf, eine Reaktion schon nach relativ kurzer Umsatzzeit zu beenden. Dabei führen folgende Überlegungen zur Anfangsgeschwindigkeit einer chemischen Reaktion:
Zu Beginn einer Reaktion nimmt die Konzentration der Edukte annähernd linear ab **(Bild 1)**. Im Konzentrations-Zeit-Diagramm ist daher die Tangentensteigung der Konzentrationskurve nahezu identisch mit der Sekantensteigung. Der Quotient $\Delta c/\Delta t$ ergibt somit direkt die Momentangeschwindigkeit für den Zeitpunkt t_0 und entspricht der Anfangsgeschwindigkeit r_0.

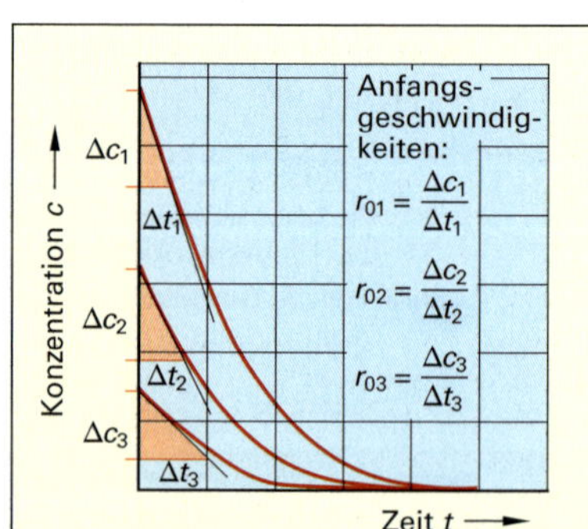

Bild 1: Anfangs-Reaktionsgeschwindigkeiten bei verschiedenen Konzentrationen

Mithilfe der **Methode der Anfangsgeschwindigkeit** soll der Einfluss der Konzentration der Edukte auf die Reaktionsgeschwindigkeit am Beispiel der Reaktion zwischen Kaliumiodid und Wasserstoffperoxid in schwefelsaurer Lösung untersucht werden (siehe dazu auch Seite 266).

Wasserstoffperoxid oxidiert Iodid-Ionen zu elementarem Iod nach folgender Reaktion:

$$H_2O_{2(aq)} + 2\,I^-_{(aq)} + 2\,H^+_{(aq)} \longrightarrow 2\,H_2O_{(l)} + I_{2(aq)}$$

Zur Untersuchung des Reaktionsverlaufs werden mehrere Ansätze mit unterschiedlichen Volumina der Ausgangslösungen zusammengegeben **(Tabelle)**. Sie unterscheiden sich in der Konzentration an:

- Wasserstoffperoxid (Ansätze 1 bis 5)
- Iodid-Ionen (Ansätze 5 bis 9)
- Wasserstoff-Ionen (Ansätze 7 und 10).

Die Reaktion gilt als beendet, wenn sich eine sehr geringe, aber immer gleiche Portion an Iod $I_{2(aq)}$ gebildet hat.

Dazu werden die Reaktionsansätze mit einer sehr geringen Konzentration an Natriumthiosulfat-Lösung versetzt, welches das gebildete Iod in einer raschen Reaktion sofort wieder reduziert. Ist die Thiosulfat-Portion verbraucht, liegt das Iod frei vor, was durch Blaufärbung von zugesetzter Stärkelösung angezeigt wird.

Die Reaktionszeit t_{R0} bis zum Eintreten der Blaufärbung ist somit ein Maß für die Zeit Δt bis zur Bildung der erwünschten geringen Portion Iod, dem Endpunkt der Reaktion. Da die Konzentration an Iod bei Reaktionsende jeweils gleich ist, kann sie als Konstante in die Berechnung der Anfangsgeschwindigkeit eingehen.

Für die Anfangsgeschwindigkeit r_0 gilt: $r_0(I_2) = \frac{\Delta c}{\Delta t} = \frac{\Delta c(I_2)}{\Delta t} = \frac{\text{Konstante}}{t_{R0}} \Rightarrow r_0(I_2) \sim t_{R0}^{-1}$

Die Anfangs-Reaktionsgeschwindigkeit r_0 ist dem Kehrwert der gemessenen Reaktionszeit $t_{R0}^{-1} = 1/t_{R0}$ proportional. t_{R0}^{-1} ist ein Maß für die Anfangs-Reaktionsgeschwindigkeit r_0.

Beispiel: Untersuchung der Reaktion von Kaliumiodid mit Wasserstoffperoxid nach der Methode der Anfangsgeschwindigkeit

Folgende Lösungen sind erforderlich:

Lösung A: Kaliumiodid-Lösung $c(KI)$ = 100 mmol/L mit Stärke-Lösung versetzt

Lösung B: Natriumthiosulfat-Lösung, $c(Na_2S_2O_3)$ = 5,0 mmol/L

Lösung C: Schwefelsäure, $c(H_2SO_4)$ = 5,0 mmol/L

Lösung D: Wasserstoffperoxid-Lösung, $c(H_2O_2)$ = 25 mmol/L

In nebenstehender **Tabelle** sind die Volumina für 10 Reaktionsansätze sowie die gemessenen Reaktionszeiten t_{R0} aufgeführt. Das Gesamtvolumen der Reaktionsansätze wird durch Auffüllen mit Wasser auf jeweils 70 mL konstant gehalten.

Aufgabe: Welcher Zusammenhang besteht zwischen der Reaktionsgeschwindigkeit r_0 und den Konzentrationen an Iodid-Ionen $c(I^-)$, Wasserstoffperoxid $c(H_2O_2)$ und an Wasserstoff-Ionen $c(H^+)$?

Tabelle: Reaktionsverlauf zwischen Kaliumiodid und Wasserstoffperoxid

Ansatz Nr.	A / mL	B / mL	C / mL	D / mL	H_2O / mL	t_{R0} / s	t_{R0}^{-1} / s^{-1}
1	25	10	10	4	21	80	0,0125
2	25	10	10	8	17	39	0,0256
3	25	10	10	12	13	26	0,0385
4	25	10	10	16	9	20	0,0500
5	25	10	10	20	5	16	0,0625
6	20	10	10	20	10	20	0,0500
7	15	10	10	20	15	25	0,0400
8	10	10	10	20	20	38	0,0263
9	5	10	10	20	25	80	0,0125
10	15	10	20	20	5	25	0,0400

Lösung zu a

a) Berechnen Sie die Anfangs-Geschwindigkeit r_0 (Kehrwerte der Reaktionszeiten t_{R0}^{-1}) für die 10 Ansätze.

b) Tragen Sie in einem Diagramm die Reaktionsgeschwindigkeiten t_{R0}^{-1} gegen die Volumina A (Kaliumiodid-Lösung) auf. Die Konzentrationen der anderen Edukte ist konstant. Interpretieren Sie den Verlauf des Graphen.

c) Tragen Sie anschließend im gleichen Diagramm die Reaktionsgeschwindigkeiten t_{R0}^{-1} gegen die Volumina D (Wasserstoffperoxid-Lösung) auf. Die Konzentrationen der anderen Edukte ist konstant. Interpretieren Sie den Verlauf des Graphen.

d) Formulieren Sie den mathematischen Zusammenhang zwischen den Konzentrationen $c(I^-)$ sowie $c(H_2O_2)$ und der Anfangs-Reaktionsgeschwindigkeit r_0.

e) Welchen Einfluss hat die Konzentration der Wasserstoff-Ionen $c(H^+)$ auf die Reaktionsgeschwindigkeit?

6

Lösung:

a) In Spalte 8 der Tabelle Seite 201 sind die berechneten Reaktionsgeschwindigkeiten ($r_0 = t_{R0}^{-1}$) aufgeführt.
Beispiel für Ansatz 1: $r_0(I^-) = t_{R0}^{-1} = 80^{-1}\ s^{-1} = 0{,}0125\ s^{-1}$

b) Werden die Konzentrationen $c(I^-)$ gegen die Anfangsgeschwindigkeiten r_0 in einem Diagramm aufgetragen **(Bild 1),** so zeigt sich ein linearer Zusammenhang zwischen den beiden Größen (schwarze Gerade). Der R^2-Wert von 0,9995 zeigt eine gute Übereinstimmung mit der genannten Funktion.

c) Die gleiche lineare Abhängigkeit besteht zwischen der Konzentration $c(H_2O_2)$ und den Anfangsgeschwindigkeiten (rote Gerade in Bild 1).

d) Die Ergebnisse zeigen eine direkte Proportionalität zwischen den Konzentrationen $c(I^-)$ und $c(H_2O_2)$ und der Reaktionsgeschwindigkeit. Es gilt: $\boldsymbol{r_0 \sim c(I^-)}$ und $\boldsymbol{r_0 \sim c(H_2O_2)}$
Diese Gesetzmäßigkeit gilt nicht nur für die Anfangs-Reaktionsgeschwindigkeit r_0, sie lässt sich auf jeden beliebigen Zeitpunkt der Reaktion anwenden.

e) Die Veränderung der Wasserstoff-Ionenkonzentration $c(H^+)$ hat offensichtlich keinen Einfluss auf die Reaktionsgeschwindigkeit, wie ein Vergleich der Ansätze 7 und 10 zeigt:
Eine Verdopplung der Konzentration $c(H^+)$ verändert die Reaktionszeit und somit die Reaktionsgeschwindigkeit nicht.

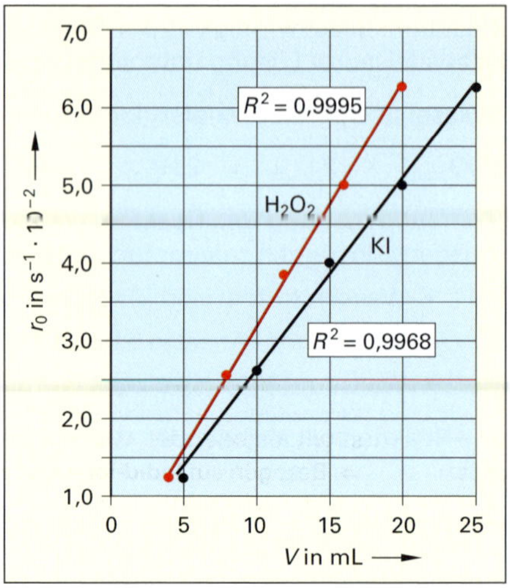

Bild 1: Konzentrationsabhängigkeit der Anfangs-Reaktionsgeschwindigkeit (mit Tabellenkalkulationsprogramm erstellt)

6

Geschwindigkeitsgleichung und Reaktionsordnung

Im vorstehenden Beispiel wurde eine Proportionalität zwischen der Anfangsgeschwindigkeit und den Anfangskonzentrationen der Edukte festgestellt. Mit dem Proportionalitätsfaktor *k* wird daraus das **Geschwindigkeitsgesetz** (rate law) dieser Reaktion erhalten. Man bezeichnet es auch als **Zeitgesetz einer Reaktion**.

Für die Umsetzung zwischen Wasserstoffperoxid und Iodid-Ionen:

$H_2O_{2(aq)} + 2\,I^-_{(aq)} + 2\,H^+_{(aq)} \longrightarrow 2\,H_2O_{(l)} + I_{2(aq)}$ lautet das Geschwindigkeitsgesetz: $r = k \cdot c(I^-) \cdot c(H_2O_2)$.

Da die Konzentration der Wasserstoff-Ionen keinen Einfluss auf die Reaktionsgeschwindigkeit hat, taucht sie in der Geschwindigkeitsgleichung nicht auf.

Dies hat folgende Ursache: Viele Reaktionen verlaufen in Teilschritten über mehrere Elementarreaktionen. Am langsamsten Reaktionsschritt, dem geschwindigkeitsbestimmenden Schritt der untersuchten Reaktion, sind die H^+-Ionen offensichtlich nicht beteiligt.

Die Geschwindigkeitskonstante *k* ist charakteristisch für eine Reaktion bei konstanter Temperatur. Mit steigender Temperatur wächst *k* stark an (Seite 208). Je größer der Betrag der Geschwindigkeitskonstante *k*, umso schneller verläuft eine Reaktion.

Die mathematische Verknüpfung zwischen der Reaktionsgeschwindigkeit und den Konzentrationen der Ausgangsstoffe nennt man **Geschwindigkeitsgesetz** oder **Zeitgesetz einer Reaktion**.
Das Geschwindigkeitsgesetz beschreibt die Änderung der Reaktionsgeschwindigkeit bei einer Konzentrationsänderung der Ausgangsstoffe.

Die Abhängigkeit der Reaktionsgeschwindigkeit von den Konzentrationen der Edukte der allgemeine Reaktion:

$$m\,A + n\,B \longrightarrow A_mB_n$$

lässt sich durch folgendes Geschwindigkeitsgesetz beschreiben:

Geschwindigkeitsgesetz
$r = k \cdot c^x(A) \cdot c^y(B)$

Man bezeichnet den **Exponenten**, mit dem die Konzentration eines Ausgangsstoffes im Geschwindigkeitsgesetz auftritt, als **Ordnung** der Reaktion bezüglich dieses Stoffes.
Die Summe der einzelnen Exponenten x und y bzw. der Ordnungen nennt man die **Reaktionsordnung** (reaction order) der Gesamtreaktion. Im einfachsten Fall stimmen die Exponenten x und y mit den Reaktionskoeffizienten m und n überein.

Die Exponenten eines Geschwindigkeitsgesetzes kennzeichnen den Konzentrationseinfluss eines Edukts auf die Reaktionsgeschwindigkeit. Sie müssen **immer** experimentell ermittelt werden und sind **nicht** aus den stöchiometrischen Koeffizienten der Reaktionsgleichung herzuleiten.
Ist das Geschwindigkeitsgesetz einer Reaktion bekannt, so kann aus den bekannten Konzentrationen und den Reaktionszeiten die Geschwindigkeitskonstante k errechnet werden. Ihre Kenntnis ist für die Berechnung der Aktivierungsenergie von großer Bedeutung (Seite 208).
Die Herleitung der Reaktionsordnung aus Messwerten soll am Beispiel der Reaktion zwischen Iodid-Ionen und Wasserstoffperoxid erläutert werden.

Beispiel: Mithilfe der Messdaten aus der **Tabelle** von Seite 201 ist die Reaktionsordnung bezogen auf die Edukte und auf die Gesamtreaktion bei der Reaktion zwischen Iodid-Ionen und Wasserstoffperoxid zu ermitteln.

Reaktionsgleichung: $H_2O_{2(aq)} + 2\,I^-_{(aq)} + 2\,H^+_{(aq)} \longrightarrow 2\,H_2O_{(l)} + I_{2(aq)}$

Lösung: Vergleich der Messwerte von Ansatz 6 und 8 sowie Ansatz 8 und 9:

Eine Verdopplung der Iodid-Ionen-Konzentration bewirkt ungefähr eine Verdopplung der Reaktionsgeschwindigkeit bzw. Halbierung der Reaktionszeit.

⇒ Bezogen auf **Iodid-Ionen** ist es somit eine **Reaktion 1. Ordnung**

Vergleich der Messwerte von Ansatz 1 und 2 sowie Ansatz 2 und 4:

Eine Verdopplung der H_2O_2-Konzentration bewirkt ungefähr eine Verdopplung der Reaktionsgeschwindigkeit bzw. Halbierung der Reaktionszeit.

⇒ Bezogen auf **Wasserstoffperoxid** ist es somit eine **Reaktion 1. Ordnung**

Vergleich der Messwerte von Ansatz 7 und 10:

Eine Verdopplung der Wasserstoff-Ionen-Konzentration bewirkt keine Veränderung der Reaktionsgeschwindigkeit bzw. keine Veränderung der Reaktionszeit.

⇒ Bezogen auf **Wasserstoff-Ionen** ist es somit eine **Reaktion 0. Ordnung**

In der Geschwindigkeitsgleichung $r = k \cdot c(I^-) \cdot c(H_2O_2)$ ist die Summe der Exponenten: $1 + 1 = 2$

⇒ Bezogen auf die **Gesamtreaktion** ist es eine **Reaktion 2. Ordnung**

6

Aufgaben zum Einfluss der Konzentration auf die Reaktionsgeschwindigkeit

1. Reagiert Natriumthiosulfat, $c(Na_2S_2O_3) = 0{,}1$ mol/L, mit Salzsäure, $c(HCl) = 2$ mol/L (1 mol/L), so disproportioniert das Thiosulfat-Ion in Schwefeldioxid und elementaren Schwefel:

$$\overset{+II}{S_2}O^{2-}_{3(aq)} + 2\,H^+_{(aq)} \longrightarrow \overset{+IV}{S}O_{2(aq)} + \overset{\pm 0}{S}_{(s)} + H_2O_{(l)}$$

Man stellt nach dem Durchmischen den Erlenmeyerkolben mit dem Reaktionsgemisch auf ein Blatt Papier mit einem gezeichneten Kreuz. Durch den ausgeschiedenen Schwefel wird die Lösung trüb und schließlich undurchsichtig. Man bestimmt die Zeit, nach der das Kreuz nicht mehr erkennbar ist, wenn man von oben durch die Lösung schaut. Zu diesem Zeitpunkt hat sich in jedem Ansatz die etwa gleiche Menge an Schwefel gebildet (Methode der Anfangsgeschwindigkeit). Ein konstantes Gesamtvolumen von 55 mL im Erlenmeyerkolben wird durch Auffüllen der Thiosulfat-Lösung im 50-mL-Messzylinder mit demin. Wasser auf 50 mL erhalten.

Tabelle: Reaktionsverlauf von Salzsäure und Natriumthiosulfat

Ansatz Nr.	$V(S_2O_3^{2-})$ in mL	$V(HCl)$ in mL	$c(HCl)$ moL/L	Zeit t_R in s
1	50	5	2	27
2	40	5	2	33
3	30	5	2	43
4	20	5	2	65
5	10	5	2	159
6	50	5	1	28
7	40	5	1	34

   a) Berechnen Sie mithilfe der Reaktionszeiten aus der **Tabelle** die Reaktionsgeschwindigkeiten ${t_{R0}}^{-1}$. Stellen Sie die Abhängigkeit der Reaktionsgeschwindigkeit von der Konzentration der Thiosulfat-Ionen $S_2O_3^{2-}$ grafisch dar. Tragen Sie dazu ${t_{R0}}^{-1}$ gegen $V(S_2O_3^{2-})$ auf.
   b) Untersuchen Sie den Einfluss der Wasserstoff-Ionen auf die Reaktionsgeschwindigkeit.
   c) Ermitteln Sie die Geschwindigkeitsgleichung und die Reaktionsordnung bezüglich der Edukte und der Gesamtreaktion.

2. Für die Reaktion $2\,NO_{(g)} + 2\,H_{2(g)} \rightleftharpoons 2\,H_2O_{(g)} + N_{2(g)}$ wurde die Reaktionsgeschwindigkeit in Abhängigkeit von den Eduktkonzentrationen gemessen. Die Auswertung der Messdaten ergab folgende Ergebnisse: Die Verdopplung der NO-Konzentration bewirkt eine vierfach größere Reaktionsgeschwindigkeit. Bei Verdopplung der H_2-Konzentration steigt die Reaktionsgeschwindigkeit auf den doppelten Wert an. Geben Sie die Reaktionsordnung bezogen auf die Edukte und die Gesamtreaktion an und formulieren Sie die Geschwindigkeitsgleichung der Reaktion.

3. Bromat-Ionen $BrO^-_{3(aq)}$ und Bromid-Ionen $Br^-_{(aq)}$ komproportionieren in saurem Milieu zu elementarem Brom nach der Reaktion:

$$\overset{+IV}{Br}O^-_{3(aq)} + 5\,\overset{-I}{Br}{}^-_{(aq)} + 6\,H^+_{(aq)} \longrightarrow 3\,\overset{\pm 0}{Br}_{2(aq)} + 3\,H_2O_{(l)}$$

Bei 4 Ansätzen mit unterschiedlichen Konzentrationen wurden bei 22 °C nebenstehende Reaktionszeiten gemessen.

a) Berechnen Sie mit den Reaktionszeiten aus der **Tabelle** die Geschwindigkeiten t_{R0}^{-1}.

b) Ermitteln Sie die Reaktionsordnung bezogen auf die Edukte und auf die Gesamtreaktion.

c) Welches Geschwindigkeitsgesetz hat die Reaktion?

d) Berechnen Sie die Geschwindigkeitskonstante k für die vorliegende Temperatur.

Tabelle: Reaktion zwischen Bromat-Ionen und Bromid-Ionen

Ansatz	Anfangskonzentrationen in moL/L			t_{R0} in s
	BrO^-_3	Br^-	H^+	
1	0,10	0,10	0,10	833
2	0,20	0,10	0,10	417
3	0,10	0,30	0,10	286
4	0,20	0,10	0,20	206

6.2.2 Grafische Ermittlung der Reaktionsordnung

Die Ordnung einer experimentell gewonnenen Geschwindigkeitsgleichung beschreibt, wie die Geschwindigkeit einer Reaktion von der Potenz der Konzentrationen der Ausgangsstoffe abhängt. Die Exponenten, mit welchen die einzelnen Komponenten in der Geschwindigkeitsgleichung erscheinen, sind in der Regel kleine, ganze Zahlen. Es sind aber auch gebrochene Exponenten möglich.

Als Basis für die Beurteilung der Reaktionsordnung dienen Messwerte der Konzentrationen, die nach der Methode der Anfangsgeschwindigkeit (Seite 200) oder mithilfe kontinuierlicher Messungen wie beispielsweise der Leitfähigkeit, der Extinktion oder des pH-Wertes erhalten werden.

Reaktionen nullter Ordnung

Bei einer Reaktion **nullter Ordnung** (zeroth-order reaction) ist die Reaktionsgeschwindigkeit unabhängig von den Edukt-Konzentrationen. Im c-t-Diagramm ergibt sich daher eine **Gerade**. Reaktionen nullter Ordnung sind selten und werden daher nicht weiter untersucht.

Die Geschwindigkeitsgleichung lautet: $r = k$

Reaktionen erster Ordnung

Bei einer Reaktion **erster Ordnung** (first-order reaction) ergeben die Konzentrationen in Abhängigkeit von der Zeit aufgetragen eine **e-Funktion** (**Bild 1**, vgl. Seite 56). Die Übereinstimmung mit dieser Funktion kann mit einem Grafik- oder Tabellenkalkulationsprogramm relativ einfach überprüft werden.

Eine Reaktion erster Ordnung unterliegt der Geschwindigkeitsgleichung: $r = k \cdot c(\text{A})$

Beispiel 1: Stickstoff(V)-oxid zerfällt nach folgender Reaktionsgleichung:

$$2\,N_2O_{5(g)} \longrightarrow 4\,NO_{2(g)} + O_{2(g)}$$

Die Konzentrationsänderung von Stickstoff(V)-oxid wurde bei 25 °C zu verschiedenen Zeitpunkten über das aufgefangene Sauerstoff-Volumen ermittelt und dabei folgende Messwerte erhalten **(Tabelle 2)**:

Tabelle 2: Zerfall von Stickstoff(V)-oxid bei 25 °C

t in min	0	200	400	600	800	1000
$c(N_2O_5)$ in mmol/L	15,0	9,6	6,2	4,0	2,5	1,6

Zeigen Sie in einem c-t-Diagramm, dass die Reaktion nach der Gesetzmäßigkeit einer Reaktion erster Ordnung verläuft, indem Sie die Übereinstimmung der Messwerte mit einer e-Funktion prüfen.

Lösung: Trägt man die Konzentration $c(N_2O_5)$ gegen die Zeit auf, so erhält man eine e-Funktion **(Bild 1)**. Ein R^2-Wert von 0,999 zeigt eine gute Übereinstimmung mit der genannten Funktion.

Die Funktionsgleichung lautet $\mathbf{c = 15{,}08\ e^{-0{,}022\,t}}$.

Es liegt eine Reaktion **1. Ordnung** vor.

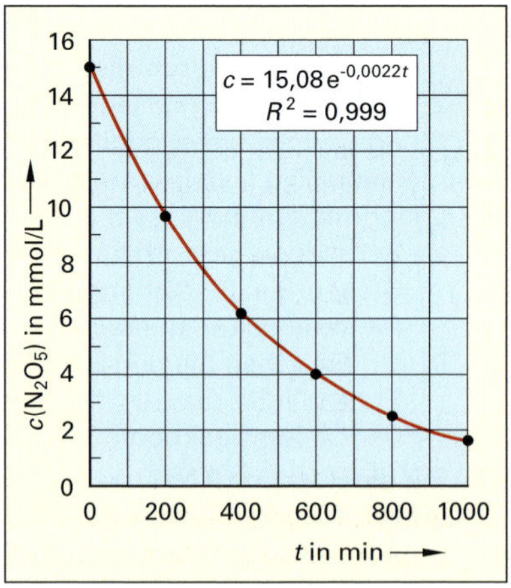

Bild 1: Reaktion 1. Ordnung im c-t-Diagramm (mit Tabellenkalkulationsprogramm erstellt)

Eine Variante zur Analyse einer Reaktion 1. Ordnung besteht in der **Linearisierung der Messwerte**. Die Werte einer e-Funktion zeigen einen linearen Verlauf, wenn sie logarithmiert werden (vgl. S. 57).

Wird bei einer **Reaktion 1. Ordnung** der natürliche Logarithmus der Konzentrationen ln *c* gegen die Reaktionszeit *t* aufgetragen, so ergibt sich eine Gerade.

Beispiel 2: Der Zerfall von Stickstoff(V)-oxid ist auf die Reaktionsordnung zu überprüfen, indem der Logarithmus der Konzentrationen ln $c(N_2O_5)$ gegen die Zeit *t* aufgetragen und anschließend eine lineare Regression durchgeführt wird.

Tabelle: Zerfall von Stickstoff(V)-oxid bei 25 °C

t in min	0	200	400	600	800	1000
$c(N_2O_5)$ in mol/L	0,0150	0,0096	0,0062	0,0040	0,0025	0,0016
ln $c(N_2O_5)$	−4,20	−4,65	−5,08	−5,52	−5,99	−6,44

Lösung: Die Logarithmen der Konzentrationen $c(N_2O_5)$ werden berechnet und in Zeile 3 der **Tabelle** eingetragen.
Die Messwerte zeigen im ln *c*-*t*-Diagramm einen linearen Verlauf **(Bild 1)**.
Die Funktionsgleichung wird mit dem Tabellenkalkulationsprogramm zu **c = −0,0022 t − 4,19** bestimmt.
Der Wert $R^2 = 0{,}999$ zeigt eine hohe Übereinstimmung.
Es liegt eine Reaktion **1. Ordnung** vor.

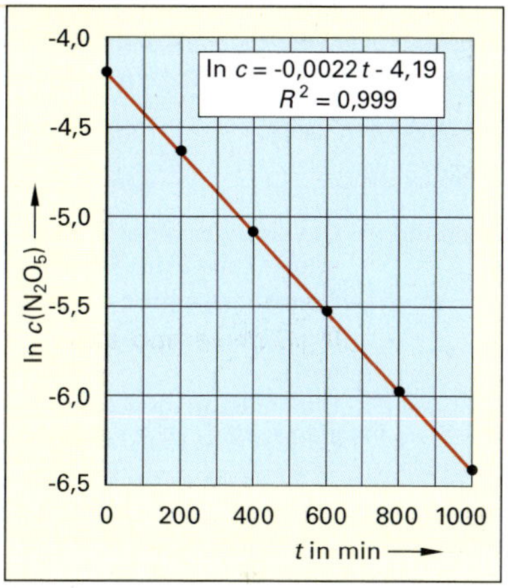

Bild 1: Reaktion 1. Ordnung im ln *c*-*t*-Diagramm (mit Tabellenkalkulationsprogramm erstellt)

Reaktionen zweiter Ordnung

Bei einer Reaktion **zweiter Ordnung** (second-order reaction) ergeben die Konzentrationen in Abhängigkeit von der Zeit aufgetragen eine **Exponentialfunktion** (**Bild 2**, vgl. Seite 57). Die Übereinstimmung mit dieser Funktion kann mit einem Grafikprogramm oder einem Tabellenkalkulationsprogramm überprüft werden. Die Geschwindigkeitsgleichung einer Reaktion zweiter Ordnung hat die Form:
$r = k \cdot c(A) \cdot c(B)$ oder: $r = k \cdot c^2(A)$

Beispiel 1: Stickstoff(IV)-oxid zerfällt nach folgender Reaktionsgleichung:

$$2\,NO_{2(g)} \rightleftharpoons 2\,NO_{(g)} + O_{2(g)}$$

Die Konzentrationsänderung von Stickstoff(IV)-oxid wurde zu verschiedenen Zeitpunkten über das aufgefangene Sauerstoff-Volumen ermittelt und dabei folgende Messwerte erhalten **(Tabelle)**:

Tabelle: Zerfall von Stickstoff(IV)-oxid bei 338 °C

t in min	0	50	100	150	250
$c(NO_2)$ in mmol/L	7,9	6,5	5,6	4,8	3,8

Zeigen Sie in einem *c*-*t*-Diagramm, dass eine Reaktion zweiter Ordnung vorliegt. Prüfen Sie dazu die Übereinstimmung mit einer Exponentialfunktion.

Lösung: Trägt man die Konzentration $c(N_2O_5)$ gegen die Zeit auf, so erhält man eine polynomische Funktion **(Bild 2)**. Ein R^2-Wert von 0,999 zeigt eine gute Übereinstimmung mit der genannten Funktion.
Es liegt eine Reaktion **2. Ordnung** vor.

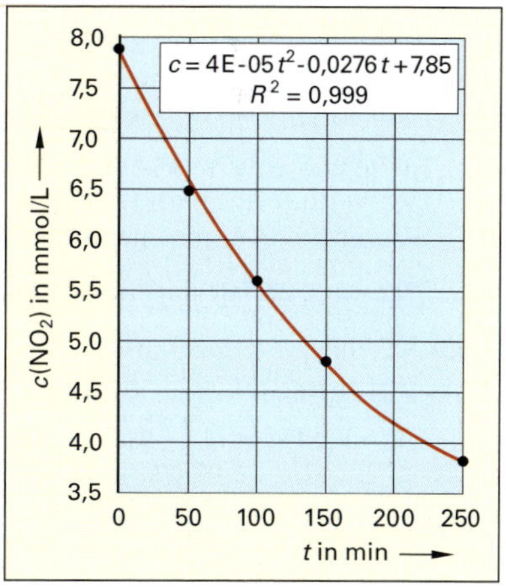

Bild 2: Reaktion 2. Ordnung im *c*-*t*-Diagramm (mit Tabellenkalkulationsprogramm erstellt)

Wie bei einer Reaktion 1. Ordnung können auch bei einer Reaktion 2. Ordnung die Messwerte durch **Linearisierung** analysiert werden. Die Werte einer exponentiellen Funktion zeigen einen linearen Verlauf, wenn ihre Kehrwerte gegen die Zeit aufgetragen werden (vgl. S. 57).

Wird bei einer **Reaktion 2. Ordnung** der Kehrwert der Konzentrationen $1/c$ bzw. c^{-1} gegen die Reaktionszeit *t* aufgetragen, so ergibt sich eine Gerade.

6

Beispiel 2: Der Zerfall von Stickstoff(IV)-oxid ist mit den Messdaten in **Tabelle 1** auf die Reaktionsordnung zu überprüfen. Dazu ist der Kehrwert der Konzentrationen $1/c(NO_2)$ gegen die Zeit t aufzutragen und anschließend eine lineare Regression durchzuführen.

Tabelle 1: Zerfall von Stickstoff(IV)-oxid bei 338 °C					
t in min	0	50	100	150	250
$c(NO_2)$ in mmol/L	7,9	6,5	5,6	4,8	3,8
$1/c$ in $mmol^{-1} \cdot L$	0,127	0,154	0,179	0,208	0,263

Lösung: Die Kehrwerte der Konzentrationen $c(NO_2)$ werden berechnet und in Zeile 3 der **Tabelle 1** wiedergegeben.

Damit wird ein $1/c$-t-Diagramm erstellt **(Bild 1).**

Die Messwerte zeigen im $1/c$-t-Diagramm einen linearen Verlauf.

Die Funktionsgleichung lautet: $1/c = 0{,}546\,t + 0{,}127$.

Es liegt eine Reaktion **2. Ordnung** vor.

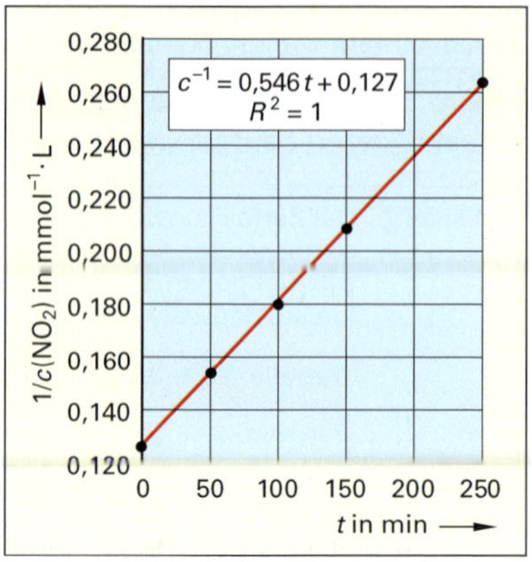

Bild 1: Reaktion 2. Ordnung im $1/c$-t-Diagramm (mit Tabellenkalkulationsprogramm erstellt)

6

Aufgaben zu Grafische Ermittlung der Reaktionsordnung

1. Braunstein MnO_2 zersetzt Wasserstoffperoxid H_2O_2 in einer katalytischen Reaktion.

   $2\,H_2O_{2\,(aq)} \longrightarrow 2\,H_2O_{(l)} + O_{2(g)}$

   Das dabei entstehende Sauerstoff-Volumen wird in einem Kolbenprober aufgefangen **(Tabelle 2).**

Tabelle 2: Katalytische Zersetzung von Wasserstoffperoxid										
t in min	0	1	2	3	4	5	6	7	8	∞
$V(O_2)$ in mL	0	35	52	64	71	76	80	82	83,5	88
$(V_\infty(O_2) - V_t(O_2))$ in mL	88	53	36	24	17	12	8	6	4,5	0

   a) Warum ist die Differenz $V_\infty - V_t$ ein Maß für die Konzentration an Wasserstoffperoxid?

   b) Ermitteln Sie grafisch die Reaktionsordnung dieser Reaktion, formulieren Sie die Geschwindigkeitsgleichung.

2. Phenyldiazoniumchlorid, ein Zwischenprodukt bei der Herstellung von Azofarbstoffen, zerfällt oberhalb von 5 °C in Phenol, Salzsäure und Stickstoff:

   $C_6H_5N_2Cl_{(aq)} + H_2O_{(l)} \longrightarrow C_6H_5OH_{(aq)} + N_{2(g)} + HCl_{(aq)}$

   Der Verlauf der Reaktion kann gut verfolgt werden, indem man das Volumen des entstehenden Stickstoffs in einem geeigneten Volumenmessgefäß erfasst **(Tabelle 3).**

Tabelle 3: Zerfall von Phenyldiazoniumchlorid bei 47 °C										
t in min	0	2	4	6	8	10	12	14	18	22	∞
$V(N_2)$ in mL	0	28	54	76	96	112	127	139	160	175	219
$(V_\infty - V(t))$ in mL	219	191	165	143	123	107	92	80	59	44	0

   a) Warum ist die Differenz $V_\infty - V(t)$ ein Maß für die Konzentration an Phenyldiazoniumchlorid?

   b) Prüfen Sie grafisch, ob eine Reaktion 1. oder 2. Ordnung vorliegt.

   c) Berechnen Sie die Geschwindigkeitskonstante für die Reaktionstemperatur 47 °C.

3. Iodmethan wird in alkalischer Lösung nach folgender Reaktion verseift:

   $CH_3I_{(aq)} + OH^-_{(aq)} \longrightarrow CH_3OH_{(aq)} + I^-_{(aq)}$

   Der Reaktionsverlauf wird durch Leitfähigkeitsmessung verfolgt. **Tabelle 4** zeigt die Änderung der Konzentration $c(OH^-)$ aus einem Reaktionsansatz mit gleichen Edukt-Konzentrationen.

   Ermitteln Sie die Reaktionsordnung und formulieren Sie die Geschwindigkeitsgleichung.

Tabelle 4: Verseifung von Iodmethan mit Natronlauge							
t in min	1	5	15	25	40	50	60
$c(OH^-)$ in mol/L	0,52	0,49	0,42	0,36	0,30	0,27	0,25

6.2.3 Einfluss der Temperatur auf die Reaktionsgeschwindigkeit

Die Temperatur ist neben der Konzentration eine weitere wichtige Einflussgröße auf die Reaktionsgeschwindigkeit. Im Allgemeinen nimmt die Geschwindigkeit einer Reaktion mit steigender Temperatur zu. Dies gilt sowohl für endotherme als auch für exotherme Reaktionen. Aus diesem Grund werden viele chemische Synthesen bei erhöhter Temperatur durchgeführt. Leicht verderbliche Stoffe wie z. B. Lebensmittel oder Pharmazeutika werden kühl gelagert, um ihren Reaktionszerfall zu verlangsamen.

Reaktionsgeschwindigkeits-Temperatur-Regel

Als **Faustregel** gilt für zahlreiche chemische Reaktionen:

Die Reaktionsgeschwindigkeit nimmt bei einer Temperaturerhöhung um 10 K etwa um den Faktor 2 zu.

Dieser Zusammenhang wird als Reaktionsgeschwindigkeits-Temperatur-Regel, kurz **RGT-Regel** (VAN'T HOFF'S law), bezeichnet.

RGT-Regel: Eine Temperaturerhöhung um 10 K hat bei vielen Reaktionen annähernd eine Verdopplung der Reaktionsgeschwindigkeit zur Folge.

Temperaturabhängigkeit der Reaktionsgeschwindigkeit

$$r_2 \approx 2^n \cdot r_1; \quad \text{mit } n \approx \frac{\vartheta_2 - \vartheta_1}{10\text{ K}}$$

Temperaturabhängigkeit der Reaktionszeit

$$t_2 \approx \frac{t_1}{2^n}; \quad \text{mit } n \approx \frac{\vartheta_1 - \vartheta_2}{10\text{ K}}$$

Ist für eine bestimmte Reaktionstemperatur ϑ_1 die Reaktionsgeschwindigkeit r_1 bzw. die Reaktionszeit t_1 bekannt, so kann mithilfe der RGT-Regel und nebenstehenden Größengleichungen für eine beliebige Temperatur ϑ_2 die Reaktionsgeschwindigkeit r_2 bzw. die Reaktionszeit t_2 abgeschätzt werden.

Beispiel 1: Eine Reaktion verläuft bei 20 °C mit einer Reaktionsgeschwindigkeit von 0,25 mmol/s. Wie groß ist die Reaktionsgeschwindigkeit bei 60 °C mit den gleichen Ausgangskonzentrationen?

Lösung: $n = \frac{\vartheta_2 - \vartheta 1}{10\text{ K}} = \frac{60\text{ °C} - 20\text{ °C}}{10\text{ K}} = \frac{40\text{ K}}{10\text{ K}} = 4$; $\mathbf{r_2} \approx 2^n \cdot r_1 = 2^4 \cdot 0{,}25\text{ mmol/s} \approx \mathbf{4{,}0\text{ mmol/s}}$

Beispiel 2: Eine Reaktion dauert bei 80 °C 5,0 min. Welche Zeit benötigt die Reaktion mit gleichen Konzentrationen bei 15 °C?

Lösung: $n = \frac{\vartheta_2 - \vartheta_1}{10\text{ K}} = \frac{15\text{ °C} - 80\text{ °C}}{10\text{ K}} = \frac{-65\text{ K}}{10\text{ K}} = -6{,}5$; $\mathbf{t_2} \approx \frac{t_1}{2^n} \approx \frac{5{,}0\text{ min}}{2^{-6{,}5}} \approx 453\text{ min} = \mathbf{7{,}5\text{ h}}$

Mithilfe der Methode der Anfangsgeschwindigkeit lässt sich experimentell überprüfen, ob für den Temperatureinfluss auf eine Reaktion die RGT-Regel zutrifft. Zu diesem Zweck werden in einem Diagramm die ermittelten Reaktionsgeschwindigkeiten (als Kehrwerte der Reaktionszeiten t_{R0}^{-1}) gegen die Temperatur aufgetragen. Dann kann durch Interpolation die Auswirkung einer Temperaturerhöhungen von 10 K auf die Reaktionsgeschwindigkeit für beliebige Intervalle geprüft werden **(Bild 1).**

Beispiel 3: In einer Versuchsreihe soll überprüft werden, ob die RGT-Regel auf die Reaktion zwischen Iodid-Ionen $I^-_{(aq)}$ und Peroxodisulfat-Ionen $S_2O^{2-}_{8(aq)}$ zutrifft. Es wurden folgende Messwerte erhalten:

Tabelle: Temperatur und Reaktionsgeschwindigkeit

ϑ in °C	1	9	20	25	36	47
t_{R0} in s	260	120	53	37	18	9
$1/t_{R0}$ in s^{-1}	0,0038	0,0083	0,0189	0,0270	0,0556	0,111

a) Ermitteln Sie die Kehrwerte der Reaktionszeit und tragen Sie diese in einem Diagramm gegen die Reaktionstemperatur ϑ auf.

b) Überprüfen Sie im Diagramm, ob eine Temperaturerhöhung um 10 K die Reaktionsgeschwindigkeit verdoppelt.

Lösung: a) **Tabelle**, rote Zeile und **Bild 1**.

b) Die gewählten Intervalle von 10 K zwischen 10 °C und 40 °C zeigen für diesen Temperaturbereich eine gute Übereinstimmung mit der RGT-Regel: r nimmt um den Faktor 2 zu.

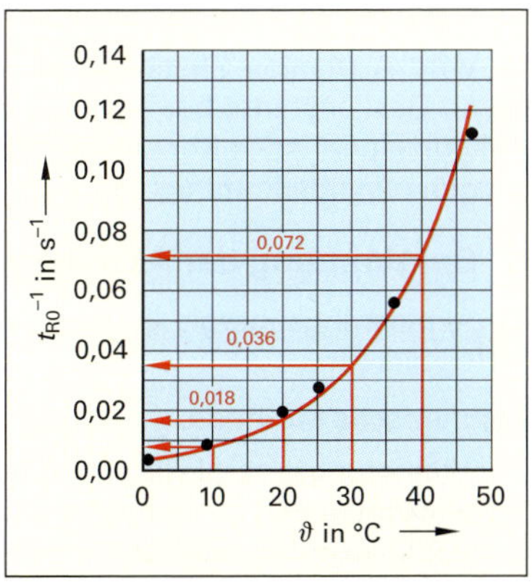

Bild 1: Einfluss der Temperatur auf die Reaktionsgeschwindigkeit

Boltzmann-Energieverteilung (Boltzmann distribution)

Bei gleicher Temperatur haben die Teilchen eines Stoffes nicht die gleiche Bewegungsenergie, da sie sich mit unterschiedlicher Geschwindigkeit bewegen. Je größer die Geschwindigkeit von Teilchen, desto größer ist ihre kinetische Energie.

Der Physiker Boltzmann[1] hat die Energieverteilung von Gasteilchen für verschiedene Temperaturen berechnet. Sie lässt sich in einem Energieverteilungsdiagramm veranschaulichen **(Bild 1)**.

Trägt man die kinetische Energie E_{kin} der Teilchen einer Gasportion für unterschiedliche Temperaturen gegen die Anzahl der Teilchen N mit diesem Energieinhalt auf, so erhält man die **Energieverteilungskurve** für die jeweilige Temperatur.

Die Energieverteilungskurve ist für höhere Temperaturen T_2 im Diagramm gegenüber T_1 nach rechts verschoben. Demzufolge ist die mittlere kinetische Energie der Teilchen bei höheren Temperaturen größer (vgl. Kap. 3.14, Seite 111).

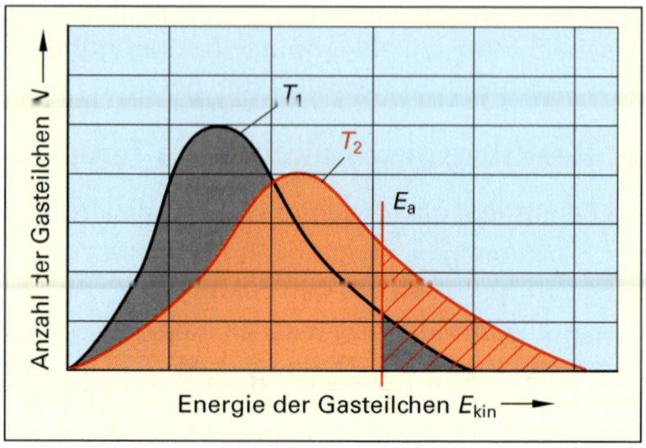

Bild 1: Energieverteilungskurven (nach Boltzmann) von Gasteilchen für zwei Temperaturen

6

Aktivierungsenergie (activation energy)

Bei vielen chemischen Reaktionen reagieren die Teilchen nur dann miteinander, wenn sie mit der richtigen räumlichen Orientierung, d.h. mit ihren funktionellen Gruppen, zusammenstoßen und wenn der Zusammenstoß mit einer reaktionstypischen Mindestenergie erfolgt. Diese Mindestenergie wird **Aktivierungsenergie** E_a genannt.

> Die **Aktivierungsenergie** ist die Mindestenergie, welche die Teilchen eines Stoffes aufweisen müssen, um an einer chemischen Reaktion teilzunehmen.

Nur die Teilchen in einer Stoffportion, deren Energiegehalt mindestens die Aktivierungsenergie übersteigt, können eine chemische Reaktion eingehen. Aus **Bild 1** kann ersehen werden, dass bei der Temperatur T_1 nur wenige Teilchen diese Mindestenergie für einen wirksamen Zusammenstoß aufweisen (grau unterlegte Fläche). Bei der höheren Temperatur T_2 haben dagegen erheblich mehr Teilchen diese Mindestenergie (rot schraffierte Fläche) und führen zu einer starken Zunahme der Reaktionsgeschwindigkeit. Dies erklärt den starken Einfluss der Temperatur auf die Reaktionsgeschwindigkeit und damit die RGT-Regel.

Arrhenius-Gleichung (Arrhenius formula)

Der Chemiker Arrhenius[2] entwickelte eine Gleichung, die einen Zusammenhang zwischen einer Reaktionsgeschwindigkeitskonstanten k und der Aktivierungsenergie E_a, der Reaktionstemperatur T und der allgemeinen Gaskonstanten R herstellt.

Sie wird Arrhenius-Gleichung genannt (siehe rechts). Die allgemeine Gaskonstante beträgt $R = 8{,}314\ \text{J} \cdot \text{mol}^{-1} \cdot \text{K}^{-1}$; A ist eine reaktionsspezifische Konstante. Sie ist für die folgenden Berechnungen ohne Bedeutung.

Arrhenius-Gleichung
$k = A \cdot e^{-\frac{E_a}{R \cdot T}}$

Logarithmierte Arrhenius-Gleichung
$\ln k = \ln A - \frac{E_a}{R \cdot T}$

Bestimmung der Aktivierungsenergie

Die Aktivierungsenergie E_a einer Reaktion kann aus experimentellen Daten rechnerisch oder grafisch ermittelt werden.

Rechnerische Methode:

Die Aktivierungsenergie lässt sich berechnen, wenn man zwei Temperaturen T_1 und T_2 sowie die Geschwindigkeitskonstanten k_1 und k_2 kennt. Diese können u.a. mithilfe der Methode der Anfangsgeschwindigkeit (Seite 200) experimentell bestimmt werden.

---

[1] Ludw ig Boltzmann (1844 bis 1906), österreichischer Physiker

[2] Svante Arrhenius (1859 bis 1927), schwedischer Chemiker

Dazu wird die Arrhenius-Gleichung für beide Temperaturen T_1 und T_2 formuliert, beide Gleichungen nach ln A umgeformt und gleichgesetzt. So wird die stoffspezifische Konstante A eliminiert. Aus:

$\ln k_1 = \ln A - \frac{E_a}{R \cdot T_1}$ und $\ln k_2 = \ln A - \frac{E_a}{R \cdot T_2}$ folgt durch Subtraktion: $\ln k_2 - \ln k_1 = \frac{E_a}{R \cdot T_1} - \frac{E_a}{R \cdot T_2}$

Nach Ausklammern von E_a/R ergibt sich: $\ln k_2 - \ln k_1 = \ln \frac{k_2}{k_1} = \frac{E_a}{R}\left(\frac{1}{T_1} - \frac{1}{T_2}\right)$

Aus diesem Term erhält man durch Umformen die nebenstehende Größengleichung zur Berechnung der Aktivierungsenergie E_a.

Umgestellte Arrheniusgleichung zur Aktivierungsenergie

$$E_a = \left(\frac{1}{T_1} - \frac{1}{T_2}\right)^{-1} \cdot R \cdot \ln \frac{k_2}{k_1}$$

Beispiel: Die Reaktion $NO_{2(g)} + CO_{(g)} \rightleftharpoons NO_{(g)} + CO_{2(g)}$ wird auf ihre Temperaturabhängigkeit untersucht.
Die Geschwindigkeitskonstanten betragen: Bei T_1 = 700 K: k_1 = 1,30 L · mol^{-1} · s^{-1},
Bei T_2 = 800 K: k_2 = 23,0 L · mol^{-1} · s^{-1}.
Berechnen Sie die Aktivierungsenergie der Reaktion.

Lösung: $\boldsymbol{E_a} = \left(\frac{1}{T_1} - \frac{1}{T_2}\right)^{-1} \cdot R \cdot \ln \frac{k_2}{k_1} = \left(\frac{1}{700\ \text{K}} - \frac{1}{800\ \text{K}}\right)^{-1} \cdot 8{,}314 \cdot \text{J} \cdot \text{mol}^{-1} \cdot \text{K}^{-1} \cdot \ln \frac{23{,}0}{1{,}30} \approx$ **134 kJ/mol**

Grafische Methode:

Die Aktivierungsenergie kann grafisch ermittelt werden. Dazu wird in einem Diagramm der Logarithmus der Geschwindigkeitskonstante ln k gegen den Kehrwert der thermodynamischen Temperatur T^{-1} aufgetragen **(Bild 1)**. Man erhält eine Gerade mit der Steigung m.

Sie berechnet sich aus dem Steigungsdreieck zu $m = \frac{\Delta \ln k}{\Delta T^{-1}}$

Mit $\Delta \ln k = \ln k_2 - \ln k_1 = \ln \frac{k_2}{k_1}$ und $\Delta T^{-1} = \left(\frac{1}{T_1} - \frac{1}{T_2}\right)$ ergibt sich

die Steigung zu: $m = \frac{\Delta \ln k}{\Delta T^{-1}} = \frac{\ln \frac{k_2}{k_1}}{\left(\frac{1}{T_1} - \frac{1}{T_2}\right)} = \left(\frac{1}{T_1} - \frac{1}{T_2}\right)^{-1} \cdot \ln \frac{k_2}{k_1}$

Setzt man diesen Ausdruck in die obige Gleichung für die Aktivierungsenergie E_a ein, so erhält man die rechts stehende Gleichung für die grafische Bestimmung der Aktivierungsenergie.

Gleichung zur grafischen Bestimmung der Aktivierungsenergie

$$E_a = -R \cdot \frac{\Delta \ln k}{\Delta T^{-1}}$$

Beispiel: Für die Reaktion $NO_{2(g)} + CO_{(g)} \rightleftharpoons NO_{(g)} + CO_{2(g)}$ wurden die Gleichgewichtskonstanten bei unterschiedlichen Temperaturen bestimmt **(Tabelle)**.
Ermitteln Sie mithilfe der gewonnenen Daten die Aktivierungsenergie dieser Reaktion.

Tabelle: Geschwindigkeitskonstanten bei verschiedenen Temperaturen

gegebene Messwerte	T in K	600	650	700	750	800
	k in L · mol^{-1} · s^{-1}	0,028	0,22	1,30	6,0	23,0
berechnete Lösungswerte	ln k	−3,58	−1,51	+0,26	+1,79	+3,14
	T^{-1} in 10^{-3} K^{-1}	1,67	1,54	1,43	1,33	1,25

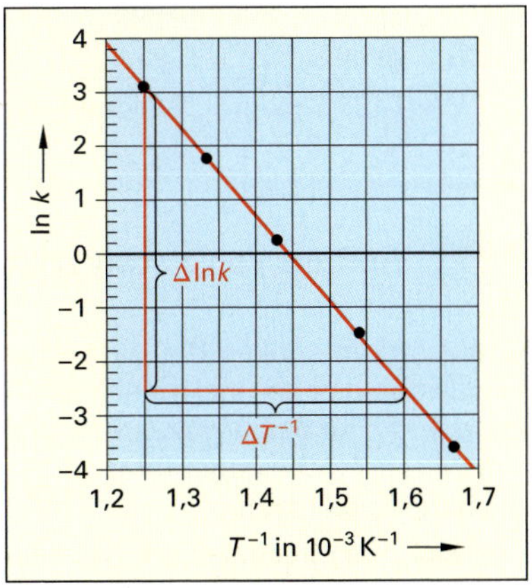

Bild 1: In k-1/T-Diagramm zur Ermittlung der Aktivierungsenergie

Lösung: Die Werte der Geschwindigkeitskonstanten werden logarithmiert (Tabelle Zeile 4) und die Kehrwerte der Temperaturen gebildet (Tabelle Zeile 5).
Anschließend wird in einem Diagramm ln k gegen T^{-1} aufgetragen **(Bild 1)**. Man erhält eine Gerade mit der Steigung m.
Mit den Werten aus einem Steigungsdreieck folgt durch Einsetzen:

$$E_a = -R \cdot \frac{\Delta \ln k}{\Delta T^{-1}} = -8{,}314\ \frac{\text{J}}{\text{K} \cdot \text{mol}} \cdot \frac{-2{,}6 - (+3{,}1)}{(1{,}60 - 1{,}25) \cdot 10^{-3}\ \text{K}^{-1}}$$

$E_a = -8{,}314\ \frac{\text{J}}{\text{K} \cdot \text{mol}} \cdot (-16286\ \text{K}) = 135399$ J/mol $\approx$ **135 kJ/mol**

Die Aktivierungsenergie E_a ist ein wichtiger Parameter für die Voraussage von Reaktionen: Sie erlaubt bei Kenntnis von k für eine bestimmte Temperatur die **Berechnung der Reaktionsgeschwindigkeitskonstanten** für beliebige Temperaturen und Konzentrationen.

Beispiel: Für die Hydrolyse von Saccharose wurde experimentell eine Aktivierungsenergie von 108 kJ/mol ermittelt. Die Geschwindigkeitskonstante beträgt bei 37 °C $k_1 = 1{,}0 \cdot 10^{-3}\ \mathrm{L \cdot mol^{-1} \cdot s^{-1}}$. Berechnen Sie die Geschwindigkeitskonstante der Reaktion bei 35 °C.

Lösung: $E_a = \left(\frac{1}{T_1} - \frac{1}{T_2}\right)^{-1} R \ln \frac{k_2}{k_1} \Rightarrow \frac{E_a}{R}\left(\frac{1}{T_1} - \frac{1}{T_2}\right) = \ln k_2 - \ln k_1 \Rightarrow \ln k_2 = \ln k_1 + \frac{E_a}{R}\left(\frac{1}{T_1} - \frac{1}{T_2}\right)$

$$\ln k_2 = \ln 1{,}0 \cdot 10^{-3} + \frac{108 \cdot 10^3\ \mathrm{J \cdot mol^{-1}}}{8{,}314 \cdot \mathrm{J \cdot mol^{-1} \cdot K^{-1}}} \cdot \left(\frac{1}{310\ \mathrm{K}} - \frac{1}{308\ \mathrm{K}}\right) = -6{,}908 + 0{,}272 = -6{,}636$$

$$\ln k_2 = -6{,}636 \Rightarrow \boldsymbol{k_2} = e^{-6{,}636} = 0{,}00131\ \mathrm{L \cdot mol^{-1} \cdot s^{-1}} \approx \mathbf{1{,}31 \cdot 10^{-3}\ L/(mol \cdot s)}$$

Aufgaben zum Einfluss der Temperatur auf die Reaktionsgeschwindigkeit

1. Die Umsetzung von Ammoniumperoxodisulfat mit Kaliumiodid ist bei 19,5 °C nach 53 s beendet. Welche Reaktionszeit ist mit den gleichen Ausgangskonzentrationen bei einer Temperatur von 75 °C zu erwarten, wenn die Reaktion nach der RGT-Regel verläuft?

2. Die Verseifung von Iodmethan mit Natronlauge $CH_3I_{(aq)} + OH^-_{(aq)} \longrightarrow CH_3OH_{(aq)} + I^-_{(aq)}$ verläuft bei 60 °C mit einer Reaktionsgeschwindigkeit von 8,0 mmol/min. Berechnen Sie die Reaktionsgeschwindigkeit bei 22 °C.

3. Bei der Zersetzung von Thiosulfat-Ionen durch Wasserstoff-Ionen disproportioniert das Thiosulfat-Ion in Schwefel und Schwefeldioxid: $S_2O^{2-}_{3(aq)} + 2\,H^+_{(aq)} \longrightarrow H_2O_{(l)} + SO_{2(g)} + S_{(s)}$

Tabelle 1: Zersetzung von Natriumthiosulfat-Lösung durch Salzsäure					
ϑ in °C	14,5	19,5	25,0	31,5	50,5
t_{R0} in s	90	63	47	29	10

Prüfen Sie mithilfe eines geeigneten Diagramms, ob die Reaktion nach der RGT-Regel verläuft.

4. Die Geschwindigkeitskonstante der Verseifung von Ethylbromid nach der Gleichung $C_2H_5Br_{(aq)} + OH^-_{(aq)} \longrightarrow C_2H_5OH_{(aq)} + Br^-_{(aq)}$ zeigt folgende Temperaturabhängigkeit:

Tabelle 2: Verseifung von Ethylbromid						
ϑ in °C	25	30	35	40	45	50
k in $\mathrm{L \cdot mol^{-1} \cdot s^{-1}}$	$8{,}8 \cdot 10^{-5}$	$1{,}6 \cdot 10^{-4}$	$2{,}8 \cdot 10^{-4}$	$5{,}0 \cdot 10^{-4}$	$8{,}5 \cdot 10^{-4}$	$1{,}4 \cdot 10^{-3}$

Bestimmen Sie die Aktivierungsenergie der Reaktion.

5. Stickstoff(V)-oxid zerfällt nach folgender Reaktion: $2\,N_2O_{5(g)} \longrightarrow 4\,NO_{2(g)} + O_{2(g)}$.
Bei 45 °C beträgt die Geschwindigkeitskonstante $6{,}2 \cdot 10^{-4}\ \mathrm{s^{-1}}$. Die Aktivierungsenergie hat den Wert 103,3 kJ/mol. Welchen Wert hat die Geschwindigkeitskonstante bei 200 °C?

6.2.4 Einfluss von Katalysatoren auf die Reaktionsgeschwindigkeit

Katalysatoren senken die Aktivierungsenergie einer Reaktion. Dadurch haben viel mehr Teilchen die erforderliche Mindestenergie für einen wirksamen Zusammenstoß (**Bild 1**, rot schraffierte Fläche gegenüber der dunkelrot unterlegten Fläche ohne Katalysator).

Zahlreiche großtechnische Synthesen sind ohne den Einsatz von Katalysatoren nicht wirtschaftlich durchführbar, da sie erst unter deren Einfluss mit vertretbarer Geschwindigkeit ablaufen. Beispiele: die Ammoniaksynthese, die Reaktion im Dreiwegekatalysator des PKW oder die Rauchgas-Entstickung von Kohlekraftwerken.

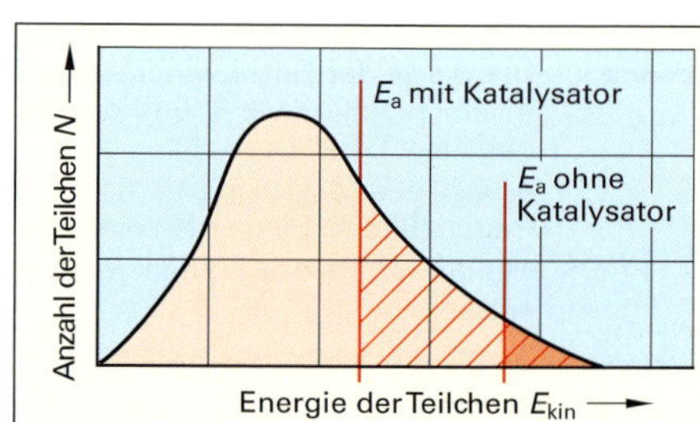

Bild 1: Aktivierungsenergie mit und ohne Katalysator

6.3 Chemisches Gleichgewicht

Zahlreiche chemische Reaktionen erreichen in einem abgeschlossenen Reaktionssystem, bei dem weder Energie- noch Stoffaustausch mit der Umgebung erfolgt, nach einer bestimmten Zeit einen nach außen stabil wirkenden Endzustand. Ab diesem Zeitpunkt ist im Reaktionsraum keine stoffliche Veränderung mehr festzustellen: Ausgangs- und Endstoffe liegen in konstantem Verhältnis nebeneinander vor.

Ursache der scheinbaren Stabilität des Systems ist das Erreichen eines **Gleichgewichtszustandes**, in dem pro Zeiteinheit genauso viele Produktteilchen gebildet werden wie auch wieder zerfallen. Man spricht von einem **dynamischen Gleichgewicht**.

Dynamisches Gleichgewicht (dynamic equilibrium)

Erwärmt man beispielsweise Wasserstoff und Iod **(Bild 1a)** auf 450 °C, so verursacht zunächst das sublimierende elementare Iod eine stark violette Färbung des Reaktionsgemisches. Nach einiger Zeit bei dieser Temperatur nimmt die Farbintensität des Reaktionsgemisches ab. Ursache für die Aufhellung ist die Umsetzung des elementaren Iods mit dem Wasserstoff zu farblosem Wasserstoffiodid HI **(Bild 1b)**. Sie verläuft nach folgender Bildungs-Reaktionsgleichung: $H_{2(g)} + I_{2(g)} \longrightarrow 2\,HI_{(g)}$

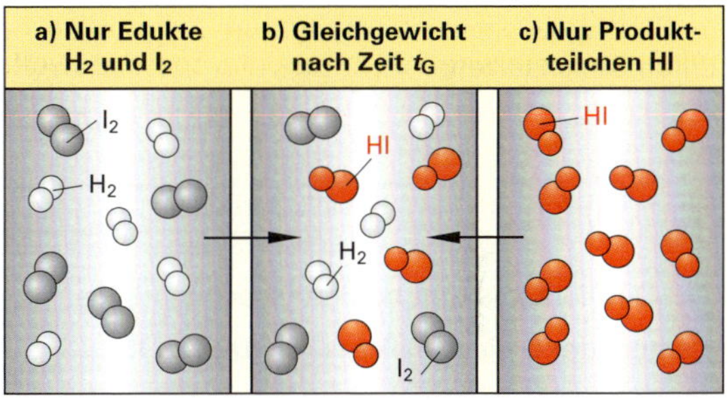

Bild 1: Einstellung eines dynamischen Gleichgewichts von der Eduktseite und der Produktseite

Überprüft man in bestimmten Zeitabständen die Konzentration an I_2, H_2 und HI und trägt sie in einem Diagramm auf, so stellt man ab dem Zeitpunkt t_G keine Konzentrationsänderung mehr fest **(Bild 2a)**. Die Konzentration $c(I_2)$ und damit auch die Konzentrationen $c(H_2)$ und $c(HI)$ bleiben konstant.

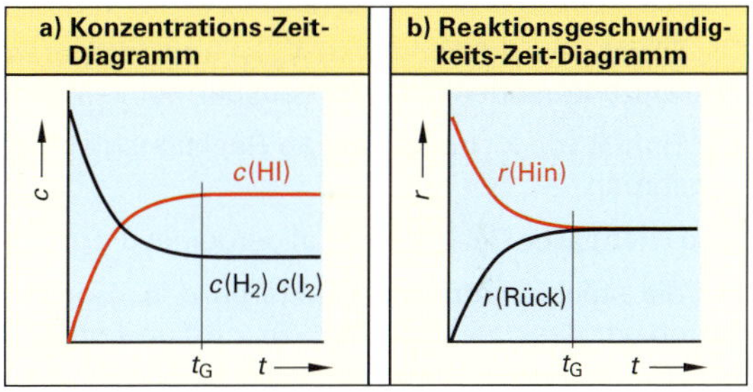

Bild 2: Zeitlicher Verlauf der Gleichgewichtseinstellung bei der Reaktion $H_2 + I_2 \rightleftharpoons 2\,HI$

Erwärmt man dagegen farbloses Wasserstoffiodid HI **(Bild 1c)** ebenfalls auf 450 °C, so färbt sich das Gas allmählich schwach violett und erreicht ab dem Zeitpunkt t_G die Farbintensität des ersten Ansatzes.

Auch in diesem Reaktionsgemisch finden sich nun neben Wasserstoffiodid HI molekulares Iod I_2 und Wasserstoff H_2 mit konstanten Konzentrationen **(Bild 1b)**. Wasserstoffiodid zerfällt nach folgender Zerfalls-Reaktionsgleichung: $2\,HI_{(g)} \longrightarrow H_{2(g)} + I_{2(g)}$

Ausgehend zum einen von $H_{2(g)}$ und $I_{2(g)}$ **(Bild 1a)** und zum anderen von $HI_{(g)}$ **(Bild 1c)** hat sich in beiden Reaktionsräumen ein Gleichgewicht eingestellt, in dem die *Bildungsgeschwindigkeit* r(Hin) und die *Zerfallsgeschwindigkeit* r(Rück) gleich groß sind **(Bild 2b)**. Die Reaktion kommt scheinbar zum Stillstand, da sich die Konzentrationen der Stoffe sichtbar nicht mehr ändern. Tatsächlich findet aber im molekularen Bereich ständig die Bildung und der Zerfall des Iodwasserstoffs statt.

Dieser Zustand wird als **dynamisches Gleichgewicht** bezeichnet. In der Gleichgewichts-Reaktionsgleichung wird der Gleichgewichtszustand durch einen Doppelpfeil $\rightleftharpoons$ gekennzeichnet.

Gleichgewichtsreaktion
$H_{2(g)} + I_{2(g)} \rightleftharpoons 2\,HI_{(g)}$

Lage des chemischen Gleichgewichts (equilibrium position)

Aus der Lage eines chemischen Gleichgewichts ist zu erkennen, mit welcher Ausbeute die Ausgangsstoffe zu Produkten umgesetzt werden. In der Reaktionsgleichung wird die Gleichgewichtslage durch unterschiedliche Längen der Reaktionspfeile für die Hin- und Rückreaktion verdeutlicht (Seite 213). Sie kann durch Änderung der Reaktionsbedingungen wie z.B. Konzentrationen, Temperatur sowie bei zahlreichen Gasreaktionen durch den Druck verändert werden (Seite 215).

6

6.4 Massenwirkungsgesetz

Der Gleichgewichtszustand einer chemischen Reaktion (Bild 1, Seite 211 ist gekennzeichnet durch konstante Konzentrationen der an der Reaktion beteiligten Stoffe.

Die Naturwissenschaftler Guldberg[1] und Waage[1] fanden, dass sich die Gleichgewichtszusammensetzung einer Reaktion durch ein Gesetz mit einer Gleichgewichtskonstanten K_c beschreiben lässt. Ihre Ergebnisse fassten sie in dem sogenannten **Massenwirkungsgesetz**, kurz **MWG** (law of mass action) zusammen.

Für eine Reaktionsgleichung der allgemeinen Form: $A + B \rightleftharpoons C + D$ ergibt sich:

mit der Geschwindigkeitskonstanten $k(\text{Hin})$ die Reaktionsgeschwindigkeit für die **Hinreaktion:**

$$r(\text{Hin}) = k(\text{Hin}) \cdot c(A) \cdot c(B)$$

mit der Geschwindigkeitskonstanten $k(\text{Rück})$ die Reaktionsgeschwindigkeit für die **Rückreaktion:**

$$r(\text{Rück}) = k(\text{Rück}) \cdot c(C) \cdot c(D)$$

Im Gleichgewichtszustand sind zum Zeitpunkt t_G beide Reaktionsgeschwindigkeiten gleich und man erhält durch Gleichsetzen: $r(\text{Hin}) = r(\text{Rück})$

$$\Rightarrow \quad k(\text{Hin}) \cdot c(A) \cdot c(B) = k(\text{Rück}) \cdot c(C) \cdot c(D).$$

Durch Umformung ergibt sich daraus: $\dfrac{k(\text{Hin})}{k(\text{Rück})} = \dfrac{c(C) \cdot c(D)}{c(A) \cdot c(B)}$

Der Quotient aus den beiden Geschwindigkeitskonstanten $k(\text{Hin})$ und $k(\text{Rück})$ wird zu einer neuen Konstanten, der **Gleichgewichtskonstanten** $K_c = \dfrac{k(\text{Hin})}{k(\text{Rück})}$ zusammengefasst.

Durch Einsetzen von $k(\text{Hin})$ und $k(\text{Rück})$ erhält man die folgende Gleichung: $K_c = \dfrac{c(C) \cdot c(D)}{c(A) \cdot c(B)}$

Dies ist das **Massenwirkungsgesetz** für die chemische Reaktion mit der Reaktionsgleichung: $A + B \rightleftharpoons C + D$.

Die Gleichgewichtskonstante K_c ist eine temperaturabhängige Größe. Der Index *c* weist darauf hin, dass die Konzentrationen der Reaktionspartner in Mol durch Liter ($\text{mol} \cdot \text{L}^{-1}$) angegeben werden.

Die Einheit von K_c hängt von der Reaktionsgleichung ab und kann $(\text{mol} \cdot \text{L}^{-1})^x$ mit z. B. x = –2, –1, 0, 1, 2 etc. annehmen.

Eine chemische Reaktion der allgemeinen Form $a\,A + b\,B \rightleftharpoons c\,C + d\,D$

hat die stöchiometrischen Faktoren a, b, c und d sowie die Konzentrationen der Reaktanden $c(A)$, $c(B)$, $c(C)$ und $c(D)$.

Im Gleichgewichtszustand gilt analog zur obigen Gleichung die nebenstehende allgemeine Form des **Massenwirkungsgesetzes**.

Massenwirkungsgesetz

$$K_c = \frac{c^c(C) \cdot c^d(D)}{c^a(A) \cdot c^b(B)}$$

Beispiel 1: Bei der Reaktion $H_{2(g)} + I_{2(g)} \rightleftharpoons 2\,HI_{(g)}$ liegen im Gleichgewicht bei 450 °C folgende Stoffmengenkonzentrationen vor: $c(H_2)$ = 1,68 mol/L, $c(I_2)$ = 0,021 mol/L, $c(HI)$ = 1,33 mol/L.
Berechnen Sie die Gleichgewichtskonstante K_c des Massenwirkungsgesetzes für diese Temperatur.

Lösung: $$\boldsymbol{K_c} = \frac{c^2(HI)}{c(H_2) \cdot c(I_2)} = \frac{(1{,}33\ \text{mol/L})^2}{1{,}68\ \text{mol/L} \cdot 0{,}021\ \text{mol/L}} = 50{,}1389 \approx \mathbf{50}$$

Beispiel 2: Das Reaktionsgleichgewicht zur Ammoniaksynthese nach dem Haber-Bosch-Verfahren mit der Reaktionsgleichung: $N_{2(g)} + 3\,H_{2(g)} \rightleftharpoons 2\,NH_{3(g)}$
hat bei 400 °C die Gleichgewichtskonstante $K_c = 2{,}04\ \text{L}^2 \cdot \text{mol}^{-2}$. Im Gleichgewichtsgemisch wurden 0,30 mol/L Stickstoff und 0,20 mol/L Wasserstoff gemessen.
Welche Ammoniak-Konzentration $c(NH_3)$ liegt im Gleichgewicht vor?

Lösung: $$K_c = \frac{c^2(NH_3)}{c^3(H_2) \cdot c(N_2)} \quad \Rightarrow \quad c(NH_3) = \sqrt{K_c \cdot c^3(H_2) \cdot c(N_2)}$$

$$\boldsymbol{c(NH_3)} = \sqrt{2{,}04\ \text{L}^2/\text{mol}^2 \cdot (0{,}20\ \text{mol/L})^3 \cdot 0{,}30\ \text{mol/L}} = \sqrt{4{,}896 \cdot 10^{-3}\ \text{mol}^2/\text{L}^2} = 0{,}0699714\ \text{mol/L} \approx \mathbf{70{,}0\ mmol/L}$$

[1] Cato Maximilian Guldberg (1836–1902) und Peter Waage (1833–1900), norwegische Naturforscher

Überprüfung des Gleichgewichtszustands einer Reaktion

Um zu beurteilen, ob sich ein System im Gleichgewicht befindet, ermittelt man aus den aktuellen Konzentrationen eines Reaktionsgemisches den **Massenwirkungskoeffizienten *Q*** (siehe rechts). Seine Bestimmungsgleichung ist identisch der Bestimmungsgleichung der Gleichgewichtskonstanten.

Massenwirkungskoeffizient

$$Q = \frac{c^c(C) \cdot c^d(D)}{c^a(A) \cdot c^b(B)}$$

Beispiel: Das Ausgangsgemisch der Ammoniak-Synthese wird aus Erdgas und Wasserdampf gewonnen. Im Prozess anfallendes Kohlenstoffmonoxid CO (Katalysatorgift im Ammoniak-Reaktor) wird durch Konvertierung zu Kohlenstoffdioxid CO_2 oxidiert und wird in dieser Form ausgewaschen.

Bei 720 °C hat die Konvertierungs-Reaktion: $H_2O_{(g)} + CO_{(g)} \rightleftharpoons H_{2(g)} + CO_{2(g)}$ gemäß Tabellenbuch die Gleichgewichtskonstante K_c = 0,625. Die Analyse eines vorliegenden Reaktionsgemisches bei dieser Temperatur ergibt folgende Stoffmengenkonzentrationen: $c(H_2)$ = 0,51 mol/L, $c(CO_2)$ = 1,05 mol/L, $c(H_2O)$ = 1,5 mol/L und $c(CO)$ = 2,05 mol/L.

Berechnen Sie den Massenwirkungskoeffizienten *Q* und prüfen Sie durch Vergleich mit K_c, ob sich das System im Gleichgewicht befindet.

Lösung: $Q = \frac{c(H_2) \cdot c(CO_2)}{c(H_2O) \cdot c(CO)} = \frac{0{,}51 \text{ mol/L} \cdot 1{,}05 \text{ mol/L}}{1{,}5 \text{ mol/L} \cdot 2{,}05 \text{ mol/L}} \approx \mathbf{0{,}17.}$

Der Quotient *Q* ist ungleich K_c. **Das Gleichgewicht hat sich noch nicht eingestellt.**

Lage des Gleichgewichts

Bei gleicher Gesamtanzahl von Eduktteilchen und Produktteilchen ist die Lage eines chemischen Gleichgewichts direkt an der Gleichgewichtskonstanten K_c erkennbar:

- $K_c > 1 \Rightarrow$ Das Gleichgewicht liegt auf der Produktseite (rechts), Reaktions-Doppelpfeil: $\rightleftharpoons$ (oberer Pfeil länger)
- $K_c = 1 \Rightarrow$ Produkte und Edukte liegen in gleicher Konzentration vor, Reaktions-Doppelpfeil: $\rightleftharpoons$
- $K_c < 1 \Rightarrow$ Das Gleichgewicht liegt auf der Eduktseite (links), Reaktions-Doppelpfeil: $\rightleftharpoons$ (unterer Pfeil länger)

Beispiel 1: Bei 720 °C hat die Reaktion $H_{2(g)} + CO_{2(g)} \rightleftharpoons H_2O_{(g)} + CO_{(g)}$ die Gleichgewichtskonstante 1,6.
Die Analyse des Reaktionsgemisches ergibt folgende Stoffmengenkonzentrationen:
$c(H_2)$ = 0,51 mol/L, $c(CO_2)$ = 1,05 mol/L, $c(H_2O)$ = 1,5 mol/L und $c(CO)$ = 2,05 mol/L.
Befindet sich das System im Gleichgewicht? Falls nicht, in welche Richtung muss die Reaktion stärker ablaufen, damit sich ein Gleichgewicht einstellt?

Lösung: $Q = \frac{c(H_2O) \cdot c(CO)}{c(H_2) \cdot c(CO_2)} = \frac{1{,}5 \text{ mol/L} \cdot 2{,}05 \text{ mol/L}}{0{,}51 \text{ mol/L} \cdot 1{,}05 \text{ mol/L}} \approx 5{,}7$

Der Quotient *Q* ist ungleich K_c. **Das Gleichgewicht hat sich noch nicht eingestellt.**
Da 5,7 > 1,6 folgt: Der Quotient hat einen zu **großen** Wert ⇒ die Produktkonzentration ist zu groß.
Die Reaktion muss noch weiter nach **links** fortschreiten, damit sich die Reaktion im Gleichgewicht befindet.

Beispiel 2: Schwefelsäure wird großtechnisch nach dem Doppelkontaktverfahren hergestellt. Ein wichtiger Verfahrensschritt ist die Gleichgewichtsreaktion: $2\,SO_2 + O_2 \rightleftharpoons 2\,SO_3$.
Für Versuchszwecke wurden 1,2 mol/L Schwefeltrioxid in einen Autoklaven gefüllt und nach Einstellung des Gleichgewichts 0,40 mol/L SO_2 analysiert. Berechnen Sie die Gleichgewichtskonstante für diese Temperatur.

Lösung:

Gleichgewichtsreaktion:	$2\,SO_{2(g)}$	+ $O_{2(g)}$	$\rightleftharpoons$	$2\,SO_{3(g)}$
Konzentrationen zu Reaktionsbeginn:	0 mol/L	0 mol/L		1,2 mol/L
Konzentrationen im Gleichgewicht:	0,40 mol/L	0,20 mol/L		1,2 mol/L – 0,40 mol/L = 0,80 mol/L

Pro 2 Mol SO_2 entsteht 1 Mol O_2, pro 0,40 mol/L SO_2 entsteht im gleichen Zeitraum 0,20 mol/L O_2.
Zur Bildung von 2 Mol SO_2 müssen 2 Mol SO_3 zerfallen,
zur Bildung von 0,40 mol/L SO_2 müssen 0,40 mol/L SO_3 zerfallen.
Die Gleichgewichtskonzentration an <u>nicht</u> zerfallenem SO_3 beträgt 1,2 mol/L – 0,40 mol/L = 0,80 mol/L.

$$K_c = \frac{c^2(SO_3)}{c^2(SO_2) \cdot c(O_2)} = \frac{(0{,}80 \text{ mol/L})^2}{(0{,}40 \text{ mol/L})^2 \cdot 0{,}20 \text{ mol/L}} \approx \mathbf{20\ L \cdot mol^{-1}}$$

6.5 Massenwirkungsgesetz für Gasgleichgewichte

Sind an einer Gleichgewichtsreaktion nur Gase beteiligt (Bild 1, Seite 211), so können in das Massenwirkungsgesetz anstelle der Stoffmengenkonzentrationen auch die Partialdrücke der einzelnen Komponenten eingesetzt werden. Dies erklärt sich aus der Tatsache, dass eine Volumenportion zur darin enthaltenen Stoffmenge und zum herrschenden Druck der Gasportion proportional ist. Die Gleichgewichtskonstante ist dann mit dem Index K_p bezeichnet. Die Zahlenwerte weichen häufig von den Zahlenwerten für K_c ab. Die Einheit für K_p ist neben den beteiligten Stoffmengen der Reaktanden auch von der angegebenen Einheit der Partialdrücke abhängig.

Wie die Gleichgewichtskonstante K_c ist auch K_p temperaturabhängig. Für eine Reaktion der allgemeinen Form:

$$a\,A_{(g)} + b\,B_{(g)} \rightleftharpoons c\,C_{(g)} + d\,D_{(g)}$$

gilt für ein Gasgleichgewicht das nebenstehende Massenwirkungsgesetz.

Massenwirkungsgesetz für Gasgleichgewichte

$$K_p = \frac{p^c(C) \cdot p^d(D)}{p^a(A) \cdot p^b(B)}$$

K_p und K_c beschreiben die Zusammensetzung von Gasgleichgewichten. Ein Zusammenhang zwischen beiden Größen ist aus der allgemeinen Gasgleichung $p \cdot V = n \cdot R \cdot T$ (vgl. Seite 136) herzuleiten.

Für den Partialdruck $p(X)$ einer Komponente X in einem Gasgemisch mit dem Volumen V gilt durch Umstellen nach p:

$$p(X) = \frac{n(X)}{V} \cdot R \cdot T$$

Mit der Stoffmengenkonzentration $c(X) = \frac{n(X)}{V}$ folgt:

$$p(X) = c(X) \cdot R \cdot T$$

Setzt man die Beziehung $p(X) = c(X) \cdot R \cdot T$ für die Partialdrücke der Komponenten eines Gasgemisches in das MWG ein, so ergibt sich:

$$K_p = \frac{p^c(C) \cdot p^d(D)}{p^a(A) \cdot p^b(B)} = \frac{[c(C) \cdot R \cdot T]^c \cdot [c(D) \cdot R \cdot T]^d}{[c(A) \cdot R \cdot T]^a \cdot [c(B) \cdot R \cdot T]^b} = \frac{[c^c(C) \cdot c^d(D)] \cdot (R \cdot T)^{c+d}}{[c^a(A) \cdot c^b(B)] \cdot (R \cdot T)^{a+b}} = K_c \cdot \frac{(R \cdot T)^{c+d}}{(R \cdot T)^{a+b}}$$

Durch Umformen wird die nebenstehende Beziehung zwischen den Gleichgewichtskonstanten K_p und K_c erhalten. Der Exponent Δn ist die Stoffmengendifferenz aus Produkten und Edukten in der Reaktionsgleichung.

Gleichgewichtskonstanten von Gasgleichgewichten

$$K_p = K_c \cdot (R \cdot T)^{\Delta n}$$
$$\text{mit } \Delta n = (c + d) - (a + b)$$

Ist $\Delta n = 0$, so verläuft die Reaktion ohne Änderung der Stoffmenge. Für diesen Fall gilt: $K_p = K_c$

Ferner gilt für Gasgemische das Dalton'sche Partialdruckgesetz: Die Summe der Teildrücke der Komponenten A und B eines Gasgemisches ergibt den Gesamtdruck (vgl. Seite 114).

$$p(\text{ges}) = p(A) + p(B)$$

In einem Gasgemisch verhalten sich die Partialdrücke, die Stoffmengen und die Volumina einer Komponente proportional zueinander.

Damit gilt für die Komponente X in einem Gasgemisch:

$$\frac{p(X)}{p(\text{ges})} = \frac{V(X)}{V(\text{ges})} = \frac{n(X)}{n(\text{ges})} = \varphi(X) = \chi(X)$$

Beispiel: Bei der Bildung von Schwefeltrioxid nach der Gleichgewichtsreaktion $2\,SO_{2(g)} + O_{2(g)} \rightleftharpoons 2\,SO_{3(g)}$ wurden bei 600 °C die folgenden Partialdrücke ermittelt:
$p(SO_2) = 10{,}0$ mbar, $p(O_2) = 900$ mbar und $p(SO_3) = 95{,}0$ mbar.
Berechnen Sie die Gleichgewichtskonstanten K_p und K_c.

Lösung: Das Massenwirkungsgesetz lautet: $K_p = \frac{p^2(SO_3)}{p^2(SO_2) \cdot p(O_2)} = \frac{(95{,}0\text{ mbar})^2}{(10{,}0\text{ mbar})^2 \cdot 900\text{ mbar}} \approx \mathbf{100\ bar^{-1}}$

$\Delta n = (c + d) - (a + b) = (2) - (2 + 1) = 2 - 3 = -1$

$K_p = K_c \cdot (R \cdot T)^{\Delta n} \Rightarrow \mathbf{K_c} = \frac{K_p}{(R \cdot T)^{\Delta n}} = \frac{100\text{ bar}^{-1}}{\left(0{,}08314\,\frac{\text{L} \cdot \text{bar}}{\text{K} \cdot \text{mol}} \cdot 873\text{ K}\right)^{-1}} \approx \mathbf{7{,}26\ \frac{m^2}{mol}}$

Aufgaben zum Massenwirkungsgesetz

1. Beim Gasgleichgewicht $N_{2(g)} + O_{2(g)} \rightleftharpoons 2\ NO_{(g)}$ liegen folgende Gleichgewichtskonzentrationen vor: $c(N_2)$ = 0,52 mol/L, $c(O_2)$ = 0,52 mol/L und $c(NO)$ = 0,052 mol/L.
Welche Gleichgewichtskonstante K_c hat das Gasgleichgewicht?
2. Methanol CH_3OH wird großtechnisch in einer katalysierten Gleichgewichtsreaktion aus Synthesegas, einem Gemisch aus Kohlenstoffmonoxid CO und Wasserstoff H_2 hergestellt.
a) Geben Sie die Reaktionsgleichung für das Synthesegleichgewicht an.
b) In einem Gemisch wurden 0,86 mol/L CO, 0,72 mol/L H_2 und 0,26 mol/L CH_3OH gaschromatografisch festgestellt. Berechnen Sie die Gleichgewichtskonstante K_c.
3. In einem Versuchsreaktor von 5,0 L liegt das Gleichgewicht $2\ SO_{2(g)} + O_{2(g)} \rightleftharpoons 2\ SO_{3(g)}$ vor. Das Reaktionsgemisch enthält 3,5 mol SO_3 und 0,84 mol O_2. Die Gleichgewichtskonstante beträgt für die vorliegende Temperatur K_c = 32 L · mol^{-1}.
Welche Stoffmengenkonzentration an SO_2 liegt im Reaktor vor?
4. Die Gleichgewichtskonstante für die Reaktion $PCl_{5(g)} \rightleftharpoons PCl_{3(g)} + Cl_{2(g)}$ beträgt bei 250 °C K_c = 0,040 mol/L. In einen 10-L-Autoklaven wurde Phosphorpentachlorid eingefüllt und auf 250 °C erhitzt. Im Gleichgewichtsgemisch wurden 0,034 mol/L PCl_5 und 0,037 mol/L PCl_3 vorgefunden. Welche Masse an freiem Chlor Cl_2 enthält der Autoklav?
5. Für das Gleichgewicht: $CH_3COOH + C_2H_5OH \rightleftharpoons CH_3COOC_2H_5 + H_2O$ beträgt die Gleichgewichtskonstante bei 40 °C K_c = 4,0. Hat die Reaktion den Gleichgewichtszustand erreicht, wenn der Inhalt eines Ansatzes folgende Zusammensetzung hat:
c(Säure) = 1,2 mol/L, c(Alkohol) = 2,2 mol/L, c(Ester) = 0,50 mol/L und c(Wasser) = 5,1 mol/L?
In welche Richtung muss die Reaktion gegebenenfalls bis zum Gleichgewicht ablaufen?
6. Ein Gemisch aus einem Mol Essigsäure und einem Mol Ethanol wird zur Reaktion gebracht. Es entstehen Essigsäureethylester und Wasser. Im Gleichgewichtszustand wurde die Konzentration an Essigsäure zu c(Säure) = 0,328 mol/L maßanalytisch bestimmt. Berechnen Sie die Gleichgewichtskonstante der Veresterung.
7. 0,50 mol Ammoniak NH_3 werden in einem 1-L-Druckbehälter auf Reaktionstemperatur gebracht. Im Gleichgewicht: $2\ NH_{3(g)} \rightleftharpoons 3\ H_{2(g)} + N_{2(g)}$ enthält der Behälter 0,60 mol Wasserstoff. Berechnen Sie die Gleichgewichtskonstante der Reaktion.
8. Bei einer Temperatur von 298 K und einem Druck von 1,0 bar enthält ein Kolbenprober 70,9 mL Distickstofftetroxid N_2O_4 und 29,1 mL Stickstoffdioxid NO_2. Berechnen Sie die Gleichgewichtskonstanten K_p und K_c für das Gleichgewicht $N_2O_{4(g)} \rightleftharpoons 2\ NO_{2(g)}$.
9. Nitrosylchlorid NOCl zerfällt durch Thermolyse bei 500 K nach folgender Reaktionsgleichung: $2\ NOCl_{(g)} \rightleftharpoons 2\ NO_{(g)} + Cl_{2(g)}$. Im Reaktionsraum werden die Partialdrücke p(NO) = 0,011 MPa und $p(Cl_2)$ = 0,085 MPa festgestellt. Welcher Partialdruck p(NOCl) liegt vor, wenn die Geschwindigkeitskonstante K_p = 1,8 · 10^{-2} bar beträgt? Wie groß ist die Konstante K_c?
10. Phosgen entsteht nach der Reaktion $CO_{(g)} + Cl_{2(g)} \rightleftharpoons COCl_{2(g)}$. In einem Experiment betragen die Partialdrücke vor Reaktionsbeginn $p(Cl_2)$ = 666 hPa und p(CO) = 533 hPa. Nach Einstellung des Gleichgewichts wurde ein Gesamtdruck von 800 hPa bestimmt. Welcher Druck hätte sich bei vollständigem Umsatz ergeben? Berechnen Sie die Gleichgewichtskonstante K_p.
11. Durch Erhitzen eines stöchiometrischen Gemisches aus 1 mol Stickstoff und 3 mol Wasserstoff auf 400 °C in einem Laborautoklaven stellt sich bei einem Druck von 50 bar folgendes Gleichgewicht ein: $3\ H_{2(g)} + N_{2(g)} \rightleftharpoons 2\ NH_{3(g)}$.
Im Gleichgewichtsgemisch wird ein Volumenanteil $\varphi(NH_3)$ = 15,2 % festgestellt. Wie groß ist die Konstante Kp bei dieser Temperatur?
12. Methanol wird durch eine katalysierte Gleichgewichtsreaktion bei 200 bar aus Synthesegas erzeugt: $CO_{(g)} + 2\ H_{2(g)} \rightleftharpoons CH_3OH_{(g)}$. Bei 300 °C sind 40 % des eingesetzten Wasserstoffs umgesetzt und die Ausgangsstoffe wurden im stöchiometrischen Verhältnis eingesetzt. Berechnen Sie die Gleichgewichtskonstante K_p.

6.6 Verschiebung der Gleichgewichtslage

Die Lage eines chemischen Gleichgewichts kann durch Änderung der Reaktionsbedingungen beeinflusst werden: Veränderung von **Konzentrationen** und der **Temperatur** führen zu einer Verschiebung der Gleichgewichtslage, bis sich ein neuer Gleichgewichtszustand einstellt. In diesem neuen Gleichgewicht hat das Reaktionsgemisch eine andere Zusammensetzung.
Gasgleichgewichte können zusätzlich durch **Druckänderung** beeinflusst werden.
Die Reaktionsbedingungen bieten somit die Möglichkeit, den Stoffumsatz bei einer chemischen Reaktion zu beeinflussen.
Bei allen von außen herbeigeführten Änderungen der Gleichgewichtslage gilt das **Prinzip von Le Châtelier**[1)] (principle of Le Chatelier). Es wird auch als **Prinzip des kleinsten Zwanges** bezeichnet und lautet:

> Verändert man bei einem System, das sich im chemischen Gleichgewicht befindet, die Reaktionsbedingungen (äußerer Zwang), so passt sich das System an die neuen Bedingungen an, indem ein neues chemisches Gleichgewicht gebildet wird (Gleichgewichtsverschiebung).

Konzentrationsänderung

Die Veränderung der Gleichgewichtslage durch Konzentrationsänderung (change of concentration) kann prinzipiell durch zwei Maßnahmen erfolgen:

- Einer der Ausgangsstoffe (Edukte) wird im Überschuss zugesetzt.
- Ein Produkt wird aus dem Gleichgewichtsgemisch abgezogen.

Für die Verschiebung der Gleichgewichtslage bei Änderung der Konzentration gilt:

> Durch **Erhöhen** der Konzentration eines Reaktanden verschiebt sich das Gleichgewicht von der Zugabeseite weg, weil der zugegebene Reaktand abreagiert.
> Das **Entfernen** eines Reaktanden führt zu einer Gleichgewichtsverschiebung zur Entnahmeseite hin, weil der entfernte Reaktand nachgebildet wird.
> In beiden Fällen ändert sich die Gleichgewichtskonstante K_c nicht, wenn die anderen Bedingungen (Temperatur, Druck) gleich bleiben.

Die Steigerung der Produktausbeute durch Konzentrationserhöhung eines Ausgangsstoffes im stöchiometrischen Überschuss soll am Beispiel der Veresterung erläutert werden.

Beispiel: Essigsäure setzt sich mit Ethanol in einer Gleichgewichtsreaktion zu Essigsäureethylester (Ethylacetat) und Wasser um: $CH_3COOH + CH_3CH_2OH \rightleftharpoons CH_3COOCH_2CH_3 + H_2O$

Die Gleichgewichtskonstante beträgt $K_c = 4{,}0$.

a) Welche Ausbeute an Ester wird erzielt, wenn die Edukte im stöchiometrischen Verhältnis umgesetzt werden: 1,0 mol/L Essigsäure reagiert mit 1,0 mol/L Ethanol?

b) Welche Ausbeute an Ester stellt sich ein, wenn 1,0 mol/L Essigsäure mit einem Überschuss von 4,0 mol/L Ethanol umgesetzt wird?

Lösung: a)

	CH_3COOH	+	CH_3CH_2OH	$\rightleftharpoons$	$CH_3COOCH_2CH_3$	+	H_2O
Bei Reaktionsbeginn:	1,0 mol/L		10,0 mol/L		0,0 mol/L		0,0 mol/L
Im Gleichgewicht:	(1,0 – x) mol/L		(10,0 – x) mol/L		x mol/L		x mol/L

Aus dem Massenwirkungsgesetz:

$$K_c = \frac{c(\text{Ester}) \cdot c(\text{Wasser})}{c(\text{Säure}) \cdot c(\text{Alkohol})} = \frac{x\ \text{mol/L} \cdot x\ \text{mol/L}}{(1{,}0 - x)\ \text{mol/L} \cdot (10{,}0 - x)\ \text{mol/L}} = 4{,}0$$

folgt duch Ausmultiplizieren, Kürzen der Einheiten und Umformen folgende quadratische Gleichung:

$x^2 - 2{,}667\,x + 1{,}333 = 0.$ (Zur Lösung quadratischer Gleichungen siehe Seite 24)

Die Gleichung hat die rechnerischen Lösungen: $x_1 = 0{,}667$ und $x_2 = 2{,}00$

Da die Esterkonzentration nicht größer als die der eingesetzten Säure sein kann, ist x_1 die einzig wahre Lösung: $\Rightarrow$ ***c*(Ester) ≈ 0,67 mol/L**

Bei einer theoretischen Ausbeute von 1,0 mol/L Ester entspricht dies einem Umsatz von 67 %

[1)] Henry Louis Le Chatelier (1850–1936), französischer Chemiker

b)

	CH_3COOH	+	CH_3CH_2OH	$\rightleftharpoons$	$CH_3COOCH_2CH_3$	+	H_2O
Bei Reaktionsbeginn:	1,0 mol/L		5,0 mol/L		0 mol/L		0 mol/L
Im Gleichgewicht:	$(1{,}0 - x)$ mol/L		$(5{,}0 - x)$ mol/L		x mol/L		x mol/L

Aus dem Massenwirkungsgesetz folgt analog dem Ansatz aus a) die folgende quadratische Gleichung:

$x^2 - 8{,}00\,x + 6{,}667 = 0$

Sie hat die rechnerischen Lösungen $x_1 = 0{,}945$ und $x_2 = 7{,}06$. Dabei ist x_1 die einzige richtige Lösung:

$\Rightarrow$ **c(Ester) ≈ 0,95 mol/L**

Bei einer theoretischen Ausbeute von 1,0 mol/L Ester entspricht dies einem Umsatz von 95 %

Das Beispiel zeigt, dass durch den stöchiometrischen Alkohol-Überschuss die Ausbeute von 67 % auf 95 % gesteigert werden kann.
Es ist allerdings wirtschaftlich nicht sinnvoll, einen noch größeren Überschuss einzusetzen, da z. B. eine Steigerung auf 10 mol Ethanol nur zu einer Ausbeuteverbesserung um ca. 3 % auf 98 % führt.

Druckänderung

Sind an Gleichgewichtsreaktionen Gase beteiligt, kann die Lage des Gleichgewichts durch Änderung des Drucks (pressure variation) beeinflusst werden. Dies ist allerdings nur der Fall, wenn sich die Summe der Stoffmengen der gasförmigen Komponenten auf der Produkt- und Eduktseite ändert.

So verringern sich z. B. bei der Ammoniaksynthese die Stoffmengen bei vollständigem Umsatz wie folgt:

$3\,H_{2(g)} + N_{2(g)} \rightleftharpoons 2\,NH_{3(g)}$

Aus 3 mol H_2 + 1 mol N_2 bilden sich 2 mol NH_3

6

Da bei gleichem Druck und gleicher Temperatur gleiche Stoffmengen von Gasen das gleiche Volumen haben, nimmt das gebildete Ammoniak ein geringeres Volumen ein als die Ausgangsgase.

Aus 4 L Synthesegasgemisch, das aus 3 L Wasserstoff und 1 L Stickstoff besteht, werden bei vollständigem Stoffumsatz 2 L Ammoniak gebildet.

Bei einer Druckerhöhung von außen wird sich daher das Ammoniak-Gleichgewicht in Richtung der (des) geringeren Stoffmenge (Volumens) verschieben, also auf die Seite des Produkts Ammoniaks.

Dieser Vorgang ist schematisch in **Bild 1** beschrieben.

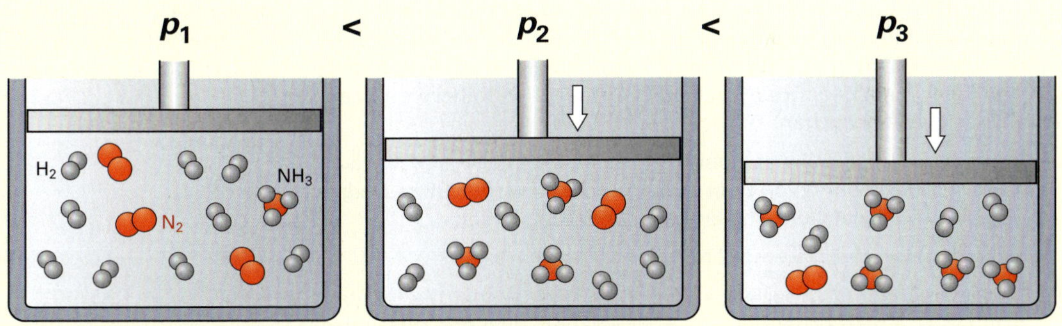

a) Gleichgewicht bei Druck p_1

12 Moleküle H_2 und N_2 stehen bei einem Druck p_1 im Gleichgewicht mit 1 Molekül NH_3: 13 Teilchen
$\Rightarrow$ **13 Volumeneinheiten**

b) Druckerhöhung auf Druck p_2

8 Moleküle H_2 und N_2 stehen bei einem Druck p_2 im Gleichgewicht mit 3 Molekülen NH_3: 11 Teilchen
$\Rightarrow$ **11 Volumeneinheiten**

c) Druckerhöhung auf Druck p_3

4 Moleküle H_2 und N_2 stehen bei einem Druck p_3 im Gleichgewicht mit 5 Molekülen NH_3: 9 Teilchen
$\Rightarrow$ **9 Volumeneinheiten**

Bild 1: Verschiebung der Gleichgewichtslage bei der Ammoniaksynthese durch Druckerhöhung

Allgemein gilt für den Einfluss des Druckes auf die Lage von Gleichgewichten bei Gasreaktionen:

Erhöht man bei einer Gasreaktion den **Druck**, so verschiebt sich das Gleichgewicht auf die Seite der Stoffe, die das **kleinere Volumen** einnehmen, d. h., auf die Seite mit der kleineren Gasstoffmenge.
Bei einer **Verminderung des Drucks** verschiebt sich bei Gasreaktionen das Gleichgewicht auf die Seite der Stoffe, die das **größere Volumen** einnehmen, d. h., auf die Seite mit der größeren Gasstoffmenge.

Auf den äußeren Zwang (höherer Druck) wird mit einer Volumenverkleinerung der Reaktanden reagiert.

Beispiele: Im Folgenden sind chemische Reaktionen mit Gasen aufgeführt. Wie verschiebt sich die Lage des Gleichgewichts durch eine Druckerhöhung? Begründen Sie Ihre Entscheidung.

a) Synthesegaserzeugung: $CH_{4(g)} + H_2O_{(g)} \rightleftharpoons CO_{(g)} + 3\,H_{2(g)}$

Lösung: Summe der Stoffmengen der Gaskomponenten auf der Eduktseite: 1 mol + 1 mol = 2 mol
Summe der Stoffmengen der Gaskomponenten auf der Produktseite: 1 mol + 3 mol = 4 mol
Die Reaktion verläuft mit Volumen**zunahme**. Das Gleichgewicht wird nach **links** verschoben.

b) Schwefeltrioxid-Synthese: $2\,SO_{2(g)} + O_{2(g)} \rightleftharpoons 2\,SO_{3(g)}$

Lösung: Bilanz der Stoffmengen: Aus 3 mol Edukten im Gaszustand entstehen 2 mol Schwefeltrioxid.
Die Reaktion verläuft mit **geringer** Volumen**abnahme**. Das Gleichgewicht wird nur **wenig** nach **rechts** verschoben. Großtechnisch wird die Synthese bei atmosphärischem Druck durchgeführt.

c) Wasserstoffiodid-Synthese: $H_{2(g)} + I_{2(g)} \rightleftharpoons 2\,HI_{(g)}$

Lösung: Bilanz der Stoffmengen: Aus 2 mol Edukten im Gaszustand entstehen 2 mol Wasserstoffiodid.
Es ist eine Reaktion **ohne** Volumenänderung. Das Gleichgewicht verändert sich **nicht.**

d) Boudouard-Gleichgewicht: $C_{(s)} + CO_{2(g)} \rightleftharpoons 2\,CO_{(g)}$

Lösung: Bilanz der Stoffmengen: Aus 1 mol Edukt im Gaszustand entstehen 2 mol gasförmiges Produkt. Der Kohlenstoff liegt als Feststoff vor und beeinflusst das Reaktionsvolumen nicht.
Es ist eine Reaktion mit Volumen**zunahme**. Das Gleichgewicht wird nach **links** verschoben.

6

Temperaturänderung

Eine wichtige Maßnahme zur Verschiebung der Lage eines Gleichgewichts ist die Änderung der Temperatur (temperature change). Im Gegensatz zur Änderung von Konzentration und Druck hat eine Temperaturänderung eine andere Gleichgewichtskonstante K_c bzw. K_p zur Folge, da diese temperaturabhängig sind **(Tabelle).**

Unter energetischem Aspekt lassen sich **exotherme** (wärmeliefernde) und **endotherme** (wärmeverbrauchende) Reaktionen unterscheiden (Seite 140, 427). In der Reaktionsgleichung kann die Enthalpieänderung einer Reaktion durch die Angabe der Reaktionsenthalpie $\Delta_r H$ auf der Produktseite der Gleichung kenntlich gemacht werden. Bei einer exothermen Reaktion hat $\Delta_r H$ ein negatives Vorzeichen, bei einer endothermen Reaktion ein positives Vorzeichen.

Tabelle: Temperaturabhängigkeit der Gleichgewichtskonstanten für das Ammoniak-Gleichgewicht

ϑ in °C	K_c in $(mol/L)^{-2}$
25	$4{,}1 \cdot 10^{5}$
200	$6{,}6 \cdot 10^{-1}$
300	$7{,}0 \cdot 10^{-2}$
400	$1{,}6 \cdot 10^{-2}$
500	$4{,}0 \cdot 10^{-3}$
600	$1{,}5 \cdot 10^{-3}$

Die Bildung von Ammoniak aus den Elementen beispielsweise verläuft exotherm, bei der Bildung von zwei Mol Ammoniak werden 92 kJ freigesetzt. Die Reaktionsgleichung mit Enthalpieänderung lautet:

$$3\,H_{2(g)} + N_{2(g)} \underset{\text{endotherm}}{\overset{\text{exotherm}}{\rightleftharpoons}} 2\,NH_{3(g)} \quad | \; \Delta_r H = -92\text{ kJ}$$

Die Enthalpieangabe $\Delta_r H$ bezieht sich auf die Hinreaktion, die Bildung von Ammoniak. Entsprechend ist die Rückreaktion, also der Zerfall des Ammoniaks in die Elemente, eine endotherme Reaktion. Beim Zerfall von zwei Mol Ammoniak in die Elemente werden demnach 92 kJ verbraucht.

Nach dem Prinzip von Le Châtelier gilt:

Eine **Erhöhung der Temperatur** begünstigt die endotherme (wärmeverbrauchende) Reaktion. Das Gleichgewicht verschiebt sich in Richtung der endothermen Reaktion.

Eine **Absenkung der Temperatur** begünstigt die exotherme (wärmeliefernde) Reaktion. Das Gleichgewicht verschiebt sich in Richtung der exothermen Reaktion.

Beispiel: Wie verändert sich die Lage des Dissoziationsgleichgewichts von Distickstofftetroxid bei Temperaturerhöhung? Was ist die Ursache? $N_2O_{4(g)} \rightleftharpoons 2\,NO_{2(g)} \quad | \; \Delta_r H = 57\text{ kJ}$

Lösung: Die Reaktionsenthalpie hat ein positives Vorzeichen, die Hinreaktion (der Zerfall von N_2O_4) verläuft somit endotherm (wärmeverbrauchend). Durch Temperaturerhöhung wird diese Reaktion begünstigt: Die Lage des Gleichgewichts verschiebt sich nach **rechts**.

Aufgaben zur Verschiebung der Gleichgewichtslage

1. Essigsäure setzt sich mit Ethanol zu Essigsäureethylester und Wasser um:
$CH_3COOH + C_2H_5OH \rightleftharpoons CH_3COOC_2H_5 + H_2O$
Welche Ausbeute an Ester wird erhalten, wenn 1 mol Essigsäure und 3 mol Ethanol zur Reaktion gebracht werden? $K_c = 4{,}0$

2. Die Ammoniaksynthese nach der Reaktion:
$3\,H_{2(g)} + N_{2(g)} \rightleftharpoons 2\,NH_{3(g)} \quad |\ \Delta_r H = -92\ \text{kJ}$
verläuft bei veränderten Reaktionsbedingungen mit sehr unterschiedlicher Ausbeute an Ammoniak. Erläutern Sie die Temperatur- und Druckabhängigkeit der Ammoniakausbeute anhand des Diagramms in **Bild 1**.

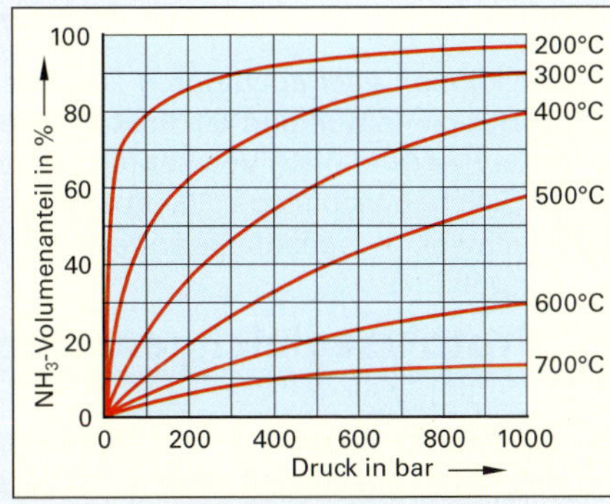

Bild 1: Druck- und Temperaturabhängigkeit des Ammoniak-Gleichgewichts (Aufgabe 2)

3. Wie verschiebt sich die Lage des Gleichgewichts der folgenden Reaktionen bei den genannten Veränderungen der Reaktionsbedingungen?
   a) $2\,SO_{2(g)} + O_{2(g)} \rightleftharpoons 2\,SO_{3(g)}$ Erhöhung der Konzentration von O_2
   b) $CO_{(g)} + Cl_{2(g)} \rightleftharpoons COCl_{2(g)}$ Entfernung von $COCl_2$
   c) $CO_{(g)} + Cl_{2(g)} \rightleftharpoons COCl_{2(g)}$ Erhöhung des Druckes
   d) $PCl_{5(g)} \rightleftharpoons PCl_{3(g)} + Cl_{2(g)}$ Senkung des Druckes

4. Wie verschiebt sich die Lage des Gleichgewichts der folgenden Reaktionen bei:
   A) Erhöhen der Temperatur? B) Erhöhen des Druckes?
   a) $2\,SO_{2(g)} + O_{2(g)} \rightleftharpoons 2\,SO_{3(g)} \quad |\ \Delta_r H = -197\ \text{kJ}$
   b) $Ca(OH)_{2(s)} \rightleftharpoons CaO_{(s)} + H_2O_{(g)} \quad |\ \Delta_r H = 109\ \text{kJ}$
   c) $CO_{(g)} + 2\,H_{2(g)} \rightleftharpoons CH_3OH_{(g)} \quad |\ \Delta_r H = -92\ \text{kJ}$
   d) $CO_{2(g)} + H_{2(g)} \rightleftharpoons CO_{(g)} + H_2O_{(g)} \quad |\ \Delta_r H = 41\ \text{kJ}$

5. Durch welche zwei Maßnahmen können Flüssigkeiten wie beispielsweise Kesselspeisewasser entgast werden? Begründen Sie mit Angabe des Gleichgewichts am Beispiel von gelöstem O_2 und dem Prinzip von Le Châtelier.

6. Durch welche zwei Maßnahmen können Gase verflüssigt werden? Begründen Sie mit Angabe des Gleichgewichts am Beispiel von Chlor Cl_2 und dem Prinzip von Le Châtelier.

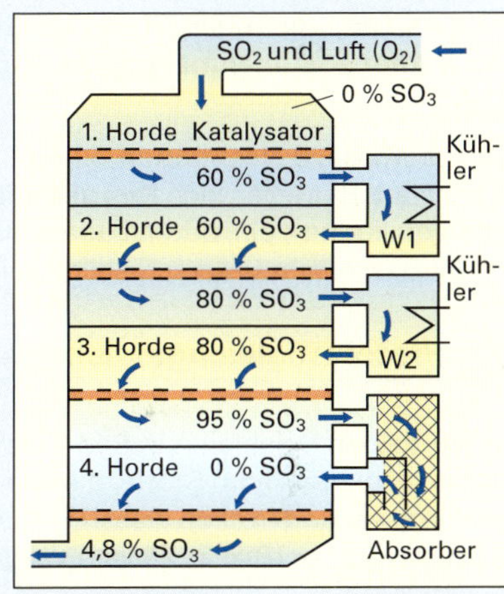

Bild 2: Hordenofen im Doppelkontaktverfahren

7. Schwefeldioxid wird beim Doppelkontaktverfahren in einem Hordenreaktor in nachfolgender katalysierter Gleichgewichtsreaktion mit Luftsauerstoff zu Schwefeltrioxid umgesetzt **(Bild 2)**. Die Prozentangaben geben die Umsätze zu SO_3 bezogen auf die Edukte an.
$2\,SO_{2(g)} + O_{2(g)} \xrightleftharpoons{V_2O_5} 2\,SO_{3(g)} \quad |\ \Delta_r H = -197\ \text{kJ}$
   a) Geben Sie die Bedeutung der Zwischenkühler W1 und W2 für den Prozess an.
   b) Was bewirkt die Zwischenabsorption des Reaktionsgemisches nach Verlassen der dritten Horde?

   Begründen Sie beide Maßnahmen mit dem Prinzip von Le Châtelier.

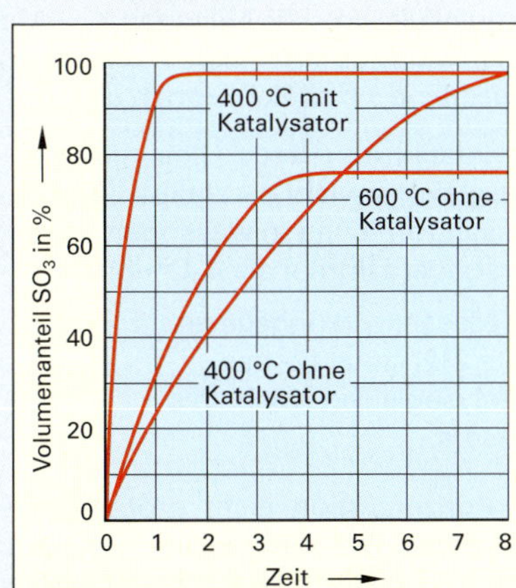

Bild 3: Gleichgewichtseinstellung beim Doppelkontaktverfahren

8. Das Diagramm in **Bild 3** zeigt den Verlauf der Gleichgewichts-Reaktion des Doppelkontaktverfahrens (siehe Aufgabe 7) bei unterschiedlichen Reaktionsbedingungen unter einem Druck von 1 bar. Erläutern Sie, wie sich
   a) der Einsatz eines Katalysators und
   b) die Reaktionstemperatur auf das Gleichgewicht auswirken.

7 Rechnen mit Ionengleichgewichten

Bei vielen chemischen Reaktionen liegen die reagierenden Stoffe in wässriger Lösung vor. Leitet eine solche Lösung den elektrischen Strom, wird sie als **Elektrolyt** bezeichnet. Ursache der Leitfähigkeit eines Elektrolyten sind frei bewegliche Ionen, die beim Lösen des Stoffes aus einer Ionenverbindung freigesetzt worden sind. Dieser Vorgang wird als **elektrolytische Dissoziation** bezeichnet.

Die Ionen können aber auch durch eine chemische Reaktion der Verbindung mit dem Wasser entstanden sein, ein Beispiel dafür sind die **Protolysereaktionen**. In vielen Fällen verlaufen der Lösevorgang oder die chemische Reaktion nicht vollständig, es stabilisiert sich eine Gleichgewichtsreaktion, die durch eine bestimmte Gleichgewichtslage gekennzeichnet ist. Auf solche Gleichgewichte können die Gesetzmäßigkeiten des Massenwirkungsgesetztes angewendet werden.

7.1 Protolysegleichgewichte

Säuren und Basen reagieren durch Wasserstoff-Ionen-Austausch (Protonenaustausch) miteinander. Dieses Reaktionsprinzip wird als **Protolysereaktion** (protolysis) bezeichnet.

Dabei entsteht aus einer Säure durch **Protonenabgabe** die *korrespondierende* (zugehörige) *Base* bzw. aus einer Base durch **Protonenaufnahme** die *korrespondierende Säure* **(Bild 1).**

Viele Säure-Base-Reaktionen finden in wässrigen Lösungen statt. Es stellen sich **Protolysegleichgewichte** (protolysis equilibrium) ein, deren Lage je nach Stärke der Säuren oder Basen sehr unterschiedlich sein kann.

$$HA + H_2O \rightleftharpoons H_3O^+ + A^-$$

Säure 1 *Base 2* — korrespondierende: *Säure 2* *Base 1*

$$B + H_2O \rightleftharpoons BH^+ + OH^-$$

Base 1 *Säure 2* — korrespondierende: *Säure 1* *Base 2*

Bild 1: Protolyse einer Säure in Wasser und einer Base in Wasser

7.1.1 Protolysegleichgewicht des Wassers

Aus den beiden Beispielen in **Bild 1** ist ersichtlich, dass Wasser, je nach Reaktionspartner, als Säure oder als Base reagieren kann. Stoffe, die wie Wasser diese Eigenschaften besitzen, bezeichnet man als **Ampholyte**. In Wasser und in allen wässrigen Lösungen liegt zwischen den Wassermolekülen ein **Eigenprotolyse-Gleichgewicht** vor **(Bild 2)**. Diesen Vorgang nennt man auch **Autoprotolyse** (autoprotolysis).

Dieses Gleichgewicht liegt wegen der geringen Säure- bzw. Basenstärke des Wassers sehr stark auf der Seite der Wassermoleküle: Von 555 Millionen H_2O-Molekülen protolysiert nur ein Molekül. In 10^7 Liter Wasser von 22 °C sind beispielsweise nur je 1 mol H_3O^+-Ionen und OH^--Ionen enthalten.

Vereinfacht ist dieses Gleichgewicht auch als **Dissoziationsgleichgewicht** darstellbar **(Bild 2).** Allerdings kommen Wasserstoff-Ionen in wässrigen Lösungen nicht frei als H^+ vor, sondern immer als H_3O^+-Ionen.

Protolyse-Gleichgewicht von Wasser

$$H_2O + H_2O \rightleftharpoons H_3O^+ + OH^-$$

Säure *Base* — Oxonium-ion, Hydroxid-Ion

Vereinfachte Darstellung als Dissoziationsgleichgewicht:

$$H_2O \rightleftharpoons H^+ + OH^-$$

Bild 2: Eigenprotolyse des Wassers

Das Massenwirkungsgesetz (Seite 212) lautet für das Protolysegleichgewicht des Wassers:

$$K_c = \frac{c(H_3O^+) \cdot c(OH^-)}{c^2(H_2O)}$$

Die Konzentration nicht protolysierter Wassermoleküle wird gegenüber den extrem geringen Ionen-Konzentrationen als praktisch konstant angesehen und kann mit der Gleichgewichtskonstanten K_c rechnerisch zu einer neuen Konstanten K_W zusammengefasst werden. K_W wird als **Ionenprodukt des Wassers** bezeichnet.

$$K_c \cdot c^2(H_2O) = K_W = c(H_3O^+) \cdot c(OH^-)$$

Ionenprodukt des Wassers

$$K_W = c(H_3O^+) \cdot c(OH^-)$$

Die Konzentrationen der Oxonium-Ionen und der Hydroxid-Ionen in reinem Wasser sind stets ausgeglichen, bei 22 °C betragen sie: $c(H_3O^+) = c(OH^-) = 1{,}000 \cdot 10^{-7}$ mol/L. Das Ionenprodukt des Wassers beträgt mit diesen Konzentrationen bei 22 °C:

Ionenprodukt des Wassers bei 22 °C

$$K_W = 1{,}000 \cdot 10^{-7}\ \text{mol/L} \cdot 1{,}000 \cdot 10^{-7}\ \text{mol/L} = 1{,}000 \cdot 10^{-14}\ (\text{mol/L})^2$$

Das Ionenprodukt des Wassers ist temperaturabhängig.
Bei höheren Temperaturen verschiebt sich die Gleichgewichtslage zur Seite der Ionen, da die Bildungen der Ionen aus ungeladenen Wassermolekülen endotherm ist: K_W wird größer als $1{,}000 \cdot 10^{-14}$ (mol/L)^2 **(Tabelle)**.
Bei tieferen Temperaturen verschiebt sich die Gleichgewichtslage zur Seite der undissoziierten Wassermoleküle: K_W wird kleiner als $1{,}000 \cdot 10^{-14}$ (mol/L)^2.
Das Protolysegleichgewicht des Wassers reagiert auch auf Zugabe von **Säure** oder **Base**. Wird Säure zugesetzt, z.B. HCl oder HNO_3, erhöht sich die Konzentration $c(H_3O^+)$; die Konzentration $c(OH^-)$ muss dann so stark abnehmen, dass das Produkt beider Konzentrationen, z.B. bei 22 °C, den Wert $1{,}000 \cdot 10^{-14}$ (mol/L)^2 annimmt.
Wird eine **Base** zugesetzt, z.B. NaOH oder NH_3, erhöht sich die Konzentration $c(OH^-)$; die Konzentration $c(H_3O^+)$ muss dann so stark abnehmen, dass das Produkt beider Ionensorten, z.B. bei 22 °C, den Wert $1{,}000 \cdot 10^{-14}$ (mol/L)^2 erreicht.
In beiden Fällen bleibt das Ionenprodukt des Wassers also erhalten!

Tabelle: Ionenprodukt des Wassers

ϑ in °C	K_W in (mol/L)^2
0	$0{,}114 \cdot 10^{-14}$
10	$0{,}292 \cdot 10^{-14}$
15	$0{,}451 \cdot 10^{-14}$
20	$0{,}681 \cdot 10^{-14}$
22	$1{,}000 \cdot 10^{-14}$
30	$1{,}469 \cdot 10^{-14}$
40	$2{,}919 \cdot 10^{-14}$
60	$9{,}614 \cdot 10^{-14}$
100	$74 \cdot 10^{-14}$

Beispiel 1: Welche Konzentration $c(OH^-)$ hat eine Lösung mit der Konzentration $c(H_3O^+) = 1{,}0 \cdot 10^{-4}$ mol/L bei 22 °C?

Lösung: $K_W = c(H_3O^+) \cdot c(OH^-) = 1{,}000 \cdot 10^{-14}\ (\text{mol/L})^2$, $\Rightarrow$ $\mathbf{c(OH^-)} = \dfrac{K_W}{c(H_3O^+)} = \dfrac{1{,}000 \cdot 10^{-14}\ (\text{mol/L})^2}{1{,}0 \cdot 10^{-4}\ (\text{mol/L})} \approx \mathbf{1{,}0 \cdot 10^{-10}\ (mol/L)}$

Beispiel 2: Wie groß ist das Ionenprodukt von Wasser bei 80 °C, wenn die Oxonium-Ionenkonzentration mit $5{,}0 \cdot 10^{-7}$ mol/L ermittelt wurde?

Lösung: $K_W = c(H_3O^+) \cdot c(OH^-)$, mit $c(H_3O^+) = c(OH^-) = 5{,}0 \cdot 10^{-7}$ mol/L folgt durch Einsetzen:
$\boldsymbol{K_W} = c(H_3O^+)^2 = (5{,}0 \cdot 10^{-7}\ \text{mol/L})^2 = \mathbf{2{,}5 \cdot 10^{-13}\ (mol/L)^2}$

Aufgaben zu Protolysegleichgewicht des Wassers

1. Berechnen Sie die Konzentrationen $c(H_3O^+)$ wässriger Lösungen mit folgenden Konzentrationen:
   a) $c(OH^-) = 2{,}5 \cdot 10^{-4}$ mol/L bei 22 °C b) $c(OH^-) = 1{,}0 \cdot 10^{-11}$ mol/L bei 20 °C
   c) $c(OH^-) = 1{,}8 \cdot 10^{-8}$ mol/L bei 30 °C d) $c(OH^-) = 5{,}0 \cdot 10^{-2}$ mol/L bei 60 °C
2. Wie groß sind die Konzentrationen $c(OH^-)$ folgender wässriger Lösungen:
   a) $c(H_3O^+) = 1{,}5 \cdot 10^{-4}$ mol/L bei 15 °C b) $c(H_3O^+) = 1{,}0 \cdot 10^{-1}$ mol/L bei 22 °C
   c) $c(H_3O^+) = 1{,}8 \cdot 10^{-14}$ mol/L bei 20 °C d) $c(H_3O^+) = 7{,}44 \cdot 10^{-2}$ mol/L bei 10 °C
3. Berechnen Sie das Ionenprodukt von Wasser bei 5 °C. Bei dieser Temperatur wurde eine Oxonium-Ionenkonzentration von $4{,}30 \cdot 10^{-8}$ mol/L ermittelt.

7.1.2 pH-Wert

Der pH-Wert[1] ist ein Maß für die Oxonium-Ionenkonzentration $c(H_3O^+)$ einer Lösung. Er kennzeichnet den sauren, alkalischen bzw. basischen oder neutralen Charakter einer Lösung.
Der **pH-Wert** ist definiert als negativer dekadischer Logarithmus des Zahlenwertes[2] der in mol/L angegebenen Oxonium-Ionenkonzentration $c(H_3O^+)$, vereinfacht $c(H^+)$.

pH-Wert

$$\text{pH} = -\lg c(H_3O^+)$$
$$c(H_3O^+) = 10^{-\text{pH}}\ \text{mol/L}$$

Bei bekanntem pH-Wert wird durch Potenzieren des negativen pH-Wertes zur Basis 10 die Konzentration der Oxonium-Ionen in mol/L erhalten (vgl. S. 17).

1) pH = lateinisch potentia hydrogenii = Kraft des Wasserstoffs oder pondus hydrogenii = Gewicht des Wasserstoffs

2) Das Logarithmieren einer Konzentration ist nicht möglich. Die exakte Schreibweise müsste lauten:
$\text{pH} = -\lg |c(H_3O^+)|$. Die Schreibweise $|c(H_3O^+)|$ bedeutet: Zahlenwert der $c(H_3O^+)$ oder Betrag der $c(H_3O^+)$.

Der negative dekadische Logarithmus des Zahlenwertes der Hydroxid-Ionenkonzentration ist der **pOH-Wert.** Bei bekanntem pOH-Wert einer Lösung wird durch Potenzieren des negativen Zahlenwertes des pOH-Wertes zur Basis 10 die Hydroxid-Ionenkonzentration in mol/L erhalten.

pOH-Wert
$pOH = -\lg c(OH^-)$
$c(OH^-) = 10^{-pOH}$ mol/L

Da für verdünnte wässrige Lösungen das Ionenprodukt des Wassers mit $K_W = 10^{-14}$ (mol/L)^2 gilt, ergibt sich durch Logarithmieren beider Seiten der Gleichung ein gesetzmäßiger Zusammenhang zwischen dem pH-Wert und dem pOH-Wert. Bei seiner Anwendung ist die Temperaturabhängigkeit des Ionenprodukts zu beachten.

Ionenprodukt des Wassers bei 22 °C
$c(H_3O^+) \cdot c(OH^-) = 10^{-14}$ (mol/L)^2
$pH + pOH = 14$

Die **pH-Skale (Bild 1)** ist keine lineare, sondern eine logarithmische Skale: Pro pH-Einheit ändern sich die Konzentrationen $c(H_3O^+)$ und $c(OH^-)$ um den Faktor 10. Saurer Regen beispielsweise mit pH = 3,6 ist um den Faktor 100 saurer, als unbelastetes Regenwasser mit pH = 5,6. Die Konzentration an Oxonium-Ionen $c(H_3O^+)$ dieser Lösung ist um den Faktor 100 höher, die Konzentration an Hydroxid-Ionen $c(OH^-)$ um den Faktor 100 niedriger. Die nachfolgende pH-Skale verdeutlicht dies.

Konzentrationen bei 22 °C — ← zunehmend sauer — neutral — zunehmend alkalisch/basisch →

pH-Wert	**0**	**1**	**2**	**3**	**4**	**5**	**6**	**7**	**8**	**9**	**10**	**11**	**12**	**13**	**14**	
$c(H_3O^+)$:	**10^0**	**10^{-1}**	**10^{-2}**	**10^{-3}**	**10^{-4}**	**10^{-5}**	**10^{-6}**	**10^{-7}**	**10^{-8}**	**10^{-9}**	**10^{-10}**	**10^{-11}**	**10^{-12}**	**10^{-13}**	**10^{-14}**	**mol/L**
$c(OH^-)$:	10^{-14}	10^{-13}	10^{-12}	10^{-11}	10^{-10}	10^{-9}	10^{-8}	10^{-7}	10^{-6}	10^{-5}	10^{-4}	10^{-3}	10^{-2}	10^{-1}	10^0	mol/L
pOH-Wert	14	13	12	11	10	9	8	7	6	5	4	3	2	1	0	

Bild 1: pH- und pOH-Skale bei 22°C mit den Konzentrationen $c(H_3O^+)$ und $c(OH^-)$

Zu beachten ist beim pH-Wert und pOH-Wert, dass sie nur ein Maß für die Stoffmengenkonzentrationen der vorliegenden Oxonium-Ionen und Hydroxid-Ionen sind. Sie sind jedoch kein Maß für die Stärke einer Säure oder einer Base.

Das Ionenprodukt in der oben angegebenen Form ist nur dann exakt konstant, wenn Wechselwirkungen zwischen den Ionen vernachlässigt werden können. Dies ist bei stark verdünnten wässrigen Lösungen der Fall. In Lösungen mit Konzentrationen über 1 mol/L treten mit zunehmender Ionenkonzentration erhebliche Abweichungen vom Ionenprodukt des Wassers auf. Die pH-Skale sollte daher nur für Lösungen im Bereich von pH = 0 bis pH = 14 angewendet werden.

Beispiel 1: Welchen pH-Wert hat Wasser von 22 °C?

Lösung: In reinem Wasser gilt: $c(H_3O^+) = c(OH^-)$

Mit $K_W = c(H_3O^+) \cdot c(OH^-) = 1{,}000 \cdot 10^{-14}$ (mol/L)^2 gilt $c(H_3O^+) = \sqrt{K_W} = 1{,}000 \cdot 10^{-7}$ mol/L

$c(H_3O^+) = 10^{-7}$ mol/L, $pH = -\lg c(H_3O^+) = -\lg 10^{-7} = -(-7) = 7$ **Wasser hat pH = 7**

Beispiel 2: Welchen pH-Wert hat eine Lösung mit der Oxonium-Ionenkonzentration $c(H_3O^+) = 0{,}055$ mol/L? Wie groß sind der pOH-Wert und die Konzentration $c(OH^-)$?

Lösung: **pH** $= -\lg c(H_3O^+) = -\lg 0{,}055 = -(-1{,}2596) \approx$ **1,3**

pOH $= 14 - pH = 14 - 1{,}2596 \approx 12{,}7 \Rightarrow c(OH^-) = 10^{-pOH}$ mol/L $= 10^{-12{,}7404}$ mol/L $\approx$ **$1{,}8 \cdot 10^{-13}$ mol/L**

Beispiel 3: Berechnen Sie die Hydroxid-Ionenkonzentration einer Lösung von pH = 4,5.

Lösung: $pOH = 14 - pH = 14 - 4{,}5 = 9{,}5$

$c(OH^-)$ $= 10^{-pOH}$ mol/L $= 10^{-9{,}5}$ mol/L $= 3{,}162 \cdot 10^{-10}$ mol/L $\approx$ **$3{,}2 \cdot 10^{-10}$ mol/L**

Aufgaben zum pH-Wert

1. Welchen pH-Wert hat ein Abwasser mit der Hydroxid-Ionenkonzentration $2{,}5 \cdot 10^{-5}$ mol/L?
2. Berechnen Sie die Konzentrationen $c(H_3O^+)$ und $c(OH^-)$ eines Waschfiltrats mit pH = 4,5.
3. Bei welchem pH-Wert ist Wasser von 60 °C chemisch neutral?

4. Zu 5,0 m^3 Abwasser mit pH = 7,0 werden 250 L verunreinigte Natronlauge mit dem Massenanteil $w(NaOH)$ = 25,1 % und der Dichte ϱ = 1,275 g/cm^3 geleitet (vollständige Dissoziation angenommen). Berechnen Sie die pH-Wert-Änderung.
5. Es sollen 850 mL Waschlösung mit pH = 4,5 hergestellt werden. Welches Volumen an Salzsäure mit dem Massenanteil $w(HCl)$ = 26,2 % der Dichte ϱ = 1,130 g/cm^3 muss verdünnt werden (vollständige Dissoziation angenommen)?
6. 2,50 m^3 Prozesswasser mit pH = 3,0 sollen durch Zusatz von festem Natriumhydroxid mit dem Massenanteil w(NaOH) = 97,1 % auf pH = 10,5 gebracht werden. Welche Masse an NaOH muss zugesetzt werden, wenn von vollständiger Dissoziation ausgegangen wird?

7.1.3 pH-Wert starker Säuren und Basen

Starke Säuren und Basen liegen in wässriger Lösung mit Konzentrationen $c \leq 1$ mol/L praktisch vollständig dissoziiert (protolysiert) vor. Deshalb besitzen alle starken einprotonigen Säuren wie HCl und HNO_3 bzw. Basen wie NaOH und KOH bei gleicher Stoffmengenkonzentration gleiche pH-Werte.

Für verdünnte wässrige Lösungen **starker Säuren** HA kann die Konzentration $c(H_3O^+)$ mit der Ausgangskonzentration an Säure $c_0(HA)$ gleichgesetzt werden, es gilt: $c(H_3O^+) = c_0(HA)$.

Bei wässrigen Lösungen **starker Basen** entspricht die Konzentration $c(OH^-)$ der Ausgangskonzentration an Base $c_0(B)$, es gilt: $c(OH^-) = c_0(B)$.

Für den pH-Wert starker Säuren und Basen gelten somit nebenstehende Größengleichungen. Dabei ist zu berücksichtigen, dass diese Annahmen nur für verdünnte Lösungen mit Säure- bzw. Basenkonzentrationen kleiner als 1 mol/L Gültigkeit haben.

pH-Wert einer starken Säure
$pH = -\log c(H_3O^+) = -\lg c_0(HA)$

pOH-Wert einer starken Base
$pOH = -\log c(OH-) = -\lg c_0(B)$

Beispiel 1: Welchen pH-Wert hat eine Salzsäure der Stoffmengenkonzentration $c(HCl)$ = 0,020 mol/L?

Lösung: Mit $c(H_3O^+) = c_0(HCl)$ = 0,020 mol/L folgt: **pH** $= -\lg c(H_3O^+) = -\lg 0{,}020 = -(-1{,}690) \approx$ **1,7**

Beispiel 2: Berechnen Sie den pH-Wert von Natronlauge der Konzentration $c(NaOH)$ = 0,500 mol/L.

Lösung: Da eine starke Base vorliegt, wird zunächst der pOH-Wert berechnet, mit $c_0(B)$ = 0,50 mol/L folgt:
$pOH = -\lg c_0(NaOH) = -\lg 0{,}50 = -(-0{,}301) = 0{,}301$ **pH** $= 14 - pOH = 14 - 0{,}301 = 13{,}699 \approx$ **13,70**

Aufgaben zum pH-Wert starker Säuren und Basen

1. Berechnen Sie die pH-Werte folgender starker einprotoniger Säuren und Basen:
   a) Salzsäure der Konzentration $c(HCl)$ = 0,025 mol/L
   b) Salpetersäure der Konzentration $c(HNO_3)$ = 0,010 mol/L
   c) Perchlorsäure der Konzentration $c(HClO_4) = 2{,}8 \cdot 10^{-4}$ mol/L
   d) Kalilauge der Konzentration $c(KOH) = 1{,}2 \cdot 10^{-3}$ mol/L
   e) Natronlauge der Konzentration $c(NaOH)$ = 0,0045 mol/L
2. Welche Konzentration $c(HCl)$ hat eine Salzsäure, deren pH-Wert mit 5,62 gemessen wurde?
3. Welche Masse an Natriumhydroxid NaOH ist in 2000 mL Natronlauge mit pH = 10,5 enthalten?
4. Berechnen Sie den pH-Wert einer Kalilauge mit der Massenkonzentration $\beta(KOH)$ = 0,540 g/L.
5. Welchen pH-Wert hat Natronlauge mit dem Massenanteil $w(NaOH)$ = 1,49 % (ϱ = 1,015 g/mL)?
6. Welche Masse an Perchlorsäure $HClO_4$ muss auf 500 mL aufgefüllt werden, wenn die Lösung einen pH-Wert von 2,5 aufweisen soll?
7. In 500 mL Salzsäure mit dem pH-Wert 1,0 werden 2,5 g Natriumhydroxid-Plätzchen gelöst. Dabei ändert sich das Volumen nicht. Welcher pH-Wert stellt sich nach vollständiger Reaktion ein?
8. Mit welchem Volumen an Salpetersäure der Konzentration $c(HNO_3)$ = 2,00 mol/L müssen 5,0 L Kalilauge mit pH = 12,5 gemischt werden, damit der pH-Wert auf 10,0 sinkt?
9. Welche Massenkonzentration $\beta(NaOH)$ hat eine Natronlauge mit dem pH-Wert 11,5?

7.1.4 Dissoziationsgrad α, Protolysegrad

Bei den bisher betrachteten Reaktionen wurde von einem vollständigen Reaktionsablauf ausgegangen, bei dem das Gleichgewicht vollständig auf der Seite der Ionen liegt. Bei vielen Reaktionen verläuft die Protolyse aber nur unvollständig. Dann liegen protolysierte (dissoziierte) Ionen und nicht protolysierte (undissoziierte) Teilchen im Gleichgewicht nebeneinander vor.

Die Stärke eines Elektrolyten lässt sich mit dem **Dissoziationsgrad** α (degree of dissociation) ausdrücken, dem Verhältnis der Anzahl dissoziierter Teilchen zur Anzahl der Teilchen vor der Dissoziation. Der Dissoziationsgrad α kann Werte zwischen 0 und 1 oder 0 und 100 % annehmen. Für $\alpha = 0$ liegt der Stoff völlig undissoziiert vor, $\alpha = 1 = 100\,\%$ bedeutet vollständige Dissoziation der Ausgangsverbindung.

Bei Protolysereaktionen wird der Dissoziationsgrad **Protolysegrad** genannt. Er ist somit ein Maß für die Stärke einer Säure. Entsprechend ist α auch auf die Protolyse von Basen anwendbar.

$$\text{Protolysegrad} = \frac{\text{Stoffmengenkonzentration protolysierte Ionen}}{\text{Stoffmengenkonzentration des Ausgangsstoffes}}$$

Protolysegrad α einer Säure

$$\alpha = \frac{c(\text{protolysierte Ionen})}{c_0(\text{HA})}$$

In der **Tabelle** sind die pH-Werte für Salzsäure HCl und Essigsäure CH_3COOH bei unterschiedlichen Konzentrationen gegenübergestellt. Die pH-Werte der Essigsäure und ihr Protolysegrad wurden näherungsweise berechnet.

Tabelle: pH-Wert und Protolysegrad α

c(Säure) in mol/L	$0{,}1 = 10^{-1}$	$0{,}01 = 10^{-2}$	$0{,}001 = 10^{-3}$	$0{,}0001 = 10^{-4}$	$0{,}00001 = 10^{-5}$
pH (HCl)	1	2	3	4	5
pH (CH_3COOH)	2,9	3,4	3,9	4,5	5,2
α (CH_3COOH)	0,0131	0,0408	0,1234	0,339	0,7099

Bei der *starken* Säure Salzsäure kann von einer vollständigen Protolyse ausgegangen werden **(Bild 1)**. Die Konzentration der Oxonium-Ionen ist praktisch gleich der Anfangskonzentration der Säure: $c(H_3O^+) = c_0(HCl)$.

Der pH-Wert der *schwachen* Säure Essigsäure ist besonders bei höheren Konzentrationen deutlich größer als bei der vergleichbaren Salzsäure. Zwischen Essigsäure und Wasser findet nur eine *teilweise* Protolyse statt. Das Gleichgewicht liegt weit auf der Seite der *nichtprotolysierten* Säuremoleküle.

Protolyse von Chlorwasserstoff in Wasser: pH = 1,0

$$HCl + H_2O \rightleftharpoons H_3O^+ + Cl^-$$

$c_0(HCl) = 0{,}10$ mol/L; $c_0(H_3O^+) \approx 0{,}10$ mol/L

Protolyse von Essigsäure in Wasser: pH = 2,9

$$CH_3COOH + H_2O \rightleftharpoons H_3O^+ + CH_3COO^-$$

c_0(CH3COOH) = 0,10 mol/L, zu 98,7 % undissoziiert; Acetat-Ion 1,3 % dissoziiert

Bild 1: Protolyse von Chlorwasserstoff und Essigsäure mit jeweils $c_0(HA) = 0{,}1$ mol/L in Wasser

Bei einer Konzentration $c_0(\text{Säure}) = 0{,}1$ mol/L sind nur 1,3 % der vorhandenen CH_3COOH-Moleküle an der Protolyse beteiligt, d.h. der Protolysegrad beträgt $\alpha = 0{,}0131 \approx 1{,}3\,\%$. Aus der obigen Tabelle ist ersichtlich, dass sich die pH-Werte beider Säuren bei schwächeren Säurekonzentrationen (stärkerer Verdünnung) annähern. Ursache ist eine verstärkte Protolyse der Essigsäure bei stärkerer Verdünnung. Die Verdünnung bewirkt eine Verschiebung des Gleichgewichts zur Seite der Ionen.

Die Oxonium-Ionenkonzentration kann somit aus dem Protolysegrad α und der Ausgangskonzentration der Säure $c_0(HA)$ errechnet werden. Entsprechend erhält man mithilfe von α die Hydroxid-Ionenkonzentration der wässrigen Lösung einer Base.

Protolyse schwacher Säuren und schwacher Basen

Säure:	$c(H_3O^+) = \alpha \cdot c_0(HA)$
Base:	$c(OH^-) = \alpha \cdot c_0(B)$

Beispiel 1: Welchen pH-Wert hat eine Essigsäure-Lösung der Konzentration $c(CH_3COOH) = 0{,}025$ mol/L, wenn der Protolysegrad $\alpha = 0{,}026$ beträgt?

Lösung: $\alpha = \dfrac{c(H_3O^+)}{c_0(CH_3COOH)} \Rightarrow c(H_3O^+) = \alpha \cdot c_0(CH_3COOH) = 0{,}026 \cdot 0{,}025\ \text{mol/L} = 0{,}00065\ \text{mol/L}$

pH $= -\lg c(H_3O^+) = -\lg 0{,}00065 = -(-3{,}187) \approx$ **3,2**

Beispiel 2: Eine Ammoniumchlorid-Lösung der Konzentration $c(NH_4Cl) = 0{,}10$ mol/L hat einen pH-Wert von pH = 5,12. Berechnen Sie die Konzentration $c(H_3O^+)$ und den Protolysegrad α.

Lösung: $\mathbf{c(H_3O^+)} = 10^{-pH}$ mol/L = $10^{-5{,}12}$ mol/L = $7{,}5858 \cdot 10^{-6}$ mol/L ≈ $\mathbf{7{,}6 \cdot 10^{-6}}$ **mol/L**

$$\alpha = \frac{c(H_3O^+)}{c(NH_4Cl)} = \frac{7{,}5858 \cdot 10^{-6}\ \text{mol/L}}{0{,}10\ \text{mol/L}} = 7{,}5858 \cdot 10^{-5} \approx \mathbf{7{,}6 \cdot 10^{-5}} \approx \mathbf{0{,}0076\ \%}$$

Beispiel 3: Welchen pH-Wert hat eine Ammoniak-Lösung der Konzentration $c(NH_3) = 2{,}50$ mol/L ($\alpha = 0{,}265$ %)?

Lösung: $c(OH^-) = \alpha \cdot c_0(NH_3) = 0{,}00265 \cdot 2{,}50$ mol/L $= 6{,}625 \cdot 10^{-3}$ mol/L

pOH = $-\lg c(OH^-) = -\lg(6{,}625 \cdot 10^{-3}) = 2{,}1788 \Rightarrow$ **pH** = 14 − pOH = 14 − 2,1788 ≈ **11,82**

Aufgaben zum Dissoziationsgrad α bzw. zum Protolysegrad

1. Berechnen Sie die pH-Werte folgender wässriger Lösungen:
   a) Ameisensäure-Lösung der Konzentration $c(HCOOH) = 0{,}25$ mol/L, $\alpha = 0{,}0270$
   b) Ammoniak-Lösung der Konzentration $c(NH_3) = 0{,}50$ mol/L, $\alpha = 0{,}0059$
   c) Salpetrige Säure der Konzentration $c(HNO_2) = 0{,}12$ mol/L, $\alpha = 6{,}12$ %
   d) Monochloressigsäure der Konzentration $c(CH_2ClCOOH) = 0{,}050$ mol/L, $\alpha = 15{,}9$ %
2. Eine wässrige Essigsäure-Lösung mit $c(CH_3COOH) = 0{,}050$ mol/L hat den pH-Wert pH = 3,03. Wie groß ist der Protolysegrad der Essigsäure, welche Konzentration $c(OH^-)$ liegt vor?
3. Welchen pH-Wert hat eine Natriumacetat-Lösung mit der Massenkonzentration $\beta(CH_3COONa) =$ 8,2 g/L, wenn der Protolysegrad der Acetat-Ionen $\alpha = 7{,}59 \cdot 10^{-5}$ beträgt?
4. Wie viel Liter Ammoniakgas unter 22 °C und 1,030 bar müssen in 1000 mL Wasser von 22 °C gelöst werden, damit sich ein pH-Wert von 10,9 einstellt ($\alpha = 0{,}615$ %)?
5. Welche Stoffmengenkonzentration $c(CHCl_2COOH)$ hat eine wässrige Lösung von Dichloressigsäure, wenn der pH-Wert der Lösung 2,45 und der Dissoziationsgrad $\alpha = 3{,}5$ % beträgt?

7

7.1.5 Berechnung des pH-Werts aus der Säure- und Basenkonstante

Eine weitere Möglichkeit zur Beurteilung der Lage von Protolysegleichgewichten ist neben dem Protolysegrad α die Anwendung des Massenwirkungsgesetzes. Dies soll am Beispiel des Protolysegleichgewichts einer Säure HA und einer Base B erläutert werden.

Gleichgewicht einer **Säure HA** in Wasser:	Gleichgewicht einer **Base B** in Wasser:
$HA + H_2O \rightleftharpoons H_3O^+ + A^-$	$B + H_2O \rightleftharpoons BH^+ + OH^-$
Säure 1, Base 2, Säure 2, Base 1	Base 1, Säure 2, Säure 1, Base 2

Die Klammern verbinden jeweils korrespondierende Säure-Base-Paare. Die korrespondierende Säure bzw. Base entsteht aus einem Teilchen durch Aufnahme bzw. Abgabe eines Protons (H^+). Wird auf die beiden Protolysegleichgewichte das Massenwirkungsgesetz angewendet, so ergeben sich mit den Gleichgewichtskonzentrationen die nachfolgenden Gesetzmäßigkeiten.

Für die **Säure** gilt: $$K_c = \frac{c(H_3O^+) \cdot c(A^-)}{c(HA) \cdot c(H_2O)}$$

Für die **Base** gilt: $$K_c = \frac{c(OH^-) \cdot c(BH^+)}{c(B) \cdot c(H_2O)}$$

In beiden Gleichgewichten ist die Konzentration des Lösemittels Wasser $c(H_2O)$ gegenüber den Ionen-Konzentrationen sehr groß. Sie kann, wie beim Ionenprodukt des Wassers K_W, auch nach Zugabe von Säure oder Base, als annähernd unverändert und somit als konstant angenommen werden. Die Konzentration des Wassers wird mit der Konstanten K_c zu einer jeweils neuen Konstanten, der **Säurekonstanten K_S** (acidity constant) bzw. der **Basenkonstanten K_B** (basicity constant) zusammengefasst.

Mit $K_S = c(H_2O) \cdot K_c$ gilt für die **Säurekonstante:** $$K_S = \frac{c(H_3O^+) \cdot c(A^-)}{c(HA)}$$

Mit $K_B = c(H_2O) \cdot K_c$ gilt für die **Basenkonstante:** $$K_B = \frac{c(OH^-) \cdot c(BH^+)}{c(B)}$$

Eine Säure oder eine Base ist umso stärker, je größer die Zahlenwerte von K_S bzw. K_B sind. Der negative Logarithmus von K_S bzw. K_B wird als Säureexponent (pK_S) bzw. Basenexponent (pK_B) bezeichnet. Je kleiner der pK_S-Wert bzw. pK_B-Wert ist, desto stärker ist die Säure bzw. Base **(Tabelle).** Diese Werte charakterisieren die Stärke der Säuren und Basen gegenüber Wasser. Die Säurekonstante K_S einer Säure HA und die Basenkonstante K_B ihrer korrespondierenden Base A^- sind aus diesem Grund quantitativ über das Ionenprodukt des Wassers verknüpft und ergeben nebenstehende Beziehung.

In der nebenstehenden **Tabelle** ist zu erkennen, dass die Summe aus den pK_S- und pK_B-Werten korrespondierender Säure-Base-Paare bei 22 °C immer 14 ergibt (Beispiel 1).

Säureexponent	**Basenexponent**
$pK_S = -\lg K_S$ $K_S = 10^{-pK_S}$	$pK_B = -\lg K_B$ $K_B = 10^{-pK_B}$

Für korrespondierende Säuren/Basen gilt:

$$K_S(HA) \cdot K_B(A^-) = K_W$$

Logarithmieren beider Seiten ergibt:

$$pK_S(AH) + pK_B(A^-) = pK_W$$

Für korrespondierende Säure-Base-Paare gilt bei 22 °C
$pK_S + pK_B = 14$

Beispiel 1: Welcher Zusammenhang besteht zwischen dem pK_S-Wert von Essigsäure und dem pK_B-Wert des Acetat-Ions bei 22 °C?

Lösung: Das Protolysegleichgewicht lautet

$$CH_3COOH + H_2O \rightleftharpoons H_3O^+ + CH_3COO^-$$

$pK_{S1} = 4{,}76$ $\quad pK_{B2} = 15{,}74$ $\quad pK_{S2} = -1{,}74$ $\quad pK_{B1} = 9{,}24$

Kontrolle: $pK_{S1} + pK_{B1} = 4{,}76 + 9{,}24 = 14$

$pK_{S2} + pK_{B2} = -1{,}74 + 15{,}74 = 14$

Mithilfe der pK_S- und pK_B-Werte können pH-Werte von Lösungen berechnet werden. In **Bild 1** auf Seite 227 ist zu erkennen, dass verschiedene Bereiche (A–D) existieren, für die verschiedene Ansätze zur pH-Berechnung verwendet werden.

Bereich A: Hier wird eine vollständige Protolyse angenommen, d.h. $c_0(HA) = c(H_3O^+)$

Bereich B: Hier wird eine teilweise Protolyse angenommen, die aber signifikant von 0 % und 100 % entfernt ist. Hier wird der pH-Wert über eine quadratische Gleichung gelöst (Beispiel 2).

Beispiel 2: Welchen pH-Wert hat eine Dichloressigsäure-Lösung der Konzentration $c(CHCl_2COOH) = 0{,}15$ mol/L?

Lösung: $pK_S = 1{,}29$; das Protolysegleichgewicht lautet:

$$CHCl_2COOH + H_2O \rightleftharpoons CHCl_2COO^- + H_3O^+$$

Hier gilt: $c_0(HA) - x$ $\qquad c(A^-) = c(H_3O^+) = x$

Aus $K_S = \dfrac{c(H_3O^+) \cdot c(A^-)}{c(HA)} = \dfrac{x \cdot x}{c_0(HA) - x} = 10^{-1{,}29}$

wird durch Umformen nachfolgende Normalform der quadratischen Gleichung erhalten:

$x^2 + 0{,}05129\,x - 7{,}693 \cdot 10^{-3} = 0.$

Mithilfe der allgemeinen Lösungsformel (vgl. S. 24) folgt:

$x_1 = c(H_3O^+) = 0{,}06574$ mol/L $\Rightarrow$ **pH** $= -\lg 0{,}06574 = 1{,}182 \approx$ **1,2**

Tabelle: pK_S- und pK_B-Werte korrespondierender Säure-Base-Paare

pK_S	Säure	Base	pK_B
ca. –10	$HClO_4$	ClO_4^-	ca. 24
ca. –6	HCl	Cl^-	ca. 20
–3	H_2SO_4	HSO_4^-	ca. 17
–1,74	H_3O^+	H_2O	15,74
–1,4	HNO_3	NO_3^-	15,4
0,64	CCl_3COOH	CCl_3COO^-	13,36
1,29	$CHCl_2COOH$	$CHCl_2COO^-$	12,71
1,92	HSO_4^-	SO_4^{2-}	12,08
2,12	H_3PO_2	$H_2PO_4^-$	11,88
3,37	HNO_2	NO_2^-	10,63
3,45	HF	F^-	10,55
3,74	$HCOOH$	$HCOO^-$	10,26
4,76	CH_3COOH	CH_3COO^-	9,24
4,87	C_2H_3COOH	$C_2H_3COO^-$	9,13
6,52	H_2CO_3	HCO_3^-	7,48
7,04	H_2S	HS^-	6,96
7,21	$H_2PO_4^-$	HPO_4^{2-}	6,79
9,25	NH_4^+	NH_3	4,75
9,4	HCN	CN^-	4,6
10,25	HCO_3^-	CO_3^{2-}	3,75
11,96	HS^-	S^{2-}	2,04
12,67	HPO_4^{2-}	PO_4^{3-}	1,33
15,74	H_2O	OH^-	–1,74
ca. 23	NH_3	NH_2^-	ca. –9
ca. 24	OH^-	O^{2-}	ca. –10

Aufgaben zu Säure- und Basenkonstante

1. Berechnen Sie die pH-Werte für folgende wässrige Lösungen:
   a) Salpetrige Säure, $c_0(HNO_2) = 0{,}20$ mol/L
   b) Ameisensäure, $c_0(HCOOH) = 0{,}055$ mol/L
   c) Trichloressigsäure, $c_0(CCl_3COOH) = 0{,}12$ mol/L
   d) Triethylamin, $c_0(\text{Amin}) = 0{,}50$ mol/L, $pK_B = 3{,}24$
2. 4,50 L Säurelösung enthalten 150 g salpetrige Säure HNO_2. Welchen pH-Wert hat die Lösung?
3. 8,55 g Dichloressigsäure werden im Messkolben auf 2000 mL mit demin. Wasser aufgefüllt. Berechnen Sie den pH-Wert der Säure-Lösung.

7.1.6 pH-Wert schwacher Säuren und Basen

Für schwache Säuren (weak acids) und schwache Basen (weak bases) mit pK_S- und pK_B-Werten > 3 können die pH-Werte und der Protolysegrad für eine Ausgangskonzentration c_0 durch Näherungsgleichungen mit hinreichender Genauigkeit berechnet werden. Dies ist in **Bild 1** an der Grenze zwischen dem **Bereich B** und **C** zu erkennen. Bei einer gängigen Konzentration von 0,1 mol/L (1 auf der y-Achse) liegt der pK_S-Wert bei ca. 3,5 (blaues Kreuz in Bild 1). Bei geringeren Konzentrationen (höheren y-Werten) liegt der pK_S-Wert noch höher.

Ausgehend vom Protolysegleichgewicht: $HA + H_2O \rightleftharpoons H_3O^+ + A^-$ geht man von folgenden Näherungen aus:

- Die Gleichgewichtskonzentration der Säure $c(HA)$ ist mit der Ausgangskonzentration der Säure $c_0(HA)$ identisch, es gilt: $c(HA) = c_0(HA)$
- Die Oxonium-Ionenkonzentration aus der Autoprotolyse des Wassers bleibt unberücksichtigt, es gilt: $c(A^-) = c(H_3O^+)$

Setzt man diese Näherungen in den Massenwirkungsquotienten für die Säurekonstante einer Säure HA ein, so wird die nebenstehende Größengleichung erhalten:

$$K_S = \frac{c(H_3O^+) \cdot c(A^-)}{c(HA)} = \frac{c(H_3O^+) \cdot c(H_3O^+)}{c_0(HA)} = \frac{c^2(H_3O^+)}{c_0(HA)}$$

Nach Umformung ergibt der negative Logarithmus beider Seiten der Gleichung:

$$c^2(H_3O^+) = K_S \cdot c_0(HA) \Rightarrow 2\,pH = pK_S - \lg c_0(HA)$$

Durch Umformung wird die nebenstehende Näherungsformel für die Berechnung des pH-Wertes schwacher Säuren erhalten.

Entsprechend ist die Größengleichung für den pOH-Wert schwacher Basen herzuleiten.

pH-Wert einer schwachen Säure

$$pH = \frac{pK_S - \lg c_0(\text{Säure})}{2}$$

pOH-Wert einer schwachen Base

$$pOH = \frac{pK_S - \lg c_0(\text{Base})}{2}$$

Beide Näherungsgleichungen ergeben für schwache Säuren und Basen bei größeren Konzentrationen pH- bzw. pOH-Werte, die mit den exakten Werten praktisch identisch sind. Bei stark verdünnten Lösungen von Säuren ergeben sich z.B. Oxonium-Ionenkonzentrationen kleiner 10^{-7} mol/L bzw. Hydroxid-Ionenkonzentrationen größer als 10^{-7} mol/L, was natürlich sinnlos ist. In Wasser von 22 °C gilt: $c(H_3O^+) = 10^{-7}$ mol/L.

Das Diagramm in **Bild 1** erlaubt eine Abschätzung des Gültigkeitsbereiches der Näherungsformel in Abhängigkeit vom Säureexponenten und der Konzentration der Säure-Lösung. Sie kann im **Bereich C** mit hinreichender Genauigkeit angewendet werden. Bei sehr starken Verdünnungen von Säuren und Basen **(Bereich D)** ist die Autoprotolyse des Wassers bei der Berechnung zu berücksichtigen. (Bereiche A + B, Seite 226)

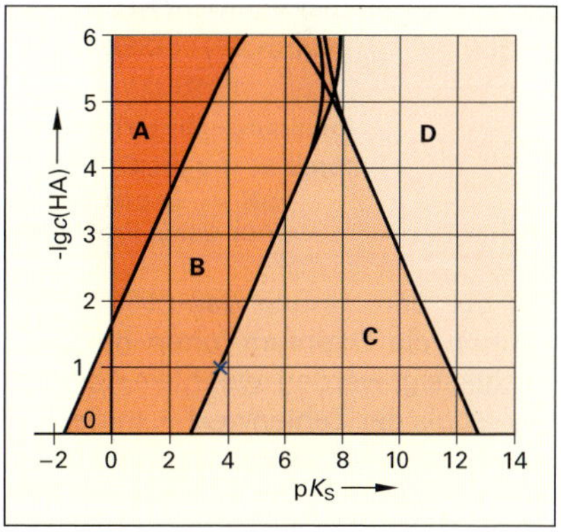

Bild 1: pH-Wert-Berechnungen

Beispiel 1: Welchen pH-Wert hat Essigsäure der Konzentration $c(CH_3COOH) = 0{,}050$ mol/L?

Lösung: Mit $pK_S = 4{,}76$ (aus Tabelle, Seite 226) folgt:

$$pH = \frac{pK_S - \lg c_0(\text{Säure})}{2} = \frac{4{,}76 - \lg 0{,}050}{2} \approx \mathbf{3{,}0}$$

Aufgaben zu pH-Wert schwacher Säuren und Basen

1. Berechnen Sie unter Anwendung der quadratischen Gleichung, wie groß der Fehler bei der Näherungsrechnung des pH-Wertes in Beispiel 1 ist.
2. Berechnen Sie den pH-Wert folgender wässriger Lösungen:
   a) Salpetrige Säure, $c(HNO_2) = 0{,}20$ mol/L
   b) Essigsäure, $c(CH_3COOH) = 0{,}015$ mol/L
   c) Ammoniakwasser, $c(NH_3) = 0{,}50$ mol/L
   d) Natriumcarbonat, $c(Na_2CO_3) = 0{,}050$ mol/L
   e) Ameisensäure, $c(HCOOH) = 0{,}035$ mol/L
   f) Natriumacetat, $c(CH_3COONa) = 0{,}55$ mol/L

3. 0,15 mol Natriumacetat CH_3COONa werden im Messkolben mit demin. Wasser auf 1000 mL aufgefüllt. Welchen pH-Wert hat die Lösung?
4. 8,25 g Propansäure werden zu 2,0 L aufgefüllt. Berechnen Sie den pH-Wert der Lösung.
5. In 500 mL Säurelösung sind 10,5 g Ameisensäure enthalten. Welchen pH-Wert hat die Lösung?
6. Welche Masse an Natriumacetat ist in 2000 mL Wasser zu lösen, damit die Lösung einen pH-Wert von 8,5 aufweist?
7. Welches Volumen an Ammoniakgas unter 25 °C und 998 mbar ist in 5000 mL demin. Wasser zu lösen, damit die entstehende Ammoniak-Lösung den pH-Wert 9,7 aufweist?

7.1.7 pH-Wert mehrprotoniger Säuren

Kann eine Säure mehr als ein Proton abspalten, wie z. B. H_2SO_4 oder H_3PO_4, wird sie als **mehrprotonige Säure** bezeichnet. Allerdings sagt die Anzahl der theoretisch abzugebenden Protonen nichts über die Säurestärke aus. Jede Protolysestufe ist durch einen eigenen pK_S-Wert gekennzeichnet.

Bei der Berechnung des pH-Wertes sind die Regeln für die Berechnung starker und schwacher Säuren und Basen anzuwenden. In die Berechnung für die zweite Protolysestufe sind dabei auch die Oxonium-Ionen aus der ersten Stufe einzubeziehen.

7

Beispiel: Welchen pH-Wert hat eine Schwefelsäure-Lösung der Konzentration $c(H_2SO_4) = 0{,}10$ mol/L?

Lösung: Schwefelsäure protolysiert als zweiprotonige Säure in zwei Protolysestufen:

1. Protolysestufe:	$H_2SO_4 + H_2O \rightleftharpoons$	H_3O^+ +	HSO_4^-
Konzentrationen vor der Protolyse:	0,10 mol/L	0	0
Konzentrationen im Gleichgewicht:	0	0,10 mol/L	0,10 mol/L

In der 1. Stufe ist die Protolyse vollständig, es gilt: $c_1(H_3O^+) = 0{,}10$ mol/L

2. Protolysestufe: In der zweiten Stufe ist die Protolyse unvollständig, $pK_{S2} = 1{,}92$

Festlegung: $c_2(H_3O^+) = x$ in mol/L	$HSO_4^- + H_2O \rightleftharpoons$	H_3O^+ +	SO_4^{2-}
Konzentrationen vor der Protolyse:	0,10 mol/L	0	0
Konzentrationen im Gleichgewicht:	0,10 mol/L − x	0,10 mol/L + x	x

Im Gleichgewicht ist die Gesamtkonzentration $c(H_3O^+) = (0{,}10 + x)$ mol/L, das ergibt mit dem MWG:

$$K_{S2} = \frac{c(H_3O^+) \cdot c(SO_4^{2-})}{c(HSO_4^-)} = \frac{(0{,}10 + x) \cdot x}{(0{,}10 - x)} = 10^{-1{,}92},$$

es folgt durch Umformung die Normalform der quadratischen Gleichung: $x^2 + 0{,}112\,x - 0{,}00120 = 0$

Lösung: $x_1 = c_2(H_3O^+) = 0{,}0098$ mol/L $\Rightarrow c_{ges}(H_3O^+) = 0{,}10$ mol/L $+ 0{,}0098$ mol/L $= 0{,}1098$ mol/L

pH $= -\lg c(H_3O^+) = -\lg 0{,}1098 = 0{,}9592 \approx$ **0,96**

Aus der 2. Protolysestufe stammen nur etwa 9 % der insgesamt vorliegenden Oxonium-Ionen.

Bei der Berechnung des pH-Wertes zweiprotoniger Säuren können die Oxonium-Ionen der zweiten Protolysestufe vernachlässigt werden, wenn die Abweichung der pK_S-Werte größer ist als der Zahlenwert 3. In der **Tabelle** sind die pK_S-Werte einiger mehrprotoniger Säuren aufgeführt.

Tabelle: pK-Werte mehrprotoniger Säuren (22 °C)

Säure	pK_{S1}	$pK_{S2\,(3)}$
Schwefelsäure	−3	1,92
Oxalsäure	1,24	5,17
Schweflige Säure	1,9	7,2
Maleinsäure	1,92	6,5
Fumarsäure	3,02	4,6
Adipinsäure	4,4	5,4
Kohlensäure	6,37	10,25
Hydrogensulfid	7,1	12,9
Phosphorsäure	2,12	7,21 (12,3)
Zitronensäure	3,06	4,74 (5,39)

Aufgabe zu pH-Wert mehrprotoniger Säuren

Berechnen Sie die pH-Werte folgender Säurelösungen:

a) Oxalsäure, $c(HOOC{-}COOH) = 0{,}10$ mol/L.
b) Phosphorsäure, $c(H_3PO_4) = 0{,}050$ mol/L.
c) Maleinsäure, $c(C_4H_4O_4) = 0{,}15$ mol/L.
d) Schweflige Säure, $c(H_2SO_3) = 0{,}20$ mol/L.
e) Schwefelwasserstoff, $c(H_2S) = 0{,}10$ mol/L.

Wenden Sie, wenn sinnvoll, Näherungsrechnungen an.

Überprüfen Sie den jeweils auftretenden Fehler.

7.1.8 Das Ostwald'sche Verdünnungsgesetz

Die Säurekonstanten schwacher einwertiger Säuren und Basen lassen sich berechnen, wenn die Ausgangskonzentrationen c_0 und der Protolysegrad α für diese Konzentrationen bekannt sind. Für eine Säure HA ergeben sich bei Vernachlässigung der Ionen aus der Autoprotolyse des Wassers folgende Konzentrationen vor und nach der Protolyse:

Protolysegleichgewicht:	$HA + H_2O \rightleftharpoons$	A^-	$+ H_3O^+$
Konzentrationen vor der Protolyse:	c_0	0	0
Konzentrationen nach der Protolyse:	$c_0 - c_0 \cdot \alpha = c_0 \cdot (1 - \alpha)$	$c_0 \cdot \alpha$	$c_0 \cdot \alpha$

Durch Einsetzen in den Massenwirkungsquotienten für die Säurekonstante einer Säure HA folgt:

$$K_S = \frac{c(H_3O^+) \cdot c(A^-)}{c(HA)} = \frac{(c_0 \cdot \alpha)^2}{c_0 - c_0 \cdot \alpha}$$

Durch Umformung wird das **Ostwald'sche Verdünnungsgesetz** (Ostwald's dilution law) erhalten:

Mit abnehmender Säurekonzentration nimmt der Protolysegrad α einer Säure zu, bei unendlicher Verdünnung strebt er gegen den Grenzwert 1.

Diese Gesetzmäßigkeit lässt sich analog für den Protolysegrad schwacher einwertiger Basen herleiten.

Ist das Ausmaß der Protolyse nur sehr gering, d.h. α sehr viel kleiner als 1, so kann näherungsweise $1 - \alpha \approx 1$ angenommen werden. Der Protolysegrad schwacher Säuren und Basen kann mit nebenstehender Näherungsformel berechnet werden.

Da die elektrische Leitfähigkeit eines Elektrolyten in einem gesetzmäßigen Zusammenhang mit der Konzentration freier Ionen steht, kann diese Messung zur experimentellen Bestimmung des Protolysegrades schwacher Säuren oder Basen eingesetzt werden (vgl. Seite 403).

Ostwald'sches Verdünnungsgesetz	
für Säuren	für Basen
$K_S = \frac{c_0 \cdot \alpha^2}{1 - \alpha}$	$K_B = \frac{c_0 \cdot \alpha^2}{1 - \alpha}$

Protolysegrad schwacher Säuren

$$K_S = \alpha^2 \cdot c_0; \quad \alpha = \sqrt{\frac{K_S}{c_0}}$$

Protolysegrad schwacher Basen

$$K_B = \alpha^2 \cdot c_0; \quad \alpha = \sqrt{\frac{K_B}{c_0}}$$

Beispiel: Der Protolysegrad von Essigsäure der Konzentration $c(CH_3COOH) = 0{,}0737$ mol/L wurde zu $\alpha = 1{,}57$ % ermittelt. Wie groß ist die Säurekonstante K_S?

Lösung: $K_S = \frac{c_0 \cdot \alpha^2}{1 - \alpha} = \frac{0{,}0737 \text{ mol/L} \cdot (0{,}0157)^2}{1 - 0{,}0157}$

$K_S = 1{,}8456 \cdot 10^{-5}$ mol/L $\approx$ **$1{,}85 \cdot 10^{-5}$ mol/L**

Aufgaben zu Ostwald'sches Verdünnungsgesetz

1. Berechnen Sie für Essigsäure mithilfe des Säureexponenten (Tabelle auf Seite 226) den Protolysegrad bei folgenden Konzentrationen: $1{,}0 \cdot 10^{-1}$ mol/L, $1{,}0 \cdot 10^{-2}$ mol/L, und $1{,}0 \cdot 10^{-3}$ mol/L.
   a) Verwenden Sie jeweils die Näherungsformel.
   b) Führen Sie die exakte Berechnung durch. Vergleichen und diskutieren Sie die Ergebnisse.
2. Berechnen Sie die Säurekonstante K_S und den Säureexponenten pK_S von Cyanwasserstoffsäure (Blausäure) in einer Lösung der Stoffmengenkonzentration $c(HCN) = 0{,}10$ mol/L, wenn der Protolysegrad zu $\alpha = 0{,}00012$ bestimmt wurde. Welchen pH-Wert hat diese Lösung?
3. Berechnen Sie den pH-Wert und den Protolysegrad einer Natriumcarbonat-Lösung (Soda-Lösung) der Konzentration 0,15 mol/L.
4. Die Säurekonstante K_S für Ameisensäure beträgt $1{,}82 \cdot 10^{-4}$ mol/L. Welchen Protolysegrad weist eine Ameisensäure-Lösung der Konzentration $c(HCOOH) = 2{,}5 \cdot 10^{-4}$ mol/L auf? Überprüfen Sie, ob die Verwendung der Näherungsgleichung in diesem Fall zulässig ist.
5. Welchen Protolysegrad hat eine wässrige Benzoesäure-Lösung, die 5,28 g C_6H_5COOH pro Liter Lösung enthält? Der pK_S-Wert von Benzoesäure beträgt 4,22.

7.1.9 pH-Wert von Pufferlösungen

Als **Pufferlösungen** (buffer system) werden Lösungen bezeichnet, deren pH-Wert sich trotz Zugabe von Säuren oder Basen kaum verändert. Puffer dienen zur Stabilisierung des pH-Wertes und bestehen in der Regel aus der Mischung einer Säure und ihrer korrespondierenden Base. Die Wirkungsweise soll am Beispiel eines Essigsäure-Acetat-Puffers erläutert werden. Dort liegt folgendes Gleichgewicht vor:

$CH_3COOH_{(aq)}$	+	$H_2O_{(l)}$	$\rightleftharpoons$	$CH_3COO^-_{(aq)}$	+	$H_3O^+_{(aq)}$
Säure 1		*Base 2*		*Base 1*		*Säure 2*
$pK_S = 4{,}76$		$pK_B = 15{,}74$		$pK_B = 9{,}24$		$pK_S = -1{,}74$

Das Gleichgewicht liegt stark auf der linken Seite, da auf der rechten Seite jeweils die stärkere Säure bzw. Base als reaktivere Reaktionspartner vorliegen.

Wird der Puffer mit einer starken Säure versetzt, so reagieren die zugesetzten Oxonium-Ionen mit den Acetat-Ionen (= stärkere Base) des Puffers. Durch die Bildung von weiterer Essigsäure und Wasser, ändert sich kaum die Konzentration der Oxonium-Ionen und der pH-Wert bleibt annähernd konstant.

Wird eine starke Base zugesetzt, so reagieren die Hydroxid-Ionen der zugesetzten Base mit den Oxonium-Ionen (= stärkere Säure) des Puffergleichgewichts. Die Oxonium-Ionen sind schnell verbraucht, sodass dann aus der Essigsäure weitere Oxonium-Ionen nachgebildet werden. So wird indirekt die Essigsäure durch die Hydroxid-Ionen verbraucht. Da die Hydroxid-Ionen zu der wesentlich schwächeren Base Acetat abreagieren, bleibt am Ende der pH-Wert annähernd konstant.

7

Der pH-Wert einer Pufferlösung ergibt sich aus dem Term für die Säurekonstante K_S der Puffer-Säure HA und anschließende Umformung.

$$K_S = c(H_3O^+) \cdot \frac{c(\text{korr. Base})}{c(\text{korr. Säure})} \quad \Rightarrow \quad c(H_3O^+) = K_S \cdot \frac{c(\text{korr. Säure})}{c(\text{korr. Base})}$$

Mit dem negativen dekadischen Logaritmus beider Seiten der Gleichung erhält man die als **Puffergleichung** bezeichnete Henderson-Hasselbalch-Gleichung für einen Puffer aus einer schwachen Säure und deren Salz.

Puffergleichung für schwache Säuren

$$\text{pH} = pK_S + \lg \frac{c(\text{korr. Base})}{c(\text{korr. Säure})}$$

Aus einer analogen Herleitung folgt die Berechnungsformel für ein Puffersystem aus einer schwachen Base und deren korrespondierender Säure. Diese ist die protonierte Base als Bestandteil des Salzes (z. B. NH_4^+).

$$K_B = c(OH^-) \cdot \frac{c(\text{korr. Säure})}{c(\text{korr. Base})} \quad \Rightarrow \quad c(OH^-) = K_B \cdot \frac{c(\text{korr. Base})}{c(\text{korr. Säure})}$$

Eine gute Pufferwirkung wird erreicht, wenn das Konzentrationsverhältnis von Säure und Base 1 : 10 oder 10 : 1 nicht überschreitet. Das Pufferoptimum ergibt sich bei gleicher Konzentration von Säure und Base, dabei steigt die Pufferkapazität mit zunehmender Konzentration der Lösung.

Puffergleichung für schwache Basen

$$\text{pOH} = pK_B + \lg \frac{c(\text{korr. Säure})}{c(\text{korr. Base})}$$

Beispiel 1: In einem 1000 mL-Messkolben mit Essigsäure-Lösung der Konzentration $c(CH_3COOH) = 0{,}100$ mol/L werden 8,201 g wasserfreies Natriumacetat CH_3COONa gelöst (Volumenänderung vernachlässigt).

a) Berechnen Sie den pH-Wert der entstehenden Pufferlösung.

b) Wie ändert sich der pH-Wert, wenn 990 mL der Pufferlösung mit 10 mL Salzsäure der Konzentration $c(HCl) = 1{,}0$ mol/L versetzt werden?

c) Welcher pH-Wert hätte sich nach Säurezugabe in die ungepufferte Essigsäure-Lösung eingestellt?

Lösung: a) Stoffmenge an zugesetzen Acetat-Ionen: $n(A^-) = \frac{m(\text{NaAc})}{M(\text{NaAc})} = \frac{8{,}201\ \text{g}}{82{,}011\ \text{g/mol}} = 0{,}100\ \text{mol}$

pH-Wert der Pufferlösung: $\mathbf{pH} = pK_S + \lg \frac{c(\text{korr. Base})}{c(\text{korr. Säure})} = 4{,}76 + \lg \frac{0{,}100}{0{,}100} = 4{,}76 + 0 = \mathbf{4{,}76}$

b) Zugesetzte Stoffmenge an HCl: $n(HCl) = c(HCl) \cdot V(\text{Lsg}) = 1{,}0\ \text{mol/L} \cdot 0{,}010\ \text{L} = 0{,}010\ \text{mol}$

Puffer-Gleichgewicht:	HCl +	CH_3COO^- $\rightleftharpoons$	CH_3COOH +	Cl^-
vor der GG-Einstellung:	0,010 mol/L	0,100 mol/L	0,100 mol/L	0 mol/L
nach der GG-Einstellung:	0 mol/L	0,090 mol/L	0,110 mol/L	0,010 mol/L

$$\mathbf{pH} = pK_S + \lg \frac{c(\text{korr. Base})}{c(\text{korr. Säure})} = 4{,}76 + \lg \frac{0{,}090}{0{,}110} = 4{,}76 - 0{,}0872 \approx \mathbf{4{,}67}$$

Der pH-Wert sinkt nur um den Zahlenwert 0,09

c) pH-Wert der ungepufferten Essigsäure-Lösung: $\text{pH} = \frac{pK_S - \lg c_0(\text{Säure})}{2} = \frac{4{,}76 - \lg 0{,}100}{2} = 2{,}88$

H_3O^+-Konzentration nach Säurezugabe: $c(H_3O^+) = (10^{-2{,}88} + 0{,}010)\ \text{mol/L} \approx 0{,}01132\ \text{mol/L}$

$\mathbf{pH} = -\lg c(H_3O^+) = -\lg 0{,}01132 \approx \mathbf{1{,}9}$

Der pH-Wert sinkt von 2,88 auf 1,9

Beispiel 2: Welche Masse an Ammoniumchlorid NH_4Cl muss in 2000 mL einer Ammoniak-Lösung der Konzentration $c(NH_3) = 0{,}010$ mol/L gelöst werden, damit eine Pufferlösung mit pH = 8,0 erhalten wird? (Eine Volumenänderung beim Lösen wird vernachlässigt).

Lösung: pOH-Wert der Lösung: pOH = 14 – pH = 14 – 8,0 = 6,0 ; mit $pK_B = 4{,}75$ folgt: $K_B = 10^{-pK_B} = 10^{-4{,}75}$

$$c(OH^-) = K_B \cdot \frac{c(\text{korr. Base})}{c(\text{korr. Säure})} \Rightarrow c(\text{korr. Säure}) = K_B \cdot \frac{c(\text{korr. Base})}{c(OH^-)} = 10^{-4{,}75} \cdot \frac{0{,}010\ \text{mol/L}}{10^{-6{,}0}\ \text{mol/L}} = 0{,}17783\ \text{mol/L}$$

mit $c = \frac{n}{V}$ und $n = \frac{m}{M}$ folgt: $m(NH_4Cl) = c(NH_4Cl) \cdot V(\text{Lsg}) \cdot M(NH_4Cl)$

$\boldsymbol{m}\mathbf{(NH_4Cl)} = 0{,}17783\ \text{mol/L} \cdot 2{,}0\ \text{L} \cdot 53{,}49\ \text{g/mol} = 19{,}024\ \text{g} \approx \mathbf{19\ g}$

7

Aufgaben zu pH-Wert von Pufferlösungen (pK_S-/pK_B-Tabelle Seite 226)

1. In jeweils 250 mL Ammoniak-Lösung der Konzentration $c(NH_3) = 1{,}00$ mol/L werden:
   a) 10,0 g Ammoniumchlorid NH_4Cl und b) 30,0 g Ammoniumchlorid NH_4Cl gelöst.
   Welchen pH-Wert haben die Ausgangslösungen und die entstehenden Pufferlösungen?
2. In 1000 mL Ammoniak-Lösung der Konzentration 0,10 mol/L werden 1,00 g Ammoniumchlorid NH_4Cl gelöst. Berechnen Sie die eintretende Änderung des pH-Wertes.
3. Wie ändert sich der pH-Wert, wenn in 250 mL Ameisensäure-Lösung der Konzentration $c(HCOOH) =$ 0,25 mol/L 3,50 g Natriumformiat HCOONa gelöst werden?
4. Welche Masse an wasserfreiem Natriumacetat muss 1000 mL einer Essigsäure-Lösung der Konzentration $c(CH_3COOH) = 0{,}10$ mol/L zugesetzt werden, damit eine Pufferlösung mit pH = 5,0 erhalten wird?
5. 1000 mL einer Essigsäure/Acetat-Pufferlösung mit den Stoffmengenkonzentrationen $c(CH_3COOH) = 0{,}1$ mol/L und $c(CH_3COONa) = 0{,}2$ mol/L werden jeweils versetzt mit:
   a) 0,40 g Natriumhydroxid NaOH, b) 0,4904 g Schwefelsäure.
   Berechnen Sie die in beiden Fällen eintretenden pH-Änderungen.
6. In welchem Stoffmengen-Verhältnis sind Kaliumdihydrogenphosphat KH_2PO_4 und Dinatriumhydrogenphosphat Na_2HPO_4 zu lösen, damit ein Puffer mit pH = 7,0 entsteht? Die pK_S- und pK_B-Werte entnehmen Sie der Tabelle von Seite 226)
7. Aus 500 mL Ammoniumnitrat-Lösung der Konzentration $c(NH_4NO_3) = 0{,}10$ mol/L soll durch Zusatz von konzentrierter Ammoniak-Lösung mit einem Massenanteil $w(NH_3) = 25{,}0$ % ($\varrho = 0{,}906$ g/mL) und anschließendes Auffüllen mit demin. Wasser auf 2000 mL eine Pufferlösung mit pH = 11,25 erhalten werden. Welches Volumen an Ammoniak-Lösung ist zuzugeben?
8. Aus einer Phosphorsäure-Lösung mit dem Massenanteil $w(H_3PO_4) = 25{,}0$ % und einer Natronlauge mit dem Massenanteil $w(NaOH) = 15{,}5$ % sind 5,0 L eines Phosphatpuffers herzustellen. Die Puffer-Säure $H_2PO_4^-$ und die Puffer-Base HPO_4^{2-} sollen jeweils in der Stoffmengenkonzentration $c = 0{,}20$ mol/L vorliegen. Welche Massen der beiden Lösungen sind zu mischen?
   Reaktionsgleichung: $2\ H_3PO_4 + 3\ NaOH \longrightarrow NaH_2PO_4 + Na_2HPO_4 + 3\ H_2O$

7.1.10 Lage von Protolysegleichgewichten

Die Lage von Protolysegleichgewichten wird durch die unterschiedliche Stärke der an der Reaktion beteiligten Säuren und Basen bestimmt. Bei der Protolyse verläuft die Protonenübertragung von der stärkeren Säure auf die stärkere Base, sodass im Gleichgewicht bevorzugt die schwächere Säure und die schwächere Base vorliegen. So reagiert im nachfolgenden Beispiel das Hydrogensulfat-Ion als stärkere Säure mit der stärkeren Base, dem Acetat-Ion, weitgehend zu Sulfat-Ionen und Essigsäure.

$HSO^-_{4(aq)}$	+	$\mathbf{CH_3COO^-_{(aq)}}$	$\rightleftharpoons$	$CH_3COOH_{(aq)}$	+	$SO^{2-}_{4(aq)}$
Säure 1		*Base 2*		*Säure 2*		*Base 1*
$pK_S = 1{,}92$		$\mathbf{pK_B = 9{,}24}$		$pK_S = 4{,}76$		$pK_B = 12{,}08$

Durch Anwendung des Massenwirkungsgesetzes kann die Gleichgewichtslage in Form der Gleichgewichtskonstanten errechnet werden.

Der Massenwirkungsquotient ergibt für das Protolysegleichgewicht nach Einsetzen und anschließender Erweiterung mit $c(H_3O^+)$:

$$K = \frac{c(\mathrm{HAc}) \cdot (c(SO_4^{2-})}{c(HSO_4^-) \cdot c(A^-)} = \frac{c(\mathrm{HAc}) \cdot \mathbf{c(SO_4^{2-}) \cdot c(H_3O^+)}}{\mathbf{c(HSO_4^-)} \cdot c(A^-) \cdot c(H_3O^+)}$$

Der erste Quotient ist gleich dem Kehrwert der Säurekonstanten der Essigsäure HAc, der zweite Quotient ist gleich der Säurekonstanten des Hydrogensulfat-Ions HSO_4^-.

$$K = \frac{c(\mathrm{HAc})}{c(A^-) \cdot c(H_3O^+)} \cdot \frac{\mathbf{c(SO_4^{2-}) \cdot c(H_3O^+)}}{\mathbf{c(HSO_4^-)}}$$

Durch Logarithmieren beider Seiten der Gleichung wird eine Größengleichung zur Beurteilung der Gleichgewichtslage anhand der errechneten Gleichgewichtskonstanten erhalten.

$$K = \frac{1}{K_S(\mathrm{HAc})} \cdot \mathbf{K_S(HSO_4^-)}$$

$$\Rightarrow pK = \mathbf{pK_S(HSO_4^-)} - pK_S(\mathrm{HAc})$$

Beispiel: Ermitteln Sie die Lage des oben angegebenen Protolysegleichgewichts mit Hydrogensulfat-Ionen und Acetat-Ionen.

Lösung: $pK = pK_S(HSO_4^-) - pK_S(\mathrm{HAc})$

$pK = 1{,}92 - 4{,}76 = -2{,}84$

$\mathbf{K} = 10^{-pK} = 10^{-(-2{,}84)} \approx \mathbf{6{,}9 \cdot 10^2}$

Da K viel größer als 1 ist, liegt das Gleichgewicht weit auf der Produktseite.

Lage eines Protolysegleichgewichts

$$pK = pK_S(\text{Säure 1}) - pK_S(\text{Säure 2}),$$

$$K = 10^{-pK}$$

Aufgaben zu Lage von Protolysegleichgewichten

1. Ergänzen Sie die Protolysegleichgewichte mit den korrespondierenden Säuren und Basen und ermitteln Sie mithilfe der Gleichgewichtskonstanten die Gleichgewichtslage. Es wird jeweils nur ein Proton übertragen.

   a) $HCO^-_{3(aq)} + HCOOH_{(aq)} \rightleftharpoons$
   $pK_{B2} = 7{,}84$ $pK_{S1} = 3{,}74$

   b) $CN^-_{(aq)} + HNO_{2(aq)} \rightleftharpoons$
   $pK_{B2} = 4{,}6$ $pK_{S1} = 3{,}34$

   c) $CO^{2-}_{3(aq)} + NH^+_{4(aq)} \rightleftharpoons$
   $pK_{B2} = 3{,}6$ $pK_{S1} = 9{,}25$

   d) $CH_3COO^-_{(aq)} + NH^+_{4(aq)} \rightleftharpoons$
   $pK_{B2} = 9{,}24$ $pK_{S1} = 9{,}25$

   e) $ClO^-_{(aq)} + HF_{(aq)} \rightleftharpoons$
   $pK_{B2} = 6{,}75$ $pK_{S1} = 3{,}14$

   f) $HSO^-_{3(aq)} + ClO^-_{(aq)} \rightleftharpoons$
   $pK_{S1} = 7{,}2$ p $K_{B2} = 6{,}75$

   g) $HCO^-_{3(aq)} + CH_3COOH_{(aq)} \rightleftharpoons$
   $pK_{B2} = 7{,}48$ $pK_{S1} = 4{,}76$

   h) $HSO^-_{4(aq)} + PO^{3-}_{4(aq)} \rightleftharpoons$
   $pK_{S1} = 1{,}92$ $pK_{B2} = 1{,}68$

7.2 Löslichkeitsgleichgewichte

Feste Stoffe lösen sich nicht unbegrenzt in Flüssigkeiten. Bei gut löslichen Salzen arbeitet man bevorzugt mit der Löslichkeit L^* (Seite 183). Bei schwer löslichen Salzen hat das Löslichkeitsprodukt eine größere Bedeutung. Wird bei Zugabe des zu lösenden Stoffes eine bestimmte Sättigungsgrenze überschritten, bildet sich ein Bodenkörper aus ungelöster Substanz. In der **gesättigten Lösung** bleibt bei weiterer Zugabe die Konzentration der dissoziierten Ionen konstant. Zwischen Bodenkörper und den gelösten Teilchen findet ein stetiger Stoffaustausch statt. Es liegt ein von der Menge des Bodenkörpers unabhängiges **Löslichkeitsgleichgewicht** (solubility equilibrium) vor **(Bild 1).**

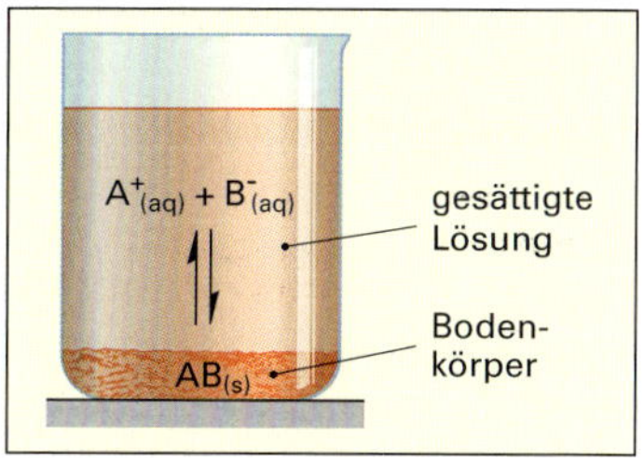

Bild 1: Löslichkeitsgleichgewicht eines Salzes

Für ein Salz der allgemeinen Zusammensetzung A_mB_n lautet das Löslichkeitsgleichgewicht:

$$A^{n+}_m B^{m-}_{n(s)} \rightleftharpoons m\ A^{n+}_{(aq)} + n\ B^{m-}_{(aq)}$$

fester Bodenkörper — gelöste (dissoziierte) Ionen

Das Produkt der gelösten Ionen-Konzentrationen ergibt für die gesättigte Lösung eines Salzes eine temperaturabhängige Gleichgewichtskonstante. Sie wird als **Löslichkeitsprodukt** K_L (solubility product) bezeichnet.

Löslichkeitsprodukt
Für ein Salz AB: $K_L(AB) = c(A^+) \cdot c(B^-)$
Für ein Salz A_mB_n: $K_L(A_mB_n) = c^m(A^{n+}) \cdot c^n(B^{m-})$

Je *größer* der Wert des Löslichkeitsprodukts K_L, desto *besser* löst sich ein Salz.

In der nebenstehenden **Tabelle** sind die Löslichkeitsprodukte ausgewählter Salze aufgeführt. Wird dieser Wert in einer Lösung durch Zugabe gelöster Ionen der einen oder anderen oder beider Sorten überschritten, so fällt so lange Salz aus, bis das Produkt der Konzentrationen gelöster Ionen wieder den angegebenen Wert erreicht.

Ähnlich wie bei K_S und pK_S, ist der pK_L-Wert der negative dekadische Logarithmus von K_L.

Tabelle: K_L-Werte schwerlöslicher Salze bei 25 °C in $(mol/L)^{m+n}$

Salz	K_L
AgCl	$1{,}6 \cdot 10^{-10}$
AgI	$1{,}5 \cdot 10^{-16}$
Ag_2S	$1{,}6 \cdot 10^{-49}$
Ag_2SO_4	$7{,}7 \cdot 10^{-5}$
$BaSO_4$	$1{,}0 \cdot 10^{-10}$
CuCl	$1{,}0 \cdot 10^{-6}$
$CaCO_3$	$8{,}7 \cdot 10^{-9}$
CaF_2	$3{,}4 \cdot 10^{-11}$
$Ca(OH)_2$	$4{,}3 \cdot 10^{-2}$
$CaSO_4$	$6{,}1 \cdot 10^{-5}$
$Fe(OH)_3$	$3{,}8 \cdot 10^{-38}$
$Mg(OH)_2$	$2{,}6 \cdot 10^{-12}$
$Mn(OH)_2$	$4{,}0 \cdot 10^{-14}$
$PbCl_2$	$2{,}0 \cdot 10^{-5}$
PbI_2	$8{,}7 \cdot 10^{-9}$
$PbSO_4$	$1{,}5 \cdot 10^{-8}$
PbS	$3{,}4 \cdot 10^{-8}$
ZnS (α)	$7{,}0 \cdot 10^{-26}$

Beispiel 1: Berechnen Sie aus dem Löslichkeitsprodukt, wie viel gelöstes AgCl ein Liter einer bei 25 °C gesättigten Silberchlorid-Lösung enthält. $K_L(AgCl) = 1{,}6 \cdot 10^{-10}\ (mol/L)^2$ **(Tabelle)**

Lösung: Löslichkeitsgleichgewicht: $AgCl_{(s)} \rightleftharpoons Ag^+_{(aq)} + Cl^-_{(aq)}$

Im Gleichgewicht gilt: $c(Ag^+) = c(Cl^-)$

Für das Löslichkeitsprodukt folgt:

$K_L(AgCl) = c(Ag^+) \cdot c(Cl^-) = 1{,}6 \cdot 10^{-10}\ (mol/L)^2$

Durch Einsetzen von $c(Ag^+) = c(Cl^-)$ wird erhalten:

$K_L = c(Ag^+) \cdot c(Ag^+) = c^2(Ag^+) = 1{,}6 \cdot 10^{-10}\ (mol/L)^2$

$\Rightarrow c(Ag^+) = \sqrt{1{,}6 \cdot 10^{-10}\ (mol/L)^2} = 1{,}265 \cdot 10^{-5}\ mol/L$

Da pro 1 mol Ag^+-Ionen 1 mol AgCl in Lösung geht, gilt:

$c(AgCl) = c(Ag^+) = 1{,}265 \cdot 10^{-5}\ mol/L$

$m(AgCl) = n(AgCl) \cdot M(AgCl) = 1{,}265 \cdot 10^{-5}\ mol \cdot 143{,}32\ g/mol$

$\mathbf{m(AgCl)} = 1{,}813 \cdot 10^{-3}\ g \approx$ **1,8 mg**

Beispiel 2: Die Löslichkeit von Eisen(II)-hydroxid in Wasser von 25 °C beträgt $4{,}93 \cdot 10^{-6}\ (mol/L)^3$. Berechnen Sie das Löslichkeitsprodukt $K_L(Fe(OH)_2)$.

Lösung: Im Löslichkeitsgleichgewicht: $Fe(OH)_{2(s)} \rightleftharpoons 1\ Fe^{2+}_{(aq)} + 2\ OH^-_{(aq)}$

dissoziiert eine Formeleinheit $Fe(OH)_2$ in ein Fe^{2+}- Ion und zwei OH^--Ionen, daher gilt:

$c(Fe^{2+}) = c(Fe(OH)_2)$ und: $\frac{c(OH^-)}{c(Fe^{2+})} = \frac{2}{1} \Rightarrow c(OH^-) = 2\,c(Fe^{2+})$

Das Löslichkeitsprodukt lautet: $K_L(Fe(OH)_2) = c(Fe^{2+}) \cdot c^2(OH^-) = c(Fe^{2+}) \cdot (2\,c(Fe^{2+}))^2 = 4\,c^3(Fe^{2+})$

$\mathbf{K_L(Fe(OH)_2)} = 4 \cdot (4{,}93 \cdot 10^{-6}\ mol/L)^3 \approx \mathbf{4{,}79 \cdot 10^{-16}\ (mol/L)^3}$

Für ein Salz der allgemeinen Zusammensetzung A_mB_n kann die Löslichkeit des Salzes mithilfe des Löslichkeitsprodukts nach nebenstehender Größengleichung berechnet werden. Dies wird im Folgenden gezeigt:

Löslichkeit eines Salzes

$$c(A_mB_n) = \sqrt[m+n]{\frac{K_L\,(A_mB_n)}{m^m \cdot n^n}}$$

Löslichkeitsgleichgewicht: $A_mB_{n(s)} \rightleftharpoons m\,A_{(aq)} + n\,B_{(aq)}$

Löslichkeitsprodukt: $K_L\,(A_mB_n) = c^m\,(A) \cdot c^n\,(B)$

Es gilt: $c(A) = m \cdot c(A_mB_n)$ sowie $c(B) = n \cdot c(A_mB_n)$

Eingesetzt folgt: $K_L\,(A_mB_n) = (m \cdot c(A_mB_n))^m \cdot (n \cdot c(A_mB_n))^n = m^m \cdot c^m(A_mB_n) \cdot n^n \cdot c^n(A_mB_n)$

$K_L\,(A_mB_n) = m^m \cdot n^n \cdot c^{m+n}(A_mB_n)$. Durch Umformen wird erhalten:

$$c^{m+n}\,(A_mB_n) = \frac{K_L\,(A_mB_n)}{m^m \cdot n^n} \Rightarrow c(A_mB_n) = \sqrt[m+n]{\frac{K_L\,(A_mB_n)}{m^m \cdot n^n}}$$

Beispiel 3: Frisch gefälltes Aluminiumhydroxid hat das Löslichkeitsprodukt $K_L\,(Al(OH)_3) = 2{,}0 \cdot 10^{-33}\,(mol/L)^4$. Wie viel Milligramm Aluminiumhydroxid sind in einem Liter Wasser von 25 °C löslich?

Lösung: Das Löslichkeitsgleichgewicht lautet: $Al(OH)_{3(s)} \rightleftharpoons Al^{3+}_{(aq)} + 3\,OH^-_{(aq)}$

$$c(Al(OH)_3) = \sqrt[m+n]{\frac{K_L}{m^m \cdot n^n}} = \sqrt[3+1]{\frac{2{,}0 \cdot 10^{-33}\,(mol/L)^4}{1^1 \cdot 3^3}} = \sqrt[4]{\frac{2{,}0 \cdot 10^{-33}\,(mol/L)^4}{27}} = \mathbf{2{,}934 \cdot 10^{-9}\,mol/L}$$

$\boldsymbol{m(Al(OH)_3)} = c\,(Al(OH)_3) \cdot V(Lsg) \cdot M\,(Al(OH)_3) = 2{,}934 \cdot 10^{-9}\,mol/L \cdot 1\,L \cdot 78{,}00\,g/mol \approx \mathbf{2{,}3 \cdot 10^{-4}\,mg}$

Die Löslichkeit eines Salzes verringert sich, wenn das Lösemittel schon eine Sorte der am Lösungsgleichgewicht beteiligten Ionen enthält. Bei gravimetrischen Analysen verläuft die Fällung der gesuchten Ionen deshalb quantitativer, wenn das Fällungsmittel im stöchiometrischen Überschuss zugesetzt wird.

Liegen mehrere schwer lösliche Salze gleichen Formeltyps nebeneinander vor, wird zuerst das Salz mit dem kleineren Löslichkeitsprodukt ausgefällt. Sind in einer Probe die Halogenid-Ionen Cl^-, Br^- und I^- enthalten, so fallen sie nach Zugabe von Silbernitrat-Lösung in der Reihenfolge AgI ($K_L = 1{,}5 \cdot 10^{-16}\,(mol/L)^2$), AgBr ($K_L = 6{,}3 \cdot 10^{-13}\,(mol/L)^2$) und AgCl ($K_L = 1{,}6 \cdot 10^{-10}\,(mol/L)^2$) aus.

Die Löslichkeit eines Salzes kann verbessert werden, wenn eines der am Lösungsgleichgewicht beteiligten Ionen durch Komplexbildung aus dem Gleichgewicht entfernt wird. Auf diese Weise kann die Bildung eines Niederschlags verhindert oder die Auflösung eines Niederschlags bewirkt werden.

Beispiel 4: 2,543 g Bleisulfat-Niederschlag werden jeweils mit unterschiedlichen Lösemitteln von 25 °C gewaschen:
a) mit 200 mL demin. Wasser,
b) mit 100 mL Schwefelsäure der Konzentration $c\,(H_2SO_4) = 0{,}1\,mol/L$.
Berechnen Sie, welche Masse und welcher Anteil des Niederschlags beim Waschen in Lösung geht.

Lösung: $K_L\,(PbSO_4) = 1{,}5 \cdot 10^{-8}\,(mol/L)^2$, $M\,(PbSO_4) = 303{,}264\,g/mol$

Das Löslichkeitsgleichgewicht lautet: $PbSO_{4(s)} \rightleftharpoons Pb^{2+}_{(aq)} + SO^{2-}_{4(aq)}$

a) Aus dem Löslichkeitsprodukt: $K_L\,(PbSO_4) = c\,(Pb^{2+}) \cdot c\,(SO_4^{2-})$ folgt mit $c\,(Pb^{2+}) = c\,(SO_4^{2-})$

$c\,(Pb^{2+}) = c\,(PbSO_4) = \sqrt{K_L} = \sqrt{1{,}5 \cdot 10^{-8}\,(mol/L)^2} = 1{,}2247 \cdot 10^{-4}\,mol/L$

Mit $n\,(X) = \dfrac{m\,(X)}{M\,(X)}$ und $c\,(X) = \dfrac{n\,(X)}{V(Lsg)}$ folgt:

$\boldsymbol{m(PbSO_4)} = c\,(PbSO_4) \cdot M\,(PbSO_4) \cdot V(Lsg) = 1{,}2247 \cdot 10^{-4}\,mol/L \cdot 303{,}264\,g/mol \cdot 0{,}200\,L \approx \mathbf{7{,}43\,mg}$

das entspricht $\dfrac{7{,}43\,mg}{2543\,mg} \approx$ **0,29 %** des Niederschlags

b) $K_L\,(PbSO_4) = c\,(Pb^{2+}) \cdot c\,(SO_4^{2-})$, mit $c\,(SO_4^{2-}) = 0{,}1\,mol/L$ folgt durch Einsetzen:

$$c\,(Pb^{2+}) = c\,(PbSO_4) = \frac{K_L}{c\,(SO_4^{2-})} = \frac{1{,}5 \cdot 10^{-8}\,(mol/L)^2}{0{,}1\,mol/L} = \mathbf{1{,}5 \cdot 10^{-7}\,mol/L}$$

$\boldsymbol{m(PbSO_4)} = 1{,}5 \cdot 10^{-7}\,mol/L \cdot 303{,}264\,g/mol \cdot 0{,}100\,L \approx \mathbf{4{,}5 \cdot 10^{-3}\,mg}$, das entspricht $\mathbf{1{,}8 \cdot 10^{-4}\,\%}$

Aufgaben zu Löslichkeitsgleichgewichten

1. Berechnen Sie für die jeweils gesättigten Lösungen die Löslichkeitsprodukte der Salze.
   a) Kupfercarbonat, $c(CuCO_3) = 1{,}18 \cdot 10^{-5}$ mol/L
   b) Kupfer(I)-iodid, $\beta(CuI) = 0{,}426$ mg/L
   c) Cadmiumsulfid, $c(CdS) = 3{,}16 \cdot 10^{-12}$ mmol/L
   d) Silberchromat, $c(Ag_2CrO_4) = 1{,}0 \cdot 10^{-4}$ mol/L
   e) Blei(II)-fluorid, $\beta(PbF_2) = 296$ mg/L
   f) 107 mg $MgCO_3$ in 250 mL Wasser
2. Berechnen Sie aus den Löslichkeitsprodukten der Salze (Tabelle Seite 233) die Stoffmengenkonzentrationen und die Massenkonzentrationen der bei 25 °C gesättigten Lösungen.
   a) Silberiodid, AgI
   b) Kupfer(I)-chlorid, CuCl
   c) Zinksulfid, ZnS
   d) Silbersulfid, Ag_2S
   e) Blei(II)-chlorid, $PbCl_2$
   f) Eisen(III)-hydroxid, $Fe(OH)_3$
3. Bildet sich ein Niederschlag, wenn jeweils 1000 mL Natriumsulfat-Lösung, $c(Na_2SO_4) = 1{,}0 \cdot 10^{-3}$ mol/L und Calciumchlorid-Lösung, $c(CaCl_2) = 1{,}0 \cdot 10^{-3}$ mol/L, zusammengegeben werden?
4. Ein Bariumsulfat-Niederschlag wird bei einer gravimetrischen Bestimmung mit 100 mL demin. Wasser von 25 °C gewaschen. Welche Masse an Bariumsulfat $BaSO_4$ löst sich im Waschwasser?
5. Welche Hydroxid-Ionenkonzentration $c(OH^-)$ und welchen pH-Wert hat eine bei 25 °C gesättigte Magnesiumhydroxid-Lösung?
6. Eine Manganchlorid-Lösung hat bei 25 °C die Konzentration $c(MnCl_2) = 5{,}0 \cdot 10^{-3}$ mol/L. Bei welchem pH-Wert beginnt bei Zugabe von Natronlauge NaOH die Fällung von $Mn(OH)_2$?
7. Berechnen Sie die Masse an Blei(II)-iodid, die bei 25 °C in einem Liter Kaliumiodid-Lösung der Konzentration $c(KI) = 0{,}050$ mol/L löslich ist.

7

Gemischte Aufgaben zu Ionengleichgewichten (pK_S-/pK_B-Tabelle Seite 226)

1. Bei welchem pH-Wert ist Wasser von 40 °C chemisch neutral?
2. Der pH-Wert einer schwach alkalischen Waschlösung beträgt 9,75. Welche Konzentrationen an OH^--Ionen und H_3O^+-Ionen liegen vor?
3. Berechnen Sie den pH-Wert folgender starker Säuren und Basen:
   a) Salzsäure, $c(HCl) = 0{,}025$ mol/L
   b) Natronlauge, $c(NaOH) = 1{,}8 \cdot 10^{-5}$ mol/L
   c) Salpetersäure, $c(HNO_3) = 2{,}5 \cdot 10^{-4}$ mol/L
   d) Kalilauge, $c(KOH) = 0{,}55$ mol/L
4. Welche Masse an Natriumhydroxid mit einem Feuchtigkeits-Massenanteil von 2,50 % muss in einem Fünfliter-Messkolben verdünnt werden, um eine Natronlauge mit pH = 10,5 zu erhalten?
5. Welcher pH-Wert wird erhalten, wenn 25,0 g Salpetersäure mit dem Massenanteil $w(HNO_3) = 3{,}07$ % (Dichte 1,015 g/mL) im Messkolben zu 2000 mL aufgefüllt werden?
6. 5000 mL Kalilauge der Konzentration $c(KOH) = 0{,}050$ mol/L werden mit 10,0 g Salzsäure mit $w(HCl) = 11{,}52$ % (Dichte $\varrho = 1{,}055$ g/mL) versetzt. Welcher pH-Wert stellt sich ein?
7. Welche Masse an Perchlorsäure $HClO_4$ ist in 500 mL Säurelösung mit pH = 2,5 enthalten?
8. Welche Masse an Calciumoxid CaO ist erforderlich, um 8,5 m³ Salzsäure von pH = 1,8 bei 22 °C zu neutralisieren?
9. 500 mL Natronlauge mit pH = 12,5 und 250 mL Salpetersäure mit pH = 2,2 werden gemischt. Welcher pH-Wert stellt sich nach dem Mischen ein?
10. Welchen Protolysegrad hat eine unbekannte einprotonige Säure, wenn eine Lösung der Konzentration c(Säure) = 0,045 mol/L einen pH-Wert von pH = 3,5 aufweist?
11. Welche Masse an Essigsäure ist in 5,0 m³ Essigsäure-Lösung mit pH = 3,39 enthalten, wenn der Protolysegrad $\alpha = 0{,}0173$ beträgt?
12. Berechnen Sie den pH-Wert einer Ammoniak-Lösung mit $c(NH_3) = 0{,}0255$ mol/L, die zu 4,22 % protolysiert ist.
13. 2,5 m³ Ammoniakgas NH_3 unter 24 °C und 1,025 bar werden in 2000 L Wasser absorbiert. Es stellt sich ein pH-Wert von pH = 9,2 ein. Welchen Protolysegrad hat Ammoniak?

14. Welche Stoffmengenkonzentration hat eine salpetrige Säure mit pH = 2,17, wenn der Protolysegrad 6,67 % beträgt?

15. Berechnen Sie den genauen pH-Wert einer wässrigen Lösung von Dichloressigsäure $CHCl_2COOH$ der Konzentration $2{,}5 \cdot 10^{-3}$ mol/L. $pK_S = 1{,}29$

16. Es sollen 8,50 m^3 Waschlösung mit pH = 4,5 hergestellt werden. Welches Volumen an Salzsäure mit $w(HCl) = 26{,}2$ % und $\varrho = 1{,}130$ g/cm³ muss eingesetzt werden?

17. 2,50 m^3 Waschfiltrat mit pH = 3,0 sind durch Zusatz von Natriumhydroxid mit dem Massenanteil $w(NaOH) = 97{,}1$ % auf pH = 10,5 zu bringen. Welche Masse von diesem NaOH ist erforderlich?

18. Milchsäure (2-Hydroxipropansäure, $pK_S = 3{,}87$) wird zu einer Lösung der Konzentration $c(HA) =$ 0,20 mol/L verdünnt. Welchen pH-Wert und welchen Protolysegrad hat die Milchsäure-Lösung?

19. Welche Stoffmengenkonzentration $c(HA)$ hat eine wässrige Propansäure-Lösung mit pH = 4,8?

20. In 2000 mL verdünnter Essigsäure sind 22,58 g Essigsäure enthalten. Berechnen Sie den pH-Wert und den Protolysegrad der Essigsäure.

21. In einer wässriger Lösung von Natriumphenolat der Stoffmengenkonzentration $c(C_6H_5ONa) =$ $2{,}15 \cdot 10^{-3}$ mol/L wird ein pH-Wert von 10,7 ermittelt. Welche Säurekonstante K_S hat Phenol, die korrespondierende Säure des Phenolat-Ions?

22. Wie groß ist der pH-Wert einer Natriumcarbonat-Lösung mit $c(Na_2CO_3) = 0{,}25$ mol/L?

23. Welchen pH-Wert hat eine Ammoniumsulfat-Lösung mit $c((NH_4)_2SO_4) = 0{,}025$ mol/L?

24. Ergänzen Sie die Protolyse-Gleichgewichte mit den korrespondierenden Säuren und Basen und ermitteln Sie mithilfe der Gleichgewichtskonstanten die Gleichgewichtslage. Es wird jeweils nur ein Proton übertragen.

    a) $NH^+_{4(aq)} + HCO^-_{3(aq)} \rightleftharpoons$ b) $HCOOH_{(aq)} + PO^{3-}_{4(aq)} \rightleftharpoons$

25. Aus Essigsäure-Lösung, $w(CH_3COOH) = 20{,}0$ %, und Natronlauge, $w(NaOH) = 15{,}0$ %, sollen 2000 mL Essigsäure-Acetat-Puffer hergestellt werden, der bei einer Konzentration c(Essigsäure) = 0,20 mol/L pH = 4,4 aufweisen soll. Welche Massen der Lösungen sind zu mischen?

26. Ein Essigsäure-Acetat-Puffer der Dichte 1,06 g/cm³ mit pH 4,50 hat den Natriumacetat-Massenanteil $w(CH_3COONa) = 10{,}0$ %. Wie viel Milliliter Salpetersäure der Dichte 1,170 g/cm³ mit dem Massenanteil $w(HNO_3) = 28{,}51$ % dürfen 500 mL der Pufferlösung maximal zugesetzt werden, damit der pH-Wert von 4,2 nicht unterschritten wird?

27. In welchem Volumenverhältnis sind wässrige Lösungen von Ammoniak und Ammoniumchlorid der Konzentration $c = 0{,}10$ mol/L zu mischen, damit ein Puffer mit pH = 9,8 entsteht?

28. Aus Natriumcarbonat Na_2CO_3 und Natriumhydrogencarbonat $NaHCO_3$ sollen 2000 mL Pufferlösung hergestellt werden. Welche Massen der beiden formelreinen Substanzen sind einzuwiegen, wenn die Pufferlösung einen pH-Wert von 10,0 aufweisen soll?

29. Welche Masse an Calciumcarbonat $CaCO_3$ ist in 200 L Wasser von 25 °C maximal löslich?

30. Welche Masse an Mn^{2+}-Ionen enthält eine bei 25 °C gesättigte Mangan(II)-hydroxid-Lösung?

31. Eine Magnesiumchlorid-Lösung der Konzentration $c(MgCl_2) = 1{,}25 \cdot 10^{-3}$ mol/L wird auf den pH-Wert von 9,2 eingestellt. Berechnen Sie, ob sich dabei ein Niederschlag bildet.

32. Mit wie viel Milliliter Wasser von 25 °C dürfen 2,250 g eines Niederschlags von Calciumsulfat gewaschen werden, wenn maximal 150 mg $CaSO_4$ in Lösung gehen dürfen?

33. Welche Masse an Eisen(III)-hydroxid ist in 500 mL Natronlauge der Konzentration $c(NaOH) =$ 0,015 mol/L bei 25 °C löslich?

34. Calcium-Ionen Ca^{2+} sollen bei einer gravimetrischen Bestimmung als Calciumoxalat CaC_2O_4 gefällt werden, in der Vorschrift ist ein Überschuss des Fällungsmittels Ammoniumoxalat vorgeschrieben. Welche Masse an Calcium-Ionen wird aus einer Calciumchlorid-Lösung mit $c(CaCl_2) = 0{,}10$ mol/L jeweils nicht ausgefällt, wenn

    a) mit der stöchiometrisch erforderlichen Portion an Oxalat-Ionen $C_2O_4^{2-}$ und

    b) mit der doppelten stöchiometrischen Portion an Oxalat-Ionen gefällt wird?

    $K_L(CaC_2O_4) = 3{,}9 \cdot 10^{-9}$ (mol/L)²

8 Analytische Bestimmungen

Das Ziel **quantitativer Analysen** (quantitative analysis) ist die Ermittlung der Mengen an Bestandteilen in einer Substanz. Dies können Elemente, Ionen, Verbindungen, Radikale oder funktionelle Gruppen sein.
Die Bestimmungen werden vor allem durchgeführt zur Auswahl und Überwachung industrieller Rohstoffe sowie zur Beurteilung der Qualität von Zwischenprodukten, Fertigerzeugnissen und Abfallstoffen.
Ferner dienen sie zur Kontrolle von Luftverunreinigungen, von Abwasser, von Arbeitsplatz-Grenzwerten in Arbeitsräumen sowie zur Untersuchung von Böden, Lebensmitteln und Trinkwasser auf unzulässigerweise eingesetzte Chemikalien.
Ein weiteres breites Anwendungsgebiet sind biochemische und medizinische Untersuchungen in der Diagnostik und Forschung.

Übersicht analytischer Bestimmungsmethoden

Die Art, Beschaffenheit und Menge des zu untersuchenden Stoffes bestimmen in erster Linie die Wahl der Analysenmethode. Dabei kommen chemische, biochemische, physikalisch-chemische oder rein physikalische Methoden zum Einsatz.
Die folgende Übersicht zeigt die nachfolgend behandelten analytischen Verfahren.

Übersicht: Analytische Bestimmungsmethoden

Analytische Methode	Zugrundeliegendes physikalisches Phänomen		Name der analytischen Verfahren
Gravimetrie	**Thermogravimetrie:** Bestimmung der Masseänderung durch Wägung nach Wärmebehandlung	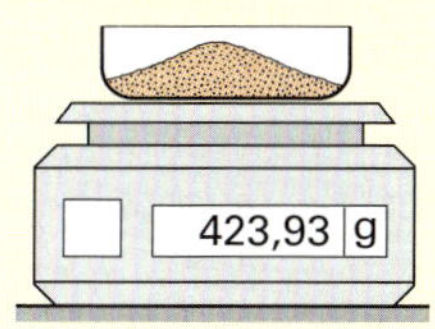	Thermogravimetrische Bestimmungen: Feuchtigkeitsgehaltsbestimmung, Trockengehaltsbestimmung, Glührückstandsbestimmung, Bestimmung des Wassergehalts in Mineralölen
Volumetrie/ Maßanalyse	Bestimmung des Äquivalenzpunktes über die Farbänderung von Indikatoren durch Titration		Maßlösungen, Neutralisationstitration, Redoxtitration, Fällungstitration, Komplexbildungstitration
Maßanalysen mit elektrochemischen Methoden	Messung der – Potenzialänderung oder – Leitfähigkeitsänderung in leitfähigen Lösungen	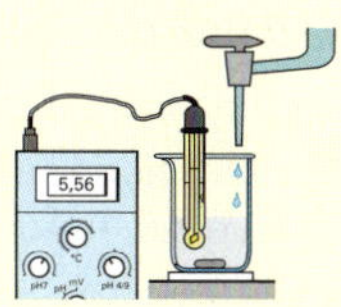	Potenziometrie, Konduktometrie, Bestimmung von Abwasserkennwerten, Bestimmung der Wasserhärte, Maßanalytische Kennzahlen
Optische und spektroskopische Analysemethoden	Brechung von Licht; Drehung der Schwingungsebene des Lichts; Absorption von Lichtstrahlen	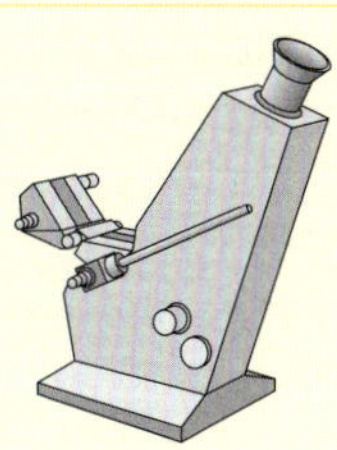	Refraktometrie, Polarimetrie, UV/VIS-Spektroskopie/Fotometrie
Chromatografische Analysemethoden	Verteilungsgleichgewichte und Adsorptionsgleichgewichte an aktiven Oberflächen	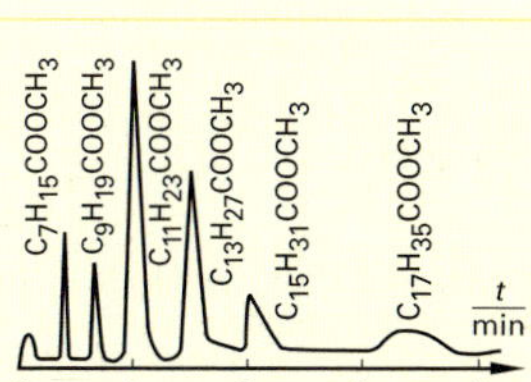	Papierchromatografie PC, Dünnschichtchromatografie DC, Säulenchromatografie SC, Gaschromatografie GC, Hochdruck-Flüssigkeitschromatografie HPLC

8

8.1 Thermogravimetrische Analysen

Quantitative Untersuchungsergebnisse vieler Stoffe sind nur vergleichbar, wenn sie auf die Trockensubstanz bezogen werden. Man erhält somit Werte, die vom Feuchtigkeitsgehalt einer Analysenprobe unabhängig sind. Dies ist besonders bei schwankenden Feuchtigkeitsgehalten während der Lagerung, z.B. in einem Freilager, von Bedeutung.

Die Trockensubstanz lässt sich mithilfe **t**hermo**g**ravimetrischer **A**nalysen (TGA) bestimmen.

Mit der **T**hermo**g**ravimetrie (TG) werden temperatur- und zeitabhängige Massenänderungen einer Probe erfasst. Dabei wird zuerst die Masse der Ausgangsstoffe und nach einer thermischen Behandlung die Masse der untersuchten Stoffportion durch Wiegen bestimmt. Anschließend berechnet man den Gehalt der Stoffe.

Im Folgenden werden die genannten Einzelverfahren näher vorgestellt:

- **Feuchtigkeitsgehaltsbestimmungen** (moisture content determination) und **Trockengehaltsbestimmungen** (dry solids content determination)
- **Glührückstandsbestimmungen** (ignition residue determination)
- **Bestimmung des Wassergehalts in Mineralölen** (Determination of water content in mineral oils)

8.1.1 Feuchtigkeits- und Trockengehaltsbestimmungen von Feststoffen

Bestandteil vieler chemisch-technischer Untersuchungen von Rohstoffen und Produkten ist die Prüfung von Substanzen auf ihren Feuchtigkeitsgehalt und ihren Trockengehalt.

Bei der Bestimmung des Feuchtigkeits- und Trockengehalts von Feststoff-Analysenproben wird zunächst die feuchte Probe eingewogen. Die Feuchtigkeit der Stoffportion lässt sich anschließend im Trockenschrank bei 105 °C durch Trocknen bis zur Massenkonstanz entfernen **(Bild 1).**

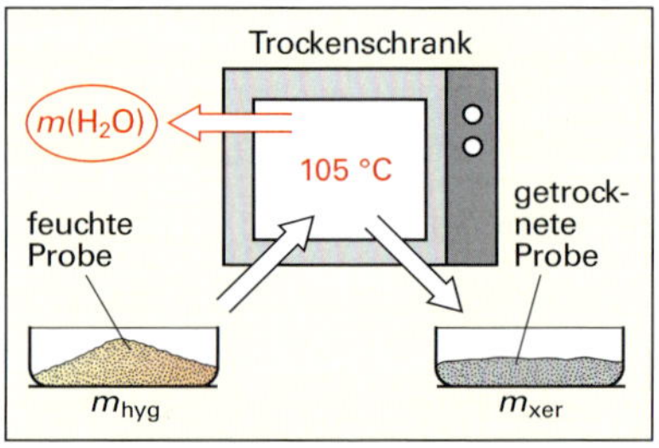

Bild 1: Feuchtigkeitsgehalts- und Trockengehaltsbestimmung

Aus der Differenz der Masse an feuchter Probe m_{hyg}[1] und trockener Probe m_{xer}[1] wird die Masse an Feuchtigkeit $m(H_2O)$ der Probe erhalten: $m(H_2O) = m_{hyg} - m_{xer}$

Der **Feuchtigkeitsgehalt** $w(H_2O)$ einer Probe ist der Quotient aus der Masse an Wasser in der Probe $m(H_2O)$ und der feuchten Probenmasse m_{hyg}(Probe).

Der **Trockengehalt** w_{xer} einer Probe ist der Quotient aus der Masse an trockener Probe m_{xer} und der Masse an feuchter Probe m_{hyg}(Probe).

Der Feuchtigkeitsgehalt $w(H_2O)$ und der Trockengehalt w_{xer} sind Massenanteile. Bei ein und derselben Probe addieren sie sich zu 1 bzw. 100 %. $w(H_2O) + w_{xer} = 100\,\%$.

Feuchtigkeitsgehalt

$$w(H_2O) = \frac{m(H_2O)}{m_{hyg}(\text{Probe})}$$

Trockengehalt

$$w_{xer} = \frac{m_{xer}}{m_{hyg}(\text{Probe})}$$

Beispiel: 10,842 g Koksprobe werden bei 105 °C im Trockenschrank bis zur Massenkonstanz getrocknet. Für die getrocknete Koksprobe wird eine Wägedifferenz von 0,682 g ermittelt. Wie groß ist der Feuchtigkeits- und Trockengehalt des Kokses?

Lösung:

1. Berechnung des Feuchtigkeitsgehalts: $\mathbf{w(H_2O)} = \frac{m(H_2O)}{m_{hyg}(\text{Koks})} = \frac{0{,}682\text{ g}}{10{,}824\text{ g}} = 0{,}06301 \approx \mathbf{6{,}30\,\%}$

2. Berechnung des Trockengehalts: $\mathbf{w_{xer}} = \frac{m_{xer}}{m_{hyg}(\text{Koks})} = \frac{10{,}824\text{ g} - 0{,}682\text{ g}}{10{,}824\text{ g}} = 0{,}93699 \approx \mathbf{93{,}70\,\%}$

3. Prüfung auf 100 %: $w(H_2O) = w_{xer} = 6{,}30\,\% + 93{,}70\,\% = 100\,\%$

[1] **hyg**, Abkürzung für feucht, hygroskopisch; **xer**, Abkürzung für xeros, trocken

Aufgaben zu
Feuchtigkeits- und Trockengehaltsbestimmungen von Feststoffen

1. 5,4563 g eines temperaturempfindlichen feuchten Pigments werden im Exsikkator über Calciumchlorid getrocknet **(Bild 1).** Wie groß ist der Feuchtigkeitsanteil der Probe, wenn 5,4123 g Trockensubstanz ausgewogen werden?
2. Zur Bestimmung der flüchtigen Bestandteile eines anorganischen Pigments werden 4,308 g bei 250 °C bis zur Massenkonstanz erhitzt. Nach dem Abkühlen verbleibt ein Rückstand von 2,835 g. Welchen Massenanteil *w* (flüchtige Bestandteile) hat das Pigment?
3. 10,4561 g Farbstoffteig ergeben beim Trocknen 1,7542 g Rückstand. Welcher Trockensubstanz-Massenanteil liegt vor?
4. Welchen Massenanteil $w(MnO_2)$, bezogen auf die Trockensubstanz, hat Braunstein, dessen Analyse folgende Massenanteile ergab: $w(H_2O) = 0{,}33\,\%$, $w(MnO_2) = 54{,}72\,\%$?
5. In einer Trockenpistole wird ein feuchtes pharmazeutisches Produkt mithilfe von siedendem Xylol und mit Phosphor(V)-oxid als Trockenmittel getrocknet **(Bild 2).** *Wägeergebnisse:*
   Wägeschiffchen leer: 5,23451 g,
   Wägeschiffchen mit feuchter Probe: 10,32345 g,
   Wägeschiffchen mit Trockenprobe: 10,30145 g.
   Bestimmen Sie den Feuchtigkeitsanteil der Probe.
6. In einer Dolomit-Probe wurden in 5,2356 g Probesubstanz folgende Bestandteile gravimetrisch ermittelt:
   0,0341 g Feuchtigkeit, $m(CaO) = 1{,}6728$ g, $m(MgO) = 1{,}0984$ g, $m(SiO_2) = 0{,}1435$ g, $m(Fe_2O_3/Al_2O_3) = 0{,}06544$ g. Berechnen Sie die Zusammensetzung des Dolomits in der Trockensubstanz.
7. In einem Käse wurde der Fettgehalt analysiert. Bei der Bestimmung des Feuchtegehalts ergaben 3,034 g Käseeinwaage 1,381 g Feuchtigkeit. Aus weiteren 3,647 g Käse wurden 0,834 g Fett mit einem Lösemittel extrahiert. Welchen Massenanteil *w* (Fett) hat der untersuchte Käse in der Trockensubstanz?

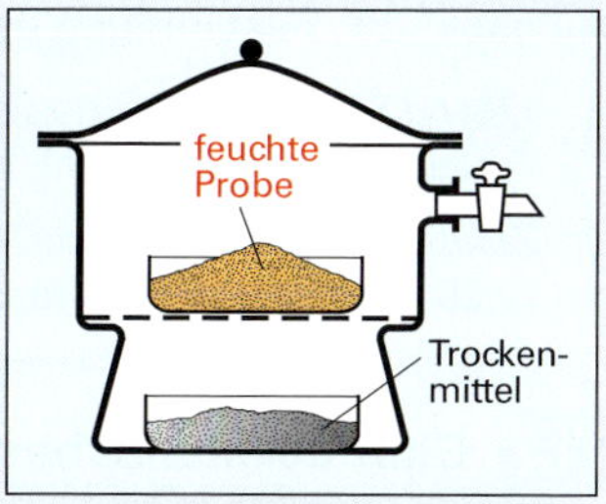

Bild 1: Trocknen im Exsikkator (Aufgabe 1)

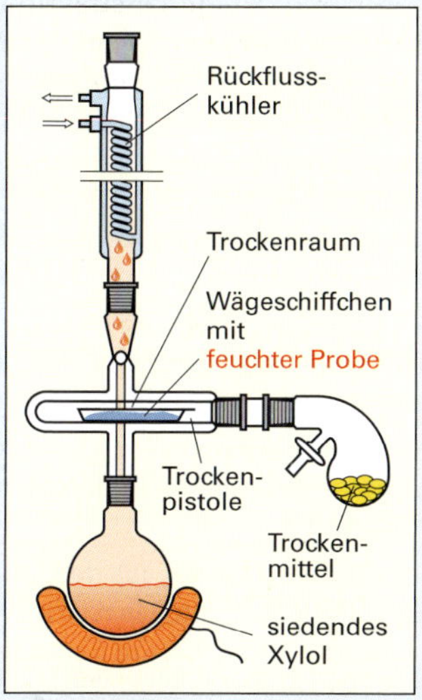

Bild 2: Trocknen in der Trockenpistole (Aufgabe 5)

8.1.2 Bestimmung des Wassergehalts in Ölen

Die Bestimmung des Wassergehalts in Rohöl und Mineralölerzeugnissen (Dean and Stark test method) erfolgt in einem Destillationsverfahren nach DIN ISO 3733 **(Bild 3).**

Die eingewogene Öl-Probe wird mit Xylol oder einem anderen geeigneten Lösemittel versetzt und zum Sieden erhitzt. Das in der Probe enthaltene Wasser der Probe verdampft zusammen mit dem Lösemittel (z. B. Xylol). Das Xylol-Wasserdampf-Gemisch kondensiert im Kühler und tropft in das Messrohr. Dort entmischt es sich. Das Volumen des kondensierten Wassers kann auf der Skale des Messrohrs abgelesen werden.

Der Wassergehalt der Probe wird als Wasser-Massenanteil $w(H_2O)$ oder als Wasser-Volumenanteil $\varphi(H_2O)$ angegeben.

Wassergehalt des Mineralöls

$$w(H_2O) = \frac{m(H_2O)}{m(\text{Probe})}$$

Beispiel: 50,62 g Verdichteröl werden gemäß DIN ISO 3733 auf ihren Wassergehalt untersucht (Bild 3). Am Messrohr werden 0,28 mL Wasser abgelesen. Wie groß ist der Wasser-Massenanteil der Probe?

Lösung: $\mathbf{w(H_2O)} = \frac{m(H_2O)}{m(\text{Probe})} = \frac{0{,}28\text{ g}}{50{,}62\text{ g}} = 0{,}005531 \approx \mathbf{0{,}55\,\%}$

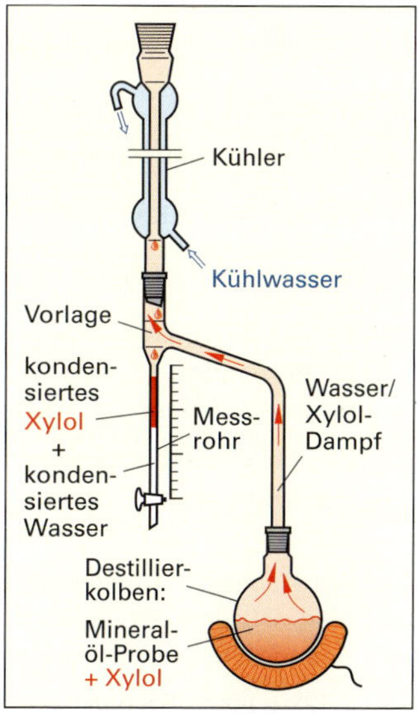

Bild 3: Wassergehaltsbestimmung von Mineralölen nach DIN ISO 3733

8

Aufgaben zu Bestimmung des Wassergehalts in Mineralölen

1. 120,2 g Schmieröl werden mit Xylol versetzt und in der Apparatur nach DIN ISO 3733 destilliert. In der Vorlage werden 0,203 mL Wasser aufgefangen. Welchen Wasser-Massenanteil hat das Schmieröl?
2. Bei der Bestimmung des Wassergehalts in einem Heizöl nach DIN ISO 3733 wurden mit Xylol aus 27,25 g Probe 0,10 mL Wasser überdestilliert. Wie groß ist der Wasser-Massenanteil des Heizöls?

8.1.3 Glührückstandsbestimmungen

Bei der Glührückstandsbestimmung wird die in einem Porzellantiegel eingewogene Analysenprobe in einem Muffelofen bei Temperaturen zwischen 600 °C und 1100 °C geglüht **(Bild 1)**.

Die Probesubstanz zerfällt beim Glühen in einen Glührückstand w_{rsd}[1] und einem Glühverlust w_V. Sowohl der Glührückstand w_{rsd} als auch der Glühverlust w_V sind Massenanteile.

Bei anorganischen Verbindungen z.B. besteht der Glührückstand w_{rsd} aus Metalloxiden. Der Glühverlust w_V setzt sich bei organischen Stoffen aus Kohlenstoffdioxid, Wasser und anderen niedermolekularen Verbindungen zusammen.

Der Masseverlust beim Glühen m_V ist die Differenz aus der Masse der Probe m(Probe) vor dem Glühen und dem Rückstand m_{rsd} nach dem Glühen: $m_V = m(\text{Probe}) - m_{rsd}$

Der **Glührückstand w_{rsd}** ist das Verhältnis der Masse des Rückstands nach dem Glühen m_{rsd} zur Masse der Ausgangsprobe m(Probe).

Der **Glühverlust w_V** ist das Verhältnis des Masseverlustes nach dem Glühen m_V zur Masse der Ausgangsprobe.

Beispiel 1: Beim Glühen von 0,2500 g Kalkstein wird ein Rückstand von 0,1708 g erhalten. Wie groß ist der Glührückstand in Prozent?

Lösung: $w_{rsd} = \frac{m_{rsd}}{m(\text{Probe})} = \frac{0{,}1708\text{ g}}{0{,}2500\text{ g}} = 0{,}683200 \approx \mathbf{68{,}32\,\%}$

[1] **rsd**, Abkürzung für residue, Rest

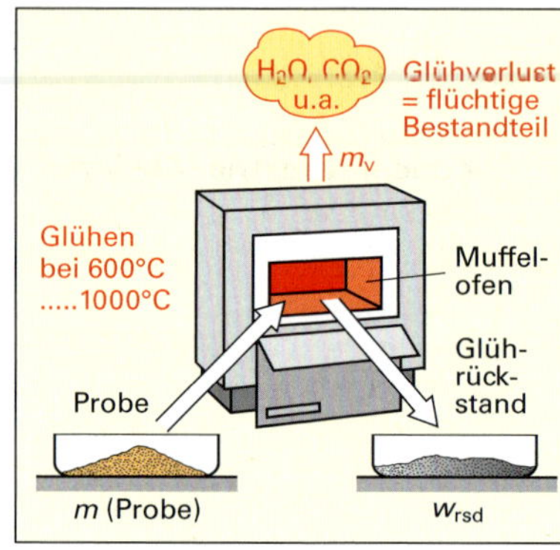

Bild 1: Glührückstandsbestimmung

Glührückstand

$$w_{rsd} = \frac{m_{rsd}}{m(\text{Probe})}$$

Glühverlust

$$w_V = \frac{m_V}{m(\text{Probe})}$$

Aufgaben zu Glührückstandsbestimmungen

1. Bei der Glührückstandsbestimmung einer Elastomerprobe wurden folgende Messwerte ermittelt: m(Tiegel, leer) = 27,18 g, m(Tiegel + Probe) = 30,75 g, m(Tiegel + Glührückstand) = 28,43 g. Wie groß ist der Glührückstand (Massenanteil Asche) der Probe?
2. 4,825 g Braunkohleprobe ergeben nach dem Glühen einen Ascherückstand von 0,315 g.
   a) Berechnen Sie den Asche-Massenanteil der Braunkohle.
   b) Welche Masse an Asche entsteht bei der Verfeuerung von $250 \cdot 10^3$ t der untersuchten Kohle?
3. Bei der Veraschung einer Gummiprobe wurden folgende Wägeergebnisse ermittelt: m(Tiegel, leer) = 32,18 g, m(Tiegel + Probe) = 36,75 g, m(Tiegel + Glührückstand) = 33,42 g. Wie groß ist der Glühverlust der Probe?
4. Der Aschegehalt eines quantitativen Filterpapiers wird gravimetrisch untersucht. 1500 cm^2 des Papiers wurden vorverascht und anschließend geglüht. Die Auswaage ergab 10,5 mg Asche. Wie viel Asche verbleibt von einem Rundfilter mit 70 mm Durchmesser?
5. 1,523 g eines Bauxits wurden geglüht und ein Rückstand von 1,283 g erhalten.
   a) Wie groß ist der Glühverlust?
   b) Welche Massenabnahme wäre bei einem Glühverlust von 17,1 % festgestellt worden?

6. Die Analyse einer grubenfeuchten Kohle ergab einen Feuchtigkeits-Massenanteil von 37,5 % und einen Asche-Massenanteil von 5,9 %. Wie groß ist der Asche-Massenanteil bezogen auf die Trockensubstanz?
7. 5,3461 g eines Calcits wurden getrocknet, die Trockensubstanz ergab eine Auswaage von 4,9800 g. Nach dem anschließenden Glühen verbleibt ein Rückstand von 2,3216 g Calciumoxid CaO. Welchen Massenanteil w(CaO) hatte der Calcit bezogen auf die Trockensubstanz?
8. 5,840 g feuchter Kalkstein werden bei 1000 °C bis zur Massenkonstanz geglüht. Der Glührückstand beträgt 2,980 g Kalk CaO. Welchen Feuchtigkeitsanteil $w(H_2O)$ hat der Kalkstein?

8.1.4 Thermogravimetrie

Die **Thermogravimetrie** (Abkürzung TG, englisch thermogravimetric analysis) ist eine thermoanalytische Methode zur Analyse von Stoffen mit thermisch abspaltbaren Bestandteilen oder zur Untersuchung der thermischen bzw. thermooxidativen Stabilität von Stoffen.

Dabei wird die Masseänderung beim kontinuierlichen Aufheizen einer Probe in einer Thermowaage unter definierter Atmosphäre nach einem vorgegebenen Temperaturprogramm erfasst **(Bild 1).**

Bei der Thermogravimetrie (DIN 51 006) laufen mit steigender Temperatur folgende Reaktionen ab:

Bei Temperaturen bis ca. 130 °C erfolgen **physikalische Abspaltungen** von angelagerten Stoffen, wie H_2O oder Gase, durch Verdunsten, Verdampfen, Desorbieren, Sublimieren.

Bei darüber hinaus ansteigenden Temperaturen und inerter Atmosphäre erfolgen dann **chemische Reaktionen**: Die Wasserabspaltung aus Hydraten, Hydroxiden oder Kohlehydraten, die thermische Zersetzung von anorganischen Verbindungen (Calcinierung) oder organischen Verbindungen (Pyrolyse).

Bei Sauerstoffatmosphäre im Ofen kommt es ab ca. 600 °C zusätzlich zum oxidativen Abbau organischer Materie (Verbrennung).

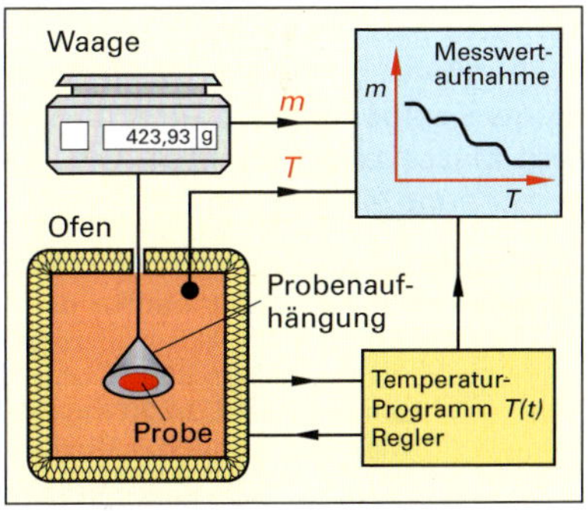

Bild 1: Messprinzip der Thermogravimetrie

Relativ einfach durchführbar sind Gehaltsbestimmungen von Komponenten, deren abgespaltene Bestandteile während der Messung vollständig entweichen, wie z. B. bei der Feuchtigkeitsgehaltsbestimmung oder bei der Analyse von Kohlen und Elastomermischungen.

Die thermogravimetrischen Messdaten werden in einer Kurve dargestellt, in der die Masse oder die Masseänderung der Probe gegen die Temperatur oder die Zeit aufgetragen wird **(Bild 2).** In der Regel werden auf der x-Achse die Temperatur ϑ in °C oder die Zeit t in min und auf der y-Achse die Masse in Gramm oder der Masseverlust in Prozent aufgetragen. Die horizontalen Abschnitte der Kurve entsprechen Temperaturbereichen, in denen die vorliegende Verbindung stabil ist.

In den abfallenden Kurvenbereichen erfolgt jeweils die Abgabe eines Bestandteils der Probe.

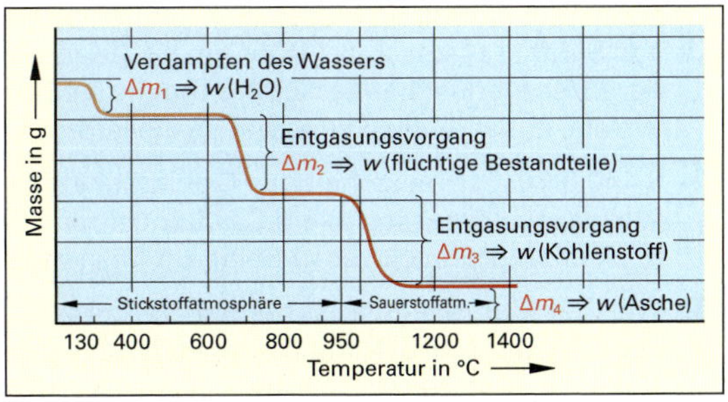

Bild 2: Thermogramm einer Kohle-Analyse

Beispiel: Thermogramm einer thermogravimetrischen Untersuchung von Kohle (Bild 2).
Die Probeportion wird unter Stickstoffatmosphäre zunächst auf ca. 130 °C erhitzt: Dabei wird die Feuchtigkeit ausgetrieben (Δm_1). Dann wird die Probe mit einer Heizgeschwindigkeit von ca. 30 °C/min weiter erhitzt und verliert ab ca. 200 °C weitere flüchtige Bestandteile (Δm_2). Bei ca. 950 °C wird das Temperaturprogramm angehalten. Zurück bleibt der trockene und entgaste Kohlerückstand (Kohlenstoff). Nun wird Sauerstoff in den Ofen geleitet. Er verbrennt den Kohlenstoff (Δm_3) bis auf den Ascherückstand (Δm_4).

Wenn bei thermogravimetrischen Gehaltsbestimmungen aus der Probe die abgespaltenen Komponenten vollständig entweichen (z.B. bei Feuchtigkeitsbestimmungen, bei der Pyrolyse von Elastomeren, bei Depolymerisationen) wird der Massenanteil aus dem durch die Komponente X verursachten Masseverlust Δm_n bzw. dem zugehörigen Rückstand und der Proben-Einwaage m(Probe) erhalten.

Massenanteil

$$w(X) = \frac{\Delta m_n}{m(\text{Probe})}$$

Bei stöchiometrisch verlaufenden Reaktionen mit nur teilweisem Masseverlust, wie er beispielsweise bei der Dehydratisierung (Wasserabspaltung) oder der Decarboxylierung (Abspaltung von Kohlenstoffdioxid) hervorgerufen wird, kann aus den molaren Massen sowie dem stöchiometrischen Faktor a (Seite 128) die Zusammensetzung der untersuchten Substanz errechnet werden.

Massenanteil bei stöchiometrischer Zersetzung

$$w(X) = \frac{\Delta m \cdot M(X)}{m(\text{Probe}) \cdot a \cdot M(\text{Gas})}$$

Beispiel: Zur Bestimmung des Calciumcarbonat-Massenanteils einer Füllstoffmischung werden 14,6 g Probe eingewogen. Bei der thermoananalytischen Bestimmung beträgt der Masseverlust zwischen 500 °C und 800 °C 4,82 mg. Welchen Caciumcarbonat-Massenanteil $w(CaCO_3)$ hat der untersuchte Füllstoff?

Lösung: $$\mathbf{w(CaCO_3)} = \frac{\Delta m \cdot M(CaCO_3)}{m(\text{Probe}) \cdot a(CO_2) \cdot M(CO_2)} = \frac{4{,}82\text{ mg} \cdot 100{,}09\text{ g/mol}}{14{,}6\text{ mg} \cdot 1 \cdot 44{,}01\text{ g/mol}} = 0{,}75082 \approx \mathbf{75{,}1\ \%}$$

Bei nicht-stöchiometrisch oder zu komplex verlaufenden Reaktionen mit nur teilweisem Masseverlust wird zunächst die reine gesuchte Komponente X thermogravimetrisch analysiert und ein Standard-Masseverlust ermittelt. Dieser wird als Anteil $w(\Delta m, S)$ in die Berechnung einbezogen.

Massenanteil bei nicht-stöchiometrischer Zersetzung

$$w(X) = \frac{\Delta m_n}{m(\text{Probe}) \cdot w(\Delta m, S)}$$

Beispiel: In einem Material für die Elektroisolation ist der Gehalt an Glimmer (Muskovit, Zusammensetzung $KAl_2[(OH,F)_2/AlSi_3O_{10}]$) zu bestimmen. Bei der thermoananalytischen Untersuchung von reinem Muskovit wird zwischen 600 °C und 1000 °C ein Masseverlust von 4,3 % festgestellt, verursacht durch abgespaltenes Wasser. 24,20 mg Probe des analysierten Materials ergeben zwischen 600 °C und 1000 °C einen Masseverlust von 0,39 mg. Welchen Massenanteil w(Muskovit) hat das analysierte Isolationsmaterial?

Lösung: $$\mathbf{w(Muscovit)} = \frac{\Delta m_n}{m(\text{Probe}) \cdot w(\Delta m, S)} = \frac{0{,}39\text{ mg}}{24{,}20\text{ mg} \cdot 0{,}043} = 0{,}37478 \approx \mathbf{37\ \%}$$

Aufgaben zu Thermogravimetrie

1. Zur Analyse eines Elastomers werden 5,886 mg Probe eingewogen. Mit der Heizrate 30 °C/min unter N_2-Atmosphäre beträgt der Masseverlust an flüchtigen Bestandteilen 0,1825 mg. Beim weiteren Aufheizen nimmt die Masse durch Pyrolyse von Naturkautschuk NR um 1,9247 mg, durch Pyrolyse von Synthesekautschuk EPDM um 1,2714 mg ab. Bei 550 °C wird unter Sauerstoff der Ruß verbrannt, der Masseverlust beträgt 2,3779 mg. Es bleibt ein Rückstand von 0,1295 mg anorganische Füllstoffe. Welche Zusammensetzung hat das Elastomer?
2. 3,460 g kristallwasserhaltiges Calciumchlorid werden erhitzt, bis das wasserfreie Salz vorliegt. Die Auswaage an wasserfreiem Calciumchlorid $CaCl_2$ beträgt 2,6164 g. Wie viel Mol Kristallwasser sind in einem Mol kristallwasserhaltigem Calciumchlorid chemisch gebunden?
3. Welcher Masseverlust ist bei der thermoanalytischen Bestimmung von 25,34 mg Natriumhydrogencarbonat $NaHCO_3$ mit einem Feuchtigkeitsanteil von 1,75 % beim kontinuierlichen Aufheizen bis 180 °C zu erwarten? $2\ NaHCO_{3\,(s)} \longrightarrow Na_2CO_{3\,(s)} + H_2O_{(g)} + CO_{2\,(g)}$
4. Von Calciumoxalat-x-Hydrat wird thermogravimetrisch der Kristallwassergehalt untersucht. 15,3 mg $CaC_2O_4 \cdot x\,H_2O$ werden eingewogen. Bei ca. 200 °C unter Stickstoff verliert das Oxalat 1,882 mg Kristallwasser, bei 500 °C geht es unter Abgabe von 2,9376 mg Kohlenstoffmonoxid in Calciumcarbonat über, welches sich bei 800 °C unter Abgabe von 4,605 mg Kohlenstoffdioxid in Calciumoxid umwandelt. Welche Formel hat das Calciumoxalat-x-Hydrat?

   $CaC_2O_4 \cdot x\,H_2O_{(s)} \longrightarrow CaC_2O_{4\,(s)} + x\,H_2O_{(g)}$

   $CaC_2O_{4\,(s)} \longrightarrow CaCO_{3\,(s)} + CO_{(g)}$, $CaCO_{3\,(s)} \longrightarrow CaO_{(s)} + CO_{2\,(g)}$

8.1.5 Gravimetrische Fällungsanalysen

Das Prinzip der **gravimetrischen Fällungsanalyse** (precipitation analysis) beruht auf der Massebestimmung einer ausgefällten und abfiltrierten Verbindung bekannter stöchiometrischer Zusammensetzung. Sie kann angewendet werden für die Gehaltsbestimmung von Metallionen wie z.B. Eisen-, Aluminium-, Kupfer-, Kobalt-Ionen u.a. Es können aber auch Anionen wie z.B. Sulfat-Ionen, Chlorid-Ionen, Phosphat-Ionen u.a. quantitativ bestimmt werden.

Da die Durchführung gravimetrischer Fällungsanalysen sehr zeitaufwendig ist, hat man sie in vielen Fällen durch moderne Analysenmethoden ersetzt: Bei Kationen durch die Fotometrie, die Atomabsorptionsspektrometrie AAS, die Röntgenfluoreszenzanalyse RAF, die Atomspektroskopie ICP, die Ionenchromatografie u.a (Seite 298).

Für Anionen stehen neben ionensensitiven Elektroden in erster Linie chromatografische Analysenmethoden, wie z.B. die Ionenchromatografie, zur Verfügung.

Der Vorgang einer gravimetrischen Fällungsanalyse kann wie folgt beschrieben werden **(Bild 1):**

Die genau eingewogene Analysenprobe wird gelöst und die Lösung tropfenweise unter Rühren mit einem geeigneten Fällungsreagenz (precipitant) im Überschuss versetzt. Die zu bestimmende Substanz reagiert dabei quantitativ zu einem in seiner Zusammensetzung bekannten Niederschlag. Man bezeichnet ihn als *Fällungsform* (precipitated form).

Gallertartige Niederschläge werden mit einem Papierfilter, kristalline Niederschläge je nach Trocknungstemperatur mit Glasfiltertiegeln oder Porzellanfiltertiegeln abfiltriert **(Bild 2)**. Der Filterkuchen kann nach dem Waschen, Trocknen oder Glühen auf der Analysenwaage ausgewogen werden.

Der getrocknete Analysenrückstand wird als *Wägeform* (weighed form) bezeichnet. Im einfachsten Fall sind Fällungsform und Wägeform identisch.

Grundlage der Berechnung einer gravimetrischen Fällungsanalyse ist die Reaktionsgleichung, die der Fällung zugrunde liegt. Sie ergibt zwischen Analysenrückstand (Wägeform) und der gesuchten Komponente X eine stöchiometrische Beziehung, die als **stöchiometrischer Faktor** oder **analytischer Faktor *F*** (stoichiometric factor) bezeichnet wird. Dabei ist a(X) die Stoffmengenrelation zwischen dem gesuchten Teilchen X und der Wägeform (Seite 131).

Bei bekanntem stöchiometrischem Faktor F einer Verbindung ist dieser lediglich mit der Auswaage der Wägeform zu multiplizieren und liefert unmittelbar die Masse der gesuchten Substanz in der eingewogenen Probe.

Für ausgewählte Stoffe ist der stöchiometrische Faktor bekannt und kann Tabellen entnommen werden (**Tabelle 1** auf Seite 244).

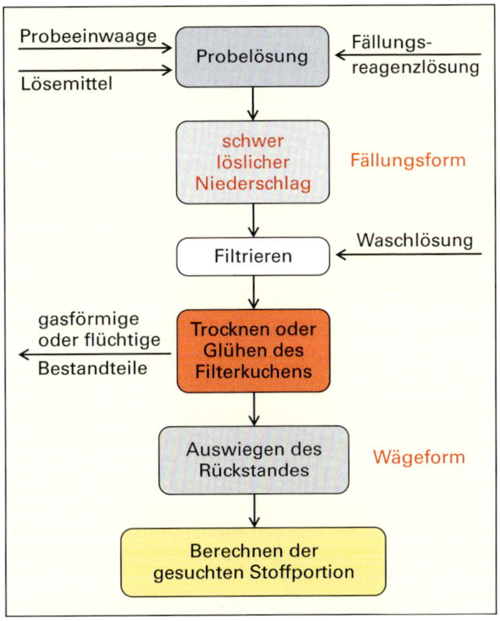

Bild 1: Ablaufschema einer Fällungsanalyse

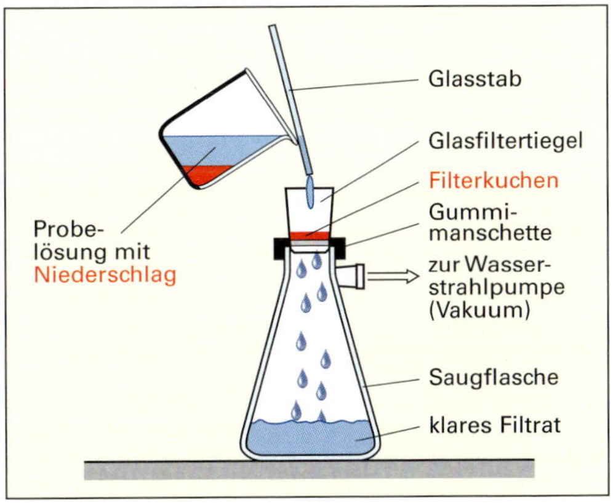

Bild 2: Filtrieren mit dem Glasfiltertiegel

Stöchiometrischer Faktor

$$F(\text{X}) = \frac{a(\text{X}) \cdot M(\text{X})}{M(\text{Wägeform})}$$

Gravimetrische Fällungsanalyse

$$m(\text{X}) = F(\text{X}) \cdot m(\text{Wägeform})$$

Beispiel 1: Sulfat-Ionen lassen sich quantitativ mit Bariumchlorid-Lösung als Bariumsulfat $BaSO_4$ fällen. Welcher stöchiometrische Faktor $F(SO_4^{2-})$ liegt der Bestimmung zugrunde?

Lösung: $Ba^{2+}_{(aq)} + SO^{2-}_{4(aq)} \longrightarrow BaSO_{4\,(s)}$

$M(BaSO_4) = 233{,}391$ g/mol, $M(SO_4^{2-}) = 96{,}064$ g/mol

Mit $n(SO_4^{2-}) = n(BaSO_4)$ folgt: $a = 1$

$$\boldsymbol{F(SO_4^{2-})} = \frac{a \cdot M(SO_4^{2-})}{M(BaSO_4)} = \frac{1 \cdot 96{,}064\text{ g/mol}}{233{,}391\text{ g/mol}} = \mathbf{0{,}41160}$$

Beispiel 2: In einer Natriumsulfat-Lösung werden die Sulfat-Ionen mit Bariumchlorid-Lösung gefällt. Der Bariumsulfat-Niederschlag wird mit 2,1567 g ausgewogen. Berechnen Sie die Masse an Sulfat-Ionen in der Probe.

Lösung: Aus Tabelle 1: $F(SO_4^{2-}) = 0{,}41160$

$m(SO_4^{2-}) = m(BaSO_4) \cdot F(SO_4^{2-}) = 2{,}1567\text{ g} \cdot 0{,}41160$

$\boldsymbol{m(SO_4^{2-}) \approx 0{,}88770\text{ g}}$

Tabelle 1: Stöchiometrische Faktoren für Fällungsanalysen

gesucht (X)	Wägeform	Faktor *F*(X)
Ag	AgCl	0,7526
Al	Al_2O_3	0,5293
Ba	$BaCrO_4$	0,5421
	$BaSO_4$	0,5884
Ca	$CaCO_3$	0,4004
Cl	AgCl	0,2474
Cr	Cr_2O_3	0,6842
Fe	Fe_2O_3	0,6994
H_2SO_4	$BaSO_4$	0,4202
SO_4^{2-}	$BaSO_4$	0,4116
H_2S	$BaSO_4$	0,1460
Mg	$Mg_2P_2O_7$	0,2184
NaCl	AgCl	0,4078
P	$Mg_2P_2O_7$	0,2783
Sn	SnO_2	0,7877
Zn	ZnO	0,8034

Um unter anderem den Einfluss von Wägefehlern möglichst gering zu halten, wird die gelöste Probe häufig im Messkolben mit demin. Wasser verdünnt und aufgefüllt. Von dieser Stammlösung werden Teilportionen abpipettiert und mit diesen aliquoten Teilen die Fällung durchgeführt (zum Aliquotieren siehe Seite 247).

Beispiel 3: 0,8342 g eisenionenhaltiges Pigment werden nach dem Lösen zu 250 mL Stammlösung verdünnt. In 50,0 mL dieser Lösung (= aliquoter Teil) werden die Eisen-Ionen als Eisen(III)-oxid bestimmt. Die Auswaage ergibt 160,4 mg Fe_2O_3. Wie groß ist der Massenanteil $w(Fe)$ des Pigments?

Lösung: Mit dem Faktor $F(Fe) = 0{,}6994$ aus Tabelle 1 folgt:

$$m(Fe) = m(Fe_2O_3) \cdot F(Fe) \cdot f_a = 160{,}4\text{ mg} \cdot 0{,}6994 \cdot \frac{250\text{ mL}}{50{,}0\text{ mL}} = 560{,}92\text{ mg}$$

$$\boldsymbol{w(Fe)} = \frac{m(Fe)}{m(Probe)} = \frac{0{,}56092\text{ g}}{0{,}8342\text{ g}} = 0{,}67240 \approx \mathbf{67{,}2\ \%}$$

Gravimetrische Fällungsanalyse mit aliquoten Teilen

$$m(X) = F(X) \cdot m(\text{Wägeform}) \cdot f_a$$

Indirekte gravimetrische Analysen

Indirekte gravimetrische Analysen werden angewendet, wenn eine analytische Trennung schwierig oder nicht durchzuführen ist. Dies ist beispielsweise bei ähnlichen Kationen (z.B. Na^+ und K^+) oder Anionen (z.B. Cl^- und Br^-) der Fall, die nebeneinander vorliegen. Bei einer indirekten gravimetrischen Analyse werden zwei Ionen-Arten gemeinsam in eine neue Verbindungsform überführt und gemeinsam ausgewogen. **Tabelle 2** zeigt einige Gemischbeispiele für indirekte gravimetrische Analysen.

Tabelle 2: Stoffgemische für indirekte gravimetrische Analysen

Salzgemisch	Gesuchte Ionen	Verfahren	Wägeform
NaCl und NaBr	Cl^- und Br^-	Fällung mit $AgNO_3$	Gemisch AgCl und AgBr
NaCl und KCl	Na^+ und K^+	Fällung mit $AgNO_3$	AgCl
Na_2SO_4 und K_2SO_4	Na^+ und K^+	Fällung mit $BaCl_2$	$BaSO_4$
NaCl und Na_2SO_4	NaCl und Na_2SO_4	Probe mit Schwefelsäure umsetzen und Abrauchen, Fällung des Sulfats mit $BaCl_2$	$BaSO_4$

Beispiel: 0,6190 g eines Gemisches aus Natriumchlorid NaCl und Kaliumchlorid KCl werden in Wasser gelöst und mit Silbernitrat-Lösung zusammen als Silberchlorid gefällt. Die Auswaage beträgt 1,3211 g. Welche Massenanteile *w*(NaCl) und *w*(KCl) liegen im Salzgemisch vor?

Lösung: Fällungsreaktionen:

$$NaCl_{(aq)} + AgNO_{3\,(aq)} \longrightarrow AgCl_{(s)} + NaNO_{3\,(aq)}$$
$$KCl_{(aq)} + AgNO_{3\,(aq)} \longrightarrow AgCl_{(s)} + KNO_{3\,(aq)}$$

Die Gesamtmasse der Auswaage an Silberchlorid $m(\text{AgCl})_{\text{ges}}$ setzt sich wie folgt zusammen:

$m(\text{AgCl})_{\text{ges}} = m(\text{AgCl})_{\text{aus NaCl}} + m(\text{AgCl})_{\text{aus KCl}}$; mit $n = m/M \Rightarrow m = n \cdot M$ folgt durch Einsetzen:

$$m(\text{AgCl})_{\text{ges}} = n(\text{AgCl})_{\text{aus NaCl}} \cdot M(\text{AgCl}) + n(\text{AgCl})_{\text{aus KCl}} \cdot M(\text{AgCl})$$

Aus den Stoffmengenrelationen $n(\text{NaCl}) = n(\text{AgCl})_{\text{aus NaCl}}$ und $n(\text{KCl}) = n(\text{AgCl})_{\text{aus KCl}}$ ergibt sich mit $n = m/M$:

$$m(\text{AgCl})_{\text{ges}} = m(\text{NaCl}) \cdot \frac{M(\text{AgCl})}{M(\text{NaCl})} + m(\text{KCl}) \cdot \frac{M(\text{AgCl})}{M(\text{KCl})}$$

Mit $m(\text{NaCl}) = m(\text{Probe}) - m(\text{KCl})$ und dem Ausmultiplizieren und Umstellen nach $m(\text{KCl})$ erhält man:

$$m(\text{KCl}) = \frac{m(\text{AgCl})_{\text{ges}} - m(\text{Probe}) \cdot \frac{M(\text{AgCl})}{M(\text{NaCl})}}{\frac{M(\text{AgCl})}{M(\text{KCl})} - \frac{M(\text{AgCl})}{M(\text{NaCl})}} = \frac{1{,}3211\text{ g} - 0{,}6190\text{ g} \cdot \frac{143{,}321\text{ g/mol}}{58{,}443\text{ g/mol}}}{\frac{143{,}321\text{ g/mol}}{74{,}551\text{ g/mol}} - \frac{143{,}321\text{ g/mol}}{58{,}443\text{ g/mol}}} = 0{,}37158\text{ g}$$

$$m(\text{NaCl}) = m(\text{Probe}) - m(\text{KCl}) = 0{,}6190\text{ g} - 0{,}37158\text{ g} = 0{,}24742\text{ g}$$

$$\mathbf{w(NaCl)} = \frac{m(\text{NaCl})}{m(\text{Probe})} = \frac{0{,}24742\text{ g}}{0{,}6190\text{ g}} \approx \mathbf{39{,}97\,\%}; \qquad \mathbf{w(KCl)} = \frac{m(\text{KCl})}{m(\text{Probe})} = \frac{0{,}37158\text{ g}}{0{,}6190\text{ g}} \approx \mathbf{60{,}03\,\%}$$

Aufgaben zu Gravimetrische Fällungsanalysen

8

1. Bei der gravimetrischen Bestimmung von 20,0 mL magnesiumsulfathaltiger Lösung werden 0,2285 g $Mg_2P_2O_7$ ausgewogen. Wie groß ist die Massenkonzentration β(Mg) der Lösung?
2. 4,5520 g Schwefelsäure-Probe werden mit Wasser vorsichtig auf 200 mL verdünnt. 25,0 mL der Verdünnung ergeben 0,5836 g $BaSO_4$-Niederschlag. Wie groß ist der Massenanteil $w(H_2SO_4)$?
3. 1,3475 g einer Aluminiumlegierung werden in Salzsäure gelöst und zu 500 mL aufgefüllt. Aus 25,0 mL dieser Verdünnung wird Al^{3+} mit 8-Hydroxichinolin als Aluminiumhydroxichinolat $Al(C_9H_6ON)_3$ ausgefällt. Auswaagen einer Doppelbestimmung: 0,1024 g und 0,1030 g. Berechnen Sie den analytischen Faktor *F*(Al) und ermitteln Sie damit den Massenanteil *w*(Al).
4. Zur Bestimmung des Schwefelgehalts in einem Dieselkraftstoff werden 0,6387 g Probe verbrannt. Das Schwefeldioxid SO_2 wird nach der Absorption oxidiert, mit Bariumchlorid $BaCl_2$ gefällt und zu 0,0245 g $BaSO_4$ ausgewogen. Welchen Massenanteil *w*(S) hat der Kraftstoff?
5. 20,0 mL einer Eisen (III)-salzlösung werden auf 250 mL aufgefüllt. 100 mL dieser Lösung ergeben nach dem Fällen und Glühen eine Auswaage von 457,7 mg Fe_2O_3. Wie groß ist die Massenkonzentration β(Fe) in der Ausgangslösung?
6. In 0,8584 g Mineraldünger soll der Phosphorgehalt bestimmt werden. Phosphor wird als Magnesiumammoniumphosphat $MgNH_4PO_4$ gefällt und zu Magnesiumpyrophosphat $Mg_2P_2O_7$ geglüht. Die Auswaage beträgt 0,1079 g $Mg_2P_2O_7$. Welchen Massenanteil *w*(P) hat der Dünger?
7. 200 mL eines Abwassers, das Cadmium-Ionen enthält, werden auf 50,0 mL eingeengt und das Cd^{2+} als Anthranilat gefällt. Die Auswaage beträgt 0,3460 g $Cd(C_7H_6O_2N)_2$. Wie groß ist die Massenkonzentration β(Cd) im Abwasser?
8. In einem Pigmentgemisch ist der Zinkgehalt zu bestimmen. Dazu werden 0,9250 g Probe gelöst und auf 500 mL verdünnt. Aus 100 mL der Verdünnung wurde Zink als Zinksulfid ZnS gefällt. Die Auswaage beträgt 93,0 mg. Wie groß ist der Massenanteil *w*(Zn) im Pigmentgemisch?
9. 0,2075 g eines Gemisches von KCl und KBr wird gelöst und die Halogenid-Ionen mit Silbernitrat-Lösung gefällt. Die Auswaage ergibt 362,2 mg Silberhalogenid. Welche Massenanteile *w*(KCl) und *w*(KBr) hat das Salzgemisch?
10. Entwickeln Sie für die Auswertung einer indirekten gravimetrischen Analyse mit 2 Probesubstanzen mithilfe eines Tabellenkalkulationsprogrammes eine Auswertemaske.

8.2 Volumetrische Bestimmungen (Maßanalyse)

Volumetrischen Bestimmungen, auch maßanalytische Bestimmungen oder kurz Maßanalysen genannt, liegen chemische Umsetzungen zugrunde. Damit eine **Maßanalyse** (titrimetry) verwertbare Ergebnisse liefert, müssen die ablaufenden Reaktionen ausreichend rasch, quantitativ (ohne Ausbeuteverluste) und stöchiometrisch (in konstanten Stoffmengenverhältnissen) ablaufen.

8.2.1 Durchführung einer Maßanalyse

Bei einer maßanalytischen Bestimmung **(Bild 1)** wird eine Portion der zu untersuchenden Substanz genau eingemessen (pipettiert) oder eingewogen, gelöst und ein geeigneter **Indikator** zugesetzt.

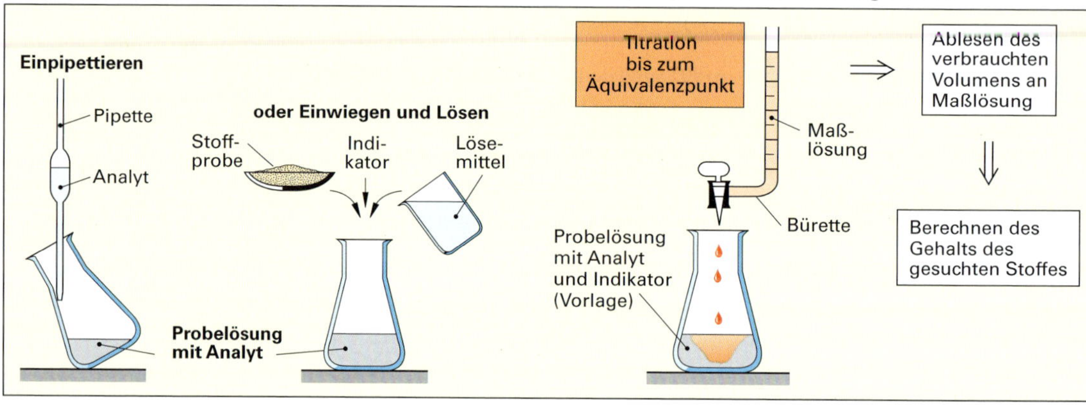

Bild 1: Durchführung einer maßanalytischen Bestimmung

Anschließend wird die **Maßlösung** (standard solution), es ist eine Lösung mit genau definiertem Gehalt, mit einer kalibrierten Handbürette oder einer Motorkolbenbürette tropfenweise zudosiert (Näheres zu Maßlösungen siehe Seite 247 ff.).

Der Vorgang der tropfenweisen Zugabe wird als **Titration** (titration) bezeichnet.

Der Endpunkt der Reaktion zeigt sich durch einen Farbumschlag des **Indikators.** Er wird **Äquivalenzpunkt** (equivalent point) genannt. Das Ende der Reaktion kann auch durch geeignete physikalische Messmethoden (vgl. Seite 275) angezeigt werden.

Die verbrauchte Maßlösung wird an der Bürette abgelesen und dann die Quantität (Masse) des gesuchten Bestandteils der Probe (**Analyt**) ermittelt.

Bei der Titration können unterschiedliche Reaktionen ablaufen. Daher unterscheidet man:

- **Neutralisationstitrationen** (neutralizing titration)
- **Fällungstitrationen** (precipitation titration)
- **Redoxtitrationen** (oxidimetry/redox titration)
- **Komplexbildungstitrationen** (complexìmetric titration)

8.2.2 Maßanalyse mit aliquoten Teilen

Häufig werden bei maßanalytischen Bestimmungen die zu untersuchenden Substanzen (Feststoffe oder Lösungen) zunächst in einem Messkolben mit demineralisiertem Wasser zu einer Stammlösung *V*(Stamm) verdünnt (**Bild 1,** Seite 247). Von dieser **Stammlösung** (stock solution) werden gleiche Volumenportionen abpipettiert, diese werden **aliquote**[1] **Teile *V*** genannt. Nach Verdünnen mit demineralisiertem Wasser und Zugabe eines Indikators wird mit der Maßlösung titriert.

Bei der Auswertung der Titration ist zu berücksichtigen, dass sich das Ergebnis zunächst nur auf einen *Teil,* den abpipettierten *aliquoten Teil,* der Stammlösung bezieht. Das Ergebnis der Titration ist anschließend mit dem Verdünnungsfaktor f_a (aliquoter Faktor) zu multiplizieren.

Verdünnungsfaktor

$$f_a = \frac{V(\text{Stamm})}{V(\text{aliquot})}$$

[1] aliquot heißt: in mehrere Teilmengen ohne Rest geteilt.

Beispiel: Wie groß ist der Verdünnungsfaktor der aliquotierten Probe in **Bild 1**?

Lösung: $f_a = \frac{V(\text{Stamm})}{V(\text{aliquot})} = \frac{500\ \text{mL}}{25\ \text{mL}} = \mathbf{20}$

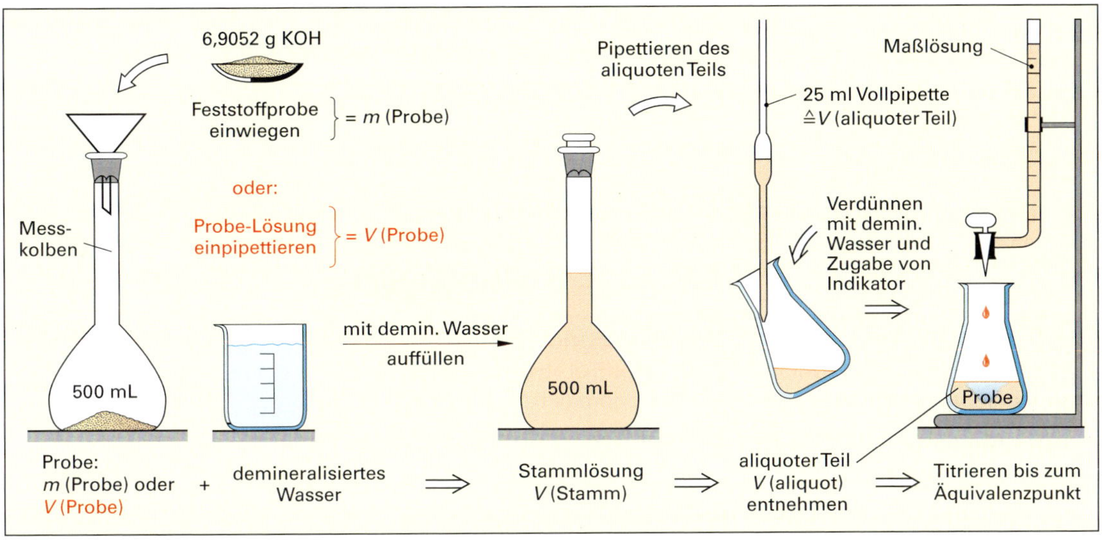

Bild 1: Herstellen einer Stammlösung der zu untersuchenden Substanz (Analyt), Aliquotieren und Titrieren

Die Vorteile der Maßanalyse mit aliquoten Teilen sind unter anderem:

- Verringerung von Wägefehlern und Pipettierfehlern, da für die Herstellung der Stammlösung *größere* Stoffportionen gelöst werden können.
- Geringere Fehlerquote durch Maßlösungen mit *kleinerer* Stoffmengenkonzentration.
- *Mehrere* Titrationen gleicher Volumenportionen der Stammlösung (in der Regel mindestens 3 Titrationen) können durchgeführt werden. Aus den Ergebnissen wird ein Mittelwert gebildet.

8.2.3 Gehaltsangaben von Maßlösungen

Als **Maßlösungen** (standard solutions) werden die bei der Maßanalyse verwendeten Lösungen mit exakt bekanntem Gehalt bezeichnet. Die Herstellung, Verwendung und Überwachung des exakten Gehalts von Maßlösungen zählt zu den routinemäßigen Labortätigkeiten.

Grundlage der Auswertung einer Maßanalyse sind die gemäß Reaktionsgleichung umgesetzten Stoffmengen der reagierenden Teilchen der Maßlösung (Titrator genannt) und der gesuchten Komponente in der Probelösung (Titrand genannt).

Daher wird der Gehalt von Maßlösungen durch die **Nenn-Stoffmengenkonzentration *c*(X)** angegeben, z. B. $c(\text{NaOH}) = 0{,}\underline{1}\ \text{mol/L}$.

Dabei ist der **exakte Gehalt der Maßlösung** durch einen Unterstrich gekennzeichnet.

Stoffmengenkonzentration
$c(\text{X}) = \frac{n(\text{X})}{V(\text{Lsg})}$

Auch die **Äquivalentkonzentration** $c(\frac{1}{z^*}\text{X})$ ist zur Gehaltsangabe bei der Maßanalyse gebräuchlich.

Im Formelzeichen $c(\frac{1}{z^*}\text{X})$ wird der Bruch $\frac{1}{z^*}$ dem Stoff vorangestellt. Dabei ist z^* die **Äquivalentzahl**. Es ist eine ganze Zahl und gibt die Wertigkeit bzw. die Veränderung der Oxidationszahl bei Redoxreaktion oder der Ionenladung bei Ionen an. Näheres dazu auf Seite 179 und 248.

Andere Schreibweisen der Äquivalentkonzentration sind c_{eq} oder $c(\text{eqX})$.

Die Äquivalentkonzentration $c(\frac{1}{z^*}\text{X})$ kann aus der Stoffmengenkonzentration $c(\text{X})$ und der Äquivalentzahl z^* berechnet werden (siehe rechts).

Äquivalentkonzentration
$c\left(\frac{1}{z^*}\text{X}\right) = z^* \cdot c(\text{X})$

Beispiele:	**Stoffmengenkonzentration c(X)**	⇒	**Äquivalentkonzentration $c(\frac{1}{z^*}X)$**
	$c(HCl)$ = 0,1 mol/L	$z^* = 1$	$c(\frac{1}{1}HCl) = 1 \cdot 0{,}1$ mol/L = 0,1 mol/L
	$c(H_2SO_4)$ = 0,05 mol/L	$z^* = 2$	$c(\frac{1}{2}H_2SO_4) = 2 \cdot 0{,}05$ mol/L = 0,1 mol/L
	Äquivalentkonzentration $c(\frac{1}{z^*}X)$	⇒	**Stoffmengenkonzentration c(X)**
	$c(\frac{1}{1}NaOH)$ = 0,1 mol/L	$z^* = 1$	$c(NaOH) = 1 \cdot 0{,}1$ mol/L = 0,1 mol/L
	$c(\frac{1}{5}KMnO_4)$ = 0,1 mol/L	$z^* = 5$	$c(KMnO_4) = \frac{1}{5} \cdot 0{,}1$ mol/L = 0,02 mol/L

Die Verwendung dieser Größe hat den Vorteil, dass die gelöste Äquivalent-Stoffmenge des wirksamen Bestandteils der Maßlösung gleichwertig (äquivalent) mit der Äquivalent-Stoffmenge des zu bestimmenden Stoffes ist, wie folgende Beispiele zeigen.

Eine Natronlauge-Portion mit z. B. $c(NaOH)$ = 0,1 mol/L wird durch folgende Säure-Portionen neutralisiert:

- 10 mL Natronlauge, $c(\frac{1}{1}NaOH)$ = 0,1 mol/L von 10 mL Salzsäure, $c(\frac{1}{1}HCl)$ = 0,1 mol/L
- 10 mL Natronlauge, $c(\frac{1}{1}NaOH)$ = 0,1 mol/L von 10 mL Schwefelsäure, $c(\frac{1}{2}H_2SO_4)$ = 0,1 mol/L
- 10 mL Natronlauge, $c(\frac{1}{1}NaOH)$ = 0,1 mol/L von 10 mL Phosphorsäure, $c(\frac{1}{3}H_3PO_4)$ = 0,1 mol/L

Wie der Vergleich zeigt, ist in den genannten Natronlauge- und Säureportionen die Stoffmenge an Oxonium-Ionen H_3O^+ und Hydroxid-Ionen OH^- gleich groß (äquivalent).

Als Donator eines Wasserstoff-Ions H^+ ist ein Molekül HCl einem gedachten *halben* Molekül H_2SO_4 oder einem angenommenen *drittel* Molekül H_3PO_4 gleichwertig bzw. äquivalent. Man spricht bei Säuren von **Säure-Äquivalentteilchen**.

8

- 1 H^+-Teilchen entsteht aus: $\frac{1}{1}HCl$ oder $\frac{1}{2}H_2SO_4$ oder $\frac{1}{3}H_3PO_4$

Entsprechend gilt für **Basen** (Protonenacceptoren):

- 1 H^+-Teilchen wird gebunden von: $\frac{1}{1}NaOH$ oder $\frac{1}{2}Ca(OH)_2$ oder $\frac{1}{2}Na_2CO_3$

Man unterscheidet je nach ablaufender Reaktion folgende Arten von Äquivalenten:

- **Neutralisations-Äquivalente:** Die Äquivalentzahl z^* entspricht der Anzahl Protonen H^+, die bei einer Säure-Base-Reaktion pro Säurenmolekül abgegeben bzw. pro Basenmolekül aufgenommen werden. Bei Basen entspricht dies oft der Anzahl der OH^--Ionen im Molekül.
- **Redox-Äquivalente:** Die Äquivalentzahl z^* entspricht der Anzahl der pro Teilchen abgegebenen oder aufgenommenen Elektronen bei einer Elektronenübertragungsreaktion.
- **Ionen-Äquivalente:** Die Äquivalentzahl z^* ist gleich dem Betrag der Ladungszahl des Ions.

Die **molare Masse** eines Äquivalentteilchens M(eq) erhält man, wenn man die molare Masse M(X) des Ausgangsstoffes durch die Äquivalentzahl z^* teilt (siehe rechts).

Durch Einsetzen von $n(X) = \frac{m(X)}{M(X)}$ in die Gleichung erhält man die **Äquivalentstoffmenge** (siehe rechts).

Molare Masse von Äquivalentteilchen
$M(eq) = \frac{M(X)}{z^*}$

Äquivalentstoffmenge
$n(eq) = \frac{m(X)}{M(eq)} = \frac{m(X) \cdot z^*}{M(X)}$

Beispiel 1: Berechnen Sie die molare Äquivalentmasse von Schwefelsäure.

Lösung: $\mathbf{M(\frac{1}{2}H_2SO_4)} = \frac{M(H_2SO_4)}{z^*} = \frac{98{,}079 \text{ g/mol}}{2} \approx \mathbf{49{,}04\ g/mol}$

Beispiel 2: Wie viel Mol Säure-Äquivalentteilchen sind in 500 g Phosphorsäure enthalten?

Lösung: $\mathbf{n(H^+)} = \frac{m(H_3PO_4) \cdot z^*}{M(H_3PO_4)} = \frac{500 \text{ g} \cdot 3}{97{,}9952 \text{ g/mol}} \approx \mathbf{15{,}3\ mol}$

Äquivalentkonzentration von Maßlösungen

Die **Stoffmengenkonzentration *c*(X)** eines Stoffes X in einer Maßlösung ist als Quotient aus Stoffmenge *n*(X) und dem Volumen *V*(ML) der Maßlösung definiert.

Die **Äquivalentkonzentration *c*(eq)** einer Maßlösung ist die Konzentration der reaktiven Teilchen (z. B. H^+-Ionen). Sie wird durch eine entsprechende Beziehung durch Einsetzen der Äquivalentstoffmenge $n(\text{eq}) = \frac{m(\text{X}) \cdot z^*}{M(\text{X})}$ erhalten:

Stoffmengenkonzentration

$$c(\text{X}) = \frac{n(\text{X})}{V(\text{ML})} = \frac{m(\text{X})}{V(\text{ML}) \cdot M(\text{X})}$$

Äquivalentkonzentration

$$c(\text{eq}) = \frac{n(\text{eq})}{V(\text{ML})} = \frac{m(\text{X}) \cdot z^*}{M(\text{X}) \cdot V(\text{ML})}$$

Beispiel: Wie groß ist die Äquivalentkonzentration einer Säure-Maßlösung, die in 1000 mL Lösung 2,583 g Schwefelsäure enthält?

Lösung: $c(\tfrac{1}{2}\,H_2SO_4) = \frac{m(H_2SO_4) \cdot z^*}{M(H_2SO_4) \cdot V(\text{ML})} = \frac{2{,}583\text{ g} \cdot 2}{98{,}079\text{ g/mol} \cdot 1{,}000\text{ L}} = 0{,}0526718\text{ mol/L} \approx$ **52,67 mmol/L**

Aufgaben zu Gehaltsangaben von Maßlösungen

1. Wie viel Mol Säure-Äquivalentteilchen sind enthalten in:
   a) 200 g Schwefelsäure H_2SO_4
   b) 500 g Phosphorsäure mit $w(H_3PO_4) = 22{,}5\ \%$?
2. Welche Masse an Oxalsäure ist in 5,00 L Maßlösung der Äquivalentkonzentration $c(\tfrac{1}{2}\,C_2H_2O_4) = 0{,}01$ mol/L enthalten?
3. Wie groß ist die Äquivalentkonzentration einer Natriumcarbonat-Maßlösung, die in 2000 mL Lösung 21,255 g Na_2CO_3 enthält?

8.2.4 Herstellen von Maßlösungen

Maßlösungen mit genauen Konzentrationen sind gebrauchsfertig im Handel erhältlich **(Bild 1)**.

Auf ihrem Etikett ist der exakte Gehalt der Maßlösung angegeben, z. B. 0,1 mol/L.

Durch einen Unterstrich unter der letzten Ziffer wird dieser Wert als exakt gekennzeichnet, z. B. 0,1 mol/L.

Zur eigenen Hersellung von Maßlösungen werden portionierte Konzentrate in Ampullen angeboten, z. B. unter den Handelsnamen FIXANAL® oder TITRISOL®. Sie ergeben durch Auffüllen mit demineralisiertem, CO_2-freiem Wasser im Messkolben Maßlösungen exakter Konzentrationen.

Maßlösungen können auch selbst hergestellt werden **(Bild 2)**. Dies erfolgt durch genaue Einwaage oder Einmessen chemisch reiner Substanzen und anschließendes Auffüllen mit demineralisiertem, CO_2-freiem Wasser.

Selbst angesetzte Maßlösungen haben in der Regel nicht den exakten, angestrebten Gehalt. Außerdem kann sich der exakte Gehalt einer Maßlösung nach längerem Stehen durch äußere Einflüsse verändern.

Die genaue Konzentration einer Maßlösung kann man durch eine maßanalytische Gehaltsbestimmung, **Titerbestimmung** genannt, ermitteln (Seite 250).

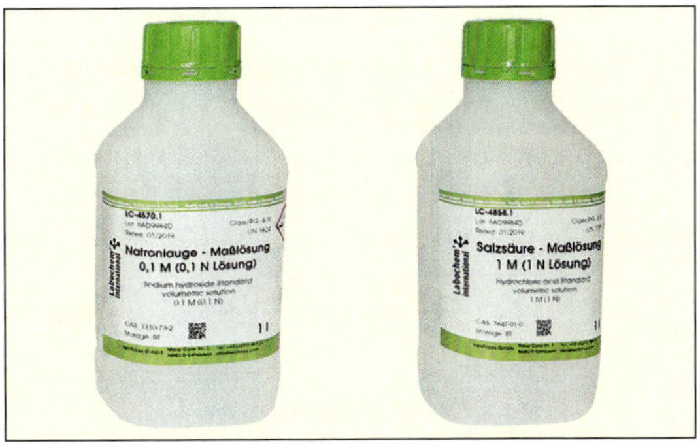

Bild 1: Maßlösungen in Behältern mit Etikett

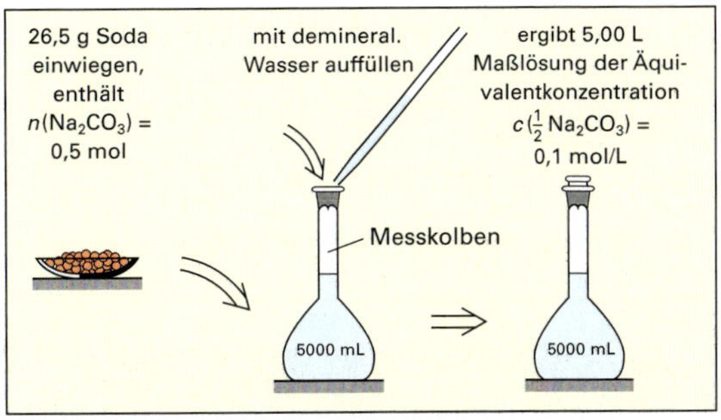

Bild 2: Herstellen einer Maßlösung durch Einwiegen und Auffüllen (Mengen von Beispiel 1, Seite 250)

Beispiel 1: Es sind 5,00 L Soda-Maßlösung der Konzentration $c(\frac{1}{2}\,Na_2CO_3) = 0{,}1$ mol/L herzustellen (Bild 2, Seite 249). Welche Masse an Natriumcarbonat ist einzuwiegen?

Lösung: $M(Na_2CO_3) = 105{,}99$ g/mol, $z^* = 2$

$$c(\tfrac{1}{2}\,Na_2CO_3) = \frac{m(\text{Soda}) \cdot z^*}{M(\text{Soda}) \cdot V(\text{ML})}$$

$$\Rightarrow \boldsymbol{m}\textbf{(Soda)} = \frac{M(\text{Soda}) \cdot c(\frac{1}{2}\,\text{Soda}) \cdot V(\text{ML})}{z^*} = \frac{105{,}99\,\frac{\text{g}}{\text{mol}} \cdot 0{,}1\,\frac{\text{mol}}{\text{L}} \cdot 5{,}00\,\text{L}}{2} \approx \mathbf{26{,}5\ g}$$

Beispiel 2: Welche Masse an Schwefelsäure mit dem Massenanteil $w(H_2SO_4) = 22{,}5\,\%$ muss auf 1000 mL verdünnt werden, wenn eine Maßlösung der Äquivalentkonzentration $c(\frac{1}{2}\,H_2SO_4) = 0{,}\underline{1}$ mol/L benötigt wird?

Lösung:

$$c(\tfrac{1}{2}\,H_2SO_4) = \frac{m(H_2SO_4) \cdot z^*}{M(H_2SO_4) \cdot V(\text{ML})} \Rightarrow m(H_2SO_4) = \frac{M(H_2SO_4) \cdot c(\frac{1}{2}\,H_2SO_4) \cdot V(\text{ML})}{z^*}$$

$$m(H_2SO_4) = \frac{98{,}079\ \text{g/mol} \cdot 0{,}1\ \text{mol/L} \cdot 1{,}000\ \text{L}}{2} = 4{,}90395\ \text{g}$$

$$w(H_2SO_4) = \frac{m(H_2SO_4)}{m(\text{Lsg})} \Rightarrow \boldsymbol{m}\textbf{(Lsg)} = \frac{m(H_2SO_4)}{w(H_2SO_4)} = \frac{4{,}90395\ \text{g}}{0{,}225} = 21{,}7953\ \text{g} \approx \mathbf{21{,}8\ g}$$

Aufgaben zu Herstellen von Maßlösungen

1. Es sollen 5000 mL Natriumchlorid-Maßlösung der Konzentration $c(\frac{1}{1}\,NaCl) = 0{,}\underline{1}$ mol/L angesetzt werden. Welche Masse an NaCl ist einzuwiegen?
2. 2,00 L Kalilauge der Konzentration $c(KOH) = 0{,}\underline{5}$ mol/L sollen aus Kaliumhydroxid mit $w(KOH) = 96{,}74\,\%$ hergestellt werden. Berechnen Sie die einzuwiegende Masse an KOH.
3. Welche Masse an Salzsäure mit dem Massenanteil $w(HCl) = 30{,}3\,\%$ ist erforderlich, um 5,0 L Salzsäure-Maßlösung der Konzentration $c(HCl) = 0{,}\underline{5}$ mol/L anzusetzen?
4. Welches Volumen an Phosphorsäure-Lösung $c(\frac{1}{3}\,H_3PO_4) = 0{,}\underline{5}$ mol/L lässt sich aus 500 g Phosphorsäure mit dem Massenanteil $w(H_3PO_4) = 42{,}0\,\%$ herstellen?
5. Es sollen 5000 mL Kaliumdichromat-Lösung $c(\frac{1}{6}\,K_2Cr_2O_7) = 0{,}\underline{1}$ mol/L hergestellt werden. Welche Masse an Kaliumdichromat ist einzuwiegen?
6. Welches Volumen an Salpetersäure $w(HNO_3) = 50{,}0\,\%$, $\varrho(HNO_3) = 1{,}310\ \text{g/cm}^3$, muss eingemessen werden, um 10,0 L Maßlösung der Konzentration $c(HNO_3) = 0{,}\underline{5}$ mol/L herzustellen?
7. Es werden 5,0 L Kaliumpermanganat-Maßlösung mit $c(\frac{1}{5}\,KMnO_4) = 0{,}\underline{1}$ mol/L benötigt. Berechnen Sie die einzuwiegende Masse an reiner Substanz.

8.2.5 Titer von Maßlösungen

Der **Titer *t*** einer Maßlösung ist ein Korrekturfaktor, der die Abweichung der tatsächlichen Stoffmengenkonzentration $c(X)$ oder der Äquivalentkonzentration $c(eq)$ vom angestrebten, genauen Nennwert, z.B. $\tilde{c}(X) = 0{,}\underline{1}$ mol/L, einer Maßlösung angibt.

Der Titer t ist der Quotient aus der *tatsächlichen* Stoffmengenkonzentration $c(X)$ und der Nenn-Stoffmengenkonzentration $\tilde{c}(X)$ der Maßlösung.

Im Laboralltag wird der Titer von Maßlösungen täglich, teilweise auch mehrfach überprüft.

Titer von Maßlösungen

$$\text{Titer} = \frac{\text{tatsächliche Stoffmengenkonzentration}}{\text{Nenn-Stoffmengenkonzentration}}$$

$$\boldsymbol{t} = \frac{\boldsymbol{c}\mathbf{(X)}}{\boldsymbol{\tilde{c}}\mathbf{(X)}}$$

Beispiel 1: Eine Salzsäure-Maßlösung hat die Nenn-Stoffmengenkonzentration $\tilde{c}(X) = 1$ mol/L, der Titer beträgt $t = 0{,}998$. Wie groß ist die tatsächliche Stoffmengenkonzentration $c(HCl)$?

Lösung: $t = c(X)/\tilde{c}(X) \Rightarrow \boldsymbol{c}\mathbf{(HCl)} = \tilde{c}(HCl) \cdot t = 1\ \text{mol/L} \cdot 0{,}998 = \mathbf{0{,}998\ mol/L}$

Da der Titer < 1 ist, ist die *tatsächliche* Stoffmengenkonzentration **kleiner** als die Nenn-Stoffmengenkonzentration.

Beispiel 2: Eine Maßlösung hat die angestrebte Nenn-Äquivalentkonzentration $\tilde{c}(\frac{1}{1}\,NaOH) = 0{,}1$ mol/L, der Titer beträgt $t = 1{,}025$. Wie groß ist die tatsächliche Äquivalentkonzentration $c(\frac{1}{1}\,NaOH)$?

Lösung: $\mathbf{c(\frac{1}{1}\,NaOH)} = \tilde{c}(\frac{1}{1}\,NaOH) \cdot t = 0{,}1\ mol/L \cdot 1{,}025 = \mathbf{0{,}1025\ mol/L}$

Da der Titer > 1 ist, ist die *tatsächliche* Äquivalentkonzentration **größer** als die *angestrebte*.

Da bei Titrationen die Stoffmengenkonzentration der Maßlösung in direktem Zusammenhang mit ihrem verbrauchten Volumen am Äquivalenzpunkt steht, kann mit dem Titer t auch das Volumen einer Maßlösung mit *angestrebter* Nenn-Konzentration $\tilde{V}(ML)$ in das Volumen der Maßlösung mit der *tatsächlichen* Konzentration $V(ML)$ umgerechnet werden, wie folgende Ableitung zeigt:

$$t = \frac{c(X)}{\tilde{c}(X)}, \text{ mit } c(X) = \frac{n(X)}{V(ML)} \text{ und } \tilde{c}(X) = \frac{n(X)}{\tilde{V}(ML)} \text{ folgt: } t = \frac{n(X)}{V(ML)} : \frac{n(X)}{\tilde{V}(ML)} = \frac{\tilde{V}(ML)}{V(ML)}$$

Die unterschiedlichen Volumina $V(ML)$ und $\tilde{V}(ML)$ enthalten die gleiche Stoffmenge $n(X)$. Deshalb ergibt sich nach dem Kürzen von $n(X)$ und Umstellen nach $V(ML)$ folgende Größengleichung:

Korrigierter Verbrauchswert

$$\tilde{V}(ML) = V(ML) \cdot t$$

Beispiel 3: Bei einer Titration wurden bis zum Äquivalenzpunkt 28,5 mL Natronlauge-Maßlösung der Nenn-Stoffmengenkonzentration $\tilde{c}(NaOH) = 0{,}1$ mol/L ($t = 1{,}0154$) verbraucht. Welchem Volumen an Maßlösung der tatsächlichen Nenn-Konzentration $c(NaOH) = 0{,}1$ mol/L entspricht das?

Lösung: $\mathbf{\tilde{V}(ML)} = V(ML) \cdot t = 28{,}5\ mL \cdot 1{,}0154 = 28{,}939\ mL \approx \mathbf{28{,}9\ mL}$

Beispiel 4: In 250,0 mL Salzsäure-Maßlösung der Konzentration $\tilde{c}(HCl) = 0{,}1$ mol/L sind 977,0 mg HCl gelöst. Welchen Titer hat die Maßlösung?

Lösung: Mit $t = \frac{c(HCl)}{\tilde{c}(HCl)}$, $c(HCl) = \frac{n(HCl)}{V(ML)}$ und $n(HCl) = \frac{m(HCl)}{M(HCl)}$ folgt durch Einsetzen und Umformen:

$$\mathbf{t} = \frac{m(HCl)}{\tilde{c}(HCl) \cdot V(ML) \cdot M(HCl)} = \frac{0{,}9970\ g}{0{,}1\ mol/L \cdot 0{,}2500\ mL \cdot 36{,}461\ g/mol} = 1{,}07183 \approx \mathbf{1{,}072}$$

Aufgaben zu Titer von Maßlösungen

1. Welche tatsächliche Stoffmengenkonzentration $c(NaOH)$ hat eine Natronlauge mit der angestrebten Nenn-Stoffmengenkonzentration $\tilde{c}(NaOH) = 0{,}5$ mol/L ($t = 1{,}017$)?
2. Berechnen Sie die Äquivalentkonzentration $c(\frac{1}{5}\,KMnO_4)$ einer Kaliumpermanganat-Maßlösung der Konzentration $\tilde{c}(KMnO_4) = 0{,}02$ mol/L ($t = 0{,}988$).
3. Welche Stoffmengenkonzentration $c(H_2SO_4)$ hat eine Maßlösung mit der Äquivalentkonzentration $\tilde{c}(\frac{1}{2}\,H_2SO_4) = 0{,}1$ mol/L ($t = 0{,}997$)?
4. Welche Masse an Oxalsäure ist in 5000 mL Maßlösung der Konzentration $\tilde{c}(\frac{1}{2}\,H_2C_2O_4) = 0{,}1$ mol/L ($t = 0{,}997$) enthalten?
5. Welchen Titer hat eine Silbernitrat-Maßlösung der angestrebten Nenn-Stoffmengenkonzentration $\tilde{c}(AgNO_3) = 0{,}1$ mol/L, die in 2000 mL Lösung 33,452 g gelöstes $AgNO_3$ enthält?

8

8.2.6 Einstellen einer Maßlösung

Häufig wird für Titrationen die Bereitstellung von Maßlösungen mit einer glatten Stoffmengenkonzentration, z.B. $c(NaOH) = 0{,}1$ mol/L, gewünscht. Die exakte Einstellung auf den Titer 1 kann nach erfolgter Titerbestimmung bei **stärkeren** Lösungen mit $\boldsymbol{t > 1}$ durch Verdünnen mit demin. Wasser, bei **schwächeren** Lösungen mit $\boldsymbol{t < 1}$ durch Zusatz von Lösungen mit höherer Konzentration geschehen.

Für die Berechnung der einzusetzenden Volumina an Maßlösung V_1 und an Zusatzlösung V_2 kann die *Mischungsgleichung* (Seite 189) bezogen auf die Stoffmengen n_1 und n_2 dieser Lösungen, angewendet werden, wie folgende Ableitung zeigt. Alternativ ist auch Schlussrechnung möglich.

Für die Stoffmengen gilt: $n_1 = c_1 \cdot V_1$ und $n_2 = c_2 \cdot V_2$

sowie für die Mischung: $n_M = c_M \cdot (V_1 + V_2)$

Für die Stoffmengen der Lösungen gilt: $n_M = n_1 + n_2$

Durch Einsetzen ergibt sich die nebenstehende stoffmengenbezogene Mischungsgleichung:

Stoffmengenbezogene Mischungsgleichung
$c_1 \cdot V_1 + c_2 \cdot V_2 = c_M \cdot (V_1 + V_2)$ Index 2: Zusatzlösung

Beispiel 1: 3,500 L Kalilauge-Maßlösung der Konzentration $\tilde{c}$(KOH) = 0,5 mol/L (t = 0,962) soll auf den Titer t = 1 eingestellt werden. Welches Volumen an Kalilauge mit c(KOH) = 2,202 mol/L ist zuzusetzen?

Lösung: Tatsächliche Stoffmengenkonzentration: $c(\text{KOH}) = \tilde{c}(\text{KOH}) \cdot t = 0{,}5\ \text{mol/L} \cdot 0{,}962 = 0{,}481\ \text{mol/L}$

Durch Umformen wird erhalten: $V_2 = \dfrac{V_1 \cdot (c_M - c_1)}{(c_2 - c_M)} = \dfrac{3{,}500\ \text{L} \cdot (0{,}5\ \text{mol/L} - 0{,}481\ \text{mol/L})}{(2{,}202\ \text{mol/L} - 0{,}5\ \text{mol/L})} \approx 39{,}1\ \text{mL}$

Es sind 39,1 mL Kalilauge der Konzentration c(KOH) = 2,202 mol/L zuzusetzen

Beispiel 2: 2,500 L Natronlauge-Maßlösung der Konzentration $\tilde{c}$(NaOH) = 0,1 mol/L (t = 1,015) sollen mit Wasser auf den Titer t = 1 eingestellt werden. Welches Volumen an Wasser ist zuzusetzen?

Lösung: 1,000 L Maßlösung mit $\tilde{c}$(NaOH) = 0,1 mol/L (t = 1,015) enthält die gleiche Stoffmenge, wie 1,015 L Maßlösung mit c(NaOH) = 0,1 mol/L.

1,000 L Maßlösung mit $\tilde{c}$(NaOH) = 0,1 mol/L (t = 1,015) erfordert 15 mL Wasser
2,500 L Maßlösung mit $\tilde{c}$(NaOH) = 0,1 mol/L (t = 1,015) erfordern x Wasser

$x = V(\text{Wasser}) = \dfrac{15\ \text{mL} \cdot 2{,}500\ \text{L}}{1{,}000\ \text{L}} = 37{,}50\ \text{mL} \Rightarrow$ **Es sind 37,5 mL Wasser zuzusetzen.**

Aufgaben zu Einstellen einer Maßlösung

1. 5000 mL Schwefelsäure-Maßlösung der Konzentration $\tilde{c}(H_2SO_4)$ = 0,05 mol/L (t = 1,025) sind exakt auf $c(H_2SO_4)$ = $0{,}0\underline{5}$ mol/L einzustellen. Welches Volumen an Wasser ist zuzusetzen?
2. Wie viel Natronlauge der Konzentration c(NaOH) = 2,00 mol/L ist 2000 mL Natronlauge mit $\tilde{c}$(NaOH) = 0,5 mol/L (t = 0,984) zuzusetzen, um sie auf c(NaOH) = $0{,}\underline{5}$ mol/L einzustellen?

8.2.7 Neutralisationstitrationen

Bei **Neutralisationstitrationen** reagieren Säuren und Basen unter Bildung von Salzen und Wasser. Die allgemeine Neutralisationsgleichung lautet:

$$\text{Säure} + \text{Base} \longrightarrow \text{Salz} + \text{Wasser}$$

$$H^+A^-_{(aq)} + B^+OH^-_{(aq)} \longrightarrow B^+A^-_{(aq)} + H_2O_{(l)}$$

Die Bestimmung von Säuren mit Base-Maßlösungen bezeichnet man als **Alkalimetrie** (alkalimetry), die von Basen mit Säure-Maßlösungen als **Acidimetrie** (acidimetry). Der Endpunkt der Titration, der Äquivalenzpunkt, wird durch den Farbumschlag eines zugesetzten Indikators, mithilfe elektrochemischer Messmethoden (pH-Wert, Leitfähigkeit, Potenzialdifferenz) oder thermometrisch festgestellt.

8.2.7.1 Direkttitrationen

Bei **Direkttitrationen** (direct acidimetric titration) wird der Gehalt der gesuchten Stoffportion X *unmittelbar* durch Titration bestimmt und aus dem Verbrauchsvolumen V(ML) der Maßlösung berechnet.

Die einzelnen Arbeitsschritte bei einer Direkttitration zeigt **Bild 1.**

Die Auswertung einer Direkttitration ist auf der Basis der stöchiometrischen Bilanz in der Reaktionsgleichung mit Größengleichungen oder mit Schlussrechnung möglich.

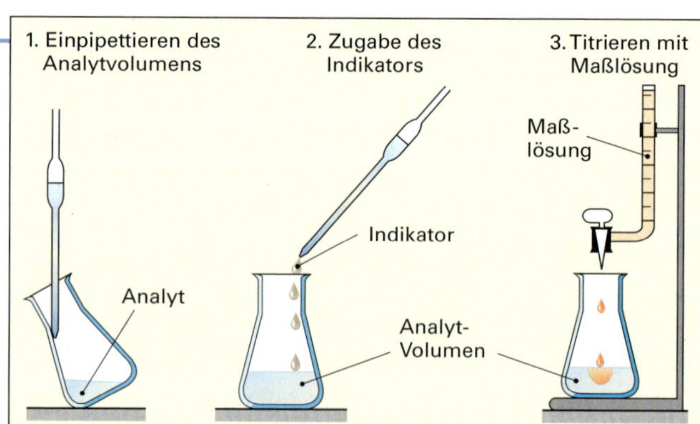

Bild 1: Durchführung einer Direkttitration

Berechnung auf Basis der stöchiometrischen Bilanz in der Reaktionsgleichung

Der Auswertung einer maßanalytischen Bestimmung liegen folgende Daten zugrunde:

- die Einwaage $m(\mathrm{X})$ oder das Probevolumen $V(\mathrm{X})$ des zu bestimmenden Analyten X
- der Verdünnungsfaktor f_a bei Verdünnung und Aliquotierung der Probe
- die molare Masse $M(\mathrm{X})$ des Analyten
- die Äquivalentzahl $z^*(\mathrm{X})$ des Analyten
- die Äquivalentkonzentration $c(1/z^*\ \mathrm{ML})$ der Maßlösung ML, vereinfacht $c(\mathrm{eq\text{-}ML})$
- die Stoffmengenkonzentration $c(\mathrm{ML})$ der Maßlösung mit dem Titer t.

Für die umgesetzte Stoffmenge bei einer Direkttitration

gilt: $n(\mathrm{eq\,X}) = n(\mathrm{eq\,ML})$.

Mit $n(\mathrm{eq\,X}) = n(\mathrm{X}) \cdot z^*(\mathrm{X})$ und $n(\mathrm{eq\,ML}) = c(\mathrm{eq\,ML}) \cdot V(\mathrm{ML})$ folgt nach dem Gleichsetzen
$$n(\mathrm{X}) \cdot z^*(\mathrm{X}) = c(\mathrm{eq\,ML}) \cdot V(\mathrm{ML})$$

Mit $c(\mathrm{eq\,ML}) = \tilde{c}(\mathrm{eq\,ML}) \cdot t$ und $n(\mathrm{X}) = m(\mathrm{X})/M(\mathrm{X})$

folgt durch Einsetzen : $\dfrac{m(\mathrm{X})}{M(\mathrm{X})} \cdot z^* = \tilde{c}(\mathrm{eq\,ML}) \cdot t \cdot V(\mathrm{ML})$

Durch Auflösen nach $m(\mathrm{X})$ erhält man die nebenstehende Grundgleichung für maßanalytische Bestimmungen:

Grundgleichung maßanalytischer Bestimmungen

$$m(\mathrm{X}) = \frac{M(\mathrm{X}) \cdot \tilde{c}(\mathrm{eq\ ML}) \cdot t \cdot V(\mathrm{ML})}{z^*(\mathrm{X})}$$

Mit der Masse $m(\mathrm{X})$ des gesuchten Analyten X können auch der Massenanteil $w(\mathrm{X})$, die Massenkonzentration $\beta(\mathrm{X})$, die Stoffmenge $n(\mathrm{X})$, die Stoffmengenkonzentration $c(\mathrm{X})$, die Äquivalentkonzentration $c(\mathrm{eq\text{-}X})$ oder andere Größen wie technische Kennzahlen eines Produkts berechnet werden.

Beispiel: 25,0 mL einer Salzsäure-Probe verbrauchen bei der maßanalytischen Bestimmung 20,05 mL Natronlauge-Maßlösung der Konzentration $\tilde{c}(\mathrm{NaOH}) = 0{,}\underline{1}$ mol/L, $t = 0{,}995$. Welche Massenkonzentration $\beta(\mathrm{NaOH})$ hat die Lauge?

Lösung: Molare Masse $M(\mathrm{HCl}) = 36{,}461$ g/mol (aus Tabellenbuch), $z^* = 1$ (da HCl eine einprotonige Säure ist)

$$\boldsymbol{m}(\mathbf{HCl}) = \frac{M(\mathrm{HCl}) \cdot \tilde{c}(\mathrm{NaOH}) \cdot t \cdot V(\mathrm{NaOH})}{z^*(\mathrm{HCl})} = \frac{36{,}461\ \frac{\mathrm{g}}{\mathrm{mol}} \cdot 0{,}1\ \frac{\mathrm{mol}}{\mathrm{L}} \cdot 0{,}995 \cdot 20{,}05\ \mathrm{mL}}{1} = \mathbf{72{,}739\ mg}$$

$$\boldsymbol{\beta}(\mathbf{HCl}) = \frac{m(\mathrm{HCl})}{V(\mathrm{Lsg})} = \frac{72{,}739\ \mathrm{mg}}{25{,}0\ \mathrm{mL}} \approx \mathbf{2{,}91\ g/L}$$

Berechnung mit maßanalytischen Äquivalentmassen

Die maßanalytische Äquivalentmasse $\ddot{A}(\mathrm{X})$ gibt an, wie viel Milligramm des gesuchten Analyten X mit einem Milliliter der verwendeten Maßlösung umgesetzt werden kann.

Mit der maßanalytischen Äquivalentmasse $\ddot{A}(\mathrm{X})$ in g/L oder mg/mL vereinfacht sich die Auswertung maßanalytischer Bestimmungen unter Berücksichtigung des **Verdünnungsfaktors f_a** zu nebenstehender Größengleichung.

Maßanalytische Äquivalentmasse

$$\ddot{A}(\mathrm{X}) = \frac{c(\mathrm{eq\,ML}) \cdot M(\mathrm{X})}{z^*(\mathrm{X})}$$

Da die verwendeten Maßlösungen stets in stöchiometrischen Massenverhältnissen mit den gesuchten Analyten reagieren, sind für viele Bestimmungen **maßanalytische Äquivalentmassen $\ddot{A}(\mathrm{X})$** (titrimetric equivalent mass) in Experimenten ermittelt und in Tabellen zusammengestellt worden (**Tabelle 1** und **Tabelle 2,** Seite 254).

Umgesetzte Stoffmasse bei der Maßanalyse

$$m(\mathrm{X}) = \ddot{A}(\mathrm{X}) \cdot V(\mathrm{ML}) \cdot t \cdot f_a$$

Bei mehrstufigen Titrationen (z.B. mit zweiprotonigen Säuren oder Basen) ist zu beachten, dass bei der Auswertung die maßanalytische Äquivalentmasse dem verwendeten Indikator entspricht.

8

Durch die Verwendung der maßanalytischen Äquivalentmasse $\ddot{A}(X)$ vereinfacht sich die Berechnung der Titration.

Beispiel 1: Lösung des Beispiels von Seite 253 mit maßanalytischer Äquivalentmasse

Mit $\ddot{A}(HCl)$ = **3,6461 mg/mL** (aus **Tabelle 1**) vereinfacht sich die Berechnung:

$$\boldsymbol{m(HCl) = \ddot{A}(HCl) \cdot V(ML) \cdot t}$$
$$= 3{,}6461\ \text{mg/mL} \cdot 20{,}05\ \text{mL} \cdot 0{,}995 \approx \mathbf{72{,}739\ mg}$$

$$\boldsymbol{\beta(HCl)} = \frac{m(HCl)}{V(Lsg)} = \frac{72{,}739\ \text{mg}}{25{,}0\ \text{mL}} \approx \mathbf{2{,}91\ g/L}$$

Beispiel 2: 3,2025 g technisches Kaliumhydroxid werden gelöst und mit demin. Wasser auf 500 mL aufgefüllt. 25,0 mL dieser Lösung (= aliquoter Teil) werden abpipettiert und verbrauchen bei der Titration 28,15 mL Salzsäure, $\tilde{c}(HCl) = 0{,}\underline{1}$ mol/L (t = 0,994). Welchen Massenanteil $w(KOH)$ hat das Hydroxid?

Die Neutralisation verläuft nach der Reaktionsgleichung:

$$HCl_{(aq)} + KOH_{(aq)} \longrightarrow KCl_{(aq)} + H_2O_{(l)}$$

Berechnung mit maßanalytischer Äquivalentmasse:

$\ddot{A}(KOH)$ = 5,6106 mg/mL **(Tabelle 2),**
$m(KOH)$ = 56,106 g/mol;

$$\boldsymbol{m(KOH)} = \ddot{A}(KOH) \cdot V(ML) \cdot t \cdot \frac{V(\text{Stamm})}{V(\text{aliquot})}$$
$$= 5{,}6106\ \text{mg/mL} \cdot 28{,}15\ \text{mL} \cdot 0{,}994 \cdot \frac{500\ \text{mL}}{25{,}0\ \text{mL}}$$
$$= \mathbf{3139{,}82\ mg}$$

Massenanteil aus Größengleichung:

$$\boldsymbol{w(KOH)} = \frac{m(KOH)}{m(\text{Probe})} = \frac{3{,}13982\ \text{g}}{3{,}2025\ \text{g}} = 0{,}980426 \approx \mathbf{98{,}0\ \%}$$

Tabelle 1: Äquivalentmassen $\ddot{A}$ bei Neutralisationstitrationen mit Base-Maßlösungen

Maßlösung: $c(NaOH) = 0{,}\underline{1}$ mol/L oder $c(KOH) = 0{,}\underline{1}$ mol/L

Zu bestimmen	$\ddot{A}$ in mg/mL
HCl	3,0401
HF	2,0006
$HCOOH$	4,6026
CH_3COOH	6,0053
$(COOH)_2$	4,5018
$(COOH)_2 \cdot 2H_2O$	6,3033
HNO_3	6,3013
H_3PO_4*	4,8998
H_2SO_3	4,1040
H_2SO_4	4,9040

* gilt für die 2. Dissoziationsstufe mit dem Indikator Thymolphthalein

Tabelle 2: Äquivalentmassen $\ddot{A}$ bei Neutralisationstitrationen mit Säure-Maßlösungen

Maßlösung: $c(HCl) = 0{,}\underline{1}$ mol/L oder $c(\frac{1}{2} H_2SO_4) = 0{,}\underline{1}$ mol/L

Zu bestimmen	$\ddot{A}$ in mg/mL
$CaCO_3$	5,0045
CaO	2,8033
$Ca(OH)_2$	3,7047
K_2CO_3*	6,9103
$KHCO_3$	10,0115
KOH	5,6106
MgO	2,0152
NH_3	1,7031
Na_2CO_3*	5,29945
$NaHCO_3$	8,4007
$NaOH$	3,9997

* mit Indikator Methylorange

Berechnung mit Schlussrechnung

Die Berechnung der Maßanalyse mit Schlussrechnung wird an zwei Beispielen gezeigt.

Beispiel 1: Eine Salzsäure-Probe wird vorgelegt und mit Kalilauge-Maßlösung, $c(KOH) = 0{,}\underline{5}$ mol/L, titriert.

Welche maßanalytische Äquivalentmasse $\ddot{A}(HCl)$ ist für die Auswertung einer Bestimmung mit Maßlösung, $c(KOH) = 0{,}\underline{5}$ mol/L, einzusetzen?

Lösung mit Schlussrechnung:

Die Neutralisationsgleichung lautet:

$$HCl_{(aq)} + KOH_{(aq)} \longrightarrow KCl_{(aq)} + H_2O_{(l)}$$

Die molare Masse beträgt $M(HCl)$ = 36,461 g/mol

1 mol KOH reagiert mit 1 mol HCl, das sind 36,461 g HCl

$0{,}\underline{5}$ mmol KOH reagiert mit $0{,}\underline{5}$ mmol HCl, das sind 36,461 mg · $0{,}\underline{5}$ = 18,2305 mg HCl

1 mL KOH-Maßlösung der Konzentration $0{,}\underline{5}$ mol/L enthält $0{,}\underline{5}$ mmol KOH

1 mL KOH-Maßlösung, $c(KOH) = 0{,}\underline{5}$ mol/L, reagiert mit 18,2305 mg HCl

Die maßanalytische Äquivalentmasse beträgt:
$\boldsymbol{\ddot{A}(HCl)}$ = **18,2305 mg/mL**

Beispiel 2: Berechnung von Beispiel 2, Seite 254 mit Schlussrechnung

Tatsächlicher Verbrauch: $V(\text{HCl}) = 28{,}15\ \text{mL} \cdot 0{,}994 = 27{,}9811\ \text{mL}$

1 mol HCl reagiert mit 1 mol KOH, das sind 56,106 g KOH
0,1 mmol HCl reagiert mit 0,1 mmol KOH, das sind 5,6106 mg KOH
1 mL HCl-Maßlsg. der Konzentration $0{,}\underline{1}$ mol/L enthält 0,1 mmol HCl
1 mL HCl-Maßlsg. $0{,}\underline{1}$ mol/L reagiert mit 5,6106 mg KOH
27,9811 mL HCl-Maßlsg. $0{,}\underline{1}$ mol/L reagiert mit x KOH

$$x = m_1(\text{KOH}) = \frac{5{,}6106\ \text{mg} \cdot 27{,}9811\ \text{mL}}{1\ \text{mL}} = 156{,}991\ \text{mg}$$

Berücksichtigung der Verdünnung:
In 25,0 mL Verdünnung sind 156,991 mg KOH enthalten
In 500 mL Verdünnung sind y KOH enthalten

$$y = m_2(\text{KOH}) = \frac{156{,}991\ \text{mg} \cdot 500\ \text{mL}}{25{,}0\ \text{mL}} = 3139{,}82\ \text{mg} = 3{,}13982\ \text{g}$$

Berechnung des Massenanteils:
In 3,2025 g Probe sind 3,13982 g KOH enthalten
In 100 g Probe sind z KOH enthalten

$$z = \frac{3{,}13982\ \text{g} \cdot 100\ \text{g}}{3{,}2025\ \text{g}} = 98{,}0428\ \text{g} \quad \Rightarrow \quad \boldsymbol{w(\text{KOH}) \approx 98{,}0\,\%}$$

Aufgaben zu Neutralisationstitrationen, Direkttitrationen

1. Bei der Titration von 25,0 mL Natronlauge wurden 42,0 mL Schwefelsäure-Maßlösung, $c(\frac{1}{2}\ H_2SO_4) = 1{,}0$ mol/L, verbraucht. Welche Masse an NaOH enthielt die Natronlaugeprobe?

2. 50,0 mL Abfall-Salzsäure verbrauchen zur Neutralisation 16,80 mL Natronlauge-Maßlösung, $\tilde{c}(\text{NaOH}) = 0{,}1$ mol/L ($t = 1{,}0374$). Welche Masse an HCl ist in 650 m^3 Abfallsäure gelöst?

3. 2,8050 g Schwefelsäure-Probe verbrauchen zur vollständigen Neutralisation 27,9 mL Kalilauge, $\tilde{c}(\text{KOH}) = 0{,}1$ mol/L ($t = 1{,}026$). Welchen Massenanteil $w(H_2SO_4)$ hat die untersuchte Säure?

4. 13,752 g Soda-Lösung verbrauchen zur Neutralisation 27,5 mL Schwefelsäure-Maßlösung mit $c(\frac{1}{2}\ H_2SO_4) = 1{,}0$ mol/L. Berechnen Sie den Massenanteil $w(Na_2CO_3)$ in der Soda-Lösung.

5. 1,973 g technisches Kaliumhydroxid werden gelöst und zu 500 mL verdünnt. 50,0 mL der Verdünnung verbrauchen bei 3 Bestimmungen 16,45 mL, 16,50 mL und 16,35 mL Schwefelsäure-Maßlösung, $\tilde{c}(\frac{1}{2}\ H_2SO_4) = 0{,}1$ mol/L ($t = 1{,}021$). Berechnen Sie den Massenanteil $w(\text{KOH})$.

6. Dünnsäure wird durch Destillation aufkonzentriert. 7,894 g des Konzentrats werden auf 500 mL verdünnt. 50,0 mL der Verdünnung verbrauchen 16,80 mL Natronlauge-Maßlösung, $\tilde{c}(\text{NaOH}) = 0{,}5$ mol/L ($t = 1{,}012$). Welchen Massenanteil $w(H_2SO_4)$ hat die konzentrierte Säure?

7. 10,0 mL einer Kalilauge werden auf 100 mL verdünnt. 25,0 mL dieser Stammlösung verbrauchen zur Neutralisation 29,4 mL Schwefelsäure-Maßlösung, $\tilde{c}(\frac{1}{2}\ H_2SO_4) = 0{,}1$ mol/L ($t = 0{,}997$). Wie groß ist die Äquivalentkonzentration $c(\frac{1}{1}\ \text{KOH})$ der untersuchten Lauge?

8. Die Massenkonzentration $\beta(H_3PO_4)$ einer technischen Phosphorsäure ist zu bestimmen. 25,0 mL der Säure werden auf 1000 mL verdünnt. 50,0 mL der Verdünnung verbrauchen gegen Phenolphthalein als Indikator 29,10 mL Natronlauge, $\tilde{c}(\frac{1}{1}\ \text{NaOH}) = 0{,}5$ mol/L ($t = 1{,}025$).

9. Wie viel Oxalsäure-Dihydrat p.a. muss abgewogen werden, wenn 25,0 mL einer Lauge, $\tilde{c}(\text{eq}) = 0{,}1$ mol/L ($t = 0{,}965$) neutralisiert werden sollen?

10. 8,00 mL einer Salpetersäure werden auf 100 mL verdünnt und 20,0 mL davon mit 24,8 mL Natronlauge-Maßlösung, $\tilde{c}(\frac{1}{1}\ \text{NaOH}) = 0{,}2$ mol/L ($t = 1{,}055$) neutralisiert. Wie groß ist die Äquivalentkonzentration $c(\frac{1}{1}\ HNO_3)$ der untersuchten Säure?

8.2.8 Bestimmung des Titers von Maßlösungen

Die **Bestimmung des Titers *t*** einer Maßlösung mit der Nenn-Konzentration $\tilde{c}$ (eq) kann

- durch direkte Titration mit einer anderen titerbekannten Maßlösung oder
- mit **Urtitersubstanzen** (analysenreine, chemisch beständige Substanzen) erfolgen.

Die Bestimmung des Titers wird auch **Titerstellung** (determination of titer) genannt.

Titerstellung gegen eine Maßlösung bekannten Gehalts

Die Titerbestimmung gegen eine Bezugsmaßlösung mit bekanntem Gehalt ist rascher durchzuführen, da das Einpipettieren einer genau bemessenen Volumenportion an Bezugsmaßlösung weniger zeitaufwendig ist als das genaue Einwägen der Urtitersubstanz.

Im Folgenden wird die Titerstellung gegen eine Bezugsmaßlösung mit bekanntem Gehalt beschrieben **(Bild 1)**.

Basis für die Berechnung ist das Stoffmengenverhältnis, in dem die Bestandteile der zu bestimmenden Maßlösung (Index ML) mit den Bestandteilen der Bezugsmaßlösung (Index 0) reagieren.

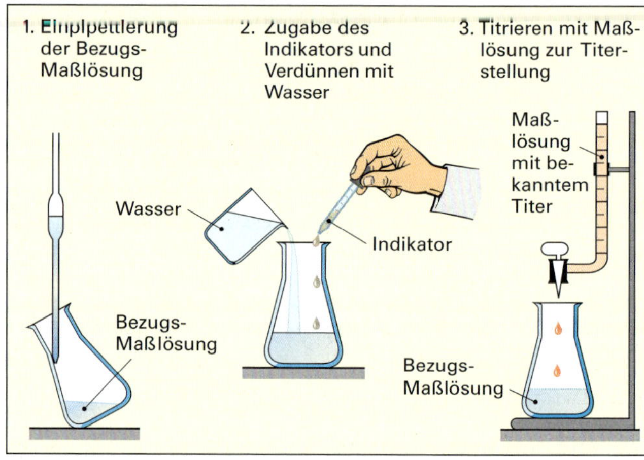

Bild 1: Schema der Titerbestimmung einer Maßlösung gegen eine Bezugs-Maßlösung

Für die Umsetzung der Bestandteile gilt:

$$n(\text{eq}_0) = n(\text{eq-ML})$$

Mit $n(\text{eq}_0) = c(\text{eq}_0) \cdot V_0$ und $n(\text{eq-ML}) = c(\text{eq-ML}) \cdot V(\text{ML})$

sowie $c(\text{eq}_0) = \tilde{c}(\text{eq}_0) \cdot t_0$ und $c(\text{eq-ML}) = \tilde{c}(\text{eq-ML}) \cdot t(\text{ML})$

Nach dem Gleichsetzen der Stoffmengen *n*, Einsetzen der Stoffmengenkonzentration *c* und Umstellen nach dem Titer der Maßlösung *t*(ML) erhält man die nebenstehende Größengleichung zur Berechnung der Titerstellung gegen eine Bezugsmaßlösung.

Titerbestimmung gegen eine Bezugsmaßlösung

$$t(\text{ML}) = \frac{\tilde{c}(\text{eq}_0) \cdot V_0 \cdot t_0}{\tilde{c}(\text{eq-ML}) \cdot V(\text{ML})}$$

Beispiel: 25,00 mL Salzsäure der Konzentration $\tilde{c}(\text{HCl})$ = 0,1 mol/L (*t* = 0,968) verbrauchen bei der Titerbestimmung 24,30 mL einer Natronlauge der Konzentration $\tilde{c}(\text{NaOH})$ = 0,1 mol/L.

a) Welchen Titer hat die Natronlauge-Maßlösung?

b) Welche Angabe ist auf dem Etikett der Vorratsflasche zu machen?

Lösung: a) $t(\text{NaOH}) = \frac{\tilde{c}(\text{HCl}) \cdot V(\text{HCl}) \cdot t(\text{HCl})}{\tilde{c}(\text{NaOH}) \cdot V(\text{NaOH})}$

$$\mathbf{t(NaOH)} = \frac{0{,}1\ \text{mol/L} \cdot 25{,}00\ \text{mL} \cdot 0{,}968}{0{,}1\ \text{mol/L} \cdot 24{,}30\ \text{mL}} \approx \mathbf{0{,}996}$$

Die Maßlösung ist etwas **schwächer** konzentriert als angegeben und hat den Titer *t*(NaOH) = 0,996.

b) Die Etikettierung der Flasche ist in **Bild 1** wiedergegeben.

Betriebslabor X33
Natronlauge-Maßlösung $\tilde{c}(\text{NaOH})$ = 0,1 mol/L *t* = 0,996 Datum: 15.04.20 Unterschrift:

Bild 1: Beispiel der Etikettierung einer Maßlösung

Titerstellung gegen eine Urtitersubstanz

Urtitersubstanzen (primary sludge standard) sind Chemikalien, die in höchster Reinheit erhältlich sind und die kein Wasser oder Kohlenstoffdioxid aus der Luft anziehen. Sie müssen folgende Anforderungen erfüllen:

- quantitativer Umsatz mit der Maßlösung nach der zugrunde liegenden Reaktionsgleichung
- gut wasserlöslich sein und beständige Lösungen ergeben

Beispiele geeigneter **Urtitersubstanzen** sind für:

Neutralisationstitrationen:	Oxalsäure $(COOH)_2$,	Natriumcarbonat Na_2CO_3
Fällungstitrationen:	Natriumchlorid NaCl,	Silbernitrat $AgNO_3$
Komplexometrische Titrationen:	Na-EDTA · 2 H_2O,	Calciumcarbonat $CaCO_3$
Redox-Titrationen:	Natriumoxalat $(COONa)_2$,	Kaliumdichromat $K_2Cr_2O_7$

Die Titerbestimmung wird in der Regel mindestens als Dreifach-Bestimmung durchgeführt. Bei Verwendung von 50 mL-Büretten ist ein Verbrauch im Äquivalenzpunkt um 28 mL anzustreben, da bei zu geringen oder zu hohen Verbrauchswerten der Volumenfehler der Bürette zu groß wird.

Wird beispielsweise der Titer einer Salzsäure-Maßlösung gegen Natriumcarbonat als Urtiter ermittelt, so lautet die Reaktionsgleichung:

$$2\,HCl_{(aq)} + Na_2CO_{3(aq)} \longrightarrow 2\,NaCl_{(aq)} + CO_{2(aq)} + H_2O_{(l)}$$

Beträgt die Äquivalentkonzentration der Salzsäure ca. 0,1 mol/L, ist zunächst die ungefähre Einwaage an Urtiter (X) zu ermitteln, die einem angestrebten Verbrauch von ca. 28 mL Maßlösung entspricht. Die erforderliche Einwaage ergibt sich aus der 2. Grundgleichung maßanalytischer Bestimmungen (Seite 253).

Durch Umformen der 2. Grundgleichung maßanalytischer Bestimmungen nach dem Titer t wird nebenstehende Formel für die Titerbestimmung gegen eine Urtitersubstanz erhalten.

Für den Fall des Aliquotierens ist der Verdünnungsfaktor f_a zu berücksichtigen.

Titerbestimmung gegen Urtitersubstanz

$$t = \frac{m(X) \cdot z^*(X)}{\tilde{c}(\text{eq-ML}) \cdot M(X) \cdot V(\text{ML}) \cdot f_a}$$

Beispiel 1: Der Titer einer Salzsäure-Maßlösung der Konzentration $\tilde{c}(\frac{1}{1}\,HCl)$ = 0,1 mol/L ist mit wasserfreiem Natriumcarbonat Na_2CO_3 als Urtiter gegen Methylrot als Indikator zu bestimmen.

a) Welche Masse an Urtiter ist für einen angestrebten Verbrauch von 28 mL Maßlösung einzuwiegen?

b) Welchen Titer hat die untersuchte Salzsäure, wenn 147,1 mg Natriumcarbonat 27,10 mL Maßlösung verbrauchen?

Hinweis: Da die Probelösung nicht aliquotiert wurde, ist der Faktor f_a nicht zu berücksichtigen.

Lösung: a) Aus der 2. Grundgleichung maßanalytischer Bestimmungen folgt die Einwaage an Urtiter für den geplanten Verbrauch von ca. 28,0 mL Maßlösung mit $M(Na_2CO_3)$ = 105,989 g/mol, $z^*(Na_2CO_3)$ = 2:

$$\boldsymbol{m(Na_2CO_3)} = \frac{M(Na_2CO_3) \cdot \tilde{c}(\frac{1}{1}\,HCl) \cdot V(HCl)}{z^*(Na_2CO_3)} = \frac{105{,}989\text{ g/mol} \cdot 0{,}1\text{ mol/L} \cdot 28{,}0\text{ mL}}{2} \approx \mathbf{148{,}4\ mg}$$

b) Einsetzen der Messwerte in die Größengleichung für die Titerbestimmung gegen einen Urtiter:

$$\boldsymbol{t} = \frac{m(Na_2CO_3) \cdot z^*(Na_2CO_3)}{\tilde{c}(\frac{1}{1}\,HCl) \cdot M(Na_2CO_3) \cdot V(HCl)} = \frac{147{,}1\text{ mg} \cdot 2}{0{,}1\text{ mol/L} \cdot 105{,}989\text{ g/mol} \cdot 27{,}10\text{ mL}} \approx \mathbf{1{,}024}$$

Mit der maßanalytischen Äquivalentmasse des Urtiters (Tabellen Seite 254) vereinfacht sich die Berechnung der Titerbestimmung, wie in Beispiel 2 gezeigt wird.

Beispiel 2: 20,85 mL Natronlauge-Maßlösung, $\tilde{c}(\frac{1}{1}\,NaOH)$ = 0,1 mol/L, werden zur Neutralisation von 130,1 mg Oxalsäure-Dihydrat p.a. verbraucht. Welchen Titer hat die Natronlauge?

Lösung: Lösung mit maßanalytischer Äquivalentmasse ($\ddot{A}(C_2H_2O_4 \cdot 2\,H_2O)$ = 6,3033 mg/mL, aus Tabelle 2, Seite 254)

Mit $\ddot{A}(\text{Urtiter}) = \frac{c(\text{eq-ML}) \cdot M(\text{Urtiter})}{z^*(\text{Urtiter})}$ folgt durch Einsetzen in die Berechnungsformel zur Titerbestimmung gegen Urtiter: $\boldsymbol{t} = \frac{m(\text{Urtiter})}{\ddot{A}(\text{Urtiter}) \cdot V(\text{ML})} = \frac{130{,}1\text{ mg}}{6{,}3033\text{ mg/mL} \cdot 20{,}85\text{ mL}} \approx \mathbf{0{,}9899}$

8

Aufgaben zu Bestimmung des Titers von Maßlösungen

1. Welchen Titer hat eine Natronlauge-Maßlösung, $\tilde{c}(\frac{1}{1}\,NaOH) = 0{,}1$ mol/L, wenn 25,0 mL davon bei der Titration 25,2 mL Salzsäure-Maßlösung mit $\tilde{c}(\frac{1}{1}\,HCl) = 0{,}1$ mol/L ($t = 0{,}989$) verbrauchen?
2. 25,0 mL Schwefelsäure-Maßlösung, $\tilde{c}(\frac{1}{2}\,H_2SO_4) = 0{,}10$ mol/L, verbrauchen bei der Titerbestimmung 24,35 mL Natronlauge-Maßlösung der Konzentration $\tilde{c}(\frac{1}{1}\,NaOH) = 0{,}10$ mol/L ($t = 0{,}992$). Welchen Titer hat die Schwefelsäure?
3. Berechnen Sie den Titer einer Soda-Lösung, $\tilde{c}(\frac{1}{2}\,Na_2CO_3) = 0{,}05$ mol/L, von der 50,00 mL bei der Titration 25,75 mL Salzsäure-Maßlösung mit $\tilde{c}(\frac{1}{1}\,HCl) = 0{,}1$ mol/L ($t = 1{,}013$) verbrauchen.
4. 281,0 mg Oxalsäure-Dihydrat $C_2H_2O_4 \cdot 2\,H_2O$ verbrauchen nach dem Lösen zur vollständigen Neutralisation 24,3 mL Natronlauge-Maßlösung mit $\tilde{c}(\frac{1}{1}\,NaOH) = 0{,}2$ mol/L. Welchen Titer hat die Natronlauge-Maßlösung?
5. Eine Einwaage von 0,1608 g Natriumcarbonat Na_2CO_3 erfordert zur vollständigen Neutralisation 29,6 mL Salzsäure $\tilde{c}(\frac{1}{1}\,HCl) = 0{,}1$ mol/L. Welchen Titer hat die Säure-Maßlösung?
6. 0,988 g Natriumcarbonat Na_2CO_3 p.a. werden zu 250 mL Stammlösung aufgefüllt. 50,0 mL der Verdünnung verbrauchen zur vollständigen Neutralisation bei 3 Bestimmungen 36,10 mL, 36,05 mL und 36,15 mL Schwefelsäure-Maßlösung der Konzentration $\tilde{c}(\frac{1}{2}\,H_2SO_4) = 0{,}10$ mol/L. Wie groß ist der Titer der Schwefelsäure?

8.2.9 Rücktitrationen

8

Rücktitrationen (back titrations) werden angewendet, wenn eine direkte Titration der gesuchten Substanz nicht möglich ist, z.B. wegen schlechter Löslichkeit in Wasser.

Bei der Rücktitration wird der Probe ein *Überschuss* an Maßlösung zugesetzt. Ein äquivalenter Teil hiervon reagiert mit dem zu bestimmenden Stoff.

Die *nicht umgesetzte, freie* Maßlösung wird durch Titration mit einer anderen Maßlösung bestimmt.

Im **Bild 1** und im folgenden Beispiel auf der nächsten Seite sind die Vorgänge bei einer Neutralisations-Rücktitration beschrieben.

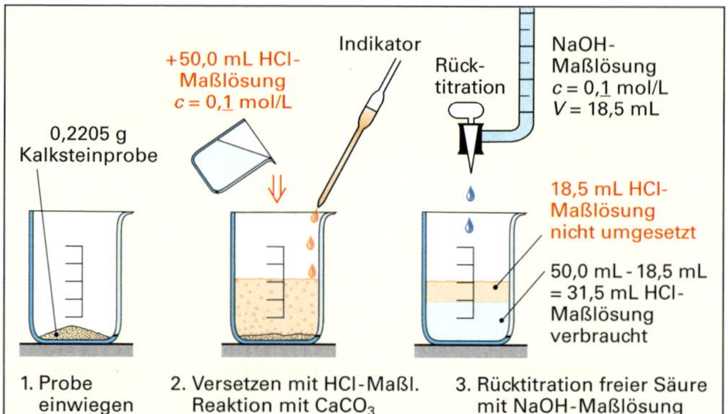

Bild 1: Gehaltsbestimmung des Calciumcarbonats in Kalkstein durch Rücktitration
(mit den Zahlen des unten stehenden Beispiels)

Beispiel zur Rücktitration (Bild 1):

0,2205 g Kalksteinprobe werden zur Bestimmung des Calciumcarbonat-Gehalts mit 50,0 mL Salzsäure-Maßlösung, $c(HCl) = 0{,}\underline{1}$ mol/L, versetzt. Das entstehende Kohlenstoffdioxid wird nach Beendigung der Reaktion durch Aufkochen (eine Minute) ausgetrieben.

Dann wird das überschüssige **(= nicht verbrauchte)** Säurevolumen mit 18,5 mL NaOH-Maßlösung, $c(NaOH) = 0{,}\underline{1}$ mol/L, zurücktitriert.

Welchen Massenanteil $w(CaCO_3)$ hat der untersuchte Kalkstein?

Lösung: Reaktionen:

$$CaCO_{3(s)} + 2\,HCl_{(aq)} \longrightarrow CaCl_{2(aq)} + CO_{2(g)} + H_2O_{(l)}$$

$$HCl_{(aq)} + NaOH_{(aq)} \longrightarrow NaCl_{(aq)} + H_2O_{(l)}$$

Die Kalksteinprobe benötigt zur vollständigen Umsetzung des Calciumcarbonats:

$\boldsymbol{V}$**(HCl)** = 50,0 mL – 18,5 mL **= 31,5 mL Salzsäure** (= **verbrauchtes** Volumen an Salzsäure-Maßlösung)

Beispiel zur Rücktitration (Bild 1, Seite 258 unten)

Lösung mit Äquivalentmasse und Größengleichung:

Mit der maßanalytischen Äquivalentmasse $\ddot{A}(CaCO_3) = 5{,}0045$ mg/mL (Tabelle 1, Seite 211) folgt:

$m(CaCO_3) = \ddot{A}(CaCO_3) \cdot V(HCl) \cdot t = 5{,}0045\ \text{mg/mL} \cdot 31{,}5\ \text{mL} \cdot 1 = 157{,}642\ \text{mg}$

$$\boldsymbol{w(CaCO_3)} = \frac{m(CaCO_3)}{m(\text{Kalkstein})} = \frac{0{,}157642\ \text{g}}{0{,}2205\ \text{g}} = 0{,}71493 \approx \mathbf{71{,}5\ \%}$$

Lösung mit Stoffmengenbilanz und Schlussrechnung:

Reaktionen: $CaCO_{3(s)} + 2\ HCl_{(aq)} \longrightarrow CaCl_{2(aq)} + CO_{2(g)} + H_2O_{(l)}$

$HCl_{(aq)} + NaOH_{(aq)} \longrightarrow NaCl_{(aq)} + H_2O_{(l)}$

2 mol Hydrogenchlorid HCl reagieren mit 1 mol $CaCO_3$, das sind 100,089 g $CaCO_3$

0,1 mol Hydrogenchlorid HCl reagieren mit 0,05 mol $CaCO_3$, das sind 5,0045 g $CaCO_3$

1 mL Salzsäure-Maßlösung, $c(HCl) = 0{,}\underline{1}$ mol/L, reagiert mit 5,0045 mg $CaCO_3$

31,5 mL Salzsäure-Maßlösung, $c(HCl) = 0{,}\underline{1}$ mol/L, reagiert mit x $CaCO_3$

$$x = m_1(CaCO_3) = \frac{5{,}0045\ \text{mg} \cdot 31{,}5\ \text{mL}}{1\ \text{mL}} = 157{,}642\ \text{mg}$$

Berechnung des Massenanteils:

In 0,2205 g Kalkstein sind 0,157642 g $CaCO_3$ enthalten

In 100 g Kalkstein sind y $CaCO_3$ enthalten

$$y = m_2(CaCO_3) = \frac{0{,}157642\ \text{g} \cdot 100\ \text{g}}{0{,}2205\ \text{g}} = 71{,}4929\ \text{g} \Rightarrow \boldsymbol{w(CaCO_3)} \approx \mathbf{71{,}5\ \%}$$

Stickstoffbestimmung nach Kjeldahl

Eine spezielle Rücktitration ist die **Stickstoffbestimmung nach Kjeldahl** (Kjeldahl nitrogen determination).

Sie ist unter anderem für die Proteinbestimmung in Lebens- und Futtermitteln, der Stickstoffbestimmung in Düngern und Kohle sowie in der Abwasser- und Umwelt-Analytik geeignet.

Der Ablauf: Die Probe wird zusammen mit konzentrierter Schwefelsäure und einem Katalysator in eine **Kjeldahl-Apparatur** gegeben **(Bild 1)**.

Zuerst wird der Stickstoff der Probe durch Sieden im katalysierten Aufschluss mit der siedenden, konzentrierten Schwefelsäure quantitativ in Ammoniumsulfat umgewandelt.

Dann wird durch Zutropfen von konzentrierter Natronlauge der Stickstoff als Ammoniak NH_3 freigesetzt. Er strömt in einen Liebigkühler. Dort wird das NH_3 durch Wasserdampfdestillation quantitativ gebunden. Es fließt in eine Vorlage mit Salzsäure oder Schwefelsäure und wird dort absorbiert.

Die **nicht** durch Reaktion verbrauchte Säure wird mit Natronlauge-Maßlösung zurücktitriert.

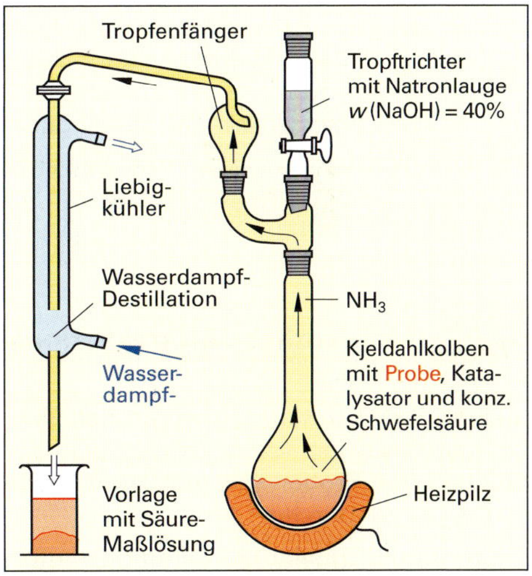

Bild 1: Stickstoffbestimmung nach Kjeldahl

Beispiel: Zur Stickstoffbestimmung werden 0,1875 g einer organischen Probe eingewogen und aufgeschlossen. Das freigesetzte und abdestillierte Ammoniak wird in einer Vorlage mit 50,0 mL Salzsäure, $c(HCl) = 0{,}\underline{1}$ mol/L, absorbiert. Die nicht verbrauchte Salzsäure wird mit 21,05 mL Natronlauge-Maßlösung, $\tilde{c}(NaOH) = 0{,}1$ mol/L ($t = 0{,}987$), zurücktitriert. Welchen Massenanteil $w(N)$ hat die Probe?

Lösung: *1. Berechnung der freien, **nicht** verbrauchten Salzsäure* (aus dem Natronlauge-Verbrauch):

$$\tilde{c}(eq_0) \cdot V(ML_0) \cdot t_0 = \tilde{c}(eq_1) \cdot V(ML_1) \cdot t_1 \Rightarrow V(HCl) = \frac{\tilde{c}(NaOH) \cdot V(NaOH) \cdot t(NaOH)}{c(HCl)}$$

$$V(HCl) = \frac{0{,}1\ \text{mol/L} \cdot 21{,}05\ \text{mL} \cdot 0{,}987}{0{,}1\ \text{mol/L}} = 20{,}776\ \text{mL}\ (\textbf{freie}\ \text{Salzsäure})$$

2. Berechnung der durch die verbrauchte Salzsäure angezeigte Masse Stickstoff:

Volumen der durch Reaktion mit NH_3 **verbrauchten** Säure: $V(\text{HCl}) = 50{,}0\ \text{mL} - 20{,}776\ \text{mL} = 29{,}224\ \text{mL}$

Mit der Stoffmengenrelation $n(\text{N}) = n(\text{NH}_3)$ und $z^*(\text{N})$ sowie $t(\text{HCl}) = 1$ folgt:

$$m(\text{N}) = \frac{\tilde{c}(\text{HCl}) \cdot M(\text{N}) \cdot V(\text{HCl}) \cdot t(\text{HCl})}{z^*(\text{N})} = \frac{0{,}1\ \text{mol/L} \cdot 14{,}007\ \text{g/mol} \cdot 29{,}224\ \text{mL} \cdot 1}{1} = 40{,}934\ \text{mg}$$

3. Berechnung des Massenanteils an Stickstoff:

$$\boldsymbol{w(\text{N})} = \frac{m(\text{N})}{m(\text{Probe})} = \frac{0{,}040934\ \text{g}}{0{,}1875\ \text{g}} = 0{,}21831 \approx \mathbf{21{,}8\ \%}$$

Aufgaben zu Rücktitrationen

1. 598 mg technisches Kaliumcarbonat werden gelöst und mit 100 mL Schwefelsäure-Maßlösung der Konzentration $c(\frac{1}{2}\ \text{H}_2\text{SO}_4) = 0{,}1\ \text{mol/L}$ versetzt. Nach Aufkochen und Abkühlung wird der Säureüberschuss mit 16,36 mL Natronlauge-Maßlösung, $\tilde{c}(\frac{1}{1}\ \text{NaOH}) = 0{,}1\ \text{mol/L}$ ($t = 1{,}015$), zurücktitriert. Welchen Massenanteil $w(\text{K}_2\text{CO}_3)$ hat die Probe?
2. Ein wichtiges Qualitätsmerkmal von Mineraldüngern auf der Basis von technischen Ammoniumsalzen ist der Gesamt-Stickstoffgehalt. 0,1618 g technisches $(\text{NH}_4)_2\text{SO}_4$ wurden nach Kjeldahl analysiert. Vorgelegt wurden 50,0 mL Schwefelsäure, $\tilde{c}(\frac{1}{2}\ \text{H}_2\text{SO}_4) = 0{,}1\ \text{mol/L}$ ($t = 1{,}021$). Überschüssige Schwefelsäure wurde mit 25,85 mL Natronlauge, $\tilde{c}(\text{NaOH}) = 0{,}1\ \text{mol/L}$ ($t = 1{,}028$), zurücktitriert. Welcher Massenanteil an Stickstoff ist im Dünger enthalten?
3. 2,571 g technisches Ammoniumsulfat werden mit Natronlauge versetzt und das entstehende Ammoniak in 50,0 mL Salzsäure-Maßlösung, $\tilde{c}(\text{HCl}) = 1\ \text{mol/L}$ ($t = 0{,}993$), absorbiert. Die überschüssige Salzsäure benötigt zur vollständigen Neutralisation 13,1 mL Natronlauge-Maßlösung, $\tilde{c}(\text{NaOH}) = 1\ \text{mol/L}$ ($t = 1{,}008$). Wie groß ist der Ammoniumsulfat-Massenanteil $w((\text{NH}_4)_2\text{SO}_4)$ in der untersuchten Probe?
4. 50,0 mL einer Natronlauge-Maßlösung verbrauchen bei einer Titration 38,8 mL Schwefelsäure, $\tilde{c}(\frac{1}{2}\ \text{H}_2\text{SO}_4) = 0{,}5\ \text{mol/L}$ ($t = 0{,}920$). Durch eine weitere Portion von 50,0 mL dieser Natronlauge-Maßlösung wird eine hydrogenchloridhaltige Abgasprobe geleitet. Bei der Rücktitration der überschüssigen Natronlauge werden 18,2 mL der Schwefelsäure-Maßlösung verbraucht. Welches Volumen an HCl-Gas, bezogen auf Normbedingungen, enthielt die Abgasprobe?
5. Entwickeln Sie mit einem Tabellenkalkulationsprogramm für die Stickstoffbestimmung nach Kjeldahl einer beliebigen Stickstoffverbindung eine Auswertungsmaske.

8.2.10 Mehrstufige Neutralisationstitrationen

Mehrstufige Titrationen werden bei Säuren und Basen mit mehr als einer Protolysestufe oder bei Gehaltsbestimmungen von Proben mit mehreren Säure- oder Basenkomponenten durchgeführt.

Die Äquivalenzpunkte der Titrationsstufen werden dabei mit unterschiedlichen Indikatoren erfasst und jeder Stufe ein Verbrauchswert zugeordnet.

Geeignete Indikatoren sind aus den Titrationskurven potentiometrischer Bestimmungen abzuleiten (Seite 277).

Typische Anwendungen sind die Bestimmung von Phosphorsäure und Natriumcarbonat oder die gleichzeitige (simultane) Bestimmung von Natriumhydroxid/Natriumcarbonat oder Natriumcarbonat/Natriumhydrogencarbonat.

Bild 1 zeigt das Schema der zweistufigen Titration einer Probe aus NaOH und Na_2CO_3.

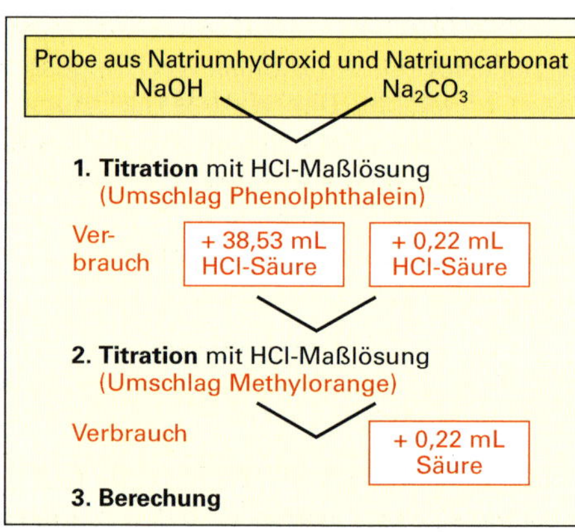

Bild 1: Schema der zweistufigen Titration zur Bestimmung von NaOH und Na_2CO_3 (siehe auch Beispiel auf Seite 261)

Beispiel: 0,8025 g mit Natriumcarbonat Na_2CO_3 verunreinigtes Natriumhydroxid NaOH werden zu 250 mL Stammlösung aufgefüllt. 50,0 mL davon verbrauchen gegen Phenolphthalein 38,75 mL Salzsäure-Maßlösung, $c(HCl) = 0{,}1$ mol/L. Nach Zugabe von Methylorange werden weitere 0,22 mL Salzsäure-Maßlösung bis zum nächsten Farbumschlag verbraucht. Welche Massenanteile $w(NaOH)$ und $w(Na_2CO_3)$ hat die Probe?

Lösung:

1. Neutralisation gegen **Phenolphthalein:**

$$NaOH + HCl \longrightarrow NaCl + H_2O$$
$$Na_2CO_3 + HCl \longrightarrow NaHCO_3 + NaCl$$

Bis zum **1. Äquivalenzpunkt:** Verbrauch V_1

Der Verbrauch für **NaOH** ergibt sich aus der Differenz $V_1 - V_2$ = **38,53 mL**

2. Neutralisation gegen **Methylorange:**

$$NaHCO_3 + HCl \longrightarrow NaCl + H_2O + CO_2$$

Bis zum **2. Äquivalenzpunkt:** Verbrauch V_2

Da Na_2CO_3 zur Neutralisation 2 mol HCl erfordert, folgt:

Der Verbrauch für $\mathbf{Na_2CO_3}$ beträgt

$2 \cdot V_2$ = **0,44 mL**

1. *Berechnung des Massenanteils an Natriumhydroxid:* Mit $\ddot{A}$(NaOH) = 3,9997 mg/mL (Tab. 1, Seite 254)

$$m(\text{NaOH}) = \ddot{A}(\text{NaOH}) \cdot V_1(\text{HCl}) \cdot t \cdot \frac{V(\text{Stamm})}{V(\text{Probe})} = 3{,}9997\,\frac{\text{mg}}{\text{mL}} \cdot 38{,}53\text{ mL} \cdot 1 \cdot \frac{250\text{ mL}}{50{,}0\text{ mL}} = 770{,}54\text{ mg}$$

$$\boldsymbol{w(\text{NaOH})} = \frac{m(\text{NaOH})}{m(\text{Lsg})} = \frac{0{,}77054\text{ g}}{0{,}8025\text{ g}} = 0{,}96018 \approx \mathbf{96{,}0\ \%}$$

2. *Berechnung des Massenanteils an Natriumcarbonat:* Mit $\ddot{A}(Na_2CO_3)$ = 5,29945 mg/mL (Tab. 1, Seite 241)

$$m(\text{Na}_2\text{CO}_3) = \ddot{A}(\text{Na}_2\text{CO}_3) \cdot V_2(\text{HCl}) \cdot t \cdot \frac{V(\text{Stamm})}{V(\text{Probe})} = 5{,}29945\,\frac{\text{mg}}{\text{mL}} \cdot 0{,}44\text{ mL} \cdot 1 \cdot \frac{250\text{ mL}}{50{,}0\text{ mL}} = 11{,}659\text{ mg}$$

$$\boldsymbol{w(\text{Na}_2\text{CO}_3)} = \frac{m(\text{Na}_2\text{CO}_3)}{m(\text{Lsg})} = \frac{0{,}011659\text{ g}}{0{,}8025\text{ g}} = 0{,}01452 \approx \mathbf{1{,}45\ \%}$$

Aufgaben zu Mehrstufige Neutralisationstitrationen

1. Verunreinigtes Natriumhydroxid wird auf seinen Gehalt an Natriumcarbonat untersucht. 3,976 g Einwaage werden zu 250 mL Stammlösung aufgefüllt. 25,0 mL der Verdünnung verbrauchen gegen Phenolphthalein als Indikator 25,05 mL Schwefelsäure-Maßlösung, $\tilde{c}(\frac{1}{2}\,H_2SO_4) = 0{,}1$ mol/L ($t = 1{,}033$). Gegen Methylorange werden weitere 0,48 mL Maßlösung verbraucht. Berechnen Sie die Massenanteile $w(NaOH)$ und $w(Na_2CO_3)$ im verunreinigten Hydroxid.
2. Entwickeln Sie für die Bestimmung eines Gemisches aus Natriumcarbonat/Natriumhydrogencarbonat $Na_2CO_3/NaHCO_3$ mit Salzsäure-Maßlösung ein Reaktions- und Auswertungsschema nach Vorlage der Lösung des obigen Beispiels dieser Seite.
3. In technischer Soda soll der Massenanteil an Natriumhydrogencarbonat durch Titration mit Salzsäure-Maßlösung, $\tilde{c}(HCl) = 0{,}1$ mol/L ($t = 1{,}043$), bestimmt werden. 445 mg der Soda verbrauchen gegen Phenolphthalein 18,65 mL HCl-Maßlösung. Gegen Methylorange werden weitere 21,54 mL Maßlösung verbraucht. Berechnen Sie die Massenanteile $w(Na_2CO_3)$ und $w(NaHCO_3)$.
4. Entwickeln Sie mithilfe eines Tabellenkalkulationsprogramms jeweils eine Eingabemaske für die Auswertung maßanalytischer Bestimmungen von Gemischen aus $NaOH/Na_2CO_3$ (mit den Daten von Aufgabe 1) und aus $Na_2CO_3/NaHCO_3$ (mit den Daten von Aufgabe 3).
5. 100 mL Kesselspeisewasser werden mit Salzsäure-Maßlösung, $\tilde{c}(HCl) = 0{,}1$ mol/L ($t = 1{,}008$), auf den Gehalt an Natriumcarbonat und Natriumhydrogencarbonat untersucht. Gegen Phenolphthalein wird ein Verbrauch von 4,05 mL Maßlösung und gegen Methylorange ein Verbrauch von 6,25 mL Maßlösung erhalten. Welche Massenkonzentrationen $\beta(Na_2CO_3)$ und $\beta(NaHCO_3)$ liegen im untersuchten Kesselspeisewasser vor?

8.2.11 Indirekte Titration – Mehrfachbestimmung

Bei maßanalytischen Bestimmungen liegt in der Regel jeder Bestandteil der Analysenprobe getrennt vor und kann einzeln bestimmt werden. Liegen jedoch in einer Probesubstanz zwei Säuren oder Basen nebeneinander vor, die nicht den stufenweisen Einsatz unterschiedlicher Indikatoren erlauben, ist eine **indirekte Titration** (indirect analysis) möglich. Diese Methode ist allerdings nur anzuwenden, wenn die Probe ausschließlich die beiden gesuchten Reinsubstanzen mit definierter Formel enthält.

Der Rechenweg der indirekten Titration soll am Beispiel einer maßanalytischen Bestimmung von NaOH (Index 1) neben KOH (Index 2) mit Salzsäure-Maßlösung (Index ML) erläutert werden.

Die Proben-Einwaage m(Probe) setzt sich aus den Einzelmassen der gesuchten Komponenten zusammen: $m(\text{Probe}) = m_1 + m_2 \Rightarrow m_2 = m(\text{Probe}) - m_1$

Für die umgesetzten Äquivalentstoffmengen gilt: $n_{ges} = n_1 + n_2 = n(\text{eq-ML})$

Mit $n = \frac{m}{M}$ und $n(\text{eq-ML}) = c(\text{eq-ML}) \cdot V(\text{ML})$ folgt: $\frac{m_1}{M_1} + \frac{m_2}{M_2} = c(\text{eq-ML}) \cdot V(\text{ML})$

Durch Ersetzen von $m_2 = m(\text{Probe}) - m_1$ wird erhalten: $\frac{m_1}{M_1} + \frac{m(\text{Probe}) - m_1}{M_2} = c(\text{eq-ML}) \cdot V(\text{ML})$

Durch Ausmultiplizieren und Umformen nach m_1 erhält man die Berechnungsformel für die Masse der Komponente 1:

Indirekte Titration

$$m_1 = \frac{[m(\text{Probe}) - c(\text{eq-ML}) \cdot V(\text{ML}) \cdot f_a \cdot M_2] \cdot M_1}{M_1 - M_2}$$

Beispiel: 1,2153 g eines Gemenges von Natriumhydroxid NaOH (Index 1) und Kaliumhydroxid KOH (Index 2) werden in Wasser gelöst und mit 27,0 mL Salzsäure-Maßlösung, $c(\text{HCl}) = 1$ mol/L, titriert. Welche Massenanteile an NaOH und an KOH hat das Gemenge?

Lösung: $m(\text{NaOH}) = \frac{[m(\text{Probe}) - c(\text{eq-ML}) \cdot V(\text{ML}) \cdot f_a \cdot M_2] \cdot M_1}{M_1 - M_2}$; mit $f_a = 1$ folgt:

$$m(\text{NaOH}) = \frac{(1{,}2153\text{ g} - 1\text{ mol/L} \cdot 0{,}0270\text{ L} \cdot 1 \cdot 56{,}106\text{ g/mol}) \cdot 39{,}998\text{ g/mol}}{39{,}998\text{ g/mol} - 56{,}106\text{ g/mol}} = 0{,}74385\text{ g}$$

$$\boldsymbol{w}(\textbf{NaOH}) = \frac{m(\text{NaOH})}{m(\text{Probe})} = \frac{0{,}74385\text{ g}}{1{,}2153\text{ g}} \approx \mathbf{61{,}2\,\%}; \quad \boldsymbol{w}(\textbf{KOH}) = 100\,\% - w(\text{NaOH}) = 100\,\% - 61{,}2\,\% \approx \mathbf{38{,}8\,\%}$$

8

Aufgaben zu Indirekte Titration

1. 1,1953 g eines Gemenges von Natriumhydroxid und Kaliumhydroxid werden in Wasser gelöst und mit 26,5 mL Salzäure-Maßlösung, $c(\text{HCl}) = \underline{1}$ mol/L, titriert. Welche Massenanteile w(NaOH) und w(KOH) hat das Gemenge?
2. 3,5672 g eines Gemisches aus Natriumcarbonat Na_2CO_3 und Kaliumcarbonat K_2CO_3 werden in Wasser gelöst und mit Salzsäure-Maßlösung $\tilde{c}(\text{HCl}) = 1$ mol/L ($t = 1{,}047$), titriert. Der Verbrauch beträgt 27,2 mL. Welche Massenanteile $w(Na_2CO_3)$ und $w(K_2CO_3)$ hatte die Probe?
3. Entwickeln Sie mithilfe eines Tabellenkalkulationsprogrammes eine Auswertungsmaske für die indirekte Titration von 2 Probesubstanzen. Gesucht sind die Einzelmassen und die Massenanteile der einzelnen Komponenten.
4. 4,125 g eines Gemenges aus Soda Na_2CO_3 und kristallisierter Soda $Na_2CO_3 \cdot 10\,H_2O$ werden in Wasser gelöst und zu 500 mL Stammlösung verdünnt. 50,0 mL dieser Stammlösung verbrauchen gegen Methylrot als Indikator im Mittel 33,45 mL Salzsäure-Maßlösung, $\tilde{c}(\text{HCl}) = 0{,}1$ mol/L ($t = 0{,}992$). Welche Massenanteile der beiden Salze liegen im Gemenge vor?

8.2.12 Oleum-Bestimmungen

Oleum ist eine Lösung von Schwefeltrioxid SO_3 in konzentrierter Schwefelsäure H_2SO_4.

Oleum entsteht durch Absorption von Schwefel (VI)-oxid (Schwefeltrioxid SO_3) in reiner Schwefelsäure. Dabei kann der Massenanteil an freiem SO_3 über 60 % betragen. So bestehen z.B. 100 g Oleum mit einem Massenanteil $w(SO_3) = 45\,\%$ aus 45 g SO_3 und 55 g H_2SO_4.

Zur Bestimmung des freien Schwefel (VI)-oxids SO_3 wird eine bestimmte Portion Oleum mit Wasser vorsichtig zur Reaktion gebracht. Das freie SO_3 setzt sich dabei mit Wasser zu Schwefelsäure um.

Reaktion: $SO_{3\,(g)} + H_2O_{(l)} \longrightarrow H_2SO_{4\,(aq)}$

Durch anschließende Titration mit Lauge-Maßlösung wird der Gesamtgehalt an Schwefelsäure erfasst.

Der Gesamtgehalt an Schwefelsäure im Oleum besteht aus folgenden Teilen:

- Anteil der im Oleum schon vorliegenden Schwefelsäure,
- Anteil der durch die Reaktion zwischen SO_3 und H_2O gebildeten Schwefelsäure.

Somit gilt:

$$m_{ges}(H_2SO_4) = \begin{array}{c} m(H_2SO_4) \\ \text{aus Oleum} \end{array} + \begin{array}{c} m(H_2SO_4) \\ \text{aus } SO_3 \end{array}$$

$$m_{ges}(H_2SO_4) = \underbrace{\begin{array}{c} m(H_2SO_4) \\ \text{aus Oleum} \end{array} + m(SO_3)} + m(H_2O)$$

$$m_{ges}(H_2SO_4) = m(\text{Oleum}) + m(H_2O)$$

$$m_{ges}(H_2SO_4) - m(\text{Oleum}) = m(H_2O)$$

Die Differenz aus der Gesamtmasse an Schwefelsäure und der Einwaage an Oleum ergibt die Masse an gebundenem Wasser, aus der auf das anfangs vorliegende freie Schwefel (VI)-oxid geschlossen werden kann.

Beispiel: 1,288 g Oleum werden vorsichtig in Wasser gelöst und anschließend mit 28,55 mL Natronlauge-Maßlösung, $\tilde{c}(\frac{1}{1}\,NaOH) = 1$ mol/L (t = 0,992), neutralisiert. Berechnen Sie den Massenanteil $w(SO_3)$.

Lösung:

a) *Berechnung der Gesamtmasse an Schwefelsäure:* Mit $\ddot{A}(H_2SO_4)$ = 49,040 mg/mL

$m(H_2SO_4) = \ddot{A}(H_2SO_4) \cdot V(NaOH) \cdot t$ = 49,040 mg/mL · 28,55 mL · 0,992 = 1388,89 mg

In der Lösung wurden insgesamt 1,38889 g Schwefelsäure H_2SO_4 neutralisiert.

b) *Berechnung der Masse des an SO_3 gebundenen Wassers:*

$m(H_2O) = m(H_2SO_4) - m(\text{Oleum})$ = 1,38889 g – 1,288 g = 0,10089 g

c) *Berechnung der Masse an ursprünglich freiem SO_3:*

1 mol SO_3 bindet 1 mol H_2O ⇒ $m(SO_3) = \frac{m(H_2O) \cdot M(SO_3)}{M(H_2O)} = \frac{0{,}10089\text{ g} \cdot 80{,}064\text{ g/mol}}{18{,}015\text{ g/mol}} = 0{,}44839\text{ g}$

d) *Berechnung des Massenanteils an freiem SO_3:*

$\boldsymbol{w(SO_3)} = \frac{m(SO_3)}{m(\text{Oleum})} = \frac{0{,}44839\text{ g}}{1{,}288\text{ g}} = 0{,}34813\text{ g} \approx \mathbf{34{,}8\ \%}$

Aufgaben zu Oleum-Bestimmungen

1. 985 mg Oleum verbrauchen bei der Titration 21,85 mL Natronlauge-Maßlösung der Konzentration $c(NaOH)$ = 1 mol/L. Wie groß ist der Massenanteil an freiem SO_3 im Oleum?

2. 800 mg Oleum mit einem Massenanteil $w(SO_3)$ = 22,8 % werden im Messkolben auf 500 mL aufgefüllt. Wie viel Natronlauge-Maßlösung, $c(NaOH)$ = 0,1 mol/L, wird zur Neutralisation von 50,0 mL der Verdünnung verbraucht?

3. 1,615 g Oleum werden mit demin. Wasser zu 500 mL Stammlösung aufgefüllt. Bei einer Dreifachbestimmung werden für je 50,0 mL Probe 32,5 mL, 32,35 mL und 32,4 mL Natronlauge, $\tilde{c}(NaOH)$ = 0,1 mol/L (t = 1,043), verbraucht. Berechnen Sie den Massenanteil $w(SO_3)$.

4. 3,350 g Oleum werden mit Wasser auf 500 mL verdünnt. 25,0 mL der verdünnten Lösung verbrauchen zur vollständigen Neutralisation 35,8 mL Natronlauge-Maßlösung der Konzentration $\tilde{c}(NaOH)$ = 0,1 mol/L (t = 0,998). Wie groß ist der Massenanteil $w(SO_3)$?

5. Zur Neutralisation von 540 mg Oleum werden 24,5 mL Kalilauge-Maßlösung, $\tilde{c}(KOH)$ = 0,5 mol/L (t = 1,024), verbraucht. In wie viel Eiswasser müssen 25,5 kg des Oleums eingetragen werden, wenn eine Schwefelsäure-Lösung mit $w(H_2SO_4)$ = 92,0 % entstehen soll?

6. Entwickeln Sie mithilfe eines Tabellenkalkulationsprogrammes eine Auswertungsmaske für die Oleum-Bestimmungen.

8.2.13 Redox-Titrationen (Oxidimetrie)

Redox-Titrationen (redox titrations, oxidimetry) sind maßanalytische Verfahren, bei denen der zu bestimmende Stoff oxidiert oder reduziert wird.

Dabei findet zwischen den Reaktionspartnern ein Elektronenaustausch statt (siehe Seite 147).

Geeignete Maßlösungen für Redox-Titrationen enthalten starke Oxidations- oder Reduktionsmittel.

- Ein **Oxidationsmittel** ist ein *Elektronenakzeptor/Elektronennehmer*, es wird selbst *reduziert*.
- Ein **Reduktionsmittel** ist ein *Elektronendonator/Elektronenspender*, es wird selbst *oxidiert*.

Der Äquivalenzpunkt wird bei einer Redox-Titration durch Redox-Indikatoren oder durch Eigenverfärbung angezeigt. Er kann aber auch durch geeignete physikalische Messmethoden (z.B. Potentialdifferenz) ermittelt werden. Die oxidimetrischen Verfahren werden nach der Art der verwendeten Maßlösung bezeichnet **(siehe Übersicht).**

Übersicht: Ausgewählte oxidimetrische Verfahren

Bezeichnung des Verfahrens	Bestandteil der Maßlösung	Redoxpaar der Maßlösung, ⇒ Oxidationsmittel	Redoxpaar der Probe, ⇒ Reduktionsmittel
Manganometrie	$KMnO_4$	$MnO_4^- + 8\,H^+ + 5\,e^- \longrightarrow Mn^{2+} + 4\,H_2O$	$Fe^{2+} \longrightarrow Fe^{3+} + 1\,e^-$ $C_2O_4^{2-} \longrightarrow 2\,CO_2 + 2\,e^-$ $H_2O_2 \longrightarrow O_2 + 2\,H^+ + 2\,e^-$
Iodometrie	$I_2 \cdot KI$	$I_2^0 + 2\,e^- \longrightarrow 2\,I^-$	$Sn^{2+} \longrightarrow Sn^{4+} + 2\,e^-$ $2\,S_2O_3^{2-} \longrightarrow S_4O_6^{2-} + 2\,e^-$
Bromatometrie	$KBrO_3$	$BrO_3^- + 6\,H^+ + 6\,e^- \longrightarrow Br^- + 3\,H_2O$	$AsO_3^{3-} + H_2O \longrightarrow AsO_4^{3-} + 2\,H^+ + 2\,e^-$
Chromatometrie	$K_2Cr_2O_7$	$Cr_2O_7^{2-} + 14\,H^+ + 6\,e^- \longrightarrow 2\,Cr^{3+} + 7\,H_2O$	$2\,I^- \longrightarrow I_2^0 + 2\,e^-$
Cerimetrie	$Ce(SO_4)_2$	$Ce^{4+} + 1\,e^- \longrightarrow Ce^{3+}$	$NO_2 + 2\,OH^- \longrightarrow NO_3^- + H_2O + 2\,e^-$

Grundlage der Berechnung einer Redox–Titration ist die Kenntnis der Reaktionsgleichung der jeweiligen Umsetzung. Sie wird mithilfe der Oxidationszahlen über die Elektronenbilanz aufgestellt (siehe Seite 147).

Aus der Reaktionsgleichung ergibt sich die Stoffmengenrelation, in welcher Maßlösung und gesuchte Substanz miteinander reagieren. Die Anzahl der ausgetauschten wirksamen Teilchen z^* entspricht bei Redox–Titrationen der Anzahl ausgetauschter Elektronen pro Formelumsatz.

Die maßanalytischen Redox-Äquivalente sind in Tabellen zusammengestellt **(Tabelle unten).**

8.2.13.1 Manganometrische Titrationen

Bei **manganometrischen Bestimmungen** (Manganometrie, engl. manganometry) wird das starke Oxidationsvermögen des Permanganat-Ions MnO_4^- aus gelöstem Kaliumpermanganat $KMnO_4$ genutzt. Die Titrationen mit Kaliumpermanganat-Maßlösungen werden überwiegend im sauren Milieu durchgeführt, weil hier das Oxidationsvermögen des Permanganat-Ions verstärkt wird. Die violette MnO_4^--Lösung wird dabei zur farblosen Mn^{2+}-Lösung reduziert:

$$\underset{\text{violett}}{MnO_4^-} + 8\,H^+ + 5\,e^- \longrightarrow \underset{\text{farblos}}{Mn^{2+}} + 4\,H_2O$$

Titriert wird vorwiegend mit Kaliumpermanganat-Maßlösung der Äquivalentkonzentration $c(\frac{1}{5}\,KMnO_4) = 0{,}1$ mol/L bzw. der Stoffmengenkonzentration $c(KMnO_4) = 0{,}02$ mol/L. Man säuert mit Schwefelsäure an, da andere Säuren selbst oxidierbare Bestandteile enthalten.

Die Manganometrie kommt zur Anwendung im Eisenhüttenwesen (Bestimmung von Fe^{3+}-Ionen), ferner für Calcium, Oxalate, Wasserstoffperoxid, Chromate, Chlorate, Peroxy- und Nitro-Verbindungen sowie Nitrite.

Tabelle 2: Äquivalentmassen bei der Manganometrie

Maßlösung: $c(KMnO_4) = 0{,}02$ mol/L
oder $c(\frac{1}{5}\,KMnO_4) = 0{,}1$ mol/L

Zu bestimmen	*Ä* in mg/mL
Ca	2,004
$Fe^{2+/3+}$	5,5847
$FeSO_4 \cdot 7\,H_2O$	27,8018
H_2O_2	1,7007
NO_2^-	2,3003
$NaNO_2$	3,4498
HCOOH	2,3013
$(COOH)_2$	4,5018
$(COOH) \cdot 2\,H_2O$	6,3033
$Na_2C_2O_4$	6,7000

Beispiel 1: Zur Bestimmung des Gehalts an Natriumnitrit $NaNO_2$ werden 0,7535 g Rohsalz eingewogen, gelöst und mit demin. Wasser auf 250 mL aufgefüllt. 25,0 mL der Verdünnung verbrauchen nach dem Ansäuern mit Schwefelsäure 17,4 mL Kaliumpermanganat-Maßlösung, $\tilde{c}(\frac{1}{5}\,KMnO_4) = 0{,}1$ mol/L ($t = 0{,}998$).
Welchen Massenanteil $w(NaNO_2)$ hat die Probe?

Lösung:

Ionengleichung:

$$2\,\overset{+VII}{Mn}O_4^- + 5\,\overset{+III}{N}O_2^- + 6\,H^+ \longrightarrow 2\,\overset{+II}{Mn}{}^{2+} + 5\,\overset{+V}{N}O_3^- + 3\,H_2O$$

Maßanalytische Äquivalentmasse:
$\ddot{A}(NaNO_2) = 3{,}4498$ mg/mL (Tabelle, Seite 264).

$$m(NaNO_2) = \ddot{A}(NaNO_2) \cdot V(KMnO_4) \cdot t \cdot \frac{V(\text{Stamm})}{V(\text{aliquot})}$$

$$= 3{,}4498\ \text{mg/mL} \cdot 17{,}4\ \text{mL} \cdot 0{,}998 \cdot \frac{250\ \text{mL}}{25{,}0\ \text{mL}}$$

$$m(NaNO_2) = 599{,}06\ \text{mg}$$

$$\boldsymbol{w(NaNO_2)} = \frac{m(NaNO_2)}{m(\text{Probe})} = \frac{0{,}59906\ \text{g}}{0{,}7535\ \text{g}} = 0{,}79504 \approx \mathbf{79{,}5\ \%}$$

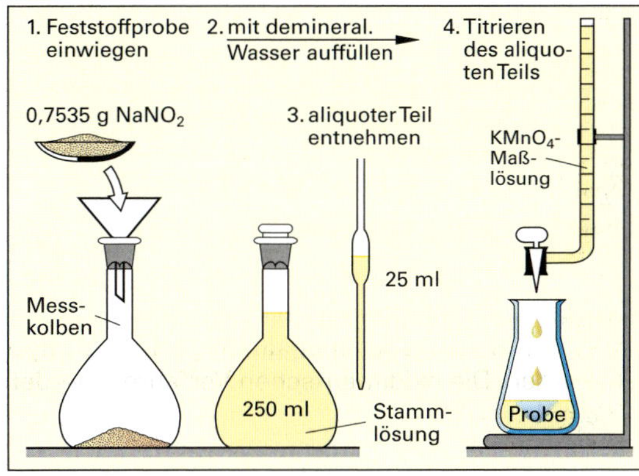

Bild 1: Manganometrische Titration (Beispiel 1)

Beispiel 2: Eine Lösung soll auf ihren Gehalt an Calcium-Ionen geprüft werden. Zur Bestimmung des Gehalts an Calcium-Ionen werden 50,0 mL der Lösung auf 500 mL verdünnt und aus 50,0 mL der Verdünnung die Calcium-Ionen als Calciumoxalat CaC_2O_4 gefällt. Nach dem Lösen des Niederschlags in Schwefelsäure verbraucht die freigesetzte Oxalsäure 24,8 mL Kaliumpermanganat-Maßlösung, $\tilde{c}(\frac{1}{5}\,KMnO_4) = 0{,}1$ mol/L ($t = 0{,}950$).
Wie groß ist die Massenkonzentration $\beta(Ca)$ in der Ausgangslösung?

Lösung: Stoffmengenrelation: $n(Ca^{2+}) = n(CaC_2O_4) = n(H_2C_2O_4)$, $z^*(Ca^{2+}) = 2$, $M(Ca) = 40{,}078$ g/mol

$$\beta(Ca) = \frac{m(Ca)}{V(\text{Probe})} = \frac{\tilde{c}(\frac{1}{5}\,KMnO_4) \cdot M(Ca) \cdot V(KMnO_4) \cdot t \cdot V(\text{Stamm})}{z^*(Ca) \cdot V(\text{aliquot}) \cdot V(\text{Probe})}$$

$$\boldsymbol{\beta(Ca)} = \frac{0{,}1\ \text{mol/L} \cdot 40{,}078\ \text{g/mol} \cdot 24{,}8\ \text{mL} \cdot 0{,}950 \cdot 500\ \text{mL}}{2 \cdot 50{,}0\ \text{mL} \cdot 50{,}0\ \text{mL}} = 9{,}4424\ \text{mg/mL} \approx \mathbf{9{,}44\ g/L}$$

Aufgaben zu Manganometrische Titrationen

1. Zur Titerstellung einer Kaliumpermanganat-Maßlösung mit $\tilde{c}(\frac{1}{5}\,KMnO_4) = 0{,}1$ mol/L werden 201,0 mg Natriumoxalat $Na_2C_2O_4$ eingewogen. Nach Auflösen in Wasser und Ansäuern mit Schwefelsäure wird mit 31,8 mL der $KMnO_4$-Lösung titriert. Wie groß ist der Titer der Lösung?

2. 752,4 mg Roheisen werden in Schwefelsäure gelöst und mit demin. Wasser zu 250 mL aufgefüllt. 50,0 mL der Verdünnung verbrauchen im Mittel 25,70 mL Kaliumpermanganat-Maßlösung, $\tilde{c}(\frac{1}{5}\,KMnO_4) = 0{,}1$ mol/L ($t = 1{,}025$). Welchen Massenanteil $w(Fe)$ hat das Roheisen?

3. 5,00 mL Ameisensäure werden zu 100 mL Stammlösung verdünnt. 25,0 mL davon verbrauchen bei der Titration im schwefelsauren Milieu 16,8 mL Kaliumpermanganat-Maßlösung, $c(\frac{1}{5}\,KMnO_4) = 0{,}1$ mol/L. Berechnen Sie die Massenkonzentration $\beta(HCOOH)$ in der Säure.

4. Zur Gehaltsbestimmung einer Wasserstoffperoxid-Lösung werden 4,5030 g der Lösung im Messkolben auf 100 mL aufgefüllt. 20,0 mL der Stammlösung verbrauchen bei der Titration 29,8 mL Kaliumpermanganat-Maßlösung, $\tilde{c}(KMnO_4) = 0{,}05$ mol/L ($t = 0{,}970$). Wie groß ist der Massenanteil $w(H_2O_2)$ der eingesetzten Wasserstoffperoxid-Lösung?

5. 28,4 mL Kaliumpermanganat-Maßlösung, $\tilde{c}(KMnO_4) = 0{,}1$ mol/L ($t = 0{,}979$), sind als Oxidationsmittel 30,0 mL einer Kaliumbromat-Lösung äquivalent. Wie groß ist die Massenkonzentration der Kaliumbromat-Lösung $\beta(KBrO_3)$?

6. Zur Bestimmung des Gehalts an Mangan (IV)-oxid werden 0,3500 g Braunstein mit 50,0 mL Oxalsäure-Lösung, $c(\frac{1}{2}\,C_2H_2O_4)$ = 0,2 mol/L, reduziert. Zur Rücktitration der überschüssigen Oxalsäure werden 29,8 mL Kaliumpermanganat-Maßlösung, $\tilde{c}(KMnO_4)$ = 0,02 mol/L (t = 0,975), verbraucht. Wie groß ist der Massenanteil $w(MnO_2)$ im untersuchten Braunstein?

8.2.13.2 Iodometrische Titrationen

Iodometrische Bestimmungen (Iodometrie, engl. iodimetry) sind Redox-Titrationen mit Iodidlösung. Dabei läuft eine Reaktion zwischen Iod und Iodid-Ionen ab:

$$\underset{\text{bräunlich}}{I_2^0} + 2\,e^- \rightleftharpoons \underset{\text{farblos}}{2\,I^-}$$

Elementares Iod wird reduziert, Iodid-Ionen werden oxidiert. Es sind daher grundsätzlich zwei Bestimmungsmethoden möglich:

- Reaktionen mit Reduktionsmitteln:
  z.B. $Sn^{2+} + I_2^0 \longrightarrow Sn^{4+} + 2\,I^-$
- Reaktionen mit Oxidationsmitteln:
  z.B. $\overset{-I}{H_2O_2} + 2\,\overset{-I}{I^-} + 2\,H^+ \longrightarrow \overset{0}{I_2} + 2\,\overset{-II}{H_2O}$

Reduktionsmittel können direkt mit einer Iod-Maßlösung titriert werden. Als Indikator dient Stärkelösung, die sich bei Anwesenheit schon geringer Mengen von elementarem Iod *blau* färbt und dadurch den Endpunkt der Titration anzeigt.

Tabelle: Äquivalentmassen bei der Iodometrie

Maßlösung: $c(\frac{1}{1}\,Na_2S_2O_3)$ = 0,1 mol/L oder $c(\frac{1}{2}\,I_2)$ = 0,1 mol/L

Zu bestimmen	Ä in mg/mL
Cl	3,5453
Cr^{3+}	1,7332
$Cr_2O_7^{2-}$	3,5998
$Cu^{2+/1+}$	6,3546
H_2O_2	1,7007
SO_3^{2-}	4,003
H_2SO_3	4,104
SO_2	3,203

Oxidationsmitteln wird eine mit Salzsäure angesäuerte Kaliumiodid-Lösung KI im Überschuss zugesetzt. Sie scheiden durch Oxidation von Iodid-Ionen I^- freies Iod I_2 aus.

$$2\,I^- \longrightarrow I_2 + 2\,e^- \qquad \text{mit } z^* = 2$$

Das freie Iod wird mit Natriumthiosulfat-Maßlösung $Na_2S_2O_3$ reduziert, wobei Thiosulfat-Ionen $S_2O_3^{2-}$ zu Tetrathionat-Ionen $S_4O_6^{2-}$ oxidiert werden. Die Stoffmengenrelation lautet: $n(I_2) = \frac{1}{2}\,n(Na_2S_2O_3)$

Ablaufende Redox-Reaktion: $2\,S_2O_3^{2-} + I_2 \longrightarrow S_4O_6^{2-} + 2\,I^-$

Der Oxidationsvorgang lautet: $2\,S_2O_3^{2-} \longrightarrow S_4O_6^{2-} + 2\,e^-$ mit $z^* = 2$

Elektronenbilanz des Oxidationsvorganges: $2\,[\overset{-I}{S}\text{–}\overset{+V}{S}O_3]^{2-} \longrightarrow [O_3\overset{+IV}{S}\text{–}\overset{\pm 0}{S}\text{–}\overset{\pm 0}{S}\text{–}\overset{+IV}{S}O_3]^{2-} + 2\,e^-$

Als Indikator dient Stärke-Lösung, die beim Endpunkt dieser indirekten Titration *entfärbt* wird.

Typische Anwendung findet die Iodometrie zur Bestimmung folgender Substanzen in wässriger Lösung: Elementares Chlor oder Brom, Wasserstoffperoxid oder andere Peroxide wie z.B. Perborat, Dichromat sowie Methanal (Formaldehyd, HCHO).

Beispiel 1: Zur Bestimmung des Antimongehalts einer Antimonat(III)-Salzlösung werden 4,2360 g Lösung eingewogen und auf 100 mL verdünnt. 20,0 mL der Verdünnung verbrauchen bei der Titration 27,2 mL Iodlösung, $\tilde{c}(\frac{1}{2}\,I_2)$ = 0,1 mol/L (t = 0,987). Wie groß ist der Massenanteil $w(Sb)$ in der Ausgangslösung?

Reaktion: $I_2 + SbO_3^{3-} + 2\,HCO_3^- \longrightarrow 2\,I^- + SbO_4^{3-} + 2\,CO_2 + H_2O$

Lösung: Antimonat-Ionen werden oxidiert: $\overset{+III}{SbO_3^{3-}} \longrightarrow \overset{+V}{SbO_4^{3-}} + 2\,e^- \Rightarrow z^* = 2$, $M(Sb)$ = 121,75 g/mol

$$m(Sb) = \frac{\tilde{c}(\frac{1}{2}\,I_2)\cdot M(Sb)\cdot V(I_2)\cdot t}{z^*(Sb)}\cdot f_a = \frac{0{,}1\text{ mol/L}\cdot 121{,}75\text{ g/mol}\cdot 27{,}2\text{ mL}\cdot 0{,}987}{2}\cdot\frac{100\text{ mL}}{20{,}0\text{ mL}} = 817{,}1\text{ mg}$$

$$\boldsymbol{w(Sb)} = \frac{m(Sb)}{m(\text{Probe})} = \frac{0{,}8171}{4{,}2360} = 0{,}19289 \approx \mathbf{19{,}3\ \%}$$

Beispiel 2: 3,700 g Wasserstoffperoxid-Lösung werden auf 100 mL verdünnt und 25,0 mL der Verdünnung mit Kaliumiodid im Überschuss versetzt. Das ausgeschiedene Iod verbraucht 16,80 mL Natriumthiosulfat-Maßlösung $\tilde{c}(\frac{1}{1}\,Na_2S_2O_3) = 0{,}1$ mol/L ($t = 1{,}021$).

Welchen Massenanteil $w(H_2O_2)$ hat die Lösung?

Reaktionen:
$$H_2O_2 + 2\,I^- + 2\,H^+ \longrightarrow I_2 + 2\,H_2O$$
$$I_2 + 2\,S_2O_3^{2-} \longrightarrow 2\,I^- + S_4O_6^{2-}$$

Lösung: Lösung mit maßanalytischer Äquivalentmasse $\ddot{A}(H_2O_2) = 1{,}7007$ mg/mL (Tabelle 1, Seite 266) und Verdünnungsfaktor f_a:

$$m(H_2O_2) = \ddot{A}(H_2O_2) \cdot V(Na_2S_2O_3) \cdot t \cdot f_a = 1{,}7007\ \text{mg/mL} \cdot 16{,}80\ \text{mL} \cdot 1{,}021 \cdot \frac{100\ \text{mL}}{25{,}0\ \text{mL}} = 116{,}69\ \text{mg}$$

$$\boldsymbol{w(H_2O_2)} = \frac{m(H_2O_2)}{m(\text{Probe})} = \frac{0{,}11669\ \text{g}}{3{,}700\ \text{g}} = 0{,}031537 \approx \mathbf{3{,}15\ \%}$$

Beispiel 3: Von einer ungesättigten organischen Verbindung der molaren Masse 120 g/mol werden 0,2242 g eingewogen und mit 50,0 mL einer Iodlösung der Konzentration $c(\frac{1}{2}\,I_2) = 0{,}1$ mol/L, versetzt.

Das unverbrauchte Iod reagiert bei der Rücktitration mit 24,8 mL Natriumthiosulfat-Maßlösung, $\tilde{c}(\frac{1}{1}\,Na_2S_2O_3) = 0{,}05$ mol/L ($t = 1{,}018$).

Wie viele Doppelbindungen C=C enthält ein Molekül der Verbindung?

Lösung: a) Berechnung der in der Probe enthaltenen Stoffmenge an ungesättigter Verbindung X:

$$n(X) = \frac{m(X)}{M(X)} = \frac{0{,}2242\ \text{g}}{120\ \text{g/mol}} = 0{,}001868\ \text{mol} \approx 1{,}87\ \text{mmol}$$

b) Berechnung des Volumens an **unverbrauchter** Iodlösung:

Aus $\tilde{c}(\frac{1}{2}\,I_2) \cdot t(I_2) \cdot V(I_2) = \tilde{c}(\frac{1}{1}\,Na_2S_2O_3) \cdot t(Na_2S_2O_3) \cdot V(Na_2S_2O_3)$ folgt mit: $c(\frac{1}{2}\,I_2) = \tilde{c}(\frac{1}{2}\,I_2) \cdot t(\frac{1}{2}\,I_2)$

$$c(\tfrac{1}{2}\,I_2) \cdot V(I_2) = \tilde{c}(\tfrac{1}{1}\,Na_2S_2O_3) \cdot t(Na_2S_2O_3) \cdot V(Na_2S_2O_3)$$

$$\Rightarrow V(I_2\ \text{frei}) = \frac{\tilde{c}(\frac{1}{1}\,Na_2S_2O_3) \cdot V(Na_2S_2O_3) \cdot t(Na_2S_2O_3)}{c(\frac{1}{2}\,I_2)} = \frac{0{,}05\ \text{mol/L} \cdot 24{,}8\ \text{mL} \cdot 1{,}018}{0{,}1\ \text{mol/L}} = 12{,}62\ \text{mL}$$

c) Berechnung des durch Addition **verbrauchten** Volumens an Iodlösung:

$$V(I_2,\ \text{verbraucht}) = 50{,}0\ \text{mL} - 12{,}62\ \text{mL} = 37{,}38\ \text{mL}$$

d) Berechnung der Anzahl an C=C-Bindungen pro Molekül; mit der 1. Grundgleichung maßanalytischer Bestimmungen [vgl. Seite 253, $z^*(C{=}C) = 2$, $c(\frac{1}{2}\,I_2) = \tilde{c}(\frac{1}{2}\,I_2) \cdot t(\frac{1}{2}\,I_2)$] folgt:

$$n(C{=}C) = \frac{c(\frac{1}{2}\,I_2) \cdot V(I_2)}{z^*(C{=}C)} = \frac{0{,}1\ \text{mmol/ml} \cdot 37{,}38\ \text{mL}}{2} \approx 1{,}87\ \text{mmol}$$

In 1,87 mmol ungesättigter Probe sind 1,87 mmol C=C-Doppelbindungen enthalten $\Rightarrow$
Ein Molekül der ungesättigten Verbindung enthält eine C=C-Doppelbindung.

8

Aufgaben zu Iodometrische Titrationen

1. 0,1025 g Kaliumiodat KIO_3 werden in überschüssige Kaliumiodid-Lösung gegeben. Zur Titration des ausgeschiedenen Iods sind 27,9 mL Natriumthiosulfat-Maßlösung, $\tilde{c}(\frac{1}{1}\,Na_2S_2O_3) = 0{,}1$ mol/L erforderlich. Berechnen Sie den Titer der Maßlösung.

2. Welches Volumen an Iodlösung, $\tilde{c}(\frac{1}{2}\,I_2) = 0{,}1$ mol/L ($t = 0{,}947$) wird benötigt, um 32,4 mL einer Natriumthiosulfat-Lösung, $\tilde{c}(\frac{1}{1}\,Na_2S_2O_3) = 0{,}1$ mol/L ($t = 1{,}047$) zu oxidieren?

3. 20,0 mL einer Kaliumbromat-Lösung, $\beta(KBrO_3) = 2{,}3730$ g/L, werden mit Schwefelsäure und Kaliumiodid versetzt. Das entstehende Iod wird mit 27,6 mL Natriumthiosulfat-Maßlösung reduziert. Wie groß ist die Äquivalentkonzentration $c(\frac{1}{1}\,Na_2S_2O_3)$ der Maßlösung?

4. 5,9473 g wässrige Schwefeldioxid-Lösung verbrauchen im Mittel 19,1 mL Iod-Maßlösung der Konzentration $\tilde{c}(\frac{1}{2}\,I_2) = 0{,}1$ mol/L ($t = 1{,}025$). Berechnen Sie den Massenanteil $w(SO_2)$ der Lösung.

5. 0,3468 g Lösung eines technischen Zinn(II)-chlorids $SnCl_2$ verbraucht bei der Titration 24,88 mL Iod-Maßlösung, $\tilde{c}(\frac{1}{2}\,I_2) = 0{,}1$ mol/L ($t = 0{,}988$).
   Welchen Massenanteil $w(\text{Sn})$ hat die Probe?

6. 50,0 mL Kupfersulfat-Lösung $CuSO_4$ werden im Überschuss mit Kaliumiodid-Lösung versetzt. Das ausgeschiedene Iod verbraucht 28,35 mL Natriumthiosulfat-Maßlösung, $\tilde{c}(\frac{1}{1}\,Na_2S_2O_3) = 0{,}1$ mol/L ($t = 1{,}105$). Welche Massenkonzentration $\beta(CuSO_4)$ hat die Lösung?

7. 50,0 mL Lösung werden zur iodometrischen Bestimmung des Gehalts an Kaliumdichromat $K_2Cr_2O_7$ auf 250 mL verdünnt. 20,0 mL der Verdünnung wird Kaliumiodid im Überschuss zugesetzt. Das ausgeschiedene Iod verbraucht 18,85 mL Natriumthiosulfat-Maßlösung mit $\tilde{c}(\frac{1}{1}\,Na_2S_2O_3) = 0{,}1$ mol/L ($t = 0{,}989$). Wie groß ist die Massenkonzentration $\beta(K_2Cr_2O_7)$?

8. Zur Gehaltsbestimmung einer Natriumhypochlorit-Lösung werden 1,0340 g der Lösung mit einem Überschuss an Kaliumiodid-Lösung versetzt und mit HCl angesäuert. Freigesetztes Iod verbraucht 23,1 mL Natriumthiosulfat-Maßlösung, $\tilde{c}(\frac{1}{1}\,Na_2S_2O_3) = 0{,}1$ mol/L ($t = 1{,}025$).
   Welchen Massenanteil $w(\text{NaClO})$ hat die untersuchte Hypochlorit-Lösung?

9. 14,250 g chlorhaltiges Wasser werden verdünnt und mit Kaliumiodid-Lösung im Überschuss versetzt. Zugesetztes Iodid wird durch das Chlor zu Iod oxidiert, das ausgeschiedene Iod verbraucht im Mittel 18,45 mL Natriumthiosulfat-Maßlösung, $\tilde{c}(\frac{1}{1}\,Na_2S_2O_3) = 0{,}1$ mol/L ($t = 1{,}004$).
   Berechnen Sie, ob der erlaubte Grenzwert $w(Cl_2) = 0{,}5\,\%$ überschritten wird.

10. Zur Gehaltsbestimmung von Natriumsulfit in einer Salzprobe werden 1,2346 g der Probe gelöst, mit 50,0 mL Iodlösung, $\tilde{c}(\frac{1}{2}\,I_2) = 0{,}1$ mol/L ($t = 0{,}985$), versetzt und angesäuert. Das überschüssige Iod verbraucht bei der Rücktitration 25,8 mL Natriumthiosulfat-Maßlösung der Konzentration $\tilde{c}(\frac{1}{1}\,Na_2S_2O_3) = 0{,}1$ mol/L ($t = 1{,}016$).
    Welchen Massenanteil $w(Na_2SO_3)$ hat die Probe?

11. Zur Bestimmung des Gehaltes an Hydrogensulfid werden 450 mL Abgas bei Normbedingungen durch 50,0 mL Iodlösung, $c(\frac{1}{2}\,I_2) = 0{,}0\underline{5}$ mol/L, geleitet. Das überschüssige Iod verbraucht bei der anschließenden Rücktitration 20,1 mL Natriumthiosulfat-Maßlösung der Äquivalentkonzentration $\tilde{c}(\frac{1}{1}\,Na_2S_2O_3) = 0{,}1$ mol/L ($t = 0{,}950$).
    Welchen Volumenanteil $\varphi(H_2S)$ hat das Abgas?

12. 25,0 mL einer Lösung mit Kupfer(II)-ionen werden mit einem Überschuss an Kaliumiodid-Lösung versetzt und mit Schwefelsäure angesäuert. Das freigesetzte Iod reagiert bei der maßanalytischen Bestimmung mit 29,8 mL Natriumthiosulfat-Maßlösung, $\tilde{c}(\frac{1}{1}\,Na_2S_2O_3) = 0{,}1$ mol/L ($t = 0{,}972$).
    Welche Massenkonzentration $\beta(Cu^{2+})$ hat die untersuchte Lösung?

13. 1,0343 g einer wässrigen Formaldehyd-Lösung (Formalin) werden zur Bestimmung des Gehalts an HCOH mit Wasser und Kalilauge im Messkolben auf 250 mL aufgefüllt. Nach Zugabe von 50,0 mL Iodlösung, $c(\frac{1}{2}\,I_2) = 0{,}\underline{1}$ mol/L zu 20,0 mL der Verdünnung verbraucht das ausgeschiedene Iod bei der anschließenden Titration 28,6 mL Natriumthiosulfat-Maßlösung, $\tilde{c}(\frac{1}{1}\,Na_2S_2O_3) = 0{,}1$ mol/L ($t = 1{,}005$). Wie groß ist der Massenanteil $w(\text{HCOH})$ des Formalins?

14. Von einer ungesättigten Verbindung der molaren Masse $M = 116{,}1$ g/mol werden 0,1120 g Probe eingewogen und mit 50,0 mL Iodlösung, $c(\frac{1}{2}\,I_2) = 0{,}\underline{1}$ mol/L, versetzt. Zur Rücktitration des unverbrauchten Iods werden 11,55 mL Natriumthiosulfat-Maßlösung, $\tilde{c}(\frac{1}{1}\,Na_2S_2O_3) = 0{,}1$ mol/L ($t = 0{,}987$) verbraucht.
    Wie viele Doppelbindungen C=C enthält ein Molekül der Verbindung?

15. Entwickeln Sie für die Iodometrische Bestimmung der Anzahl an Doppelbindungen C=C in ungesättigten Verbindungen mithilfe eines Tabellenkalkulationsprogrammes eine Auswertungsmaske.

8.2.13.3 Chromatometrie, Bromatometrie, Cerimetrie

Bei der **chromatometrischen Titration** (chromatometry) wird die stark oxidierende Wirkung des Dichromat-Ions $Cr_2O_7^{2-}$ im sauren Milieu genutzt, dabei werden Chrom (VI)-Ionen zu Chrom (III)-Ionen reduziert:

$$\overset{+VI}{Cr_2O_7^{2-}} + 14\,H^+ + 6\,e^- \longrightarrow \overset{+III}{2\,Cr^{3+}} + 7\,H_2O \qquad \Delta z^* = 6$$

Beispiel 1: 25,0 mL einer Eisen(II)-sulfat-Lösung verbrauchen bei der Titration 37,48 mL Kaliumdichromat-Maßlösung, $\tilde{c}(\frac{1}{6}\,K_2Cr_2O_7) = 0{,}1$ mol/L (t = 1,017). Berechnen Sie die Massenkonzentration $\beta(FeSO_4)$.

Lösung: Mit $M(FeSO_4) = 151{,}91$ g/mol, $z^*(FeSO_4) = 1$ und $\beta(X) = m(X)/V(Lsg)$, folgt:

$$\beta(FeSO_4) = \frac{m(Fe_2SO_4)}{V(Probe)} = \frac{\tilde{c}(\frac{1}{6}\,K_2Cr_2O_7) \cdot M(Fe_2SO_4) \cdot V(K_2Cr_2O_7) \cdot t}{z^*(Fe_2SO_4) \cdot V(Probe)}$$

$$\boldsymbol{\beta(FeSO_4)} = \frac{0{,}1\text{ mol/L} \cdot 151{,}91\text{ g/mol} \cdot 37{,}48\text{ mL} \cdot 1{,}017}{1 \cdot 25{,}0\text{ mL}} = 23{,}1615\text{ g/L} \approx \mathbf{23{,}2\ g/L}$$

Die **bromatometrische Titration** (bromatometry) arbeitet mit einer Lösung von Kaliumbromat $KBrO_3$. Hierbei werden Bromat(V)-Ionen durch Reduktionsmittel zu Bromid-Ionen Br^- reduziert:

$$\overset{+V}{BrO_3^-} + 6\,H^+ + 6\,e^- \longrightarrow \overset{-I}{Br^-} + 3\,H_2O \qquad \Delta z^* = 6$$

Zur Anwendung kommt die bromatometrische Titration vor allem zur Bestimmungen von As^{3+}, Sb^{3+}, Sn^{2+}, Cu^+, Tl^+ und Hydrazin N_2H_4.

Beispiel 2: 13,5732 g eines Salzgemenges werden eingewogen, gelöst und auf 100 mL verdünnt. Bei einer **chromatometrischen Titration** verbrauchen 20,0 mL der Verdünnung zur Bestimmung des Gehalts an Arsen (III)-Ionen As^{3+} 25,58 mL Kaliumbromat-Maßlösung, $\tilde{c}(\frac{1}{6}\,KBrO_3) = 0{,}1$ mol/L (t = 0,987). Welchen Massenanteil $w(As)$ hat die Probelösung?

Reaktion: $\overset{+V}{BrO_3^-} + 3\,As^{3+} + 6\,H^+ \longrightarrow \overset{-I}{Br^-} + 3\,As^{5+} + 3\,H_2O$

Lösung: Mit $M(As) = 74{,}9216$ g/mol, $z^*(As) = 2$ und dem Verdünnungsfaktor f_a folgt mit $w(X) = m(X) / m(Probe)$:

$$w(As) = \frac{m(As)}{m(Probe)} = \frac{\tilde{c}(\frac{1}{6}\,KBrO_3) \cdot M(As) \cdot V(KBrO_3) \cdot t}{z^*(As) \cdot m(Probe)} \cdot f_a\,; \quad \text{mit } f_a = \frac{V(Stamm)}{V(aliquot)}$$

$$\boldsymbol{w(As)} = \frac{01,\text{ mol/L} \cdot 74{,}9216\text{ g/mol} \cdot 25{,}58\text{ mL} \cdot 0{,}987}{2 \cdot 13{,}5732\text{ g}} \cdot \frac{100\text{ mL}}{20{,}0\text{ mL}} = 0{,}03484 \approx \mathbf{3{,}48\ \%}$$

Bei der **cerimetrischen Titration** (cerimetry) wird eine Maßlösung des starken Oxidationsmittels Cer(IV)-sulfat $Ce(SO_4)_2$ verwendet. Dabei werden Cer(IV)-Ionen zu Cer(III)-Ionen reduziert:

$$Ce^{4+} + 1\,e^- \longrightarrow Ce^{3+} \qquad \Delta z^* = 1$$

Cerimetrisch werden As-, Sb-, V-, Ta-, Hg- sowie Nitrit- und Thiosulfat-Ionen bestimmt.

Beispiel 3: In einer Abwasserprobe soll der Gehalt an Natriumnitrit mit einer cerimetrischen Titration bestimmt werden. 108,6 mg der Probe verbrauchen 22,1 mL Cer(IV)-sulfat-Maßlösung, $\tilde{c}(\frac{1}{1}\,Ce\,(SO_4)_2) = 0{,}1$ mol/L (t = 1,018).
Wie groß ist der Massenanteil $w(NaNO_2)$ im Abwasser?

Reaktion: $\overset{+IV}{2\,Ce^{4+}} + \overset{+III}{NO_2^-} + H_2O \longrightarrow \overset{+V}{NO_3^-} + \overset{+III}{2\,Ce^{3+}} + 2\,H^+$

Lösung: $M(NaNO_2) = 68{,}995$ g/mol, $z^*(NO_2^-) = 2$, Stoffmengenrelation: $n(NaNO_2) = n(NO_2^-)$
Lösung mit hergeleiteter maßanalytischer Äquivalentmasse:

$$\ddot{A}(NaNO_2) = \frac{\tilde{c}(\frac{1}{1}\,Ce(SO_4)_2 \cdot M(NaNO_2)}{z^*(NaNO_2)} = \frac{0{,}1\text{ mol/L} \cdot 68{,}995\text{ g/mol}}{2} \approx 3{,}450\text{ mg/mL}$$

$$\boldsymbol{w(NaNO_2)} = \frac{m(NaNO_2)}{m(Probe)} = \frac{\ddot{A}(NaNO_2) \cdot V(ML) \cdot t}{m(Probe)}; \quad \text{mit } \ddot{A}(NaNO_2) = 3{,}450\text{ mg/mL}$$

$$= \frac{3{,}450\text{ mg/mL} \cdot 22{,}1\text{ mL} \cdot 1{,}018}{108{,}6\text{ mg}} = 0{,}71471 \approx \mathbf{71{,}5\ \%}$$

8.2.14 Fällungstitrationen

Bei **Fällungstitrationen** (precipitation titrations) wird die zu bestimmende Substanz als schwerlöslicher Niederschlag ausgefällt. Es wird so lange Maßlösung zugegeben, bis eine vollständige Fällung erreicht ist.

Ansonsten wird die Fällungstitration wie bei den anderen Titrationsverfahren durchgeführt (Bild 1, Seite 247).

Der Endpunkt ist bei vielen Fällungstitrationen nur schwer zu erkennen. Er kann durch Zugabe einiger Tropfen einer charakteristischen Salzlösung sichtbar gemacht werden, die mit einem Überschuss an Maßlösung eine typische Färbung erzeugt.

Bei Silbernitrat-Maßlösungen ist dies beispielsweise Kaliumchromat K_2CrO_4, das mit einem Überschuss an Silber-Ionen rotbraunes Silberchromat Ag_2CrO_4 bildet (Bestimmung nach Mohr).

Der Äquivalenzpunkt kann aber auch durch geeignete Messmethoden (Potentialdifferenz, Leitfähigkeit) bestimmt werden.

Tabelle: Äquivalentmassen bei der Argentometrie

Maßlösung: $c(\frac{1}{1}\,AgNO_3) = 0{,}1$ mol/L

Zu bestimmen	Ä in mg/mL
Br^-	7,9904
KBr	11,900
Cl^-	3,5453
$CaCl_2$	5,5493
KCl	7,4551
NaCl	5,8443
NH_4Cl	5,3491
I^-	12,6904
KSCN	9,7182

Argentometrische Titrationen beruhen auf der Schwerlöslichkeit der Silberhalogenide und des Silberthiocyanats. Sie werden mit Silbernitrat-Maßlösungen durchgeführt:

$$Ag^+_{(aq)} + Hal^-_{(aq)} \longrightarrow AgHal_{(s)} \quad \text{und:} \quad Ag^+_{(aq)} + SCN^-_{(aq)} \longrightarrow AgSCN_{(s)}$$

Einige ausgewählte maßanalytische Äquivalente *Ä* zeigt die oben stehende **Tabelle.**

Fällungs-Titrationen können als Direkttitrationen (direct titrations), als Rücktitrationen (back titrations) oder als indirekte Titrationen (indirect titrations) durchgeführt werden.

Beispiel 1: Der NaCl-Massenanteil eines gesalzenen Heringsfilets ist durch Direkttitration zu bestimmen.

Aus einer homogenen Probe eines gesalzenen Heringsfilets werden 2,3017 g in Wasser gelöst und auf 1000 mL verdünnt. 50,0 mL der Verdünnung werden abpipettiert und verbrauchen nach Zusatz von K_2CrO_4 als Indikator 1,238 mL Silbernitrat-Maßlösung, $\tilde{c}(\frac{1}{1}\,AgNO_3) = 0{,}1$ mol/L ($t = 0{,}998$).
Wie groß ist der Massenanteil an NaCl w(NaCl) im Heringsfilet?

Lösung: Reaktionsgleichung: $AgNO_{3(aq)} + NaCl_{(aq)} \longrightarrow AgCl_{(s)} + NaNO_{3(aq)}$

Aus $M(\text{NaCl}) = 58{,}443$ g/mol und $z^*(\text{NaCl}) = 1$ folgt die maßanalytische Äquivalentmasse zu:

$$\ddot{A}(\text{NaCl}) = \frac{c(\frac{1}{1}\,AgNO_3) \cdot M(\text{NaCl})}{z^*(\text{NaCl})} = \frac{0{,}1\text{ mol/L} \cdot 58{,}443\text{ g/mol}}{1} = 5{,}8443\text{ mg/mL.}$$

Mit $\ddot{A}(\text{NaCl}) = 5{,}8443$ mg/mL, dem Verdünnungsfaktor f_a und mit $w(X) = m(X)/m(\text{Probe})$ folgt:

$$\boldsymbol{w}(\textbf{NaCl}) = \frac{\ddot{A}(\text{NaCl}) \cdot V(AgNO_3) \cdot t \cdot V(\text{Stamm})}{m(\text{Probe}) \cdot V(\text{aliquot})} = \frac{5{,}8443\text{ mg/mL} \cdot 1{,}238\text{ mL} \cdot 0{,}998 \cdot 1000\text{ mL}}{2301{,}7\text{ mg} \cdot 50{,}0\text{ mL}} \approx \mathbf{6{,}27\ \%}$$

Beispiel 2: In einem Kalisalz sollen durch argentometrische Mehrfachbestimmung die Massenanteile *w*(KCl) und *w*(NaCl) bestimmt werden.

Bei der Gehaltsbestimmung werden 0,2525 g Kalisalz gelöst und mit 34,2 mL Silbernitrat-Maßlösung, $\tilde{c}(AgNO_3) = 0{,}1$ mol/L ($t = 1{,}025$), titriert. Welche Massenanteile w(KCl) und w(NaCl) hat das Kalisalz?

Lösung: $M(\text{KCl}) = 74{,}551$ g/mol, $M(\text{NaCl}) = 58{,}443$ g/mol; mit dem Formelansatz von Seite 262 folgt:

$$m(\text{NaCl}) = \frac{[m(\text{Probe}) - \tilde{c}(\text{eq-ML}) \cdot V(\text{ML}) \cdot t \cdot M(\text{KCl})] \cdot M(\text{NaCl})}{M(\text{NaCl}) - M(\text{KCl})}$$

$$m(\text{NaCl}) = \frac{\left[0{,}2525\text{ g} - 0{,}1\,\frac{\text{mol}}{\text{L}} \cdot 0{,}0342\text{ L} \cdot 1{,}025 \cdot 74{,}551\,\frac{\text{g}}{\text{mol}}\right] \cdot 58{,}443\,\frac{\text{g}}{\text{mol}}}{58{,}443\,\frac{\text{g}}{\text{mol}} - 74{,}551\,\frac{\text{g}}{\text{mol}}} = 0{,}03193\text{ g}$$

$$\boldsymbol{w}(\textbf{NaCl}) = \frac{m(\text{NaCl})}{m(\text{Probe})} = \frac{0{,}03193\text{ g}}{0{,}2525\text{ g}} \approx \mathbf{12{,}6\ \%}; \quad \boldsymbol{w}(\textbf{KCl}) = 100\ \% - w(\text{NaCl}) = 100\ \% - 12{,}6\ \% \approx \mathbf{87{,}4\ \%}$$

Aufgaben zu Fällungstitrationen

1. Zur Titerbestimmung einer Silbernitrat-Maßlösung, $\tilde{c}(AgNO_3) = 0{,}1$ mol/L, werden 182,5 mg NaCl p.a. als Urtiter eingewogen und gelöst. Nach Zugabe von 5 Tropfen K_2CrO_4-Lösung wird mit 31,5 mL Maßlösung bis zum Farbumschlag hellgelb → rotbraun titriert. Wie groß ist der Titer?
2. 0,8808 g technisches Bromid werden gelöst und zu 250 mL verdünnt. 100,0 mL der Verdünnung verbrauchen 25,8 mL Silbernitrat-Maßlösung, $\tilde{c}(AgNO_3) = 0{,}1$ mol/L ($t = 1{,}017$). Welchen Massenanteil $w(Br^-)$ hat die Ausgangssubstanz?
3. 10,0 mL Kochsalzlösung der Dichte $\varrho = 1{,}0177$ g/cm³ werden auf 500 mL verdünnt. 25,0 mL der Verdünnung verbrauchen bei der Titration 24,45 mL Silbernitrat-Maßlösung $\tilde{c}(AgNO_3) = 0{,}1$ mol/L ($t = 0{,}978$). Berechnen Sie die Massenkonzentration $\beta(Cl^-)$ und den Massenanteil $w(NaCl)$ der Ausgangslösung.
4. Zur argentometrischen Bestimmung von Calciumchlorid werden 4,300 g einer Lösung auf 100 mL verdünnt. 20,0 mL der Verdünnung verbrauchen bei der Titration 23,8 mL Silbernitrat-Maßlösung, $c(AgNO_3) = 0{,}1$ mol/L. Welchen Massenanteil $w(CaCl_2)$ hat die Lösung?
5. 0,4023 g technisches Kaliumbromid werden nach dem Lösen mit 50,0 mL Silbernitrat-Maßlösung, $\tilde{c}(AgNO_3) = 0{,}1$ mol/L ($t = 0{,}994$), versetzt und der Überschuss an $AgNO_3$ mit 17,1 mL Ammoniumthiocyanat-Maßlösung, $\tilde{c}(\frac{1}{1}\,NH_4SCN) = 0{,}1$ mol/L ($t = 1{,}014$), zurücktitriert. Berechnen Sie den Massenanteil $w(KBr)$ im untersuchten Bromid.
6. 25,0 mL Silbernitrat-Lösung werden nach dem Verdünnen und Zugabe von Eisen (III)-ammoniumsulfat als Indikator mit 32,5 mL Ammoniumthiocyanat-Maßlösung der Konzentration $\tilde{c}(\frac{1}{1}\,NH_4SCN) = 0{,}1$ mol/L ($t = 0{,}987$), bis zum Auftreten der rötlichen Färbung titriert. Welche Massenkonzentration $\beta(AgNO_3)$ liegt in der Lösung vor?
7. 25,300 g einer Lösung werden auf 250 mL verdünnt und in 50,0 mL der Verdünnung Iodid-Ionen neben Chlorid-Ionen bestimmt. Der Verbrauch bis zum ersten Äquivalenzpunkt beträgt 15,4 mL Maßlösung, $\tilde{c}(AgNO_3) = 0{,}1$ mol/L ($t = 0{,}997$), bis zum zweiten Äquivalenzpunkt insgesamt 35,3 mL Maßlösung. Welche Massenanteile $w(Cl^-)$ und $w(I^-)$ hat die untersuchte Lösung?
8. 15,905 g einer salzsauren Natriumchlorid-Lösung werden auf 500 mL Lösung verdünnt. 100 mL davon verbrauchen bei der Neutralisationstitration 25,5 mL Natronlauge-Maßlösung, $\tilde{c}(NaOH) = 0{,}1$ mol/L ($t = 0{,}997$). Ein weiteres Volumen von 50,0 mL der Stammlösung verbraucht bei der Fällungstitration 30,0 mL Silbernitrat-Maßlösung, $\tilde{c}(AgNO_3) = 0{,}1$ mol/L ($t = 1{,}015$). Wie groß sind die Massenanteile $w(NaCl)$ und $w(HCl)$ in der untersuchten Lösung?
9. 0,2500 g Salzgemisch KBr/KCl mit dem Feuchtigkeitsanteil $w = 1{,}00$ % werden gelöst und mit Silbernitrat-Maßlösung, $\tilde{c}(AgNO_3) = 0{,}1$ mol/L ($t = 0{,}997$) titriert. Der Verbrauch beträgt 32,5 mL Maßlösung. Wie groß sind die Massenanteile $w(KCl)$ und $w(KBr)$?
10. Entwickeln Sie ein Lösungsschema für die argentometrische Bestimmung eines Salzgemisches aus einem einwertigen und einem zweiwertigen Elektrolyten, z.B. $CaCl_2$ neben KCl.

8.2.15 Komplexometrische Titrationen

Komplexe sind Verbindungen, die durch Zusammenlagerung von einfachen, unabhängig voneinander existenzfähigen Molekülen oder Ionen entstehen.

Beispiel: Tetraamminkupfer(II)-Komplex (Bild 1)

Reaktionsgleichung: $Cu^{2+} + 4\,NH_3 \rightleftharpoons Cu(NH_3)_4^{2+}$

Bei der komplexometrischen Titration, auch **Komplexometrie** genannt, werden die zu bestimmenden Metallionen mit einem meist organischen Komplexbildner in einen *stabilen* Komplex, ein **Chelat**, überführt. Die Komplexometrie wird deshalb auch **Chelatometrie** genannt. Schwache Komplexbildner werden dabei durch starke Komplexbildner verdrängt.

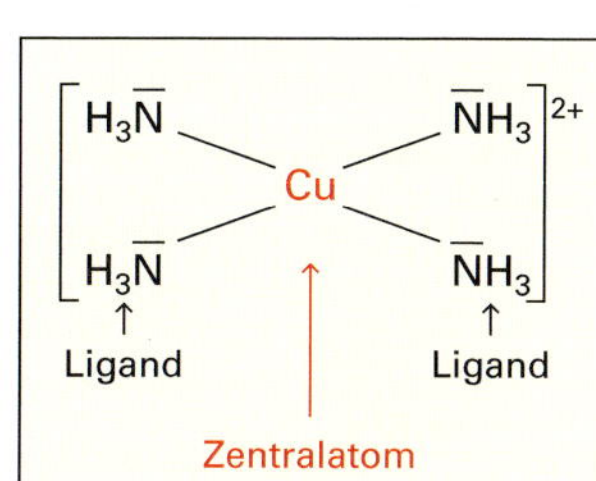

Bild 1: Tetraammin-kupfer(II)-Komplex

Zur Bestimmung des Endpunktes bei der komplexometrischen Titration werden **Indikatoren** eingesetzt, die mit den zu bestimmenden Metallionen farbige Komplexe bilden. Der Metall-Indikator-Komplex ist anders gefärbt, als der Indikator selbst.

Häufig wird bei komplexometrischen Titrationen das Dinatriumsalz der Ethylendiamintetraethansäure, **E**thylen**d**iamin**t**etra**a**cetat, abgekürzt **EDTA**, in Form des Dihydrats als Komplexbildner eingesetzt.

Zusammensetzung und Struktur von **D**inatrium-**e**thylen-**d**iamin-**t**etra-**a**cetat-Dihydrat:

$C_{10}H_{14}N_2Na_2O_8 \cdot 2\,H_2O$

Kurzschreibweise: $Na_2[H_2Y] \cdot 2\,H_2O$
(Y steht für den organischen Teil)

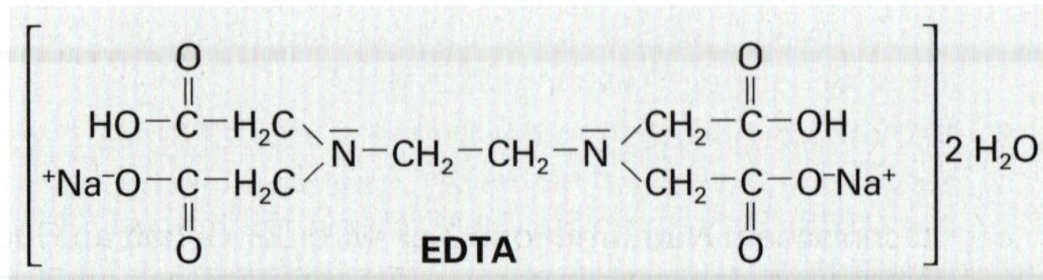

In wässriger Lösung dissoziiert EDTA: $Na_2[H_2Y] \cdot 2\,H_2O \longrightarrow 2\,Na^+ + [H_2Y]^{2-} + 2\,H_2O$

EDTA bindet Metall-Kationen stets im Stoffmengenverhältnis 1:1, *unabhängig* von deren Ionen-Ladung. Im Handel werden EDTA und ihre Abkömmlinge unter den Handelsnamen Komplexon®, Idranal® und Titriplex® geführt.

Die Reaktion eines Metall-Kations mit EDTA (H_2Y^{2-}) in Anwesenheit eines Indikators (Ind) lässt sich am Beispiel des Calcium-Ions in Kurzform wie folgt darstellen:

$$\underbrace{Ca^{2+} + \text{Ind}}_{\text{roter Komplex}} + \underbrace{H_2Y^{2-}}_{\text{EDTA}} \longrightarrow [Ca^{2+} \cdot Y]^{2-} + \underbrace{\text{Ind}}_{\text{grün}} + 2\,H^+$$

Die Stabilität vieler Metall-Ionen-Indikator-Komplexe ist vom pH-Wert der Lösung abhängig. Um einen scharfen Farbumschlag im Äquivalenzpunkt zu erhalten, muss die Lösung während der Titration gepuffert werden. Aus der Reaktionsgleichung ist die Abspaltung von zwei H^+-Ionen ersichtlich, ohne Pufferung würde der pH-Wert mit fortschreitendem Titrationsverlauf sinken.

Komplexometrische Bestimmungen von Metallionen können durchgeführt werden:

- als **Direkttitration**, wenn ein geeigneter Indikator für das Kation vorliegt;
- **indirekt** mit unterschiedlichen Indikatoren;
- als **Rücktitration** des im Überschuss zugesetzten Komplexbildners;
- als **Verdrängungstitration**, wobei der Lösung des zu bestimmenden Kations ein EDTA-Mg-Komplex zugesetzt wird, aus dem Mg^{2+} freigesetzt (verdrängt) und gegen einen geeigneten Indikator titriert wird.

Eine typische Anwendung der Komplexometrie ist die Bestimmung der **Wasserhärte** (Seite 287).

Beispiel: Zur Bestimmung der Härte GH einer Wasserprobe durch **direkte Titration** werden 50,0 mL Wasser einpipettiert und mit 16,3 mL EDTA-Maßlösung, $\tilde{c}$(EDTA) = 0,01 mol/L (t = 1,057) bis zum Farbumschlag von Rot nach Grün titriert. Berechnen Sie die Härte GH der Wasserprobe.

Lösung: Mit n(EDTA) = n(Metall-Ion) und GH = n(Metall) /V (Probe) folgt:

$$\mathbf{GH} = \tilde{c}(\text{EDTA}) \cdot V(\text{EDTA}) \cdot t \cdot \frac{1}{V(\text{Probe})} = 0{,}01\ \text{mol/L} \cdot 16{,}3\ \text{mL} \cdot 1{,}057 \cdot \frac{1}{50{,}0\ \text{mL}} \approx \mathbf{3{,}45\ mmol/L}$$

Die komplexometrische Titrationen wird auch zur quantitativen Bestimmung des Metallgehalts in wässrigen Lösungen eingesetzt.

Beispiel: In einer Lösung soll der Gehalt an Blei-Ionen Pb^{2+} durch eine **Verdrängungstitration** bestimmt werden. Dazu werden 25,0 mL der Lösung mit einem Überschuss an EDTA-Mg-Maßlösung versetzt. Die Pb^{2+}-Ionen verdrängen eine äquivalente Portion Mg^{2+}-Ionen aus dem Komplex. Zur Titration der verdrängten Magnesium-Ionen werden 16,5 mL EDTA-Maßlösung, $\tilde{c}$(EDTA) = 0,02 mol/L (t = 1,023), verbraucht. Welche Massenkonzentration $\beta(Pb^{2+})$ hat die Probe?

Lösung: M(Pb) = 207,2 g/mol, mit z^* (EDTA) = z^* (Metallion) = 1 folgt:

$$\boldsymbol{\beta}(\mathbf{Pb^{2+}}) = \frac{\tilde{c}(\text{EDTA}) \cdot M(Pb^{2+}) \cdot V(\text{EDTA}) \cdot t}{V(\text{Probe})} = \frac{0{,}02\ \text{mol/L} \cdot 207{,}2\ \text{g/mol} \cdot 16{,}5\ \text{mL} \cdot 1{,}023}{25{,}0\ \text{mL}} \approx \mathbf{2{,}80\ g/L}$$

Aufgaben zu Komplexometrische Titrationen

1. Zur Bestimmung der Härte GH von Leitungswasser werden 100 mL Probe eingemessen. Der Verbrauch an Maßlösung $c(\text{EDTA}) = 0{,}0\underline{1}$ mol/L beträgt 10,2 mL. Welchem der drei Härtebereiche der Trinkwasserverordnung TVO (Seite 286) ist das Wasser mit dieser Härte GH zuzuordnen?
   Bereich 1 (weich, GH < 1,5 mmol/L), Bereich 2 (mittel, GH 1,5 bis 2,5 mmol/L),
   Bereich 3 (hart, GH > 2,5 mmol/L)

2. Zur komplexometrischen Gehaltsbestimmung von Cobalt werden 30,0 mL einer Lösung zu 250 mL verdünnt. 50,0 mL der Verdünnung verbrauchen bei der Titration 28,9 mL Maßlösung, $\tilde{c}(\text{EDTA}) = 0{,}01$ mol/L ($t = 1{,}026$). Welche Massenkonzentration $\beta(Co^{2+})$ hat die Lösung?

3. In technischem Natriumfluorid NaF wird der Gehalt an Fluorid-Ionen F^- bestimmt. 124,8 mg Probesubstanz werden dazu in einem PE-Gefäß gelöst und 50,0 mL Calciumchlorid-Lösung, $c(CaCl_2) = 0{,}0\underline{5}$ mol/L, zupipettiert. Der Niederschlag an Calciumfluorid CaF_2 wird abfiltriert und gewaschen. Im Filtrat werden die überschüssigen freien Calcium-Ionen Ca^{2+} mit 25,6 mL EDTA-Maßlösung, $\tilde{c}(\text{EDTA}) = 0{,}05$ mol/L ($t = 1{,}015$), titriert. Welchen Massenanteil $w(F^-)$ hat die Probe?

4. Eine Probelösung mit Nickel-Ionen Ni^{2+} wird zu 250 mL Stammlösung aufgefüllt und 20,0 mL der Stammlösung mit 25,0 mL Maßlösung, $c(\text{EDTA}) = 0{,}0\underline{2}$ mol/L, versetzt. Für die Rücktitration des EDTA-Überschusses werden 16,90 mL Magnesiumsulfat-Maßlösung, $\tilde{c}(MgSO_4) = 0{,}02$ mol/L ($t = 1{,}006$), verbraucht. Welche Masse an Nickel-Ionen enthält die Probelösung?

Gemischte Aufgaben zu Volumetrische Bestimmungen (Maßanalyse)

1. Welche Masse an Natriumcarbonat Na_2CO_3 p. a. muss zum Ansetzen von 2,0 L Maßlösung der Stoffmengenkonzentration $c(Na_2CO_3) = 0{,}\underline{1}$ mol/L eingewogen werden?

2. Welches Volumen an Salzsäure mit $w(\text{HCl}) = 35{,}2$ % und $\varrho(\text{HCl}) = 1{,}175$ g/mL ist zur Herstellung von 5,0 L Salzsäure-Maßlösung der Konzentration $c(\text{HCl}) = 0{,}50$ mol/L erforderlich?

3. Welche Einwaagen an formelreiner Substanz sind jeweils zur Herstellung von 5,0 L Maßlösung vorzulegen?
   a) Natronlauge, $\tilde{c}(\frac{1}{1}\,\text{NaOH}) = 0{,}2$ mol/L
   b) Silbernitrat, $\tilde{c}(\frac{1}{1}\,AgNO_3) = 0{,}05$ mol/L
   c) Schwefelsäure, $\tilde{c}(\frac{1}{2}\,H_2SO_4) = 0{,}01$ mol/L
   d) Kaliumpermanganat, $\tilde{c}(\frac{1}{5}\,KMnO_4) = 0{,}5$ mol/L

4. 25,0 mL Natronlauge der Konzentration $\tilde{c}(\text{NaOH}) = 0{,}1$ mol/L verbrauchen bei einer Dreifach-Titerbestimmung 24,8 mL, 24,75 mL, 24,75 mL Salzsäure-Maßlösung der Konzentration $c(\text{HCl}) = 0{,}\underline{1}$ mol/L. Welchen Titer hat die Natronlauge?

5. Der Titer einer Natronlauge-Maßlösung, $\tilde{c}(\text{NaOH}) = 0{,}1$ mol/L, soll mit Oxalsäure-2-Hydrat als Urtiter bestimmt werden. Die Einwaage von 132,5 mg $(COOH)_2 \cdot 2\,H_2O$ verbraucht 21,4 mL Natronlauge-Maßlösung. Berechnen Sie den Titer der Lauge.

6. Zur Titerbestimmung einer Salzsäure-Maßlösung, $\tilde{c}(\text{HCl}) = 0{,}1$ mol/L, wurden 107,5 mg Natriumcarbonat Na_2CO_3 p.a eingewogen und mit Wasser verdünnt. Der Verbrauch bis zum Äquivalenzpunkt beträgt 20,15 mL. Welchen Titer hat die Salzsäure?

7. Ein Rührkessel wird zur Bestimmung des Fassungsvermögens mit Wasser gefüllt und darin 15,00 kg reines $Na_2CO_3 \cdot 10\,H_2O$ gelöst. 50,0 mL dieser Sodalösung verbrauchen zur Neutralisation 29,5 mL Salzsäure-Maßlösung, $\tilde{c}(\text{HCl}) = 0{,}1$ mol/L ($t = 1{,}008$). Welches Fassungsvermögen hat der Kessel?

8. 25,0 m^3 saures Abwasser sollen vor dem Eintreten in ein Klärbecken neutralisiert werden. Wie viel Löschkalk mit $w(CaOH)_2 = 88{,}5$ % ist zur Neutralisation erforderlich, wenn 100 mL Abwasser 25,7 mL Natronlauge-Maßlösung mit $\tilde{c}(\text{NaOH}) = 0{,}1$ mol/L ($t = 1{,}105$) verbrauchen?

9. 1,725 g technisches Kaliumcarbonat werden mit 20,35 mL Schwefelsäure-Maßlösung, $\tilde{c}(H_2SO_4) = 0{,}5$ mol/L ($t = 0{,}998$), neutralisiert. Welchen Massenanteil $w(K_2CO_3)$ hat die Probe?

10. 241,5 mg einer verunreinigten Natriumhydrogencarbonat-Probe verbrauchen bei der Titration gegen Methylorange als Indikator 27,15 mL Salzsäure-Maßlösung der Konzentration $c(\text{HCl}) = 0{,}\underline{1}$ mol/L. Berechnen Sie den Massenanteil $w(NaHCO_3)$ im untersuchten Salz.

11. 4,753 g technisches Kaliumhydroxid werden gelöst und auf 500 mL verdünnt. 50,0 mL davon verbrauchen bei einer Dreifachbestimmung 16,35 mL, 16,40 mL und 16,40 mL Schwefelsäure-Maßlösung, $\tilde{c}(H_2SO_4)$ = 0,25 mol/L (t = 1,021). Welchen Massenanteil w(KOH) hat die Probe?

12. 400 mg einer kristallwasserhaltigen, zweiprotonigen Säure werden mit 40,0 mL Natronlauge-Maßlösung $c(\frac{1}{1}\,NaOH)$ = $0{,}\underline{1}$ mol/L neutralisiert. Wie viel Mol Kristallwasser sind in ein Mol kristalliner Säure gebunden, wenn die molare Masse der wasserfreien Säure 128 g/mol beträgt?

13. Von einer Substanz, die außer Ricinolsäure (12-Hydroxyölsäure $C_{18}H_{34}O_3$, Bestandteil von Ricinusöl) keine andere Säure enthält, soll der Massenanteil an freier Ricinolsäure bestimmt werden. Dazu wurden 2,9581 g der Probesubstanz eingewogen und mit 17,1 mL Kalilauge-Maßlösung, c(KOH) = $0{,}\underline{5}$ mol/L, neutralisiert. Wie groß ist der Massenanteil w(Ricinolsäure) in der Substanz?

14. 14,050 g Ammoniakwasser werden auf 1000 mL verdünnt und 50,0 mL dieser Stammlösung mit 25,0 mL Schwefelsäure, $c(H_2SO_4)$ = $0{,}\underline{1}$ mol/L versetzt. Der Überschuss an Säure wird mit 14,7 mL Natronlauge-Maßlösung, $\tilde{c}$(NaOH) = 0,1 mol/L (t = 1,008), zurücktitriert. Berechnen Sie den Massenanteil $w(NH_3)$ der Lösung.

15. 1,850 g Kalksteinprobe werden mit 50,0 mL Schwefelsäure-Maßlösung der Äquivalent-Konzentration $\tilde{c}(\frac{1}{2}\,H_2SO_4)$ = 1 mol/L (t = 1,012), versetzt. Das entstehende CO_2 entweicht beim anschließenden Aufkochen. Die nicht verbrauchte Säureportion wird mit 18,9 mL Natronlauge-Maßlösung mit $\tilde{c}$(NaOH) = 1 mol/L (t = 0,9985) zurücktitriert. Welchen Massenanteil $w(CaCO_3)$ hat der untersuchte Kalkstein?

16. 20,0 mL einer Kaliumchlorid-Lösung verbrauchen bei einer Bestimmung nach Mohr 19,75 mL Silbernitrat-Maßlösung, $\tilde{c}(AgNO_3)$ = 0,1 mol/L (t = 0,989). Wie groß ist die Massenkonzentration β(KCl) der KCl-Lösung?

17. 20,0 mL einer mit Natriumchlorid verunreinigten Zellenlauge werden im Messkolben auf 500 mL aufgefüllt. 20,0 mL der Verdünnung verbrauchen zur Neutralisation 29,5 mL Salzsäure-Maßlösung, $\tilde{c}$(HCl) = 0,1 mol/L (t = 1,008). Für die anschließende argentometrische Bestimmung der Chlorid-Ionen werden 25,80 mL Silbernitrat-Maßlösung, $\tilde{c}(AgNO_3)$ = 0,1 mol/L (t = 0,983), verbraucht. Berechnen Sie die Konzentrationen β(NaOH) und $\beta(Cl^-)$ in der untersuchten Lauge.

18. 20,0 mL einer mit Kochsalz verunreinigten Abfall-Salzsäure werden im Messkolben auf 500 mL verdünnt. 25,0 mL der Stammlösung verbrauchen zur Neutralisation 28,15 mL Natronlauge-Maßlösung mit $\tilde{c}$(NaOH) = 0,1 mol/L (t = 0,979). Die Chlorid-Ionen in der neutralisierten Lösung verbrauchen 32,25 mL Silbernitrat-Maßlösung der Konzentration $\tilde{c}(AgNO_3)$ = 0,1 mol/L (t = 1,016). Berechnen Sie die Massenkonzentrationen β(HCl) und β(NaCl) in der Abfallsäure.

19. Bei der komplexometrischen Bestimmung von Nickel-Ionen werden 20,0 mL Probelösung zu 250 mL aufgefüllt. 25,0 mL der Verdünnung werden mit 20,0 mL EDTA-Maßlösung, c(EDTA) = $0{,}0\underline{2}$ mol/L versetzt. Der EDTA-Überschuss verbraucht 12,90 mL Maßlösung der Konzentration $c(MgSO_4)$ = $0{,}0\underline{2}$ mol/L. Berechnen Sie die Massenkonzentration an Nickel-Ionen.

20. Zur Bestimmung des Gehalts an Cadmium-Ionen Cd^{2+} werden 20,0 mL Abwasserprobe zu 250 mL Stammlösung aufgefüllt. 50,0 mL der Verdünnung verbrauchen 21,05 mL EDTA-Maßlösung, $\tilde{c}$(EDTA) = 0,02 mol/L (t = 0,988). Welche Massenkonzentration $\beta(Cd^{2+})$ hat das Abwasser?

21. Zur komplexometrischen Calciumbestimmung werden 30,0 mL einer Lösung auf 250 mL verdünnt. 50,0 mL der Verdünnung werden mit 10,0 mL Zinksulfat-Lösung $\tilde{c}(ZnSO_4)$ = 0,05 mol/L (t = 0,984), versetzt. Bei der Titration gegen Eriochromschwarz T werden 35,0 mL EDTA-Maßlösung, c(EDTA) = $0{,}0\underline{5}$ mol/L verbraucht. Welche Massenkonzentration β(Ca) hat die Ausgangslösung?

22. 5,0 mL Wasserstoffperoxidlösung H_2O_2 der Dichte 1,018 g/mL werden in einen Messkolben pipettiert und auf 250 mL aufgefüllt. 25,0 mL dieser Stammlösung verbrauchen bei einer Dreifachbestimmung 22,1 mL, 22,25 mL und 22,2 mL Kaliumpermanganat-Maßlösung der Konzentration $\tilde{c}(KMnO_4)$ = 0,02 mol/L (t = 1,020). Welche Massenkonzentration $\beta(H_2O_2)$ und welchen Massenanteil $w(H_2O_2)$ hat die untersuchte Lösung?

23. 11,15 g Chlorwasser werden verdünnt und mit Kaliumiodid im Überschuss versetzt. Die freigesetzte Iodportion verbraucht zur Reduktion 22,25 mL Maßlösung der Konzentration $c(Na_2S_2O_3)$ = $0{,}\underline{1}$ mol/L. Welchen Massenanteil $w(Cl_2)$ hat das Chlorwasser?

8.3 Maßanalytische Bestimmungen mit elektrochemischen Methoden

Der Endpunkt einer Titration, der Äquivalenzpunkt, kann durch den Farbumschlag von Indikatoren oder durch Messung geeigneter elektrischer Größen ermittelt werden. Dies können unter anderem die Änderung der Potenzialdifferenz zwischen zwei Halbelementen (Potenziometrie) oder die Änderung der elektrischen Leitfähigkeit (Konduktometrie) sein. Diese Methoden werden eingesetzt, wenn der Farbumschlag von Indikatoren nicht erkennbar oder die Äquivalenzpunkterkennung erschwert ist.

Da bei der Potenziometrie und der Konduktometrie kontinuierliche Messwerte des Titrationsverlaufes anfallen, sind beide Methoden insbesondere zur Automatisierung von Titrationsverfahren und dadurch für den Einsatz zur Überwachung und Steuerung chemischer Prozesse geeignet.

8.3.1 Potenziometrische Neutralisationstitrationen

Die potenziometrische Neutralisationstitration, kurz **Potenziometrie** (potentiometry) genannt, wird häufig in der Analytik angewandt; vor allem für die Messung des pH-Wertes.

Bei der Potenziometrie wird in der Messelektrode eine von der Konzentration $c(H_3O^+)$ abhängige Potenzialdifferenz gemessen.

Die pH-Wert-Messungen werden in der Regel mit Einstab-Elektroden durchgeführt, in der Messelektrode und Bezugselektrode vereinigt sind **(Bild 1).** Pro eine pH-Einheit wird in der Messelektrode eine Spannung von 59 mV erzeugt, die im Anzeigegerät in einen pH-Wert umgerechnet wird.

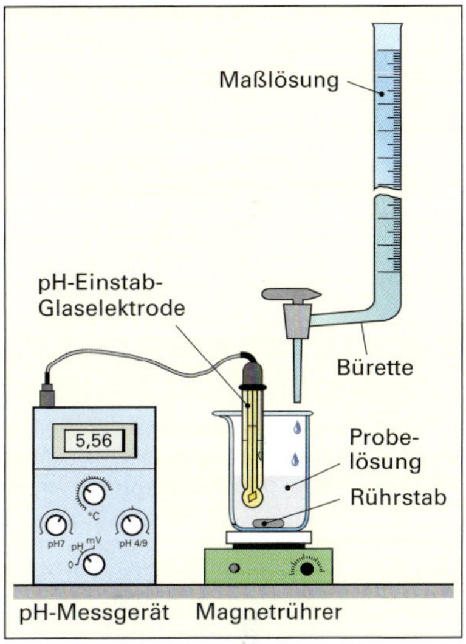

Bild 1: pH-Messung bei der Neutralisationstitration

Titration starker und schwacher Säuren und Basen

Wird bei einer Säure-Base-Titration der Verbrauch an Maßlösung gegen den pH-Wert der Probe in ein Koordinatensystem eingetragen, so erhält man eine Titrationskurve **(Bild 2).**

Der **Äquivalenzpunkt** (equivalent point) liegt im Wendepunkt der Titrationskurve, dem Punkt maximaler Steigung. Den Verbrauchswert an Maßlösung erhält man durch Fällen des Lots im Äquivalenzpunkt auf die Verbrauchsachse.

Beispiel 1: Titration einer starken Säure mit einer starken Base

10 mL Salzsäure der Konzentration, $c(HCl)$ = 0,1 mol/L werden mit Natronlauge-Maßlösung, $c(NaOH)$ = 0,1 mol/L, titriert.

Reaktion: $HCl_{(aq)} + NaOH_{(aq)} \longrightarrow NaCl_{(aq)} + H_2O_{(l)}$

Man erhält die nebenstehende Titrationskurve (Bild 2).

Die Kurve beginnt im stark sauren Bereich, da Salzsäure als starke Säure vollständig dissoziiert vorliegt. Der pH-Wert steigt zunächst nur sehr geringfügig, ab pH 3 stärker und in der Nähe des Äquivalenzpunktes sprunghaft an. Nach dem Äquivalenzpunkt ist der pH-Anstieg wieder gering, um schließlich einem Grenzwert entgegenzustreben. Bei der Titration starker einprotoniger Säuren wie HCl und HNO_3 mit starken Basen wie NaOH und KOH hat die Lösung im Äquivalenzpunkt den Wert pH = 7, er wird deshalb auch *Neutralpunkt* genannt.

Die geringe Anfangssteigung der Titrationskurve erklärt sich aus der logarithmischen Skale des pH-Wertes: Die Konzentration $c(H_3O^+)$ muss auf 1/10 der Anfangskonzentration verringert werden, damit der pH-Wert vom Anfangswert pH 1 auf pH 2 steigt.

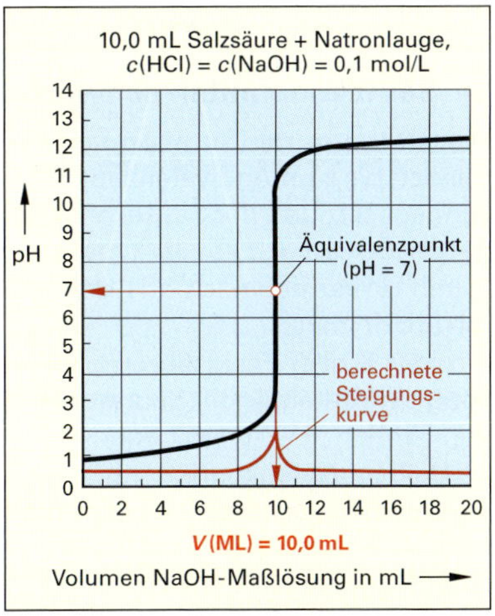

Bild 2: Titrationskurve für eine starke Säure und eine starke Base

Dazu ist ein Zusatz von 9 mL Maßlösung erforderlich (90 % der H_3O^+-Ionen sind neutralisiert). Für einen Anstieg auf pH 3 muss die Konzentration $c(H_3O^+)$ wiederum auf 1/10 verringert werden: Das bewirkt eine Zugabe von 0,9 mL Maßlösung (99 % der H_3O^+-Ionen sind neutralisiert). Bis pH 4 sind mit weiteren 0,09 mL 99,9 % der H_3O^+-Ionen neutralisiert. Bei pH 7 liegen nur noch die H_3O^+-Ionen aus der Eigenprotolyse des Wassers vor.

Bis pH 7 verringert sich das Volumen an Maßlösung für den Anstieg einer pH-Einheit jeweils um den Faktor 1/10. Deshalb bewirkt nahe am Äquivalenzpunkt schon der Zusatz von wenig Maßlösung eine starke pH-Änderung.

Ermittlung des Äquivalenzpunktes

Aus der Titrationskurve ist ersichtlich, welcher Indikator für die Erkennung des Äquivalenzpunktes (equivalent point) geeignet ist. Er muss im Bereich der sprunghaften pH-Änderung seine Farbe ändern. Bei der Titration starker Säuren mit starken Basen muss sein Umschlagbereich zwischen pH 4 und pH 10 liegen.
Der Äquivalenzpunkt befindet sich im Steigungsmaximum der Titrationskurve. **Bild 1** zeigt die zeichnerische Lösung für die Ermittlung. Dazu werden zwei parallele Tangenten an den Kurvenradius gelegt. Der Äquivalenzpunkt ist im Schnittpunkt der zugehörigen Mittelparallelen mit der Titrationskurve.

Beispiel 2: Titration einer schwachen Säure mit starker Base

10,0 mL Essigsäure, $c(CH_3COOH) = 0,\underline{1}$ mol/L, werden mit Natronlauge-Maßlösung, $c(NaOH) = 0,\underline{1}$ mol/L, titriert (Bild 1).

Reaktion: $CH_3COOH_{(aq)} + NaOH_{(aq)} \longrightarrow CH_3COONa_{(aq)} + H_2O_{(l)}$

Die Titrationskurve der Essigsäure beginnt im Vergleich zur Kurve der Salzsäure bei einem höheren pH-Wert: Essigsäure ist als schwache Säure nur teilweise protolysiert, die Anfangskonzentration $c(H_3O^+)$ ist geringer. Der pH-Wert steigt auch hier zunächst nur relativ langsam, im Bereich des Äquivalenzpunktes dagegen sprunghaft an. Im Äquivalenzpunkt sind alle abdissoziierten Protonen der Essigsäuremoleküle durch Hydroxid-Ionen der Natronlauge neutralisiert.

Der Äquivalenzpunkt ist, wie bei allen Titrationen *schwacher Säuren* mit *starken Basen*, in den *basischen* Bereich verschoben. Ursache ist der basische Charakter der Acetat-Ionen CH_3COO^- ($pK_B = 9,24$). Der Verbrauch beträgt $V(ML) = 10,0$ mL.

Ein geeigneter Indikator muss seinen Umschlagbereich zwischen pH 7,5 und pH 10 haben, hier hat die Kurve ihren Potenzialsprung. Im Bereich nach dem Äquivalenzpunkt ist der Kurvenverlauf deckungsgleich mit der HCl-Bestimmung, da die gleiche Maßlösung verwendet wurde.

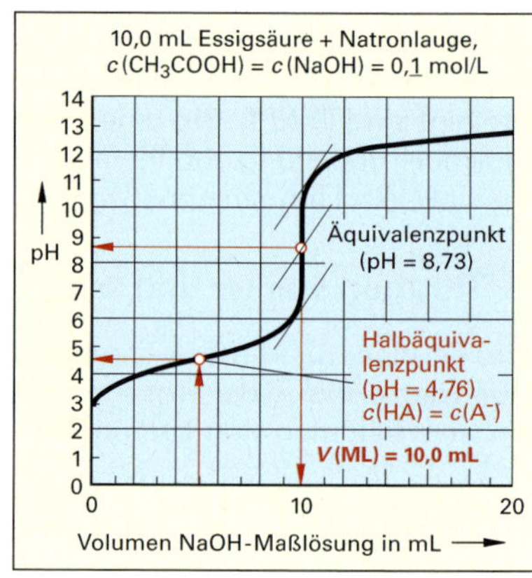

Bild 1: Titrationskurve einer schwachen Säure mit starker Base

Aus der Titrationskurve einer schwachen Säure (Base) kann im Halbäquivalenzpunkt (dem halbierten Verbrauchswert vom Äquivalenzpunkt) der pK_S-Wert (pK_B-Wert) der Säure (Base) abgelesen werden.

Säurekonstanten schwacher Säuren

Die pH-Werte der Titration von Essigsäure mit Natronlauge im Bereich bis zum Äquivalenzpunkt können mithilfe des Massenwirkungsgesetz und der Säurekonstante der Essigsäure (Ethansäure) $K_S(CH_3COOH) = 1,75 \cdot 10^{-5}$ mol/L errechnet werden:

$$K_S = \frac{c(H_3O^+) \cdot c(CH_3COO^-)}{c(CH_3COOH)}$$

Durch Umformen nach $c(H_3O^+)$ und anschließendes Logarithmieren erhält man:

$$pH = pK_S - \lg \frac{c(CH_3COOH)}{c(CH_3COO^-)}$$

Sind 10 % aller Essigsäuremoleküle neutralisiert, liegt in der Lösung ein Verhältnis der Säuremoleküle zu den Acetat-Ionen von 9:1 vor. Für den pH-Wert gilt dann:

$$pH = 4,76 - \lg 9 = 3,81$$

Im **Halbäquivalenzpunkt**, d.h. nach Zugabe des halben Natronlauge-Volumens bis zum Äquivalenzpunkt, sind 50 % aller Essigsäuremoleküle neutralisiert, das Stoffmengenverhältnis Säuremoleküle zu Acetat-Ionen beträgt $c(HA) = c(A^-)$.
Für diesen Punkt gilt $pH = pK_S = 4,76$ (Lösung in Bild 1).

Im Halbäquivalenzpunkt schwacher Säuren gilt:

$$pH = pK_S - \lg 1$$
$$pH = pK_S$$

Aus der Titrationskurve *schwacher* Säuren kann somit der pK_S-Wert der Säure bestimmt werden (Bild 1), aus der Titrationskurve *schwacher* Basen der pK_B-Wert der titrierten Base.

Aufgaben zu Potentiometrische Neutralisationstitrationen

1. **Bild 1** zeigt den Verlauf einer potentiometrischen Bestimmung von 10,0 mL Ammoniak-Lösung mit Salzsäure-Maßlösung, $c(\text{HCl}) = 0{,}\underline{1}$ mol/L.
   a) Beschreiben Sie den Titrationsverlauf, begründen Sie den Unterschied zu den Kurven in Bild 275/2 und 276/1.
   b) Formulieren Sie die Reaktionsgleichung, berechnen Sie die Massenkonzentration $\beta(NH_3)$.
   c) Ermitteln Sie aus dem Diagramm den pK_S-Wert des Ammonium-Ions NH^{4+}.

2. **Bild 2** zeigt den Titrationsverlauf einer potentiometrischen Bestimmung von 10,0 mL Na_2CO_3-Lösung und Salzsäure $c(\text{HCl}) = 0{,}\underline{1}$ mol/L.
   a) Beschreiben Sie den Titrationsverlauf, begründen Sie die Lage der Äquivalenzpunkte mithilfe der Reaktionsgleichungen.
   b) Berechnen Sie die Massenkonzentration $\beta(Na_2CO_3)$ in der Ausgangslösung.
   c) Ermitteln Sie aus dem Diagramm die pK_S-Werte der Kohlensäure H_2CO_3.

3. 10 mL Oxalsäure werden potentiometrisch mit Natronlauge, $c(\text{NaOH}) = 0{,}\underline{1}$ mol/L, titriert ($pK_{S1} = 1{,}24$, $pK_{S2} = 5{,}17$).
   a) Berechnen Sie den Anfangs-pH-Wert der Säure-Lösung, bei einer Konzentration $c(\text{Säure}) = 0{,}10$ mol/L.
   b) Skizzieren Sie den zu erwartenden Titrationsverlauf, kennzeichnen Sie alle bekannten Punkte der Kurve.

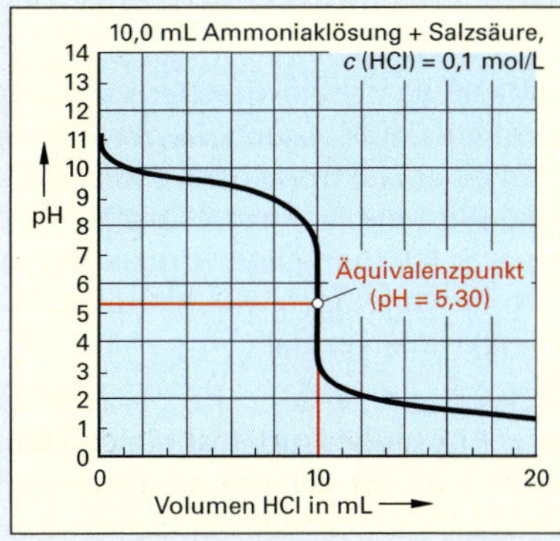

Bild 1: Titrationskurve einer schwachen Base mit starker Säure (Aufg. 1)

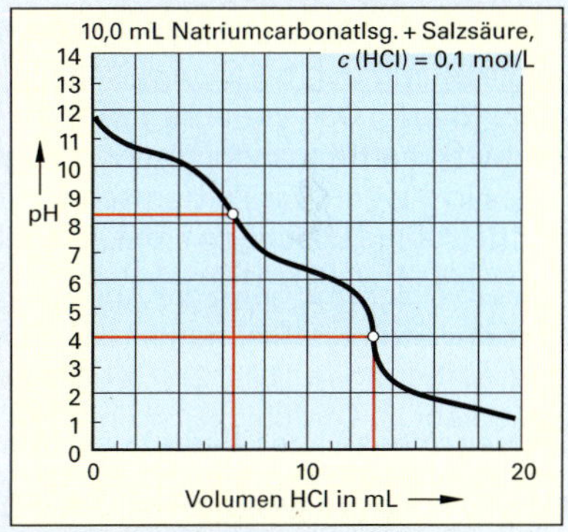

Bild 2: Titrationskurve von Soda-Lösung mit Salzsäure (Aufg. 2)

4. 10,0 mL Propansäure C_2H_5COOH wurden mit Natronlauge-Maßlösung, $c(\text{NaOH}) = 0{,}\underline{1}$ mol/L, titriert. Dabei wurden folgende Messwerte erhalten:

mL NaOH	0	1	2	3	4	5	6	7	8	9	10	11	12	13	14	15	16	17
pH-Wert	2,9	3,8	4,2	4,4	4,6	4,7	4,9	5,0	5,2	5,3	5,6	5,9	8,8	11,6	11,9	12,1	12,2	12,3

   a) Formulieren Sie die Reaktionsgleichung.
   b) Zeichnen Sie ein Titrationsdiagramm und bestimmen Sie den Äquivalenzpunkt.
   c) Ermitteln Sie die Massenkonzentration $\beta(C_2H_5COOH)$.
   d) Ermitteln Sie den pK_S-Wert der untersuchten Säure. Vergleichen Sie mit dem Tabellenwert.

5. 10,0 mL Phosphorsäure-Lösung H_3PO_4 werden mit Natronlauge-Maßlösung $c(\text{NaOH}) = 0{,}\underline{1}$ mol/L titriert. Erhaltene Messwerte:

mL NaOH	0	1	2	3	4	5	6	7	8	9	10	11	12	13
pH-Wert	1,55	1,67	1,79	1,90	2,03	2,16	2,30	2,48	2,70	3,07	5,32	6,32	6,65	6,87
mL NaOH	14	15	16	17	18	19	20	21	22	23	24	25	26	27
pH-Wert	7,06	7,24	7,42	7,62	7,87	8,29	10,5	11,2	11,5	11,7	11,8	11,9	12,0	12,0

   a) Formulieren Sie die Reaktionsgleichung.
   b) Zeichnen Sie ein Titrationsdiagramm und ermitteln Sie die Massenkonzentration $\beta(H_3PO_4)$.
   c) Ermitteln Sie die pK_S-Werte der Säure. Vergleichen Sie mit den Tabellenwerten von Seite 226.

6. Warum kann der pK_S-Wert von starken Säuren nicht durch eine Halbtitration ermittelt werden?
(Bei diesem Verfahren wird ein bestimmtes Säurevolumen gegen einen Indikator mit Lauge bis zum Äquivalenzpunkt titriert. Zu einer zweiten, gleich großen Portion Säure, wird dann nur die Hälfte des beim ersten Versuches verbrauchten Laugevolumens zugesetzt und der pH-Wert der nicht austitrierten Probe gemessen.)

8

8.3.2 Leitfähigkeitstitrationen (Konduktometrie)

Die Messung der elektrischen Leitfähigkeit von Elektrolytlösungen beruht auf der Messung der Stromstärke I zwischen zwei Elektroden in einer Elektrolytlösung **(Bild 1)**. Aus der gemessenen Stromstärke wird die Elektrolyt-Leitfähigkeit κ (griech. Kleinbuchstabe Kappa, S. 401) berechnet. Praxis-Messungen werden mit Wechselstrom durchgeführt, weil hier die Konzentrationspolarisierung an den Elektroden entfällt.

Für Elektrolyte besteht ein charakteristischer Zusammenhang zwischen Elektrolyt-Leitfähigkeit und Konzentration. Somit können Konzentrationen direkt über die Elektrolyt-Leitfähigkeit bestimmt werden. Diese Art der Messung wird vor allem zur Betriebsüberwachung chemischer Anlagen angewandt, z. B. für entsalztes Wasser und Kesselspeisewasser.

Die Messung der Elektrolyt-Leitfähigkeit ist aber auch zur Endpunktbestimmung bei Neutralisations- und Fällungstitrationen geeignet (Bild 1). Das Verfahren wird als **Leitfähigkeitstitration** oder **Konduktometrie** (conductimetry) bezeichnet. Sie wird vor allem eingesetzt, wenn der Farbumschlag von Indikatoren bei farbigen oder getrübten Lösungen nicht erkennbar ist.

In einem Diagramm wird die Änderung der Elektrolyt-Leitfähigkeit (oder der Stromstärke) gegen das zugefügte Volumen an Maßlösung aufgetragen **(Bild 2)**. Der Titrationsendpunkt (Äquivalenzpunkt) liegt im Leitfähigkeitsminimum.

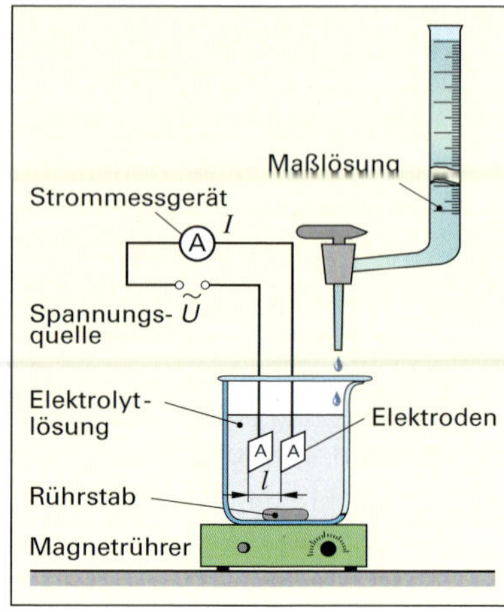

Bild 1: Aufbau zur Durchführung der Konduktometrie

Beispiel 1: Leitfähigkeitstitration einer Natriumchlorid-Lösung mit Silbernitrat-Maßlösung (Bild 2)

10,0 mL einer Natriumchlorid-Lösung werden mit Silbernitrat-Maßlösung, $c(AgNO_3)$ = 0,1 mol/L, titriert. Welche Massenkonzentration $\beta(Cl^-)$ hat die untersuchte Probe?

Reaktionsgleichung in Ionenschreibweise:

$$Na^+_{(aq)} + Cl^-_{(aq)} + Ag^-_{(aq)} + NO^-_{3(aq)} \longrightarrow AgCl_{(s)} + Na^+_{(aq)} + NO^-_{3(aq)}$$

Lösung: Der Verbrauch an $AgNO_3$-Maßlösung im Äquivalenzpunkt wird grafisch durch die zwei-Geradenmethode (Schnittpunkt der Ausgleichsgeraden) ermittelt: $V(ML)$ = 10,0 mL.

Mit der maßanalytischen Äquivalentmasse $\ddot{A}(Cl^-)$ = 3,5453 mg/mL folgt:

$$\boldsymbol{\beta(Cl^-)} = \frac{\ddot{A}(Cl^-) \cdot V(AgNO_3)}{V(\text{Probe})} = \frac{3{,}5453\ \text{mg/mL} \cdot 10{,}0\ \text{mL}}{10{,}0\ \text{mL}} \approx \mathbf{3{,}55\ g/L}$$

Erklärung des Titrationsverlaufes: Die Anfangsleitfähigkeit wird durch dissoziierte Na^+- und Cl^--Ionen verursacht. Die Ag^+-Ionen der zugefügten Maßlösung bilden mit den Cl^--Ionen der Probe-Lösung einen Silberchlorid-Niederschlag, der die Ionenbeweglichkeit behindert. Die Cl^--Ionen werden durch die trägeren NO_3^--Ionen ersetzt. Als Folge sinkt die Leitfähigkeit. Im Äquivalenzpunkt liegt ein Leitfähigkeitsminimum vor, da alle Cl^--Ionen durch Ag^+-Ionen gebunden sind. Die Konzentration der freien Ionen ändert sich bis hier nicht. Wird weiter Maßlösung zugegeben, bleiben die Ag^+-Ionen und NO_3^--Ionen der Maßlösung dissoziiert, die Leitfähigkeit nimmt in Folge der nun steigenden Konzentration freier Ionen wieder zu.

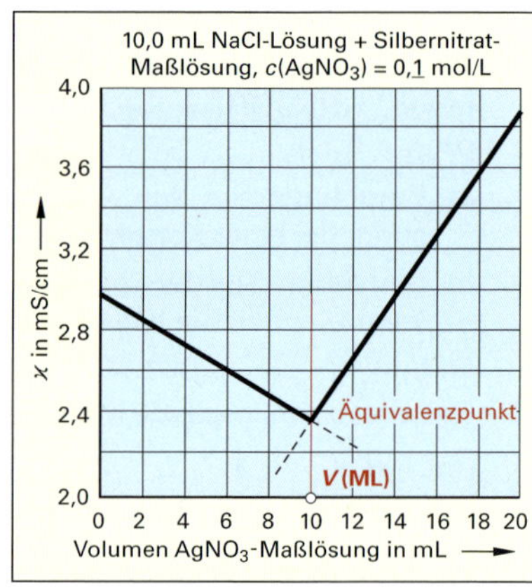

Bild 2: Leitfähigkeitsänderung bei einer Fällungstitration

Beispiel 2: Leitfähigkeitstitration eines Säuregemisches mit Natronlauge-Maßlösung (Bild 3)

10,0 mL einer Lösung, die neben Salpetersäure auch Propansäure enthält, werden mit Natronlauge-Maßlösung, $c(NaOH)$ = 0,1 mol/L, titriert. Welche Konzentrationen $\beta(HNO_3)$ und $\beta(C_2H_5COOH)$ hat die untersuchte Probe?

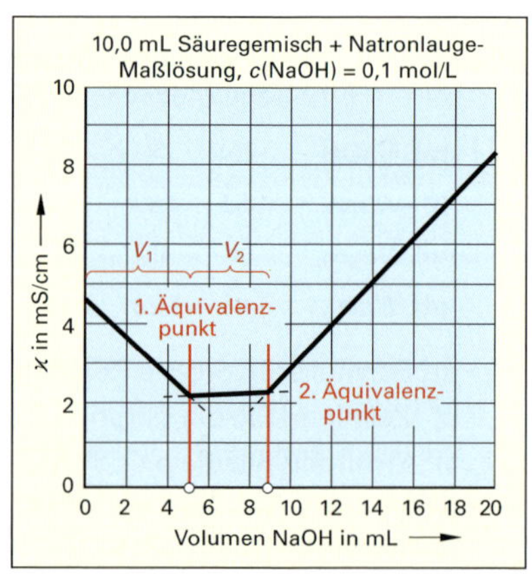

Bild 3: Leitfähigkeitsänderung bei einer Neutralisationstitration

Reaktionsgleichung:

$H_3O^+_{(aq)} + NO^-_{3(aq)} + C_2H_5COOH_{(aq)} + 2\ NaOH_{(aq)} \longrightarrow NaNO_{3(aq)} + C_2H_5COONa_{(aq)} + 3\ H_2O_{(l)}$

Lösung: Der Titrationsverlauf zeigt zwei Äquivalenzpunkte (Bild 3, Seite 278): Bis zum ersten Äquivalenzpunkt bei V_1 = 5,0 mL wird die vollständig protolysierte Salpetersäure (= starke Säure) durch Natronlauge umgesetzt. Die Leitfähigkeit sinkt stark, da die sehr gut leitenden Hydronium-Ionen H_3O^+ neutralisiert werden.

$$\boldsymbol{\beta(HNO_3)} = \frac{\ddot{A}(HNO_3) \cdot V_1(NaOH)}{V(Probe)} = \frac{6{,}3013\ mg/mL \cdot 5{,}0\ mL}{10{,}0\ mL} = 3{,}15065\ mg/mL \approx \mathbf{3{,}2\ g/L}$$

Der Verbrauch an Maßlösung für die Propansäure, die als schwache Säure nur gering protolysiert, ergibt sich als Differenz aus dem Gesamtverbrauch im 2. Äquivalenzpunkt und dem Verbrauch für die Salpetersäure: V_2 = 8,8 mL – 5,0 mL = 3,8 mL.

$$\boldsymbol{\beta(C_2H_5COOH)} = \frac{\ddot{A}(C_2H_5COOH) \cdot V_2(NaOH)}{V(Probe)} = \frac{7{,}4079\ mg/mL \cdot 3{,}8\ mL}{10{,}0\ mL} = 2{,}815\ mg/mL \approx \mathbf{2{,}8\ g/L}$$

Aufgaben zu Leitfähigkeitstitrationen

1. 10,0 mL Natriumsulfat-Lösung, $\tilde{c}(Na_2SO_4) \approx 0{,}1$ mol/L, werden verdünnt und mit Bariumchlorid-Maßlösung, $c(BaCl_2) = 0{,}10$ mol/L, titriert, es fällt schwerlösliches Bariumsulfat aus. Messwerte:

mL Maßlsg.	0	1	2	3	4	5	6	7	8	9	10	11	12	13	14	15	16	17
Leitfähigkeit in mS/cm	5,77	5,47	5,40	5,29	5,20	5,13	5,06	5,00	4,94	4,88	4,83	5,07	5,36	5,64	5,89	6,19	6,43	6,70

a) Formulieren Sie die Reaktionsgleichung in Ionenschreibweise.

b) Tragen Sie die Messwertpaare in ein Koordinatensystem ein, ermitteln Sie den Äquivalenzpunkt und berechnen Sie die Massenkonzentration $\beta(SO_4^{2-})$.

2. 2,734 g Bariumhydroxid-Lösung $Ba(OH)_2$ werden verdünnt und mit Schwefelsäure-Maßlösung, $c(\frac{1}{2}\ H_2SO_4) = 0{,}1$ mol/L, titriert, wobei schwerlösliches Bariumsulfat ausfällt. Messwerte:

mL Maßlsg.	0	1	2	3	4	5	6	7	8	9	10	11	12	13	14	15	16	17
Leitfähigkeit in mS/cm	2,75	2,47	2,06	1,70	1,40	1,08	0,76	0,48	0,17	0,21	0,58	0,99	1,40	1,78	2,16	2,46	2,80	3,11

a) Formulieren Sie die Reaktionsgleichung in Ionenschreibweise.

b) Tragen Sie die Messwertpaare in ein Koordinatensystem ein.

c) Ermitteln Sie den Äquivalenzpunkt und berechnen Sie den Massenanteil $w(Ba(OH)_2)$.

d) Begründen Sie, warum bei dieser Titration die Leitfähigkeit im Äquivalenzpunkt ein besonders niedriges Minimum erreicht.

3. 5,5467 g einer Probe, die Salzsäure neben Essigsäure enthält, wird zu 250 mL Stammlösung verdünnt. 25,0 mL davon werden mit Natronlauge der Konzentration $\tilde{c}(NaOH)$ = 0,1 mol/L (t = 0,978) titriert. Folgende Leitfähigkeiten bei 20 °C werden gemessen:

mL Maßlsg.	0	1	2	3	4	5	6	7	8	9	10	11	12	13	14	15	16	17
Leitfähigk. in mS/cm	4,78	4,58	4,27	3,94	3,65	3,34	3,06	2,80	2,52	2,25	2,01	1,75	1,52	1,38	1,34	1,36	1,39	1,43
mL Maßlsg.	18	19	20	21	22	23	24	25	26	27	28	29	30	31	32	33	34	35
Leitfähigk. in mS/cm	1,47	1,51	1,56	1,60	1,64	1,68	1,72	1,76	1,80	1,87	1,99	2,14	2,29	2,44	2,58	2,70	2,84	2,97

Berechnen Sie mithilfe des Diagramms die Massenanteile $w(HCl)$ und $w(CH_3COOH)$ der Probe.

4. Bei der Bestimmung von Kaliumchlorid neben Kaliumbromid werden 2,4534 g Salzprobe gelöst und auf 250 mL verdünnt. Ein aliquoter Teil von 25,0 mL wird konduktometrisch mit Silbernitrat-Maßlösung, $\tilde{c}(AgNO_3)$ = 0,1 mol/L (t = 0,987), titriert. Bis zum Äquivalenzpunkt werden insgesamt 32,54 mL Maßlösung verbraucht. Welche Massenanteile $w(KCl)$ und $w(KBr)$ hat die Probe?

5. Enthält eine Lösung unterschiedliche Halogenid-Ionen, wird bei der konduktometrischen Titration wegen ihrer geringen Leitfähigkeitsunterschiede nur ein Äquivalenzpunkt erhalten. Entwickeln Sie ein Lösungsschema und mithilfe eines Tabellenkalkulationsprogramms eine Auswertemaske für argentometrische Bestimmungen mit Proben, in denen zwei Halogenid-Ionen neben zwei beliebigen Kationen titriert werden können. Die Kationen können ein- oder mehrwertig sein.

8.4 Bestimmung von Abwasserkennwerten

Die Belastung natürlicher Gewässer erfolgt durch häusliche, industrielle und landwirtschaftliche Abwässer **(Bild 1)**.

Bild 1: Einleitung von verschmutztem Abwasser in einen Fluss

Häusliche Abwässer enthalten im Wesentlichen organische Stoffe, die durch Mikroorganismen unter Verbrauch von Sauerstoff (aerob) weitgehend abbaubar sind.

Abwässer aus Gewerbe, Industrie und Landwirtschaft enthalten zusätzlich Verschmutzungen und Schadstoffe, die teilweise nicht oder nur in beschränktem Umfang durch Mikroorganismen abbaubar sind.

Zudem enthalten sie häufig toxische Stoffe, die das biologische Leben in einem Gewässer schädigen oder sogar vernichten können.

Wichtige Parameter zur Beurteilung des Verschmutzungsgrads eines Abwassers oder Gewässers sind der **biochemische Sauerstoffbedarf BSB** und der **chemische Sauerstoffbedarf CSB**.

8.4.1 Biochemischer Sauerstoffbedarf BSB

Der **biochemische Sauerstoffbedarf** ist eine Kennzahl zur Beschreibung der Verschmutzung eines Wassers mit organischen Stoffen.

Biochemische Grundlagen: Befinden sich organische Stoffe im Wasser, so werden sie bei Vorhandensein geeigneter Mikroorganismen in deren Körpersubstanz aufgenommen, d.h. abgebaut **(Bild 2)**.

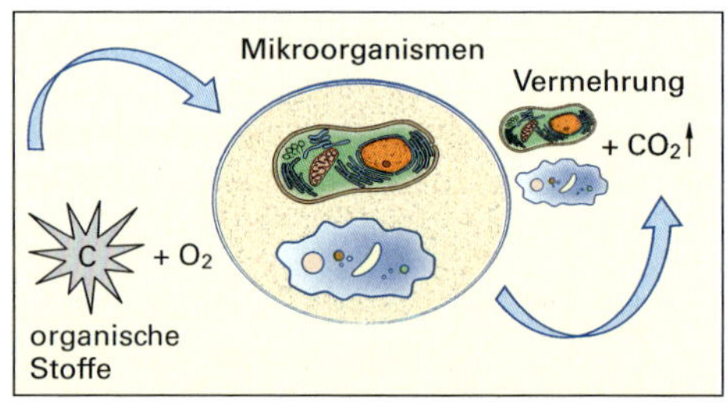

Bild 2: Vorgänge beim Abbau organischer Schadstoffe im Abwasser

Dabei wird Sauerstoff (O_2) verbraucht, man nennt es einen *aeroben Abbau.* Der Sauerstoff wird aus dem Wasser entnommen, in dem er gelöst vorliegt. Bei der Reaktion entstehen weitere Mikroorganismen und Kohlenstoffdioxid (CO_2). Die Mikroorganismen vermehren sich so lange, bis alle organischen Stoffe im Wasser abgebaut sind. Dieser Vorgang läuft auch in einer Kläranlage ab.

Der beim Abbau der organischen Verunreinigung verbrauchte, aus dem Wasser entnommene Sauerstoff steht den anderen Lebewesen im Wasser nicht mehr zur Verfügung. Das kann zum biologischen Absterben bzw. zum „Umkippen" eines Gewässers führen.

Der Verbrauch an Sauerstoff zum Abbau der organischen Stoffe im Wasser dient als Kennzahl.

Der **biochemische Sauerstoffbedarf BSBn** ist definiert als Massenkonzentration $\beta(O_2)$ an gelöstem Sauerstoff im Abwasser (in mg/L), die unter festgelegten Bedingungen durch die biochemische Oxidation von organischen und anorganischen Stoffen verbraucht wird.
Der Index n ist die Anzahl der Tage der Reaktionszeit (Inkubationszeit).
Die englische Bezeichnung lautet: biochemical oxygen demand after n days BODn.

Die biologisch abbaubaren Substanzen im Wasser sind nach 5 Tagen zu etwa 70 % von Mikroorganismen abgebaut; ein annähernd vollständiger aerober Abbau dauert rund 20 Tage. Man ermittelt den BSBn meist nach 5 oder 7 Tagen und bezeichnet ihn als BSB_5 bzw. BSB_7.

Der BSB-Wert ist ein Summenparameter, d.h., er beschreibt nicht den Sauerstoffverbrauch von einzelnen Stoffen, sondern den Verbrauch sämtlicher, durch Mikroorganismen oxidierbaren Stoffe.

Der biochemische Sauerstoffbedarf **BSBn** wird als Parameter genutzt:

- zur Kennzeichnung der Belastung von Abwässern mit organischen Verunreinigungen
- zur Beschreibung der Gewässergüte von natürlichen Gewässern bezüglich organischer Inhaltsstoffe.

Verschmutztes Abwasser hat einen hohen BSBn-Wert, z.B. 524 mg/L; ein wenig belastetes natürliches Gewässer hat einen niedrigen BSBn-Wert, z.B. 42 mg/L.

Zur Bestimmung des biochemischen Sauerstoffbedarfs BSBn gibt es mehrere Verfahren.

BSBn – Bestimmung nach Winkler

Zur Bestimmung des BSBn nach Winkler wird die Probe eines Abwassers um den Faktor 2 verdünnt. Dann werden drei Probeflaschen nach Winkler mit F_1, F_2 und F_3 gekennzeichnet. Die Flaschen F_2 und F_3 werden luftblasenfrei randvoll mit der verdünnten Wasserprobe gefüllt; Flasche F_1 wird nahezu randvoll gefüllt. Die Flaschen F_2 und F_3 werden sofort mit einem unten abgeschrägten Glasstopfen verschlossen und bei 20 °C im Dunkeln 5 Tage (Inkubationszeit) aufbewahrt.

Probe 1 wird mit 0,5 mL Mangan(II)-sulfat-Lösung und 0,5 mL Kaliumiodid-haltiger Natronlauge versetzt. Nach Aufsetzen des unten abgeschrägten Stopfens wird luftfrei verschlossen und kräftig geschüttelt. Nach Absetzen des Niederschlags lässt man aus einer in die Flasche eingetauchten Pipette 0,5 mL konz. Schwefelsäure einfließen und schüttelt nach dem Verschließen kräftig durch.

Von der Probe F_1 werden 25,0 mL abpipettiert und nach Zugabe von 3 Tropfen Stärkelösung bis zum Verschwinden der blauen Farbe Natriumthiosulfat-Maßlösung titriert. Man erhält den Thiosulfat-Verbrauch V_1(ML). ML steht für Maßlösung.

Nach 5 Tagen Inkubationszeit werden die Proben 2 und 3 in gleicher Weise behandelt und titriert. Man erhält die Thiosulfat-Verbräuche V_2(ML) und V_3(ML). Die Thiosulfat-Verbräuche V_1(ML), V_2(ML) und V_3(ML) dienen zur Berechnung des verbrauchten Sauerstoffs $\beta(O_2)$ und damit des BSBn-Wertes (siehe unten).

Bei der **Sauerstoffbestimmung nach Winkler** oxidiert der im Wasser gelöste Sauerstoff die zugefügten Mn^{2+}-Ionen in basischer Lösung zu Mangan(III)-hydroxid (a). Beim Ansäuern entstehen freie Mn^{3+}-Ionen (b), die bei Zugabe von überschüssigem Kaliumiodid eine äquivalente Menge an Iod freisetzen (c). Das ausgeschiedene Iod wird durch Titration mit Natriumthiosulfat-Maßlösung quantitativ bestimmt (d).

Folgende Einzelreaktionen laufen bei der Sauerstoffbestimmung nach Winkler ab:

a) $4\,Mn^{2+}_{(aq)} + 8\,OH^-_{(aq)} + 2\,H_2O_{(l)} + O_{2(aq)} \longrightarrow 4\,Mn(OH)_{3(s)}$

b) $4\,Mn(OH)_{3(s)} + 12\,H^+_{(aq)} \longrightarrow 4\,Mn^{3+}_{(aq)} + 12\,H_2O_{(l)}$

c) $4\,Mn^{3+}_{(aq)} + 4\,I^-_{(aq)} \longrightarrow 4\,Mn^{2+}_{(aq)} + 2\,I_{2(aq)}$

d) $4\,S_2O^{2-}_{3(aq)} + 2\,I_{2(aq)} \longrightarrow 2\,S_4O^{2-}_{6(aq)} + 4\,I^-_{(aq)}$

Die Stoffmengenbilanz lautet: $4\text{ mol } S_2O_3^{2-} \Leftrightarrow 2\text{ mol } I_2 \Leftrightarrow 1\text{ mol } O_2 \Rightarrow$ **$1\text{ mol } S_2O_3^{2-} \Leftrightarrow 0{,}25\text{ mol } O_2$**

Die Reaktion dieser iodometrischen Titration verläuft als Redox-Reaktion, d. h., durch Elektronenaustausch der reagierenden Stoffe. Bei der Titrationsreaktion (d) wird das Iod I_2 durch die Thiosulfat-Ionen $S_2O_3^{2-}$ zu Iodid-Ionen I^- reduziert.

Aus den Verbrauchswerten an Thiosulfat-Maßlösung V_1(ML) unmittelbar nach Probenahme sowie V_2(ML) und V_3(ML) nach 5 Tagen bei 20 °C lässt sich der BSB_5-Wert ($\triangleq \beta(O_2)$) nach nebenstehender Größengleichung berechnen.

Diese Gleichung ergibt sich aus der Grundgleichung maßanalytischer Bestimmungen (Seite 253), f_a = Verdünnungsfaktor.

Biochemischer Sauerstoffbedarf nach Winkler

$$BSB_5 = \beta(O_2) = \frac{M(O_2) \cdot c(S_2O_3^{2-}) \cdot \Delta V(S_2O_3^{2-}) \cdot f_a}{z^*(O_2) \cdot V(\text{Probe})}$$

$$\text{Mit } \Delta V(S_2O_3^{2-}) = \Delta V(\text{ML}) = V_1(\text{ML}) - \frac{V_2(\text{ML}) + V_3(\text{ML})}{2}$$

Für eine Thiosulfat-Maßlösung mit $c(S_2O_3^{2-})$ = 10,0 mmol/L vereinfacht sich mit $M(O_2)$ = 32,00 g/mol und $z^*(O_2)$ = 4 die Größengleichung wie folgt:

$$BSB_5 = \beta(O_2) = \frac{80{,}00\text{ mg} \cdot \Delta V(S_2O_3^{2-}) \cdot f_a}{\text{L} \quad V(\text{Probe})}$$

Beispiel: Eine BSBn-Bestimmung nach Winkler eines biologisch geklärten Abwassers ergibt bei der Titration mit Natriumthiosulfat-Maßlösung zur Sauerstoffbestimmung folgende Werte:
V_1(ML) = 10,55 mL Natriumthiosulfat-Maßlösung, $c(Na_2S_2O_3)$ = 0,01 mol/L = 10,0 mmol/L,
V_2(ML) = 8,55 mL; V_3(ML) = 8,75 mL Thiosulfat-Maßlösung.
Wie groß ist der BSB_5 des Abwassers?

$\Delta V(S_2O_3^{2-}) = V_1(\text{ML}) - ((V_2(\text{ML}) + V_3(\text{ML}))\,/\,2 = 10{,}55\text{ mL} - (8{,}85\text{ mL} + 8{,}75\text{ mL})\,/\,2 = 1{,}75\text{ mL}$

Lösung: $\mathbf{BSB_5} = \beta(O_2) = \frac{80{,}00\text{ mg} \cdot \Delta V(S_2O_3^{2-}) \cdot f_a}{\text{L} \quad V(\text{Probe})} = \frac{80{,}00\text{ mg} \cdot 1{,}75\text{ mL} \cdot 2}{\text{L} \quad 25{,}0\text{ mL}} = \mathbf{11{,}2\text{ mg/L}}$

BSBn-Bestimmung nach DIN EN 1899-2 bzw. DIN EN ISO 5815

Für **schwach verschmutzte Abwässer** mit einem BSBn von 0,5 mg/L bis 6,0 mg/L wird die BSBn-Bestimmung mit unverdünntem Abwasser durchgeführt.

Das Schema der Bestimmung zeigt **Bild 1**. Die Abwasserprobe wird auf 20 °C thermostatiert und die Sauerstoff-Massenkonzentration $\beta_1(O_2)$ gemessen. Die Messung erfolgt meist mit einer Sauerstoffsonde gemäß DIN EN 25813. Die Probe wird mit einer kleinen Menge an Mikroorganismen (Kläranlagen-Ablauf) geimpft.

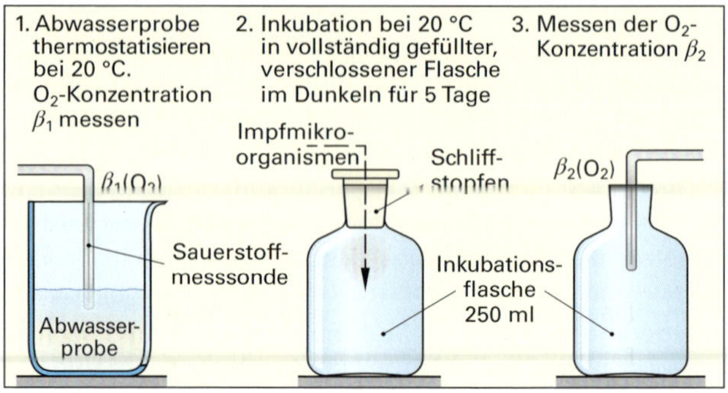

Bild 1: Schema der BSBn-Bestimmung nach DIN EN 1899-2

Nach Einfüllen und luftdichtem Verschließen der Reaktionsflasche wird sie für 5 Tage (Inkubationszeit) in einen Thermostat mit 20 °C gestellt. In dieser Zeit reagieren die Mikroorganismen mit den organischen Stoffen in der Abwasserprobe. Anschließend wird die Sauerstoff-Konzentration $\beta_2(O_2)$ bestimmt.

Die **Berechnung** des biochemischen Sauerstoffbedarfs BSBn erfolgt als Differenz der gemessenen Sauerstoff-Massenkonzentrationen $\beta_1(O_2)$ vor und $\beta_2(O_2)$ nach der Reaktion.

Biochemischer Sauerstoffbedarf

$$BSB_n = \beta_1(O_2) - \beta_2(O_2)$$

Beispiel: Bei einer BSBn-Bestimmung nach DIN EN 1899-2 werden in der Abwasserprobe die O_2-Massenkonzentration $\beta_1(O_2) = 8{,}7$ mg/L und nach der Reaktion $\beta_2(O_2) = 3{,}9$ mg/L gemessen. Welchen BSBn-Wert hat die Abwasserprobe?

Lösung: **BSBn** = $\beta_1(O_2) - \beta_2(O_2) = 8{,}7\ \text{mg/L} - 3{,}9\ \text{mg/L} =$ **3,8 mg/L**

Für **stark verschmutzte Abwässer** mit einem BSBn-Wert von 3 mg/L bis 6000 mg/L wird eine BSBn-Bestimmung mit Verdünnung der Abwasserprobe durchgeführt. Der Ablauf der Bestimmung ist ähnlich wie in Bild 1 gezeigt. Dabei wird die Abwasserprobe mit an Sauerstoff angereichertem Verdünnungswasser verdünnt und mit Impfmikroorganismen (Kläranlagen-Ablauf) sowie Allylthioharnstoff (als Nitrifikationshemmer) versetzt. Die Durchführung ist in DIN EN 1890-1 festgelegt. Die Berechnung des BSBn-Werts erfolgt mit nebenstehender Gleichung. Es sind:

β_1, β_2 — O_2-Massenkonzentrationen in der Probe
β_3, β_4 — O_2-Massenkonzentration im Verdünnungswasser
V_{Pr} — Volumen der Abwasserprobe
V_t — Gesamtvolumen = V_{Pr} + Verd.wasser

Biochemischer Sauerstoffbedarf mit Verdünnung

$$BSB_n = \left[(\beta_1 - \beta_2) - \frac{V_t - V_{Pr}}{V_t} \cdot (\beta_3 - \beta_4)\right] \cdot \frac{V_t}{V_{Pr}}$$

Respirometrische BSBn-Bestimmung nach DIN EN 10707

Die respirometrische BSBn-Bestimmung in der Flasche wird überwiegend in der Abwasseranalytik in Kläranlagen eingesetzt. Der BSBn-Wert wird dabei indirekt über eine Unterdruckmessung ermittelt.

Die Messung wird in einer Braunglasflasche mit Druckmesskopf und CO_2-Absorber durchgeführt **(Bild 2)**. Zur BSBn-Bestimmung wird die Messflasche (ca. 500 ml) zur Hälfte bis 2/3 mit dem zu bestimmenden Abwasser gefüllt. Nach Zugabe von Impf-Mikroorganismen und Nitrifikationshemmer wird ein Magnetrührstäbchen zugegeben und die Flasche mit dem schraubbaren Druckmesskopf luftdicht verschlossen. Dann wird die Flasche auf einer Magnetrührerplatte für 5 Tage zur Reaktion im Thermostat (20 °C) gerührt.

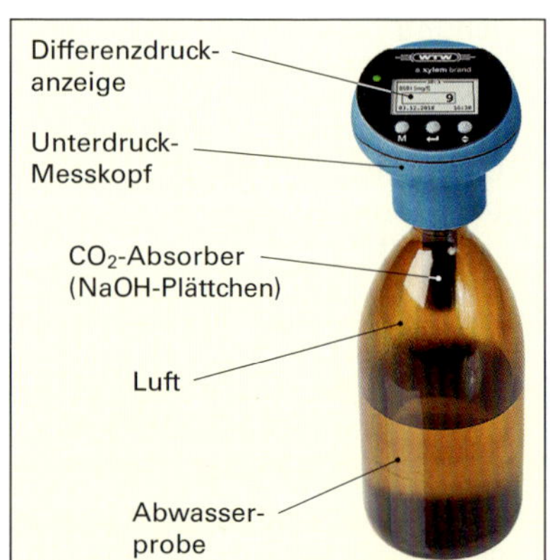

Bild 2: Braunglasflasche mit Druckmesskopf zur BSBn-Bestimmung

In der Flasche reagieren die Mikroorganismen und verbrauchen dabei Sauerstoff (siehe Bild 2, Seite 280). Aus 1 mol Sauerstoff O_2 wird 1 mol Kohlenstoffdioxid CO_2. Sie nehmen dasselbe Volu-

men ein. Der im Flaschenhals eingebaute CO_2-Absorber (NaOH-Plättchen) absorbiert das entstandene CO_2:
$2\,NaOH_{(f)} + CO_{2(g)} \longrightarrow Na_2CO_{3(f)} + H_2O_{(fl)}$

Der in der Flasche entstehende Unterdruck ist dem Verbrauch an Sauerstoff zuzuordnen; er entspricht dem Sauerstoff-Partialdruck. Er ist ein Maß für den verbrauchten Sauerstoff im Abwasser und damit für den BSBn-Wert. Er wird mit der rechts stehenden Formel berechnet. Darin sind:

$M(O_2)$ Molare Masse des Sauerstoffs = 31,999 g/mol
R Allgemeine Gaskonstante 0,08314 (bar · L) / (K · mol)
T_o = 273,15 K; T_m = 293,15 K (≙ 20°C)
V_{Fl} Flaschenvolumen, V_{Pr} Probenvolumen
α Bunsen'scher Absorptionskoeffizient (0,03103)
$\Delta p(O_2)$ Abnahme des O_2-Partialdrucks

Respirometrischer BSBn-Wert

$$\text{BSBn} = \frac{M(O_2)}{R \cdot T_m} \cdot \left(\frac{V_{Fl} - V_{Pr}}{V_{Fl}} + \alpha \frac{T_m}{T_0} \right) \cdot \Delta p(O_2)$$

Beispiel: Bei einer BSBn-Bestimmung mit der respirometrischen Methode nach DIN EN 10707 wird ein Sauerstoff-Druckabfall von 219 mbar gemessen.
Das Probenvolumen beträgt 200,0 mL, das Flaschenvolumen 500,0 mL.
Welcher BSBn-Wert kann daraus berechnet werden?

Lösung: $$\textbf{BSBn} = \frac{31{,}999\ \text{g/mol}}{0{,}08314\ (\text{bar} \cdot \text{L})/\text{K} \cdot \text{mol} \cdot 293{,}19\ \text{K}} \cdot \left(\frac{500\ \text{mL} - 200\ \text{mL}}{500\ \text{mL}} + 0{,}03103 \cdot \frac{293{,}15\ \text{K}}{273{,}15\ \text{K}} \right) \cdot 0{,}219\ \text{bar}$$

$$\approx 115 \cdot 10^3 \frac{\text{g}}{\text{bar} \cdot \text{L}} (0{,}600 + 0{,}033) \cdot 0{,}219\ \text{bar} \approx 15{,}9 \cdot 10^3\ \text{g/L} \approx \mathbf{15{,}9\ g/mL}$$

Es gibt auch **BSBn-Bestimmungsflaschen mit automatischem Auswertekopf** (Bild 2, Seite 282). Er misst die Druckabnahme $\Delta p(O_2)$ und berechnet mit standardisiertem Flaschen- und Probenvolumen den BSBn-Wert. Der BSBn-Wert wird auf einem Display angezeigt.

8

BSBn – Bestimmung mit dem Fotometer

Die Durchführung erfolgt in Anlehnung an DIN EN 1899-2 mit Verdünnung der Abwasserprobe (Seite 282, Mitte). Die Bestimmung der Sauerstoff-Massenkonzentration in der Ausgangsprobe sowie in der Probe nach der Inkubationszeit erfolgt indirekt mit einem Fotometer **(Bild 1)**.

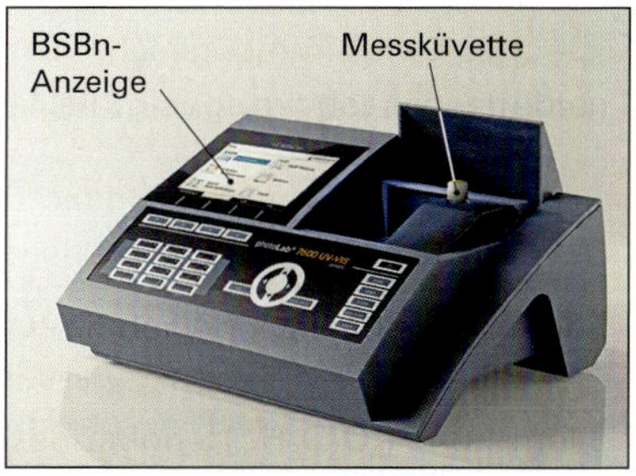

Bild 1: Fotometer zur BSBn-Bestimmung

Dazu werden der Abwasserprobe Farbreagenzien zugegeben. Sie enthalten Mn^{2+}-Ionen und Triplex II als Farbbildner.

Der in der Abwasserprobe vorhandene Sauerstoff (O_2) oxidiert die Mn^{2+}-Ionen : $4\,Mn^{2+} + O_2 + 4\,H^+ \longrightarrow 4\,Mn^{3+} + 2\,H_2O$.

Die Mn^{3+}-Ionen bilden mit Triplex II einen roten Farbkomplex: Je nach O_2-Gehalt ist die Rotfärbung schwach oder intensiver. Dies wird fotometrisch gemessen (Fotometrie siehe Seite 298) und in eine O_2-Massenkonzentration umgewertet. Daraus wird der BSBn-Wert geräteintern berechnet und auf dem Display angezeigt.

Aufgabe zur Bestimmung des BSBn-Werts nach DIN EN 1899-2

Aus einem Zufluss mit stark verschmutztem Abwasser in ein natürliches Gewässer wird eine Probe genommen (Probevolumen 20,0 mL). Es soll der BSBn-Wert nach DIN EN 1899-2 bestimmt werden. Dazu wird die Abwasserprobe mit Verdünnungswasser auf 200,0 mL aufgefüllt.

Die O_2-Massenkonzentrationen werden mit einer Sauerstoffsonde gemessen. Man erhält:

In der Abwasserprobe: $\beta_1(O_2)$ = 211,3 mg/L; Nach der Inkubation: $\beta_2(O_2)$ = 8,4 mg/L

Im Verdünnungswasser: $\beta_3(O_2)$ = 2,7 mg/L; Nach der Inkubation: $\beta_4(O_2)$ = 1,2 mg/L

Wie groß ist der BSBn-Wert?

8.4.2 Chemischer Sauerstoffbedarf CSB

Der chemische Sauerstoffbedarf CSB (englisch: chemical oxygen demand COD) ist eine summarische Kenngröße für den Gehalt an organischen und von einigen oxidierbaren anorganischen Verschmutzungen in Abwässern. Er erfasst sowohl biologisch abbaubare organische Stoffe, wie Fäkalien und Haushaltsabwässer, sowie auch chemisch abbaubare organische Stoffe, wie Mineralöle oder Halogenwasserstoffe, als auch einige oxidierbare anorganische Stoffe.

Chemische Vorgänge beim Abbau von Kohlenwasserstoffen

Im Folgenden wird zur Erläuterung der chemischen Vorgänge beispielhaft der Abbau des Kohlenwasserstoffs Cyclohexan als organischer Verschmutzung dargestellt.

Der Chemische Sauerstoffbedarf zur Oxidation von 1 mol Cyclohexan ist verbunden mit einem Verbrauch von neun Mol Sauerstoff. Dabei werden insgesamt 36 Elektronen übertragen:

Reduktion: $2 \cdot 2 \cdot 9 = +36\ e^-$

$$\text{a)}\quad \overset{-II}{C_6H_{12}} + 9\,\overset{\pm 0}{O_2} \longrightarrow 6\,\overset{+IV-II}{CO_2} + 6\,\overset{-II}{H_2O}$$

Oxidation: $-6 \cdot 6 = -36\ e^-$

Bei der Bestimmung des Chemischen Sauerstoffbedarfs nach DIN 38409-41 wird das starke Oxidationsvermögen von Dichromat-Ionen $Cr_2O_7^{2-}$ in saurem Medium genutzt, um Cyclohexan zu oxidieren. Bei der Redoxreaktion werden 36 Elektronen übertragen.

Reduktion: $3 \cdot 2 \cdot 6 = +36\ e^-$

$$\text{b)}\quad \overset{-II}{C_6H_{12}} + 6\,\overset{+VI}{Cr_2O_7^{2-}} + 48\,H^+ \longrightarrow 6\,\overset{+IV}{CO_2} + 12\,\overset{+III}{Cr^{3+}} + 30\,H_2O$$

Oxidation: $-6 \cdot 6 = -36\ e^-$

Der Vergleich der Gleichungen a) und b) zeigt, dass bei der Oxidation mit Sauerstoff und mit Dichromat-Ionen gleich viele Elektronen übertragen werden. Daher sind die Redox-Äquivalente von Sauerstoff und Dichromat-Ionen immer gleich: **6 mol $Cr_2O_7^{2-}$ ⇔ 9 mol O_2** oder: **1 mol $K_2Cr_2O_7$ ⇔ 1,5 mol O_2**

Die chemische Definition des CBS-Wertes lautet:

> Der **Chemische Sauerstoffbedarf CSB** eines Abwassers gibt die Massenkonzentration an Sauerstoff im Abwasser an, die erforderlich ist, um alle organischen Inhaltsstoffe chemisch zu oxidieren.
> Der CSB-Wert wird in mg/L oder g/L angegeben.

Der CSB ist ein wichtiger Abwasser-Kennwert für verschmutzte Abwässer. Mit ihm werden die Kosten berechnet, die ein Einleiter von Abwässern in natürliche Gewässer, z.B. ein Chemiebetrieb, nach dem Abwasserabgabengesetz leisten muss.

Bestimmung des CSB nach DIN 38409-41 (Deutsches Einheitsverfahren DEV H41)

Die CSB-Bestimmung nach DIN 38409-41 erfolgt in drei Schritten **(Bild 1):**

1. 20,0 mL der Abwasserprobe werden in einen 100 mL-Rundkolben vorgelegt. Dann werden Siedesteinchen und 10,0 mL Quecksilbersulfat-haltige Kaliumdichromat-Lösung ($K_2Cr_2O_7$) als starkes Oxidationsmittel zupipettiert. Dann werden 30,0 mL Silbersulfathaltige Schwefelsäure ($AgSO_4$) als Katalysator vorsichtig zugegeben.

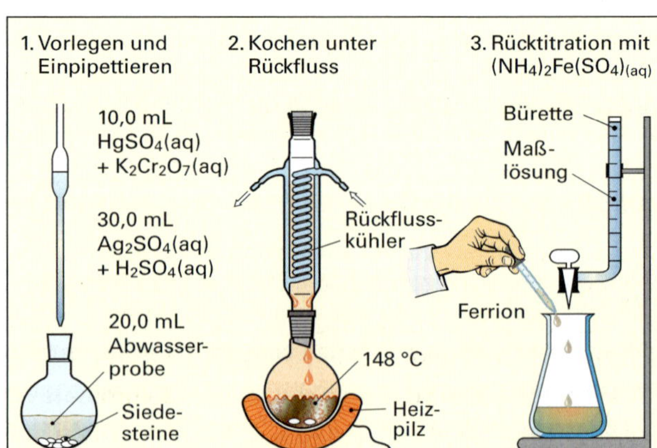

Bild 1: Ablauf der CSB-Bestimmung nach DIN 38409-41

2. Zur Oxidation der organischen Schmutzstoffe in der Probe wird 2 Stunden bei 148 °C (Siedetemperatur) unter Rückfluss gekocht (Bild 1, Seite 284). Dabei erfolgt die Oxidation der organischen Schmutzstoffe durch die Chromat-Ionen $Cr_2O_7^{2-}$: Organische Stoffe + $Cr_2O_7^{2-} \longrightarrow Cr^{3+}, CO_2, H_2O$
3. Nach dem Abkühlen des Reaktionsgemisches wird der Rückflusskühler gespült, der Gefäßinhalt mit Wasser auf 100 mL verdünnt und mit 2 Tropfen Ferroin-Indikatorlösung versetzt. Dann erfolgt die Rücktitration des im Überschuss zugegebenen Kaliumdichromat mit Ammoniumeisen(II)-sulfat-Maßlösung $(NH_4)_2Fe(SO_4)_{(aq)}$ bis zum Farbumschlag von blaugrün nach rotbraun. Man erhält den Kaliumdichromat-Verbrauch V_{Pr}.
4. Mit den gleichen Reagenzien wird eine Blindwertbestimmung durchgeführt. Die Abwasserprobe wird dabei durch 20,0 mL Wasser ersetzt. Man erhält den Kaliumdichromat-Verbrauch V_b.

Berechnung des CSB-Werts

Die Volumendifferenz an Kaliumdichromat-Verbrauch $\Delta V = (V_b - V_{Pr})$ zwischen verschmutztem Abwasser und der unbelasteten Blindprobe entspricht der verbrauchten Dichromat-Maßlösung zur Oxidation der organischen Verschmutzungsstoffe. Damit lässt sich die dazu äquivalente Massenkonzentration an Sauerstoff $\beta(O_2)$, sie entspricht dem CSB-Wert, berechnen (siehe rechts).

Chemischer Sauerstoffbedarf

$$\text{CSB} = \beta(O_2) = \frac{M(O_2) \cdot c(\frac{1}{6}\,K_2Cr_2O_7) \cdot \Delta V(K_2Cr_2O_7)}{z^*(O_2) \cdot V(\text{Probe})}$$

$$\text{CSB} = \beta(O_2) = \frac{M(O_2) \cdot c(\frac{1}{1}\,Fe^{2+}) \cdot t \cdot (V_b - V_{Pr})}{z^*(O_2) \cdot V(\text{Probe})}$$

Beispiel: Bei einer CSB-Bestimmung nach DIN 38409-41 mit 20,0 mL Abwasser werden 10,0 mL $HgSO_4$-haltige Kaliumdichromat-Lösung sowie 30 mL $AgSO_4$-haltige Schwefelsäure zur Abwasserprobe zugegeben und dann die Probe gekocht (Bild 1, Seite 284).
Bei der Rücktitration verbraucht das nicht reduzierte Dichromat 10,5 mL Ammoniumeisen(II)-sulfat-Maßlösung, $c(Fe^{2+}) = 0{,}1$ mol/L ($t = 1$).
Bei der Blindwertbestimmung verbrauchen 10,0 mL der $K_2Cr_2O_7$-Lösung $V_b = 16{,}3$ mL der Ammoniumeisen(II)-sulfat-Maßlösung.
Welchen CSB-Wert hat das Abwasser? Stoffwerte: $M(O_2) = 32{,}00$ g/mol und $z^*(O_2) = 4$

Lösung: $$\textbf{CSB} = \boldsymbol{\beta(O_2)} = \frac{M(O_2) \cdot c(Fe^{2+}) \cdot (V_b - V_{Pr})}{z^*(O_2) \cdot V(\text{Probe})} = \frac{32{,}00\text{ g/mol} \cdot 0{,}1\text{ mol/L} \cdot (16{,}3\text{ mL} - 10{,}5\text{ mL})}{4 \cdot 20{,}0\text{ mL}} \approx \mathbf{232\,\frac{mg}{L}}$$

CSB-Bestimmung mit Küvetten-Schnelltest im Fotometer (DIN ISO 15705)

Zur routinemäßigen Überwachung des CSB-Werts in Kläranlagen erfolgt die CSB-Bestimmung mit sogenannten Küvetten-Schnelltests im Fotometer. Das Vorlegen, Einpipettieren und Kochen ist identisch wie bei der CSB-Bestimmung nach DIN 38409-41 (Bild 1, Seite 284). Der 3. Schritt, die Bestimmung des Kaliumdichromats erfolgt im Fotometer (Bild 1, Seite 283) nach Anleitung des Testherstellers. Das Test-Zubehör enthält alle notwendigen Reagenzien zur Farbkomplexbildung sowie die Fotometer-Küvette. Das Fotometer ist kalibriert und zeigt den CSB-Wert direkt an.

Aufgaben zur Bestimmung des Chemischen Sauerstoffbedarfs CSB

1. Im Zulauf einer industriellen Kläranlage wird eine Abwasserprobe (20,0 mL) genommen. Davon soll nach DIN 38409-41 (Bild 1, Seite 284) der CSB-Wert bestimmt werden.
   Bei der Rücktitration verbraucht das nicht reduzierte Dichromat in der gekochten Abwasserprobe 11,4 mL $(NH_4)_2Fe(SO_4)$-Maßlösung mit $c(Fe^{2+}) = 0{,}1$ mol/L, $t = 1{,}017$. Die Blindwertbestimmung ergab einen Verbrauch an Maßlösung von 15,4 mL.
2. Aus dem Ablauf eines Chemiebetriebs wird eine Abwasserprobe (20,0 mL) genommen. Damit soll der CSB-Wert nach DIN 38409-41 (Bild 1, Seite 284) bestimmt werden.
   Die Rücktitration des nicht reduzierten Dichromats verbrauchte 12,5 mL Ammoniumeisen(II)-sulfat-Maßlösung, $\tilde{c}(\frac{1}{1}\,NH_4)_2Fe(SO_4)_2) = 0{,}1$ mol/L ($t = 1{,}008$). Bei der Blindwertbestimmung wurden 19,2 mL der Maßlösung verbraucht. Welchen CSB-Wert hat das Abwasser?

8.5 Bestimmung der Wasserhärte

8.5.1 Definition und Berechnung der Wasserhärte

In Chemieanlagen werden natürliche Wässer (Brunnenwasser, Flusswasser u. a.) für unterschiedliche Zwecke eingesetzt: In aufbereiteter Form als Kühlwasser, als Prozesswasser oder als Kesselspeisewasser. Natürliche Wässer **(Bild 1)** enthalten gelöste Inhaltsstoffe, die durch die Passage des Niederschlagswassers durch den Erdboden in das Wasser gelangen. Deren Gehalt wird mit dem Begriff der **Wasserhärte** (water hardness) beschrieben. Besonders störend beim Einsatz natürlicher Wässer in der Chemieanlage sind die Ionen des Calciums und des Magnesiums, vor allem im Zusammenwirken mit vorhandenen Hydrogencarbonat-Ionen (HCO_3^-). Sie führen zu Kalkablagerungen.

Bild 1: Natürliches Wasser

Die **Härte eines Wassers (Wasserhärte)** ist nach DIN 38409-6 definiert als Summe der Stoffmengenkonzentrationen der gelösten Calcium-Ionen Ca^{2+} und Magnesium-Ionen Mg^{2+}. Ihre Einheit ist mmol/L.

Beispiel einer Wasserhärteangabe: $c(Ca^{2+} + Mg^{2+}) = 2{,}1$ mmol/L

Man unterscheidet folgende Wasserhärten-Arten:

- Die **Gesamthärte GH:** Sie ist die Gesamtkonzentration $c(Ca^{2+} + Mg^{2+})$
- Die **Carbonathärte CH:** Sie erfasst nur den Anteil an Ca^{2+} und Mg^{2+}, der durch die HCO_3^--Ionen ausgeglichen wird (dazu äquivalent ist).
- Die **Nichtcarbonathärte NCH:** Das ist der über die Carbonathärte hinausgehende Anteil der Konzentration $c(Ca^{2+} + Mg^{2+})$: NCH = GH − CH

Gesamthärte

$$GH = c(Ca^{2+}) + c(Mg^{2+}) = c(Ca^{2+} + Mg^{2+})$$

Carbonathärte

$$CH = \frac{c(HCO_3^-)}{2}$$

Nichtcarbonathärte

$$NCH = GH - CH$$

Der zur **Carbonathärte CH** gehörende Anteil an Ca^{2+}- und Mg^{2+}-Ionen fällt mit den HCO_3^--Ionen beim Erhitzen über 60 °C als schwerlösliche Carbonate aus und bildet Ablagerungen aus $CaCO_3$ und $MgCO_3$ (Kesselstein) auf den Anlagenteilen: $Ca^{2+}_{(aq)} + Mg^{2+}_{(aq)} + 4\,HCO^-_{3\,(aq)} \xrightarrow{\vartheta > 60\,°C} CaCO_{3(s)} + MgCO_{3(s)} + 2\,H_2O_{(l)} + 2\,CO_{2(g)}$

Man nennt die Carbonathärte daher auch vorübergehende oder temporäre Härte.

Da <u>zwei</u> (HCO_3^-)-Ionen die Ladung von <u>einem</u> Ca^{2+}-Ion bzw. Mg^{2+}-Ion ausgleichen, wird für die Berechnung der Carbonathärte die Konzentration $c(HCO_3^-)$ durch <u>zwei</u> dividiert.

Der darüber hinaus vorliegende Rest-Anteil an Ca^{2+}- und Mg^{2+}-Ionen bleibt beim Erhitzen gelöst, er bildet die **Nichtcarbonathärte NCH** und wird auch bleibende oder permanente Härte genannt.

Beispiel: Eine Kühlwasserprobe enthält 3,5 mmol/L Ca^{2+}-Ionen, 0,30 mmol/L Mg^{2+}-Ionen, 4,0 mmol/L HCO_3^--Ionen. Wie groß sind die Gesamthärte GH, die Carbonathärte CH und die Nichtcarbonathärte NCH?

Lösung: $\mathbf{GH = c(Ca^{2+} + Mg^{2+})} = 3{,}5\text{ mmol/L} + 0{,}30\text{ mmol/L} = \mathbf{3{,}8\text{ mmol/L}}$

$\mathbf{CH} = \frac{c(HCO_3^-)}{2} = \frac{4{,}0\text{ mmol/L}}{2} = \mathbf{2{,}0\text{ mmol/L}}$; $\mathbf{NCH} = GH - CH = (3{,}8 - 2{,}0)\text{ mmol/L} = \mathbf{1{,}8\text{ mmol/L}}$

Härtebereiche

Das Trinkwasser wird nach dem deutschen Wasch- und Reinigungsmittelgesetz, wie international üblich, vereinfacht in drei Härtebereiche eingeteilt: weich, mittel, hart **(Tabelle)**.

Diese Einteilung in drei Härtebereiche erleichtert den Anwendern die Dosierung von Wasch- und Reinigungsmitteln sowie von Regeneriersalz in Wasch- und Spülmaschinen. Die empfohlene Dosierungsmenge der Reinigungsmittel für die drei Härtebereiche wird von den Herstellern auf den Waschmittel-Gebinden angegeben.

Tabelle: Bereiche der Gesamthärte von Trinkwasser

Härtebereich	$c(Ca^{2+} + Mg^{2+})$ mmol/L	°dH
1 weich	< 1,5	< 8,4
2 mittel	1,5 bis 2,5	8,4 bis 14
3 hart	> 2,5	> 14

Die Angabe der Wasserhärte in Grad deutscher Härte (°dH) ist nach DIN 38409-6 nicht mehr vorgesehen. Sie ist aber noch weit verbreitet.

Härteangaben in °dH können in die international einheitliche Härteangabe in mmol/L umgerechnet werden.

Umrechnung von Härteangaben
1 °dH = 0,179 mmol/L (Ca^{2+} + Mg^{2+})-Ionen

Beispiel: Die Analyse eines Trinkwassers ergab folgende gelöste Inhaltsstoffe:
Kationen: $\beta(Ca^{2+})$ = 104,2 mg/L, $\beta(Mg^{2+})$ = 5,1 mg/L, $\beta(Na^+)$ = 14,9 mg/L, $\beta(K^+)$ = 2,2 mg/L
Anionen: $\beta(Cl^-)$ = 30,4 mg/L, $\beta(SO_4^{2-})$ = 85,1 mg/L, $\beta(HCO_3^-)$ = 222,8 mg/L, $\beta(NO_3^-)$ = 1,4 mg/L

a) Berechnen Sie die Gesamthärte GH, die Carbonathärte CH und die Nichtcarbonathärte NCH.
b) Ordnen Sie das Wasser einem der Härtebereiche nach der Tabelle auf Seite 286 zu.
Stoffwerte: M(Ca) = 40,08 g/mol, M(Mg) = 24,305 g/mol, $M(HCO_3^-)$ = 61,02 g/mol

Lösung: a) Mit $c(X) = n(X)/V(Lsg)$, $n(X) = m(X)/M(X)$ und $\beta(X) = m(X)/V(Lsg)$ folgt durch Einsetzen:

$$c(Ca^{2+}) = \frac{\beta(Ca^{2+})}{M(Ca^{2+})} = \frac{104{,}2\ mg/L}{40{,}08\ mg/mmol} = 2{,}5998\ mmol/L;$$

$$c(Mg^{2+}) = \frac{\beta(Mg^{2+})}{M(Mg^{2+})} = \frac{5{,}1\ mg/L}{24{,}305\ mg/mmol} = 0{,}2098\ mmol/L$$

$$\mathbf{GH} = \mathbf{c(Ca^{2+} + Mg^{2+})} = 2{,}5998\ mmol/L + 0{,}2098\ mmol/L = 2{,}8096\ mmol/L \approx \mathbf{2{,}8\ mmol/L}$$

$$\mathbf{CH} = \frac{\beta(HCO_3^-)}{2 \cdot M(HCO_3^-)} = \frac{222{,}8\ mg/L}{2 \cdot 61{,}02\ mg/mmol} = 1{,}8256\ mmol/L \approx \mathbf{1{,}8\ mmol/L}$$

$$\mathbf{NCH} = GH - CH = 2{,}8096\ mmol/L - 1{,}8256\ mmol/L = 0{,}984\ mmol/L \approx \mathbf{0{,}98\ mmol/L}$$

b) Das Wasser zählt mit einer Gesamthärte von GH = 2,8 mmol/L zum **Härtebereich 3, hart** (Tabelle, Seite 286)

8.5.2 Bestimmung der Wasserhärte durch komplexometrische Titration

Bei der **komplexometrischen Titration** (compleximetry) werden die zu bestimmenden Metallionen mit einem organischen Komplexbildner in einen stabilen Komplex überführt.

Nach DIN 38406-3 wird bei der komplexometrischen Titration zur Wasserhärte-Bestimmung das Dinatriumsalz der Ethylendiamintetraethansäure, **E**thylen**d**iamin**t**etra**a**cetat, abgekürzt **EDTA**, in Form seines Dihydrats als Komplexbildner eingesetzt **(Bild 1)**.

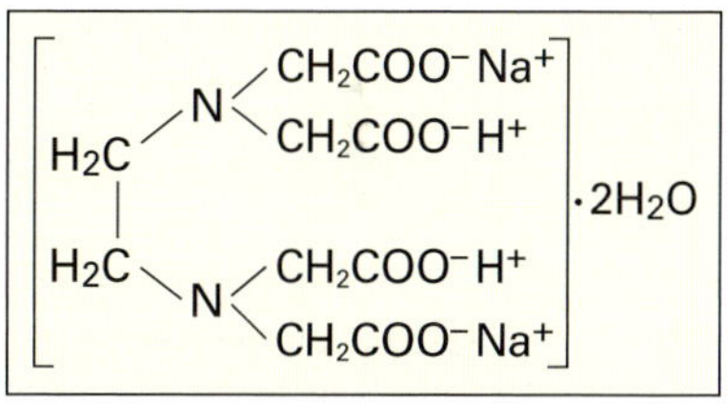

Bild 1: Strukturformel von Dinatrium-Ethylendiamintetraacetat-Dihydrat (EDTA-Dihydrat)

Der sechszähnige Ligand EDTA bildet mit den Erdalkalimetall-Ionen im Wasser bei pH = 10 einen Ca(II)-EDTA-Komplex **(Bild 2)**.

Das EDTA umgibt das Calcium-Ion scherenförmig mit seinen 6 aktiven O- und N-Atomen.

EDTA bindet mehrfach positiv geladene Metall-Kationen stets im Stoffmengenverhältnis 1 : 1, unabhängig von deren Ionenladung.

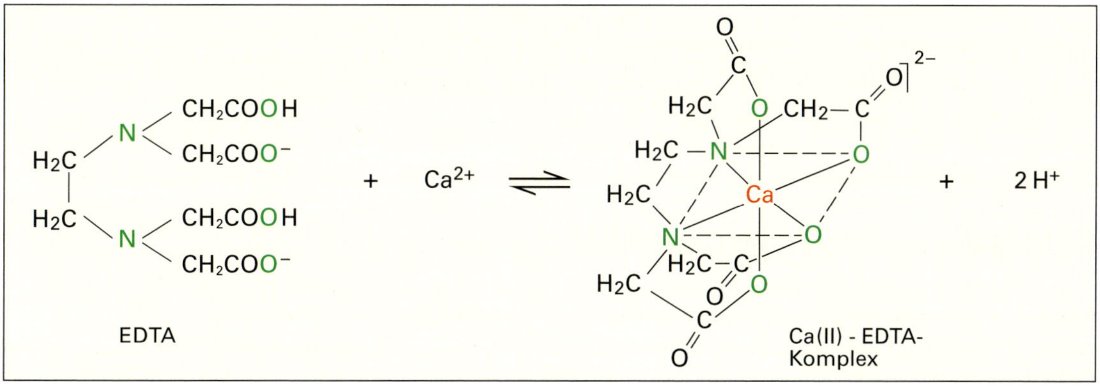

Bild 2: Reaktion des EDTA mit Ca^{2+} zum Ca(II)-EDTA - Komplex

Die Durchführung der komplexometrischen Bestimmung der Gesamt-Wasserhärte GH ist nach DIN 38406-3 genormt **(Bild 1):**

1. Einpipettieren von 50,0 mL Wasserprobe und Auffüllen mit 50 mL destilliertem Wasser auf 100,0 mL.
2. Zugabe von 4 mL konzentrierter Ammoniak-Pufferlösung und 3 Tropfen Eriochromschwarz T-Indikatorlösung.
3. Titrieren mit EDTA-Maßlösung bis zum Farbumschlag.

1 mL 0,01 M EDTA-Lösung $\triangleq$ 0,01 mmol Ca^{2+}

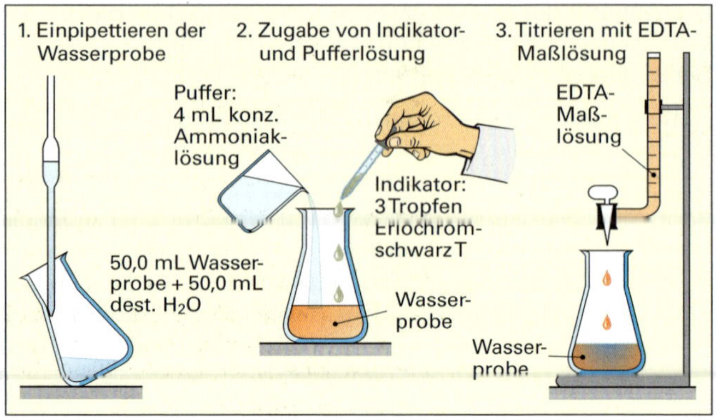

Bild 1: Bestimmung der Wasserhärte nach DIN 38406-3

Als Indikator bei der komplexometrischen Titration zur Bestimmung der Wasserhärte $c(Ca^{2+} + Mg^{2+})$ wird der Indikator Eriochromschwarz T eingesetzt.

Der Indikator (Ind) bildet bei der Zugabe zum Wasser mit den Ca^{2+}- und Mg^{2+}-Ionen einen instabilen rotvioletten Indikator-Komplex $(Ca^{2+} \cdot Ind)^{2+}$.

Während der Titration mit EDTA-Maßlösung reagieren zunächst die freien Ca^{2+}- und Mg^{2+}-Ionen zum stabileren EDTA-Komplex $[Ca^{2+} \cdot EDTA]$. Anschließend reagieren die an den Indikator (Ind) gebundenen Ca^{2+}- und Mg^{2+}-Ionen $[Ca^{2+} \cdot Ind]^{2+}$. Dabei schlägt die Farbe des Indikators von rotviolett in die blaue Farbe des freien Indikators (Ind) um:

$$\underbrace{[Ca^{2+} \cdot Ind]^{2+}}_{\text{rotvioletter Komplex}} + EDTA^{2-} \longrightarrow [Ca^{2+} \cdot EDTA]^{2-} + \underbrace{Ind}_{\text{blau}} + 2\,H^+$$

Die Stabilität der Metallionen-Indikator-Komplexe nimmt mit sinkendem pH-Wert ab. Da bei der Titration zwei H^+-Ionen abgespalten werden, würde der pH-Wert sinken. Daher wird vor der komplexometrischen Wasserhärtebestimmung neben der Indikator-Lösung etwas Ammoniak-Lösung als Puffer zugesetzt. So findet die gesamte Titration im gepufferten, alkalischen Milieu bei pH 10 statt.

Die **Gesamthärte GH** berechnet man als Stoffmengenkonzentration $c(Ca^{2+} + Mg^{2+})$ nach nebenstehender Gleichung.

Es sind:

$\tilde{c}(EDTA)$	Nenn-Konzentration der EDTA-Maßlösung
t	Titer der Maßlösung
$V(EDTA)$	verbrauchtes Volumen der Maßlösung
$V(Probe)$	Volumen der Wasserprobe

Gesamthärte GH

$$c(Ca^{2+} + Mg^{2+}) = \tilde{c}(EDTA) \cdot t \cdot \frac{V(EDTA)}{V(Probe)}$$

Beispiel: Zur Bestimmung der Gesamthärte einer Wasserprobe durch direkte Titration werden 50,0 mL Wasser einpipettiert und mit 50 mL dest. Wasser auf 100 mL aufgefüllt. Mit EDTA-Maßlösung, $\tilde{c}(EDTA) = 10{,}0$ mmol/L ($t = 1{,}057$) wird gegen Eriochromschwarz T als Indikator bis zum Farbumschlag von rotviolett nach blau titriert. Es werden 16,3 mL EDTA-Maßlösung verbraucht.

Berechnen Sie die Gesamthärte der Wasserprobe.

Lösung: Mit $n(EDTA) = n(\text{Metall-Ion})$ und $c(Ca^{2+} + Mg^{2+}) = n(Ca^{2+} + Mg^{2+}) / V(Probe)$ folgt:

$$GH = c(Ca^{2+} + Mg^{2+}) = \tilde{c}(EDTA) \cdot t \cdot \frac{V(EDTA)}{V(Probe)} = 10{,}0\ \text{mmol/L} \cdot 1{,}057 \cdot \frac{16{,}3\ \text{mL}}{50{,}0\ \text{mL}} = \mathbf{3{,}44582\ mmol/L}$$

GH ≈ 3,45 mmol/L

Titration mit voreingestellten EDTA-Maßlösungen

In der beruflichen Praxis kommt es bei der Bestimmung der Wasserhärte häufig nicht auf höchste Genauigkeit an, sondern es steht die schnelle Bestimmung der Wasserhärte im Vordergund.

In diesen Fällen wird das Volumen der Wasserprobe auf 100 mL festgelegt und bei der Titration wird eine EDTA-Maßlösung mit voreingestellter Konzentration verwendet. Dann kann aus dem Maßlösungs-Verbrauch die Wasserhärte durch eine einfache Proportionalität berechnet werden.

Bei der **Voreinstellung** der **EDTA-Maßlösung** auf ***c*(EDTA) = 10,0 mmol/L** und einer Wasserprobe von 100 mL entsprechen: 1 mL EDTA-Maßlösungs-Verbrauch einer Stoffmengenkonzentration von $c(Ca^{2+} + Mg^{2+}) = 0{,}100$ mmol im Wasser.

Werden z.B. bei der Titration 22,5 mL Maßlösung verbraucht, so beträgt die Härte
$c(Ca^{2+} + Mg^{2+})$ = GH = 22,5 · 0,100 mmol/L = **2,25 mmol/L**

Eine weitere **voreingestellte EDTA-Maßlösung** ist unter dem Handelsnamen **Titriplex B** bekannt. Sie ist so eingestellt, dass 1 mL Verbrauch von Titriplex B bei der Titration genau 1 °dH entspricht, wenn eine Wasserprobe von 100 mL titriert wird.

Dabei ist 1 °dH der Stoffmengenkonzentration $c(Ca^{2+} + Mg^{2+})$ = 0,179 mmol/L äqivalent.

Ansonsten wird die Bestimmung der Gesamt-Wasserhärte GH wie üblich durchgeführt (Seite 288).

Beispiel: Bei einer Bestimmung der Gesamt-Wasserhärte GH einer Wasserprobe mit Titriplex B als Titrierlösung werden 10,39 mL Titriplex B verbraucht.
Wie groß ist die Gesamt-Wasserhärte in °dH und in $c(Ca^{2+} + Mg^{2+})$?

Lösung: 10,39 mL Titriplex B-Verbrauch entsprechen einer Gesamt-Wasserhärte **GH = 10,39 °dH**
Mit 1 °dH = 0,179 mmol/L erhält man $\mathbf{c(Ca^{2+} + Mg^{2+})}$ = 10,39 · 0,179 mmol/L ≈ **1,86 mmol/L**

8.5.3 Bestimmung der Härtebereiche mit Teststreifen

Zur einfachen Bestimmung der Härtebereiche eines Wassers verwendet man Teststreifen **(Bild 1).** Sie sind luftdicht in Folie eingeschweißt.

Zur Bestimmung des Härtebereichs werden sie rund 1 Sekunde in das zu prüfende Wasser getaucht, leicht abgeschüttelt und nach 1 Minute Einwirkzeit die sich ausbildende Farbe auf dem Teststreifen mit der Vergleichs-Farbtabelle verglichen.

Daraus kann der Härtebereich bestimmt werden.

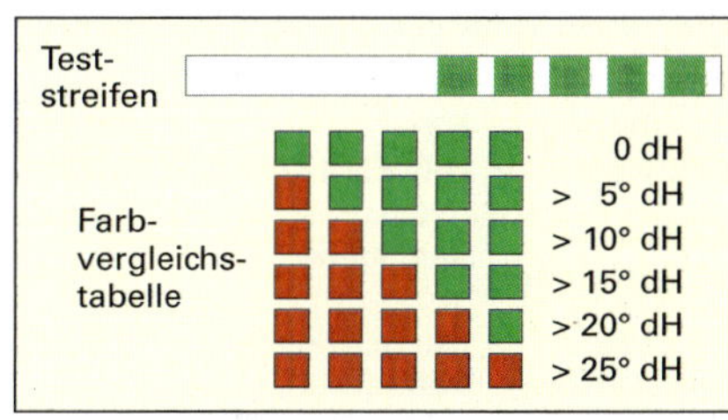

Bild 1: Teststreifen nach Merck zur Härtebereichs-Bestimmung von Wasser

Beispiel: Ein Teststreifen nach Merck zeigt nach der Härtebestimmung die nebenstehende Färbung.
Welchen Härtebereich hat das Wasser?

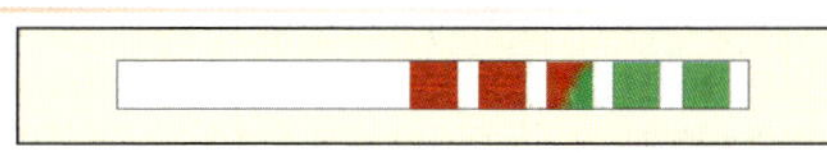

Lösung: Durch Abgleich mit der Vergleichstabelle in Bild 1 stellt man fest: Der Härtebereich liegt zwischen 10 °dH und 15 °dH.

Aufgaben zur Bestimmung der Wasserhärte

1. Die Analyse eines Grundwassers ergab folgende Stoffmengenkonzentrationen an Kationen:
   $c(Ca^{2+})$ = 0,454 mmol/L, $c(Mg^{2+})$ = 0,152 mmol/L, $c(Na^{+})$ = 0,463 mmol/L, $c(K^{+})$ = 0,063 mmol/L und Anionen: $c(Cl^{-})$ = 0,150 mmol/L, $c(SO_4^{2-})$ = 0,233 mmol/L, $c(HCO_3^{-})$ = 0,749 mmol/L
   Berechnen Sie die Gesamt-Wasserhärte GH und die Carbonathärte CH.
2. Die Analyse von Brauchwasser ergab neben Stoffen im Spurenbereich folgende Angaben über die ermittelten Massenkonzentrationen:
   Kationen: $\beta(Ca^{2+})$ = 100 mg/L, $\beta(Mg^{2+})$ = 12,0 mg/L, $\beta(Na^{+})$ = 8,0 mg/L, $\beta(K^{+})$ = 2,0 mg/L
   Anionen : $\beta(Cl^{-})$ = 16,0 mg/L, $\beta(SO_4^{2-})$ = 60,2 mg/L, $\beta(HCO_3^{-})$ = 280 mg/L, $\beta(NO_3^{-})$ = 6,0 mg/L
   Wie groß sind die Wasserhärten GH, CH und NCH?
3. Zur Bestimmung der Härte von Leitungswasser werden 100 mL Probe eingemessen. Der Verbrauch an EDTA-Maßlösung, $\tilde{c}$(EDTA) = 10,0 mmol/L (t = 1,004), beträgt 10,2 mL. Welche Gesamthärte hat die Wasserprobe? Zu welchem der drei Härtebereiche gehört das Wasser?

4. Zur Bestimmung der Härte einer Wasserprobe nach DIN 38406-3 werden 50,0 mL Wasser einpipettiert und mit EDTA-Maßlösung, $\tilde{c}$(EDTA) = 0,1 mol/L (t = 1,017) bis zum Farbumschlag von rot-violett nach blau titriert. Der Maßlösungs-Verbrauch beträgt 22,3 mL. Berechnen Sie die Gesamthärte der Wasserprobe.
5. Die Wasserhärte eines Leitungswassers soll mit einer voreingestellten EDTA-Maßlösung Titriplex B bestimmt werden. Der Verbrauch an voreingestellter EDTA-Maßlösung Titriplex B beträgt bei der Titration 11,24 mL. Welche Gesamthärte hat das Leitungswasser?
   a) in °dH b) in mmol/L (Ca^{2+} + Mg^{2+})
6. Bei einer Härtebereichs-Bestimmung eines Leitungswassers mit Teststreifen nach Merck erhält man nebenstehende Färbung.
   a) Welche Härte hat das geprüfte Leitungswasser in °dH sowie in mmol/L (Ca^{2+} + MG^{2+})?
   b) Welchem Härtebereich kann das Leitungswasser zugeordnet werden?

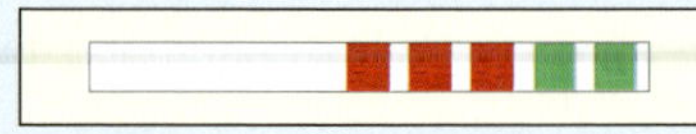

8.6 Bestimmung maßanalytischer Kennzahlen organischer Stoffe

Maßanalytische Kennzahlen dienen zur Beschreibung der Qualität, der Zusammensetzung und der Struktur der Bestandteile von organischen Stoffen oder Stoffgemischen. Man verwendet sie z.B. bei Fetten und Speiseölen, sowie Mineralölen, Harzen, Bindemitteln und Wachsen **(Übersicht)**.

Übersicht: Wichtige maßanalytische Kennzahlen

Kennzahl, Abkürzung DIN-Norm	**Säurezahl (Fette) SZ DIN EN 14102**	**Verseifungszahl (Fette) VZ DIN EN ISO 3657**	**Esterzahl EZ ISO 709**	**Hydroxylzahl OHZ DIN EN ISO 2554**	**Iodzahl (Fette) IZ DIN EN 14111**
Englische Bezeichnung	acid value	saponification value	ester value	hydroxyl value	iodine value
Analysierte Substanzen (Beispiele)	Harze, Öle, Fette, Fettsäuren, Lösemittel, Bindemittel, Weichmacher	Ester in Lösemitteln, Ölen, Fetten, Fettsäuren, Natur- und Kunstharzen	Ätherische Öle	Harze, Öle, Beschichtungsstoffe, Klebstoffe, Wachse, Fette	Fette, Öle, Fettsäuren, Natur- und Kunstharze
Zweck der Bestimmung (Beispiele)	Bestimmung des Gehalts an freien Säuren, z.B. Alterungszustand von Fetten, Fettölen	Beurteilung der molaren Masse (Kettenlänge) der gebundenen Fettsäuren	Beurteilung der molaren Masse der Öle	Kennzeichnung der Reaktivität einer Lackkomponente	Grad der Ungesättigtheit einer Probe, Trocknungsgeschwindigkeit von Filmbildnern
Untersuchte funktionelle Gruppe	R–C(=O)–O–H	R–C(=O)–O–R	–	R–O–H	R_1R_2C=CR_3R_4

Hinweis: Weitere maßanalytische Kennzahlen werden in Kap. 16.5 (Seite 508) bei den Beschichtungsstoffen behandelt.

8.6.1 Säurezahl SZ

Die **Säurezahl SZ** (acid value) dient zur Bestimmung des Gehalts an freien organischen Säuren und Säureanhydriden in Fetten und fetten Ölen **(Bild 1)** sowie in Lösemitteln, Bindemitteln (Harze) oder Weichmachern.

Bild 1: Pommes frites – Fett

Die **Säurezahl SZ** gibt an, wie viel Milligramm Kaliumhydroxid KOH bei der Titration zur Neutralisation der freien organischen Säuren in einem Gramm der untersuchten Substanz verbraucht wird.

Die Säurezahl SZ berechnet man aus dem bei der Titration verbrauchten Kaliumhydroxid *m* (KOH) dividiert durch die Masse der *m* (Probe), siehe rechts.

m (KOH) wird gemäß der Grundgleichung der analytischen Bestimmungen berechnet (Seite 253).

Säurezahl

$$SZ = \frac{m(\text{KOH})}{m(\text{Probe})}$$

$$m(\text{KOH}) = V(\text{KOH}) \cdot \tilde{c} \cdot t \cdot M(\text{KOH})$$

Die Säurezahl SZ ist eine wichtige Kennzahl für die Frische bzw. den Alterszustand von Fetten und Fettölen.

Tierische und pflanzliche Fette und Fettöle enthalten im frischen Zustand in der Regel keine freien, unveresterten Säuren.

Ältere Fette sind durch Feuchtigkeit unter Einwirkung von Licht und Mikroorganismen teilweise gespalten. Dabei werden Fettsäuren freigesetzt, die Fette werden ranzig. Diese Reaktion bezeichnet man als Verseifung oder Hydrolyse (siehe rechts).

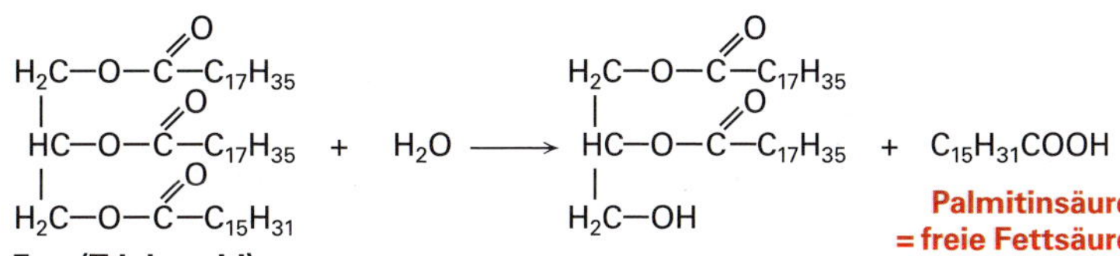

Fett (Triglycerid)

Palmitinsäure = freie Fettsäure

Zur **Bestimmung der Säurezahl** nach DIN EN 14102 wird die eingewogene Fettprobe in Ethanol, bei schwer löslichen Substanzen unter Zugabe von Toluol bzw. Aceton, gelöst. Die freien Fettsäuren (und Säureanhydride) werden bei der Titration mit ethanolischer Kalilauge-Maßlösung der Konzentration *c* (KOH) = 0,1 mol/L oder *c* (KOH) = 0,5 mol/L neutralisiert (Bild 1, Seite 246). Der Endpunkt ist am Farbumschlag des Phenolphthaleins erkennbar.

Die Reaktionsgleichung lautet:

$$C_{15}H_{31}COOH + KOH \xrightarrow[\text{farblos} \longrightarrow \text{rot}]{\text{Phenolphthalein}} C_{15}H_{31}COOK + H_2O$$

Palmitinsäure + Kalilauge → Kaliumpalmitat + Wasser

Beispiel: 6,157 g Olivenöl werden in 100 g neutralisiertem Ethanol gelöst und mit ethanolischer Kalilauge, $\tilde{c}$ (KOH) = 0,1 mol/L (*t* = 1,011), gegen Phenolphthalein titriert. Der Verbrauch an Kalilauge beträgt 18,25 mL. Welche Säurezahl hat das Öl?

Lösung: Mit *M* (KOH) = 56,1056 mg/mL folgt:

$$\textbf{SZ} = \frac{m(\text{KOH})}{m(\text{Probe})} = \frac{V(\text{KOH}) \cdot \tilde{c} \cdot t \cdot M(\text{KOH})}{m(\text{Probe})} = \frac{18{,}25\ \text{mL} \cdot 0{,}1\ \text{mol/L} \cdot 10^{-3} \cdot 1{,}011 \cdot 56{,}1056\ \text{g/mol}}{6{,}157\ \text{g}} \approx \mathbf{16{,}8\ \frac{mg\ KOH}{g\ Öl}}$$

Aufgaben zur Säurezahl SZ

1. 4,859 g Palmkernöl werden in Ethanol gelöst und mit 3,45 mL ethanolischer Kalilauge-Maßlösung, *c* (KOH) = 0,1 mol/L, gegen Phenolphthalein titriert. Wie groß ist die Säurezahl des Öls?
2. 6,805 g einer Fett-Probe werden in Ethanol gelöst und mit 4,25 mL ethanolischer Kalilauge-Maßlösung, $\tilde{c}$(KOH) = 0,5 mol/L (*t* = 1,017), titriert (neutralisiert). Welche Säurezahl hat das Fett?
3. 8,177 g Elaidin (Fett der trans-Ölsäure) verbrauchen zur Neutralisation 4,90 mL ethanolische Kalilauge-Maßlösung, $\tilde{c}$ (KOH) = 0,5 mol/L (*t* = 1,035). Ermitteln Sie die maßanalytische Äquivalentmasse *Ä* (KOH) für diese Maßlösung und berechnen Sie die Säurezahl des Elaidins.

8.6.2 Verseifungszahl VZ

Die **Verseifungszahl VZ** (saponification value) ist ein Maß für die Summe der veresterten, freien oder als Anhydrid vorliegenden Fettsäuren in Fetten und Speiseölen.

Die **Verseifungszahl VZ** gibt an, wie viel Milligramm Kaliumhydroxid KOH zur vollständigen Verseifung der Ester bzw. Hydrolyse der Anhydride und zur Neutralisation freier Fettsäuren in einem Gramm Probesubstanz erforderlich sind.

Verseifungszahl

$$VZ = \frac{m(\text{KOH})}{m(\text{Probe})}$$

8

Zur **Bestimmung der Verseifungszahl** nach DIN EN ISO 3657 wird die zu untersuchende Probe mit einem Überschuss an ethanolischer Kalilauge unter Rückfluss zum Sieden erhitzt **(Bild 1)**. Dabei werden alle Esterbindungen im Fett gespalten, d.h., verseift (Reaktion 1) und freie Fettsäuren neutralisiert (Reaktion 2).

Die *nicht* verbrauchte Kalilauge wird mit Salzsäure-Maßlösung zurücktitriert (Reaktion 3). Die Probe muss dabei frei von anderen Stoffen sein, die Kalilauge verbrauchen könnten.

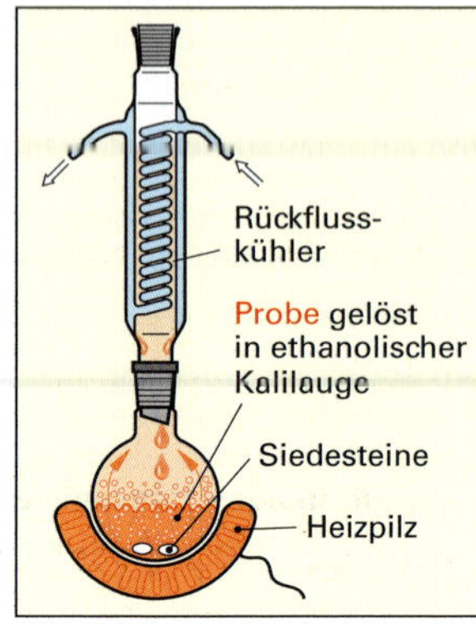

Bild 1: Verseifungsapparatur

1. *Hydrolyse* (vollständige Verseifung):

$$\begin{array}{l} H_2C{-}O{-}C({=}O){-}C_{17}H_{35} \\ HC{-}O{-}C({=}O){-}C_{17}H_{35} \\ H_2C{-}O{-}C({=}O){-}C_{17}H_{35} \end{array} + 3\,KOH \longrightarrow \begin{array}{l} H_2C{-}OH \\ HC{-}OH \\ H_2C{-}OH \end{array} + 3\,C_{17}H_{35}COOK$$

Fett (Triglycerid) — **Kalilauge (Überschuss)** — **Glycerin** — **Kaliumstearat (Seife)**

2. *Neutralisation freier Säuren*:

$$C_{17}H_{33}COOH + KOH \longrightarrow C_{17}H_{33}COOK + H_2O$$

freie Ölsäure — **Kaliumoleat**

3. *Rücktitration überschüssiger Kalilauge mit Salzsäure-Maßlösung*:

$$\mathbf{KOH} + HCl \longrightarrow KCl + H_2O$$

Da pro Mol Esterbindung ein Mol KOH zur Verseifung benötigt wird (Reaktion 1), lässt die Verseifungszahl Rückschlüsse auf die Struktur der in der Probesubstanz veresterten Fettsäuren zu:

Eine *geringe* Kettenlänge der Fettsäuren in einem Fett hat wegen der größeren Zahl der Fett-Moleküle und dadurch zahlreichen Esterbindungen pro Gramm Fett eine *hohe* Verseifungszahl zur Folge (**Bild 2,** Becherglas A).

Fette mit Fettsäuren *großer* Kettenlängen in der *gleichen* Probeportion haben wegen der geringeren Anzahl der Fett-Moleküle und dadurch geringeren Anzahl an Esterbindungen eine *kleinere* Verseifungszahl (Becherglas B).

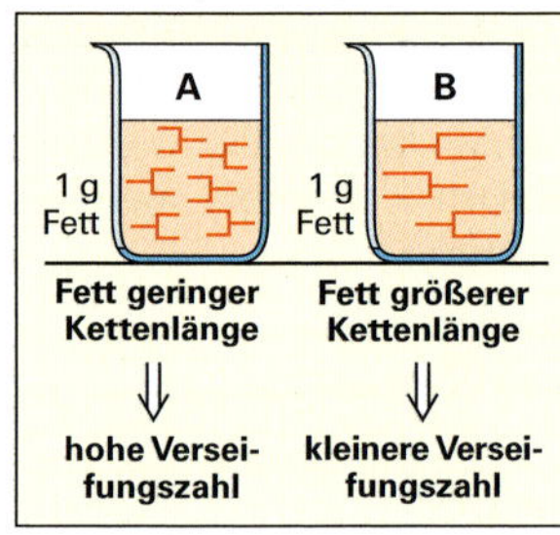

Bild 2: Fette mit Fettsäuren unterschiedlicher Kettenlänge

Zur genauen Ermittlung der Verseifungszahl muss eine *Blindwert*-Bestimmung ohne Substanz durchgeführt werden. Der Blindwert gibt das erforderliche Volumen V_b an Salzsäure-Maßlösung an, um die zur Verseifung eingesetzte Gesamtportion an ethanolischer Kalilauge vollständig zu neutralisieren.

Der Endpunkt der Titration ist am Farbumschlag von Phenolphthalein oder potentiometrisch erkennbar. Die Differenz aus dem Verbrauch V_b bei der Blindwertbestimmung und aus dem Verbrauch V_{pr} für die überschüssige Kalilauge aus der Rücktitration ergibt das zur *Verseifung* verbrauchte Volumen an Kalilauge.

Beispiel: 2,205 g Olivenöl werden mit 30,0 mL ethanolischer Kalilauge, $c(KOH) = 0{,}5$ mol/L, versetzt und verseift. Die überschüssige Kalilauge wird mit 14,5 mL Salzsäure-Maßlösung, $\tilde{c}(HCl) = 0{,}5$ mol/L ($t = 1{,}025$), zurücktitriert. Wie groß ist die Verseifungszahl des Olivenöls? $M(KOH) = 56{,}106$ g/mol

Lösung: $VZ = \frac{m(KOH)}{m(Probe)}$; Mit $m(KOH) = (V_b - V_{pr}) \cdot \tilde{c} \cdot t \cdot M(KOH)$ folgt:

$$\mathbf{VZ} = \frac{(V_b - V_{pr}) \cdot \tilde{c} \cdot t \cdot M(KOH)}{m(Probe)} = \frac{(30{,}0\ mL - 14{,}5\ mL) \cdot 0{,}5\ mol/L \cdot 1{,}025 \cdot 56{,}106\ g/moL}{2{,}205\ g} \approx \mathbf{202\ \frac{mg\ KOH}{g\ Probe}}$$

Aufgaben zur Verseifungszahl VZ

1. 1,8759 g einer Leinöl-Probe werden mit 20,0 mL ethanolischer Kalilauge, $c(KOH) = 0{,}5$ mol/L, verseift. Überschüssige Kalilauge wird mit 8,55 mL Salzsäure-Maßlösung, $c(HCl) = 0{,}5$ mol/L, zurücktitriert. Berechnen Sie die Verseifungszahl des Leinöls.
2. 2,163 g Kokosfett werden mit 40,0 mL ethanolischer Kalilauge, $c(KOH) = 0{,}5$ mol/L, verseift. Die überschüssige Kalilauge wird mit 20,05 mL Salzsäure-Maßlösung, $\tilde{c}(HCl) = 0{,}5$ mol/L ($t = 0{,}981$), gegen Phenolphthalein zurücktitriert. Welche Verseifungszahl hat das Kokosfett?
3. 1,317 g Rapsöl werden mit 50,0 mL ethanolischer Kalilauge, $c(KOH) = 0{,}1$ mol/L, verseift. Überschüssige Kalilauge wird mit 28,5 mL Schwefelsäure-Maßlösung, $\tilde{c}(\frac{1}{2}H_2SO_4) = 0{,}1$ mol/L ($t = 1{,}012$) zurücktitriert. Berechnen Sie die Verseifungszahl des Rapsöls.

8.6.3 Esterzahl EZ

Die Differenz aus Verseifungszahl VZ und Säurezahl SZ einer Fett- oder Ölprobe ergibt die **Esterzahl EZ** (ester value).
Die Esterzahl wird in Milligramm KOH pro Gramm Substanz angegeben.

Esterzahl
EZ = VZ − SZ

Die Esterzahl ist ein Maß für die *mittlere molare Masse* der vorhandenen Fettsäuren. Bei einer hohen Esterzahl ist die Anzahl der zu veresternden Carboxylgruppen in der Probe hoch, die Fettmoleküle enthalten Fettsäuren mit kürzerer Kettenlänge und somit geringerer molarer Masse.

Beispiel: In den Beispielaufgaben auf den Seiten 291 und 292 wurden von einer untersuchten Olivenölprobe folgende Kennzahlen berechnet: SZ = 16,8 mg KOH/g Olivenöl, VZ = 202 mg KOH/g Olivenöl. Wie groß ist die Esterzahl EZ des Olivenöls?

Lösung: **EZ** = VZ − SZ = 202 mg KOH/g − 16,8 mg KOH/g ≈ **185 mg KOH/g Olivenöl**

Aufgaben zur Esterzahl EZ

1. Die Bestimmung der Esterzahl einer Probe ergab folgende Titrationsergebnisse: 4,013 g Probe verbrauchten zur vollständigen Neutralisation der freien Säuren 21,5 mL Kalilauge-Maßlösung, c(KOH) = 0,5 mol/L. Weitere 2,104 g der Probe wurden mit 50,0 mL der gleichen Kalilauge verseift und der Laugeüberschuss mit 31,1 mL Salzsäure-Maßlösung, $\tilde{c}$(HCl) = 0,5 mol/L (t = 1,018), zurücktitriert. Welche Esterzahl EZ hat die Probe?
2. 5,257 g Leinöl verbrauchen zur Neutralisation 11,5 mL Kalilauge-Maßlösung, c(KOH) = 0,1 mol/L. Weitere 1,018 g des Leinöls werden mit 50,0 mL ethanolischer Kalilauge, c(KOH) = 0,1 mol/L verseift. Der Kalilauge-Überschuss verbraucht zur Neutralisation 14,1 mL Salzsäure-Maßlösung, $\tilde{c}$(HCl) = 0,5 mol/L (t = 0,986). Berechnen Sie die Verseifungszahl VZ, die Säurezahl SZ und die Esterzahl EZ der Leinölprobe.

8.6.4 Hydroxylzahl OHZ

Die **Hydroxylzahl OHZ** (hydroxyl value) ist ein Maß für die in einer Substanz enthaltenen Hydroxylgruppen. Sie gibt die Masse Kaliumhydroxid KOH an, die der bei der Acetylierung von einem Gramm Probesubstanz gebundenen Menge an Essigsäure äquivalent ist.
Die Hydroxylzahl wird in Milligramm KOH pro Gramm Probe angegeben.

Hydroxylzahl
$\text{OHZ} = \dfrac{m(\text{KOH})}{m(\text{Probe})} + \text{SZ}$

Die bei Acetylierung ablaufende Reaktion lautet:

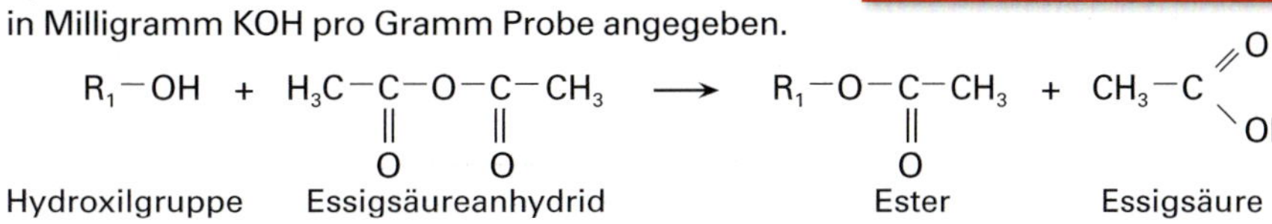

Die Hydroxylzahl wird zur Beurteilung von Beschichtungsstoffen (DIN 53240), Reaktionsharzen, Wachsen, Fetten, Fettölen, Lösemitteln u.a. verwendet, sie wird auch als **Acetylzahl** bezeichnet.
Die **Bestimmung der Hydroxylzahl OHZ** wird ähnlich wie bei der Verseifungszahl in einer dazu geeigneten Apparatur durchgeführt (Bild 1, Seite 292). Sie ist in DIN EN ISO 2554 genormt.
Die Acetylierung der Hydroxylgruppen erfolgt unter genau definierten Reaktionsbedingungen mit einem Essigsäureanhydrid/Pyridin-Gemisch, das der Probe im Überschuss zugesetzt wird. Die Ermittlung des exakten Verbrauchs an Acetylierungsmittel erfolgt durch Rücktitration mit Kalilauge.
Sind in einer Substanz neben den zu ermittelnden OH-Gruppen gleichzeitig Carboxylgruppen enthalten, so wird bei der Rücktitration ein zu hoher Kalilauge-Verbrauch erhalten. Die Säurezahl ist dann ebenfalls zu bestimmen und geht mit in die Berechnung der OHZ-Bestimmung ein.
Wie bei der Bestimmung der Verseifungszahl ist auch bei der Bestimmung der Hydroxylzahl eine *Blindwert*-Bestimmung ohne Probesubstanz durchzuführen. Der Blindwert gibt das Volumen an Kalilauge-Maßlösung an, das erforderlich ist, um das zur Acetylierung eingesetzte Essigsäureanhydrid/Pyridin-Gemisch zu neutralisieren. Die Differenz des Verbrauchs an Kalilauge im Blindversuch V_b und im Hauptversuch V_{pr} dient zur Berechnung der Hydroxylzahl.

Hydroxylzahl
$\text{OHZ} = \dfrac{(V_b - V_{pr}) \cdot c(\text{KOH}) \cdot M(\text{KOH})}{m(\text{Probe})}$

Die Hydroxylzahl kann auch als **Hydroxyl-Massenanteil *w*(OH)** oder als **Hydroxylwert** angegeben werden. Letzterer gibt die Stoffmenge der Hydroxylgruppen in Mol an, die in 100 g Probesubstanz enthalten ist; er ist der *Molalität* vergleichbar.

Hydroxylwert
$b(\text{OH}) = \frac{n(\text{OH})}{m(\text{Probe})}$

Hydroxyl-Massenanteil
$w(\text{OH}) = \frac{\text{OHZ} \cdot M(\text{OH})}{M(\text{KOH})}$

Beispiel: Zur Bestimmung der Hydroxylzahl eines Lösemittelgemisches wurden 2,050 g Probe eingewogen und mit einer genau dosierten Portion eines Gemisches aus Essigsäureanhydrid/Pyridin eine Stunde unter Rückfluss erhitzt (Bild 1, Seite 292), wobei die Acetylierung der Hydroxylgruppen eintritt. Nach Zugabe von Wasser und Abkühlung wird die überschüssige Essigsäure mit 20,8 mL Kalilauge-Maßlösung, $\tilde{c}$(KOH) = 0,5 mol/L (t = 0,992) zurücktitriert. Im Blindversuch verbrauchte die gleiche Portion des Acetylierungsgemisches 48,8 mL der Kalilauge-Maßlösung.

Zur Bestimmung der Säurezahl verbrauchen 3,988 g Probesubstanz 11,5 mL der gleichen Kalilauge.

a) Wie groß ist die Hydroxylzahl OHZ des Lösemittelgemisches?

b) Wie groß ist der Massenanteil w(OH) und der Hydroxylwert b(OH) des Lösemittelgemisches?

Lösung: a) Mit $\ddot{A}(\text{KOH}) = 5 \cdot 5{,}61056\ \text{mg/mL} = 28{,}053\ \text{mg/mL}$ (Tabelle 251/1) folgt:

$$\text{SZ} = \frac{\ddot{A}(\text{KOH}) \cdot V(\text{KOH}) \cdot t}{m(\text{Probe})} = \frac{28{,}053\ \text{mg/mL} \cdot 11{,}5\ \text{mL} \cdot 0{,}992}{3{,}988\ \text{g}} \approx 80{,}2\ \text{mg/g}$$

$$\text{OHZ} = \frac{(V_\text{b} - V_\text{pr}) \cdot t \cdot \ddot{A}(\text{KOH})}{m(\text{Probe})} + \text{SZ} = \frac{(48{,}8\ \text{mL} - 20{,}8\ \text{mL}) \cdot 0{,}992 \cdot 28{,}053\ \text{mg/mL}}{2{,}050\ \text{g}} + 80{,}2\ \text{mg/g}$$

$$\mathbf{OHZ} = 380{,}1\ \text{mg/g} + 80{,}2\ \text{mg/g} \approx \mathbf{460\ \frac{mg\ KOH}{g\ Probe}}$$

b) $$\boldsymbol{w}\mathbf{(OH)} = \frac{\text{OHZ} \cdot M(\text{OH})}{M(\text{KOH})} = \frac{460{,}3\ \text{mg/g} \cdot 17{,}0073\ \text{g/mol}}{56{,}1056\ \text{g/mol}} = 139{,}53\ \text{mg/g} = 0{,}13953\ \text{g/g} \approx \mathbf{14{,}0\ \%}$$

$$\boldsymbol{b}\mathbf{(OH)} = \frac{\text{OHZ}}{M(\text{KOH})} = \frac{460\ \text{mg/g}}{56{,}1056\ \text{mg/mmol}} = 8{,}1988\ \text{mmol/g} \approx \mathbf{0{,}820\ \frac{mol\ OH}{100\ g\ Probe}}$$

8

Aufgaben zur Hydroxylzahl OHZ

1. Zur Bestimmung der Hydroxylzahl einer Harzlösung wurden 0,7523 g Probe eingewogen und vollständig acetyliert, überschüssige Essigsäure mit 17,55 mL Kalilauge-Maßlösung, $c(\text{KOH}) = 0{,}\underline{1}$ mol/L, zurücktitriert. Im Blindversuch wurden 37,5 mL Kalilauge verbraucht. Bei der Bestimmung der Säurezahl reagieren 2,6578 g Probe mit 8,55 mL der Kalilauge-Maßlösung. Wie groß ist die Hydroxylzahl OHZ, der Massenanteil w(OH) und der Hydroxylwert b(OH) der Harzlösung?

2. 0,8234 g eines hydroxylgruppenhaltigen Polyesterharzes werden eingewogen und mit Essigsäureanhydrid/Pyridin vollständig acetyliert. Der Essigsäure-Überschuss wird mit 21,2 mL Kalilauge-Maßlösung, $\tilde{c}$(KOH) = 0,1 mol/L (t = 0,987), zurücktitriert. Das Acetylierungsgemisch erfordert im Blindversuch 42,45 mL der gleichen Kalilauge. Bei der Bestimmung der Säurezahl verbrauchen 3,5287 g Harz 12,2 mL der Kalilauge-Maßlösung. Wie groß sind die Hydroxylzahl OHZ, der Massenanteil w(OH) und der Hydroxylwert b(OH) des Polyesterharzes?

3. In 1,2382 g Caprylsäureglycerinester (ein Ester der Octansäure $H_3C{-}(CH_2)_6{-}COOH$) wird nach vollständiger Acetylierung die überschüssige Essigsäure mit 22,5 mL Kalilauge-Maßlösung, $\tilde{c}(\frac{1}{1}\ \text{KOH})$ = 0,1 mol/L (t = 0,9992), zurücktitriert. Beim Blindversuch wurden 23,7 mL der Kalilauge verbraucht. Wird die Spezifikation OHZ < 5 mg KOH pro Gramm Probe eingehalten?

4. Glycerinmonomyristat, ein Monoester aus Myristinsäure $H_3C{-}(CH_2)_{12}{-}COOH$ und Glycerin, ist ein wichtiger Bestandteil vieler Kosmetika. Zur Bestimmung der Hydroxylzahl werden 0,8267 g des Esters mit Essigsäureanhydrid/Pyridin acetyliert. Die überschüssige Essigsäure verbraucht bei der Rücktitration 15,7 mL Kalilauge-Maßlösung, $c(\text{KOH}) = 0{,}\underline{5}$ mol/L. Beim Blindversuch verbrauchte die gleiche Portion Acetylierungsgemisch 23,2 mL der Kalilauge.

   Weitere 1,3581 g des Esters werden mit 25,0 mL der Kalilauge verseift, der Lauge-Überschuss mit 15,5 mL Salzsäure-Maßlösung, $\tilde{c}(\frac{1}{1}\ \text{HCl})$ = 0,5 mol/L (t = 1,009) zurücktitriert. Berechnen Sie die Hydroxylzahl, den Hydroxyl-Massenanteil und die Verseifungszahl des Esters.

8.6.5 Iodzahl IZ

Iodzahl
$IZ = \frac{m(\text{Iod})}{m(\text{Probe})}$

Die **Iodzahl IZ** (iodine value, Verfahren nach Wijs) ist ein Maß für die in der Probesubstanz enthaltenen C = C - Doppelbindungen; sie kennzeichnet den Grad der Ungesättigtheit.

Die Iodzahl gibt die Masse Iod in Gramm an, die von 100 g Probesubstanz addiert wird.

Die Iodzahl dient zur Beurteilung von Fettsäuren, Fetten, Fettölen, Natur- und Kunstharzen, Styrol- und Styrolderivaten sowie von Lösemitteln.

Bei **Nahrungsfetten** ist die Iodzahl ein Maß für den Gehalt an *ungesättigten Fettsäuren* im untersuchten Fett oder Fettöl. Je größer die Iodzahl, desto höher der Anteil ungesättigter Fettsäuren. Dieser beeinflusst entscheidend die physikalischen (Erweichungspunkt) und physiologischen Eigenschaften eines Fettes.

Bei **Alkydharzen** haben die C = C - Doppelbindungen entscheidenden Einfluss auf das Trocknungsvermögen und die Möglichkeit der Copolymerisation mit anderen Substanzen.

Die **Bestimmung der Iodzahl** erfolgt nach einem genormten Verfahren gemäß DIN EN 14111 und wird auch **Iodzahl-Bestimmung nach Wijs**[1] genannt **(Bild 1)**.

Eine genau dosierte Portion Iod wirkt im Überschuss eine bestimmte Zeit auf die Probesubstanz ein.

Die Bestimmung besteht aus einem Blindversuch und der eigentlichen Bestimmung der Iodzahl.

Hierbei wird z.B. eine Leinölprobe mit Wijs-Lösung versetzt ①.

(Wijs-Lösung ist in Ethansäure gelöstes Iodtrichlorid ICl_3 und Iod I_2, das zu Iodmonochlorid ICl umgesetzt wird: $ICl_3 + I_2 \longrightarrow 3\,ICl$)

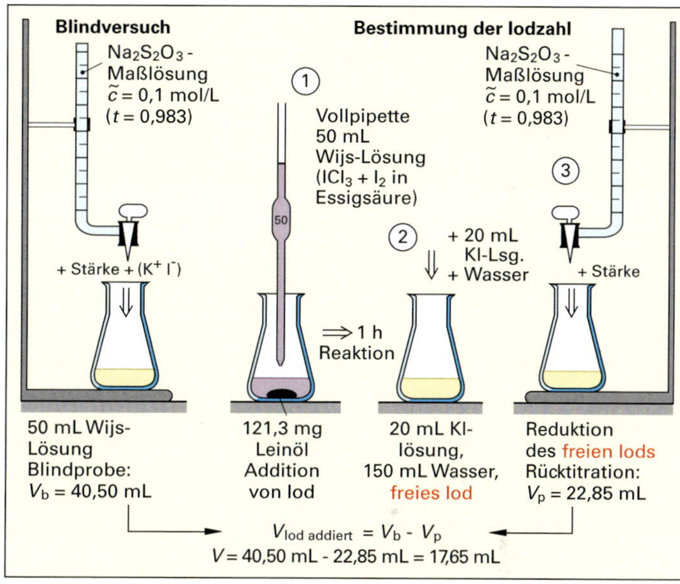

Bild 1: Bestimmung der Iodzahl mit Wijs-Lösung gemäß DIN EN 14111
(Substanzgehalte des Beispiels von Seite 296 oben)

Die chemischen Reaktionen bei der Iodierung (Ein Teil des Iods wird an die C = C - Doppelbindungen addiert):

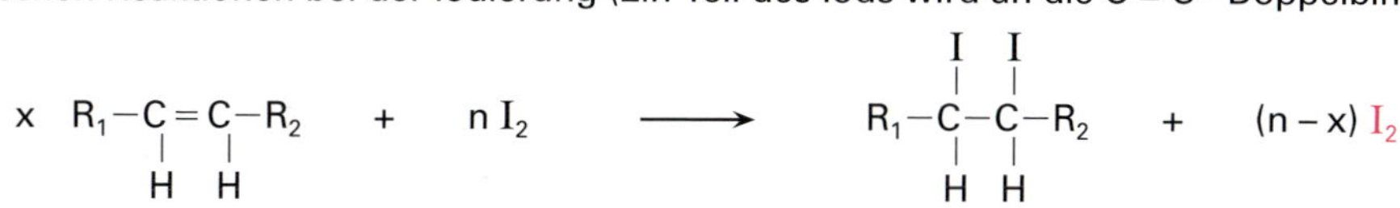

ungesättigte Fettsäure — Gesamt-Iod — gebundenes Iod — freies Iod

Nach Zugabe von 20 mL Kaliumiodid-Lösung $w(\text{KI}) = 10\,\%$ ② und 150 mL Wasser wird das überschüssige nicht addierte Iod unter kräftigem Rühren mit Natriumthiosulfat-Maßlösung gegen Stärke als Indikator zurücktitriert ③ (Verbrauch V_p).

Die chemische Reaktion dabei: $2\,S_2O_3^{2-} + I_2 \xrightarrow{\text{Stärke}} S_4O_6^{2-} + 2\,I^-$

In ähnlicher Weise wird ein Blindversuch mit den gleichen Reagenzportionen, aber **ohne** Probeneinwaage, durchgeführt (Verbrauch V_b). Aus der Differenz $V_b - V_p$ kann die addierte Iod-Portion errechnet werden. Die Stoffmengenbilanz lautet: 1 mol C = C - Bindungen addiert 1 mol Iod $I_2 \triangleq 253{,}809$ g Iod.

Neben der Iodzahl-Bestimmung nach Wijs gibt es noch die **Iodzahl-Bestimmung nach Kaufmann**. Hierbei erfolgt eine Bromierung der C = C - Doppelbindungen, siehe auch Aufgabe 3, Seite 296).

[1] Jacob Jan Wijs, niederländischer Chemiker (1864–1942).

8

Beispiel (Bild 1, Seite 295): Zur **Bestimmung der Iodzahl** gemäß DIN EN 14111 werden 121,3 mg Leinöl mit 50,0 mL Wijs-Lösung (Iodtrichlorid und Iod in Essigsäure gelöst) versetzt ①. Nach dem vollständigen Lösen der Probe wird sie eine Stunde im Dunkeln bei 20 °C stehen gelassen.

Nach Zugabe von 20 mL Kaliumiodid-Lösung, $w(\text{KI}) = 10\,\%$, und 150 mL Wasser ② wird das überschüssige Iod mit Natriumthiosulfat $Na_2S_2O_3$ der Konzentration $\tilde{c}(\frac{1}{1}\,Na_2S_2O_3) = 0{,}1$ mol/L ($t = 0{,}983$) zurücktitriert ③. Farbausschlags-Indikator ist Stärkelösung.

Der Verbrauch bis zur Entfärbung beträgt 22,85 mL Maßlösung.

Beim **Blindversuch** mit den gleichen Reagenzportionen (ohne Probe) wurden 40,50 mL der Natriumthiosulfat-Maßlösung verbraucht.

Welche Iodzahl hat das Leinöl?

Lösung: Mit $\ddot{A}(\text{I}) = 12{,}6904$ mg/mL folgt:

$$\text{IZ} = \frac{m(\text{I})}{m(\text{Probe})}; \quad \text{mit } m(\text{I}) = (V_b - V_p) \cdot t \cdot \ddot{A}(\text{I}) \quad \text{folgt:}$$

$$\text{IZ} = \frac{(V_b - V_p) \cdot \ddot{A}(\text{I}) \cdot t}{m(\text{Probe})} = \frac{(40{,}50\text{ mL} - 22{,}85\text{ mL}) \cdot 12{,}6904\text{ mg/mL} \cdot 0{,}983}{121{,}3\text{ mg}} = \mathbf{1{,}81515\ mg/mg}$$

$$\mathbf{IZ \approx 182\ \frac{g\ Iod}{100\ g\ Probe}}$$

Aufgaben zu Iodzahl IZ

1. Zur Iodzahlbestimmung von Sonnenblumenöl verbrauchen 0,1395 g Probe 16,35 mL Natriumthiosulfat-Maßlösung, $c(\frac{1}{1}\,Na_2S_2O_3) = 0{,}1$ mol/L. Beim Blindversuch beträgt der Verbrauch 30,70 mL der Maßlösung. Welche Iodzahl hat das untersuchte Öl?

2. Von Sojaöl wird die Iodzahl bestimmt. 0,1748 g Probe werden mit 19,1 mL Natriumthiosulfat-Maßlösung, $\tilde{c}(Na_2S_2O_3) = 0{,}1$ mol/L ($t = 0{,}986$) titriert. Bei der Blindprobe werden 35,6 mL Maßlösung verbraucht. Berechnen Sie die Iodzahl des Sojaöls.

3. Zur Iodzahlbestimmung nach **Kaufmann** (vergleiche Seite 295 unten) werden 0,1537 g Leinöl eingewogen und mit methanolischer Bromlösung im Überschuss zur Reaktion gebracht. Nach Zugabe von KI-Lösung wird das freie Iod mit 16,9 mL Maßlösung, $\tilde{c}(Na_2S_2O_3) = 0{,}1$ mol/L ($t = 0{,}989$), zurücktitriert. Beim Blindversuch beträgt der Verbrauch 38,7 mL Maßlösung. Wie groß ist die Iodzahl des untersuchten Leinöls?

4. 0,1120 g einer ungesättigten Verbindung mit einer molaren Masse von 120 g/mol werden eingewogen und mit 50,0 mL Iod-Lösung, $c(\frac{1}{2}\,I_2) = 0{,}1$ mol/L, versetzt. Zur Rücktitration des unverbrauchten Iods werden 24,8 mL Natriumthiosulfat-Maßlösung, $\tilde{c}(Na_2S_2O_3) = 0{,}05$ mol/L ($t = 1{,}018$), benötigt. Wie viele Doppelbindungen enthält 1 Molekül der untersuchten Verbindung?

5. Ein pflanzliches Öl enthält neben verschiedenen gesättigten Fettsäuren auch Ölsäure $C_{17}H_{33}COOH$. Der durchschnittliche Massenanteil beträgt $w(\text{Ölsäure}) = 83{,}5\,\%$. Wie groß ist die theoretische Iodzahl dieses pflanzlichen Öls?

Gemischte Aufgaben zu Maßanalytische Kennzahlen organischer Substanzen

1. Erstellen Sie mithilfe des Tabellenkalkulationsprogramms Excel eine allgemeine Eingabemaske zur Auswertung von Bestimmungen der
   a) Säurezahl b) Verseifungszahl c) Esterzahl d) Iodzahl

2. 4,815 g Erdnussöl verbrauchen in Ethanol gelöst zur Neutralisation 8,95 mL ethanolische Kalilauge-Maßlösung $\tilde{c}(\text{KOH}) = 0{,}05$ mol/L, $t = 1{,}010$. Berechnen Sie die Säurezahl des Erdnussöls.

3. Zur Herstellung eines Trockenstoffes soll ein Fettsäuregemisch mit der Säurezahl 280 durch Reaktion mit Blei (II)-oxid vollständig neutralisiert werden.
   Reaktionsgleichung: $2\,\text{R–COOH} + \text{PbO} \longrightarrow (\text{R–COO})_2\text{Pb} + H_2O$
   Welche Masse an Blei(II)-oxid ist für 150 kg Fettsäuregemisch theoretisch einzusetzen?

4. 1,498 g Rapsöl werden mit 25,0 mL alkoholischer Kalilauge, $c(\text{KOH}) = 0{,}\underline{5}$ mol/L verseift. Überschüssige Kalilauge wird mit 15,7 mL Salzsäure-Maßlösung, $\tilde{c}(\text{HCl}) = 0{,}5$ mol/L ($t = 0{,}997$), zurücktitriert. Berechnen Sie die Verseifungszahl des Rapsöls.

5. 3,981 g einer ranzigen Fettprobe erfordern zur Neutralisation der freien Fettsäuren 6,25 mL Kalilauge-Maßlösung, $c(\text{KOH}) = 0{,}\underline{1}$ mol/L. 0,987 g des gleichen Fettes werden anschließend mit 50,0 mL ethanolischer Kalilauge, $c(\text{KOH}) = 0{,}\underline{1}$ mol/L unter Rückfluss gekocht und verseift. Die überschüssige Kalilauge wird mit 20,65 mL Salzsäure-Maßlösung, $\tilde{c}(\text{HCl}) = 0{,}1$ mol/L ($t = 0{,}987$), neutralisiert. Berechnen Sie Säurezahl, Verseifungszahl und Esterzahl des Fettes.

6. 5,134 g Leinöl verbrauchen zur Neutralisation 2,45 mL Kalilauge-Maßlösung, $c(\text{KOH}) = 0{,}\underline{5}$ mol/L. 1,620 g des Leinöls werden mit 25,0 mL ethanolischer Kalilauge-Maßlösung der gleichen Konzentration verseift. Überschüssige Lauge wird mit 12,9 mL Salzsäure-Maßlösung, $c(\text{HCl}) = 0{,}\underline{5}$ mol/L zurücktitriert. Bei der Blindwert-Bestimmung verbrauchen 25,0 mL Kalilauge 24,2 mL der Salzsäure-Maßlösung.

   Welche Säure-, Verseifungs- und Esterzahl hat das Leinöl?

7. In einem Gemisch, das neben Ricinolsäure (12-Hydroxy-9-octadecensäure, $C_{18}H_{34}O_3$) keine anderen Säuren enthält, ist der Gehalt an freier Ricinolsäure zu bestimmen. Zur Bestimmung werden 3,3281 g des Gemisches eingewogen und mit 19,32 mL Kalilauge, $c(\text{KOH}) = 0{,}\underline{5}$ mol/L, titriert.

   Welche Säurezahl und welchen Massenanteil an freier Ricinolsäure hat das Gemisch?

8. 1,005 g Glycerindioleat, ein Diglycerid der Ölsäure (cis-Octadecensäure $C_{17}H_{33}COOH$), wird vollständig acetyliert. Das Acetylierungsgemisch verbraucht 41,0 mL Kalilauge-Maßlösung, $\tilde{c}(\text{KOH}) = 0{,}5$ mol/L ($t = 0{,}989$), die überschüssige Essigsäure aus der Acetylierung 37,4 mL der Kalilauge. Nach vollständiger Verseifung von 1,556 g des Oleats mit 25,0 mL der Kalilauge wird die überschüssige Lauge mit 14,6 mL Salzsäure-Maßlösung, $\tilde{c}(\text{HCl}) = 0{,}5$ mol/L ($t = 0{,}991$) zurücktitriert.

   Welche Hydroxylzahl und welche Verseifungszahl hat das Oleat?

9. 0,8826 g eines OH-gruppenhaltigen Polyesterharzes werden mit Essigsäureanhydrid/Pyridin vollständig acetyliert. Der Essigsäure-Überschuss wird mit 22,1 mL Kalilauge-Maßlösung, $\tilde{c}(\text{KOH}) = 0{,}1$ mol/L ($t = 0{,}982$), zurücktitriert. Das Acetylierungsgemisch erfordert im Blindversuch 43,4 mL der Kalilauge. Bei der Bestimmung der Säurezahl verbrauchen 3,5187 g Polyesterharz 12,8 mL der Kalilauge-Maßlösung.

   Wie groß ist die Hydroxylzahl OHZ, der Massenanteil $w(\text{OH})$ und der Hydroxylwert des Polyesterharzes?

10. 156 mg Speisefett werden in Ethanol gelöst. Nach der Addition von Brom und Zugabe von Kaliumiodid-Lösung wird das freigesetzte Iod mit 32,1 mL Natriumthiosulfat-Maßlösung, $\tilde{c}(Na_2S_2O_3) = 0{,}1$ mol/L ($t = 1{,}012$) gegen Stärke bis zur Entfärbung titriert. Bei der Blindprobe werden 41,6 mL der Maßlösung verbraucht.

    Welche Iodzahl hat das untersuchte Speisefett?

11. Leinöl hat eine mittlere Iodzahl von 180.

    Wie groß ist die Iodzahl eines Alkydharzes, wenn an dessen Aufbau nur Leinöl mit dem Massenanteil $w(\text{Leinöl}) = 55{,}6\,\%$ beteiligt ist?

12. Ein ölmodifiziertes Alkydharz enthält Ricinenöl, ein durch Dehydrierung von Ricinusöl gewonnenes Öl mit der Iodzahl 130. Das Alkydharz hat die Iodzahl 65.

    Wie groß ist der Massenanteil $w(\text{Ricinenöl})$ im untersuchten Alkydharz?

13. Welche theoretische Iodzahl hat reine Linolsäure $C_{18}H_{32}O_2$?

    Struktur der Linolsäure: $CH_3–(CH_2)_4–CH{=}CH–CH_2–CH{=}CH–(CH_2)_7–COOH$

8

8.7 Optische Analyseverfahren

Die optischen Analyseverfahren beruhen auf den Eigenschaften des Lichts, die sich zur Identifizierung oder zur Gehaltsbestimmung von Substanzen (Analyten) eignen.

Dazu sendet man elektromagnetische Strahlung (z.B. Licht einer bestimmten Wellenlänge) *durch* oder *auf* eine Substanz oder eine Lösung der Substanz (Analytlösung). Dann misst man die Veränderungen, die das Licht bei der Wechselwirkung mit der Materie erfährt. Wichtige optische Analyseverfahren sind die **Fotometrie/Spektroskopie**, die **Refraktometrie** und die **Polarimetrie (Bild 1)**.

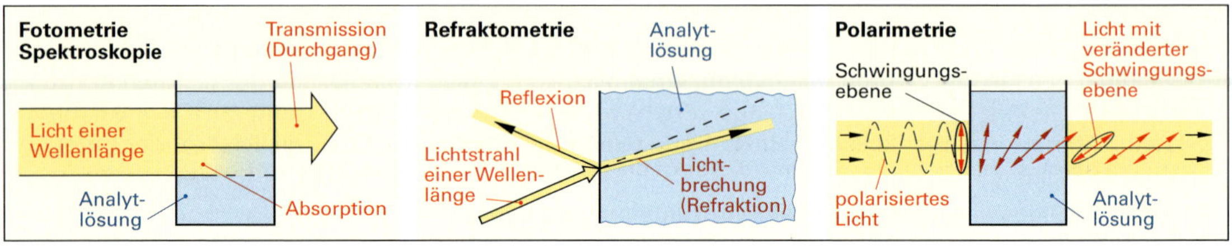

Bild 1: Wechselwirkung zwischen Licht und Materie – optische Analyseverfahren

8.7.1 UV/VIS-Spektroskopie

Die **UV/VIS-Spektroskopie** (Abkürzung von **ultravi**olet and **vis**ible spectroscopy), auch **UV/VIS-Spektralfotometrie** genannt, beruht auf der Absorption des Lichts beim Durchgang durch eine Lösung des Analyten: Enthält der Analyt im Molekül Doppelbindungen und/oder freie Elektronenpaare, so entsteht durch Lichtabsorption aus dem Grundzustand des Moleküls ein angeregter Zustand mit veränderter Elektronenverteilung.

Zur Aufnahme eines UV-Spektrums wird mit einem spektralen Monochromator nacheinander Licht unterschiedlicher Wellenlängen erzeugt und dessen jeweilige Absorption in der zu analysierenden Lösung gemessen **(Bild 2)**.

Auf dem Monitor des Computers erhält man ein Spektrum der Extinktion E (ein Absorptionsmaß) über der Wellenlänge λ. Dieses Extinktionsspektrum ist charakteristisch für jedes Stoffpaar aus gelöstem Stoff (Analyt) und seinem Lösemittel und wird zur qualitativen oder quantitativen Bestimmung des Analyten in der Lösung genutzt.

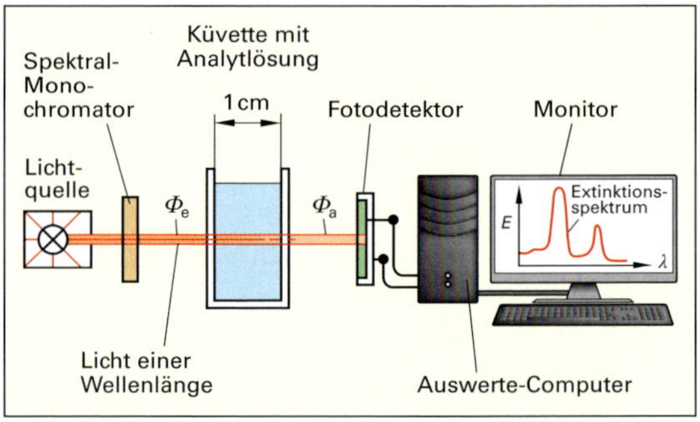

Bild 2: Messprinzip des UV/VIS–Spektrometers

8.7.1.1 Physikalische Größen der Spektroskopie[1)]

Das Licht ist eine elektromagnetische Strahlung, die sich wellenförmig mit Lichtgeschwindigkeit ausbreitet **(Bild 3)**. **Die Lichtgeschwindigkeit *c*** beträgt im Vakuum 299 792 km/s oder rund $2{,}998 \cdot 10^8$ m/s (gerundet $3{,}00 \cdot 10^8$ m/s).

Als **Wellenlänge λ** (wavelenght, λ griechischer Buchstabe Lambda) des Lichts bezeichnet man einen kompletten Zyklus (Wellenberg und Wellental) der sinusförmigen Strahlungswelle.

Die Wellenlänge wird meist in mm (10^{-3} m), in µm (10^{-6} m) oder in nm (10^{-9} m) angegeben.

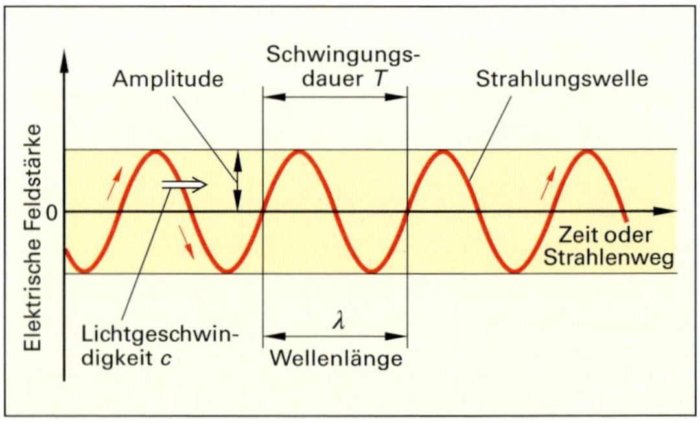

Bild 3: Elektromagnetische Welle

1) Begriffe, Formelzeichen, Einheiten nach DIN 32 635

Die Anzahl der Schwingungen einer Welle pro Sekunde bezeichnet man als **Frequenz *f*** (frequency, erlaubt ist auch das Formelzeichen ν). Die Einheit der Frequenz ist 1/s, auch Hertz genannt, Einheitenzeichen Hz.

Frequenz *f* und Wellenlänge λ elektromagnetischer Strahlung sind umgekehrt proportional: $f \sim 1/\lambda$. Je größer die Frequenz *f* einer solchen Strahlung, desto kleiner ist ihre Wellenlänge λ **(Bild 1)**. Mit dem Proportionalitätsfaktor Lichtgeschwindigkeit *c* ergibt sich nebenstehende Gleichung.

Eine weitere Größe zur Beschreibung einer elektromagnetischen Strahlung ist die **Wellenzahl** $\tilde{\nu}$ (wave number, $\tilde{\nu}$ griechischer Kleinbuchstabe Ny). Sie gibt die Anzahl der Wellenzyklen (ein Wellenberg und ein Wellental) pro Zentimeter an. Das Einheitenzeichen der Wellenzahl ist cm^{-1}. Die Wellenzahl $\tilde{\nu}$ ist der Kehrwert der in Zentimeter angegebenen Wellenlänge λ.

Frequenz

$$f = c \cdot \frac{1}{\lambda} = \frac{c}{\lambda}$$

Wellenzahl

$$\tilde{\nu} = \frac{1}{\lambda}$$

Beispiel 1: Das UV-Spektrum einer Lösung von Pentadien-1,3 $H_3C{-}CH{=}CH{-}CH{=}CH_2$ in Heptan zeigt eine starke Absorptionsbande bei $\lambda = 223$ nm, die durch die konjugierte C=C-Doppelbindung hervorgerufen wird. Wie groß sind die Frequenz *f* und die Wellenzahl $\tilde{\nu}$ dieser elektromagnetischen Strahlung?

Lösung: $f = \frac{c}{\lambda} = \frac{3{,}00 \cdot 10^8\ \text{m/s}}{223 \cdot 10^{-9}\ \text{m}} = 1{,}3453 \cdot 10^{15}\,\frac{1}{\text{s}} \approx 1{,}35 \cdot 10^{15}\ \text{Hz} \approx \mathbf{1{,}35 \cdot 10^6\ GHz}$

$\tilde{\nu} = \frac{1}{\lambda}$; mit $\lambda = 223\ \text{nm} = 223 \cdot 10^{-9}\ \text{m}$ folgt: $\tilde{\nu} = \frac{1}{223 \cdot 10^{-9}\ \text{m}} \approx 4{,}48 \cdot 10^6\,\frac{1}{\text{m}} \approx \mathbf{4{,}48 \cdot 10^4\ cm^{-1}}$

Durch die drei Größen Wellenlänge λ, Wellenzahl $\tilde{\nu}$ und Frequenz *f* lässt sich der **Energieinhalt einer elektromagnetischen Strahlung *W*** (oder *E*) berechnen. Die Energie wird in der Einheit Joule mit dem Einheitenzeichen J angegeben. Die Zusammenhänge zeigt **Bild 1.**

Energie elektromagnetischer Wellen

$$W = h \cdot f = h \cdot \frac{c}{\lambda}$$

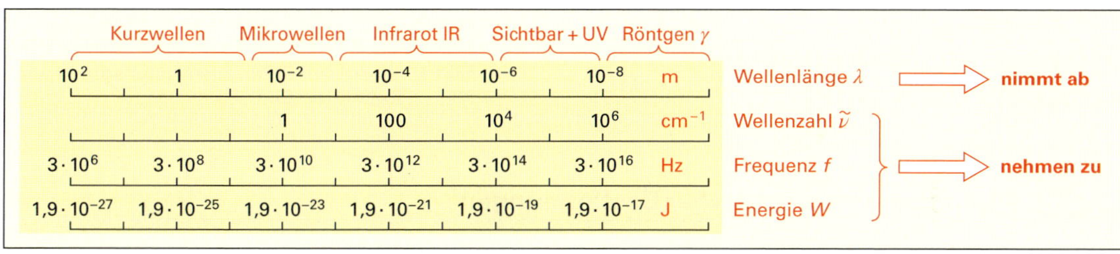

Bild 1: Zusammenhang zwischen Wellenzahl, Wellenlänge, Frequenz und Energieinhalt von Strahlung

Der Energieinhalt *W* und die Frequenz *f* einer elektromagnetischen Strahlung sind direkt proportional $W \sim f$ (siehe Formel). Eine hochfrequente Strahlung hat somit auch einen großen Energieinhalt *W*. Als Proportionalitätsfaktor zwischen beiden Größen dient das Planck'sche[1] Wirkungsquantum *h*. Das Planck'sche Wirkungsquantum beträgt $h = 6{,}6256 \cdot 10^{-34}\ \text{J} \cdot \text{s}$.

Beispiel 2: Berechnen Sie die Energie, die erforderlich ist, um das π-Elektronensystem im Acrolein $CH_2{=}CH{-}CHO$ bei $\tilde{\nu} = 49 \cdot 10^3\ cm^{-1}$ zu einem Elektronenübergang anzuregen.

Lösung: $W = h \cdot c/\lambda = h \cdot c \cdot \tilde{\nu} = 6{,}6256 \cdot 10^{-34}\ \text{J} \cdot \text{s} \cdot 3{,}00 \cdot 10^{10}\ \text{cm/s} \cdot 49 \cdot 10^3\ \text{cm}^{-1} \approx \mathbf{9{,}74 \cdot 10^{-19}\ J}$

Die Energie einer elektromagnetischen Welle, die eine bestimmte Fläche pro Zeit erreicht, bezeichnet man als **Strahlungsleistung Φ** (Φ griechischer Großbuchstabe Phi). Sie hat den Einheitennamen Watt mit dem Einheitenzeichen W.

Beim Durchstrahlen einer Analytlösung mit Licht einer bestimmten Wellenlänge **(Bild 2)** wird ein Teil der Lichtstrahlung in der Lösung absorbiert, der Rest durchdringt sie. Die Strahlungsleistung sinkt von Φ_e auf Φ_a.

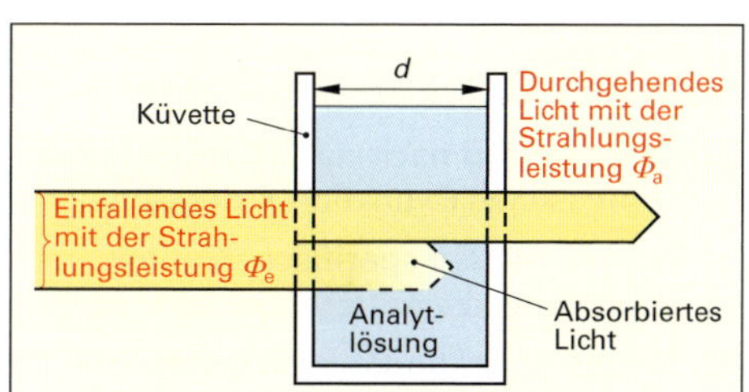

Bild 2: Absorption in einer Analytlösung

[1] Max Planck, deutscher Physiker (1858 bis 1947)

Der **spektrale Reintransmissionsgrad** τ_i (spectral internal transmittance, τ griech. Kleinbuchstabe Tau) ist das Verhältnis der aus der Lösung austretenden Strahlungsleistung Φ_a zur eingedrungenen Strahlungsleistung Φ_e.

Als **spektraler Reinabsorptionsgrad** α_i (spectral internal absorptance) wird das Verhältnis der in der Lösung absorbierten Strahlungsleistung $\Phi_e - \Phi_a$ zur eingedrungenen Strahlungsleistung Φ_e bezeichnet.

Die Summe aus den beiden Größen τ_i und α_i ergibt 100 % bzw. 1: $\tau_i + \alpha_i = 100\,\% = 1$.

Trägt man den spektralen Reintransmissionsgrad τ_i gegen die Konzentration $c(X)$ oder $\beta(X)$ der untersuchten Lösung auf, so wird in einem Diagramm eine exponentiell abnehmende Funktion erhalten (e-Funktion, schwarze Kurve in **Bild 1**). In logarithmischer Darstellung wird aus einer e-Funktion eine lineare Funktion (vgl. Seite 57).

Der Logarithmus des Kehrwertes $1/\tau_i$ (identisch mit seinem negativen Logarithmus) wird als **Extinktion** $\boldsymbol{E}$ (spectral internal absorbance) bezeichnet: $E = -\lg \tau_i$.

Gegen die Konzentration $c(X)$ oder $\beta(X)$ aufgetragen ergibt die Extinktion eine Ursprungsgerade (rote Gerade in Bild 1). Sie vereinfacht die Auswertung fotometrischer Bestimmungen erheblich.

Beispiel: Der spektrale Reinabsorptionsgrad einer Analytlösung wird zu 0,32 ermittelt. Wie groß ist die Extinktion?

Lösung: $\tau_i + \alpha_i = 1 \Rightarrow \tau_i = 1 - \alpha_i = 1 - 0{,}32 = 0{,}68$

$\boldsymbol{E} = -\lg \tau_i = -\lg 0{,}68 = -(-0{,}1675) \approx \mathbf{0{,}17}$

Spektraler Reintransmissionsgrad
$\tau_i = \dfrac{\Phi_a}{\Phi_e}$

Spektraler Reinabsorptionsgrad
$\alpha_i = \dfrac{\Phi_e - \Phi_a}{\Phi_e} = 1 - \tau_i$

Extinktion
$E = \lg \dfrac{1}{\tau_i} = -\lg \tau_i = -\lg \dfrac{\Phi_a}{\Phi_e} = \lg \dfrac{\Phi_e}{\Phi_a}$

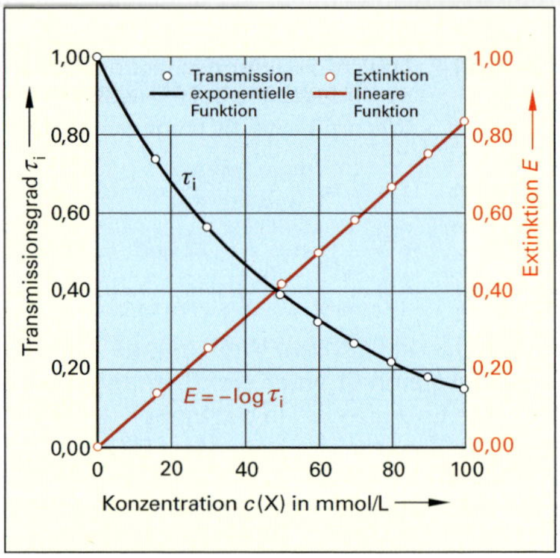

Bild 1: Spektraler Reintransmissionsgrad $\boldsymbol{\tau_i}$ **und Extinktion** $\boldsymbol{E}$

8.7.1.2 Auswertung fotometrischer Bestimmungen

Gesetz von Bouguer, Lambert und Beer

Die Extinktion E ist ein Maß für die Absorption des Lichtstrahls. Sie ist proportional der Schichtdicke d der durchstrahlten Lösung (≙ Küvettenbreite) und der Konzentration des gelösten Analyten: $E \sim d \cdot c(X)$. Mit dem stoffspezifischen Proportionalitätsfaktor ε erhält man das nebenstehende Gesetz von Bouguer, Lambert und Beer.

Gesetz von Bouguer, Lambert und Beer	
$E = \varepsilon \cdot d \cdot c(X)$	$E = \varepsilon' \cdot d \cdot \beta(X)$

Gehaltsberechnung aus der Extinktion	
$c(X) = \dfrac{E}{\varepsilon \cdot d}$	$\beta(X) = \dfrac{E}{\varepsilon' \cdot d}$

Der Proportionalitätsfaktor wird als molarer **Extinktionskoeffizient** $\boldsymbol{\varepsilon}$ bezeichnet, wenn die Stoffmengenkonzentration $c(X)$ eingesetzt wird.

Seine Einheit ist $L \cdot mol^{-1} \cdot cm^{-1}$. Bei Verwendung der Massenkonzentration $\beta(X)$ nennt man ihn **spezifischer Extinktionskoeffizient** mit dem Formelzeichen ε' und der Einheit $cm^2 \cdot mg^{-1}$.

Durch Umstellen nach der Stoffmengenkonzentration $c(X)$ bzw. der Massenkonzentration $\beta(X)$ kann aus der gemessenen Extinktion E der Gehalt des Analyten X berechnet werden.

Der molare und der spezifische Extinktionskoeffizient sind abhängig von dem Stoffpaar aus gelöstem Analyt X und dem Lösemittel sowie eventuellen Zusatzreagenzien, der Matrix.

Die beiden Extinktionskoeffizienten werden ermittelt bei der Wellenlänge λ_{max} mit maximaler Extinktion und sind ein Maß für das Absorptionsvermögen der Analytlösung. Bei dieser Wellenlänge λ_{max} wird auch die fotometrische Analyse durchgeführt.

Ist der molare oder spezifische Extinktionskoeffizient ε bzw. ε' bekannt, kann aus der gemessenen Extinktion der Probe durch Umstellen des Gesetzes von Bouguer, Lambert und Beer die Analytkonzentration $c(X)$ oder $\beta(X)$ berechnet werden.

Beispiel 1: Welche Butadien-Konzentration hat eine 1,3-Butadien/Hexan-Lösung, deren Extinktion bei λ_{max} = 217 nm zu 0,870 gemessen wurde? d = 1,00 cm, molarer Extinktionskoeffizient ε = 20900 L/(mol · cm)

Lösung: $$\mathbf{c(Butadien)} = \frac{E}{\varepsilon \cdot d} = \frac{0{,}870 \text{ mol} \cdot \text{cm}}{20900 \text{ L} \cdot 1{,}00 \text{ cm}} = 4{,}1627 \cdot 10^{-5} \text{ mol/L} \approx \mathbf{4{,}2 \cdot 10^{-2}\ mmol/L}$$

Sind weder der molare noch der spezifische Extinktionskoeffizient ε bzw. ε' bekannt, so kann aus der gemessenen Extinktion von Kalibrierlösungen bekannter Konzentration bei der Wellenlänge λ_{max} der molare oder der spezifische Extinktionskoeffizient ε oder ε' errechnet werden.

Beispiel 2: Bei der Kalibriermessung einer wässrigen Vitamin-B12-Lösung mit der Massenkonzentration β = 50 µg/mL wurde nebenstehendes Extinktionsspektrum gemessen **(Bild 1)**.
d(Küvette) = 1,0 cm, M(B12) = 1355 g/mol.

a) Welche Stoffmengenkonzentration c(B12) hat die Kalibrierlösung?

b) Wie groß ist der molare Extinktionskoeffizient ε der Lösung?

c) Welche Stoffmengenkonzentration c(B12) hat eine Probelösung mit der Extinktion 0,73?

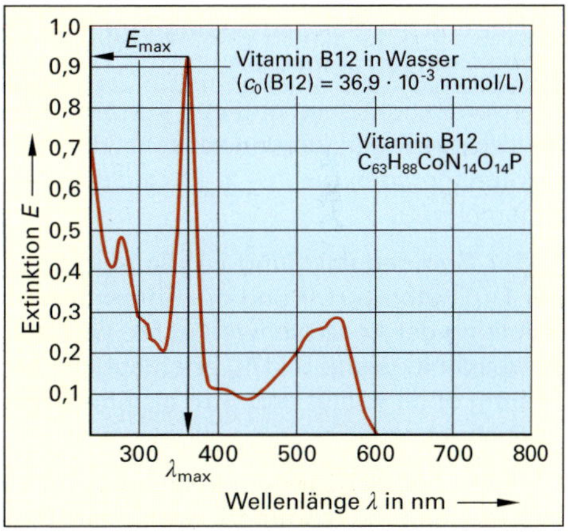

Bild 1: Extinktionsspektrum einer Vitamin-B12-Lösung

Lösung: a) Berechnung der Konzentration c(B12):

$$\mathbf{c(B12)} = \frac{\beta(\text{B12})}{M(\text{B12})} = \frac{50 \cdot 10^{-3} \text{ g/L}}{1355 \text{ g/mol}} \approx \mathbf{37 \cdot 10^{-3}\ mmol/L}$$

b) Die maximale Extinktion E_{max} = 0,93 liegt bei der Wellenlänge λ_{max} = 360 nm. Berechnung des molaren Extinktionskoeffizienten ε:

$$\varepsilon = \frac{E_0}{c_0 \cdot d} = \frac{0{,}93}{36{,}9 \cdot 10^{-3} \text{ mol/L} \cdot 1{,}0 \text{ cm}}$$

$$\boldsymbol{\varepsilon} \approx \mathbf{2{,}5 \cdot 10^4\ L/(mol \cdot cm)}$$

c) Berechnung der Konzentration c(B12) der Probe:

$$\mathbf{c(B12)} = \frac{E_1}{\varepsilon \cdot d} = \frac{0{,}73}{2{,}514 \cdot 10^4 \text{ L/(mol} \cdot \text{cm)} \cdot 1{,}0 \text{ cm}} = 2{,}904 \cdot 10^{-5} \text{ mol/L} \approx \mathbf{0{,}029\ \frac{mmol}{L}}$$

Auswertung durch Einpunktkalibrierung mit externem Standard

Ist der molare oder spezifische Extinktionskoeffizient ε für einen Analyten X nicht bekannt, so misst man bei der **Einpunktkalibrierung** die Extinktion E_0 nur **einer** externen Standardlösung bekannter Konzentration $c_0(X)$. Dann wird bei gleicher Wellenlänge mit identischen Küvetten in einer Vergleichsmessung die Extinktion E_1 der Probe mit der unbekannten Analytkonzentration $c_1(X)$ bestimmt.

Da die Wellenlänge des Lichts und Schichtdicke d der Analytlösungen konstant gehalten wurden, ist das Verhältnis der Konzentrationen gleich dem Verhältnis der gemessenen Extinktionen. Nebenstehende Größengleichung ergibt die Konzentration $c_1(X)$ bzw. $\beta_1(X)$ der Probe.

Konzentration einer Probe

$$\frac{E_1}{E_0} = \frac{c_1(X)}{c_0(X)}; \quad c_1(X) = \frac{c_0(X) \cdot E_1}{E_0}$$

Beispiel: Mit einem Filterfotometer wird mit Licht der Wellenlänge 520 nm die Extinktion einer Cobaltnitrat-Kalibrierlösung der Konzentration $c_0(Co^{2+})$ = 0,200 mol/L zu E_0 = 0,521 ermittelt. Eine Cobaltnitrat-Probelösung unbekannter Konzentration hat bei gleicher Wellenlänge die Extinktion E_1 = 0,657.
Welche Konzentration $c(Co^{2+})$ hat die untersuchte Probelösung?

Lösung: Da sich die Extinktion proportional zur Konzentration ändert, folgt:

$$\mathbf{c_1(Co^{2+})} = \frac{E_1 \cdot c_0(\text{Co}^{2+})}{E_0} = \frac{0{,}657 \cdot 0{,}200 \text{ mol/L}}{0{,}521} \approx \mathbf{0{,}252\ mol/L}$$

8

Die Einpunktkalibrierung kann nur durchgeführt werden, wenn durch eine Mehrpunktkalibrierung zuvor sichergestellt ist, dass im Arbeitsbereich lineare Abhängigkeit zwischen Extinktion und Konzentration besteht und dass es keinen Blindwert (Leerwert) gibt. Die Extinktionsgerade verläuft dann durch den Nullpunkt des Konzentrations-Extinktions-Diagramms (Bild 1, Seite 303).

Die Konzentration der externen Standardlösung ist nahe am erwarteten Probenwert zu wählen, ferner sind große Konzentrationsschwankungen zwischen den Proben zu vermeiden. Die Extinktion der Analyse sollte zwischen $E = 0{,}1$ und $E = 1{,}0$ liegen: Unter $E < 0{,}1$ ist die Gefahr der Messungenauigkeit groß, bei $E > 1{,}0$ verliert möglicherweise das Gesetz von Bouguer, Lambeert und Beer seine Gültigkeit. Der Vorteil der Einpunktkalibrierung ist die rasche Durchführbarkeit der Analyse.

Auswertung durch Zweipunktkalibrierung mit externem Standard

Um die Messgenauigkeit der Methode zu verbessern, werden die Extinktionen E_{01} und E_{02} von **zwei** Kalibrierlösungen verschiedener Konzentration $\beta_{01}(X)$ und $\beta_{02}(X)$ bei der Wellenlänge λ_{max} ermittelt und anschließend bei gleichen Bedingungen die Extinktionen der Probelösungen gemessen.

Aus den Extinktionen und den Konzentrationen der beiden Kalibrierlösungen werden zunächst die Steigung m der Extinktionsgeraden $y = m \cdot x + b$ und der Ordinatenabschnitt b berechnet.

In der Geradengleichung ist die gemessene Extinktion E der Ordinatenwert y und die Konzentration $\beta(X)$ der Analytlösung der Abszissenwert x. Die Größe b ist der Ordinatenabschnitt (siehe Bild 1), er entspricht der Extinktion der Lösung ohne Analyt und wird als **Blindwert** oder Leerwert bezeichnet.

Die Methode der Zweipunktkalibrierung kann somit auch zur Anwendung kommen, wenn die Extinktionsgerade nicht als Ursprungsgerade verläuft.

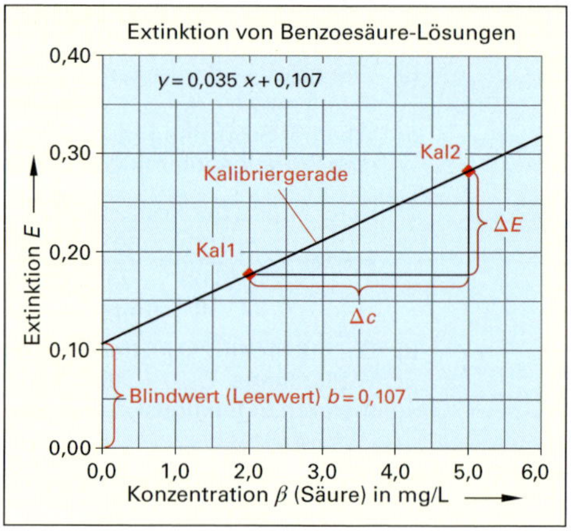

Bild 1: Steigungsdreieck in der Extinktions-Geraden (Zahlen: Beispiel unten)

Mit den genannten Größen eingesetzt, lautet die Funktionsgleichung der Extinktionsgeraden:

$$\boldsymbol{E = m \cdot \beta(X) + b}$$

Folgende Schritte sind zur Berechnung der Analyt-Konzentration einer Probe durchzuführen:

1. Berechnung der Steigung m aus dem Steigungsdreieck **(Bild 1)**: $m = \frac{\Delta E}{\Delta \beta} = \frac{E_{02} - E_{01}}{\beta_{02} - \beta_{01}}$
2. Berechnung des Achsenabschnitts b (Blindwert) mithilfe der Steigung m aus den Daten **einer** der Kalibriermessungen: $b = E_{01} - m \cdot \beta_{01}(X)$
3. Berechnung der Analytkonzentration $\beta(X)$, z.B von Probe 1, nach: $\beta_1(X) = \frac{E_1 - b}{m}$

Nach dem gleichen Schema berechnet sich auch die Analyt-Stoffmengenkonzentration $c(X)$.

Beispiel: Zur fotometrischen Bestimmung der Massenkonzentration einer Benzoesäure-Lösung wurden zwei Benzoesäure-Kalibrierlösungen hergestellt und die Extinktionen gemessen:
Kalibrierlösung 1 (Kal1): $\beta_{01} = 2{,}00$ mg/L; $E_{01} = 0{,}177$
Kalibrierlösung 2 (Kal2): $\beta_{02} = 5{,}00$ mg/L; $E_{02} = 0{,}282$
Die Extinktion der Probe wurde zu $E_1 = 0{,}234$ bestimmt.
Wie groß sind der Blindwert der Lösung und die Massenkonzentration in mg/L der untersuchten Probe?

Lösung: Berechnung der Steigung m: $m = \frac{\Delta E}{\Delta \beta} = \frac{E_{02} - E_{01}}{\beta_{02} - \beta_{01}} = \frac{0{,}282 - 0{,}177}{(5{,}00 - 2{,}00)\ \text{mg/L}} = 0{,}0350$ L/mg

Berechnung des Blindwertes: $\boldsymbol{b} = E_{01} - m \cdot \beta_{01}(X) = 0{,}177 - 0{,}0350\ \text{L/mg} \cdot 2{,}00\ \text{mg/L} = \mathbf{0{,}107}$ (Bild 1)

Berechnung der Massenkonzentration: $\boldsymbol{\beta}$**(Benzoesäure)** $= \frac{E_1 - b}{m} = \frac{0{,}234 - 0{,}107}{0{,}035\ \text{L/mg}} \approx$ **3,63 mg/L**

Auch bei der Zweipunktkalibrierung sollte der Analytgehalt der Probenkonzentration zwischen dem Analytgehalt der Kalibrierlösungen liegen und eine proportionale Abhängigkeit zwischen Extinktion und Konzentration bestehen, d.h. linearer Verlauf der Extinktionswerte vorliegen.

Auswertung durch Mehrpunktkalibrierung mit externem Standard

Fotometrische Bestimmungen können auch mithilfe einer Mehrpunktkalibrierung mit etwa 5 Kalibrierlösungen ausgewertet werden. Die Konzentrationsunterschiede der Kalibrierlösungen sollten etwa gleich groß sein, damit die Punkte auf der Kalibriergeraden einen möglichst gleichen Abstand haben. Das Diagramm kann grafisch auf Millimeterpapier von Hand oder mithilfe eines Tabellenkalkulationsprogramms angefertigt und mit der Analysenfunktion ausgewertet werden. Dies wird an nachfolgendem Beispiel erläutert.

Beispiel: Ein Brunnenwasser soll fotometrisch auf seine Eignung als Trinkwasser untersucht werden. Der Grenzwert für Fe^{3+}-Ionen nach der Trinkwasserverordnung TVO beträgt 0,2 mg/L. Die Kalibrierlösungen werden aus einer Standardlösung der Konzentration $\beta(Fe^{3+})$ = 100 mg/L angesetzt **(Tabelle).**

Die Kalibrierstandards werden hergestellt, indem man in 25 mL-Messkolben jeweils 5 mL einer KSCN-Lösung und 2 mL Schwefelsäure vorlegt, dann 0,10 mL, 0,30 mL, 0,50 mL, 0,80 mL und 1,00 mL der Eisen(III)-Stammlösung zufügt und anschließend jeweils mit demin. Wasser zu 25 mL auffüllt.

10 mL der Probe werden in einem 25 mL-Messkolben ebenfalls mit 5 mL KSCN-Lösung und 2 mL Schwefelsäure versetzt und dann mit demin. Wasser aufgefüllt. Dann erfolgt die Analyse der Lösungen mit einem Filterfotometer bei 470 nm in 1,0 cm-Küvetten. Die Bestimmung ergab folgende Extinktionen:

Tabelle: Fotometrische Bestimmung von Eisen(III)-Ionen in Brunnenwasser

Kalibrierlösung	**Kal1**	**Kal2**	**Kal3**	**Kal4**	**Kal5**	**Probe**
Volumen an Stammlösung in mL	0,10	0,30	0,50	0,80	1,00	10
Massenkonzentration $\beta(Fe^{3+})$ in mg/L	0,40	1,20	2,00	3,20	4,00	–
Extinktion E bei 470 nm	0,067	0,198	0,355	0,551	0,702	0,172

Liegt das Brunnenwasser bezüglich des Gehalts an Eisen(III)-ionen unter dem Grenzwert der TVO?

Lösung: Berechnung der Massenkonzentrationen $\beta(Fe^{3+})$ der Kalibrierlösungen (Ergebnisse in Zeile 4 der Tabelle):

Kal1: 1000 mL Stammlsg. enthalten 100 mg Fe
0,10 mL Stammlsg. enthalten x Fe $x = m_1(Fe^{3+})$ = 100 mg · 0,10 mL/1000 mL = 0,010 mg

Massenkonzentration in Kal1: $\beta_1(Fe^{3+}) = m_1(Fe^{3+}) / V(Lsg)$ = 0,010 mg / 25 mL = 0,40 mg/L

Entsprechend berechnen sich die Konzentrationen der anderen 4 Kalibrierlösungen.

Bild 1 zeigt das Kalibrierdiagramm zur Bestimmung der Eisen(III)-ionen mit der zeichnerischen Auswertung: $\beta_{Probe}(Fe_{3+}) \approx$ 0,75 mg/L

Eine genaue Auswertung wird erhalten über die Analysenfunktion der Kalibriergeraden:

$$y = 0{,}1762\,x - 0{,}006$$

$$\Rightarrow E = 0{,}1762\,\frac{L}{mg}\cdot\beta(Fe^{3+}) - 0{,}006$$

Mit dem Extinktionswert der Probe ergibt sich nach Umformung der Gleichung:

$$\beta_{Probe}(Fe^{3+}) = \frac{E+b}{m} = \frac{0{,}127 + 0{,}006}{0{,}1762\ L\cdot mg^{-1}} = 0{,}7548\ mg/L$$

Berechnung der Ausgangskonzentration:
10 mL des Brunnenwassers wurden zu 25 mL Probe verdünnt: ⇒ Verdünnungsfaktor 2,5.

Daraus folgt:
$\boldsymbol{\beta(Fe^{3+})}$ = 0,7548 mg/L · 2,5 = 1,887 mg/L ≈ **1,9 mg/L**

Das Brunnenwasser entspricht nicht der TVO.

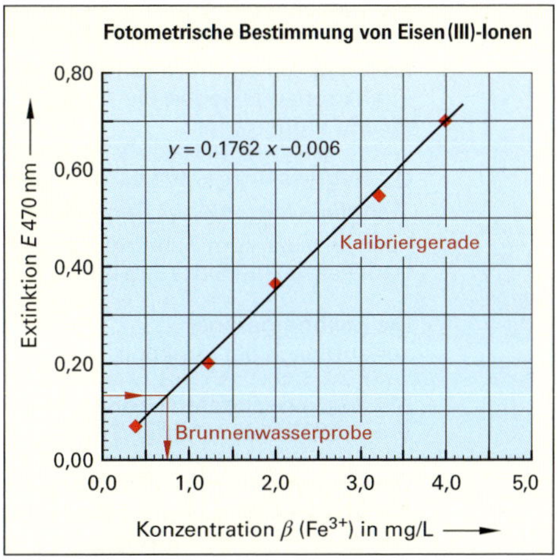

Bild 1: Kalibrierdiagramm zur fotometrischen Bestimmung von Eisen in Brunnenwasser

Auswertung durch Standardaddition mit externem Standard (Aufstockmethode)

Bei der Methode der Standardaddition wird außer der Analysenprobe auch eine mit einer definierten Menge Analyt aufgestockte (gespikten) Analysenprobe vermessen. Aus beiden Analysensignalen und der bekannten Aufstockmenge ergibt sich der ursprüngliche Analytgehalt der Probe.

Eine Verfeinerung der Methode ist die multiple Standardaddition. Hier wird die Analysenprobe mehrmals aufgestockt. Meist wird die Analytkonzentration der Probe abgeschätzt und in gleichen Intervallen bis zur doppelten geschätzten Konzentration mit Analyt aufgestockt. Aus den Messwerten erhält man eine Gerade, die bei Extrapolation bis $y = 0$ im Schnittpunkt mit der Abszisse den gesuchten Gehalt der Analysenprobe ergibt **(Bild 1)**.

Die Methode der Standardaddition ist sinnvoll, wenn das analytische Signal stark durch die Probenmatrix beeinflusst wird und wenn sehr komplexe, zudem häufig wechselnde Probenmatrices vorliegen. Die Methode erfordert allerdings ein lineares Ansprechverhalten der analytischen Methode, eine homogen teilbare Analysenprobe und die exakte Dosierbarkeit des Analyten als Standardzusatz.

Beispiel: In einem Abwasser (Pr_0) soll die Massenkonzentration an Cobalt-Ionen $\beta(Co^{2+})$ fotometrisch bestimmt werden. Als Cobalt-Standardlösung (Kal0) steht eine Lösung mit $\beta(Co^{2+})$ = 100 mg/L zur Verfügung. Von der Abwasserprobe werden jeweils 50,0 mL in 100 mL Messkolben gegeben, mit den Volumina der Cobalt-Standardlösung Kal0 nach der Tabelle versetzt und mit demin. Wasser zu 100 mL aufgefüllt.

Die Probe ohne Zusatz (Pr_1) und die aufgestockten Proben Kal1 bis Kal5 werden bei 324,8 nm analysiert. In der **Tabelle** sind die gemessenen Extinktionen aufgeführt. Berechnen Sie die Aufstockkonzentrationen $\beta(Co^{2+})$ und erstellen Sie ein Kalibrierdiagramm. Wie groß ist die Massenkonzentration $\beta(Co^{2+})$ in der Abwasserprobe?

Tabelle: Extinktionen von Cobalt-Lösungen bei 324,8 nm

Lösung:	Pr1	Kal1	Kal2	Kal3	Kal4	Kal5
Aufstockvolumen mit Kal0 in mL:	0	10	15	20	25	30
Aufstock-Konzentration an Co in mg/100 mL	0	1,0	1,5	2,0	2,5	3,0
Extinktion E bei 324,8 nm	0,114	0,221	0,271	0,314	0,363	0,417

Lösung: Berechnung der Aufstockkonzentrationen, z. B. Kal1:

1000 mL Standard enthalten 100 mg Co
10 mL Standard enthalten x Co

$x = m_1(Co^{2+}) = 100\ \text{mg} \cdot 10\ \text{mL} / 1000\ \text{mL}$
$m_1(Co^{2+}) = 1{,}0\ \text{mg} \Rightarrow \beta_1(Co^{2+}) = 1{,}0\ \text{mg/100 mL}$

Die berechneten Konzentrationen von Kal2 bis Kal5 sind in Zeile 4 der Tabelle aufgeführt.
Im Kalibrierdiagramm **(Bild 1)** sind die gemessenen Extinktionen E gegen die Aufstock-Konzentrationen $\beta(Co^{2+})$ aufgetragen.

Die Regressionsgerade wird mit der Excel-Option: *Trendlinie formatieren/Trend rückwärts/1,5 Einheiten* nach links bis zum Schnittpunkt mit der Abszisse extrapoliert (siehe Seite 329 Bild 1).

Die Kalibriergerade verläuft nach der Funktion: $y = m \cdot x + b$
$y = 0{,}0995\ x + 0{,}1174$

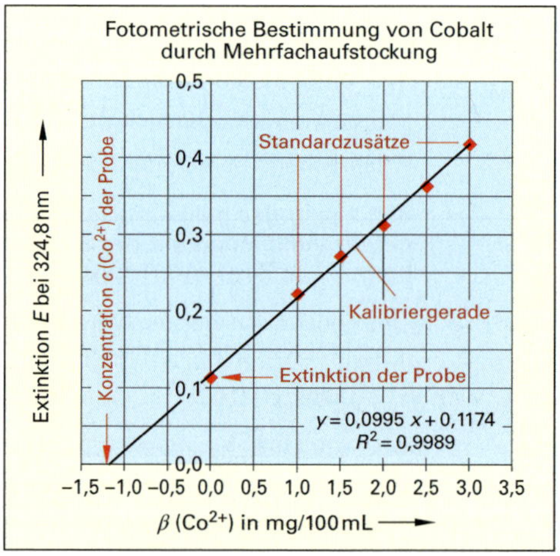

Bild 1: Prinzip der Mehrfachaufstockung (Standardaddition)

Mit den verwendeten Größen eingesetzt lautet sie:
$E = 0{,}0995 \cdot 100\ \text{mL/mg} \cdot \beta(Co^{2+}) + 0{,}1174$

Die Konzentration der **nicht** aufgestockten Probe wird erhalten im Schnittpunkt der Kalibriergeraden mit der Abszisse. Berechnung dieses Schnittpunktes: $y = 0 \Rightarrow 0 = m \cdot x + b \Rightarrow x = -b/m$

$|x| = \beta_{Pr_1}(Co^{2+}) = \dfrac{0{,}1174\ \text{mg}}{0{,}0995 \cdot 100\ \text{mL}} = 1{,}1799\ \text{mg/100 mL}$ (⇒ In 50,0 mL Abwasser sind 1,1799 mg Co)

Massenkonzentration der Abwasser-Probe: $\boldsymbol{\beta_{Pr0}(Co^{2+})} = \dfrac{m(Co^{2+})}{V(\text{Probe})} = \dfrac{1{,}1799\ \text{mg}}{50{,}0\ \text{mL}} \approx \mathbf{23{,}6\ mg/L}$

Aufgaben zu UV/VIS-Spektroskopie

1. In Wasser gelöstes Ethanal $H_3C–CH=O$ zeigt im UV-Spektrum bei $\tilde{\nu} = 31{,}1 \cdot 10^3\ cm^{-1}$ eine durch die Carbonylgruppe hervorgerufene Absorptionsbande. Bei welcher Wellenlänge und welcher Frequenz wird das Elektronensystem der Carbonylgruppe zu einem Elektronenübergang angeregt?

2. Aromatische Kohlenwasserstoffe zeigen im UV-Spektrum zwei bis drei mittelstarke Absorptionsbanden im Frequenzbereich $f = 0{,}75 \dots 1{,}5$ PHz. In welchem Wellenlängen- und Wellenzahlbereich erfolgt die Verschiebung der delokalisierten π-Elektronen aromatischer Kohlenwasserstoffe?

3. Welche Energie ist erforderlich, um im Acetamid H_3CCONH_2 in methanolischer Lösung bei $\lambda = 205$ nm eine $n\pi^*$-Absorption der Carbonylgruppe anzuregen?

4. UV-Licht kann mehratomige Moleküle oder Molekülionen zu Elektronenübergängen anregen. In einfachen Molekülen kann hingegen die UV-Absorption zur homolytischen Spaltung der Bindung führen.
Berechnen Sie die Wellenlänge, die Wellenzahl und die Frequenz der Strahlung, die bei der radikalischen Chlorierung von Alkanen zur Spaltung eines Chlormoleküls erforderlich ist, wenn die Dissoziationsenergie des Chlors $\Delta H(Cl_2) = 243$ kJ/mol beträgt. $N_A = 6{,}022 \cdot 10^{23}\ mol^{-1}$

5. In **Bild 1** ist eine elektromagnetische Welle im vergrößerten Maßstab wiedergegeben.
Wie groß ist die Wellenzahl?

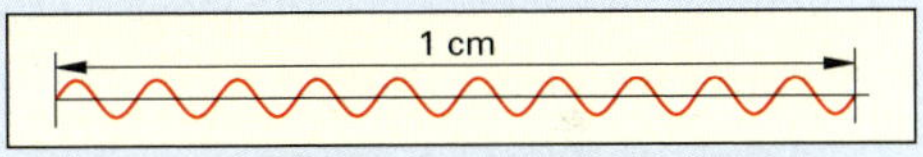

Bild 1: Vergrößerter Ausschnitt einer Welle

6. Der spektrale Transmissionsgrad τ einer Kalibrierlösung der Konzentration β(Cu) = 10 mg/100 mL wurde bei der fotometrischen Kupfer-Bestimmung zu 65 % bestimmt. 500 mg der untersuchten Probesubstanz ergaben nach Zugabe der Reagenzien und Auffüllen zu 100 mL einen spektralen Transmissionsgrad von 75 %. Wie groß ist der Massenanteil w(Cu) der untersuchten Probe?

7. Bei der fotometrischen Konzentrationsbestimmung einer Eiweißlösung mit UV-Strahlung der Wellenlänge 320 nm wird mit 2,00 cm-Küvetten eine Extinktion von 0,4045 ermittelt. Der molare Extinktionskoeffizient des Eiweißes beträgt $\varepsilon = 182$ L/(mol · cm).
Welche Stoffmengenkonzentration c(Eiweiß) hat die Lösung?

8. Mit einem Filterfotometer soll der Gehalt an Hexadien $CH_2=CH–CH_2–CH_2–CH=CH_2$ gelöst in Ethanol bestimmt werden. Der molare Extinktionskoeffizient beträgt $\varepsilon = 2{,}0 \cdot 10^4\ L \cdot cm^{-1} \cdot mol^{-1}$, die Extinktion der Probelösung wurde in einer 1,00 cm-Küvette zu $E = 1{,}12$ ermittelt. Wie groß sind die Konzentrationen c(Hexadien) und β(Hexadien) der Lösung? $M(C_6H_{10}) = 82{,}146$ g/mol

9. Die fotometrische Bestimmung einer Lösung der Konzentration β(Analyt) = 10,0 mg/L ergab bei der Wellenlänge $\lambda = 490$ nm mit Küvetten der Schichtdicke $d = 10{,}0$ mm die Extinktion $E = 0{,}676$. Berechnen Sie den molaren Extinktionskoeffizienten ε in $L \cdot cm^{-1} \cdot mol^{-1}$. M(Analyt) = 62,5 g/mol

10. Bei der fotometrischen Bestimmung eines Analyten wurde mit Küvetten mit der Schichtdicke $d = 20{,}0$ mm die Extinktion $E = 0{,}276$ gemessen. Wie groß ist die Massenkonzentration β(Analyt), wenn der spezifische Extinktionskoeffizient des Analyten $\varepsilon' = 0{,}368\ cm^2/mg$ beträgt?

11. Der spektrale Transmissionsgrad τ einer Lösung der Massenkonzentration 1,00 mg/L wurde mit einer 1,00 cm-Küvette zu 47,0 % ermittelt. Wie groß ist der molare Extinktionskoeffizient ε, wenn die molare Masse der untersuchten Substanz 122,5 g/mol beträgt?

12. Cobalt wird fotometrisch nach der Einpunktkalibriermethode analysiert. Die Extinktionen einer Probelösung wurden als Zweifachbestimmung zu $E_1 = 0{,}648$ und $E_2 = 0{,}643$ ermittelt. Bei der Analyse einer Standardlösung der Konzentration β(Co) = 500 mg/L erhielt man die Extinktion $E_0 = 0{,}532$. Welche Stoffmengenkonzentration β(Co) hat die Probe? M(Co) = 58,933 g/mol

13. Der Eisengehalt einer Lösung wird fotometrisch in einer Dreifachbestimmung analysiert. Folgende Extinktionen wurden ermittelt: $E_1 = 0{,}192$, $E_2 = 0{,}194$, $E_3 = 0{,}187$.
Die Extinktion einer Kalibrierlösung der Konzentration $c_0(Fe^{2+}) = 2{,}50$ mmol/L betrug $E_0 = 0{,}212$ (Einpunktkalibrierung). Wie groß ist die Konzentration $\beta(Fe^{2+})$? M(Fe) = 55,845 g/mol

14. Bei der fotometrischen Bestimmung eines Proteins wurden bei 625 nm die Extinktionen von zwei Protein-Kalibrierlösungen und einer Probelösung in 1,00 cm-Küvetten gemessen (Zweipunktkalibrierung): 1) 10 µg in 20 mL, $E_{Kal1} = 0{,}191$ 2) 50 µg in 20 mL, $E_{Kal2} = 0{,}431$ 3) Probe: $E_3 = 0{,}352$ Berechnen Sie den Blindwert (Leerwert) und die Massenkonzentration β(Protein) in mg/L.

15. Zur fotometrischen Bestimmung von Mangan als Permanganat wurden 1,0374 g einer Probe eingewogen und zu 100 mL aufgefüllt. Von dieser Probelösung Pr_0 wurden 20,0 mL abpipettiert und zu 100 mL verdünnt (Pr_1), 10 mL dieser Lösung Pr_1 in einen Messkolben 50 mL pipettiert und zu 50 mL aufgefüllt (Pr_2). Die Extinktion der Lösung betrug bei $\lambda = 526$ nm in 1,00 cm-Küvetten $E_{Pr} = 0{,}439$.
Zur Herstellung der Kalibrierlösung wurden 107,43 mg Kaliumpermanganat eingewogen und zu 100 mL verdünnt (Kal_{01}). 10,0 mL dieser Stammlösung werden zu 250 mL aufgefüllt (Kal_{02}) und für die Kalibrierlösungen davon 20,0 mL (Kal_1) und 40,0 mL (Kal_2) abpipettiert und jeweils auf 50 mL verdünnt. Die Messung der Extinktion der Lösungen nach dem Prinzip der Zweipunktkalibrierung erfolgte bei 526 nm in 1,00 cm-Küvetten: $E_{Kal1} = 0{,}285$ und $E_{Kal2} = 0{,}558$.
Berechnen Sie den Blindwert und den Massenanteil w(Mn) in der untersuchten Probe.

16. Bei der fotometrischen Bestimmung von Nitrit-Ionen wurden bei $\lambda = 520$ nm die Extinktionen von 5 Kalibrierlösungen und von zwei Probelösungen unbekannter Nitrit-Konzentration gemessen.

Tabelle 1: Extinktionen nitrithaltiger Lösungen (als Azofarbstoff)

Konzentration in µg/100 mL	10	20	30	40	50	Probe 1	Probe 2
Extinktion E (bei $\lambda = 520$ nm)	0,102	0,171	0,248	0,336	0,417	0,215	0,318

a) Erstellen Sie mithilfe der Messwertpaare aus der **Tabelle 1** ein Kalibrierdiagramm und bestimmen Sie zeichnerisch die Massenkonzentration $\beta(NO_2^-)$ der untersuchten Proben.
b) Führen Sie die Auswertung mit einem Tabellenkalkulationsprogramm aus.

8

17. Prozesswasser wird fotometrisch auf seinen Gehalt an Eisen-Ionen überprüft (Grenzwert für die Prozessqualität $\beta(Fe^{3+}) < 2{,}0$ mg/L). Als Standard dient eine Lösung mit $\beta(Fe^{3+}) = 100$ mg/L. Zur Herstellung der Kalibrierlösungen gibt man in 25 mL-Messkolben jeweils 0,1 mL, 0,3 mL, 0,5 mL, 0,8 mL und 1,0 mL der Eisen(III)-Stammlösung. Dann werden jeweils 2 mL KSCN-Lösung (200 g/L) und 2 mL Schwefelsäure (5,0 mol/L) zugefügt und die Kolben mit demin. Wasser aufgefüllt. 10,0 mL der Probe werden ebenfalls mit den Reagenzien versetzt und aufgefüllt.
Die Extinktionen der Kalibrierlösungen und der Probe wurden bei 470 nm mit 1,00 cm-Küvetten ermittelt zu: $E_1 = 0{,}067$, $E_2 = 0{,}198$, $E_3 = 0{,}329$, $E_4 = 0{,}551$, $E_5 = 0{,}702$; $E_{Probe} = 0{,}224$
a) Berechnen Sie die Massenkonzentration β(Fe) der Kalibrierlösungen. b) Ermitteln Sie aus den Kalibrierdaten die Massenkonzentration β(Fe). c) Beurteilen Sie die Eignung des Wassers.

18. Der Eisen-Massenanteil w(Fe) einer Deponie-Sickerwasser-Probe soll fotometrisch nach der Standardadditionsmethode ermittelt werden. Die Messung wird im UV-Bereich bei einer Wellenlänge von 318 nm mit 1,00 cm-Küvetten durchgeführt. Es werden 2,765 g Probe eingewogen und zu 500 mL aufgefüllt (Lösung Pr0). Von der Probelösung werden 25,0 mL abpipettiert und zu 100 mL aufgefüllt (Lösung Pr1). Zur Herstellung der Standardlösung werden 124,5 mg Eisen(II)-sulfat-7-Hydrat p.a. eingewogen (entspricht 25,0 mg Fe^{2+}-Ionen) und zu 250 mL aufgefüllt (Lösung Kal0). Von dieser Standardlösung werden 10,0 mL abpipettiert und zu 100 mL verdünnt (Lösung Kal1).
Von der verdünnten Probelösung Pr1 werden jeweils 10,0 mL in 6 Messkolben 100 mL überführt und in 5 der Kolben unterschiedliche Volumina der Standardlösung Kal1 zugegeben, ein Kolben bleibt ohne Zusatz (Lösung Pr3). Die 6 Kolben werden dann mit demin. Wasser aufgefüllt.
Die nachfolgende **Tabelle 2** zeigt die Aufstockvolumina der Standard-Lösungen Pr1 und die gemessenen Extinktionen. Wie groß ist der Massenanteil w(Fe) in der untersuchten Probe?

Tabelle 2: Extinktion von Eisenhaltigen Lösungen bei 318 nm

Lösung:	**Pr3**	**K1**	**K2**	**K3**	**K4**	**K5**
Aufstockvolumen mit Kal1 in mL:		10	20	30	40	50
Aufstock-Konzentration an Fe in mg/100 mL	0	0,10	0,20	0,30	0,40	0,50
Extinktion E bei 318 nm	0,073	0,159	0,229	0,299	0,373	0,447

8.7.1.3 Verdünnungsstrategien bei fotometrischen Bestimmungen

Bei verschiedenen analytischen Bestimmungen ist es wichtig die Kalibrierlösungen und die Probenlösung in einen gewissen Konzentrationsbereich zu bringen.

Beispielsweise ist bei der Fotometrie (Seite 298) die Extinktion nur in einem bestimmten Konzentrationsbereich annähernd linear (roter Verlauf in **Bild 1**). In diesem Konzentrationsbereich müssen sowohl die Probelösung als auch die Kalibrierlösungen zum Erstellen der Kalibriergeraden liegen.

Aus dem vorgegebenen linearen Extinktionsbereich (E_{min} bis E_{max}) kann dann mithilfe des Lambert-Beerschen Gesetzes $E = \varepsilon \cdot c \cdot d$ (Seite 300) der lineare Konzentrationsbereich (c_{min} bis c_{max}) berechnet werden.

Mithilfe der Kalibriersubstanz wird zuerst eine Kalibriergerade erstellt. Dann wird mit einer Geradengleichung oder grafisch der Gehalt der Probenlösung über die gemessene Extinktion ermittelt (Seite 302).

Die Probe und die Kalibriersubstanz können als Lösung oder als Feststoff vorliegen.

Zum **Erstellen der Kalibriergeraden** werden mehrere Kalibrierlösungen (Standards) aus der festen oder bereits gelösten Kalibriersubstanz hergestellt **(Bild 2).** Dies sollten mindestens sechs Kalibrierlösungen sein, die den linearen Konzentrationsbereich gleichmäßig abbilden.

Für die **Verdünnungsstrategie der Kalibrierlösungen** wird zuerst die Stammlösung so verdünnt, dass eine Konzentration vorliegt, die in einer Bürette als Dosierungsgrundlage der Kalibrierlösungen dient. Dann werden aus der Bürette verschiedene Mengen für die Kalibrierlösungen entnommen und auf die jeweils gewünschten Konzentrationen verdünnt.

Für die **Probenvorbereitung** sollte der ungefähre Gehalt oder der mögliche Konzentrationsbereich bekannt sein.

Bei festen Proben wird eine geeignete Menge oder die ganze Probe eingewogen und gelöst. Durch Verdünnungsschritte versucht man die Lösung ungefähr mittig in den linearen Konzentrationsbereich der Kalibriergeraden zu bringen **(Bild 3)**.

Eine bereits gelöste Probe wird ebenfalls durch Verdünnungsschritte in diesen Bereich gebracht.

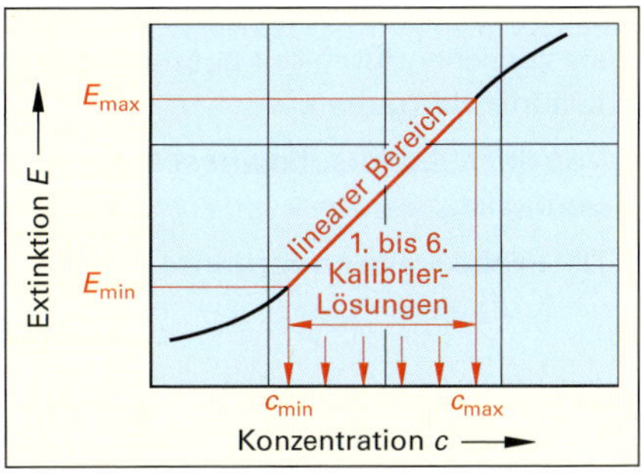

Bild 1: Linearer Bereich für eine fotometrische Bestimmung

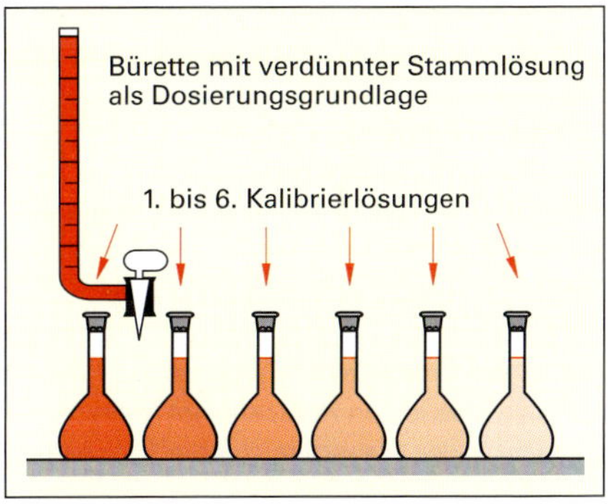

Bild 2: Herstellen der Kalibrierlösungen

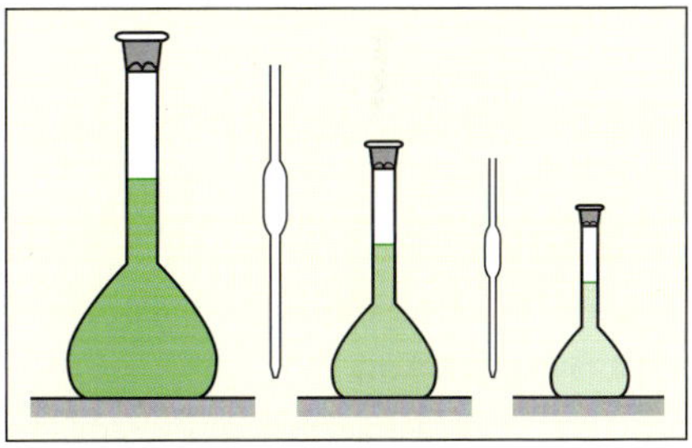

Bild 3: Verdünnen der Probe

Bei der **praktischen Umsetzung der Verdünnungsstrategie** ist allgemein zu beachten:

- Aus der Bürette sollten bei der dünnsten Kalibrierlösung mindestens 5 mL entnommen werden, sonst ist der relative Volumenfehler zu hoch.
- Das Bürettenvolumen sollte für eine Messkolben-Abfüllung ausreichen, damit nicht nachgefüllt werden muss. Das Nachfüllen erzeugt einen unnötigen Fehler.
- Bei den Verdünnungsschritten sollte die Summe der Fehler möglichst gering gehalten werden. Dies erreicht man durch die Vermeidung kleiner Abnahmevolumina und eine geringe Zahl an Verdünnungsschritten.
- Stehen zwei geeignete Büretten zur Auswahl, sollte die mit dem kleineren Nennvolumen eingesetzt werden. Eine 25 mL-Bürette ist genauer als eine 50 mL-Bürette.
- Vollpipetten mit großem Nennvolumen haben eine geringere relative Ungenauigkeit als Vollpipetten mit einem kleineren Nennvolumen.

8

- Genügend Spülflüssigkeit der Probe und der Kalibrierlösungen sollten eingeplant werden (Bürette oder Vollpipette ganz füllen oder nur teilweise füllen und schwenken).
- Die eingesetzten Volumenmessgeräte dürfen auch für verschiedene Lösungen eingesetzt werden, wenn sie zwischendurch gut gespült werden. Dabei sollte man immer von der dünneren zur konzentrierteren Lösung übergehen.
- Von der Kalibriersubstanz sollten mindestens 100 mg eingewogen werden, damit der relative Wägefehler gering ist.
- Die Probe sollte so verdünnt werden, dass sie ungefähr in der Mitte des Kalibrierbereichs liegt.

Beispiel: Verdünnungsstrategie für die fotometrische Gehaltsbestimmung an Paracetamol

Aufgabenstellung:

Eine **Medikamentenprobe** enthält zwischen 190 und 230 mg Paracetamol. Die gesamte Probe soll zur Herstellung der Messlösung verwendet werden. Die Konzentration der Probenlösung ist so anzusetzen, dass deren Extinktionswerte ungefähr mittig im Kalibrierbereich liegen.

Zur Herstellung der **Kalibrierlösungen** steht reines Paracetamol zur Verfügung. Die Einwaage zum Herstellen der Stammlösung soll zwischen 100 und 300 mg liegen. Zum Lösen des Paracetamols wird deionisiertes Wasser verwendet.

Folgende **Volumenmessgeräte** stehen zur Verfügung:

Messkolben: 500, 250, 100 mL / Vollpipetten: 100, 50, 25, 20, 15, 10, 5 mL / Büretten: 50, 25 mL

Daten zur fotometrischen Messung:

Lösemittel: deionisiertes Wasser
Wellenlänge bei der Extinktionsmessung: 243 nm
Dicke der Quarzküvette: 2,00 cm
Molarer Extinktionskoeffizient bei 243 nm: 9800 $L \cdot mol^{-1} \cdot cm^{-1}$
Molare Masse von Paracetamol (p-Hydroxyacetanilid): $M(C_8H_9NO_2)$ = 151,163 g/mol
Linearität des Messbereichs der Extinktion: 0,200 bis 0,900

1. Berechnung des linearen Konzentrationsbereichs

Aus dem linearen Extinktionsbereich (hier $E_{min} = 0{,}200$ bis $E_{max} = 0{,}900$) kann mithilfe des Lambert-Beerschen Gesetzes $E = \varepsilon \cdot c \cdot d$ der lineare Konzentrationsbereich (c_{min} bis c_{max}) berechnet werden:

$$E_{min} = \varepsilon \cdot c_{min} \cdot d \quad \Rightarrow \quad c_{min} = E_{min}/(d \cdot \varepsilon) = 0{,}200 / [2{,}00\ cm \cdot 9800\ L/(mol \cdot cm)] = 1{,}0204 \cdot 10^{-5}\ mol/L$$

$$E_{max} = \varepsilon \cdot c_{max} \cdot d \quad \Rightarrow \quad c_{max} = E_{max}/(d \cdot \varepsilon) = 0{,}900 / [2{,}00\ cm \cdot 9800\ L/(mol \cdot cm)] = 4{,}5918 \cdot 10^{-5}\ mol/L$$

Die Stoffmengenkonzentration c wird in die Massenkonzentration β umgerechnet:

$$\beta_{min} = c_{min} \cdot M(\text{Paracetamol}) = 1{,}0204 \cdot 10^{-5}\ mol/L \cdot 151{,}163\ g/mol = 0{,}00154247\ g/L \approx 1{,}542\ mg/L$$

$\rightarrow$ **0,1500 mg/100 mL**

$$\beta_{max} = c_{max} \cdot M(\text{Paracetamol}) = 4{,}5918 \cdot 10^{-5}\ mol/L \cdot 151{,}163\ g/mol = 0{,}00694110\ g/L \approx 6{,}941\ mg/L$$

$\rightarrow$ **0,7000 mg /100 mL**

Da man meistens mit 100 mL-Messkolben arbeitet, erleichtert die Konzentrationsangabe je 100 mL das weitere Berechnen und Arbeiten. Um die Arbeit und die Berechnungen zu vereinfachen, werden die errechneten Werte auf glatte Werte, hier 0,1500 und 0,7000 mg /100 mL, gesetzt.

2. Berechnungen zu den Kalibrierlösungen

Für den errechneten linearen Konzentrationsbereich von 0,1500 mg/100 mL bis 0,7000 mg/100 mL werden mindestens fünf Kalibrierlösungen mit gleichmäßig steigender Konzentration hergestellt.

Für die Konzentrationsdifferenz ergibt sich:

$$\beta_{max} - \beta_{min} = 0{,}7000\ mg/100\ mL - 0{,}1500\ mg/100\ mL = 0{,}5500\ mg/100\ mL$$

Diese Differenz wird hier auf sechs Kalibrierlösungen verteilt, also gibt es fünf Konzentrationssprünge $\Delta\beta$ mit: $\Delta\beta = (0{,}5500\ mg/100\ mL) / 5 = 0{,}1100\ mg/100\ mL$. Daraus ergeben sich die Werte in Tabelle 1, Seite 309.

Die kleinste sinnvolle Menge aus einer Bürette ist 5,00 mL (V_{min}); die kleinste Konzentration ist 0,1500 mg/100 mL. Beide werden als Grundlage für die erste Kalibrierlösung angenommen. Damit lässt sich die Konzentration für die Kalibrierlösung in der Bürette aus β_{min} bzw. m_{min} berechnen:

$\beta_{\text{Bürette}} = m_{min} / V_{min}$ = 0,1500 mg / 5,00 mL = **0,03000 mg/mL**

In der folgenden **Tabelle** wird aus der errechneten Konzentration in der Bürette $\beta_{\text{Bürette}}$ das Entnahmevolumen für die jeweiligen Kalibrierlösungen errechnet. Füllt man den Messkolben danach bis zur 100 mL-Marke auf, so erreicht man die gewünschte Konzentration der jeweiligen Kalibrierlösung. Die Volumina der Zugabe aus der Bürette können über einen Dreisatz aus der Konzentration in der Bürette $\beta_{\text{Bürette}}$ berechnet werden, z. B. für die Kalibrierlösung 2:

$V_{2,\text{Bürette}} = m_2 / \beta_{\text{Bürette}}$ = 0,2600 mg / (0,03000 mg/mL) = 8,666667 mL = 8,67 mL → **8,65 mL.**

Das Volumen der Bürette kann maximal auf die zweite Nachkommastelle abgelesen bzw. mit 0 oder 5 abgeschätzt werden. 8,67 mL ist in der Bürette nicht ablesbar. Deshalb wird der Wert auf 8,65 mL gesetzt. Aus diesem Grund sind die Volumina aus der letzten Tabellenspalte auf zwei Nachkommastellen gerundet. Auch die Konzentrationsgrenzen wurden auf vier signifikante Stellen gerundet.

Tabelle 1: Ermittlung der Abnahmemengen der Stammlösung aus der Bürette für die Kalibrierlösungen

Kalibrierlösung	Berechnung	Massenkonzentration	Volumen aus der Bürette → gerundet
$\beta_{min} = \beta_1$		0,1500 mg/100 mL	5,00 mL
$\beta_2 = \beta_1 + \Delta\beta$	0,1500 mg/100 mL + 0,1100 mg/100 mL	0,2600 mg/100 mL	8,67 mL → 8,65 mL
$\beta_3 = \beta_2 + \Delta\beta$	0,2600 mg/100 mL + 0,1100 mg/100 mL	0,3700 mg/100 mL	12,33 mL → 12,35 mL
$\beta_4 = \beta_3 + \Delta\beta$	0,3700 mg/100 mL + 0,1100 mg/100 mL	0,4800 mg/100 mL	16,00 mL
$\beta_5 = \beta_4 + \Delta\beta$	0,4800 mg/100 mL + 0,1100 mg/100 mL	0,5900 mg/100 mL	19,67 mL → 19,65 mL
$\beta_{max} = \beta_6 = \beta_5 + \Delta\beta$	0,5900 mg/100 mL + 0,1100 mg/100 mL	0,7000 mg/100 mL	23,33 mL → 23,35 mL
			85,00 mL = V_{ges}

8

3. Herstellen der Kalibrierlösungen

Die Kalibriersubstanz kann als Lösung oder als fester Reinstoff vorliegen. Geht man von reinem Paracetamol als feste Kalibriersubstanz aus, wird diese eingewogen und mit Wasser zu einer Stammlösung verdünnt. Alternativ kann man eine Paracetamol-Stammlösung bekommen, die auf eine geeignete Konzentration verdünnt werden muss.

Aus Tabelle 1 ergibt sich, dass 85,00 mL einer Stammlösung mit einem Gehalt von $\beta_{\text{Bürette}}$ = 0,03000 mg/mL bzw. 3,000 mg/100 mL benötigt werden. Um eine Reserve zu haben und die Bürette zu spülen, reichen 100 mL der Stammlösung nicht aus. Es sollten 250 mL hergestellt werden.

Berechnung der Masse an Reinsubstanz in der Stammlösung:
$m_{St} = \beta_{St} \cdot V_{St}$ = 0,03084 mg/mL · 250 mL = **7,710 mg**

Dies ist eine sehr kleine Menge und führt je nach Messgenauigkeit der Waage zu einem merklichen relativen Fehler in der Einwaage. Deshalb sollte zuvor mindestens 100 mg an Reinsubstanz eingewogen, in einem Messkolben gelöst und aufgefüllt werden. Davon kann dann ein aliquoter Teil für die Stammlösung entnommen werden.

Hier gibt es mehrere Möglichkeiten, um eine vielfache Menge von 7,710 mg für eine Ausgangslösung einzuwiegen. Sie sind in der folgenden **Tabelle 2** dargestellt.

Tabelle 2: Fünf Varianten der Einwaage an Kalibriersubstanz in Abhängigkeit vom aliquoten Faktor

Variante	Ausgangslösung in ml	aliquoter Teil in mL	aliquoter Faktor	Einwaage in mg
1	100	10	10	77,10
2	250	25	10	77,10
3	100	20	5	38,55
4	250	10	25	192,75
5	500	25	20	154,20

Für die Variante 2 gegenüber der Variante 1 spricht die Wahl des größeren Messkolbens und der größeren Vollpipette. Gegen die Variante 3 spricht die geringe Einwaage mit dem hohen relativen Wägefehler. Da man nicht allgemein unter 100 mg der Kalibriersubstanz einwiegen sollte und die Aufgabe vorgibt, dass hier für die Kalibrierlösung zwischen 100 und 300 mg Paracetamol eingewogen werden sollen, kommen hier nur die Varianten 4 und 5 in Frage. Wegen des kleineren Verbrauchs an Kalibriersubstanz und der größeren Vollpipette wäre hier die **Variante 5** zu bevorzugen.

4. Verdünnen der Probelösung

In dieser Aufgabe sollen 190 bis 230 mg des Wirkstoffes Paracetamol in der Probe sein. Durch Auflösen der gesamten Probe und durch Verdünnen soll die Konzentration der Probe mittig im Kalibrierbereich (0,1500 – 0,7000 mg/100 mL) bei ca. 0,42 mg/100 mL liegen. Also löst und verdünnt man ca. 210 mg des Paracetamols (Mittelwert zwischen 190 und 230 mg), sodass eine Konzentration vorliegt, die in die Mitte des Kalibrierbereichs fällt, also von ca. 0,42 mg/100 mL erreicht wird. Löst man die gesamte Probe in einem 100 mL Messkolben, so kann man von einer Konzentration von 210 mg/100 ml ausgehen.

Um von 210 mg/100 mL auf 0,42 mg/100 mL zu kommen, beträgt der **Verdünnungsfaktor 500**: 210 mg/0,42 mg = 500 Die Verdünnung kann in zwei Schritten auf die gewünschte Konzentration erfolgen. Hier wird eine Möglichkeit vorgestellt:

Erster Verdünnungsschritt: Mit einer Vollpipette wird aus der Ausgangslösung 10 mL entnommen, in einen 250 mL Messkolben gegeben und bis zur Marke aufgefüllt **(Verdünnungsfaktor 25):**

210 mg/100 mL · 10 mL Vollpipette/250 mL Messkolben = 21,0 mg/250 mL (= 8,4 mg/100 mL)

Zweiter Verdünnungsschritt: Mit einer Vollpipette wird aus der Ausgangslösung 5 mL entnommen, in einen 100 mL Messkolben gegeben und bis zur Marke aufgefüllt **(Verdünnungsfaktor 20):**

21,0 mg/250 mL · 5 mL Vollpipette/100 mL Messkolben = **0,42 mg/100 mL**

Durch eine Verdünnung um den **Faktor 25 · 20 = 500** liegt diese Probenlösung mittig im Kalibrierbereich und kann gemessen werden.

Aufgaben zu Verdünnungsstrategien bei fotometrischen Bestimmungen

1. **Fotometrische Quantifizierung von Eisen mit 2,2'-Bipyridin**

   Eisen(II)-Ionen bilden mit 2,2'-Bipyridin einen wasserlöslichen, roten Komplex, dessen Farbintensität bei 522 nm gemessen wird. Für diese Analyse soll eine sinnvolle Anzahl von Kalibrierlösungen erstellt werden. Dabei ist der Messbereich abzubilden und eine Verdünnungsstrategie zu erstellen, indem Sie
   1. den Konzentrationsbereich und die Konzentrationen der Kalibrierlösungen berechnen,
   2. die Konzentration der Kalibrierlösung in der Bürette und die jeweiligen Abnahmevolumina an der Bürette berechnen,
   3. Berechnungen durchführen, um eine Probelösung mittig im linearen Bereich zu erhalten.

   Spektroskopische Angaben: Linearität der Extinktion (Messbereich): E = 0,20 bis 0,55; molarer Extinktionskoeffizient bei 522 nm bezogen auf Eisen: $\varepsilon = 8{,}788 \cdot 10^3\ \mathrm{L \cdot mol^{-1} \cdot cm^{-1}}$; molare Masse von Eisen: $M(\mathrm{Fe}) = 55{,}847\ \mathrm{g \cdot mol^{-1}}$; Küvettendicke: d = 1,00 cm

   Eisengehalt der Probe: 105 mg – 130 mg in 100 mL

   Angaben zu der Kalibrierung: Blindlösung und Überführung zum Farbkomplex durch Zugabe von: 20 mL Schwefelsäure mit $c(H_2SO_4) = 0{,}1\ \mathrm{mol \cdot L^{-1}}$; 10 mL Natriumsulfitlösung mit $w(Na_2SO_3) = 2\,\%$; 25 mL deionisiertes Wasser; 10 mL Bipyridin-Lösung in 100 mL-Messkolben mit deionisiertem Wasser aufgefüllt

   Eisen-Standardlösung: $\beta(\mathrm{Fe}) = 5000\ \mathrm{mg \cdot L^{-1}}$

   Messgeräte: Messkolben: 1000, 500, 250, 100 mL; Vollpipetten: 5, 10, 15, 20, 25, 50, 100 mL; Büretten: 25, 50 mL

2. **Fotometrische Quantifizierung von Paracetamol**

   Festes Paracetamol kann in Methanol angelöst und mit deionisiertem Wasser aufgefüllt werden. Diese Lösungen werden bei 242 nm fotometrisch quantifiziert. Für diese Analyse soll eine sinnvolle Anzahl von Kalibrierlösungen erstellt werden. Dabei ist der Messbereich abzubilden und eine Verdünnungsstrategie zu erstellen, indem Sie
   1. den Konzentrationsbereich und die Konzentrationen der Kalibrierlösungen berechnen,
   2. die Konzentration der Kalibrierlösung in der Bürette und die jeweiligen Abnahmevolumina an der Bürette berechnen,
   3. Berechnungen durchführen, um eine Probelösung mittig im linearen Bereich zu erhalten.

   Spektroskopische Angaben: Linearität der Extinktion (Messbereich): E = 0,20 bis 0,85; molarer Extinktionskoeffizient bei 242 nm bezogen auf Paracetamol: $\varepsilon = 9{,}833 \cdot 10^3\ \mathrm{L \cdot mol^{-1} \cdot cm^{-1}}$; molare Masse von Paracetamol: $M(\mathrm{Paracetamol}) = 151{,}163\ \mathrm{g \cdot mol^{-1}}$; Küvettendicke: d = 1,00 cm

   Paracetamolgehalt der Probe: 18 mg – 22 mg in 100 mL

   Angaben zu der Kalibrierung: Einwaage an reinem Paracetamol: m = 100 mg bis 300 mg

   Messgeräte: Messkolben: 1000, 500, 250, 100 mL; Vollpipetten: 5, 10, 15, 20, 50, 100 mL; Büretten: 25, 50 mL

8.7.2 Refraktometrie

Die **Refraktometrie** (refractometry) dient zur Messung der Brechzahl von durchscheinenden Flüssigkeiten und Feststoffen. Damit kann man Stoffe identifizieren und die Gehalte von Lösungen und Flüssigkeitsgemischen bestimmen.

Optische Grundlagen der Lichtbrechung

Lichtstrahlen verändern beim Übertritt von einem durchsichtigen Stoff (Medium 1) in einen anderen durchsichtigen Stoff (Medium 2) ihre Richtung; man sagt, sie werden gebrochen **(Bild 1).** Der Fachausdruck für Lichtbrechung ist **Refraktion** (refraction), die Messung der Lichtbrechung heißt **Refraktometrie,** die Messgeräte **Refraktometer** (refractometer).

Die Lichtbrechung wird mit dem **nebenstehenden Brechungsgesetz von Snellius** beschrieben.

Im Brechungsgesetz sind n_1 und n_2 die Brechzahlen (refraction index) von Medium 1 und Medium 2 gegenüber dem Vakuum.

In der betrieblichen Praxis werden die Messungen nicht im Vakuum, sondern mit Lichteinfall aus dem Medium Luft durchgeführt (Brechzahl ungefähr 1). Auch die Brechzahlen in Tabellen sind meist gegen Luft gemessen.

Dadurch vereinfacht sich das Gesetz von Snellius, wie rechts stehend. Dabei ist n die Brechzahl eines Mediums gegen Luft.

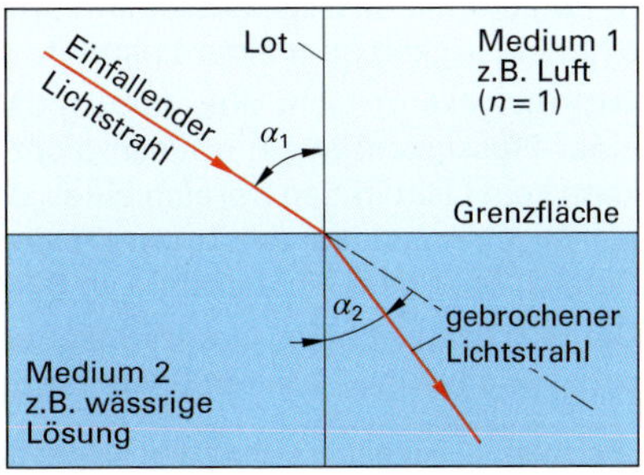

Bild 1: Brechung eines Lichtstrahls

Brechungsgesetz von Snellius	Vereinfachtes Brechungsgesetz
$\frac{\sin \alpha_1}{\sin \alpha_2} = \frac{n_2}{n_1}$	$n = \frac{\sin \alpha_1}{\sin \alpha_2}$

Beispiel 1: Ein Lichtstrahl fällt unter einem Winkel von 55,0° zum Lot aus Luft auf Wasser und läuft nach der Brechung im Wasser unter 37,9° weiter. Wie groß ist die Brechzahl von Wasser?

Lösung: $\boldsymbol{n} = \frac{\sin \alpha_1}{\sin \alpha_2} = \frac{\sin 55{,}0°}{\sin 37{,}9°} = \frac{0{,}8192}{0{,}6143} \approx \mathbf{1{,}33}$

Die Lichtbrechung ist nicht konstant, sondern stark abhängig

- von der Wellenlänge des verwendeten Lichts sowie
- von der Temperatur des Stoffs bei der Messung.

Für genaue Messungen, wie bei der Refraktometrie, müssen die Wellenlänge des Lichts und die Temperatur angegeben werden.

Man verwendet häufig das Licht der Natrium-D-Linie einer Natriumdampflampe mit der Wellenlänge λ = 589 nm. Die Messtemperatur ist meist 20 °C.

Die Angabe einer Brechzahl erfolgt unter Nennung der Messbedingungen. Eine sachgemäße Brechzahl-Angabe z. B. von Chloroform, gemessen mit Na-D-Licht bei 20 °C, lautet:

n_D^{20}(Chloroform) = 1,4486 oder n_{589}^{20}(Chloroform) = 1,4486

Fehlt die Temperaturangabe, so gilt der Wert bei 20 °C.

Die Brechzahlen der gebräuchlichen, durchscheinenden Substanzen wurden gemessen und können Tabellen entnommen werden **(Tabelle).**

Tabelle: Brechzahlen verschiedener Stoffe
Lichtquelle: Na-D-Licht (λ = 589 nm)
Messtemperatur ϑ = 20 °C

Substanz	n_D^{20}
Wasser	1,33300
Ethanol	1,36048
Methanol	1,33057
Toluol	1,49985
Benzol	1,50100
Nitrobenzol	1,62546
Quarzglas	1,54422
Fensterglas	1,51
Kalkspat	1,65835
Diamant	2,4173

Beispiel 2: Licht der Na-D-Linie einer Natriumdampflampe fällt unter einem Winkel von 39,6° zum Lot auf eine Nitrobenzol-Oberfläche. Welchen Winkel zum Lot hat der gebrochene Lichtstrahl im Nitrobenzol?

Lösung: Brechzahl von Nitrobenzol aus Tabelle 1: n_D^{20} = 1,62546

$\frac{\sin \alpha_1}{\sin \alpha_2} = n_D^{20} \Rightarrow \sin \alpha_2 = \frac{\sin \alpha_1}{n_D^{20}} = \frac{\sin 39{,}6°}{1{,}62546} = 0{,}3921 \Rightarrow \boldsymbol{\alpha_2} \approx \mathbf{23{,}1°}$

8

Totalreflexion (total reflection)

In Refraktometern (refractometer) wird die Brechzahl von Flüssigkeiten durch Messung des **Grenzwinkels der Totalreflexion** (angle of total reflection) bestimmt.

Unter Totalreflexion versteht man die vollständige Reflexion eines Lichtstrahls an einer Grenzfläche zwischen einem optisch dichteren Medium (z.B. Glas) und einem optisch dünneren Medium (z.B. einer Flüssigkeit oder einer Lösung).

Tritt umgekehrt Licht aus dem optisch dünneren Medium (z.B. einer Flüssigkeit) in ein optisch dichteres Medium (z.B. Glas), so kann kein Licht in den Bereich eines Winkels gelangen, der **kleiner als der Grenzwinkel der Totalreflexion** $\alpha_{2,T}$ ist. Dies ist der dunkle Bereich über dem Lichtstrahl ④ in **Bild 1.**

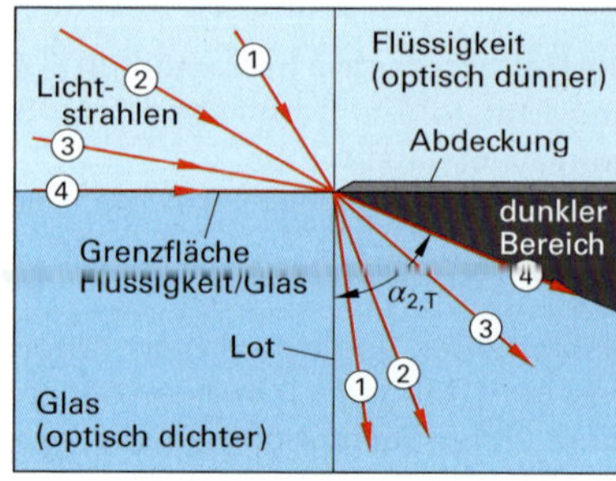

Bild 1: Abgedunkelter Bereich durch Totalreflexion

Die Brechzahl n beim Grenzwinkel ergibt sich aus dem vereinfachten Brechungsgesetz (Seite 236) mit $\sin \alpha_1 = \sin 90° = 1$ zu nebenstehender Größengleichung.

Beispiel:	Für einen Lichtstrahl, der von Luft in Acrylglas fällt, wird ein Grenzwinkel der Totalreflexion von 42,2° gemessen. Welche Brechzahl hat Acrylglas?
Lösung:	$\boldsymbol{n} = \frac{1}{\sin \alpha_{2,T}} = \frac{1}{\sin 42{,}2°} \approx \mathbf{1{,}49}$

Brechzahl beim Grenzwinkel der Totalreflexion

$$n = \frac{1}{\sin \alpha_{2,T}}$$

Refraktometer

Das **Abbé-Refraktometer** (Abbé refractometer) enthält als optisches Hauptbauteil ein aufklappbares Prismenpaar mit einem dazwischen liegenden Spalt für die zu messende Flüssigkeit **(Bild 2).**

Das Licht fällt von oben durch das Beleuchtungsprisma in die dünne Messflüssigkeitsschicht und von dort in das Messprisma. Es ist zur Hälfte mit einer schwarzen Abdeckschicht belegt. Das Licht kann, unterhalb der Abdeckung, nur bis zu einem Einfallswinkel des Lichts von $\alpha_{2,T}$ in das Messprisma eintreten. Im Bereich größerer Einfallswinkel ist das Bildfeld dunkel. Der Drehspiegel wird so gedreht, dass beim Beobachten durch das Okular im Okular-Sehfeld die Grenzlinie zwischen hellem und dunklem Bereich in der Mitte des Fadenkreuzes liegt.

Die Brechzahl n der Messflüssigkeit kann dann auf einer eingeblendeten Skale abgelesen werden. In Bild 2 beträgt die Brechzahl z.B. n = 1,390.

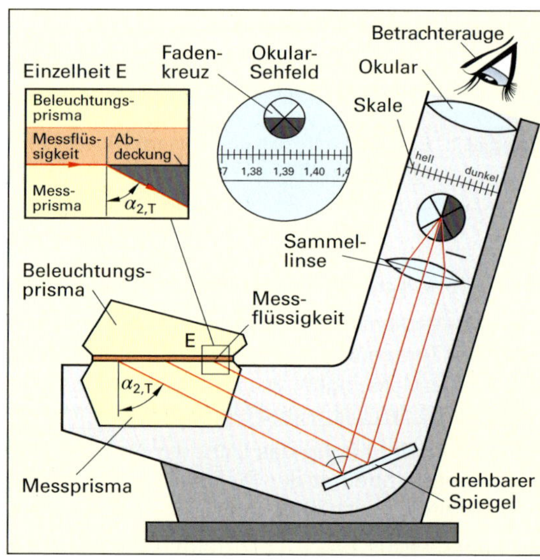

Bild 2: Messprinzip des Abbé-Refraktometers

Die technische Ausführung eines Abbé-Refraktometers zeigt **Bild 3,** links. In der Darstellung ist das Beleuchtungsprisma zum Aufgeben der Messflüssigkeit aufgeklappt dargestellt.

Der Messbereich des Abbé-Refraktometers reicht von n = 1,300 bis 1,700. Die Ablesegenauigkeit beträgt n = ± 0,0002, entsprechend ± 0,2 % Massenanteile.

Automatische **Digitalrefraktometer** (digital refractometer) beruhen auf dem gleichen Messprinzip **(Bild 3,** rechts). Die Messsignalerfassung erfolgt optoelektronisch, die Brechzahl wird geräteintern errechnet und digital angezeigt.

Die Messgenauigkeit beträgt n = ± 0,00001 bzw. ± 0,01 % Massenanteil.

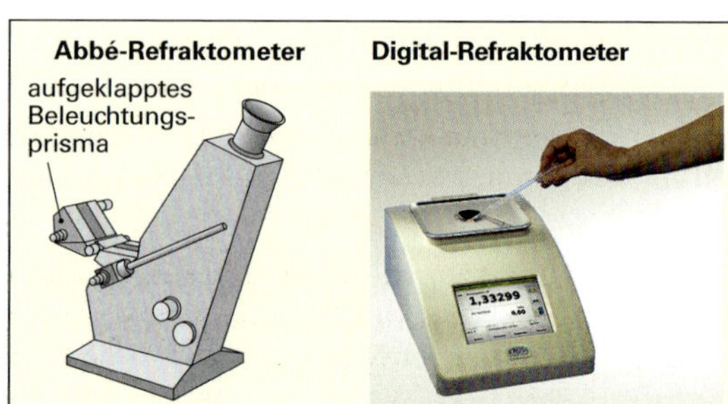

Bild 3: Labor-Refraktometer

Analytische Anwendungen der Refraktometrie

1. Identifizierung von Substanzen

Durch Vergleich der gemessenen Brechzahl einer unbekannten Substanz mit Tabellenwerten der Brechzahl vermuteter Substanzen.

2. Bestimmung des Gehalts von Lösungen

Hierzu muss eine Kalibrierkurve der Lösung erstellt werden, die den Gehalt der Lösung in Abhängigkeit von der Brechzahl zeigt. Der gemessenen Brechzahl kann anhand der Kalibrierkurve ein Lösungsgehalt zugeordnet werden.

In speziellen Refraktometern ist auf der Skale anstatt der Brechzahl direkt der Gehalt der untersuchten Lösung abzulesen, wie z.B. der Zuckergehalt im Traubensaft in Oechsle-Graden.

3. Bestimmung der Zusammensetzung von flüssigen Zweistoffgemischen

Hierzu benötigt man entweder eine Kalibrierkurve (wie unter 2. beschrieben), oder der Massenanteil w_1 einer Komponente kann mit nebenstehender Bestimmungsgleichung berechnet werden.

Es sind: ϱ = Dichte, n = Brechzahl

Indices: 1 und 2 ⇒ Komponenten, M ⇒ Mischung

Berechnung des Massenanteils von Zweistoffgemischen zur refraktometrischen Bestimmung

$$w_1 = \frac{\frac{n_M - 1}{\varrho_M} - \frac{n_2 - 1}{\varrho_2}}{\frac{n_1 - 1}{\varrho_1} - \frac{n_2 - 1}{\varrho_2}}$$

Beispiel: Ein Ethanol-Wasser-Gemisch hat eine Brechzahl von n_D^{20} = 1,34685 und eine Dichte von ϱ(M) = 0,969 g/cm³. Welchen Massenanteil w(Ethanol) hat das Gemisch?

Stoffdaten: ϱ(Ethanol) = 0,789 g/cm³, n_D^{20}(Ethanol) = 1,36048; ϱ(Wasser) = 0,998 g/cm³, n_D^{20}(Wasser) = 1,33300

Lösung:

$$\boldsymbol{w_1} = \frac{\frac{n_M - 1}{\varrho_M} - \frac{n_2 - 1}{\varrho_2}}{\frac{n_1 - 1}{\varrho_1} - \frac{n_2 - 1}{\varrho_2}} = \frac{\frac{1{,}34685 - 1}{0{,}969\ \text{g/cm}^3} - \frac{1{,}33300 - 1}{0{,}998\ \text{g/cm}^3}}{\frac{1{,}36048 - 1}{0{,}789\ \text{g/cm}^3} - \frac{1{,}33300 - 1}{0{,}998\ \text{g/cm}^3}} = \frac{0{,}35795 - 0{,}33367}{0{,}45688 - 0{,}33367} = 0{,}19706 \approx \mathbf{19{,}7\ \%}$$

8

Aufgaben zur Refraktometrie

1. Ein Lichtstrahl trifft unter einem Winkel von 60° zum Lot auf eine Wasseroberfläche. Wie groß ist der Winkel des gebrochenen Lichtstrahls im Wasser?

2. Für eine Flüssigkeit wird aus einem Tabellenwerk ein Grenzwinkel der Totalreflexion von 48,725° abgelesen. Um welche Flüssigkeit in der Tabelle, Seite 311, könnte es sich handeln?

3. In drei Gefäßen mit unleserlichem Etikett befinden sich die Flüssigkeiten Methanol, Ethanol und Toluol. Durch refraktometrische Messung erhält man folgende Brechzahlen für die drei Flüssigkeiten: $n_D^{20}(1)$ = 1,36047, $n_D^{20}(2)$ = 1,49985, $n_D^{20}(3)$ = 1,33057

   Welche Flüssigkeit befindet sich in welchem der drei Gefäße?

4. In einem Labor zur Qualitätskontrolle wird der Gehalt einer Lösung mit einem Abbé-Refraktometer bestimmt (Bild 2, Seite 312). Eine Kalibriermessreihe von Lösungen unterschiedlicher Konzentration ergab folgende Messwertepaare:

Massenanteil w in %	10	20	30	40	50	Probe 1	Probe 2	Probe 3
Brechzahl n_D^{20}	1,33960	1,34685	1,35347	1,35797	1,36120	1,34550	1,35285	1,36170

   a) Zeichnen Sie die Kalibrierkurve.
   b) Bestimmen Sie die Massenanteile der drei Proben.
   c) Alternativ: Lösen Sie die Aufgabe mit einem Tabellenkalkulationsprogramm (siehe Seite 55).

5. Von einem Ethanol-Methanol-Destillat sollen die Massenanteile w(Methanol) und w(Ethanol) berechnet werden. Die Brechzahl des Probe-Gemisches wurde zu n_D^{20} = 1,33416 und die Dichte zu ϱ = 0,7918 g/cm³ gemessen. Die Stoffdaten der reinen Substanzen sind:

   ϱ(Eth.) = 0,7893 g/cm³; n_D^{20}(Eth.) = 1,36048; ϱ(Meth.) = 0,7923 g/cm³; n_D^{20}(Meth.) = 1,33057

8.7.3 Polarimetrie

Unter Polarimetrie (polarimetry) versteht man die Messung des Drehwinkels der Schwingungsrichtung von polarisiertem Licht beim Passieren durch eine optisch aktive Substanz oder Lösung.

Optische Grundlagen

Licht ist eine elektromagnetische Querwelle (Bild 1, Seite 229). Charakteristische Merkmale sind die Wellenlänge λ und die Schwingungsrichtung. In natürlichem Licht kommen verschiedene Wellenlängen (Farben) und alle Schwingungsrichtungen vor **(Bild 1).** Durch einen Monochromator (Farbfilter) kann Licht einer Wellenlänge erzeugt werden; es heißt **monochromatisches** Licht. Durch einen **Polarisator** ist es möglich, nur die Lichtwellen durchtreten zu lassen, die in einer Richtung schwingen. Dieses Licht nennt man **linear polarisiertes Licht.**

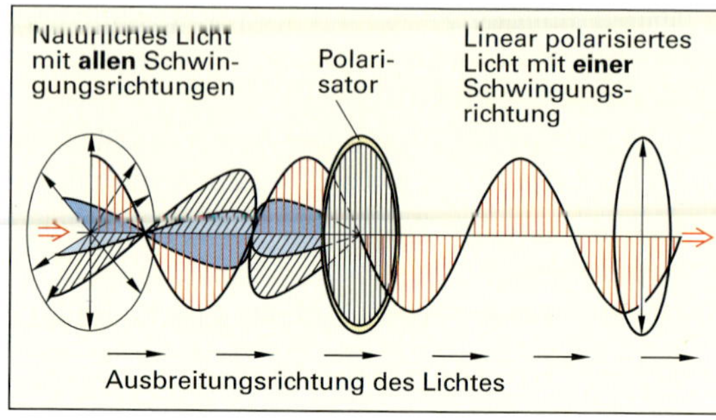

Bild 1: Erzeugung von polarisiertem Licht

Beim Durchgang von linear polarisiertem Licht durch bestimmte durchscheinende Stoffe oder Lösungen wird die Schwingungsrichtung des Lichts um einen Drehwinkel α gedreht **(Bild 2).** Diese Stoffe nennt man **optisch aktive Medien.**

Es gibt rechtsdrehende (+) und linksdrehende (–) Substanzen. Der Drehwinkel α ist abhängig:

- von der gelösten optisch aktiven Substanz,
- von der Konzentration β der gelösten Substanz,
- von der Durchstrahlungslänge l der Substanz.

Diese Abhängigkeiten des Drehwinkels α sind im **Biot'schen Gesetz** zusammengefasst.

Biot'sches Gesetz

$$\alpha = [\alpha]_{\lambda}^{\vartheta} \cdot l \cdot \beta$$

Der Faktor $[\alpha]_{\lambda}^{\vartheta}$ ist die **spezifische Drehung** (specific rotation) einer Substanz. Das ist der Drehwinkel in Grad, den 1 g der Substanz pro 1 mL Lösung auf einer Durchstrahlungstrecke von 1 dm bewirkt.

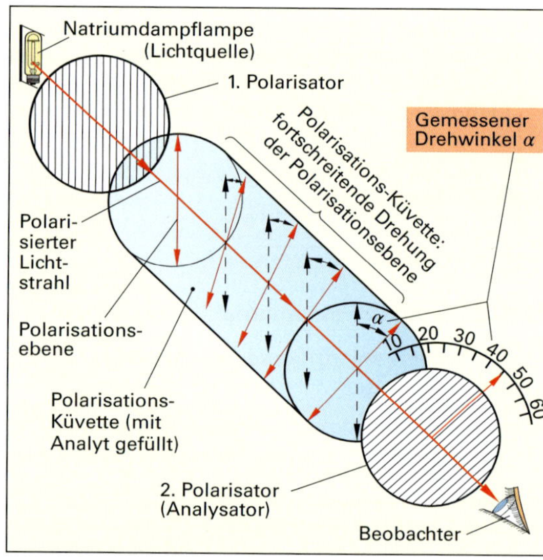

Bild 2: Drehung der Polarisationsrichtung im Polarisations-Messrohr

Da die spezifische Drehung zudem von der Temperatur, von der Wellenlänge des Lichts λ, vom Lösemittel und der Konzentration abhängig ist, müssen diese Bedingungen angegeben werden.

Meistens beträgt die Messtemperatur 20 °C und als Licht wird Natrium-D-Licht mit einer Wellenlänge von λ = 589 nm verwendet. Die spezifische Drehung wird dann durch das Zeichen $[\alpha]_{D}^{20}$ angegeben.

Bezeichnungsbeispiel:

$$[\alpha]_{D}^{20}(\text{D-Glucose, 5 bis 25 g/L}) = 52{,}5\,\frac{\text{grad}}{\text{dm} \cdot \text{g/mL}}$$

Die spezifische Drehung $[\alpha]_{D}^{20}$ der gebräuchlichsten, optisch aktiven Substanzen wurde bestimmt. Die **Tabelle** zeigt eine Auswahl.

Spezifische Drehung $[\alpha]_{D}^{20}$

Daneben wird auch die **molare Drehung $[\alpha_m]_{D}^{20}$** verwendet. Sie kann mit der molaren Masse M aus $[\alpha]_{D}^{20}$ berechnet werden.

Molare Drehung

$$[\alpha_m]_{D}^{20} = [\alpha]_{D}^{20} \cdot M$$

Tabelle: Spezifische Drehung $[\alpha]_{D}^{20}$ in $\frac{\text{grad}}{\text{dm} \cdot \text{g/mL}}$
(Na-D-Licht, λ = 589 nm, Messtemperatur ϑ = 20 °C)

Optisch aktive Substanzen	Lösemittel	$[\alpha]_{D}^{20}$
L-Ascorbinsäure	Wasser	24,0
D(-)-Fructose		–89,1
D-Glucose		52,5
Rohrzucker		66,45
D-Galactose		79,7
Xylose		17,6

Beispiel 1: Bei einer wässrigen Lösung von Rohrzucker wurde im Polarimeter mit einer Küvette von d = 20,0 cm, Messlänge bei 20°C mit einer Natrium-D-Lampe (λ = 589 nm) ein Drehwinkel von α = 17,2 ° gemessen. Welche Massenkonzentration β(Rohrzucker) hat die untersuchte Lösung?

Lösung: Mit $[\alpha]_D^{20}(\text{Rohrzucker}) = 66{,}45 \frac{\text{grad}}{\text{dm} \cdot \text{g/mL}}$ aus Tabelle 1, Seite 314, folgt:

$$\alpha = [\alpha]_D^{20} \cdot l \cdot \beta \quad \Rightarrow \quad \boldsymbol{\beta}\textbf{(Rohrzucker)} = \frac{\alpha}{[\alpha]_D^{20} \cdot l} = \frac{17{,}2°}{66{,}45 \frac{\text{grad}}{\text{dm} \cdot \text{g/mL}} \cdot 2{,}00 \text{ dm}} \approx \mathbf{0{,}129 \text{ g/mL}}$$

Beispiel 2: Welche molare spezifische Drehung α_m hat Xylose $C_5H_{10}O_5$?

Lösung: Mit $[\alpha]_D^{20}(\text{Xylose}) = 17{,}6 \frac{\text{grad}}{\text{dm} \cdot \text{g/mL}}$ aus Tabelle 1, Seite 314, und M(Xylose) = 150,13 g/mol folgt:

$$[\boldsymbol{\alpha}_m]_D^{20} = [\alpha]_D^{20} \cdot M(\text{Xylose}) = 17{,}6 \frac{\text{grad}}{\text{dm} \cdot \text{g/mL}} \cdot 150{,}13 \text{ g/mol} = 2642{,}28 \frac{\text{grad} \cdot \text{mL}}{\text{dm} \cdot \text{mol}} \approx \mathbf{2{,}64 \frac{grad}{dm \cdot mol/L}}$$

Polarimeter

Das Messgerät zur Messung des Drehwinkels optisch aktiver Lösungen ist das Polarimeter (polarimeter). Im Polarimeter befindet sich die Probelösung in einer Polarisations-Messküvette **(Bild 1).** Sie wird von monochromatischem, linear polarisiertem Licht durchstrahlt. Ein zweiter Polarisator (Analysator) ist in Abgleichstellung um 90° gegen den 1. Polarisator verdreht. In dieser Stellung fällt kein Licht auf den Detektor, da der Analysator das polarisierte Licht vollständig absorbiert. Bringt man die Probelösung in den Strahlengang, so wird die Polarisationsebene des Lichts gedreht. Der Detektor empfängt Licht. Er steuert einen Servomotor, der den Analysator so lange dreht, bis kein Licht mehr auf den Detektor fällt. Der Drehwinkel des Analysators entspricht dann dem von der Probelösung hervorgerufenen Drehwinkel.

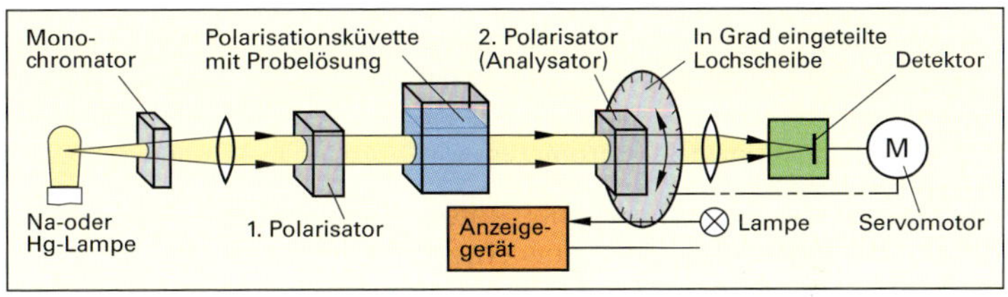

Bild 1: Messprinzip eines Polarimeters

Analytische Anwendungen der Polarimetrie

1. Konzentrationsbestimmungen optisch aktiver Substanzen, z.B. des Zuckergehalts in wässrigen Lösungen (Lebensmittelindustrie) oder des Restzuckergehalts im Urin (Medizintechnik).
2. Reinheitsprüfung optisch aktiver Substanzen, z.B. in der pharmazeutischen Industrie.
3. Strukturbestimmung zur Untersuchung des sterischen Aufbaus von asymmetrischen Molekülen. Hierzu muss das optische Rotationsdispersions-Spektrum (ORD-Spektrum) gemessen werden. Dies ist ein Diagramm, das die Änderung des Drehwinkels einer Substanz in Abhängigkeit von der Wellenlänge des durchstrahlenden Lichts zeigt.

Aufgaben zur Polarimetrie

1. Die Messung des Drehwinkels in einem Polarimeter mit 10,0 cm Messlänge ergab bei einer Rohrzuckerlösung einen Drehwinkel von 16,810°. Verwendetes Licht: Natrium-D-Licht; ϑ = 20°C. Welche Massenkonzentration hat die Rohrzuckerlösung?
2. Der Glucosegehalt im Urin kann polarimetrisch bestimmt werden. (Vor der Messung werden die störenden Anteile aus dem Urin abgetrennt.) Wie groß ist die Massenkonzentration in einer Urinprobe, wenn ein Drehwinkel von 0,722° gemessen wurde? (Natrium-D-Licht, ϑ = 20°C)
3. Ein Polarimeter soll für die Serienmessung von Rohrzuckerlösungen so ausgestattet werden, dass eine Zuckerkonzentration von 10,000 g/L gerade einen Drehwinkel von 1,000° bewirkt.
   a) Welche Messlänge muss die Polarisations-Messküvette besitzen? (λ = 589 nm; ϑ = 20°C)
   b) Welche Konzentration hat eine Rohrzuckerlösung, deren Drehwinkel in dieser Polarisations-Messküvette zu 3,726° gemessen wird?
4. Berechnen Sie aus der spezifischen Drehung $[\alpha]_D^{20}$ (Tabelle 1, Seite 314) die molare spez. Drehung $[\alpha_m]_D^{20}$:
   a) von Ascorbinsäure $C_6H_8O_6$ b) von Fructose $C_6H_{12}O_6$ c) von Rohrzucker $C_{12}H_{24}O_{12}$

8.8 Chromatografie

Die Chromatografie (chromatography) ist eines der am häufigsten eingesetzten Analyseverfahren in der modernen Labortechnik. Hierbei wird eine Gemischprobe (z.B. aus den Komponenten A und B) in einer mobilen Phase (Gas oder Flüssigkeit) gelöst und über eine stationäre Phase bewegt, die sich entweder in einer Säule oder auf einem Flachbett befindet **(Bild 1).** Durch die unterschiedlich starke Wechselwirkung (Anhaftung, Abstoßung) der Komponenten A und B an der stationären Phase kommt es nach hinreichend langer Laufzeit (von ① nach ④) zu einer Trennung der Komponenten.

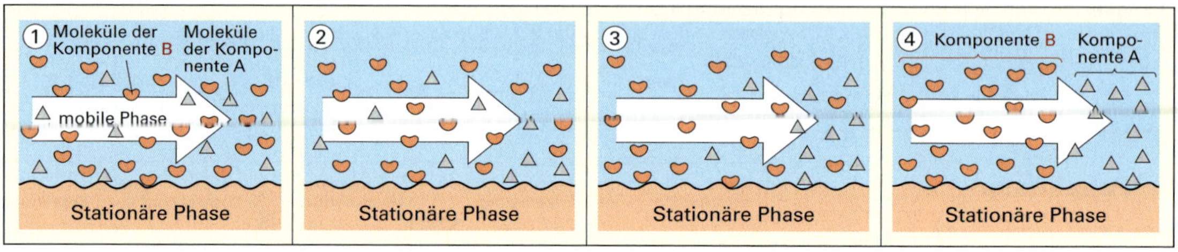

Bild 1: Wirkungsprinzip der Chromatografie (Vorgang in 4 Stufen dargestellt)

Die Ursache der Trennung können unterschiedlich starke Adsorptionskräfte, Ionenaustauschgeschwindigkeiten oder Verteilungsgleichgewichte der Komponenten A bzw. B zur stationären Phase sein. Sie führen dazu, dass z.B. die Komponente A von der mobilen Phase schneller entlang der stationären Phase mitgeführt wird als die Komponente B. Dadurch trennt sich der Gemischstrom nach einer bestimmten Zeit in zwei hintereinander strömende Komponenten auf.

8.8.1 Dünnschichtchromatografie und Papierchromatografie

Bei der **Dünnschichtchromatografie,** kurz **DC** (thin-layer chromatography, TLC) ist die stationäre Phase eine dünne, poröse, kreideartige Schicht (Dicke ca. 0,25 mm) aus feinkörnigem Kieselgel oder Aluminiumoxid, die auf dünnen Glas-, Aluminium- oder Kunststoffplatten als Träger aufgebracht sind **(Bild 2).**

Auf der Platte wird auf einer Startlinie mit einer Dosier-Mikropipette ein Tropfen (z.B. 0,2 µL) der zu analysierenden Mischsubstanz aufgegeben. Daneben wird je ein Tropfen der reinen, in der Substanz vermuteten Stoffe aufgetropft. Die getrocknete DC-Platte wird in einer Trennkammer in ein Laufmittel (mobile Phase) gestellt. Durch die Kapillarwirkung steigt das Laufmittel in der zuvor getrockneten, porösen Dünnschicht langsam nach oben. Es nimmt auf seinem Steigweg die einzelnen Bestandteile des Analysegemisches unterschiedlich schnell mit. Erreicht das Laufmittel eine zuvor markierte Endlinie, wird die Platte aus der Trennkammer genommen und im Trockenschrank getrocknet.

Nach Sichtbarmachen der Flecken (z.B. mit UV-Licht oder einem Farbstoff) wird das erhaltene Chromatogramm ausgewertet.

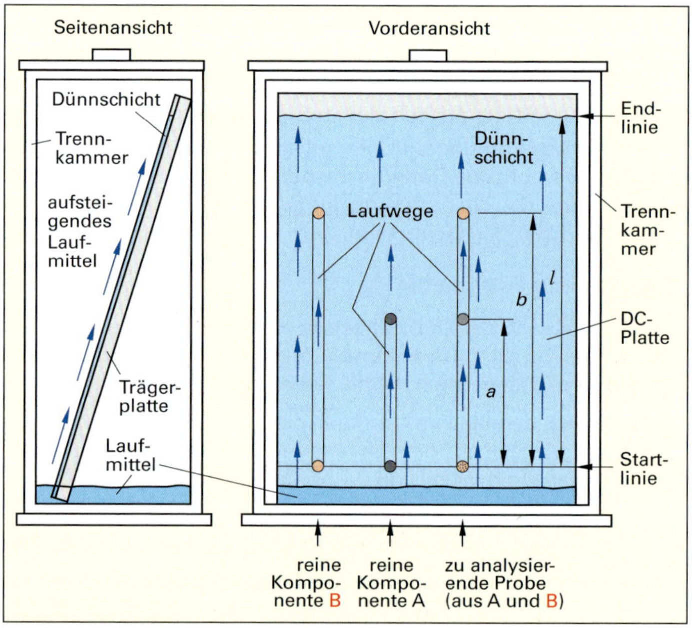

Bild 2: Dünnschicht-Chromatografie

Ein ähnliches Verfahren, die **Papierchromatografie** (kurz **PC**), wird analog wie die DC-Chromatografie durchgeführt. Bei der PC dient ein saugfähiges, steifes Papierblatt als stationäre Phase.

1. **Qualitative Auswertung:** Durch Abgleich mit den Flecken der Reinsubstanzen können die Flecken der Probesubstanz den einzelnen Substanzen zugeordnet werden.

   Als Kenngröße der einzelnen Substanzflecken dient der Retentionsfaktor, kurz ***R_f*-Wert** genannt.

Retentionsfaktor

$$R_f = \frac{\text{Flecken-Laufstrecke}}{\text{Laufmittel-Laufstrecke}} = \frac{a}{l}$$

2. **Quantitative Auswertung:** Sie erfolgt z.B. durch fotometrische Bestimmung der Substanzmengen in den jeweiligen Flecken (Seite 300) und Abgleich mit den Flecken von Kalibriersubstanzen. Die Genauigkeit beträgt rund 10 %.

Beispiel: Die Dünnschichtchromatografie eines Lebensmittel-Farbstoffs liefert nebenstehendes Chromatogramm **(Bild 1)**. Es sind die R_f-Werte der drei Komponenten des Farbstoffes zu bestimmen. (Hinweis: Die Probe (Farbstoff) wird dreimal aufgegeben, um Unregelmäßigkeiten in der Laufschicht auszugleichen.)

Lösung: Die Laufstrecken werden aus dem Chromatogramm abgelesen und daraus die R_f-Werte berechnet.

$R_{f1} = a_1 : l = 1{,}90 : 3{,}25 \approx \mathbf{0{,}58}$

$R_{f2} = a_2 : l = 1{,}30 : 3{,}25 \approx \mathbf{0{,}40}$

$R_{f3} = a_3 : l = 3{,}25 : 3{,}25 \approx \mathbf{1{,}00}$

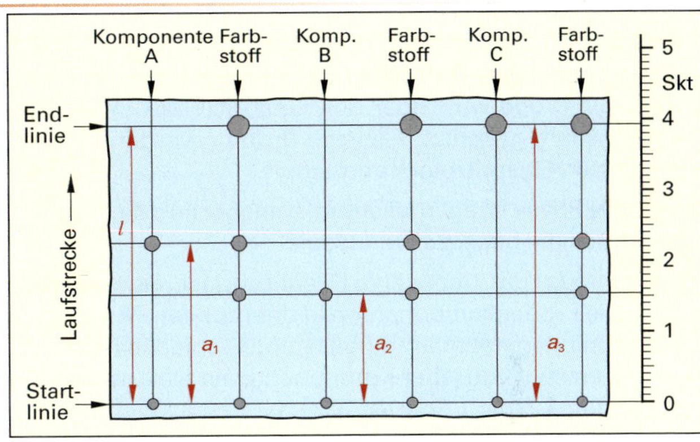

Bild 1: DC-Chromatogramm eines Lebensmittel-Farbstoffs

8.8.2 Säulenchromatografie

Darunter versteht man die chromatografischen Verfahren, die in einer Trennsäule (Trennrohr) ablaufen. Es sind die chromatografischen Verfahren mit der breitesten Anwendung. Je nach Aggregatzustand der mobilen Phase unterscheidet man die **Gas-Chromatografie** (kurz **GC**) oder die **Flüssig-Chromatografie** (kurz **LC**, liquid chromatography). Als stationäre Säulenfüllungen werden Pulver aus Kieselgel, Aluminiumoxid und Agarose eingesetzt.

Wirkungsprinzip

Die übliche Arbeitsweise in der Säulenchromatografie (SC) ist die Elutionstechnik **(Bild 2)**. Hierbei wird die Gemischprobe am Säulenanfang in den fortlaufenden Strom der mobilen Phase (Elutionsflüssigkeit) aufgegeben. Es wird so lange mit mobiler Phase gespült (eluiert), bis die zu analysierenden Komponenten getrennt am Ende der Säule ausgetragen sind. Dort werden sie von einem Detektor mit einem Signal registriert. Detektoren messen z.B. die Wärmeleitfähigkeit oder die UV-Licht-Absorption der verschiedenen Komponenten.

Die Aufzeichnung des Detektorsignals über der Zeit ergibt das **Chromatogramm** (Bild 2, unten). Es hat eine Basislinie, von der aus sich die Peaks (peak, Gipfel) erheben. Jeder Peak steht für eine der Gemisch-Komponenten. Das Chromatogramm ist die Grundlage für die Auswertung chromatografischer Analysen.

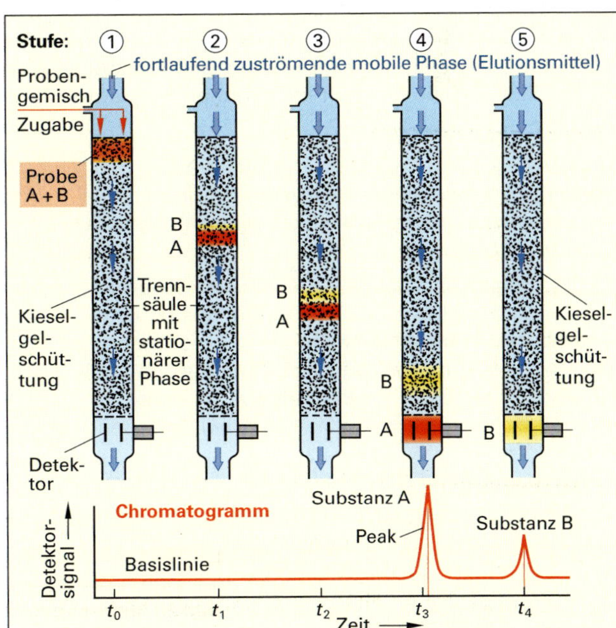

Bild 2: Entstehung eines Chromatogramms bei der Säulenchromatografie (Vorgänge in der Säule in 5 Stufen dargestellt)

Gaschromatografie GC (gas-chromatography)

Bei der Gaschromatografie ist die mobile Phase gasförmig. Die stationäre Phase in der Trennsäule ist meist fest, sie kann aber auch flüssig sein (Gas-Flüssig-Chromatografie GLC).

Die GC wird für die Analytik von Gasgemischen und leicht flüchtigen Flüssigkeitsgemischen eingesetzt.

Bild 1 zeigt den schematischen Aufbau eines Gaschromatografen. Aus einer Druckflasche wird ein kontinuierlicher Trägergasstrom (z. B. Stickstoff, Helium, Wasserstoff u. a.) in die spiralförmige Trennsäule gespeist. Das Trägergas durchströmt mit konstanter Strömungsgeschwindigkeit die Trennsäule im beheizten Ofenraum des Gaschromatografen. Die Probe wird über den Einspritzblock in die Trennsäule gespritzt. Flüssige Proben werden im beheizten Einspritzblock verdampft.

Die mobile Phase (Trägergasstrom) transportiert die Probe durch die beheizte Trennsäule.

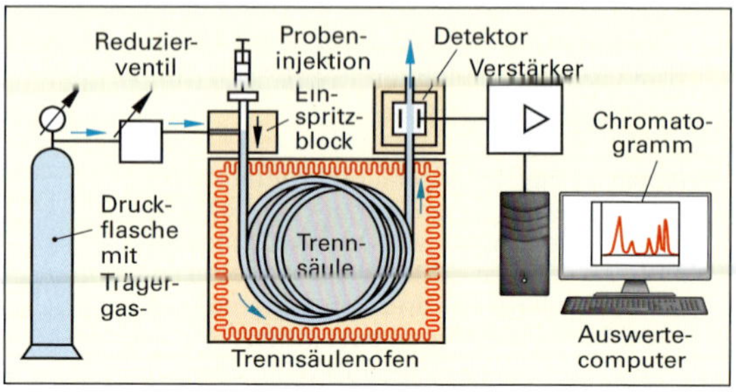

Bild 1: Prinzip eines Gaschromatografen

Der Innenraum der Trennsäule (Trennrohr) ist mit einem feinkörnigen, porigen Material (stationäre Phase) gefüllt. Die Probenkomponenten in der mobilen Phase wandern aufgrund ihrer Wechselwirkungen (polar/unpolar) mit der stationären Phase unterschiedlich schnell: Sie erreichen getrennt nacheinander den Detektor. Er erzeugt von jeder Komponente ein elektrisches Signal, das proportional zur jeweiligen Substanzmenge ist.

Das Detektorsignal wird nach Verstärkung einem Auswertecomputer zugeführt. Als Ergebnis erhält man das Chromatogramm. Als Detektor kommen bei der Gaschromatografie z. B. Wärmeleitfähigkeits-Detektoren (**WLD**) oder Flammenionisations-Detektoren (**FID**) zum Einsatz[1].

8

Hochleistungs-Flüssigkeits-Chromatografie HPLC

Die Flüssigkeits-Chromatografie wird heute überwiegend mit sehr dicht gepackten Trennsäulen bei sehr hohen Drücken in der Trennsäule durchgeführt. Man nennt sie deshalb abgekürzt **HPLC** (**h**igh-**p**erformance **l**iquid **c**hromatography) oder **Hochleistungs-Flüssigkeits-Chromatografie.**

Bei der **HPLC** wird ein Elutionsmittel mit hohem Druck (bis 500 bar) durch eine Trennsäule mit sehr feinkörniger Säulenfüllung (Korngröße ca. 10 µm) und dichter Packung gepresst **(Bild 2).** Die Probe wird eingespritzt und trennt sich in der Trennsäule. Der Detektor erzeugt von den Komponenten das Chromatogramm. Die einzelnen Fraktionen der Probe können in einem Sammler getrennt aufgefangen werden.

Die HPLC ist gekennzeichnet durch:

- Hohe Auflösung für Vielstoffgemische
- Geringe Analysendauer von wenigen Minuten
- Hohe Nachweisempfindlichkeit bis zu kleinsten Stoffportionen von 10^{-10} g.

Die HPLC eignet sich deshalb zur schnellen Analyse von Gemischen (Dauer ca. 5 min). Sie besitzt eine hohe Nachweisempfindlichkeit (auch Spurenanalyse) und eine gute Reproduzierbarkeit verbunden mit automatisierbarer Probenaufgabe. Sie wird in der chemischen, pharmazeutischen, medizinischen und Umwelt-Analytik eingesetzt.

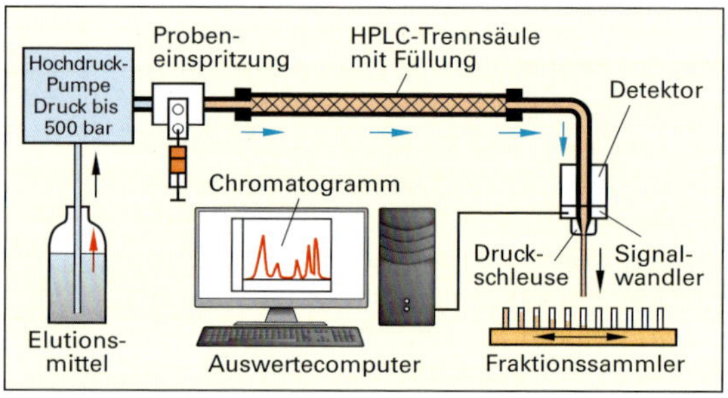

Bild 2: Prinzip eines HPLC-Chromatografen

Als Detektoren kommen bei der HPLC unter anderem UV-VIS-Detektoren, Brechungsindex-Detektoren (RI), Leitfähigkeits-Detektoren und Fluoreszenz-Detektoren zum Einsatz.

Eine Weiterentwicklung der HPLC ist die **UHPLC** (**u**ltra-**h**igh-**p**erformance **l**iquid **c**hromatography), die mit noch feinkörnigeren Säulenfüllungen und noch höheren Arbeitsdrücken bis zu 1200 bar eine noch höhere Empfindlichkeit aufweist und die Analysenzeit weiter verkürzt.

[1] Ausführliche Informationen zu Aufbau, Funktion und Einsatzmöglichkeiten von Detektoren finden sich unter *www.chemgapedia.de*

8.8.3 Kenngrößen der Chromatografie

Wird das Detektorsignal einer GC- bzw. HPLC-Analyse von einem Schreiber oder Computer über der Zeit aufgetragen, so erhält man ein Diagramm aus einer Basislinie mit einer Reihe von Peaks: das **Chromatogramm (Bild 1).**

Ein Chromatogramm liefert **qualitative** und **quantitative** Informationen über die im Chromatografen getrennten Komponenten eines Gemisches.

Die Position eines Peaks auf der Zeitachse, als Retentionszeit t_R bezeichnet, kann dazu dienen, die Substanz aufgrund von Vergleichsmessungen mit Reinsubstanzen zu identifizieren.

Zur Quantifizierung können sowohl die Peakflächen A_i als auch im begrenzten Gehaltsbereich die Peakhöhen h_i herangezogen werden. Beide Parameter sind proportional zur Konzentration der Analyten in der Probe. Wegen der größeren Unempfindlichkeit gegen schwankende Analysenbedingungen wird in der Praxis die Peakflächenauswertung bevorzugt.

Die wichtigen Kenngrößen eines Chromatogramms sind in der Norm ASTM E 682 definiert. Sie sind in **Bild 1** und **Bild 2** grafisch dargestellt und werden im Folgenden erläutert:

- Die **Totzeit t_M** ist die **Durchflusszeit,** die das Elutionsmittel zum Durchfließen der Säule benötigt (Bild 1). Da die mobile Phase in der Regel kein Detektorsignal erzeugt, wird zur Bestimmung der Totzeit t_M eine inerte Substanz als Totzeitmarker injiziert. Mit ihrem Peak kann mittels der Säulenlänge L und der Totzeit t_M die **mittlere Lineargeschwindigkeit $\bar{u}$** der mobilen Phase berechnet werden: $\bar{u} = \frac{L}{t_M}$
- Die **Retentionszeit t_R** ist charakteristisch für jeden einzelnen Analyten und kennzeichnet die Zeit, die der Analyt von der Injektion bis zum Peakmaximum benötigt.
- Wird von der Retentionszeit t_R die Totzeit t_M subtrahiert, wird die **Nettoretentionszeit** erhalten: $t'_R = t_R - t_M$. Sie wird auch **reduzierte Retentionszeit** genannt und ist ein Maß für die Wechselwirkung Analyt/stationäre Phase.
- Die **Peakhöhe h** ist die Strecke zwischen der Basislinie und dem Scheitelpunkt des Peaks (Bild 2). Die Peakhöhe h ist dem Gehalt einer Gemisch-Komponente proportional: $h \sim c(\text{Analyt})$
- Die **Peakbreite w_h** ist die Breite in halber Peakhöhe.
- Die **Basisbreite w_b** eines Peaks **(Bild 2)** ist die Strecke auf der Basislinie, die zwischen den Schnittpunkten der beiden Wendepunkttangenten der Peakkurve liegt.

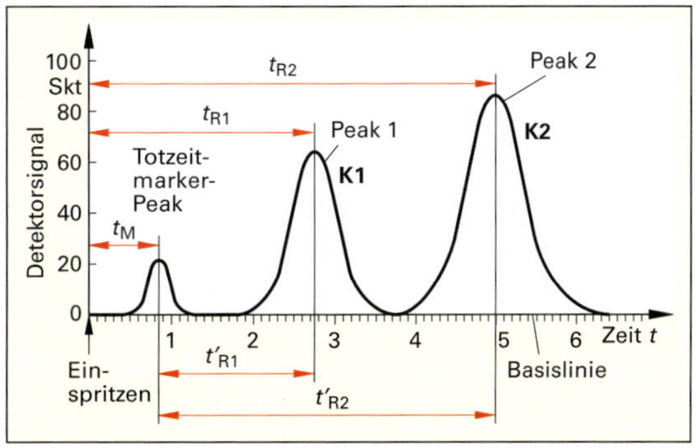

Bild 1: Kenngrößen eines Chromatogramms

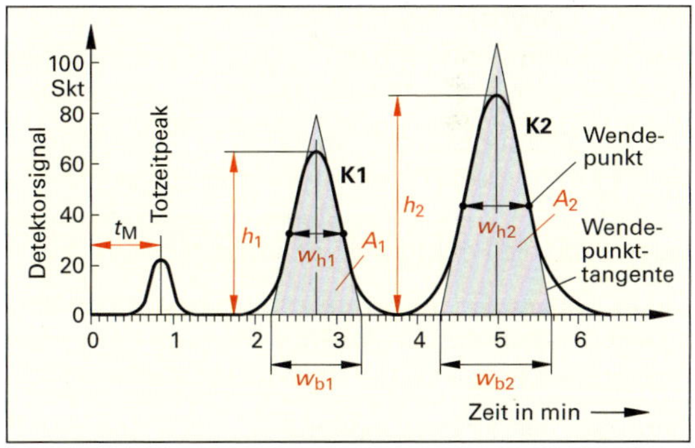

Bild 2: Bestimmung der Peakhöhen und Peakflächen eines Chromatogramms

- Die **Peakfläche A** ist die Fläche, die zwischen der Peakkurve und der Basislinie eingeschlossen wird. Die Peakfläche kann angegeben werden in Peakflächeneinheiten, sogenannten *counts,* mit dem Zeichen C. Die Peakfläche ist dem Gehalt einer Gemisch-Komponente proportional: $A \sim c(\text{Analyt})$

  Bei manueller Auswertung eines Chromatogramms erhält man die Peakfläche durch Multiplikation der Peakhöhe h mit der Peakbreite in halber Höhe w_h: $A = h \cdot w_h$

  Moderne Chromatografen besitzen einen Auswertecomputer mit spezieller Integratoren-Software, die die Peakflächen präzise bestimmt.

Wichtige Kenngrößen der Chromatografie	
Mittlere Lineargeschwindigkeit:	$\bar{u} = \frac{L}{t_M}$
Nettorententionszeit:	$t'_R = t_R - t_M$
Peakfläche:	$A = h \cdot w_h$

Damit Chromatogramme reproduzierbar sind, müssen die chromatografischen Bedingungen bei den Messungen gleich sein. Im Messergebnis sind anzugeben: die Säulenabmessungen, die Art der mobilen Phase, die Fließgeschwindigkeit bzw. der Volumenstrom, die Art der stationären Phase, der Druck, die Temperatur, der Detektor u.a.

Die Bedingungen bei der Chromatografie müssen zudem so gewählt sein, dass sich ein Chromatogramm mit eindeutig ermittelbaren Retentionszeiten, Peakflächen usw. ergibt.

Aus den abgelesenen Chromatogrammdaten kann eine zusätzliche Kenngröße gebildet werden: Der **Retentionsfaktor *k*,** auch als **Kapazitätsfaktor *k*** bezeichnet. Er ist der Quotient aus der Nettoretentionszeit t'_R und der Totzeit t_M und gibt an, um wie viel länger sich die Analytmoleküle an oder in der stationären Phase aufhalten als in der mobilen Phase. Der Retentionsfaktor k ist abhängig von der Säulenlänge und der Fließgeschwindigkeit der mobilen Phase.

Retentionsfaktor (Kapazitätsfaktor)

$$k = \frac{t_R - t_M}{t_M} = \frac{t'_R}{t_M}$$

Beispiel 1: Bestimmen Sie die Kenngrößen für die Komponente K2 aus dem Chromatogramm Bild 2, Seite 319.

Lösung: $\boldsymbol{t_M} \approx 0{,}85$ min; $\boldsymbol{t_{R2}} \approx 5{,}0$ min; $\boldsymbol{t'_{R2}} = t_{R2} - t_M \approx (5{,}0 - 0{,}85)$ min $\approx$ **4,2 min;** $\boldsymbol{h_2} \approx 25$ mm $\approx$ **87 Skt**
$\boldsymbol{w_{b2}} \approx 12{,}5$ mm; $\boldsymbol{w_{h2}} \approx 7{,}5$ mm; $\boldsymbol{A_2} = h_2 \cdot w_{h2} = 25\text{ mm} \cdot 7{,}5\text{ mm} = 187{,}5\text{ mm}^2 \approx \mathbf{1{,}9\ cm^2}$

Beispiel 2: Ermitteln Sie aus dem Chromatogramm Bild 2, Seite 319, die Retentionsfaktoren k.

Lösung: $$\boldsymbol{k_1} = \frac{t_{R1} - t_M}{t_M} = \frac{(2{,}75 - 0{,}85)\text{ min}}{0{,}85\text{ min}} \approx \mathbf{2{,}2}; \quad \boldsymbol{k_2} = \frac{t_{R1} - t_M}{t_M} = \frac{(5{,}0 - 0{,}85)\text{ min}}{0{,}85\text{ min}} = 4{,}882 \approx \mathbf{4{,}9}$$

Beispiel 3: Das Chromatogramm Bild 2, Seite 319, wurde mit einer 30 m langen GC-Säule aufgenommen. Wie groß ist die mittlere, lineare Strömungsgeschwindigkeit $\bar{u}$ in cm/s?

Lösung: $$\boldsymbol{\bar{u}} = \frac{L}{t_M} = \frac{30\text{ m}}{0{,}85\text{ min}} = \frac{30 \cdot 10^2\text{ cm}}{0{,}85 \cdot 60\text{ s}} = 58{,}82\text{ cm/s} \approx \mathbf{59\ cm/s}$$

8.8.4 Trennwirkung einer chromatografischen Säule

Eine besonders wichtige Eigenschaft einer GC- bzw. HPLC-Säule ist ihre Fähigkeit, ein Analytgemisch effektiv aufzutrennen, d.h., ein eindeutig auswertbares Chromatogramm zu liefern. Man nennt dies die **Trennwirkung** einer Säule. Als Maß für die Effizienz einer Trennsäule gibt es mehrere Kenngrößen: den Trennfaktor $\boldsymbol{\alpha}$, die Auflösung $\boldsymbol{R_S}$, die Trennbodenhöhe $\boldsymbol{H}$, die Trennbodenzahl $\boldsymbol{N}$.

Der **Trennfaktor** $\boldsymbol{\alpha}$ ist der Quotient der Retentionsfaktoren zweier benachbarter Peaks. Definitionsgemäß wird die stärker retardierte Komponente mit dem Index 2 versehen: Damit ist α größer oder gleich 1. Bei $\alpha = 1$ überlagern sich die Peaks zweier Analyten.

Trennfaktor (Selektivitätsfaktor)

$$\alpha = \frac{k_2}{k_1} = \frac{t'_{R2}}{t'_{R1}} = \frac{t_{R2} - t_M}{t_{R1} - t_M}$$

Die **Auflösung** $\boldsymbol{R_S}$ berechnet man für zwei benachbarte Analyten 1 und 2 aus dem Abstand der Peakmaxima $t_{R1} - t_{R2}$ sowie dem Mittelwert der Peakbreiten $(w_{b2} + w_{b1})/2$ nach nebenstehender Größengleichung.

Alternativ kann die Auflösung R_S auch aus den Peakbreiten auf halber Peakhöhe w_h berechnet werden.

Für viele Anwendungen genügt eine Auflösung von $R_S = 1$. Aber erst mit der Auflösung 1,5 sind zwei Peaks basisliniengetrennt (Bild 1, Seite 319).

Auflösung

$$R_S = 2 \cdot \frac{(t_{R2} - t_{R1})}{w_{b2} + w_{b1}}$$

$$R_S = 1{,}177 \cdot \frac{(t_{R2} - t_{R1})}{w_{h2} + w_{h1}}$$

Beispiel 1: Ermitteln Sie aus dem Chromatogramm in Bild 2, Seite 319, die Auflösung R_S der beiden Peaks und den Trennfaktor $\boldsymbol{\alpha}$.

Lösung: $$\boldsymbol{R_S} = \frac{2 \cdot (t_{R2} - t_{R1})}{w_{b2} + w_{b1}} = \frac{2 \cdot (5{,}0 - 2{,}75)\text{ min}}{(1{,}35 + 1{,}1)\text{ min}} \approx \mathbf{1{,}8}; \quad \boldsymbol{\alpha} = \frac{k_2}{k_1} = \frac{4{,}88}{2{,}24} \approx \mathbf{2{,}2}$$

Die **Trennbodenhöhe *H*** einer chromatografischen Trennsäule, auch **HETP** genannt (**h**eight **e**quivalent to a **t**heoretical **p**late), bezeichnet die Höhe einer Trennsäulenfüllung, die einem theoretischen Trennboden entspricht. Die Berechnung mit Trennböden geht von der theoretischen Annahme aus, als sei eine chromatografische Säule aus vielen eng aneinander liegenden schmalen Trennschichten aufgebaut, die man **theoretische Trennböden** nennt.

Auf diesen Trennböden finden, vergleichbar den Böden einer Rektifikationskolonne, ständig Austauschvorgänge zwischen der mobilen Phase mit der Probe und der stationären Phase statt. Sie führen zu einer Art dynamischen „Gleichgewichtszustand".

Die **Trennbodenzahl *N*** (auch Trennstufenzahl genannt) gibt die Anzahl der theoretischen Trennböden einer Chromatografiesäule an. Sie kann mit einer empirischen Gleichung aus den Retentionszeiten t_R und den Basisbreiten w_b ermittelt werden (siehe rechts). Auch aus den Retentionszeiten t_R und den Peakbreiten auf halber Höhe w_h kann eine empirische Gleichung der Trennbodenzahl N aufgestellt werden.

Trennbodenzahl (Trennstufenzahl)

$$N = 16 \cdot \left(\frac{t_R}{w_b}\right)^2$$

oder

$$N = 5{,}545 \cdot \left(\frac{t_R}{w_h}\right)^2$$

Die **Trennbodenhöhe *H*** und die **Trennbodenzahl *N*** sind über die Länge der Trennsäule L nach nebenstehender Gleichung miteinander verknüpft (siehe rechts).

Trennbodenhöhe

$$H = \text{HETP} = \frac{L}{N}$$

Eine Trennsäule mit einer großen Zahl theoretischer Trennböden hat eine niedrige Trennbodenhöhe H.

Das Trennvermögen einer Säule nimmt mit steigender Trennbodenzahl N zu:

Je größer die Zahl der theoretischen Trennböden N, desto mehr Gleichgewichtseinstellungen sind während der Wanderung entlang der Trennstrecke möglich und desto größer ist die Trennleistung.

GC-Säulen von 1 m bis 3 m Länge haben 500 bis 2000 Trennstufen (Trennböden). Ihre Trennbodenhöhe HETP beträgt 1 bis 6 mm. Kapillarsäulen von 0,1 mm Innendurchmesser und 25 m Länge haben 30000 bis 100000 Trennböden. Die Trennbodenhöhe HETP beträgt 0,2 bis 0,6 mm.

HPLC-Säulen übertreffen in ihrer Leistungsfähigkeit die GC-Säulen deutlich: Eine dicht gepackte HPLC-Kieselgel-Säule mit 10 µm-Partikeln und 25 cm Länge hat eine Trennbodenzahl von 2500 bis 5000. Die Trennbodenhöhe HETP beträgt ca. 0,05 bis 0,1 mm.

8

Beispiel 2: Das Gaschromatogramm eines Zweistoffgemisches **(Bild 1)** wurde mit einer GC-Säule von 25 m Länge und einem Totzeitmarker aufgenommen. Wie groß sind folgende Kenngrößen:

a) die mittlere Strömungsgeschwindigkeit des Trägergases;
b) die Auflösung zwischen den beiden Komponentenpeaks;
c) der Trennfaktor zwischen den beiden Analyten;
d) die Trennstufenzahl, bezogen auf den Peak von Komponente B;
e) die Bodenhöhe bezogen auf den Peak der Komponente B?

Lösung: Mit t_M = 1,8 min und L = 25 m folgt:

a) $\bar{u} = \frac{L}{t_M} = \frac{25\text{ m}}{1{,}8\text{ min}} = \frac{25 \cdot 10^2\text{ cm}}{1{,}8 \cdot 60\text{ s}} \approx \mathbf{23\ cm/s}$

b) $R_S = \frac{2 \cdot (t_{RB} - t_{RA})}{w_{bB} + w_{bA}} = \frac{2 \cdot (4{,}3 - 3{,}4) \cdot 60\text{ s}}{(7{,}92 + 4{,}82)\text{ s}} \approx \mathbf{8{,}5}$

c) $\alpha = \frac{t_{RB} - t_M}{t_{RA} - t_M} = \frac{(4{,}3 - 1{,}8)\text{ min}}{(3{,}4 - 1{,}8)\text{ min}} \approx \mathbf{1{,}6}$

d) $N = 16 \cdot \left(\frac{t_{RB}}{w_{bB}}\right)^2 = 16 \cdot \left(\frac{4{,}3 \cdot 60\text{ s}}{7{,}92\text{ s}}\right)^2 = 16\,978{,}8 \approx \mathbf{17 \cdot 10^3}$

e) $H = \frac{L}{N} = \frac{25\text{ m}}{16\,978{,}8} = 0{,}0014724\text{ m} \approx \mathbf{1{,}47\ mm}$

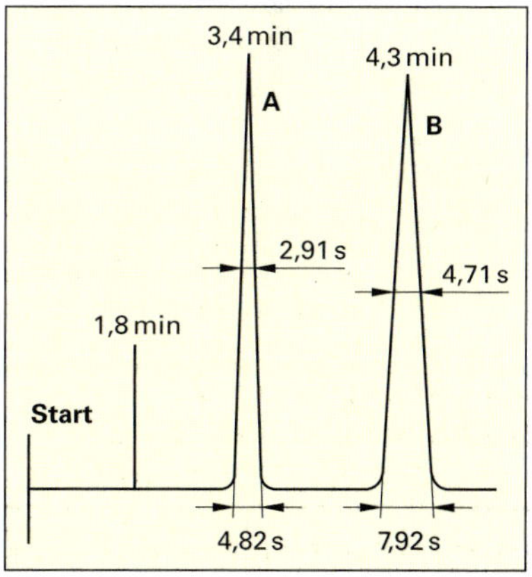

Bild 1: Chromatogramm (Beispiel)

Beispiel 3: Bei einer gaschromatografischen Analyse wurde eine Trennsäule mit der Trennstufenzahl N = 6500 eingesetzt. Der Peak des Analyten ist nach 6,2 min zu erwarten. Die Schreibergeschwindigkeit beträgt 1,2 cm/min. Welche Peakbreite in mm kann erwartet werden?

Lösung: $N = 16 \cdot \left(\frac{t_R}{w_b}\right)^2 = 16 \cdot \frac{t_R^2}{w_b^2} \Rightarrow w_b = \sqrt{16 \cdot \frac{t_R^2}{N}} = \sqrt{16 \cdot \frac{(6{,}2\text{ min})^2}{6500}} = 0{,}3076\text{ min}$

Mit der Schreibergeschwindigkeit 12 mm/min folgt: $\mathbf{w_b} = 0{,}3076\text{ min} \cdot 12\text{ mm/min} \approx \mathbf{3{,}7\ mm}$

8.8.5 Detektorempfindlichkeit – Responsefaktor

Die quantitative Säulenchromatografie basiert auf dem Vergleich entweder der Peakhöhe oder der Peakfläche eines Analyten mit den Werten einer oder mehrerer Vergleichssubstanzen (Standards).

Die Peakhöhen sind relativ einfach auszumessen, allerdings ist ihre Reproduzierbarkeit mit einer deutlich größeren Ungenauigkeit (5 % bis 10 %) verbunden, als dies bei den Peakflächen der Fall ist.

Da die heutigen chromatografischen Geräte mit digitalen elektronischen Integratoren eine präzise Auswertung der Peakflächen ermöglichen, ist diese Methode in der Praxis nahezu ausschließlich anzutreffen.

Bei der Säulenchromatografie sollte die Peakfläche eines Analyten nur von der Analytmenge abhängig sein. Bei konstanten Arbeitsbedingungen und gleicher Analytmenge müsste demnach stets die gleiche Peakfläche entstehen. Dies ist aber nur der Fall, wenn der Detektor für alle Substanzen gleich empfindlich ist. Dann ist der Massenanteil $w(X)$ proportional der Peakfläche A: $w(X) \sim A$.

Wenn die Ansprechempfindlichkeit (engl. response) der Detektoren von der Art der Substanzen abhängig ist, entstehen bei den verschiedenen Substanzen trotz gleicher Analytmenge unterschiedlich große Peakflächen.

Bild 1a zeigt das Chromatogramm einer Probe aus 4 Substanzen mit gleichen Massenanteilen von 25 %. Wegen der unterschiedlichen Empfindlichkeit auf die Substanzen erzeugt der Detektor 4 unterschiedliche Peakflächen.

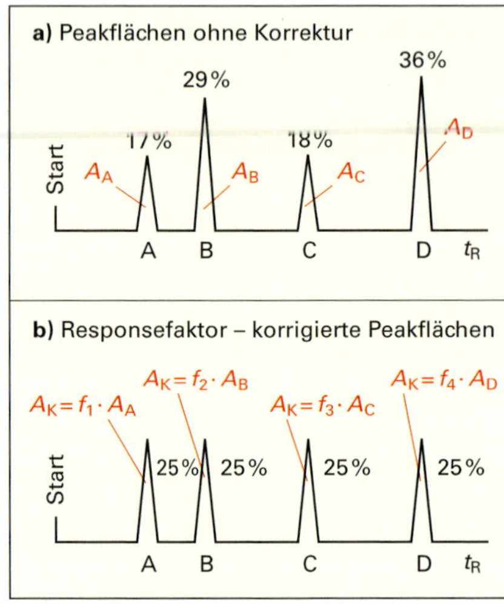

Bild 1: Chromatogramm mit 4 Komponenten unterschiedlicher Ansprechempfindlichkeit

Dieser Einfluss kann durch das Bestimmen und Einsetzen von Flächenkorrekturfaktoren, **Responsefaktor *f*** (Kalibrierfaktor) genannt, berücksichtigt werden. **Bild 1b** zeigt das theoretisch zu erwartende Chromatogramm der 4 Analyten gleicher Massenanteile aus Bild 1a mit korrigierten Peakflächen: $w(X) = f \cdot A$

Responsefaktor (Kalibrierfaktor)

$$f = \frac{m(X)}{A}; \quad f = \frac{w(X)}{A}; \quad f = \frac{\beta(X)}{A}$$

Beispiel 1: Bei einer gaschromatografischen Analyse eines Thiols liegt der Arbeitsbereich zwischen 0,1 und 0,4 mg/L. Für diesen Arbeitsbereich sollten die Responsefaktoren des Analyten möglichst gleich sein. Es wurden drei Kalibrierlösungen des Analyten mit unterschiedlicher Massenkonzentration angesetzt und gaschromatografisch analysiert. Die bei konstantem Injektionsvolumen erhaltenen Peakflächen (in counts C) sind in der nachfolgenden Tabelle wiedergegeben:

Nr.	Analytkonzentration	Peakfläche	*Lösung:*	Responsefaktor *f*
1	0,1 mg/L	22 435 counts		$4{,}45 \cdot 10^{-6}$ mg/(L · C)
2	0,2 mg/L	46 423 counts		$4{,}31 \cdot 10^{-6}$ mg/(L · C)
3	0,4 mg/L	98 463 counts		$4{,}06 \cdot 10^{-6}$ mg/(L · C)

a) Berechnen Sie für jede der drei Kalibrierlösungen (Standardlösungen) den Responsefaktor.

b) Überprüfen Sie, ob die Peakfläche linear zur Konzentration ansteigt, d.h. der Responsefaktor über den Arbeitsbereich annähernd konstant ist.

Lösung: a)

$$f_1 = \frac{\beta_1}{A_1} = \frac{0{,}1 \text{ mg/L}}{22\,435 \text{ C}} \approx \mathbf{4{,}45 \cdot 10^{-6}\ mg/(L \cdot C)}; \qquad f_2 = \frac{\beta_2}{A_2} = \frac{0{,}2 \text{ mg/L}}{46\,423 \text{ C}} \approx \mathbf{4{,}31 \cdot 10^{-6}\ mg/(L \cdot C)}$$

$$f_3 = \frac{\beta_3}{A_3} = \frac{0{,}4 \text{ mg/L}}{89\,463 \text{ C}} \approx \mathbf{4{,}06 \cdot 10^{-6}\ mg/(L \cdot C)}$$

b) Bei exakter Linearität müssten die drei Responsefaktoren etwa gleich sein, das ist hier nicht der Fall: mit zunehmender Konzentration werden die Kalibrierfaktoren kleiner. Eine Linearität ist nicht gegeben. Es sollte unter Umständen ein anderer Arbeitsbereich gewählt werden.

8.8.6 Auswertung Säulenchromatografischer Analysen – Kalibriermethoden

Chromatografische Analysen liefern ein elektrisches Signal, das mit dem Analytgehalt verknüpft ist. Das Ziel der Kalibrierung ist es, den exakten Zusammenhang zwischen beiden Größen zu ermitteln.

Je nach Anforderungen an die Richtigkeit, die Präzision und die Effektivität chromatografischer Messungen sind zur **quantitativen** Auswertung von Chromatogrammen grundsätzlich vier Kalibriermethoden gebräuchlich:

- Die Normierung auf 100 % (100 %-Methode)
- Die Methode des externen Standards
- Die Methode des internen Standards
- Die Standardadditionsmethode (Aufstockmethode)

8.8.6.1 Normierung auf 100 % – die 100 %-Methode

Sind bei einer chromatografischen Analyse alle Komponenten einer injizierten Probe erfasst, so kann der Anteil einer Komponenten-Peakfläche an der Gesamtfläche aller Peaks mit dem Anteil dieser Komponente in der Probe gleich gesetzt und mit nebenstehender Größengleichung berechnet werden.

Voraussetzung dafür ist, dass die Detektorempfindlichkeit aller Komponenten gleich ist, d.h., dass sie gleiche oder annähernd gleiche Responsefaktoren aufweisen. Dies ist beispielsweise der Fall bei Isomeren oder Mischungen von Kohlenwasserstoffen (z.B. Pentan und Hexan) und Verwendung eines FIDs. Für korrekte quantitative Analysen sind in der Regel Kalibrierfaktoren zu verwenden.

Analyt-Massenanteil ähnlicher Substanzen nach der 100 %–Methode

$$w(\text{X}) = \frac{A(\text{X})}{A_{\text{ges}}} = \frac{A(\text{X})}{A(\text{X}) + A(\text{Y}) + \ldots}$$

Beispiel 1: In einem Gemisch aus Stickstoff und Kohlenstoffmonoxid soll der Massenanteil $w(\text{CO})$ durch eine gaschromatografische Analyse bestimmt werden. Im Chromatogramm wurden folgende Peakflächen ermittelt: Stickstoff: 251 459 counts, Kohlenstoffmonoxid: 16 486 counts.

Berechnen Sie die Massenanteil der beiden Proben-Komponenten nach der 100 %-Methode (Die Responsefaktoren beider Komponenten sind annähernd gleich).

Lösung: Gesamtfläche: $A_{\text{ges}} = A(\text{N}_2) + A(\text{CO}) = 251\,459\text{ C} + 16\,486\text{ C} = 267\,945\text{ C} = 100\,\%$

$$\boldsymbol{w(\text{N}_2)} = \frac{A(\text{N}_2)}{A_{\text{ges}}} = \frac{251\,459\text{ C}}{267\,945\text{ C}} = 0{,}9385 \approx \mathbf{93{,}8\,\%};\quad \boldsymbol{w(\text{CO})} = \frac{A(\text{CO})}{A_{\text{ges}}} = \frac{16\,486\text{ C}}{267\,945\text{ C}} = 0{,}0615 \approx \mathbf{6{,}2\,\%}$$

Sind die Responsefaktoren der Analyten einer Probe unterschiedlich, so muss für die Berechnung des Analyt-Gehalts die Peakfläche A jeder Komponente mit ihrem Responsefaktor f multipliziert werden. Das Verhältnis der korrigierten Peakfläche A eines Analyten X zur Gesamtsumme aller korrigierten Peakflächen ergibt den Massenanteil $w(\text{X})$ eines Analyten X (dezimal oder in %).

Analyt-Massenanteil nach der korrigierten 100 %-Methode

$$w(\text{X}) = \frac{f(\text{X}) \cdot A(\text{X})}{f(\text{X}) \cdot A(\text{X}) + f(\text{Y}) \cdot A(\text{Y}) + \ldots}$$

Der Nachteil dieser Methode ist, dass alle Komponenten eines Gemischs im Chromatogramm erfasst sein und ihre Responsefaktoren bekannt sein oder zuvor bestimmt werden müssen. Komponenten, die nicht im Chromatogramm erfasst werden, verfälschen zwangsläufig das Ergebnis.

Beispiel 2: Eine Probe aus drei bekannten Komponenten soll gaschromatografisch nach der 100 %-Methode unter Berücksichtigung der Responsefaktoren analysiert werden. Die Kalibrierlösungen enthielten jeweils nur eine der drei Gemisch-Komponenten mit der in der Probe erwarteten Konzentration (Angaben siehe Tabelle). Es wurden jeweils gleiche Analytvolumina injiziert, die analysierten Peakflächen der Kalibriermessungen zeigt die nachfolgende Tabelle (Spalte 3).

Analyt	Konzentration der Kalibrierlösungen	Peakfläche der Kalibrierlösungen	Peakfläche der Probelösung	Responsefaktor f
Butan-1-ol	0,5 mg/100 mL	62 172 counts	65 486 counts	$8{,}04 \cdot 10^{-5}$ mg/(L · C)
Pentan-1-ol	1,5 mg/100 mL	142 483 counts	72 732 counts	$1{,}05 \cdot 10^{-4}$ mg/(L · C)
n-Octan	0,6 mg/100 mL	122 406 counts	109 264 counts	$4{,}90 \cdot 10^{-5}$ mg/(L · C)

8

Nach Injektion der Probelösung, in der nur die drei Gemischkomponenten enthalten sind, wurden unter den chromatografischen Bedingungen der Kalibriermessungen (bei gleichen Injektionsvolumina) die in Spalte 4 der Tabelle aufgeführten Peakflächen analysiert.

a) Berechnen Sie die Responsefaktoren der drei Analyten.

b) Berechnen Sie den Massenanteil w(Butan-1-ol) in der Probelösung.

Lösung: a) $f(\text{But}) = \dfrac{m(\text{But})}{A(\text{But})} = \dfrac{0{,}5\ \text{mg}/100\ \text{mL}}{62\,172\ \text{C}} \approx 8{,}04 \cdot 10^{-8}\ \text{mg}/(\text{mL} \cdot \text{C})$ (Übrige Ergebnisse für f siehe Tabelle)

b) $$w(\text{But}) = \frac{f(\text{But}) \cdot A(\text{But})}{f(\text{But}) \cdot A(\text{But}) + f(\text{Pent}) \cdot A(\text{Pent}) + f(\text{Oct}) \cdot A(\text{Oct})}$$

$$w(\text{But}) = \frac{8{,}04 \cdot 10^{-5} \frac{\text{mg}}{\text{L} \cdot \text{C}} \cdot 65\,486\ \text{C}}{8{,}04 \cdot 10^{-5} \frac{\text{mg}}{\text{L} \cdot \text{C}} \cdot 65\,486\ \text{C} + 1{,}05 \cdot 10^{-4} \frac{\text{mg}}{\text{L} \cdot \text{C}} \cdot 72\,732\ \text{C} + 4{,}90 \cdot 10^{-5} \frac{\text{mg}}{\text{L} \cdot \text{C}} \cdot 109\,264\ \text{C}}$$

$$\mathbf{w(But)} = \frac{5{,}265\ \text{mg/L}}{5{,}265\ \text{gm/L} + 7{,}637\ \text{mg/L} + 5{,}354\ \text{mg/L}} = 0{,}2884 \approx \mathbf{28{,}8\ \%}$$

8.8.6.2 Quantifizierung mit externem Standard

Bei der Methode des externen Standards werden durch Einwiegen der Analyt-Reinsubstanz und Auffüllen im Messkolben Standardlösungen (Kalibrierlösungen) unterschiedlicher Massenkonzentration β(Analyt) oder Massenanteilen w(Analyt) angesetzt. Diese Kalibrierlösungen sollten möglichst alle Begleitsubstanzen des Analyten enthalten, die in der Probelösung zu erwarten sind. Diese Begleitkomponenten, als Probenmatrix bezeichnet, können das Analysenergebnis beeinflussen.

Dann werden die Kalibrierlösungen (Bild 1a) und die Probelösung (Bild 1b) bei konstanten Analysenbedingungen chromatografiert. Im Chromatogramm[1)] können im Gegensatz zur 100 %-Methode zusätzliche Peaks auftreten (Bild 1b), ohne das Ergebnis zu ändern.

Wenn lineare Abhängigkeit von Peakfläche bzw. Peakhöhe und Massenanteil bzw. -konzentration durch Kalibrierung gesichert ist und die Kalibriergerade durch den Ursprung verläuft, ergibt sich der Analyt-Gehalt durch **Einpunktkalibrierung** mit dem Analyt-Standard STD.

Für den Standard STD und den Analyten X gilt:

$$\beta(\text{STD}) \sim A(\text{STD}), \quad \beta(\text{X}) \sim A(\text{X}).$$

Werden beide Proportionen gleichgesetzt:

$$\frac{\beta(\text{X})}{A(\text{X})} = \frac{\beta(\text{STD})}{A(\text{STD})} \left(\text{entsprechend gilt: } \frac{\beta(\text{X})}{h(\text{X})} = \frac{\beta(\text{STD})}{h(\text{STD})} \right)$$

erhält man nebenstehende Größengleichung zur Berechnung der Analytkonzentration aus der Einpunktkalibrierung mit externem Standard.

Trägt man im x-y-Diagramm die Peakflächen des Kalibrierlaufs gegen die Massenkonzentration des Analyten auf, so lautet die Funktionsgleichung für die Kalibriergerade: $y = m \cdot x$

Mit der Peakfläche A(STD) bzw. h(STD) und der Konzentration β(STD) wird erhalten:

$$A(\text{STD}) = m \cdot \beta(\text{STD}).$$

Aus der ermittelten Analyt-Peakfläche A(X) des Analysenlaufs kann mithilfe der Geradengleichung der Analytgehalt β(X) der Probe grafisch oder rechnerisch ermittelt werden.

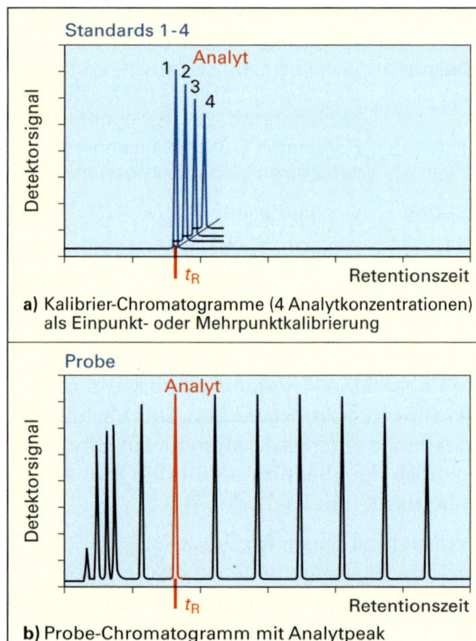

a) Kalibrier-Chromatogramme (4 Analytkonzentrationen) als Einpunkt- oder Mehrpunktkalibrierung

b) Probe-Chromatogramm mit Analytpeak

Bild 1: Prinzip der Auswertung eines Chromatogramms mit externem Standard

Massenkonzentration aus Peakflächen/ Peakhöhen (Ursprungs-Kalibriergerade)

$$\beta(\text{X}) = \frac{A(\text{X}) \cdot \beta(\text{STD})}{A(\text{STD})}; \quad \beta(\text{X}) = \frac{h(\text{X}) \cdot \beta(\text{STD})}{h(\text{STD})}$$

1) Quelle der Diagramme Seiten 324 bis 328: *www.chemgapedia.de* (Chromatographie)

Die Massenkonzentration einer Probe $\beta(X)$ kann auch aus einem Kalibrier-Diagramm ermittelt werden. Dazu zeichnet man ein Diagramm mit den Peakflächen *A* als Ordinate und den Analyt-Massenkonzentrationen β(Analyt) als Abszisse **(Bild 1).** Darin trägt man den Kalibrier-Messpunkt ein und zeichnet mit dem Nullpunkt die Kalibriergerade. Mit der Analyt-Peakfläche und der Kalibriergeraden kann auf der Abszisse die Analyt-Massenkonzentration β(Analyt) abgelesen werden.

Beispiel: Zur gaschromatografischen Bestimmung eines Amins wurden nacheinander 5,0 µL Probe und 5,0 µL Kalibrierlösung der Konzentration β(Amin) = 7,50 mg/L in die Trennsäule injiziert. Es wurden gemessen:
Proben-Peakfläche *A*(X) = 2300 counts, Kalibrier-Peakfläche *A*(STD) = 2850 counts (count = Zähleinheit).
Welche Massenkonzentration β(Amin) hat die Probe?

Lösung: a) Berechnung der Massenkonzentration der Probe mit der Größengleichung (Seite 251, unten):

$$\boldsymbol{\beta(X)} = \frac{A(X) \cdot \beta(STD)}{A(STD)} = \frac{2300\ C \cdot 7{,}50\ mg/L}{2850\ C} \approx \mathbf{6{,}05\ \frac{mg}{L}}$$

b) Es wird das Kalibrier-Diagramm erstellt (Bild 1). Die Kalibriergerade erhält man aus dem Kalibrier-Messpunkt und dem Nullpunkt.

c) $\beta(X)$ kann mit der Analyt-Peakfläche und der Kalibriergeraden abgelesen werden: $\boldsymbol{\beta(X) = 6{,}0\ mg/L}$

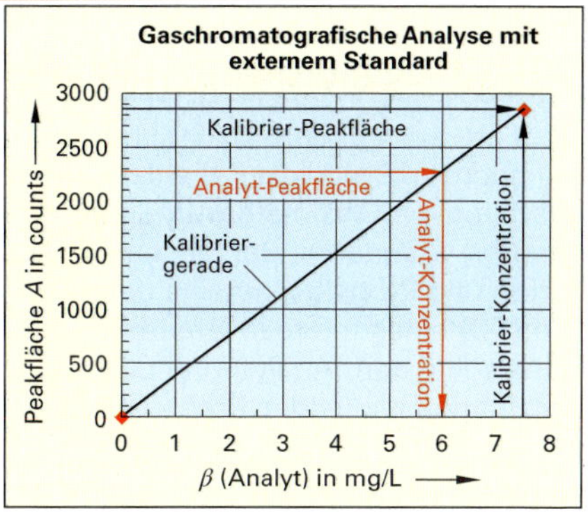

Bild 1: Diagramm einer Einpunktkalibrierung (Beispiel)

Auswertung mit Mehrpunktkalibrierung

Wenn bei einer chromatografischen Analyse von Linearität zwischen Peakfläche und Massenanteil bzw. Massenkonzentration auszugehen ist, die Kalibriergerade aber nicht als Ursprungsgerade verläuft, so erfolgt die Auswertung über die allgemeine Geradengleichung $y = m \cdot x + b$. Mit den entsprechenden Größen eingesetzt, lautet die Gleichung für den Analyt X: $A(X) = m \cdot \beta(X) + b$.

Zur Kalibrierung werden zwei bis sieben Kalibrierlösungen angesetzt und gleiche Volumina analysiert. Eine größere Zahl von Kalibrierpunkten bietet eine höhere Genauigkeit bei der Regressionsanalyse.

Beispiel: Zur gaschromatografischen Bestimmung einer Probe wurden zwei Kalibrierlösungen Kal1 und Kal2 hergestellt und analysiert. Mit zwei exakt gleichen Einspritzvolumina erhielt man folgende Daten:

- Analyt-Konzentration β_{K1} = 17,5 mg/L, Peakfläche A_{K1} = 22486 counts
- Analyt-Konzentration β_{K2} = 65,0 mg/L, Peakfläche A_{K2} = 47932 counts

Von der zu analysierenden Substanz wurden 150 mg gelöst, zu 1000 mL aufgefüllt und bei gleichen Bedingungen das gleiche Volumen dieser Lösung wie beim Kalibrierlauf injiziert. Die erhaltene Peakfläche beträgt 37105 counts. Welchen Massenanteil *w*(Analyt) hat die Probe?

Lösung: Es wird das Kalibrier-Diagramm erstellt **(Bild 2).** Die Punkte Kal1 und Kal2 werden eingetragen und die Kalibriergerade gezeichnet.
Aus ΔA und $\Delta\beta$ wird die Steigung *m* ermittelt:

$$m = \frac{\Delta A(STD)}{\Delta\beta(STD)} = \frac{(47932 - 22486)\ C}{(65{,}0 - 17{,}5)\ \frac{mg}{L}} = 535{,}705\ C\ \frac{L}{mg}$$

Berechnung des Achsenabschnitts *b* aus:
$b = A(STD) - m \cdot \beta(STD)$
Mit den Werten von Kal2 folgt:

$$b = 47932\ C - 535{,}705\ C\ \frac{L}{mg} \cdot 65{,}0\ \frac{mg}{L} = 13111\ C$$

Berechnung der Massenkonzentration $\beta(X)$ an Analyt X:

$$\boldsymbol{\beta(X)} = \frac{A(X) - b}{m} = \frac{(37105 - 13111)\ C}{535{,}705\ C \cdot \frac{L}{mg}} = \mathbf{44{,}79\ \frac{mg}{L}}$$

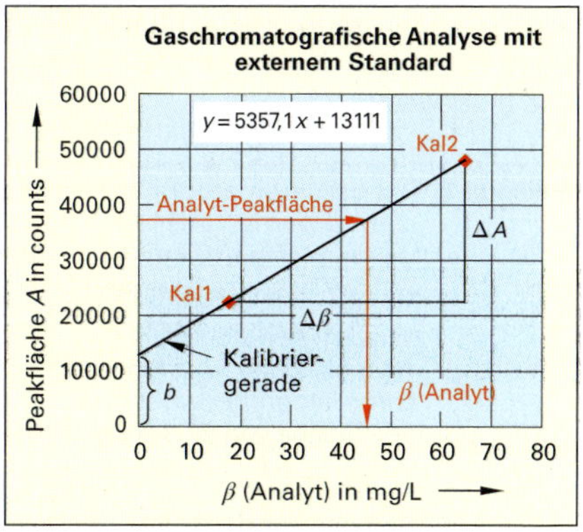

Bild 2: Diagramm einer Zweipunktkalibrierung (Beispiel)

$\beta(X)$ kann auch aus dem Kalibrier-Diagramm (Bild 2) abgelesen werden: $\boldsymbol{\beta(X) \approx 45\ mg/L}$
Berechnung des Massenanteils *w*(Analyt):
Probenmasse (Einwaage): 150 mg/1000 mL = 150 mg/L $\Rightarrow$ $\boldsymbol{w(Analyt)} = \frac{\beta(Analyt)}{\beta(Probe)} = \frac{44{,}79\ mg/L}{150\ mg/L} \approx \mathbf{29{,}9\ \%}$

8

Bei mehr als zwei Kalibriermessungen kann eine chromatografische Bestimmung grafisch durch ein Kalibrierdiagramm oder mithilfe der Ausgleichsgeraden ausgewertet werden. Die rechnerische Auswertung erfolgt über die Regressionsanalyse und die Funktionsgleichung der Ausgleichsgeraden (Seite 68).

Die Lösung ist analog wie beim Beispiel zur fotometrischen Eisenbestimmung im Beispiel auf Seite 303.

8.8.6.3 Quantifizierung mit internem Standard

Die höchste Genauigkeit (Fehler < 1 %) erzielt man in der quantitativen Chromatografie durch den Einsatz **interner** (innerer) **Standards**. Bei diesem Verfahren wird jeder Kalibrier- und Probelösung eine genau abgemessene Menge m(ISTD) eines internen Standards zugesetzt. Diese Substanz sollte dem Analyten ähnlich sein, darf aber **nicht** in der zu untersuchenden Probe enthalten sein.

Das Verhältnis der Peakflächen (oder Peakhöhen) des Analyten X zum internen Standard ISTD dient als analytischer Parameter. Er wird **Methodenfaktor MF** genannt und nach nebenstehender Größengleichung berechnet.

Anschließend wird in eine bestimmte Menge der Original-Probe die innere Standardsubstanz eingewogen und das Gemisch chromatografiert. Aus den Peakflächen, den Einwaagen und dem Methodenfaktor MF kann der Massenanteil w(Analyt) der Probe nach nebenstehender Größengleichung berechnet werden.

Der Peak des internen Standards sollte gut von den Peaks aller anderen Probenkomponenten abgetrennt sein (Auflösung $R_S > 1{,}25$), er sollte in der Nähe des Analyt-Peaks auftreten. Ferner ist lineares Ansprechverhalten von Analyt und Standard Voraussetzung.

Der Auswahl einer geeigneten Substanz als interner Standard kommt eine besondere Bedeutung zu: sie sollte ähnliche chemische Eigenschaften aufweisen wie der Analyt und einen ähnlichen Responsefaktor f haben. Aus diesem Grund werden häufig benachbarte Moleküle aus der homologen Reihe des Analyten oder substituierte Analytmoleküle eingesetzt.

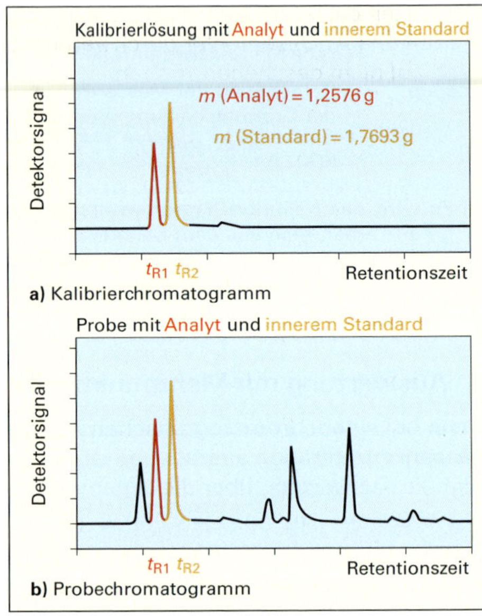

Bild 1: Prinzip der Auswertung eines Chromatogramms mit internem Standard

Massenanteil aus der Probelösung

$$w(X) = MF \cdot \frac{A(X) \cdot m(ISTD)}{m(Probe) \cdot A(ISTD)}$$

mit Methodenfaktor $$MF = \frac{m(X) \cdot A(ISTD)}{A(X) \cdot m(ISTD)}$$

Beispiel 1: Zur gaschromatografischen Bestimmung eines technischen Xylols soll der Massenanteil von p-Xylol bestimmt werden. Als interner Standard wird Toluol verwendet. Für die Kalibrierlösungen werden nachfolgende Stoffportionen eingesetzt, chromatografiert und dabei folgende Peakflächen erhalten:

m_{Kal1}(p-Xylol) = 1,4652 g, A_{Kal1}(p-Xylol) = 158 873 counts

m_{Kal2}(Toluol) = 1,1618 g, A_{Kal2}(Toluol) = 121 486 counts

Anschließend wurden 1,4237 g Probe mit 0,5321 g Toluol gemischt und unter gleichen Bedingungen chromatografiert. Dabei wurde für das p-Xylol eine Peakfläche von 65 204 counts und für das Toluol eine Peakfläche von 27 841 counts erhalten.

Wie groß ist der Massenanteil w(p-Xylol) in der untersuchten Probe?

Lösung: Berechnung des Methodenfaktors:

$$MF = \frac{m_{Kal1}(\text{p-Xylol}) \cdot A_{Kal2}(\text{Toluol})}{A_{Kal1}(\text{p-Xylol}) \cdot m_{Kal2}(\text{Toluol})} = \frac{1{,}4652\ g \cdot 121\,486\ C}{158\,873\ C \cdot 1{,}1618\ g} = 0{,}96437$$

Berechnung des Massenanteils:

$$\boldsymbol{w}(\textbf{p-Toluol}) = \frac{MF \cdot A(\text{p-Xylol}) \cdot m(\text{Toluol})}{m(\text{Probe}) \cdot A(\text{Toluol})} = \frac{0{,}96437 \cdot 65\,204\ C \cdot 0{,}5321\ g}{1{,}4237\ g \cdot 27\,841\ C} = 0{,}84412 \approx \mathbf{84{,}41\ \%}$$

Die Analyse mit **internem Standard** kann auch ohne separate Kalibriermessung erfolgen: Zur Probe wird die Standard-Substanz beigefügt, von der die Masse m(ISTD) oder die Massenkonzentration β(ISTD) bekannt ist. Liegen die stoffspezifischen Korrekturfaktoren (Responsefaktoren) des Analyten f(X) und des Standards f(ISTD) vor, kann die Masse m(X) bzw. die Massenkonzentration β(X) aus den Peakflächen des Analyten A(X) und des Standards A(ISTD) mit nebenstehender Größengleichung berechnet werden.

Massenkonzentration aus innerem Standard und Responsefaktoren

$$\beta(\mathrm{X}) = \frac{\beta(\mathrm{ISTD}) \cdot A(\mathrm{X}) \cdot f(\mathrm{X})}{A(\mathrm{ISTD}) \cdot f(\mathrm{ISTD})}$$

Der Vorteil dieser Methode liegt darin, dass innerer Standard und Analyt in einem Durchlauf analysiert werden und Analysenfehler durch veränderte Arbeitsbedingungen bei getrenntem Kalibrierlauf und Analysenlauf nicht geschehen können.

Beispiel 2: In einem Wein soll die Massenkonzentration an Methanol gaschromatografische analysiert werden. Als interner Standard wurde 1,2-Ethandiol (Glykol) zugesetzt. Zur Bestimmung der Responsefaktoren wurden 18,6 mg Methanol und 24,7 mg Glykol eingewogen und zu 5,00 mL mit demin. Wasser aufgefüllt. Bei der chromatografischen Bestimmung wurde für Methanol eine Peakfläche von 39 360 counts und für Glykol eine Peakfläche von 29 040 counts ermittelt.

Zur Analyse der Probe wurden in 2,00 mL Weinprobe 22,5 mg Glykol eingewogen und die Probe mit demin. Wasser zu 5,00 mL aufgefüllt. Beim Analysenlauf wurde für Methanol eine Peakfläche von 711 counts und für Glykol eine Peakfläche von 25 300 counts bestimmt. Berechnen Sie die Massenkonzentration β(Methanol) in der Probe.

Lösung: Berechnung der Responsefaktoren:

$$f(\mathrm{Meth}) = \frac{\beta_{\mathrm{Res}}(\mathrm{Meth})}{A_{\mathrm{Res}}(\mathrm{Meth})} = \frac{18{,}6\ \mathrm{mg}/5{,}00\ \mathrm{mL}}{39\,360\ \mathrm{C}} = 9{,}451 \cdot 10^{-5}\ \mathrm{mg/(mL \cdot C)}$$

$$f(\mathrm{Gly}) = \frac{\beta_{\mathrm{Res}}(\mathrm{Gly})}{A_{\mathrm{Res}}(\mathrm{Gly})} = \frac{24{,}7\ \mathrm{mg}/5{,}00\ \mathrm{mL}}{29\,040\ \mathrm{C}} = 1{,}7011 \cdot 10^{-4}\ \mathrm{mg/(mL \cdot C)}$$

Berechnung der Massenkonzentration Methanol in der Probelösung:

$$\beta(\mathrm{Meth}) = \frac{\beta(\mathrm{Gly}) \cdot A(\mathrm{Meth}) \cdot f(\mathrm{Meth})}{A(\mathrm{Gly}) \cdot f(\mathrm{Gly})} = \frac{22{,}5\ \mathrm{mg}/5{,}00\ \mathrm{mL} \cdot 711\ \mathrm{C} \cdot 9{,}451 \cdot 10^{-5}\ \mathrm{mg/(ml \cdot C)}}{25\,300\ \mathrm{C} \cdot 1{,}7011 \cdot 10^{-4}\ \mathrm{mg/(ml \cdot C)}} = 0{,}07026\ \frac{\mathrm{mg}}{\mathrm{mL}}$$

In 1 mL Probelösung sind 0,07026 mg Methanol enthalten, in 5,00 mL Probelösung 5 · 0,07026 mg = 0,35130 mg Methanol. Diese Portion Methanol ist auch in 2,00 mL der Weinprobe.

$$\beta(\mathrm{Methanol}) = \frac{m(\mathrm{Methanol})}{V(\mathrm{Wein})} = \frac{0{,}35130\ \mathrm{mg}}{2{,}00\ \mathrm{mL}} = 0{,}175656\ \mathrm{mg/mL} \approx \mathbf{176\ mg/L}$$

8.8.6.4 Quantifizierung mit dem Standardadditionsverfahren (Aufstockmethode)

Mit der **Standardaddition** (auch **Aufstockmethode** genannt) sollen instrumentelle Fehler und Matrixeffekte minimiert werden, vor allem bei Messungen in niedrigen Konzentrationsbereichen, wie z. B. der Spurenanalytik oder bei der Beurteilung der Richtigkeit eines Verfahrens mit der Wiederfindungsrate WFR (Seite 349).

Bei der Additionsmethode wird die Kalibrierfunktion nicht separat mit einer hergestellten Verdünnungsreihe aus Standards erstellt. Bei dieser Methode wird der zu analysierenden Probe eine definierte Menge an **Analytsubstanz** einfach **(Bild 1)** oder auch mehrfach zugesetzt (aufgestockt, **Bild 1**, Seite 328).

Im Unterschied zur Methode des internen Standards wird hier die Analytsubstanz zugefügt und nicht eine dem Analyten ähnliche. Voraussetzung für diese Anwendung ist eine lineare Abhängigkeit von Analytgehalt und Peakfläche/Peakhöhe im Arbeitsbereich.

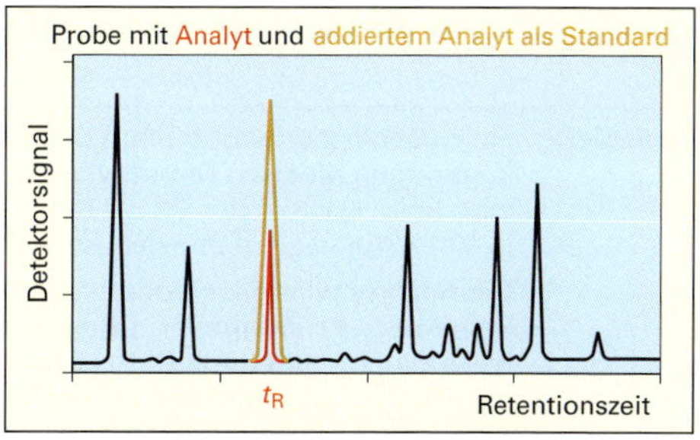

Bild 1: Auswertung eines Chromatogramms mit Standardaddition (Aufstockmethode)

Bei Einfachzusatz wird der Probe einmalig eine bekannte Menge β(STD) des Analyten zugesetzt. Die zu untersuchende Probe wird vor und nach dem Analytzusatz chromatografiert.

Aus der Proportion des Standards und des Analyten:

$$\frac{\beta(\text{STD})}{A(\text{STD})} = \frac{\beta(\text{X})}{A(\text{X})}$$

kann durch Umformen die nebenstehende Größengleichung zur Berechnung der Analytkonzentration β(X) erhalten werden. Die Aufstock-Peakfläche A(STD) ergibt sich aus der Differenz A(AUFG) – A(X).

Massenkonzentration aus der Aufstockmethode

$$\beta(\text{X}) = \frac{\beta(\text{STD}) \cdot A(\text{X})}{\Delta A} = \frac{\beta(\text{STD}) \cdot A(\text{X})}{A(\text{AUFG}) - A(\text{X})}$$

Beispiel 1: Bei der gaschromatografischen Analyse eines Monomers wurde für den Analyten eine Peakfläche von 25 596 counts ermittelt. Der Probe werden nun 0,250 mg/100 mL des reinen Monomers zugesetzt. Bei der Analyse wird nach dem Aufstocken bei gleichem Injektionsvolumen eine Peakfläche von 37 533 counts bestimmt. Welche Massenkonzentration in mg/L hat die Ausgangsprobe?

Lösung: $\beta(\text{X}) = \frac{\beta(\text{STD}) \cdot A(\text{X})}{A(\text{AUFG}) - A(\text{X})} = \frac{0{,}250\ \text{mg}/100\ \text{mL} \cdot 25\,596\ \text{C}}{37\,533\ \text{C} - 25\,596\ \text{C}} = 0{,}53606\ \text{mg}/100\ \text{mL} \approx$ **5,36 mg/L**

Eine Verfeinerung dieser Methode ist die **multiple Standardaddition**. Hier wird die Analysenprobe geteilt, die unveränderte Probe gemessen und dann die aliquoten Teile **mehrfach** mit bekannten Portionen des Analyten aufgestockt. Meist wird die Analytkonzentration der Probe abgeschätzt und in gleichen Intervallen etwa bis zur doppelten geschätzten Konzentration aufgestockt, wobei hohe Anforderungen an die Reproduzierbarkeit der Additionsschritte (Volumina, Verdünnung) gestellt werden. Dann werden die Proben mit dem addierten Standard gemessen.

8

Trägt man die Peaksignale der aufgestockten Proben in einem x-y-Diagramm gegen die Aufstock-Konzentrationen auf, so ergeben die einzelnen Messwerte eine Gerade (Regressionsgerade). Das Signal der **nicht** aufgestockten Probe wird mit der Analytkonzentration Null eingesetzt.

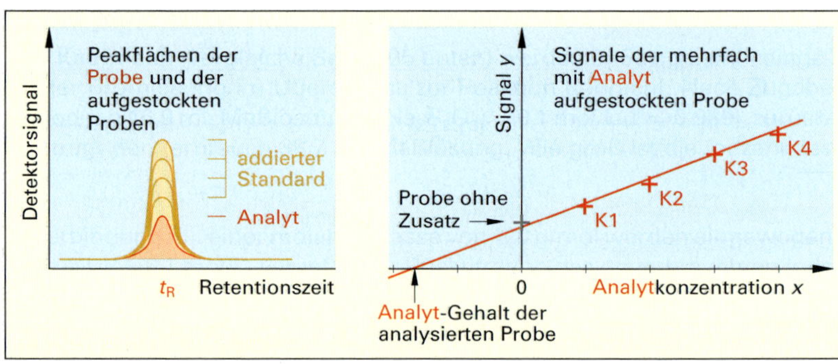

a) Einzel-Chromatogramme **b) x-y-Diagramm der aufgestockten Proben**

Bild 1: Prinzip der Mehrfachaufstockung

Durch Extrapolation der Regressionsgeraden im negativen Konzentrationsbereich ergibt sich für $y = 0$ nach Vorzeichenumkehr der gesuchte Analytgehalt der Probe. Dieser Gehalt kann entweder aus dem Diagramm abgelesen oder – mit größerer Genauigkeit – ohne grafische Auftragung mit der Geradengleichung $y = m \cdot x + b$ berechnet werden.

Beispiel 2: Ein wesentlicher Schritt beim Brauen von Bier ist die Herstellung der Würze. Bei diesem Prozess entsteht in geringen Mengen Dimethylsulfid DMS CH_3–S–CH_3, das die Qualität des Biers negativ beeinflusst. Es wird beim Kochen der Würze teilweise ausgetrieben. Eine DMS-Restkonzentration von mehr als 35 µg/L in einer Würze gilt bereits als kritisch und verfälscht den Geschmack des Endprodukts Bier.

Die Analyse wird gaschromatografisch mit flammenfotometrischer Detektion in Kombination mit einem Headspace-Probengeber durchgeführt. Die Kalibration erfolgt mittels Standardaddition. Es werden jeweils Würzeproben mit Dimethylsulfid aufgestockt (siehe **Tabelle 1**, nächste Seite, Zeile 2), zu je 100 mL mit Ethanol aufgefüllt und bei der Analyse die in der Tabelle 1 aufgeführten Peakhöhen erhalten (Zeile 3).

Da die Signal-Kennlinie des verwendeten Detektors quadratisch verläuft, wird zur Linearisierung der Werte die Quadratwurzel der Peakhöhen $\sqrt{H}$ (Zeile 4) gegen die Konzentration β(DMS) aufgetragen. Wird der angestrebte DMS-Grenzwert der Massenkonzentration von 35 µg/L unterschritten?

Tabelle 1: Gaschromatografische Bestimmung von Dimethylsulfid in Bierwürze					
Lösung:	**Probe**	**Kal1**	**Kal2**	**Kal3**	**Kal4**
Aufstock-Konzentration an DMS in µg/L	0	50	100	150	200
Peakhöhe *H* in µV	362 215	3 404 302	9 090 575	16 526 482	28 676 536
Quadratwurzel $\sqrt{H}$ in $\sqrt{\mu V}$	602	1845	3015	4065	5355

Lösung: Die Regressionsgerade **(Bild 1)** lautet:

$y = 23{,}453\,x + 631{,}14$

Die Korrelation zeigt mit $R^2 = 0{,}9991$ eine gute Linearität für den Arbeitsbereich **(Bild 1).**

Die Regressionsgerade wird mit nachfolgender Option in Excel nach links bis zum Schnittpunkt mit der *x*-Achse extrapoliert (Minimumwert der *x*-Achse: **–50 µg/L**) **(Bild 2):**

Rechter Mausklick auf die Trendlinie:

Trendlinie formatieren

Die Option *Trend Rückwärts* ***30*** *Einheiten* extrapoliert die Trendlinie links bis zum Schnittpunkt mit der *x*-Achse.

Mit der Massenkonzentration β(DMS) als *x*-Wert und der Wurzel aus der Peakhöhe $\sqrt{H}$ als *y*-Wert lautet die Funktionsgleichung der Regressionsgeraden:

$\sqrt{H} = 23{,}453\,(\sqrt{\mu V} \cdot L/\mu g) \cdot \beta(DMS) + 631{,}14\,\sqrt{\mu V}$

Der Achsenabschnitt $b = 631{,}14\,\sqrt{\mu V}$ entspricht der Peakhöhe für die unbekannte DMS-Konzentration in der Würze-Probe. Die Kalibrierpunkte Kal1 bis Kal4 kennzeichnen jeweils die Summe aus dieser unbekannten DMS-Konzentration der Probe + der aufgestockten DMS-Konzentration.

Die DMS-Konzentration der Würze-Probe wird somit erhalten als Schnittpunkt der *x*-Achse mit der Regressionsgeraden, es gilt: $y = \sqrt{H} = 0$

Berechnung des Schnittpunktes mit der *x*-Achse:

$y = 0 \Rightarrow 0 = m \cdot x + b \Rightarrow x = -b/m$

$|x| = \beta_{Pr}(DMS) = 631{,}14\,\sqrt{\mu V}\,/\,23{,}453\,(\sqrt{\mu V} \cdot L/\mu g)$

$\beta_{Pr}(DMS) = 26{,}9108\ \mu g/L \approx$ **26,9 µg/L** **Die Spezifikation β(DMS) < 35,0 µg/L ist erfüllt.**

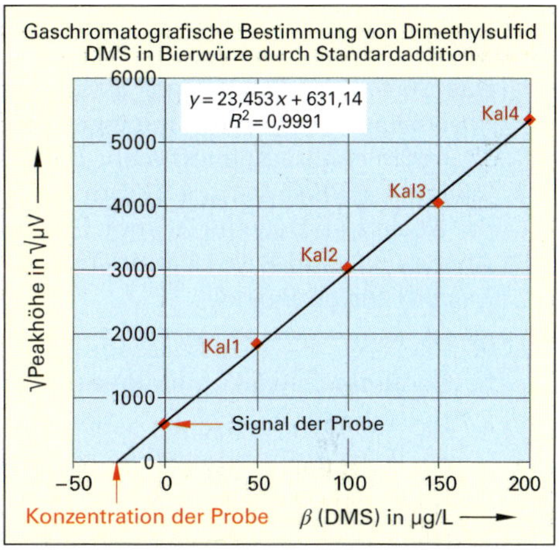

Bild 1: Auswertung einer Standardaddition

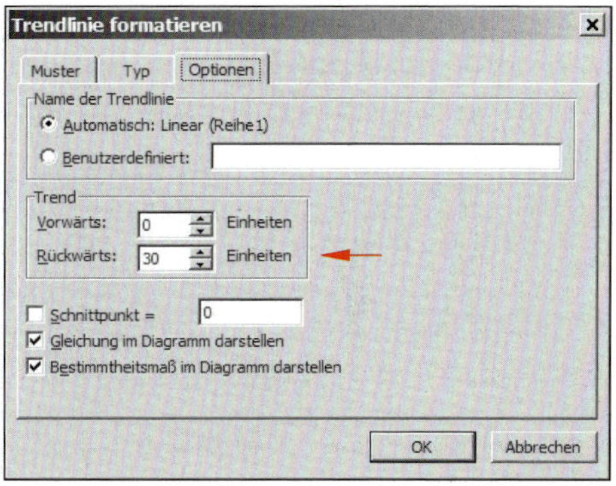

Bild 2: Extrapolation einer Regressionsgeraden

Aufgaben zu Chromatografie

1. Ein Reaktionsgemisch aus 2 Edukten A und B wird nach Reaktionsende mittels Dünnschichtchromatografie DC auf die Zusammensetzung untersucht. Die Substanzaufgabe der reinen Edukte A/B sowie des Gemischs am Reaktionsende erfolgte zweifach.
   a) Wie ist das Gemisch nach Reaktionsende zusammengesetzt? Aus wie vielen Komponenten besteht das Produkt **(Bild 3)?**
   b) Bestimmen Sie die Retentionsfaktoren der Stoffe.

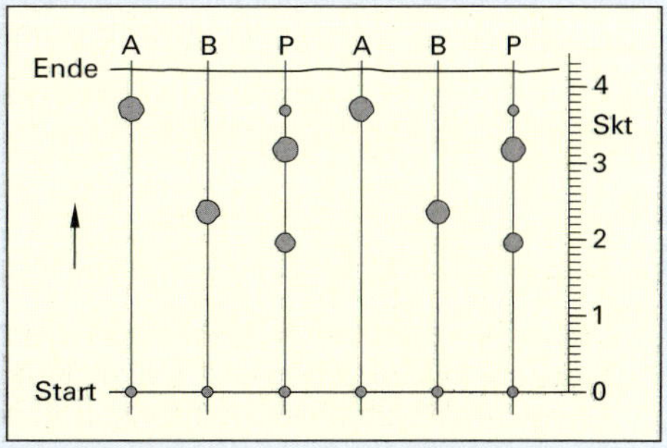

Bild 3: Chromatogramm eines Reaktionsgemischs

2. Eine Kapillar-GC-Säule hat eine Trennstufenzahl von N = 180 000 Stufen. Es wird ein Analyt injiziert, von dem eine Retentionszeit von ca. 22 min und eine Peakbasisbreite von 14 s erwartet wird. Kann mit dieser Säule ein ausreichend großer Peak entstehen?

3. In einer 30,0 cm langen HPLC-Säule ergaben sich für zwei Substanzen A und B die Retentionszeiten 16,40 min und 17,63 min. Eine nicht retardierte Substanz durchströmte die Säule in 1,30 min. Die Basispeakbreiten der beiden Analyten betrugen w_{bA} = 1,11 min und w_{bB} = 1,21 min.
   Berechnen Sie:
   a) die Auflösung der Säule b) die durchschnittliche Bodenzahl in der Säule c) die Bodenhöhe.

4. Das Chromatogramm eines Zweikomponentengemisches in Bild 1 wurde mit einer HPLC-Säule von 14,5 cm Länge aufgenommen. Die Zuleitung vom Injektor zur Säule beträgt 32 mm, die Ableitung von der Säule zum Detektor 27 mm. Der Probe aus zwei Analyten A und B wurde ein Totzeitmarker zugemischt. Wie groß sind:
   a) Die Nettoretentionszeit der Komponente 1 (A).
   b) Der Retentionsfaktor für Komponente 2 (B).
   c) Die Auflösung zwischen den Peaks 2 und 3.
   d) Der Trennfaktor (Selektivitätskoeffizient α) zwischen den Peaks 2 und 3.
   e) Die Trennstufenzahl bezogen auf Komponente B.
   f) Die Bodenhöhe bezogen auf die Komponente B.
   g) Die mittlere lineare Strömungsgeschwindigkeit der mobilen Phase.
   h) Die Peakflächen der Komponenten A und B.

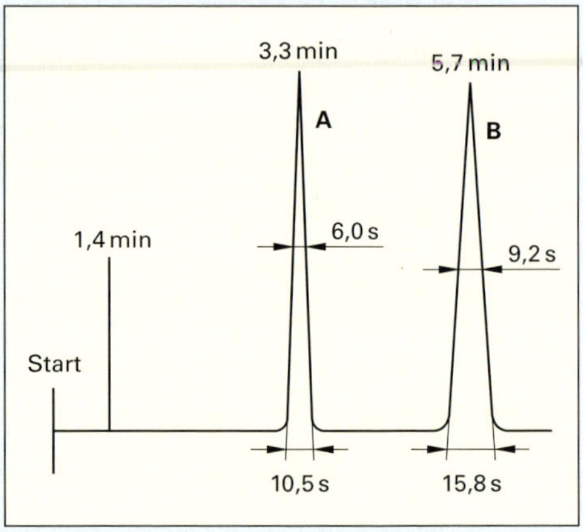

Bild 1: Chromatogramm zu Aufgabe 4

5. Bei einer gaschromatografischen Analyse eines Fungizid-Wirkstoffs liegt der Arbeitsbereich zwischen 0,2 und 0,7 mg/L. Für diesen Arbeitsbereich sollten die Responsefaktoren des Analyten möglichst gleich sein. Es wurden drei Kalibrierlösungen des Analyten mit unterschiedlicher Konzentration angesetzt und gaschromatografisch analysiert. Die bei konstantem Injektionsvolumen erhaltenen Peakflächen (in counts C) sind in der nachfolgenden **Tabelle** wiedergegeben:

Nr.	Analytkonzentration	Peakfläche	Responsefaktoren
1	0,2 mg/L	12 438 counts	
2	0,4 mg/L	25 923 counts	
3	0,7 mg/L	71 403 counts	

   a) Berechnen Sie für jede der drei Kalibrierlösungen (Standardlösungen) den Responsefaktor.
   b) Überprüfen Sie, ob die Peakfläche linear zur Konzentration ansteigt, d. h. der Responsefaktor über den Arbeitsbereich annähernd konstant ist.

6. In einem Gemisch aus Sauerstoff und Kohlenstoffdioxid soll der Massenanteil $w(CO_2)$ durch eine gaschromatografische Analyse bestimmt werden. Im Chromatogramm wurden folgende Peakflächen ermittelt: Sauerstoff: 363 489 counts, Kohlenstoffdioxid: 22 598 counts.
   Berechnen Sie die Massenanteile der beiden Proben-Komponenten nach der 100 %-Methode (Die Responsefaktoren beider Komponenten sind annähernd gleich).

7. Zur gaschromatografischen Bestimmung von Xylol in einem Lösemittelgemisch wurden nacheinander 5,00 µL Probe und 5,00 µL Kalibrierlösung der Konzentration β(Xylol) = 4,50 µg/mL in den Gaschromatografen injiziert. Linearität der Werte im Arbeitsbereich kann vorausgesetzt werden.
   Für die Probe wurde eine Peakfläche von 3540 counts, für die Kalibrierlösung eine Peakfläche von 3870 counts ermittelt. Welche Massenkonzentration β(Xylol) hat die untersuchte Probe?

8. In **Bild 1** ist das Gaschromatogramm eines Kohlenwasserstoff-Gemisches aus Propan, n-Butan, n-Pentan und n-Hexan dargestellt.
   a) Bestimmen Sie die Retentionszeiten für die 4 Komponenten und ordnen Sie die Peaks den Komponenten zu.
   b) Bestimmen Sie manuell die Peakflächen der 4 Analyten.
   c) Ermitteln Sie die Masseanteile der 4 Analyten nach der 100%-Methode.
   d) Berechnen Sie den Trennfaktor α für die beiden ersten Peaks und die beiden letzten Peaks.

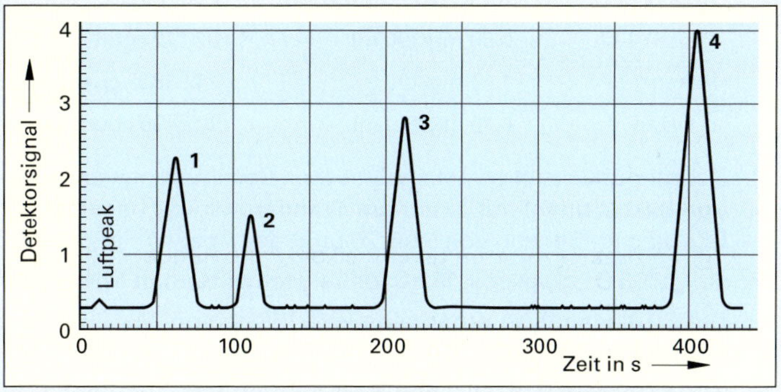

Bild 1: Gaschromatografische Analyse von 4 Alkanen (Aufgabe 8)

Hinweis: In der Probe liegen keine weiteren Substanzen vor, die Responsefaktoren der Komponenten sind ähnlich.

9. Die gaschromatografische Untersuchung eines Obstbranntweins mit einem Volumenanteil an Nichtwasser-Komponenten von φ = 42,00 % ergibt nebenstehendes Chromatogramm **(Bild 2)**. Es liegt eine Komponententafel mit Kalibrierdaten vor **(Tabelle)**.

Tabelle: Komponententafel mit Kalibrierdaten für den Obstbranntwein von Bild 2

t_R min	h_K Skt	φ_K mL/L	Komponente	Nr.
2,2	4,73	0,841	Acetaldehyd	1
3,2	0,82	1,274	Isobutyraldehyd	2
4,0	5,20	0,692	Ethylacetat	3
4,3	3,86	2,018	Methanol	4
5,2			Ethanol	5
8,1	3,27	1,347	2-Butanol	6
8,8	4,69	1,513	n-Propanol	7

   a) Bezeichnen Sie die Peaks mit den entsprechenden Nummern der Substanznamen.
   b) Ermitteln Sie die Komponenten-Volumenanteile.

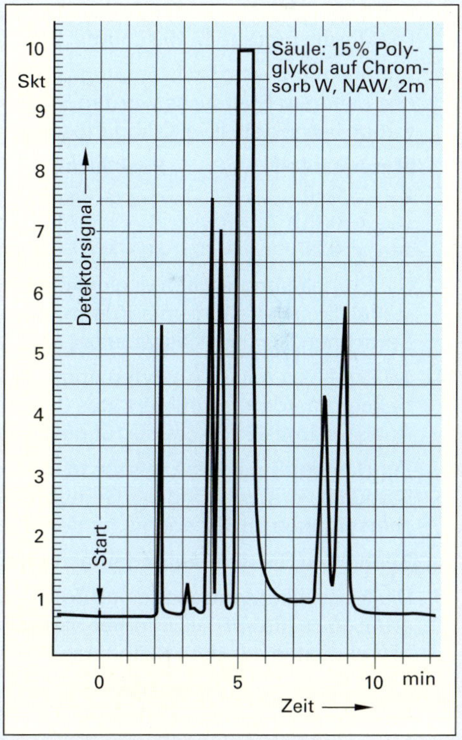

Bild 2: Chromatogramm eines Obstbranntweins (Aufgabe 8)

10. Eine Probe mit drei Komponenten soll nach der 100 %-Methode mittels der Responsefaktoren analysiert werden. Zunächst wurden drei Standardlösungen hergestellt und analysiert. Bei den Kalibrierläufen erhielt man die in nachfolgender **Tabelle** auf Seite 332 aufgeführten Daten.

    Bei der chromatografischen Untersuchung einer Probe, in der ebenfalls nur diese drei Komponenten enthalten sind, wurden die in der rechten Spalte von Tabelle 1, Seite 332 aufgeführten Peakflächen ermittelt.

    Berechnen Sie die Responsefaktoren der drei Analyten und mit deren Hilfe den Massenanteil w(Pentan-1-ol).

8

Tabelle (Aufgabe 10): Kalibrierdaten			**Analysendaten:**
Analyt	**Analytkonzentration**	**Peakfläche**	**Peakflächen des Analysenlaufs:**
Pentan-1-ol	0,50 mg/100 mL	62 172 counts	82 453 counts
Hexan-1-ol	1,40 mg/100 mL	142 483 counts	85 675 counts
n-Octan	0,70 mg/100 mL	122 406 counts	109 931 counts

11. Bei der Auswertung einer analytischen Bestimmung von Furfural (Ausgangsstoff für die Herstellung von Bakteriziden) mit externem Standard wurde bei einer HPLC-Analyse nach einer 5-Punkt-Kalibrierung im Bereich von 5 bis 20 µg/g des Analyten folgende Geradengleichung ermittelt:

    y = 1703 C · g/µg · x + 182 C (dabei steht x für den **Massenanteil *w*** und y für die **Peakfläche *A***)

    Die Probenanalyse ergab eine Peakfläche von 14 423 counts. Welchem Gehalt des Analyten in µg/g entspricht das?

12. Zur gaschromatografischen Bestimmung von Thiophenol in einer Probe wurden zwei Kalibrierlösungen Kal1 und Kal2 hergestellt und unter definierten, konstanten Bedingungen analysiert. Zwei exakt gleich große Einspritzvolumina lieferten folgende Daten:

    Analyt-Konzentration β_{Kal1} = 1,25 mg/100 mL, Peakfläche A_{Kal1} = 12 487 counts

    Analyt-Konzentration β_{Kal2} = 5,05 mg/100 mL, Peakfläche A_{Kal2} = 37 334 counts

    100 mg der Probesubstanz wurden gelöst und zu 1000 mL aufgefüllt. Von dieser Probelösung wurde bei gleichen Bedingungen das gleiche Volumen wie beim Kalibrierlauf injiziert. Die erhaltene Peakfläche beträgt 27 153 counts. Wie groß ist der Massenanteil w(Thiophenol) in der Probe?

13. Zur quantitativen gaschromatografischen Bestimmung von Glyoxal (Ethandial) nach der Methode des externen Standards wurden 5 Kalibrierlösungen (K1 bis K5) unterschiedlicher Analyt-Konzentration hergestellt. Die Kalibrierlösungen lieferten in den Kalibrierläufen folgende Peakflächen:

Massenanteil	**Peakfläche**	**Massenanteil**	**Peakfläche**
w_{K1} = 0,10	A_{K1} = 25 315 counts	w_{K4} = 0,25	A_{K4} = 63 139 counts
w_{K2} = 0,15	A_{K2} = 37 823 counts	w_{K5} = 0,30	A_{K5} = 75 027 counts
w_{K3} = 0,20	A_{K3} = 51 034 counts		

    Die Probelösung ergab bei gleichen Analysebedingungen eine Peakfläche von 58 432 counts. Erstellen Sie ein Kalibrierdiagramm. Alternativ: Verwenden Sie ein Tabellenkalkulationsprogramm. Berechnen Sie den Massenanteil w(Glyoxal) der Probe.

14. 1,075 g eines reinen Analyten und 1,481 g eines inneren Standards wurden gemischt und in einen Gaschromatografen injiziert. Das Chromatogramm ergab eine Peakfläche von 34 661 counts für den Analyten und 45 125 counts für die Standardsubstanz.

    Zur Bestimmung des Analyten in einer Probe wurden 2,156 g Probesubstanz mit 1,478 g innerem Standard vermischt und das Gemisch in den Injektor eines Gaschromatografen injiziert. Die Peakflächen ergaben 58 892 counts für den Analyten und 44 326 counts für den inneren Standard.

    Berechnen Sie den Methodenfaktor MF. Welchen Massenanteil w(Analyt) hat die Probe?

15. Die Massenkonzentrationen an Toluol und Cyclohexan in einem Lösemittel werden gaschromatografisch bestimmt. Als interner Standard wird o-Xylol eingesetzt. Die nachfolgende Übersicht enthält die Daten aus dem Kalibrierlauf und aus dem Analysenlauf:

	Einwaage:	*Peakfläche:*
Kalibrierlösung:	m_{Kal}(Toluol) = 1,2145 g,	A_{Kal}(Toluol) = 39 617 counts
	m_{Kal}(Cyclohexan) = 1,3245 g,	A_{Kal}(Cyclohexan) = 22 684 counts
	m_{Kal}(o-Xylol) = 1,1618 g,	A_{Kal}(o-Xylol) = 32 429 counts

    Die Kalibriersubstanzen werden mit Lösemittel zu 100 mL Lösung aufgefüllt.

    Probelösung: 25,0 mL der Probe werden mit 0,6543 g o-Xylol (innerer Standard) versetzt und mit Lösemittel zu 50,0 mL Lösung aufgefüllt. Das Chromatogramm ergab folgende Peakflächen:

    A(Toluol) = 61 623 counts; A(Cyclohexan) = 74 692 counts; A(o-Xylol) = 52 623 counts

    Berechnen Sie die Massenkonzentrationen β(Toluol) und β(Cyclohexan).

8

16. Der Methanol-Volumenanteil einer wässrigen Methanol-Lösung soll gaschromatografisch mit Ethanol als innerer Standard bestimmt werden.
Die gaschromatografische Analyse ergab folgende Daten:
Als Referenzlösung diente eine wässrige Lösung mit den Volumenkonzentrationen σ(Methanol) = 3,15 % und σ(Ethanol) = 5,00 %. Die erhaltenen Peakflächen betragen 21 456 counts für Methanol und 25 432 counts für Ethanol.
Die Ethanol-Volumenkonzentration in der Probelösung wurde ebenfalls auf σ(Ethanol) = 5,00 % eingestellt. Nach dem Injizieren der Probe zeigte das Chromatogramm folgende Peakflächen:
Methanol 29 865 counts, Ethanol 26 865 counts. Wie groß ist die Methanol-Volumenkonzentration in der untersuchten Probe?

17. Die HPLC-Analyse der Probe eines Weichmachers ergab eine Analyt-Peakfläche von 24 567 counts. Nach Zugabe (Aufstocken) von 0,300 mg/100 mL des reinen Analyten zur Probe wurde mit dem gleichen Injektionsvolumen bei gleichen Analysenbedingungen eine Analyt-Peakfläche von 36 455 counts erhalten.
Welche Weichmacher-Konzentration in mg/100 mL war in der Probe enthalten?

18. Eine bedruckte Verpackungsfolie soll gaschromatografisch auf Restlösemittel analysiert werden. Diese könnten nach der Herstellung der Folie beim Wickeln zu Rollen ein Verkleben der Oberflächen bewirken.
Die untersuchte Verpackungsfolie wird auf Reste von Ethanol und Ethylacetat untersucht. Zur Quantifizierung der Analyse gibt man Folienabschnitte mit einer Oberfläche von 50 cm² in Probeflaschen und injiziert nach jeweils 15 Minuten Einwirkzeit bei 115 °C mit dem Portal-Probengeber in den Gaschromatografen **(Bild 1)**. Die Messungen zeigen, dass die Anwesenheit der Folie zu einem Matrixeffekt führt, d.h. die Restlösemittel werden nicht vollständig verdampft (Gleichgewichtseinstellung).
Aus diesem Grund wird die Kalibration mit einer Standardaddition durchgeführt. Dazu setzt man ein Standard-Lösemittelgemisch mit 0,2471 mg/µL Ethanol und 0,469 mg/µL Ethylacetat an.
Dann gibt man zwei Folien-Proben zu je 50 cm² in Probeflaschen, fügt mit einer Mikroliterspritze 0,5 µL bzw. 1,0 µL des Standard-Lösemittelgemisches zu und injiziert nach 15 min Einwirkzeit mit dem Portal-Probengeber in den GC. Dabei wurden die in der nachfolgenden **Tabelle** aufgeführten Peakflächen erhalten.

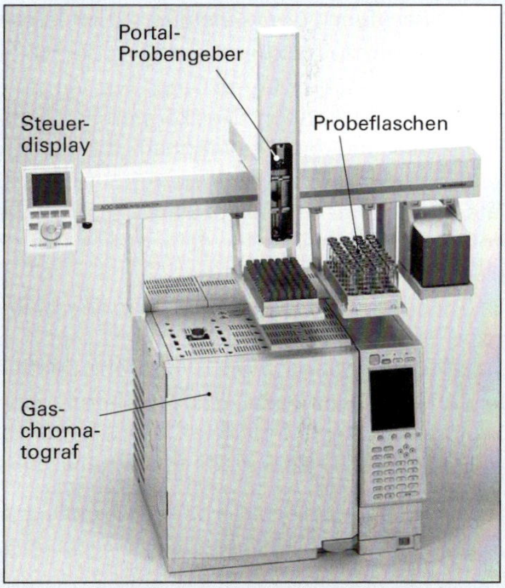

Bild 1: Gaschromatograf GC-2010 mit automatischer Probenzufuhr

Tabelle: Gaschromatografische Bestimmung von Lösemitteln in Folien

Lösemittel:	**Ethanol**			**Ethylacetat**		
Lösung:	**Probe**	**Kal1**	**Kal2**	**Probe**	**Kal1**	**Kal2**
Aufstock-Volumen in µL	0	0,5	1,0	0	0,5	1,0
Aufstockmasse in mg						
Peakfläche in counts	22 349	338 163	636 242	156 937	652 248	1 097 364

a) Berechnen Sie die aufgestockten Massen der beiden Lösemittel, ergänzen Sie in Zeile 5.
b) Erstellen Sie ein Kalibrierdiagramm, indem Sie die Massen der aufgestockten Lösemittel im gleichen Diagramm gegen die Peakflächen auftragen.
c) Ermitteln Sie die Massen der beiden Lösemittel in der Folie pro m² aus den Regressionsdaten.

Hinweis: Wegen der sehr guten Wiederholpräzision und der nachgewiesenen Linearität dieser Analyse wurde aus wirtschaftlichen Erwägungen nur eine Zweipunktkalibrierung durchgeführt.

8

9 Statistische Methoden in Biologie und analytischer Chemie

In der Biologie hat die Erfassung und Verarbeitung von Daten eine große Bedeutung. Mithilfe der Biometrie (biometry) beispielsweise kann man an einer Vielzahl von biologischen Objekten bestimmte Merkmale in ihrer Merkmalsausprägung untersuchen **(Tabelle).** Man erhält dabei entweder **quantitative** Daten durch Zählung (Zählwerte) oder Messung (Messwerte) bzw. **qualitative Daten** (Ordinat- oder Attributmerkmale), die man durch Vergleichbarkeit mit Referenzwerten gewinnt.

Tabelle: Beispiele für biologische Daten

Objekt	Merkmal	Merkmalausprägung
Mensch	Körpermasse	65 kg
Tier	Junge pro Wurf	12 Junge
Pflanze	Pilzbefall	Stark befallen

9.1 Datengewinnung

Daten können in der Biologie durch sehr unterschiedliche Verfahren gewonnen werden.
Aus *Experimenten* werden Daten gewonnen, bei denen der Untersuchende die Versuchsbedingungen festlegen kann, z. B. bei der Bestimmung der Anzahl roter Blutkörperchen im Blut eines Tieres.
Die *Beobachtung von Erscheinungen* liefert ebenfalls auswertbare Datenreihen, z. B. Wetter- und Klimadaten. Im Gegensatz zum Experiment kann der Ablauf von Geschehnissen nicht beeinflusst werden.
Durch *Erhebungen* werden Daten von vergangenen Ereignissen gesammelt, die experimentell nicht rekonstruiert werden können. Dies können beispielsweise Ergebnisse von Meinungsumfragen oder Wahlen oder die Entwicklung der Populationsdichte von Biotopen sein.
Bei der Ermittlung und Auswertung der Daten tritt häufig das Problem auf, dass wegen der sehr großen Datenmenge nur ein Teil der Daten, eine **Stichprobe** (random test), berücksichtigt werden kann. Diese Stichprobe muss so beschaffen sein, dass sie Rückschlüsse auf die gesamte Population, die **Grundgesamtheit**, zulässt.
Die Stichprobe muss **repräsentativ, ausreichend groß** und **zufällig ausgewählt** sein. Je größer eine Stichprobe ist, desto besser repräsentiert sie die Grundgesamtheit. Es gibt jedoch Gründe (z. B. zeitlicher oder finanzieller Aufwand), eine Stichprobe relativ klein zu halten.
Bei der **Zufallsauswahl** (Randomisieren, von englisch random: zufällig, wahllos) muss jedes Element der Grundgesamtheit die gleiche Chance haben, in die Stichprobe zu kommen. Eine Möglichkeit der Zufallsauswahl ist die Auswahl mithilfe von Zufallszahlen.

Beispiel: Die Elemente der Grundgesamtheit (z. B. 500 Mäuse) werden durchnummeriert von 001 bis 500.
Mithilfe des Zufallszahlen-Generators des Taschenrechners sollen 6 Tiere ausgewählt werden.
(Tastenkombination siehe Bedienungsanleitung des Taschenrechners, hier: Shift Ran#)

Eingabe	Shift Ran# =	=	=	=	=	=	=
Anzeige	0,312	0,188	0,325	0,695	0,4	0,053	0,002

Folgende Tiere werden ausgewählt: Nummern 312; 188; 325; (695 ist nicht vorhanden); 400; 053; 002.
Achtung: Der Umfang dieser Stichprobe mit $n = 6$ ist für eine statistische Untersuchung wahrscheinlich nicht repräsentativ.

9.2 Kennwerte zur Charakterisierung von Datenreihen

Um die häufig großen Datenmengen von Stichproben übersichtlich zu machen, lassen sich Kennwerte berechnen, welche diese Daten repräsentieren und charakterisieren. Dies können Kennwerte zur Charakterisierung der **mittleren Lage** oder Kennwerte zur Charakterisierung der **Streuung** sein.

- **Kennwerte zur Charakterisierung der mittleren Lage (Mittelwerte):**
  Sie geben eine zentrale Tendenz der Daten an. Dazu gehören u. a. das **arithmetische Mittel**, das **geometrische Mittel**, das **Dichtemittel**, der **Medianwert** und das **harmonische Mittel.**
- **Kennwerte zur Charakterisierung der Streuung (Variation):**
  Sie geben Auskunft über die Verteilung (Streuung) der Daten. Dazu gehören u. a. die **Variationsbreite (Spannweite, Range)**, die **Standardabweichung** und der **Variationskoeffizient.**

9.2.1 Kennwerte zur Charakterisierung der mittleren Lage von Daten

Arithmetischer Mittelwert $\bar{x}$ (siehe dazu auch Seite 45)

Der **arithmetische Mittelwert** $\bar{x}$ (mean) der Stichprobe, auch **arithmetisches Mittel** oder einfach nur **Mittelwert** genannt, ist ein „Schätzwert" für den arithmetischen Mittelwert der Grundgesamtheit μ („Erwartungswert").

Das arithmetische Mittel ist zur Charakterisierung der zentralen Tendenz einer normalverteilten Stichprobe (Seite 47) gut geeignet.

Arithmetischer Mittelwert

$$\bar{x} = \frac{1}{n}(x_1 + x_2 + \dots + x_n)$$

$$\bar{x} = \frac{1}{n}\sum_{i=1}^{n} x_i = \frac{1}{n}\sum x_i$$

Gewichtetes arithmetisches Mittel $\bar{x}_W$

Das **gewichtete arithmetische Mittel** $\bar{x}_W$ (weighted arithmetic mean value) repräsentiert eine Stichprobe besser als das arithmetische Mittel, wenn die Einzelwerte eine unterschiedliche Gewichtung haben sollen.

In der Formel ist f_i die Häufigkeit des Merkmals x_i, sie wird auch *Frequenz* genannt.

Gewichtetes arithmetisches Mittel

$$\bar{x}_W = \frac{\sum_{i=1}^{n}(x_i \cdot f_i)}{\sum_{i=1}^{n} f_i} = \frac{\sum(x_i \cdot f_i)}{\sum f_i}$$

Beispiel: Der Hämoglobingehalt im Blut wurde jeweils bei einer Gruppe weiblicher und männlicher Mäuse bestimmt. Folgende arithmetische Mittelwerte wurden berechnet:

Stichprobe 1 (weibliche Mäuse): $\bar{x}_1 = 124$ g/L, $n = 12$; $f_1 = 12$

Stichprobe 2 (männliche Mäuse): $\bar{x}_2 = 142$ g/L, $n = 28$; $f_2 = 28$

Berechnen Sie das gewichtete arithmetische Mittel und das arithmetische Mittel aus den beiden Stichprobenmittelwerten.

Lösung: $\bar{x}_W = \frac{\sum(x_i \cdot f_i)}{\sum f_i} = \frac{124 \text{ g/L} \cdot 12 + 142 \text{ g/L} \cdot 28}{12 + 28} \approx \mathbf{137\ g/L}$

$\bar{x} = \frac{\sum x_i}{n} = \frac{\bar{x}_1 + \bar{x}_2}{n} = \frac{124 \text{ g/L} + 142 \text{ g/L}}{2} = \mathbf{133\ g/L}$

Das gewichtete arithmetische Mittel $\bar{x}_W$ berücksichtigt, dass der Stichprobenumfang der Stichprobe 2 größer ist (28) als derjenige der Stichprobe 1 (12).

Modalwert

Der **Modalwert** (modal value), auch **Dichtemittel** genannt, ist der Wert einer Stichprobe, der am häufigsten auftritt. Der Modalwert kann sowohl bei qualitativen als auch bei quantitativen Daten angewendet werden. Es können durchaus zwei (bimodal) oder mehr Werte (polymodal) mit auffallender Häufigkeit in einer Stichprobe auftreten. Seine Berechnung ist nur bei umfangreichen Stichproben sinnvoll.

Der Modalwert kann mithilfe einer **Häufigkeitstabelle** aus der Stichprobe bestimmt werden.

Beispiel: Die Leukozyten in einem gefärbten Blutausstrich werden mikroskopisch differenziert und die Ergebnisse in eine Häufigkeitstabelle eingetragen. Welcher Zelltyp kommt am häufigsten vor?

Häufigkeitstabelle (Strichliste):

Leukozytenart	Anzahl (Strichliste)	Summe
Stabkernige neutrophile Granulozyten	////	4
Segmentkernige neutrophile Granulozyten	///// ///// ///// ///// ///// ///// ///// ///// ///// ///// ///// ////	59
Eosinophile Granulozyten	////	4
Basophile Granulozyten	/	1
Lymphozyten	///// ///// ///// ///// ///// /	26
Monozyten	///// /	6

Lösung: **Die segmentkernigen neutrophilen Granulozyten stellen mit 59 Werten den Modalwert der Leukozyten dieser Blutprobe.**

9

Medianwert $\tilde{x}$

Der **Medianwert** $\tilde{x}$ (median) ist der mittlere Wert der aufsteigend nach Größe geordneten Reihe von Mess- oder Zählwerten einer Stichprobe.
Ist die Anzahl der Einzelwerte ungerade, so ist der Medianwert der Wert in der Mitte der Rangfolge. Bei einer geraden Anzahl n von Einzelwerten ist der Medianwert der Mittelwert aus beiden Werten in der Mitte der Rangfolge.
Bei asymmetrisch verteilten Daten ist der Medianwert aussagekräftiger als der arithmetische Mittelwert, da er nicht die Extremwerte berücksichtigt.

Medianwert

$$\tilde{x} = x_{[(n+1)/2]}; \quad n \text{ ungerade}$$

$$\tilde{x} = \frac{1}{2}\left(x_{(n/2)} + x_{(n/2+1)}\right); \quad n \text{ gerade}$$

Beispiel: Bestimmen Sie den Medianwert der folgenden Datenreihe (Urliste, ungeordnet):

Urliste (ungeordnet)	12	15	8	28	22	32	17	14
Daten in aufsteigender Rangfolge	8	12	14	15	17	22	28	32
Rang	1	2	3	4	5	6	7	8

Lösung: Die Zahl der Einzelwerte ist gerade, $n = 8$.

$$\tilde{x} = \frac{1}{2}\left(x_{(n/2)} + x_{(n/2+1)}\right) = \frac{1}{2}(x_4 + x_5) = \frac{15 + 17}{2} = \mathbf{16}$$

Harmonisches Mittel $\bar{x}_H$

Wenn Mess- oder Zählwerte als Quotient zu verrechnen sind, wird das **harmonische Mittel** $\bar{x}_H$ (harmonic mean) als Kennwert verwendet. Es wird mit der nebenstehenden Gleichung berechnet. Es kommt zur Anwendung, wenn die Zeit ein Beobachtungsmerkmal ist, z.B. bei Geschwindigkeiten. Mit dem harmonischen Mittel können auch „unendlich lange Zeiten" verrechnet werden. Es kommt auch zur Anwendung, wenn „unendlich große Werte" vorkommen, wie beispielsweise bei der Berechnung der mittleren Überlebenszeit in Tierversuchen.

Harmonisches Mittel

$$\bar{x}_H = \frac{n}{\sum\limits_{i=1}^{n} \frac{1}{x_i}} = \frac{n}{\Sigma \frac{1}{x_i}}$$

Beispiel: Bei einer Versuchsreihe wurde die Langzeitwirkung eines Toxins (Gift) auf 10 Mäuse untersucht. Nach 120 Tagen (d) wurden folgende Ergebnisse festgestellt:

Tabelle: Langzeitwirkung eines Toxins auf Mäuse

Tier Nr.	1	2	3	4	5	6	7	8	9	10
Überlebenszeit (d = Tage)	110 d	überlebt	115 d	96 d	105 d	überlebt	überlebt	118 d	102 d	86 d

Berechnen Sie das harmonische Mittel dieser Versuchsreihe.
Bei den überlebenden Tieren wird die Überlebenszeit als unendlich ∞ festgelegt; es gilt dann: $1/\infty = 0$.

Lösung:

$$\bar{x}_H = \frac{n}{\Sigma \frac{1}{x_i}} = \frac{10 \cdot d}{\frac{1}{110} + \frac{1}{\infty} + \frac{1}{115} + \frac{1}{96} + \frac{1}{105} + \frac{1}{\infty} + \frac{1}{\infty} + \frac{1}{118} + \frac{1}{102} + \frac{1}{86}} = \mathbf{148\ d}$$

Geometrisches Mittel $\bar{x}_G$

Wenn sich Mess- oder Zählwerte in Abhängigkeit von der Zeit ändern und diese Änderung nicht proportional, sondern exponentiell verläuft, wird das **geometrische Mittel** $\bar{x}_G$ (geometric mean) als Kennwert verwendet. Es darf nur angewendet werden, wenn alle Mess- oder Zählwerte größer als Null sind.
Es wird mit der nebenstehenden Gleichung berechnet.
In der Formel ist Π (griechischer Großbuchstabe Pi) das Produktzeichen. Es sind die Produkte aller x_i-Werte von $i = 1$ bis $i = n$ zu bilden, wobei n der letzte Wert der Reihe ist.

Geometrisches Mittel

$$\bar{x}_G = \sqrt[n]{\prod_{i=1}^{n} x_i}$$

$$\bar{x}_G = \sqrt[n]{x_1 \cdot x_2 \cdot x_3 \cdot \ldots \cdot x_n}$$

Beispiel: Eine Bakterienkultur hat einen Anfangskeimgehalt K_0 von $6{,}2 \cdot 10^4$ K/mL. Nach ein, zwei, drei und vier Stunden Bebrütung bei 37 °C wird der Keimgehalt K_n bestimmt. Es ergaben sich folgende Werte:

Tabelle: Bestimmung der Keimentwicklung einer Bakterienkultur (in Keime pro Milliliter)

zu Beginn der	Keimgehalt (K/mL)	Zum Ende der	Keimgehalt (K/mL)	Vermehrungsfaktor *f*
1. Stunde	$6{,}2 \cdot 10^4$	1. Stunde	$24{,}8 \cdot 10^4$	4,0
2. Stunde	$24{,}8 \cdot 10^4$	2. Stunde	$10{,}4 \cdot 10^5$	4,2
3. Stunde	$10{,}4 \cdot 10^5$	3. Stunde	$39{,}6 \cdot 10^5$	3,8
4. Stunde	$39{,}6 \cdot 10^5$	4. Stunde	$17{,}4 \cdot 10^6$	4,4

a) Berechnen Sie den mittleren Vermehrungsfaktor f_m mit dem geometrischen Mittelwert und daraus den rechnerischen Keimgehalt K_n nach 4 Stunden Bebrütung.

b) Führen Sie die Berechnung mit dem arithmetischen Mittelwert des Vermehrungsfaktors durch.

Lösung: a) $f_m = \bar{x}_G = \sqrt[4]{x_1 \cdot x_2 \cdot x_3 \cdot \ldots \cdot x_n} = \sqrt[4]{4{,}0 \cdot 4{,}2 \cdot 3{,}8 \cdot 4{,}4} = 4{,}093$

Der **Keimgehalt** K_n in K/mL nach 4 Stunden Bebrütung ergibt sich mit dem Anfangskeimgehalt K_0, dem mittleren Vermehrungsfaktor f_m und der Anzahl der Bestimmungen n rechnerisch aus:

$K_n = K_0 \cdot f_m{}^n = (6{,}2 \cdot 10^4 \text{ K/mL}) \cdot 4{,}093^4 = 17{,}4 \cdot 10^6 \text{ K/mL}$

b) $\bar{x} = \frac{1}{n}(x_1 + x_2 + x_3 + \ldots + x_n) = \frac{4{,}0 + 4{,}2 + 3{,}8 + 4{,}4}{4} = 4{,}10$

Rechnerischer Keimgehalt K_n nach 4 Stunden Bebrütung: $(6{,}2 \cdot 10^4 \text{ K/mL}) \cdot 4{,}10^4 = 17{,}5 \cdot 10^6 \text{ K/mL}$

Der mit dem geometrischen Mittelwert der Vermehrungsfaktoren berechnete Keimgehalt stimmt mit dem im Experiment erhaltenen Wert überein. Der mit dem arithmetischen Mittelwert berechnete Wert ergibt ein größeres Keimwachstum als im Experiment.

⇒ **Der arithmetische Mittelwert ist für diese Aufgabenstellung nicht geeignet.**

9.2.2 Kennwerte zur Charakterisierung der Streuung von Stichprobenwerten

Variationsbreite *R* (Spannweite)

Die **Variationsbreite *R*** (range) ist ein anschauliches Streuungsmaß, welches den kleinsten Wert x_{min} und den größten Wert x_{max} einer Stichprobe oder ihre Differenz angibt. Die Variationsbreite lässt Extremwerte erkennen und kann auch für die Skalierung der x- und y-Achse einer grafischen Darstellung herangezogen werden. Sie berücksichtigt nur zwei Werte der Stichprobe.

Variationsbreite (Spannweite)

$$R = x_{max} - x_{min}$$

Varianz s^2

Die **Varianz s^2** (variance) einer Stichprobe ist die Summe der Quadrate der Abweichungen der Einzelwerte vom arithmetischen Mittelwert dividiert durch die Zahl der Freiheitsgerade $f = n - 1$.

Der ***F*-Test** (vgl. Seite 343) bedient sich der Varianz zweier Stichproben.

Varianz

$$s^2 = \frac{\Sigma\,(x_i - \bar{x})^2}{n - 1}$$

Standardabweichung *s*

Die **Standardabweichung *s*** (standard deviation, vgl. auch Seite 46) einer Stichprobe ist die Quadratwurzel aus der Varianz. Sie ist somit wie die Varianz ein Maß für die Streuung der Einzelwerte um den Mittelwert $\bar{x}$.

Die Standardabweichung hat die Maßeinheit der Einzelwerte und wird mit dem Vorzeichen ± angegeben.

Die Standardabweichung einer Stichprobe ($f = n - 1$) wird üblicherweise mit dem Größenzeichen s angegeben, die Standardabweichung der Grundgesamtheit $\mu (f = n)$ mit dem Größenzeichen σ.

Standardabweichung

$$s = \pm\sqrt{\frac{\Sigma\,(x_i - \bar{x})^2}{n - 1}}$$

$$s = \pm\sqrt{\frac{\Sigma x^2 - \frac{(\Sigma x)^2}{n}}{n - 1}}$$

Auf **Taschenrechnern** findet man die Tasten σ_n (Standardabweichung der Grundgesamtheit μ) und σ_{n-1} (Standardabweichung der Stichprobe).

Die um eins verminderte Anzahl der Beobachtungen („$n - 1$" im Nenner der Formel für s) bezeichnet man als **Freiheitsgrad** (degree of freedom). Es ist die Zahl der voneinander unabhängigen Beobachtungen. Nach Berechnung des arithmetischen Mittelwerts kann nur noch über $n - 1$ Beobachtungen frei verfügt werden.

Bei einer **normalverteilten Stichprobe** werden die Stichprobenwerte durch die Angabe des arithmetischen Mittelwerts $\bar{x}$ und der Standardabweichung s gut charakterisiert. Innerhalb der Grenzen der einfachen Standardabweichung $\bar{x} \pm s$ liegen 68,27 % der Stichprobenwerte, innerhalb der Grenzen der doppelten Standardabweichung $\bar{x} \pm 2\,s$ liegen 95,45 % der Stichprobenwerte, innerhalb der Grenzen der dreifachen Standardabweichung $\bar{x} \pm 3\,s$ liegen über 99,73 % der Stichprobenwerte (vergleiche die Gauß'sche Normalverteilung Seite 47).

Variationskoeffizient *v*

Der **Variationskoeffizient *v*** (coefficient of variation) berücksichtigt, dass bei großen Messwerten einer Stichprobe große Abweichungen und bei kleinen Messwerten kleinere Abweichungen auftreten. Daraus entstehen zwangsläufig unterschiedlich große Standardabweichungen der Datenreihen. Der Variationskoeffizient eignet sich daher zum Vergleich von Stichproben mit Einzelwerten unterschiedlicher Dimension.

Variationskoeffizient

$$v = \frac{s}{\bar{x}} = \frac{s}{\bar{x}} \cdot 100\ \%$$

Der Variationskoeffizient wird berechnet, indem man die Standardabweichung s durch den Mittelwert $\bar{x}$ der Stichprobe dividiert. Man bezeichnet ihn auch als **relative Standardabweichung** (vergl. Seite 47). Der Variationskoeffizient der Grundgesamtheit μ wird mit dem Größenzeichen γ angegeben.

Beispiel: Bei der Überprüfung von 3 Mikroliterpipetten mit unterschiedlichem Volumen wurden die Massen der pipettierten Volumina bestimmt **(Bild 1)**. Die Variationsbreiten R, die arithmetischen Mittelwerte $\bar{x}$, die Standardabweichungen s, und die Variationskoeffizienten v der drei Messreihen sind zu berechnen.
Welche der drei Mikroliterpipetten zeigt die größte Streuung?

Lösung: Bild 1 zeigt eine Auswertemaske von Excel für die Überprüfung der Mikroliterpipetten. In Spalte L bis O sind die Lösungen der Berechnungen eingetragen. Im Folgenden sind exemplarisch einige Beispiele für die Lösung mit dem Taschenrechner bzw. die Funktionen mit dem Tabellenkalkulationsprogramm Excel angegeben:

A	B	C	D	E	F	G	H	I	J	K	L	M	N	O
Überprüfung von Mikroliterpipetten (Messwerte in mg)											*Lösung:*			
Pipette	1.	2.	3.	4.	5.	6.	7.	8.	9.	10.	*R*	$\bar{x}$	*s*	*v*
100 µL	96,5	97,2	98,7	99,8	99,2	93,8	97,4	98,3	99,1	98,6	6,0	97,9 mg	±1,7 mg	1,79 %
200 µL	198,2	193,1	197,3	198,0	199,0	199,1	199,2	196,9	197,6	198,7	6,1	197,7 mg	±1,8 mg	0,91 %
1000 µL	987,2	992,6	985,4	976,3	940,5	992,2	997,0	988,0	974,6	965,9	56,5	980,0 mg	±16,8 mg	1,72 %

Bild 1: Eingabemaske zur Überprüfung der Messgenauigkeit von Mikroliterpipetten (mit Lösungen)

Variationsbreite: $R(100\ \mu L) = x_{max} - x_{min} = 99{,}8\ mg - 93{,}8\ mg = \mathbf{6{,}0\ mg}$;
Funktion in Feld **L3**: =MAX(B3:K3)–MIN(B3:K3)

Mittelwert: $\bar{x}(100\ \mu L) = \frac{(96{,}5 + 97{,}2 + 98{,}7 + 99{,}8 + 99{,}2 + 93{,}8 + 97{,}4 + 98{,}3 + 99{,}1 + 98{,}6)\ mg}{10}$

$\bar{x}(100\ \mu L) \approx \mathbf{97{,}9\ mg}$; Funktion in Feld **M3**: =MITTELWERT(B3:K3)

Standardabweichung: $s = \pm\sqrt{\frac{(1{,}85 + 0{,}44 + 0{,}71 + 3{,}76 + 1{,}80 + 16{,}5 + 0{,}21 + 0{,}19 + 1{,}54 + 0{,}55)\ mg^2}{10 - 1}}$

$s \approx \pm\,\mathbf{1{,}75\ mg}$; Funktion in Feld **N3**: =STABW(B3:K3)

Variationskoeffizient: $v(100\ \mu L) = \frac{s}{\bar{x}} = \pm\frac{1{,}75\ mg}{97{,}9\ mg} = \pm 0{,}017875 \approx \pm\,\mathbf{1{,}79\ \%}$; Funktion in Feld **O3**: =N3/M3

Die Standardabweichung der 100 µL-Pipette hat mit $s = \pm 1{,}7$ mg den geringsten Wert der drei Pipetten, zeigt aber beim Vergleich der Variationskoeffizienten mit $v = \pm 1{,}79$ % die größte prozentuale Streuung.

Aufgaben zu Kennwerte von Datenreihen auf Seite 345, 346.

9.3 Korrelation von Datenreihen

Die Korrelationsberechnung klärt die Frage, ob es einen funktionalen Zusammenhang zwischen den Variablen x und y einer Messreihe gibt.
Bei vielen biologischen Datenreihen ist ein Zusammenhang der Variablen nicht auf den ersten Blick zu erkennen. Dies zeigt das folgende Beispiel:

Beispiel: Im Rahmen einer histologischen Untersuchung an Schweinen wurden folgende Messwerte ermittelt:

Tabelle: Hodenmasse und Durchmesser der Hodenkanälchen (Tubuli) bei Schweinen

Tier-Nr.	**1**	**2**	**3**	**4**	**5**	**6**	**7**	**8**	**9**	**10**
Hodenmasse in g (x)	41	48	26	33	41	29	56	34	37	39
Tubulidurchmesser in µm (y)	122	130	108	113	120	106	142	114	114	115
Tier-Nr.	**11**	**12**	**13**	**14**	**15**	**16**	**17**	**18**	**19**	**20**
Hodenmasse in g	34	45	32	44	36	46	48	28	52	54
Tubulidurchmesser in µm	111	130	109	126	113	134	136	112	144	135

Frage: Besteht ein Zusammenhang zwischen der Hodenmasse (der unabhängig Veränderlichen x) bei Schweinen und den Durchmessern der Hodenkanälchen (der abhängig Veränderlichen y)?
Auf die Frage sind drei Antworten denkbar:

1. Es besteht ein Zusammenhang zwischen beiden Größen: Die Hodenkanälchen werden **größer** bzw. **kleiner**, wenn die Hodenmasse zunimmt (wenn x steigt, dann steigt auch y).
2. Es besteht **kein** Zusammenhang zwischen beiden Größen.

Aus den Daten in der Tabelle ist kein Zusammenhang (Korrelation) erkennbar.

Eine eindeutige statistisch belegte Antwort auf diese Fragen gibt die **Korrelationsberechnung**.
Bei biologischen Datenreihen steht die Frage nach der einfachsten, der **linearen Korrelation** an erster Stelle.

Korrelationskoeffizient

Wie stark ein linearer Zusammenhang zwischen den Variablen x und y ist, wird durch eine Maßzahl, den **Korrelationskoeffizienten *r*** (coefficient of correlation) angegeben.

Der **Korrelationskoeffizienten *r*** errechnet sich aus der Kovarianz $s^2_{x,y}$ dividiert durch das Produkt aus den Standardabweichungen s_x und s_y (siehe rechts).

Der Korrelationskoeffizienten r kann Beträge zwischen +1 und −1 annehmen, man spricht von positiver bzw. negativer Korrelation.

Eine positive Korrelation (direkte Proportionalität) besagt, dass mit Ansteigen der Variablen x auch ein Ansteigen der Variablen y verbunden ist. Eine negative Korrelation (indirekte Proportionalität) besagt, dass dem höchsten Resultat der Variablen x das niedrigste Resultat der Variablen y zugeordnet ist.

Wenn $r = 0$ ist, besteht keine Korrelation zwischen den Variablen x und y. Das bedeutet, dass sich aus einer Änderung des x-Wertes keine Änderung des y-Wertes ableiten lässt.

Korrelationskoeffizient

$$r = \frac{s^2_{x,y}}{s_x \cdot s_y}$$

mit

$$s^2_{x,y} = \frac{\Sigma xy - \frac{\Sigma x \, \Sigma y}{n}}{n-1}$$

und

$$s_x = \pm\sqrt{\frac{\Sigma x^2 - \frac{(\Sigma x)^2}{n}}{n-1}}$$

Man bezeichnet die Abweichung von $r = 0$ entsprechend als **schwach signifikant** (Symbol +), **signifikant** (Symbol ++) und **stark signifikant** (Symbol +++).

Prüfung auf Korrelation mit Tabellenwerten

Ob eine Korrelation vorliegt, kann auch durch Vergleich des berechneten Korrelationskoeffizienten r_{err} mit einem Tabellenwert r_{tab} aus einer vorgegebenen Tabelle bestimmt werden **(Tabelle Seite 519).** Dazu wird der errechnete Korrelationskoeffizient r_{err} mit einem abgelesenen Tabellenwert r_{tab} verglichen.

Ist der errechnete Korrelationskoeffizient r_{err} größer oder gleich dem Tabellenwert r_{tab}, so besteht zwischen den Variablen x und y eine Abhängigkeit.

Korrelationsbedingung

$$r_{err} > r_{tab}$$

Voraussetzung für die Prüfung auf Korrelation ist, dass die Stichprobenwerte aus der gleichen, normalverteilten Grundgesamtheit stammen.

Zum Ablesen des Tabellenwerts r_{tab} muss der Freiheitsgrad f und die Irrtumswahrscheinlichkeit α bestimmt werden. Der Freiheitsgrad f berücksichtigt die Stichprobengröße n. Es ist $f = n - 2$.

Als **Irrtumswahrscheinlichkeit** α (error probability) wählt man üblicherweise α = 5 %, 1 % oder 0,1 %.

Beispiel: Überprüfen Sie für die Messwerte der Tabelle von Seite 339, ob zwischen der Hodenmasse und den Durchmessern der Hodenkanälchen (Tubuli) eine Korrelation besteht.

Lösung: Korrelationsberechnungen:

Variable	Anzahl	Mittelwert	Standard-abweichung	Summe aller Messwerte	Summe aller Messwert-quadrate	Summe aller Messwert-paarprodukte
Hodenmasse	n = 20	$\bar{x}$ = 40,15 g	s = ± 8,81 g	Σx = 803	Σx^2 = 33 715	
Tubulidurchmesser	n = 20	$\bar{y}$ = 121,7 µm	s = ± 11,97 µm	Σy = 2434	Σx^2 = 298 938	Σxy = 99 634

$$s^2_{x,y} = \frac{\Sigma xy - \frac{\Sigma x \, \Sigma y}{n}}{n-1} = \frac{99\,634 - \frac{(803 \cdot 2434)}{20}}{19} = 100{,}468$$

$$s_x = \pm\sqrt{\frac{\Sigma x^2 - \frac{(\Sigma x)^2}{n}}{n-1}} = \pm\sqrt{\frac{33\,715 - \frac{644\,809}{20}}{19}} = \pm\sqrt{77{,}608} \approx \pm 8{,}810 \text{ g}$$

$$s_y = \pm\sqrt{\frac{\Sigma y^2 - \frac{(\Sigma y)^2}{n}}{n-1}} = \pm\sqrt{\frac{298\,938 - \frac{5\,924\,356}{20}}{19}} = \pm\sqrt{143{,}168} \approx 11{,}965 \ \mu\text{m}$$

$$r_{err} = \frac{s^2_{x,y}}{s_x \cdot s_y} = \frac{100{,}468}{8{,}810 \cdot 11{,}965} = \mathbf{0{,}9531}$$

Die Entscheidung über Annahme oder Ablehnung der Korrelation wird nach einem Vergleich zwischen dem errechneten Korrelationskoeffizienten mit einem Tabellenwert getroffen. Dieser ist der Tabelle für Korrelationskoeffizienten (Tabelle, Seite 519) zu entnehmen. Der Freiheitsgrad ist $f = n - 2$, wobei n für die Anzahl der Wertepaare steht: $f = 20 - 2 = 18$

Bei einer Irrtumswahrscheinlichkeit von α = 0,01 ist der Tabellenwert $\mathbf{r_{tab} = 0{,}561}$.

r_{err} = 0,9531; r_{tab} = 0,561; Da $r_{err} > r_{tab}$, besteht eine starke Korrelation zwischen den beiden Parametern, und zwar derart, dass mit zunehmender Hodenmasse auch die Tubulidurchmesser größer werden.

9

9.4 Regressionsanalyse von Datenreihen

Die **Regressionsanalyse** (engl. regression analysis) gibt Auskunft auf die Frage, in welchem Maß sich die Variable y ändert, wenn sich die Variable x um eine Einheit ändert. Sie klärt die Art der Beziehung zwischen den Variablen.

Zur Erläuterung: Der Ausdruck **Regression** bedeutet in der Statistik „Ersatz" oder „Ausgleich". Durch eine Regressionsanalyse werden streuende Daten „ausgeglichen", sodass aus den streuenden Daten ein eindeutiger Zusammenhang erkennbar wird.

Die einfachste Art einer Abhängigkeit zwischen zwei Variablen x und y ist die **lineare Regression** (linear regression). Wenn man die Wertepaare für x und y in ein lineares Koordinatensystem einträgt, so liegen die Punkte im Idealfall auf einer Geraden, der **Regressionsgeraden** (Ausgleichsgeraden, Seite 51). Mit deren Hilfe kann abgelesen werden, welcher y-Wert bei einem vorgegebenen x-Wert zu erwarten ist.

Sie entspricht der Gleichung $y = b \cdot x + a$ (siehe dazu Seite 51 und 68).

Die Kennzahlen der Regressionsgeraden sind a und b, wobei a den Schnittpunkt mit der y-Achse (x = 0) angibt und b den Betrag, um den sich y durchschnittlich ändert, wenn sich x um eine Einheit ändert. Das Steigungsmaß b (= tan α) der Geraden wird auch als **Regressionskoeffizient *b*** (regression coefficient) bezeichnet.

Die Regressionsgerade wird nach dem Prinzip der kleinsten Abweichungsquadrate berechnet. Das bedeutet, die Gerade wird so gelegt, dass die Summe der Quadrate aller Abweichungen der Wertepaare von der Geraden möglichst klein ist. Der Punkt P ($\bar{x}/\bar{y}$) ist stets ein Punkt auf der Geraden.

Geradengleichung

$$y = b \cdot x + a$$

Regressionsgleichungen

$$y - \bar{y} = b \cdot (x - \bar{x})$$

$$x - \bar{x} = b \cdot (y - \bar{y})$$

Der **Regressionskoeffizient $b_{y,x}$** wird aus dem Quotienten der Kovarianz von x und y und der Varianz von x berechnet.

Wenn man als unabhängig Veränderliche statt x nun y nimmt und als abhängig Veränderliche statt y dann x, so ergibt sich entsprechend eine zweite Regressionsgerade mit zugehörigem Regressionskoeffizienten $b_{x,y}$.

Das Produkt beider Regressionskoeffizienten wird als **Bestimmtheitsmaß R^2 (Determinationsmaß)** bezeichnet.

Regressionskoeffizienten

$$b_{y,x} = \frac{s^2_{y,x}}{s^2_x}; \quad b_{x,y} = \frac{s^2_{x,y}}{s^2_y}$$

$$R^2 = b_{y,x} \cdot b_{x,y}$$

Die beiden Regressionsgeraden schneiden sich im Punkt P $(\bar{x}/\bar{y})$, der die arithmetischen Mittel für die Variablen x und y darstellt. Der Winkel zwischen beiden Regressionsgeraden ist umso kleiner, je geringer die Streuung der Variablen x und y von der Regressionsgeraden ist.

Der Idealfall, dass beide Geraden deckungsgleich sind, tritt ein, wenn die Streuung von x und y von den Regressionsgeraden gleich Null ist. Alle Wertepaare liegen auf der Geraden, der Korrelationskoeffizient r und das Bestimmtheitsmaß R^2 sind dann 1,0000.

Weichen r bzw. R^2 von 1,0000 ab, so streuen die Messwerte um die Regressionsgerade.

Beispiel: Führen Sie für die Messwerte der Tabelle von Seite 339 eine Regressionsanalyse durch.

a) Berechnen Sie die Geradengleichung der Regressionsgeraden.

b) Tragen Sie die Wertepaare in ein Diagramm ein und konstruieren Sie die Regressionsgerade.

c) Berechnen Sie das Bestimmtheitsmaß R^2.

d) Berechnen Sie den zu erwartenden Tubulidurchmesser für eine Hodenmasse von 38,5 g.

Lösung: a) $\bar{y} = b \cdot \bar{x} + a$

$$\boldsymbol{b_{y,x}} = \frac{s^2_{x,y}}{s^2_x} = \frac{100{,}468}{8{,}810^2} = 1{,}2944 \approx \mathbf{1{,}29}$$

$$\Rightarrow a = \bar{y} - b \cdot \bar{x} = 121{,}7 - 1{,}294 \cdot 40{,}15 \approx 69{,}7$$

Die Geradengleichung lautet: $y = 1{,}29\,x + 69{,}7$

Der Regressionskoeffizient beträgt $b_{y,x} = 1{,}29$, das bedeutet, dass sich die Durchmesser der Hodenkanälchen um 1,29 µm vergrößern, wenn die Hodenmasse um ein Gramm zunimmt.

b) Die Gerade ist konstruierbar aus P $(\bar{x}/\bar{y})$ mit $\bar{x} = 40{,}15$ g, $\bar{y} = 127{,}7$ µm (aus Tabelle Seite 339) und dem Steigungsmaß $b = 1{,}295$.

Das Diagramm in **Bild 1** zeigt die grafische Lösung. (Zur grafischen Regressionsanalyse mit einem Tabellenkalkulationsprogramm siehe Seite 68 und 69).

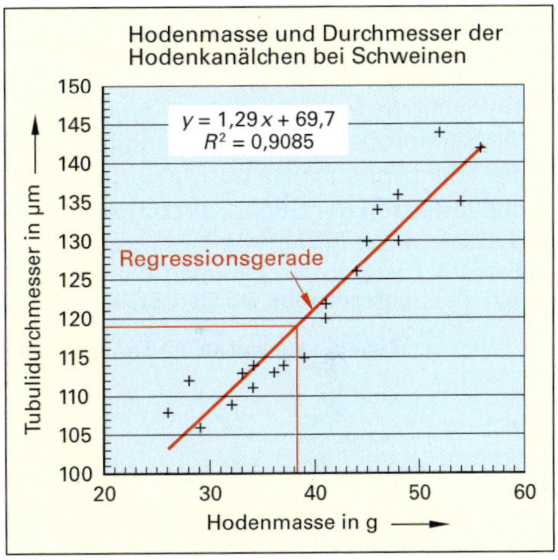

Bild 1: Hodenmasse und Tubulidurchmesser bei Schweinen

c) $$\boldsymbol{b_{x,y}} = \frac{s^2_{x,y}}{s^2_y} = \frac{100{,}468}{11{,}965^2} = 0{,}70178$$

$$\boldsymbol{R^2} = b_{y,x} \cdot b_{x,y} = 1{,}2944 \cdot 0{,}70178 = \mathbf{0{,}9085}$$

d) Aus $y = 1{,}29\,x + 69{,}7$ folgt für $x = 38{,}5$ g durch Einsetzen: $\boldsymbol{y} = 1{,}29 \cdot 38{,}5 + 69{,}7 \approx \mathbf{119}$ **µm**

Aufgaben zu Korrelation und Regressionsanalyse von Datenreihen auf Seite 346.

9.5 Statistische Prüfverfahren (Signifikanztests)

Signifikanztests (significance test) dienen zur Prüfung, ob Unterschiede zwischen Daten-Messreihen eher zufällig sind oder ob sie von den Versuchsparametern abhängen.

Die Schlussfolgerungen aus diesen Prüfverfahren können nie mit einer 100 %igen Sicherheit getroffen werden, sondern sie unterliegen einer **Irrtumswahrscheinlichkeit**.

Die Grenzen der Sicherheit (Signifikanzniveau), bzw. der Irrtumswahrscheinlichkeit α sind wählbar. Üblich sind die Signifikanzniveaus 95 %, 99 % und 99,9 %. Sie entsprechen den Irrtumswahrscheinlichkeiten $\alpha = 100\,\% - 95\,\% = 5\,\%\ (=0{,}05)$, $\alpha = 100\,\% - 99\,\% = 1\,\%\ (=0{,}01)$ und $\alpha = 100{,}0\,\% - 99{,}9\,\% = 0{,}1\,\%\ (=0{,}001)$.

Es gibt eine Vielzahl von Signifikanztests. Im Folgenden sind einige wichtige erklärt.

9.5.1 Prüfung zweier arithmetischer Mittelwerte: *t*-Test (Student-Test[1], Sollwert *t*-Test)

Der ***t*-Test** dient zur Prüfung zweier arithmetischer Mittelwerte, auf Übereinstimmung bzw. Differenz. Wenn die arithmetischen Mittelwerte zweier Stichproben $\bar{x}_A$ und $\bar{x}_B$ voneinander abweichen, so kann diese Abweichung zwei Gründe haben:

1. Die wahren Mittelwerte sind gleich und die Differenz zwischen den Stichprobenmittelwerten ist rein zufällig **(Nullhypothese $H_0 : \bar{x}_A = \bar{x}_B$)**.
2. Die wahren Mittelwerte sind tatsächlich signifikant verschieden **(Alternativhypothese $H_A : \bar{x}_A \neq \bar{x}_B$)**.

Als Prüfkriterium dient der Vergleich eines berechneten Prüfwerts t_{err} der Messwerte mit einem Tabellenwert t_{tab} der ***t*-Verteilung,** auch **Student-Verteilung** genannt.

Der **Prüfwert t_{err}** wird mit nebenstehenden Formeln berechnet.

Der **Tabellenwert t_{tab}** wird aus der Student-Verteilung abgelesen **(Seite 520).** Die Anzahl der Stichprobenwerte wird mit dem Freiheitsgrad $f = n-1$ berücksichtigt; die Irrtumswahrscheinlichkeit ist festzulegen, z.B. $\alpha = 0{,}25 \ldots 0{,}0005$.

Die Nullhypothese ist erfüllt, wenn der errechnete *t*-Wert (t_{err}) kleiner als der Tabellenwert (t_{tab}) ist.

Die wahren Mittelwerte unterscheiden sich dann nicht voneinander.

Die Antihypothese ist erfüllt, wenn der errechnete *t*-Wert (t_{err}) größer als der Tabellenwert (t_{tab}) ist.

Die wahren Mittelwerte unterscheiden sich dann signifikant voneinander.

Voraussetzung für die Anwendung des *t*-Tests ist, dass

- die Stichprobenwerte unabhängige Messwerte sind,
- die Stichprobenwerte normalverteilt sind,
- die Varianzen der Stichproben homogen sind.

Prüfwert t_{err}

$$t_{err} = \frac{|\bar{x}_A - \bar{x}_B|}{s_{A,B}} \cdot \sqrt{\frac{n_A \cdot n_B}{n_A + n_B}}$$

mit

$$s_{A,B} = \pm \sqrt{\frac{\Sigma (x_A - \bar{x}_A)^2 + \Sigma (x_B - \bar{x}_B)^2}{n_A + n_B - 2}}$$

Tabellenwert t_{tab}

t_{tab} wird aus der *t*-Tabelle abgelesen.

Nullhypothese $H_0 : \bar{x}_A = \bar{x}_B$	**Antihypothese** $H_0 : \bar{x}_A \neq \bar{x}_B$
$t_{err} < t_{tab}$	$t_{err} > t_{tab}$

9

Beispiel 1: Bei je 15 gleichaltrigen männlichen und weiblichen Versuchstieren, die unter gleichen Versuchsbedingungen gehalten wurden, stellte man die Harnstoff - N-Konzentrationen im Blutserum fest.

Tabelle: Harnstoff-N-Konzentrationen im Blutserum (β(Harnstoff-N) in mg/100 mL)

Tier-Nr.	**1**	**2**	**3**	**4**	**5**	**6**	**7**	**8**	**9**	**10**	**11**	**12**	**13**	**14**	**15**
Männlich	16	9	14	18	12	10	8	12	15	9	12	13	14	16	15
Tier-Nr.	**16**	**17**	**18**	**19**	**20**	**21**	**22**	**23**	**24**	**25**	**26**	**27**	**28**	**29**	**30**
Weiblich	8	7	6	15	13	11	14	16	8	10	12	9	12	9	10

Es soll geprüft werden, ob sich die Harnstoff - N-Konzentrationen der männlichen von denen der weiblichen Tiere signifikant unterscheiden. H_0: $\bar{x}_m = \bar{x}_w$; oder H_A: $\bar{x}_m \neq \bar{x}_w$

Die Voraussetzungen für die Anwendung des *t*-Tests sollen alle erfüllt sein. Siehe oben.

Lösung:

$$s_{A,B} = \pm \sqrt{\frac{\Sigma (x_A - \bar{x}_A)^2 + \Sigma (x_B - \bar{x}_B)^2}{n_A + n_B - 2}} = \pm \sqrt{\frac{121{,}73 + 123{,}33}{15 + 15 - 2}} \approx \pm 2{,}96$$

$$\mathbf{t_{err}} = \frac{|\bar{x}_A - \bar{x}_B|}{s_{A,B}} \cdot \sqrt{\frac{n_A \cdot n_B}{n_A + n_B}} = \frac{12{,}867 - 10{,}667}{2{,}96} \cdot \sqrt{\frac{15 \cdot 15}{15 + 15}} = \mathbf{2{,}036}$$

Aus der Student-Tabelle (Seite 520) ist der Tabellenwert t_{tab} herauszusuchen.

Der Freiheitsgrad beträgt $f = 15 + 15 - 2 = 28$.

Die Fragestellung dieser Aufgabe ist zweiseitig (2 P), da die Harnstoff - N-Konzentration der männlichen Tiere größer oder kleiner als die der weiblichen Tiere sein kann.

Der abgelesene Tabellenwert (2 P, Irrtumswahrscheinlichkeit $\alpha = 0{,}05$) beträgt $\mathbf{t_{tab} = 2{,}05}$.

Ergebnis der Prüfung: $\mathbf{t_{err} = 2{,}036 < t_{tab} = 2{,}05 \Rightarrow H_0 : \bar{x}_m = \bar{x}_w}$

Daraus ist zu folgern, dass die Unterschiede zwischen beiden Stichproben **rein zufällig** sind.

Ein Unterschied in der Harnstoff-N-Konzentration im Serum von männlichen und weiblichen Tieren kann statistisch nicht nachgewiesen werden.

[1] nach Student, alias William Gosset, englischer Mathematiker (1876 bis 1937)

Es gibt Versuchsanordnungen, bei denen die Messwerte paarweise gebunden sind **(Beispiel 2).** Der t-Wert wird dann nach einer modifizierten Formel berechnet. Siehe rechts.

In der Formel ist: $\overline{d}$ der arithmetische Mittelwert der Differenzen der Messwerte,

s_d die Standardabweichungen der Differenzen.

Prüfwert t_{err} für paarweise gebundene Werte

$$t_{err} = \frac{\overline{d}}{s_d} \cdot \sqrt{n}$$

Beispiel 2: Die Körpertemperatur von 10 Patienten wird zum Zeitpunkt der Verabreichung eines Medikaments (Temperatur 1) und 2 Stunden später (Temperatur 2) gemessen. Es soll geprüft werden, ob dieses Medikament eine fiebersenkende Wirkung hat. Das ist der Fall, wenn die Alternativhyporthese H_A: $\overline{x}_{Temp1} \neq \overline{x}_{Temp2}$ zutrifft.

Tabelle: Fiebersenkende Wirkung eines Medikaments

Patient-Nr.	**1**	**2**	**3**	**4**	**5**	**6**	**7**	**8**	**9**	**10**
Temp. 1 in °C	39,1	39,3	38,9	38,6	39,5	38,4	38,6	39,0	38,6	39,2
Temp. 2 in °C	38,2	38,3	38,0	37,8	38,2	37,8	37,6	37,8	37,4	38,7
Differenz d in °C	+ 0,9	+ 1,0	+ 0,9	+ 0,8	+ 1,3	+ 0,6	+ 1,0	+ 1,2	+ 1,2	+ 0,5

Lösung: $\overline{d} = \frac{d_1 + d_2 + \ldots + d_n}{n} = \frac{0{,}9 + 1{,}0 + \ldots + 0{,}5}{10} \approx 0{,}940\,°C$; Für die Standardabweichung folgt:

$$s_d = \pm\sqrt{\frac{\Sigma d^2 - \frac{(\Sigma d)^2}{n}}{n-1}} = \pm\sqrt{\frac{9{,}44 - \frac{88{,}360}{10}}{9}} = \pm\sqrt{0{,}06711} = \pm 0{,}2591\,°C$$

$$\boldsymbol{t_{err}} = \frac{\overline{d}}{s_d} \cdot \sqrt{n} = \frac{0{,}940}{0{,}2591} \cdot \sqrt{10} = 11{,}474 \approx \mathbf{11{,}5}$$

Aus der Student-Tabelle (Seite 520) ist der Tabellenwert herauszusuchen.

Der Freiheitsgrad beträgt $f = n - 1 = 10 - 1 = 9$.

Die Fragestellung dieser Aufgabe ist einseitig (1 P), da die Frage nur in eine Richtung zielt, nämlich ob das Medikament das Fieber signifikant senkt. Die Voraussetzungen für die Anwendung des t-Tests sind in der gleichen Weise erfüllt, wie bei dem vorangehenden Beispiel.

Nullhypothese H_0: $\overline{x}_{Temp.1} = \overline{x}_{Temp.2}$; Alternativhypothese H_A: $\overline{x}_{Temp.1} \neq \overline{x}_{Temp.2}$

Die Tabellenwerte der Student-Tabelle lauten: $t_{0,05} = 1{,}83$; $t_{0,01} = 2{,}82$; $t_{0,005} = 4{,}78$

Da $t_{err} = 11{,}5$ (deutlich) größer ist als $t_{tab} = 4{,}78$, ist die Nullhypothese abzulehnen.

Das Medikament hat – mit großer statistischer Sicherheit bei einer Irrtumswahrscheinlichkeit von 0,5 % – eine fiebersenkende Wirkung.

9.5.2 Prüfung zweier Varianzen: *F*-Test (Fisher-Test[1])

Der ***F*-Test** ist ein Signifikanztest zur Prüfung der Varianzen (s^2) auf Homogenität.

Wenn zwei Stichproben A und B aus derselben Grundgesamtheit stammen, dann gibt es keine signifikanten Unterschiede zwischen den Varianzen der beiden Stichproben: die Varianzen sind homogen. Das bedeutet, die Varianzen der Werte der Stichproben unterscheiden sich nur zufallsbedingt.

Als Prüfkriterium dient der Vergleich eines berechneten Prüfwerts F_{err} mit dem Tabellenwert F_{tab} der ***F*-Verteilung** (Seite 521).

Der **Prüfwert F_{err}** ist das Verhältnis der beiden Stichprobenvarianzen (siehe rechts). Die Varianzen werden so angeordnet, dass die größere Varianz im Zähler steht; dann ist $F_{err} > 1$.

Der **Tabellenwert F_{tab}** wird aus der F_{tab}-Tabelle abgelesen. Homogenität der Varianzen ist erfüllt, wenn $\boldsymbol{F_{err} < F_{tab}}$.

Prüfwert F_{err}	**Homogenitätsbedingung**
$F_{err} = \frac{s_A^2}{s_B^2}$	$F_{err} > F_{tab}$

Varianzen der Stichproben

$$s_A^2 = \frac{\Sigma x_A^2 - \frac{(\Sigma x_A)^2}{n}}{n - 1}$$

$$s_B^2 = \frac{\Sigma x_B^2 - \frac{(\Sigma x_B)^2}{n}}{n - 1}$$

Tabellenwert F_{tab}

F_{tab} wird aus der F-Tabelle abgelesen (Seite 521 bis 523).

[1] nach Ronald Fisher, englischer Mathematiker (1890 bis 1962)

Als Hypothesen ausgedrückt:

Nullhypothese: H_A: $s_A^2 = s_B^2$ Die Varianzen unterscheiden sich nicht.

Alternativhypothese: H_A: $s_A^2 \neq s_B^2$ Die Varianzen unterscheiden sich signifikant.

Beispiel: Es ist zu prüfen, ob die Varianzen der beiden Stichproben in Tabelle Seite 342 (Beispiel 1) homogen sind. Der Prüfwert F_{err} ist zu berechnen.

Lösung: Varianz $s_A^2 = 8{,}695$; Varianz $s_B^2 = 8{,}809$ von Seite 342; berechneter F-Wert $\mathbf{F_{err}} = \frac{8{,}809}{9{,}695} = \mathbf{1{,}013}$

Der Tabellenwert F_{tab} wird aus der F-Tabelle herausgesucht (Seite 521):

Für $\alpha = 5\,\% = 0{,}05$ sowie mit $f_{Zähler} = 14$ und $f_{Nenner} = 14$ folgt: $F_{tab} = 2{,}48$.

Damit ist: $F_{err} = 1{,}013 < F_{tab} = 2{,}48$

Der Tabellenwert F_{tab} ist größer als der errechnete F_{err}-Wert.

Die Varianzen sind homogen.

Damit ist diese Voraussetzung für die Anwendung des t-Tests erfüllt.

9.5.3 Der chi²-Test (χ^2-Test[1])

Der chi²-Test dient zur Prüfung der Häufigkeitsverteilungen zweier Stichproben auf Unterscheidung. Wenn die Häufigkeiten zweier Stichproben N_x und N_y voneinander abweichen, so kann diese Abweichung zwei Gründe haben:

1. Die Abweichung zwischen den Häufigkeiten ist rein zufällig. Die Häufigkeiten entstammen derselben Grundgesamtheit. Nullhypothese H_0: $N_x = N_y$
2. Die Häufigkeiten unterscheiden sich tatsächlich. Sie entstammen verschiedenen Grundgesamtheiten. Alternativhypothese H_A: $N_x \neq N_y$

Der Testwert χ^2 wird mithilfe einer **Vier-Felder-Tafel** berechnet, die aus zwei Zeilen und zwei Spalten besteht **(Tabelle)**. Die Zeilen sind jeweils einer Stichprobe, die Spalten den Zählwerten der Ja- bzw. der Nein-Alternative zugeordnet.

In diese Felder werden die im Experiment <u>beobachteten</u> Häufigkeiten (Beobachtungswerte, O-Werte, von engl. observed) eingetragen. Sie werden mit den lateinischen Buchstaben a, b, c, d angegeben.

Tabelle: Vier-Felder-Tafel zur Berechnung des χ^2_{err}-Testwerts

		Spalte 1	Spalte 2	
		Ja-Alternative	Nein-Alternative	
Zeile 1	Stichprobe 1	a α	b β	$a + b$
Zeile 2	Stichprobe 2	c γ	d δ	$c + d$
		$a + c$	$b + d$	N

Die <u>erwarteten</u> Häufigkeiten (Erwartungswerte, E-Werte, von engl. expected) werden aus den beobachteten Häufigkeiten a, b, c und d (O-Werte) berechnet. Die E-Werte werden mit den griechischen Buchstaben α, β, γ und δ angegeben.

Erwartete Häufigkeiten

$$\alpha = \frac{(a+b)\cdot(a+c)}{N}; \quad \beta = \frac{(a+b)\cdot(b+d)}{N}$$

$$\gamma = \frac{(c+d)\cdot(a+c)}{N}; \quad \delta = \frac{(c+d)\cdot(b+d)}{N}$$

Dann erfolgt die **Berechnung des Testwerts χ^2_{err}** (chi²). Dabei sind O die beobachteten Werte a, b, c, d und E die erwarteten Werte $\alpha, \beta, \gamma, \delta$.

O und E sind jeweils mit 2 Nachkommastellen zu berechnen.

Testwert chi²

$$\chi^2_{err} = \sum_{k=1}^{n} \frac{(E-O)^2}{E}$$

Die Summen der Quadrate der Differenzen von O und E sind zu bilden von $k = 1$ bis $n = K \cdot L$. Dabei ist K die Anzahl der Zeilen und L die Anzahl der Spalten).

Der errechnete Wert für χ^2_{err} wird mit dem **Tabellenwert für χ^2_{tab}** (**χ^2_{tab}-Tabelle** von Seite 524) verglichen. Dazu ist ein gewünschtes Signifikanzniveau (Irrtumswahrscheinlichkeit α) auszuwählen und der Freiheitsgrad zu berechnen: $f = (K-1)\cdot(L-1)$

Wenn $\boldsymbol{\chi^2_{err} > \chi^2_{tab}}$, dann ist die Nullhypothese H_0 abzulehnen. ⇒ Die Häufigkeiten unterscheiden sich.

Voraussetzung für die Anwendung des χ^2-Tests ist, dass die Stichproben jeweils einen Umfang von $n \geq 20$ haben und annähernd gleich groß sind. Außerdem müssen die Daten Zählwerte sein.

[1] nach Eugen Pearson, englischer Mathematiker (1857 bis 1936)

Beispiel: Um die Wirkung eines Impfstoffs zu prüfen, wurden in einem Legehennen-Bestand durch Randomisieren 2650 Tiere ausgewählt, die geimpft wurden. 2350 Tiere wurden nicht geimpft. Das Infektionsrisiko war für alle Tiere gleich hoch. Von den geimpften Tieren erkrankten 395, von den nicht geimpften Tieren erkrankten 475. Es soll festgestellt werden, ob der Impfstoff eine schützende Wirkung hat.

Lösung: Die Vier-Felder-Tafel wird aufgestellt und darin die O- und E-Werte eingetragen, bzw. berechnet.

	nicht erkrankt	erkrankt	
Stichprobe 1 (geimpft)	$a = 2255$ $\alpha = 2188{,}9$	$b = 395$ $\beta = 461{,}1$	2650
Stichprobe 2 (nicht geimpft)	$c = 1875$ $\gamma = 1941{,}1$	$d = 475$ $\delta = 408{,}9$	2350
	4130	870	5000

Die Voraussetzungen für die Anwendung des χ^2-Tests sind erfüllt:

- der Stichprobenumfang liegt deutlich über dem geforderten von $n \geq 20$,
- die Stichproben sind annähernd gleich groß,
- die Daten sind Zählwerte.

$$\chi^2_{\text{err}} = \sum_{k=1}^{n} \frac{(E-O)^2}{E} = \frac{66{,}10^2}{2188{,}90} + \frac{66{,}10^2}{461{,}10} + \frac{66{,}10^2}{1941{,}10} + \frac{66{,}10^2}{408{,}90} = \mathbf{24{,}41}$$

Bei dem Freiheitsgrad $f = 1$ und einer Irrtumswahrscheinlichkeit $\alpha = 1\,\%$ ist χ^2_{tab} **= 6,62**, (Tabelle Seite 524).

Da χ^2_{err} **= 24,41** > χ^2_{tab} **= 6,662** ist, ist die Nullhypothese H_0 abzulehnen.

Damit ist statistisch festgestellt: Die Häufigkeiten der beiden Stichproben unterscheiden sich;
⇒ der Impfstoff hat eine schützende Wirkung.

Aufgaben zu Statistische Methoden in Biologie und analytischer Chemie

1. Die Anzahl der Leukozyten im Blut von Frauen und Männern im Alter von 20 bis 25 Jahren wurde bestimmt **(Tabelle 1)**.

Tabelle 1: Leukozytenzahl (n in 1000/µL) im Blut von Männern und Frauen

Männer	7	5	5	7	4	8	3	7	6	6	5	9	4	8	6	8	6	10	4	7
	7	11	6	9	5	8	5	9	4	9	10	12	10	11	6	8	6	5	8	7
	9	5	9	7	6	8	7	8	7	7										
Frauen	5	7	7	6	4	7	3	6	4	8	8	10	8	9	6	5	6	8	11	7
	9	8	4	6	7	8	11	10	10	9	5	7	5	9	10	6	5	9	7	7
	9	6	8	10	9	6	7	8	7	8										

a) Erstellen Sie eine Häufigkeitstabelle jeweils für die Männer und die Frauen. Bestimmen Sie dafür die Klassenzahl und die Klassenbreite.

b) Stellen Sie die Verteilung der Werte in einem Häufigkeitsdiagramm dar. Bewerten Sie den Kurvenverlauf.

c) Berechnen Sie die Maßzahlen: Arithmetischer Mittelwert $\bar{x}$, Standardabweichung s, Varianz s^2.

d) Prüfen Sie die Varianzen der Messwerte auf Homogenität mit dem F-Test.

e) Prüfen Sie die arithmetischen Mittelwerte auf Übereinstimmung mit dem t-Test.

2. Der Hämoglobingehalt des Blutes von je 50 Männern und Frauen im Alter zwischen 25 und 30 Jahren wurde bestimmt. Dabei ergaben sich folgende Messwerte **(Tabelle 2)**.

Tabelle 2: Hämoglobingehalt des Blutes (β(Hämoglobin) in g/100 mL) von Männern und Frauen

Männer	14	11	11	14	12	13	12	15	13	14	11	14	15	12	13	15	14	16	15	16
	12	17	18	14	10	14	13	15	14	9	10	16	16	19	14	15	18	14	16	13
	17	16	17	13	12	13	15	16	15	14										
Frauen	12	15	15	18	14	14	17	17	13	14	16	13	17	18	16	18	15	19	15	18
	17	16	20	14	13	16	16	19	16	16	14	15	17	15	15	17	18	19	18	14
	16	17	18	17	17	15	14	16	16	15										

Bearbeiten Sie diese Aufgabe nach den Aufgabenstellungen von Aufgabe 1a), b), c), d) und e).

3. Die Trächtigkeitsdauer von nichtsäugenden und säugenden Mäusen wurde bestimmt. Dabei ergaben sich folgende Werte (Trächtigkeitsdauer in Tagen) **(Tabelle 1).**

Tabelle 1: Trächtigkeitsdauer von säugenden und nichtsäugenden Mäusen (in Tagen)

Säugende Mäuse	22	19	27	18	26	22	25	20	28	18	19	22	18	20	22	26	20	24	22	20
	22	23	25	22	19	19	26	27	21	21	23	20	25	23	20	25	19	24	20	24
	23	20	27	25	21	21	21	21	24	27										
Nicht-säugende Mäuse	18	21	18	19	19	20	21	22	20	21	22	18	21	22	20	23	23	19	21	21
	20	20	21	20	22	22	22	24	22	24	23	21	24	20	19	19	23	20	23	20
	21	24	21	21	22	21	19	23	21	19										

Bearbeiten Sie diese Aufgabe nach den Aufgabenstellungen von Aufgabe 1a), b), c), d), e).

4. Die Leukozytenzahl (n in 1000/µL) wurde im Blut von 40 Rindern im Alter (in Monaten) zwischen 6 und 30 Monaten bestimmt. Dabei ergaben sich folgende Werte **(Tabelle 2).**

Tabelle 2: Leukozytenzahl (*n* in 1000/µL) im Blut von Rindern unterschiedlichen Alters (in Monaten)

Nr.	**1**	**2**	**3**	**4**	**5**	**6**	**7**	**8**	**9**	**10**	**11**	**12**	**13**	**14**	**15**	**16**	**17**	**18**	**19**	**20**
Alter	6	11	14	16	9	15	18	20	19	18	8	7	13	17	8	12	17	22	9	16
n (Leu)	18	14	13	14	12	10	13	10	9	9	13	15	13	13	16	14	11	9	10	10
Nr.	**21**	**22**	**23**	**24**	**25**	**26**	**27**	**28**	**29**	**30**	**31**	**32**	**33**	**34**	**35**	**36**	**37**	**38**	**39**	**40**
Alter	10	13	19	26	6	12	23	13	7	22	23	25	26	20	26	23	16	24	21	10
n (Leu)	11	15	7	8	15	15	9	11	14	9	9	10	7	10	7	11	9	8	9	14

a) Formulieren Sie eine statistisch auszuwertende Frage.
b) Stellen Sie die Wertepaare der Messreihe in einem Verteilungsdiagramm dar. Skalieren Sie auf der x-Achse das Alter der Rinder und auf der y-Achse die Leukozytenanzahl.
c) Berechnen Sie die statistischen Maßzahlen $\bar{x}$, Varianz s^2 und Standardabweichung s,
d) Führen Sie eine Korrelationsanalyse durch.
e) Machen Sie eine Regressionsanalyse.

9

5. Die Körpermasse m (in kg) und die Herzfrequenz n (Herzaktionen/min) wurde bei 40 Männern im Alter von 30 Jahren bestimmt **(Tabelle 3).** Dabei ergaben sich folgende Werte:

Tabelle 3: Körpermasse (*m* in kg) und Herzfrequenz (*f* in 1/min) bei Männern

Nr.	**1**	**2**	**3**	**4**	**5**	**6**	**7**	**8**	**9**	**10**	**11**	**12**	**13**	**14**	**15**	**16**	**17**	**18**	**19**	**20**
m	74	58	67	70	80	60	67	63	90	87	65	65	70	78	75	65	90	59	70	89
f	53	60	56	52	52	51	68	71	67	50	55	50	63	61	59	59	53	72	66	58
Nr.	**21**	**22**	**23**	**24**	**25**	**26**	**27**	**28**	**29**	**30**	**31**	**32**	**33**	**34**	**35**	**36**	**37**	**38**	**39**	**40**
m	86	85	55	60	55	55	83	57	89	62	75	60	77	70	85	64	57	63	82	79
f	63	55	67	58	53	64	69	54	58	61	50	65	60	75	47	66	54	67	57	66

Werten Sie die Messergebnisse gemäß a), b), c), d), e) von Aufgabe 4 aus.

6. Die Körperlänge l und die Körpermasse m wurden bei 40 zwanzigjährigen Männern bestimmt **(Tabelle 4).** Dabei ergaben sich folgende Werte:

Tabelle 4: Körperlänge (*l* in cm) und Körpermasse (*m* in kg) bei Männern

Nr.	**1**	**2**	**3**	**4**	**5**	**6**	**7**	**8**	**9**	**10**	**11**	**12**	**13**	**14**	**15**	**16**	**17**	**18**	**19**	**20**
l	160	183	165	186	180	167	182	174	154	163	177	176	189	190	176	174	192	168	155	173
m	71	83	75	86	77	72	84	81	64	70	81	80	84	85	73	73	86	72	66	76
Nr.	**21**	**22**	**23**	**24**	**25**	**26**	**27**	**28**	**29**	**30**	**31**	**32**	**33**	**34**	**35**	**36**	**37**	**38**	**39**	**40**
l	170	172	187	189	172	181	164	172	166	171	158	181	185	168	179	181	170	183	162	181
m	73	76	84	84	75	79	72	74	68	68	66	80	81	70	77	81	75	82	70	82

Werten Sie die Messergebnisse gemäß a), b), c), d), e) von Aufgabe 4 aus.

7. In einer landwirtschaftlichen Versuchsanstalt wurde die Wirkung einer neuen Futtermittelmischung auf die Mastleistung von Schweinen geprüft. 80 Absatzferkel mit einer Körpermasse zwischen 19 und 21 kg wurden in 2 Versuchsgruppen zu je 40 Tieren geteilt, die Gruppe A erhielt die neue Futtermittelmischung, die Gruppe B ein Standardfuttermittel. Die Körpermassen (m in kg) wurden bei Versuchsende protokolliert **(Tabelle 1).**
Prüfen Sie, ob die neue Futtermittelmischung eine Steigerung der Mastleistung erbrachte.

Tabelle 1: Mastleistung bei Schweinen mit unterschiedlichen Futtermitteln (m in kg)

Gruppe A																			
86	86	89	88	82	80	94	90	90	92	96	92	92	92	88	89	91	95	92	89
84	89	93	90	78	86	95	92	94	88	91	96	92	86	93	82	84	80	92	93
Gruppe B																			
86	82	90	86	86	84	80	92	90	84	84	78	91	90	94	92	82	90	88	76
88	96	95	90	94	94	93	90	86	90	82	90	93	89	92	76	94	96	80	91

Werten Sie die Messwerte der Studie gemäß a), c) und d) von Aufgabe 1 aus.

8. Ein bestimmter Bakterienstamm mutiert mit etwa 25 % zu einer farbstoffbildenden Form. Es soll geprüft werden, ob durch UV-Strahlung bei Bakterien die Mutationsrate erhöht werden kann. Durch Auszählen der farbstoffbildenden und der nicht farbstoffbildenden Kolonien auf Spezialnährböden wurden die Ergebnisse protokolliert **(Tabelle 2).**

Tabelle 2: Einfluss der UV-Strahlung auf die Mutationsrate von Bakterien

	Zahl der Kolonien	Mit Farbstoffbildung	Ohne Farbstoffbildung
Bestrahlte Nährböden	225	90	135
Unbestrahlte Nährböden	262	93	169

Prüfen Sie mit dem χ^2-Test, ob die UV-Bestrahlung (Signifikanzniveau $\alpha \leq 5$ %) die Mutationsrate verändert.

9. Aus 30 Würfen von Ratten wurde je ein männliches und ein weibliches Tier (Wurfgeschwister) durch Zufallsauswahl bestimmt. Die Tiere wurden am 20. Tag nach der Geburt abgesetzt und gewogen. Dabei wurden folgende Körpermassen m protokolliert **(Tabelle 3):**

Tabelle 3: Körpermassen (m in g) von männlichen und weiblichen Ratten (Wurfgeschwister)

Tier-Nr.	**1**	**2**	**3**	**4**	**5**	**6**	**7**	**8**	**9**	**10**	**11**	**12**	**13**	**14**	**15**	**16**	**17**	**18**	**19**	**20**
männlich	46	40	38	49	44	40	42	44	44	45	42	44	43	42	44	44	45	44	44	41
weiblich	37	37	36	41	43	39	38	39	40	48	47	41	43	40	40	43	40	41	38	45
Tier-Nr.	**21**	**22**	**23**	**24**	**25**	**26**	**27**	**28**	**29**	**30**										
männlich	40	41	45	44	43	42	45	45	44	42										
weiblich	42	40	40	43	45	44	40	46	44	41										

Überprüfen Sie die folgende Hypothese: Es besteht keine signifikante Differenz zwischen den durchschnittlichen Körpermassen der männlichen und weiblichen Tiere (Nullhypothese).
Beachten Sie: Die Werte sind paarweise gebunden. Die Fragestellung ist zweiseitig.

10. Die Resistenz von 20 Versuchstieren gegen ein Pilztoxin wurde untersucht. Das Versuchsprotokoll **(Tabelle 4)** enthält die Parameter Geschlecht (G als männlich m oder weiblich w), Körpermasse m (in g) und Überlebenszeit t (in h).

Formulieren Sie Arbeitshypothesen (Fragestellungen) und beantworten Sie diese durch die statistische Auswertung der Daten des Versuchsprotokolls.

Tabelle 4: Resistenz von Versuchstieren gegen Pilztoxin

Nr.	**1**	**2**	**3**	**4**	**5**	**6**	**7**	**8**	**9**	**10**	**11**	**12**	**13**	**14**	**15**	**16**	**17**	**18**	**19**	**20**
G	m	m	w	w	m	m	w	w	m	w	w	w	m	m	w	w	m	w	w	m
m	310	340	220	205	322	344	211	206	331	215	262	250	340	275	215	205	286	230	290	255
t	33	35	31	31	33	34	30	29	33	30	31	30	33	32	31	29	34	29	33	29

10 Qualitätssicherung in der Chemie

Als Qualität wird in der chemischen und pharmazeutischen Produktion die Übereinstimmung zwischen den Anforderungen des Kunden und den Eigenschaftsmerkmalen des gelieferten Produkts definiert.

Die Qualität des Produkts muss im Rahmen der Qualitätssicherung nachgewiesen werden. Dies geschieht im Chemiebetrieb an zwei Orten **(Bild 1)**:

In der **Produktionsanlage** muss die Qualität des dort erzeugten Produkts möglichst direkt gemessen und überwacht werden. Dies erfolgt entweder durch die Eigenschaften, wie z.B. der Dichte, oder indirekt durch Referenzeigenschaften, wie z.B. bei Flüssigkeiten durch die elektrische Leitfähigkeit. Im **Chemielabor** werden die Analysen durchgeführt, die nicht direkt durch Messen an der Produktionsanlage erhoben werden können, sondern an entnommenen Proben durch analytische Verfahren ermittelt werden.

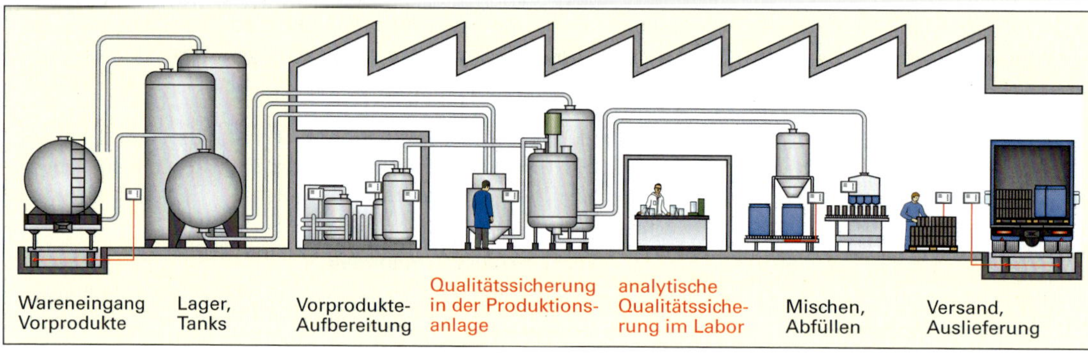

Bild 1: Orte der Qualitätssicherung in einem Chemiebetrieb

10.1 Validierung analytischer Verfahren

Im Fokus stehen hier die angewandten analytischen Verfahren. Sie müssen regelmäßig überprüft und bewertet werden, damit man den Messwerten vertrauen kann. Diese Überprüfung heißt **Validierung**. Die wichtigsten Validierungsparameter sind die Richtigkeit und die Präzision der Messwerte.

10.1.1 Richtigkeit und Präzision von Messwerten

Die **Richtigkeit** (trueness) eines analytischen Verfahrens drückt die Übereinstimmung zwischen dem gemessenen Wert und dem „wahren Wert“ oder einem vereinbarten Referenzwert aus.

In der Messtechnik hat man es meist mit vielen Messwerten zu tun.

Dann gilt: Stimmt der Mittelwert aus einem Datensatz von vielen Messungen gut mit dem Referenzwert überein, so ist die Richtigkeit hoch.

Zur bildlichen Darstellung stellt man sich die Messwerte als Treffer um den Mittelpunkt M auf einer Zielscheibe vor **(Bild 2)**.

In **Bild a** z.B. liegen die Einzelwerte recht weit verstreut um den Referenzwert, die Richtigkeit ist jedoch gut, da der Mittelwert nah am Referenzwert M liegt. Auch bei **Bild c** ist die Richtigkeit gut; hier liegen die Einzelwerte zudem dicht um den Referenzwert M.

Die Richtigkeit ist ein **Lageparameter**, d.h. sie beschreibt die Lage der Messwerte zum Referenzwert.

Die **Präzision** (precision) dagegen ist ein Maß für die Streuung der Messwerte um den Referenzwert **(Streuungsparameter)**. Die Messwerte in **Bild b** und **c** haben z.B. eine hohe Präzision, während die Messwerte in **Bild a** und **d** eine geringe Präzision (hohe Streuung) aufweisen.

Die **Genauigkeit** (accuracy) erfordert sowohl hohe Richtigkeit und hohe Präzision. **Bild c** stellt Messwerte mit einer hohen Genauigkeit dar, da ihr Mittelwert dicht am Referenzwert M liegt und sie wenig um den Referenzwert streuen.

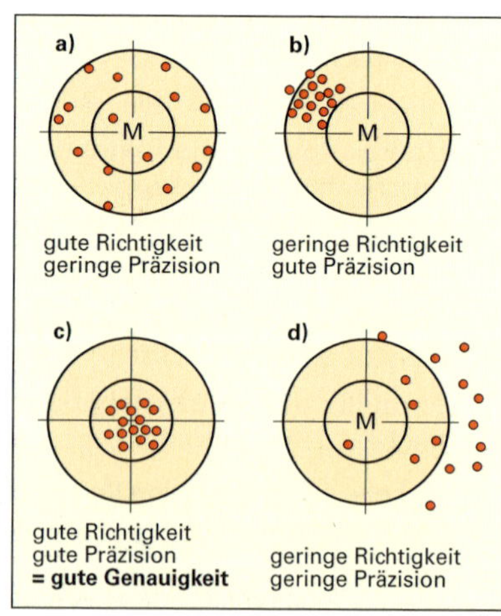

Bild 2: Lage und Streuung von Messwerten (am Beispiel der Treffer auf einer Zielscheibe dargestellt)

10.1.2 Untersuchung der Richtigkeit von Messwerten

10.1.2.1 Die Wiederfindungsrate WFR

Die Wiederfindungsrate WFR (engl. recovery) ist ein Maß für die Richtigkeit einer analytischen Methode. Sie ist das Verhältnis der Masse x eines Analyten, die als Messergebnis gefunden wird und der Masse x_R des Analyten, die einer Leerprobe zuvor hinzugefügt wurde. Sie hat die Funktion eines Wirkungsgrads und wird in der Regel in Prozent angegeben.

Wiederfindungsrate WFR einer Leerprobe

$$\text{WFR} = \frac{x}{x_R} \cdot 100\ \%$$

Bei einer Wiederfindungsrate von 100 % entspricht der gefundene Gehalt dem tatsächlich vorliegenden Gehalt. Andernfalls ist das Ergebnis der Bestimmungen mit der WFR zu korrigieren.

Die Ergebnisse von Wiederfindungsraten werden häufig mithilfe von Qualitätsregelkarten (Seite 364) ausgewertet. Sie liefern einen raschen Überblick über die Langzeitstabilität eines Analyseverfahrens und ermöglichen ein rasches Eingreifen bei auftretenden Abweichungen.

Beispiel 1: Zur Bestimmung der Richtigkeit einer Analysenmethode wurde die Masse eines Referenzstandards zu 49,1 mg ermittelt. Die tatsächliche Masse des Referenzstandards beträgt 50,0 mg.
Untersuchen Sie, ob die Spezifikation WFR = 98 % bis 102 % eingehalten wird.

Lösung: $\textbf{WFR} = \frac{x}{x_R} \cdot 100\ \% = \frac{49{,}1\ \text{mg}}{50{,}0\ \text{mg}} \cdot 100\ \% = \mathbf{98{,}2\ \%}$. Die Spezifikation ist **erfüllt**, da 98,2 % zwischen 98,0 % und 102 % liegt.

WFR durch Aufstockung

Steht keine Referenzprobe zur Verfügung oder ist die Herstellung einer künstlichen Probe nicht möglich (z.B. bei Blutplasma), so kann die Wiederfindungsrate durch Aufstocken (engl. spiken) von Urproben mit verschiedenen Analytmengen Δx geschehen. Es wird der Analytgehalt x_0 der Urprobe und der aufgestockten Proben x_A analysiert. Die Berechnung erfolgt nach nebenstehender Größengleichung.

Wiederfindungsrate WFR einer aufgestockten Probe

$$\text{WFR} = \frac{(x_A - x_0)}{\Delta x} \cdot 100\ \%$$

Der Vorteil dieser Methode ist, dass der Matrixeinfluss in das Analysenergebnis eingeht.

Beispiel 2: Zur Bestimmung der Richtigkeit einer maßanalytischen Methode soll durch Aufstocken nach der 3x3-Methode untersucht werden, ob die Methode die Spezifikation erfüllt: die Wiederfindungsrate soll im Mittel zwischen 95 % und 105 % betragen. 3 Proben mit einem Analytgehalt von 50,0 mg werden jeweils 3-mal mit 50,0 mg, 60,0 mg und 70,0 mg des Analyten versetzt (aufgestockt, gespikt). Bei der Bestimmung wurden die nachfolgenden Analytgehalte ermittelt:

Probe Nr.	Analytgehalt in der Probe in mg	Aufgestockte Masse an Analyt in mg	Gefundene Masse an Analyt in mg			Wiederfindungsrate in %			Mittelwert der WFR in %
1	50,0	50,0	98,6	101,8	97,6	97,2	103,6	95,2	98,67
2	50,0	60,0	111,7	110,3	112,2	102,8	100,5	103,7	102,33
3	50,0	70,0	122,5	117,8	120,9	103,6	96,9	101,3	100,57

Ermitteln Sie, ob die Wiederfindungsrate im Rahmen der Spezifikation liegt.

Lösung: Exemplarische Berechnung der Wiederfindungsrate:

$$\text{WFR}_1 = \frac{(x_{A1} - x_{01})}{\Delta x_1} \cdot 100\ \% = \frac{98{,}6\ \text{mg} - 50{,}0\ \text{mg}}{50{,}0\ \text{mg}} \cdot 100\ \% = 97{,}20\ \%$$

$$\text{WFR}_2 = \frac{(111{,}7 - 50{,}0)\ \text{mg}}{60\ \text{mg}} \cdot 100\ \% = 102{,}83\ \%; \qquad \text{WFR}_3 = \frac{(122{,}5 - 50{,}0)\ \text{mg}}{70{,}0\ \text{mg}} \cdot 100\ \% = 103{,}57\ \%$$

Durchschnittliche Wiederfindungsrate: $\overline{\textbf{WFR}} = \frac{97{,}2\ \% + 103{,}6\ \% + \ldots + 101{,}3\ \%}{9} \approx \mathbf{100{,}5\ \%}$

Die Spezifikation ist durch die Methode erfüllt. Sowohl die Richtigkeit der Einzelwerte als auch des Durchschnittswertes liegen innerhalb der geforderten Grenzen.

WFR durch Zweipunktkalibrierung

Eine weitere Methode zur Beurteilung der Richtigkeit eines Verfahrens mit der Wiederfindungsrate ist die **Methode der Zweipunktkalibrierung**. Sie setzt voraus, dass die Linearität der Messwerte als gesichert angenommen werden kann. Das Verfahren ist eine Auswertung mit externem Standard (siehe Seite 297). Aus den Kalibrierdaten sind die Parameter der Geradengleichung $y = m \cdot x + b$ zu errechnen. Dabei wird als x-Wert der vorgegebene Gehalt und als y-Wert der gemessene Wert (hier Peakfläche) angenommen. Dies soll an einem Beispiel aus der HPLC-Analytik erläutert werden.

Beispiel 3: Bei einer HPLC-Zweipunktkalibrierung wurde eine Referenzlösung mit der Analytkonzentration 0,238 mg/L mit einer Peakfläche von 27 346 counts analysiert, eine zweite Referenzlösung der Analytkonzentration 0,731 mg/L mit einer Peakfläche von 55 834 counts (Einheitenzeichen C).

Anschließend wurden in eine analytfreie Probenmatrix 0,556 mg/L Analyt X zudosiert und das gleiche Probenvolumen wie bei den Kalibrierläufen injiziert. Die erhaltene Peakfläche betrug 45 143 counts.

Beurteilen Sie mithilfe der Wiederfindungsrate die Richtigkeit des Verfahrens.

Lösung: Die Geradengleichung $y = m \cdot x + b$ lautet mit der Peakfläche A als y-Achse und der Analytkonzentration $\beta(X)$ als x-Achse: $A = m \cdot \beta(X) + b \Rightarrow b = A - m \cdot \beta(X)$

Berechnung der Steigung: $m = \frac{\Delta A}{\Delta \beta} = \frac{A_2 - A_1}{\beta_2 - \beta_1} = \frac{(55\,834 - 27\,346)\text{ C}}{(0{,}731 - 0{,}238)\text{ mg/L}} = \frac{28\,488\text{ C}}{0{,}493\text{ mg/mL}} = 57\,785\,\frac{\text{C} \cdot \text{L}}{\text{mg}}$

Zur Berechnung des Ordinatenabschnitts (Blindwerts) b werden die Wertepaare einer der beiden Kalibrierlösungen in die umgestellte Geradengleichung eingesetzt:

$$b = A_1 - m \cdot \beta_1(X) = 27\,346\text{ C} - 57\,785{,}0\,\frac{\text{C} \cdot \text{L}}{\text{mg}} \cdot 0{,}238\text{ mg/L} = 13\,593{,}17\text{ C}$$

Durch Umformen der Gleichung nach der Konzentration $\beta(X)$ und Einsetzen der Peakfläche A_{Pr} der Probenlösung wird die tatsächliche Analytkonzentration der Probelösung gefunden:

$$\beta_{Pr}(X) = \frac{A_{Pr} - b}{m} = \frac{45\,143\text{ C} - 13\,593{,}17\text{ C}}{57\,785\text{ C} \cdot \text{L/mg}} = 0{,}54599\text{ mg/L}$$

Die tatsächliche Analyt-Konzentration betrug 0,556 mg/L. Die Wiederfindungsrate WFR berechnet sich zu:

$$\textbf{WFR} = \frac{x}{x_R} \cdot 100\,\% = \frac{0{,}54599\text{ mg/L}}{0{,}556\text{ mg/L}} \cdot 100\,\% = 98{,}1996\,\% \approx \mathbf{98{,}2\,\%}$$

Der Fehler der Methode im Arbeitsbereich ist 1,8 %, d. h. es wird 1,8 % Analyt zu wenig gefunden.

WFR mit der Aufstockmethode

10

Ein höheres Maß an Sicherheit bezüglich der Ergebnisgenauigkeit bietet im Vergleich zur Zweipunktkalibrierung die Bestimmung der Richtigkeit durch die **Methode der Aufstockung** von Standardlösungen oder von Proben mit bekanntem Gehalt, um Matrixeffekte zu berücksichtigen. Dazu werden 4 bis 5 Standardlösungen mit steigendem Analytgehalt jeweils mit der gleichen Portion an Analyt aufgestockt. Die Analysenergebnisse trägt man mithilfe eines Tabellenkalkulationsprogramms in einem Kalibrierdiagramm auf (siehe dazu Seite 329). Nach Verlängerung der Regressionsgeraden bis zum Schnitt mit der Abszisse entspricht der Schnittpunkt dem wieder gefundenen Gehalt der aufgestockten Analytportion, im folgenden Beispiel 4 beträgt er 200 µg.

Beispiel 4: Es werden 5 Standardlösungen mit einem Benzoesäuregehalt von 100 µg, 200 µg, 300 µg und 400 µg je 100 mL mit jeweils 200 µg Benzoesäure (BS) aufgestockt. Die HPLC-Analyse ergab folgende Peakflächen:

Anfangsgehalt von BS in µg/100 ml (Kalibrierlösungen)	Aufgestockter Gehalt von BS in µg/100 ml	Gesamtgehalt von BS in µg/100 ml (aufgestockte Kalibrierlösung)	Peakfläche in counts
100	200	300	24 486
200	200	400	34 823
300	200	500	43 563
400	200	600	52 978
500	200	700	61 256

a) Tragen Sie mithilfe eines Tabellenkalkulationsprogramms die Anfangskonzentrationen der Kalibrierlösungen gegen ihre gemessenen Peakflächen auf.

b) Beurteilen Sie mithilfe der Regressionsanalyse die Linearität des Verfahrens im Arbeitsbereich.

c) Überprüfen Sie die Richtigkeit der Methode, die bei einer Wiederfindungsrate des zugesetzten Analyten zwischen 96 % und 104 % gegeben ist.

Lösung:

a) Konzentrations-Peakflächendiagramm: siehe Bild 1.

b) Die Linearität der Methode ist im Arbeitsbereich gegeben: Bestimmtheitsmaß $R^2 = 0{,}9987$ **(Bild 1)**

c) Die Gleichung der Regressionsgeraden lautet:

$y = 91{,}695 \cdot x + 15\,913$ (siehe Bild 1)

Der Schnittpunkt der Regressionsgeraden mit der Abszisse ergibt sich bei $y = 0$.

Mit $y = 0$ eingesetzt und nach x (= Analytgehalt m) umgeformt folgt:

$$|x| = m(\text{Benzoesäure}) = \frac{15\,913\ \text{C}}{91{,}695\ \text{C/µg}} \approx \mathbf{174\ µg}$$

Die Kalibrierlösungen waren jeweils mit 200 µg Benzoesäure aufgestockt. Die wieder gefundene Masse an Benzoesäure beträgt 174 µg, die Wiederfindungsrate ist demzufolge:

$$\text{WFR} = \frac{x}{x_R} \cdot 100\ \% = \frac{173{,}543\ \text{µg}}{200\ \text{µg}} \cdot 100\ \% = \mathbf{86{,}8\ \%}$$

Die Wiederfindungsrate liegt außerhalb des geforderten Bereichs zwischen 96 % und 104 %.

Die Richtigkeit der Methode ist somit <u>nicht</u> gegeben.

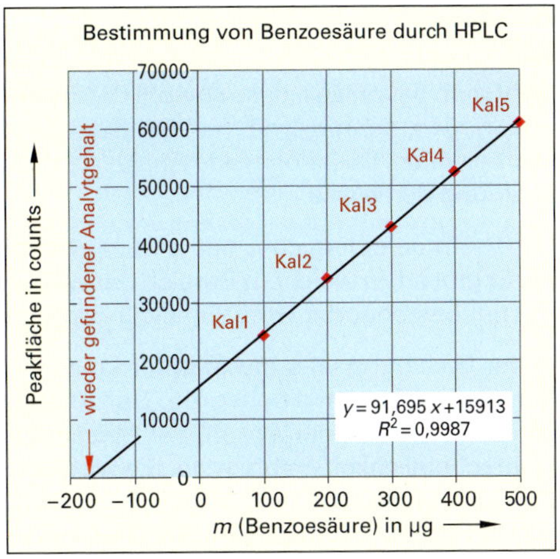

Bild 1: Wiederfindungsrate durch Standardaddition

10.1.2.2 Der Sollwert-*t*-Test

Die Prüfung der Richtigkeit einer Analysenmethode ist auch durch den **Sollwert-*t*-Test** möglich (vergleiche Seite 342). Mit diesem Test wird geprüft, ob der mittels n Analysen gefundene Mittelwert einer Datenreihe dem erwarteten Wert (Sollwert μ_0) entspricht oder sich signifikant unterscheidet.

Dazu wird ein Prüfwert t_{err} berechnet und mit einem Grenzwert t_{tab} der t-Tabelle (Seite 520) verglichen.

Der **Prüfwert t_{err}** berechnet sich nach nebenstehender Größengleichung. Darin ist $\bar{x}$ der Mittelwert, μ_0 der Sollwert, s die Standardabweichung der Messwertreihe und n die Anzahl der Messwerte.

Der **Tabellenwert t_{tab}** wird üblicherweise mit einer Vertrauenswahrscheinlichkeit von $P = 95\ \% = 0{,}95$ ($\hat{=}\ \alpha = 1 - 0{,}95 = 0{,}05 = 5\ \%$) bei dem Freiheitsgrad[1] $f = n - 1$ aus der Tabelle abgelesen (Seite 520).

Die Richtigkeit der Analysenmethode ist gewährleistet, wenn der berechnete Prüfwert t_{err} kleiner als der Grenzwert t_{tab} ist.

Berechneter Prüfwert

$$t_{err}(P, f) = \frac{|\bar{x} - \mu_0|}{s} \cdot \sqrt{n}$$

Methoden-Richtigkeit

$$t_{err} < t_{tab}$$

Beispiel 5: Zur Bestimmung der Richtigkeit einer Analysenmethode wurde mit einer Referenzprobe mit dem Sollwert 245 µg Paracetamol eine 8-fach-Bestimmung durchgeführt. Es ergaben sich folgende Analysenergebnisse:

Probe Nr.	**1**	**2**	**3**	**4**	**5**	**6**	**7**	**8**	**Mittelwert**	**Standard-abweichung**
Gehalt in µg	239	245	243	247	242	245	241	246	243,50 µg	±2,7255 µg

a) Berechnen Sie Mittelwert und Standardabweichung s.

b) Berechnen Sie den Freiheitsgrad f.

c) Berechnen Sie die Prüfgröße t_{err}.

d) Entnehmen Sie der t-Tabelle auf Seite 520 den Grenzwert t_{tab} mit der Vertrauenswahrscheinlichkeit $P = 95\ \%$ ($\alpha = 0{,}05$, zweiseitige Fragestellung 2 P)

e) Begründen Sie, ob die Richtigkeit der Methode akzeptiert werden kann.

Lösung:

a) Spalte 10 + 11

b) $f = n - 1 = 8 - 1 = 7$;

c) $t_{err}(95\ \%, 7) = \frac{|\bar{x} - \mu_0|}{s} \cdot \sqrt{n} = \frac{|243{,}5 - 245|\ \text{µg}}{2{,}7255\ \text{g}} \cdot \sqrt{8} \approx 1{,}56$

d) $t_{tab}(95\ \%, 7, 2P) = 2{,}36$

e) Die berechnete Prüfgröße t_{err} ist kleiner als der Prüfgrenzwert t_{tab}, es gibt zwischen Istwert und Sollwert keinen signifikanten Unterschied. **Die Richtigkeit der Methode wird akzeptiert.**

[1] Der Freiheitsgrad f einer Datenreihe gibt vereinfacht die Anzahl der **Wiederholungsmessungen** an, daher: $f = n - 1$; P von engl. probability

10

10.1.2.3 Der Vertrauensbereich des Mittelwerts

Geht man davon aus, dass sowohl die Einzelwerte einer Messreihe als auch die Mittelwerte keiner Streuung unterliegen, dann würde man bei jeder Analyse eine Übereinstimmung des Messwertes mit dem wahren Wert erzielen. Da jedoch jede Analyse zufälligen Einflüssen unterliegt, kommt es in der Praxis stets zu einer Streuung der Werte.

Der Vertrauensbereich μ des arithmetischen Mittelwerts gibt die Schwankungsbreite um den Mittelwert an. Er gibt an, in welchem Bereich der wahre Wert mit einer bestimmten Sicherheit zu erwarten ist und wird mit nebenstehender Größengleichung berechnet.

In der Gleichung ist s die Standardabweichung innerhalb der Einzelwerte einer Messreihe, f der Freiheitsgrad. Der Studentsche Faktor t (t-Tabelle Seite 520) ist einerseits von der Anzahl der Messungen, andererseits von der Vertrauenswahrscheinlichkeit P abhängig. Sie wird wie beim t-Test meist mit P = 95% oder P = 99% gewählt. Bei P = 95% beispielsweise wird das Ergebnis von durchschnittlich 95 von insgesamt 100 Messungen im Bereich $\bar{x} \pm \mu$ liegen.

Vertrauensbereich des Mittelwerts

$$\mu = t(P, f) \cdot \frac{s}{\sqrt{n}}$$

Die Fragestellung ist zweiseitig, da sowohl eine obere als auch eine untere Grenze für den Vertrauensbereich gesucht ist.

Beispiel 1: Bei der maßanalytischen Mehrfachbestimmung einer Natronlauge wurden die in nachfolgender Tabelle aufgeführten Massenanteile w(NaOH) gefunden.

Messwert Nr.	1	2	3	4	5	6	7	8	9	10	Mittelwert	Standardabweichung
w(NaOH) in %	5,23	4,91	5,16	4,88	5,12	4,93	5,20	4,87	5,11	5,02	5,043 %	± 0,1379 %

a) Berechnen Sie den Mittelwert $\bar{x}$, die Standardabweichung s und den Freiheitsgrad f.

b) Entnehmen Sie der t-Tabelle auf Seite 520 den Faktor t mit der Vertrauenswahrscheinlichkeit P = 95 % (α = 0,05, zweiseitige Fragestellung 2 P)

c) Geben Sie das Ergebnis der Bestimmung mit dem Vertrauensbereich an.

d) Führen Sie die Berechnung mit der Vertrauenswahrscheinlichkeit P = 99 % durch (α = 0,01, zweiseitige Fragestellung 2 P) und vergleichen Sie die Ergebnisse aus c und d.

Lösung:

a) Spalte 11 + 12; $f = n - 1 = 10 - 1 = 9$;   b) $t(95\,\%, 9) = 2{,}26$

c) $\mu = t(95\,\%, 9) \cdot \frac{s}{\sqrt{n}} = 2{,}26 \cdot \frac{\pm 0{,}1379\,\%}{\sqrt{10}} = \pm 0{,}0986\,\% \approx \pm 0{,}099\,\%$; $\mathbf{\bar{w}(NaOH) = 5{,}04\,\% \pm 0{,}099\,\%}$

Die Messwerte liegen mit einer Wahrscheinlichkeit von 95 % zwischen w = 4,94 % und w = 5,14 %

d) $t(99\,\%, 9) = 3{,}25$; $\mu = t(99\,\%, 9) \cdot \frac{s}{\sqrt{n}} = 3{,}25 \cdot \frac{\pm 0{,}1379\,\%}{\sqrt{10}} \approx \pm 0{,}14\,\%$;
$\mathbf{\bar{w}(NaOH) = 5{,}04\,\% \pm 0{,}14\,\%}$

Die Messwerte liegen mit einer Wahrscheinlichkeit von 99 % zwischen w = 4,90 % und w = 5,18 %

Man erkennt, dass das Intervall des Vertrauensbereiches größer wird, wenn eine höhere Sicherheit verlangt wird (der Studentsche Faktor t ist größer). Ebenso ist erkennbar, dass mit zunehmender Anzahl von Parallelbestimmungen der Vertrauensbereich eines Mittelwerts *verbessert* wird, da die Wurzel aus der Zahl der Bestimmungen im Nenner steht. Daher wird z.B. die Schärfe der Aussage beim Übergang von einer Doppel- auf eine Dreifachbestimmung wesentlich erhöht.

Aufgaben zu Untersuchung der Richtigkeit von Messwerten

1. Einer wirkstofffreien Probenmatrix wird 300 mg eines Wirkstoffes zugesetzt. Das Referenzmaterial hat eine zertifizierte Reinheit von 99,2 %. Bei der Analyse wurde eine Analytmenge von 281,4 mg gefunden. Wie groß ist die Wiederfindungsrate WFR?
2. Der Massenanteil eines Wirkstoffes in einer Probe beträgt 71,2 %. 500 mg dieser Probe werden mit 300 mg des reinen Wirkstoffes aufgestockt. Die Analyse der aufgestockten Probe ergab 645 mg Wirkstoff. Berechnen Sie die Wiederfindungsrate WFR.

10

3. Für eine Probenkomponente soll mithilfe der Wiederfindungsrate ermittelt werden, ob die Richtigkeit der analytischen Methode durch Aufstocken nach der 3x3-Methode gewährleistet ist. Die Spezifikation erfordert eine Wiederfindungsrate zwischen 98,0 % und 102,0 %.
Zur Bestimmung wird eine Leerprobe, die alle wesentlichen Matrixbestandteile der realen Probe enthält, jeweils 3-mal mit 50,0 mg, 60,0 mg und 70,0 mg des Analyten versetzt. Analysenwerte:

Probe Nr.	Aufgestockte Masse an Analyt in mg	Gefundene Masse an Analyt in mg		
1	50	50,4	50,1	50,4
2	60	61,3	61,6	60,9
3	70	71,7	71,4	71,8

Berechnen Sie mithilfe der Wiederfindungsrate, ob die Methode die Spezifikation erfüllt.

4. Zur Bestimmung der Richtigkeit einer maßanalytischen Methode soll durch Aufstocken untersucht werden, ob die Methode eine Wiederfindungsrate zwischen 97,0 % und 103,0 % erfüllt. 3 Proben mit einem Analytgehalt von 100 µg werden jeweils 3-mal mit 100 µg, 200 µg und 300 µg des Analyten aufgestockt (3x3-Methode). Bei der Bestimmung wurden folgende Analytgehalte ermittelt:

Probe Nr.	Analytgehalt der Probe	Aufgestockte Analyt- Masse in µg	Gefundene Masse an Analyt in µg		
1	100 µg	100	198,3	196,9	196,1
2	100 µg	200	297,2	298,7	297,4
3	100 µg	300	398,7	395,6	397,3

Ermitteln Sie, ob die Wiederfindungsrate im Rahmen der Spezifikation liegt.

5. Bei einer HPLC-Zweipunktkalibrierung wurden zwei Referenzlösungen hergestellt und analysiert.
Kalibrierlösung 1: Einwaage Analyt m_1 = 2,00 mg; ermittelte Peakfläche: A_1 = 23 335 counts
Kalibrierlösung 2: Einwaage Analyt m_2 = 4,00 mg; ermittelte Peakfläche: A_2 = 44 841 counts
Anschließend dosierte man in die analytfreie Probenmatrix 2,90 mg Analyt zu und erhielt bei der Analyse der Probe eine Peakfläche von 32 105 counts. Wie groß ist die Wiederfindungsrate WFR, wenn die Linearität des Verfahrens als gegeben angenommen werden kann?

6. Es werden 5 Standardlösungen mit verschiedenem Gehalt an Paracetamol (P) (Spalte 1 in nachfolgender Tabelle) jeweils mit 20,0 mg Paracetamol aufgestockt. Die HPLC-Analyse ergab die in der Spalte 4 aufgeführten Peakflächen:

Ausgangsgehalt von P in mg/L (Kalibrierlösung)	Aufgestockter Gehalt von P in mg	Gesamtgehalt von P in mg/L (aufgestockte Kalibrierlösung)	Peakfläche in counts
10,0	20,0	30,0	31 467
20,0	20,0	40,0	41 598
30,0	20,0	50,0	51 765
40,0	20,0	60,0	62 876
50,0	20,0	70,0	73 567

a) Tragen Sie mithilfe eines Tabellenkalkulationsprogramms den Ausgangsgehalt der Kalibrierlösungen gegen ihre Peakflächen auf. Beurteilen Sie mithilfe der Regressionsanalyse die Linearität des Verfahrens im Arbeitsbereich. Das Bestimmtheitsmaß soll $R^2 > 0{,}9990$ sein.
b) Bestimmen Sie die Wiederfindungsrate bezogen auf den aufgestockten Gehalt.

7. Der Wirkstoffgehalt in einem Präparat ist mit einem Sollwert von 95,0 % festgelegt. Von einer aktuell produzierten Charge wird eine Stichprobe mit dem Stichprobenumfang 7 entnommen und auf seinen Wirkstoffgehalt hin analysiert. Dabei werden folgende Wirkstoffgehalte ermittelt:

Probe Nr.	1	2	3	4	5	6	7
Wirkstoffgehalt in %	94,8	94,7	95,1	95,0	94,9	95,2	95,1

Ermitteln Sie mithilfe des Sollwert-t-Tests, ob die Spezifikation des Verfahrens in der untersuchten Charge auf der Basis der Vertrauenswahrscheinlichkeit P = 99 % ($f = n-1$, 2 P) eingehalten wurde.

8. Die fotometrische Bestimmung der Massenkonzentration von Eisen in einem Waschfiltrat ergab bei 10 Bestimmungen unter Vergleichsbedingungen folgende Messwerte:

   107 mg/L, 112 mg/L, 112 mg/L, 113 mg/L, 111 mg/L, 110 mg/L, 108 mg/L, 114 mg/L, 113 mg/L, 109 mg/L

   a) Prüfen Sie mithilfe des Sollwert-t-Tests, ob der Mittelwert der Messwerte mit dem Sollwert μ_0 = 109 mg/L übereinstimmt (P = 95 %, $f = n - 1$; zweiseitige Fragestellung 2 P).

   b) Berechnen Sie für die Messreihe den Vertrauensbereich μ (P = 95 %, $f = n - 1$; 2 P) und interpretieren Sie das Ergebnis.

9. Die Massenkonzentration an Zink $\beta(Zn^{2+})$ in einer Lösung wurde von zehn Proben unter Vergleichsbedingungen zur Überprüfung eines vorgegebenen Sollwertes bestimmt. Messwerte:

   188 µg/L; 193 µg/L; 198 µg/L; 192 µg/L; 186 µg/L; 190 µg/L; 202 µg/L; 201 µg/L; 188 µg/L; 195 µg/L

   a) Welcher Vertrauensbereich μ gilt für den Erwartungswert $\overline{x}$ (P = 99 %, $f = n - 1$; 2 P)?

   b) Prüfen Sie mit dem Sollwert-t-Test, ob der Sollwert für die Massenkonzentration $\beta_0(Zn^{2+})$ = 190 µg/L überschritten wird (P = 99 %, $f = n - 1$; 1 P) und interpretieren Sie das Ergebnis.

10.1.3 Untersuchung der Präzision von Messwerten

Die Präzision eines analytischen Verfahrens ist ein Maß für die Übereinstimmung (Streuung) der Messergebnisse bei wiederholter Durchführung des Analysenverfahrens mit einer homogenen Probe. In die Präzision gehen die zufälligen Fehler ein.

Die Präzision kann durch mehrere Kennwerte erfasst werden (Seite **337** ff):

- die Variationsbreite R (Spannweite)
- die Standardabweichung s
- die Varianz s^2
- den Variationskoeffizienten v
- den Korrelationskoeffizienten r
- das Bestimmtheitsmaß R^2

10.1.3.1 Prüfung auf Wiederholpräzision

Je nach Messbedingungen unterscheidet man zwischen **Wiederholpräzision** (repeatability) und der **Vergleichspräzision** (reproducibility). Bei der Wiederholpräzision erfolgt die Analyse gemäß gesamtem Prüfverfahren unter denselben Operationsbedingungen durch denselben Bearbeiter im gleichen Labor innerhalb eines kurzen Zeitraums. Wird dagegen eine Analyse mit derselben Methode an identischem Material aber in unterschiedlichen Labors, von unterschiedlichen Bedienern und mit unterschiedlicher Geräteausstattung durchgeführt, spricht man von Vergleichspräzision.

Da die Messwerte sowohl durch Schwankungen des Messgeräts als auch durch die zufällige Streuung der Analysenmethode beeinflusst werden, unterscheidet man weiter zwischen Messpräzision (Messgerät) und Methodenpräzision.

Die **Wiederholpräzison** der Methode gilt als akzeptiert, wenn der Variationskoeffizient $v < \pm 1{,}0\%$ ist.

Beispiel: Zur fotometrischen Bestimmung der Nitrat-Massenkonzentration $\beta(NO_3^-)$ wurden 10 Kalibrierlösungen analysiert. Dabei erhielt man folgende Analysenergebnisse:

Kalibrierlösung Nr.	**1**	**2**	**3**	**4**	**5**	**6**	**7**	**8**	**9**	**10**
$\beta(NO_3^-)$ in mg/100 mL	6,12	6,09	6,14	6,11	6,11	6,12	6,10	6,08	6,13	6,11

Es soll ermittelt werden, ob die vorliegenden Kalibrierdaten die Wiederholpräzision erfüllen. (Zur Berechnung benutzt man einen Taschenrechner mit Statistikfunktionen.)

Lösung: Mittelwert: $$\overline{x} = \frac{\beta_1 + \beta_2 + \ldots + \beta_{10}}{n} = 6{,}111 \text{ mg/100 mL}$$

Standardabweichung: $$s = \pm\sqrt{\frac{\Sigma (x_i - x)^2}{n-1}} \approx \pm 0{,}01792 \text{ mg/100 mL}$$

Variationskoeffizient: $$v = \frac{s}{\overline{x}} \cdot 100\ \% = \pm \frac{0{,}01792 \text{ mg/100 mL}}{6{,}111 \text{ mg/100 mL}} \cdot 100\ \% \approx \mathbf{\pm 0{,}2932\ \%}$$

Der berechnete Variationskoeffizient ist **kleiner** als die Spezifikation ± 1,0 %.

Die Wiederholpräzision der Methode wird daher akzeptiert.

10.1.3.2 Ermitteln der Arbeitsbereichsgrenzen mit dem Varianzenhomogenitäts-Test (*F*-Test)

Mit dem *F*-Test (vergleiche Seite 343) wird geprüft, ob die Standardabweichungen aus zwei unterschiedlichen Messreihen vergleichbar sind, ob also **Varianzenhomogenität** herrscht.
Der *F*-Test kann eingesetzt werden, um die Grenzen des **Arbeitsbereiches** zu ermitteln. Mithilfe des Tests wird statistisch ermittelt, ob an den Grenzkonzentrationen des vorgeschlagenen Arbeitsbereiches die Streuungen des Analysensignals vergleichbar sind. Ist das nicht der Fall, werden die Grenzen so lange verschoben, bis durch den *F*-Test Vergleichbarkeit der Streuungen (der Varianzen) nachgewiesen werden kann. Voraussetzung für die Anwendung des Tests sind normalverteilte und ausreißerfreie Datenreihen. Dabei müssen die zu vergleichenden Messreihen nicht gleich groß sein.
Beim *F*-Test bildet man aus den Standardabweichungen der beiden Messreihen die Varianzen und errechnet mit nebenstehender Größengleichung die **Prüfgröße F_{err}**. Dieser Wert wird mit einem **Tabellenwert F_{tab}** (P, f_1, f_2) aus der Tabelle *F*-Verteilung (Seite 521) verglichen.
In der *F*-Tabelle sind f_1 und f_2 die Freiheitsgrade der Messreihen, es gilt: $f = n - 1$ (n = Anzahl der Messwerte).
Ist der Tabellenwert F_{tab} größer als der Prüfwert F_{err}, so gilt die **Vergleichbarkeit** der Standardabweichungen mit der vorgegebenen Wahrscheinlichkeit P als erwiesen (ist meist 95 % oder 99 % bzw. α = 0,05 oder α = 0,01).

Varianzenhomogenitätstest (*F*-Test)

$$F_{err} = \frac{s_1^2}{s_2^2}; \text{ mit } s_1 > s_2$$

$$F_{tab} > F_{err}$$

Beispiel: Bei einer fotometrischen Kupfer-Bestimmung wurde als Arbeitsbereich $\beta_{min}(Cu^{2+})$ = 0,10 mg/L und $\beta_{max}(Cu^{2+})$ = 1,0 mg/L vorgeschlagen. Für beide Konzentrationen wurden 5 unabhängige Kalibrierlösungen hergestellt, die jeweiligen Extinktionen analysiert.
Die Analyse ergab folgende Extinktionen:

Kalibrierlösung Nr.					Extinktion E_1 für 0,10 mg/L Kupfer					Extinktion E_2 für 1,0 mg/L Kupfer				
1	2	3	4	5	0,15	0,19	0,16	0,17	0,15	1,79	1,78	1,80	1,75	1,77

Es soll mithilfe des *F*-Tests die Prüfgröße F_{err} berechnet und überprüft werden, ob auf der Basis der Vertrauenswahrscheinlichkeit P = 95 % (Irrtumswahrscheinlichkeit α = 100 % – 95 % = 5 %) der Arbeitsbereich zwischen 0,1 mg/L und 1,0 mg/L akzeptiert werden kann.

Lösung: Die Lösung wurde mit dem TKP Excel erstellt. Darunter sind die Formeleinträge der Zellen aufgeführt.

	A	B	C	D	E	F	G	H	I	J	K
1	**Varianzenhomogenitätstest (*F*-Test) für die fotometrische Bestimmung von Kupfer**										
2											
3	Kalibrierlösung Nr.	1	2	3	4	5	Mittelwert:	Standard-abweichung	Varianz s^2	Messwert-Anzahl n	Freiheits-grad f
4	Extinktion E_1 für 0,10 mg/L Kupfer:	0,15	0,19	0,16	0,17	0,15	0,164	±0,01673	0,000280	5	4
5	Extinktion E_2 für 1,0 mg/L Kupfer:	1,79	1,78	1,8	1,75	1,77	1,778	±0,01924	0,000370	5	4
6											
7	**Prüfwert *F*:**	**1,32143**			**Tabellenwert:**		6,39				
9	**Da Prüfwert F_{err}**	**kleiner**			**F_{tab}(95%, 4, 4),**		**wird der Arbeitsbereich**			**akzeptiert**	
10	**Die Varianzen der beiden Messreihen sind vergleichbar.**										

Berechnung der **Mittelwerte**, z.B. Zelle G4:	=MITTELWERT(B4:F4)	
Berechnung der **Standardabweichung**, Zelle H4:	=STABW(B4:F4)	Zellenformat: "±"0,00000
Berechnung der Varianz, z.B. Zelle I4:	=VARIANZ(B4:F4)	
Berechnung der **Anzahl der Messwerte**:	=ANZAHL(B4:F4)	
Berechnung der Freiheitsgrade, z.B. Zelle J4:	=ANZAHL(B4:F4)-1	
Berechnung des Prüfwerts *F*, Zelle B7:	=WENN(I4>I5;(I4/I5);(I5/I4))	
Entscheidung *F* größer/kleiner F_{tab}, Zelle B9:	=WENN(B7<G7;"kleiner";"größer")	
Entscheidung akzeptiert/nicht akzeptiert, Zelle J9:	=WENN(B7<G7;"akzeptiert.";"nicht akzeptiert.")	
Entsch. vergleichbar/nicht vergleichbar, Zelle F10:	=WENN(B7<G7;"vergleichbar";"nicht vergleichbar")	

Die grau unterlegten Zellen sind die Eingabefelder für die Extinktionen und den *F*-Tabellenwert.
Bei professioneller Software wird der Tabellenwert F_{tab} aus einer integrierten Datenbank ausgelesen.
Hinweis: Die **fett** gesetzten Größen werden nur für die **manuelle** Berechnung benötigt.

10

10.1.3.3 Prüfung auf Normalverteilung (DIN ISO 5479)

Die Anwendung statistischer Auswertungen setzt in vielen Fällen normalverteilte Messwerte einer Datenreihe voraus.

Bild 1 zeigt die Häufigkeitsverteilung der Messwerte einer normalverteilten Datenreihe mit Angabe der Häufigkeit bei einer Standardabweichung von ± 1 s, ± 2 s und ± 3 s vom Mittelwert (siehe auch Seite 46 und Seite 367)

Die Prüfung auf Normalverteilung kann durch grafische Methoden oder durch Ermittlung von Kennwerten erfolgen.

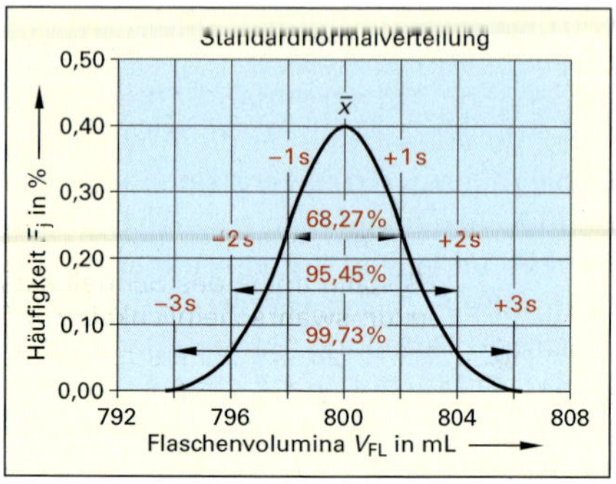

Bild 1: Häufigkeitsverteilung normalverteilter Werte einer Datenreihe

Prüfung mit dem Wahrscheinlichkeitsnetz

Die grafische Prüfung von Messwerten auf Normalverteilung erfolgt mit dem Wahrscheinlichkeitsnetz **(Bild 2)**.

Das Wahrscheinlichkeitsnetz (probability network) hat eine linear skalierte Abszisse, auf der das Prüfmerkmal aufgetragen ist. Auf der Ordinate mit einer logarithmischen Skalierung ist die aufsummierte Häufigkeit der Messwerte F_j in % aufgetragen.

Durch die logarithmische Skalierung ergibt eine normalverteilte Häufigkeits-Glockenkurve der Messwerte (Bild 1) im Wahrscheinlichkeitsnetz eine Gerade (Bild 2).

Bei Abweichung der Messwerte von der Normalverteilung, liegen die Messwerte nicht auf der Geraden oder nicht in einem engen Bereich um die Gerade.

Die Prüfung mit dem Wahrscheinlichkeitsnetz ergibt eine qualitative Aussage zur Normalverteilung der Messwerte.

Bei Bedarf müssen weitere Tests folgen (siehe nächste Seite).

Im Anhang befindet sich eine **Kopiervorlage für ein Wahrscheinlichkeitsnetz** (Seite 525).

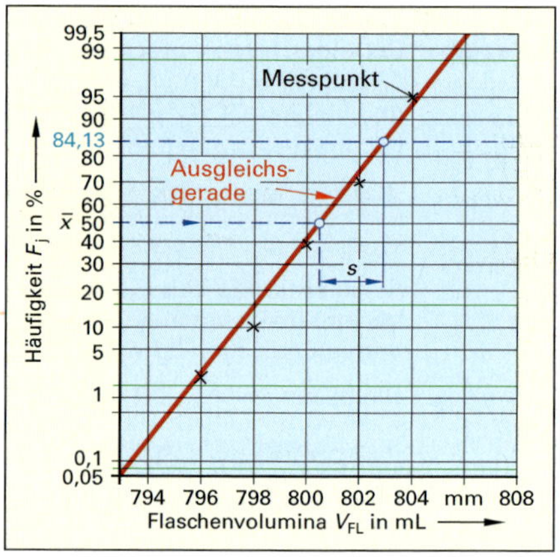

Bild 2: Wahrscheinlichkeitsnetz (mit Beispiel)

Beispiel: In einer Abfüllanlage wird flüssiges Waschmittel in 800 ml - PE-Flaschen abgefüllt. Die abgefüllten Volumina haben folgende Werte:

798	796	799	801	802	796	803	799	799	801
796	799	800	802	802	799	802	800	801	801
799	805	803	800	803	799	798	799	801	802
802	801	805	794	798	800	801	801	802	800

Prüfen Sie mit dem Wahrscheinlichkeitsnetz, ob die Messwerte normalverteilt sind.

Lösung: Zuerst muss die **Häufigkeitsverteilung** der Messwerte ermittelt werden (siehe Seite 363).

Dazu berechnet man die Anzahl der Klassen: $k = \sqrt{n} = \sqrt{40} = 6{,}3 \Rightarrow 6$ Klassen

und die Spannweite $R = x_{max} - x_{min} = 805\text{ ml} - 794\text{ ml} = 11\text{ ml}$

sowie die Klassenbreite $w = R / k = 11\text{ ml} / 6 = 1{,}8\text{ ml} \Rightarrow 2\text{ ml}$

Damit erstellt man die **Datensammelkarte** (rechts).

n_j ist die Anzahl der Messwerte pro Klasse,

h_j ist die relative Häufigkeit und F_j die aufsummierte Häufigkeit.

Dann trägt man die Werte der aufsummierten Häufigkeiten F_j über den Klassen der Flaschenvolumina V_{Fl} in einem Wahrscheinlichkeitsnetz auf **(Bild 2)**.

Mit den Messpunkten zeichnet man eine **Ausgleichsgerade**.

Man stellt fest (Bild 2): Die Häufigkeitswerte der abgefüllten Volumina in den Waschmittelflaschen liegen auf oder dicht an der Ausgleichsgeraden.

⇒ **Die Messwerte sind annähernd normalverteilt.**

Tabelle: Datensammelkarte

Klasse Nr.	Messwert ≥	Messwert <	Strichliste	n_j	h_j in %	F_j in %
1	794	796	|	1	2,5	2,5
2	796	798	|||	3	7,5	10
3	798	800	𝍸 𝍸 |	11	27,5	37,5
4	800	802	𝍸 𝍸 |||	13	32,5	70
5	802	804	𝍸 𝍸	10	25	95
6	804	806	||	2	5	100
			Σ =	40	100	

Die Prüfung auf Normalverteilung mit dem Wahrscheinlichkeitsnetz gibt eine quantitative Einschätzung. In DIN ISO 5479 sind weitere Tests auf Normalverteilung beschrieben; sie sind rechnerisch aufwendig.

Prüfung mit dem Schnelltest nach David-Hartley-Pearson[1)]

Ein nicht genormter, aber rechnerisch einfacher Test auf Normalverteilung von Messwerten ist der Schnelltest nach David-Hartley-Pearson.

Die Werte einer Datenreihe sind nach dem David-Hartley-Pearson-Test mit einer vorgegebenen Vertrauenswahrscheinlichkeit (meist P = 99 %) normalverteilt, wenn sich der **Prüfwert PW** aus dem Quotienten von Spannweite R und der Standardabweichung s innerhalb definierter Schranken G_u und G_o der Tabellenwerte befindet. Die **Tabelle** dazu ist auf Seite 526.

Prüfung nach David-Hartley-Pearson auf Normalverteilung

$$\text{Prüfwert PW} = \frac{x_{max} - x_{min}}{s} = \frac{R}{s}$$

$$G_u < PW < G_o$$

Beispiel: Bei einer Bestimmung des biochemischen Sauerstoffbedarfs BSB_5 wurden folgende Messwerte für $\beta(O_2)$ in mg/L erhalten: 3,50 3,03 2,87 3,56 2,51 3,07 3,15 2,34 2,91 3,92
Es soll mithilfe des Schnelltests nach David-Hartley-Pearson überprüft werden, ob die Werte bei einer Irrtumswahrscheinlichkeit α = 1 % (Vertrauenswahrscheinlichkeit P = 99 %) normalverteilt sind.

Lösung: Mit einem Taschenrechner werden aus den Messwerten berechnet: Mittelwert: $\bar{x}$ = 3,086 mg/L;
Standardabweichung: s = ± 0,47901 mg/L
Spannweite: $R = x_{max} - x_{min}$ = (3,92 – 2,34) mg/L = 1,58 mg/L

Prüfwert nach David-Hartley-Pearson: $\mathbf{PW} = \frac{R}{s} = \frac{1{,}58 \text{ mg/L}}{0{,}47901 \text{ mg/L}} \approx \mathbf{3{,}298}$;

Tabellenwerte für: n = 10 und P = 99 % Vertrauenswahrscheinlichkeit aus der Tabelle von Seite 524: untere Schranke: G_u = 2,51; obere Schranke: G_o = 4,24.

Der Prüfwert PW = 3,298 liegt innerhalb der unteren und oberen Schranke: $G_u < PW < G_o$
$2{,}51 < 3{,}298 < 4{,}24$

⇒ Die Messwerte können mit einer Vertrauenswahrscheinlichkeit von 99 % als **normalverteilt** gelten.

10.1.3.4 Prüfung auf Linearität

Eine analytische Methode ist in einem bestimmten Konzentrationsbereich nur einsetzbar, wenn das Messsignal einen linearen Zusammenhang zur Analytkonzentration der Probe hat. Viele quantitative Auswertungsmethoden setzen Linearität der Kalibrierwerte voraus.

Eine einfache Möglichkeit zur Überprüfung der Linearität z.B. von Kalibrierlösungen ist die Auftragung der unabhängigen Größe Analytkonzentration x gegen die abhängige Größe Messignal y in einem Diagramm und das Einzeichnen einer **Ausgleichsgeraden (Bild 1)**.

Grobe Abweichungen der Messwerte vom linearen Verlauf können so visuell leicht erkannt werden.

Ein exaktes Maß für die Abweichung der Messwerte vom linearen Verlauf liefert die **Regressionsanalyse** (siehe auch Seite 51 und 68 sowie 340). Mithilfe eines Tabellenkalkulationsprogramms wird die Funktionsgleichung der Ausgleichsgeraden berechnet in der allgemeinen Form: $\boldsymbol{y = m \cdot x + b}$.

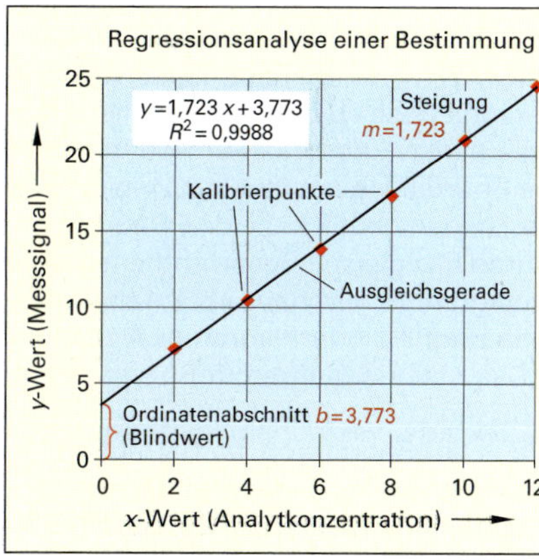

Bild 1: Ausgleichsgerade mit linearer Regression

Mit den eingesetzten Analysengrößen lautet die Gleichung: **Messsignal = $\boldsymbol{m}$ · Analytkonzentration + $\boldsymbol{b}$**

Darin ist m der Steigungsfaktor: er kennzeichnet die **Empfindlichkeit** der Analysenmethode und sollte mit mindestens drei signifikanten Ziffern angegeben werden. Je größer die Steigung der Geraden, desto empfindlicher ist die Methode. Die Größe b beschreibt den y-Achsenabschnitt und wird auch als **Blindwert** bezeichnet. Er steht für das Messsignal der Kalibrierlösung ohne Analyt und wird häufig durch die Matrix verursacht. Es ist in der Regel nicht zweckmäßig, die Regressionsgerade durch den Nullpunkt zu zwingen.

[1)] H. A. David, H. O. Hartley, E. S. Pearson, englische Mathematiker

Korrelationskoeffizient *r*

Der **Korrelationskoeffizient r** dient zur Bewertung, ob Messpunkte auf oder nahe einer Ausgleichsgeraden liegen **(Bild 1).** Er ist ein Maß für die Streuung der Messpunkte um die Ausgleichsgerade.

Mathematisch ist r der Quotient aus der Kovarianz s_{xy} und dem Produkt der Einzelvarianzen s_x und s_y (siehe auch Seite 339).

Korrelationskoeffizient

$$r = \frac{s_{xy}}{s_x \cdot s_y}$$

In der Praxis werden die Varianzen nicht händisch berechnet, sondern mit einer Funktion auf dem Taschenrechner oder Computer aus den Messwerten bestimmt.

r nimmt Werte zwischen +1 und −1 ein: wenn r einen Wert von nahezu +1 oder −1 aufweist, lässt dies auf eine Ausgleichsgerade mit positiver oder negativer Steigung und hoher Linearität schließen. Bei guter Linearität sollte r über 0,9900 liegen. Bei $r \approx 0$ besteht keine Korrelation und keine Linearität.

Falls sich herausstellt, dass bei einer Kalibrier-Datenreihe keine lineare Funktion vorliegt, so kann der Arbeitsbereich eingeengt werden: je nach Lage der Messwerte vom unteren oder oberen Ende aus. Die zu erwartende Probenkonzentration sollte dann etwa in der Mitte des Arbeitsbereiches liegen.

Eine **Einpunktkalibrierung** ist zulässig, wenn Linearität gegeben und der Achsenabschnitt $b = 0$ ist (eine Ursprungsgerade vorliegt). Ein Achsenabschnitt b ungleich 0 bedeutet, dass bei einer Analytkonzentration von 0 ein Signal gemessen wird: der **Blindwert** stellt somit einen konstanten systematischen Fehler dar. Man sollte dann die Proben auf der Basis der errechneten Kalibrierfunktion **mit** dem Achsenabschnitt b auswerten.

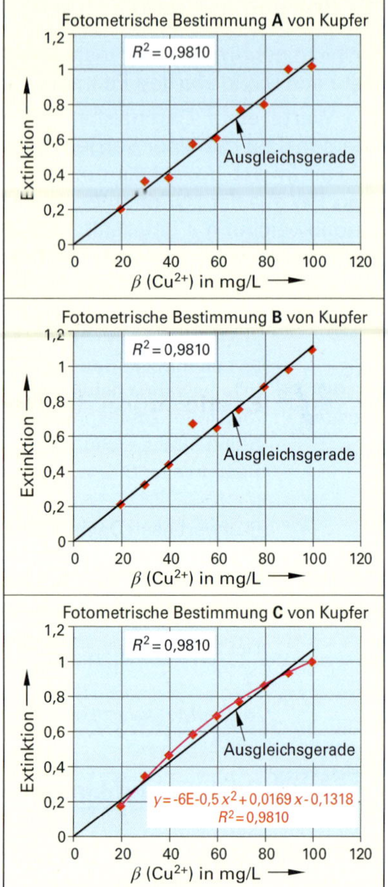

Bild 1: Drei Ausgleichsgeraden mit dem Bestimmtheitsmaß R^2 = 0,9810

Bestimmtheitsmaß R^2

Das **Bestimmtheitsmaß R^2** erhält man durch Quadrieren von r: $R^2 = r^2$. Es hebt die Abweichungen von der Regressionsgeraden noch stärker hervor. Allerdings sind der Korrelationskoeffizient r bzw. das Bestimmtheitsmaß R^2 allein noch kein Maß für die Beurteilung der Qualität zweier Methoden.

Das zeigen deutlich die drei Regressionsanalysen in **Bild 1 A, B und C:** Bei allen drei Regressionsanalysen wurde das gleiche Bestimmtheitsmaß von $R^2 = 0{,}9810$ ermittelt. Für einige Analysen würde dieser Linearitätsgrad als durchaus akzeptabel gelten. Betrachtet man die Diagramme näher:

- so zeigt Kalibrierdiagramm A eine gleichmäßige Streuung beiderseits der Ausgleichsgeraden.
- Das Kalibrierdiagramm B zeigt eine sehr geringe Streuung der Werte mit Ausnahme der Konzentration 50 mg/L: Es handelt sich bei diesem Wert offensichtlich um einen Ausreißer. Nimmt man diesen Wert aus der Regression, so beträgt das Bestimmtheitsmaß der übrigen Werte $R^2 = 0{,}9999$, was einen sehr hohen Grad an Linearität bedeutet.
- Im Kalibrierdiagramm C ist der Verlauf der Kalibrierpunkte im untersuchten Konzentrationsbereich ganz offensichtlich nicht linear. Für eine logarithmische Regression beträgt $R^2 = 0{,}9902$, für eine quadratische Regression ergibt sich $R^2 = 0{,}9996$ (siehe rote Ausgleichskurve in Bild 1C). Die Messung kann nicht mit einer linearen Funktion beschrieben und ausgewertet werden.

Beispiel: Zur Linearitätsüberprüfung einer spektralfotometrischen Analyse wurden 5 Kalibrierlösungen unterschiedlicher Konzentrationen β(Analyt) angesetzt und folgende Extinktions-Messwerte erhalten:

Kalibrierlösung Nr.	1	2	3	4	5
β(Analyt) in mg/100 mL	20	40	60	80	100
Extinktion	0,213	0,381	0,579	0,796	0,984

Mithilfe des Tabellenkalkulationsprogramms Excel soll der Korrelationskoeffizient r berechnet und geprüft werden, ob die Linearität der Methode mit einem Bestimmtheitsmaß von $R^2 > 0{,}997$ erfüllt ist.

Lösung: Die Lösung wurde mit dem TKP Excel erstellt. Es besitzt eine Funktion zur Berechnung des Korrelationskoeffizienten r und des Bestimmtheitsmaßes R^2.

	A	B	C	D	E	F	G	H
1	**Linearitätsüberprüfung einer fotometrischen Analyse**							
2	**Kalibrierlösung Nr.**	**1**	**2**	**3**	**4**	**5**	**Linearitätsparameter**	
3	**Massenkonzentration in mg/100mL**	20	40	60	80	100	Bestimmtheitsmaß R^2	Korrelationskoeffizient r
4	**Extinktion**	0,213	0,381	0,579	0,796	0,984	**0,9984**	**0,9992**

Die Zelleneinträge lauten **für Zelle G4:** =BESTIMMTHEITSMASS(B4:F4;B3:F3)
für Zelle H4: =KORREL(B4:F4;B3:F3)

Das Bestimmtheitsmaß R^2 ist **größer** als 0,997, **die Linearität der Methode wird akzeptiert.**

10.1.3.5 Bestimmung der Nachweisgrenze, Erfassungsgrenze und Bestimmungsgrenze (DIN 32645)

Bei der Ermittlung der Linearität von Messwerten eines Bereiches ist nachvollziehbar, dass die Präzision abnimmt (d.h. die Streuung der Analysenwerte größer wird), wenn die Konzentration immer geringer wird.

Sind Proben zu analysieren, deren Analytkonzentration sehr gering ist, sollten die Nachweis- und Bestimmungsgrenzen der Methode abgeschätzt werden. Das Problem dabei ist, dass es wegen der großen Streuung im unteren Konzentrationsbereich keine Methode gibt, mit der diese Grenzen exakt bestimmt werden können. Es sind stets nur Abschätzungen, die mit verschiedenen Methoden ermittelt werden können. Diese sind meist nicht vergleichbar. Mögliche Methoden[1)] zur Bestimmung der Grenzen:

- die direkte Methode durch Verdünnen
- das Abschätzen durch das Signal/Rausch-Verhältnis
- die Blindwertmethode
- die Kalibriermethode

Unter der **Nachweisgrenze NG** (= x_{NG}) versteht man die kleinste nachweisbare Analytmenge bei einer Wahrscheinlichkeit von 50 %. Das bedeutet: Die Analyse von 100 Proben liefert bei dieser Konzentration 50mal das Ergebnis „gefunden" und 50mal das Ergebnis „nicht gefunden". Die NG ist somit eine *qualitative* Grenze (ja/nein).

Nachweisgrenze NG
Kleinste nachweisbare Analytmenge x_{NG}

Die **Erfassungsgrenze EG** ist die 2fache Nachweisgrenze. Die statistische Wahrscheinlichkeit, einen Analyten zu finden, ist mit P = 95 % definiert: Bei 100 Proben wird der Analyt in 95 Proben gefunden.

Erfassungsgrenze EG
$x_{EG} = 2 \cdot x_{NG}$

Die **Bestimmungsgrenze BG** (= x_{BG}) ist im Gegensatz zur NG und zur EG eine *quantitative* Grenze. Sie beschreibt die kleinste Konzentration, die mit einer vorgegebenen Genauigkeit gerade noch quantifiziert werden kann. In vielen Fällen wird die Bestimmungsgrenze definiert als dreifache Nachweisgrenze (siehe nebenstehende Größengleichung).

Bestimmungsgrenze BG
$x_{BG} = 3 \cdot x_{NG}$

Bei chromatografischen Methoden werden die Nachweis- und Bestimmungsgrenze häufig durch das Signal/Rausch-Verhältnis ermittelt. Zur Abschätzung der Grenzen wird ein Chromatogramm bei höchstmöglicher Empfindlichkeit aufgenommen. Um die Nulllinie zeigt sich das typische „Rauschen" des Detektorsignals, das durch den Abstand zwischen dem maximalen Ausschlag (die Amplitude) quantifiziert werden kann **(Bild 1)**.

Dann werden stark verdünnte Lösungen des Analyten injiziert. Die Konzentration, bei der im Chromatogramm die Analyt-Peakhöhe gerade das 3fache (teilweise 3,3fache) des Rauschens der Nulllinie übersteigt **(Bild 1)**, wird als Nachweisgrenze x_{NG} bezeichnet.

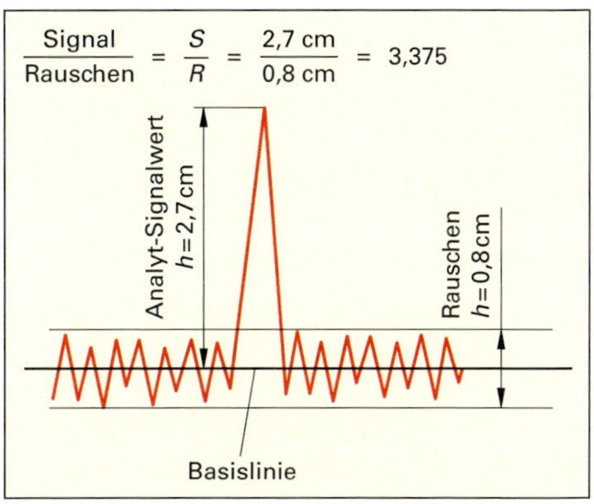

Bild 1: Peak- und Rauschsignal in einem Chromatogramm

1) Im Folgenden wird nur die Signal/Rausch-Methode beschrieben

Beispiel: Bei einer HPLC-Analyse wird eine stark verdünnte Probelösung der Konzentration 150 µg/L bei höchster Empfindlichkeit injiziert. Im Chromatogramm hat der Analyt-Peak eine Höhe von 8,5 cm, der Rausch-Ausschlag beträgt 1,75 cm. Liegt die Bestimmungsgrenze unter der Spezifikation 250 µg/L?
(Nachweisgrenze nach Zulassungsempfehlung ICH im Pharmabereich das 3,3fache Rauschsignal).

Lösung: Die Konzentration 150 µg/L liefert ein Signal-Rausch-Verhältnis von $\frac{8{,}5\ \text{cm}}{1{,}75\ \text{cm}} \approx 4{,}86$

Die Nachweisgrenze beträgt: $x_{\text{NG}} = \frac{150\ \mu\text{g/L}}{4{,}86} \cdot 3{,}3 \approx 102\ \mu\text{g/L}$

Die Bestimmungsgrenze ist: $\boldsymbol{x_{\text{BG}}} = 3 \cdot x_{\text{NG}} = 3 \cdot 102\ \mu\text{g/L} \approx \mathbf{306\ \mu g/L}$

Die Bestimmungsgrenze liegt **über** der Spezifikation, die Methode kann **nicht** akzeptiert werden.

Aufgaben zu Untersuchung der Präzision von Messwerten

1. Bei der UV/VIS-spektroskopischen Bestimmung des Gehalts an Molybdän wurden folgende Analysendaten unter Wiederholbedingungen ermittelt:
468 µg, 475 µg, 461 µg, 472 µg, 486 µg, 467 µg, 471 µg, 481 µg, 477 µg.
Die Wiederholpräzision der Analysenmethode gilt als akzeptiert, wenn der Variationskoeffizient $v < 1{,}5\ \%$ ist. a) Untersuchen Sie, ob die Spezifikation bei der Bestimmung eingehalten wird.
b) Prüfen Sie die Analysendaten auf Normalverteilung mit dem Wahrscheinlichkeitsnetz und
c) dem Schnelltest nach David-Hartley-Pearson (P = 99 %, Irrtumswahrscheinlichkeit α = 1 %).

2. In der nachfolgenden Tabelle sind die Massenkonzentrationen von drei Kalibrierlösungen und die durch chromatografische Mehrfachbestimmung ermittelten Peakflächen aufgeführt:

Kalibrierlösung Nr.	β(Analyt) in mg/100 mL	Peakfläche A in counts	**Kalibrierlösung Nr.**	β(Analyt) in mg/100 mL	Peakfläche A in counts	**Kalibrierlösung Nr.**	β(Analyt) in mg/100 mL	Peakfläche A in counts
		35 856			91 265			143 623
		35 254			92 497			141 730
1	2,5	36 598	**2**	6,5	93 413	**3**	10,6	142 524
		35 461			92 345			144 735
		35 678			91 742			142 987

Prüfen Sie, ob die Kalibrierlösungen unter der Spezifikation Variationskoeffizient < 1,1 % liegen.

3. Bei einer fotometrischen Bestimmung von Eisen-Ionen in einem Waschwasser wurde ein Arbeitsbereich mit den Grenzkonzentrationen von $\beta(Fe^{2+})$ = 0,5 mg/L und $\beta(Fe^{2+})$ = 1,5 mg/L vorgeschlagen. Zur Überprüfung der Akzeptanz dieses Arbeitsbereiches wurden jeweils 8 unabhängige Kalibrierlösungen hergestellt und folgende in der Tabelle aufgeführten Extinktionen ermittelt.

Kalibrierlösung Nr.	1	2	3	4	5	6	7	8
Extinktionen E_1 für $\beta(Fe^{2+})$ = 0,5 mg/L	0,119	0,115	0,117	0,118	0,116	0,113	0,115	0,114
Extinktionen E_2 für $\beta(Fe^{2+})$ = 1,5 mg/L	1,110	1,115	1,095	1,101	1,089	1,113	1,093	1,112

Prüfen Sie den Arbeitsbereich auf Akzeptanz. Er gilt als akzeptiert, wenn beim Varianzenvergleich der Extinktionswerte der beiden Grenzkonzentrationen der Prüfwert des F-Tests mit der Vertrauenswahrscheinlichkeit P = 99 % und dem Freiheitsgrad $f = n - 1$ kleiner ist als der Tabellenwert.

4. Der Blei-Gehalt einer Probe (Angaben in Milligramm) wurde durch zwei unterschiedliche analytische Methoden ermittelt. Überprüfen Sie die beiden Messreihen mithilfe des F-Tests auf Varianzenhomogenität (Irrtumswahrscheinlichkeit α = 1 %).
Methode 1: 137 127 110 137 113 137 122 114 127 137 111 135 122
Methode 2: 109 113 114 108 110 111 112 112 110 114 107 105 113

5. Untersuchen Sie die folgenden Messwertreihe auf Normalverteilung:
107 mg/L, 112 mg/L, 112 mg/L, 113 mg/L, 111 mg/L, 110 mg/L, 108 mg/L, 114 mg/L, 113 mg/L, 109 mg/L
a) Mithilfe des Schnelltests nach David (Irrtumswahrscheinlichkeit α = 0,1 %)
b) Mithilfe des Wahrscheinlichkeitsnetzes

6. Ein pharmazeutischer Wirkstoff wird mittels HPLC auf seinen Gehalt untersucht. Zur Bestimmung der Linearität der Methode werden 7 Referenzproben unterschiedlicher Konzentration chromatografiert und die in nachfolgender Tabelle aufgeführten Peakflächen erhalten:

Kalibrierlösung Nr.	1	2	3	4	5	6	7
Konzentration β(Analyt) in mg/L	20	25	30	35	40	45	50
Peakfläche in counts	45450	55290	65165	76254	88019	99309	111074

a) Führen Sie mithilfe des Tabellenkalkulationsprogramms Excel eine lineare Regression durch.
b) Ermitteln Sie die Funktionsgleichung der Ausgleichsgeraden sowie den Korrelationskoeffizienten *r*.
c) Überprüfen Sie, ob die Methode eine Linearität mit dem Bestimmtheitsmaß $R^2 > 0{,}998$ erfüllt.

7. Bei der Validierung einer HPLC-Analysenmethode wurde eine stark verdünnte Analytlösung der Konzentration 120 ppm bei höchster Empfindlichkeit in das System injiziert. Das Chromatogramm ergab eine Analyt-Peakhöhe von 5,7 cm, das Rauschsignal eine Höhe von 1,3 cm. Welche Nachweisgrenze und welche Bestimmungsgrenze ist nach der Signal/Rausch-Methode abzuschätzen?
(Hinweis: Die Nachweisgrenze wird als das 3,3fache des Nulllinien-Rauschens angenommen)

10.1.3.6 Prüfung von Messwertreihen auf Ausreißer (DIN ISO/TR 22971)

In einer Stichprobe kann es einzelne Werte geben, die deutlich weiter vom berechneten Mittelwert entfernt sind, als die übrigen Werte. Sie können das Ergebnis einer Auswertung erheblich verfälschen (siehe Bild 1B Seite 358). Die im Folgenden beschriebenen Ausreißertests (outlier test) ermitteln auf der Basis eines festzulegenden Vertrauensniveaus durch Vergleich des zu berechnenden Prüfwerts PW mit einem Tabellen-Prüfgrenzwert, ob und mit welcher Sicherheit ein Wert als Ausreißerwert anzusehen ist oder ob es sich um eine zufällige Abweichung handelt.
Der gefundene Ausreißer wird nicht in die weitere Auswertung einbezogen, sollte aber als eliminierter Wert dokumentiert bleiben. Die Ausreißertests setzen annähernd normalverteilte Einzelwerte voraus. Es gibt mehrere Ausreißertests. Im Folgenden werden der Ausreißertest nach Grubbs sowie der Test nach Dixon beschrieben. Ein weiterer, hier nicht behandelter, ist der Ausreißertest nach Cochran.

Ausreißertest nach Grubbs[1)]

Grubbs Ausreißertest

$$PW = \frac{|x_i - \bar{x}|}{s}$$

Beim Grubbs-Test wird für einen ausreißerverdächtigen Wert x_i die **Prüfgröße PW** berechnet (siehe nebenstehende Größengleichung).
Der Ausreißertest nach Grubbs wird für einen Stichprobenumfang $n \geq 30$ empfohlen; eingesetzt werden kann er ab 6 bis 8 Werten.
Ist die Prüfgröße PW **größer** als der entsprechende **Tabellenwert r_m** in der Grubbs-Tabelle (Seite 527) für das festgelegte Vertrauensniveau (P = 95 % oder 99 %), so handelt es sich um einen signifikanten Ausreißer. Der Ausreißerwert wird als solcher gekennzeichnet und für die weitere Berechnung weggelassen. Mit den übrigen Messwerten werden die statistischen Größen (z. B. $\bar{x}$, s) neu berechnet.

Beispiel 1: Bei der gravimetrischen Untersuchung des Massenanteils *w*(Calciumcarbonat) in einem Füllstoffgemisch wurden folgende 35 Analysenergebnisse ermittelt (aus Gründen der Übersichtlichkeit schon aufsteigend geordnet, Angaben in Prozent):

80,86	82,00	82,10	83,12	83,18	83,30	83,51	83,64	83,80	84,02	84,21	84,22	84,24
84,24	84,24	84,38	84,40	84,40	84,42	84,44	84,45	84,46	84,61	84,64	84,82	84,88
84,96	85,10	85,20	85,62	85,70	86,08	86,10	86,22	86,82				

Es ist auf dem Vertrauensniveau P = 95 % zu prüfen, ob der Wert 80,86 % und der Wert 86,82 % als Ausreißer auszuschließen und ggf. der Mittelwert und die Standardabweichung neu zu berechnen sind.

Lösung: a) Die Werte werden aufsteigend geordnet (ist in der Messreihe schon erfolgt). Berechnung:
b) des Mittelwerts: $\bar{x}$ = 84,354 %; c) der Standardabweichung: $s = \pm 1{,}211$ % d) der Prüfwerte PW:

$$\mathbf{PW_{min}} = \frac{|x_{min} - \bar{x}|}{s} = \frac{|80{,}86\,\% - 84{,}354\,\%|}{1{,}211\,\%} = \mathbf{2{,}884};\quad \mathbf{PW_{max}} = \frac{|x_{max} - \bar{x}|}{s} = \frac{|86{,}82\,\% - 84{,}354\,\%|}{1{,}211\,\%} = \mathbf{2{,}036}$$

e) Der Tabellenwert lautet: $\mathbf{r_m}(P = 95\,\%, n = 35) = \mathbf{2{,}811}$ (aus Tabelle 1 Seite 527).
f) Da der Prüfwert $PW_{min} > r_m$, ist der Wert **80,86 %** auf dem Signifikanzniveau 95 % **ein Ausreißer**.
Da der Prüfwert $PW_{max} < r_m$, ist der Wert **86,82 % kein Ausreißer**.
g) Die neu berechneten Werte der bereinigten Datenreihe lauten: $\bar{x}$ = 84,46 %, $s = \pm 1{,}063$ %

[1)] Frank E. Grubbs, englischer Mathematiker

10

Ausreißertest nach Dixon[1]

Der Ausreißertest nach Dixon wird empfohlen, wenn der Stichprobenumfang n weniger als 30 Einzelwerte beträgt.

Beim Test nach Dixon werden die Daten aufsteigend sortiert. Zur Auswertung benötigt man nur drei Werte: den ausreißerverdächtigen Wert x_1, den Nachbarwert x_2 und den kleinsten bzw. größten Wert x_{min} bzw. x_{max} der Datenreihe zur Ermittlung der Spannweite R. Die Anzahl und Lage der Werte dazwischen ist für die Berechnung nicht relevant.

Die Berechnung für den Prüfwert PW wird nach einer der Größengleichungen ermittelt, die in der Tabelle Seite 528 in Abhängigkeit von der Anzahl der Einzelwerte n zusammengestellt sind. Ein Beispiel für 3 bis 7 Werte zeigt die nebenstehende Größengleichung.

Dixon Ausreißertest

$$PW_{min} = \frac{x_2 - x_{min}}{x_{max} - x_{min}} = \frac{x_2 - x_{min}}{R}$$

(Prüfung auf x_{min}, Prüfwert nach unten)

$$PW_{max} = \frac{x_{max} - x_{max-1}}{R}$$

(Prüfung auf x_{max}, Prüfwert nach oben)

Übersteigt bei dem gewählten Signifikanzniveau P bzw. α der berechnete Prüfwert PW den Tabellenwert r_m, so kann der extreme Einzelwert als Ausreißer angesehen werden. Je größer die Anzahl der Messwerte, umso weniger aussagekräftig wird der Dixon-Test.

Beispiel 2: Ein Lösemittel soll zur Umkristallisation einer hydrolyseempfindlichen Substanz eingesetzt werden. Der Massenanteil an Wasser $w(H_2O)$ darf für diese Verwendung maximal 0,50 % betragen. Es wurden $n = 7$ Bestimmungen durchgeführt: 0,48 %; 0,35 %; 0,52 %; 0,51 %; 0,81 %; 0,49 %; 0,39 %.

Liegt der mittlere Wassergehalt innerhalb der Spezifikation? Ist der größte Einzelwert ein Ausreißerwert? Die Irrtumswahrscheinlichkeit ist $\alpha = 0{,}01$, einseitige Fragestellung.

Lösung: Aufsteigend geordnete Einzelwerte: 0,35 %; 0,39 %; 0,48 %; 0,49 %; 0,51 %; 0,52 %; 0,81 %.

Berechnung des Prüfwerts:

$$\mathbf{PW_{max}} = \frac{x_{max} - x_{max-1}}{x_{max} - x_{min}} = \frac{0{,}81\,\% - 0{,}52\,\%}{0{,}81\,\% - 0{,}35\,\%} \approx \mathbf{0{,}630}; \quad \text{Tabellenwert: } \mathbf{r_m = 0{,}637} \text{ (Tabelle Seite 528)}$$

Der Prüfwert PW = 0,630 ist **kleiner** als der Tabellenwert r_m = 0,637 ($\alpha = 0{,}01$; $n = 7$)

Der ausreißerverdächtige Wert x_7 = 0,81 % kann mit der Irrtumswahrscheinlichkeit $\alpha = 0{,}01 = 1\,\%$ (einseitig) **nicht** als Ausreißerwert angesehen werden.

Der Mittelwert des Wassergehalts beträgt $w(H_2O)$ = 0,51 %. **Das Lösemittel ist nicht geeignet.**

Aufgaben zur Prüfung von Messwertreihen auf Ausreißer

1. Bei der Bestimmung der Dichte von Ethanol wurden bei einer Charge folgende 15 Werte in g/mL ermittelt: 0,7996; 0,7964; 0,7954; 0,7932; 0,7789; 0,7789; 0,7002; 0,7256; 0,7365; 0,7582; 0,7712; 0,7729; 0,7741; 0,7762; 0,7763

   Überprüfen Sie mithilfe des Grubbs-Tests die Dichte-Werte auf Ausreißer (Signifikanzniveau 95 %, einseitig).

2. Bei der Mehrfachbestimmung einer Probe mittels HPLC wurden folgende Peakflächen in counts erhalten: 9021; 7651; 7380; 7196; 7171; 7442; 7264

   Überprüfen Sie mithilfe des Dixon-Ausreißertests, ob es sich beim kleinsten und größten Wert dieser Messreihe auf dem Signifikanzniveau P = 95 % um Ausreißer handelt.

3. Zur Untersuchung der Akzeptanz des Arbeitsbereiches wurde bei einer fotometrischen Nitrit-Bestimmung mit dem Konzentrationsniveau 0,0500 mg/L und 0,5000 mg/L jeweils eine 10fache Wiederholserie analysiert. Dabei wurden folgende Extinktionswerte erhalten:

   Unterer Arbeitsbereich: 0,177; 0,183; 0,186; 0,184; 0,185; 0,184; 0,184; 0,186; 0,185; 0,188

   Oberer Arbeitsbereich: 1,353; 1,352; 1,350; 1,354; 1,350; 1,346; 1,347; 1,351; 1,346; 1,355

   Überprüfen Sie die beiden Messreihen mithilfe des Grubbs-Tests auf Ausreißer (Signifikanzniveau 99 %). Führen Sie für die beiden Messreihen (ggf. Ausreißer eliminiert) einen Varianzenhomogenitätstest durch und bewerten Sie die Akzeptanz des Arbeitsbereiches.

[1] Dixon, englischer Mathematiker

10.2 Qualitätssicherung in der Produktionsüberwachung

Bei der Herstellung der in Chemieanlagen erzeugten Produkte und deren direkter analytischer Überwachung (Online) fallen große Datenmengen an **(Bild 1)**.

Aufgrund der Vielzahl der Messdaten produktionsbegleitender Qualitätsüberwachung hat die Anwendung statistischer Methoden bei der **Prozesssteuerung** (Statistical Process Control, SPC) große Bedeutung.

Die Prozesssteuerung der Chemieanlagen und die Sicherung der Qualität der Produkte erfolgen auf der Basis regelmäßig erfasster analytischer Messwerte.

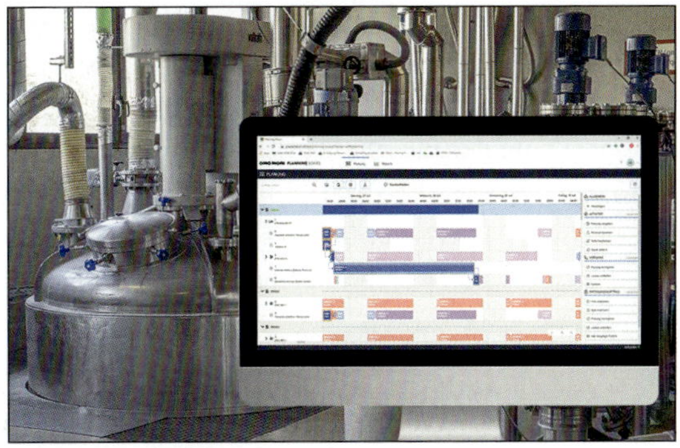

Bild 1: Prozessüberwachung mit Analysedaten

10.2.1 Erfassung der Verteilung von Messwerten

Ein Messvorgang, z.B. die Bestimmung der Zusammensetzung eines Produkts, unterliegt vielen Fehlereinflüssen.

Es gibt **systematische Fehlereinflüsse**, wie z.B. einen falsch eingestellten Nullpunkt bei einem Analysegerät. Dies bewirkt eine Verschiebung der gemessenen Analysewerte in eine Richtung.

Daneben gibt es zahlreiche **unsystematische Fehlereinflüsse**, wie z.B. die im Tagesverlauf sich ändernde Temperatur bei einem Analysegerät, anhaftendes Analysegut in der Zuleitung des Analysegerätes, Schmutzablagerungen usw.. Diese unsystematischen Fehlereinflüsse führen zur Streuung der Messwerte um den Sollwert.

10.2.1.1 Datensammelkarte

Eine Methode zur Erfassung der Streuung der Messwerte ist das Führen einer Datensammelkarte.

Man nennt sie auch **Strichliste** oder **Häufigkeitstabelle (Bild 2)**.

In ein vorbereitetes Formular oder ein Datenblatt werden die Analyseergebnisse in einer Zeile, die einer Messwert-Klassenbreite entspricht, mit einem Strich markiert. Fünf Striche werden zu einem 5er-Päckchen zusammengefasst.

Zum Erstellen einer Datensammelkarte (Strichliste) muss die **Klassenbreite *b*** ermittelt werden. Die Ermittlung erfolgt mit den nebenstehenden Formeln. Sie sind aus der Statistik hergeleitet.

Die **Spannweite *R*** aller Analysenwerte ist $x_{max} - x_{min}$.

Die Anzahl der Klassen ist $k = \sqrt{n}$. Mit diesen Größen kann die Klassenbreite b berechnet werden. Damit wird die Spannweite der Analysenwerte in Klassen unterteilt **(Bild 2)**. Ihre Zahl soll 5 bis 10 betragen.

Dann werden die Analysenwerte in die jeweilige Zeile der Strichliste als Strich eingetragen. Anschließend zählt man die Anzahl der Analysenwerte jeder Klasse und trägt sie in das Formular ein **(Bild 2)**. Analysenwerte, die mit einer oberen Klassengrenze übereinstimmen (z.B. m = 80,0 kg), werden jeweils der nächsthöheren Klasse zugeordnet.

Zum Schluss wird der Anteil x_W der einzelnen Klassen mit nebenstehender Gleichung berechnet.

	A	B	C	D E F	G	H
1	**Tabelle: Datensammelkarte der Analyse-**					
2	**ergebnisse der Produktionsanlage**					
3	Klasse	**Sollwert: 80,00 g/L**		**Toleranz: +2,40 g/L**		
4		Masse in g/L		Anzahl der Analysen	An-	Anteil
5	Nr.	von	bis	pro Klassenbreite	zahl	in %
6	0	79,7	80,0		0	0,0
7	1	80,0	80,3	I	1	2,0
8	2	80,3	80,6	III	3	6,0
9	3	80,6	80,9	卌 III	8	16,0
10	4	80,9	81,2	卌 卌 卌 II	17	34,0
11	5	81,2	81,5	卌 卌 II	12	24,0
12	6	81,5	81,8	卌 I	6	12,0
13	7	81,8	82,1	III	3	6,0
14	8	82,1	82,4		0	0,0
15				Summen:	50	100,0

Bild 2: Datensammelkarte in Form einer Strichliste in einem Excel-Blatt

Berechnungen zur Datensammelkarte

Spannweite

$R = x_{max} - x_{min}$

Klassenbreite

$b = \frac{R}{k}$

Anzahl der Klassen

$k = \sqrt{n}$

mit n = Anzahl der Messwerte

Anteil einer Klasse an der Gesamtzahl

$$x_W = \frac{\text{Anzahl der Striche einer Klasse}}{\text{Gesamtzahl aller Striche}}$$

Beispiel: Von den Chargen der Produktionsanlage PA7 wurden 50 Stichproben analysiert und dabei folgende Messwerte (in g/L) erhalten. Der Mindest-Gehalt beträgt 80,00 g/L, die Toleranz +2,40 g/L.

80,0	81,4	81,2	80,9	81,6	81,4	82,0	81,2	80,6	81,0	80,8	81,3	82,0	80,5	81,0	81,5	80,8	81,1	81,2	80,3	81,1	81,0	80,7	81,3	81,6
81,0	81,4	81,3	81,1	80,8	80,9	81,3	81,1	80,6	81,7	81,1	80,4	81,4	81,8	81,3	80,7	81,1	81,1	81,0	80,6	81,0	80,9	81,6	81,6	80,9

a) Berechnen Sie die Spannweite *R* sowie die Anzahl *k* der Klassen und die Klassenbreite *b*.

b) Erstellen Sie eine Datensammelkarte mit Strichliste. c) Berechnen Sie die Anteile der Einzel-Klassen.

Lösung: a) mit $x_{max} = 82{,}0$ g/L und $x_{min} = 80{,}0$ g/L folgt: Spannweite $\boldsymbol{R} = x_{max} - x_{min} = 82{,}0\text{ g/L} - 80{,}0\text{ g/L} = \mathbf{2{,}0\ g/L}$

mit $n = 50$ folgt die Anzahl der Klassen $\boldsymbol{k} = \sqrt{50} = 7{,}07 \Rightarrow$ Es wird gewählt $\boldsymbol{k} = \mathbf{8}$ **Klassen**

Damit berechnet man die Klassenbreite $\boldsymbol{b} = \frac{R}{k} = \frac{2{,}0\text{ g/L}}{8} = 0{,}25\text{ g/L} \approx \mathbf{0{,}3\ g/L}$

b) Die Strichliste ist in der **Tabelle** auf Seite 363 abgebildet.
Die Klasse Nr. 1 ist eine Klassenbreite (0,3 g/L) unterhalb der Mindest-Einwaage von 79,7 g/L bis 80,0 g/L.
Die Klasse Nr. 2 ist: 80,0 g/L bis 80,3 g/L, die Klasse Nr. 2 ist 80,3 g/L bis 80,6 g/L usw.
Die letzte Klasse Nr. 8 ist eine Klassenbreite über der letzten Klasse mit Messwerten: 82,1 g/L bis 82,4 g/L.

c) Der Anteil einer Klasse, z.B. für die Klasse 5 (81,2 bis 81,5 g/L), berechnet sich zu: $\boldsymbol{x_{w5}} = \frac{\text{Anzahl der Striche}}{\text{Summer aller Striche}} = \frac{12}{50} = 0{,}240 = \mathbf{24{,}0\ \%}$

Die Anteile aller Klassen sind in der letzten Spalte in Bild 1, Seite 363, eingetragen.

10.2.1.2 Histogramm

Die Streuung innerhalb einer Datenreihe kann auch anschaulich in einem **Histogramm** (ein spezielles Säulendiagramm) grafisch dargestellt werden **(Bild 1)**. Dort werden die Häufigkeitsanteile jeder Klassenbreite über der Klasse (Messwertspanne) aufgetragen.

Im nebenstehenden Histogramm sind die Werte der Datensammelkarte von Bild 1, Seite 363, verwendet.

Das Histogramm ermöglicht Rückschlüsse auf die Genauigkeit des Prozesses, die Zentrierung auf den Toleranzmittelwert, die Normalverteilung einer Stichprobe u.a.
Über die Form der Verteilung der Messwerte kann man auf Fehler im Prozess schließen.

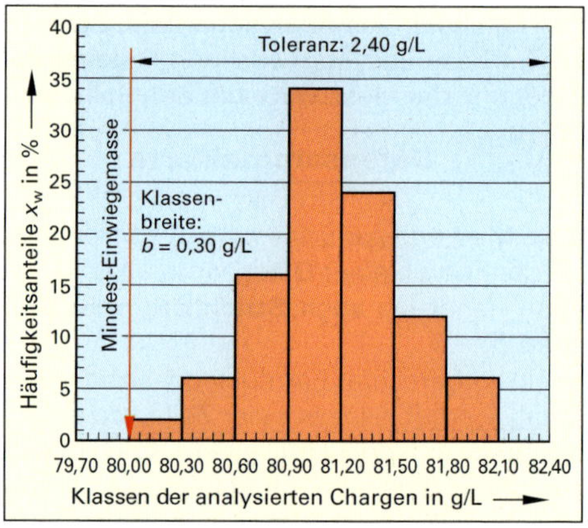

Bild 1: Histogramm der analysierten Chargen der Produktionsanlage PA7

Beispiel: Beurteilen Sie anhand des Histogramms von **Bild 1** die Qualität der Produktionsanlage PA7.

Lösung:
1. Alle Stichprobenwerte liegen oberhalb des Mindest-Gehalts. ⇒ Gut
2. Alle Werte liegen innerhalb der Toleranzgrenzen zwischen 80,0 g/L und 82,4 g/L. ⇒ Gut
3. Die Analysenwerte sind annähernd normalverteilt, da die größte Häufigkeit etwa mittig zwischen den Toleranzgrenzen liegt. ⇒ Gut

Aufgabe zur Erfassung der Verteilung von Messwerten

Der Gehalt an Fällungsmittel in einer Lösung soll zwischen 325 mg/L und 350 mg/L liegen. Folgende Messwerte in mg/L wurden bei Stichproben erhalten:

336	330	343	332	339	337	339	335	328	346	337	340	343	331	335	336	340	333	333	338	342	339	337	336
340	341	337	327	337	334	336	335	333	333	340	337	347	339	344	339	335	338	332	332	334	327	341	343

Untersuchen und bewerten Sie die Messwertreihe nach dem Schema a) bis e).

a) Berechnen Sie die Spannweite *R*, die Anzahl der Klassen *k* und die Klassenbreite *b*.
b) Erstellen Sie eine Datensammelkarte mit Strichliste.
c) Berechnen Sie die Anteile der Klassen.
d) Stellen Sie die Messwerte in einem Histogramm dar.
e) Beurteilen Sie die Verteilung der Werte.

10.3 Qualitätsregelkarten in der Produktionsüberwachung

Zur Überprüfung der Qualität müssen Analysewerte vom Produkt gemessen sowie Abweichungen und Fehler untersucht werden. Damit wird der Produktionsprozess optimiert.
Das Führen von Qualitätsregelkarten ist ein Hilfsmittel der **statistischen Qualitätskontrolle** (Statistical Process Control SPC).

10.3.1 Aufbau und Funktion von Qualitätsregelkarten QRK

In einer Qualitätsregelkarte (QRK) werden die aus dem Prozess gewonnenen Messwerte eines Qualitätsmerkmals in ein Diagramm eingetragen **(Bild 1)**. Die Abszisse (x-Achse) stellt die Probennummer oder den zeitlichen Ablauf dar (z.B. Uhrzeit, Prüfperiode, Schicht), während auf der Ordinate (y-Achse) die Kenngröße des Qualitätsmerkmals (z.B. die Masse, eine Gehaltsgröße, die Dichte) aufgetragen ist.

In die QRK wird der Sollwert M als horizontale Linie eingetragen. Dadurch kann man die Lage der Messwerte zum Sollwert gut erkennen.

Man unterscheidet folgende Qualitätsregelkarten:

Als **Urwert-Qualitätsregelkarte**, kurz x-Karte genannt, bezeichnet man eine QRK, wenn die Einzel-Messwerte x eingetragen werden **(Bild 1)**.

Außerdem gibt es QRK mit statistischen Größen der Messwerte, wie z.B. dem Mittelwert (Seite 366).

Wird in eine QRK nur eine Messgröße aufgetragen, nennt man die QRK **einspurig** (**Bild 1** und **Bild 2**), bei zwei aufgetragenen Messgrößen **zweispurig** (Bild 1, Seite 366).

In die QRK sind Regelgrenzen eingezeichnet. Sie geben die Grenzen an, in denen der Prozess geführt werden soll. Dies können sein:

- **Warngrenzen UWG, OWG**
- **Eingriffsgrenzen UEG, OEG**
- **Toleranzgrenzen UTG, OTG**

Sollen in einer QRK bei einem Qualitätsmerkmal Abweichungen in nur eine Richtung überwacht werden (Über- oder Unterschreiten eines Grenzwertes), so spricht man von einer **einseitigen Regelkarte (Bild 1)**. Sie hat nur eine obere Toleranzgrenze OTG und nur eine obere Eingriffsgrenze OEG und eine obere Warngrenze OWG.

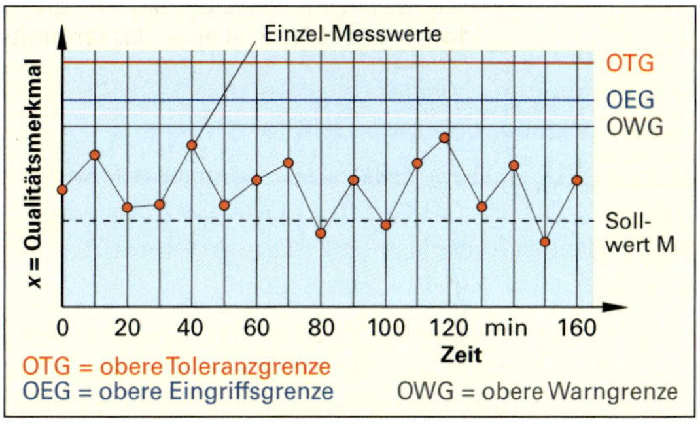

Bild 1: Aufbau einer einspurigen, einseitigen Urwert-Qualitätsregelkarte

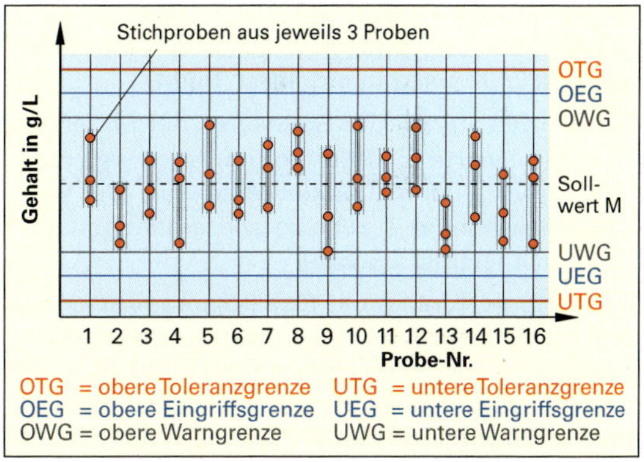

Bild 2: Aufbau einer einspurigen, zweiseitigen Urwert-Qualitätsregelkarte mit 3er-Stichproben

Beispiele für einseitige Regelgrenzen:
- Im Trinkwasser dürfen laut TVO maximal 25 mg/L Nitrat-Ionen enthalten sein.
- VE-Wasser aus einer Ionenaustauscheranlage darf eine Grenzleitfähigkeit von z.B. 0,2 µS/cm nicht überschreiten.

Wird das Über- und Unterschreiten von Grenzwerten mit einer QRK überwacht, trägt man obere und untere Toleranz- und Eingriffsgrenzen ein: OTG, UTG; OEG, UEG. Die QRK ist dann **zweiseitig (Bild 2)**.

Beispiel: Die gemessenen Analysenwerte haben ein Mindest- und ein Höchstvolumen.

Anstatt der Einzelmesswerte (Bild 1) können auch **Stichproben mit mehreren Einzelwerten** in die QRK eingetragen sein. **Bild 2** zeigt beispielsweise eine QRK, in der Stichproben aus jeweils drei Einzelproben eingetragen sind. Die Stichproben-Einzelwerte geben nicht nur die Lage der Messwerte zum Sollwert M wieder, sondern auch die **Streuung** der Messwerte innerhalb einer Stichprobe. Allerdings ist diese manuelle Methode der QRK sehr zeitaufwendig und unübersichtlich.

Qualitätsregelkarten mit statistischen Kennwerten

Um den Prozessverlauf besser beurteilen zu können, werden anstatt der Urwerte **statistisch aufbereitete Messwerte** wie z.B. der arithmetische Mittelwert $\bar{x}$, die Spannweite R, der Medianwert $\tilde{x}$ oder die Standardabweichung s in die Qualitätsregelkarte QRK eingetragen. Man erhält so umfassendere Informationen über den Prozess. Die statistischen Kennwerte berechnet man nach nebenstehenden Größengleichungen. Näheres dazu auf Seite 41.

Berechnung statistischer Größen	
Arithmetischer Mittelwert: $\bar{x} = \frac{x_1 + x_2 \ldots x_n}{n}$ n Anzahl der Messwerte	**Medianwert:** ***bei n* ungerade:** $\tilde{x} = x_{\frac{(n+1)}{2}}$ ***bei n* gerade:** $x = \frac{1}{2} \cdot (x_{\frac{n}{2}} + x_{\frac{n}{2}+1})$
Standardabweichung: $s = \pm\sqrt{\frac{\sum(x_i - \bar{x})^2}{n-1}}$	**Spannweite (Range):** $R = x_{max} - x_{min}$

Die daraus resultierenden Qualitätsregelkarten werden bezeichnet als

- Mittelwert-Qualitätsregelkarte ($\bar{x}$ - QRK)
- Median-Qualitätsregelkarte ($\tilde{x}$ - QRK)
- Spannweiten-Qualitätsregelkarte (R - QRK)
- Standardabweichungs-QRK (s - QRK)

Die $\tilde{x}$ - QRK und R - QRK sind rasch von Hand zu erstellen. Die $\bar{x}$ - QRK und s - QRK werden wegen des Rechenaufwands meist rechnerunterstützt angefertigt.

Soll neben der **Lage** der Messwerte zum Sollwert auch die **Streuung** der Stichprobenwerte verdeutlicht werden, ist dies entweder mit einer **Spannweitenkarte** (R-Regelkarte) oder mit einer **Standardabweichungskarte** (s - Regelkarte) möglich.

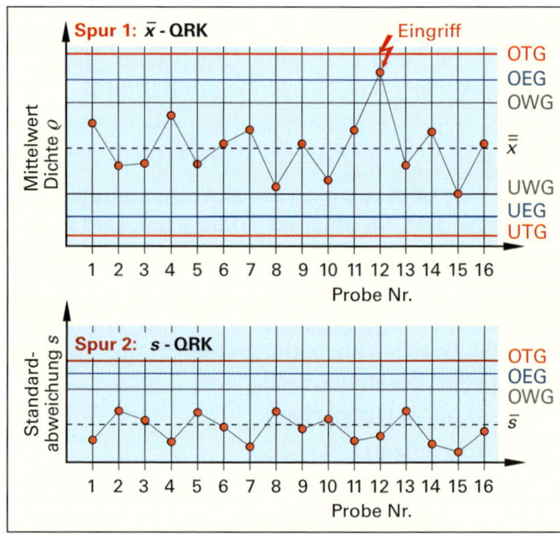

Bild 1: Zweispurige $\bar{x}$-s–Qualitätsregelkarte
Spur 1: zweiseitige Mittelwertkarte $\bar{x}$,
Spur 2: einseitige Standardabweichungskarte s

Zweispurige Qualitätsregelkarte

Häufig wird die $\bar{x}$ - QRK bzw. die $\tilde{x}$ - QRK mit einer s - QRK über der gleichen x-Achse zu einer **zweispurigen** QRK zusammengefasst **(Bild 1)**.

10

Hier werden anstatt des Sollwertes der Mittelwert aller Mittelwerte $\bar{\bar{x}}$ (**Bild 1 oben,** auch xqq oder x-quer-quer genannt) und der Mittelwert aller Standardabweichungen $\bar{s}$ (auch sq bzw. s-quer genannt) eingezeichnet **(Bild 1 unten)**.

Eine zentrale Funktion in Qualitätsregelkarten haben die **Regelgrenzen:** Die **Warngrenzen** OWG, UWG sollen vor einer einsetzenden Entfernung der Messwerte vom Sollwert warnen. Bei Überschreiten der **Eingriffsgrenzen** OEG, UEG muss regulierend in den Prozess eingegriffen werden, um ihn wieder in die Nähe des Sollwerts zurückzuführen. Die **Toleranzgrenzen** OTG, UTG dürfen nicht überschritten werden; der Prozess und die erzeugten Produkte entsprechen dann nicht mehr den Qualitätsvorgaben durch den Kunden.

QRK als Regler im Produktionsprozess

Das prozessbegleitende Führen von Qualitätsregelkarten hat die Funktion eines Reglers in einem Regelkreis **(Bild 2)**. Über- oder Unterschreitungen der Spezifikationsgrenzen aufgrund von Fehlern im Produktionsprozess werden weitgehend vermieden.

Es bewirkt, dass Ausschuss gar nicht erst entsteht.

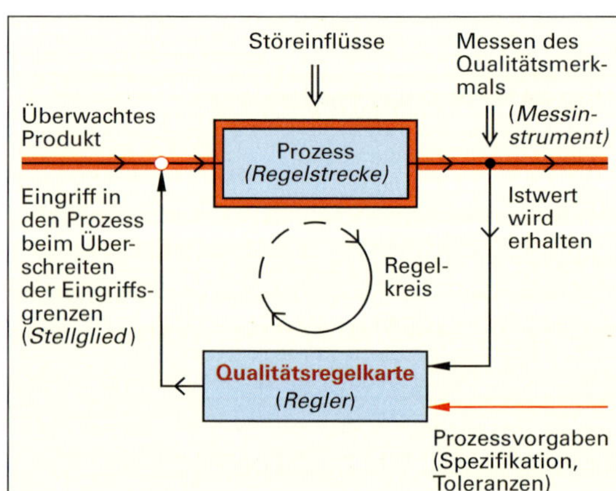

Bild 2: Schema der Reglerfunktion einer Qualitätsregelkarte (Qualitätsregelkreis)

Qualitätsregelkarten ermöglichen das Erfassen zufälliger und systematischer Abweichungen durch Kontrolle der **Richtigkeit und der Präzision** (siehe Seite 348).

Zur Überprüfung der **Richtigkeit** dienen:
- Mittelwert-Regelkarten $\bar{x}$ **(Bild 1)**
- Wiederfindungs-Regelkarten WFR
- Blindwert-Regelkarten

Die **Präzision** wird überwacht mittels:
- Spannweiten-Regelkarten *R* (Range)
- Standardabweichungs-Regelkarten *s*

Während die Regelkarten für die Richtigkeits-Überwachung die **Lage** der Werte zum Sollwert/wahren Wert darstellen, kennzeichnen die Regelkarten zur Präzisionsüberwachung die **Streuung** der Werte.

Qualitätsregelkarten, bei denen auf der x-Achse die Zeit, das Datum oder die Probennummer und auf der y-Achse der Merkmalswert dargestellt ist, bezeichnet man nach ihrem Erfinder **Shewhart-Qualitätsregelkarten**[1] oder **Prozess-Qualitätsregelkarten**.

Die auf den Seiten 365 und 366 gezeigten QRK sind Shewhart-QRK.

In der betrieblichen Praxis werden die QRK meist auf einem Computer geführt **(Bild 1)**.

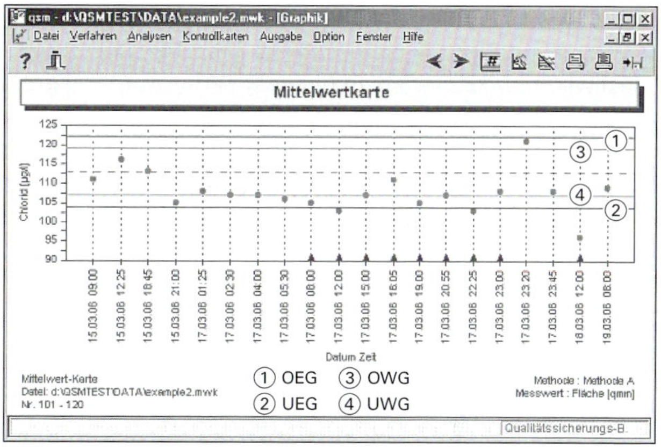

Bild 1: Monitorbild einer professionellen Auswertungs-Software (QSM) mit einspuriger Mittelwert-QRK

10.3.2 Berechnen der Regelgrenzen bei Lage-Qualitätsregelkarten

Eine wichtige Voraussetzung für das Führen von Qualitätsregelkarten sind normal oder annähernd normal verteilte Messreihen. Die Lage dieser Messwerte ist durch die Gauß'sche Normalverteilungskurve (Seite 45) gekennzeichnet. Sie gibt die Häufigkeit der Messwerte einer Stichprobe in Abhängigkeit von der Standardabweichung *s* zum Mittelwert an.

In **Bild 2** ist links neben der Regelkartenspur die Verteilungskurve normal verteilter Messwertreihen (Normalverteilungskurve) eingezeichnet.

Bei der **Prozess-QRK** werden die zu Beginn des Prozesses festzulegenden Toleranzgrenzen OTG und UTG in der Regel als Spezifikationsgrenzen (≙ Toleranzgrenzen) durch die Kundenanforderungen vorgegeben. Deshalb müssen diese nicht, wie in **Bild 2**, symmetrisch bei ±4 s um den Mittelwert liegen.

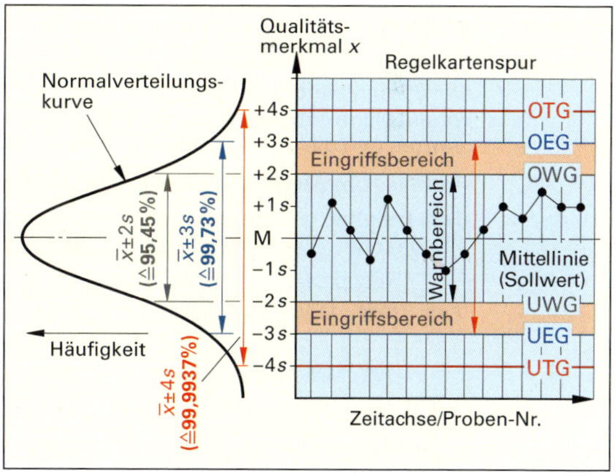

Bild 2: Zweiseitige Regelkarte mit Regelgrenzen auf Basis der Standardabweichung *s*

Die **Regelgrenzen von Prozess-QRK** können nach verschiedenen Bestimmungsgleichungen festgelegt werden. Eine mögliche Festlegung beruht auf Gleichungen mit $\bar{\bar{x}}$ (xqq), dem Mittelwert aller Stichproben-Mittelwerte $\bar{x}$ (xq), und $\bar{s}$ (sq), dem Mittelwert aller Standardabweichungen *s*.

Der Mittelwert aller Standardabweichungen $\bar{s}$ und der Mittelwert aller Mittelwerte $\bar{\bar{x}}$ werden durch einen Prozess-Vorlauf mit einer größeren Anzahl von Stichproben, in der Regel mindestens 25 zu je 5 Einzelproben, ermittelt.

[1] Walter Shewhart, amerikanischer Mathematiker

Die **Bestimmungsgleichungen der Regelgrenzen** sind nebenstehend aufgeführt.

Die **Warngrenzen WG** werden als zweifache Standardabweichung **± 2 *s*** um den Mittelwert der Mittelwerte $\bar{\bar{x}}$ definiert. In Bild 2, Seite 367 sind dies die grauen Linien mit Abstand ± 2 *s* um die Mittellinie (OWG, UWG). Hierbei liegen die Messwerte mit 95,45 % Wahrscheinlichkeit innerhalb der Warngrenzen. 4,55 % der Messwerte, also ein Messwert von 22 Werten, überschreitet die Warngrenzen (Zur Erläuterung: 1:22 ≈ 4,55 %).

Bestimmungsgleichungen der Regelgrenzen von Prozess-QRL auf Basis $\bar{\bar{x}}$ und $\bar{s}$		
Warngrenzen	$WG = \bar{\bar{x}} \pm 2 \cdot \bar{s}$	Einer von 22 Werten liegt außerhalb der WG
Eingriffsgrenzen	$EG = \bar{\bar{x}} \pm 3 \cdot \bar{s}$	Einer von 370 Werten liegt außerhalb der EG
Toleranzgrenzen	$TG = \bar{\bar{x}} \pm 4 \cdot \bar{s}$	Einer von 16 667 Werten liegt außerhalb der TG

Als **Eingriffsgrenzen EG** sind die dreifache Standardabweichung **± 3 *s*** um $\bar{\bar{x}}$ festgelegt (siehe Formelkästchen und Bild 2, Seite 367). Hierbei befinden sich 99,73 % der Messwerte innerhalb der Eingriffsgrenzen, 0,27 % darüber oder darunter. Das bedeutet: bei einem von 370 Messwerten ist ein Eingreifen in den Prozess erforderlich. (Zur Erläuterung: 1:370 ≈ 0,27 %)

Die **Toleranzgrenzen TG** werden durch die vierfache Standardabweichung **± 4 *s*** um $\bar{\bar{x}}$ definiert (siehe Formelkästchen und Bild 2, Seite 367). Dann sind 99,9937 % aller Messwerte innerhalb der Toleranzgrenzen zu erwarten, 0,0063 % außerhalb. Das bedeutet: einer von 16 667 Werten liegt außerhalb der Toleranzgrenzen.

In der chemischen Produktion dürfen die Toleranzgrenzen (Spezifikationsgrenzen des Kunden) nicht überschritten werden. Bei Toleranzgrenzen von ± 4 *s* erfüllt beispielsweise eines von 16 667 Produkten nicht die Qualitätsanforderungen. Dies ist bei Konsum- und Industriegütern tolerabel.

Beispiel 1: Bei der Produktion von Aerosil (pyrogene Kieselsäure) wurde der Mittelwert der mittleren Korngröße zu $\bar{\bar{x}}$ = 0,50 µm bestimmt, die mittlere Standardabweichung zu $\bar{s}$ = ±0,03 µm ermittelt.
Berechnen Sie die Warngrenzen mit der zweifachen mittleren Standardabweichung (±2 $\bar{s}$) und die Eingriffsgrenzen mit der dreifachen Standardabweichung (±3 $\bar{s}$).

Lösung: **OEG** $= \bar{\bar{x}} + 3\bar{s}$ = 0,50 µm + 3 · 0,03 µm = **0,59 µm**; **UEG** $= \bar{\bar{x}} - 3\bar{s}$ = 0,50 µm – 3 · 0,03 µm = **0,41 µm**
OWG $= \bar{\bar{x}} + 2\bar{s}$ = 0,50 µm + 2 · 0,03 µm = **0,56 µm**; **UWG** $= \bar{\bar{x}} - 2\bar{s}$ = 0,50 µm – 2 · 0,03 µm = **0,44 µm**

Beispiel 2: Der Füllgrad der PE-Flaschen einer Abfüllanlage wird mit einer Prozess-Qualitätsregelkarte überwacht. Alle 20 min werden 5 befüllte PE-Flaschen entnommen und einzeln ausgewogen (Wägewerte aus dem Vorlauf siehe **Tabelle**). Berechnen Sie mit dem Mittelwert $\bar{\bar{x}}$ und der Standardabweichung $\bar{s}$ die Eingriffsgrenzen und die Warngrenzen für eine zweiseitige Mittelwert-Qualitätsregelkarte ($\bar{x}$ - QRK).

Tabelle: Überwachung der Abfüllmaschine Z-73

Teil: Befüllte PE-Flasche			**Merkmal: Masse in g**			**Spezifikation: 267 g ± 5 g**			**Stichprobengröße/-Frequenz: 5 Stück alle 20 min**					
	Stichprobe		Datum: 18.03.2017						**Grenzwerte:** OTG = 272 g		UTG = 262 g			
Zeit	**10:00**	**10:20**	**10:40**	**11:00**	**11:20**	**11:40**	**12:00**	**12:20**	**12:40**	**13:00**	**13:20**	**13:40**	**14:00**	**14:20**	**Regelgrenzen:**
Messwerte in g	269	265	267	270	265	266	266	265	270	269	270	264	268	267	OEG = **270,9 g**
	268	266	269	268	269	264	269	269	268	265	268	266	266	269	UEG = **263,7 g**
	267	266	270	269	267	265	268	267	269	269	269	264	266	267	OWG = **269,7 g**
	267	265	266	269	266	264	269	266	269	265	269	265	264	266	UWG = **264,9 g**
	268	266	268	270	268	266	268	268	270	268	270	266	269	268	
$\bar{x}$	267,8	265,6	268,0	269,2	267,0	265,0	268,0	267,0	269,2	267,2	269,2	265,0	266,6	267,4	$\bar{\bar{x}}$ = **267,3 g**
s	0,837	0,584	1,581	0,837	1,581	1,000	1,225	1,581	0,837	2,094	0,837	1,000	1,949	1,140	$\bar{s}$ = **±1,214 g**

Lösung: Die obige Tabelle zeigt die Ergebnisse der Berechnungen in roter Schrift.
Berechnung der **Einzel-Mittelwerte**, exemplarisch die 10:00-Uhr-Stichprobe:
$\bar{x}_1$ = (269 + 268 + 267 + 267 + 268) g / 5 = 267,8 g
Berechnung des **Mittelwerts aller Einzel-Mittelwerte**:
$\bar{\bar{x}}$ = (267,8 + 265,6 + … + 266,6 + 267,4) g / 14 ≈ 267,3 g
Berechnung der **Standardabweichung** der 10:00-Uhr-Stichprobe:

$$s = \pm\sqrt{\frac{(267{,}3-269)^2 + (267{,}3-268)^2 \ldots \text{g}^2}{5-1}} = \sqrt{\frac{2{,}8\ \text{g}^2}{4}} \approx \pm\,0{,}837\ \text{g}$$

Berechnung des **Mittelwerts der Standardabweichungen**:	$\bar{s}$ = (0,837 + 0,584 + ... + 1,949 + 1,140) g/14 ≈ ±1,21 g
Berechnung der **Eingriffsgrenzen**:	**OEG** = $\bar{\bar{x}} + 3 \cdot \bar{s}$ = 267,3 g + 3 · 1,214 g ≈ **270,9 g**
	UEG = $\bar{\bar{x}} - 3 \cdot \bar{s}$ = 267,3 g − 3 · 1,214 g ≈ **263,7 g**
Berechnung der **Warngrenzen**:	**OWG** = $\bar{\bar{x}} + 2 \cdot \bar{s}$ = 267,3 g + 2 · 1,214 g ≈ **269,7 g**
	UWG = $\bar{\bar{x}} - 2 \cdot \bar{s}$ = 267,3 g − 2 · 1,214 g ≈ **264,9 g**

Regelgrenzen in der Pharmaproduktion

Bei **Produkten mit großem Risikopotenzial**, wie z.B. bei der Herstellung von Medikamenten in der Pharmaindustrie, wird als Toleranzgrenze ± 5 *s* festgelegt. Dann liegen 99,999943 % der Messwerte innerhalb der Toleranzgrenzen, 0,000057 % außerhalb. (Zur Erläuterung: 1 : 1754386 = 0,000057 %)

In diesem Fall hält ein Produkt von 1 754 386 Produkten nicht das geforderte Qualitätsmerkmal ein. Es muss erkannt und aussortiert werden.

Aufgaben zum Berechnen der Regelgrenzen bei Lage-Qualitätsregelkarten

1. In einer petrochemischen Anlage wird ein Hydrauliköl der Viskositätsklasse ISO VG 46 (kinematische Viskosität 46,0 mm^2/s bei 40 °C) hergestellt. Nach Stichprobenplan wird alle 45 min eine Probe gezogen und die Viskosität ν mit einem Rotationsviskosimeter bei 40 °C gemessen.

   Folgende Messwerte dokumentiert das Messprotokoll der letzten 26 Proben aus der Vorperiode:

Messprotokoll vom 19.08.2008, ISO VG 46, Viskosität in mm^2/s												
46,2	46,3	46,0	45,1	47,1	45,7	44,9	46,7	46,2	46,3	45,9	46,1	47,0
46,0	46,4	45,1	46,9	46,0	45,3	46,6	45,9	46,1	45,5	46,7	45,6	47,1

   Berechnen Sie aus den Messwerten die Eingriffsgrenzen (± 3 · *s*) und Warngrenzen (± 2 · *s*) für eine Einzelwert-QRK.

2. In einem Brüdenkondensat wird die Chlorid-Massenkonzentration volumetrisch überwacht. Sie soll $\beta(Cl^-)$ = 50 mg/L ± 4 mg/L betragen. Die Tabelle zeigt je 5 Stichproben-Messwerte eines Vorlaufs. Berechnen Sie die Eingriffsgrenzen (± 3 · *s*) und Warngrenzen (± 2 · *s*) für eine zweiseitige Mittelwert-QRK.

Probe Nr.		1	2	3	4	5	6	7	8	9	10	11	12	13	14	15
Messwerte in mg/L	x_1	51,3	50,0	52,1	47,4	50,1	47,6	49,9	52,3	49,0	50,1	49,4	47,1	50,4	48,7	48,1
	x_2	48,8	48,9	53,1	49,4	49,3	48,3	50,5	53,6	49,7	50,1	47,1	47,6	48,4	49,6	50,0
	x_3	49,8	51,5	51,0	47,4	50,0	49,7	48,4	52,1	50,7	50,3	49,4	49,7	51,7	49,0	50,2
	x_4	49,6	52,0	52,4	49,8	50,3	47,8	49,8	50,8	49,1	50,4	52,0	47,2	50,9	48,0	50,4
	x_5	47,6	49,1	52,4	47,6	49,2	49,7	52,3	51,0	49,7	50,2	48,6	47,2	49,5	47,6	50,0

10

10.3.3 Interpretation von Lage-Qualitätsregelkarten

Aus dem Kurvenverlauf der Messwerte in Qualitätsregelkarten (QRK) können Rückschlüsse auf den Prozessverlauf gezogen werden. Dadurch ist es möglich, einen Prozess in den Toleranzgrenzen zu führen.

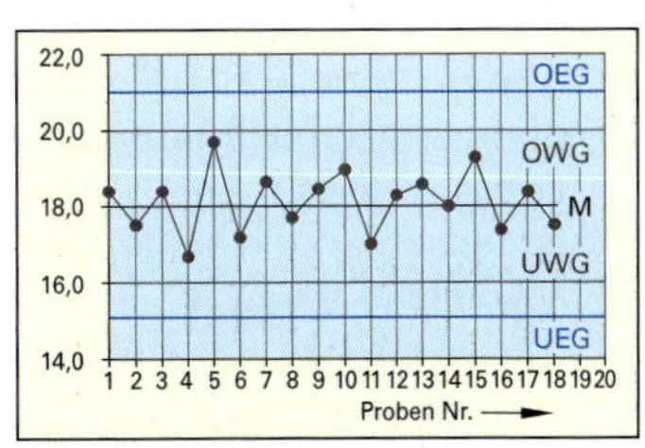

Bild 1: Unauffälliger Prozessverlauf

Unauffälliger Verlauf der Werte in einer Qualitätsregelkarte

In der nebenstehenden QRK **(Bild 1)** liegen die eingetragenen Mittelwerte zufällig verteilt oberhalb und unterhalb des Sollwertes M und aufgrund der geringen Streuung innerhalb der oberen und unteren Warngrenzen OWG und UWG.

Das bedeutet: der Prozess kann ohne Eingriff weiterlaufen.

Auffällige Werte und erforderliche Maßnahmen

Messwerte außerhalb der Warngrenzen (Bild 1, Proben Nr. 7 und 8): Liegen zwei von drei Messwerten oberhalb oder unterhalb der Warngrenzen, so nähern sich die Werte den Eingriffsgrenzen und der Prozess droht außer Kontrolle zu geraten. **Maßnahmen:** Durch zusätzliche Stichproben ist eine verschärfte Überwachung des Prozesses einzuleiten, die Ursachen sind zu analysieren und abzustellen.

Überschreiten der Eingriffsgrenzen (Bild 1, Probe Nr. 15): Liegt ein Wert in der QRK oberhalb oder unterhalb einer Eingriffsgrenze EG, besteht der erste Schritt zur Prozessverbesserung darin, durch zusätzliche Stichproben festzustellen, ob der Prozess systematisch oder zufallsbedingt streut. Befinden sich weitere aufeinanderfolgende Werte ausschließlich z.B. oberhalb der Eingriffsgrenzen, so liegt eine systematische Streuung vor. Der Prozess ist dann außer Kontrolle. **Maßnahmen:** Es sind Prozess-Veränderungen zwingend erforderlich.

Trend (Bild 2): So bezeichnet man eine Wertereihe, wenn mehr als 7 Werte in Folge steigen oder fallen. Der Prozess scheint sich z.B. in Folge von Temperatureinflüssen, Ablagerungen, Verschleißerscheinungen, Einsatz neuer Rohstoffe oder durch Alterung von Reagenzien in der Analytik zu den Eingriffsgrenzen hin zu verschieben und diese demnächst zu überschreiten. **Maßnahmen:** Es ist die Ursache der Veränderung zu untersuchen und abzustellen.

Run (Bild 3): Man spricht von einem Run, wenn mindestens 7 Werte in Folge oberhalb oder unterhalb der Mittellinie M liegen. Ursache ist ein systematischer Einfluss. Er kann durch den Einsatz anderer Rohstoffe, den Wechsel einer Messelektrode, Neukalibrierung eines Messgerätes oder auch durch Wechsel des Bedienungspersonals hervorgerufen werden. **Maßnahmen:** Der Prozess wird mit weiteren Stichproben verschärft überwacht und bei erkannter Ursache wird eingegriffen.

Middle Third (Bild 4): Beim Middle Third unterteilt man den Kontrollbereich (UEG – OEG) in drei gleich große Bereiche zwischen OWG und UWG.

Beim **äußeren Middle Third** liegen mindestens 2/3 aller Messwerte in den beiden äußeren Dritteln **(Bild 4a). Maßnahmen:** Die Ursache der Schwankungen ist abzustellen, da die Werte teilweise zu dicht an den Eingriffsgrenzen liegen.

Beim **inneren Middle Third** liegen mindestens 2/3 aller Messwerte in dem mittleren Drittel dicht um den Mittelwert **(Bild 4b). Maßnahmen:** Der Verlauf stellt kein Problem dar. Die Produktqualität ist stabil. Bei analytischen Verfahren macht es Sinn, eine neue Regelkarte mit engeren Grenzen zu erstellen.

10

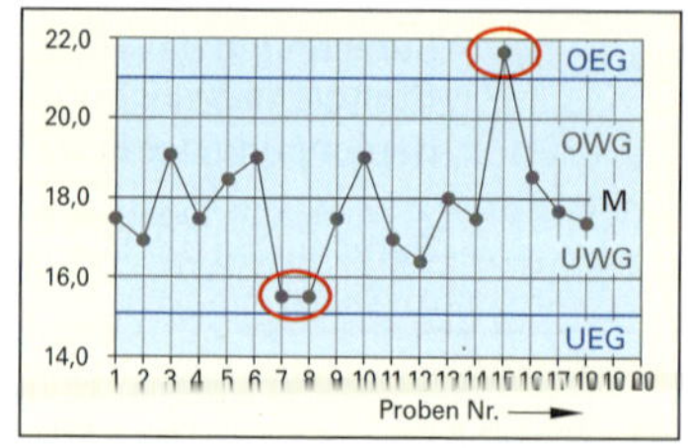

Bild 1: Messwerte außerhalb der Warn- bzw. Eingriffsgrenzen

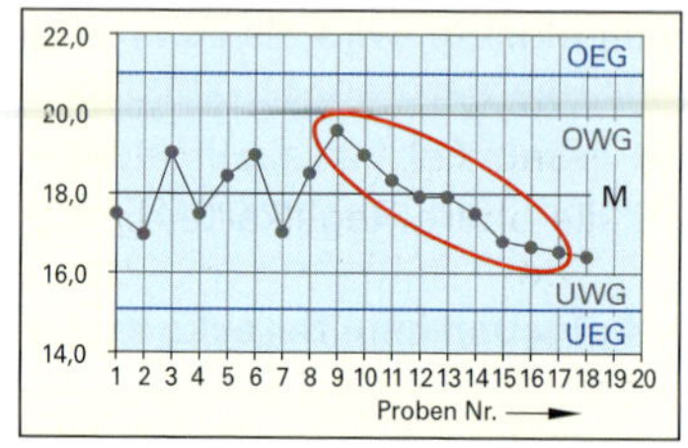

Bild 2: Messwertreihe mit Trend

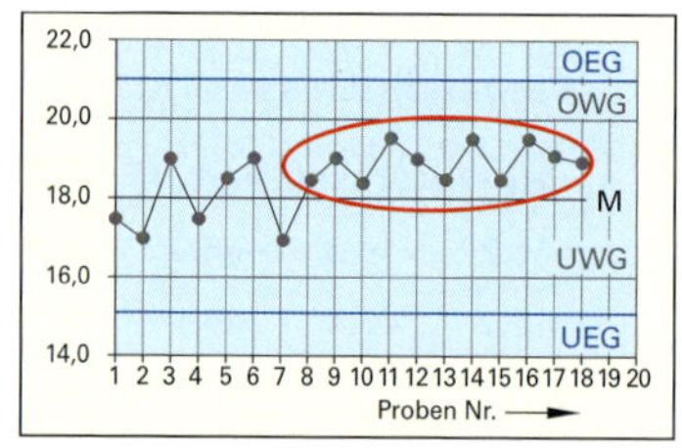

Bild 3: Messwertreihe mit Run

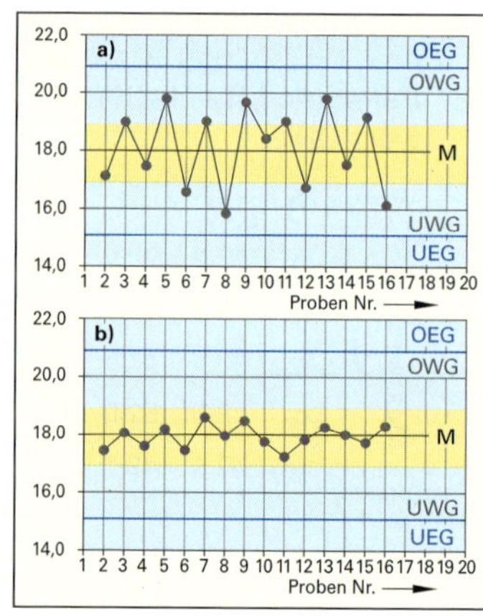

Bild 4: Middle Third

Aufgabe zur Interpretation von Lage-Qualitätsregelkarten

Die nebenstehend abgebildete Mittelwert-Regelkarte zeigt den Messwertverlauf einer Viskositätsmessung bei einer laufenden Produktion eines Öles.

Beschreiben Sie die Auffälligkeiten im Werteverlauf und zu ergreifende Maßnahmen zu ihrer Beseitigung.

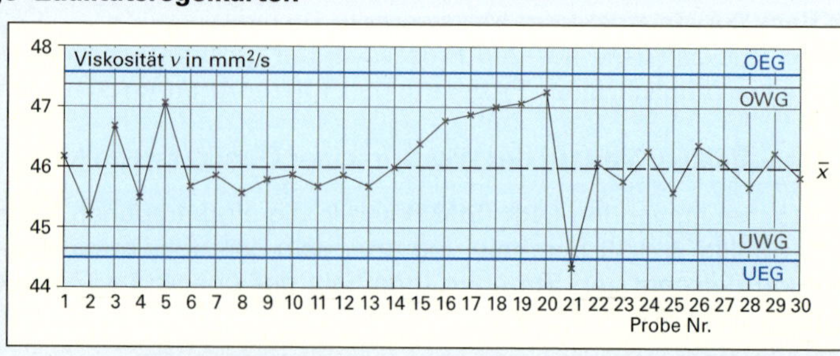

10.3.4 Regelgrenzen in Streuungs-Qualitätsregelkarten

Während die Shewhart-Regelkarte für Einzelwerte und Mittelwerte in erster Linie die Übereinstimmung (Richtigkeit) der Mittelwerte mit dem Sollwert überwacht (= Gehaltskontrolle, Lageüberwachung), dienen **Spannweiten-Regelkarten** (*R*-QRK, von *R* = Range = Bereich) und **Standardabweichungs-Regelkarten** (*s*-QRK) zur Überwachung der Streuung. Sie überwachen die Präzision der Analysenwerte.

In der Regel werden die Streuungs-Regelkarten *R*-QRK bzw. *s*-QRK mit der Mittelwert-QRK zu **einer** Regelkarte mit gemeinsamer Abszisse (*x*-Achse) zusammengefasst **(Bild 1).** Man bezeichnet eine solche Regelkarte dann als **zweispurig**: die **obere Spur 1** überwacht die Lage, die **untere Spur 2** die Streuung der Messwerte.

Da die obere Regelkarte die Lage des Dichtewerts auf Über- **und** Unterschreiten überwacht, bezeichnet man diese Regelkarte als **zweiseitig**.

In der unteren Spannweitenkarte (wie auch bei der *s*-QRK) wird in der Regel nur die **Über**schreitung der Streuung überwacht: daher bezeichnet man die Regelkarte als **einseitige** QRK.

Zur Berechnung der Warn- und Eingriffsgrenze OWG_R und OEG_R einer **Spannweiten-Regelkarte** werden zunächst die Spannweiten *R* aller Untergruppen der Mehrfachanalysen ermittelt:

$$R = x_{max} - x_{min}$$

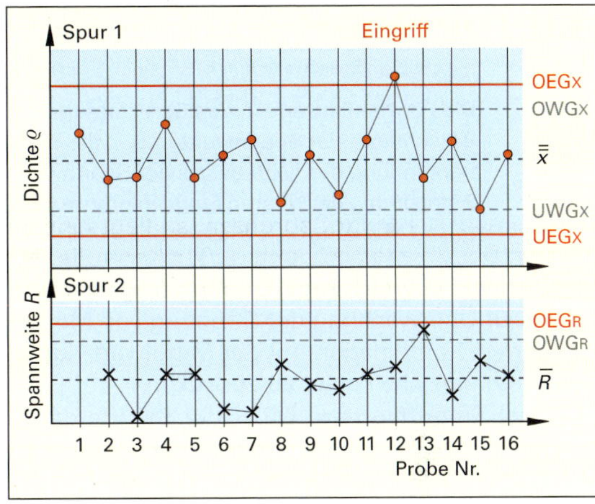

Bild 1: Zweispurige $\bar{x}$-*R*-Qualitätsregelkarte
obere Spur 1: zweiseitige Mittelwertkarte $\bar{x}$,
untere Spur 2: einseitige Spannweitenkarte *R*

Bei **Bild 1** ist dies immer der Abstand zweier aufeinanderfolgender Punkte. Aus diesen wird dann der Spannweiten-Mittelwert $\bar{R}$ gebildet. Dieser Mittelwert $\bar{R}$ kennzeichnet die Zentrallinie in der *R*-QRK. Die obere Warn- und Eingriffsgrenze errechnet sich aus der mittleren Spannweite $\bar{R}$ durch Multiplikation mit einem von der Anzahl *n* der Mehrfachbestimmung je Messreihe und dem Signifikanzniveau abhängigen Faktor D nach der rechts stehender Größengleichungen **(Tabelle).**

In der rechts unten stehenden **Tabelle** sind die zur Berechnung der Regelgrenzen einer *R*-QRK erforderlichen Faktoren aufgeführt. Die Faktoren in der Tabelle basieren auf dem gleichen ± 2 *s* und ± 3 *s*-Signifikanzniveau (D1 für *p* = 95 % und D4, B4 für *p* = 99,7 %) wie die Shewhart-Regelkarte und werden hauptsächlich verwendet.

Auf das Einzeichnen der unteren Eingriffsgrenze UEG_R und der oberen Warngrenze OWG_R wird in *R*-QRK in der Regel verzichtet. Ähnliches gilt für die obere Warngrenze OWG_R.

In der praktischen Anwendung wird die Spannweitenkarte in der Regel nur bei Mehrfachbestimmungen pro Analysenserie angewendet. Bei Stichprobengrößen > 10 kommt meist die Standardabweichungs-Regelkarte *s*-QRK zum Einsatz.

Obere Eingriffsgrenze der Spannweiten-Regelkarte

$$OEG_R = D_4 \cdot \bar{R}$$

Obere Warngrenze der Spannweiten-Regelkarte

$$OWG_R = D_1 \cdot \bar{R}$$

Tabelle: Faktoren zur Berechnung der *R*-Grenzen (D) und *s*-Grenzen (B)

n	D1	D4	B4
2	2,809	3,267	3,267
3	2,176	2,574	2,568
4	1,935	2,282	2,266
5	1,804	2,114	2,089
6	1,721	2,004	1,970
7	1,662	1,924	1,882
8	1,617	1,864	1,815

Beispiel 1: Bei fotometrischen Kalibriermessungen der Konzentration an Kupfer-Ionen wurden mit jeweils Dreifachbestimmungen die in der Tabelle auf Seite 372 oben aufgeführten Massen-Konzentrationen $\beta(Cu^{2+})$ in mg/L ermittelt.

a) Berechnen Sie die Spannweiten *R* der Dreifachbestimmungen.

b) Berechnen Sie die mittlere Spannweite $\bar{R}$.

c) Berechnen Sie die obere Eingriffsgrenze OEG_R für eine Spannweiten-Qualitätsregelkarte *R*-QRK.

Lösung: Die Lösung wurde mit Excel erstellt (Seite 372 oben).
Sie zeigt die Analysenwerte der drei Bestimmungen in den Zellen B3 bis M5, darunter die Auswertung der Spannweite.

Fotometrische Bestimmung von Kupfer-Ionen:

	A	B	C	D	E	F	G	H	I	J	K	L	M	N
1		**Massenkonzentration β (Cu^{2+}) in mg/L**												
2	Probe Nr.	1	2	3	4	5	6	7	8	9	10	11	12	Einheit
3	Messung 1	143,4	140,1	175,8	165,0	169,8	171,0	185,8	173,4	165,5	171,7	168,2	155,2	mg/L
4	Messung 2	142,3	137,1	175,7	164,4	167,8	172,6	184,5	173,6	166,9	172,1	170,8	155,5	mg/L
5	Messung 3	141,0	139,4	175,2	164,9	167,9	172,9	183,8	173,7	167,8	172,5	171,1	157,4	mg/L
6	**Spannweite *R***	2,4	3,0	0,6	0,6	2,0	1,9	2,0	0,3	2,3	0,8	2,9	2,2	mg/L
7	Mittlere Spannweite $\bar{R}$:		1,75	mg/L	Faktor D_4:		2,574	(aus Tabelle 1)		**Obere Eingriffsgrenze:**			4,505	mg/L

Die Formel-Einträge in den Berechnungs-Zellen lauten:

Berechnung der Spannweite, z. B. Zelle B6: =MAX(B3:B5)-MIN(B3:B5)

Berechnung des Mittelwerts der Spannweiten, Zelle C7: =MITTELWERT(B6:M6)

Berechnung der oberen Eingriffsgrenze OEG_R, Zelle M7: =C7*G7

(n = 3 Messungen je Messreihe E → D_4 = 2,574)

Die **Standardabweichungs-Qualitätsregelkarte *s*-QRK** wird ähnlich der *R*-QRK zur Überwachung der Streuung von Messwertreihen herangezogen. Vor allem in Kombination mit der Mittelwert-Karte ist die *s*-QRK eher in der Lage systematische Fehler aufzudecken.

Die obere Eingriffsgrenze OEG_S der Standardabweichungs-Regelkarte berechnet sich nach nebenstehender Größengleichung. Auf die untere Eingriffsgrenze UEG_S und die beiden Warngrenzen wird bei der *s*-QRK in der Regel verzichtet.

Obere Eingriffsgrenze der Standardabweichungs-Regelkarte

$$OEG_S = B_4 \cdot \bar{s}$$

Beispiel 2: Berechnen Sie für die Messwertreihe von Beispiel 1 (fotometrische Bestimmung von Kupfer-Ionen) die obere Eingriffsgrenze OEG_S (für P = 99 %) der *s*-QRK.

Lösung: Mittelwert aller Standardabweichungen: $\pm\bar{s}$ = 0,923 mg/L; Tabellenwert aus **Tabelle** Seite 371: B4 = 2,568 (n = 3)

Berechnung der oberen Eingriffsgrenze OEG_S: $\mathbf{OEG_S}$ = B4 · $\bar{s}$ = 2,568 · 0,923 g/mL = **2,370 mg/L**

Aufgaben zu Regelgrenzen in Streuungs-Qualitätsregelkarten

1. Berechnen Sie für die Messwertreihe Aufgabe 2, Seite 369 (Bestimmung der Chlorid-Massenkonzentration $\beta(Cl^-)$ in einem Brüdenkondensat) die obere Eingriffsgrenze OEG_R und obere Warngrenze OWG_R für eine Spannweiten-QRK (*R*-QRK).
2. Berechnen Sie für die in Beispiel 1, diese Seite oben aufgeführten Werte der fotometrischen Kupferbestimmung die obere Eingriffsgrenze für eine Standardabweichungs-Regelkarte (*s*-QRK).

10

10.3.5 Bewertung von Streuungs-Qualitätsregelkarten

Während die Shewhart-Mittelwert-Regelkarte ($\bar{x}$-QRK) anzeigt, inwieweit Probenmittelwerte der Stichproben bzw. Einzelwerte mit dem Gesamtmittelwert übereinstimmen, jedoch keine direkten Informationen über die Streuung der einzelnen Analysenergebnisse innerhalb und zwischen den Untergruppen liefern, dienen die *R*-QRK und die *s*-QRK vor allem zur Präzisionskontrolle.

Die Entscheidungskriterien für eine Außer-Kontroll-Situation in einer *R*-QRK sind vergleichbar denen der $\bar{x}$-QRK. Eine Außer-Kontroll-Situation liegt vor **(Bild 1)**, wenn:

- eine Spannweite oberhalb der Eingriffsgrenze liegt ①,
- sieben aufeinanderfolgende Werte eine aufsteigende ② oder abfallende ③ Tendenz haben (Trend),
- sieben aufeinanderfolgende Werte oberhalb der mittleren Spannweite $\bar{R}$ liegen ④.

Zyklische Abfolgen innerhalb der Spannweiten ⑤ können auf Einflüsse durch die Gerätewartungsintervalle oder Alterung von Reagenzien hindeuten. Sie stellen keine Außer-Kontroll-Situation dar.

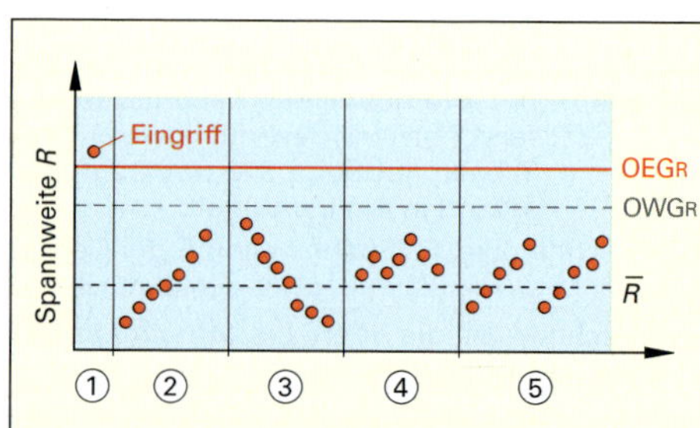

Bild 1: Mögliche Außer-Kontroll-Situationen in einer Spannweiten-Regelkarten *R*-QRK

Bei der Spannweiten-Regelkarte wie auch bei der Standardabweichungs-Regelkarte ist es im Vergleich zur Mittelwert-Regelkarte allerdings nicht sinnvoll, bei sieben aufeinanderfolgenden Werten unterhalb der Mittellinie von einer Außer-Kontroll-Situation auszugehen: Dies könnte auch auf eine Verbesserung der Präzision hindeuten und sollte zu einer Neuberechnung der Eingriffsgrenze führen.

10.3.6 Erstellen und Führen von Qualitätsregelkarten

Spannweiten-Regelkarten (R-QRK) erfordern nur wenig Rechenaufwand und sind deshalb auch unmittelbar am Arbeitsplatz durch den Mitarbeiter manuell zu führen. Dagegen ist der Rechenaufwand bei Mittelwertkarten ($\bar{x}$-QRK) und Standardabweichungskarten (s-QRK) deutlich höher. Das gilt vor allem bei einem großen Stichprobenumfang, für welchen die $\bar{x}$-s-Regelkarte sehr gut geeignet ist. $\bar{x}$-s-QRK werden bevorzugt rechnergestützt geführt.

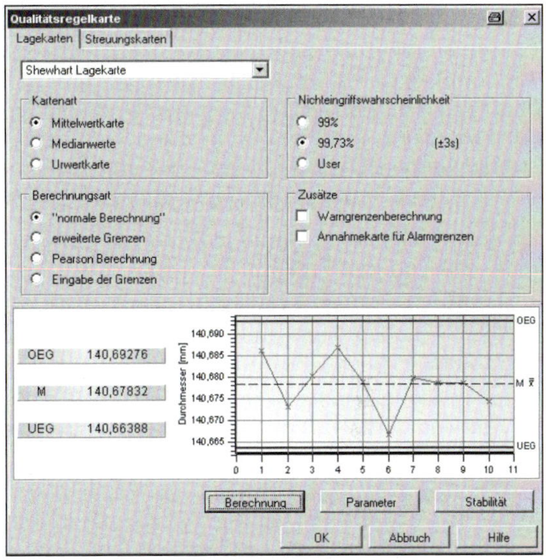

Bild 1: Rechnergeführte $\bar{x}$-Qualitätsregelkarte

Mittelwert-Regelkarte

Im Programm (siehe Monitorbild in **Bild 1**) kann nach Eingabe der Urwerte oder Stichproben-Einzelwerte in ein Tabellenblatt der gewünschte Regelkartentyp (hier: **Mittelwert**) und die gewünschte Nichteingriffswahrscheinlichkeit (hier: 99,73 %, ± 3 s) aufgerufen werden. Das Programm wertet aus und stellt die QRK dar.
Die nachfolgende Übersicht **(Bild 2)** zeigt an einem Beispiel das Ablaufschema zur Erstellung einer Shewhart-Mittelwert-Regelkarte. Dabei wird in folgenden Schritten vorgegangen:

① Berechnen der 20 Stichproben-Mittelwerte $\bar{x}$ (zu je 5 Einzelwerten) aus den Daten des Vorlaufs, berechnen des Mittelwerts der Mittelwerte $\bar{\bar{x}}$ (xqq), eintragen der Mittellinie in die QRK.
② Berechnen der Standardabweichung s innerhalb der Einzel-Stichproben, berechnen des Mittelwerts $\bar{s}$ (sq).
③ Berechnen der oberen und unteren Warngrenze OWG/UWG, eintragen der Linien in die QRK.
④ Berechnen der oberen und unteren Eingriffsgrenze OEG/UEG, eintragen der Linien in die QRK.
⑤ Eintragen der Mittelwerte in die QRK mit Entnahmedatum der Probe, Name des Bedieners.

Messwerte des Vorlaufs, β (Analyt) in mg/L

Nr.	1	2	3	4	5	…	20
x_1	59,6	59,1	59,6	60,2	59,9	…	59,6
x_2	60,3	60,1	60,3	59,4	59,5	…	59,8
x_3	60,1	60,3	60,1	59,9	60,4	…	59,9
x_4	60,4	59,7	60,5	59,5	60,2	…	59,6
x_5	59,7	59,9	59,7	60,1	59,5	…	60,1
$\bar{x}$	60,0	59,8	60,0	59,8	59,8	…	59,9
s	0,356	0,460	0,385	0,56	0,427		0,208
①	Mittelwert der Mittelwerte $\bar{\bar{x}}$:						60,0
②	Mittelwert Standardabweichungen $\bar{s}$:						±0,366
③	Warngrenzen 60,0 ± 2 $\bar{s}$: 60,0 ± 0,731 **= 60,731** **= 59,269**						
④	Eingriffsgrenzen 60,0 ± 3 $\bar{s}$: 60,0 ± 1,097 **= 61,097** **= 58,903**						

$\bar{x}$-Werte der laufenden Produktion in mg/L:

Proben Nr. 1: 60,6	Proben Nr. 5: 59,7
Proben Nr. 2: 60,2	Proben Nr. 6: 60,1
Proben Nr. 3: 60,8	Proben Nr. 7: 60,4
Proben Nr. 4: 59,8	Proben Nr. 8: 60,6

⑤ Eintragen der $\bar{x}$ - Messwerte
⑥ Verbinden der Punkte

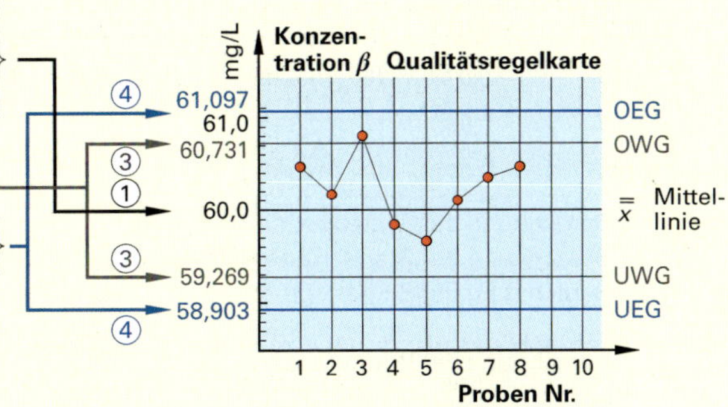

Bild 2: Ablaufschema zur Erstellung einer zweiseitigen Mittelwert-Qualitätsregelkarte ($\bar{x}$-QRK)

10.4 Qualitätsregelkarten für das analytische Labor

Außer der schon beschriebenen Urwert- und Mittelwert-Regelkarte (= Lageregelkarten) sowie der Spannweiten-Regelkarte und Standardabweichungs-Regelkarte (= Streuungsregelkarten) werden als Instrument der Qualitätssicherung im analytischen Labor zwei weitere Regelkarten verwendet: Die Blindwert-Regelkarte und die Wiederfindungsraten-Regelkarte. Sie dienen zur Richtigkeitskontrolle.

10.4.1 Blindwert-Regelkarte

Der **Blindwert** (exakter: **Leerwert**) entspricht dem Messsignal einer Messeinrichtung, wenn eine analytfreie Blindprobe (Leerwertprobe) analysiert wird. Der Blindwert sollte eigentlich einen Messwert von Null ergeben. Tatsächlich weicht der Messwert einer Blindprobe aber bei vielen Analysenverfahren von Null ab. Der Blindwert muss daher bestimmt und gegebenenfalls bei der Berechnung der Analysenergebnisse berücksichtigt werden. Die Standardabweichung des Blindwerts dient häufig zur Berechnung der Nachweis- und Bestimmungsgrenze von Messverfahren (siehe Seite 359) und analytischen Methoden.

Bei analytischen Bestimmungen setzt sich der Blindwert aus mehreren Anteilen zusammen:

- dem *Geräte-Blindwert:* in vielen Fällen (z. B. GC oder HPLC) liefert das Gerät auch dann ein Signal (Rauschen), wenn keine Probe vorhanden ist.
- dem *Reagenzienblindwert:* die Blindprobe enthält keinen Analyten und durchläuft mit allen in der Vorschrift enthaltenen Reagenzien den analytischen Vorgang.
- dem *Probenblindwert:* er wird verursacht durch die Probenmatrix und gegebenenfalls auch durch einen internen Standard (**Bild 1**, die Extinktion bei β(Säure) = 0 mg/L ist > 0).
- Verunreinigte oder gealterte Reagenzien oder Verunreinigungen an den Prüfgeräten (z. B. Küvetten), dadurch tritt z. B. erhöhte Absorption bei der Fotometrie ein.

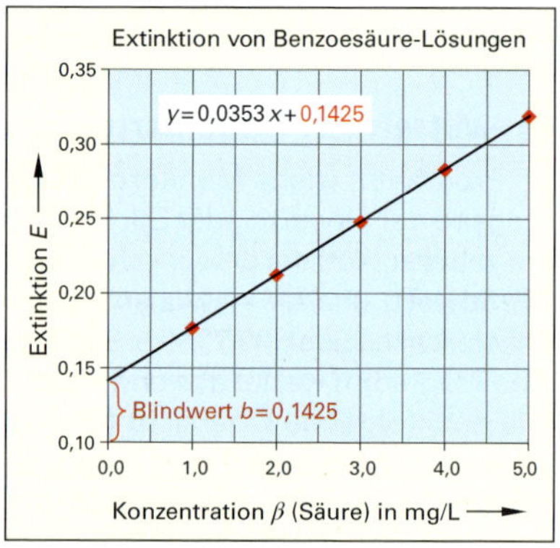

Bild 1: Extinktion von Kalibrier-Lösungen

Die **Blindwert-Regelkarte** stellt eine spezielle Anwendung der Mittelwert-Regelkarte dar. Sie erlaubt insbesondere eine Beurteilung des verwendeten Reagenzien- und Messsystems. Im Gegensatz zur Mittelwert-Regelkarte werden bei der Blindwert-Regelkarte nicht die Analysenergebnisse (Konzentrationen) sondern Messwerte eingetragen, z. B. Extinktionen, Peakflächen.

Beispiel 1: Im Rahmen der Validierung einer UV-VIS-Analyse wurde eine Vorperiode von 24 Serien zur Erstellung einer Blindwert-Regelkarte durchgeführt. Dabei erhielt man die in der **Tabelle** aufgeführten Extinktionen. Erstellen Sie aus den Messwerten eine Blindwert-Regelkarte.

Tabelle: Extinktionen von Blindwertproben

Serie-Nr.	Extinktion	Serie-Nr.	Extinktion	Serie-Nr.	Extinktion	Serie-Nr.	Extinktion
1	0,089	7	0,081	13	0,081	19	0,076
2	0,080	8	0,082	14	0,089	20	0,075
3	0,091	9	0,065	15	0,079	21	0,083
4	0,083	10	0,073	16	0,076	22	0,097
5	0,079	11	0,080	17	0,069	23	0,068
6	0,054	12	0,073	18	0,083	24	0,066

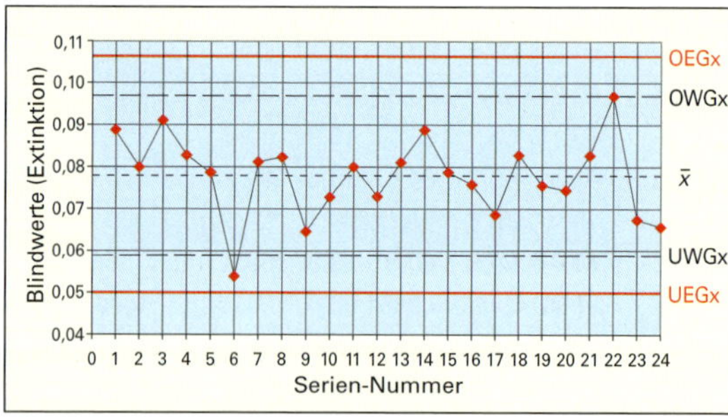

Bild 2: Blindwert-Qualitätsregelkarte

Lösung: Berechnung des Mittelwerts: $\bar{x}$ = 0,0780

Berechnung der Standardabweichung: $s = \pm 0{,}0094$

Berechnung der Eingriffsgrenzen:
OEGx $= \bar{x} + 3\,s = 0{,}0780 + 3 \cdot 0{,}0094 \approx 0{,}106$
UEGx $= \bar{x} - 3\,s = 0{,}0780 - 3 \cdot 0{,}0094 \approx 0{,}050$

Berechnung der Warngrenzen:
OWGx $= \bar{x} + 2\,s = 0{,}0780 + 2 \cdot 0{,}0094 \approx 0{,}097$
UWGx $= \bar{x} - 2\,s = 0{,}0780 - 2 \cdot 0{,}0094 \approx 0{,}059$

Die Blindwert-Regelkarte **(Bild 2)** wurde mit Excel erstellt.

10.4.2 Wiederfindungsraten-Qualitätsregelkarte

Die Wiederfindungsrate WFR ist ein Beurteilungskriterium für ein Analysenverfahren (Seite 349). Sie kann mit reinen Standardlösungen, synthetischen Proben, Referenzproben oder zertifiziertem Referenzmaterial bestimmt werden. Analysen dieser Proben wie auch das Führen von Mittelwert-Regelkarten geben allerdings keine Hinweise auf Fehler, die durch Matrixeinflüsse der Probe verursacht sind.

Wenn bei der **Wiederfindungsraten-Regelkarte** aufgestockte reale Proben als Kontrollproben eingesetzt werden, wird ein aussagefähiges Ergebnis erhalten, da der Matrixeinfluss berücksichtigt wird. Die Konzentrationen dieser Proben sollten nach Möglichkeit etwa in der Mitte des Arbeitsbereiches des Analysenverfahrens liegen. Auf keinen Fall sollte beim Aufstocken der lineare Bereich an der oberen Grenze des Arbeitsbereiches überschritten werden.

Eingriffsgrenzen in Wiederfindungsraten-Regelkarten

$$OEG = \overline{WFR} + 3\,s_{WFR}$$
$$UEG = \overline{WFR} - 3\,s_{WFR}$$

Die Wiederfindungsraten-Regelkarte entspricht in ihrem Aufbau und den Bewertungskriterien grundsätzlich einer Mittelwert-Regelkarte. Die mittlere Wiederfindungsrate $\overline{WFR}$ und die Standardabweichung s_{WFR} werden nach einer ausreichend langen Vorperiode (z.B. $n = 20$) berechnet. Die Berechnung der Regelgrenzen erfolgt mit nebenstehenden Größengleichungen. Als Mittellinie kann der Mittelwert $\overline{WFR}$ oder im Sinne der Richtigkeitskontrolle auch die WFR 100 % eingetragen werden.

Warngrenzen in Wiederfindungsraten-Regelkarten

$$OWG = \overline{WFR} + 2\,s_{WFR}$$
$$UWG = \overline{WFR} - 2\,s_{WFR}$$

Beispiel 1: Im Verlauf der Validierung einer HPLC-Analyse wurde bei 24 Serien des Vorlaufs jeweils eine reale Probe analysiert und anschließend mit 60,0 mg/L einer Referenzsubstanz aufgestockt. Bei der anschließenden Analyse der aufgestockten Proben erhielt man die in **Tabelle 1** aufgeführten Massenkonzentrationen β(Analyt).

Erstellen Sie aus den Messwerten eine Wiederfindungsraten-Regelkarte.

	A	B	C	D	E	F	G	H	I	J	K	L	M	N	O	P	Q	R	S	T	U	V	W	X	Y
1	**Tabelle 1:**	**Wiederfindungsrate aufgestockter Proben**																							
2		**Aufstockkonzentration:**				**60,0 mg/L**																			
3		1	2	3	4	5	6	7	8	9	10	11	12	13	14	15	16	17	18	19	20	21	22	23	24
4	Ausgangskonzentration in mg/L	143,4	140,6	175,8	165	169,8	171	185,8	173,4	167,8	171,7	168,2	155,2	177,1	197,8	134,4	188,5	158,7	175,5	154,1	164,0	147,1	160,1	186,8	124,1
5	Gefundene Konzentration in mg/L	202,2	200,2	233,8	221,1	226,8	228,2	244,5	231,2	224,2	230,4	221,9	212,8	234,7	261,4	192,8	244,6	218,6	232,7	209,7	222,0	203,9	221,3	241,9	179,8
6	Wiedergefunden von 60,0 mg/L in %	98,0	99,3	96,7	93,5	95,0	95,3	97,8	96,3	94,0	97,8	89,5	96,0	96,0	106,0	97,3	93,5	99,8	95,3	92,7	96,7	94,7	102,0	91,8	92,8
7		**Mittelwert der Wiederfindungsrate:**						**96,2 %**		**Obere Eingriffsgrenze:**				**106,6 %**		**Obere Warngrenze:**				**103,1 %**					
8		**Standardabweichung der WFR:**						**±3,46 %**		**Untere Eingriffsgrenze:**				**85,8 %**		**Untere Warngrenze:**				**89,2 %**					

Lösung: **Tabelle 1** zeigt die Analysenwerte der Ausgangsproben (Zeile 4) und der aufgestockten Proben (Zeile 5). In Zeile 6 wurde berechnet, wie viel Prozent der aufgestockten Konzentration von 60,0 mg/L jeweils wiedergefunden wurden.

Berechnungsformel der WFR z.B. in Zelle B6:
=100*(B5-B4)/$F$2

Berechnung des Mittelwerts der WFR:
=MITTELWERT(B6:Y6)

Berechnung der Standardabweichung der WFR:
=STABW(B6:Y6)

Berechnung der Oberen/Unteren Eingriffsgrenze:
=H7+3*H8 / =H7-3*H8

Berechnung der Oberen/Unteren Warngrenze:
=H7+2*H8 / =H7-2*H8

Bild 1 zeigt die mit Excel erstellte Wiederfindungsraten-Regelkarte.

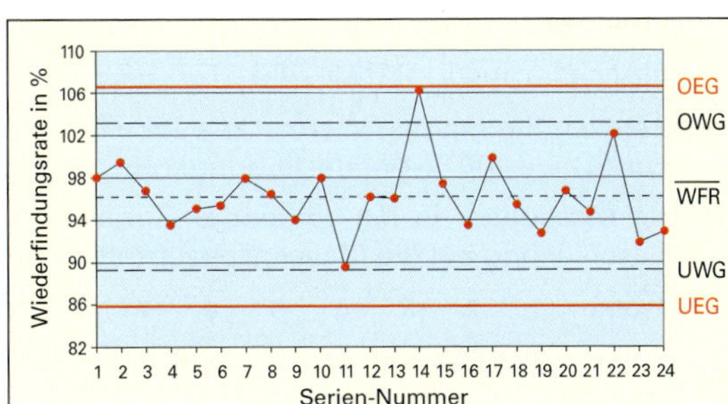

Bild 1: Wiederfindungsraten-Qualitätsregelkarte

Die akzeptierte Wiederfindungsrate eines Analysenverfahrens hängt unter anderem auch vom Gehalt des Analyten ab. **Tabelle 2** zeigt Empfehlungen für Richtwerte der Wiederfindungsraten in Pflanzenschutzformulierungen in Abhängigkeit von der Wirkstoffkonzentration.

Tabelle 2: Empfehlungen für Wiederfindungsraten

Wirkstoffgehalt in %	Akzeptierte Wiederfindungsrate
> 10 %	98,0 – 102,0 %
1 – 10 %	97,0 – 103,0 %
< 1 %	95,0 – 105,0 %

Aufgaben zu Erstellen und Führen von Qualitätsregelkarten[1)]

1. Erstellen Sie mit den Messwerten aus Aufgabe 1 Seite 369 eine einspurige Urwert-Qualitätsregelkarte mit Warn- und Eingriffsgrenzen. Beurteilen Sie den Verlauf der Werte.
2. Bei Kalibriermessungen der Konzentration an Eisen-Ionen wurden in einer Vorperiode mit Doppelbestimmungen (A und B) die in Tabelle 1 aufgeführten Konzentrationen $\beta(Fe^{2+})$ in mg/L ermittelt.

Tabelle 1: Fotometrische Bestimmung von Fe^{2+} Ionen

Lösung Nr.	1	2	3	4	5	6	7	8	9	10	11	12	13	14	15	16	17
$\beta(Fe^{2+})$ in mg/L **A**:	95,2	95,5	95,1	95,2	96,4	95,8	95,7	95,6	95,3	95,6	96,7	95,1	95,6	95,8	95,9	95,2	95,1
$\beta(Fe^{2+})$ in mg/L **B**:	95,4	95,8	95,6	95,5	95,3	95,5	95,9	95,2	95,8	96,1	95,1	95,4	95,3	95,2	95,5	95,9	95,4

Berechnen Sie die Spannweite, die mittlere Spannweite und daraus die obere Warn- und Eingriffsgrenze einer *R*-Regelkarte. Erstellen Sie diese Karte und beurteilen Sie den Werteverlauf.

3. Erstellen Sie für die Messwerte aus Aufgabe 2 eine Mittelwert- und eine Standardabweichungs-Qualitätsregelkarte. Stellen Sie diese als zweispurige Mittelwert-Standardabweichungs-Qualitätsregelkarte $\bar{x}$-s-QRK dar. Beurteilen Sie den Verlauf der Werte.
4. Die Bauxit-Aufschlusslauge-Suspension einer Anlage zur Herstellung von Aluminiumhydroxid nach dem Bayer-Verfahren wird mit zwei unterschiedlichen Titrierautomaten A und B auf den Gehalt an freier Natronlauge untersucht (Stichprobenmittelwerte in nachfolgender Tabelle in g/L).

Stichprobe A 1-15	156,4	154,5	155,3	153,4	154,7	154,9	155,3	154,3	154,9	155,3	154,3	154,0	155,3	154,9	154,3
Stichprobe A 16-30	155,7	156,8	155,3	154,8	155,3	154,8	155,5	155,3	154,0	155,3	154,9	154,5	154,6	155,1	155,8
Stichprobe B 1-15	153,5	153,9	154,1	154,1	154,2	154,3	154,3	154,5	154,5	154,6	154,7	154,8	154,9	154,9	155,0
Stichprobe B 16-30	155,1	155,2	155,3	155,3	155,4	155,4	155,5	155,5	155,6	155,6	155,7	155,8	155,9	156,0	156,4

   a) Erstellen Sie jeweils für die Messreihen A und B eine Mittelwert-Regelkarte mit Eingriffs- und Warngrenzen.
   b) Beurteilen Sie den Verlauf der beiden Messwertreihen und geben Sie ggf. Konsequenzen an.

5. Zur Ermittlung der Wiederfindungsrate der gaschromatografischen Analyse eines verunreinigten Lösemittels wurde eine Standardlösung der Analyt-Konzentration 180,0 mg/L analysiert. 25 Bestimmungen ergaben folgende Analytgehalte:

Tabelle 2: Gaschromatografische Bestimmung der Verunreinigung eines Lösemittels

Probe Nr.	1	2	3	4	5	6	7	8	9	10	11	12	13	14	15
β(Analyt) in mg/L	179,3	179,9	182,6	180,4	180,8	180,9	179,8	183,7	178,2	180,9	178,9	184,5	181,6	180,8	179,0
Probe Nr.	16	17	18	19	20	21	22	23	24	25					
β(Analyt) in mg/L	179,5	178,3	177,7	179,3	179,1	182,1	182,9	180,3	178,4	179,0					

Erstellen Sie mit den Werten aus Tabelle 2 eine Wiederfindungsraten-Regelkarte. Als Zentrallinie wurde eine 100 %-Wiederfindungsrate vorgegeben.

6. Die Messdaten in der folgenden Tabelle wurden bei der volumetrischen Überwachung einer Waschlösung auf die Massenkonzentration an Sulfat-Ionen $\beta(SO_4^{2-})$ in mg/L erhalten.

Probe		1	2	3	4	5	6	7	8	9	10	11	12	13	14	15	16	17	18	19	20
Messwerte	x_1	51,3	50,0	52,1	47,4	50,1	47,6	49,9	52,3	49,0	50,1	49,4	47,1	50,4	48,7	48,1	47,6	50,0	47,6	51,3	49,4
	x_2	48,8	48,9	53,1	49,4	49,3	48,3	52,5	53,6	49,7	50,1	47,1	47,6	48,4	49,6	50,0	48,3	48,9	48,3	48,8	47,1
	x_3	49,8	51,5	51,0	47,4	50,0	49,7	48,4	52,1	50,7	50,3	49,4	49,7	51,7	49,0	50,2	49,7	51,5	49,7	49,8	49,4
	x_4	49,6	52,0	52,4	49,8	50,3	47,8	49,8	50,8	49,1	50,4	52,0	47,2	50,9	48,0	50,4	47,8	52,0	47,8	49,6	52,0
	x_5	45,6	49,1	52,4	47,6	49,2	49,7	52,3	51,0	48,7	50,2	48,6	47,2	49,5	47,6	50,0	49,7	49,1	49,7	47,6	48,6

   a) Berechnen Sie die Größen zur Erstellung einer Mittelwert-Spannweiten-Regelkarte mit Warn- und Eingriffsgrenzen. b) Stellen Sie die $\bar{x}$-R-QRK dar. Hinweis: siehe Tabelle Seite 371.

[1)] Hinweis: Nutzen Sie für diese Aufgaben alternativ ein Tabellenkalkulationsprogramm.

11 Berechnungen zur Elektrotechnik

11.1 Grundbegriffe der Elektrotechnik

Elektrische Ladung (charge)

Als Ladung bezeichnet man eine Anzahl von positiven oder negativen Elementarladungen. Die kleinste elektrische Ladung, die sogenannte Elementarladung, ist e.

Das Formelzeichen der elektrischen Ladung ist Q, ihre SI-Einheit ist ein Coulomb[1] (1 C). Die Ladung von einem Coulomb entspricht der Ladungsmenge von $6{,}242 \cdot 10^{18}$ Elementarladungen.

Weitere Einheiten der Ladung sind die Amperestunde A · h sowie die Amperesekunde A · s.

Elektrische Ladung

Elementarladung e

$$1\ \text{Coulomb} = 6{,}242 \cdot 10^{18} \cdot e$$

Einheitenzeichen der Ladung

$$1\ \text{C} = 1\ \text{A} \cdot \text{s} = 2{,}7 \cdot 10^{-4}\ \text{A} \cdot \text{h}$$

Elektrischer Strom (electric current)

Unter elektrischem Strom wird die gerichtete Bewegung von Ladungen verstanden **(Bild 1)**. Die Ladungsträger können sowohl Elektronen (e) als auch Ionen (Kationen ⊕ oder Anionen ⊖) sein. Man unterscheidet daher einen **Elektronenstrom** (Leiter 1. Ordnung) sowie einen **Ionenstrom** (Leiter 2. Ordnung).

Fließen Elektronen in einem metallischen Leiter, z.B. aus Aluminium oder Kupfer, so liegt ein Elektronenstrom vor (Bild 1). Durch den Ladungstransport tritt keine stoffliche Veränderung des Leiterwerkstoffes ein.

In Nichtleitern (z.B. Glas, Keramik, Kunststoffe) kann kein Strom fließen, da keine frei beweglichen Elektronen vorhanden sind. Nichtleiter werden auch als **Isolatoren** verwendet, z.B. zur Ummantelung elektrischer Leiter.

Der Ionenstrom in einem Elektrolyten, z.B. einer Salzlösung, besteht in der gerichteten Bewegung der Ionen in der leitenden Flüssigkeit **(Bild 2)**. Hierbei ist der Ladungstransport an einen Stofftransport gebunden. Der Elektrolyt verändert dabei seine Zusammensetzung.

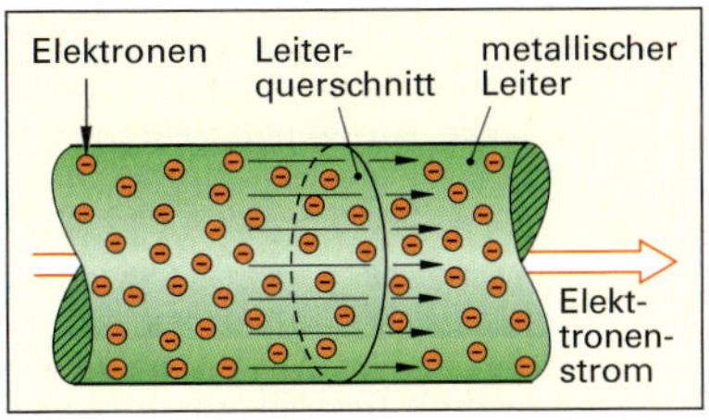

Bild 1: Elektronenstrom in einem metallischen Leiter

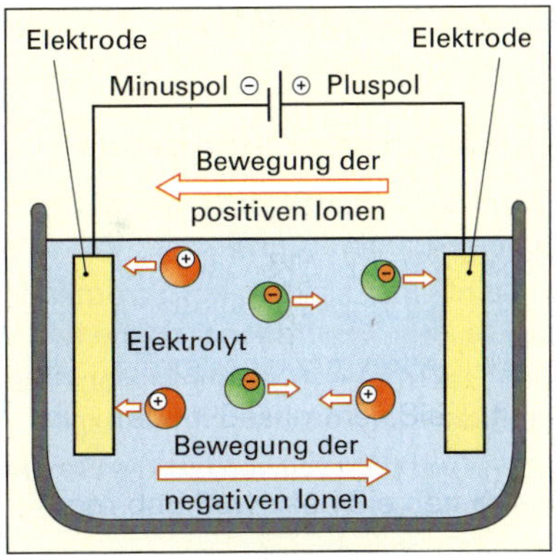

Bild 2: Ionenstrom im Elektrolyten einer Elektrolysezelle

Stromstärke (current rate)

Die **Stromstärke** I ist ein Maß für die Größe eines Stroms. Sie ist eine Basisgröße, ihre SI-Einheit ist **Ampere** (A)[2].

Die Stromstärke I gibt an, welche Ladungsmenge Q pro Zeitabschnitt t durch einen Leiterquerschnitt fließt (Bild 1): $I = Q/t$

Bei einer Stromstärke von einem Ampere fließt durch den Leiterquerschnitt pro Sekunde eine Ladungsmenge von einem Coulomb, das sind $6{,}242 \cdot 10^{18}$ Elektronen.

Das Messgerät zum Messen der Stromstärke ist der Strommesser, **Amperemeter** genannt. Schaltzeichen Ⓐ.

Stromstärke

$$\text{Stromstärke} = \frac{\text{Ladungsmenge}}{\text{Zeitabschnitt}}$$

$$I = \frac{Q}{t}$$

Beispiel: Bei der Alkali-Chlorid-Elektrolyse nach dem Membranverfahren (Bild 3, Seite 381) beträgt die Stromstärke in den Kupferzuleitungen 20 kA. Welche Ladungsmenge fließt pro Minute?

Lösung: $I = \frac{Q}{t} \Rightarrow Q = I \cdot t = 20\ \text{kA} \cdot 1\ \text{min} = 20 \cdot 10^3\ \text{A} \cdot 60\ \text{s}$

$Q = 1{,}2 \cdot 10^6\ \text{A} \cdot \text{s}$ mit $1\ \text{A} \cdot \text{s} = 1\ \text{C} \Rightarrow \mathbf{Q = 1{,}2 \cdot 10^6\ C}$

[1] Charles Augustin de Coulomb, franz. Physiker, 1736 bis 1806

[2] André Ampere, franz. Physiker, 1775 bis 1836

Elektrische Spannung (electric voltage)

Bei allen Arten der Spannungserzeugung wird Trennarbeit W ($W = F \cdot s$) gegen die Anziehungskräfte zwischen den positiven und negativen Ladungen verrichtet **(Bild 1).**

Je weiter die Ladungen voneinander getrennt werden, desto größer ist ihr Ausgleichsbestreben. Demzufolge steigt mit zunehmender Entfernung der Ladungsträger die Spannung.

Die pro Ladungsmenge Q aufgebrachte Trennarbeit W heißt elektrische Spannung U. Die daraus abgeleitete SI-Einheit der elektrischen Spannung ist Joule durch Coulomb, Einheitenzeichen J/C.

Die Einheit der elektrischen Spannung wird in der Elektrotechnik **Volt**[1] genannt. Einheitenzeichen **V.**

Das Messgerät zum Messen der Spannung ist der Spannungsmesser, **Voltmeter** genannt. Es hat das Schaltzeichen Ⓥ.

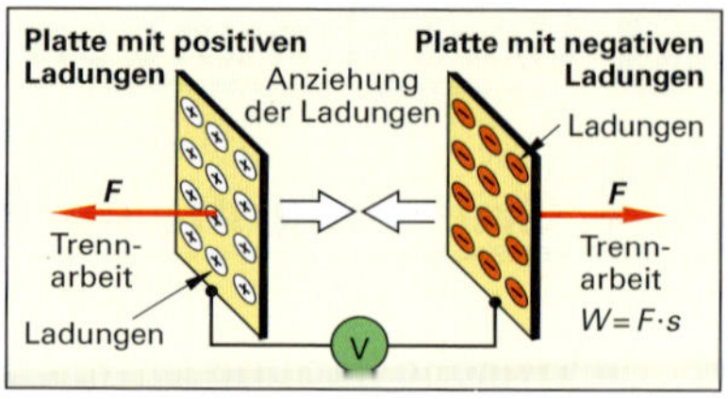

Bild 1: Spannungserzeugung

elektrische Spannung

$$\text{elektrische Spannung} = \frac{\text{Arbeit}}{\text{Ladung}}; \quad U = \frac{W}{Q}$$

Beispiel: In einem elektrischen Feld zwischen zwei Elektroden wird eine Kugel mit der Ladung zwei Coulomb um 20 cm gegen die Anziehungskraft der Ladungen verschoben **(Bild 2).** Hierzu ist eine Kraft F von zwei Newton erforderlich. Wie groß ist die dadurch erzeugte Spannung?

Lösung: $\boldsymbol{U} = \frac{W}{Q} = \frac{F \cdot s}{Q} = \frac{2\,\text{N} \cdot 0{,}20\,\text{m}}{2\,\text{C}} = 0{,}2\,\frac{\text{N} \cdot \text{m}}{\text{C}} = \mathbf{0{,}2\,V}$

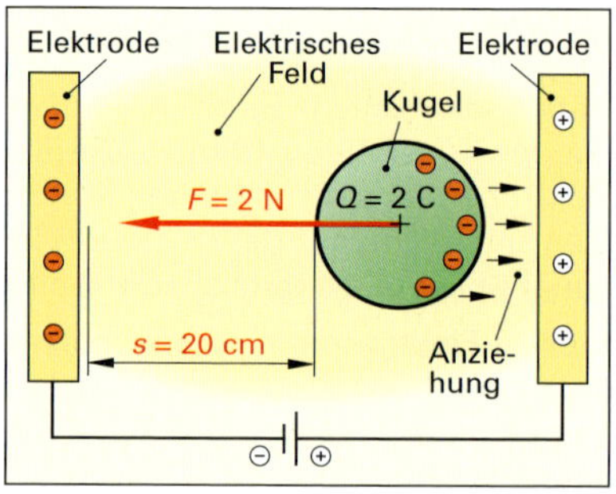

Bild 2: Verschiebung von Ladungen in einem elektrischen Feld

Zur technischen Spannungserzeugung stehen folgende Möglichkeiten zur Verfügung:

- Induktion (Generator),
- Druck (Piezoelement),
- Licht (Fotoelement),
- Reibung (Bandgenerator),
- Wärme (Thermoelement),
- chemische Wirkung (Akkumulator)

Elektrischer Stromkreis (electric circuit)

Ein elektrischer Strom kann nur in einem geschlossenen elektrischen Stromkreis fließen.

Ein einfacher elektrischer Stromkreis besteht aus der Spannungsquelle, dem Verbraucher sowie den Verbindungsleitungen **(Bild 3).**

Der Elektronenstrom fließt vom Minuspol der Spannungsquelle über den Verbraucher zum Pluspol.

Lange vor dem Wissen um die Elektronenstromrichtung hatte man die Stromrichtung vom Pluspol zum Minuspol festgelegt. Dieses hat man beibehalten.

Die technische Stromrichtung verläuft aus diesen historischen Gründen entgegengesetzt zur Elektronenstromrichtung.

In einem metallischen Leiter erfolgt der Strom der Elektronen nur mit ca. einem Millimeter in der Sekunde. Die Elektronen setzen sich jedoch im gesamten Stromkreis fast gleichzeitig in Bewegung. Ihr Impuls pflanzt sich praktisch mit Lichtgeschwindigkeit fort.

Im Stromkreis fließt ein **Gleichstrom** (Kurzzeichen **DC** von **d**irect **c**urrent, Symbol: –), wenn sich die Elektronen in gleicher Richtung bewegen **(Bild 3).** Fließen die Elektronen hingegen hin und zurück, so bezeichnet man diesen Strom als **Wechselstrom** (Kurzzeichen **AC** von **a**lternating **c**urrent, Symbol: **~**).

Im 230-V - und 400-V - Wechselstromnetz in Deutschland beträgt die Frequenz 50 Hertz. Die Elektronen wechseln demzufolge in einer Sekunde 50-mal ihre Fließrichtung.

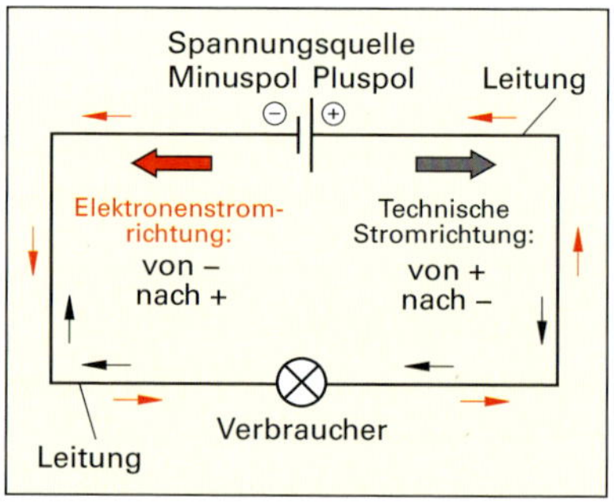

Bild 3: Einfacher elektrischer Stromkreis

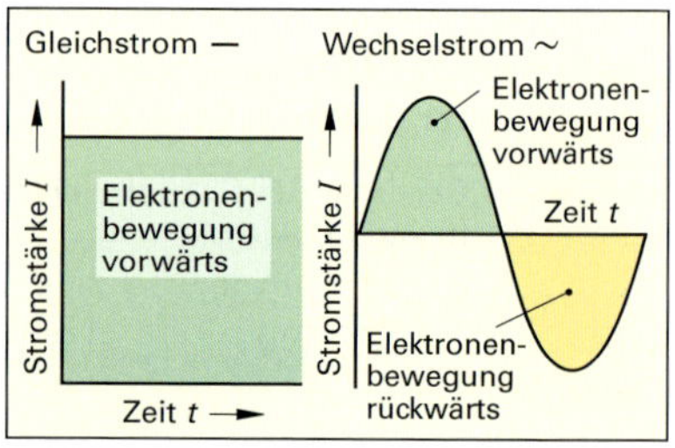

Bild 4: Stromarten

[1] Alessandro Volta, ital. Physiker, 1745 bis 1827

Aufgaben zu Grundbegriffe der Elektrotechnik

1. Beim Füllen eines Rührkessels mit Toluol aus einem Fass **(Bild 1)** wird der Rührkessel elektrostatisch aufgeladen. Über das Erdungskabel fließen $3{,}5 \cdot 10^{13}$ Elektronen pro Minute ab. Wie groß ist die Stromstärke im Erdungskabel?
2. Durch eine Kontroll-Lampe am Steuerpult einer Zentrifuge fließt während des fünfzehn Minuten dauernden Zentrifugierens ein Strom von 0,20 A. Welche Ladungsmenge wird in dieser Zeit durch die Kontroll-Lampe transportiert?
3. Wie viele Elektronen treffen pro Sekunde den Leuchtschirm einer Elektronenstrahlröhre, wenn die Stromstärke des Elektronenstrahls 3,0 mA beträgt?
4. Beim Laden eines Lithium-Ionen-Akkumulator eines Gabelstaplers wird bei einem mittleren Ladestrom von 1,85 A eine elektrische Ladung von 88 Ah zugeführt. Wie lange dauert der Ladevorgang?
5. Zur Herstellung von Elektrolyt-Kupfer **(Bild 2)** wird über Stromschienen eine Ladungsmenge von $2{,}7 \cdot 10^{6}$ C pro Quadratmeter Elektrodenfläche in 2,5 Stunden einer Elektrolysezelle zugeführt. Wie groß ist die Stromstärke?
6. Bei der Schmelzflusselektrolyse von Magnesiumchlorid beträgt die Stromstärke in der Zuführungsleitung 350 A. Nach welcher Zeit ist die Elektrizitätsmenge von 12 kC durch die Kupferzuleitungen geflossen?
7. In einem Kunststoff verarbeitenden Betrieb läuft eine Polyethylen-Folie von einem Meter Breite mit einer Geschwindigkeit von 360 m/min durch eine Maschine. Die Folie lädt sich dabei pro Quadratzentimeter um 10^{-7} C auf. Welcher Strom muss von der Folie abgenommen werden, um die Folie ladungsfrei zu machen?

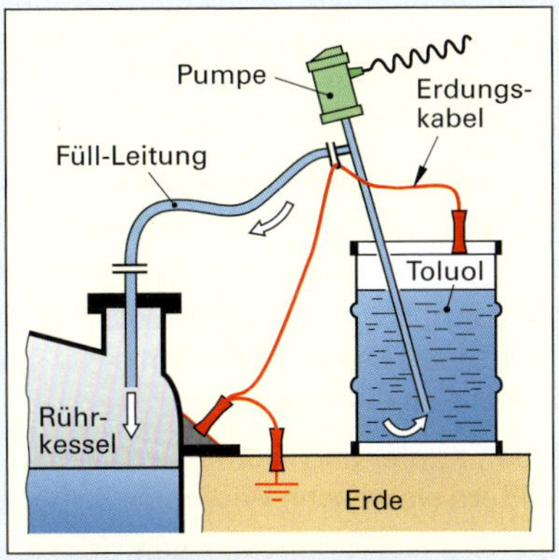

Bild 1: Erdung beim Umfüllen einer Flüssigkeit (Aufgabe 1)

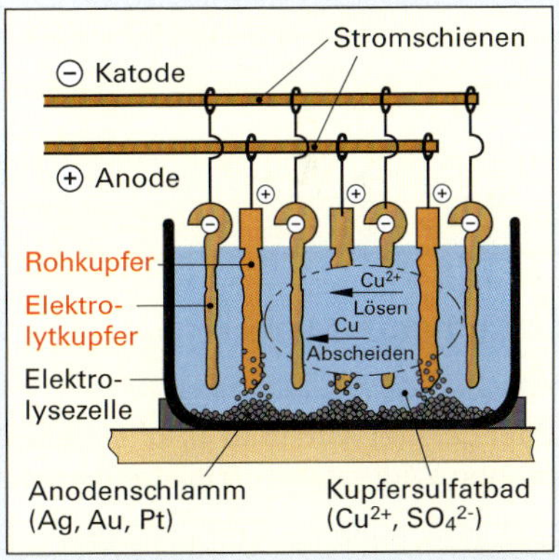

Bild 2: Herstellung von Elektrolytkupfer (Aufgabe 5)

11.2 Elektrischer Widerstand und Leitwert eines Leiters

Der Strom der Elektronen in einem Leiter (Bild 1, Seite 377) wird durch die ständigen Zusammenstöße der Elektronen mit den positiv geladenen Atomen des Leiterwerkstoffs gehemmt **(Bild 3)**.

Jeder Leiter setzt dem elektrischen Strom demzufolge einen elektrischen **Widerstand *R*** (resistance) entgegen. Er muss durch eine angelegte Spannung überwunden werden. Der elektrische Widerstand hat den Einheitennamen **Ohm**[1] mit dem Einheitenzeichen **Ω**.

Der elektrische Widerstand R eines elektrischen Leiters ist umso größer,

- je größer die Leiterlänge l ist: $R \sim l$,
- je kleiner der Leiterquerschnitt A ist: $R \sim 1/A$,
- je größer der spezifische elektrische Widerstand ϱ des Leiterwerkstoffs ist: $R \sim \varrho$

Diese Abhängigkeiten lassen sich in der nebenstehenden Größengleichung für den **elektrischen Widerstand *R*** eines Leiterstücks zusammenfassen.

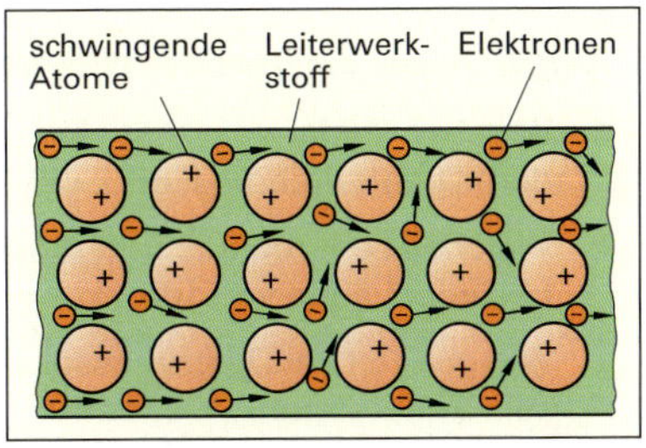

Bild 3: Verdeutlichung des Leiterwiderstands durch den behinderten Elektronenstrom

Elektrischer Widerstand eines Leiters

$$R = \frac{\varrho \cdot l}{A}$$

[1] Georg Simon Ohm, deutscher Physiker, 1778 bis 1854

Der Widerstand R eines Leiters ist ein Maß dafür, wie stark ein elektrischer Strom in einem Leiter in seinem Fluss gehemmt wird. Ein Leiter mit einem kleinen Widerstand leitet den elektrischen Strom gut, ein Leiter mit großem Widerstand leitet ihn schlecht.

Der Kennwert für den elektrischen Widerstand eines Werkstoffs ist der **spezifische elektrische Widerstand** ϱ. Sein Einheitenzeichen ergibt sich aus der Definitionsgleichung $\varrho = R \cdot A / l$ zu $(\Omega \cdot mm^2)/m$.

Der spezifische Widerstand gibt an, welchen Widerstand (in Ohm) ein 1 Meter langer Leiter mit einer Querschnittsfläche von 1 mm² dem Strom entgegensetzt.

Silber, Kupfer und Aluminium sind gute elektrische Leiter. Deutlich größere elektrische Widerstände haben Eisenwerkstoffe **(Tabelle)**.

Tabelle: Spezifischer Widerstand ϱ in $\frac{\Omega \cdot mm^2}{m}$ bei 20 °C

Leiterwerkstoff	ϱ	Leiterwerkstoff	ϱ
Silber	0,016	Platin	0,108
Kupfer	0,0178	Eisen	0,13
Aluminium	0,0278	Quecksilber	0,95
Wolfram	0,055	Konstantan	0,49

Beispiel: In einem Platin-Widerstandsthermometer (Pt 100) dient eine in Glas eingeschmolzene Platin-Wicklung als Messfühler (Bild 2, Seite 389). Der Platindraht des Messwiderstands ist 7,27 cm lang und hat einen Durchmesser von 0,01 mm. Wie groß ist der elektrische Widerstand des Platindrahtes?

Lösung: $R = \frac{\varrho \cdot l}{A}$ mit $A = \frac{\pi}{4} \cdot d^2$ und $\varrho_{Pt} = 0{,}108 \frac{\Omega \cdot mm^2}{m}$

$$\boldsymbol{R} = \frac{\varrho \cdot l \cdot 4}{\pi \cdot d^2} = \frac{0{,}108 \frac{\Omega \cdot mm^2}{m} \cdot 0{,}0727\ m \cdot 4}{\pi \cdot 0{,}0001\ mm^2} = 99{,}97\ \Omega \approx \mathbf{0{,}1\ k\Omega}$$

Leitwert (conductivity)

Der **Leitwert** $\boldsymbol{G}$ ist ein Maß, wie gut der elektrische Strom in einem Leiter geleitet wird **(Bild 1)**. Er ist definiert als der Kehrwert des elektrischen Widerstands R (siehe rechts).

Der Einheitenname für den Leitwert G ist $1/\Omega$, **Siemens**[1)] genannt. Das Einheitenzeichen ist S.

Beispiel: Wie groß ist der Leitwert eines Datenbusses in einer Prozessleitwarte, dessen Widerstand 550 mΩ beträgt?

Lösung: $\boldsymbol{G} = \frac{1}{R} = \frac{1}{550\ m\Omega} = \frac{1}{0{,}550\ \Omega} \approx \mathbf{1{,}82\ S}$

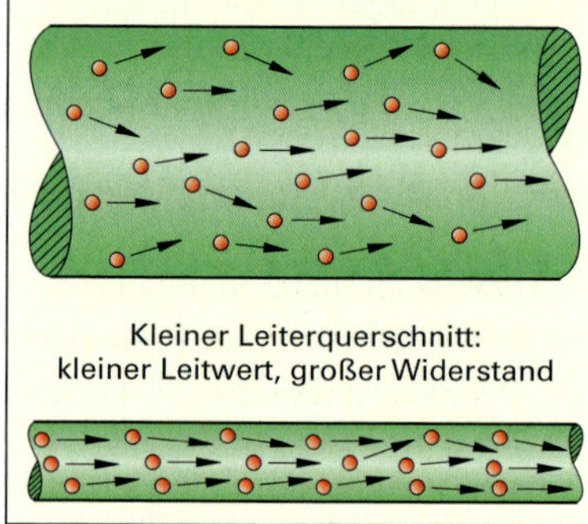

Bild 1: Zusammenhang zwischen Leiterquerschnitt sowie Widerstand und Leitwert

Leitwert eines Leiters

$$G = \frac{1}{R} = \frac{A}{\varrho \cdot l}$$

$$[G] = \frac{1}{[R]} = \frac{1}{\Omega} = 1\ S$$

11

Aufgaben zu Elektrischer Widerstand und Leitwert eines Leiters

1. Welchen Widerstand hat ein auf eine Rolle gewickelter 100 m langer isolierter Konstantandraht mit dem Drahtdurchmesser d = 0,35 mm?
2. Welchen Leiterquerschnitt muss ein Sicherheits-Experimentierkabel mit Kupferleiter aufweisen, das bei einer Länge von 100 cm einen Widerstand von 7,12 mΩ haben darf?
3. Wie groß ist der Durchmesser eines 20 cm langen Platindrahtes in einem Kontaktthermometer, wenn sein Widerstand 2,75 Ω beträgt?
4. Bei der Alkalichlorid-Elektrolyse (Bild 3, Seite 155) wird der Strom über eine Stromsammelschiene aus Kupfer (14,0 m lang, 20,0 cm breit und 20,0 mm dick) zugeführt. Berechnen Sie den elektrischen Widerstand und den Leitwert der Stromsammelschiene.
5. Eine Aluminiumleitung mit einem Durchmesser von 2,0 mm soll durch eine Kupferleitung gleicher Länge ersetzt werden. Wie groß muss der Durchmesser der Kupferleitung sein, wenn der Widerstand gleich groß bleiben soll?

1) Werner von Siemens, deutscher Ingenieur, 1816 bis 1892

11.3 Ohm'sches Gesetz

Wird an einen Widerstand in einem geschlossenen Stromkreis eine Spannung angelegt, so fließt durch den Widerstand ein Strom **(Bild 1)**. Variiert man den elektrischen Widerstand R und die angelegte Spannung U, so erhält man Abhängigkeiten.

Die Stromstärke I ist umso größer,

- je größer die Spannung U ist: $I \sim U$
- je kleiner der Widerstand R ist: $I \sim 1/R$

Diese Abhängigkeiten ergeben das **Ohm'sche Gesetz** (Ohm's law):

In einem Stromkreis ist bei konstanter Temperatur die Stromstärke der Spannung direkt und zum Widerstand umgekehrt proportional.

Das Ohm'sche Gesetz besagt: Die Spannung ein Volt treibt durch den Widerstand von einem Ohm den Strom von einem Ampere.

Umgeformt nach dem Widerstand R liefert es eine Definition für die Einheit des elektrischen Widerstands.

Die abgeleitete SI-Einheit des elektrischen Widerstands ist V/A. Sie wird **Ohm** (Einheitenzeichen **Ω**) genannt.

Beispiel: Wie groß muss die an einem Widerstandsthermometer Pt 100 angelegte Spannung sein, wenn der Messwiderstand 100 Ω beträgt und ein Strom von 3,0 mA fließt **(Bild 2)**?

Lösung: $\boldsymbol{U} = R \cdot I = 100\,\Omega \cdot 3{,}0 \cdot 10^{-3}\,\text{A} = 100\,\frac{\text{V}}{\text{A}} \cdot 3{,}0 \cdot 10^{-3}\,\text{A} = \mathbf{0{,}30\,V}$

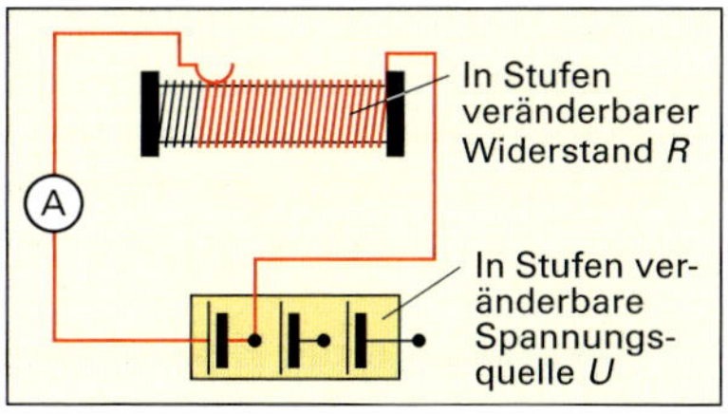

Bild 1: Versuchsanordnung zur Ermittlung des Ohm'schen Gesetzes

Ohm'sches Gesetz

$$\text{Stromstärke} = \frac{\text{Spannung}}{\text{Widerstand}}; \quad I = \frac{U}{R}$$

Einheit des elektrischen Widerstands $[R] = \frac{[U]}{[I]} = \frac{\text{V}}{\text{A}} = \Omega$

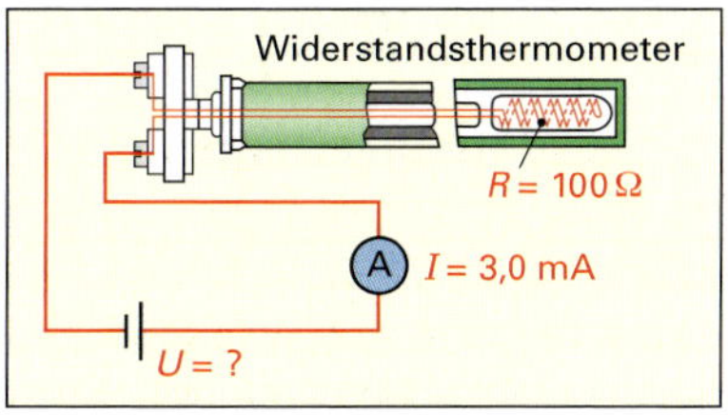

Bild 2: Widerstandsthermometer Pt 100 (Beispiel)

Aufgaben zum Ohm'schen Gesetz

1. Wie groß ist der elektrische Widerstand einer Alkalichlorid-Elektrolysezelle **(Bild 3)**, wenn bei einer angelegten Spannung von 3,3 V ein Strom von 11,7 kA fließt?
2. Ein Lastwiderstand von 200 Ω ist in einem Stromkreis an eine Spannung von 230 V angeschlossen. Wie groß ist der im Stromkreis fließende Strom?
3. Der Messwiderstand eines Widerstandsthermometers vergrößert seinen Widerstandswert beim Erwärmen um 50 °C um 19 Ω. Wie ändert sich die Spannung, wenn ein konstanter Messstrom von 3,0 mA fließt?
4. Wie groß ist die Betriebsstromstärke einer Rohrbegleitheizung mit einem Widerstand von 8,0 Ω? Die angelegte Spannung beträgt 400 V.
5. Die Betriebsstromstärke einer Beleuchtungsanlage in einer Lagerhalle für organische Zwischenprodukte beträgt 8,0 A. An welche Betriebsspannung muss sie angeschlossen werden, wenn ihr Gesamtwiderstand 28 Ω beträgt?
6. Wie groß ist der elektrische Widerstand der Heizwicklung eines Trockenschranks **(Bild 4)**, wenn bei einer Betriebsspannung von 230 V ein Strom von 6,0 A fließt?

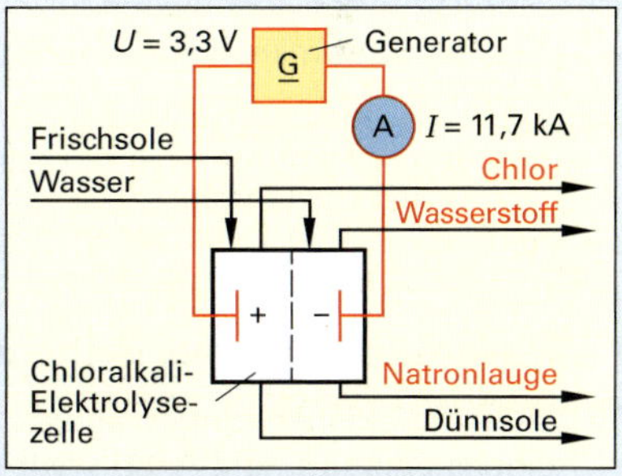

Bild 3: Chloralkali-Elektrolysezelle (Aufgabe 1)

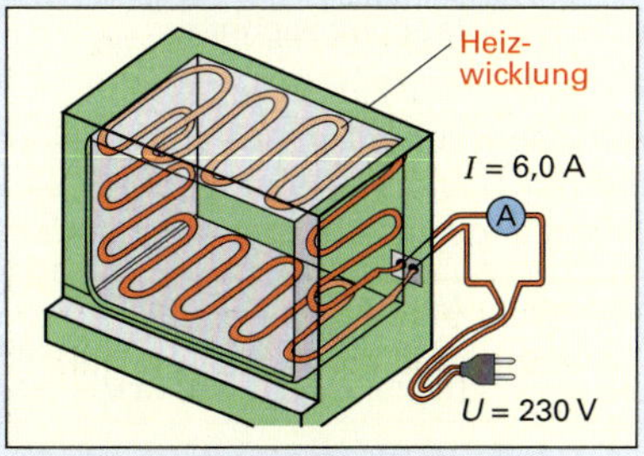

Bild 4: Trockenschrank (Aufgabe 6)

11

11.4 Reihenschaltung von Widerständen

Eine Reihenschaltung (series connection) von Widerständen liegt vor, wenn der Strom die einzelnen Widerstände nacheinander durchströmt **(Bild 1)**. Durch die parallel geschalteten Spannungsmesser in Bild 1 fließt wegen ihrer hohen Innenwiderstände nur ein kleiner Strom, der vernachlässigt werden kann.

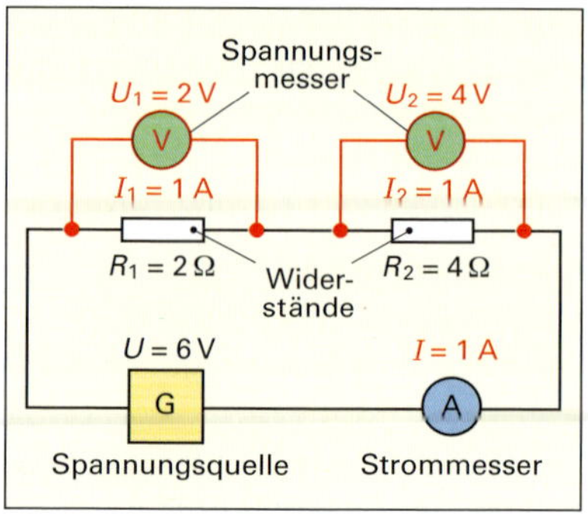

Bild 1: Reihenschaltung von Widerständen

Stromstärke bei Reihenschaltung

Da die Elektronen an keiner Stelle aus dem Stromkreis entweichen können und sich der Stromkreis nicht verzweigt, ist die Stromstärke in allen Widerständen und an jeder Stelle in den Leitern gleich (I = konst., siehe Formel rechts).

Dies gilt analog auch für galvanische Elemente, die zur Spannungserhöhung in Reihe geschaltet sind.

Beispiel: Bei einer Alkalichlorid-Elektrolyse sind in einem Stromkreis 156 Zellen in Reihe geschaltet. Die Stromstärke wird am Anfang des Stromkreises zu 120 kA gemessen. Wie groß ist die Stromstärke zwischen den Zellen 86 und 87?

Lösung: Da hier eine Reihenschaltung vorliegt, ist die Stromstärke an jeder Stelle des Stromkreises **120 kA.**

Stromstärke

$$I_{ges} = I_1 = I_2 = I_3 = \ldots = \text{konst.}$$

Gesamtwiderstand bei Reihenschaltung

Der Widerstand eines Drahtes ist von seiner Länge abhängig (Seite 379). Ein längeres Drahtstück kann man sich aus mehreren kurzen Drahtstücken zusammengesetzt denken. Jedes Teilstück hat einen Teilwiderstand, der seiner Teillänge entspricht. Der Gesamtwiderstand R_{ges} des ganzen Drahtes – er wird auch als Ersatzwiderstand bezeichnet – setzt sich aus der Summe dieser Teilwiderstände zusammen.

Diese Überlegungen gelten auch für n gleiche Widerstände, die in Reihe in einem Stromkreis angeordnet sind.

Gesamtwiderstand

$$R_{ges} = R_1 + R_2 + R_3 + \ldots$$

Für n gleiche Widerstände gilt:

$$R_{ges} = n \cdot R$$

Beispiel: Wie groß ist der Widerstand von 156 reihengeschalteten Alkalichlorid-Elektrolysezellen, wenn der Widerstand einer Zelle 50 μΩ beträgt?

Lösung: $\mathbf{R_{ges}} = n \cdot R = 156 \cdot 50 \cdot 10^{-6}\,\Omega = 7800 \cdot 10^{-6}\,\Omega \approx \mathbf{7{,}8 \cdot 10^{-3}\,m\Omega}$

Gesamtspannung bei Reihenschaltung

Misst man die Teilspannungen an den einzelnen Widerständen einer Reihenschaltung (Bild 1), so stellt man fest, dass die Summe der Teilspannungen so groß ist, wie die Gesamtspannung U_{ges} der Spannungsquelle. Diese Gesetzmäßigkeit wird auch als **2. Kirchhoff'sche**[1] **Regel** bezeichnet.

Eine strömende Flüssigkeit erfährt an Hindernissen in einem Rohrnetz, insbesondere an Armaturen, einen Druckabfall. Analog hierzu wird der Spannungsverlust eines elektrischen Stroms an einem Widerstand auch als Spannungsabfall bezeichnet.

Gesamtspannung
2. Kirchhoff'sche Regel

$$U_{ges} = U_1 + U_2 + U_3 + \ldots$$

Für n gleich große Spannungsabfälle gilt:

$$U_{ges} = n \cdot U$$

Beispiel: Welche Gesamtspannung muss an 156 in Reihe geschalteten Alkalichlorid-Elektrolysezellen (Bild 3, Seite 381) mindestens anliegen, wenn der Spannungsabfall pro Zelle 4 V beträgt?

Lösung: $\mathbf{U_{ges}} = n \cdot U = 156 \cdot 4\,V = 624\,V \approx \mathbf{0{,}6\,kV}$

[1] Robert Gustav Kirchhoff, deutscher Physiker, 1824 bis 1888

11

Teilspannungen und Teilwiderstände bei Reihenschaltung von zwei Widerständen

Der Strom ist bei der Reihenschaltung von zwei Widerständen in den beiden Widerständen gleich groß (Bild 1, Seite 382): $I_1 = I_2$. Für die Ströme gilt nach dem Ohm'schen Gesetz:

$$I_1 = \frac{U_1}{R_1} \text{ und } I_2 = \frac{U_2}{R_2}; \text{ da } I_1 = I_2 \text{ folgt } \frac{U_1}{R_1} = \frac{U_2}{R_2}$$

Spannungsteilerregel

$$\frac{U_1}{U_2} = \frac{R_1}{R_2}$$

Die nach Umformen erhaltene Gleichung besagt: Bei der Reihenschaltung von zwei Widerständen verhalten sich die Teilspannungen wie die dazugehörigen Teilwiderstände.

Beispiel: Zwei Widerstände, $R_1 = 5{,}0\ \Omega$ und $R_2 = 8{,}0\ \Omega$, sind in Reihe geschaltet **(Bild 1)**.

a) Wie groß ist der Spannungsabfall am Widerstand R_1, wenn er am Widerstand R_2 1,2 V beträgt?

b) Welchen Größenwert hat der Ersatzwiderstand?

c) Welche Stromstärke wird im Stromkreis gemessen?

d) Wie groß ist die Gesamtspannung?

Lösung:

a) $\frac{U_1}{U_2} = \frac{R_1}{R_2} \Rightarrow \boldsymbol{U_1} = \frac{R_1 \cdot U_1}{R_2} = \frac{5{,}0\ \Omega \cdot 1{,}2\ \text{V}}{8{,}0\ \Omega} = \mathbf{0{,}75\ V}$

b) $\boldsymbol{R_{ges}} = R_1 + R_2 = 5{,}0\ \Omega + 8{,}0\ \Omega = \mathbf{13{,}0\ \Omega}$

c) $\boldsymbol{I_1} = \frac{U_1}{R_1} = \frac{0{,}75\ \text{V}}{5{,}0\ \Omega} = \mathbf{0{,}15\ A};\quad I_1 = I_{ges} = 0{,}15\ \text{A}$

d) $\boldsymbol{U_{ges}} = U_1 + U_2 = 1{,}2\ \text{V} + 0{,}75\ \text{V} = 1{,}95\ \text{V} \approx \mathbf{2{,}0\ V}$

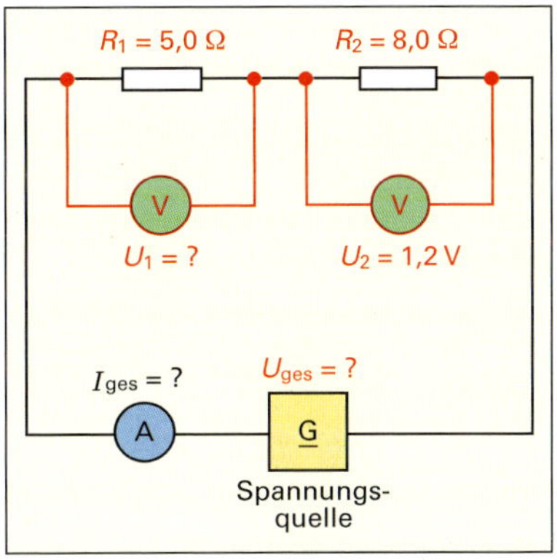

Bild 1: Beispiel einer Reihenschaltung

Aufgaben zu Reihenschaltung von Widerständen

1. Drei Widerstände liegen an 230 V und werden von einem Strom von 5,0 mA durchflossen **(Bild 2)**. Wie groß ist der Widerstand R_1, wenn die Widerstände $R_2 = 2{,}0\ \text{k}\Omega$ und $R_3 = 4{,}0\ \text{k}\Omega$ betragen?

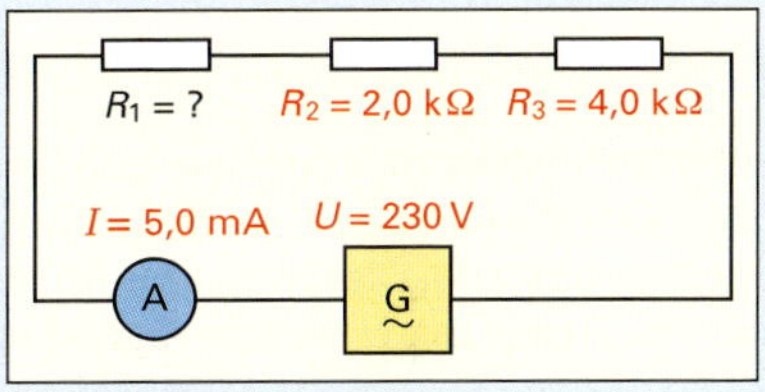

Bild 2: Schaltskizze zu Aufgabe 1

2. Eine Rohrbegleitheizung (Bild 4, Seite 396) ist mit einem 10 m langen, zweiadrigen Kupferkabel mit jeweils 6,0 mm² Querschnitt an 230 V angeschlossen. Die Stromstärke in der Heizleitung beträgt 40 A. Berechnen Sie den Spannungsfall in der Leitung in Volt und in Prozent der Netzspannung. Wie groß sind die Klemmenspannung am Verbraucher und der Gesamtwiderstand?

3. Drei Widerstände $R_1 = 30\ \Omega$, $R_2 = 125\ \Omega$ und $R_3 = 80\ \Omega$ sind in Reihe geschaltet **(Bild 3)**. Am Widerstand R_2 wird eine Spannung von 120 V gemessen. Berechnen Sie den Ersatzwiderstand, die Stromstärke, die Klemmenspannung sowie die Teilspannungen an den Widerständen R_1 und R_3.

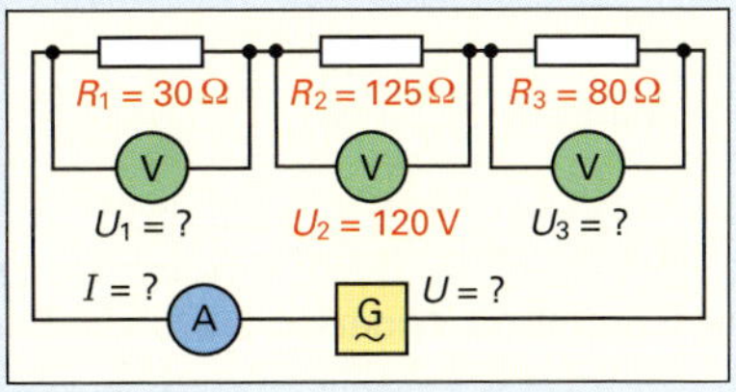

Bild 3: Schaltskizze zu Aufgabe 3

4. Drei in Reihe geschaltete Widerstände liegen bei einer Stromstärke von 1,6 A an 230 V. Der Widerstand R_3 beträgt 40 Ω. Am Widerstand R_2 wird ein Spannungsabfall von 70 V gemessen. Berechnen Sie:

   a) den Gesamtwiderstand,

   b) die Widerstände R_1 und R_2 und

   c) den Spannungsabfall von R_1 und R_3.

5. Welcher Vorwiderstand ist erforderlich, um eine 12-V-Halogenlampe mit einem Nennstrom von 0,81 A versuchsweise an die Netzspannung 230 V anzuschließen **(Bild 4)**?

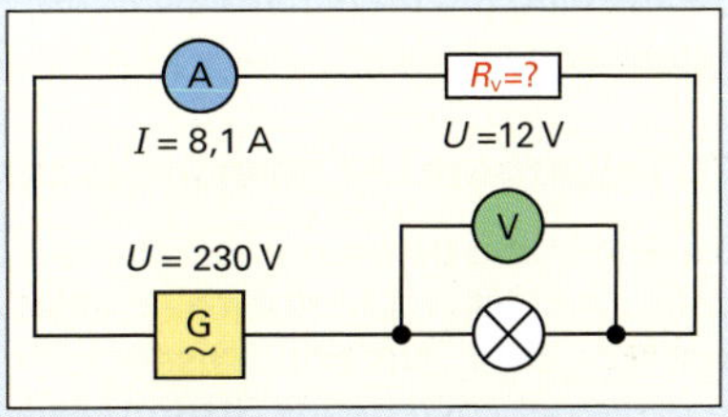

Bild 4: Schaltskizze zu Aufgabe 5

11

11.5 Parallelschaltung von Widerständen

Eine Parallelschaltung (parallel circuit) von Widerständen liegt vor, wenn sich der Strom in Teilströme aufteilt und die Widerstände durchströmt. An jedem Widerstand liegt die gleiche Spannung an **(Bild 1).** Alle Stromeintrittsklemmen und alle Stromaustrittsklemmen sind mit jeweils einem Pol der Spannungsquelle verbunden.

Wie sich bei der Parallelschaltung die Spannungen, Stromstärken und Widerstände verhalten, lässt sich durch die nachfolgenden Überlegungen erkennen.

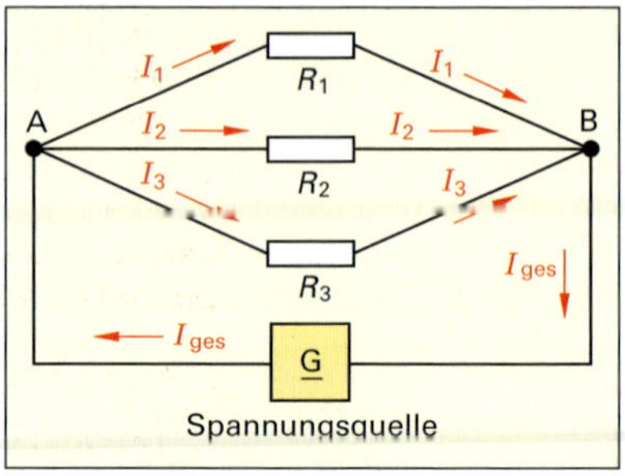

Bild 1: Parallelschaltung von Widerständen

Spannungen bei Parallelschaltung

Alle drei Teilwiderstände sind über die Stromverzweigungspunkte A und B gleichzeitig mit der Spannungsquelle verbunden. Aus diesem Grund liegt an allen Widerständen die gleiche Gesamtspannung (Ausgangsspannung) an. Es gilt: $U_{ges} = U_1 = U_2 = U_3 = \ldots$

Spannungen
$U_{ges} = U_1 = U_2 = U_3 = \ldots$

Stromstärken bei Parallelschaltung

Der Elektronenstrom teilt sich im Stromverzweigungspunkt A in drei Teilströme auf (Bild 1). Der Gesamtstrom I_{ges} ist gleich der Summe der Teilströme in den parallel geschalteten Widerständen.

Dies wird als **1. Kirchhoff'sche Regel** bezeichnet.

Die Aufteilung der Teilströme erfolgt dabei so, dass in einem großen Widerstand ein kleiner Strom fließt, während in einem kleinen Widerstand ein großer Strom fließt.

Stromstärken 1. Kirchhoff'sche Regel
$I_{ges} = I_1 + I_2 + I_3 + \ldots$

Gesamtwiderstand bei Parallelschaltung

Bei der Parallelschaltung hat der Strom Durchflussmöglichkeiten durch mehrere Widerstände (Bild 1). Der Gesamtwiderstand der Schaltung, auch Ersatzwiderstand genannt, ist deshalb kleiner als der kleinste Einzelwiderstand. Die Größe des Ersatzwiderstands lässt sich durch Anwendung des Ohm'schen Gesetzes aus der Spannung U und der Gesamtstromstärke I_{ges} berechnen.

Für den Gesamtstrom gilt $I_{ges} = I_1 + I_2 + I_3 + \ldots$

Setzt man für $I_{ges} = \frac{U}{R_{ges}}$; $I_1 = \frac{U}{R_1}$; $I_2 = \frac{U}{R_2}$ usw. ein,

so erhält man $\frac{U}{R_{ges}} = \frac{U}{R_1} + \frac{U}{R_2} + \frac{U}{R_3} + \ldots$

Durch Division mit der gemeinsamen Spannung U folgt eine Größengleichung für den Kehrwert des **Ersatzwiderstands R_{ges}** mehrerer paralleler Widerstände (siehe Formel rechts).

Ersatzwiderstand
$\frac{1}{R_{ges}} = \frac{1}{R_1} + \frac{1}{R_2} + \frac{1}{R_3} + \ldots$

Bei zwei parallelen Widerständen gilt: $\frac{1}{R_{ges}} = \frac{1}{R_1} + \frac{1}{R_2}$

Daraus wird mit dem gemeinsamen Hauptnenner $R_1 \cdot R_2$: $\frac{1}{R_{ges}} = \frac{R_1 + R_2}{R_1 \cdot R_2}$

Ersatzwiderstand von zwei parallelen Widerständen
$R_{ges} = \frac{R_1 \cdot R_2}{R_1 + R_2}$

Teilströme bei zwei parallelen Widerständen

Die Spannung ist bei der Parallelschaltung an allen Widerständen gleich groß ($U_1 = U_2$). Nach dem Ohm'schen Gesetz gilt: $U_1 = R_1 \cdot I_1$ und $U_2 = R_2 \cdot I_2$. Nach Gleichsetzen ($U_1 = U_2$) und Umformen erhält man die nebenstehende **Stromteilerregel.** Sie besagt:

Die Teilströme verhalten sich umgekehrt wie die Widerstände.

Stromteilerregel
$\frac{I_1}{I_2} = \frac{R_2}{R_1}$

11

Beispiel: Folgende Verbraucher sind in einem Stromkreis mit 230-V-Netzanschluss parallel geschaltet **(Bild 1)**:

- ein Rührermotor, Stromaufnahme $I_R = 2{,}0$ A,
- eine Pilzheizhaube, Stromaufnahme $I_P = 4{,}0$ A und
- eine Arbeitsplatzleuchte, Widerstand $R_A = 484\ \Omega$.

Wie groß sind:

a) die Widerstände des Rührermotors R_R und der Pilzheizhaube R_P,

b) die Stromstärke I_A der Arbeitsplatzleuchte,

c) der Ersatzwiderstand R_{ges} und die Gesamtstromstärke I_{ges},

d) die Spannungen U_R, U_P und U_A an den einzelnen Geräten?

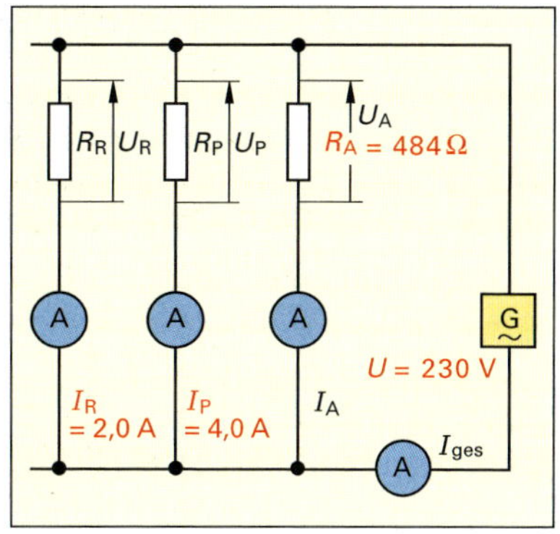

Bild 1: Schaltskizze zum Beispiel

Lösung:

a) $\boldsymbol{R_R} = \frac{U}{I_R} = \frac{230\text{ V}}{2{,}0\text{ A}} = \mathbf{115\ \Omega}$; $\boldsymbol{R_P} = \frac{U}{I_P} = \frac{230\text{ V}}{4{,}0\text{ A}} = \mathbf{58\ \Omega}$

b) $\boldsymbol{I_A} = \frac{U}{R_A} = \frac{230\text{ V}}{484\ \Omega} = 0{,}4752\text{ A} \approx \mathbf{0{,}475\ A}$

c) $\frac{1}{R_{ges}} = \frac{1}{R_R} + \frac{1}{R_P} + \frac{1}{R_A} = \frac{1}{115\ \Omega} + \frac{1}{57{,}5\ \Omega} + \frac{1}{484\ \Omega} = 0{,}0282\,\frac{1}{\Omega} \Rightarrow \boldsymbol{R_{ges}} = \frac{1}{0{,}0282}\ \Omega \approx \mathbf{35{,}5\ \Omega}$

$\boldsymbol{I_{ges}} = I_R + I_P + I_A = 2{,}0\text{ A} + 4{,}0\text{ A} + 0{,}475\text{ A} = 6{,}475\text{ A} \approx \mathbf{6{,}5\ A}$

d) $\boldsymbol{U_{ges}} = U_R = U_P = U_A = \mathbf{230\ V}$

Aufgaben zu Parallelschaltung von Widerständen

1. Drei Widerstände, $R_1 = 10\ \Omega$, $R_2 = 17\ \Omega$ und $R_3 = 24\ \Omega$, sind parallel in einem Stromkreis geschaltet **(Bild 2)**. Die Gesamtstromstärke beträgt 12 A. Berechnen Sie den Gesamtwiderstand, die Klemmenspannung und die Einzelstromstärken.

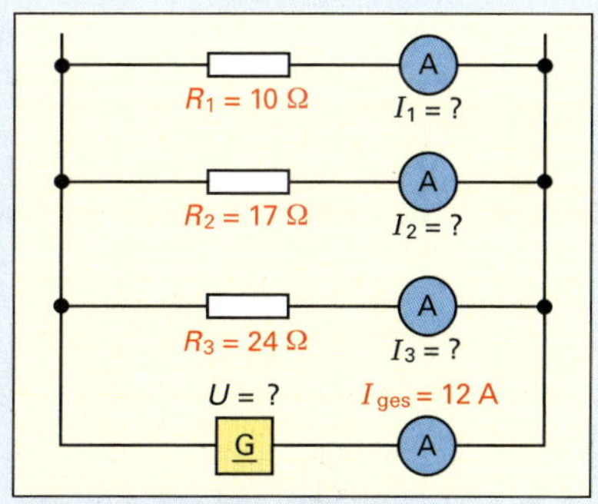

Bild 2: Schaltskizze zu Aufgabe 1

2. Zwei Kontroll-Lampen am Steuerpult eines Gurtbandförderers (Bild 1, Seite 88) liegen parallel an der Betriebsspannung 12 V an. Die Stromstärken in den Kontroll-Lampen werden zu 0,30 A und 0,50 A gemessen. Berechnen Sie den Gesamtwiderstand und die Einzelwiderstände.

3. Zwei Heizwiderstände, $R_1 = 97\ \Omega$, $R_2 = 146\ \Omega$, sind parallel geschaltet. Wie groß ist der Ersatzwiderstand?

4. Ist der Schalter der Versuchsschaltung **(Bild 3)** geöffnet, so wird zwischen den Klemmen 1 und 2 ein Widerstand von 5,0 Ω gemessen. Bei geschlossenem Schalter beträgt der Widerstand 2,0 Ω. Wie groß ist der Widerstand R_2?

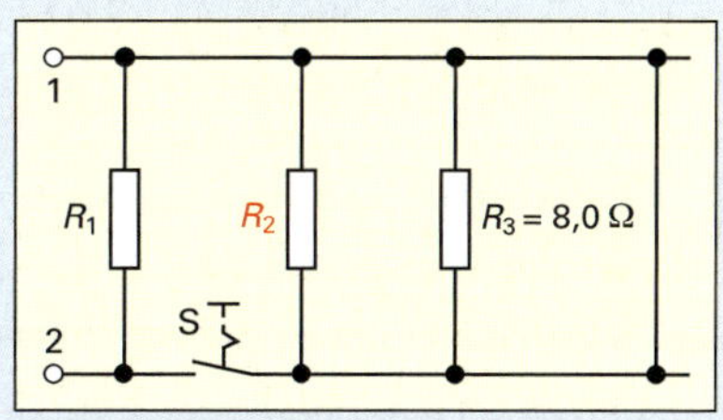

Bild 3: Schaltskizze zu Aufgabe 4

5. Zwei Widerstände, $R_1 = 20\ \Omega$ und $R_2 = 30\ \Omega$, liegen einmal in Reihe und einmal parallel an 110 V. Berechnen Sie jeweils den Gesamtstrom und den Gesamtwiderstand.

6. In einem Thermostaten sind zwei Heizwiderstände, $R_1 = 95\ \Omega$ und $R_2 = 45\ \Omega$, parallel geschaltet. Im Widerstand R_2 fließt ein Strom von 5,0 A. Wie groß ist die Stromstärke im Heizwiderstand R_1?

7. Drei parallel geschaltete Elektromotoren liegen an 440 V und treiben die Kreiselradpumpen in einer Mehrkörper-Verdampferanlage an **(Bild 4)**. Ihre Widerstände betragen: $R_2 = 19\ \Omega$ und $R_3 = 24\ \Omega$. Der Gesamtstrom wurde zu $I_{ges} = 80$ A bestimmt.

   Berechnen Sie den Widerstand R_1 und die Teilströme.

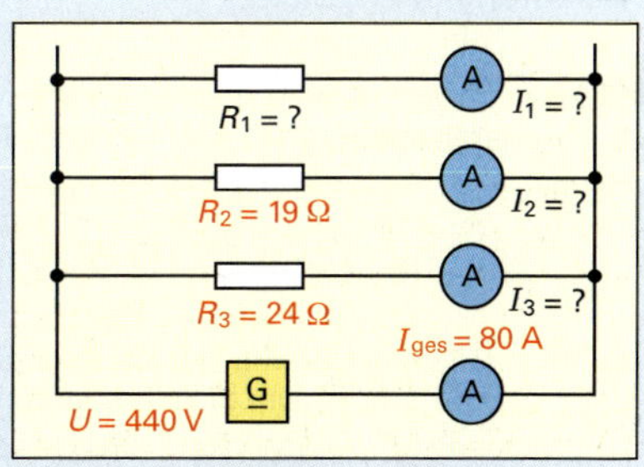

Bild 4: Schaltskizze zu Aufgabe 7

11.6 Gruppenschaltungen, Netzwerk-Schaltungen

In der Elektrotechnik und Elektronik sind die unterschiedlichsten Bauteile sowohl in Reihe als auch parallel zueinander geschaltet **(Bild 1)**. Man bezeichnet solche Schaltungen als gemischte Schaltungen oder als Gruppenschaltungen.

Gruppenschaltungen werden in erweiterte Reihen- und Parallelschaltungen sowie Netzwerke unterteilt.

Die Berechnung des Gesamtwiderstands (Ersatzwiderstand) einer gemischten Schaltung verläuft schrittweise über Ersatzschaltungen, wie im Folgenden gezeigt wird. Dabei wird die Gruppenschaltung unter Beachtung der nachfolgenden Regeln schrittweise auf die beiden Grundschaltungen (Reihen- und Parallelschaltung) zurückgeführt.

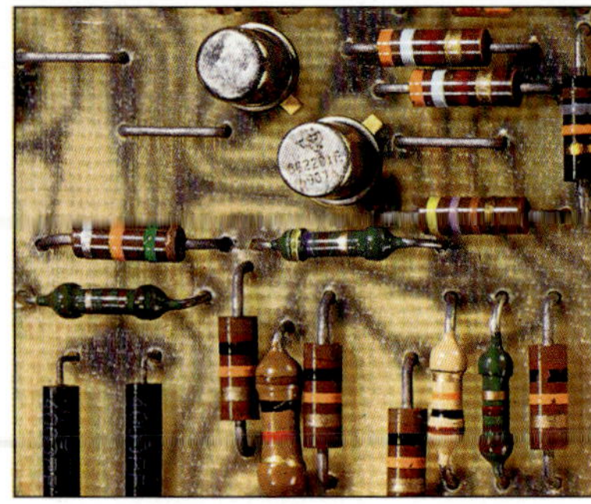

Bild 1: Gruppenschaltung elektronischer Bauteile auf einer Leiterplatte

Erweiterte Reihenschaltung

Als solche wird eine Reihenschaltung bezeichnet, in die eine Parallelschaltung eingefügt ist **(Bild 2)**.

Man berechnet sie, indem man zuerst den Ersatzwiderstand der Parallelschaltung ermittelt. Damit wird dann die resultierende Reihenschaltung berechnet.

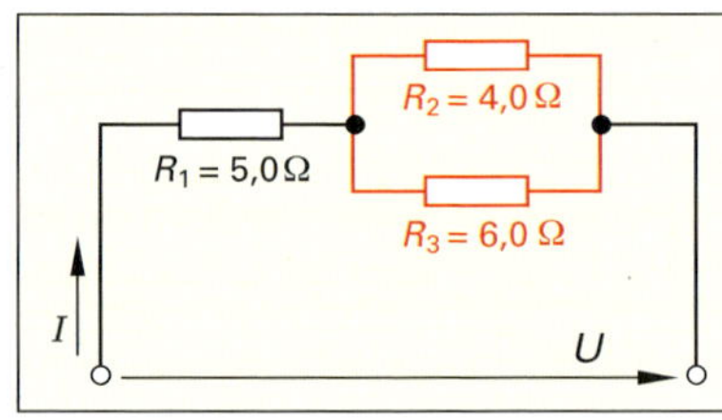

Bild 2: Erweiterte Reihenschaltung (Beispiel)

Beispiel: Welchen Ersatzwiderstand hat die in Bild 2 gezeigte Schaltung?

Lösung:
1. Berechnung des Ersatzwiderstands $R_{2,3}$ der parallel geschalteten Widerstände R_2 und R_3:
$$\boldsymbol{R_{2,3}} = \frac{R_2 \cdot R_3}{R_2 + R_3} = \frac{4{,}0\,\Omega \cdot 6{,}0\,\Omega}{4{,}0\,\Omega + 6{,}0\,\Omega} = \frac{24\,\Omega}{10{,}0\,\Omega} = \mathbf{2{,}4\,\Omega}$$
Die resultierende Ersatzschaltung ist in **Bild 3** gezeigt.
2. Berechnung der in Reihe geschalteten Widerstände R_1 und $R_{2,3}$ zum Ersatzwiderstand $R_{ers} = R_{1,2,3}$:
$$\boldsymbol{R_{ers}} = R_1 + R_{2,3} = 5{,}0\,\Omega + 2{,}4\,\Omega = \mathbf{7{,}4\,\Omega}$$

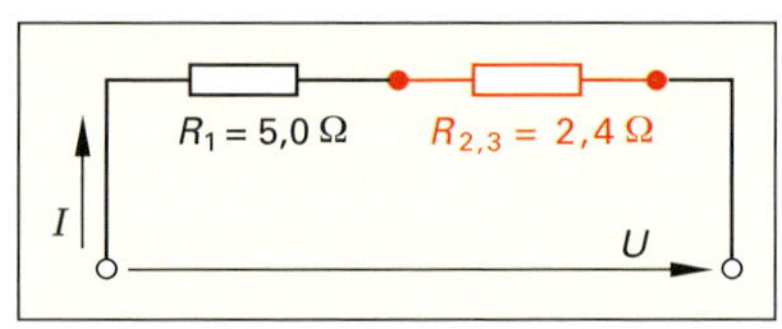

Bild 3: Ersatzschaltung einer erweiterten Reihenschaltung

Erweiterte Parallelschaltung

So wird eine Parallelschaltung bezeichnet, bei der in einem Strang eine Reihenschaltung eingefügt ist **(Bild 4)**.

Man berechnet sie, indem zuerst der Ersatzwiderstand der Reihenschaltung ermittelt wird. Damit wird dann die resultierende Parallelschaltung berechnet.

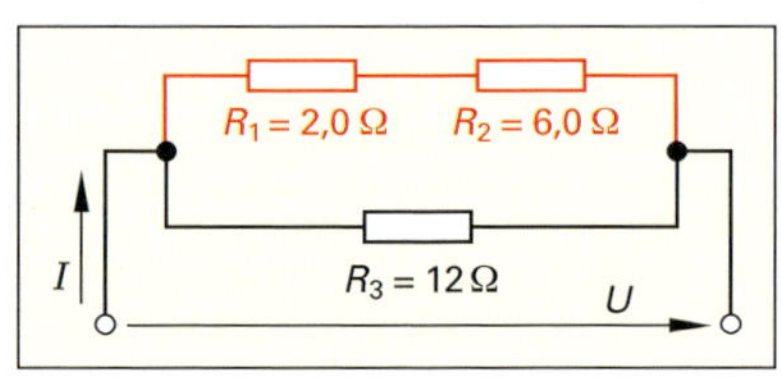

Bild 4: Erweiterte Parallelschaltung (Beispiel)

Beispiel: Welchen Ersatzwiderstand hat die in Bild 4 wiedergegebene Schaltung?

Lösung:
1. Berechnung des Ersatzwiderstands $R_{1,2}$ der in Reihe geschalteten Widerstände R_1 und R_2:
$$\boldsymbol{R_{1,2}} = R_1 + R_2 = 2{,}0\,\Omega + 6{,}0\,\Omega = \mathbf{8{,}0\,\Omega}$$
Die resultierende Ersatzschaltung ist in **Bild 5** gezeigt.
2. Berechnung der parallel geschalteten Widerstände $R_{1,2}$ und R_3 zum Ersatzwiderstand $R_{ers} = R_{1,2,3}$:
$$\boldsymbol{R_{ers}} = \frac{R_{1,2} \cdot R_3}{R_{1,2} + R_3} = \frac{8{,}0\,\Omega \cdot 12\,\Omega}{8{,}0\,\Omega + 12\,\Omega} = \frac{96\,\Omega}{20\,\Omega} = \mathbf{4{,}8\,\Omega}$$

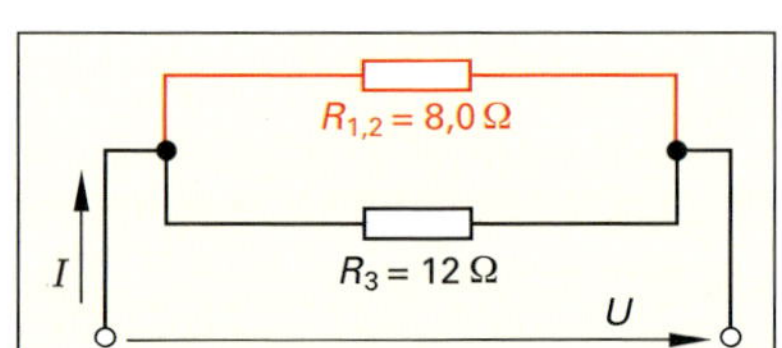

Bild 5: Ersatzschaltung einer erweiterten Parallelschaltung

Netzwerk-Schaltung

Eine Netzwerk-Schaltung ist ein verzweigter elektrischer Stromkreis, der aus mehreren Gruppenschaltungen besteht. Die Widerstandsberechnung eines Netzwerks erfolgt, wie im nachfolgenden Beispiel gezeigt wird, schrittweise durch Rückführung auf die Reihen- oder Parallelschaltung.

Beispiel: Wie groß ist der Ersatzwiderstand der in **Bild 1a** dargestellten Netzwerk-Schaltung?

Lösung: Zuerst wird der Teil der Schaltung gesucht, der auf eine Grundschaltung zurückzuführen ist. Dies ist die Reihenschaltung der Widerstände R_2, R_3 und R_4. Ihr Gesamtwiderstand berechnet sich zu:

$$R_{2,3,4} = R_2 + R_3 + R_4 = 9\,\Omega + 7\,\Omega + 4\,\Omega = 20\,\Omega.$$

Der Gesamtwiderstand $R_{2,3,4}$ wird für die Widerstände R_2, R_3, R_4 eingesetzt. Die Schaltung lässt sich hiermit, wie in **Bild 1b** dargestellt, vereinfachen.

Die Widerstände $R_{2,3,4}$ und R_5 sind parallel geschaltet. Ihr Gesamtwiderstand berechnet sich zu:

$$R_{2,3,4,5} = \frac{R_{2,3,4} \cdot R_5}{R_{2,3,4} + R_5} = \frac{20\,\Omega \cdot 5\,\Omega}{20\,\Omega + 5\,\Omega} = \frac{100\,\Omega}{25\,\Omega} = 4\,\Omega$$

Der hieraus resultierende Ersatzschaltplan ist in **Bild 1c** dargestellt. Es ist eine Reihenschaltung.

Der Ersatzwiderstand des Netzwerks berechnet sich somit zu:

$$R_{1,2,3,4,5,6} = R_1 + R_{2,3,4,5} + R_6 = 4\,\Omega + 4\,\Omega + 2\,\Omega$$

$$\mathbf{R_{1,2,3,4,5,6} = R_{ers} = 10\,\Omega}$$

Der Ersatzwiderstand ist in **Bild 1d** dargestellt.

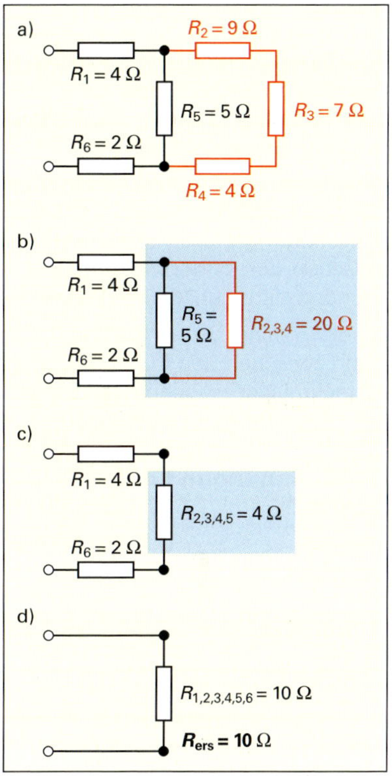

Bild 1: Schrittweise Vereinfachung zur Berechnung einer Netzwerk-Schaltung (Beispiel)

Aufgaben zu Gruppenschaltungen und Netzwerk-Schaltungen

1. Berechnen Sie die Ersatzwiderstände der in den Abbildungen 2 und 4, Seite 386, dargestellten Gruppenschaltungen, wenn alle Widerstände gleich sind und 10 Ω betragen.
2. Berechnen Sie den Ersatzwiderstand der nachfolgend dargestellten Netzwerk-Schaltungen.

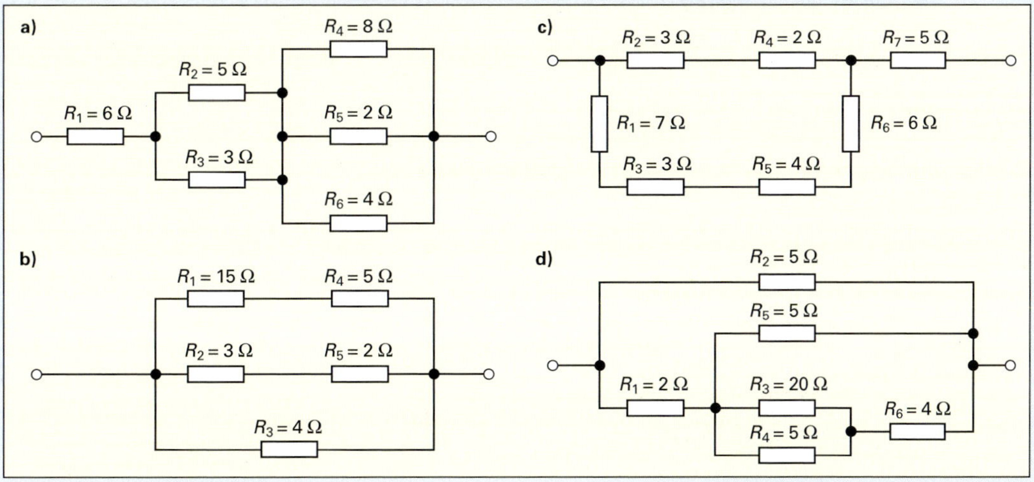

Bild 2: Netzwerk-Schaltungen (Aufgabe 2)

11

11.7 Wheatstone'sche Brückenschaltung

Wheatstone'sche Brückenschaltungen[1] (Wheatstone bridge) werden zur exakten Messung von Widerständen benutzt, z. B. im Wärmeleitfähigkeitsdetektor (WLD) von Gaschromatografen zur Messung der Elektrolytleitfähigkeit.

In **Bild 1** ist die Prinzipschaltung der Wheatstone'schen Brückenschaltung wiedergegeben. Sie weist zwar Kennzeichen einer Gruppenschaltung auf, lässt sich aber wegen der Strombrücke C–D zwischen den Widerständen R_1, R_2 und R_3, R_4 nicht auf eine der Grundschaltungen (Reihen- und Parallelschaltung) zurückführen.

Ein elektrischer Strom fließt über die Strombrücke C–D nur dann, wenn zwischen den Punkten C und D eine elektrische Spannung herrscht. Liegt zwischen den Punkten C–D keine Spannung an, so fließt kein Strom und die Brücke ist abgeglichen.

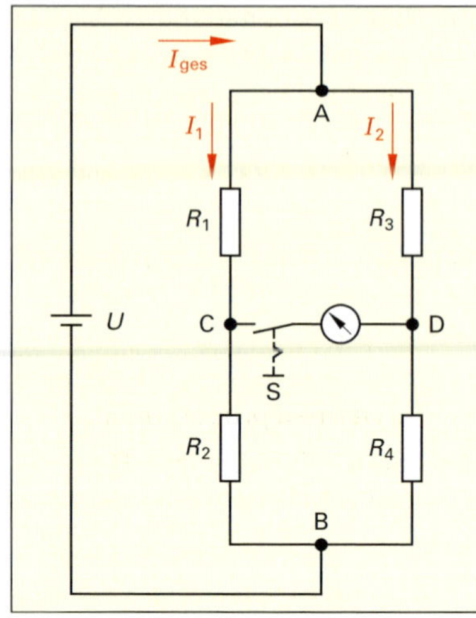

Bild 1: Wheatstone'sche Brückenschaltung

Bedingungen für den Brückenabgleich

Für den Spannungsabfall an den vier Widerständen gilt:

$U_{AC} = I_1 \cdot R_1; \quad U_{AD} = I_2 \cdot R_3; \quad U_{CB} = I_1 \cdot R_2; \quad U_{DB} = I_2 \cdot R_4$

Die Brückenschaltung ist abgeglichen, wenn die Spannung U_{CD} = 0 V beträgt. Dies ist dann erreicht, wenn $U_{AC} = U_{AD}$ und $U_{CB} = U_{DB}$ ist.

Durch Gleichsetzen der Spannungsabfälle und Umstellen nach I_1 erhält man die folgenden Größengleichungen:

$$I_1 \cdot R_1 = I_2 \cdot R_3 \Rightarrow I_1 = \frac{I_2 \cdot R_3}{R_1} \quad \text{und} \quad I_1 \cdot R_2 = I_2 \cdot R_4 \Rightarrow I_1 = \frac{I_2 \cdot R_4}{R_2}$$

Nach dem Gleichsetzen in I_1 und Kürzen von I_2 erhält man die Bedingung für den Brückenabgleich:

$$\frac{I_2 \cdot R_3}{R_1} = \frac{I_2 \cdot R_4}{R_2} \Rightarrow \frac{R_2}{R_1} = \frac{R_4}{R_3}$$

Das Widerstandsverhältnis R_1/R_2 ist bei Schleifdrahtwiderständen mit dem Schleifdrahtlängenverhältnis l_1/l_2 identisch.

Bedingung für den Brückenabgleich
$\frac{R_1}{R_2} = \frac{l_1}{l_2} = \frac{R_3}{R_4}$

Beispiel: Welchen Widerstand hat der Sensor des Widerstandsthermometers R_1 wenn die Widerstände R_3 = 90 Ω, R_2 = 110 Ω und R_4 = 43 Ω betragen **(Bild 2)?**

Lösung: $\frac{R_1}{R_2} = \frac{R_3}{R_4} \Rightarrow \mathbf{R_1} = \frac{R_3 \cdot R_2}{R_4} = \frac{90\,\Omega \cdot 110\,\Omega}{43\,\Omega} \approx \mathbf{230\,\Omega}$

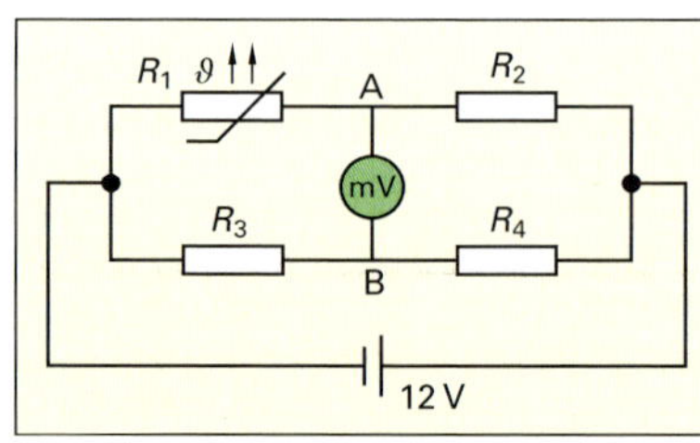

Bild 2: Widerstandsthermometer in Brückenschaltung (Beispiel)

Aufgaben zu Wheatstone'sche Brückenschaltung

1. Wie groß ist in Bild 1 der Widerstand R_4, wenn die Widerstände R_1 = 1,2 kΩ, R_2 = 1,5 kΩ und R_3 = 6,4 kΩ betragen?
2. Im Wärmeleitfähigkeitsdetektor (WLD) eines Gaschromatografen bilden vier Widerstände eine Wheatstone'sche Brückenschaltung. Der Heizdraht im Referenzkanal hat einen Widerstand von R_2 = 82,5 Ω. Wie groß ist der Widerstand R_1 des Heizdrahts im Probenkanal, wenn die Widerstände R_3 = 127,5 Ω und R_4 = 123,6 Ω betragen?
3. Wie groß muss der Widerstand R_4 einer Wheatstone'schen Brückenschaltung sein, damit ein Spiegelgalvanometer keinen Brückenstrom anzeigt?
   Die anderen Widerstände betragen: R_1 = 86,6 Ω, R_2 = 82,6 Ω, R_3 = 84,3 Ω.

[1] Charles Wheatstone, englischer Physiker, 1802 bis 1875

11.8 Thermische Widerstandsänderung, Widerstandsthermometer

Die Atome in einem Leiter schwingen mit steigender Temperatur stärker um ihre Ruhelage und behindern dadurch die fließenden Elektronen (Bild 3, Seite 379).

Der elektrische Widerstand ist somit in metallischen Leitern im warmen Zustand R_w um die Widerstandsänderung ΔR größer als im kalten Zustand R_k: $R_w = R_k + \Delta R$.

Die Größe der Widerstandsänderung pro Grad wird **Temperaturbeiwert α** genannt, seine Einheit ist 1/K (K^{-1}). Der Temperaturbeiwert α ist eine werkstoffspezifische Größe **(Tabelle)**.

Die Widerstandsänderung ΔR metallischer Leiter vergrößert sich beim Erwärmen proportional

- mit dem Kaltwiderstand R_k: $\Delta R \sim R_k$
- mit dem Temperaturbeiwert α: $\Delta R \sim \alpha$
- mit der Temperaturänderung $\Delta\vartheta$: $\Delta R \sim \Delta\vartheta$

Zusammen ergeben die Proportionalitäten die nebenstehende Gleichung.

Setzt man in die Gleichung zur Berechnung des Warmwiderstands $R_w = R_k + \Delta R$ die Gleichung $\Delta R = R_k \cdot \alpha \cdot \Delta\vartheta$ ein, so ergibt sich nach dem Ausklammern für den Warmwiderstand: $R_w = R_k \cdot (1 + \alpha \cdot \Delta\vartheta)$.

Tabelle: Mittlere Temperaturbeiwerte α in K^{-1} zwischen 0 °C und 100 °C

Leiterwerkstoff	α	Leiterwerkstoff	α
Silber	0,0041	Platin	0,00385
Kupfer	0,0043	Eisen	0,0066
Aluminium	0,0047	Quecksilber	0,00092
Wolfram	0,0048	Konstantan	0,00003

Thermische Widerstandsänderung

$$\Delta R = R_k \cdot \alpha \cdot \Delta\vartheta$$

Warmwiderstand

$$R_w = R_k + \Delta R$$

$$R_w = R_k \cdot (1 + \alpha \cdot \Delta\vartheta)$$

Widerstandsthermometer (resistance thermometer)

Eine technische Anwendung der thermischen Widerstandsänderung ist das Platin-Widerstandsthermometer **(Bild 2)**.

Beim Platin steigt der Widerstand R_w reproduzierbar über einen weiten Temperaturbereich von −200 °C bis +850 °C annähernd linear mit der Temperatur an **(Bild 1)**. Aus diesem Grund werden Platin-Widerstandsthermometer in diesem Messbereich auch als internationale Temperaturstandards verwendet.

In der industriellen Temperaturmesstechnik ist das Platin-Widerstandsthermometer Pt 100 (Bild 2) weit verbreitet. Es dient als Temperaturmessgerät in der Prozessleittechnik, als Temperatursensor zur Realisierung anspruchsvoller Mess- und Regelaufgaben.

Das Pt 100 nach DIN EN 60751 hat bei der Temperatur 0,0 °C einen Nennwiderstand von 100,00 Ω. Als Faustregel beträgt die Empfindlichkeit des Pt 100 knapp 4 Ω pro ca. 10 °C Temperaturänderung. Aus der Widerstandsänderung ΔR kann somit die Temperaturänderung $\Delta\vartheta$ berechnet werden.

Beispiel: Im Ablaufflansch eines Durchflussverdampfers beträgt der Warmwiderstand des Sensors eines Pt 100 $R_w = 150\ \Omega$. Wie hoch ist die Temperatur an der Messstelle ϑ_M?

Lösung: $\Delta R = R_k \cdot \alpha \cdot \Delta\vartheta \Rightarrow \Delta\vartheta = \dfrac{\Delta R}{R_k \cdot \alpha} = \dfrac{R_w - R_w}{R_k \cdot \alpha}$

Mit $\alpha(\text{Pt}) = 0{,}00385\ K^{-1}$, $R_k = 100\ \Omega$, $R_w = 150\ \Omega$ und $\vartheta_k = 0\ °C$ folgt:

$$\Delta\vartheta = \frac{150\ \Omega - 100\ \Omega}{100\ \Omega \cdot 0{,}00385\ K^{-1}} = \frac{1}{2 \cdot 0{,}00385\ K^{-1}} \approx 130\ K = 130\ °C$$

$$\vartheta_M = \Delta\vartheta - \vartheta_k = 130\ °C - 0\ °C = \mathbf{130\ °C}$$

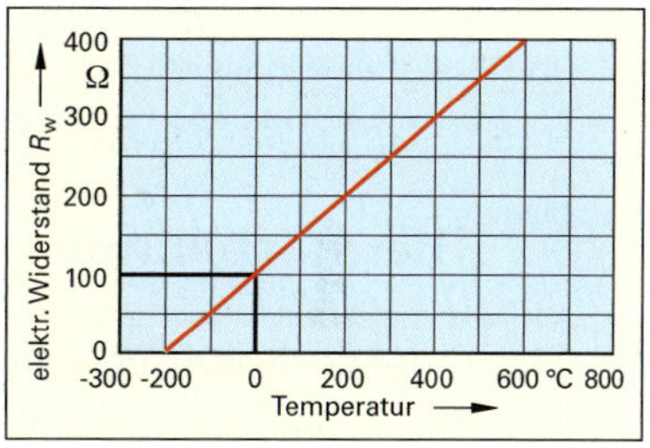

Bild 1: Kennlinie eines Platin-Widerstandsthermometers Pt 100

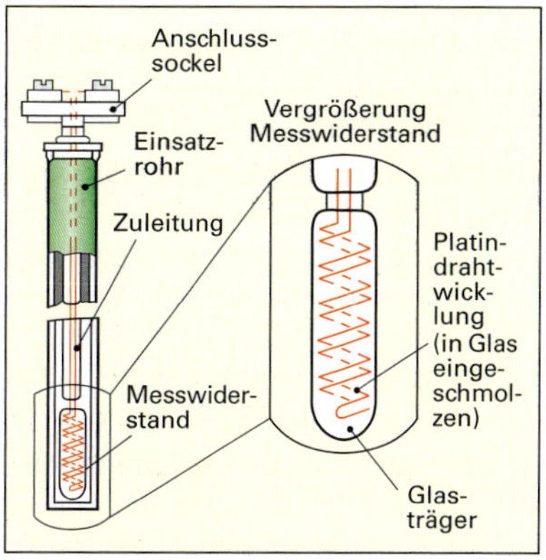

Bild 2: Widerstandsthermometer Pt 100

11

Nach DIN EN 60751 werden Platin-Widerstandsthermometer nach ihren Grenzabweichungen in die nebenstehenden Toleranzklassen A und B eingeteilt. Daraus kann man die Grenzabweichungen berechnen.

Toleranzklassen von Platin-Widerstandsthermometern
A : $\Delta\vartheta = \pm(0{,}15\ °C + 0{,}002 \cdot \lvert\vartheta\rvert)$
B : $\Delta\vartheta = \pm(0{,}30\ °C + 0{,}005 \cdot \lvert\vartheta\rvert)$

Beispiel: Die Temperatur einer Kühlsole mit einem Massenanteil an Calciumchlorid $CaCl_2$ von 30% wurde in einem Spiralwärmetauscher **(Bild 1)** mit einem Platin-Widerstandsthermometer Pt 100 der Toleranzklasse A zu $\vartheta = -28{,}0°C$ gemessen. Wie lautet der Messwert mit Grenzabweichung?

Lösung:

$\Delta\vartheta = \pm(0{,}15°C + 0{,}002 \cdot \lvert\vartheta\rvert)$

$= \pm(0{,}15°C + 0{,}002 \cdot \lvert -28{,}0°C\rvert)$

$= \pm(0{,}15°C + 0{,}002 \cdot 28{,}0°C) = 0{,}206°C$

$\Rightarrow \boldsymbol{\vartheta = -28{,}0°C \pm 0{,}2°C}$

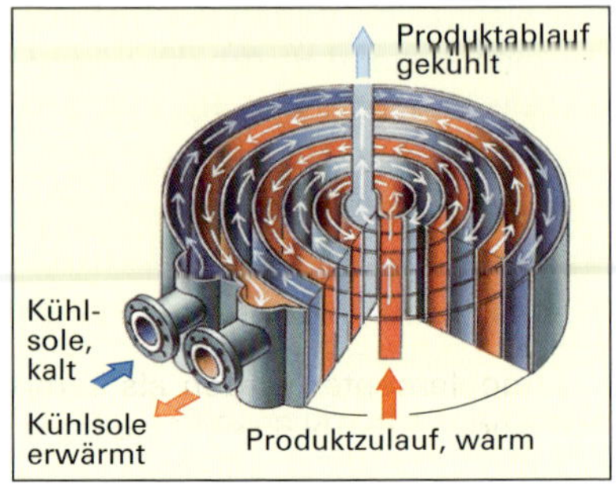

Bild 1: Spiralwärmetauscher (Beispiel)

Bei Platin und anderen unlegierten Metallen steigt der Widerstand mit wachsender Temperatur an. Diese sogenannten **Kaltleiter** nennt man auch **PTC-Widerstände** (**p**ositive **t**emperature **c**oefficient).

Aufgaben zu Thermische Widerstandsänderung, Widerstandsthermometer

1. Der Wolframdraht einer 60-Watt-Glühlampe erhitzt sich nach dem Einschalten auf eine Temperatur von ca. 2500 °C. Wie groß ist der Betriebswiderstand der Lampe, wenn ihr Kaltwiderstand bei 20 °C 65 Ω beträgt? Der Temperaturbeiwert α von Wolfram mit 0,0048 1/K ist annähernd konstant.
2. Die Messwicklung eines Widerstandsthermometers Pt 100 der Toleranzklasse B hat einen Widerstand von 186 Ω. Geben Sie die Temperatur an der Messstelle mit Messabweichung an.
3. Der Warmwiderstand eines Elektromotors mit Kupferwicklung beträgt nach mehrstündigem Betrieb 1,85 Ω bei 40 °C. Wie groß ist der Kaltwiderstand bei 25 °C?
4. Ein Draht wird in einem Wasserbad von 20 °C auf 100 °C erhitzt. Dabei nimmt sein Widerstand um 37,6% zu. Um welchen Leiterwerkstoff handelt es sich?

11.9 Thermospannung, Thermoelement

Thermoelektrischer Effekt (thermoelectric effect)

In einem metallischen Leiter sind die Elektronen dann gleichmäßig verteilt, wenn an jeder Stelle des Leiters die gleiche Temperatur herrscht **(Bild 2a)**.

Beim örtlichen Erhitzen eines elektrischen Leiters verteilen sich die Elektronen so, dass es in der heißen Zone zu einer Verarmung, in der kalten Zone zu einer Anreicherung von Elektronen kommt **(Bild 2b)**. Eine Potenzialdifferenz ist an den Leiterenden in dieser Versuchsanordnung wegen der gleichmäßigen Elektronenverteilung nicht messbar.

Sind zwei unterschiedliche Metalle, z.B. Kupfer und Eisen **(Bild 2c)**, durch Schweißen verbunden, so diffundieren an der Grenzfläche im Gleichgewichtszustand pro Zeitabschnitt mehr Elektronen durch die Grenzfläche vom Eisen zum Kupfer als in umgekehrter Richtung vom Kupfer zum Eisen. Demzufolge lädt sich Kupfer negativ, das Eisen hingegen positiv auf.

Der beschriebene Vorgang wird als **thermoelektrischer Effekt** bezeichnet. Die auftretende Potenzialdifferenz heißt **Thermospannung.** Sie ist von den unterschiedlichen Dichten der Elektronen und von den verschiedenen Ablöseenergien der Elektronen in den verschiedenen Metallen abhängig.

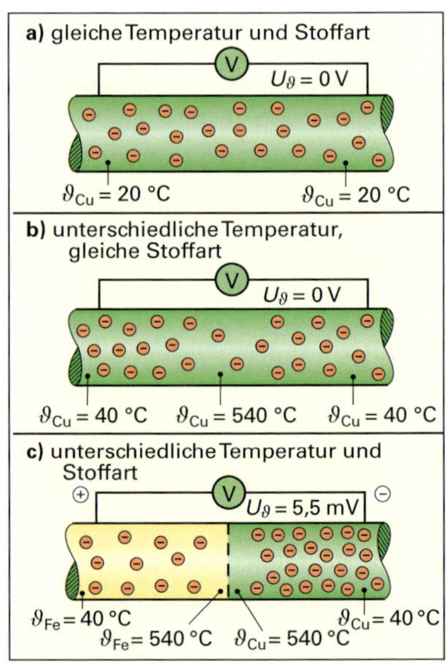

Bild 2: Thermoelektrischer Effekt

Thermoelement (thermocouple)

Lötet man zwei Drähte aus unterschiedlichen Metallen, z. B. Kupfer und Eisen, an den Enden zusammen und schaltet zwischen die Enden der Thermoschenkel ein hochohmiges Spannungsmessgerät **(Bild 1)**, so lässt sich bei einer Temperaturdifferenz zwischen der Mess- und Vergleichsstelle eine kleine Spannung messen. Diese Spannung wird als **Thermospannung** U_ϑ bezeichnet. Die Anordnung heißt **Thermoelement.**

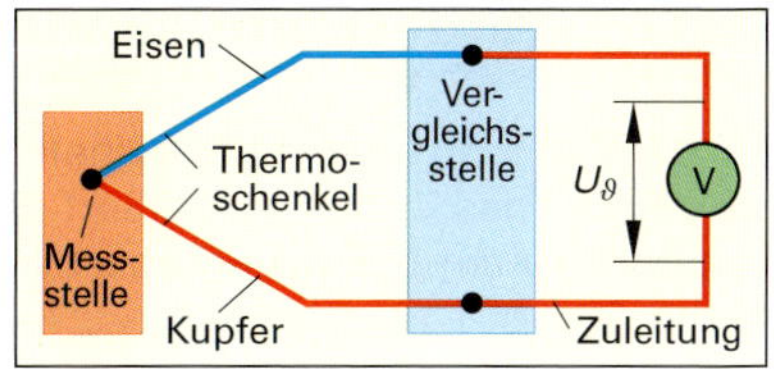

Bild 1: Thermoelement (Prinzip)

Die gemessene Thermospannung ist von der Metallpaarung sowie von der Temperaturdifferenz zwischen der Messstelle und der Vergleichsstelle abhängig. In **Bild 2** ist die Temperaturabhängigkeit messtechnisch interessanter Thermopaare dargestellt.

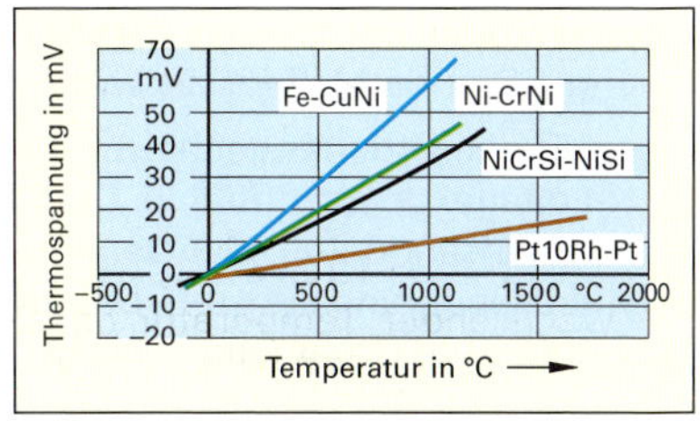

Bild 2: Temperaturabhängigkeit der Thermospannung

Thermoelemente werden als Temperaturmessgeräte eingesetzt und sind in DIN EN 60584-1 genormt.

Der Vorteil der Thermoelemente liegt in der Einfachheit des Aufbaus und der Herstellung **(Bild 3)**. Ihre aktiven Sensoren können als feines Röhrchen von 2 mm Dicke hergestellt werden. Dadurch haben sie kurze Ansprechzeiten. Thermoelemente sind für die Messung hoher Temperaturen sowie zur Messung von Temperaturdifferenzen besonders gut geeignet. Ihr Nachteil ist im Vergleich zu Widerstandsthermometern (Seite 389) die größere Messunsicherheit.

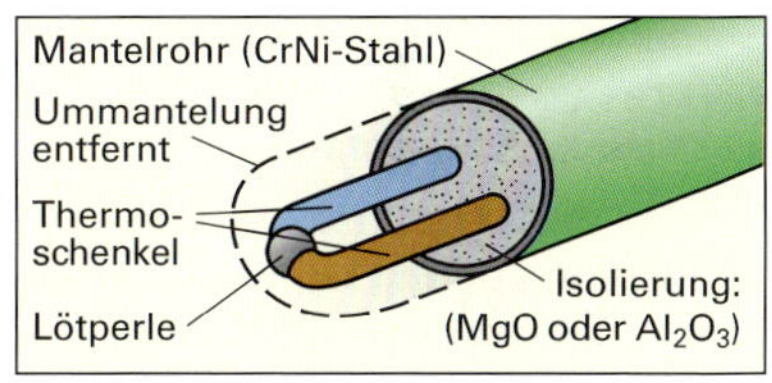

Bild 3: Thermoelementsensor

Die Thermospannung berechnet man mit der nebenstehenden Größengleichung. Der als **Thermokraft** (thermovoltage) bezeichnete Proportionalitätsfaktor κ (griechischer Kleinbuchstabe kappa) ist eine von den miteinander kombinierten Metallen abhängige Größe **(Tabelle)**. Sie werden als Typ bezeichnet, z. B. Typ J.

Thermospannung

$$U_\vartheta = \kappa \cdot (T_{mes} - T_{ver})$$

Beispiel: Wie groß ist die Eintrittstemperatur der Abgase eines Erdgasbrenners zur Erzeugung von Wasserdampf in einem Haarnadel-Wärmeaustauscher?
Die gemessene Thermospannung eines Thermosensors beträgt dort 49,0 mV.
Die Vergleichsstellentemperatur im Thermoelement (Typ K) ist 20,0 °C. Die Thermokraft im Messbereich des Thermoelements beträgt κ = 57,6 µV/K.

Lösung: $U_\vartheta = \kappa \cdot (T_{mes} - T_{ver}) \Rightarrow T_{mes} = \frac{U_\vartheta}{\kappa} + T_{ver} = \frac{49{,}0\text{ mV}}{57{,}6\ \mu\text{V/K}} + 293\text{ K}$

$T_{mes} = 1144\text{ K} \Rightarrow \frac{\vartheta_{mes}}{°C} = \frac{T_{mes}}{K} - 273 = 1144 - 273 = 871; \Rightarrow \boldsymbol{\vartheta_{mes} = 871\,°C}$

Tabelle: Thermokräfte κ ausgewählter Thermopaare bei 100 °C (ϑ_{ver} = 0 °C) nach DIN EN 60584-1

Typ	Thermopaar	κ in µV/K
J	Fe - CuNi	52,69
N	NiCrSi - NiSi	27,74
K	NiCr - Ni	40,96
S	PtRh - Pt	6,46

11

Aufgaben zu Thermospannung, Thermoelement

1. Welche Thermospannung liefert ein Eisen-Kupfer/Nickel-Thermoelement des Typs J bei einer Fixpunkt-Temperatur von 100 °C, wenn als Vergleichstemperatur die Fixpunkttemperatur 0 °C herangezogen wird?
2. Der Sensor eines Thermoelements (Typ J) in einem Siloschneckenmischer liefert eine Thermospannung von 0,155 mV bei einer Vergleichsstellentemperatur von 20,0 °C. Welche Temperatur hat das Schüttgut, wenn die Thermokraft des Thermoelements 51,7 µV/K beträgt?
3. Beim Aufheizen von Naphthalin in einem Rohrreaktor wird am Kompaktregler als Führungsgröße *w* die Solltemperatur 180 °C eingestellt. Die Regelgröße *x* (Istwert) beträgt 120 °C. Zur Messung der Betriebszustandsgröße dient ein Mantelthermoelement Typ J. Die Vergleichsstellentemperatur im Thermoelement beträgt 20,0 °C, die Thermokraft κ = 55,15 µV/K.
   Berechnen Sie die Regelabweichung *e* a) in Grad Celsius und b) in Millivolt.

11.10 Widerstandsänderung eines Leiters durch Dehnung

Bei der Dehnung eines metallischen Leiters durch eine Kraft *F* wird die Länge *l* des Leiters vergrößert **(Bild 1)**. Da das Volumen *V* des Leiters konstant bleibt, verringert sich somit seine Querschnittsfläche *A*.

Die bei der Dehnung eines Leiters gleichzeitig auftretende Verringerung der Querschnittsfläche *A* hat eine Vergrößerung des elektrischen Widerstands *R* des Leiters zur Folge. Die Widerstandsänderung ΔR ist ein Maß für die wirkende Kraft *F*.

Dieser Effekt wird messtechnisch im **Dehnungsmessstreifen DMS** (strain gauge) genutzt **(Bild 2)**. Die Mäanderform vervielfältigt die Widerstandsänderung. Der Dehnmessstreifen misst über die Widerstandsänderung die Kraft. Darauf basierend dient er zur Druck-, Dehnungs- und Drehmomentmessung.

Der Dehnungsmessstreifen ist ein fingernagel-großes Bauteil. Er wird zur Messung mit der Bauteiloberfläche fest verklebt. Die im Bauteil durch die Kraftwirkungen auftretenden Verformungen werden auch dem Dehnungsmessstreifen aufgezwungen. Er verändert geringfügig seine Querschnittsfläche und damit seinen elektrischen Widerstand.

Da die Widerstandsänderung des Leiters durch mechanische Verformung gering ist, gestaltet man den Leiter mäanderförmig (Bild 2). So lässt sich auf einer kleinen Fläche ein ausreichend großer Widerstand und bei Verformung eine entsprechend hohe Widerstandsänderung erzielen.

Die Widerstandsänderung ΔR, die ein Dehnungsmessstreifen durch Krafteinwirkung erfährt, lässt sich mit der nebenstehenden Bestimmungsgleichung berechnen. R_0 ist der Ausgangswiderstand, $\Delta l / l_0$ die Dehnung ε.

Die Dehnungsempfindlichkeit (gauge factor) des Materials wird durch den *k*-Faktor berücksichtigt **(Tabelle)**. Ein *k*-Faktor von z. B. zwei bedeutet: Die Widerstandsänderung ist doppelt so groß wie die relative Längenänderung ($\Delta R \approx 2 \cdot \Delta l / l_0$).

Beispiel: Wie groß ist die Widerstandsänderung eines Folien-DMS (Bild 2) aus Karma (Legierung aus Cr, Ni, Fe, Al) mit einem Nennwiderstand von 120 Ω? Die relative Längenänderung des DMS-Messgitters beträgt $\Delta l / l_0 = 1{,}5$ mm/m.

Lösung: $\boldsymbol{\Delta R} = R_0 \cdot k \cdot \varepsilon = 120\,\Omega \cdot 2{,}1 \cdot 1{,}5\text{ mm/m} = 378\text{ m}\Omega \approx \mathbf{0{,}38\,\Omega}$

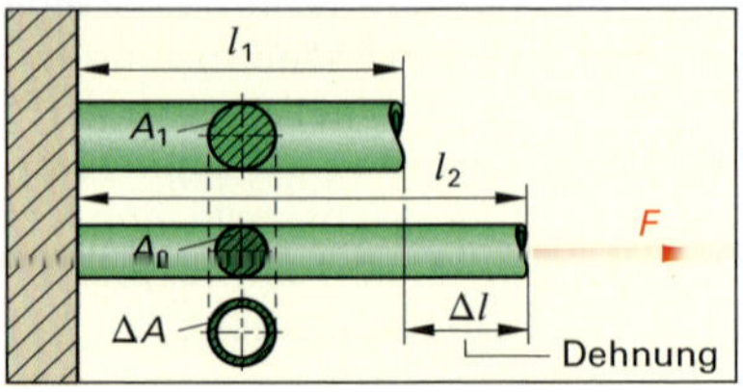

Bild 1: Dehnung eines Leiters

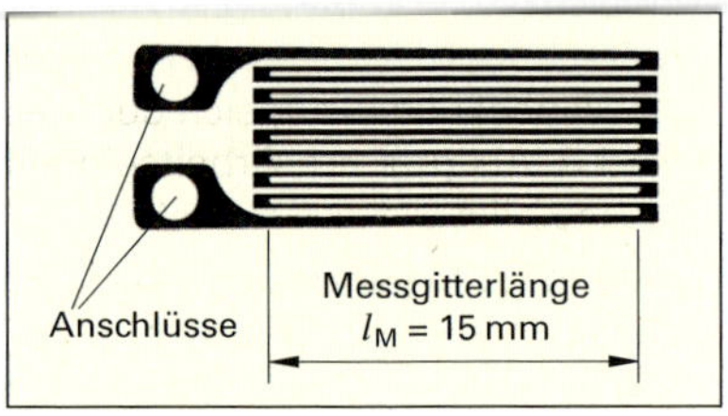

Bild 2: Aufbau eines Dehnungsmessstreifens DMS (vergrößert)

Widerstandsänderung eines DMS

$$\Delta R = R_0 \cdot k \cdot \varepsilon = R_0 \cdot k \cdot \frac{\Delta l}{l_0}$$

Tabelle: Mittlere *k*-Faktoren von Metall-Dehnungsmessstreifen

Name der Legierung	Legierungsbestandteile	*k*-Faktor
Konstantan	Cu, Ni	2,05
Karma	Ni, Cr, Fe, Al	2,1
Nichrome V	Ni, Cr	2,2
Platin-Wolfram	Pt, W	4,0

Aufgaben zu Widerstandsänderung durch Dehnung

1. Welche Widerstandsänderung erfährt der Platin-Wolfram-Dehnungsmessstreifen zur mechanischen Spannungsmessung am Rotorblatt eines Verdichters, wenn sein Nennwiderstand 175 Ω und die relative Längenänderung des DMS-Messgitters unter Volllast 1,4 mm/m betragen?
2. Zur Drehmomentmessung an der Antriebswelle eines axialen Turboverdichters wurde auf der Antriebswelle ein Dehnungsmessstreifen aus Nichrom V in Brückenschaltung verklebt. Der Gesamtwiderstand der Brückenschaltung beträgt $R_{ges} = 300\,\Omega$. Bei Volllast beträgt die Widerstandsänderung der Brückenschaltung $\Delta R = 41{,}2$ mΩ. Wie groß ist die Torsion der Antriebswelle?
3. Ein federelastischer Messkörper für auf Biegung belastete DMS-Wägezellen soll unter Volllast bei einer Dehnung von 20 µm/m eine relative Widerstandsänderung von 80 µΩ/Ω liefern. Mit welchen in Tabelle 1 genannten Leiterwerkstoffen wird dies am besten erreicht?

11.11 Elektrische Arbeit, Leistung, Wirkungsgrad

Elektrische Arbeit (electrical work)

Stellt man die Definitionsgleichungen für die elektrische Spannung (Seite 378) $U = W/Q$ und für die Stromstärke $I = Q/t$ (Seite 377) jeweils nach Q um und setzt sie gleich: $W/U = I \cdot t$, so erhält man die nebenstehende Größengleichung für die **elektrische Arbeit *W***. Wird in diese Größengleichung das Ohm'sche Gesetz $U = I \cdot R$ eingeführt, werden zwei weitere Gesetzmäßigkeiten zur Berechnung der elektrischen Arbeit erhalten. Sie sind zur Bestimmung der elektrischen Arbeit in Widerständen besonders geeignet.

Die SI-Einheit der elektrischen Arbeit ist die **Wattsekunde Ws**. Eine Wattsekunde ist gleich der mechanischen Arbeit von 1 N · m oder 1 J. Als größere Arbeitseinheiten sind eine Wattstunde Wh und eine Kilowattstunde kWh festgelegt.

Die Größengleichungen zur Berechnung der elektrischen Arbeit haben nur für Gleichstrom Gültigkeit. Annähernd können sie auch für elektrische Heizgeräte verwendet werden, die mit Wechselstrom betrieben werden.

Die **elektrische Arbeit**, die von einem elektrischen Gerät aus dem elektrischen Netz entnommen wird, wird mit einem **Stromzähler** gemessen **(Bild 1)**.

Die üblichen Stromverbrauchszähler erfassen die jeweilige Stromstärke und die Wechselspannung. Daraus ermitteln sie durch Multiplikation und zeitliches Aufsummieren die aus dem Netz entnommene elektrische Arbeit $W = U \cdot I \cdot t$.

Die **Kosten** für die aus dem Netz entnomme elektrische Arbeit (Stromkosten) werden auf der Basis der mit dem Zähler gemessenen elektrischen Arbeit berechnet. Dazu multipliziert man die entnommene elektrische Arbeit mit dem Stromtarif (siehe rechts).

Elektrische Arbeit

$$W = U \cdot I \cdot t$$

mit $U = R \cdot I$ → $W = I^2 \cdot R \cdot t$

mit $I = \frac{U}{R}$ → $W = \frac{U^2 \cdot t}{R}$

Umrechnungen

1 Ws = 1 V · A · s = 1 N · m = 1 J
1 Wh = 3600 Ws
1 kWh = $3{,}6 \cdot 10^6$ Ws

Bild 1: Stromzähler

Stromkosten

Stromkosten = elektrische Arbeit · Stromtarif

Beispiel: Ein elektrischer Glühofen hat einen elektrischen Widerstand von 40 Ω. Er wird mit 230 V betrieben.
a) Nach welcher Zeit hat er die elektrische Arbeit von 1,0 kWh in Wärmeenergie umgewandelt?
b) Wie groß sind die Stromkosten, wenn der Glühofen 2,5 Stunden betrieben wird? (1 kWh kostet 0,32 €)

Lösung: a) $W = \frac{U^2 \cdot t}{R} \Rightarrow t = \frac{W \cdot R}{U^2} = \frac{1{,}0 \cdot 10^3\,\text{Wh} \cdot 40\,\Omega}{(230\,\text{V})^2} = \frac{1{,}0 \cdot 10^3 \cdot 40}{230^2} \cdot \frac{\text{Wh} \cdot \Omega}{\text{V}^2} = 0{,}7561\,\frac{\text{W} \cdot \Omega}{\text{V}^2}$

mit $\text{W} = \text{V} \cdot \text{A}$ und $\Omega = \frac{\text{V}}{\text{A}}$ folgt $\boldsymbol{t} = 0{,}7561\,\frac{\text{V} \cdot \text{A} \cdot \text{h} \cdot \text{V}}{\text{V}^2 \cdot \text{A}} = 0{,}7561\,\text{h} = 45{,}37\,\text{min} \approx \mathbf{45\,min}$

b) $W = \frac{U^2 \cdot t}{R} = \frac{(230\,\text{V})^2 \cdot 2{,}5\,\text{h}}{40\,\Omega} \approx 3{,}306\,\text{kWh}$

Stromkosten = W · Stromtarif = 3,306 kWh · 0,32 €/kWh ≈ **1,06 €**

11

Elektrische Leistung (electrical power)

Die innerhalb einer bestimmten Zeit t verrichtete elektrische Arbeit W wird als **elektrische Leistung *P*** bezeichnet.

Die SI-Einheit der elektrischen Leistung ist das **Watt W**.

Wird in der Gleichung $P = W/t$ die Arbeit W durch $U \cdot I \cdot t$ ersetzt, so ergibt sich eine weitere Beziehung für die Leistung: $P = U \cdot I$

Durch Einführen des Ohm'schen Gesetzes ($U = R \cdot I$ oder $I = U/R$) in die Größengleichung $P = U \cdot I$ ergeben sich weitere Formeln für die elektrische Leistung.

Elektrische Leistung	
$P = \frac{W}{t}$	$P = U \cdot I$
$P = R \cdot I^2$	$P = \frac{U^2}{R}$

Beispiel: Eine 6-W-LED-Lampe ist an eine Netzspannung von 230 V angeschlossen.

a) Wie groß ist die Stromstärke in der Zuleitung?

b) Bei einem Kurzschluss in der Lampe beträgt der Leitungswiderstand für den gesamten Stromkreis 0,75 Ω. Auf welchen Wert würde die Stromstärke bei einem Kurzschluss ansteigen, wenn der Stromkreis nicht durch eine Sicherung geschützt ist?

Lösung: a) $P = U \cdot I \Rightarrow I = \frac{P}{U} = \frac{6\,\text{V} \cdot \text{A}}{230\,\text{V}} = 0{,}02608\,\text{A} \approx \mathbf{0{,}026\,A}$ b) $I = \frac{U}{R} = \frac{230\,\text{V}}{0{,}75\,\Omega} \approx \mathbf{306\,A}$

Wirkungsgrad (efficieny)

Bei der Energieumwandlung entstehen Energieverluste W_V, z.B. durch die Reibung in den Motorlagern, durch den Antrieb der Motorlüftung, durch Erwärmung der Motorwicklungen usw.

Somit geht ein Teil der zugeführten elektrischen Energie W_{zu} als Verlustenergie W_V verloren. Dadurch verringert sich die von der Maschine abgegebene Energie W_{ab}.

Analoge Betrachtungen gelten auch für die elektrische Leistung.

Das Verhältnis von abgegebener Energie oder Leistung (W_{ab}, P_{ab}) zur zugeführten Energie oder Leistung (W_{zu}, P_{zu}) bezeichnet man als **Wirkungsgrad η** (eta). Er ist eine dimensionslose Dezimalzahl, die auch in Prozent angegeben werden kann. Der Wirkungsgrad ist stets kleiner als 1 bzw. kleiner als 100%.

Sind in einer Anlage mehrere Maschinen hintereinander geschaltet an der Energieumwandlung beteiligt, so errechnet sich der **Gesamtwirkungsgrad η_{ges}** der Anlage durch Multiplikation der Einzelwirkungsgrade.

elektrische Energieverluste	elektrische Leistungsverluste
$W_V = W_{zu} - W_{ab}$	$P_V = P_{zu} - P_{ab}$

elektrischer Wirkungsgrad
$\eta = \frac{W_{ab}}{W_{zu}}$; $\eta = \frac{P_{ab}}{P_{zu}}$

Gesamtwirkungsgrad
$\eta_{ges} = \eta_1 \cdot \eta_2 \cdot \eta_3 \cdot \ldots$

Beispiel: Der Startermotor eines Hubstaplers nimmt bei einer Klemmenspannung von 10,2 V einen Strom von 30 A auf. Wie groß ist sein elektrischer Wirkungsgrad, wenn er in 3,0 s eine Arbeit von 400 Ws verrichtet?

Lösung: $W_{zu} = U \cdot I \cdot t = 10{,}2\,\text{V} \cdot 30\,\text{A} \cdot 3{,}0\,\text{s} = 918\,\text{Ws}$; $\eta = \frac{W_{ab}}{W_{zu}} = \frac{400\,\text{Ws}}{918\,\text{Ws}} = 0{,}4357 \approx \mathbf{44\%}$

11

Aufgaben zu Elektrische Arbeit, Leistung, Wirkungsgrad

1. Der Drehstrommotor einer Kreiselpumpe **(Bild 1)** liefert an die Pumpe eine Leistung von 2,5 kW. Welche Arbeit verrichtet die Pumpe, wenn sie 2,0 h und 45 min in Betrieb ist und ihr Wirkungsgrad 0,90 beträgt?
2. Wie groß ist der Heizwiderstand in einem Glühofen zur Emaillierung von Ventilkegeln, wenn er pro Stunde 4,0 kWh elektrische Energie bei einer Stromstärke von 10,5 A in Wärmeenergie umwandelt?
3. Die Heizleitungen eines Muffelofens **(Bild 2)** nehmen bei einer Spannung von 230 V einen Strom von 9,1 A auf und sind 5,0 h in Betrieb.
   a) Welche elektrische Energie wurde freigesetzt?
   b) Welche Stromkosten entstehen, wenn eine Kilowattstunde 0,32 € kostet?
4. Wie groß ist die Stromstärke in der Heizwendel eines 2,0-kW-Thermostaten für 230 V Netzspannung? Das Gerät ist mit einer 16-A-Sicherung abgesichert. Spricht die Sicherung an, wenn in diesem Stromkreis noch ein Magnetrührer mit einer Heizleistung von 1000 W parallel angeschlossen wird?

Bild 1: Kreiselpumpenanlage

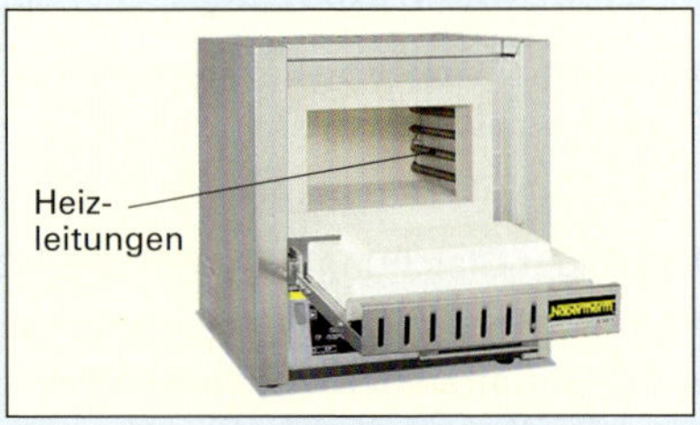

Bild 2: Muffelofen (Aufgabe 3)

11.12 Leistungsschilder elektrischer Geräte (rating plates)

Leistungsschilder enthalten die wichtigsten Daten des elektrischen Geräts: Betriebsspannung, höchstzulässige Stromstärke, elektrische Leistung usw.

Bei elektrischen Geräten (z. B. Heizpilz, Trockenschrank) ist auf dem Leistungsschild die **aufgenommene Nennleistung** in Watt W oder Kilowatt kW angegeben **(Bild 1)**.

Bei Elektromotoren hingegen wird die **abgegebene mechanische Leistung** auf dem Leistungsschild genannt **(Bild 2)**.

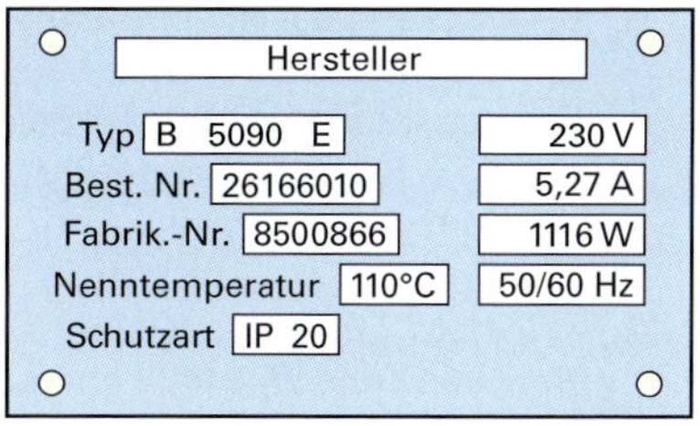

Bild 1: Leistungsschild eines Trockenschranks

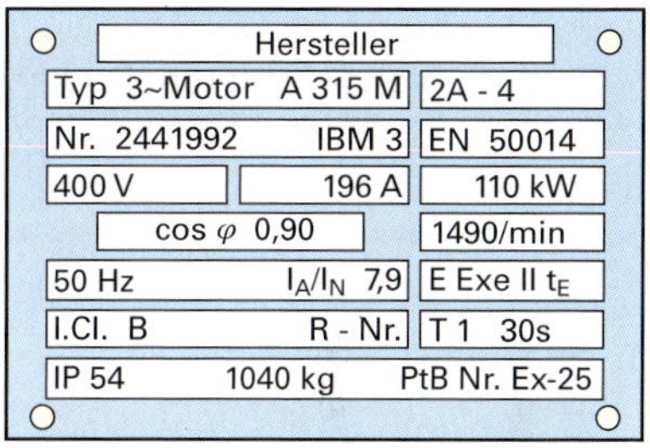

Bild 2: Leistungsschild eines Dreiphasenwechselstrommotors

Beispiel: Welche Leistungen können aus den Leistungsschildern in Bild 1 und 2 abgelesen werden?

Lösung: Bild 1: Aus dem Netz aufgenommene Nennleistung des Trockenschranks: **1116 W**.

Bild 2: An die angetriebene Maschine abgegebene mechanische Nennleistung des E-Motors: **110 kW**.

11.13 Elektrische Leistung bei verschiedenen Stromarten

Die Größengleichungen zur Berechnung der elektrischen Leistung von Seite 393 gelten für Geräte, die mit Gleichstrom betrieben werden (z. B. Elektrolysezellen). Hier gilt: $P = U \cdot I$

Bei Wechselstrom hat diese Leistungsformel nur für Geräte mit annähernd reinem Ohm'schem Widerstand Gültigkeit: z. B. bei Glühlampen, Heizöfen und anderen Wärmegeräten.

Leistung bei Gleichstrom-Geräten

$$P = U \cdot I$$

Leistungsfaktor φ (power factor)

Es gibt Verbraucher, bei denen der Wechselstrom in den Wicklungen eine starke magnetische Wirkung hervorruft. Dies ist z. B. in Wechselstrommotoren und Induktionsöfen der Fall. In diesen Maschinen kann die elektrische Leistung gemäß der Beziehung $P = U \cdot I$ nicht vollständig genutzt werden.

Für Geräte, die mit Einphasenwechselstrom betrieben werden, errechnet sich die nutzbare Leistung, indem die Leistung $P = U \cdot I$ mit dem **Leistungsfaktor cos φ** multipliziert wird (siehe rechts).
Man bezeichnet die nutzbare Leistung auch als **Wirkleistung P_W**.
Der Leistungsfaktor cos φ hat Werte zwischen 0 und 1.

Wirkleistung bei Einphasenwechselstrom-Geräten

$$P_W = U \cdot I \cdot \cos\varphi$$

Bei Drehstrom (Dreiphasenwechselstrom) fließt in jedem der drei Leiter ein Einphasenwechselstrom. Die **Gesamtwirkleistung** $P_{W,ges}$ einer an Dreiphasenwechselstrom angeschlossenen Maschine mit drei Wicklungen ergibt sich durch Multiplikation der Einzelwirkleistung P_W mit dem **Verkettungsfaktor $\sqrt{3}$**.

Gesamtwirkleistung bei Dreiphasenwechselstrom-Geräten

$$P_{W,ges} = \sqrt{3} \cdot U \cdot I \cdot \cos\varphi$$

Beispiel 1: Ein Einphasen-Wechselstrommotor einer Schlauchpumpe nimmt bei 230 V und einer Stromstärke von 1,4 A eine Leistung von 240 W auf. Welchen Leistungsfaktor hat der Motor?

Lösung: $P_W = U \cdot I \cdot \cos\varphi \Rightarrow \mathbf{\cos\varphi} = \frac{P_W}{U \cdot I} = \frac{240\ \text{V} \cdot \text{A}}{230\ \text{V} \cdot 1{,}4\ \text{A}} = 0{,}7453 \approx \mathbf{0{,}75}$

Beispiel 2: Die Heizung eines induktiv beheizten Hochdruckautoklaven hat eine Heizleistung von 78 kW an 400-V-Dreiphasenwechselstrom. Der Leistungsfaktor beträgt 0,80.
Wie groß ist die Stromstärke in der Induktionsspule?

Lösung: $P_{W,ges} = \sqrt{3} \cdot U \cdot I \cdot \cos\varphi \Rightarrow \mathbf{I} = \frac{P_{W,ges}}{\sqrt{3} \cdot U \cdot \cos\varphi} = \frac{78 \cdot 10^3\ \text{V} \cdot \text{A}}{\sqrt{3} \cdot 400\ \text{V} \cdot 0{,}80} = 140{,}72\ \text{A} \approx \mathbf{141\ A}$

Gemischte Aufgaben zu Berechnungen zu Elektrotechnik

1. Ein Kondensator ist ein elektrisches Bauteil zur Speicherung von elektrischen Ladungen **(Bild 1)**. Einem Kondensator wird in 4,0 Sekunden eine Ladung von Q = 5,0 mA · s zugeführt. Wie groß ist der Ladestrom in den Anschlüssen?

2. In einem Lufterhitzer sind zwei Heizwiderstände R_1 = 97 Ω und R_2 = 47 Ω parallel geschaltet. Durch den Widerstand R_1 fließt ein Strom von 2,3 A. Wie groß ist die Stromstärke im Heizwiderstand R_2?

3. Der Heizwicklungs-Widerstand in einem Thermostaten **(Bild 2)** mit einer Netzspannung von 230 V beträgt R = 56 Ω. Welche elektrische Energie wird pro Minute in Wärme umgewandelt?

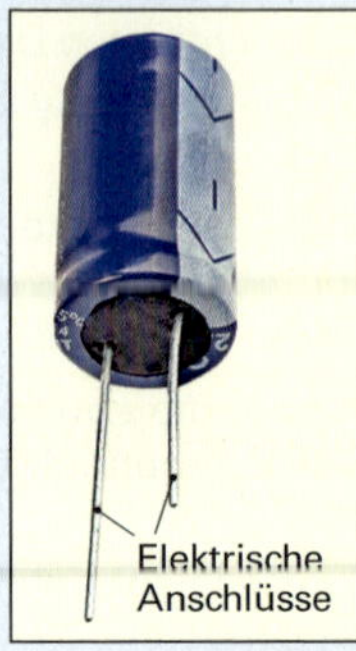

Bild 1: Kondensator (Aufgabe 1)

Bild 2: Thermostat (Aufgabe 3)

4. Ein Vakuum-Trockenschrank mit einem Ohm'schen Widerstand von R_V = 24 Ω und ein Heizkorb mit R_H = 97 Ω sind parallel geschaltet. Wie groß sind der Ersatzwiderstand und der Ersatzleitwert der beiden Geräte?

5. Wie groß ist der Widerstand eines Drahtwiderstandes, wenn bei einer Spannung von 5,8 mV ein Strom der Stärke 0,29 mA fließt?

6. Wie groß ist die Stromstärke in der Heizwendel eines 2,0-kW - Thermostaten (Bild 2, Seite 393) für 230 V Netzspannung? Das Gerät ist mit einer 16-A-Sicherung abgesichert.
   Spricht die Sicherung an, wenn in diesem Stromkreis noch ein Magnetrührer mit einer Heizleistung von 1000 W parallel angeschlossen wird?

7. Welcher Spannungsabfall tritt in der Kupferleitung eines Widerstandsthermometers auf **(Bild 3)**, wenn die Stromstärke 3,0 mA und die Entfernung zwischen Messort und Anzeige in der Prozessleitwarte 250 m beträgt? Der Leitungsquerschnitt ist A = 0,75 mm^2.

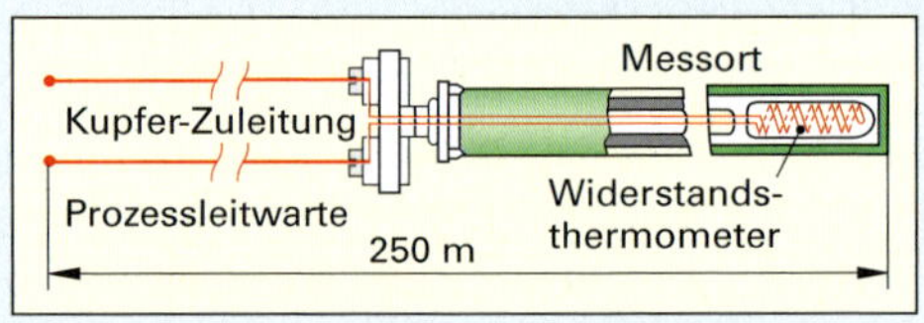

Bild 3: Spannungsabfall in der Zuleitung eines Widerstandsthermometers (Aufgabe 7)

8. Der Ersatzwiderstand von vier in Reihe geschalteten Widerständen beträgt 125 Ω. Wie groß ist der Widerstand R_1, wenn die Widerstände R_2 = 34 Ω, R_3 = 27 Ω und R_4 = 44 Ω betragen?

9. Eine Rohrleitungs-Begleitheizung **(Bild 4)** hat im Betriebszustand einen Widerstand von 24 Ω. Sie ist an eine Netzspannung von 230 V angeschlossen. Der Widerstand der Zuleitung beträgt 400 mΩ.
   a) Welche Spannung liegt unter diesen Bedingungen an der Begleitheizung an?
   b) Wie groß ist der Spannungsfall, der durch die Zuleitung hervorgerufen wird?
   c) Wie groß ist die Heizleistung der Begleitheizung?

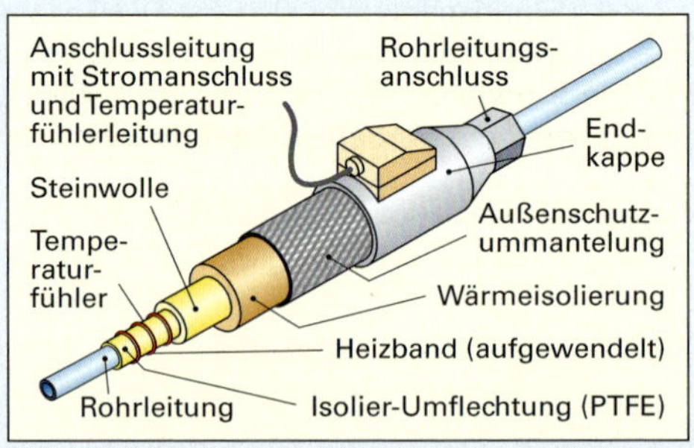

Bild 4: Elektrische Rohr-Begleitheizung (Aufg. 9)

10. Ein zweiadriges Signalkabel mit Kupferleitern (d = 0,50 mm) hat einen Kurzschluss. Bei einer Spannung von 6,0 Volt wird ein Strom von 2,0 Ampere gemessen. Wie weit ist die Kurzschlussstelle von der Messstelle entfernt?

11. Im Kupferlackdraht einer Spule **(Bild 1)** wird bei einer konstanten Spannung von 2,0 V ein Strom von 780 mA gemessen. Nach Verkürzung der Drahtlänge um 6,0 Meter ändert sich die Stromstärke um 6,0 mA. Wie groß ist die Ausgangslänge des Drahtes?

Bild 1: Spule aus Kupferdraht (Aufg. 11)

12. Vier Schichtwiderstände sind auf einer Leiterplatte parallel geschaltet **(Bild 2)**. Ihre Widerstände betragen: $R_1 = 1{,}8\ \text{k}\Omega$, $R_2 = 2{,}2\ \text{k}\Omega$, $R_3 = 5{,}7\ \text{k}\Omega$, $R_4 = 4{,}5\ \text{k}\Omega$. Durch den Widerstand R_4 fließt ein Strom von 2,0 mA. Berechnen Sie:
   a) die Gesamtspannung,
   b) die restlichen Teilströme,
   c) den Gesamtstrom,
   d) den Ersatzwiderstand.

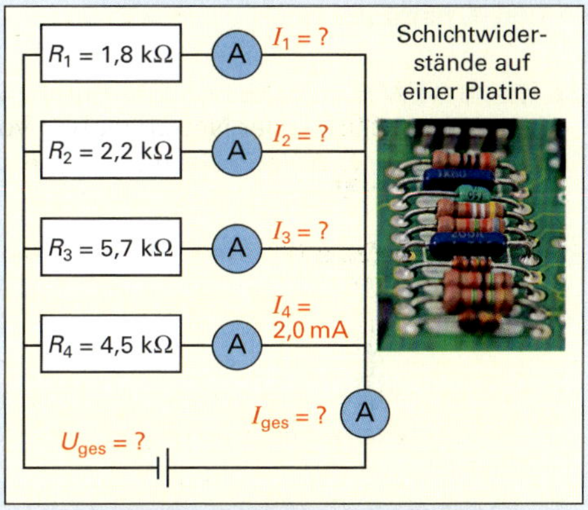

Bild 2: Parallel verschaltete Widerstände (Aufgabe 12)

13. Wie groß sind die Ersatzwiderstände der im Bild 2a bis 2d, Seite 387 dargestellten Netzwerke, wenn alle Widerstände gleich sind und 10 Ω betragen?

14. Der Leiter eines Dehnungsmessstreifens (DMS) **(Bild 3)** hat im unbelasteten Zustand einen Widerstand von 349,1 Ω. Wie groß ist der Strom im DMS bei einer Spannung von 20,0 mV? Im belasteten Zustand beträgt die Stromstärke $I(\text{DMS}) = 57{,}5\ \mu\text{A}$. Wie groß ist dann der Widerstand des Dehnungsmessstreifens?

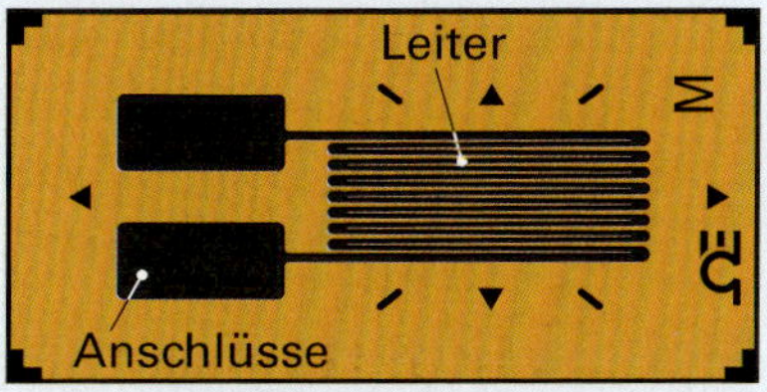

Bild 3: Leiter eines DMS (Aufg. 14) (vergrößert dargestellt)

15. Der Heizwiderstand in einem Thermostaten mit einer Netzspannung von 230 V beträgt 56 Ω. Welche elektrische Energie wird pro Minute in Wärmeenergie umgewandelt?

16. Nach welcher Zeit hat eine 100-W-Glühlampe, die an eine Netzspannung von 230 V angeschlossen ist, eine elektrische Energie von einer Kilowattstunde umgewandelt?

17. Die Rotorwicklung eines Elektromotors (Bild 1, nächste Seite) besteht aus einem 50 Meter langen Kupferlackdraht mit einem Querschnitt von 0,75 mm². Welche Wärmemenge muss stündlich durch Kühlung abgeführt werden, wenn die Stromstärke 5,0 A beträgt und 10 % der elektrischen Energie in Wärmeenergie umgewandelt werden?

18. Welche Arbeit (in kWh) kann der Motor einer Kreiselradpumpe (Bild 1, Seite 394) bestenfalls leisten, wenn ihm bei einer Netzspannung von 400 V eine Elektrizitätsmenge von $2{,}5 \cdot 10^4$ C zugeführt wird. Wie viel Kühlwasser kann damit auf eine Höhe von 10 Meter gepumpt werden? (Reibungsverluste sollen unberücksichtigt bleiben.)

19. Wie viele Lampen von je 60 W dürfen bei einer Netzspannung von 230 V höchstens gleichzeitig brennen, wenn die Leitung mit 6,0 A abgesichert ist?

20. Wie groß sind die einzelnen Heizleistungen eines Thermostaten (Bild 2, Seite 396) mit den Heizwiderständen $R_1 = 54\ \Omega$ und $R_2 = 146\ \Omega$? Der Thermostat wird mit folgenden Schaltstufen an der Netzspannung 230 V betrieben:
   a) beide Heizwiderstände in Reihe,
   b) Heizwiderstand R_1 allein und
   c) beide Heizwiderstände parallel.

11

21. Durch die Kupferwicklung eines Gleichstromrotors **(Bild 1)** einer Laborzentrifuge fließt bei einer Spannung von 230 V ein Strom von 14 A. Um wie viel Prozent sinkt die Stromstärke, wenn die Temperatur der Wicklung während des Zentrifugierens um 40 °C ansteigt?

Bild 1: Kupferwicklung eines Rotors (Aufgaben 21 und 22)

22. Die Kupferwicklung einer Statorwicklungsspule in einem Drehstrom-Kurzschlussläufermotor hat bei 20 °C einen Widerstand von 13,5 Ω. Wie groß ist die Widerstandszunahme, wenn die Temperatur der Wicklung beim Betrieb 60 °C beträgt?

23. Der 5,5-kW-Motor einer ununterbrochen laufenden Dickstoffpumpe an einem Rundeindicker hat einen Wirkungsgrad von 80 %. Welche Stromkosten entstehen monatlich, wenn eine Kilowattstunde 0,12 € kostet?

24. Der 25-kW-Motor eines Walzenbrechers zum Zerkleinern von Kalkstein liegt an einer Netzspannung von 400 V und wird über eine 150 m lange Kupferzuleitung von 4,0 mm Durchmesser gespeist. Wie viel Prozent der abgegebenen Leistung gehen in der Zuleitung verloren?

25. Bei einer Kreiselpumpenanlage in Blockbauweise mit einem Gesamtwirkungsgrad von 62 % sind ein Einphasenwechselstrommotor und eine Kreiselpumpe (η = 0,69) hintereinander geschaltet (Bild 1, Seite 394).

    Wie groß ist der Wirkungsgrad des Elektromotors?

26. Eine Kreiselradpumpe mit einem Wirkungsgrad von η = 78 % speist 30 m^3/h Rohbenzin mit einer Dichte von ϱ = 0,80 g/cm^3 in 18 Meter Höhe in eine Glockenbodenkolonne ein. Wie groß ist:
    a) die von der Pumpe und vom Motor abgegebene Leistung,
    b) die vom Motor aufgenommene Leistung bei einem Wirkungsgrad von η = 0,90,
    c) der Gesamtwirkungsgrad?

27. Eine Schneckentrogpumpe im Einlaufhebewerk einer Kläranlage **(Bild 2)** fördert pro Sekunde 2,0 m^3 Abwasser 10 Meter hoch.
    a) Wie groß muss die vom Drehstrommotor abgegebene Leistung (Nennleistung) sein?
    b) Berechnen Sie die zugeführte Leistung und die Verlustleistung, wenn der Motor einen Wirkungsgrad von η = 93 % hat.

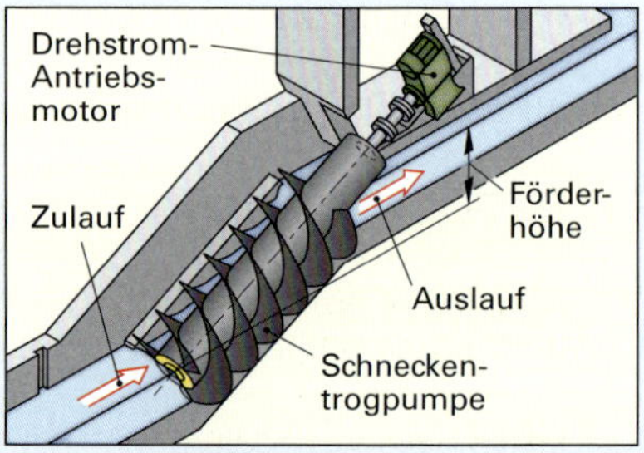

Bild 2: Schneckentrogpumpe (Aufg. 27)

28. Ein Trockenschrank mit einer Heizleistung von 2000 W ist an eine Netzspannung von 230 V angeschlossen. Wie groß ist die Stromstärke und welche Wärmemenge wird pro Stunde abgegeben?

29. Ein Heizdraht in einem Umlufttrockenschrank nimmt an 230 V Netzspannung eine Stromstärke von 4,35 A auf.
    a) Wie groß sind seine Heizleistung und sein Widerstand?
    b) Wie verändern sich die Stromstärke und die Leistung, wenn ein zweiter Heizdraht mit 62 Ω in Reihe geschaltet wird?
    c) Welche Einzelleistung hat der zweite Heizdraht alleine und in der Reihenschaltung?
    d) Wie groß sind die Teilspannungen?

11

12 Elektrochemische Berechnungen

Die Elektrochemie (electrochemistry) befasst sich mit:

- Der Umwandlung von elektrischer Energie in chemische Energie bei chemischen Reaktionen: z.B. Elektrolyse, Galvanisieren (**Bild 1**, links).
- Der Umwandlung von chemischer Energie in elektrische Energie: z.B. galvanische Elemente, Batterien (**Bild 1**, rechts)

Ursache der Reaktionen ist bei **Elektrolysen** der erzwungene Ladungstransport, der durch eine äußere Spannungsquelle verursacht wird.

Bei **galvanischen Elementen** (Batterien) führt eine im Element selbsttätig ablaufende chemische Reaktion zum Vorliegen einer elektrischen Spannung und zum Fließen eines elektrischen Stroms.

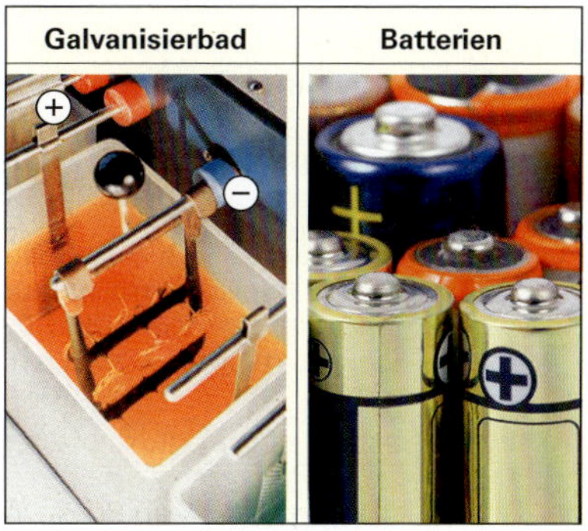

Bild 1: Geräte mit elektrochemischen Vorgängen

12.1 Elektrolytische Stoffabscheidung

Fließt ein Gleichstrom durch einen Elektrolyten, z.B. durch eine Kupfer(II)-chlorid-Lösung, so werden Kupfer-Ionen an der Katode zu Cu reduziert und Chlorid-Ionen an der Anode zu Cl_2 oxidiert **(Bild 2)**.

Katodenvorgang (Reduktion): $Cu^{2+} + 2\,e^- \longrightarrow Cu$

Anodenvorgang (Oxidation): $2\,Cl^- \longrightarrow Cl_2 + 2\,e^-$

Die Reaktionsgleichungen zeigen:

Zwei Elektronen (2 e^-) führen zur Abscheidung von einem Kupfer-Atom Cu und einem Chlor-Molekül Cl_2.

Ein Elektron mit der Elementarladung $e^- = 1{,}6022 \cdot 10^{-19}$ Coulomb (C) kann ein einwertiges Ion abscheiden. Die Ladungsmenge Q für ein Mol dieser Ionen, das sind $6{,}02204 \cdot 10^{23}$ Teilchen, beträgt:

$$Q = N_A \cdot e^- = 6{,}02204 \cdot 10^{23} \frac{1}{\text{mol}} \cdot 1{,}6022 \cdot 10^{-19}\,\text{C}$$

$$= \mathbf{96485\ C/mol}$$

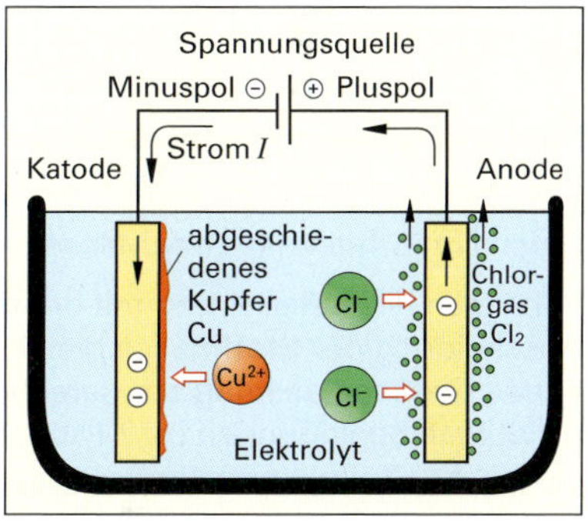

Bild 2: Vorgänge bei der Elektrolyse einer Kupfer(II)-chlorid-Lösung

Diese Ladungsmenge Q wird **Faraday**[1]**-Konstante *F*** genannt:
$\boldsymbol{F = 96485\ C/mol} = 96\,485\ \text{A} \cdot \text{s/mol} \approx 26{,}8\ \text{A} \cdot \text{h/mol}$

Ionen mit der Wertigkeit z erfordern $z \cdot F$ Elektronen pro Mol elektrolytisch abgeschiedener Ionen.

Faraday-Konstante

$$F = 96\,485\ \frac{\text{C}}{\text{mol}}$$

Elektrolytisch abgeschiedene Stoffmasse

Für die Abscheidung der Stoffmenge n des Ions X mit der Ladungszahl z wird die Ladungsmenge $Q = n(\text{X}) \cdot z(\text{X}) \cdot F$ benötigt.

Mit $n(\text{X}) = m(\text{X})/M(\text{X})$ (Seite 126) und $Q = I \cdot t$ (Seite 378) folgt durch Einsetzen und Umstellen die nebenstehende Größengleichung zur Berechnung der Masse m eines elektrolytisch abgeschiedenen Stoffes X mit der Wertigkeit z.

Der Wirkungsgrad η berücksichtigt die Stromausbeute, d.h., die bei Elektrolysen stets auftretenden Verluste an zugeführter elektrischer Energie. Sie wird durch den Elektrolytwiderstand und durch Streuströme verursacht.

Durch Elektrolyse abgeschiedene Stoffmasse

$$m(\text{X}) = \frac{M(\text{X}) \cdot I \cdot t}{z(\text{X}) \cdot F} \cdot \eta$$

[1] Michael Faraday, englischer Physiker, 1791–1867

Teilt man die molare Masse M des abgeschiedenen Stoffes durch die pro ein Mol erforderliche Ladungsmenge $Q = z \cdot F$, so erhält man die **elektrochemische Äquivalentmasse $m_ä$** des Stoffes. Sie gibt an, welche Masse eines Stoffes bei einer Stromstärke von einem Ampere in einer Sekunde abgeschieden wird. Damit vereinfacht sich die Berechnungsgleichung der abgeschiedenen Stoffmasse zu den rechts unten angegebenen Größengleichungen.

Elektrochemische Äquivalentmasse

$$m_ä(X) = \frac{M(X)}{z(X) \cdot F}$$

Stoffabscheidung mit elektrochemischer Äquivalentmasse

$$m(X) = Q \cdot m_ä(X) \cdot \eta$$
$$m(X) = I \cdot t \cdot m_ä(X) \cdot \eta$$

Beispiel: Eine Kuper(II)chlorid-Lösung wird mit der Stromstärke $I = 2{,}5$ A und einem Wirkungsgrad von 92,5 % 30 Minuten lang elektrolysiert (Bild 2, Seite 398). Welche Masse an Elektrolytkupfer wird in der Elektrolysezelle abgeschieden?

Lösung: $m(Cu) = I \cdot t \cdot m_ä(Cu) \cdot \eta = I \cdot t \cdot \frac{M(Cu)}{z(X) \cdot F} \cdot \eta$

$$\mathbf{m(Cu)} = 2{,}5\,A \cdot 30 \cdot 60\,s \cdot \frac{63{,}55\,g/mol}{2 \cdot 96485\,As/mol} \cdot 0{,}925 \approx \mathbf{1{,}4\,g}$$

Elektrolytische Abscheidung von Gasen

Bei der Elektrolyse werden häufig an den Elektroden auch Gase abgeschieden (Bild 1, Seite 399). Ihre Masse m(X) lässt sich mithilfe der auf Seite 399 abgeleiteten Formel berechnen.

$$m(X) = \frac{M(X) \cdot I \cdot t}{z(X) \cdot F} \cdot \eta$$

Aus der allgemeinen Gasgleichung $p \cdot V(X) = n(X) \cdot R \cdot T$ (vgl. Seite 126) folgt durch Einsetzen von $n(X) = m(X)/M(X)$:

$$p \cdot V(X) = \frac{m(X) \cdot R \cdot T}{M(X)}$$

Durch Umformen nach der Masse m(X) wird daraus erhalten:

$$m(X) = \frac{M(X) \cdot p \cdot V(X)}{R \cdot T}$$

Setzt man diese Beziehung mit der Gleichung zur elektrolytischen Abscheidung der Stoffmasse gleich, so erhält man die nebenstehende Größengleichung zur Berechnung des Volumens einer bei beliebigen Bedingungen (p, T) abgeschiedenen Gasportion.

Elektrolytisch abgeschiedenes Gasvolumen

$$V(X) = \frac{I \cdot t \cdot R \cdot T}{z(X) \cdot F \cdot p} \cdot \eta$$

Für die Gasabscheidung bei Normbedingungen sind der Normdruck $p_n = 1{,}013$ bar und die Normtemperatur $T_n = 273$ K einzusetzen.

Entsteht das elektrolytisch gebildete Gas aus Wasser, so ist das Gas mit Wasserdampf gesättigt (feucht). Der Partialdruck des feuchten Gases $p_{G,feucht}$ setzt sich aus dem Druck des trockenen Gases $p_{G,tr}$ und dem Wasserdampfpartialdruck p_{H_2O} zusammen: $p_{G,f} = p_{G,tr} + p_{H_2O}$. Der Partialdruck des trockenen Gases ist $p_{G,tr} = p_{G,f} - p_{H_2O}$.

Partialdruck des trockenen Gases

$$p = p_{G,tr} = p_{G,f} - p_{H_2O}$$

Beispiel: Ein Hofmann'scher Wasserzersetzer **(Bild 1)** wird über einen Zeitraum von 15,0 Minuten mit einem Strom der Stärke 800 mA betrieben. Die Temperatur beträgt 22,0 °C, der Luftdruck 1025 mbar. Der Wirkungsgrad der Elektrolyse ist 97,0 %.

a) Wie groß ist das gebildete trockene Gasvolumen an Sauerstoff und Wasserstoff?

b) Wie groß ist das gebildete feuchte Gasvolumen am Sauerstoff und Wasserstoff? (Der Sättigungs-Wasserdampfdruck beträgt $p(H_2O) \approx 25$ mbar bei 22,0 °C)

Lösung: Die Reaktionsgleichung lautet: $2\,H_2O_{(l)} \longrightarrow 2\,H_{2(g)} + O_{2(g)}$

Die Oxidationszahl des Sauerstoffs im Wassermolekül ändert sich von –II nach ±0. Demzufolge werden bei der Bildung eines O_2-Moleküls $2 \cdot 2 = 4$ Elektronen übertragen $\Rightarrow$ $z(O_2) = 4$

a) $\mathbf{V(O_2)} = \frac{I \cdot t \cdot R \cdot T}{z(O_2) \cdot F \cdot p} \cdot \eta$

$$= \frac{0{,}800\,A \cdot 15{,}0 \cdot 60\,s \cdot 0{,}08314\,\frac{bar \cdot L}{K \cdot mol} \cdot 295\,K}{4 \cdot 96485\,A \cdot s \cdot mol^{-1} \cdot 1{,}025\,bar} \cdot 0{,}970$$

$= 0{,}04330\,L \approx \mathbf{43{,}3\,mL}$

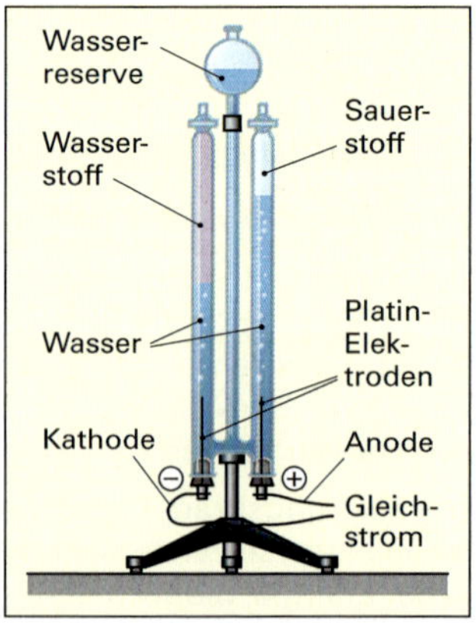

Bild 1: Hofmann'scher Wasserzersetzer

Wie die Reaktionsgleichung zeigt, werden pro Raumteil Sauerstoff (O_2) zwei Raumteile Wasserstoff (H_2) gebildet. Damit beträgt das abgeschiedene Wasserstoffvolumen:

$\boldsymbol{V(H_2)} = 2 \cdot V(O_2) = 2 \cdot 43{,}3\ \text{mL} = \mathbf{86{,}6\ mL}$

b) $\boldsymbol{p_{G,tr}} = p_{G,f} - p_{H_2O} = 1025\ \text{mbar} - 25\ \text{mbar} = \mathbf{1000\ mbar}$

$\boldsymbol{V(O_2)} = 43{,}3\ \text{mL} \cdot \frac{1025\ \text{bar}}{1000\ \text{bar}} \approx \mathbf{44{,}4\ mL}$; $\boldsymbol{V(H_2)} = 2 \cdot V(O_2) = 2 \cdot 44{,}4\ \text{mL} \approx \mathbf{88{,}8\ mL}$

Aufgaben zu Elektrolytische Stoffabscheidung

1. Eine Silbernitrat-Lösung wird bei einer Stromstärke von 2,54 A elektrolysiert. Welche Masse an Silber scheidet sich in 45,0 min ab, wenn die Stromausbeute vernachlässigt wird?

2. Welche Masse an Nickel wird bei einer Stromstärke von 1,5 A in 30 min aus einer Nickel(II)-sulfat-Lösung bei einem Wirkungsgrad von 91,2 % elektrolytisch abgeschieden?

3. Zur elektrogravimetrischen Bestimmung des Massenanteils an Nickelsulfat in einer Nickelsulfat-Lösung werden die in 100 g Lösung enthaltenen Nickel-Ionen mithilfe des elektrischen Stroms quantitativ an einer Netzkatode aus Platin abgeschieden **(Bild 1).** Die Masse der Katode betrug vor der Abscheidung 5,491 g, nach der Elektrolyse 5,665 g. Wie groß ist der Massenanteil $w(NiSO_4)$ der Lösung?

4. Welche Stromstärke I ist erforderlich, wenn bei einer Stromausbeute von 87,3 % in 120 min 35,0 g Zink aus einer Zinksulfat-Lösung abgeschieden werden sollen?

5. Aus einer Kupfer(II)-sulfat-Lösung wird mit einer Stromstärke von 8,6 A und einer Stromausbeute von 81,5 % Kupfer abgeschieden. Wie lange dauert die elektrolytische Abscheidung von 12,8 g Kupfer?

6. In 1 h 50 min werden aus einer Nickel(II)-sulfat-Lösung 19,20 g Nickel elektrolytisch abgeschieden. Es wurde mit einer Stromstärke von 11,5 A elektrolysiert. Wie groß ist die Stromausbeute in der Anlage?

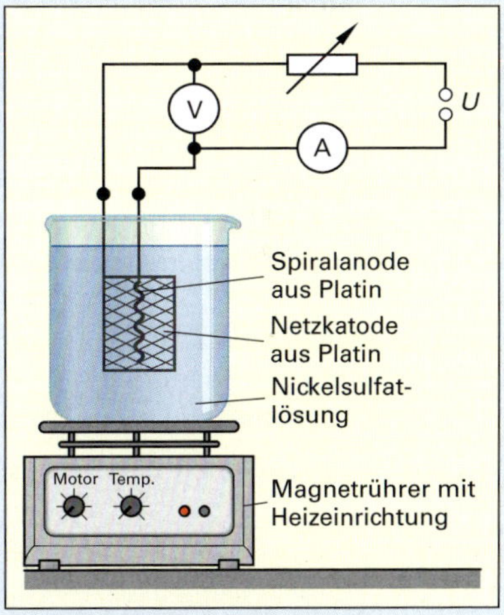

Bild 1: Messprinzip der Elektrogravimetrie (Aufgabe 3)

7. In einem Hofmann'schen Wasserzersetzer (Bild 1, Seite 400) wird verdünnte Schwefelsäure 25 Minuten lang mit einer Stromstärke von 12 A elektrolysiert. Die Reaktionsgleichung ist $2\ H_2O_{(l)} \xrightarrow{H_2SO_{4(aq)}} 2\ H_{2(g)} + O_{2(g)}$. Die Stromausbeute beträgt 87,5%.

   Welches Volumen hat der abgeschiedene trockene Wasserstoff bei Normbedingungen?

8. In einem Knallgas-Coulometer **(Bild 2)** wurden in einer Abscheidezeit von 3 Minuten, 16 Sekunden 24,3 mL feuchtes Knallgas abgeschieden. Die Temperatur betrug 20°C und der Luftdruck 1020 mbar. (Der Sättigungsdampfdruck $p(H_2O)$ = 23,4 mbar bei 20,0°C.)

   Wie groß muss die Stromstärke I in der elektrischen Leitung sein, um diese Knallgasmenge abzuscheiden? (Die elektrischen Verluste sollen unberücksichtigt bleiben.)

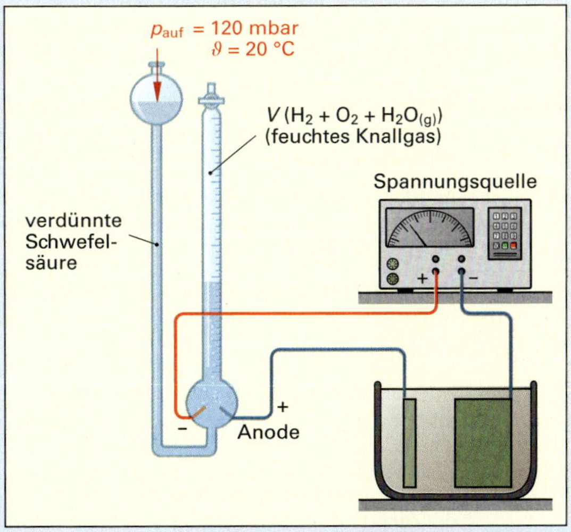

Bild 2: Knallgas-Coulometer (Aufgabe 3)

12

12.2 Leitfähigkeit von Elektrolyten

Bei Leitern 1. Ordnung, wie z. B. Metallen, kommt der Ladungstransport durch den Fluss von Elektronen zustande (Bild 1, Seite 377). Als Maß für die elektrische Leitfähigkeit wird der Leitwert $G = 1/R$ benutzt (vgl. Seite 380).

Bei Leitern 2. Ordnung, wie z. B. Elektrolytlösungen, erfolgt der Ladungstransport mit geladenen Teilchen, den Ionen **(Bild 1).** Als Maß für deren Leitfähigkeit für den Strom dient die **spezifische Elektrolyt-Leitfähigkeit** κ. Sie hat als Kurzzeichen den griechischen Kleinbuchstaben κ (Kappa).

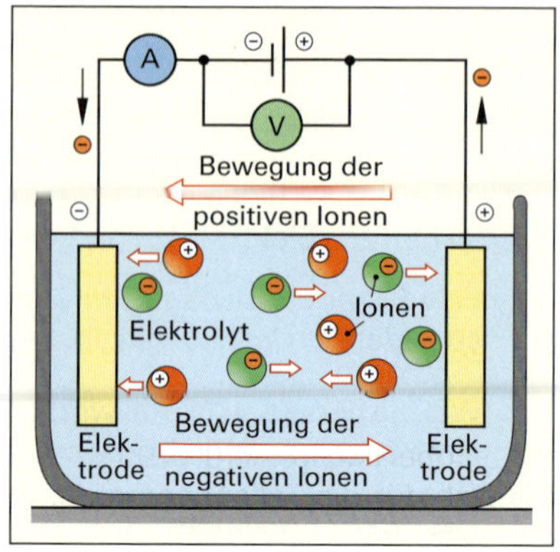

Bild 1: Stromleitung in einem Elektrolyt (schematisch)

12.2.1 Spezifische Elektrolyt-Leitfähigkeit

Die spezifische Elektrolyt-Leitfähigkeit κ (specific electrolytic conductivity) entspricht dem Kehrwert des spezifischen Elektrolyt-Widerstands ϱ (vgl. Seite 379). Dieser ist analog dem spezifischen Widerstand bei metallischen Leitern definiert.

Durch Einsetzen von $\varrho = R \cdot A/l$ und $R = 1/G$ in die Gleichung $\kappa = 1/\varrho$ werden die nebenstehenden Größengleichungen zur Berechnung der spezifischen **Elektrolyt-Leitfähigkeit** κ erhalten. Darin sind:

- κ = Elektrolyt-Leitfähigkeit
- ϱ = spezifischer Widerstand
- l = Elektrodenabstand
- R = Widerstand
- A = Elektrodenfläche
- G = Leitwert

Spezifische Elektrolyt-Leitfähigkeit

$$\kappa = \frac{1}{\varrho} = \frac{l}{R \cdot A} = \frac{G \cdot l}{A}$$

Die abgeleitete SI-Einheit der spezifischen Elektrolyt-Leitfähigkeit κ ist:

$$[\kappa] = \left[\frac{l}{R \cdot A}\right] = \frac{\text{m}}{\Omega \cdot \text{m}^2} = \frac{1}{\Omega \cdot \text{m}}; \quad \text{mit } \frac{1}{\Omega} \text{ Siemens}$$

$[\kappa] = \frac{\text{S}}{\text{m}}$. Sie wird auch in der Einheit S/cm angegeben.

Definition: Die spezifische Elektrolyt-Leitfähigkeit eines Elektrolyten κ beträgt ein Siemens durch Zentimeter, wenn in einem Elektrolyten mit einem Volumen von einem Kubikzentimeter zwischen zwei Elektroden von je einem Quadratzentimeter Fläche im Abstand von einem Zentimeter der Leitwert G zu ein Siemens gemessen wird **(Bild 2).**

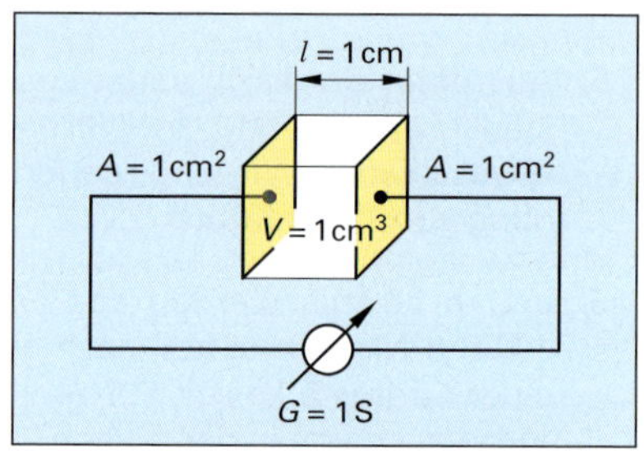

Bild 2: Definition der spezifischen Elektrolyt-Leitfähigkeit κ

12

Die spezifische elektrische Leitfähigkeit κ wird mit einer Leitfähigkeits-Messzelle gemessen (**Bild 1**, Seite 403).

Die nebenstehende **Tabelle** zeigt einige Messwerte von κ.

Tabelle: Spezifische Elektrolyt-Leitfähigkeit κ bei 25 °C in S/m

Essigsäure	1 mol/L	1,65 10^{-3}
Salzsäure	1 mol/L	0,3322
KCl	1 mol/L	0,1119

Die spezifische Elektrolyt-Leitfähigkeit κ nimmt in der Regel zu, wenn mehr Ionen mit einer größeren Beweglichkeit für den Elektronentransport zur Verfügung stehen. Das ist der Fall bei

- höherer Stoffmengenkonzentration c
- steigender Temperatur ϑ
- zunehmendem Dissoziationsgrad α

Außerdem nimmt die Viskosität des Lösemittels, meist Wasser, mit steigender Temperatur ab, was die Beweglichkeit der Ionen fördert und somit die Elektrolytleitfähigkeit steigert.

Beispiel: Welche spezifische Elektrolyt-Leitfähigkeit hat die Sole einer Membranzelle zur Chloralkali-Elektrolyse mit einer aktiven Elektrodenoberfläche von 2,7 m² und einem mittleren Elektrodenabstand von 3,5 mm, wenn die Zersetzungsspannung 3,1 V und die Stromstärke 10,8 kA beträgt?

Lösung: $\kappa = \frac{l}{R \cdot A}$; mit $R = \frac{U}{I}$ folgt: $\kappa = \frac{l \cdot I}{U \cdot A} = \frac{3{,}5 \cdot 10^{-3}\,\text{m} \cdot 10{,}8 \cdot 10^{3}\,\text{A}}{3{,}1\,\text{V} \cdot 2{,}7\,\text{m}^2} = 4{,}516 \frac{\text{A}}{\text{V} \cdot \text{m}} \approx \mathbf{4{,}5\ \frac{S}{m}}$

Zellenkonstante (cell constant)

Um die Elektrolyt-Leitfähigkeit bestimmen zu können, muss die Elektrodenfläche A und der Elektrodenabstand l bekannt sein und während der Messung konstant bleiben. Dies ist jedoch bei technischen Elektrolysen meistens nicht der Fall. Während der Elektrodenabstand l genau gemessen werden kann, weicht die zur Messung der spezifischen Elektrolyt-Leitfähigkeit wirksame Elektrodenoberfläche A von der geometrischen Oberfläche ab. Dies ist so, weil Elektrodenoberflächen z.B. durch Abscheiden von fein verteiltem Platin (platinieren) stark vergrößert sind und sich während der Elektrolyse die Elektrodenoberfläche verändern kann.

Zellenkonstante

$$\text{Zellenkonstante} = \frac{\text{Elektrodenabstand}}{\text{Elektrodenoberfläche}} \qquad K = \frac{l}{A}$$

Spezifische Elektrolyt-Leitfähigkeit

$$\kappa = \frac{1}{\varrho} = K \cdot \frac{1}{R} = K \cdot G$$

Da der Quotient l/A wegen der unbekannten wirksamen Elektrodenoberfläche nicht bestimmt werden kann, wurde eine Maßzahl für die Zellengeometrie, die **Zellenkonstante *K*** eingeführt: $K = l/A$

Die Zellenkonstante kann mittels einer Kalibrierlösung mit bekannter Leitfähigkeit bei konstanter Temperatur für ein bestimmtes Elektrodenpaar einer Elektrolysezelle ermittelt und dann für weitere Berechnungen verwendet werden. Das abgeleitete Einheitenzeichen der Zellenkonstante K ist cm^{-1}.

Beispiel: Eine Leitfähigkeitsmesszelle **(Bild 1)** wird zum Einmessen bei 18,0 °C in eine Kaliumchlorid-Kalibrierlösung der Konzentration $c(KCl)$ = 10,0 mmol/L getaucht. Ihr Leitwert beträgt 1,96 mS. Welche Zellenkonstante hat die Messzelle, wenn die spezifische Elektrolyt-Leitfähigkeit der KCl-Lösung 1,225 mS/cm beträgt?

Lösung: $\kappa = G \cdot K \Rightarrow \mathbf{K} = \frac{\kappa}{G} = \frac{1{,}225\ \text{mS} \cdot \text{cm}^{-1}}{1{,}96\ \text{mS}} \approx \mathbf{0{,}625\ cm^{-1}}$

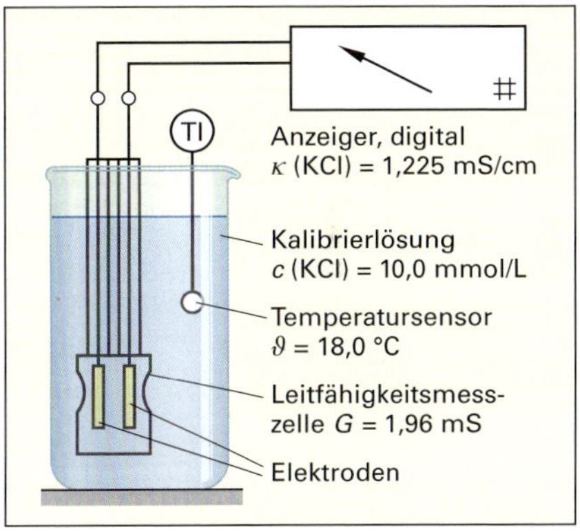

Bild 1: Leitfähigkeitsmesszelle

12.2.2 Konzentrationsspezifische Leitfähigkeits-Kennwerte

Die Leitfähigkeit von Elektrolyten ist von der Stoffmengenkonzentration c abhängig. Deshalb gibt es konzentrationsspezifische Leitfähigkeits-Kennwerte.

Molare Leitfähigkeit (molar conductivity)

Die **molare Leitfähigkeit** Λ berücksichtigt die Abhängigkeit der Elektrolyt-Leitfähigkeit von der Stoffmengenkonzentration $c(X)$ eines Elektrolyten. Sie hat als Kurzzeichen den griechischen Großbuchstaben Λ (Lambda). Man berechnet Λ als Quotient aus der Elektrolyt-Leitfähigkeit κ und der Stoffmengenkonzentration c des Elektrolyten (siehe Formel rechts).

Molare Leitfähigkeit

$$\Lambda(X) = \frac{\kappa(X)}{c(X)} = \frac{G \cdot K}{c(X)} = \frac{K}{R \cdot c(X)}$$

Mit $\kappa = G \cdot K$ und $G = 1/R$ ergeben sich weitere Größengleichungen zur Berechnung der molaren Leitfähigkeit.

Das Einheitenzeichen der molaren Leitfähigkeit Λ leitet sich aus der Definitionsgleichung von Λ ab:

$$[\Lambda] = \frac{[\kappa]}{[c]} = \frac{\text{S} \cdot \text{m}^{-1}}{\text{mol} \cdot \text{m}^{-3}} = \frac{\text{S} \cdot \text{m}^{3}}{\text{mol} \cdot \text{m}} = \text{S} \cdot \text{m}^2 \cdot \text{mol}^{-1} = \frac{\text{S} \cdot \text{m}^2}{\text{mol}}$$

Beispiel: Der Leitwert einer Salzsäure-Lösung wurde bei ϑ = 25,0 °C mit einer Leitfähigkeitsmesszelle (Zellenkonstante K = 0,780 cm^{-1}) zu G = 50,1 mS bestimmt. Ihre Stoffmengenkonzentration beträgt c = 100 mmol/L. Welche molare Leitfähigkeit hat die Salzsäureprobe?

Lösung: $\mathbf{\Lambda(HCl)} = \frac{G \cdot K}{c(\text{HCl})} = \frac{50{,}1\ \text{mS} \cdot 0{,}780\ \text{cm}^{-1}}{100\ \text{mmol} \cdot 10^{-3} \cdot \text{cm}^{-3}} = 390{,}78\ \text{S} \cdot \text{cm}^2 \cdot \text{mol}^{-1} \approx \mathbf{391\ \frac{S \cdot cm^2}{mol}}$

Den Zusammenhang zwischen der Leitfähigkeit κ und der Konzentration $c(X)$ zeigt Bild 1, Seite 404.

12

Die spezifische Leitfähigkeit κ sowohl starker als auch schwacher Elektrolyte steigt mit zunehmender Stoffmengenkonzentration c **(Bild 1)**. Ursache ist die zunehmende Anzahl der Ionen durch die steigende Konzentration.

Eine weitere Konzentrationserhöhung hat die Ausbildung von Ionenwolken (Hydratwolken) zur Folge. Sie schirmen die Ladungen der zentralen Kationen aufgrund der hohen Ladungsdichte durch Gegenionen in zunehmendem Maße ab, sodass die Beweglichkeit der Ionen behindert wird. Dadurch fällt die Leitfähigkeit bei höheren Stoffmengenkonzentrationen ab.

Die Nichtlinearität zeigt sich für starke und schwache Elektrolyte noch deutlicher, wenn man die molare Leitfähigkeit Λ in Abhängigkeit von der Wurzel der Konztentration $\sqrt{c}$ aufträgt **(Bild 2)**.

Bei schwachen Elektrolyten fällt die molare Leitfähigkeit Λ stark ab; bei starken Elektrolyten nur schwach.

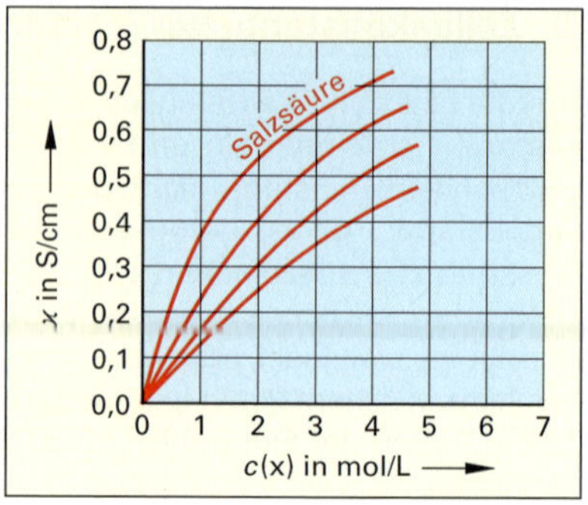

Bild 1: Elektrolyt-Leitfähigkeit κ verschiedener Elektrolyte bei 18 °C

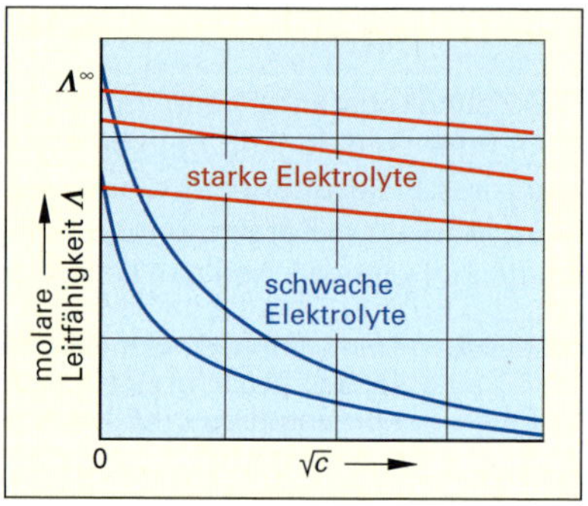

Bild 2: Molare Leitfähigkeit Λ in Abhängigkeit von $\sqrt{c}$

Beispiel: Eine Essigsäure-Lösung und eine Salpetersäure-Lösung mit einer Stoffmengenkonzentration von jeweils $c(\text{HAc}) = c(\text{HNO}_3) = 10{,}0$ mmol/L haben spezifische Elektrolyt-Leitfähigkeiten von $\kappa(\text{HAc}) = 16{,}0$ mS/m bzw. $\kappa(\text{HNO}_3) = 406$ mS/m. Wie groß sind die molaren Leitfähigkeiten der jeweiligen Säurelösungen?

Lösung:

$$\boldsymbol{\Lambda}(\textbf{HAc}) = \frac{\kappa(\text{HAc})}{c(\text{HAc})} = \frac{16{,}0\ \text{mS}\cdot\text{m}^{-1}}{10{,}0\ \text{mmol}\cdot 10^3\ \text{m}^{-3}} \approx \mathbf{1{,}60\ \frac{mS\cdot m^2}{mol}}$$

$$\boldsymbol{\Lambda}(\textbf{HNO}_\mathbf{3}) = \frac{\kappa(\text{HNO}_3)}{c(\text{HNO}_3)} = \frac{406\ \text{mS}\cdot\text{m}^{-1}}{10{,}0\ \text{mmol}\cdot 10^3\ \text{m}^{-3}} \approx \mathbf{40{,}6\ \frac{mS\cdot m^2}{mol}}$$

Äquivalente Leitfähigkeit (equivalent conductivity)

Die in einem Elektrolyten transportierte Ladung steigt mit der Ladung und der Anzahl der gelösten Ionen. Wenn man Elektrolyt-Leitfähigkeiten vergleichen will, muss demzufolge die Äquivalentkonzentration $c_{eq}(X)$ (vgl. Seite 171) oder die Äquivalentzahl $z^*(X)$ des gelösten Stoffes berücksichtigt werden.

Die äquivalente Leitfähigkeit $\Lambda_{eq}(X)$ berücksichtigt diese Abhängigkeiten. Sie wird berechnet, indem man die molare Leitfähigkeit $\Lambda(X)$ durch die Äquivalentzahl $z^*(X)$ der betreffenden Verbindung X teilt (siehe rechts). Alternativ kann auch der Quotient aus der Elektrolyt-Leitfähigkeit κ und der Äquivalentkonzentration $c_{eq}(X)$ gebildet werden.

Äquivalente Leitfähigkeit

$$\Lambda_{eq}(X) = \frac{\Lambda(X)}{z^*(X)} = \frac{\kappa}{c_{eq}(X)}$$

Die Äquivalentzahl $z^*(X)$ ist gleich dem Betrag $|z^*(X)|$ aus den bei der Dissoziation eines Elektrolyten X freigesetzten positiven oder negativen Ladungen. Sie berechnet sich durch Multiplikation der Zerfallszahl ν der Ionenart mit der Ladungszahl z der Ionenart.

Äquivalentzahl

$$z^*(X) = \nu(X) \cdot z(X)$$

Beispiel: Bei 18 °C hat eine wässrige Natriumsulfat-Lösung der Stoffmengenkonzentration $c(\text{Na}_2\text{SO}_4) = 1{,}2$ mol/L eine Elektrolyt-Leitfähigkeit von 88,5 mS/cm.

a) Wie groß ist die Äquivalentzahl des Natriumsulfats?

b) Wie groß ist die äquivalente Leitfähigkeit von Natriumsulfat?

Lösung:

a) $z^*(\text{Na}_2\text{SO}_4) = \nu(\text{Na}^+)\cdot z(\text{Na}^+) = \nu(\text{SO}_4^{2-})\cdot z(\text{SO}_4^{2-}) = 2\cdot 1^+ = 1\cdot 2^- = 2$

b) $\Lambda_{eq}(X) = \frac{\kappa}{c_{eq}(X)}$; mit $c(\frac{1}{2}\,\text{Na}_2\text{SO}_4) = 2\cdot c(\text{NA}_2\text{SO}_4) = 2\cdot 1{,}2\ \frac{\text{mol}}{\text{L}} = 2{,}4\ \frac{\text{mol}}{\text{L}} = 2{,}4\cdot 10^{-3}\ \frac{\text{mol}}{\text{cm}^3}$ folgt:

$$\boldsymbol{\Lambda}_\mathbf{eq}(\textbf{Na}_\mathbf{2}\textbf{SO}_\mathbf{4}) = \frac{\kappa}{c(\frac{1}{2}\,\text{NA}_2\text{SO}_4)} = \frac{88{,}5\ \text{mS}\cdot\text{cm}^{-1}}{2{,}4\ \text{mmol}\cdot\text{cm}^{-3}} = 36{,}9\ \frac{\text{S}\cdot\text{cm}^2}{\text{mol}} \approx \mathbf{37\ \frac{S\cdot cm^2}{mol}}$$

Äquivalente Grenzleitfähigkeit (limiting conductivity)

Die äquivalente Leitfähigkeit steigt mit zunehmender Verdünnung und nähert sich bei unendlicher Verdünnung dem Grenzwert $\mathring{\Lambda}_{eq}$ (**Bild 2,** Seite 404). Er ist jeweils für einen Elektrolyten charakteristisch.

Diesen Wert nennt man **äquivalente Leitfähigkeit bei unendlicher Verdünnung** oder **äquivalente Grenzleitfähigkeit** $\mathring{\Lambda}_{eq}$.

Nach **Arrhenius**[1] ist der **Dissoziationsgrad** α bei schwachen Elektrolyten als Quotient aus der äquivalenten Leitfähigkeit Λ_{eq} und der äquivalenten Grenzleitfähigkeit $\mathring{\Lambda}_{eq}$ definiert.

Damit ergibt sich die Möglichkeit, bei Kenntnis der äquivalenten Leitfähigkeit Λ_{eq} und der äquivalenten Grenzleitfähigkeit $\mathring{\Lambda}_{eq}$ den Dissoziationsgrad α von schwachen Elektrolyten zu bestimmen.

Äquivalente Grenzleitfähigkeit und Dissoziationsgrad

$$\mathring{\Lambda}_{eq} = \frac{\Lambda_{eq}(X)}{\alpha}; \quad \alpha = \frac{\Lambda_{eq}(X)}{\mathring{\Lambda}_{eq}(X)}$$

Beispiel: Bei 18 °C beträgt die äquivalente Leitfähigkeit von Essigsäure-Äquivalenten der Stoffmengenkonzentration $c(\text{HAc}) = 100$ mmol/L $\Lambda_{eq} = 14{,}3\ \text{S} \cdot \text{cm}^2 \cdot \text{mol}^{-1}$. Die Grenzleitfähigkeit wurde experimentell zu $\mathring{\Lambda}_{eq} = 349{,}5\ \text{S} \cdot \text{cm}^2 \cdot \text{mol}^{-1}$ ermittelt. Welchen Dissoziationsgrad hat die Essigsäure?

Lösung: $$\alpha = \frac{\Lambda_{eq}(\text{HAc})}{\mathring{\Lambda}_{eq}(\text{HAc})} = \frac{14{,}3\ \text{S} \cdot \text{cm}^2 \cdot \text{mol}^{-1}}{349{,}5\ \text{S} \cdot \text{cm}^2 \cdot \text{mol}^{-1}} = 0{,}040915 \approx \mathbf{4{,}09\ \%}$$

Aufgaben zu Leitfähigkeit von Elektrolyten

(Die Aufgaben beziehen sich auf die Messung der Elektrolytleitfähigkeit mit der Messzelle von Bild 1, Seite 402.)

1. Zur Qualitätskontrolle eines vollentsalzten Wassers wird in einer VE-Wasserprobe bei einer Spannung von 24,0 V mit einer Messzelle ($K = 0{,}825\ \text{cm}^{-1}$) ein Strom der Stärke 46,4 µA gemessen. Welche Elektrolyt-Leitfähigkeit hat die VE-Wasserprobe?
2. Der Widerstand einer Nährsalzlösung beträgt 357 Ω. Welche Elektrolyt-Leitfähigkeit hat die Nährsalzlösung, wenn die Zellenkonstante der Messzelle $K = 0{,}78\ \text{cm}^{-1}$ beträgt?
3. Mit einer Wheatstone'schen Brückenschaltung (Bild 1, Seite 388) wurde der Widerstand einer Kupfersulfat-Lösung zu 35 Ω bestimmt. Welche Elektrolyt-Leitfähigkeit hat die Kupfersulfat-Lösung, wenn die Zellenkonstante $K = 0{,}78\ \text{cm}^{-1}$ beträgt?
4. Beim Einmessen einer Leitfähigkeitsmesszelle wird mit einer Kaliumchlorid-Lösung ($c(\text{KCl}) = 100$ mmol/L, $\kappa(\text{KCl}) = 11{,}67$ mS/cm) bei 20,0 °C ein Widerstand von $R = 67{,}5\ \Omega$ gemessen. Welche Zellenkonstante hat die Messzelle?
5. Der spezifische Widerstand einer Kaliumchlorid-Lösung mit der Stoffmengenkonzentration $c(\text{KCl}) = 100$ mmol/L beträgt bei 20,0 °C $\varrho(\text{KCl}) = 856{,}9\ (\text{k}\Omega \cdot \text{mm}^2)/\text{m}$. Berechnen Sie die Elektrolyt-Leitfähigkeit der Kaliumchlorid-Lösung.
6. Welche molare Leitfähigkeit hat eine Salpetersäure-Lösung mit der Stoffmengenkonzentration $c(\text{HNO}_3) = 1{,}017$ mol/L, wenn ihre Elektrolyt-Leitfähigkeit $\kappa(\text{HNO}_3) = 312{,}3$ mS/cm beträgt?
7. Eine wässrige Natriumsulfat-Lösung ($w(\text{Na}_2\text{SO}_4) = 10{,}0\ \%$, $\varrho(\text{Na}_2\text{SO}_4\text{-Lsg.}) = 1092$ g/L) hat bei 18,0 °C einen spezifischen Widerstand von $14{,}56\ \Omega \cdot \text{cm}$. Wie groß ist die molare Leitfähigkeit der Natriumsulfat-Lösung?
8. Wie groß ist die molare Leitfähigkeit an Kaliumnitrat-Äquivalenten einer Lösung der Stoffmengenkonzentration $c(\text{KNO}_3) = 1{,}00$ mol/L, wenn deren Leitfähigkeit bei 25,0 °C zu $\kappa(\text{KNO}_3) = 92{,}5\ \text{mS} \cdot \text{cm}^{-1}$ ermittelt wurde?
9. Die elektrische Leitfähigkeit einer Phosphorsäure-Lösung mit dem Massenanteil $w(\text{H}_3\text{PO}_4) = 0{,}100$ und der Dichte $\varrho = 1{,}0532\ \text{g/cm}^3$ beträgt $\kappa = 56{,}6$ mS/cm. Welche molare Leitfähigkeit von Phosphorsäure-Äquivalentteilchen hat die Lösung, wenn die molare Masse $M(\text{H}_3\text{PO}_4) = 98{,}0$ g/mol beträgt?
10. Ameisensäure der Stoffmengenkonzentration $c(\text{HA}) = 1{,}23$ mol/L hat die Leitfähigkeit $\kappa(\text{HA}) = 4{,}5\ \text{mS} \cdot \text{cm}^{-1}$, die Grenzleitfähigkeit wurde zu $\mathring{\Lambda}_{eq} = 362\ \text{S} \cdot \text{cm}^2 \cdot \text{mol}^{-1}$ ermittelt. Berechnen Sie den Dissoziationsgrad der Ameisensäure.

[1] Svante Arrhenius (1859 bis 1927), schwedischer Chemiker

12

12.3 Elektrochemische Potenziale

Bei der Elektrolyse werden durch eine äußere Gleichstromquelle an den Elektroden chemische Reaktionen erzwungen, die durch Elektronenaustausch der reagierenden Stoffe gekennzeichnet sind. Sie werden als Redoxreaktionen bezeichnet.

Durch Umkehrung der Reaktionsrichtung können chemische Reaktionen auch zur Erzeugung elektrischer Energie genutzt werden, wie dies bei Batterien und Akkumulatoren technisch realisiert ist (Bild 1, Seite 398).

Triebkraft dieser Redoxreaktionen sind elektrische **Potenzialdifferenzen** (potential difference), also elektrische Spannungsdifferenzen in einem Redoxsystem. Potenzialdifferenzen wurden früher **elektromotorische Kraft** genannt.

Als Redoxsystem bezeichnet man ein Reaktionssystem, bei dem ein Oxidationsmittel im Gleichgewicht mit einem korrespondierenden Reduktionsmittel steht **(Bild 1)**.

Man unterscheidet heterogene und homogene Redoxsysteme. Liegt das Reduktionsmittel als Feststoff vor, wie z.B. in galvanischen Elementen und Konzentrationszellen, so wird eine solche Anordnung als heterogenes Redoxsystem bezeichnet.

Bei homogenen Redoxsystemen, wie z.B. bei der Manganometrie (Seite 264), finden die Elektronenübergänge zwischen Ionen ein und desselben Elements in einer homogenen wässrigen Lösung statt.

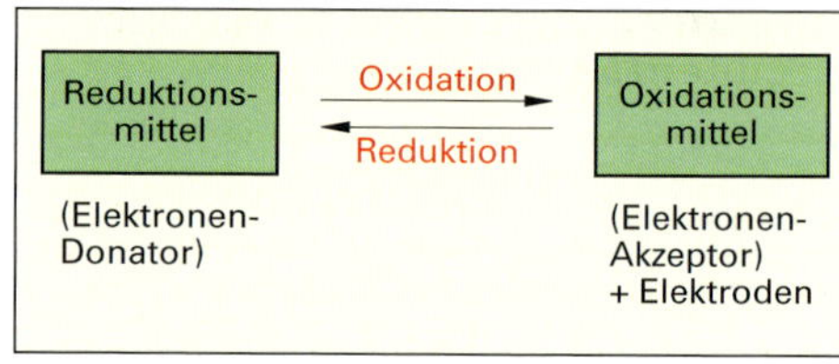

Bild 1: Vorgänge in einem Redoxsystem

12.3.1 Halbzellenpotenziale (half-element potential)

Wird ein unedles Metall in die wässrige Lösung seines Metallsalzes eingetaucht **(Bild 2)**, so haben Metallatome das Bestreben, als Kationen in Lösung zu gehen. Dabei lösen die Atome an der Grenzfläche Metalllassen/Elektrolyt unter Verbleib ihrer Valenzelektronen an der Elektrode in den Elektrolyten auf:

$$Me_{(s)} \longrightarrow Me^{z+}_{(aq)} + z \cdot e^-$$

Dieses Verhalten wird als **Lösungsdruck** oder **Lösungstension** bezeichnet. Der Lösungsdruck der Metalle ist unterschiedlich groß. Er hängt von der Metallgitter-, der Ionisierungs- und der Hydrationsenergie des Metalles bzw. seiner Ionen ab.

Metalle mit großer Lösungstendenz, wie z.B. Na, Zn, Fe, bezeichnet man als **unedle Metalle**, solche mit geringer Lösungstendenz, wie z.B. Cu, Ag, Pt, als **edle Metalle**.

12

Die Lösungstension eines Metalles ist auch davon abhängig, wie viele seiner Kationen bereits in der Lösung vorhanden sind.

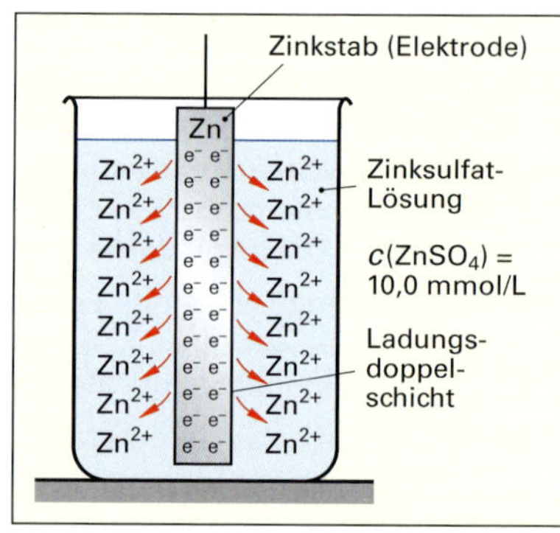

Bild 2: Vorgänge in einer Zn/Zn^{2+}-Halbzelle

Beim Übergang der Metallionen in die Lösung bleiben die Elektronen e^- auf dem Stab zurück; er lädt sich negativ auf. Dadurch bildet sich an der Grenzfläche zwischen Metall und Lösung ein elektrisches Feld. Es behindert das weitere Lösungsbestreben des Metalles, weil die Kationen die Energie zum Passieren des elektrischen Feldes nicht mehr aufbringen können.

Umgekehrt haben Metallionen des Elektrolyten das Bestreben, sich an der Oberfläche des Metallgitters unter Aufnahme von Elektronen abzuscheiden: $Me^{z+}_{(aq)} + z \cdot e^- \longrightarrow Me_{(s)}$. Dieses Bestreben, als **Abscheidungsdruck** oder **osmotischer Druck** bezeichnet, nimmt mit steigender Konzentration der Kationen im Elektrolyten zu und ist bei edlen Metallen ausgeprägter als bei unedlen Metallen.

An der Oberfläche des Metalls stellt sich somit ein dynamisches Lösungs-/Abscheidungs-Gleichgewicht ein (siehe rechts). Es bildet sich eine Ladungsdoppelschicht aus Kationen und Elektronen.

In Kurzform kann man eine Halbzelle durch ein **Halbzellendiagramm** charakterisieren (siehe rechts). Darin kennzeichnet die durchgezogene vertikale Linie (|) die Phasengrenze fest-flüssig.

Oberflächengleichgewicht

$$Zn_{(s)} \rightleftharpoons Zn^{2+}_{(aq)} + 2\,e^-$$

Halbzellendiagramm

$$Me_{(s)} \mid Me^{z+}_{(aq)}$$

Die Folge der Bildung eines dynamischen, elektrochemischen Oberflächengleichgewichts ist ein für jedes Metall spezifisches Potenzial (elektrische Spannung).

Diese Potenziale (Spannungen) sind nicht einzeln, sondern nur relativ gegen das Potenzial einer zweiten Halbzelle (Bezugselektrode) messbar.

12.3.2 Bezugselektroden

Als Bezugselektrode zur Messung der Potenziale ist das Redoxpaar H_2 / $2H^+$ festgelegt. Es wird Standardwasserstoffelektrode genannt.

Standardwasserstoffelektrode und Standardpotenzial

Die Standardwasserstoffelektrode SHE (standard hydrogen electrode) besteht aus einem kleinen Glasgefäß, in dem ein Platinblech mit einer Fläche von 1 cm^2 in einen Elektrolyten hängt (**Bild 1,** links).

Das Platinblech wird von Wasserstoff umspült. Er wird an der Platinoberfläche adsorbiert, sodass seine Oberfläche vollständig mit Wasserstoff bedeckt ist. Diese Elektrode ist dadurch eine Wasserstoffelektrode.

Als Elektrolyt dient Salzsäure mit der Stoffmengenkonzentration c = 1 mol/L. Die Standardtemperatur beträgt ϑ = 25 °C.

Die **Messung des Standardpotenzials** eines unbekannten Metalls erfolgt in einer Messanordnung mit der Standardwasserstoffelektrode als Bezugselektrode **(Bild 1).**

Das unbekannte Material befindet sich in einem kleinen Glasgefäß mit einer entsprechenden Salzlösung des Materials, z.B. bei der Messung des Potenzials von Zink in einer Zinksulfatlösung mit c = 1 mol/L. .

Zwischen den Halbzellen wird mit einem Voltmeter die Potenzialdifferenz als elektrische Spannung gemessen.

Man erhält das **Standardpotenzial des Materials** (standard potenzial of the material).

Die Standardpotenziale aller Metalle wurden gemessen und in **Tabellen** festgehalten (siehe rechts).

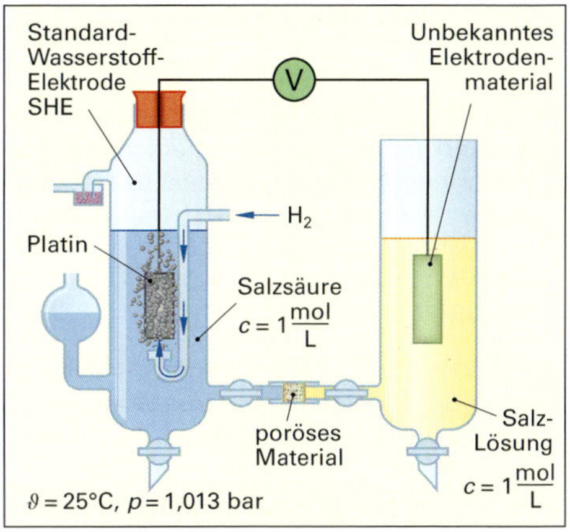

Bild 1: Messung des Standardpotenzials eines unbekannten Materials gegen eine SHE

Tabelle: Standardpotenziale von Metallen (Auszug)

Redoxpaar	Ladungszahl z	Standardpotential E^0 in V
Ag/Ag^+	1	+ 0,7991
Al/Al^{3+}	3	– 1,662
Au/Au^{3+}	3	+ 1,498
Co/Co^{2+}	2	– 0,277
Cu/Cu^{2+}	2	+ 0,337
Fe/Fe^{2+}	2	– 0,4002
$2 Hg/Hg_2Cl_2$	2	+ 0,268
Ni/Ni^{2+}	2	– 0,250
Pb/Pb^{2+}	2	– 0,126
Pt/Pt^{2+}	2	+ 1,2
Zn/Zn^{2+}	2	– 0,7627

Praxis-Bezugselektroden

In der Laborpraxis werden Potenzialmessungen häufig gegen Praxis-Bezugselektroden (reference electrodes) durchgeführt. Sie sind einfacher zu handhaben als die Standardwasserstoffelektrode, da bei ihnen keine Gase erforderlich sind.

Die **Silber/Silberchlorid-Elektrode** besteht aus einem Silberdraht, der oberflächlich mit festem Silberchlorid überzogen ist **(Bild 2).** Er taucht in eine mit Silberchlorid gesättigte Kaliumchlorid-Lösung definierter Konzentration ein. Mit einer gesättigten Kaliumchlorid-Lösung als Elektrolyt hat die Ag/AgCl-Elektrode bei Standardbedingungen ein konstantes Potenzial von $E_{(AgCl)}$ = 0,199 V.

In der **Kalomel-Elektrode** steht Quecksilber in Kontakt mit Quecksilber(I)-chlorid, Kalomel genannt **(Bild 3).** Elektrolyt ist eine Kaliumchlorid-Lösung mit c(KCl) = 100 mmol/L.

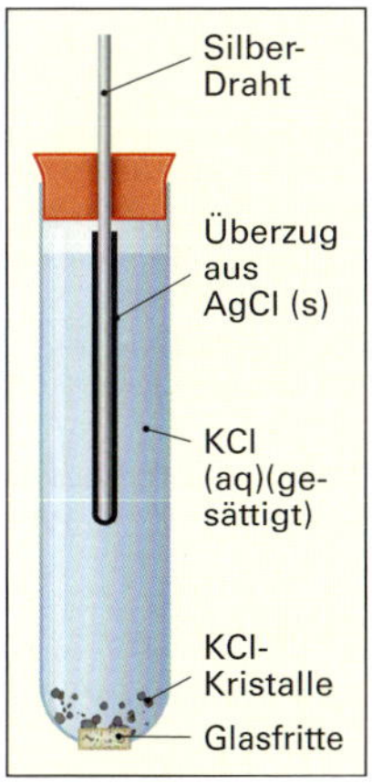

Bild 2: Ag/AgCl-Elektrode

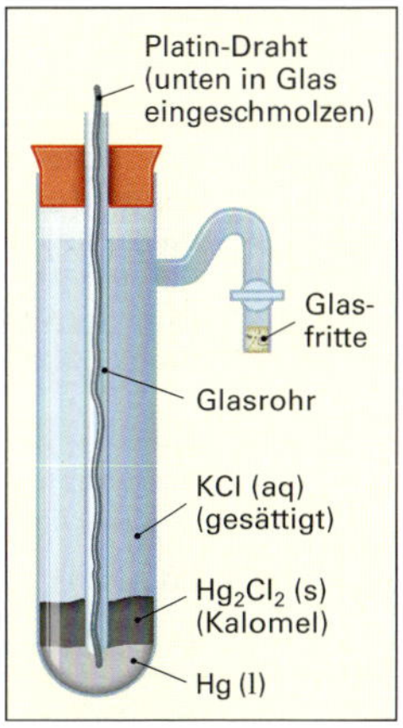

Bild 3: Kalomel-Elektrode

12

12.3.3 Galvanische Zellen (galvanic cell)

Als galvanische Zellen oder galvanische Elemente bezeichnet man zwei in Reihe geschaltete Halbzellen. In ihnen sind in ihrer Stoffart unterschiedliche Elektroden metallisch leitend und in ihrer Stoffart gleiche oder unterschiedliche Elektrolyte elektrolytisch leitend verbunden.

Eine **historische galvanische Zelle** ist das **Daniell-Element**[1] **(Bild 1).** Sie besteht aus einer Standard-Zink-Halbzelle und einer Standard-Kupfer-Halbzelle.

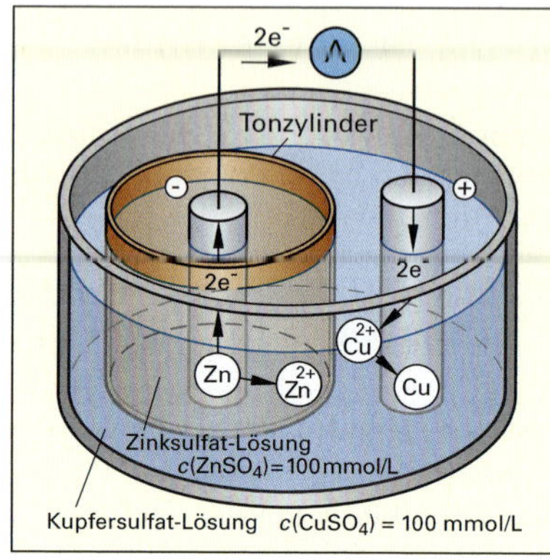

Bild 1: Daniell-Element (historisch)

In galvanischen Zellen wird chemische Energie direkt in elektrische Energie umgewandelt. Die Vorgänge in galvanischen Elementen laufen freiwillig (spontan) ab.

Zur Erinnerung: Bei der Elektrolyse werden die Vorgänge mithilfe des elektrischen Stroms erzwungen.

Zur **Kurzschreibweise** galvanischer Zellen verwendet man ein **Zellendiagramm** (siehe rechts).

In ihm steht links stets die **D**onatorhalbzelle, von der die Elektronen geliefert werden, und rechts die **A**kzeptorhalbzelle, von der die Elektronen aufgenommen werden.

Bei Stromfluss findet demzufolge in der Donatorhalbzelle immer die Oxidation, in der Akzeptorhalbzelle die Reduktion statt.

Im Zellendiagramm kennzeichnet die durchgezogene vertikale Linie (|) die Phasengrenze fest-flüssig, die vertikale Punktlinie (⋮) die Trennwand zwischen den beiden Halbzellen (Diaphragma). Sie bildet die ionenleitende Verbindung zwischen den Halbzellen und verhindert eine Vermischung der beiden Elektrolytlösungen.

Schreibweise: Zellendiagramm

$$Me_{D(s)} \mid Me^{z+}_{D(aq)} \vdots Me^{z+}_{A(aq)} \mid Me_{A(s)}$$

Die Standardpotenzialdifferenz ΔE^0 zwischen zwei beliebigen Halbzellen wird rechnerisch erhalten, indem man das Potenzial der Donatorhalbzelle (Anode) vom Potenzial der Akzeptorhalbzelle (Katode) subtrahiert (siehe rechts). Diese Standardpotenzialdifferenz ΔE^0 ist als Spannung U zwischen den Elektroden messbar.

Standardpotenzialdifferenz

$$U = \Delta E^0 = E^0_A - E^0_D$$

Indices: A Akzeptor
D Donator

Heutzutage benutzt man leistungsfähige galvanische Zellen, wie z.B. die **Alkali-Mangan-Zelle (Bild 2).** Sie bestehen aus einer Zinkamalgan-Elektrode (ZnHg) und einer Mangandioxid-Elektrode (MnO_2); Elektrolyt ist eingedickte Kalilauge ($K^+ + OH^-$).

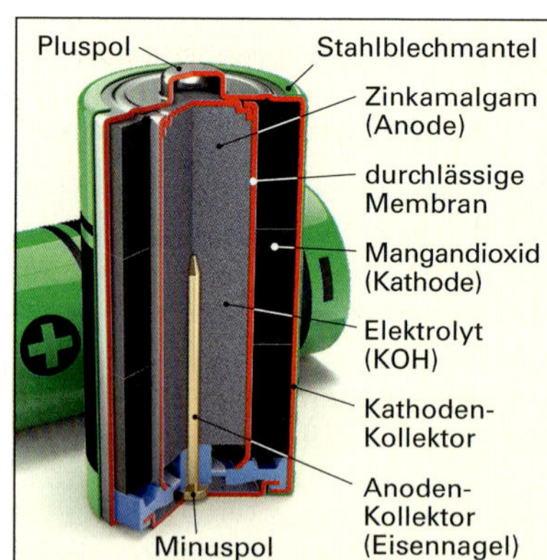

Bild 2: Alkali/Mangan-Element

Beispiel: Wie lautet das Zellendiagramm des Daniell-Elements bestehend aus einer Standard-Kupferhalbzelle und einer Standard-Zinkhalbzelle (Bild 1)? Welche Potenzialdifferenz wird gemessen?

Lösung: Die Standard-Zinkhalbzelle hat mit dem in der Tabelle Seite 407 angegebenen Standardpotenzial von $E^0_{Zn/Zn^{2+}} = -0{,}76$ V gegenüber der Standard-Kupferhalbzelle mit $E^0_{Cu/Cu^{2+}} = +0{,}337$ V das negativere Potenzial. Sie ist somit die Donatorhalbzelle und steht auf der linken Seite des Zellendiagramms.

$$\mathbf{Zn_{(s)} \mid Zn^{2+}_{(aq)} \vdots Cu^{2+}_{(aq)} \mid Cu_{(s)}};$$

$$U = \Delta E^0 = E^0_A - E^0_D = +0{,}337\text{ V} - (-0{,}76\text{ V}) = \mathbf{+1{,}10\text{ V}}$$

[1] John Frederic Daniell (1790–1845), englischer Physiker und Chemiker

12.3.4 Konzentrationszelle (concentration cell)

Als Konzentrationszellen bezeichnet man zwei in Reihe geschaltete Halbzellen, in denen Elektroden gleicher Stoffart metallisch leitend und Elektrolyte gleicher Stoffart aber unterschiedlicher Konzentrationen elektrolytisch leitend verbunden sind **(Bild 1)**.
Die Halbelemente unterscheiden sich nur in der Elektrolyt-Konzentration. Dadurch kommt eine Potenzialdifferenz an den Elektroden zustande. Sie berechnet sich als Differenz zwischen dem Katoden- und dem Anodenpotenzial (siehe rechts).
Nach DIN EN ISO 8044 gilt bei Elektrolysezellen und bei Konzentrations- und galvanischen Elementen für die Elektroden:
An der Anode läuft die Oxidation ab. An der Katode läuft die Reduktion ab.
Die gerichtete Bewegung der Elektronen erfolgt vom Halbelement mit geringerer Konzentration zum Halbelement mit höherer Elektrolytkonzentration und zwar so lange, bis sich ein Konzentrationsausgleich eingestellt hat.
Auch Konzentrationszellen lassen sich in Kurzform durch ein **Zellendiagramm** beschreiben (siehe rechts). Dabei wird die Stoffmengenkonzentration an Elektrolyt im Zellendiagramm mit angegeben. Für genaue Berechnungen müssen, insbesondere bei konzentrierten Elektrolyten, anstelle der Stoffmengenkonzentrationen die Aktivitäten berücksichtigt werden.

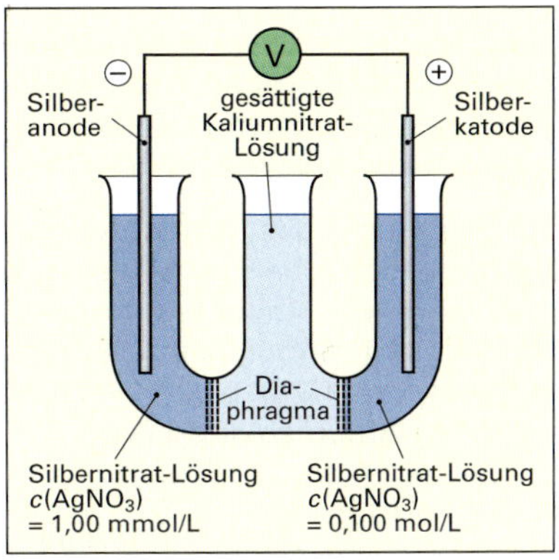

Bild 1: Ag/Ag⁺-Konzentrationszelle

Potenzialdifferenz
$U = \Delta E = E_A - E_D$

Konzentrations-Halbzellendiagramm
$Me_{(s)} \mid Me^{z+}_{(aq)}\ c(Me^{z+})$

12.3.5 Nernst'sche Gleichung[1] (Nernst equation)

Bei den bisherigen Betrachtungen zur Potenzialdifferenz wurde stets von Standardbedingungen ausgegangen. Der Lösungs- und Abscheidungsdruck eines Redoxsystems ist jedoch neben der Stoffmengenkonzentration des Elektrolyten auch von der Temperatur und bei Gasen auch vom Druck abhängig.
Die Konzentrations- und Temperaturabhängigkeit der Standardpotenziale E^0 kann mithilfe der Nernst'schen Gleichung berechnet werden. Ihre Ableitung auf thermodynamischem Wege ist kompliziert, sodass hierauf verzichtet wird.
Die Nernst'sche Gleichung lässt sich durch Einsetzen der Konstanten R und F sowie der Standardtemperatur und des lg-Umrechnungsfaktors vereinfachen (siehe rechts).
Bei heterogenen Gleichgewichten erscheinen die Stoffmengenkonzentrationen fester Stoffe nicht im Quotienten $c(\mathrm{Ox})/c(\mathrm{Red})$. Dies gilt auch für die Stoffmengenkonzentration des Wassers in verdünnter wässriger Lösung. Die Stoffmengenkonzentrationen dieser Stoffe bzw. ihre Aktivitäten betragen eins.

Nernst'sche Gleichung
$E = E^0 + \frac{R \cdot T}{z \cdot F} \cdot \ln \frac{c(\mathrm{Ox})}{c(\mathrm{Red})}$

Vereinfachte Nernst'sche Gleichung
$E = E^0 + \frac{0{,}0592\ \mathrm{V}}{z} \cdot \lg \frac{c(\mathrm{Ox})}{c(\mathrm{Red})}$

12

Beispiel: In einer galvanische Zelle ist bei 25 °C eine Silber-Halbzelle Ag/Ag⁺ ($c(AgNO_3)$ = 15 mmol/L) über einen Stromschlüssel mit einer Nickel-Halbzelle Ni/Ni^{2+} ($c(NiCl_2)$ = 23 mmol/L) verbunden (Anordnung wie Bild 1, Seite 411).

a) Geben Sie das Zellendiagramm der galvanischen Zelle an.
b) Welche Potenzialdifferenz weist die galvanische Zelle auf?

Lösung: a) Das Zellendiagramm lautet: $\mathbf{Ni_{(s)} \mid NiCl_{2(aq)}\ (c = 23\ mmol/L)\ \vdots\ AgNO_{3(aq)}\ (c = 15\ mmol/L) \mid Ag_{(s)}}$

b) $E_A = E^0_{(Ag/Ag^+)} + \frac{0{,}0592\ \mathrm{V}}{z} \cdot \lg \frac{c(Ag^+)}{c(Ag)} = 0{,}7991\ \mathrm{V} + \frac{0{,}0592\ \mathrm{V}}{1} \cdot \lg 0{,}015 = 0{,}7991\ \mathrm{V} - 0{,}108\ \mathrm{V} = 0{,}691\ \mathrm{V}$

$E_D = E^0_{(Ni/Ni^{2+})} + \frac{0{,}0592\ \mathrm{V}}{z} \cdot \lg \frac{c(Ni^{2+})}{c(Ni)} = -0{,}250\ \mathrm{V} + \frac{0{,}0592\ \mathrm{V}}{2} \cdot \lg 0{,}023 = -0{,}250\ \mathrm{V} - 0{,}048\ \mathrm{V} = -0{,}298\ \mathrm{V}$

$\boldsymbol{\Delta E} = E_A - E_D = 0{,}691\ \mathrm{V} - (-0{,}298\ \mathrm{V}) \approx \mathbf{0{,}99\ V}$

[1] Walther Hermann Nernst (1864–1941), deutscher Physiker und Chemiker

12.3.6 Homogene Redoxsysteme (homogeneous redox-systems)

Die für die Potenziale der in heterogenen Redoxsystemen vorliegenden Metalle durchgeführten Überlegungen sind auch auf die Redoxsysteme mit Nichtmetallen, wie z. B. 2 Cl^-/Cl_2 und andere Halogene sowie Wasserstoff und Sauerstoff übertragbar. Beispiele homogener Redoxsysteme zeigen die nebenstehenden **Tabelle 1** und **Tabelle 2**.

Zur Messung des Standardpotenzials von Chlor beispielsweise stellt man eine von Chlorgas umspülte Platinelektrode (bei Standardbedingungen: p = 1,013 bar, ϑ = 25 °C) in eine Natriumchlorid-Lösung mit c(NaCl) = 1,0 mol/L **(Bild 1).** An der Platinoberfläche stellt sich ein elektrochemisches Gleichgewicht 2 $Cl/Cl_{2(aq)}$ ein. An der Halbzelle wird gegen eine Standardwasserstoffelektrode ein Standardpotenzial von $E^0_{(2\,Cl^-/Cl_{2(aq)})}$ = + 1,3595 V gemessen.

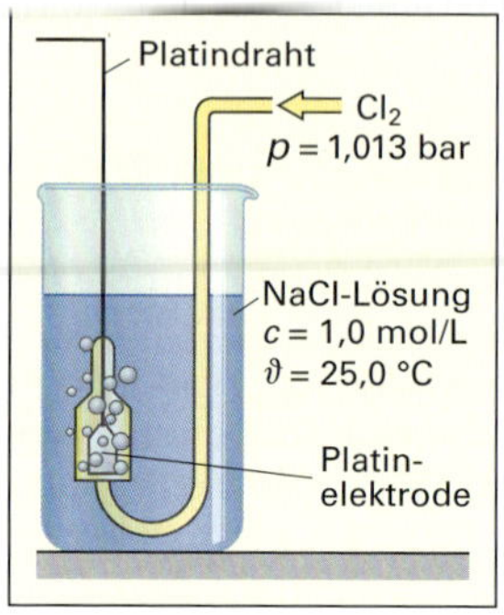

Bild 1: Chlor-Standardhalbzelle

Tabelle 1: Standardpotenziale von Nichtmetallen (Auswahl)

Redoxpaar	Ladungszahl z	Standardpotenzial E^0 in V
$2\,Br^- / Br_{2(aq)}$	2	+ 1,0652
$2\,Cl^- / Cl_{2(aq)}$	2	+ 1,3595
$2\,F^- / F_{2(aq)}$	2	+ 2,87
$2\,I^- / I_{2(aq)}$	2	+ 0,5355
Fe^{2+} / Fe^{3+}	1	+ 0,771
Pb^{2+} / Pb^{4+}	2	+ 1,455
Sn^{2+} / Sn^{4+}	2	+ 0,154

12.3.7 pH-abhängige Redoxsysteme (pH-dependent systems)

Sind an Redoxreaktionen auch Oxonium- oder Hydroxid-Ionen beteiligt, hängt das Potenzial dieser homogenen Redoxsysteme **(Tabelle 2)** neben den Stoffmengenkonzentrationen der übrigen Reaktionspartner und der Temperatur auch vom pH-Wert der Lösung ab. So ändert sich z. B. bei der Manganometrie (vgl. Seite 264) oder der Chromatometrie (vgl. Seite 269) das Oxidationspotenzial mit veränderter Stoffmengenkonzentration an Oxonium-Ionen besonders stark.

Tabelle 2: Standardpotenziale pH-abhängiger Redoxsysteme

Redoxpaar	Ladungszahl z	E^0 in V
$Mn^{2+} + 12\,H_2O / MnO_4^- + 8\,H_3O^+$	5	+ 1,51
$2\,Cr^{3+} + 21\,H_2O / Cr_2O_7^{2-} + 14\,H_3O^+$	6	+ 1,33
$Cr^{3+} + 12\,H_2O / Cr_2O_4^{2-} + 8\,H_3O^+$	3	+ 1,34
$NO_2 + 3\,H_2O / NO_3^- + 2\,H_3O^+$	1	+ 0,81
$2\,H_2O + H_2 / 2\,H_3O^+$	2	0
$O_2 + 4\,H_3O^+ / 6\,H_2O$	4	+ 1,23

Beispiel 1: Welches Oxidationspotenzial hat eine schwefelsaure Kaliumpermanganat-Lösung bei 25 °C mit den folgenden Stoffmengenkonzentrationen: $c(MnO_4^-)$ = 1,00 mol/L, $c(H_3O^+)$ = 1,00 mol/L, $c(Mn^{2+})$ = 100 mmol/L?

Lösung: $E^0_{(MnO_4^-/Mn^{2+})}$ = 1,51 V; die Reaktionsgleichung lautet:
$MnO^{4-} + 8\,H_3O^+ + 2\,e^- \rightleftharpoons Mn^{2+} + 12\,H_2O$

$$E_{(MnO_4^-/Mn^{2+})} = E^0 + \frac{0{,}0592\,V}{z} \cdot \lg \frac{c(MnO_4^-) \cdot c^8(H_3O^+)}{c(Mn^{2+})}$$

$$E_{(MnO_4^-/Mn^{2+})} = 1{,}51\,V + \frac{0{,}0592\,V}{5} \cdot \lg \frac{1{,}00 \cdot 1{,}00^8}{0{,}100}$$

$$\boldsymbol{E_{(MnO_4^-/Mn^{2+})}} = 1{,}51\,V + 0{,}0118\,V \approx \mathbf{1{,}52\,V}$$

Beispiel 2: Können Chromat-Ionen CrO_4^{2-} bei 25 °C den nachfolgend genannten Stoffmengenkonzentrationen und pH-Werten Bromid-Ionen Br^- oxidieren? a) pH_1 = 1,0; b) pH_2 = 3,5
Stoffmengenkonzentrationen: $c(CrO_4^{2-})$ = 0,200 mol/L, $c(Cr^{3+})$ = 1,00 mmol/L

Lösung: Damit Bromid-Ionen oxidiert werden können, muss das Oxidationspotenzial des Chromats größer sein als das Potenzial des zu oxidierenden Systems: $E^0_{(2\,Br^-/Br_2)}$ = + 1,0652 V (Tabelle 1).
Berechnung der Oxonium-Ionen-Konzentrationen: pH = – lg $c(H_3O^+)$ ⇒ $c(H_3O^+) = 10^{-pH}$
$c_1(H_3O^+) = 10^{-1,0}$ mol/L = 0,10 mol/L, $c_2(H_3O^+) = 10^{-3,5}$ mol/L = $3{,}162 \cdot 10^{-4}$ mol/L
Die Reaktionsgleichung lautet: $CrO_4^{2-} + 8\,H_3O^+ + 3\,e^- \rightleftharpoons Cr^{3+} + 12\,H_2O$ / $E^0_{(CrO_4^{2-}/Cr^{3+})}$ = 1,34 V

$$E_{1(CrO_4^{2-}/Cr^{3+})} = E^0 + \frac{0{,}0592\,V}{z} \cdot \lg \frac{c(CrO_4^{2-}) \cdot c^8(H_3O^+)}{c(Cr^{3+})} = 1{,}34\,V + \frac{0{,}0592\,V}{3} \cdot \lg \frac{0{,}200 \cdot 0{,}10^8}{0{,}00100}$$

$$\boldsymbol{E_{1(CrO_4^{2-}/Cr^{3+})}} = 1{,}34\,V - 0{,}112\,V \approx \mathbf{1{,}23\,V}$$

zu a) Das Oxidationspotenzial ist mit 1,23 V bei pH 1,0 größer als 1,0652 V, demzufolge können Bromid-Ionen oxidiert werden.

$$E_{1(CrO_4^{2-}/Cr^{3+})} = 1{,}34\,V + \frac{0{,}0592\,V}{3} \cdot \lg \frac{0{,}200 \cdot (3{,}162 \cdot 10^{-4})^8}{0{,}00100} = 1{,}34\,V - 0{,}507\,V \approx \mathbf{0{,}83\,V}$$

zu b) Das Potenzial ist kleiner als 1,0652 V. Bei pH 3,5 können Bromid-Ionen nicht oxidiert werden.

12.3.8 Bestimmung des Löslichkeitsprodukts

Viele Salze sind in Wasser nur begrenzt löslich. Das Lösevermögen von Wasser kann durch die Löslichkeit L^* (vgl. Seite 183) oder bei sehr geringer Löslichkeit besser durch das Löslichkeitsprodukt K_L (vgl. Seite 233) beschrieben werden.

Da sich über Potenzialmessungen sehr geringe Ionen-Konzentrationen nachweisen lassen, lässt sich auf diese Weise das Löslichkeitsprodukt elegant bestimmen: Aus der gemessenen Spannung U kann die Ionenkonzentration der Messhalbzelle ermittelt werden, wenn die Ionenkonzentration der Bezugshalbzelle bekannt ist. Dazu wird das Potenzial einer Messhalbzelle, in der sich das Metall des zu bestimmenden Salzes in einer Elektrolytlösung befindet, die mit diesem Salz gesättigt ist, gegen eine Bezugshalbzelle oder Bezugselektrode gemessen **(Bild 1).**

Dies wird am Beispiel der Bestimmung des Löslichkeitsprodukts von Silberchlorid AgCl beschrieben.

Beispiel: Eine Silber-Bezugshalbzelle (B) Ag/Ag⁺ ($c(AgNO_3)$ = 100 mmol/L) ist über ein mit Kaliumnitrat gefülltes Stromschlüsselrohr mit einer Messhalbzelle (M) verbunden, in der ein Silberblech in eine Kaliumchlorid-Lösung mit einer Stoffmengenkonzentration von $c(KCl)$ = 100 mmol/L taucht **(Bild 1).**

In die Messhalbzelle werden unter Rühren einige Tropfen der Silbernitrat-Lösung getropft. Eine milchige Trübung der Lösung zeigt ausgefälltes Silberchlorid an, sie enthält aber auch freie Silber-Ionen. Zwischen beiden Halbzellen wird bei 25 °C ein Potenzial von ΔE = 0,47 V gemessen.

Berechnen Sie die Konzentration an freien Silber-Ionen in der Messhalbzelle und daraus das Löslichkeitsprodukt $K_L(AgCl)$ von Silberchlorid.

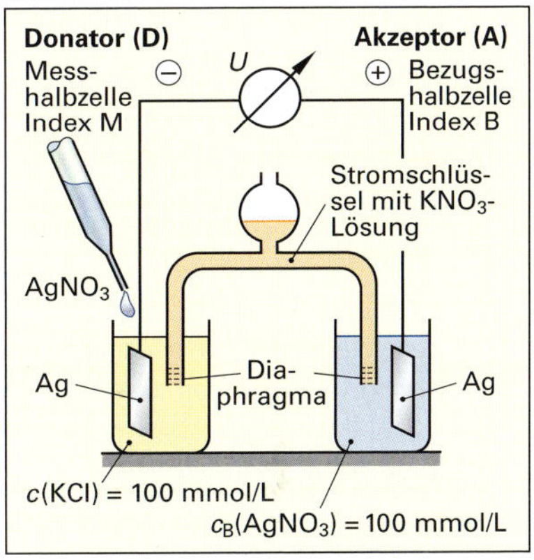

Bild 1: Bestimung des Löslichkeitsprodukts von AgCl

Lösung: Mit $U = \Delta E = E_A - E_D = E_B - E_M$ folgt durch Anwendung der Nernst'schen Gleichung:

$$U = \Delta E = E^0_{(Ag/Ag^+)} + \frac{0{,}0592\,V}{z} \cdot \lg c_B(Ag^+) - [E^0_{(Ag/Ag^+)} + \frac{0{,}0592\,V}{z} \cdot \lg c_M(Ag^+)]$$

Das Standardpotenzial von Silber $E^0_{(Ag/Ag^+)}$ entfällt durch Subtraktion. Die Gleichung vereinfacht sich zu:

$$U = \Delta E = 0{,}0592\,V \cdot [\lg c_B(Ag^+) - \lg c_M(Ag^+)] \Rightarrow \lg c_M(Ag^+) = (-\Delta E/0{,}0592\,V) + \lg c_B(Ag^+)$$

Die Stoffmengenkonzentration an freien Silber-Ionen in der Messhalbzelle ergibt sich durch Entlogarithmieren zu:

$$c_M(Ag^+) = 10^{-\frac{\Delta E}{0{,}0592\,V} + \lg c_B(Ag^+)} = 10^{-\frac{0{,}47}{0{,}0592\,V} + \lg 0{,}100} = 10^{-8{,}939}\,mol/L = 1{,}1503 \cdot 10^{-9}\,mol/L$$

Für das Lösungsgleichgewicht $AgCl_{(s)} \rightleftharpoons Ag^+_{(aq)} + Cl^-_{(aq)}$ gilt nachfolgendes Löslichkeitsprodukt.

Die Chlorid-Ionenkonzentration der Messhalbzelle wird als konstant angenommen: $c(Cl^-)$ = 100 mmol/L

$$\mathbf{K_L(AgCl)} = c(Ag^+) \cdot c(Cl^-) = 1{,}1503 \cdot 10^{-9}\,mol/L \cdot 0{,}100\,mol/L \approx \mathbf{1{,}2 \cdot 10^{-10}\,(mol/L)^2}$$

Aufgaben zu Elektrochemische Potenziale

(Für alle Aufgaben gilt eine Temperatur von 25 °C)

1. In verschiedenen Standardwasserstoff-Halbzellen (Bild 1, Seite 406) betragen die Stoffmengenkonzentrationen an Oxonium-Ionen:

   a) $c(H_3O^+)$ = 100 mmol/L b) $c(H_3O^+)$ = 25 mmol/L c) $c(H_3O^+)$ = 0,523 mmol/L.

   Berechnen Sie jeweils das Potenzial der Halbzellen.

12

2. Wie groß ist das Potenzial einer Ag/Ag^+-Halbzelle mit einer Stoffmengenkonzentration an Silber-Ionen von 85 mmol/L?

3. Wie groß ist bei Standardbedingungen die Potenzialdifferenz ΔE für die galvanischen Zellen?
a) $Zn \mid Zn^{2+} \vdots Ni^{2+} \mid Ni$ b) $Cu \mid Cu^{2+} \vdots Pt^{2+} \mid Pt$ c) $Al \mid Al^{3+} \vdots Fe^{2+} \mid Fe$

4. Welches Potenzial hat ein galvanisches Element, das aus einer Cu/Cu^{2+}-Halbzelle ($c(Cu^{2+})$ = 0,15 mol/L) und einer Fe/Fe^{2+}-Halbzelle ($c(Fe^{2+})$ = 2,5 mmol/L) besteht? Geben Sie das Zellendiagramm an.

5. Welches Redoxpotenzial hat eine wässrige Lösung, die folgende Stoffmengenkonzentrationen an Eisen-Ionen enthält? $c(Fe^{2+})$ = 100 mmol/L, $c(Fe^{3+})$ = 50 mmol/L

6. In einem Silber-Konzentrationselement ist eine Halbzelle Ag/Ag^+ $c(AgNO_3)$ = 1,00 mmol/L mit einer $Ag/AgNO_3$-Halbzelle kombiniert, in dem die Stoffmengenkonzentration an Silbernitrat 100mal größer ist (Bild 1, Seite 408). Wie lautet das Zellendiagramm des Konzentrationselements? Welche Potenzialdifferenz weist das Konzentrationselement auf?

7. Zwischen einer Cobalt-Halbzelle Co/Co^{2+} ($c(CoCl_2)$ = 0,21 mol/L) und einer Nickel-Halbzelle wird bei ϑ = 25,0 °C ein Potenzial von 0 V gemessen. Wie groß ist die Stoffmengenkonzentration an Nickel (II)-chlorid in der Nickel-Halbzelle?

8. Ein galvanisches Element besteht aus einem Zink-Halbelement mit einer Stoffmengenkonzentration von $c(Zn^{2+})$ = 1,20 mol/L und einer Kupfer-Halbzelle. Die Potenzialdifferenz beträgt 1,076 V. Welche Stoffmengenkonzentration an Cu^{2+}-Ionen hat die Kupfer-Halbzelle?

9. Welches Oxidationspotenzial hat eine schwefelsaure Kaliumdichromat-Lösung bei pH 1,0, wenn folgende Stoffmengenkonzentrationen an Chrom (III)- und Dichromat-Ionen vorliegen: $c(Cr^{3+})$ = 18,0 mmol/L, $c(Cr_2O_7)^{2-}$ = 1,0 mmol/L?

10. In einer Kalomel-Bezugselektrode (Bild 3, Seite 407) steht Quecksilber in Kontakt mit Quecksilber (I)-chlorid (Kalomel):
$2\,Hg_{(l)} + 2\,Cl^- \rightleftharpoons Hg_2Cl_2 + 2\,e^-$
Eine Kaliumchlorid-Lösung (Stoffmengenkonzentration $c(KCl)$ = 100 mmol/L) stellt über ein Diaphragma die Verbindung zur Messlösung her. Ein Platindraht, der in das Quecksilber eintaucht, dient zur elektrischen Ableitung. Welches Potenzial hat die Kalomel-Bezugselektrode?

11. In einer Silber/Silberchlorid-Bezugselektrode (Bild 2, Seite 407) taucht ein mit Silberchlorid AgCl überzogener Silberdraht in eine mit Silberchlorid gesättigte Kaliumchlorid-Lösung, ($c(KCl)$ = 100 mmol/L).
Berechnen Sie mithilfe des Löslichkeitsprodukts $K_L(AgCl) = 2{,}0 \cdot 10^{-10}\,(mol/L)^2$ das Potenzial dieser Elektrode.

12

12. In einer Kaliumpermanganat-Lösung liegen folgende Stoffmengenkonzentrationen vor: $c(MnO_4^-)$ = 20 mmol/L und $c(Mn^{2+})$ = 100 mmol/L. Überprüfen Sie rechnerisch, ob in schwefelsaurer Lösung die Permanganat-Ionen bei:
a) pH 1,0 b) pH 3,0 c) bei pH 5,0
Bromid-Ionen oxidieren können.

13. Zur Bestimmung des Löslichkeitsprodukts von Bleisulfat wird eine Halbzelle Pb/Pb^{2+} ($c(Pb(NO_3)_2)$ = 100 mmol/L) mit einer Halbzelle aus einer Bleielektrode in einer Natriumsulfat-Lösung, ($c(Na_2SO_4)$ = 100 mmol/L) über ein mit Kaliumnitrat-Lösung gefülltes Stromschlüsselrohr verbunden **(Bild 1)**.
Nach Zugabe von wenigen Tropfen Blei(II)-nitrat-Lösung in die Natriumsulfat-Lösung beträgt die Zellspannung U = 0,170 V. Berechnen Sie aus den Versuchsdaten das Löslichkeitsprodukt von Blei(II)-sulfat $PbSO_4$.

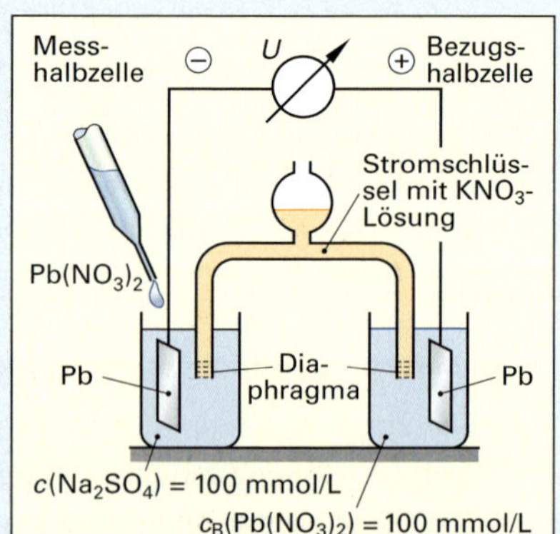

Bild 1: Bestimmung des Löslichkeitsprodukts von $PbSO_4$ (Aufg. 13)

13 Berechnungen zur Wärmelehre

13.1 Temperaturskalen

Es gibt verschiedene Temperaturskalen (temperature scale). Die in Deutschland gebräuchlichsten sind die Celsius- und die Kelvin-Skale **(Bild 1)**.

Bei der Celsius- und der Kelvin-Skale dienen die Schmelztemperatur und die Siedetemperatur des Wassers als Fixpunkte der Temperatur-Skalen.

Der untere Endpunkt der Skalen ist der absolute Nullpunkt. Zu hohen Temperaturen sind beide Skalen unbegrenzt.

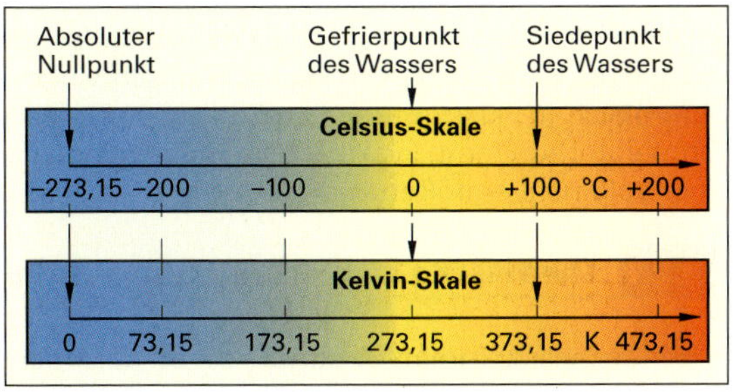

Bild 1: Temperaturskalen Celsius und Kelvin

Bei der **Celsius-Temperaturskale** liegt der absolute Nullpunkt bei –273,15 °C, die Schmelztemperatur des Wassers bei 0 °C und die Siedetemperatur des Wassers bei 100 °C. Das Größenzeichen der Celsius-Temperatur ist der griechische Kleinbuchstabe ϑ (theta). Ihr Einheitenname ist Grad Celsius (°C).

Die **thermodynamische Temperatur** ist eine SI-Basisgröße und wird mit dem Großbuchstaben T abgekürzt. Ihr Einheitenname ist das Kelvin (K). Die Kelvin-Skale beginnt beim absoluten Nullpunkt mit 0 Kelvin. Beim Gefrierpunkt des Wassers hat sie den Wert 273,15 K und beim Siedepunkt 373,15 K.

Der Abstand zwischen den Fixpunkten des Wassers wird bei der Kelvin- und der Celsius-Temperaturskale in 100 gleiche Teile aufgeteilt und heißt ein Kelvin (1 K) bzw. ein Grad Celsius (1 °C). Temperaturdifferenzen in Kelvin und in Grad Celsius haben deshalb den gleichen Zahlenwert.

Zur Umrechnung von Kelvin-Temperaturen in Celsius-Temperaturen dient die nebenstehende mit Einheiten versehene Größengleichung.

In technischen Berechnungen wird für den Zahlenwert 273,15 der Näherungswert 273 verwendet.

Umrechnung: Kelvin-Temperaturen in Grad-Celsius-Temperaturen

$$\frac{T}{\text{K}} = \frac{\vartheta}{°\text{C}} + 273{,}15$$

Beispiel: In einer Anlage zur Lösemittelrückgewinnung wird Ethylmethylketon $CH_3CH_2{-}CO{-}CH_3$ von ϑ = 80 °C auf T = 293 K abgekühlt.

a) Wie hoch ist die Temperatur des Ketons nach dem Abkühlen in Grad Celsius?

b) Wie groß sind die Temperaturdifferenzen in Grad Celsius und Kelvin?

Lösung: a) $\frac{T}{\text{K}} = \frac{\vartheta}{°\text{C}} + 273 \Rightarrow \frac{\vartheta}{°\text{C}} = \frac{T}{\text{K}} - 273 = \frac{293\ \text{K}}{\text{K}} - 273 = 20 \Rightarrow \boldsymbol{\vartheta = 20\ °\text{C}}$

b) $\Delta\vartheta = 80\ °\text{C} - 20\ °\text{C} = \mathbf{60\ °C}$; $\Delta T = 353\ \text{K} - 293\ \text{K} = \mathbf{60\ K}$

Aufgaben zu Temperaturskalen

1. Bei der Ammoniaksynthese wird die Temperatur des aus Stickstoff und Wasserstoff bestehenden Synthesegases von T = 293 K auf den 2,5-fachen Kelvin-Temperaturwert erhöht. Wie groß ist dann die Temperatur in Kelvin? in Grad Celsius?
2. Eine Kühlsole wird beim Durchgang durch einen Wärmeaustauscher von ϑ_1 = –35 °C auf T_2 = 268 K erwärmt. Berechnen Sie die Temperaturen T_1, ϑ_2 und die Temperaturdifferenzen $\Delta\vartheta$ und ΔT.
3. Beim Mischen von Eis mit Calciumchlorid $CaCl_2$ fiel die Temperatur von ϑ_1 = –3 °C um ΔT = 40 K. Berechnen Sie die Temperaturen T_1, ϑ_2, T_2 und die Temperaturdifferenz $\Delta\vartheta$.
4. Bei einem Umgebungsdruck von p_{amb} = 1013 mbar siedet Stickstoff bei 77 K, Sauerstoff bei –183 °C. Welche Flüssigkeit hat die höhere Siedetemperatur?
5. Mit welcher Kältemischung kann die größere Temperaturdifferenz erreicht werden?
   a) Wasser/Kaliumchlorid: Absinken der Temperatur von 10 °C auf 261 K.
   b) Wasser/Ammoniumchlorid: Absinken der Temperatur von 283 K auf –15 °C.

13

13.2 Verhalten der Stoffe bei Erwärmung

Wird einem Körper Wärmeenergie zugeführt, bewirkt dies eine Temperaturerhöhung oder eine Aggregatzustandsänderung. Ursache ist die bei steigender Temperatur zunehmende atomistische Bewegungsenergie der Stoffteilchen. In Feststoffen schwingen die Teilchen (Moleküle, Ionen, Atome) stärker um ihre Gitterplätze. In Flüssigkeiten und Gasen bewegen sich die Teilchen frei, wobei ihre Geschwindigkeit mit der Temperatur zunimmt. In allen Aggregatzuständen ist die Zunahme an Bewegungsenergie in der Regel mit einer Volumenvergrößerung verbunden. Falls dies nicht möglich ist, steigt der Druck.

13.2.1 Thermische Längenänderung von Feststoffen

In der Technik kommen Bauteile zum Einsatz, deren Längenabmessung von Bedeutung ist. Dies ist z. B. bei Rohrleitungen oder Metallkonstruktionen der Fall. Beim Erwärmen dehnen sich die Stoffe aus, beim Abkühlen schrumpfen sie **(Bild 1).**

Die thermische Längenänderung Δl (thermal expansion), die Feststoffe beim Erwärmen erfahren, steigt mit:

- der Ausgangslänge l_0: $\longrightarrow \Delta l \sim l_0$
- dem Längenausdehnungskoeffizienten α: $\longrightarrow \Delta l \sim \alpha$
- der Temperaturänderung $\Delta\vartheta$: $\longrightarrow \Delta l \sim \Delta\vartheta$

Daraus folgt die nebenstehende Größengleichung für Δl.

Die Endlänge l_ϑ berechnet sich durch Addieren der Längenänderung Δl zur Ausgangslänge l_0. Die Temperaturänderung $\Delta\vartheta$ ist die Differenz zwischen der Endtemperatur ϑ_2 und der Anfangstemperatur ϑ_1.

Der thermische **Längenausdehnungskoeffizient α** ist von der Stoffart und der Temperatur abhängig. Er beschreibt die thermische Ausdehnung eines 1 m langen Stabes bei einer Temperaturerhöhung von 1 K bzw. 1 °C. Er hat das Einheitenzeichen 1/K oder K^{-1}.

In nebenstehender **Tabelle** sind die Längenausdehnungskoeffizienten einiger Stoffe angegeben. Aluminium hat z. B. den Längenausdehnungskoeffizienten $\alpha(\text{Al}) = 24 \cdot 10^{-6}$ 1/K.

Beispiel: Das Rohr eines Wärmetauschers aus Stahl erwärmt sich von 15 °C auf 65 °C **(Bild 2).** Um wie viel Millimeter verlängert sich ein 2,0 m langes Teilstück des Rohres bei dieser Temperaturerhöhung?

Lösung: $\Delta l = l_0 \cdot \alpha \cdot \Delta\alpha = 2{,}0\ \text{m} \cdot 12 \cdot 10^{-6} \cdot 1/\text{K} \cdot 50\ \text{K}$

$\boldsymbol{\Delta l} = 1200 \cdot 10^{-6}\ \text{m} = 1{,}2 \cdot 10^{-3}\ \text{m} = \mathbf{1{,}2\ mm}$

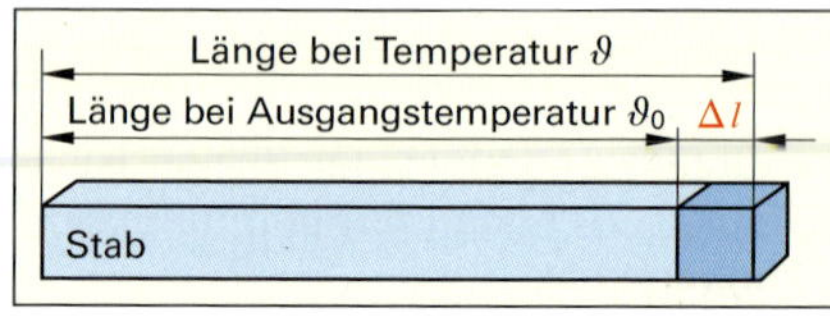

Bild 1: Thermische Längenausdehnung eines Stabs

Thermische Längenänderung	$\Delta l = l_0 \cdot \alpha \cdot \Delta\vartheta$
Länge bei der Temperatur ϑ	$l_\vartheta = l_0 + \Delta l$ $l_\vartheta = l_0 \cdot (1 + \alpha \cdot \Delta\vartheta)$
Temperaturänderung	$\Delta\vartheta = \vartheta_2 - \vartheta_1$

Tabelle: Längenausdehnungskoeffizient α (bei 20 °C)

Werkstoffe	**Längenausdehnungskoeffizient α in K^{-1}**
Aluminium	$24 \cdot 10^{-6}$
Kupfer	$17 \cdot 10^{-6}$
Messing	$18 \cdot 10^{-6}$
Platin	$9 \cdot 10^{-6}$
Unlegierter Stahl	$12 \cdot 10^{-6}$
Nicht rostender Stahl X5CrNi18-10	$16 \cdot 10^{-6}$
Invar-Stahl Fe65Ni35	$2{,}0 \cdot 10^{-6}$
Quarz	$0{,}5 \cdot 10^{-6}$
Jenaer Glas	$8{,}1 \cdot 10^{-6}$
Polyethylen (PE)	$200 \cdot 10^{-6}$

13

Aufgaben zu Thermische Längenänderung von Feststoffen

1. Ein Rohrbündel-Wärmetauscher enthält Kupferrohre **(Bild 2).** Sie haben bei 20 °C eine Länge von 6214 mm. Im Betrieb werden die Kupferrohre von einer Kühlsohle durchflossen und kühlen sie auf −15 °C ab. Wie groß ist die Längenschrumpfung der Rohre, die durch die Abkühlung bewirkt wird?

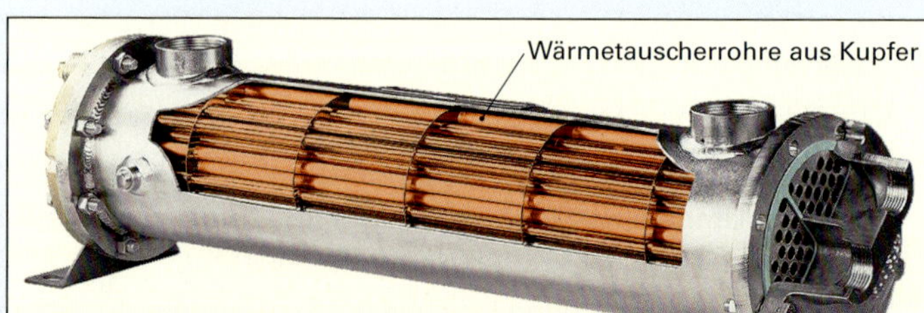

Bild 2: Rohrbündel-Wärmetauscher mit Kupferrohren (Aufgabe 1)

2. Ein 60 mm langer Glasstab wird in einem Dilatometer **(Bild 1)** von 20,18 °C auf 45,86 °C erwärmt. Dabei dehnt sich der Glasstab um 12,5 µm aus. Welchen thermischen Längenausdehnungskoeffizienten hat das untersuchte Glas?

3. Eine Hochdruck-Dampfleitung **(Bild 2)** aus nichtrostendem Stahl X5CrNi18-10 ist 82,42 m lang. Sie enthält einen in die Leitung eingebauten Dehnungsbogen. Welcher Temperaturschwankung darf die Dampfleitung ausgesetzt sein, wenn der eingebaute Dehnungsbogen einen Rohrdehnungsausgleich von 15,0 cm zulässt?

4. Ein hartspröder Gusseisenbolzen soll in einem Bolzenbrechapparat **(Bild 3)** von einem heiß eingespannten und dann schrumpfenden Messingstab zerbrochen werden. Um wie viel Grad muss der Messingstab (Schrumpflänge 24,28 cm) vor der Einspannung mindestens erhitzt werden, damit er um die zum Zerbrechen erforderliche Länge von 1,50 mm schrumpft?

5. In einer Großchemieanlage hat ein Rohrstrang aus nicht rostendem Stahl bei 22,0 °C eine Länge von 382,70 m. Welche Längenänderung müssen die Dehnungsbögen aufnehmen, wenn im Betrieb Heißdampf von 185,0 °C die Rohrleitung durchströmt?

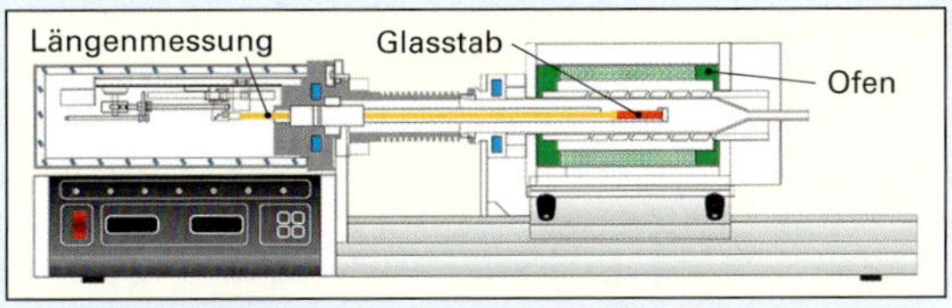

Bild 1: Glasstab im Dilatometer (Aufgabe 2)

Bild 2: Hochdruck-Dampfleitung (Aufgabe 3)

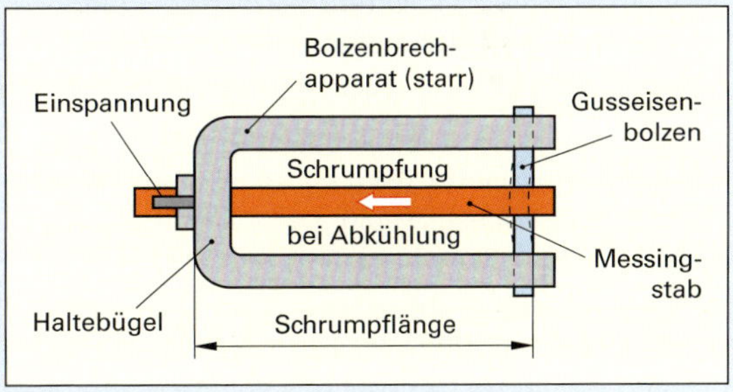

Bild 3: Bolzenbrechapparat (Aufgabe 4)

13.2.2 Thermische Volumenänderung von Feststoffen

Alle festen Körper dehnen sich beim Erwärmen gleichmäßig in Länge, Breite und Höhe aus **(Bild 4)**.

Wenn sich die Kantenlänge eines Würfels von der Anfangslänge l_0 auf die Endlänge l_ϑ ändert, wächst sein Volumen vom Anfangsvolumen V_0 auf das Endvolumen V_ϑ.

Durch Einsetzen in $\Delta V = V_\vartheta - V_0 = l_\vartheta^3 - l_0^3$ und Vernachlässigen der 2- und 3-Glieder erhält man die Größengleichungen:

Volumenänderung	$\Delta V \approx V_0 \cdot \gamma \cdot \Delta\vartheta$	mit γ Volumenausdehnungskoeffizient und
Volumen bei der Temperatur ϑ	$V_\vartheta \approx V_0 + \Delta V \approx V_0 \cdot (1 + \gamma \cdot \Delta\vartheta)$	$\Delta\vartheta = \vartheta_2 - \vartheta_1$

Der **Volumenausdehnungskoeffizient** γ beträgt bei Feststoffen rund das Dreifache des Längenausdehnungskoeffizienten α.

Hohlkörper dehnen sich genauso aus wie Vollkörper gleichen Materials und gleicher Größe.

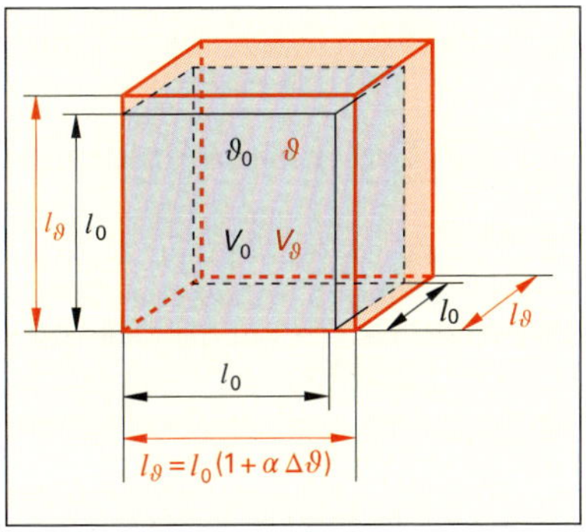

Bild 4: Volumenausdehnung eines Würfels beim Erwärmen

Volumenausdehnung von Feststoffen

$\Delta V = V_0 \cdot \gamma \cdot \Delta\vartheta\,; \qquad \gamma \approx 3 \cdot \alpha$

Beispiel: Eine Hohlkugel aus Edelstahl in einem Schwimmer-Kondensatableiter (Bild 2, Seite 110) hat einen Außendurchmesser von $d = 10{,}0$ cm. Um wie viel Prozent vergrößert sich das Volumen der Schwimmerkugel, wenn sie einer Temperaturschwankung von $\Delta\vartheta = 160\,°\text{C}$ ausgesetzt ist?

Lösung: $V_\vartheta \approx V_0\,(1 + \gamma \cdot \Delta\vartheta)$ mit $V_0 = \frac{4}{3} \cdot \pi \cdot r^3$ und $\gamma \approx 3 \cdot \alpha$ folgt: $V_\vartheta \approx \frac{4}{3} \cdot \pi \cdot r^3 \cdot (1 + 3 \cdot \alpha \cdot \Delta\vartheta)$

$$V_\vartheta \approx \frac{4}{3} \cdot \pi \cdot (5{,}0\ \text{cm})^3 \cdot (1 + 3 \cdot 16 \cdot 10^{-6}\,\frac{1}{\text{K}} \cdot 160\ \text{K}) \approx 523{,}6\ \text{cm}^3 \cdot 1{,}00768 \approx 527{,}6\ \text{cm}^3$$

$$\Delta V = V_\vartheta - V_0 = 527{,}6\ \text{cm}^3 - 523{,}6\ \text{cm}^3 = 4{,}0\ \text{cm}^3$$

523,6 cm^3 entsprechen einem Volumen von 100%
4,0 cm^3 entsprechen einem Volumen von x

$$\Rightarrow x = \Delta V = \frac{4{,}0\ \text{cm}^3 \cdot 100\ \%}{523{,}6\ \text{cm}^3} = 0{,}764\ \% \approx \mathbf{0{,}76\ \%}$$

Aufgaben zu Thermische Volumenänderung von Feststoffen

1. Wie ändert sich das Innenvolumen eines 200-L-Fasses aus Stahlblech **(Bild 1)**, wenn es einer Erwärmung um 20 °C ausgesetzt ist? ($\alpha_{\text{Stahlblech}} = 12 \cdot 10^{-6} \cdot \text{K}^{-1}$)
2. Ein Hochdruck-Kugelgasbehälter aus Feinkornbaustahl für Erdgas **(Bild 2)** hat einen Außendurchmesser von 26,86 m. Wie groß ist die Volumenänderung des Behälters, wenn als höchste Sommertemperatur bei Sonneneinstrahlung 45,0 °C und als tiefste Wintertemperatur –30,0 °C angenommen wird? ($\alpha_{\text{Stahl}} = 11{,}5 \cdot 10^{-6} \cdot 1/\text{K}$)
3. Welcher Temperaturänderung darf eine 40-mL-Vollpipette **(Bild 3)** aus Jenaer Glas maximal ausgesetzt sein, wenn sich ihr Rauminhalt um nicht mehr als 1 μL ändern darf?
4. Ein Lkw-Kraftstoffbehälter aus nichtrostendem Stahl **(Bild 4)** hat bei 20 °C ein Nennvolumen von 160 L. Um welches Volumen nimmt sein Innenvolumen bei Erwärmung auf 60 °C zu?
5. Ein Messkolben zum Ansetzen von Maßlösungen hat bei 20 °C ein Volumen von exakt einem Liter (Seite 249). Wie groß ist die Volumenabnahme beim Abkühlen auf 12 °C?

Bild 1: Stahlblechfass (Aufgabe 1)

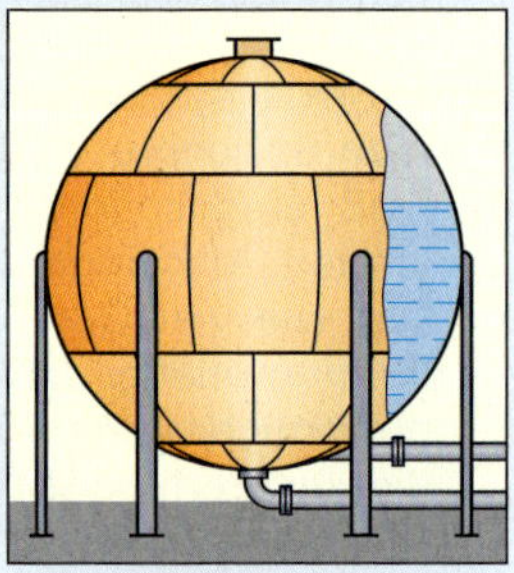

Bild 2: Kugelgasbehälter (Aufgabe 2)

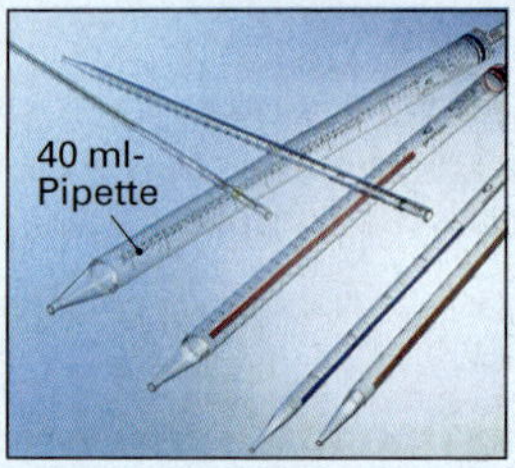

Bild 3: Pipetten (Aufgabe 3)

Bild 4: Kraftstofftank (Aufgabe 4)

13.2.3 Thermische Volumenänderung von Flüssigkeiten

Auch Flüssigkeiten dehnen sich bei Erwärmung aus **(Bild 5)**. Wegen der geringen Kohäsionskräfte zwischen den Teilchen dehnen sich Flüssigkeiten bei gleicher Temperaturerhöhung viel stärker aus als Feststoffe. Die Volumenausdehnung ist von der Stoffart, der Temperatur und einem Ausdehnungskoeffizienten abhängig.

Ein Vergleich der Volumenausdehnungskoeffizienten γ_{Fl} für Flüssigkeiten (Tabelle 1, Seite 417) mit denen von Feststoffen ($\gamma \approx 3 \cdot \alpha$, Tabelle, Seite 414) zeigt, dass die Koeffizienten für Flüssigkeiten in der Regel um den Faktor 10 größer sind.

Die Eigenschaft der Volumenvergrößerung mit steigender Temperatur zeigen fast alle Flüssigkeiten. Eine Ausnahme bildet das Wasser zwischen 0 °C und +4 °C. Von 0 °C bis +4 °C verringert Wasser sein Volumen. Dieses Verhalten mit einem Dichtemaximum bei 4 °C wird als **Anomalie des Wassers** bezeichnet.

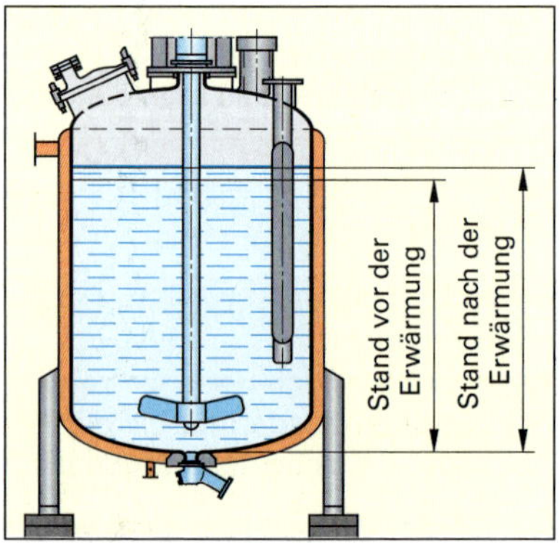

Bild 5: Flüssigkeit im Rührbehälter

In Analogie zur Volumenänderung von Feststoffen berechnet sich die Volumenänderung ΔV von Flüssigkeiten mit den folgenden Größengleichungen.

Volumenänderung	$\Delta V = V_0 \cdot \gamma_{Fl} \cdot \Delta\vartheta$ mit $\Delta\vartheta = \vartheta_2 - \vartheta_1$
Volumen bei der Temperatur ϑ	$V_\vartheta = V_0 + \Delta V$ $= V_0 \cdot (1 + \gamma_{Fl} \cdot \Delta\vartheta)$

Beispiel: Eine Acetonportion von V = 100 mL in einem Erlenmeyerkolben bei ϑ = 40,0 °C wird auf 20,0 °C abgekühlt. Welches Volumen hat das Aceton nach der Abkühlung?

Lösung:
$V_\vartheta = V_0 \cdot (1 + \gamma \cdot \Delta\vartheta)$
$V_\vartheta = 100\ \text{mL} \cdot [1 + 1{,}43 \cdot 10^{-3}\ \text{K}^{-1} \cdot (20{,}0\ °\text{C} - 40{,}0\ °\text{C})]$
$\boldsymbol{V_\vartheta} = 100\ \text{mL} \cdot (1 - 0{,}02861) = 100\ \text{mL} \cdot 0{,}9714 \approx \mathbf{97{,}1\ mL}$

Tabelle: Volumenausdehnungskoeffizienten γ_{Fl} von Flüssigkeiten (20 °C)

Flüssigkeit	Volumenausdehnungskoeffizient γ in K^{-1}
Aceton	$1{,}43 \cdot 10^{-3}$
Glycerin	$0{,}59 \cdot 10^{-3}$
Methanol	$1{,}19 \cdot 10^{-3}$
Nitrobenzol	$0{,}83 \cdot 10^{-3}$
Petroleum	$0{,}96 \cdot 10^{-3}$
Toluol	$1{,}08 \cdot 10^{-3}$
Wasser	$0{,}20 \cdot 10^{-3}$

Relative Volumenänderung von Flüssigkeiten in Behältern

Flüssigkeiten werden in der Regel in Gefäßen und Behältern aufbewahrt. Da sich die Behälter beim Erwärmen der Flüssigkeit mit erwärmen und damit auch ausdehnen, muss dies bei genauen Berechnungen berücksichtigt werden.

Zur Berechnung der **relativen Volumenänderung ΔV_{rel}** von Flüssigkeiten unter Berücksichtigung der Gefäßausdehnung gelten die nebenstehenden Größengleichungen.

Relative Volumenänderung

$\Delta V_{rel} = \Delta V_{Fl} - \Delta V_B$
$\Delta V_{rel} = V_0 \cdot (\gamma_{Fl} - \gamma_B) \cdot \Delta\vartheta$
$V_\vartheta = V_0 + \Delta V_{rel}$
$V_\vartheta = V_0 \cdot [1 + (\gamma_{Fl} - \gamma_B) \cdot \Delta\vartheta]$
mit $\Delta\vartheta = \vartheta_2 - \vartheta_1$

Beispiel: Ein Pyknometer (Bild 1, Seite 441) fasst bei 20,0 °C exakt ein Volumen von 24,870 cm³ Petroleum. Wie viel Petroleum fließen über, wenn sich das Pyknometer auf 25,0°C erwärmt?

Lösung:
$\Delta V_{rel} = V_0 \cdot [\gamma(\text{Petroleum}) - \gamma(\text{Glas})] \cdot \Delta\vartheta$; mit $\gamma(\text{Glas}) \approx 3 \cdot \alpha(\text{Glas})$ folgt:
$\Delta V_{rel} = V_0 \cdot [\gamma(\text{Petroleum}) - 3 \cdot \alpha(\text{Glas})] \cdot \Delta\vartheta$
$\boldsymbol{\Delta V_{rel}} = 24{,}870\ \text{cm}^3 \cdot (960 \cdot 10^{-6} \frac{1}{\text{K}} - 3 \cdot 8{,}1 \cdot 10^{-6} \frac{1}{\text{K}}) \cdot 5{,}0\ \text{K} \approx \mathbf{0{,}12\ cm^3} \approx \mathbf{120\ mm^3}$

Aufgaben zu Thermische Volumenänderung von Flüssigkeiten

1. Im Vorratstank eines Lösemittellagers befinden sich bei 9,5°C 1250 L Methanol CH_3OH **(Bild 1)**.
   Welches Volumen hat das Methanol bei 28,0 °C?
2. Die Dichte des Wassers beträgt bei 20,0°C ϱ_1 = 0,99821 g/cm³ und bei 100,0°C ϱ_2 = 0,95835 g/cm³.
   Wie groß ist der mittlere Volumenausdehnungskoeffizient des Wassers zwischen 20 °C und 100 °C?
3. Ein Eisenbahntank ist mit 40500 L Nitrobenzol $C_6H_5NO_2$ gefüllt **(Bild 2)**. Welche Volumenänderung erfährt das Nitrobenzol, wenn der Tank durch die natürliche Bewitterung einer Temperaturschwankung von 25°C ausgesetzt ist?
4. Ein Pyknometer aus Jenaer Glas (Bild 1, Seite 440) ist mit Petroleum gefüllt und hat bei 20,0 °C ein Volumen von 48,7586 cm³. Wie viel µL Petroleum fließt aus, wenn das Pyknometer auf 30,0 °C erwärmt wird?

Bild 1: Lösemittel-Vorratstanks (Aufgabe 1)

Bild 2: Eisenbahntank (Aufgabe 3)

5. Ein Vorratstank wurde bei 15,2 °C mit 6000 kg Glycerin der Dichte ϱ = 1,261 kg/dm³ gefüllt. Welches Volumen nimmt die Tankfüllung nach Erwärmung auf 62,5 °C ein?
6. Wie groß ist die Dichte von Toluol bei 80 °C, wenn es bei 20 °C eine Dichte von 0,867 g/cm³ hat?
7. Wie groß ist die Volumenverminderung des Acetons in Prozent, wenn es in einem Produktkühler von Siedetemperatur (56 °C) auf 15 °C gekühlt wird?
8. Auf welche Temperatur kann Glycerin von 20 °C höchstens erwärmt werden, wenn die Volumenänderung 1,0 % betragen darf?
9. Der Messfühler eines Flüssigkeits-Federthermometers besteht aus Messing **(Bild 1)**. Er enthält 1,70 cm³ Dehnflüssigkeit (γ = 1,25 · 10^{-3} · 1/K). Wie groß ist die relative Volumenänderung der Dehnflüssigkeit, wenn die Temperaturänderung 150 °C beträgt?

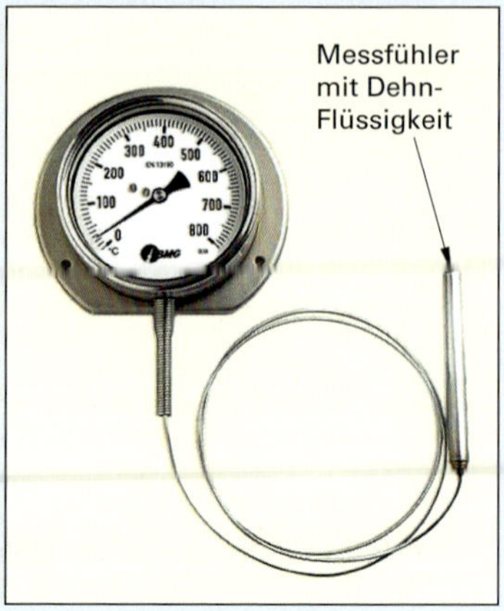

Bild 1: Flüssigkeit-Federmanometer (Aufgabe 9)

13.2.4 Thermische Volumenänderung von Gasen

Gase dehnen sich bei Erwärmung besonders stark aus **(Bild 2)**.

Wegen der großen Beweglichkeit der Gasteilchen füllen Gase jeden ihnen zur Verfügung stehenden Raum aus. Beim Erwärmen einer Gasportion steigt die durchschnittliche Teilchengeschwindigkeit an (Seite 111). Die Teilchen prallen häufiger und heftiger gegen die Gefäßwand, wodurch der Druck steigt. Soll der Druck konstant bleiben (isobare Zustandsänderung), muss sich das Volumen vergrößern.

In einem Gasgemisch haben Gasteilchen geringer Masse eine große und Gasteilchen großer Masse eine geringe Durchschnittsgeschwindigkeit. Beide Teilchensorten leisten bei Temperaturerhöhung den gleichen Beitrag zur Volumenvergrößerung (Gesetz von Avogadro, Seite 135). Aus diesem Grund haben alle Gase einen näherungsweise gleich großen Volumenausdehnungskoeffizienten. Er beträgt 1/273 des Volumens, welches das Gas bei einer Temperatur von 0°C besitzt.

Dieser Sachverhalt wird als **isobares Gasgesetz** bezeichnet.

In Formeln ausgedrückt, erhält man die nebenstehenden Größengleichungen.

Schreibt man den Volumenausdehnungskoeffizient der Gase 1/273 als Dezimalzahl, so erhält man den Wert 0,0037 oder 3,7 · 10^{-3}. Vergleicht man diesen Zahlenwert mit den Volumenausdehnungskoeffizienten der Flüssigkeiten (Tabelle 1, Seite 281), so erkennt man, dass Gase sich deutlich stärker ausdehnen als Flüssigkeiten.

Bild 2: Erwärmte und ausgedehnte Luft im Heißluftballon

Volumenänderung von Gasen bei Erwärmung und konstant gehaltenem Druck (p = konstant) Isobares Gasgesetz

$$\Delta V = V_0 \cdot \frac{1}{273\,\text{K}} \cdot \Delta\vartheta \quad \text{mit} \quad \Delta\vartheta = \vartheta_2 - \vartheta_1$$

$$V_\vartheta = V_0 + \Delta V$$

$$V_\vartheta = V_0 \cdot \left(1 + \frac{1}{273\,\text{K}} \cdot \Delta\vartheta\right)$$

Beispiel: Auf wie viel Grad Celsius muss die Temperatur einer Gasportion von ϑ = 0 °C erhöht werden, damit sich ihr Volumen verdoppelt?

Lösung: $\Delta V = V_0 \cdot \frac{1}{273\,\text{K}} \cdot \Delta\vartheta \Rightarrow \Delta\vartheta = \frac{\Delta V \cdot 273\,\text{K}}{V_0}$

mit $\Delta V = V_0$ folgt: $\Delta\vartheta$ = 273 K = 273°C $\Rightarrow$ **ϑ = 273 °C**

Aufgaben zu Thermische Volumenänderung von Gasen

1. Ein Glockengasbehälter **(Bild 1)** enthält 2000 m^3 Erdgas bei 0 °C. Um wie viel Kubikmeter vergrößert sich das Volumen der Erdgasportion, wenn die Temperatur auf 20 °C ansteigt?
2. Eine 250-mL-Gasmaus (Bild 1, Seite 138) wird von 0 °C auf 25 °C erwärmt. Wie viel Kubikzentimeter Luft strömen nach dem Öffnen des Kükenhahns aus?
3. Luft hat bei 0 °C und p_{amb} = 1013 mbar eine Dichte von 1,2929 g/dm^3. Wie groß ist die Dichte der Luft bei 20 °C, wenn der Druck konstant bleibt?
4. Ein Scheibengasbehälter **(Bild 2)** hat bei einem Inhalt von 150 · 10^3 m^3 zwischen den Endlagen der Scheibe einen Gesamthub von 67 m. Um wie viel Meter wird die Scheibe abgesenkt, wenn die Gastemperatur bei 50 %iger Füllung von 10 °C auf 0 °C sinkt?
5. Ein Heißluftballon (Bild 2, Seite 418) hat vor dem Start bei 15,0 °C Außentemperatur ein Luftvolumen von 905,0 m^3. Wie groß ist das Luftvolumen im Ballon durch die Erwärmung des Gases auf 42,0 °C?

Hinweis: Weitere Aufgaben zur Volumenänderung von Gasen befinden sich auf der Seite 136 ff.

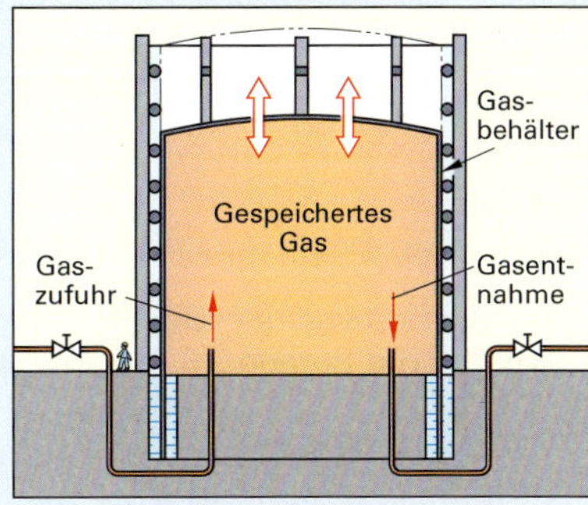

Bild 1: Glockengasbehälter (Aufgabe 1)

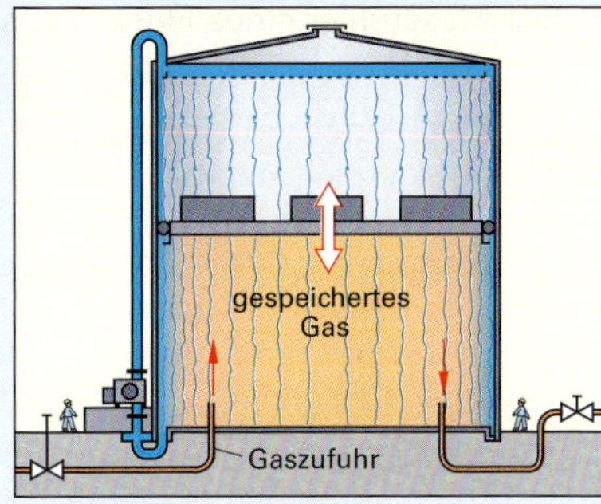

Bild 2: Scheibengasbehälter (Aufgabe 4)

13.3 Wärmeinhalt von Stoffportionen

Die Temperatur ϑ einer Stoffportion kann durch Zufuhr von Wärmeenergie erhöht werden. Die zugeführte Wärmemenge Q ist in der Stoffportion als Wärmeinhalt gespeichert **(Bild 3)**.

Zugeführte Wärmemenge = Zusätzlicher Wärmeinhalt des Körpers

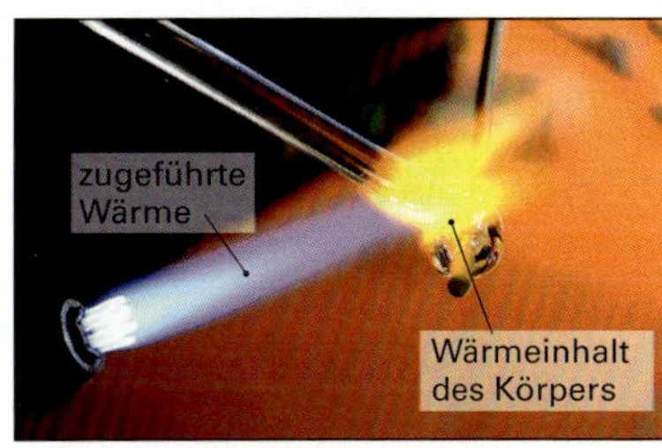

Bild 3: Erwärmen eines Körpers

Der Wärmeinhalt Q (heat capacity) einer Stoffportion ist direkt proportional

- der Masse m der Stoffportion: $Q \sim m$
- der stoffspezifischen Wärmekapazität c: $Q \sim c$
- der Temperaturänderung $\Delta\vartheta$: $Q \sim \Delta\vartheta$

Daraus ergibt sich für den Wärmeinhalt Q einer Stoffportion die nebenstehende Gleichung.

Wärmeinhalt einer Stoffportion

$$Q = c \cdot m \cdot \Delta\vartheta$$

Die Wärmemenge Q hat die Einheit Joule. Sie kann auch in Wattsekunden (Ws) oder Kilowattstunden (kWh) angegeben werden.

Umrechnung von Energieeinheiten: 1 J = 1 Ws = 2,78 · 10^{-7} kWh

Das Wärmeaufnahmevermögen eines Stoffes wird durch die **spezifische Wärmekapazität *c*** charakterisiert. Sie ist von der Stoffart, der Temperatur und bei Gasen vom Druck abhängig **(Tabelle)**. Ihr Einheitenzeichen ist kJ/(kg · K).

Wasser hat z.B. eine spezifische Wärmekapazität von $c(H_2O_{(l)})$ = 4,187 kJ/(kg · K). Um ein Kilogramm Wasser um ein Grad zu erwärmen, ist eine Wärmemenge von 4,187 kJ erforderlich.

Wasser hat von allen Flüssigkeiten die größte spezifische Wärmekapazität. Ihr Zahlenwert wird meistens zu 4,19 gerundet.

Tabelle: Spezifische Wärmekapazität *c* (ϑ = 20 °C, p = 1013 mbar)

Stoffe	*c* kJ/(kg · K)
Wasser	4,187
Eis (0 °C)	2,1
Ethanol	2,42
Glas (Jena 16 III)	0,78
Kupfer	0,38
Nicht rostender Stahl	0,482

13

Beispiel: Das Wasserbad eines Labor-Rotationsverdampfers (Bild 2, Seite 193) soll von 25 °C auf 55 °C erhitzt werden. Welche Wärmeenergie ist dem Wasser durch Umwandlung von elektrischer Energie zuzuführen, wenn die Masse des Wassers 500 g beträgt?

Lösung: $Q = c \cdot m \cdot \Delta\vartheta$ = 4,19 kJ/(kg · K) · 0,500 kg · 30 K = 62,85 kJ ≈ **63 kJ**

Aufgaben zu Wärmeinhalt von Stoffportionen

1. Im Wärmetauscher **(Bild 1)** einer Absorptionskälteanlage werden pro Stunde 7,5 Tonnen Calciumchlorid-Lösung von 5 °C auf –35 °C gekühlt. Welche Wärmemenge muss der $CaCl_2$-Lösung entzogen werden?
   $c(CaCl_{2(aq)})$ = 2,74 kJ/(kg · K)
2. Zum Erhitzen von einem Liter Wasser von 20,6 °C bis zur Siedetemperatur gibt ein Tauchsieder eine Wärmemenge von 0,10 kWh ab. Wie groß sind die Wärmeverluste?
3. Beim Hochofenprozess sind pro Tonne reduziertes Eisen durchschnittlich 4200 m³ Verbrennungsluft („Wind") mit einer Temperatur von 750°C erforderlich. Sie wird in Winderhitzern erzeugt **(Bild 2).** Welche Wärmemenge muss im Winderhitzer auf die angesaugte Frischluft von 20 °C übertragen werden, um eine Tonne Eisen zu erzeugen?
   ϱ(Luft) = 1,29 g/L, $c_{(Luft)}$ = 1,01 kJ/(kg · K)
4. Welche Wärmemenge muss ein Spiralwärmetauscher (Bild 1, Seite 390) abführen, um 2,5 m³ Ethanol $CH_3—CH_2—OH$ mit einer Dichte von 0,79 g/cm³ von Siedetemperatur (ϑ_b = 78°C) auf 18 °C zu kühlen?
5. Beim Beaufschlagen einer Dampfleitung mit Heizdampf verlängert sich ein 10,0 m langes Rohr aus nicht rostendem Stahl X5CrNi18-10 mit einer Masse von 82,4 kg um 16,0 mm.
   a) Um wie viel Grad Celsius hat sich die Dampfleitung erwärmt?
   b) Welche Wärmemenge hat die Rohrleitung aufgenommen?
6. Bei der Rückgewinnung von Ethylmethylketon $CH_3—CH_2—CO—CH_3$ durch Destillation **(Bild 3)** werden zur Rücklaufkühlung stündlich 1,50 t Wasser mit einer Anfangstemperatur von 17,5 °C eingesetzt. Mit welcher Temperatur tritt das Wasser aus dem Kühler, wenn stündlich eine Wärmemenge von 167 MJ abgeführt wird?
7. In einer Anlage werden stündlich 2000 L Toluol $C_6H_5CH_3$ (ϱ = 0,867 g/cm³) von 28,7 °C in einem Kühler 3,500 MJ/h Wärme entzogen. Mit welcher Temperatur strömt das Toluol aus dem Kühler? c(Toluol) = 1,72 kJ/(kg · K)
8. In einem Rührkessel (Bild 5, Seite 416) befinden sich 1250 L Benzol ($\varrho(C_6H_6)$ = 0,879 g/cm³) von 13,0 °C. Mit einer Kühlsole soll das Benzol auf 7,0 °C heruntergekühlt werden. Welche Wärmemenge ist abzuführen? Die spezifische Wärmekapazität des Benzols beträgt c = 1,70 kJ/(kg · K).
9. Ein Messingring (m = 10,0 g, d = 18,0 mm, c = 0,39 kJ/(kg · K)) soll mit 0,10 mm Spiel auf den Absatz einer Pumpenwelle aufgezogen werden **(Bild 4).**
   a) Um wie viel °C muss der Messingring dazu erhitzt werden?
   b) Welche Wärmemenge muss dem Messingring zu dieser Erwärmung zugeführt werden?

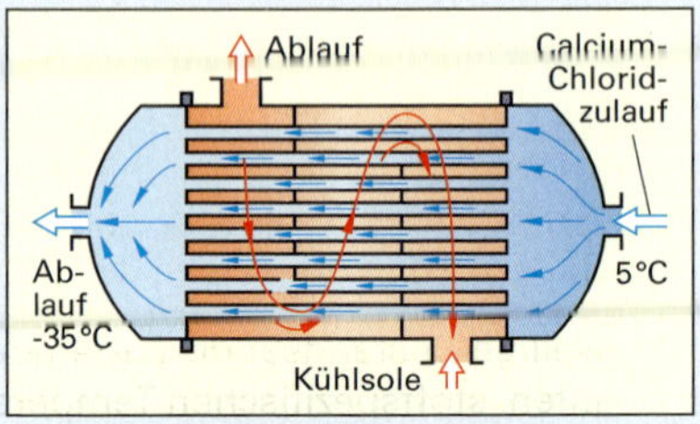

Bild 1: Kühlen im Wärmetauscher (Aufgabe 1)

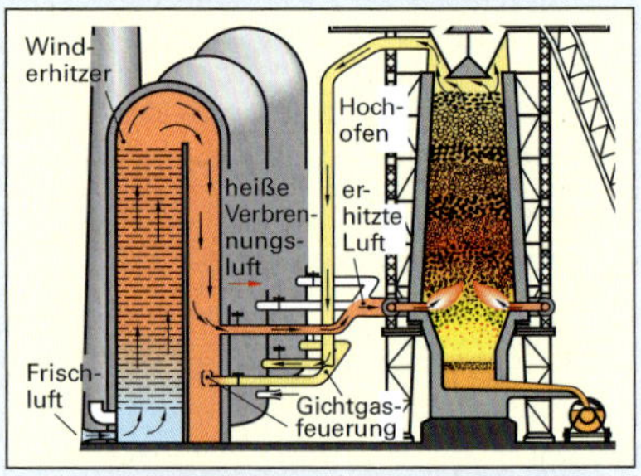

Bild 2: Erhitzen von Frischluft in Winderhitzern einer Hochofenanlage (Aufgabe 3)

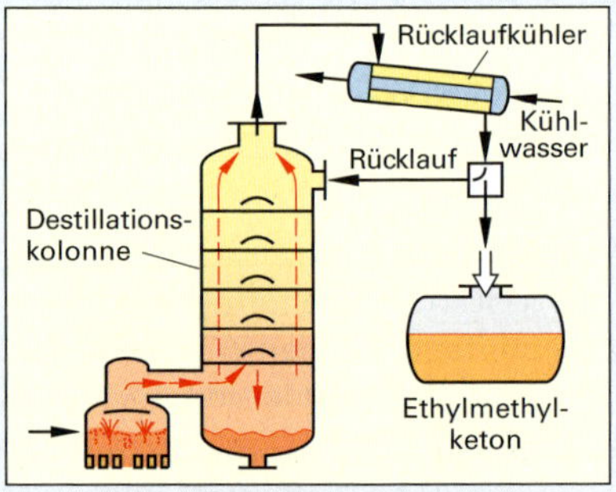

Bild 3: Kühlen des Rücklaufs bei der Rückgewinnung von Ethylmethylketon (Aufgabe 6)

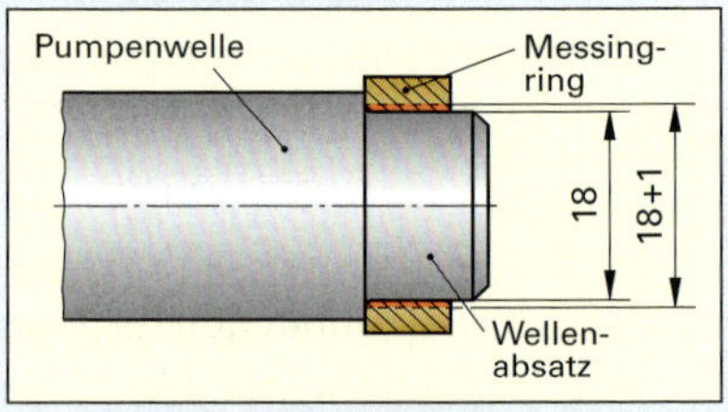

Bild 4: Aufziehen eines Messingrings auf eine Welle (Aufgabe 9)

13

13.4 Aggregatzustandsänderungen

Stoffe können in der Regel in den drei Aggregatzuständen fest, flüssig und gasig (gasförmig) vorliegen. Die Aggregatzustände unterscheiden sich im Aufbau der Stoffe, in der Stärke der Wärmebewegung der Teilchen, und damit in ihrem Energieinhalt. Die Folge sind unterschiedlich große Kohäsionskräfte zwischen den Teilchen.

In **Bild 1** sind die drei Aggregatzustände von Wasser nach steigendem Energieinhalt angeordnet und die Aggregatzustandsänderungen (change of state) benannt.

Die jeweilige Zustandsänderung findet bei jedem Stoff bei einer konstanten, stoffspezifischen Temperatur statt.

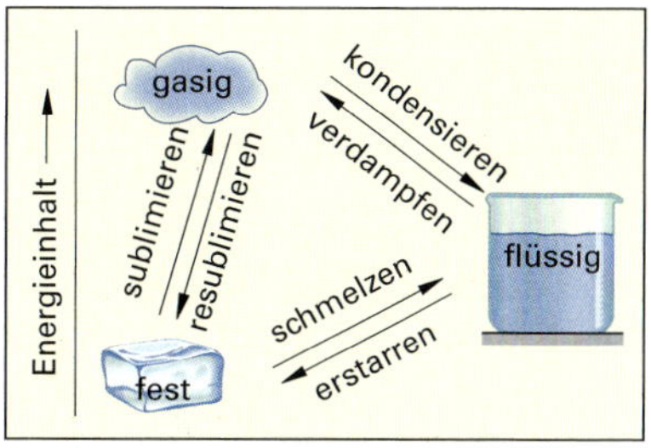

Bild 1: Aggregatzustände und Zustandsänderungen

13.4.1 Schmelzen und Erstarren

Zum Schmelzen eines Feststoffes müssen große Kohäsionskräfte überwunden werden, die den Zusammenhalt der Teilchen im Feststoffgitter bewirken. Die Teilchen sind im flüssigen Zustand gegeneinander beweglich. Hierzu muss der Stoffportion die Schmelzwärme Q_s zugeführt werden.

Die **Schmelzwärme Q_s** (melting heat) ist von der Masse und der spezifischen Schmelzwärme q des zu schmelzenden Stoffes abhängig. Zur Berechnung dient die nebenstehende Größengleichung.

Schmelzwärme, Erstarrungswärme

$$Q_s = Q_e = q \cdot m$$

Die **spezifische Schmelzwärme q** gibt an, welche Wärmemenge erforderlich ist, um ein Kilogramm eines Stoffes von Schmelztemperatur zu schmelzen.
Sie hat die abgeleitete Einheit kJ/kg **(Tabelle).**

Beim Erstarren einer Flüssigkeit von Schmelztemperatur muss die **Erstarrungswärme Q_e** (heat of solidification) entzogen werden. Sie ist genauso groß wie die zum Schmelzen derselben Stoffportion notwendige Schmelzwärme Q_s (siehe Formel rechts oben).

Beispiel: Welche Wärmemenge ist erforderlich, um 5,0 kg Eis von 0 °C in Wasser von 0 °C zu schmelzen?

Lösung: Mit q(Eis) = 335 kJ/kg aus der rechten Tabelle folgt:
$\boldsymbol{Q_s} = q \cdot m$ = 335 kJ/kg · 5,0 kg = 1675 kJ ≈ **1,7 MJ**

Tabelle: Spezifische Schmelzwärmen q und Schmelztemperaturen ϑ_m von Stoffen
(p = 1013 mbar)

Stoffe	q in kJ/kg	ϑ_m in °C
Kupfer	213	1083
Blei	23	327,3
Eisen	270	1535
Quecksilber	11,8	−38,87
Schwefel	50	112,8
Naphthalin	150	80,1
Benzol	126	5,53
Glycerin	200	18
Eis	335	0

13

Aufgaben zu Schmelzen, Erstarren

1. 250 kg einer Blei-Schmelze mit Schmelztemperatur sollen in den festen Zustand gebracht werden. Welche Erstarrungswärme Q_e ist abzuführen?
2. Welche Wärmemenge wird frei, wenn 750 mL Eisessig (Essigsäure) mit Schmelztemperatur erstarren? Daten von Essigsäure (CH_3COOH): ϑ_m = 16,6 °C, ϱ = 1,05 g/cm^3, q = 192,2 kJ/kg.
3. Welche spezifische Schmelzwärme hat eine unbekannte organische Substanz, wenn 30,0 g Feststoff von Schmelztemperatur durch eine Wärmemenge von 4,64 kJ verflüssigt werden?
4. Welche spezifische Schmelzwärme hat Phenol, wenn die molare Schmelzwärme 11,26 kJ/mol beträgt?
5. 3,5 kg Wasser von 0 °C wird die Wärmemenge 600 kJ entzogen. Welche Masse an Eis entsteht?

13.4.2 Verdampfen, Kondensieren

Beim Verdampfen (evaporating) einer Flüssigkeit werden die Kohäsionskräfte, die den Zusammenhalt der Teilchen untereinander bewirken, durch Zufuhr der Verdampfungswärme Q_v völlig überwunden (Bild 1, Seite 134). Die Teilchen haben dann große Abstände voneinander. Deshalb ist die Verdampfungswärme Q_v stets größer als die Schmelzwärme Q_s des gleichen Stoffes.

Wird einer Flüssigkeit bei Siedetemperatur Wärmeenergie zugeführt, so verdampft die siedende Flüssigkeit. Die Temperatur bleibt während des gesamten Verdampfens konstant. Die zugeführte Wärmeenergie dient bei siedenden Flüssigkeiten nur zur Überwindung der Anziehungskräfte zwischen den Teilchen, nicht zur Erhöhung der Teilchengeschwindigkeit (Temperatur).

Die **Verdampfungswärme** Q_v (heat of evaporation) ist von der Masse und der **spezifischen Verdampfungswärme** r des zu verdampfenden Stoffes abhängig **(Tabelle)**. Die Verdampfungswärme wird mit nebenstehender Größengleichung berechnet.

Verdampfungswärme, Kondensationswärme

$$Q_v = Q_k = r \cdot m$$

Die **spezifische Verdampfungswärme *r*** gibt an, welche Wärmemenge erforderlich ist, um ein Kilogramm eines Stoffes von Siedetemperatur zu verdampfen. Sie hat die Einheit kJ/kg.

Beispiel: Für eine Wasserdampfdestillation werden 28,0 kg Wasserdampf von 100 °C benötigt. Welche Wärmemenge ist zur Erzeugung dieser Dampfportion aus siedendem Wasser erforderlich?

Lösung: Mit r(Wasser) = 2256 kJ/kg aus nebenstehender Tabelle folgt:

$\boldsymbol{Q_v} = r \cdot m = 2256\ \text{kJ/kg} \cdot 28{,}0\ \text{kg} = 63\,160\ \text{kJ} \approx \mathbf{63{,}2\ MJ}$

Bei der Umkehrung des Verdampfens, dem **Kondensieren eines Gases** von Siedetemperatur muss die **Kondensationswärme Q_k** (heat of condensation) entzogen werden. Sie ist genauso groß wie die zum Verdampfen derselben Stoffportion notwendige Verdampfungswärme Q_v. Man berechnet die Kondensationswärme mit derselben Formel wie die Verdampfungswärme (siehe rechts).

Tabelle: Spezifische Verdampfungswärmen *r* und Siedetemperaturen ϑ_b von Stoffen (p = 1013 mbar)

Stoffe	r in kJ/kg	ϑ_b in °C
Aceton	525	56,2
Benzol	394	80,1
Brom	183	58,7
Chloroform	279	61,1
Diethylether	360	34,6
Ethanol	840	78,4
Quecksilber	285	356,6
Toluol	364	110,7
Wasser	2256	100,0

Aufgaben zu Verdampfen, Kondensieren

1. Aus einem abgepressten feuchten Filterkuchen ist zum Abdampfen des anhaftenden Lösemittels Ethanol CH_3CH_2OH die Wärmemenge 179 kJ erforderlich. Wie viel Lösemittel wurde abgedampft?
2. Zum Verdampfen von 250 g Methanol bei Siedetemperatur ist die Wärmemenge 257 kJ erforderlich. Welche spezifische Verdampfungswärme hat Methanol CH_3OH?
3. 150 g Aceton CH_3COCH_3 von 22,5 °C sollen vollständig verdampft werden. Welche Wärmemenge ist dazu erforderlich? (c(Aceton) = 2,16 kJ/(kg · K))

13

13.4.3 Zusammengesetzte thermische Vorgänge

Ein thermischer Vorgang kann insgesamt aus mehreren Abkühlungen/Erwärmungen und aus mehreren Aggregatzustandsänderungen bestehen.
Wird ein Feststoff zuerst erwärmt, dann geschmolzen, danach die entstandene Flüssigkeit weiter bis zum Sieden erhitzt sowie anschließend verdampft und der entstandene Dampf weiter erhitzt, so setzt sich die dazu benötigte Gesamtwärmeenergie Q_{ges} aus den einzelnen Wärmeenergien zusammen:

$$Q_{ges} = \underbrace{c_f \cdot m \cdot (\vartheta_m - \vartheta_1)}_{\text{Wärmeenergie zum Erwärmen des Feststoffes}} + \underbrace{q \cdot m}_{\text{Schmelzwärme}} + \underbrace{c_{fl} \cdot m \cdot (\vartheta_b - \vartheta_m)}_{\text{Wärmeenergie zum Erwärmen der Flüssigkeiten}} + \underbrace{r \cdot m}_{\text{Verdampfungswärme}} + \underbrace{c_{Gas} \cdot m \cdot (\vartheta_2 - \vartheta_b)}_{\text{Wärmeenergie zum Erwärmen des Dampfes}}$$

Es sind: ϑ_m Schmelztemperatur (melting point); ϑ_b Siedetemperatur (boiling point).

Den Temperaturverlauf des Gesamtvorgangs kann man in einem Diagramm darstellen **(Bild 1)**.

Die geneigten Kurvenstücke ergeben sich bei der Erwärmung bzw. der Abkühlung des Stoffes. Bei den waagerechten Kurvenstücken (konstante Temperatur) finden die Aggregatzustandsänderungen statt.

Im **Diagramm** ist die erforderliche Gesamtenergie für die Überführung einer Eisportion mit der Masse m = 1000 g und der Temperatur ϑ = −20 °C über mehrere Zwischenschritte in überhitzten Dampf mit ϑ = 120 °C dargestellt. Die Gesamtwärmemenge besteht aus folgenden Teilwärmemengen:

- der Wärmemenge Q_1 = 21 kJ zur Erwärmung des Eises von −20 °C auf die Schmelztemperatur 0 °C
- der Schmelzwärme Q_s = 335 kJ zur Umwandlung des Eises von 0 °C in Wasser von 0 °C
- der Wärmemenge Q_2 = 419 kJ zur Erwärmung des Wassers von 0 °C auf die Siedetemperatur 100 °C
- der Verdampfungswärme Q_v = 2256 kJ zur Umwandlung des Wassers von 100 °C in Dampf von 100 °C
- der Überhitzungswärme Q_3 = 38 kJ zur Erwärmung des Dampfes von 100 °C auf 120 °C.

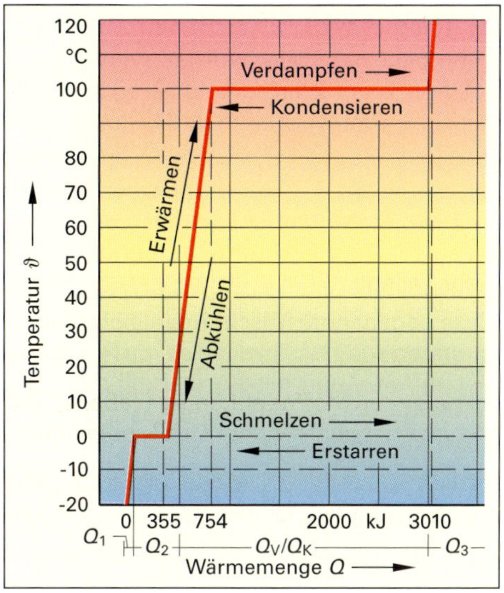

Bild 1: Temperatur-Wärmeenergie-Diagramm des Wassers (m = 1000 g)

Aufgaben zu Zusammengesetzte thermische Vorgänge

1. Eine Crusheis-Maschine produziert pro Stunde 120 kg Eis von −12,0 °C aus Wasser von 17,0 °C. Welche Gesamtwärmemenge muss dem Wasser entzogen werden?
2. Welche Masse an Eis von Schmelztemperatur kann durch Zufuhr der Wärmemenge 445 kJ geschmolzen und in Wasser von 45,0 °C überführt werden?
3. In einer Anlage zur Rückgewinnung von Lösemittel werden pro Stunde 2,50 m³ Toluol $C_6H_5CH_3$ der Dichte ϱ = 0,867 g/cm³ kondensiert und anschließend in einem Produktkühler auf 15,7 °C gekühlt. Welche Wärmemenge ist abzuführen?
4. In einem Kondensator wird 180 kg Chloroformdampf $CHCl_3$ von Siedetemperatur die Wärmemenge 50 MJ entzogen. Auf welche Temperatur kühlt sich das entstehende Kondensat ab?

13.5 Temperaturänderung beim Mischen von Flüssigkeiten

Beim Mischen von Flüssigkeitsportionen mit unterschiedlichen Massen m, Wärmekapazitäten c und Temperaturen ϑ erfolgt im Laufe der Zeit ein Temperaturausgleich, bis die Stoffe eine gemeinsame **Mischungstemperatur** ϑ_M (mixing temperature) erreicht haben **(Bild 2)**.

Beim Mischen von Flüssigkeiten wird die Mischungstemperatur aufgrund der guten Mischbarkeit schon nach kurzer Zeit erreicht.

Die wärmeren Teilchen des Stoffes geben so lange Wärmeenergie ab, bis ihre Anfangstemperatur auf die Mischungstemperatur gefallen ist.

Die kälteren Teilchen des Stoffes nehmen die abgegebene Wärmemenge auf und erwärmen sich dabei auf die Mischungstemperatur.

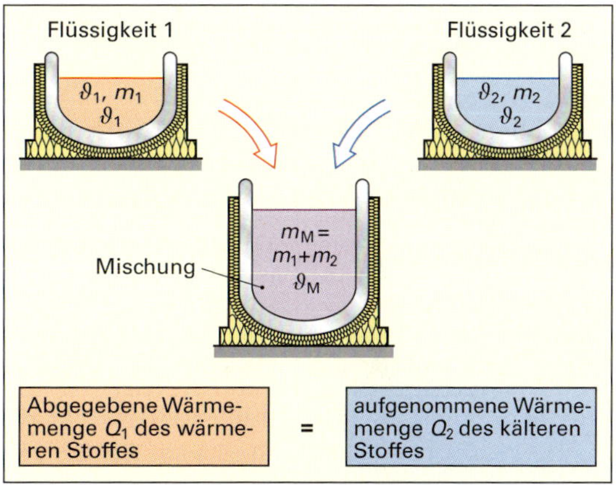

Bild 2: Temperaturen beim Mischen von Flüssigkeiten

13

Temperaturänderung beim Mischen ohne Wärmeverluste

Wenn bei einem Mischvorgang durch vollständige Isolation keine Wärmeverluste auftreten, sind die zwischen dem wärmeren und kälteren Stoff ausgetauschten Wärmemengen gleich groß: $Q_1 = Q_2$.

Mit $Q = c \cdot m \cdot \Delta\vartheta$ wird nach dem Gleichsetzen, Ausmultiplizieren und Umstellen eine Größengleichung für die **Mischungstemperatur ϑ_M** erhalten (siehe rechts).

Diese sogenannte **Mischungsgleichung** gilt für Mischungen aus Flüssigkeiten sowie Flüssigkeiten und Feststoffen, wenn keine Änderung des Aggregatzustands der Stoffe und keine Lösungswärme beim Mischen auftritt.

Wärmemischungsgleichung

$$Q_1 = Q_2$$

$$c_1 \cdot m_1 \cdot (\vartheta_1 - \vartheta_M) = c_2 \cdot m_2 \cdot (\vartheta_M - \vartheta_2)$$

Wärme abgebender Stoff: Index 1 — Wärme aufnehmender Stoff: Index 2

Mischungstemperatur ohne Wärmeverluste

$$\vartheta_M = \frac{c_1 \cdot m_1 \cdot \vartheta_1 + c_2 \cdot m_2 \cdot \vartheta_2}{c_1 \cdot m_1 + c_2 \cdot m_2}$$

Beispiel 1: Welche Mischungstemperatur ergibt sich, wenn 40,0 kg Ethanol CH_3CH_2OH von 20 °C mit 60,0 kg Wasser von 10 °C gemischt werden? (Wärmeverluste sollen nicht berücksichtigt werden.)

Lösung:

$$\vartheta_M = \frac{c_1 \cdot m_1 \cdot \vartheta_1 + c_2 \cdot m_2 \cdot \vartheta_2}{c_1 \cdot m_1 + c_2 \cdot m_2} = \frac{2{,}42\ \text{kJ (kg} \cdot \text{K)} \cdot 40{,}0\ \text{kg} \cdot 20\ °\text{C} + 4{,}19\ \text{kJ (kg} \cdot \text{K)} \cdot 60{,}0\ \text{kg} \cdot 10\ °\text{C}}{2{,}42\ \text{kJ (kg} \cdot \text{K)} \cdot 40{,}0\ \text{kg} + 4{,}19\ \text{kJ (kg} \cdot \text{K)} \cdot 60{,}0\ \text{kg}}$$

$$\boldsymbol{\vartheta_M} = \frac{2{,}42 \cdot 40{,}0 \cdot 20\ °\text{C} + 4{,}19 \cdot 60{,}0 \cdot 10\ °\text{C}}{2{,}42 \cdot 40{,}0 + 4{,}19 \cdot 60{,}0} = \frac{1936\ °\text{C} + 2514\ °\text{C}}{96{,}8 + 251{,}4} = 12{,}78\ °\text{C} \approx \mathbf{13\ °C}$$

Beispiel 2: Welche Masse an Wasser von 45 °C muss mit 5,0 kg Wasser von 15 °C gemischt werden, damit eine Mischungstemperatur von 40 °C erreicht wird? (Wärmeverluste sollen nicht berücksichtigt werden.)

Lösung: Da Stoffe mit gleicher spezifischer Wärmekapazität $c = c_1 = c_2$ gemischt werden, vereinfacht sich die Wärmemischungsgleichung nach dem Ausklammern und Kürzen der spezifischen Wärmekapazitäten c zu:

$$m_1 \cdot (\vartheta_1 - \vartheta_M) = m_2 \cdot (\vartheta_M - \vartheta_2) \quad \Rightarrow \quad \boldsymbol{m_1} = \frac{m_2 \cdot (\vartheta_M - \vartheta_2)}{\vartheta_1 - \vartheta_M} = \frac{5{,}0\ \text{kg} \cdot (40\ °\text{C} - 15\ °\text{C})}{45\ °\text{C} - 40\ °\text{C}} = \mathbf{25{,}0\ kg}$$

Temperaturänderung beim Mischen mit Wärmeverlusten

In der Praxis im Labor und Chemiebetrieb geht während des Mischungsvorgangs Wärme an die Umgebung verloren. Diese Verlustwärme Q_{Verl} senkt die **Mischungstemperatur ϑ_{MV}** gegenüber der Mischungstemperatur ϑ_M ohne Wärmeverlust ab.

Die bei einem Mischvorgang an die Umgebung abgegebene **Verlustwärme Q_{Verl}** lässt sich durch Messen der Ausgangs- und der Mischungstemperatur für einen bestimmten Mischvorgang aus der Differenz der Wärmemengen der Mischungskomponenten berechnen.

Mischungstemperatur bei Wärmeverlust

$$\vartheta_{MV} = \frac{c_1 \cdot m_1 \cdot \vartheta_1 + c_2 \cdot m_2 \cdot \vartheta_2 - Q_{Verl}}{c_1 \cdot m_1 + c_2 \cdot m_2}$$

Verlustwärme

$$Q_{Verl} = c_1 \cdot m_1(\vartheta_1 - \vartheta_M) - c_2 \cdot m_2(\vartheta_M - \vartheta_2)$$

Beispiel: 150 kg Wasser von 75 °C werden in einem Rührkessel mit 220 kg Wasser von 13°C gemischt. Die Mischungstemperatur beträgt 35°C. Wie groß sind die Wärmeverluste während des Mischvorgangs?

Lösung: $Q_{Verl} = c_1 \cdot m_1 \cdot (\vartheta_1 - \vartheta_M) - c_2 \cdot m_2 \cdot (\vartheta_M - \vartheta_2)$ mit $c_1 = c_2 = c$ folgt: $Q_{Verl} = c\,[m_1 \cdot (\vartheta_1 - \vartheta_M) - m_2 \cdot (\vartheta_M - \vartheta_2)]$

$$\boldsymbol{Q_{Verl}} = 4{,}19\ \text{kJ/(kg} \cdot \text{K)} \cdot [150\ \text{kg} \cdot (75\ °\text{C} - 35\ °\text{C}) - 220\ \text{kg} \cdot (35\ °\text{C} - 13\ °\text{C})]$$

$$= 4{,}19\ \text{kJ/(kg} \cdot \text{K)} \cdot [6000\ \text{kg K} - 4840\ \text{kg k}] = 4860{,}4\ \text{kJ} \approx \mathbf{4{,}9\ MJ}$$

13.6 Kalorimetrie (calorimetry)

Experimentelle Wärmemessungen werden in der Laborpraxis in **Kalorimetern** (calorimeter) durchgeführt **(Bild 1)**.

So bezeichnet man doppelwandige Glasgefäße, die durch Evakuierung, eine innere Verspiegelung sowie Isolierung gegen einen Wärmeaustausch mit der Umgebung abgeschirmt sind.

Bei der Auswertung der Messungen ist zu berücksichtigen, dass auch das Kalorimetergefäß mit dem Rührer und dem Temperatursensor am Wärmeaustausch beteiligt sind.

Der durch das Kalorimeter pro ein Grad Temperaturänderung verursachte Wärmeverlust wird als **Wärmekapazität des Kalorimeters** (calorimeter capacity) bezeichnet (früher Wasserwert).

Die Kalorimeter-Wärmekapazität C_K wird in Joule pro Kelvin (J/K) angegeben und berechnet sich nach nebenstehender Größengleichung.

Die experimentelle Bestimmung der Wärmekapazität ist im unten stehenden **Beispiel 1** beschrieben.

Zur **Bestimmung der spezifischen Wärmekapazität** einer Probensubstanz (Feststoffen oder Flüssigkeiten) werden diese erwärmt und zu der Wasserfüllung des Kalorimeters gegeben (Bild 1).

Auch im Kalorimeter gilt die Bilanz: $Q_{ab} = Q_{zu}$.

Daraus folgt durch Einsetzen der jeweiligen Wärmemengen (Index 1 für die Probe, Index W für Wasser):

$$m_1 \cdot c_1 \cdot (\vartheta_1 - \vartheta_M) = m_W \cdot c_W \cdot (\vartheta_M - \vartheta_W) + C_K \cdot (\vartheta_M - \vartheta_W)$$

Durch Umformen und Ausklammern wird die nebenstehende Größengleichung zur Bestimmung der **Wärmekapazität c_1** der Probensubstanz erhalten.

Beim Mischen von Flüssigkeiten unterschiedlicher Stoffart ist zu berücksichtigen, dass das Ergebnis durch mögliche Lösungs- oder Reaktionswärmen beeinflusst wird (vgl. Seite 434).

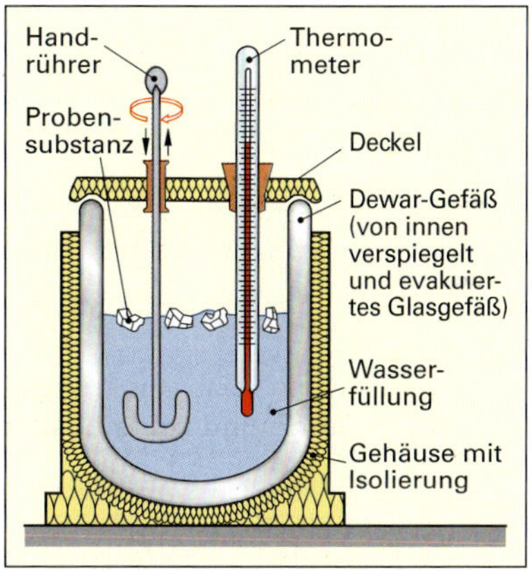

Bild 1: Bestimmung der spezifischen Wärmekapazität *c* in einem Kalorimeter

Wärmekapazität des Kalorimeters

$$C_K = \frac{c_1 \cdot m_1 \cdot (\vartheta_1 - \vartheta_M)}{\vartheta_M - \vartheta_2} - c_2 \cdot m_2$$

Bestimmung der spezifischen Wärmekapazität von Stoffen im Kalorimeter

$$c_1 = \frac{(c_W \cdot m_W + C_K) \cdot (\vartheta_M - \vartheta_W)}{m_1 \cdot (\vartheta_1 - \vartheta_M)}$$

Beispiel 1: In einem Kalorimeter **(Bild 1)** befindet sich eine Wasserportion von 100 g, die nach Temperaturausgleich eine Temperatur von 19,82 °C aufweist. Zu dieser Wasserportion wird eine gleich große Portion Wasser von 35,83 °C gegeben. Nach einer Ausgleichszeit beträgt die gemessene Mischungstemperatur 27,13 °C. Wie groß ist die Wärmekapazität des Kalorimeters? c(Wasser) = 4,187 kJ/(kg · K)

Lösung:

$$C_K = \frac{c_1 \cdot m_1 \cdot (\vartheta_1 - \vartheta_M)}{\vartheta_M - \vartheta_2} - c_2 \cdot m_2$$

$$\boldsymbol{C_K} = \frac{41{,}87\,\frac{\text{kJ}}{\text{kg}\cdot\text{K}} \cdot 0{,}100\,\text{kg} \cdot (35{,}83\,°\text{C} - 27{,}12\,°\text{C})}{27{,}13\,°\text{C} - 19{,}82\,°\text{C}} - 4{,}187\,\frac{\text{kJ}}{\text{kg}\cdot\text{K}} \cdot 0{,}100\,\text{kg} = 0{,}07961\,\frac{\text{kJ}}{\text{K}} \approx \mathbf{79{,}6\,\frac{J}{K}}$$

Beispiel 2: 69,74 g einer Aluminiumlegierung werden zur Bestimmung der spezifischen Wärmekapazität in siedendem Wasser auf 100,1 °C erhitzt. In einem Kalorimeter **(Bild 1)** befinden sich 200 g Wasser von 20,7 °C. Die erhitzte Probe wird rasch in die Wasserfüllung des Kalorimeters überführt. Nach Wärmeaustausch unter Rühren wird eine Mischungstemperatur von 24,5 °C gemessen. Welche spezifische Wärmekapazität hat die Aluminium-Legierung? C_K = 90,5 J/K; c(Wasser) = 4,187 kJ/(kg · K)

Lösung:

$$c_{(\text{Probe})} = \frac{(c_W \cdot m_W + C_K) \cdot (\vartheta_M - \vartheta_W)}{m_1 \cdot (\vartheta_1 - \vartheta_M)}$$

$$\boldsymbol{c_{(\text{Probe})}} = \frac{\left(4{,}187\,\frac{\text{kJ}}{\text{kg}\cdot\text{K}} \cdot 0{,}200\,\text{kg} + 0{,}0905\,\frac{\text{kJ}}{\text{K}}\right) \cdot (24{,}5\,°\text{C} - 20{,}7\,°\text{C})}{0{,}06974\,\text{kg} \cdot (101{,}1\,°\text{C} - 24{,}5\,°\text{C})} \approx \mathbf{0{,}660\,\frac{kJ}{kg \cdot K}}$$

Aufgaben zu Temperaturänderung beim Mischen von Flüssigkeiten und Kalorimetrie

1. Welche Mischungstemperatur stellt sich ein, wenn 85,0 g Wasser von 22,5 °C mit 45,5 g Wasser von 97,5 °C gemischt werden? Wärmeverluste bleiben unberücksichtigt.
2. In einem Doppelrohr-Wärmeaustauscher **(Bild 1)** sollen 250 kg Wasser von 86 °C durch Mantelkühlung auf 27 °C abgekühlt werden. Welche Masse an Kühlwasser von ϑ = 12,5 °C ist einzuleiten, wenn es mit 22,5 °C den Kühler verlässt?
3. Mit welchem Frischluft-Volumenstrom muss ein Abluft-Volumenstrom gemischt werden, um einen Mischluft-Volumenstrom von Raumtemperatur (20 °C) zu erhalten? Die Luftströme haben die in der **Tabelle** angegebenen Daten. Die spezifische Wärmekapazität der Luft ist in dem angegebenen Temperaturbereich näherungsweise konstant.
4. Mit wie viel Liter Wasser von 15 °C müssen 60 L Wasser von 50 °C gemischt werden, damit Wasser mit einer Mischungstemperatur von 40 °C entsteht?
5. Ein Kalorimeter (Bild 1, Seite 425) hat eine Wärmekapazität von C_K = 28,0 J/K, seine Temperatur beträgt 23,0 °C. Welche Mischungstemperatur stellt sich ein, wenn 180 g Wasser von 45,0 °C eingefüllt werden?

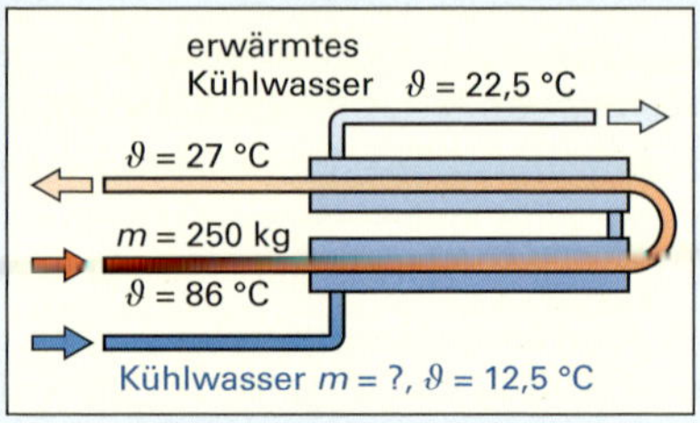

Bild 1: Kühlen in einem Doppelrohr-Wärmeaustauscher (Aufgabe 2)

Tabelle: Daten zu Aufgabe 3

Physikalische Größe	Frischluft	Abluft	Mischluft
Temperatur ϑ in °C	8,0	40,0	20,0
Volumenstrom $\dot{V}$ in m³/h	?	1250	?
Dichte ϱ in g/L	1,256	1,128	1,205

13.7 Temperaturänderung beim direkten Heizen und Kühlen

Direkte Dampfbeheizung (direct steam-heating)

Beim direkten Aufheizen einer Flüssigkeit durch Einleiten von Wasserdampf in die Flüssigkeit **(direkte Dampfbeheizung)** kondensiert der Wasserdampf **(Bild 2)**. Er gibt seine Kondensationswärme Q_K an die Flüssigkeit ab, wodurch die Temperatur der Flüssigkeit ansteigt. Das entstehende Kondensat mischt sich mit der Flüssigkeit. Es kühlt sich dabei von der Siedetemperatur ϑ_b = 100 °C auf die Mischungstemperatur ϑ_{MK} ab, wodurch die Temperatur der Flüssigkeit zusätzlich ansteigt.

Die **Mischungstemperatur ϑ_{MK}** lässt sich aus der Bilanz der abgegebenen und aufgenommenen Wärmemengen in der Flüssigkeit berechnen **(Bild 3)**.

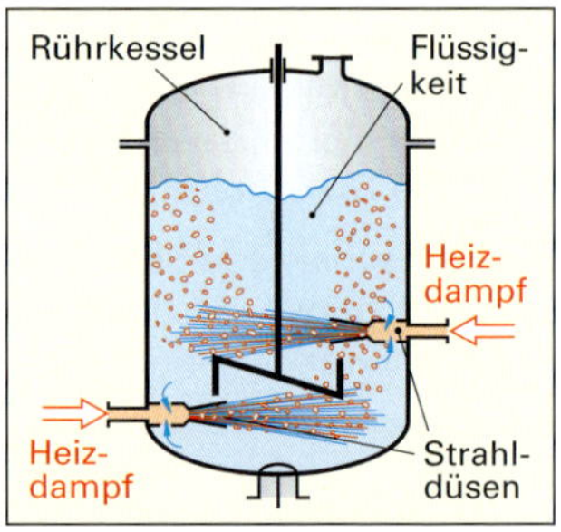

Bild 2: Direkte Dampfheizung

Mischungstemperatur beim Kondensieren einer Mischphase

$$\vartheta_{MK} = \frac{m_1 \cdot (c_1 \cdot \vartheta_b + r) + c_2 \cdot m_2 \cdot \vartheta_2}{c_1 \cdot m_1 + c_2 \cdot m_2}$$

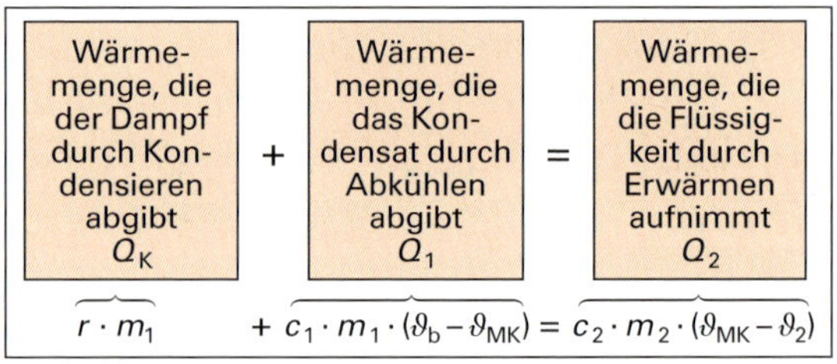

Bild 3: Wärmebilanz beim direkten Dampfheizen

Da die Kondensationswärme von Wasserdampf ($r(H_2O)$ = 2256 kJ/kg) sehr groß ist, lässt sich mit relativ kleinen Dampfmengen eine große Erwärmung erzielen.

Beispiel: Wie viel Kilogramm Sattdampf von 1013 mbar werden zur direkten Dampfbeheizung benötigt, um 840 kg Calciumchlorid-Lösung von 12,0 °C auf 74,0 °C zu erwärmen? $c(CaCl_2\text{-Lsg})$ = 3,165 kJ/(kg · K)

Lösung: Durch Ausmultiplizieren der m_1-Therme aus der obigen Gleichung erhält man:

$r \cdot m_1 + c_1 \cdot m_1 \cdot (\vartheta_b - \vartheta_{MK}) = c_2 \cdot m_2 \cdot (\vartheta_{MK} - \vartheta_2)$. Nach dem Ausklammern und Umstellen folgt für m_1:

$$\boldsymbol{m_1} = \frac{c_2 \cdot m_2 \cdot (\vartheta_{MK} - \vartheta_2)}{c_1 \cdot (\vartheta_b - \vartheta_{MK}) + r} = \frac{3{,}165\ \text{kJ/(kg}\cdot\text{K)} \cdot 840\ \text{kg} \cdot (74{,}0 - 12{,}0)\ \text{K}}{4{,}19\ \text{kJ} \cdot \text{(kg} \cdot \text{K)} \cdot (100 - 74{,}0)\ \text{K} + 2256\ \text{kJ/kg}} = \frac{164\,883{,}2\ \text{kJ}}{2364{,}94\ \text{kJ/kg}} \approx \mathbf{69{,}7\ kg}$$

Direkte Eiskühlung (direct ice-cooling)

Beim **direkten Kühlen** einer Flüssigkeit durch Zugabe von Eis in die Flüssigkeit **(direkte Eiskühlung)** schmilzt das Eis **(Bild 1)**. Es entzieht die Schmelzwärme Q_m der Flüssigkeit, wodurch die Temperatur der Flüssigkeit absinkt. Das entstehende Eis-Schmelzwasser mischt sich mit der Flüssigkeit. Es erwärmt sich dabei von der Schmelztemperatur $\vartheta_m = 0\,°C$ auf die Mischungstemperatur ϑ_{ME}, wodurch die Temperatur der Flüssigkeit zusätzlich abfällt.

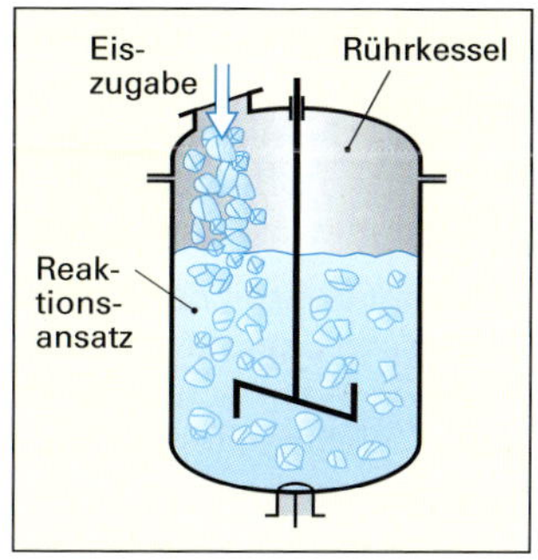

Bild 1: Direkte Eiskühlung

Die **Mischungstemperatur ϑ_{ME}** bei Eiskühlung lässt sich aus der Bilanz der aufgenommenen und abgegebenen Wärmemengen in der Flüssigkeit berechnen **(Bild 2)**.

Man erhält folgende Berechnungsgleichung:

Mischungstemperatur beim Schmelzen einer Mischphase

$$\vartheta_{ME} = \frac{m_1 \cdot (c_1 \cdot \vartheta_m - q) + c_2 \cdot m_2 \cdot \vartheta_2}{c_1 \cdot m_1 + c_2 \cdot m_2}$$

Wärmemenge, die das Eis durch Schmelzen aufnimmt Q_m	+	Wärmemenge, die das Schmelzwasser durch Erwärmen aufnimmt Q_1	=	Wärmemenge, die die Flüssigkeit durch Abkühlen abgibt Q_2
$q \cdot m_1$		$+ c_1 \cdot m_1 \cdot (\vartheta_{ME} - \vartheta_m)$	=	$c_2 \cdot m_2 \cdot (\vartheta_2 - \vartheta_{ME})$

Bild 2: Wärmebilanz bei direkter Eiskühlung

Da die Schmelzwärme des Eises mit $q(H_2O) = 335\ kJ/kg$ groß ist, lässt sich mit relativ kleinen Eismengen eine gute Abkühlung erzielen.

Beispiel: Welche Masse an Eis von Schmelztemperatur wird zur direkten Eiskühlung benötigt, um 840 kg Calciumchlorid-Lösung von 74,0 °C auf 12,0 °C abzukühlen? $c(CaCl_2\text{-Lsg.}) = 3{,}165\ kJ/(kg \cdot K)$

Lösung: Durch Ausmultiplizieren der m_1-Ausdrücke aus der obigen ϑ_{ME}-Gleichung erhält man:

$q_1 \cdot m_1 + c_1 \cdot m_1 \cdot (\vartheta_{ME} - \vartheta_m) = c_2 \cdot m_2 \cdot (\vartheta_2 - \vartheta_{ME})$ Nach dem Ausklammern und Umstellen folgt für m_1:

$$\boldsymbol{m_1} = \frac{c_2 \cdot m_2 \cdot (\vartheta_2 - \vartheta_{ME})}{c_1 \cdot (\vartheta_{ME} - \vartheta_m) + q} = \frac{3{,}165\ kJ/(kg \cdot K) \cdot 840\ kg \cdot (74{,}0 - 12{,}0)\ K}{4{,}19\ kJ/(kg \cdot K) \cdot (12{,}0 - 0)\ K + 335\ kJ/kg} = \frac{164\,883{,}2\ kJ}{385{,}28\ kJ/kg} \approx \mathbf{428\ kg}$$

Aufgaben zu Temperaturänderung beim direkten Heizen und Kühlen

1. In einem Reaktionsbehälter werden 1200 L Wasser von 22 °C mit 300 kg Crusheis von $\vartheta = -5{,}0\ °C$ gekühlt **(Bild 1)**. Welche Mischungstemperatur herrscht, wenn der Wärmeaustausch abgeschlossen ist?
2. In einem Rührkessel **(Bild 3)** aus nichtrostendem Stahl ($c_{Stahl} = 0{,}482\ kJ/(kg \cdot K)$) mit einer Masse von 152 kg befinden sich 212 kg Sodalösung ($c_{Sodalösung} = 3{,}62\ kJ/(kg \cdot K)$). Kessel und Inhalt haben eine Temperatur von 23 °C. Welche Masse an Sattdampf ist einzuleiten, damit die Temperatur des Systems auf 63 °C ansteigt? (Wärmeverluste an die Umgebung sollen unberücksichtigt bleiben.)
3. 570 g Kochsalzlösung mit der Temperatur $\vartheta = 23\ °C$ und dem Massenanteil $w(NaCl) = 14{,}7\%$ werden mit 25,0 g Crusheis von 0 °C versetzt. Welche Mischungstemperatur stellt sich nach dem Mischen ein?

   $c(NaCl_{(aq)}) = 3{,}33\ kJ/(kg \cdot K)$; $q(Eis) = 335\ kJ/kg$; $c(Eis) = 4{,}19\ kJ/(kg \cdot K)$
4. 3,00 kg Eis von – 5,0 °C werden mit 1,80 kg Wasser von 65,0 °C gemischt. Welche Masse an Eis und an Wasser liegt vor, wenn der Wärmeaustausch vollzogen ist?

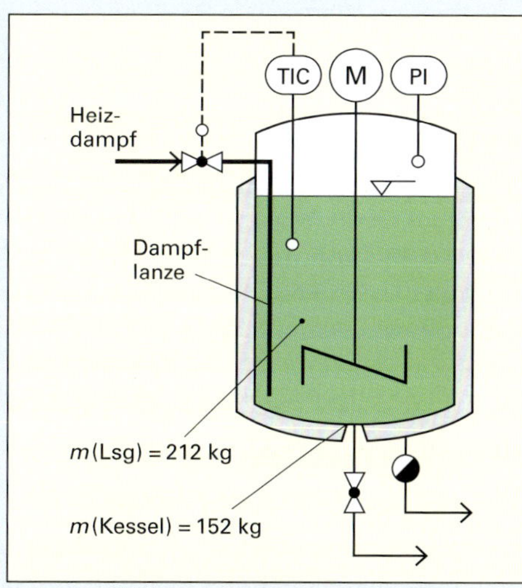

Bild 3: Direkte Dampfheizung eines Kesselinhalts (Aufgabe 2)

13.8 Reaktionswärmen bei chemischen Reaktionen

Bei einer chemischen Reaktion wird neben der Stoffumbildung auch eine Energieumwandlung beobachtet.

Die in einer Verbindung gespeicherte chemische Energie kann bei der Reaktion in Wärmeenergie, Lichtenergie, in elektrische Energie oder in mechanische Energie (Arbeit) umgewandelt werden **(Bild 1)**.

Beispiel: Verbrennen von Magnesium. Hierbei entsteht Wärme, Licht und durch die Ausdehnung der heißen Reaktionsgase mechanische Arbeit.

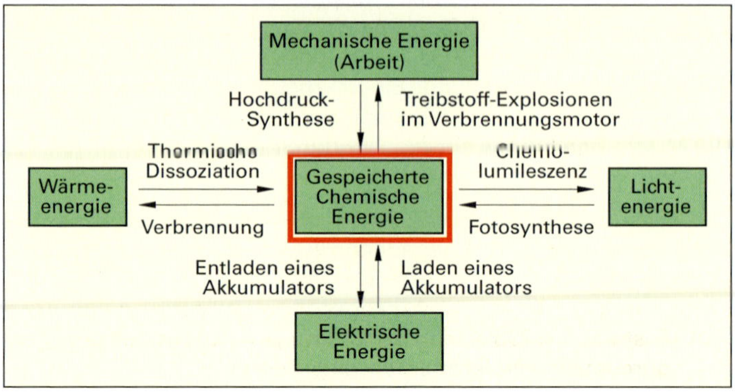

Bild 1: Umwandlungsmöglichkeiten von chemischer Energie in andere Energieformen bei einer chemischen Reaktion

Bei der Reaktion verändert sich die innere Energie U (internal energy) des reagierenden Systems. Die innere Energie U gibt den Gesamtenergieinhalt des reagierenden Systems an. Die Änderung der inneren Energie ΔU ist gleich der Summe der dem reagierenden System zu- oder abgeführten Energien. Sie wird berechnet, indem man von der inneren Energie der Endprodukte U_E die innere Energie der Ausgangsstoffe U_A der chemischen Reaktion abzieht.

Änderung der inneren Energie

$$\Delta U = U_E - U_A$$

Reaktionsenergie, Reaktionsenthalpie

Je nach den Bedingungen bei einer Reaktion unterscheidet man zwei Arten der Änderung der inneren Energie:

Die Änderung der inneren Energie ΔU bei einer chemischen Reaktion bei konstantem Volumen wird als **Reaktionswärme** oder als **Reaktionsenergie ΔU** (reaction energy) bezeichnet.

Die Reaktionswärme, die bei einer chemischen Reaktion unter konstantem Druck frei wird oder zugeführt werden muss, bezeichnet man als **Reaktionsenthalpie $\Delta_r H$** (reaction enthalpy).

Reaktionswärme bei konstantem Volumen	=	Reaktionsenergie ΔU
Reaktionswärme bei konstantem Druck	=	Reaktionsenthalpie $\Delta_r H$

Da die meisten chemischen Reaktionen bei konstantem Druck ablaufen, hat die Reaktionsenthalpie $\Delta_r H$ eine große Bedeutung. Sie wird in kJ pro Mol Stoffumsatz angegeben.

Reaktionsenthalpie bei Gasreaktionen

$$\Delta_r H = \Delta U + p \cdot \Delta V$$
$$\Delta_r H = \Delta U + R \cdot T \cdot \Delta n$$

Die Reaktionsenthalpie $\Delta_r H$ unterscheidet sich von der Reaktionsenergie ΔU durch die Volumenarbeit $p \cdot \Delta V$. Diese muss bei Gasreaktionen verrichtet werden, um gegen den Umgebungsdruck Raum für die freigesetzte Gasportion zu schaffen. Der Wert $p \cdot \Delta V$ hängt von der Änderung der Stoffmenge Δn der Gase während der Reaktion ab. Mit der allgemeinen Gasgleichung $p \cdot \Delta V = n \cdot R \cdot T$ folgt bei konstanter Temperatur: $p \cdot \Delta V = \Delta n \cdot R \cdot T$

Standard-Reaktionsenthalpien $\Delta_r H^o$ gelten für Reaktionen bei Standard-Bedingungen (T_0 = 298 K ≙ 25 °C, p_0 = 1013 hPa). Sie werden auf die in der Reaktionsgleichung umgesetzten Stoffmengen n(X) der Edukte und der Produkte bezogen und in Kilojoule (kJ) angegeben (siehe folgende Beispiele).

Beispiel für eine exotherme Reaktion:	**Beispiel für eine endotherme Reaktion:**
$2\,H_2O_{2(l)} \longrightarrow 2\,H_2O_{(l)} + O_{2(g)}$ I $\Delta_r H^o = -196$ kJ	$CO_{2(g)} + H_{2(g)} \longrightarrow CO_{(g)} + H_2O_{(g)}$ I $\Delta_r H^o = 41{,}2$ kJ
Hat die Reaktionsenthalpie ein **negatives** Vorzeichen, liegt eine **exotherme** Reaktion vor, d.h., es wird Wärmeenergie an die Umgebung abgegeben.	Hat die Reaktionsenthalpie ein **positives** Vorzeichen, liegt eine **endotherme** Reaktion vor, d.h., das Reaktionssystem nimmt Wärmeenergie aus der Umgebung auf.

Die Reaktionsenthalpie $\Delta_r H^\circ$ einer chemischen Reaktion bei Standardbedingungen wird berechnet, indem von der Summe der Standard-Bildungsenthalpien $\Delta_f H^\circ$ der **Endprodukte E** die Summe der Standard-Bildungsenthalpien $\Delta_f H^\circ$ der **Ausgangsstoffe A** abgezogen wird (f für englisch formation = Bildung).

Die **Standard-Bildungsenthalpie $\Delta_f H^\circ$** ist die Energie, die bei der Bildung von einem Mol einer Verbindung frei wird (negatives Vorzeichen) oder zur Bildung aufgewendet werden muss (positives Vorzeichen).

In der nebenstehenden **Tabelle** sind die Standard-Bildungsenthalpien $\Delta_f H^\circ$ einiger Stoffe angegeben. Sie sind auf den Standard-Zustand $T = 298$ K ($\vartheta = 25$°C) und $p = 1013$ mbar bezogen. Der Aggregatzustand ist im Index angegeben.

Die Standard-Bildungsenthalpien von Elementen sind definitionsgemäß gleich null, z.B. $\Delta_f H^\circ(O_2) = 0$ kJ/mol.

Die Größe der Standard-Bildungsenthalpie eines Stoffes ist ein Maß für seine Stabilität. Verbindungen mit großen negativen Standard-Bildungsenthalpien sind am stabilsten.

Nach dem Gesetz von der Erhaltung der Energie ist die Bildungsenthalpie eines Stoffes gleich dessen Zersetzungsenthalpie mit umgekehrtem Vorzeichen.

Beispiel 1:
In einem Experiment für die Oxidation von Schwefeldioxid im Bombenkalorimeter (p = konst.) **(Bild 1)** betrug die Änderung der inneren Energie bei $\vartheta = 25$°C $\Delta U = -194{,}1$ kJ. Wie groß ist die Reaktionsenthalpie?

Lösung:
Reaktionsgleichung:
$2\,SO_2 + O_2 \longrightarrow 2\,SO_3$

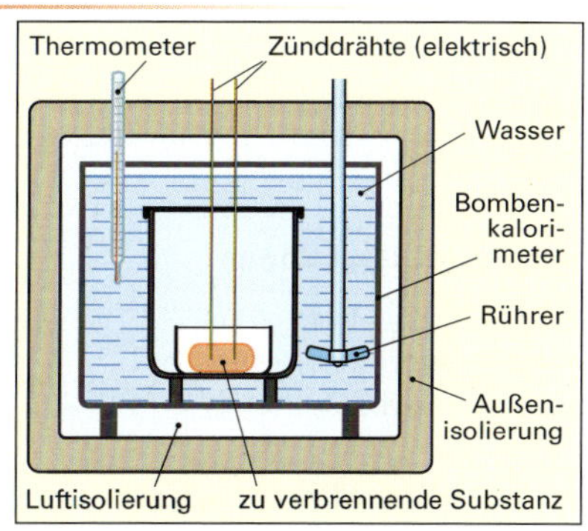

Bild 1: Verbrennen einer Probe im Bombenkalorimeter

mit $\Delta n = n(SO_3) - (n(SO_2) + n(O_2)) = n(SO_3) - n(SO_2) - n(O_2)$
$\Delta n = 2\text{ mol} - 2\text{ mol} - 1\text{ mol} = -1\text{ mol}$
$R = 8{,}314\text{ J/(mol}\cdot\text{K)}$ sowie $T = 298$ K
folgt mit $\Delta_r H = \Delta U + R \cdot T \cdot \Delta n$

Für 1 mol Stoffumsatz gilt:
$\boldsymbol{\Delta_r H^\circ} = -194{,}1\text{ kJ} + 8{,}314\text{ J/(mol}\cdot\text{K)} \cdot 298\text{ K} \cdot (-1\text{ mol}) \approx \mathbf{-197\text{ kJ}}$

Berechnung der Reaktionsenthalpie $\Delta_r H^\circ$ aus den Standard-Bildungsenthalpien $\Delta_f H^\circ$

$$\Delta_r H^\circ = \sum_E n \cdot \Delta_f H^\circ - \sum_A n \cdot \Delta_f H^\circ$$

Tabelle: Standard-Bildungsenthalpien $\Delta_f H^\circ$

Stoff	$\Delta_f H^\circ$ kJ/mol
$SO_{2(g)}$	−296,9
$NH_{3(g)}$	−46,2
$HCl_{(g)}$	−92,3
$CO_{(g)}$	−110,5
$CO_{2(g)}$	−393,5
$H_2O_{(g)}$	−241,8
$H_2O_{(l)}$	−285,9
$CH_{4(g)}$	−74,9
$CH_3OH_{(l)}$	−238,6
$CH_3OH_{(g)}$	−201,3
$CH_3COOH_{(l)}$	−487,0
$C_2H_5OH_{(l)}$	−277,6
$NH_4Cl_{(s)}$	−315,4
$NaCl_{(s)}$	−411,0
$CaCl_{2(s)}$	−794,8
$OH^-_{(aq)}$	−230,0
$H^+_{(aq)}$, $H_3O^+_{(aq)}$	0
$Na^+_{(aq)}$	−239,7
$Ca^{2+}_{(aq)}$	−542,9
$Cl^-_{(aq)}$	−167,4
$NH^+_{4(aq)}$	−132,8

Bild 2: Verbrennen von Methan

Beispiel 2: Berechnung der Reaktionsenthalpie $\Delta_r H^\circ$ bei der vollständigen Verbrennung von 1 mol Methan **(Bild 2)**.

Lösung: Reaktionsgleichung: $CH_4 + 2\,O_2 \longrightarrow CO_2 + 2\,H_2O_{(g)}$

$$\Delta_r H^\circ = \sum_E n \cdot \Delta_f H^\circ - \sum_A n \cdot \Delta_f H^\circ$$

$$\Delta_r H^\circ = n(CO_2) \cdot \Delta_r H^\circ(CO_2) + n(H_2O_{(g)}) \cdot \Delta_r H^\circ(H_2O_{(g)}) - [n(CH_4) \cdot \Delta_r H^\circ(CH_4) + n(O_2) \cdot \Delta_r H^\circ(O_2)]$$

$$\Delta_r H^\circ = 1\text{ mol} \cdot \left(-393{,}5\,\frac{\text{kJ}}{\text{mol}}\right) + 2\text{ mol} \cdot \left(-241{,}8\,\frac{\text{kJ}}{\text{mol}}\right) - \left[1\text{ mol} \cdot \left(-74{,}9\,\frac{\text{kJ}}{\text{mol}}\right) + 2\text{ mol} \cdot \left(0\,\frac{\text{kJ}}{\text{mol}}\right)\right]$$

$$\boldsymbol{\Delta_r H^\circ} = -393{,}5\text{ kJ} - 483{,}6\text{ kJ} + 74{,}9\text{ kJ} + 0\text{ kJ} = \mathbf{-802{,}2\text{ kJ}}$$

Beispiel 3: Mithilfe der in der Tabelle, Seite 429, angegebenen Standard-Bildungsenthalpien $\Delta_f H^o$ soll die Neutralisationsenthalpie bei der Neutralisation von Salpetersäure mit Kalilauge berechnet werden.

Lösung: Reaktionsgleichung als Ionengleichung: $K^+_{(aq)} + OH^-_{(aq)} + H_3O^+_{(aq)} + NO^-_{3(aq)} \longrightarrow K^+_{(aq)} + NO^-_{3(aq)} + 2\,H_2O_{(l)}$

Wie die Reaktionsgleichung zeigt, beteiligen sich die Anionen starker Säuren und die Kationen starker Basen nicht an der Neutralisation. Aus diesem Grund ist die Neutralisationsenthalpie bei der Neutralisation von starken Säuren mit starken Basen, unabhängig von der Stoffart, immer gleich. Sie ist mit der Bildungsenthalpie des Wassers aus seinen Ionen identisch: $H_3O^+_{(aq)} + OH^-_{(aq)} \longrightarrow 2\,H_2O_{(l)}$

Es gilt allgemein: $\Delta_r H^o = \sum_E n \cdot \Delta_f H^o - \sum_A n \cdot \Delta_f H^o$

Mit den Standard-Bildungsenthalpien der Wasserbestandteile folgt:

$$\Delta_r H^o = n(H_2O_{(l)}) \cdot \Delta_f H^o(H_2O_{(l)}) - [n(H_3O^+) \cdot \Delta_f H^o(H_3O^+) + n(OH^-) \cdot \Delta_f H^o(OH^-)]$$

$$\mathbf{\Delta_r H^o} = 2\text{ mol} \cdot (-285{,}9\text{ kJ/mol}) - [1\text{ mol} \cdot (0\text{ kJ/mol}) + 1\text{ mol} \cdot (-230{,}0\text{ kJ/mol})] = \mathbf{341{,}8\text{ kJ}}$$

Beispiel 4: Mithilfe der in Tabelle, Seite 429, angegebenen Standard-Bildungsenthalpien $\Delta_f H^o$ soll überprüft werden, ob beim Lösen von Ammoniumchlorid NH_4Cl in Wasser eine Abkühlung oder Erwärmung eintritt.

Lösung: Reaktionsgleichung: $NH_4Cl_{(s)} \xrightarrow{H_2O} NH^+_{4(aq)} + Cl^-_{(aq)}$

Es gilt allgemein: $\Delta_r H^o = \sum_E n \cdot \Delta_f H^o - \sum_A n \cdot \Delta_f H^o$

Mit den Standard-Bildungsenthalpien der beim Lösen entstehenden Ionen folgt:

$$\Delta_r H^o = n(NH^+_{4(aq)}) \cdot \Delta_f H^o(NH^+_{4(aq)}) + n(Cl^-_{(aq)}) \cdot \Delta_f H^o(Cl^-_{(aq)}) - n(NH_4Cl_{(s)}) \cdot \Delta_f H^o(NH_4Cl_{(s)})$$

$$\mathbf{\Delta_r H^o} = 1\text{ mol} \cdot (-132{,}8\text{ kJ/mol}) + 1\text{ mol} \cdot (-167{,}4\text{ kJ/mol}) - 1\text{ mol} \cdot (-315{,}4\text{ kJ/mol}) = \mathbf{15{,}2\text{ kJ}}$$

Da die Lösungsenthalpie **positiv** ist, erfolgt beim Lösen von Ammoniumchlorid in Wasser eine **Abkühlung** (endotherme Reaktion).

Aufgaben zu Reaktionswärmen bei chemischen Reaktionen

1. In einer Schwefelsäure-Produktionsanlage werden im ersten Verfahrensschritt in einem Verbrennungsofen stündlich 8,5 t Schwefel zu Schwefeldioxid SO_2 verbrannt **(Bild 1).** Reaktionsgleichung:

   $S_{(l)} + O_{2(g)} \longrightarrow SO_{2(g)} \mid \Delta_r H^o = -296{,}9\text{ kJ/mol}$

   Die dabei entstehende Wärmeenergie wird in einem Abhitzekessel zur Dampferzeugung genutzt.

   Welche Wärmemenge steht im Abhitzekessel zur Dampferzeugung zur Verfügung, wenn 90 % der Verbrennungswärme genutzt werden können?

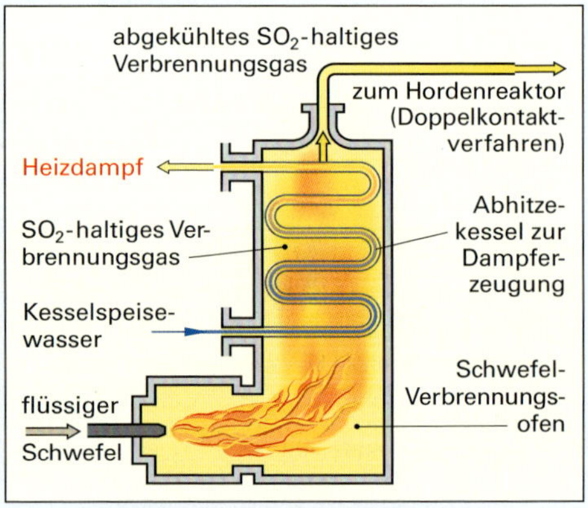

Bild 1: Wärmenutzung bei der Schwefelverbrennung zu Schwefeldioxid (Aufgabe 1)

2. Essigsäure wird großtechnisch durch CoI_2-katalysierte Flüssigphasen-Hochdruck-Carbonylierung von Methanol CH_3OH zu Kohlenmonoxid CO nach folgender Reaktionsgleichung hergestellt:

   $CH_3OH_{(l)} + CO_{(g)} \xrightarrow[CoI_2]{250\,°C,\ 680\text{ bar}} CH_3COOH_{(l)}$

   Berechnen Sie die Reaktionsenthalpie der Reaktion aus den Standard-Bildungsenthalpien.

3. Berechnen Sie mit den in Tabelle, Seite 429, angegebenen Werten der Standard-Bildungsenthalpien:

   a) Die Verdampfungsenthalpie des Wassers in kJ/mol und kJ/kg

   b) Die Verbrennungsenthalpie der vollständigen Verbrennung von Ethanol gemäß der Reaktionsgleichung: $C_2H_5OH_{(l)} + 3\,O_{2(g)} \longrightarrow 2\,CO_{2(g)} + 3\,H_2O_{(l)}$

4. Bei der Reaktion von 0,2256 g Zink mit Salzsäure im Kippschen Apparat **(Bild 1)** wurden 80,0 mL trockener Wasserstoff bei einem Druck von 1025 mbar entwickelt.
$Zn_{(s)} + 2\,HCl_{(aq)} \longrightarrow ZnCl_{2(aq)} + H_{2(g)} \mid \Delta_r H^\circ = -152{,}53\ kJ/mol$
Berechnen Sie die Änderung der Reaktionsenergie der Reaktion.

5. Die Neutralisationsreaktion von Salzsäure mit Natronlauge erfolgt nach der Ionen-Reaktionsgleichung:
$H_3O^+_{(aq)} + Cl^-_{(aq)} + Na^+_{(aq)} + OH^-_{(aq)} \longrightarrow 2\,H_2O_{(l)} + Na^+_{(aq)} + Cl^-_{(aq)}$
Berechnen Sie mithilfe der in der Tabelle, Seite 301, angegebenen Standard-Bildungsenthalpien $\Delta_f H^\circ$ die Neutralisationsenthalpie von Salzsäure mit Natronlauge.

6. Bei der großtechnischen Herstellung von Ammoniak werden im ersten Verfahrensschritt in einem Primärreformer pro Sekunde 2,4 m^3 Methan mit Wasserdampf zu Kohlenmonoxid und Wasserstoff umgesetzt **(Bild 2)**:
$CH_{4(g)} + H_2O_{(g)} \longrightarrow CO_{(g)} + 3\,H_{2(g)} \mid \Delta_r H^\circ = 206{,}2\ kJ/mol$
Welche Verbrennungswärme muss dem Primärreformer pro Sekunde zugeführt werden?

7. Die Neutralisationswärme der Reaktion von Ammoniak-Lösung mit Salzsäure beträgt: $\Delta_r H^\circ = -51{,}4$ kJ/mol.
Mit welcher Temperaturänderung ist bei der Neutralisation ungefähr zu rechnen, wenn jeweils 100 mL der Lösungen mit Stoffmengenkonzentrationen von $c = 200$ mmol/L neutralisiert werden?

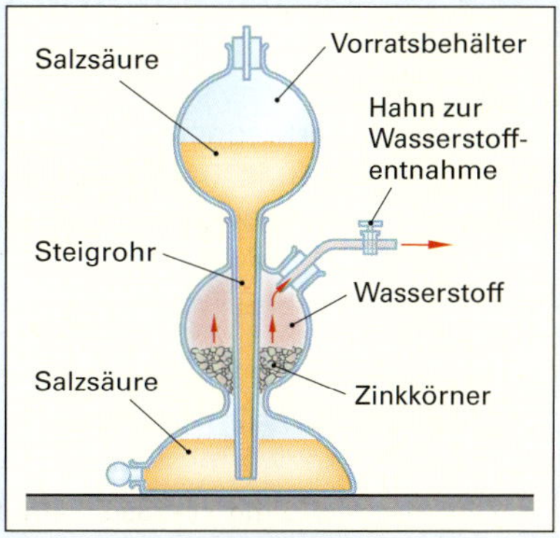

Bild 1: Wasserstofferzeugung im Kippschen Apparat (Aufgabe 4)

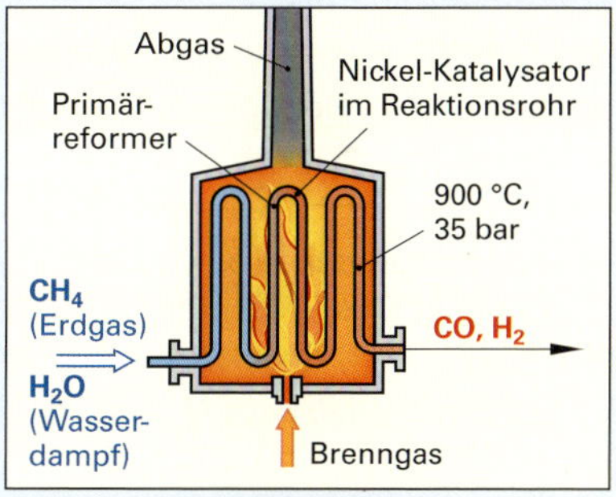

Bild 2: Reaktion im Primärreformer einer Ammoniakfabrik (Aufgabe 6)

8. Berechnen Sie die Lösungsenthalpien folgender Salze in Wasser:
a) Natriumnitrat $NaNO_3$: $\Delta_f H^\circ(NaNO_{3(s)}) = -467$ kJ/mol, $\Delta_f H^\circ(NO^-_{3(aq)}) = -207$ kJ/mol
b) Calciumchlorid $CaCl_2$: $\Delta_f H^\circ(CaCl_{2(s)}) = -795$ kJ/mol, $\Delta_f H^\circ(Ca^{2+}_{(aq)}) = -543$ kJ/mol

9. Zur Herstellung einer Natriumnitrat-Lösung mit dem Massenanteil $w(NaNO_3) = 16{,}0\ \%$ werden 160 g Natriumnitrat in 840 g Wasser gelöst. Dabei kühlt sich die Lösung ab.
Die Stoffdaten sind:
$\Delta_r H^\circ(NaNO_{3(aq)}) = 20{,}8$ kJ/mol, $c(NaNO_3\text{-Lsg}) = 3{,}64$ kJ/(kg · K), $M(NaNO_3) = 84{,}995$ g/mol
Um wie viel Grad kühlt sich die Lösung ab?

10. Bei einem Unterrichtsversuch werden in einem Polystyrolbecher mit 150 mL Wasser 3,0 g Natriumhydroxid NaOH gelöst. Die Temperatur steigt dabei von 18,0 °C auf 23,0 °C an. Wie groß ist die Lösungsenthalpie des Natriumhydroxids? (Wärmeverluste bleiben unberücksichtigt.)

11. In einer Kolonne zur Herstellung von Salzsäure **(Bild 3)** werden stündlich 3500 kg HCl-Gas in Wasser absorbiert:
$HCl_{(g)} + H_2O_{(l)} \longrightarrow H_3O^+_{(aq)} + Cl^-_{(aq)}$
Welche Wärmemenge wird dabei stündlich freigesetzt?
Die Standardbildungsenthalpien sind:
$\Delta_f H^\circ(HCl_{(g)}) = -92{,}3$ kJ/mol; $\Delta_f H^\circ(H_2O_{(l)}) = -285{,}9$ kJ/mol;
$\Delta_f H^\circ(H_3O^+_{(aq)}) = 0$ kJ/mol; $\Delta_f H^\circ(Cl^-_{(aq)}) = -167{,}4$ kJ/mol;

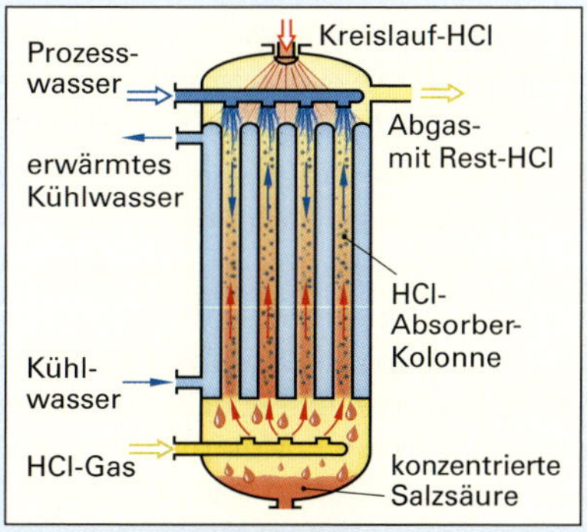

Bild 3: Salzsäure-Herstellung (Aufgabe 11)

13

13.9 Heizwert und Brennwert von Brennstoffen

In der Chemieindustrie wird in vielen Betrieben Wärmeenergie durch Verbrennen fossiler Brennstoffe bereitgestellt. So wird z.B. in **Dampferzeugern** Sattdampf oder überhitzter Wasserdampf erzeugt **(Bild 1)**. Der Dampferzeuger besitzt einen Flammenraum, der von einem Wassertopf mit Verdampfungsraum umgeben ist. Das Heizmittel (Erdgas oder Heizöl) wird in den Flammenraum eingespeist und verbrennt. Dabei gibt es die Verbrennungswärme ab. In den Wassertopf strömt von unten vorgewärmtes Kesselspeisewasser. Es erwärmt sich, verdampft und verlässt den Dampferzeuger als Heizdampf. Er wird in isolierten Dampfleitungen zu den Verbrauchsstellen im Betrieb geleitet.

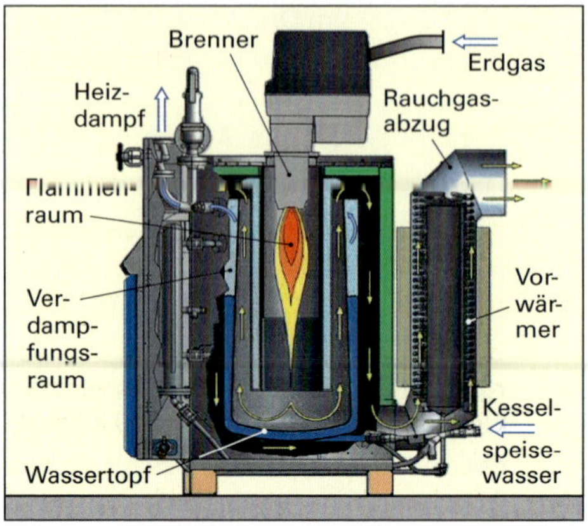

Bild 1: Verbrennung von Erdgas im Dampferzeuger

Das wesentliche Merkmal für die Ergiebigkeit eines Brennstoffes ist die bei seiner Verbrennung maximal nutzbare Verbrennungswärme.

Bei der Verbrennung reagiert der Brennstoff mit dem Sauerstoff der Luft. Bei Erdgas z.B. nach der Reaktionsgleichung:

$$CH_4 + 2\,O_2 \longrightarrow CO_2 + 2\,H_2O$$

Je nachdem, ob das in den Verbrennungsabgasen enthaltene Reaktionswasser als Wasserdampf oder flüssig als Kondensat vorliegt, werden zwei Kennwerte unterschieden.

Der **spezifische Heizwert H_i** (i von lateinisch inferior = unterer) gibt die pro Kilogramm bzw. Kubikmeter maximal nutzbare Wärmeenergie eines Brennstoffs an, wenn entstandenes Reaktionswasser mit den Verbrennungsabgasen als Wasserdampf entweicht.

Der **spezifische Brennwert H_s** (s von lateinisch superior = oberer) ist die pro Kilogramm bzw. Kubikmeter maximal nutzbare Wärmeenergie, wenn das entstandene Reaktionswasser in den auf 25 °C abgekühlten Verbrennungsgasen als Kondenswasser niedergeschlagen und die Kondensationswärme genutzt wird.

Der spezifische Brennwert H_s ist die Summe aus dem spezifischen Heizwert H_i und der Kondensationswärme des Reaktionswassers.

Die spezifischen Heiz- und Brennwerte sind bei festen und flüssigen Brennstoffen auf 1 kg bei 25 °C und bei gasförmigen Brennstoffen auf 1 m³ bei Normbedingungen (0 °C, 1013 mbar) bezogen **(Tabelle)**.

Der spezifische Brennwert für feste und flüssige Brennstoffe H_s ist nach DIN 5499 der Quotient aus der negativen Reaktionsenthalpie $\Delta_r H^0$ und der Masse des Brennstoffes (siehe rechts). Sein Einheitenzeichen ist kJ/kg oder kWh/kg.

Der spezifische Brennwert für gasförmige Brennstoffe $H_{s,n}$ ist der Quotient aus der negativen Reaktionsenthalpie $\Delta_r H^0$ und dem Normvolumen V_n des Brennstoffes (siehe rechts). Sein Einheitenzeichen ist kJ/m³ oder kWh/m³.

Die **Wärmemenge Q**, die technisch beim Verbrennen einer Brennstoffportion in einer Feuerungsanlage gewonnen werden kann, berechnet sich durch Multiplikation des spezifischen Heizwertes H_i bzw. des spezifischen Brennwertes H_s mit der Masse m der Brennstoffportion und dem Wirkungsgrad η der Anlage (siehe rechts). Entsprechend ist bei Einsatz gasförmiger Brennstoffe mit dem Volumen V_n der Brennstoffportion zu multiplizieren.

Tabelle: Spezifische Heizwerte H_i und spezifische Brennwerte H_s verschiedener Brennstoffe

Feste und flüssige Brennstoffe	H_i MJ/kg	H_s MJ/kg
Holz	15	
Braunkohle	20	
Koks	29,3	
Steinkohle	31,8	
Anthrazitkohle	33,5	
Heizöl EL	42,7	45,4
Benzin	42,5	46,7
Ethanol	26,8	29,9
Petroleum	40,8	42,9
Gasförmige Brennstoffe	**$H_{i,n}$ MJ/m³**	**$H_{s,n}$ MJ/m³**
Erdgas Typ H	37,3	41,3
Methan	35,8	39,9
Propan	92,9	100,9

Spezifischer Brennwert H_s

für Flüssigkeiten und Feststoffe

$$H_s = \frac{-\Delta_r H^0}{m}$$

für gasförmige Brennstoffe

$$H_{s,n} = \frac{-\Delta_r H^0}{V_n}$$

Technisch nutzbare Wärmemenge flüssiger und gasiger Brennstoffe

$$Q = m \cdot H_s \cdot \eta \qquad Q = V_n \cdot H_{s,n} \cdot \eta$$

Beispiel 1: Die molare Reaktionsenthalpie bei der Verbrennung von Ethan C_2H_6 beträgt $\Delta_r H^\circ = -1427{,}4$ kJ/mol. Welchen Heizwert $H_{s,n}$ hat Ethan?

Lösung: $\boldsymbol{H_{s,n}} = \frac{-\Delta_r H^\circ}{V_{m,n}} = \frac{-(-1427{,}4)\ \text{kJ/mol}}{22{,}41\ \text{L/mol}} = +63{,}6947\ \text{kJ/L} \approx \mathbf{+63{,}69\ MJ/m^3}$

Beispiel 2: In einem 770 MW-Steinkohlekraftwerk werden pro Stunde 160 t Anthrazitkohle verbrannt. Der spezifische Heizwert der Steinkohle ist 31,8 MJ/kg, der thermische Wirkungsgrad des Steinkohlekraftwerks beträgt 90 %. Welche Wärmemenge steht im Kesselhaus zur Dampferzeugung zur Verfügung?

Lösung: $\boldsymbol{Q} = m \cdot H_i \cdot \eta = 160 \cdot 10^3\ \text{kg} \cdot 4{,}58\ \text{MJ/kg} \cdot 0{,}90 = 4579{,}2 \cdot 10^3\ \text{MJ} \approx \mathbf{4{,}58\ GJ}$

Aufgaben zum Heizwert und Brennwert von Brennstoffen

1. Acetylen wird zur Verbrennung in Autogen-Schweißbrennern eingesetzt **(Bild 1)**. Es verbrennt mit der Reaktionsenthalpie $\Delta_r H^\circ = -1300$ kJ/mol.
   Welcher auf das Normvolumen bezogene Brennwert $H_{s,n}$ ergibt sich aus dieser Angabe?
2. Bei der Verbrennung von 5,0 mL Heizöl der Dichte 0,845 g/cm³ in einem Kalorimeter (Bild 1, Seite 425) wurde die Wärmemenge 1,81 kJ erzeugt. Wie groß ist der spezifische Heizwert H_i des Heizöls?
3. In einem Heizkessel werden pro Minute 250 L Wasser von 15,5 °C auf eine Brauchwassertemperatur von 65 °C erwärmt. Wie viel Liter Heizöl mit einem spezifischen Heizwert $H_i = 40{,}2$ MJ/kg müssen dafür pro Minute im Heizkesselbrenner verbrannt werden? Der Wirkungsgrad beträgt 87 %.
4. Ein Kohlekraftwerkskessel wird mit Kohlestaubverbrennung betrieben **(Bild 2)**. Pro Stunde werden 220 t Kohlestaub verbrannt. Der Wirkungsgrad der Anlage beträgt 87,4 %.
   Welche Wärmemenge wird stündlich im Kraftwerk erzeugt?
5. In einem Bombenkalorimeter (Bild 1, Seite 429) werden 1,50 g Kohlestaub verbrannt. Die Verbrennungswärme erwärmt 280 g Kühlwasser von 18,3 °C auf 45,5 °C. Der Wirkungsgrad der Verbrennung ist 94,5 %.
   Wie groß ist der spezifische Heizwert der Kohle?
6. In einem Drehrohrtrockner **(Bild 3)** werden durch Verbrennen von Erdgas-Typ H 180 m³ Trocknungsluft pro Stunde erzeugt. Die Luft wird dabei von 20 °C auf 60 °C erhitzt; ihre spezifische Wärmekapazität beträgt 1,01 kJ/(kg·K). Der Heizwert des Erdgases beträgt $H_{i,n} = 37{,}3$ MJ/m³. Der Wirkungsgrad der Anlage ist 84 %.
   Wie viel Kubikmeter Erdgas werden stündlich verbraucht?
7. In einem Dampfkessel werden stündlich 1500 kg Braunkohle mit dem spezifischen Heizwert $H_i = 23{,}5$ MJ/kg verbrannt. Der Wirkungsgrad der Anlage beträgt 81 %.
   Welche Masse an Wasser von 12 °C kann die freigesetzte Wärmemenge zum Sieden erhitzen und bei 1013 bar Umgebungsdruck verdampfen?

Bild 1: Verbrennen von Acetylen im Schweißbrenner (Aufgabe 1)

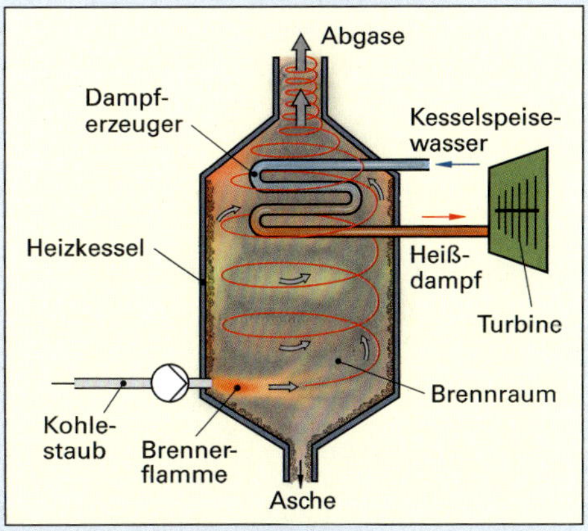

Bild 2: Kohlestaubverbrennung im Kraftwerks-Heizkessel (Aufgabe 4)

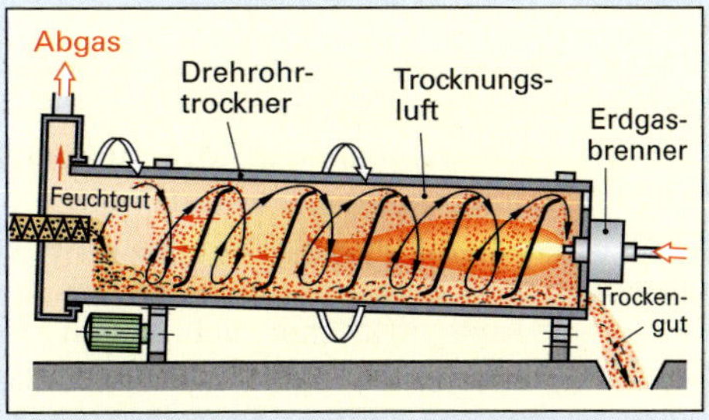

Bild 3: Erdgasverbrennung im Drehrohrtrockner (Aufgabe 6)

13

13.10 Neutralisationsenthalpie

Die Neutralisation ist eine häufig im Labor durchgeführte Ionenreaktion in wässriger Lösung **(Bild 1)**.

Bei der Neutralisation werden äquimolare Mengen an Säure und Base zusammengegeben. Dabei gehen die typischen Eigenschaften dieser Stoffe verloren, weil die Wasserstoff-Ionen der Säure als Oxonium-Ionen mit den Hydroxid-Ionen der Base unter Bildung von Wasser reagieren.

Beispiel: $K^+_{(aq)} + OH^-_{(aq)} + H_3O^+_{(aq)} + NO^-_{3(aq)} \longrightarrow K^+_{(aq)} + 2\,H_2O_{(l)} + NO^-_{3(aq)} \mid \Delta_r H_N = -57{,}36$ kJ/mol

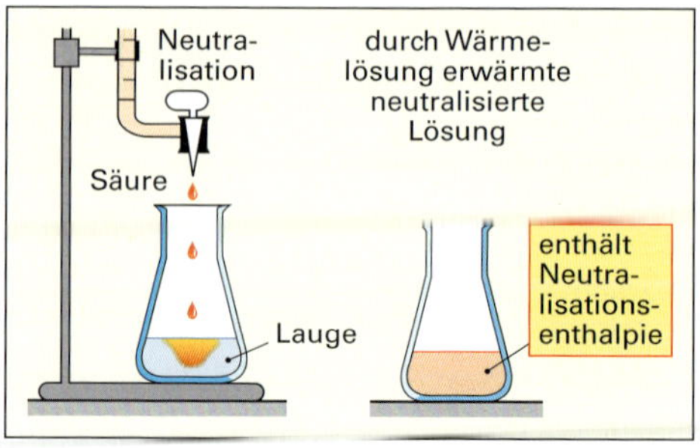

Bild 1: Wärmetönung bei der Neutralisation

Die hierbei freigesetzte Wärmemenge wird als **Neutralisationsenthalpie $\Delta_r H_N$** (neutralization enthalpy) bezeichnet. Sie entspricht der Differenz zwischen dem Wärmeinhalt der neutralisierten Lösung und der Summe der Wärmeinhalte der Ausgangslösungen.

Wie die Reaktionsgleichung zeigt, beteiligen sich die Anionen starker Säuren und die Kationen starker Basen nicht an der Neutralisation. Aus diesem Grund ist die Neutralisationsenthalpie bei der Neutralisation von starken Säuren mit starken Basen, unabhängig von der Stoffart, immer gleich. Sie beträgt $\Delta_r H_N = -57{,}36$ kJ/mol und ist mit der Bildungsenthalpie des Wassers aus seinen Ionen identisch:

$$H_3O^+ + OH^- \longrightarrow 2\,H_2O \mid \Delta_r H_N = -57{,}36 \text{ kJ/mol}$$

Beispiel: Bei der Neutralisation von 100 mL Kalilauge mit 100 mL Salzsäure mit einer Stoffmengenkonzentration von jeweils 100 mmol/L wurde in einem Kalorimeter eine Temperaturänderung von 0,66 °C gemessen. Wie groß ist die Neutralisationswärme? Weitere Angaben: Wärmekapazität des Kalorimeters $C_K = 43{,}8$ J/K, spezifische Wärmekapazität der Lösung: c(KCl-Lsg.) = 4,00 kJ/(kg · K), ϱ(KCl-Lsg.) = 1,02 g/mL.

Lösung: Die Neutralisationswärme wird an das Kalorimeter und die darin enthaltene Kaliumchlorid-Lösung abgegeben.

$Q = \Delta_r H_N = -c \cdot m \cdot \Delta\vartheta - C_K \cdot \Delta\vartheta$, mit $m = \varrho \cdot V$ folgt $Q = -c \cdot \varrho \cdot V \cdot \Delta\vartheta - C_K \cdot \Delta\vartheta$

$\Delta_r H_N = -4{,}00 \text{ kJ/(kg} \cdot \text{K)} \cdot 1{,}02 \text{ kg/L} \cdot 0{,}200 \text{ L} \cdot 0{,}66 \text{ K} - 0{,}0438 \text{ kJ/K} \cdot 0{,}66 \text{ K} = -0{,}53856 \text{ kJ} - 0{,}02891 \text{ kJ}$

$\Delta_r H_N \approx -0{,}557$ kJ pro 10 mmol Formelumsatz, $\Rightarrow$ $\boldsymbol{\Delta_r H_N = -57}$ **kJ/mol**

Aufgaben zu Neutralisationsenthalpie

1. Die Neutralisationswärme der Reaktion von Ammoniak-Lösung mit Salzsäure beträgt –51,4 kJ/mol. Mit welcher Temperaturänderung ist bei der Neutralisation ungefähr zu rechnen, wenn jeweils 100 mL der Lösungen mit Stoffmengenkonzentrationen von c = 200 mmol/L neutralisiert werden?
2. Bei der Reaktion von 50,0 mL Schwefelsäure ($c(\frac{1}{2}\,H_2SO_4)$ = 1,00 mol/L, ϱ = 1,02 g/mL) mit 50,0 mL Kalilauge (c(KOH) = 1,00 mol/L, ϱ = 1,04 g/mL) wird in einem Kalorimeter mit einer Wärmekapazität von C_K = 44,2 J/K eine Temperaturänderung von 7,70 °C gemessen. Formulieren Sie die Stoff- und Ionengleichung der Neutralisationsreaktion und berechnen Sie die spezifische Wärmekapazität der entstehenden Lösung.

13

13.11 Lösungsenthalpie

In Feststoffen liegen die Teilchen gebunden in einem Kristallgitter vor **(Bild 2)**. Sie werden durch starke Kohäsionskräfte zusammengehalten. Zum Auflösen des Kristallverbands ist folglich Energie erforderlich.

Beim Lösevorgang lagern sich Lösemittelteilchen insbesondere an den Ecken und Kanten an das Kristallgitter an, weil dort die Feststoffteilchen nicht so fest im Gitter gebunden sind. Die Feststoffteilchen werden von Lösemittelteilchen umgeben und aus dem Kristallverband herausgelöst. Der Vorgang wird **Lösevorgang** oder **Dissoziation** (solvation, dissociation) genannt.

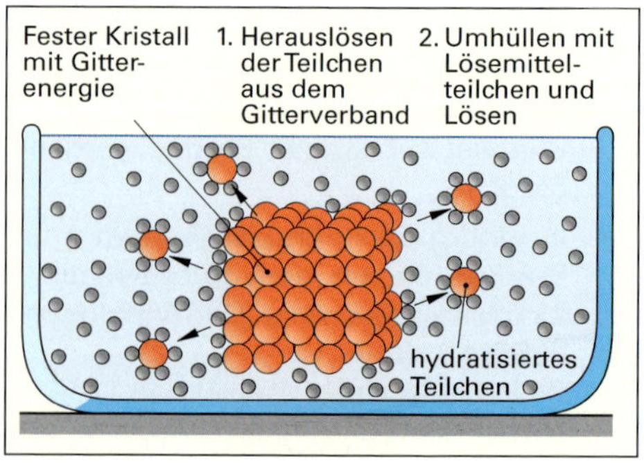

Bild 2: Dissoziationsvorgang (schematisch)

Die Aufspaltung des Kristallverbands ist ein endothermer Vorgang. Die dafür benötigte Energie ist so groß wie die Gitterenthalpie $\boldsymbol{\Delta H_G}$, die bei der Bildung des Kristallgitters frei wird.

Die aus dem Kristallverband herausgelösten Feststoffteilchen werden anschließend aufgrund der gegenseitigen Anziehungskräfte von den Lösemittelteilchen umhüllt. Dies ist ein exothermer Vorgang, auch da die Lösemittelmoleküle durch den Einbau in die Hülle, allgemein als Solvathülle bezeichnet, an Bewegungsenergie verlieren.

Wird Wasser als Lösemittel eingesetzt, nennt man diesen Vorgang **Hydratation** (hydration), die Lösemittelhülle **Hydrathülle** (hydrate shell) und die abgegebene Wärme **Hydratationsenthalpie** $\boldsymbol{\Delta H_H}$.

Die bei einem Lösevorgang auftretende Enthalpieänderung wird als **Lösungsenthalpie** $\boldsymbol{\Delta_r H_L}$ (solution enthalpy) bezeichnet. Die Lösungsenthalpie berechnet sich als Differenz aus den Beträgen der Gitterenthalpie ΔH_G und der Hydratationsenthalpie ΔH_H. Ist die Lösungsenthalpie negativ, so erwärmt sich die Lösung. Ist sie schwach positiv, so kühlt sich die Lösung beim Lösevorgang ab; ist sie stärker positiv, so löst sich der Kristall nicht auf.

Der Lösevorgang ist durch eine Reaktionsgleichung darstellbar. Wird Ammoniumchlorid in Wasser gelöst, lautet der Vorgang:

$$NH_4Cl_{(s)} \longrightarrow NH^+_{4(aq)} + Cl^-_{(aq)}$$

Aus der Reaktionsgleichung lässt sich die Lösungsenthalpie $\Delta_r H^\circ_L$ wie eine Reaktionsenthalpie aus den Standard-Bildungsenthalpien $\Delta_f H^\circ$ berechnen.

Lösungsenthalpie

$$\Delta_r H_L = |\Delta H_G| - |\Delta H_H|$$

$$\Delta_r H^\circ_L = \sum_E n \cdot \Delta_f H^\circ - \sum_A n \cdot \Delta_f H^\circ$$

E Endprodukte, A Ausgangsstoffe

Wärmetönung beim Lösen einer Stoffportion

$$Q_L = n \cdot \Delta_r H_L = \frac{m}{M} \cdot \Delta_r H_L$$

Beispiel: Berechnen Sie mithilfe der in Tabelle Seite 429 angegebenen Standard-Bildungsenthalpien, ob beim Lösen von Ammoniumchlorid in Wasser eine Abkühlung oder Erwärmung eintritt.

Lösung:

$$\Delta_r H^\circ_L = \sum_E n \cdot \Delta_f H^\circ - \sum_A n \cdot \Delta_f H^\circ$$

$$\Delta_r H^\circ_L = n(NH^+_{4(aq)}) \cdot \Delta_f H^\circ(NH^+_{4(aq)}) + n(Cl^-_{(aq)}) \cdot \Delta_f H^\circ(Cl^-_{(aq)}) - n(NH_4Cl_{(s)}) \cdot \Delta_f H^\circ(NH_4Cl_{(s)})$$

$$\boldsymbol{\Delta_r H^\circ_L} = 1\ \text{mol} \cdot (-132{,}8\ \text{kJ/mol}) + 1\ \text{mol} \cdot (-167{,}4\ \text{kJ/mol}) - 1\ \text{mol} \cdot (-315{,}4\ \text{kJ/mol}) = \mathbf{15{,}2\ kJ}$$

Da die Lösungswärme positiv ist, erfolgt beim Lösen von Ammoniumchlorid in Wasser eine Abkühlung.

Aufgaben zu Lösungsenthalpie

1. Berechnen Sie die Lösungsenthalpien folgender Salze in Wasser:
   a) Natriumnitrat $NaNO_3$; $\Delta_f H^\circ(NaNO_{3(s)}) = -467$ kJ/mol, $\Delta_f H^\circ(NO^-_{3(aq)}) = -207$ kJ/mol
   b) Calciumchlorid $CaCl_2$; $\Delta_f H^\circ(CaCl_{2(s)}) = -795$ kJ/mol, $\Delta_f H^\circ(Ca^{2+}_{(aq)}) = -543$ kJ/mol
2. Zur Herstellung einer Natriumnitrat-Lösung mit dem Massenanteil $w(NaNO_3) = 16{,}0$ % werden 160 g Natriumnitrat in 840 g Wasser gelöst. Um wie viel Grad kühlt sich die Lösung ab?
   $\Delta_r H^\circ_L(NaNO_3) = 20{,}8$ kJ/mol, $c(NaNO_3\text{-Lsg}) = 3{,}64$ kJ/(kg · K), $M(NaNO_3) = 84{,}995$ g/mol

13.12 Reaktionsenthalpie, Entropie, freie Reaktionsenthalpie

13

Reaktionsenthalpie

Die bei einer chemischen Reaktion aufgenommene oder abgegebene Wärmeenergie ist durch die **Reaktionsenthalpie** $\boldsymbol{\Delta_r H^\circ}$ gekennzeichnet. Stark exotherme Reaktionen laufen nach erfolgtem Start freiwillig und vollständig ab.

Dies ist z.B. bei der Knallgasreaktion der Fall: $2\,H_{2(g)} + O_{2(g)} \longrightarrow 2\,H_2O_{(l)}$ | $\Delta_r H^\circ = -285{,}9$ kJ

Bei der Knallgasreaktion wird pro ein Mol gebildetes Wasser 285,9 kJ Wärmeenergie freigesetzt **(Bild 1)**. Da das System Energie an die Umgebung abgibt, bezeichnet man den Vorgang als **exotherm**.

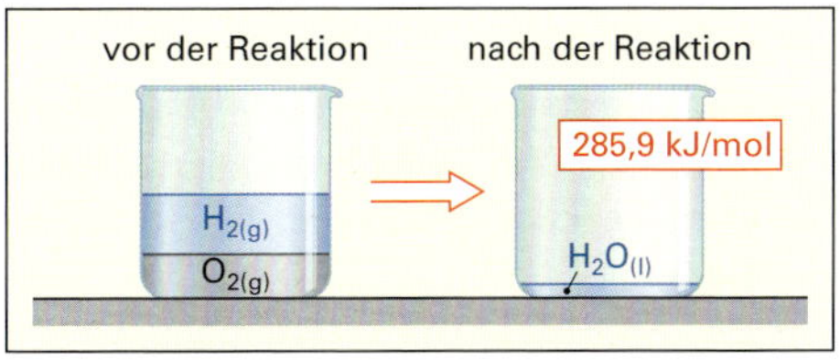

Bild 1: Freigesetzte Reaktionsenthalpie bei der Knallgasreaktion

Auch die Knallgasreaktion ist durch das Bestreben der Reaktionspartner nach einem Zustand möglichst geringer Enthalpie (Enthalpieminimum) gekennzeichnet. Darin liegt die **Triebkraft** (driving force) dieser Reaktion begründet.

Es gibt aber auch zahlreiche endotherme Vorgänge, die unter Aufnahme von Energie aus der Umgebung freiwillig und spontan ablaufen, wie beispielsweise das Lösen von kristallinem Ammoniumchlorid NH_4Cl in Wasser. $NH_4Cl_{(s)} \longrightarrow NH^+_{4(aq)} + Cl^-_{(aq)} \quad | \; \Delta_r H^\circ = +15{,}2\ \text{kJ}$

Entropie

Neben der Enthalpieänderung gibt es eine weitere Änderung im System, welche die Triebkraft einer Reaktion beeinflusst: Sie wird durch die **Entropie S** (entropy) gekennzeichnet.

Die **Entropieänderung $\Delta_r S^\circ$** einer Reaktion ist ein Maß für die *Unordnung* der Teilchen.

Jedes System strebt einem Zustand *maximaler Entropie* zu, d.h. dem Zustand, in dem seine Teilchen die *größte Unordnung* aufweisen.

Beispiel: Lösen von Ammoniumchlorid-Kristallen **(Bild 1)**

Beim Lösen gelangen die Ammoniumchlorid-Ionen aus dem Zustand hoher Ordnung im Kristallverband in den Zustand großer Unordnung als frei bewegliche hydratisierte Ionen in wässriger Lösung. Da das System in einen Zustand größerer Entropie (Unordnung) gelangt, bezeichnet man den Vorgang als **endotrop**.

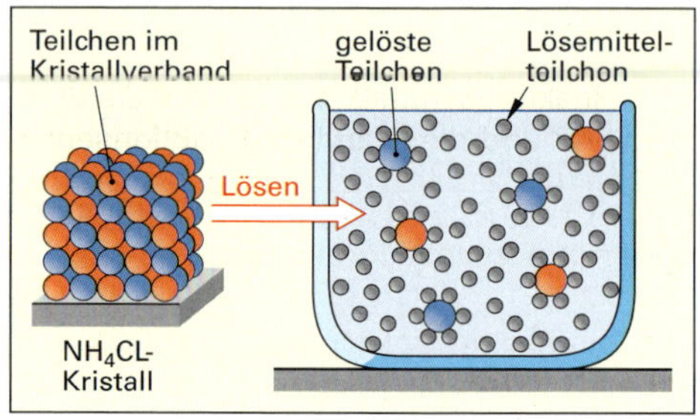

Bild 1: Steigerung der Entropie durch Erhöhung der Unordnung der Teilchen

Die Standardentropien der Stoffe können experimentell ermittelt werden. Die Tabelle auf Seite 437 zeigt die Standardentropien S° einiger Stoffe.

So wie die Reaktionsenthalpie $\Delta_r H^\circ$ (Seite 428) kann auch die Reaktionsentropie $\Delta_r S^\circ$ für Standardbedingungen aus den Standardentropien S° der Reaktanden mit nebenstehender Gleichung berechnet werden.

Standard-Reaktionsentropie

$$\Delta_r S^\circ = \sum_E n \cdot S^\circ - \sum_A n \cdot S^\circ$$

E Endprodukte, A Ausgangsstoffe

Beispiel 1: Mit welcher Entropieänderung ist die Knallgasreaktion verbunden? Was ist die Ursache?

Lösung: Mit den Standardentropien aus der Tabelle von Seite 437 und der Reaktionsgleichung folgt:

$$2\,H_{2(g)} + O_{2(g)} \longrightarrow 2\,H_2O_{(l)}$$

$$\Delta_r S^\circ = \sum_E n \cdot S^\circ - \sum_A n \cdot S^\circ = n(H_2O_{(l)}) \cdot S^\circ(H_2O_{(l)}) - [n(H_{2(g)}) \cdot S^\circ(H_{2(g)}) + n(O_{2(g)}) \cdot S^\circ(O_{2(g)})]$$

$$\boldsymbol{\Delta_r S^\circ} = 2\ \text{mol} \cdot 70\,\frac{\text{J}}{\text{mol} \cdot \text{K}} - \left(2\ \text{mol} \cdot 131\,\frac{\text{J}}{\text{mol} \cdot \text{K}} + 1\ \text{mol} \cdot 205\,\frac{\text{J}}{\text{mol} \cdot \text{K}}\right) = \mathbf{-327\,\frac{J}{K}}$$

Da die Entropieänderung negativ ist, erfolgt die Reaktion **exotrop**, d.h. unter starker **Abnahme der Entropie**. Das System geht aus einem Zustand großer Entropie (gasförmige Ausgangsstoffe) in einen Zustand geringerer Entropie (Endprodukt Wasser).

Die Enthalpie und die Entropie (Energiezustand und Ordnungszustand) sind die Faktoren, die Reaktionsabläufe ermöglichen oder verhindern. Sie sind gemeinsam ein Maß für die Freiwilligkeit bzw. die Triebkraft einer Reaktion.

Freie Reaktionsenthalpie

Enthalpie und die Entropie sind in der **Gibbs-Helmholtz-Gleichung** zu einer neuen Größe, der **freien Reaktionsenthalpie $\Delta_r G$** (Gibbs' activation energy) verknüpft. Sie berücksichtigt den großen Einfluss der Temperatur auf die Entropie der Reaktionsteilnehmer.

Freie Reaktionsenthalpie (Gibbs-Helmholtz-Gleichung)

$$\Delta_r G = \Delta_r H - T \cdot \Delta_r S$$

Für Reaktionen bei Standardbedingungen sind entsprechend die Standard-Reaktionsenthalpie, die Standardtemperatur T = 298 K und die Standard-Reaktionsentropie einzusetzen.

Aus der Größe der freien Reaktionsenthalpie $\Delta_r G$ ist ersichtlich, ob eine chemische Reaktion freiwillig abläuft, durch Änderung der Reaktionsbedingungen erzwungen werden kann oder im Gleichgewichtszustand vorliegt. Im einzelnen gelten die auf Seite 437 genannten Hinweise.

Hinweise für den Verlauf der Reaktion:

- Ist die freie Reaktionsenthalpie $\Delta_r G < 0$, so verläuft eine Reaktion unter Abnahme der freien Enthalpie (**exergonisch**). Die Reaktion hat Triebkraft für die vorgesehene Richtung, d.h. sie ist **freiwillig möglich**.
- Ist die freie Reaktionsenthalpie $\Delta_r G > 0$, so verläuft eine Reaktion unter Zunahme der freien Enthalpie (**endergonisch**). Sie hat **keine** Triebkraft für die vorgesehene Richtung und kann nur **erzwungen** werden.
- Ist die freie Reaktionsenthalpie $\Delta_r G = 0$, so befindet sich ein System im Gleichgewicht. Die Reaktion hat weder Triebkraft in die eine noch in die andere Reaktionsrichtung.

Die freie Reaktionsenthalpie ist ein Maß für den Anteil der Reaktionswärme, der in Arbeit umgewandelt werden kann. Sie ist somit die entscheidende Größe für die Triebkraft einer Reaktion.

Für Reaktionen bei Standardbedingungen kann die freie Standard-Reaktionsenthalpie $\Delta_r G°$ wie die Standard-Reaktionsenthalpie $\Delta_r H°$ und die Standard-Reaktionsentropie $\Delta_r S°$ aus den experimentell ermittelten freien Standardbildungsenthalpien $\Delta_f G°$ **(Tabelle)** mit nebenstehender Formel berechnet werden.

Freie Standard-Reaktionsenthalpie

$$\Delta_r G° = \sum_E n \cdot \Delta_f G° - \sum_A n \cdot \Delta_f G°$$

E Endprodukte, A Ausgangsstoffe

Beispiel 2: Mit welcher Triebkraft (Änderung der freien Enthalpie) verläuft die Knallgasreaktion bei Standardbedingungen?

Lösung: Mit den freien Standardbildungsenthalpien aus nebenstehender Tabelle folgt:

$$2\,H_{2(g)} + O_{2(g)} \longrightarrow 2\,H_2O_{(l)}$$

$\Delta_f G°$: 0 kJ/mol 0 kJ/mol −237 kJ/mol

$\mathbf{\Delta_r G°} = 2\text{ mol} \cdot (-237\text{ kJ/mol}) - 0\text{ kJ} = \mathbf{-474\ kJ}$

Die Reaktion verläuft stark **exergonisch**, d.h. sie hat eine erhebliche Triebkraft, nach dem Start **freiwillig** abzulaufen.

Alternative Lösung mit der Gibbs-Helmholtz-Gleichung:

Mit $\Delta_r H° = 2 \cdot (-285{,}9\text{ KJ}) = -571{,}8\text{ kJ}$,
$\Delta_r S° = [2 \cdot 70 - (2 \cdot 131 + 205)]\text{ J/K} = -327\,\frac{J}{K}$
und $T = 298$ K:

$\Delta_r G° = \Delta_r H° - T \cdot \Delta_r S° = -571{,}8\text{ kJ} - 298\text{ K} \cdot \left(-0{,}327\,\frac{kJ}{K}\right)$

$\mathbf{\Delta_r G°} = -571{,}8\text{ kJ} - (-97{,}446\text{ kJ}) \approx \mathbf{-474\ kJ}$

Obwohl bei dieser Reaktion 571,8 kJ Wärmeenergie freigesetzt werden, stehen zur Verrichtung von Arbeit nur 474 kJ zur Verfügung. 97 kJ werden durch Entropieabnahme verbraucht, weil aus den gasigen Edukten ein flüssiger Zustand (Wasser) höherer Ordnung entsteht.

Tabelle: Freie Standard-Bildungsenthalpien $\Delta_f G°$ und Standardentropien $S°$

Stoffart	$\Delta_f G°$ in $\frac{kJ}{mol}$	$S°$ in $\frac{J}{mol \cdot K}$
$H_{2(g)}$	0	131
$O_{2(g)}$	0	205
$H_2O_{(l)}$	−237	70
$H_2O_{(g)}$	−229	189
$OH^-_{(aq)}$	−157	−11
$NH_4Cl_{(s)}$	−203	95
$NH^+_{4(aq)}$	−79	113
$HCl_{(g)}$	−95	187
$Cl^-_{(aq)}$	−131	57
$Cl_{2(g)}$	0	223
$NaCl_{(s)}$	−384	72
$Na^+_{(aq)}$	−262	59
$KCl_{(s)}$	−408	83
$CaCl_{2(s)}$	−748	105
$K^+_{(aq)}$	−282	103
$Ca^{2+}_{(aq)}$	−554	−53

Bei elektrochemischen Reaktionen entspricht die freie Standard-Reaktionsenthalpie der elektrischen Arbeit einer galvanischen Zelle. Es gilt: $\Delta_r G° = -W_{el}$

Die elektrische Arbeit ist das Produkt aus Spannung, Stromstärke und Zeit: $W_{el} = U \cdot I \cdot t = U \cdot Q$ (vgl. Seite 393).

Wird in einer elektrischen Zelle unter Standardbedingungen die elektrische Ladung $Q = z \cdot F$ transportiert (Seite 399), so wird die nebenstehende Größengleichung zur Berechnung der freien Reaktionsenthalpie erhalten. Die freie Standard-Reaktionsenthalpie $\Delta_r G°$ einer Redoxreaktion kann demnach experimentell bestimmt werden, indem man die Zellspannung $\Delta E°$ der entsprechenden galvanischen Zelle unter Standardbedingungen misst.

Freie Standard-Reaktionsenthalpie eines Redoxsystems

$$\Delta_r G° = -\Delta E° \cdot z \cdot F$$

Beispiel 3: Welche Triebkraft (freie Standard-Reaktionsenthalpie) hat ein Daniell-Element (Bild Seite 408), wenn unter Standardbedingungen eine Zellenspannung von 1,11 V gemessen wird?

Lösung: Mit $\Delta E° = 1{,}11$ V, $z = 2$ und $F = 96\,485$ A · s/mol folgt:

$\Delta_r G° = -\Delta E° \cdot z \cdot F = -1{,}11\text{ V} \cdot 2 \cdot 96\,485\text{ A} \cdot \text{s/mol} = -214\,196\text{ V} \cdot \text{A} \cdot \text{s/mol} = -214\,196\text{ W} \cdot \text{s/mol}$

$\mathbf{\Delta_r G°} \approx \mathbf{-214\ kJ/mol}$

Aufgaben zu Freie Reaktionsenthalpie, Entropie

Hinweis: Zur Lösung einiger Aufgaben müssen Werte aus den Tabellen des Kapitels verwendet werden.

1. Berechnen Sie die Reaktionsenthalpie, die Reaktionsentropie und die freie Reaktionsenthalpie für die Reaktion zwischen Chlor und Wasserstoff unter Standardbedingungen. $H_{2(g)} + Cl_{2(g)} \longrightarrow 2\,HCl_{(g)}$
2. Natriumchlorid NaCl wird in Wasser gelöst. Berechnen Sie die Lösungsenthalpie $\Delta_r H°_L$, die Reaktionsentropie $\Delta_r S°$ und die freie Reaktionsenthalpie $\Delta_r G°$.
3. In einem Polystyrolbecher mit 150 mL Wasser werden 3,0 g Natriumhydroxid NaOH gelöst. Die Temperatur steigt von 18 °C auf 23 °C. Wie groß sind die Lösungsenthalpie $\Delta_r H_L$ und die Entropieänderung $\Delta_r S°$ des Natriumhydroxids? Tabellenwert: $S°(NaOH) = 64$ J/(K · mol)
4. In 200 g Wasser von 20,31 °C werden in einem Becherglaskalorimeter (C_K = 75 J/K) 58,115 g Natriumsulfat Na_2SO_4 gelöst. Es stellt sich eine Endtemperatur von 21,48 °C ein. Die spezifische Wärmekapazität der Lösung beträgt c = 3,05 kJ/ (kg · K). Berechnen Sie aus den Versuchsdaten die Lösungsenthalpie $\Delta_r H_L$ von Natriumsulfat. Welche Triebkraft $\Delta_r G°$ hat der Löseprozess?
   Tabellenwerte: $\Delta_f G°(Na_2SO_4) = -1267$ kJ/mol, $\Delta_f G°(SO_4^{2-}) = -745$ kJ/mol
5. Untersuchen Sie, ob die Reaktion zwischen Ammoniak und Hydrogenchlorid unter Standardbedingungen spontan möglich ist. Wie ist die Änderung der Reaktionsentropie zu erklären?
   $NH_{3(g)} + HCl_{(g)} \longrightarrow NH_4Cl_{(s)}$
   Tabellenwerte: $\Delta_f G°(NH_3) = -16$ kJ/mol, $S°(NH_3) = 192$ J/(K · mol)
6. Stickstoffdioxid NO_2 reagiert bei Raumtemperatur in einer exothermen Gleichgewichtsreaktion zu Distickstofftetroxid N_2O_4: $2\,NO_{2(g)} \rightleftharpoons N_2O_{4(g)}$
   Tabellenwerte:
   $\Delta_f H°(NO_2) = 33$ kJ/mol, $\Delta_f G°(NO_2) = 51$ kJ/mol, $S°(NO_2) = 240$ J/(K · mol),
   $\Delta_f H°(N_2O_4) = 9{,}0$ kJ/mol, $\Delta_f G°(N_2O_4) = 98$ kJ/mol, $S°(N_2O_4) = 304$ J/(K · mol)
   a) Berechnen Sie die Triebkraft der Reaktion bei 25 °C.
   b) Überprüfen Sie, ob die Reaktion auch bei 400 °C spontan ablaufen kann.
   c) Berechnen Sie die Gleichgewichtstemperatur der Reaktion ($\Delta_r G = 0$).

Gemischte Aufgaben zu Berechnungen zur Wärmelehre

1. Rechnen Sie um: a) 367,4 K in °C b) −72 °C in K c) 788,5 °C in K d) 182,5 K in °C.
2. Ein Stahlreifen mit einem Innendurchmesser von d = 49,9 mm und einer Temperatur von ϑ_1 = 20 °C soll auf eine Welle aufgeschrumpft werden (analog Bild 4, Seite 420). Welchen Durchmesser hat die Welle, wenn der Stahlreifen bei ϑ_2 = 200 °C gerade über die Welle passt?
3. Bei der experimentellen Bestimmung des Längenausdehnungskoeffizienten wurden in einem Dilatometer (Bild 1, Seite 415) an einem 600 mm langen Aluminiumrohr die Messwerte der rechts stehenden **Tabelle** erhalten.
   a) Stellen Sie die Messwerte grafisch dar: $\Delta l = f(\Delta\vartheta)$.
   b) Bestimmen Sie aus der Steigung des Graphen den Längenausdehnungskoeffizienten α(Al).
   c) Zeichnen Sie mithilfe der Längenausdehnungskoeffizienten die Graphen von Polyethylen und von Invarstahl in das Diagramm ein.

Tabelle: Längenänderung (Aufgabe 3)

$\frac{\Delta\vartheta}{°C}$	10,0	20,0	30,0	40,0	50,0
$\frac{\Delta l}{mm}$	0,14	0,29	0,43	0,58	0,72

4. Zur Demonstration der Volumenänderung von Metallen beim Erwärmen dient folgender Versuch: Eine Kugel aus nicht rostendem Stahl, die bei 20 °C mit einem allseitigen Spiel von 10 µm durch eine Bohrung von 25,00 mm passt, bleibt nach dem Erhitzen in der Bohrung stecken **(Bild 1)**.
   α(Stahl) = $1{,}6 \cdot 10^{-5}$ K^{-1}; c(Stahl) = 0,482 KJ/(kg · K);
   a) Welches Volumen hat die Kugel bei 80 °C?
   b) Ab welcher Temperatur passt die Kugel nicht mehr durch die Bohrung?
   c) Welche Wärmemenge ist der Kugel bei dieser Temperatur zugeführt worden? ϱ(Stahl) = 7,90 g/cm^3

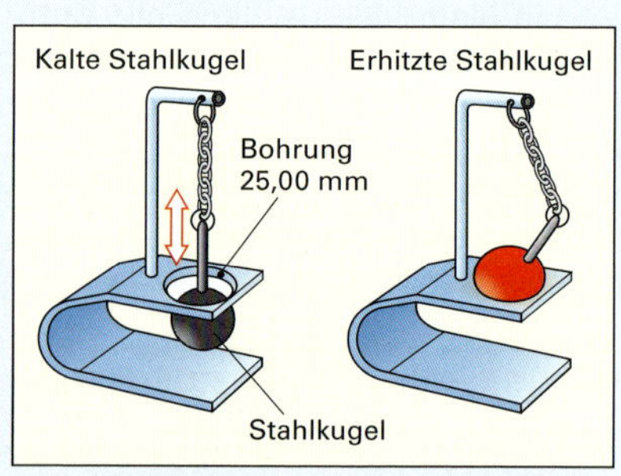

Bild 1: Demonstrationsversuch zur Längenausdehnung (Aufgabe 5)

5. Ein Messkolben aus Jenaer Glas fasst bei 20 °C exakt ein Volumen von 1000 mL. Er wird zur Herstellung einer Schwefelsäure-Maßlösung mit vollentsalztem Wasser bis zur Ringmarke aufgefüllt. Wie groß ist der Messfehler, wenn die Temperatur aufgrund der Lösungswärme auf 26,5 °C ansteigt?
6. In einem Spiralwärmetauscher (Bild 1, Seite 389) werden pro Stunde 10,5 m^3 Essigsäuremethylester (Dichte ϱ = 0,933 g/cm^3, c = 2,14 kJ/ (kg · K)) von der Kondensationstemperatur 57 °C im Gegenstrom auf 25 °C abgekühlt. Wie viel Kühlwasser von 25 °C ist erforderlich, wenn es sich um 9,0 °C erwärmt?
7. 1000 mL tertiäres Butanol von 20,0 °C sollen in einem Wasserbad verflüssigt werden. Welche Wärmemenge ist dazu erforderlich?
   Daten des t-Butanols: ϑ_m = 25,4 °C, q = 91,61 kJ/kg, c = 3,01 kJ/(kg · K), ϱ = 0,79 g/cm^3.
8. In einem Rohrschlangenkühler kondensieren pro Stunde 1,8 dm^3 Aceton der Dichte ϱ = 0,791 g/cm^3 im Gegenstrom mit 17,8 dm^3 Kühlwasser von 14 °C. Welche Auslauftemperatur hat das Kühlwasser?
9. 250 kg Wasser von 42 °C sollen mit Eis von –12 °C auf eine Endtemperatur von 11 °C gekühlt werden. Welche Masse an Eis ist zuzugeben?
10. Diethylether hat eine spezifische Verdampfungswärme von r = 360 kJ/kg. 500 g Diethyletherdampf von Siedetemperatur (ϑ_b = 34,6 °C) wird die Wärmemenge 200 kJ entzogen. Welche Temperatur hat das entstehende Kondensat? c = 2,30 kJ/(kg · K)
11. Auf welche Temperatur werden 200 kg Wasser von 10,0 °C erwärmt, wenn in einer Heizungsanlage mit einem Wirkungsgrad von 91,3 % 1,8 L Heizöl der Dichte 0,872 g/cm^3 verbrannt werden? Der spezifische Heizwert der Heizöls beträgt H_u = 40,1 MJ/kg.
12. Bei der Reaktion von 0,2256 g Zink mit Salzsäure wurde bei einem Druck von 1025 mbar 80,0 mL trockener Wasserstoff entwickelt. Berechnen Sie die Änderung der Reaktionsenergie der Reaktion.
    $Zn_{(s)} + 2\,HCl_{(aq)} \longrightarrow ZnCl_{2(aq)} + H_{2(g)} \quad | \Delta_r H = -152{,}5$ kJ/mol
13. Berechnen Sie den Heizwert $H_{i,n}$ und Brennwert $H_{s,n}$ von Propan bei 25 °C und 1013 mbar mithilfe folgender Angaben: $V_{m,n}$ = 22,0 L/mol, $r(H_2O, 25\,°C)$ = 44,17 kJ/mol
    $C_3H_{8(s)} + 5\,O_{2(g)} \longrightarrow 3\,CO_{2(g)} + 4\,H_2O_{(l)} \quad | \Delta_r H° = -2221{,}2$ kJ/mol
14. Ammoniak wird in einer katalysierten Gleichgewichtsreaktion aus Wasserstoff und Stickstoff hergestellt: $N_{2(g)} + 3\,H_{2(g)} \rightleftharpoons 2\,NH_{3(g)}$.
    $\Delta_f H°(NH_3)$ = –46 kJ/mol, $\Delta_f G°(NH_3)$ = –16 kJ/mol,
    $S°(NH_3)$ = 192 J/(K · mol), $S°(N_2)$ = 192 J/(K · mol), $S°(H_2)$ = 131 J/(K · mol)
    Berechnen Sie die Reaktionsenthalpie, die Reaktionsentropie sowie die freie Enthalpie bei 25 °C. Interpretieren Sie die Ergebnisse.
15. Beim Lösen von 6,3436 g Calciumchlorid $CaCl_2$ in 200 g Wasser steigt die Temperatur in einem Kalorimeter (C_K = 77 J/K) von 23,0 °C auf 28,0 °C. $c(CaCl_2\text{-Lösung})$ = 4,00 kJ/(kg · K).
    a) Wie groß ist die Lösungsenthalpie?
    b) Vergleichen Sie den Größenwert der Lösungsenthalpie mit der aus den Standard-Bildungsenthalpien $\Delta_f H°$ erhaltenen Standard-Reaktionsenthalpie $\Delta_r H°$.
    c) Machen Sie eine Aussage zur Triebkraft der Reaktion bei 25 °C.
16. Die Verbrennungsenthalpie von Propanon beträgt bei 25 °C pro Formelumsatz –1804 kJ. Wie groß ist die Standard-Bildungsenthalpie von Propanon (Aceton)?
    $C_3H_6O_{(l)} + 4\,O_{2(g)} \longrightarrow 3\,CO_{2(g)} + 3\,H_2O_{(l)} \quad | \Delta_r H° = -1804$ kJ
17. Die molare Verbrennungsenthalpie von Octan C_8H_{18} beträgt $\Delta_r H^{\circ}_{m}$ = –5464 kJ/mol. Berechnen Sie mithilfe der Reaktionsgleichung und der Standard-Bildungsenthalpien für flüssiges Wasser und Kohlenstoffdioxid die Standard-Bildungsenthalpie von Octan.
18. Berechnen Sie die freie Standard-Reaktionsenthalpie einer mit Wasserstoff betriebenen Brennstoffzelle, die eine Spannung von 1,23 V anzeigt. $2\,H_{2(g)} + O_{2(g)} \longrightarrow 2\,H_2O_{(l)}$
19. Zwischen einer Halbzelle Cu/Cu^{2+} (100 mmol/L) und einer Halbzelle Ag^+ (100 mmol/L)/Ag wird bei 25 °C eine Spannung von 0,44 V gemessen.
    a) Berechnen Sie die freie Reaktionsenthalpie der galvanischen Zelle.
    b) Welche Reaktionsentropie $\Delta_r S°$ ergibt sich aus den Werten für die galvanische Zelle?
    $\Delta_f H°(Cu^{2+}{}_{(aq)})$ = 64,38 kJ/mol, $\Delta_f H°(Ag^+{}_{(aq)})$ = 105,88 kJ/mol

14 Bestimmung von Produkteigenschaften

Die Eigenschaften der im Labor und in der betrieblichen Praxis verwendeten Stoffe und Stoffgemische sind häufig nicht bekannt. Neue Produkte, veränderte Rezepturen oder nachfolgende Chargen haben andere bzw. veränderte Stoffeigenschaften wie z.B. Dichte, Viskosität, Oberflächenspannung oder eine andere Partikelgrößenverteilung zur Folge.

Von diesen Stoffeigenschaften hängt die Art der Verwendung und Weiterverarbeitung entscheidend ab. Deshalb ist überall dort, wo Stoffe produziert werden, eine laufende Überwachung der Produkteigenschaften zur Einhaltung einer konstanten Produktqualität auf hohem Qualitätsniveau erforderlich.

Im Folgenden werden die physikalischen Bestimmungen vorgestellt, die zur Ermittlung dieser Stoffeigenschaften dienen. Ferner werden die zur Prozessdatenauswertung erforderlichen Größengleichungen abgeleitet.

14.1 Bestimmung der Dichte

Die Dichte ϱ einer Stoffportion ist der Quotient aus der Masse m und dem Volumen V: $\varrho = m/V$.

Die Dichte ist eine temperaturabhängige Stoffeigenschaft, die zur Berechnung der Masse oder des Volumens von Stoffportionen erforderlich ist. In einfachen Fällen dient die Dichte zur Identifizierung von Reinstoffen. Auch zur Gehaltsbestimmung und Qualitätskontrolle kann die Dichte herangezogen werden, da sich beim Lösen eines Stoffes die Dichte der Lösung im Vergleich zum reinen Lösemittel ändert.

In der folgenden **Übersicht** sind die verschiedenen Methoden zur Dichtebestimmung von Feststoffen, Flüssigkeiten, Gasen und Feststoffschüttungen zusammengestellt.

Übersicht: Methoden zur Dichtebestimmung von Feststoffen, Flüssigkeiten, Gasen und Feststoffschüttungen

Dichtebestimmungsmethode	**Pyknometerverfahren (pycnometer method)**		**Schwingungsmethode (oscillation method)**	**Aräometer-Verfahren (hydrometer method)**	**Hydrostatische Waage (hydrostatic balance)**
Messprinzip			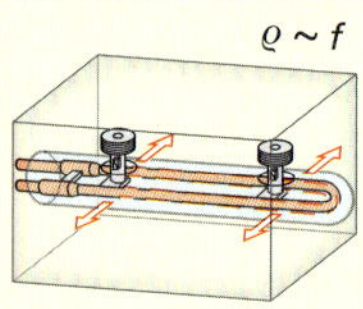	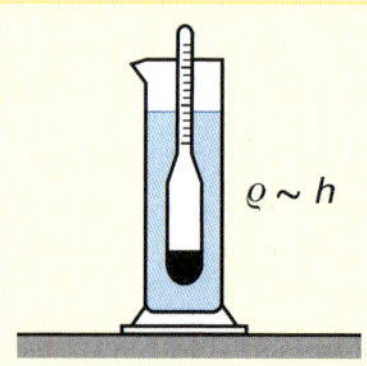	
Anwendung	Flüssigkeiten	Feststoffe	Flüssigkeiten, Gase	Flüssigkeiten	Flüssigkeiten, Feststoffe
Norm	DIN EN ISO 2811-1	DIN EN ISO 787-10	DIN ISO 2811-3	DIN 12790	DIN 51757
Dichtebestimmungsmethode	**Westphal'sche Waage (Westphal balance)**	**Tauchkörper-Verfahren (immersed body method)**	**Schüttdichte (bulk density, loose)**	**Rütteldichte (bulk density, tapped)**	**Pressdichte (green density)**
Messprinzip	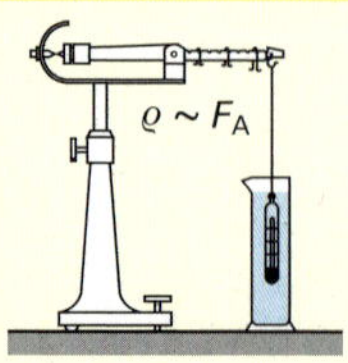	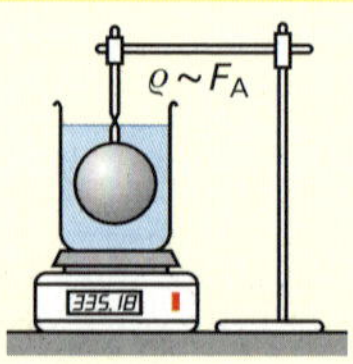	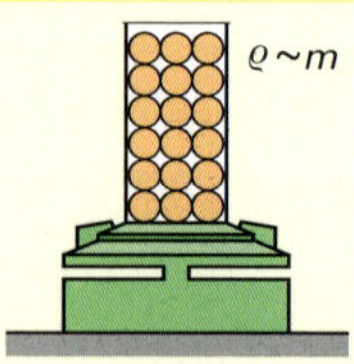	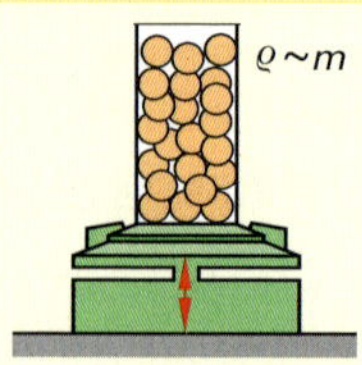	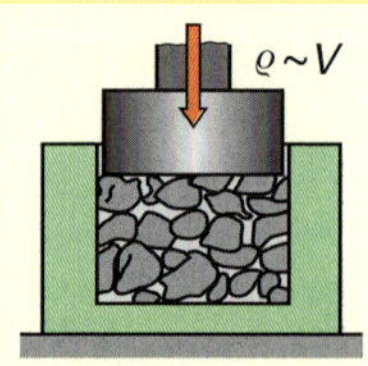
Anwendung	Flüssigkeiten	Flüssigkeiten	Feststoffschüttung	Feststoffschüttung	Feststoffschüttung
Norm	nicht genormt	DIN EN ISO 2811-2	DIN EN 1236	DIN EN 1237	

14

14.1.1 Dichtebestimmung mit dem Pyknometer

Das Pyknometer (von griech. pyknós: dicht, fest) ist ein kleiner Kolben aus Borosilikatglas mit einem Schliffstopfen, der eine feine Kapillare besitzt **(Bild 1)**.

Pyknometer (pycnometer) sind nach DIN EN ISO 3507 genormt. Es gibt sie in unterschiedlichen Formen und Größen mit gestuften Nennvolumina von 1 mL bis 100 mL, siehe auch die Bilder Seite 443.

Es sind auf Einfüllen kalibrierte oder geeichte Volumenmessgefäße.

Nach Aufsetzen des Stopfens auf das mit Flüssigkeit gefüllte Pyknometer, tritt die überschüssige Flüssigkeit durch die Kapillare aus. Dadurch nehmen Pyknometer ein sehr exaktes Volumen auf.

Im Pyknometer dürfen keine Luftbläschen verbleiben. Die Messtemperatur von 20 °C ist auf 0,05 °C konstant zu halten.

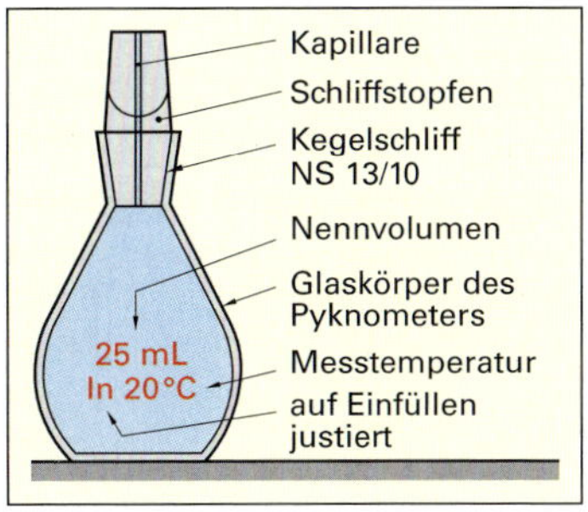

Bild 1: Pyknometer nach Gay-Lussac[1)]

Bestimmung des Pyknometervolumens (DIN EN ISO 2811-1)

Wenn das exakte Volumen des Pyknometers auf der Pyknometerflasche nicht angegeben ist, wird das Volumen eines Pyknometers $V(\text{Pyk})$ durch Wiegen des leeren Pyknometers m_A und des mit Wasser gefüllten Pyknometers m_D bestimmt. Man berechnet es mit der nebenstehenden Größengleichung. Da das Pyknometer beim Wiegen mit Luft gefüllt war, muss für sehr genaue Messungen die Dichte der Luft mitberücksichtigt werden, $\varrho(\text{Luft, } 20{,}0\,°\text{C}) = 1{,}21$ g/L.

Pyknometervolumen

$$V(\text{Pyk}) = \frac{m_D - m_A}{\varrho_W - \varrho_L}$$

Beispiel: Ein Pyknometer mit einem Nennvolumen von 50 mL hat eine Masse von $m_A = 39{,}8765$ g. Mit Wasser bei 20,05 °C gefüllt, wiegt es 89,8115 g. Welches Volumen hat das Pyknometer, wenn die Dichte des Wassers bei dieser Temperatur 0,9981 g/cm³ beträgt?

Lösung: $$\boldsymbol{V(\text{Pyk})} = \frac{m_D - m_A}{\varrho_W - \varrho_L} = \frac{89{,}8115\text{ g} - 39{,}8765\text{ g}}{0{,}9981\text{ g/cm}^3 - 0{,}00121\text{ g/cm}^3} = \frac{49{,}9350\text{ g}}{0{,}99689\text{ g/cm}^3} = 50{,}0907\text{ cm}^3 \approx \mathbf{50{,}09\text{ cm}^3}$$

Bestimmung der Dichte einer Flüssigkeitsportion mit dem Pyknometer (DIN EN ISO 2811-1)

Zur Bestimmung der Dichte einer Flüssigkeitsportion $\varrho(\text{Flü})$ mit dem Pyknometer wird die Masse des leeren Pyknometers m_A von der Masse des mit Flüssigkeit gefüllten Pyknometers m_D subtrahiert und durch das bei Prüftemperatur bestimmte Volumen des Pyknometers $V(\text{Pyk})$ dividiert.

Dichte einer Flüssigkeitsportion mit dem Pyknometer

$$\varrho(\text{Flü}) = \frac{m_D - m_A}{V(\text{Pyk})}$$

Da nach EN ISO 2811-1 die Wiederholbarkeit beim Bestimmen der Dichte mit dem Pyknometer 10^{-3} g/cm³ beträgt, sollte die Dichte mit maximal drei Nachkommastellen angegeben werden. Es macht keinen Sinn, mehr als drei Nachkommastellen anzugeben.

Beispiel: Die Dichte eines Netzmittels wurde von einem Hersteller mit $\varrho = 1{,}05$ g/cm³ angegeben. Bei der Überprüfung der Dichte mit einem Pyknometer wurden folgende Messwerte erhalten:
$m(\text{Pyk}) = 43{,}1243$ g, $m(\text{Pyk mit Netzmittel}) = 95{,}0070$ g, $V(\text{Pyk}) = 48{,}9365$ cm³
Stimmt die angegebene Dichte des Herstellers mit der zu ermittelnden Dichte überein?

Lösung: $$\boldsymbol{\varrho(\text{Probe})} = \frac{m_D - m_A}{V(\text{Pyk})} = \frac{95{,}0070\text{ g} - 43{,}1243\text{ g}}{48{,}9365\text{ cm}^3} = 1{,}0602\text{ g/cm}^3 \approx \mathbf{1{,}060\text{ g/cm}^3}$$

Die Dichte des Netzmittels stimmt im Rahmen der Messgenauigkeit mit den Herstellerangaben überein.

Bestimmung der Dichte einer Feststoffportion mit dem Pyknometer (DIN EN ISO 787-10)

Mit dem Pyknometer lässt sich ebenfalls die Dichte von körnigen Feststoffportionen ermitteln. Dazu benötigt man eine Verdrängungsflüssigkeit, die mit der Probe nicht reagiert, aber die Feststoffpartikel benetzt. Ein Lösen oder Quellen der Probe muss ausgeschlossen sein. Weiterhin ist darauf zu achten, dass in der Probe durch die Verdrängungsflüssigkeit keine Luftbläschen eingeschlossen werden.

[1)] Louis-Joseph Gay-Lussac, französischer Physiker und Chemiker, 1778 bis 1850

Als Verdrängungsflüssigkeiten kommen in Abhängigkeit von der untersuchten Probe gut benetzende und schwer verdampfbare Flüssigkeiten zum Einsatz. Dies sind z.B. Wasser mit einem Benetzungsmittelzusatz oder n-Decan ($C_{10}H_{22}$).

Zur Bestimmung der Dichte einer Feststoffportion mit dem Pyknometer unter Verwendung einer Verdrängungsflüssigkeit sind nach DIN EN ISO 787-10 folgende Wägungen durchzuführen **(Bild 1):**

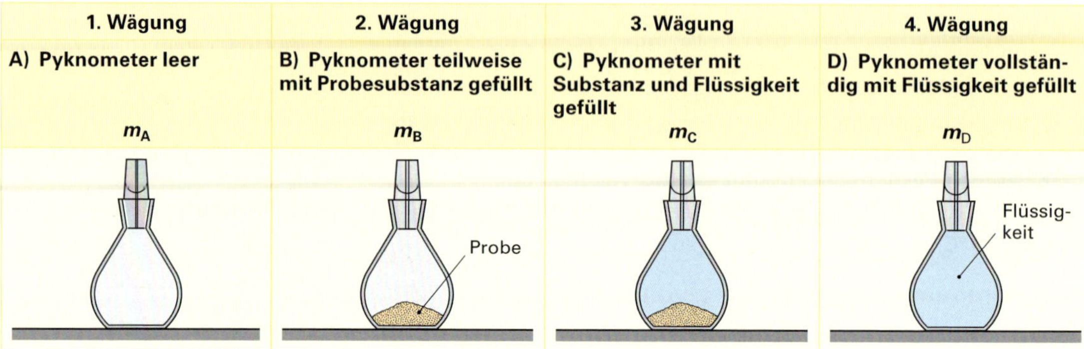

Bild 1: Wägungen zur Dichtebestimmung einer Feststoffportion mit dem Pyknometer

Eine Gleichung zur Berechnung der Dichte der Feststoffportion ϱ(Probe) lässt sich wie folgt ableiten:

1. Berechnung des Pyknometervolumens V(Pyk): $V(\text{Pyk}) = \dfrac{m_D - m_A}{\varrho_{\text{Flü}}}$
2. Berechnung der Masse der Feststoffportion m(Probe): $m(\text{Probe}) = m_B - m_A$
3. Berechnung des Volumens der Feststoffportion V(Probe):

$$V(\text{Probe}) = V(\text{Pyk}) - \frac{m_C - m_B}{\varrho_{\text{Flü}}} = \frac{m_D - m_A}{\varrho_{\text{Flü}}} - \frac{m_C - m_B}{\varrho_{\text{Flü}}} = \frac{m_D - m_A - m_C + m_B}{\varrho_{\text{Flü}}}$$

4. Berechnung der Dichte der Feststoffportion ϱ(Probe):

$$\varrho(\text{Probe}) = \frac{m(\text{Probe})}{V(\text{Probe})} = \frac{m_B - m_A}{\dfrac{m_D - m_A - m_C + m_B}{\varrho_{\text{Flü}}}}$$

Daraus folgt:

Dichte einer Feststoffportion
(mit dem Pyknometer gemessen)

$$\varrho(\text{Probe}) = \frac{m_B - m_A}{m_D - m_A - m_C + m_B} \cdot \varrho_{\text{Flü}}$$

Beispiel: Wie groß ist die Dichte von Drehspänen eines Kupferwerkstoffes, wenn die Dichtebestimmung mit dem Pyknometer unter Verwendung von Wasser der Dichte $\varrho(H_2O) = 0{,}9982\ \text{g/cm}^3$ als Verdrängungsflüssigkeit folgende Wägewerte ergibt:

Pyknometer, leer:	$m_A = 22{,}175$ g
Pyknometer mit Kupferdrehspänen:	$m_B = 37{,}673$ g
Pyknometer mit Drehspänen und Wasser:	$m_C = 60{,}597$ g
Pyknometer mit Wasser:	$m_D = 46{,}835$ g

Lösung:

$$\varrho_{Cu} = \frac{m_B - m_A}{m_D - m_A - m_C + m_B} \cdot \varrho(H_2O) = \frac{37{,}673\ \text{g} - 22{,}175\ \text{g}}{46{,}835\ \text{g} - 22{,}175\ \text{g} - 60{,}597\ \text{g} + 37{,}673\ \text{g}} \cdot 0{,}9982\ \text{g/cm}^3$$

$$\boldsymbol{\varrho_{Cu}} = \frac{15{,}498\ \text{g}}{1{,}736\ \text{g}} \cdot 0{,}9982\ \text{g/cm}^3 \approx \mathbf{8{,}906\ g/cm^3}$$

Aufgaben zu Dichtebestimmung mit dem Pyknometer

1. Ein 50-mL-Pyknometer hat eine Tara von 22,5543 g. Bei 20,0 °C mit Wasser $\varrho = 0{,}9982\ \text{g/cm}^3$ gefüllt, wiegt es 74,0416 g. Um wie viel Prozent weicht das Pyknometervolumen vom Nennvolumen ab?
2. Bei der Dichtebestimmung eines Hydrauliköls mithilfe eines Pyknometers wurden bei einer Temperatur von $\vartheta = 20{,}0\ °C$ folgende Messwerte erhalten: Pyknometer leer: $m = 26{,}7349$ g, Pyknometer mit Wasser: $m = 52{,}5334$ g, Pyknometer mit Hydrauliköl: $m = 54{,}5649$ g. Welche Dichte hat das Hydrauliköl? Die Dichte des Wassers bei der Prüftemperatur beträgt $\varrho(H_2O) = 0{,}9982\ \text{g/cm}^3$.

3. Ein 25-mL-Pyknometer nach Gay-Lussac (Bild 1, Seite 441) hat eine Tara von 21,0348 g. Mit entmineralisiertem Wasser bei 20,0 °C gefüllt, wiegt es 46,0437 g.
   a) Wie groß ist das exakte Volumen des Pyknometers? ($\varrho(H_2O, 20{,}0\ °C) = 0{,}9982\ g/cm^3$)
   b) Nach DIN ISO 3507 darf die Volumenabweichung des Pyknometers vom Nennvolumen ± 2 mL betragen. Wird dieser Wert unterschritten?

4. Das Volumen eines Pyknometers mit eingeschliffenem Thermometer und Seitenkapillare nach DIN ISO 3507 **(Bild 1)** beträgt 50,0765 mL bei 20,0 °C. Die Masse des leeren Pyknometers wurde zu 30,8601 g, die des mit Weichmacher gefüllten Pyknometers zu 92,5851 g bestimmt. Welche Dichte hat der Weichmacher? ($\varrho(H_2O, 20{,}0\ °C) = 0{,}9982\ g/cm^3$)

5. Ein Pyknometer mit einer Masse von 21,0316 g wiegt mit Wasserfüllung 45,9324 g. Mit Entschäumer gefüllt, beträgt die Masse des Pyknometers 44,2325 g. Welche Dichte hat der Entschäumer ($\varrho(H_2O, 20{,}0\ °C) = 0{,}9982\ g/cm^3$)

6. Pyknometer nach Hubbard **(Bild 2)** dienen zur Dichtebestimmung hochviskoser Flüssigkeiten. Die Tara eines solchen Pyknometers beträgt 31,3685 g. Mit Wasser bei ϑ = 20,0 °C gefüllt, wiegt das Pyknometer 56,5127 g, mit Mineralöl gefüllt 51,0954 g. Welche Dichte hat das Mineralöl? ($\varrho(H_2O, 20{,}0\ °C) = 0{,}9982\ g/cm^3$)

7. Berechnen Sie die Dichte eines Acklösemittels mithilfe folgender Messwerte ($\varrho(H_2O, 20{,}0\ °C) = 0{,}9982\ g/cm^3$):

Pyknometer, leer:	m_p	= 23,4689 g
Pyknometer mit Wasserfüllung:	m_{pw}	= 74,1243 g
Pyknometer mit Lacklösemittel:	m_{pL}	= 63,9567 g.

8. Bei der Dichtebestimmung einer Emulgatorlösung wurden mit einem 50-mL-Pyknometer bei ϑ = 21,50 °C folgende Messwerte erhalten: m(Pyk, leer) = 35,3798 g, m(Pyk, mit H_2O) = 85,7654 g, m(Pyk, mit Emulgatorlösung) = 87,7368 g. Welche Dichte hat die Emulgatorlösung, wenn die Dichte des Wassers bei der Prüftemperatur 0,9979 g/cm³ beträgt?

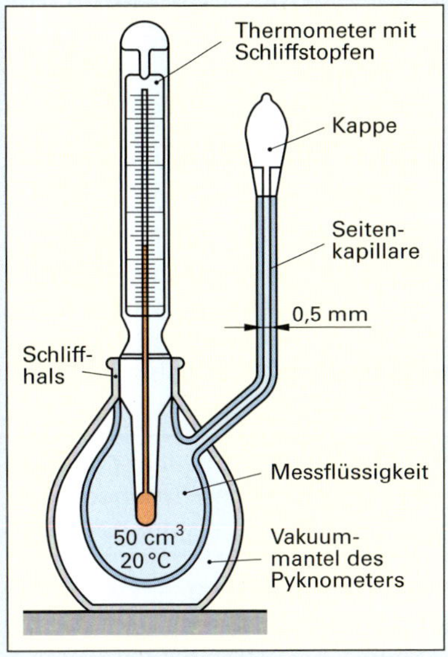

Bild 1: Pyknometer mit Seitenkapillare und Thermometer (Aufgabe 4)

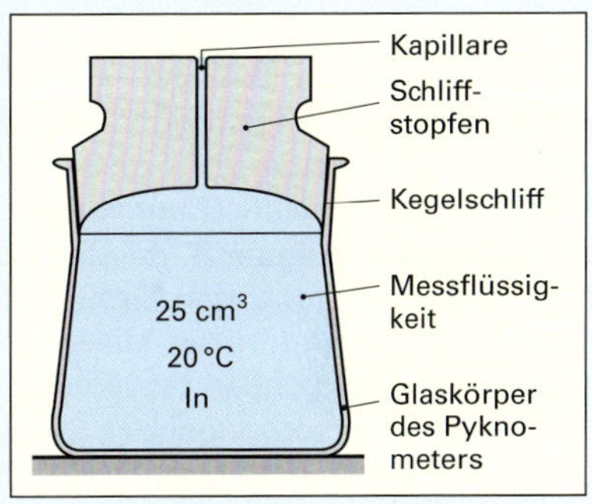

Bild 2: Pyknometer nach Hubbard DIN EN ISO 3507 (Aufgabe 6)

9. Welche Dichte hat Rohrzucker, wenn die Bestimmung mit dem Pyknometer unter Verwendung von Cyclohexan als Verdrängungsflüssigkeit ($\varrho(C_6H_{12}) = 0{,}7791\ g/cm^3$) folgende Wägewerte ergibt:
   Pyknometer leer: m_A = 13,8792 g Pyknometer mit Rohrzucker: m_B = 16,4470 g
   Pyknometer mit Rohrzucker u. Cyclohexan: m_C = 65,2112 g
   Pyknometer mit Cyclohexan: m_D = 63,9531 g

10. Die Dichtebestimmung von Kunststoff-Recyclaten unterschiedlicher Herkunft mittels eines Pyknometers mit einer Masse von m = 20,7316 g und einem Volumen von V = 25,2116 cm³ unter Verwendung von Wasser ($\varrho(H_2O, 20{,}0\ °C) = 0{,}9982\ g/cm^3$) ergab folgende Messwerte:

Kunststoff-Recyclat:	**I**	**II**	**III**	**IV**
Pyknometer mit Recyclat:	30,6531 g	31,1735 g	29,6375 g	31,4567 g
Pyknometer mit Wasser und Recyclat:	48,8973 g	49,2366 g	47,6539 g	49,8923 g

Welche Dichte haben die Kunststoffrecyclate?

14

14.1.2 Dichtebestimmung mit Biegeschwinger-Messgeräten

Die modernen Geräte zur Dichtebestimmung im Labor sowie in der Produktionsanlage sind heutzutage **Biegeschwinger-Messgeräte** (pulsed excitation sensor). Sie sind in DIN EN ISO 15212-1 genormt.

Herzstück der Messgeräte ist ein U-förmiger Biegeschwinger aus Borsilikatglas **(Bild 1)**.

Zur Messung wird der Biegeschwinger mit der zu messenden Flüssigkeit gefüllt. Durch einen Piezoquarz-Erreger-Schwinkopf wird der gefüllte Biegeschwinger zum Schwingen mit seiner Eigenfrequenz angeregt.

> Die Schwingungsfrequenz *f* des mit Messflüssigkeit gefüllten Biegeschwingers ist ein Maß für die Dichte der Probesubstanz ϱ_P im Biegeschwinger.

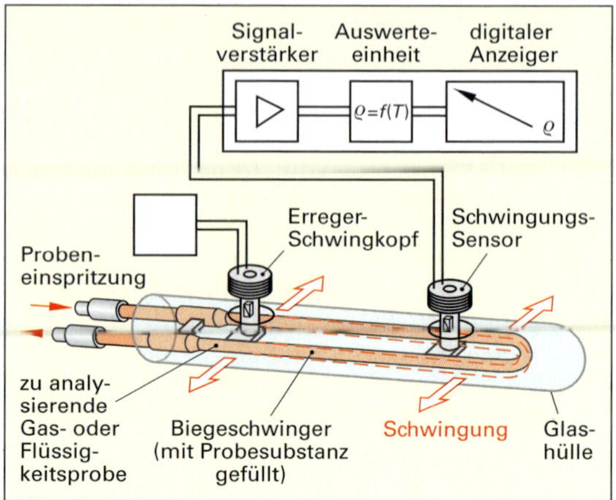

Bild 1: Messprinzip der Dichtebestimmung mit dem Biegeschwinger

Die Schwingungsfrequenz *f* wird mit einem Schwingungssensor gemessen und der Auswerteeinheit zugeführt. Sie berechnet die Dichte der untersuchten Flüssigkeit (oder des Gases) unter Verwendung der Geräteparameter und zeigt sie digital an.

Es kann auch die Dichte eines Stoffstromes in einer Rohrleitung gemessen werden. Dazu wird im Minutentakt ein kleiner Teilstrom aus der Rohrleitung abgenommen und in das Biegeschwinger-Messgerät zum Messen geleitet.

Berechnung der Dichte in Biegeschwingern

Die Eigenschwingungsfrequenz des mit Substanz gefüllten Biegeschwingers und damit seine Schwingungsdauer *T* ist bei konstanten Biegeschwingerparametern wie Innenvolumen *V*, Masse *m* sowie Schwingungskonstante *D* nur von der Dichte ϱ_P der untersuchten Probe abhängig.

Die **Schwingungsdauer *T*** des Biegeschwingers berechnet sich nach der nebenstehenden Größengleichung für Schwingungssysteme. In ihr sind *m* die Masse und *D* die Schwingungskonstante des schwingenden Systems.

Die Masse *m* des schwingenden Systems setzt sich aus der Masse des leeren Schwingers m_S und der Masse der darin enthaltenen Probe m_P zusammen: $m = m_S + m_P$.

Mit $m_P = \varrho_P \cdot V_P$ folgt: $m = m_S + \varrho_P \cdot V_P$, wobei das Volumen der Probe V_P mit dem Volumen des Schwingers V_S identisch ist: $V_P = V_S = V$.

Nach dem Einsetzen und Umstellen nach der Dichte ϱ_P erhält man nebenstehende Formel zur Berechnung der Dichte der Probe.

Schwingungsdauer des Biegeschwingers

$$T = 2 \cdot \pi \cdot \sqrt{\frac{m}{D}}$$

Dichteberechnung mit den Daten des Biegeschwingers

$$\varrho_P = \frac{D}{4 \cdot \pi^2 \cdot V} \cdot \left(T^2 - \frac{4 \cdot \pi^2 \cdot m_S}{D}\right)$$

Beispiel: In einem Biegeschwinger-Dichtemessgerät wird die Dichte einer technischen Probesubstanz aus 2-Propanol $CH_3–CH_2(OH)–CH_3$ gemessen. Die Masse des Biegeschwingers ist m_S = 10,2732 g, sein Volumen *V* = 0,73496 mL, die Schwingungskonstante beträgt *D* = 11,966 N/mm. Es wird eine Schwingungsdauer von *T* = 5,9837 ms gemessen. Welche Dichte hat das Propanol?

Lösung:

$$\varrho_P = \frac{D}{4 \cdot \pi^2 \cdot V} \cdot \left(T^2 - \frac{4 \cdot \pi^2 \cdot m_S}{D}\right) = \frac{11{,}966\ \text{N/mm}}{4 \cdot \pi^2 \cdot 0{,}73496\ \text{mL}} \cdot \left[(5{,}9837\ \text{ms})^2 - \frac{4 \cdot \pi^2 \cdot 10{,}2732\ \text{g}}{11{,}966\ \text{N/mm}}\right]$$

$$= \frac{11{,}966\ \text{N} \cdot 10^3\ \text{m}^{-1}}{4 \cdot \pi^2 \cdot 0{,}73496 \cdot 10^{-6}\ \text{m}^3} \cdot \left[(5{,}9837 \cdot 10^{-3}\ \text{s})^2 - \frac{4 \cdot \pi^2 \cdot 10{,}2732 \cdot 10^{-3}\ \text{kg}}{11{,}966\ \text{N} \cdot 10^3\ \text{m}^{-1}}\right]$$

$$= 412{,}41 \cdot 10^6\ \frac{\text{N}}{\text{m} \cdot \text{m}^3} \cdot \left(35{,}8047 \cdot 10^{-6}\ \text{s}^2 - 33{,}8935 \cdot 10^{-6}\ \frac{\text{kg} \cdot \text{m} \cdot \text{s}^2}{\text{kg} \cdot \text{m}}\right) = 788{,}17\ \frac{\text{N} \cdot \text{s}^2}{\text{m} \cdot \text{m}^3}$$

$$\varrho_P = 788{,}17\ \frac{\text{kg} \cdot \text{m} \cdot \text{s}^2}{\text{s}^2 \cdot \text{m} \cdot \text{m}^3} = 788{,}17\ \text{kg/m}^3 \approx \mathbf{0{,}7882\ g/cm^3}$$

Die Größengleichung zur Berechnung der Dichte nach der Schwingungsmethode lässt sich durch Einführung der Apparatekonstanten *A* und *B* weiter vereinfachen. Die Größengleichung zur Berechnung der Dichte lautet dann: $\varrho_P = 1/A \cdot (T^2 - B)$.

Die Konstanten *A* und *B* sind Apparatekonstanten eines bestimmten Biegeschwingers. Sie enthalten das Innenvolumen *V* sowie die Leermasse m_S und die Federkonstante *D* des Schwingers.

Die Apparatekonstanten können außerdem durch Kalibriermessungen mit Stoffen bekannter Dichte, in der Regel Luft ϱ_L und Wasser ϱ_W bestimmt werden. Dazu misst man die Schwingungsdauern des Schwingers mit Luft T_L und mit Wasser T_W. Mit den nebenstehenden Gleichungen können daraus die Apparatekonstanten *A* und *B* berechnet werden.

Vereinfachte Gleichung zur Dichteberechnung mit den Biegeschwinger-Daten

$$\varrho_P = \frac{1}{A} \cdot (T^2 - B)$$

mit $A = \frac{4 \cdot \pi^2 \cdot V}{D}$; $B = \frac{4 \cdot \pi^2 \cdot m_S}{D}$

Apparatekonstanten zur Kalibrierung des Biegeschwingers

$$A = \frac{T_W^2 - T_L^2}{\varrho_W - \varrho_L}; \quad B = T_L^2 - A \cdot \varrho_L$$

Beispiel: Ein Biegeschwinger-Messgerät hat die Apparatekonstanten $A = 5{,}3809 \cdot 10^{-6}$ s²/(g/mL) und $B = 6{,}4331 \cdot 10^{-6}$ s². Mit dem Gerät wird die Dichte eines Testbenzins bestimmt.
Welche Dichte hat das Testbenzin, wenn die Messung eine Schwingungsdauer $T = 3{,}2538$ ms ergibt?

Lösung: $\varrho_P = \frac{1}{A} \cdot (T^2 - B) = \frac{1}{5{,}3809 \cdot 10^{-6} \frac{s^2}{(g/mL)}} \cdot [(3{,}2538\ ms)^2 - 6{,}4331 \cdot 10^{-6}\ s^2] \approx \mathbf{0{,}7721\ g/mL}$

Moderne Biegeschwinger-Messgeräte

Die modernen Geräte zur Dichtebestimmung sind Biegeschwinger-Messgeräte. Das Messgerät enthält die Messeinheit mit dem Biegeschwinger (Bild 1, Seite 444). Sie ist in einem kastenartigen Gehäuse mit Display untergebracht **(Bild 1).** Über eine Tastatur werden die Probendaten eingegeben, das Messergebnis wird auf dem Display angezeigt.

Einzelne Flüssigkeitsproben werden rechts am Gehäuse in eine Eingabestation mit einer Spritze eingegeben.

Mit einem Zusatz-Beladegerät können dutzende Proberöhrchen in einem Magazin vorgehalten werden. Die Proben werden automatisch aus dem Proberöhrchen entnommen, in das Messgerät eingespritzt und die Dichte bestimmt.

Die Messungen erfolgen im Minutentakt, die Messgenauigkeit beträgt ± 0,0001 g/cm³.

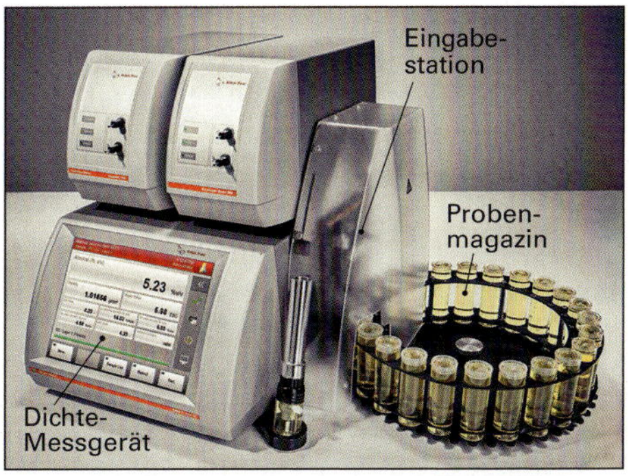

Bild 1: Modernes Messgerät zur Dichtebestimmung mit dem Biegeschwinger-Sensor

Aufgaben zu Dichtebestimmung mit Biegeschwinger-Messgeräten

1. Von einem technischen Kohlenstoffdisulfid CS_2 bei 20,00 °C wird in einem Biegeschwinger der Masse $m_S = 10{,}3158$ g und dem Volumen $V_S = 0{,}74022$ cm³ die Dichte gemessen. Die Schwingungsdauer beträgt $T = 6{,}3158$ ms. Die Federkonstante des Biegeschwingers konnte über die Apparatekonstanten zu $D = 11{,}1325$ N/mm bestimmt werden. Welche Dichte hat das Kohlenstoffdisulfid?
2. Beim Kalibrieren des Biegeschwingers eines Dichtemessgeräts mit reinem, luftfreiem Wasser und reiner Luft wurden bei 20,00 °C folgende Schwingungsdauern gemessen: $T_W = 3{,}43575$ ms, $T_L = 2{,}53761$ ms. Die Dichtewerte der Luft und des Wassers betragen bei 20,00 °C und $p_{amb} = 1000$ mbar: $\varrho(H_2O) = 0{,}99820$ g/mL, $\varrho(\text{Luft}) = 1{,}1780$ kg/m³.
   Welchen Größenwert haben die Apparatekonstanten des Biegeschwingers?
3. Die Kalibrierung eines Biegeschwingers ($A = 6{,}0858 \cdot 10^{-6}$ s²/(g/mL), $B = 6{,}3661 \cdot 10^{-6}$ s²) wird mit n-Heptan mit der Dichte $\varrho_0(CH_3(CH_2)_5CH_3) = 0{,}68376$ g/cm³ überprüft. Die Schwingungsdauer beträgt bei der Messung 3,2446 ms.
   a) Wie groß ist die gemessene Dichte ϱ_{DS}?
   b) Wie groß ist die absolute und die prozentuale Abweichung vom wahren Wert ϱ_0?

14

14.1.3 Dichtemessung mit dem Aräometer

Aräometer (hydrometer) nach DIN 12790 sind geschlossene zylindrische Schwimmkörper aus Glas **(Bild 1).** Sie haben am unteren Ende eine Beschwerung, damit sie in der Messflüssigkeit lotrecht schwimmen. Der stabförmig verjüngte Stengel enthält eine Strichskale der Dichte. Sie ist nicht linear geteilt, weil die Auftriebskraft mit steigender Eintauchtiefe des Aräometers nicht proportional zunimmt. Das Aräometer taucht umso tiefer in die Prüfflüssigkeit ein, je kleiner ihre Dichte ist. Der Skalenendwert befindet sich am unteren Ende des Stengels.

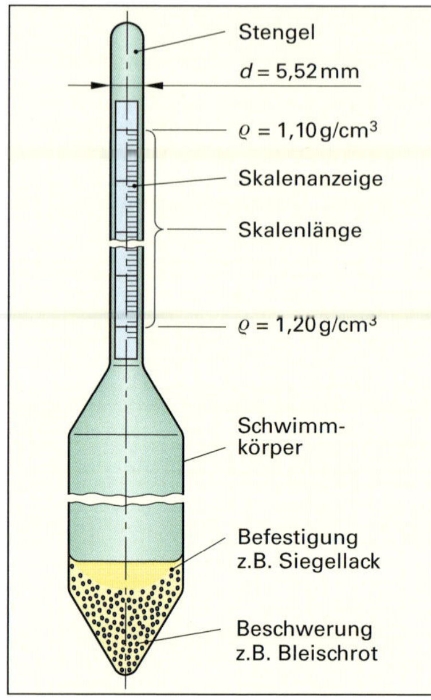

Bild 1: Aräometer nach DIN 12790

Die Eintauchtiefe in der Messflüssigkeit wird auf einem Skalenträger im Stengel abgelesen. Er ist z.B. in Gramm durch Kubikzentimeter (g/cm^3) kalibriert. Die Ablesung erfolgt bei durchsichtigen Flüssigkeiten auf der Schnittlinie zwischen Flüssigkeitsspiegel und Stengel **(Bild 2).**

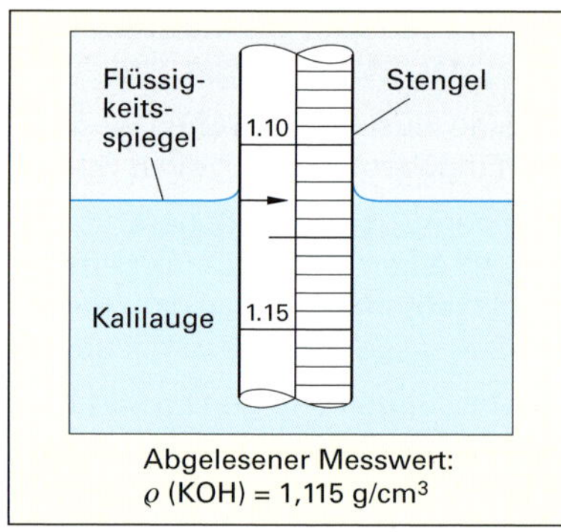

Bild 2: Beispiel einer Dichteablesung am Aräometer

Die Schnittlinie zwischen Flüssigkeitsspiegel und Stengel ist deutlicher zu erkennen, wenn man bei der Ablesung wie folgt vorgeht: Man positioniert das Auge dicht unter die Ebene des Flüssigkeitsspiegels. An der Stelle, wo die Flüssigkeitsoberfläche den Stengel schneidet, ist dann eine elliptisch erscheinende Fläche zu sehen. Nun wird das Auge langsam gehoben, wobei die Fläche zu einer Linie zusammenschrumpft. Dies ist die gesuchte Schnittlinie zwischen Flüssigkeitsspiegel und Stengel.

Die Dichtemessung mit dem Aräometer wird auch **Spindeln** genannt; das Aräometer selbst wird als Spindel bezeichnet.

Bei der Dichtemessung mit dem Aräometer ist Folgendes zu beachten:

- Da unterschiedliche Flüssigkeiten unterschiedliche Oberflächenspannungen aufweisen, ist ein Aräometer nur für die Flüssigkeiten zu benutzen, für die es justiert wurde.
- Da sowohl die Dichte der Messflüssigkeit als auch das Volumen des Aräometers temperaturabhängig sind, ist das Aräometer nur bei der angegebenen Bezugstemperatur (meist 20°C) zu benutzen.
- Da oberhalb des Meniskus anhaftende Flüssigkeit den Messwert stark verfälschen kann, darf das Aräometer nur bis etwa zur Gleichgewichtslage in die Messflüssigkeit eingesetzt werden.

14

Aufgaben zu Dichtemessung mit dem Aräometer

1. Eine Zinkchlorid-Lösung $ZnCl_{2(aq)}$ wurde gespindelt. Die Stellung des Aräometerstengels zum Flüssigkeitsspiegel der Zinkchlorid-Lösung ist in **Bild 3** wiedergegeben. Welche Dichte hat die untersuchte Zinkchlorid-Lösung?
2. Welche Dichten hätten die gespindelten Probeflüssigkeiten, wenn die Aräometerstengel im Bild 2 und Bild 3
   a) 10 mm weiter aus der Probe herausragten
   b) 5 mm tiefer in Messflüssigkeiten eintauchten?

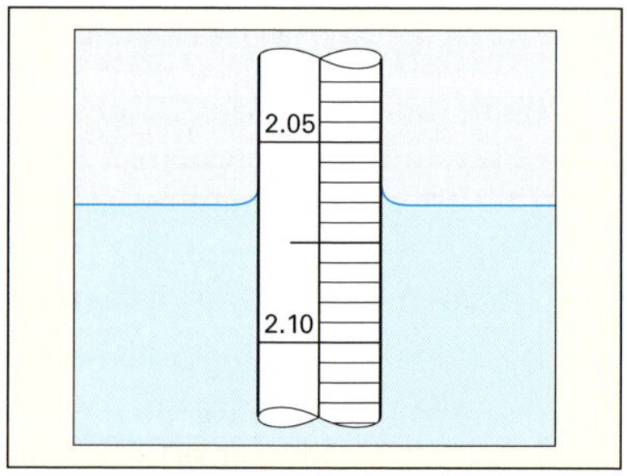

Bild 3: Ableseübung zur Dichtemessung mit dem Aräometer (Aufgabe 1 und 2)

14.1.4 Dichtebestimmung mit der hydrostatischen Waage

Die hydrostatische Waage (hydrostatic balance) ist eine oberschalige Analysenwaage mit einem speziellen Aufbau **(Bild 1)**. Sie dient zur Dichtebestimmung von Feststoffen und Flüssigkeiten und ist nach DIN 51757 genormt.

Die Wägevorrichtung besteht aus einem Bügel, der sich auf die Waage abstützt. Der Prüfkörper hängt am Bügel und dient zur Übertragung der Gewichtskraft F_G oder der Restgewichtskraft F_R auf die Waage. Die über der Waage stehende Brücke dient zur Aufnahme des Becherglases. Die Brücke mit dem Becherglas hat keinen Kontakt mit der Waage.

Mit dieser speziellen Wägevorrichtung bestimmt man die Masse des Prüfkörpers in der Luft m_K auf der Oberschalenwaage. Anschließend wird, wie in Bild 1 gezeigt, das Becherglas mit der Auftriebsflüssigkeit auf die Brücke gestellt. Dann wird der Prüfkörper an den Bügel gehängt und seine scheinbare Masse m_S in der Auftriebsflüssigkeit bestimmt.

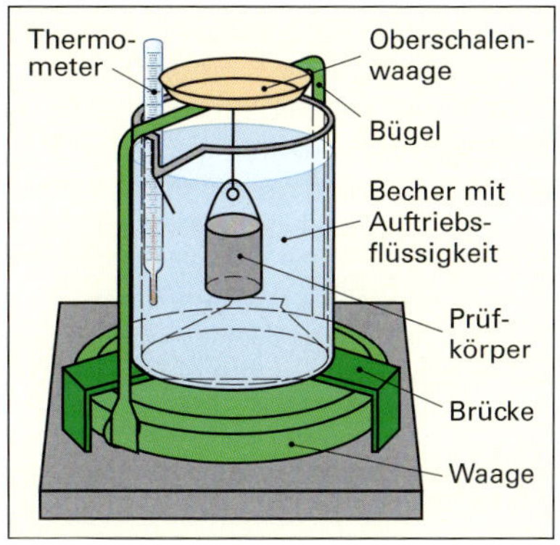

Bild 1: Hydrostatische Waage

Physikalische Grundlagen

Die bei der hydrostatischen Waage durch die Auftriebskraft der Verdrängungsflüssigkeit verursachte Gewichtskraftminderung des Prüfkörpers entspricht der Gewichtskraft und damit der Masse an verdrängter Flüssigkeit. Die Dichte der verdrängten Flüssigkeit (meist Wasser) ist bekannt. Damit lässt sich das Volumen des Prüfkörpers und bei bekannter Masse seine Dichte ϱ_K berechnen.

Ebenfalls lässt sich bei bekannter Masse und Volumen des Prüfkörpers, er wird dann als Senk- oder Tauchkörper bezeichnet, die Dichte der Auftriebsflüssigkeit $\varrho_{Flü}$ bestimmen.

Ableitung der Größengleichungen zur Berechnung der Dichte

Die Auftriebskraft F_A des Prüfkörpers in der Auftriebsflüssigkeit ist die Differenz zwischen seiner Gewichtskraft F_G und seiner Restgewichtskraft F_R: $F_A = F_G - F_R = m_K \cdot g - m_S \cdot g = (m_K - m_S) \cdot g$.

Nach dem Gesetz von Archimedes (vgl. Seite 109) ist die Auftriebskraft F_A gleich der Gewichtskraft F_G der verdrängten Flüssigkeit. Mit $F_A = \varrho_{Flü} \cdot V_K \cdot g$ folgt nach dem Gleichsetzen in F_A und Kürzen der Erdbeschleunigung g: $m_K - m_S = \varrho_{Flü} \cdot V_K$.

Durch Umstellen nach $\varrho_{Flü}$ erhält man die nebenstehende Gleichung zur Berechnung der Dichte der Auftriebsflüssigkeit.

Durch Umstellen nach dem Volumen des Prüfkörpers V_K: $V_K = (m_K - m_S)/\varrho_{Flü}$ und Einsetzen dieses Terms in die Definitionsgleichung der Dichte $\varrho_K = m_K/V_K$ ergibt sich nebenstehende Gleichung zur Berechnung der Dichte des Prüfkörpers ϱ_K.

Dichte der Auftriebsflüssigkeit

$$\varrho_{Flü} = \frac{m_K - m_S}{V_K} = \varrho_K - \frac{m_S}{V_K}$$

Dichte des Prüfkörpers

$$\varrho_K = \frac{m_K}{V_K} = \frac{m_K \cdot \varrho_{Flü}}{m_K - m_S}$$

Beispiel 1: Ein unregelmäßig geformter Kunststoffschmelzkörper aus Polymethylmethacrylat mit der Masse m(PMMA) = 22,38 g hat in Wasser (ϱ = 1,00 g/cm³) eine scheinbare Masse von 3,41 g. Welche Dichte hat der Kunststoffschmelzkörper?

Lösung: $\varrho_K = \frac{m_K \cdot \varrho_{Flü}}{m_K - m_S} = \frac{22{,}38\ g \cdot 1{,}00\ g/cm^3}{22{,}38\ g - 3{,}41\ g} = 1{,}179\ g/cm^3 \approx \mathbf{1{,}18\ g/cm^3}$

Beispiel 2: Ein Senkkörper mit einer Masse von 12,1345 g verdrängt laut Herstellerangabe 4,991 g Wasser ($\varrho(H_2O$, 20,0 °C) = 0,9982 g/cm³). In eine ölmodifizierte Polyesterharz-Lösung getaucht, beträgt seine scheinbare Masse 7,5361 g. Welche Dichte hat die Polyesterharz-Lösung?

Lösung: $\varrho_{PH} = \frac{m_K - m_S}{V_K}$; mit $V_K = V_{H_2O} = \frac{m_{H_2O}}{\varrho_{H_2O}}$ folgt: $\varrho_{PH} = \frac{m_K - m_S}{m_{H_2O}} \cdot \varrho_{H_2O}$

$$\varrho_{PH} = \frac{12{,}1345\ g - 7{,}5361\ g}{4{,}991\ g} \cdot 0{,}9982\ \frac{g}{cm^3} \approx \mathbf{0{,}9197\ g/cm^3}$$

Die hydrostatische Waage wird im modernen Laborbetrieb nicht mehr zur Dichtebestimmung eingesetzt. Sie dient nur noch zu Schulungszwecken.

14.1.5 Dichtemessung mit der Westphal'schen Waage

Die Westphal'sche Waage (Westphal' balance) ist eine spezielle Balkenwaage zur Bestimmung der Dichte von Flüssigkeiten. Sie hat einen ungleicharmigen Waagebalken mit Kerben zum Anhängen von Reitergewichten **(Bild 1)**. Zu Messbeginn wird die Waage mit dem frei hängenden Senkkörper mithilfe der Justierschraube am Fuß ins Gleichgewicht gebracht. Anschließend schiebt man einen Messzylinder unter den Senkkörper und lässt ihn in die zu untersuchende Flüssigkeit eintauchen.

Der durch den Auftrieb verursachte scheinbare Gewichtsverlust des Senkkörpers wird durch Auflegen von Reitergewichten in die Kerben des Waagebalkens ausgeglichen. Die Massen der Reiter A, B, C, D verhalten sich wie 1 : 0,1 : 0,01 : 0,001.

Aus der Größe der Reitergewichte und ihrer Position an der Teilung des Waagebalkens kann die Dichte der Flüssigkeit abgelesen werden. Dabei ist Folgendes zu beachten:

- Wenn einer der Reiter zur Gleichgewichtseinstellung nicht benötigt wird, so tritt an seine Stelle in der Ablesung eine Null.
- Ist die Dichte einer Flüssigkeit größer als 1,0000 g/cm³, so wird der Reiter mit der größten Masse im Endhaken aufgehängt.
- Falls zur Gleichgewichtseinstellung mehrere Reiter in dieselbe Kerbe eingesetzt werden müssen, so wird der kleinere Reiter in den größeren Reiter eingehängt.

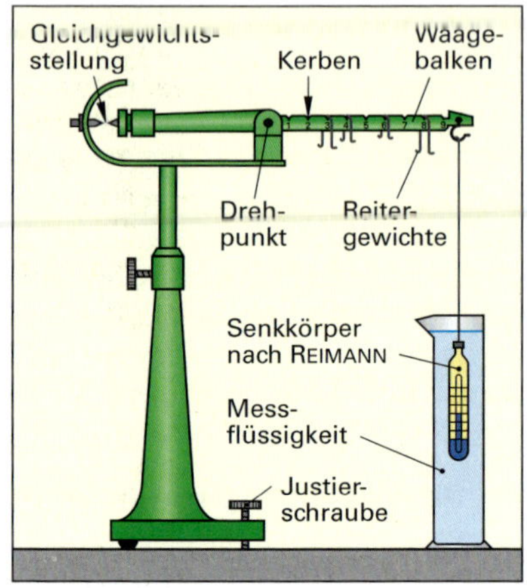

Bild 1: Westphal'sche Waage

Beispiel: Welche Dichte hat ein Testbenzin, wenn die Dichtebestimmung mit der Westphal'schen Waage die in **Bild 2** dargestellten Reiterpositionen ergibt?

Lösung:

5000 mg Reiter in Kerbe 8: ⇒ 0,8000
500 mg Reiter in Kerbe 2: ⇒ 0,0200
50 mg Reiter in Kerbe 4: ⇒ 0,0040
5 mg Reiter in Kerbe 6: ⇒ <u>0,0006</u>
Durch Addition erhält man: = 0,8246 ⇒
Dichte des Testbenzins: ϱ = **0,8246 g/cm³**

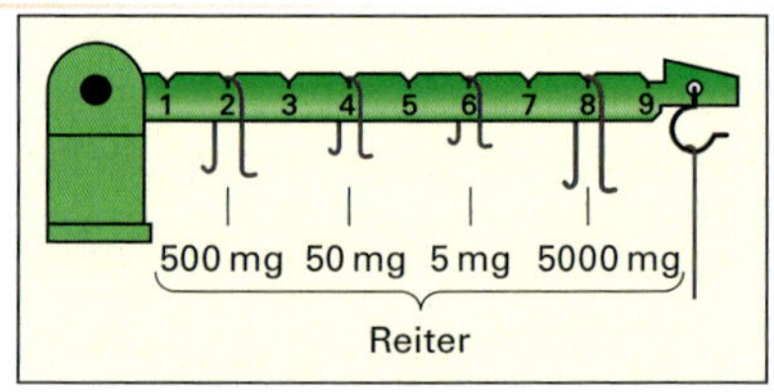

Bild 2: Beispiel einer Dichtebestimmung mit der Westphal'schen Waage

Die Westphal'sche Waage wird nicht mehr im Analyselabor, sondern nur noch zu Schulungszwecken eingesetzt.

Aufgaben zu Dichtebestimmung mit der hydrostatischen und Westphal'schen Waage

1. Ein Tauchkörper aus Borosilikatglas (m = 4,8760 g, ϱ = 2,25 g/cm³) wird vollständig in eine Soda-Lösung getaucht. Sein scheinbarer Masseverlust beträgt 2,653 g. Welche Dichte hat die Lösung?
2. Ein Tauchkörper aus Messing (m(Ms) = 14,5062 g) hat unter Wasser ($\varrho(H_2O$, 20,0 °C) = 0,9982 g/cm³) eine scheinbare Masse von 12,785 g. Wie groß ist die Dichte des Messings?
3. Welche scheinbare Masse hat ein Senkkörper aus Aluminium (ϱ(Al) = 2,70 g/cm³, m = 7,4225 g) in Wasser ($\varrho(H_2O$, 20,0 °C) = 0,9982 g/cm³)?
4. Ein Senkkörper nach Reimann (Bild 1) mit der Masse 12,1345 g verdrängt laut Herstellerangabe 4,991 g Wasser ($\varrho(H_2O$, 20,0 °C) = 0,9982 g/cm³). In eine Antihautmittel-Lösung getaucht, beträgt seine scheinbare Masse 7,4950 g. Welche Dichte hat die Antihautmittel-Lösung?
5. Bei der Dichtebestimmung eines Testbenzins führen die Reiter einer Westphal'schen Waage (Bild 1) in folgenden Positionen zur Gleichgewichtsstellung: 100 mg Reiter in Kerbe 8 des Waagebalkens, 10 mg Reiter und 1 mg Reiter in Kerbe 1 des Waagebalkens. Welche Dichte hat das Testbenzin?
6. Ein Ethanol/Wasser-Gemisch mit einem Ethanol-Massenanteil von $w(CH_3CH_2OH)$ = 80,0% ergibt bei der Dichtebestimmung mit der Westphal'schen Waage bei 20,0 °C folgende Reiterpositionen:

   5000 mg Reiter in Kerbe 8, 500 mg Reiter in Kerbe 4,
   50 mg Reiter im 500 mg Reiter der Kerbe 4, 5 mg Reiter in Kerbe 9

   Welche Dichte hat das Gemisch?

14

14.2 Bestimmung technischer Dichten von Schüttgütern

Technische Produkte liegen häufig als Schüttungen in körniger oder pulveriger Form vor. Für diese Schüttgüter, auch Haufwerke genannt, hat man technische Dichten ϱ(techn) eingeführt, z.B. die Schüttdichte oder die Rütteldichte. Sie sind definiert als Quotient aus der Masse m und dem nach einem genormten Verfahren gemessenen Volumen V(norm) der Schüttgutportion (vgl. Seite 84).
Als **Schüttdichte** ϱ(Schütt) bezeichnet man die Dichte einer Schüttung, die lose in einen Messzylinder eingeschüttet wird.
Die **Rütteldichte** ϱ(Rütt) oder **Stampfdichte** ist die Dichte einer Schüttung nach festgelegten Rüttel- bzw. Stampfbewegungen.

Technische Dichte

$$\varrho(\text{techn}) = \frac{m}{V(\text{norm})}$$

Schüttdichte

$$\varrho(\text{Schütt}) = \frac{m_1 - m_Z}{V_Z}$$

Rütteldichte, Stampfdichte

$$\varrho(\text{Rütt}) = \frac{m_2 - m_Z}{V_Z}$$

14.2.1 Bestimmung der Schütt- und Rütteldichte

Es gibt Normen zur Bestimmung der Schütt- und Rütteldichte für die jeweiligen Feststoffschüttungen. Im Folgenden werden die Verfahren für Düngerschüttungen beschrieben. Sie werden auch für andere Stoffe eingesetzt.

Schüttdichte (nach DIN EN ISO 1236)

In einem 1-L - Messzylinder aus Polypropylen (PP) mit der Masse m_Z wird eine Probe des Schüttguts lose aufgeschüttet, sodass sie über den Rand des Messzylinders hinaus einen Kegel bildet. Nach dem waagerechten Abstreichen des überschüssigen Schüttguts bestimmt man die Masse des gefüllten Zylinders m_1 und berechnet daraus die Schüttdichte. Siehe Formel rechts oben.

Rütteldichte (nach DIN EN ISO 1237)

Nach dem Bestimmen der Schüttdichte wird auf den Messzylinder eine Kunststoffmanschette gesteckt und mit Schüttgut gefüllt **(Bild 1)**. Nach 10 Minuten Rütteln mit 250 min^{-1} wird die Manschette abgenommen, das überschüssige Schüttgut abgestrichen und die Masse des gefüllten Messzylinders m_2 bestimmt. Daraus wird mit der oben rechts stehenden Formel die Rütteldichte berechnet.

Beispiel: Die Bestimmung der Schütt- und Rütteldichte einer Düngerschüttung in einem 1-Liter - Messzylinder ergab folgende Wägewerte:
m_1 = 1,5128 kg, m_2 = 1,7962 kg, m_z = 0,2234 kg.
Welche Schüttdichte und welche Rütteldichte hat die Düngerschüttung?

Lösung:

$$\boldsymbol{\varrho}(\textbf{Schütt}) = \frac{m_1 - m_Z}{V_Z} = \frac{1{,}5128\ \text{kg} - 0{,}2234\ \text{kg}}{1{,}000\ \text{L}} \approx \mathbf{1{,}2894\ kg/L}$$

$$\boldsymbol{\varrho}(\textbf{Rütt}) = \frac{m_2 - m_Z}{V_Z} = \frac{1{,}7962\ \text{kg} - 0{,}2234\ \text{kg}}{1{,}000\ \text{L}} \approx \mathbf{1{,}5728\ kg/L}$$

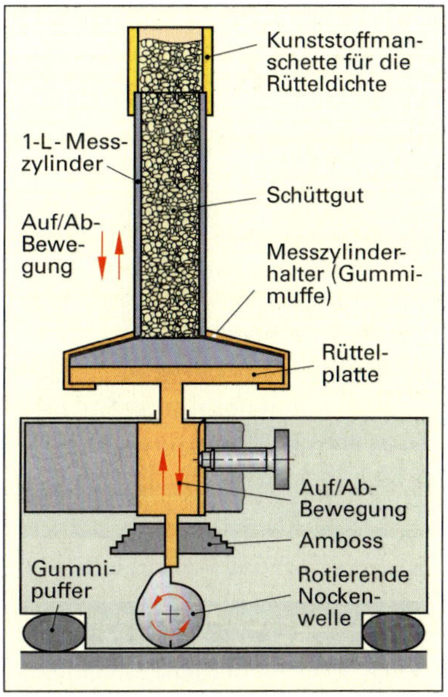

Bild 1: Rüttelmaschine zur Bestimmung der Schütt- und Rütteldichte von Düngern nach DIN EN ISO 1236 und 1237

14.2.2 Bestimmung der Pressdichte

Beim Formpressen werden pulverförmige Schüttgüter auf Pressmaschinen unter Druck zu Presslingen geformt **(Bild 2)**. Dabei werden zu Beginn des Pressvorgangs die großen Hohlräume des Schüttguts bei geringem Pressdruck reduziert. Bei steigendem Pressdruck füllen sich die Partikelzwischenräume durch Partikelbruchstücke. Die Porosität nimmt ab. Die weitere Zunahme des Pressdrucks bewirkt eine Verformung der Partikel. Sie führt zur Ausbildung von Kontaktflächen. Das hat das Entstehen von Feststoffbrücken zur Folge. Die Grenzverdichtung ist erreicht, wenn der Pressling annähernd die gleiche Dichte hat wie der homogene Feststoff.

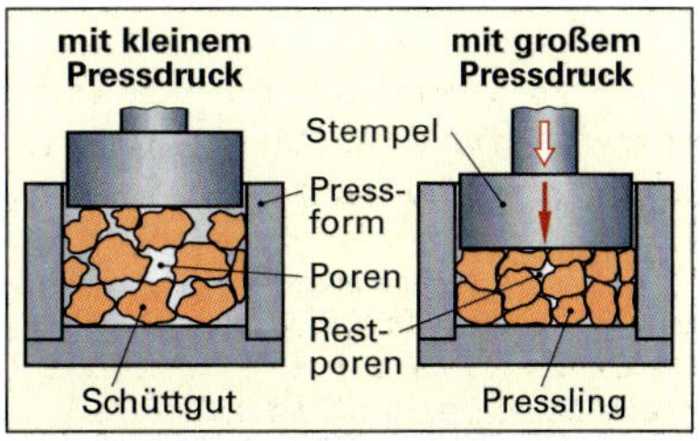

Bild 2: Formpressen einer Schüttung

14

Zur Bestimmung der Pressdichte (green density) müssen Masse *m*(Press) und Volumen *V*(Press) des Presslings bestimmt werden. Der Quotient aus beiden Größen ist die Pressdichte.

Da bislang keine gültige Norm zur Bestimmung der Pressdichte vorliegt, müssen die Pressbedingungen wie Pressdruck, Größe des Presslings mit der Pressdichte angegeben werden.

Die relative Volumenverminderung ΔV_{rel} beim Formpressen ist der Quotient aus der Dichte des Stoffes vor und nach dem Pressen.

Pressdichte
$\varrho(\text{Press}) = \dfrac{m(\text{Press})}{V(\text{Press})}$

Relative Volumenverminderung	Grenzverdichtung
$\Delta V_{rel} = \dfrac{\varrho(\text{Schütt})}{\varrho(\text{Press})}$	$G_V = 1 - \Delta V_{rel}$

Beispiel: REA-Gips, $CaSO_4 \cdot 2\ H_2O$, aus einer **R**auchgas-**E**ntschwefelungs-**A**nlage wurde auf einer Walzenpresse zu Pellets mit einer mittleren Masse von 25,443 g verpresst **(Bild 1)**. Die Pellets werden zur Dichtebestimmung mit Silikonharz beschichtet. Bei Eintauchen in Wasser verdrängen sie im Mittel 12,0 cm³ Wasser. Die stoffspezifische Dichte des Calciumsulfat-Dihydrats beträgt 2,32 g/cm³.

a) Welche mittlere Pressdichte haben die Presslinge?

b) Welcher Prozentwert der Grenzverdichtung wurde beim Pelletieren erreicht?

Lösung: a) $\varrho(\text{Press}) = \dfrac{m(\text{Press})}{V(\text{Press})} = \dfrac{25{,}443\ \text{g}}{12{,}0\ \text{cm}^3} \approx \mathbf{2{,}12\ g/cm^3}$

b) $\Delta V_{rel} = \dfrac{\varrho(\text{Press})}{\varrho(\text{Stoff})} = \dfrac{\varrho(\text{Press})}{\varrho(CaSO_4 \cdot 2\ H_2O)} = \dfrac{2{,}12\ \text{g/cm}^3}{2{,}32\ \text{g/cm}^3} \approx 0{,}914$

Grenzverdichtung: $\boldsymbol{G_V} = 1 - \Delta V_{rel} = 1 - 0{,}914 = 0{,}086 = \mathbf{8{,}6\,\%}$

Bild 1: Walzenpresse zur Herstellung von Gips-Pellets

Aufgaben zu Bestimmung technischer Dichten

1. Ein zur Aluminiumherstellung eingesetzter Bauxit hat die Schüttdichte 1,05 t/m³. Welche Rütteldichte hat der Bauxit, wenn der Massenunterschied einer Probe mit dem Volumen 1,00 L vor und nach dem Rütteln 296 g beträgt?

2. Polystyrol (PS) hat eine Stoffdichte von $\varrho(\text{PS}) = 1{,}06\ \text{g/cm}^3$. Die Bruttomasse einer 1-L-Polystyrol-Granulatprobe beträgt nach dem Rütteln 0,801 kg. Wie groß ist die Raumerfüllung des Granulats, wenn die Masse des leeren Messzylinders 220,0 g beträgt?

3. Berechnen Sie die Schütt- und Rütteldichte des Pigments Zinkweiß ZnO mithilfe folgender Wägewerte: $m_Z = 230{,}0$ g, $m_1 = 5284$ g, $m_2 = 5756$ g, $V_Z = 1{,}000$ L.

4. Pressfertiges Aluminiumoxid Al_2O_3 hat eine Schüttdichte von $\varrho(\text{Schütt}) = 1{,}17\ \text{g/cm}^3$. Die mittlere Masse eines zylinderförmigen 100-MPa-Presslings mit den Maßen $d = h = 5{,}0$ mm wurde zu $m(Al_2O_3) = 223{,}8$ mg bestimmt.
   a) Welche mittlere Pressdichte haben die Presslinge?
   b) Welche Volumenverminderung wird durch das Pressen erzielt?

5. Ein Arzneimittelgranulat mit der Schüttdichte $\varrho(\text{Schütt}) = 0{,}6430\ \text{g/cm}^3$ soll zu $5{,}0 \cdot 10^3$ Tabletten mit einer mittleren Masse von je 1250 mg verpresst werden. Welches Schüttvolumen an Granulat ist dazu erforderlich?

6. 227,69 mg Kaliumbromid KBr werden in einer hydraulischen Presse bei einem Druck von 10^4 bar zu einem zylinderförmigen Pressling von 0,624 mm Höhe und 13,0 mm Durchmesser verpresst.
   a) Welche Pressdichte hat der Pressling?
   b) Welche Grenzverdichtung wurde erreicht, wenn die Stoffdichte des Kaliumbromids $\varrho(\text{KBr}) = 2{,}75\ \text{g/cm}^3$ beträgt?

7. Monoethylanilin $C_6H_5\text{-}NH\text{-}CH_2CH_3$ wird in einem Rohrbündelreaktor durch Monoethylierung von Anilin $C_6H_5\text{-}NH_2$ mit Ethanol $CH_3\text{-}CH_2\text{-}OH$ synthetisiert. Die exotherme Reaktion verläuft bei 200 °C und Atmosphärendruck in der Gasphase. Zur heterogenen Katalyse werden zylinderförmige Pellets mit den Maßen $h = d = 5{,}0$ mm aus einem Gemenge von Niobsäure (Feststoff) und Grafit eingesetzt. Die mittlere Masse der Pellets beträgt 245,4 mg. Welche Pressdichte hat der Katalysator?

14.3 Bestimmung der Viskosität

Die **Viskosität** (viscosity), auch Zähflüssigkeit genannt, beschreibt das Fließverhalten einer Flüssigkeit oder eines Gases. Zähfließende Flüssigkeiten, wie z.B. Maschinenöl oder Glycerol (1,2,3-Propantriol) werden als hochviskos bezeichnet. Dünnflüssige Flüssigkeiten, wie z.B. Wasser oder Aceton (Propanon) sind niederviskos. Gase haben eine besonders niedrige Viskosität.

14.3.1 Dynamische und kinematische Viskosität

Die Viskosität wird durch die innere Reibung der Teilchen im Fließmedium (Fluid) verursacht. Flüssigkeiten mit hohen Kohäsionskräften haben eine große innere Reibung, sie sind zähflüssig.

Die gebräuchlichste Größe zur Beschreibung des Fließverhaltens eines Fluids ist die **dynamische Viskosität η** (dynamic viscosity; η griechischer Kleinbuchstabe eta). Sie ist theoretisch, wie folgt definiert:

Eine **dynamische Viskosität η von 1 Pa · s** hat ein Fluid, wenn zwischen zwei ebenen parallelen Schichten im Fluid mit einer Fläche von 1 m² und einem Abstand von 1 m zur Erzeugung eines Geschwindigkeitsunterschieds der Schichten von v = 1 m/s eine Kraft von 1 N aufgebracht werden muss **(Bild 1).**

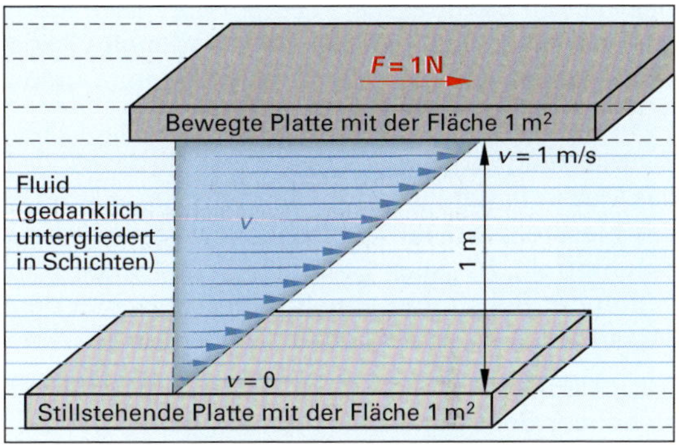

Bild 1: Schema zur Definition der dynamischen Viskosität

Die Einheit der dynamischen Viskosität η ist Pascalsekunde, Einheitenzeichen Pa · s.

Die **dynamische Viskosität von Flüssigkeiten** bewegt sich in weiten Grenzen zwischen weniger als $1 \cdot 10^{-3}$ Pa · s und mehreren Tausend 10^{-3} Pa · s **(Tabelle).**

Sie nimmt bei Flüssigkeiten mit steigender Temperatur stark ab, weil die Teilchenbeweglichkeit in der Flüssigkeit zunimmt. Eine Temperaturerhöhung um 10 °C vermindert die Viskosität um rund 20 %. Die Messtemperatur muss deshalb bei der Angabe eines Viskositätswertes angegeben werden.

Die **dynamische Viskosität von Gasen** ist wegen der größeren Teilchenabstände etwa um den Faktor 100 bis 1000 kleiner als die von Flüssigkeiten. Sie nimmt bei Gasen mit der Temperatur leicht zu, weil sich die Gasteilchen durch die zunehmende Wärmebewegung stärker durchdringen und dadurch behindern.

In vielen Industriebereichen wird als Größe für die Zähflüssigkeit eines Fluids die **kinematische Viskosität ν** verwendet (kinematic viscosity; ν griechischer Kleinbuchstabe ny). Sie berechnet sich als Quotient aus der dynamischen Viskosität η und der Dichte ϱ_{Fl} des Fluids nach nebenstehender Gleichung.

Die **kinematische Viskosität ν** berücksichtigt den Einfluss der Dichte des Fluids ϱ_{Fl} auf das Fließverhalten.
Die Einheit der kinematischen Viskosität ν ist Quadratmeter durch Sekunde, Einheitenzeichen m²/s.

Tabelle: Dynamische Viskosität von Fluiden

Flüssigkeiten (bei 20 °C)	η in 10^{-3} Pa·s
Aceton (Propanon)	0,30
Wasser	1,002
Ethanol	1,19
Glycol	20,41
Glycerin	1412
Gase (bei 25 °C)	η in 10^{-6} Pa·s
Propan	8,2
Luft	18,2
Argon	22,6

Größen der Viskosität	
Dynamische Viskosität	**Kinematische Viskosität**
η	$\nu = \dfrac{\eta}{\varrho_{Fl}}$

Beispiel: In einem Tabellenbuch wird die dynamische Viskosität von n-Butanol mit $\eta = 2{,}95 \cdot 10^{-3}$ Pa·s angegeben, die Dichte beträgt ϱ = 810 kg/m³. Welche kinematische Viskosität hat die Flüssigkeit?

Lösung: $\nu = \frac{\eta}{\varrho_{Fl}} = \frac{2{,}95 \cdot 10^{-3}\,\text{Pa} \cdot \text{s}}{810\,\text{kg/m}^3}$; Mit 1 Pa = $1\,\frac{\text{N}}{\text{m}^2} = 1\,\frac{\text{kg}}{\text{m} \cdot \text{s}^2}$ $\Rightarrow$ $\nu = \frac{2{,}95 \cdot 10^{-3}\,\text{kg} \cdot \text{s} \cdot \text{m}^3}{810\,\text{kg} \cdot \text{m} \cdot \text{s}^2} \approx \mathbf{3{,}64 \cdot 10^{-6}\,\frac{m^2}{s}}$

14.3.2 Kugelfall-Viskosimeter nach Höppler

Zur Messung der Viskosität dienen **Viskosimeter** (viscosimeter). Sie arbeiten nach unterschiedlichen physikalischen Prinzipien.

Das **Höppler-Kugelfall-Viskosimeter** (falling-ball viscosimeter) nach DIN 53015 besteht aus einem unter 10° geneigten Glas-Fallrohr von 15,94 mm Innendurchmesser, in dem eine Kugel eine markierte Laufstrecke (M_1 bis M_2) in der zu messenden Flüssigkeit rollend durchfällt **(Bild 1).**

Das Fallrohr befindet sich in einem durchsichtigen Temperiermantel aus Glas. Für die verschiedenen Viskositätsbereiche stehen Kugeln mit unterschiedlichen Durchmessern und Dichten zur Verfügung (Kugel Nr. 1–6).

Zur Messung wird die Flüssigkeit und die passende Kugel in das Messrohr gefüllt und 15 Minuten temperiert. Dann wird das Messrohr um 180° gedreht, worauf die Kugel im Rohr herunterrollt. Mit einer Stoppuhr wird die Zeit zum Durchlaufen der Rollstrecke von 100 mm zwischen den beiden Messmarken M_1 und M_2 gemessen.

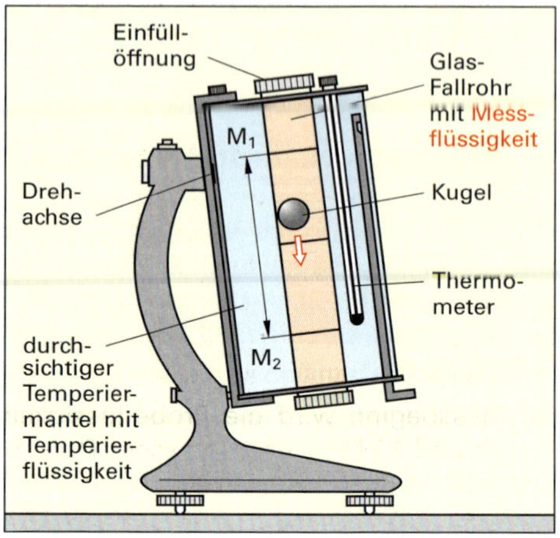

Bild 1: Höppler-Kugelfall-Viskosimeter

Aus der Fallzeit wird die dynamische Viskosität mit nebenstehender Größengleichung berechnet.

Dynamische Viskosität mit dem Höppler-Kugelfall-Viskosimeter

$$\eta = K_H \cdot (\varrho_K - \varrho_{Fl}) \cdot t$$

Es sind: K_H Kugelkonstante in mPa · cm³/g
ϱ_K Dichte der Kugel in g/cm³
ϱ_{Fl} Dichte der Messflüssigkeit in g/cm³
t Fallzeit der Kugel in Sekunden

Es können durchsichtige Flüssigkeiten mit dynamischen Viskositäten von 0,6 mPa·s bis 250 Pa·s gemessen werden.

Beispiel: In einem Höppler-Viskosimeter wurde die Viskosität eines Glycerol/Wasser-Gemischs der Dichte ϱ_{Fl} = 1,2322 g/cm³ bei 25,0 °C gemessen. Die Dichte der Fallkugel beträgt ϱ_K = 8,142 g/cm³, die Kugelkonstante ist mit $K_H = 9{,}19 \cdot 10^{-2}$ mPa · cm³/g am Gerät angegeben. Die mittlere Fallzeit wurde in drei Messungen zu 258 s bestimmt. Welche dynamische Viskosität hat das Glycerol/Wasser-Gemisch?

Lösung: $\eta = K_H \cdot (\varrho_K - \varrho_{Fl}) \cdot t = 9{,}19 \cdot 10^{-2}\,\frac{\text{mPa} \cdot \text{cm}^3}{\text{g}} \cdot (8{,}142\ \text{g/cm}^3 - 1{,}2322\ \text{g/cm}^3) \cdot 258\ \text{s} \approx \mathbf{164 \cdot 10^{-3}\ Pa \cdot s}$

Aufgaben zu Kugelfall-Viskosimeter nach Höppler

1. In einem Höppler-Kugelfall-Viskosimeter wurde die Viskosität eines Maschinenöls bei verschiedenen Temperaturen bestimmt. Die Dichte der Fallkugel war ϱ_K = 8,188 g/cm³, die Kugelkonstante des Viskosimeters betrug K_H = 0,131 mPa·cm³/g. Es wurden folgende Messwerte erhalten:

Messtemperatur in °C	Dichte ϱ_{Fl} bei Messtemperatur in g/cm³	Laufzeit der Kugel in s				
		Messwert 1	Messwert 2	Messwert 3	Messwert 4	Mittelwert
30,2	0,861	86,5	85,7	86,2	86,0	
37,9	0,858	54,6	54,8	54,5	54,5	
49,7	0,855	31,5	32,2	32,0	31,5	
68,3	0,847	15,8	15,6	15,2	15,4	

a) Berechnen Sie mit dem Laufzeitmittelwert die dynamische Viskosität bei den Temperaturen.

b) Erstellen Sie ein Diagramm mit der dynamischen Viskosität als Ordinate und der Temperatur als Abszisse.

c) Erstellen Sie ein Diagramm mit der dynamischen Viskosität als doppeltlogarithmisch geteilter Ordinate und der Temperatur als linear geteilter Abszisse. Zeichnen Sie eine Ausgleichsgerade.

d) Ermitteln Sie die Viskosität des Maschinenöls bei 35 °C, 45 °C und 60 °C.

14

2. Mit einem Kugelfall-Viskosimeter nach Höppler wird die Viskosität einer 40 %igen Glucose-Lösung bei 20 °C ermittelt. Die Dichte der Fallkugel beträgt 2,40 g/cm³, die Dichte der Lösung 1,18 g/cm³; die Kugelkonstante ist K = 0,0749 mPa · cm³/g. Die mittlere Fallzeit aus drei Messungen beträgt 67,9 s. Wie groß ist die dynamische Viskosität der Glucoselösung?

14.3.3 Auslauf-Viskosimeter

Kapillar-Viskosimeter Bauart Ubbelohde

Das Ubbelohde-Viskosimeter (Ubbelohde viscosimeter) gemäß DIN 51562 ist ein dreischenkliger Glaskörper, bestehend aus Messrohr, Druckausgleichsrohr und Einfüllrohr **(Bild 1).**

Zur Messung wird das Glasgerät in ein Temperierbad eingehängt. Das Messrohr enthält eine verengte Strecke (Kapillare), durch welche die Messflüssigkeit ausfließt.

Zu Messbeginn wird die Probeflüssigkeit in das Vorratsgefäß gefüllt und 15 Minuten temperiert. Dann wird bei zugehaltenem Druckausgleichsrohr die Messflüssigkeit mit einem Saugbalg in das Messrohr gesaugt, bis der obere Kugelraum etwa halb gefüllt ist. Nach Entfernen des Saugballs fließt die Flüssigkeit langsam durch die Kapillare ab. Es wird die Zeit gemessen, welche die Probeflüssigkeit zum Absinken von Messmarke M_1 bis Messmarke M_2 benötigt. Die Berechnung der kinematischen Viskosität erfolgt mit dem Mittelwert der Ausflusszeit t aus drei Messungen.

Die kinematische Viskosität ν wird mit nebenstehender Größengleichung berechnet. Darin ist K eine auf dem Aufbewahrungsgehäuse des Viskosimeters aufgeprägte Gerätekonstante.

Es gibt Ubbelohde-Viskosimeter mit unterschiedlichen Kapillardurchmessern für verschiedene Viskositätsbereiche. Damit können Viskositäten größer als $0{,}35 \cdot 10^{-6}$ m²/s gemessen werden. Die Genauigkeit der Messung beträgt 0,1%.

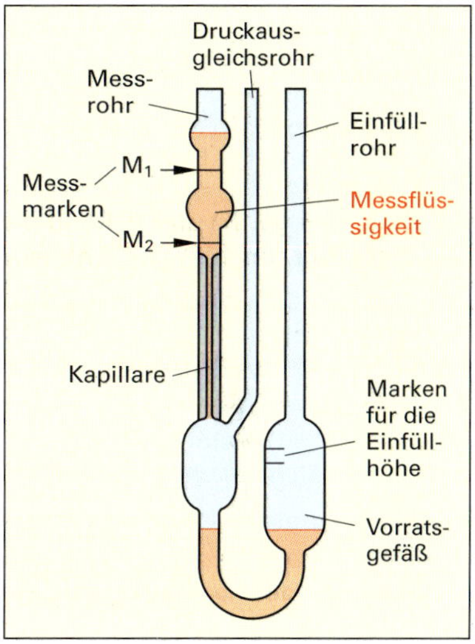

Bild 1: Ubbelohde-Viskosimeter (dargestellt bei Messbeginn)

Kinematische Viskosität mit dem Ubbelohde-Viskosimeter

$$\nu = K \cdot t$$

Beispiel: Mit einem Ubbelohde-Viskosimeter (die Gerätekonstante beträgt K = 1,003 mm²/s²) wird für einen Lackrohstoff eine mittlere Auslaufzeit t = 195,5 s gemessen. Welche kinematische Viskosität hat der Lackrohstoff?

Lösung: $\nu = K \cdot t = 1{,}003\ \text{mm}^2/\text{s}^2 \cdot 195{,}5\ \text{s} \approx \mathbf{196 \cdot 10^{-6}\ m^2/s}$

Auslaufbecher

Auslaufbecher (viscosity cup) benutzt man zur schnellen Ermittlung der Fließfähigkeit z. B. von Lacken, im Labor oder im Betrieb. Die Auslaufbecher sind in Form und Größe genormt, z. B. nach DIN EN ISO 2431 **(Bild 2).** Sie haben ein Messflüssigkeitsvolumen von 100 mL und Auslaufdüsen mit 3, 4, 5 und 6 mm Durchmesser. Vor der Messung müssen der Auslaufbecher und die Messflüssigkeit sorgfältig temperiert werden bzw. die Umgebungstemperatur gemessen werden. Nach Freigabe der Auslauföffnung wird die Zeit bis zum erstmaligen Abreißen des auslaufenden Flüssigkeitsstrahls gemessen. Sie sollte zwischen 30 s und 100 s liegen. Es sind kinematische Viskositäten zwischen $25 \cdot 10^{-6}$ m²/s und $150 \cdot 10^{-6}$ m²/s messbar.

Die **kinematische Viskosität** ν, gemessen mit dem Auslaufbecher, kann aus einer Kalibrierkurve oder einer Größengleichung ermittelt werden. Für den Auslaufbecher mit einer 4-mm-Düse nach DIN EN ISO 2431 gilt die auf Seite 454 oben rechts stehende Auswertegleichung. Die Auslaufzeit ist in Sekunden einzusetzen.

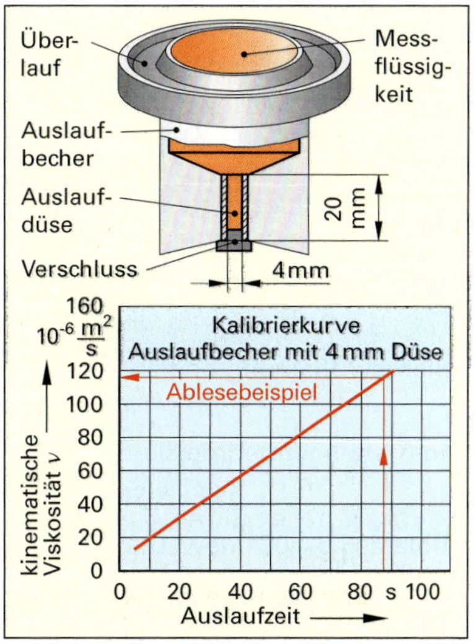

Bild 2: Auslaufbecher nach DIN EN ISO 2431 mit Kalibrierkurve

14

Beispiel: Eine Messung mit einem genormten Auslaufbecher (Auslaufdüse 4 mm) ergibt eine Auslaufzeit von t = 87,5 s. Wie groß ist die kinematische Viskosität des untersuchten Klarlackes?

Lösung: $\nu = \left(1{,}37 \cdot 87{,}5 - \frac{200}{87{,}5}\right) \cdot 10^{-6}\,\frac{m^2}{s} \approx \mathbf{118 \cdot 10^{-6}\,m^2/s}$

Kinematische Viskosität mit einem 4-mm-Auslaufbecher

$$\nu = \left(1{,}37 \cdot t - \frac{200}{t}\right) \cdot 10^{-6}\,\frac{m^2}{s}$$

14.3.4 Rotations-Viskosimeter

Rotations-Viskosimeter (rotary viscometer) nach DIN 53018-1 bestehen aus einer temperierbaren Messzelle, in der ein runder Drehkörper in einem Messbecher rotiert **(Bild 1)**. Im Messbecher befindet sich die Messflüssigkeit. Der Drehkörper wird von einem kleinen Elektromotor angetrieben. Das auf den Drehkörper übertragene Drehmoment M wird an der Antriebswelle gemessen. Mit nebenstehender Größengleichung kann daraus die Viskosität berechnet werden (K_R ist eine Gerätekonstante). Durch Verwendung verschiedener Messbecher und Drehkörper können Viskositäten über einen sehr weiten Messbereich von dünnflüssig bis extrem zähflüssig gemessen werden. Für hochviskose Flüssigkeiten verwendet man als Messzelle z.B. eine ebene oder eine leicht kegelige Platte, zwischen die eine dünne Schicht der zu messenden Flüssigkeit eingebracht wird.

Moderne Rotations-Viskosimeter besitzen eine computergestützte Auswerteeinheit, die die Viskosität intern errechnet und auf einem Display anzeigt.

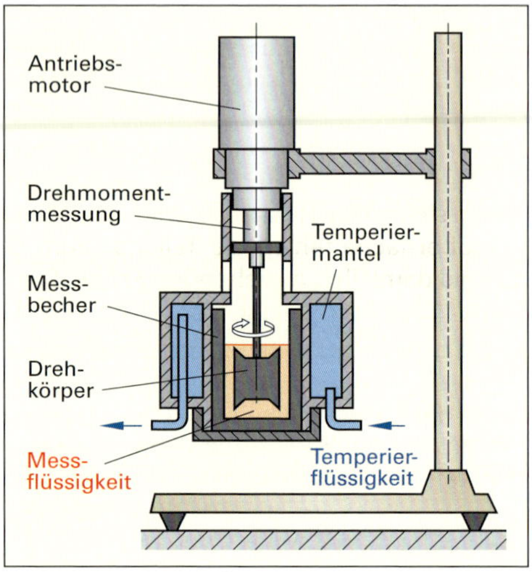

Bild 1: Rotations-Viskosimeter nach DIN 53018-1 (in Schnittdarstellung)

Beispiel: Bei der Bestimmung der Viskosität eines Maschinenöls mit einem Rotations-Viskosimeter wurde das Drehmoment mit 235 µNm gemessen, die Gerätekonstante betrug $K_R = 3{,}49 \cdot 10^6$ Pa · s/Nm. Wie groß ist die dynamische Viskositat?

Lösung: $\eta = K_R \cdot M = 3{,}49 \cdot 10^6\,\text{Pa} \cdot \text{s/Nm} \cdot 235\,\mu\text{Nm}$

$\eta = 820 \cdot 10^6\,\text{Pa}\cdot\text{s/Nm} \cdot 10^{-6}\,\text{Nm} \approx \mathbf{820\,Pa\cdot s}$

Dynamische Viskosität mit dem Rotations-Viskosimeter

$$\eta = K_R \cdot M$$

Aufgaben zu Bestimmung der Viskosität mit Auslauf- und Rotationsviskosimetern

1. In einem Herstellerprospekt sind für ein Motorenöl nebenstehende Angaben gemacht.
   a) Erstellen Sie eine dynamische Viskosität-/Temperatur-Kurve in einem Diagramm mit doppeltlogarithmisch geteilter Ordinate (η) und linear geteilter Abszisse (ϑ).
   b) Ermitteln Sie die dynamische Viskosität aus dem Diagramm bei 30 °C, 45 °C und 60 °C.

Temperatur in °C	21	35	50	70
Kinematische Viskosität ν in mPa·s	116	52	27	13
Dichte in g/cm³	0,877	0,869	0,861	0,848

14

2. Mit einem Ubbelohde-Viskosimeter (Gerätekonstante $K = 1{,}674 \cdot 10^{-4}\,m^2/s^2$) wird die Viskosität einer Allylalkohol-Lösung bei 20 °C bestimmt. Es wurden 3 Messungen der Auslaufzeit durchgeführt: t_1 = 91,9 s, t_2 = 93,5 s, t_3 = 94,2 s.
   Die Dichte der Lösung wurde zu ϱ(20 °C) = 870 kg/m³ ermittelt. Wie groß ist
   a) die kinematische Viskosität und
   b) die dynamische Viskosität der Lösung?
3. Die Prüfung eines Lackes mit einem Auslaufbecher nach DIN EN ISO 2431 (4-mm-Auslaufdüse) ergibt bei 20 °C eine Auslaufzeit von 49,5 s. Welche kinematische Viskosität hat der Lack?
4. Mit einem Rotations-Viskosimeter wird die Viskosität eines Glycerin-Wasser-Gemischs bestimmt. Es wird ein mittleres Widerstands-Drehmoment von 0,0365 Nm an der Antriebswelle gemessen; die Gerätekonstante beträgt K_R = 6,274 Pa · s/Nm. Welche dynamische Viskosität hat die Lösung?

14.4 Bestimmung der Oberflächenspannung

Flüssigkeitsoberflächen scheinen eine unsichtbar dünne Oberflächenhaut zu besitzen. Aus diesem Grund zerfließen Wassertropfen nicht auf einer leicht geölten Glasplatte oder Wasser steht leicht über den Rand eines Reagenzglases, ohne abzulaufen **(Bild 1).**

Dieser „Hauteffekt" einer Flüssigkeitsoberfläche wird **Oberflächenspannung** (surface tension) genannt. Sie wird durch Kohäsionskräfte bewirkt. Zwischen den Teilchen im Innern einer Flüssigkeit herrschen in alle Raumrichtungen wirkende Anziehungskräfte, da dort ein Teilchen allseitig von anderen Teilchen umgeben ist **(Bild 2).** Die Kräfte heben sich im Innern insgesamt auf. An der Flüssigkeitsoberfläche fehlen die Teilchen zum Gasraum hin und damit ihre anziehenden Kräfte. Die Teilchen an der Oberfläche werden von den angrenzenden Teilchen zum Flüssigkeitsinnern hingezogen. Dadurch entstehen an der Flüssigkeitsoberfläche resultierende Kräfte in die Flüssigkeit; sie bewirken den Hauteffekt (die Oberflächenspannung).

Zur Bildung von neuer Flüssigkeitsoberfläche müssen gegen die resultierenden Oberflächenkräfte Teilchen aus dem Flüssigkeitsinnern an die Oberfläche gebracht werden. Die dazu erforderliche Arbeit W pro gebildeter Oberfläche A ist die **Oberflächenspannung σ.**

Ihre Einheit ist:

$$[\sigma] = \frac{[W]}{[A]} = \frac{J}{m^2} = \frac{Nm}{m^2} = \frac{N}{m}$$

Oberflächenspannung

$$\sigma = \frac{W}{A}$$

Flüssige Metalle, wie z.B. Quecksilber, und polare Flüssigkeiten, wie z.B. Wasser, haben eine große Oberflächenspannung. Andere Flüssigkeiten, wie z.B. Aceton oder Ethanol, haben eine geringe Oberflächenspannung **(Tabelle).**

Die Oberflächenspannung nimmt mit steigender Temperatur ab, weil die Kohäsionskräfte durch die stärkere Teilchenbewegung geschwächt werden.

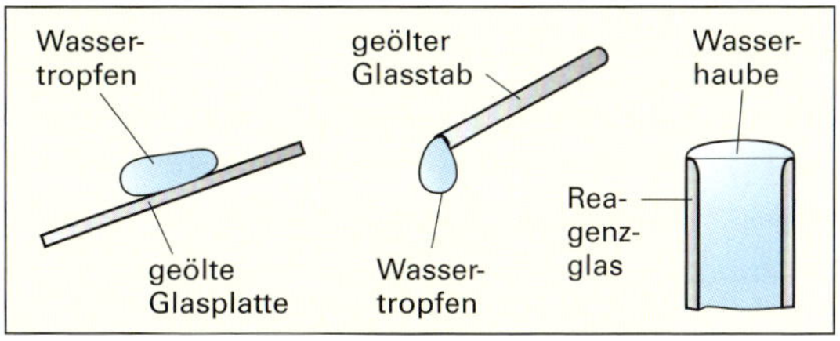

Bild 1: Das Phänomen Oberflächenspannung

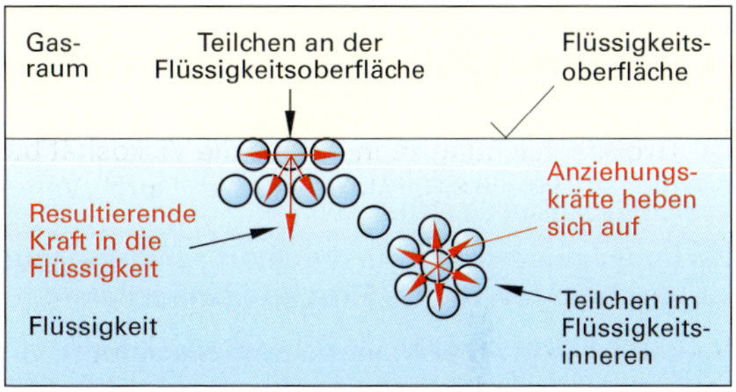

Bild 2: Molekulare Ursache der Oberflächenspannung

Tabelle: Oberflächenspannungen (bei 20 °C)

Flüssigkeiten	Oberflächenspannung σ in N/m
Diethylether	$17{,}0 \cdot 10^{-3}$
Ethanol	$22{,}3 \cdot 10^{-3}$
Aceton (Propanon)	$23{,}7 \cdot 10^{-3}$
Wasser	$72{,}8 \cdot 10^{-3}$
Quecksilber	$500 \cdot 10^{-3}$

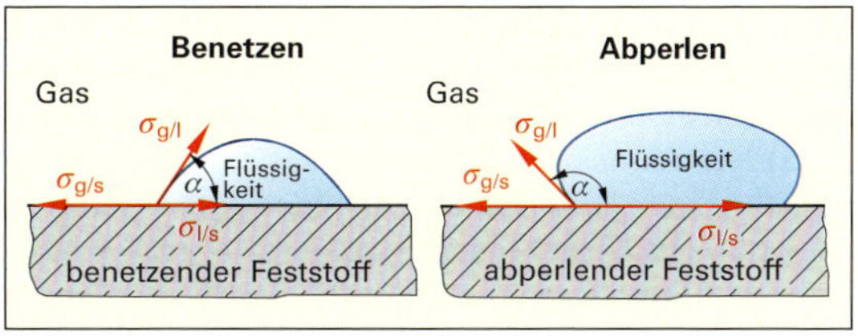

Bild 3: Benetzen und Abperlen auf Oberflächen

Die Oberflächenspannung σ ist der spezielle Fall der **Grenzflächenspannung** zwischen einer Flüssigkeit und der Luft. Wechselwirkungskräfte gibt es an allen Grenzflächen, z.B. auch zwischen Flüssigkeiten und Feststoffen. Veranschaulichen kann man dies an einem Tropfen auf einer Unterlage **(Bild 3).**

An der Berührungsstelle der drei Phasen fest/flüssig/gasförmig (am Tropfenrand) wirken drei Grenzflächenspannungen: $\sigma_{g/s}$, $\sigma_{g/l}$ und $\sigma_{l/s}$. Sie überlagern sich wie Kräfte.

Benetzen: Ist $\sigma_{g/s}$ groß, so wird der Tropfen auseinander gezogen: Der Randwinkel α ist kleiner als 90°, die Flüssigkeit benetzt den Feststoff. Dies kennt man z.B. von Wasser auf sauberer oder leicht geölter Glasfläche.

Abperlen: Ist $\sigma_{l/s}$ groß, so wird der Tropfen zusammengehalten. Der Randwinkel α ist größer 90°, die Flüssigkeit benetzt den Feststoff nicht. Sie liegt als Tropfen auf dem Feststoff und perlt ab, wie z.B. Wasser auf Autolack.

Durch Zugabe von oberflächenaktiven Stoffen, z.B. von Tensiden zu Wasser, kann die Grenzflächenspannung $\sigma_{l/s}$ stark herabgesetzt werden. Dadurch wird z.B. eine bessere Benetzung von Textilien durch Wasser erreicht und eine gründlichere Reinigung beim Waschen erzielt.

Das Benetzungsverhalten von Flüssigkeiten ist in vielen Bereichen von Bedeutung: bei Beschichtungen mit Anstrichstoffen, beim Reinigen von Metalloberflächen und bei der Flotation von Erzpulvern.

14.4.1 Bügelverfahren oder Ringverfahren

Das Messgerät für die Bestimmung der Oberflächenspannung mit dem Bügel- oder Ringverfahren nach DIN EN 14210 (stirrup or ring method) wird **Tensiometer** (tensometer) genannt. Es besteht aus einem Drahtbügel oder Ring, der an einem Kraftmesser aufgehängt ist **(Bild 1).**

Die Messflüssigkeit befindet sich in einer Schale auf einer Platte, die auf und ab gefahren werden kann. Zu Beginn der Messung ist die Platte hochgefahren, sodass der Messdraht in die Flüssigkeit eintaucht. Der Kraftmesser wird hier auf Null gestellt. Beim langsamen Absenken der Flüssigkeitsschale taucht der Messdraht aus der Flüssigkeit auf. Sie bleibt an ihm hängen und er zieht unter Aufwendung einer Kraft eine dünne Flüssigkeitshaut heraus. Sie reißt bei einer bestimmten Höhe *h* ab. Die maximal gemessene Zugkraft F_z steht im Gleichgewicht mit der Kraft F_A, mit der die Oberflächenspannung auf beiden Seiten der Haut versucht den Messdraht in die Flüssigkeit zu ziehen.

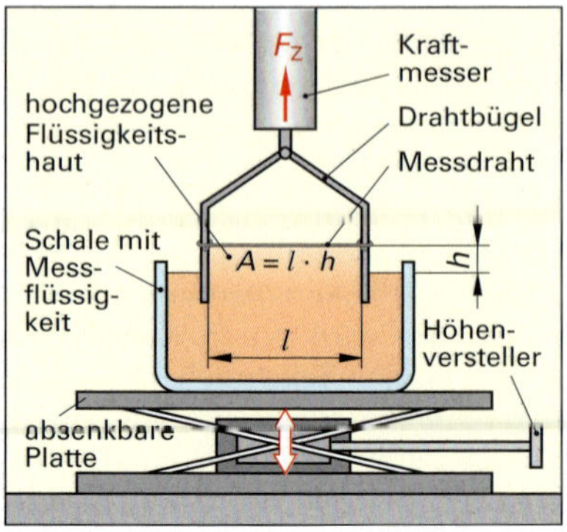

Bild 1: Tensiometer (Bügelverfahren)

Die Berechnungsformel für die **Oberflächenspannung** σ erhält man aus der Arbeit *W*, um die Flüssigkeitshaut herauszuziehen und der Hautoberfläche *A* bei **waagrechtem Messdraht:** $\sigma = \frac{W}{A} = \frac{F_z \cdot h}{2\,(l \cdot h)}$

Für einen **Drahtring mit dem Kreisumfang** $U = \pi \cdot d$ erhält man: $\sigma = \frac{W}{A} = \frac{F_z \cdot h}{2\,(\pi \cdot d \cdot h)}$

Oberflächenspannung nach dem Drahtbügel- oder Ringverfahren

mit waagrechtem Messdraht: $\sigma = \frac{F_z}{2 \cdot l}$

mit Drahtring: $\sigma = \frac{F_z}{2 \cdot \pi \cdot d}$

Die Höhe *h* lässt sich kürzen. Man erhält die nebenstehenden Gleichungen. Der Faktor 2 in den Gleichungen berücksichtigt die auf beiden Seiten der hochgehobenen Flüssigkeitshaut entstandenen Oberflächen.

Beispiel: Eine Ethanol-Lösung ergibt bei der Messung mit einem Tensiometer am Messdraht mit 40 mm Länge eine Abreißkraft von 4,56 mN. Welche Oberflächenspannung hat die Lösung?

$$\sigma = \frac{F_z}{2 \cdot l} = \frac{4{,}56\ \text{mN}}{2 \cdot 4{,}0 \cdot 10^{-2}\ \text{m}} \approx \mathbf{57\ mN/m}$$

14.4.2 Tropfenmethode

Das Messgerät zur Messung der Oberflächenspannung nach der **Tropfenmethode** (drop method) wird **Stalagmometer** genannt. Es ist ein spezielles Glasrohr mit einem Messvolumen in einem Vorratsgefäß zwischen zwei Marken (M_1, M_2). Das untere Glasrohrende ist eine Kapillare mit einem Tropfenabreißende **(Bild 2).** Die Messflüssigkeit fließt aus dem Vorratsgefäß durch die Kapillare zum Abreißende und bildet dort Tropfen. Je nach Oberflächenspannung der Messflüssigkeit fallen die Tropfen bei Erreichen einer charakteristischen Tropfengröße ab. Eine große Oberflächenspannung hält den Tropfen lange zusammen, sodass wenige große Tropfen aus dem Messvolumen entstehen, während eine geringe Oberflächenspannung viele kleine Tropfen abfallen lässt. Die Anzahl der Topfen *z* wird gezählt.

Das Stalagmometer wird mit einer Flüssigkeit bekannter Oberflächenspannung kalibriert (z. B. mit Wasser) und die Bestimmung mit nebenstehender Größengleichung ausgewertet.

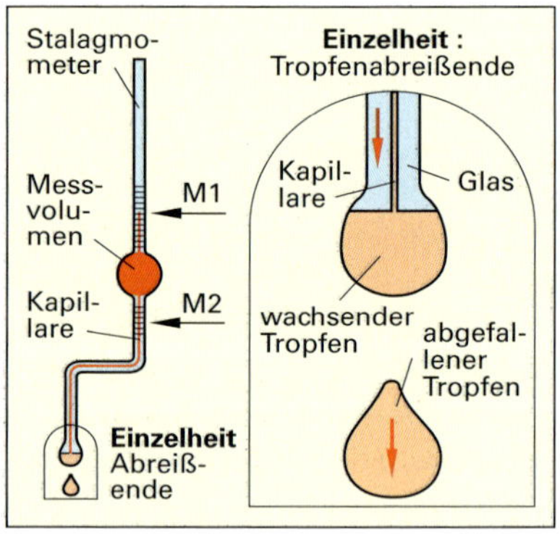

Bild 2: Stalagmometer

Beispiel: Bei der Messung der Oberflächenspannung eines Netzmittels mit der Dichte $\varrho = 0{,}925\ \text{g/cm}^3$ in einem Stalagmometer werden $z = 193$ Tropfen gezählt. Die Kalibriermessung mit Wasser ($\varrho(H_2O) = 0{,}998\ \text{g/cm}^3$, $\sigma(H_2O) = 72{,}8\ \text{mN/m}$) hatte als Ergebnis $z(H_2O) = 88$ Tropfen. Wie groß ist die Oberflächenspannung des Netzmittels?

Lösung: $\sigma(\text{Netzmittel}) = \frac{\sigma(H_2O) \cdot z(H_2O)}{\varrho(H_2O)} \cdot \frac{\sigma(\text{Netzmittel})}{z(\text{Netzmittel})}$

$\boldsymbol{\sigma}$**(Netzmittel)** $= \frac{72{,}8\ \text{mN/m} \cdot 88}{0{,}998\ \text{g/cm}^3} \cdot \frac{0{,}925\ \text{g/cm}^3}{193} \approx \mathbf{31\ mN/m}$

Oberflächenspannung nach der Tropfenmethode

$$\sigma = \frac{\sigma(H_2O) \cdot z(H_2O)}{\varrho(H_2O)} \cdot \frac{\sigma(\text{Probe})}{z(\text{Probe})}$$

14

14.4.3 Kapillarmethode

Taucht man eine Glaskapillare (Innendurchmesser weniger als 1 mm) in eine Flüssigkeit, so steigt die Flüssigkeit in der Kapillare hoch, bis sie eine Endsteighöhe h erreicht hat **(Bild 1).**

Auf diesem Effekt beruht die **Kapillarmethode** (capillarry method) zur Bestimmung der Oberflächenspannung.

Ursache hierfür sind die Adhäsionskräfte zwischen der Glaswand der Kapillaren und der Messflüssigkeit.

Wenn die Messflüssigkeit die Glaskapillarenwand vollständig benetzt, zieht die Oberflächenspannung σ die zylinderförmige Flüssigkeitssäule in der Kapillare mit dem Radius r_K mit der Kraft $F_K = U_{Rohr} \cdot \sigma = \pi \cdot 2\, r_K \cdot \sigma$ nach oben.

Entgegengesetzt nach unten wirkt die Gewichtskraft der Flüssigkeitssäule in der Kapillare: $F_G = V_{Fl} \cdot \varrho_{Fl} \cdot g = \pi \cdot r_K^2 \cdot h \cdot \varrho_{Fl} \cdot g$

Bei Erreichen der Endsteighöhe sind beide Kräfte gleich groß:

$$F_K = F_G$$

$$\pi \cdot 2 \cdot r_K \cdot \sigma = \pi \cdot r_K^2 \cdot h \cdot \varrho_{Fl} \cdot g$$

Durch Umstellen und Kürzen erhält man nebenstehende Bestimmungsgleichung für die Oberflächenspannung.

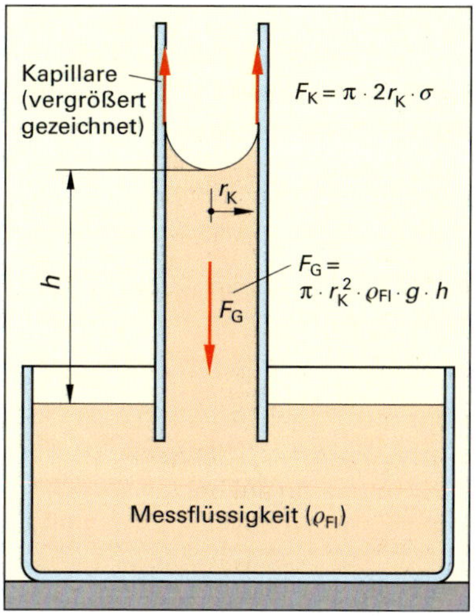

Bild 1: Kapillarmethode zur Bestimmung der Oberflächenspannung (Kapillare vergrößert dargestellt)

Oberflächenspannung nach der Kapillarmethode

$$\sigma = \frac{r_K \cdot h \cdot \varrho_{Fl} \cdot g}{2}$$

Beispiel: Eine Glaskapillare mit 0,23 mm Innendurchmesser taucht in Diethylether ein und zieht die Flüssigkeit 42,2 mm in der Kapillare hoch. Die Dichte von Diethylether ist $\varrho = 0{,}714\ g/cm^3$. Wie groß ist die Oberflächenspannung des Diethylethers?

Lösung: $r_K = \frac{d_K}{2} = \frac{0{,}23\ mm}{2} = 0{,}115\ mm$; $\sigma = \frac{r_K \cdot h \cdot \varrho_{Fl} \cdot g}{2}$

$$\sigma = \frac{0{,}115\ mm \cdot 42{,}2 \cdot 10^{-3}\ m \cdot 714\ kg/m^3 \cdot 9{,}81\ N/kg}{2}$$

σ(Diethylether) ≈ 17 mN/m

Aufgaben zu Bestimmung der Oberflächenspannung

1. In einer Messreihe wird mit einem Drahtring-Tensiometer (Bild 1, Seite 456) die Oberflächenspannung eines Lösemittels gemessen. Der Drahtring-Durchmesser nach DIN beträgt 19,5 mm. Drei Messungen ergeben die Abreißkräfte: $F_1 = 3{,}25$ mN; $F_2 = 3{,}16$ mN; $F_3 = 3{,}31$ mN.
   Berechnen Sie die Oberflächenspannung des Lösemittels.
2. Bei der Messung der Oberflächenspannung von 1-Butanol ($\varrho = 0{,}8096\ g/cm^3$) mit einem Stalagmometer (Bild 2, Seite 456) wurde bei 20 °C eine Tropfenzahl von $z = 216$ gezählt. Die Kalibriermessung mit Wasser von 20 °C ($\varrho = 0{,}9982\ g/cm^3$; $\sigma = 72{,}8$ mN/m) ergab eine Tropfenzahl von $z(H_2O) = 92$.
   Welche Oberflächenspannung hat 1-Butanol?
3. Die Messung der Oberflächenspannung eines Lösemittelgemisches mit einem Drahtbügel-Tensiometer ergab bei einer Messdrahtlänge von 3,9 cm eine mittlere Abreißkraft von 3,92 mN.
   Wie groß ist die Oberflächenspannung des Lösemittelgemisches?
4. Mit der Kapillarmethode wird die Oberflächenspannung einer Nährlösung der Dichte $\varrho = 1{,}027\ g/cm^3$ bestimmt. Der innere Kapillardurchmesser beträgt 0,21 mm. In einer Versuchsreihe werden folgende Steighöhen gemessen: 84,8 mm, 86,2 mm und 87,9 mm.
   Berechnen Sie die Oberflächenspannung der Nährlösung.
5. In einem Gefriertrockenturm werden stündlich 2,358 m³ eines Kaffee-Extrakts zu Tropfen mit 60 µm Durchmesser versprüht (σ(Kaffee-Extrakt) $= 82{,}5 \cdot 10^{-3}$ N/m). Der Wirkungsgrad der Sprühdüse beträgt 12,5 %. Welche Energie ist stündlich für das Versprühen aufzubringen?

14.5 Bestimmung der molaren Masse

Die Bestimmung der molaren Masse (Seite 126) ist eine wichtige analytische Bestimmungsmethode. Dabei muss grundsätzlich zwischen der Bestimmung der molaren Masse niedermolekularer Stoffe und der Bestimmung der mittleren molaren Masse höhermolekularer Stoffe, wie z.B. Fette und Polymere, unterschieden werden.

Zur experimentellen Bestimmung der molaren Masse von Stoffen werden Eigenschaften genutzt, die mit der molaren Masse in einem gesetzmäßigen Zusammenhang stehen, wie z.B. die Gesetze für ideale Gase und ideale Lösungen, sowie die Gesetze zur Änderung der Aggregatzustandstemperaturen.

14.5.1 Molare Masse aus den Gasgesetzen

Ausgangspunkt der Berechnung ist die **allgemeine Gasgleichung** (Seite 136): $p \cdot V = \frac{m}{M} \cdot R \cdot T$

Durch Umstellen erhält man daraus eine Bestimmungsgleichung für die molare Masse M der Substanz X.

Es sind: m = Masse, T = thermodynamische Temperatur,
p = Druck, V = Volumen,
R = allgemeine Gaskonstante = 0,08314 bar · L/(K · mol)

Molare Masse aus Gasgleichung

$$M(\text{X}) = \frac{m(\text{X}) \cdot R \cdot T}{p \cdot V(\text{X})}$$

Bestimmung der molaren Masse von Gasen

Hierzu verwendet man einen als Gasmaus bezeichneten, zylinderförmigen, dickwandigen Glasbehälter nach DIN 12473-1 **(Bild 1).** Man wiegt zuerst die evakuierte (m_1), dann die mit dem Gas gefüllte Gasmaus (m_2) und bestimmt daraus die Masse m der Gasportion: $m = m_2 - m_1$.

Mit dem Druck in der Gasmaus und ihrem Volumen V kann die molare Masse berechnet werden.

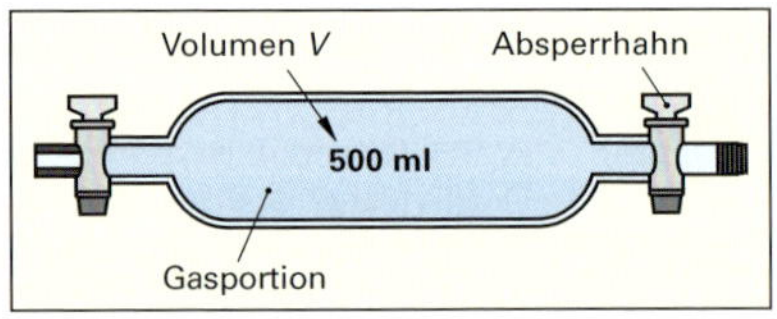

Bild 1: Gasmaus nach DIN 12473-1

Beispiel: Zur Bestimmung der molaren Masse eines Gases wird eine evakuierte Gasmaus von 850 mL Volumen zu 252,8341 g ausgewogen. Gefüllt mit dem Probegas unter 1,013 bar und 295,9 K beträgt die Masse der Gasmaus 263,8143 g. Wie groß ist die molare Masse des Gases?

Lösung: $\mathbf{M(\text{Gas})} = \frac{m(\text{Gas}) \cdot R \cdot T}{p \cdot V(\text{Gas})} = \frac{0{,}9802\ \text{g} \cdot 0{,}08314\ \frac{\text{bar} \cdot \text{L}}{\text{K} \cdot \text{mol}} \cdot 295{,}9\ \text{K}}{1{,}013\ \text{bar} \cdot 0{,}8500\ \text{L}} \approx \mathbf{28{,}01\ g/mol}$

Bestimmung der molaren Masse verdampfbarer Stoffe nach Viktor Meyer[1)]

Von leicht verdampfbaren aber thermisch stabilen Flüssigkeiten und Feststoffen kann in einer Apparatur nach Viktor Meyer die molare Masse bestimmt werden **(Bild 2).**

Die Apparatur besteht aus einem beheizbaren Verdampferkolben und einer Gasauffangvorrichtung (Eudiometer).

Die Substanzprobe ist in einer dünnwandigen Glasampulle eingeschmolzen. Sie wird von oben in die Apparatur eingebracht und von einem Glasstab gehalten.

Nach dem Temperieren des Verdampferkolbens auf eine Temperatur, die oberhalb der Verdampfungstemperatur der Probesubstanz liegt, wird der Glasstab zurückgezogen. Dadurch fällt die Substanzampulle in den Verdampferkolben, wo sie zerbricht. Die Probe wird freigesetzt und verdampft.

Das entstehende Gasvolumen der Probe verdrängt ein gleichgroßes Luftvolumen V aus dem Verdampferkolben in das Eudiometer. Dort kann das auf Wasserbadtemperatur abgekühlte Luftvolumen abgelesen werden. Das Gas ist wasserdampfgesättigt.

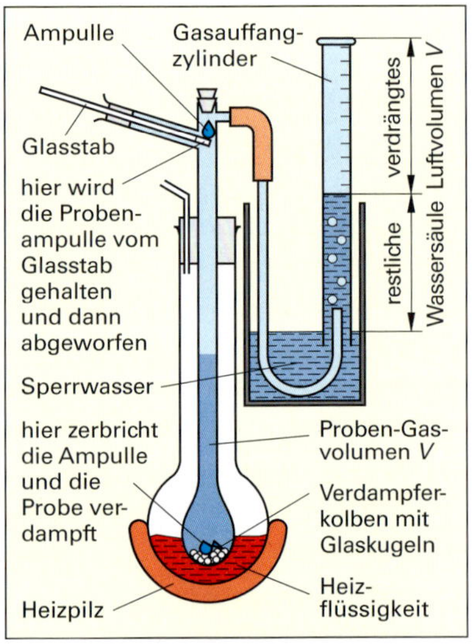

Bild 2: Apparatur zur Bestimmung der molaren Masse nach Viktor Meyer

1) Viktor Meyer, deutscher Chemiker (1848 bis 1897)

14

Mit den Versuchsbedingungen Umgebungsdruck p und Badtemperatur T sowie den Messwerten m und V kann mit der umgestellten allgemeinen Gasgleichung die molare Masse berechnet werden.

Beispiel: In eine Apparatur zur Molmassebestimmung nach Viktor Meyer werden 0,1254 g einer Flüssigkeit eingebracht und verdampft. Das gemessene Luftvolumen im Auffangzylinder beträgt 37,29 mL. Die Umgebungstemperatur ist 22,0 °C (295,0 K), der Luftdruck 1015,0 mbar.
Wie groß ist die molare Masse der Flüssigkeit?

Lösung: $$M(\text{Fl}) = \frac{m(\text{Fl}) \cdot R \cdot T}{p \cdot V(\text{Gas})} = \frac{0{,}1254\ \text{g} \cdot 0{,}08314\ \frac{\text{bar} \cdot \text{L}}{\text{K} \cdot \text{mol}} \cdot 295{,}0\ \text{K}}{1{,}015\ \text{bar} \cdot 0{,}03729\ \text{L}} \approx \mathbf{81{,}26\ g/mol}$$

Zur **genauen Berechnung der molaren Masse** ist anstatt des Luftdrucks der Dampfdruck des Proben-Gasvolumens p_{Pr} im Verdampferkolben in die Berechnung einzusetzen. Er ist der äußere Luftdruck p_{L} vermindert um den Dampfdruck des Sperrwassers p_{WD} und den hydrostatischen Druck p_{hydr} der restlichen Wassersäule im Auffangzylinder: $p_{\text{Pr}} = p_{\text{L}} - p_{\text{WD}} - p_{\text{hydr}}$

Beispiel: Die im obigen Beispiel durchgerechnete Molmassebestimmung soll unter Berücksichtigung des korrigierten Probendampfdrucks p_{Pr} genauer berechnet werden: Die restliche Wassersäule im Auffangzylinder beträgt 84,0 mm, der Dampfdruck des Wassers bei 22,0 °C ist 26,42 mbar, die Dichte des Wassers 0,9978 g/cm³.

Lösung: Der hydrostatische Druck der Wassersäule im Auffangzylinder wird mit der Gleichung $p_{\text{hydr}} = \varrho \cdot g \cdot h$ berechnet Mit $\varrho = 0{,}9978\ \text{g/cm}^3 = 997{,}8\ \text{kg/m}^3$; $g = 9{,}81\ \text{N/kg}$ folgt:

$$p_{\text{hydr}} = 997{,}8\ \frac{\text{kg}}{\text{m}^3} \cdot 9{,}81\ \frac{\text{N}}{\text{kg}} \cdot 0{,}0840\ \text{m} = 822{,}2\ \text{N/m}^2 = 0{,}008222\ \text{bar} = 8{,}222\ \text{mbar} \approx 8{,}22\ \text{mbar}$$

Dampfdruck der Probe: $p_{\text{Pr}} = p_{\text{L}} - p_{\text{WD}} - p_{\text{hydr}} = 1015{,}0\ \text{mbar} - 26{,}42\ \text{mbar} - 8{,}22\ \text{mbar} = 980{,}36\ \text{mbar}$

$$M(\text{Fl}) = \frac{m(\text{Fl}) \cdot R \cdot T}{p \cdot V(\text{Gas})} = \frac{0{,}1254\ \text{g} \cdot 0{,}08314\ \frac{\text{bar} \cdot \text{L}}{\text{K} \cdot \text{mol}} \cdot 295{,}0\ \text{K}}{0{,}98036\ \text{bar} \cdot 0{,}03729\ \text{L}} \approx \mathbf{84{,}13\ g/mol}$$

Hinweis: Die Berechnungsformel der molaren Masse ist die umgestellte allgemeine Gasgleichung. Sie gilt nur für ideale Gase (siehe Seite 136). Da die Gasphase vieler verdampfter Substanzen sich nicht wie ein ideales Gas verhält, ist das Rechenergebnis der erhaltenen Werte der molaren Masse nach Viktor Meyer fehlerbehaftet. Hinzu kommen weitere Ungenauigkeiten, wie z.B. Ablesefehler.

Aufgaben zu Bestimmung der molaren Masse aus den Gasgesetzen

1. Eine Gasmaus mit einem Volumen von 0,5281 L wiegt evakuiert 143,7820 g und mit Gas gefüllt 144,4813 g. Der Luftdruck beträgt 1012 mbar, die Umgebungstemperatur 21,0 °C.
   a) Welche molare Masse hat das Gas? b) Um welches Gas könnte es sich handeln?
2. 187,1 mg einer flüssigen Substanz verdrängen bei einer Bestimmung der molaren Masse nach Victor Meyer nach dem Verdampfen 72,8 mL trockene Luft von 22,0 °C unter einem Druck von 985 mbar. Welche molare Masse hat die untersuchte Verbindung?
3. Bei Messungen zur Bestimmung der molaren Masse von Kohlenwasserstoffen nach Viktor Meyer wurden die unten stehenden Messwerte erhalten. Berechnen Sie die molare Masse der Proben
   a) ohne Korrektur des Luftdrucks b) mit Korrektur des Luftdrucks.

Messdaten	**Probe 3 a**	**Probe 3 b**	**Probe 3 c**
Masse der Probesubstanz	0,1042 g	0,09823 g	0,1196 g
Verdrängtes Luftvolumen	45,3 mL	31,7 mL	25,0 mL
Höhe der restlichen Wassersäule	96,0 mm	82,0 mm	87,0 mm
Umgebungstemperatur	23,1 °C	21,9 °C	22,4 °C
Umgebungsdruck	1017 mbar	1008 mbar	1020 mbar
Dampfdruck des Wassers	28,46 mbar	26,30 mbar	27,12 mbar
Dichte des Wassers	0,9975 g/cm³	0,9978 g/cm³	0,9976 g/cm³

14.5.2 Molare Masse aus der Dampfdruckerniedrigung

Reine Flüssigkeiten, z.B. Wasser, haben einen stoffspezifischen Dampfdruck p(Lm), der stark von der Temperatur abhängig ist (schwarze Kurve in **Bild 1**).

Löst man in der Flüssigkeit einen Stoff X, so hat die entstandene Lösung einen verminderten Dampfdruck p(Lsg) (rote Kurve). Die **Dampfdruckerniedrigung** (engl. vapor pressure depression) bei einer bestimmten Temperatur ist: $\Delta p = p(\text{Lm}) - p(\text{Lsg})$.

Ursache: Die Teilchen des gelösten Stoffes X üben auf die Lösemittelmoleküle zusätzliche Anziehungskräfte aus. Dadurch wird ihr Übergang in die Dampfphase erschwert, der Dampfdruck ist niedriger.

Nach dem **Raoult'sches Gesetz** ist die Dampfdruckerniedrigung Δp gleich dem Stoffmengenanteil χ(X) des gelösten Stoffes X, multiliziert mit dem Dampfdruck des Lösemittels p(Lm) (Gleichung siehe rechts).

Diese Beziehung gilt unter der Annahme, dass der gelöste Stoff X keinen messbaren Dampfdruck besitzt ($p(\text{X}) = 0$) und nicht der Dissoziation unterliegt.

Mit der Definitionsgleichung des Stoffmengenanteils χ $\quad \chi(\text{X}) = \frac{n(\text{X})}{n(\text{X}) + n(\text{Lm})}$

sowie $n(\text{X}) = \frac{m(\text{X})}{M(\text{X})}$ und $n(\text{Lm}) = \frac{m(\text{Lm})}{M(\text{Lm})}$ folgt durch

Einsetzen und Gleichsetzen: $\frac{m(\text{X})}{M(\text{X})} = \frac{m(\text{Lm}) \cdot \Delta p}{M(\text{Lm}) \cdot p(\text{Lsg})}$

Durch Umstellen wird daraus die nebenstehende Bestimmungsgleichung für die molare Masse aus der Dampfdruckerniedrigung erhalten.

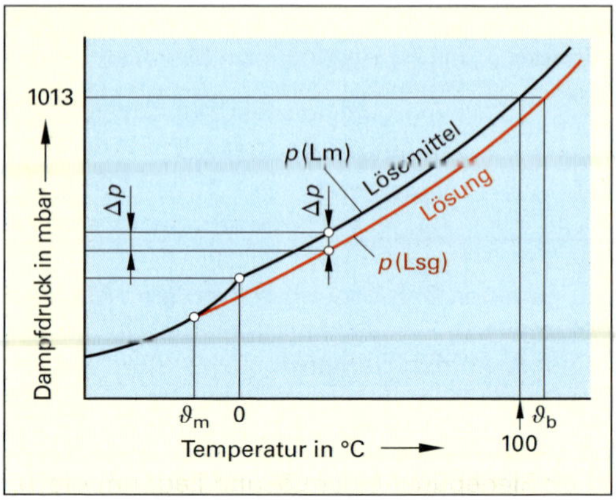

Bild 1: Dampfdruckkurve von Wasser (Lösemittel) und einer wässrigen Lösung

Dampfdruckerniedrigung
$\Delta p = p(\text{Lm}) - p(\text{Lsg})$

Raoult'sches Gesetz
$\Delta p = \chi(\text{X}) \cdot p(\text{Lm})$

Molare Masse aus der Dampfdruckerniedrigung
$M(\text{X}) = \frac{m(\text{X}) \cdot M(\text{Lm}) \cdot p(\text{Lsg})}{m(\text{Lm})} \cdot \frac{1}{\Delta p}$

Beispiel: Reines Cyclohexanol hat bei einer vorgegebenen Temperatur einen Dampfdruck von 168,24 mbar. Löst man in 100,00 g Cyclohexanol 1,675 g einer festen organischen Substanz, die nicht dissoziiert, so sinkt der Dampfdruck der Lösung auf 166,82 mbar. Welche molare Masse hat die gelöste Substanz?

Lösung: $\Delta p = p(\text{Lm}) - p(\text{Lsg}) = 168{,}24\ \text{mbar} - 166{,}82\ \text{mbar} = 1{,}42\ \text{mbar}$, $\quad M(C_6H_{12}O) = 100{,}16\ \text{g/mol}$

$$\boldsymbol{M(C_6H_{12}O)} = \frac{m(\text{X}) \cdot M(C_6H_{12}O) \cdot p(\text{Lsg})}{m(C_6H_{12}O) \cdot \Delta p} = \frac{1{,}675\ \text{g} \cdot 100{,}16\ \text{g/mol} \cdot 166{,}82\ \text{mbar}}{100{,}00\ \text{g} \cdot 1{,}42\ \text{mbar}} \approx \mathbf{197\ g/mol}$$

Die Messung der Dampfdruckerniedrigung Δp ist im Labor eine schwierige Aufgabe. Deshalb setzt man zur Bestimmung der molaren Masse die messtechnisch günstigere proportionale Siedepunktserhöhung ein (Seite 462).

14

Aufgaben zu Molare Masse aus der Dampfdruckerniedrigung

1. Eine Lösung von 2,391 g eines unbekannten organischen Feststoffes in 100,0 g Diethylether ($C_4H_{10}O$) hat bei 40 °C einen Dampfdruck von 1200,0 mbar. Der Dampfdruck von reinem Diethylether bei 40 °C beträgt 1218,0 mbar. Welche molare Masse hat die gelöste Substanz?

2. Es werden 1,872 g eines unbekannten organischen Feststoffes in 100,0 g Wasser von 45 °C gelöst. Dadurch sinkt der Dampfdruck des Wassers auf 95,39 mbar. Der Dampfdruck von Wasser bei 45 °C ist 95,82 mbar. Welche molare Masse hat die Substanz?

3. Reines Benzol C_6H_6 hat bei 30 °C einen Dampfdruck von 162,42 mbar. Nach Lösen von 15,0 g eines schwerflüchtigen organischen Stoffes in 250,0 g Benzol wird bei 30 °C ein Dampfdruck von 160,32 mbar gemessen. Wie groß ist die molare Masse des gelösten Stoffes?

14.5.3 Molare Masse aus der Siedepunkterhöhung

Eine Flüssigkeit siedet, wenn der entwickelte Dampfdruck über der Flüssigkeit den Umgebungsdruck (1013 mbar) erreicht.

Wird ein Feststoff in der Flüssigkeit gelöst, so verläuft im Dampfdruckdiagramm die Dampfdruckkurve der Lösung unterhalb der Dampfdruckkurve des Lösemittels, z.B. Wasser **(Bild 1).**

Eine Lösung erreicht den Umgebungsdruck wegen der Dampfdruckerniedrigung erst bei einer höheren Temperatur (ϑ_b) als das reine Lösemittel.

> Der Siedepunkt einer Lösung liegt um die Temperaturdifferenz $\Delta\vartheta_b$ höher als der Siedepunkt des reinen Lösemittels.

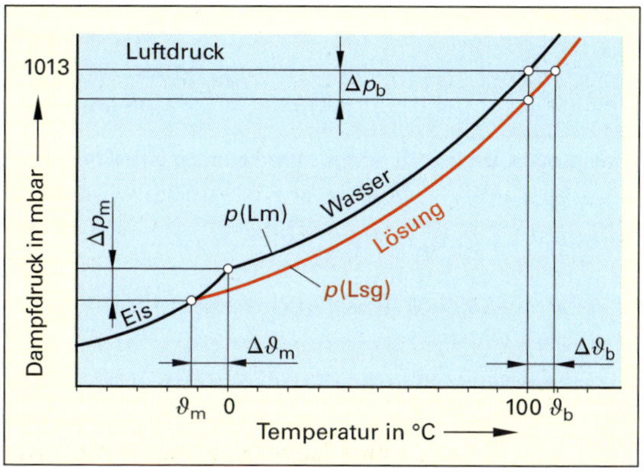

Bild 1: Dampfdruckkurve von Wasser und einer wässrigen Lösung

Ursache der **Siedepunkterhöhung $\Delta\vartheta_b$** einer Lösung (boiling point elevation) sind die zusätzlichen Anziehungskräfte, welche die Teilchen des gelösten Stoffes auf die Lösemittelmoleküle ausüben **(Bild 2).** Das Sieden kann demzufolge erst bei einer höheren Temperatur stattfinden.

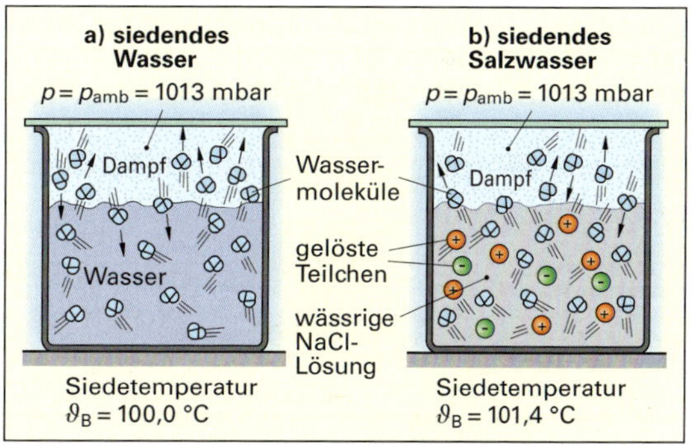

Bild 2: Ursache der Siedepunkterhöhung
(Beispiel Wasser – wässrige NaCl-Lösung)

Die Höhe der Siedepunkterhöhung ist unabhängig von der Art des gelösten Stoffes X (kolligative Eigenschaft) sondern unter anderem nur abhängig von der Anzahl der gelösten Stoffteilchen: So verursacht beispielsweise ein Mol Natriumchlorid mit der Masse m(NaCl) = 58,4 g in einem Kilogramm Wasser die gleiche Siedepunkterhöhung wie zwei Mol Zucker mit einer Masse von $m(C_6H_{12}O_6)$ = 360,3 g.

Ursache ist die doppelte Anzahl an Teilchen in der NaCl-Lösung, die infolge der Dissoziation des Natriumchlorids als Natrium-Ionen und Chlorid-Ionen in der Lösung vorliegt.

Molalität

$$b(\text{X}) = \frac{n(\text{X})}{m(\text{Lm})}$$

Siedepunkterhöhung

$$\Delta\vartheta_b = K_b(\text{Lm}) \cdot b(\text{X})$$

Der Betrag der Siedepunkterhöhung $\Delta\vartheta_b$ einer Lösung steigt bei Stoffen, die nicht dissoziieren, mit der Stoffmenge des gelösten Stoffes n(X) pro Masse Lösemittel m(Lm) an: $\Delta\vartheta_b \sim \frac{n(\text{X})}{m(\text{LM})}$.

Der Quotient aus der Stoffmenge n(X) und der Masse an Lösemittel m(Lm) wird **Molalität *b*** genannt.

Aus der Proportionalität $\Delta\vartheta_b \sim b$(X) erhält man mit der **ebullioskopischen Konstanten K_b(Lm)** (ebullioscopic constant) als Proportionalitätsfaktor die nebenstehende Bestimmungsgleichung für die Siedepunkterhöhung $\Delta\vartheta_b$.

Die **ebullioskopische Konstante K_b(Lm)** berücksichtigt die Art des Lösemittels **(Tabelle).** Sie entspricht der Siedepunkterhöhung, die ein Mol gelöster Stoff in einem Kilogramm Lösemittel bewirkt. Sie wird deshalb auch **molale Siedepunkterhöhung** genannt.

Tabelle: Siedetemperatur ϑ_m und ebullioskopische Konstante K_b von Lösemitteln

Lösemittel	ϑ_b in °C	K_b in $\frac{\text{K} \cdot \text{kg}}{\text{mol}}$
Anilin	184,3	3,69
Benzol	80,15	2,64
Campher	204	6,09
1,4-Dioxan	100,8	3,13
Essigsäure	118,5	3,08
Ethanol	78,3	1,20
Nitrobenzol	210,9	5,27
Wasser	100	0,521

14

Mit der Molalität $b(X) = \frac{n(X)}{m(Lm)}$ und der Stoffmenge an gelöstem Stoff $n(X) = \frac{m(X)}{M(X)}$ folgt: $= \frac{K_b(LM) \cdot m(X)}{M(X) \cdot m(Lm)}$

Durch Umstellen erhält man daraus nebenstehende Bestimmungsgleichung für die molare Masse $M(X)$ des gelösten Stoffes.

Molare Masse aus der Siedepunkterhöhung

$$M(X) = \frac{K_p(Lm) \cdot m(X)}{m(Lm)} \cdot \frac{1}{\Delta\vartheta_b}$$

Beispiel 1: Welche Siedepunkterhöhung ist zu erwarten, wenn 30,0 g Glucose $C_6H_{12}O_6$ in 1000 g Wasser gelöst werden? $M(C_6H_{12}O_6) = 180{,}16\ g/mol$; $K_b(Wasser) = 0{,}521\ K \cdot kg/mol$ (aus Tabelle Seite 461)

Lösung: $n(C_6H_{12}O_6) = \frac{m(C_6H_{12}O_6)}{M(C_6H_{12}O_6)} = \frac{30{,}0\ g}{180{,}16\ g/mol} = 0{,}1665\ mol$

$$\Delta\vartheta_b = K_b(Lm) \cdot b(X) = K_b(Lm) \cdot \frac{n(X)}{m(Lm)} = 0{,}521\ \frac{K \cdot kg}{mol} \cdot \frac{0{,}1665\ mol}{1{,}000\ kg} \approx \mathbf{0{,}087\ K}$$

Für **dissoziierte Stoffe** (Salze, Säuren u.a.) muss die nebenstehende Bestimmungsgleichung der molaren Masse nach der Methode der Siedepunktserhöhung um den Van't Hoff'schen Faktor i erweitert werden. Gleiches gilt für die Bestimmung der molaren Masse nach der Methode der Gefrierpunkterniedrigung.

Molare Masse dissoziierter Verbindungen aus der Siedepunktserhöhung

$$M(X) = \frac{K_b(Lm) \cdot m(X) \cdot i}{m(Lm)} \cdot \frac{1}{\Delta\vartheta_b}$$

Der Faktor i berücksichtigt den Anteil freier Ionen, der nach der Dissoziation in der Lösung vorliegt. In der rechts stehenden Gleichung für den Van't Hoff'schen Faktor steht ν für die Anzahl der Ionenarten in der gelösten Verbindung (in NaCl gilt z.B. $\nu = 2$) und α für den Dissoziationsgrad der gelösten Verbindung.

Van't Hoff'scher Faktor

$$i = 1 + \alpha(\nu - 1)$$

Für konzentrierte Lösungen ist statt des Dissoziationsgrads α der Aktivitätskoeffizient f_a einzusetzen.

Beispiel 2: In 128,0 g Wasser wird eine Portion Kaliumchlorid gelöst. Der Dissoziationsgrad beträgt $\alpha = 0{,}917$. Es wird eine Siedepunkterhöhung von 0,106 K bei einem Umgebungsdruck von 1013 mbar festgestellt. Welche Masse an Kaliumchlorid wurde gelöst?

Lösung: $M(KCl) = 74{,}5510\ g/mol$, $K_b(H_2O) = 0{,}521\ K \cdot kg/mol$ (Tabelle Seite 464), $m(Lm) = 128{,}0\ g$, $\alpha = 0{,}917$

KCl dissoziiert nach: $KCl \longrightarrow K^{1+} + Cl^{1-}$, $\Rightarrow \nu = 2$

$i = 1 + \alpha \cdot (\nu - 1) = 1 + 0{,}917 \cdot (2 - 1) = 1{,}917$

$$M(KCl) = \frac{K_b(Lm) \cdot m(KCl) \cdot i}{m(Lm)} \cdot \frac{1}{\Delta\vartheta_b} \Rightarrow m(KCl) = \frac{M(KCl) \cdot m(Lm) \cdot \Delta\vartheta_b}{K_b(Lm) \cdot i}$$

$$\mathbf{m(KCl)} = \frac{74{,}5510\ g/mol \cdot 0{,}1280\ kg \cdot 0{,}106\ K}{0{,}521\ K \cdot kg/mol \cdot 1{,}917} = 0{,}0128\ g \approx \mathbf{1{,}01\ g}$$

Laborapparatur zur Bestimmung der Siedepunkterhöhung (Ebullioskopie)

Bei dieser Methode wird die Siedepunkterhöhung $\Delta\vartheta_b$ gemessen, die durch Zugabe einer Substanz X zu einem reinen Lösemittel hervorgerufen wird (Bild 1, Seite 461).

Die Bestimmung wird in einer Apparatur durchgeführt, die die exakte Messung der Siedetemperatur erlaubt. Die herkömmliche Laborapparatur besteht aus dem Siederohr mit Kühler und Einfüllstutzen sowie einem Beckmann-Thermometer, oder einem anderen hochgenauen Thermometer **(Bild 1)**.

Ein Brenner oder ein Heizpilz sorgt für die erforderliche Erwärmung.

Es wird zuerst die Siedetemperatur des reinen Lösemittels und dann die Siedetemperatur der Lösung bestimmt. Aus der Siedetemperaturerhöhung wird mit der Bestimmungsgleichung von oben rechts die molare Masse berechnet.

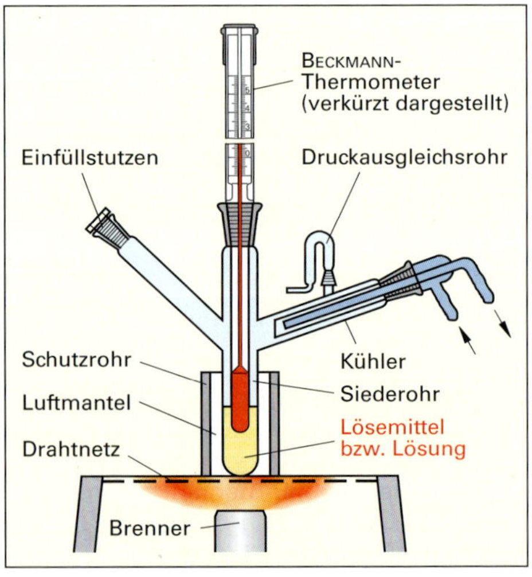

Bild 1: Laborapparatur zur Bestimmung der Siedepunkterhöhung

14

Beispiel: Durch Lösen von 1,910 g eines in Wasser nicht dissoziierenden Feststoffes unbekannter Zusammensetzung in 50,00 g Wasser steigt die Siedetemperatur um 0,184 K.
Welche molare Masse hat die Substanz? $i = 1$

Lösung: Mit K_b(Wasser) = 0,521 K · kg/mol (Tabelle Seite 461)

$$\boldsymbol{M}(\mathbf{X}) = \frac{K_b(\text{Lm}) \cdot m(\text{X})}{\Delta\vartheta_b \cdot m(\text{Lm})} = \frac{0{,}521\ \text{K} \cdot \text{kg} \cdot 1{,}910\ \text{g}}{0{,}184\ \text{K} \cdot \text{mol} \cdot 0{,}0500\ \text{kg}} \approx \mathbf{108\ g/mol}$$

Aufgaben zu Molare Masse aus der Siedepunkterhöhung

1. Bei der Bestimmung der molaren Masse eines unbekannten organischen Feststoffes nach der Methode der Siedepunkterhöhung (Bild 1, Seite 462) werden 0,9231 g der Substanz in 33,35 g Trichlorethen gelöst (K_b(Trichlorethen) = 4,42 K · kg/mol). Der Siedepunkt der Lösung erhöht sich gegenüber dem reinen Lösemittel um 1,38 K. Wie groß ist die molare Masse der untersuchten Substanz?
2. Zur ebullioskopischen Bestimmung der molaren Masse eines organischen Feststoffes unbekannter Zusammensetzung werden 1,134 g der Substanz in 20,00 mL des Lösemittels Benzol der Dichte ϱ = 0,876 g/cm³ gelöst. Messwerte: ϑ_b(Benzol) = 80,121 °C; ϑ_b(Lösung) = 82,624 °C.
Welche molare Masse hat die Substanz?
3. 1,188 g Schwefel werden in 50,5 g Schwefelkohlenstoff (Kohlenstoffdisulfid CS_2) gelöst. Die Lösung siedet bei 46,66 °C, das reine Lösemittel bei 46,45 °C. Welche molare Masse haben die Schwefelmoleküle? Aus wie vielen Schwefelatomen besteht ein gelöstes Schwefelmolekül?
K_b(Schwefelkohlenstoff) = 2,29 K · kg/mol
4. Welche Siedepunkterhöhung ist zu erwarten, wenn 890 mg Naphthalin $C_{10}H_8$ in 50,0 g 1,4-Dioxan gelöst werden? K_b(Dioxan) = 3,27 K · kg/mol.
5. In 500 g Lösemittel (molare Masse M = 75,0 g/mol) werden 20,0 g eines organischen Feststoffes mit der molaren Masse M = 100 g/mol gelöst. Der Siedepunkt des reinen Lösemittels erhöht sich von 84,02 °C auf 85,02 °C. Welche ebullioskopische Konstante K_b(Lm) hat das Lösemittel?
6. Welche Masse an Natriumchlorid ist in 500 g Wasser gelöst, wenn eine Natriumchlorid-Lösung unter 1013 mbar Umgebungsdruck bei 100,123 °C siedet? Dissoziationsgrad α = 0,965
7. Welchen Massenanteil w(Zucker) hat eine wässrige Rohrzucker-Lösung ($C_{12}H_{22}O_{11}$), deren Siedetemperatur bei 1013 mbar Umgebungsdruck zu 100,42 °C gemessen wurde? Gehen Sie von 100 g H_2O aus.
8. Der Siedepunkt von reinem Wasser erhöht sich durch Lösen von 0,752 g Natriumchlorid NaCl in 125,0 g Wasser bei einem Umgebungsdruck von 1013 mbar um 0,106 K. Welcher Dissoziationsgrad α(NaCl) ergibt sich aus den Messungen?

14.5.4 Molare Masse aus der Gefrierpunkterniedrigung

Während Wasser bei 0 °C erstarrt, beginnt die Bildung von Eiskristallen in wässrigen Lösungen erst bei tieferen Temperaturen (Bild 1, Seite 461).

Ursache: Die Teilchen des gelösten Stoffes im Lösemittel stören durch ihre Teilchenbewegung die Kristallisation der Lösemittelmoleküle **(Bild 1)**.

Damit die Lösung dennoch kristallisiert, muss die Bewegungsenergie der Lösemittelmoleküle weiter herabgesetzt werden. Dies geschieht durch Senkung der Temperatur, sodass der Gefrierpunkt erniedrigt wird.

Die Dampfdruckkurve der Lösung trifft die Dampfdruckkurve des gefrorenen Lösemittels (Eis) bei einer tieferen Temperatur (ϑ_m) als der Gefriertemperatur des reinen Lösemittels (Bild 1, Seite 461).

Der Gefrierpunkt einer Lösung liegt um die Temperaturdifferenz $\Delta\vartheta_m$ niedriger als der Gefrierpunkt des reinen Lösemittels.

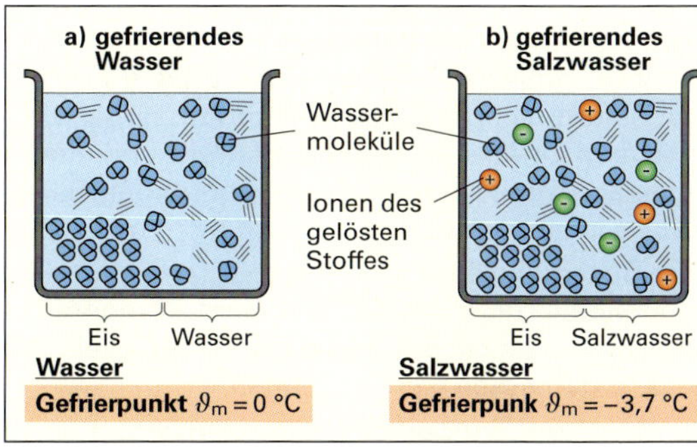

Bild 1: Ursache der Gefrierpunkterniedrigung des Wassers

14

Für die **Gefrierpunkterniedrigung $\Delta\vartheta_m$** einer Lösung (freezing point depression) gibt es ähnlich wie bei der Siedepunkterhöhung eine proportionale Abhängigkeit von der Molalität *b*.

Mit der Lösemittel-spezifischen **kryoskopischen Konstanten K_m(Lm)** (cryoscopic constant) erhält man nebenstehende Beziehung für die Gefrierpunkterniedrigung $\Delta\vartheta_m$.

Mit der Molalität *b*(X) ergibt sich die nebenstehende Bestimmungsgleichung zur Berechnung der molaren Masse.

Bei allen Lösemitteln ist die molale Gefrierpunkterniedrigung größer als die molale Siedepunkterhöhung. Es wird deshalb überwiegend die Methode der Gefrierpunkterniedrigung zur Bestimmung der molaren Masse angewandt.

Die kryoskopische Konstante K_m ist für die gängigen Lösemittel bestimmt worden und kann **Tabellen** entnommen werden.

Gefrierpunkterniedrigung

$$\Delta\vartheta_m = K_m(\text{Lm}) \cdot b(\text{X})$$

Molare Masse aus der Gefrierpunkterniedrigung

$$M(\text{X}) = \frac{K_m(\text{Lm}) \cdot m(\text{X}) \cdot i}{m(\text{Lm})} \cdot \frac{1}{\Delta\vartheta_m}$$

Tabelle: Schmelztemperatur ϑ_b und kryoskopische Konstante K_m von Lösemitteln

Lösemittel	ϑ_m in °C	K_m in $\frac{\text{K} \cdot \text{kg}}{\text{mol}}$
Anilin	–5,96	5,87
Benzol	5,495	5,065
Campher	179,5	40,0
1,4-Dioxan	11,3	4,70
Essigsäure	16,60	3,90
Ethanol	–114,6	1,99
Nitrobenzol	5,668	6,89
Wasser	0	1,858

Bestimmung der molaren Masse nach Rast

Die Methode nach Rast beruht auf dem großen Betrag der kryoskopischen Konstanten des Lösemittels Campher K_m = 40,0 K · kg/mol. Sie erlaubt ein apparativ einfaches Verfahren zur Bestimmung der molaren Masse für organische Stoffe, die bei Raumtemperatur fest sind.

Die Schmelzpunkterniedrigung wird in einem Schmelzpunktbestimmungsgerät gemessen, das mit einem auf 0,2 °C genau ablesbaren Laborthermometer ausgestattet ist. Das reine Campher und die Campher-Prüfsubstanz-Lösung werden in Schmelztemperatur-Bestimmungsröhrchen eingeschmolzen und die Schmelztemperatur bestimmt. Daraus wird die molare Masse der gelösten Substanz berechnet.

Beispiel: 0,345 g eines organischen Feststoffes werden in 6,295 g Campher gelöst. Reines Campher schmilzt bei 179,5 °C, die Campher-Lösung bei 159,2 °C. Berechnen Sie die molare Masse der Substanz.

Lösung: $\Delta\vartheta_m$ = 179,5 °C – 159,2 °C = 20,3 °C = 20,3 K; $i = 1$

$$\boldsymbol{M}_{\text{(Probe)}} = \frac{K_m(\text{Campher}) \cdot m(\text{Probe})}{m(\text{Campher})} \cdot \frac{1}{\Delta\vartheta_m}$$

$$= \frac{40{,}0\ \text{K} \cdot \text{kg} \cdot 0{,}345\ \text{g}}{\text{mol} \cdot 6{,}295\ \text{kg} \cdot 10^{-3}} \cdot \frac{1}{20{,}3\ \text{K}} \approx \textbf{108 g/mol}$$

Laborapparatur zur Bestimmung der Gefrierpunkterniedrigung (Kryoskopie)

Mit dieser Methode wird die Gefrierpunkterniedrigung bestimmt, die die Zugabe einer Substanz zu einem Lösemittel hervorruft.

Die herkömmliche Laborapparatur **(Bild 1)** besteht aus einem Gefrierpunkt-Bestimmungsrohr mit seitlichem Einfüllstutzen, zwei Rührern und einem Beckmann-Thermometer. Diese Anordnung befindet sich in einem Kältebad.

Das Beckmann-Thermometer ist ein genaues Quecksilber-Thermometer, mit dem Temperaturdifferenzen von ca. 5 °C mit einer Genauigkeit von 0,002 °C gemessen werden können.

Zur genauen Temperaturmessung können auch moderne Temperaturmessgeräte, wie z. B. elektronische Messfühler, eingesetzt werden.

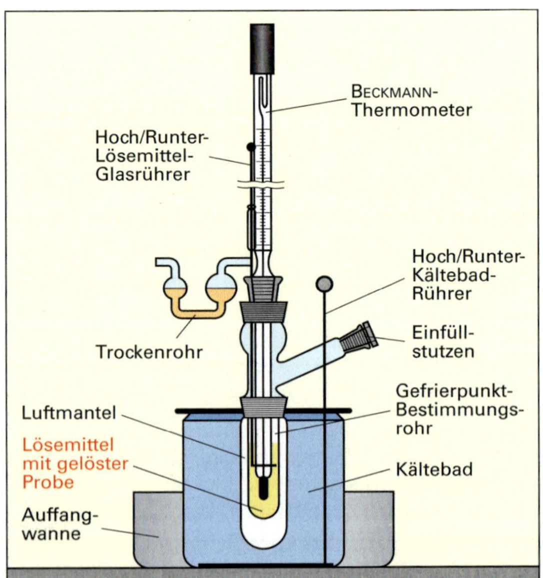

Bild 1: Laborapparatur zur Bestimmung der Gefrierpunkterniedrigung

14

Zur Messung wird zunächst vom reinen Lösemittel, dann von der Lösung die Gefriertemperatur bestimmt.

Dazu wird zuerst die Lösemittelprobe in die Apparatur gefüllt und dort auf eine zuvor festgelegte Temperatur (ca. 5 °C bis 7 °C unterhalb der Gefriertemperatur) abgekühlt. Der Temperaturanstieg wird in kurzen Abständen gemessen und in ein Diagramm eingetragen.

Durch eine Erschütterung mit einem Rührer oder Vibrator setzt die Kristallisation der Probe schlagartig ein. Durch die freigesetzte Erstarrungswärme steigt die Temperatur von der Unterkühlungstemperatur auf die Gefriertemperatur, verharrt dort und sinkt im Laufe der Zeit langsam wieder ab (**Bild 1**, linker Bildteil).

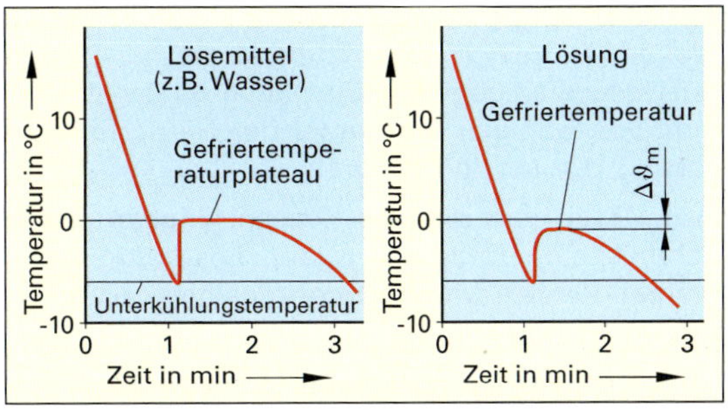

Bild 1: Bestimmung der Gefriertemperaturen zur kryoskopischen Bestimmung der molaren Masse

Anschließend wird die gewogene Untersuchungssubstanz durch den Einfüllstutzen in das Lösemittel gegeben. Nach Einsetzen des Gefrierrohres in das Kältebad bestimmt man erneut die Gefriertemperatur in der oben beschriebenen Weise.

Aus der erstellten Messkurve (Bild 1, rechter Bildteil) kann die Gefrierpunkterniedrigung $\Delta\vartheta_m$ bestimmt werden. Die molare Masse der gelösten Substanz wird mit der Bestimmungsgleichung von Seite 464 berechnet.

Beispiel: In einer kryoskopischen Apparatur (Bild 1, Seite 464) wird die molare Masse einer organischen Substanz unbekannter Zusammensetzung bestimmt. Als Lösemittel werden 15,00 g Cyclohexan eingesetzt, die Masse der zugegebenen organischen Substanz beträgt 0,341 g. Die Gefriertemperatur von Cyclohexan wird zu 6,52 °C, die Gefriertemperatur der Lösung zu 1,11 °C bestimmt. Die kryoskopische Konstante von Cyclohexan beträgt K_m = 20,2 K · kg/mol. Welche molare Masse hat die Substanz?

Lösung: $\Delta\vartheta_m = 6{,}52\,°C - 1{,}11\,°C = 5{,}41\,°C = 5{,}41\,K; \quad i = 1$

$$\boldsymbol{M}(\mathbf{X}) = \frac{K_m(\text{Lm}) \cdot m(\text{X})}{m(\text{Lm})} \cdot \frac{1}{\Delta\vartheta_m} = \frac{20{,}2\,\text{K} \cdot \text{kg} \cdot 0{,}341\,\text{g}}{\text{mol} \cdot 15{,}00 \cdot 10^{-3}\,\text{kg}} \approx \mathbf{84{,}9\,g/mol}$$

14.5.5 Moderne Geräte zur Bestimmung der Gefriertemperatur und molaren Masse

Die modernen Geräte zur Bestimmung der molaren Masse beruhen, wie die herkömmlichen Laborapparaturen, auf der Messung der Gefrierpunkterniedrigung (Seite 464). Auch die Berechnung erfolgt mit den dort genannten Größengleichungen.

Das moderne Messgerät ist ein kompaktes Labor-Tischgerät **(Bild 2).** Es besteht aus den Baugruppen Probeneingabe, Analyseeinheit, Bedieneinheit sowie Auswerte- und Beobachtungseinheit.

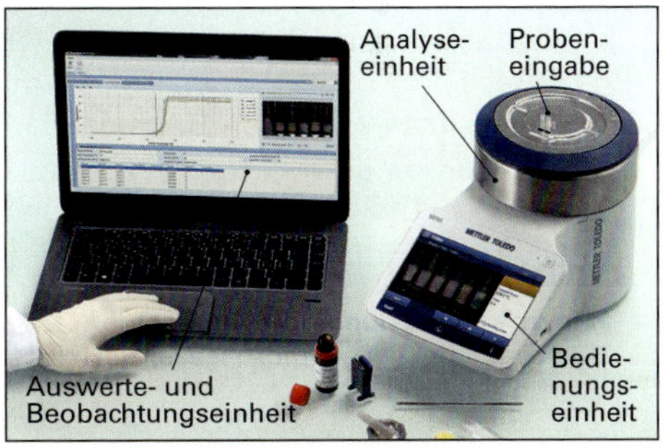

Bild 2: Modernes Geräte zur Bestimmung der Gefriertemperatur und molaren Masse

Die Substanzproben werden in Kapillarröhrchen von 1 mm Durchmesser gefüllt und in die Analyseeinheit eingebracht. Die Bestimmung des Gefrierpunkts läuft dann weitgehend automatisch ab. Der Schmelzvorgang wird von einer Kamera erfasst und kann auf dem Monitor beobachtet werden; die Schmelzkurve wird aufgezeichnet und angezeigt.

Das **Messprinzip** der Gefrierpunktbestimmung basiert auf der Änderung der Lichtdurchlässigkeit **(Lichttransmission)** durch die Probesubstanz **(Bild 3).**
Eine Flüssigkeit oder klare Lösung ist durchscheinend, eine gefrorene Flüssigkeit (Eis) ist milchig.

Ein Durchstrahlungs-Lichtstrahl wird auf die Probe gerichtet und durchscheint sie; die Lichttransmission wird von einer Fotozelle gemessen.

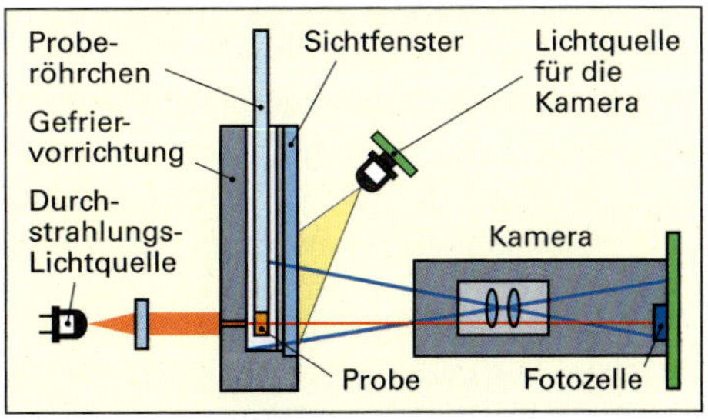

Bild 3: Messprinzip der Gefriertemperatur

14

Zur Bestimmung des Gefrierpunkts werden die Substanzproben des reinen Lösemittels sowie der Lösung in die Analyseeinheit gegeben. Sie haben zunächst eine Temperatur von wenigen Grad unter der Gefriertemperatur der Lösung, d.h. sie sind gefroren.

Dann lässt man sich die Proben langsam bis über die Schmelztemperatur des reinen Lösemittels erwärmen. Währenddessen wird die Lichttransmission mit einer Fotozelle gemessen **(Bild 1)**.

Zusätzlich wird der Schmelzvorgang mit einer Kamera erfasst; er kann auf dem Monitor beobachtet werden **(Bild 2)**.

Die Messkurve der Lichttransmission zeigt bei der Schmelztemperatur einen starken Anstieg der Transmission, da die Probe vom milchigen Eiszustand in die klare Flüssigkeit übergeht. Bei diesem Anstieg wird die Schmelztemperatur = Gefrierpunkt festgestellt.

Mit den ermittelten Gefriertemperaturen ϑ_m von reinem Lösemittel und der Lösung wird die Gefrierpunkterniedrigung bestimmt: $\Delta\vartheta_m = \vartheta_{mLM} - \vartheta_{mL}$

Daraus berechnet die Auswerteeinheit mit der kryoskopischen Konstanten und der Molalität der Lösung die molare Masse *M*. Sie wird auf dem Monitor angezeigt.

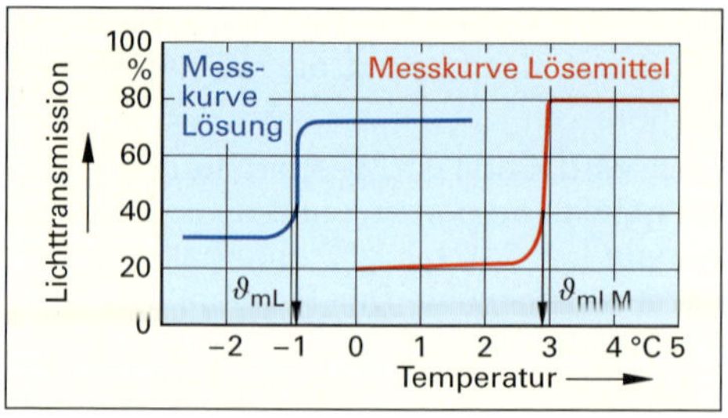

Bild 1: Lichttransmission bei langsamer Erwärmung der Proben

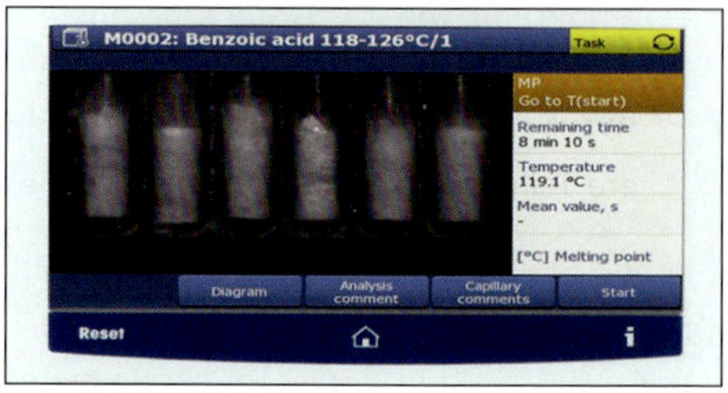

Bild 2: Gefriervorgang auf dem Monitor

Aufgaben zu Molare Masse aus der Gefrierpunkterniedrigung

1. Eine wässrige Lösung von Aceton (C_3H_6O) hat eine Gefriertemperatur von −0,83 °C. Die kryoskopische Konstante des Wassers ist K_m = 1,858 K · kg/mol.
   a) Welche Molalität hat das Aceton? b) Welche Masse an Aceton ist pro kg Wasser enthalten?
   c) Welche molare Masse lässt sich daraus für Aceton errechnen?
2. 422 mg eines unbekannten organischen Feststoffes werden in 25,0 g Essigsäure gelöst. Der Gefrierpunkt der Essigsäure sinkt durch den gelösten Stoff von 16,60 °C auf 16,15 °C.
   Welche molare Masse hat die untersuchte Substanz?
3. Eine geschmolzene Mischung aus 7,76 g Diphenylketon ($C_{13}H_{10}O$) und 113,1 g Naphthalin ($C_{10}H_8$) erstarrt bei 77,5 °C. Wie groß ist die molale Gefrierpunkterniedrigung K_m von Naphthalin, wenn die reine Substanz bei 80,1 °C schmilzt?
4. Eine Portion einer wässrigen Essigsäure-Lösung mit 8,0 g Wasser erstarrt bei 15,50 °C. Welche Masse an Essigsäure ist in der Lösung enthalten? ϑ_m(Essigsäure) = 16,60 °C, α = 0,00772
5. Eine wässrige Lösung von Natriumnitrat ($NaNO_3$) ergibt in einer Apparatur zur Bestimmung der molaren Masse nach Beckmann eine Gefrierpunkterniedrigung von 1,452 °C. Welchen Massenanteil an Natriumnitrat hat die Lösung (vollständige Dissoziation angenommen, ausgehend von 100 g H_2O)?
6. Welche Masse an Methanol (CH_3OH) ist 10,0 kg Wasser zuzusetzen, damit der Gefrierpunkt der Lösung auf −10,0 °C herabgesetzt wird?
7. Mit der Methode nach Rast wird die molare Masse eines organischen Feststoffes unbekannter Zusammensetzung bestimmt. Dazu werden 0,894 g der Substanz in 30,000 g Campher gelöst. Die Schmelztemperatur der Lösung ist 166,7 °C. Wie groß ist die molare Masse der Substanz?
8. Löst man 3,52 g Naphthalin ($C_{10}H_8$) in 300 g Bromoform ($CHBr_3$), so gefriert die Lösung bei 5,64 °C. Reines Bromoform erstarrt bei 4,30 °C. Welche kryoskopische Konstante K_m hat Bromoform?
9. Bei welcher Temperatur erstarrt eine wässrige Ammoniumchlorid-Lösung mit dem Massenanteil $w(NH_4Cl)$ = 20,0 %, wenn vollständige Dissoziation angenommen wird?
10. 1,034 g eines organischen Feststoffes werden in 53,458 g Campher gelöst. Der Erstarrungspunkt der Lösung liegt um 4,23 K niedriger als der Erstarrungspunkt des reinen Campher. Welche molare Masse hat die untersuchte Substanz?
11. Wie viel Calciumchlorid ($CaCl_2$, dissoziiert in drei Ionen, Dissoziationskonstante α = 0,531) muss in 25,0 kg Wasser gelöst werden, damit der Gefrierpunkt der Lösung auf −10,0 °C sinkt?

14.5.6 Molare Masse aus dem osmotischen Druck

Diese Methode zur Bestimmung der molaren Masse beruht auf der Messung des osmotischen Drucks. Sie wird deshalb auch **Osmometrie** (osmometry) genannt.

Osmose und osmotischer Druck

Zur Osmose kommt es, wenn zwei Flüssigkeiten unterschiedlicher Konzentration über eine halbdurchlässige (semipermeable) Membran aneinander grenzen, wie z.B. in einer **Pfeffer'schen Zelle (Bild 1)**.

Steht dort beispielsweise eine Zuckerlösung in einem Innenzylinder über eine semipermeable Membran (Celluloseacetat-Folie) mit einem Wasservolumen in Kontakt, so kommt es zu einem Austauschprozess zwischen beiden angrenzenden Flüssigkeiten.

Größere Teilchen, wie z. B. die Zuckermoleküle oder hydratisierte Ionen, können die Membran nicht durchdringen. Wassermoleküle können in beiden Richtungen die Membran passieren.

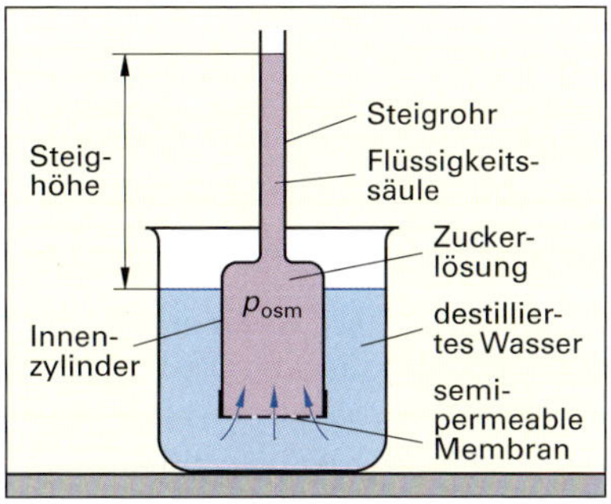

Bild 1: Osmotischer Druck in der Pfeffer'schen Zelle

Es diffundieren jedoch mehr Wassermoleküle durch die Membran in den Raum mit der Zuckerlösung als umgekehrt. In der Zuckerlösung entsteht dadurch ein höherer Druck.

Dies hat folgende Ursache: Die Anzahl der Wassermoleküle, die pro Zeiteinheit auf die der Zuckerlösung zugewandten Membranseite prallen, ist wegen der geringeren Konzentration an Wasser kleiner als die Anzahl der Wassermoleküle, die von der Wasserseite auf die Membran prallen. Dadurch gelangen mehr Wassermoleküle in die Zuckerlösung. Das System strebt durch Verdünnen der Zuckerlösung einen Ausgleich der Konzentrationen an. Diesen Vorgang nennt man **Osmose**.

Ist der Zylinder mit der Zuckerlösung in Bild 1 mit einem Steigrohr versehen, so steigt dort die Zuckerlösung im Laufe weniger Minuten bis zu einem Endstand hoch. Dann ist der hydrostatische Druck der hochstehenden Flüssigkeitssäule gerade so groß wie **der osmotische Druck Π** in der Zuckerlösung. (Π griechischer Großbuchstabe Pi).

Der osmotische Druck Π (osmotic pressure) ist für verdünnte Lösungen nur von der Anzahl der gelösten Teilchen des Stoffes X im Lösemittel (entspricht der Stoffmengenkonzentration c) und von der Temperatur T abhängig. Er hängt **nicht** von der Stoffart des gelösten Stoffes ab (Kolligative Eigenschaft).

Mit der allgemeinen Gaskonstanten R als Proportionalitätsfaktor erhält man für verdünnte Lösungen die nebenstehende Bestimmungsgleichung für den osmotischen Druck, das **Van't Hoff'sche Gesetz**.

Van't Hoff'sches Gesetz

$$\Pi = c(\mathrm{X}) \cdot R \cdot T$$

Setzt man in die Van't Hoff'sche Gleichung die Definition der Stoffmengenkonzentration $c(\mathrm{X}) = \dfrac{n(\mathrm{X})}{V(\mathrm{Lsg})}$ ein und stellt um, so erhält man eine erweiterte Van't Hoff'sche Gleichung.

Diese Gleichung ist formal analog zur allgemeinen Gasgleichung $p \cdot V = n \cdot R \cdot T$ (Seite 136).

Erweitertes Van't Hoff'sches Gesetz

$$\Pi \cdot V(\mathrm{Lsg}) = n(\mathrm{X}) \cdot R \cdot T$$

Das lässt den Schluss zu, dass sich die in einem Lösemittel gelösten Teilchen wie die Moleküle eines idealen Gases in einer Gasportion verhalten.

Für **dissoziierte Stoffe** (Salze, Säuren) muss für die Ermittlung der Teilchenzahl der **Van't Hoff'sche Faktor *i*** berücksichtigt werden. Er lautet: $\boldsymbol{i = 1 + \alpha(\nu - 1)}$.

Es sind: ν = Anzahl der gebildeten Ionenarten,
α = Dissoziationsgrad

Damit erhält das Van't Hoff'sche Gesetz für dissoziierte Stoffe (Elektrolyte) die nebenstehende Form.

Van't Hoff'sches Gesetz für Elektrolyte

$$\Pi = i \cdot c(\mathrm{X}) \cdot R \cdot T$$

Bei konzentrierten Elektrolyten ist für den Dissoziationsgrad α der Aktivitätskoeffizient f_a einzusetzen.

Beispiel: Der Massenanteil einer isotonischen Kochsalzlösung (≙ dem Kochsalzgehalt im menschlichen Blut) beträgt $w(\text{NaCl}) = 0{,}90\ \%$, der Dissoziationsgrad ist $\alpha = 0{,}76$. Die Dichte hat bei 37,0 °C den Wert 1,008 g/cm³. Wie groß ist der osmotische Druck dieser Lösung (des Blutes)?

Lösung: Mit $\nu = 2$ für Kochsalz (Na^+, Cl^-) folgt: $i = 1 + \alpha(\nu - 1) = 1 + 0{,}76\,(2 - 1) = 1 + 0{,}76 = 1{,}76$

100 g der Lösung enthalten 0,90 g NaCl, das Volumen beträgt: $V(\text{Lsg}) = \frac{m}{\varrho} = \frac{100\ \text{g}}{1{,}008\ \text{g/ml}} = 99{,}206\ \text{mL}$

mit $c(\text{NaCl}) = \frac{n(\text{NaCl})}{V(\text{Lsg})}$ und $n(\text{NaCl}) = \frac{m(\text{NaCl})}{M(\text{NaCl})}$ folgt: $c(\text{NaCl}) = \frac{m(\text{NaCl})}{V(\text{Lsg}) \cdot M(\text{NaCl})} = 0{,}15523\ \frac{\text{mol}}{\text{L}}$

$\Pi = i \cdot c(\text{NaCl}) \cdot R \cdot T = 1{,}76 \cdot 0{,}15523\ \frac{\text{mol}}{\text{L}} \cdot 0{,}08314\ \frac{\text{bar} \cdot \text{L}}{\text{K} \cdot \text{mol}} \cdot 310{,}15\ \text{K} \approx$ **7,0 bar**

Bestimmung der molaren Masse aus dem osmotischen Druck

Die molare Masse M einer gelösten Substanz X kann durch Messung des osmotischen Drucks der Lösung aus der Van't Hoff'schen Gleichung $\Pi \cdot V(\text{Lsg}) = n(\text{X}) \cdot R \cdot T \cdot i$ ermittelt werden.

Mit $n(\text{X}) = m(\text{X})/M(\text{X})$ und durch Umstellen erhält man nebenstehende Bestimmungsgleichung für die molare Masse $M(\text{X})$.

Molare Masse aus dem osmotischen Druck

$$M(\text{X}) = \frac{m(\text{X}) \cdot R \cdot T \cdot i}{\Pi \cdot V(\text{Lsg})}$$

Osmometer zur Bestimmung der molaren Masse

Die **Membran-Osmometer** (membrane osmometer) enthalten eine Messzelle mit einer semipermeablen Membran, die einen flachen Raum mit reinem Lösemittel von einem darüberliegenden Raum mit der Messlösung trennt **(Bild 1)**.

Ein empfindliches Druckdifferenz-Messsystem misst den osmotischen Unterdruck, der sich im Lösemittel einstellt.

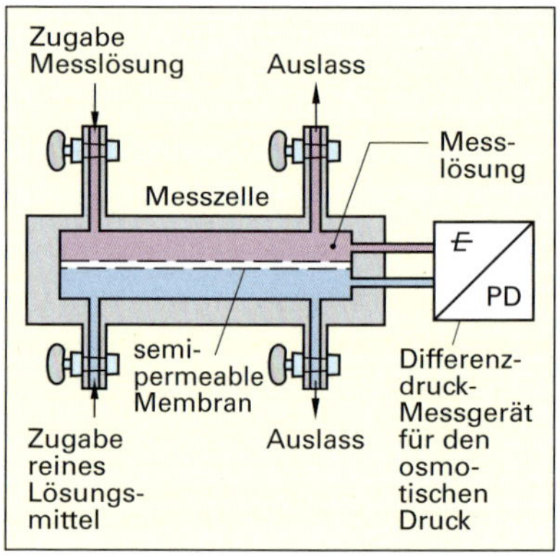

Bild 1: Messzelle eines Membran-Osmometers (schematisch)

Beispiel: 40,05 g eines Zuckers werden in 130,0 mL Wasser gelöst. Der osmotische Druck der Lösung wird bei 20,0 °C zu 41,7 bar gemessen. Berechnen Sie die molare Masse des Zuckers.

Lösung: Zucker bildet beim Lösen eine Teilchenart: $\Rightarrow \nu = 1$, und dissoziiert nicht: $\alpha = 0$; $\Rightarrow i = 1$.

$$M(\text{Z}) = \frac{m(\text{Z}) \cdot R \cdot T}{\Pi \cdot V(\text{Lsg})} = \frac{40{,}05\ \text{g} \cdot 0{,}08314\ \frac{\text{L} \cdot \text{bar}}{\text{K} \cdot \text{mol}} \cdot 293{,}0\ \text{K}}{41{,}7\ \text{bar} \cdot \text{K} \cdot \text{mol} \cdot 0{,}1300\ \text{L}}$$

M(Zucker) ≈ 180 g/mol

Aufgaben zu Bestimmung der molaren Masse aus dem osmotischen Druck

1. In einem Membran-Osmometer (Bild 1) wird der osmotische Druck einer Zuckerlösung ($C_6H_{12}O_6$) bei 20,0 °C zu 8,36 mbar bestimmt. $\varrho(C_6H_{12}O_6$, 20 °C$) = 1{,}038\ \text{g/cm}^3$.
   Wie hoch ist die Massenkonzentration der Zuckerlösung?
2. Welchen osmotischen Druck besitzt eine Lösung von 320,0 mg einer organischen Substanz (molare Masse $M = 170{,}5$ g/mol) in 250 mL Ethanol bei 22,0 °C?
3. Es werden 6,25 mg einer Polystyrolprobe in 40,0 mL Cyclohexan gelöst. Der osmotische Druck dieser Lösung wird in einem Membran-Osmometer zu 0,116 mbar bestimmt. Die Messtemperatur beträgt 50,0 °C. Welche mittlere molare Masse hat die Polystyrolprobe?
4. Von einem Polystyrol-Ansatz soll die mittlere molare Masse durch Osmometrie bestimmt werden. Der osmotische Druck wurde in einem Membran-Osmometer zu 8,569 mbar bestimmt. Die Massenkonzentration der Polystyrol-Toluol-Messlösung betrug $\beta(\text{Polystyrol}) = 12{,}00$ g/L, die Messtemperatur war 37,0 °C. Welche mittlere molare Masse hat die Polystyrol-Probe?
5. Welchen osmotischen Druck hat eine Salzsäure-Lösung von 20 °C ($\varrho = 1{,}0015$ g/mL) mit einem Massenanteil von $w(\text{HCl}) = 0{,}3633\ \%$? $\alpha(20\ °\text{C}) = 0{,}796$
6. Eine Calciumchlorid-Lösung ($c(CaCl_2) = 0{,}40$ mol/L) hat bei 18 °C einen osmotischen Druck von 26,7 bar. Wie groß ist der Dissoziationsgrad α des Calciumchlorids?

14.6 Bestimmung der Partikelgrößenverteilung von Schüttgütern

In der chemischen Grundstoffindustrie sind die festen Ausgangsstoffe oder Produkte sogenannte Haufwerke oder Schüttungen: Erz- und Gesteinsmehle, Sande, Dünger usw. Sie bestehen aus Partikeln (Teilchen, Körner) unterschiedlicher Größe, die in verschiedenen Mengenanteilen vorhanden sind.

Häufig ist es erforderlich, die Partikelgröße (Korngröße) und deren Mengenanteil im Schüttgut zu kennen, um das günstigste Verfahren für die Weiterverarbeitung des Schüttguts ermitteln zu können.

Dann muss eine **Messung der Partikelgrößenverteilung,** auch **Partikelgrößenanalyse** genannt (particle size analysis), durchgeführt werden.

Erfolgt die Partikelgrößenanalyse mit Sieben, so nennt man sie **Siebanalyse** (sieve analysis).

Die Siebanalyse wird mit einer Prüfmaschine durchgeführt, in der sich ein genormter Prüfsiebsatz (DIN ISO 3310-1) mit nach unten kleiner werdender Siebmaschenweite befindet **(Bild 1).**

Die Prüfsiebe (test sieves) stellt man so zusammen, dass der gesamte Partikelgrößenbereich des zu prüfenden Schüttguts erfasst ist. In der Regel bilden 5 bis 10 Siebe einen Siebsatz.

Die Durchführung einer Siebanalyse ist in DIN 66165-2 genormt: Bei der Siebanalyse wird eine Probe des zu analysierenden Schüttguts oben auf einen Prüfsiebsatz gegeben und in der Siebmaschine eine bestimmte Zeit gerüttelt. Auf jedem Sieb findet eine Trennung des Schüttguts statt **(Bild 2).** Die Teilchen des Siebguts, die größer als die Maschenweite des Siebs sind, bleiben als **Rückstand *R*** auf dem Sieb liegen.

Sie bilden eine **Kornklasse Δd** mit Korngrößen zwischen der Maschenweite des oberen Siebes und der Maschenweite des Siebes, auf dem sie liegen.

Die Teilchen, die durch das Sieb auf das nächste tiefere fallen, werden als **Durchgang *D*** bezeichnet.

Für die Auswertung einer Siebanalyse müssen die Gesamtmasse der Probe des Schüttguts R_{ges} und die Massen der einzelnen Rückstände (R_1, R_2, R_3, ...) auf den Sieben gewogen werden.

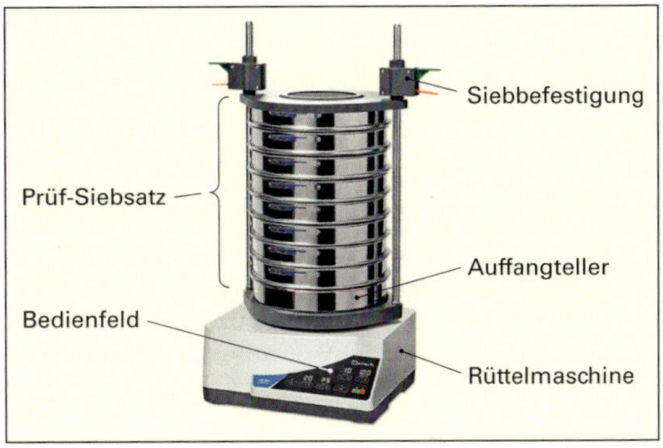

Bild 1: Prüfsiebmaschine

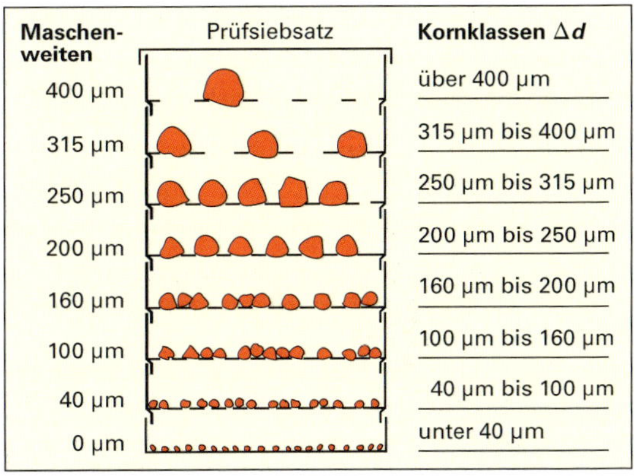

Bild 2: Prüfsiebsatz mit den Siebrückständen nach einer Siebung

14.6.1 Auswertung einer Siebanalyse

Die Auswertung von Siebanalysen ist nach DIN ISO 9276-1 genormt. Im folgenden wird an einem Beispiel die Auswertung erläutert. Dazu verwendet man einen Vordruck (Bild 1, Seite 470). Er besitzt einen Tabellenkopf mit Angaben zur Probe sowie die Maschenweiten des Prüfsiebsatzes.

In Spalte 1 werden die Kornklassen des Siebsatzes eingetragen. Die Nummer der Rückstände *R* wird vom Auffangteller (unten) nach oben durchgezählt (Spalte 2). Die Massen der einzelnen Rückstände stehen in Spalte 3. Daraus berechnet man mit der nebenstehenden Gleichung die Massenanteile w_R der einzelnen Rückstände. Sie werden in Spalte 4 eingetragen.

Beispiel: $w_{R7} = \frac{R_7}{R_{ges}} \cdot 100\,\% = \frac{7{,}6\text{ g}}{103{,}7\text{ g}} \cdot 100\,\% \approx \mathbf{7{,}3\,\%}$

Massenanteil

$$w_R = \frac{R}{R_{ges}} \cdot 100\,\%$$

Die Massenanteile der Rückstände werden vom gröbsten Sieb (R_8) ausgehend fortlaufend aufaddiert und in Spalte 5 als Rückstandssumme R_S eingetragen. Die Rückstandssumme R_S und die Durchgangssumme D_S (jeweils in %) auf einem Sieb ergeben zusammen jeweils 100%.

Summe auf dem Sieb

$$R_S + D_S = 100\,\%$$

Analysenproben Nr.: 93 Material: Kalksteinmehl Probenmasse: 103,7 g Datum:
Maschinelle Siebung mit Metalldrahtsieben gemäß DIN ISO 3310-1; Siebdauer: 15 min

		1	2	3	4	5	6
Maschenweite in µm	Prüfsiebsatz gemäß DIN ISO 3310 (mit Haufwerk nach der Siebung)	Kornklasse Δd in µm	Rückstand Nr.	Masse Rückstand R in g	Massenanteil Rückstand w_R in %	Rückstandssumme R_S in %	Durchgangssumme D_S in %
400	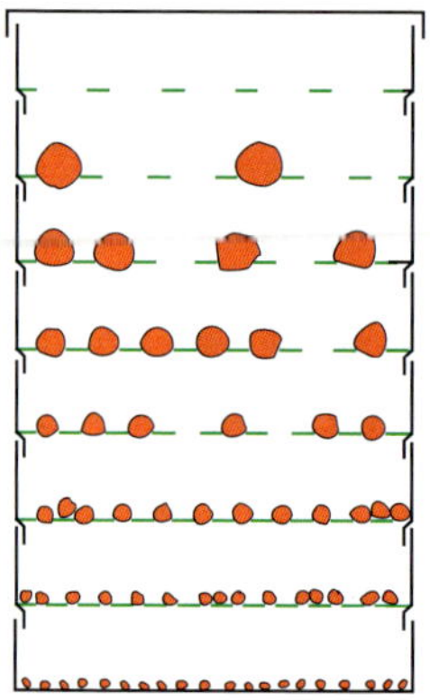	> 400	R_8	*0*	*0*	*0*	
315		315...400	R_7	*7,6*	*7,3*	*7,3*	*100*
250		250...315	R_6	*14,3*	*13,8*	*21,1*	*92,7*
200		200...250	R_5	*16,2*	*15,6*	*36,7*	*78,9*
160		160...200	R_4	*18,9*	*18,2*	*54,9*	*63,3*
100		100...160	R_3	*22,4*	*21,6*	*76,5*	*45,1*
40		40...100	R_2	*20,2*	*19,5*	*96,0*	*23,5*
0		0...40	R_1	*4,1*	*4,0*	*100*	*4,0*
			R_{ges} =	*103,7*	*100,0*		

Bild 1: Vordruck mit einem Beispiel einer Siebanalyse und deren Auswertung

Die **Durchgangssumme D_S** wird für das jeweilige Sieb über die Beziehung $D_S = 100\% - R_S$ des darüber stehenden Siebs errechnet und in Spalte 6 eingetragen.

Beispiel: $D_{S7} = 100\% - R_{S6} = 100\% - 21{,}1\% = 78{,}9\%$

Histogramm der Verteilungsdichte

Ein anschauliches Bild über die Massenanteile der Kornklassen erhält man im Histogramm der Verteilungsdichte (histogram of mass density distribution). Hierin sind die Massenanteile w_R der einzelnen Rückstände über den jeweiligen Kornklassen Δd aufgetragen **(Bild 2)**. Aus dem Histogramm kann abgelesen werden, mit welchem Massenanteil eine Kornklasse im Schüttgut vorliegt.

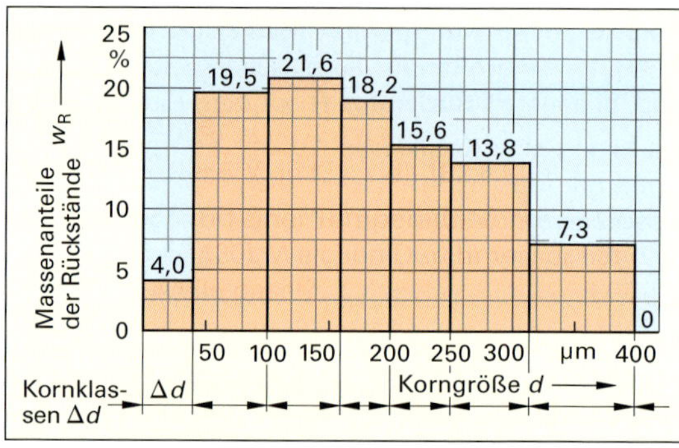

Bild 2: Histogramm der Verteilungsdichte

Beispiele: Für das Kalksteinmehl mit dem Histogramm der Verteilungsdichte von Bild 2 kann abgelesen werden:

- Am häufigsten ist die Kornklasse 100 µm bis 160 µm mit einem Massenanteil von 21,6% vorhanden.
- Das Kalksteinmehl besteht zu 19,5% + 21,6% + 18,2% = 59,3% aus der Kornklasse 40 µm bis 200 µm.

Histogramm der Rückstandssummen

Wird die Rückstandssumme R_S (Spalte 5 von **Bild 1**) über den jeweiligen Kornklassen Δd aufgetragen, so erhält man das Histogramm der **Rückstandssummen (Bild 3)**. Aus ihm kann abgelesen werden, welcher Massenanteil des Kalksteinmehls größer als eine bestimmte Korngröße ist.

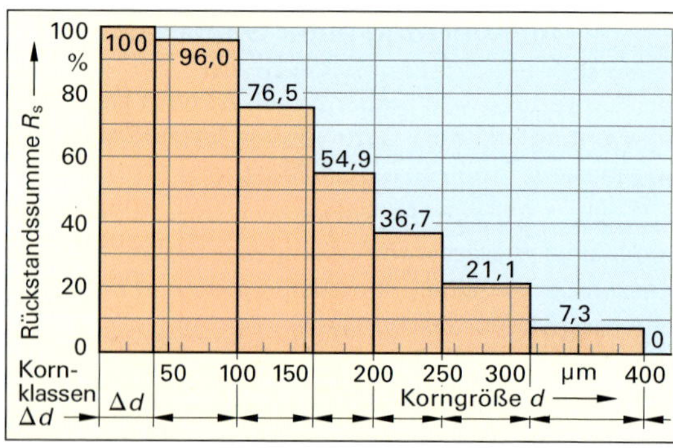

Bild 3: Histogramm der Rückstandssummen

Beispiel: Für das Kalksteinmehl mit dem Histogramm der Rückstandssummen von Bild 3 kann abgelesen werden: 36,7% der Masse des vorliegenden Kalksteinmehls haben eine Korngröße größer als 200 µm.

Histogramm der Durchgangssummen

Die Durchgangssumme D_S auf einem Sieb erhält man mit der Beziehung $D_{Sn} = 100\% - R_{Sn+1}$.

Beispiel: $R_{S4} = 54{,}9\% \Rightarrow D_{S3} = 100\% - R_{S4}$
$D_{S3} = 100\% - 54{,}9\% = 45{,}1\%$

Das Histogramm der Durchgangssummen wird erhalten, wenn die jeweilige Durchgangssumme über der Kornklasse aufgetragen wird **(Bild 1).**

Aus dem Histogramm der Durchgangssummen kann abgelesen werden, welcher Massenanteil des Schüttguts kleiner als eine bestimmte Korngröße ist.

Beispiel: 63,3% des Kalksteinmehls von Bild 1 haben eine Korngröße von weniger als 200 µm.

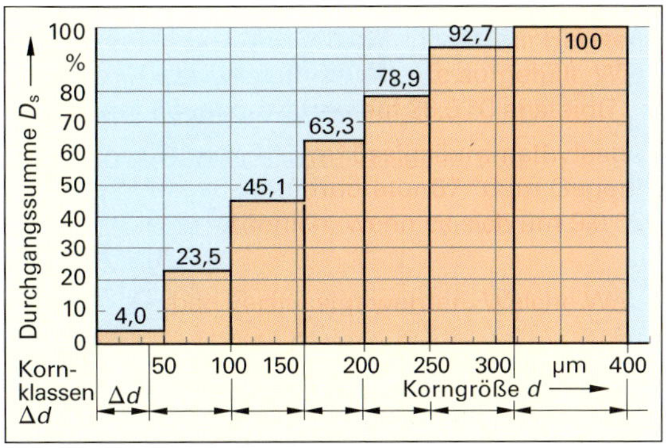

Bild 1: Histogramm der Durchgangssummen

14.6.2 Darstellung und Auswertung einer Siebanalyse im RRSB-Netz

Je nach Entstehung weisen Schüttgüter fester Stoffe charakteristische Arten der Kornverteilung auf. Diese Kornverteilung kann nach den Wissenschaftlern **R**osin, **R**ammler, **S**perling und **B**ennett durch eine mathematische Verteilungsfunktion beschrieben und grafisch in einem Koordinatenpapier, dem **RRSB-Netz** (RRSB-grid), dargestellt werden (Bild 1, Seite 472). In diesem genormten RRSB-Netz (DIN 66145) ist die Abszissenachse nach lg*d* und die Ordinatenachse doppelt logarithmisch nach lg [lg 1/(1 – D_S)] geteilt.

Trägt man die Durchgangssummen D_S (Spalte 6 von Bild 1, Seite 470) eines Schüttguts über dem Teilchendurchmesser *d* in ein RRSB-Netz ein, so erhält man eine das Schüttgut charakterisierende Kurve. Bei Schüttgütern, die aus Zerkleinerungsprozessen entstehen, sind die Kurven der Durchgangssumme im RRSB-Netz meist Geraden (siehe Bild 1, Seite 472).

Beispiel: Aus Spalte 6 der Tabelle in Bild 1, Seite 470, wird für die Korngröße größer 160 µm eine Durchgangssumme von 45,1% (= 0,451) abgelesen. Dieses Wertepaar wird im RRSB-Netz als Punkt eingetragen. Ebenso werden die anderen Wertepaare eingezeichnet. Die Punkte lassen sich annähernd zu einer Geraden verbinden, der sogenannten **RRSB-Geraden.** Die Lage und Neigung der RRSB-Geraden kennzeichnen die Kornverteilung des Schüttguts.

Aus der Geraden eines Schüttguts im RRSB-Netz können charakteristische Kennwerte des Schüttguts, die sogenannten **Feinheitsparameter,** bestimmt werden. Dazu enthält das RRSB-Netz in der linken unteren Ecke einen **Pol** sowie am oberen rechten Rand den **Randmaßstab *n*.**

Feinheitsparameter: Korngrößenmittelwert *d'* und d_{50}-Wert

Der Korngrößenmittelwert *d'*, auch $d_{63,2}$ genannt, ist ein Maß für die Feinheit des Haufwerks. Man erhält ihn, indem für eine Durchgangssumme von $D_s = 0{,}632$ (≙ 63,2 %) mit der RRSB-Geraden des Schüttguts der zugehörige Teilchendurchmesser bestimmt wird. Dazu liest man am Schnittpunkt der RRSB-Geraden mit der $D_S = 0{,}632$-Linie am Abszissenmaßstab den Teilchendurchmesser ab.

Als Korngrößenmittelwert kann auch der **d_{50}-Wert** angegeben sein. Er entspricht der Korngröße des Haufwerks bei einer Durchgangssumme von $D_S = 0{,}50$ (≙ 50 %).

Beispiel: Für das Schüttgut mit der RRSB-Geraden Nr. 6 (Seite 472) liest man ab: $d' \approx 200$ µm, $d_{50} \approx 170$ µm.

Feinheitsparameter: Gleichmäßigkeitszahl *n*

Die Gleichmäßigkeitszahl *n* ist ein Maß für die Gleichkörnigkeit eines Schüttguts.

Ein Schüttgut ist umso gleichkörniger, je steiler seine Gerade im RRSB-Netz verläuft. Ein Maß für die Gleichkörnigkeit ist die Steigung der Geraden im RRSB-Netz. Man drückt sie durch die Gleichmäßigkeitszahl *n* aus.

Die Gleichmäßigkeitszahl eines Schüttguts erhält man durch Zeichnen einer Parallelen zur Schüttgut-Geraden durch den Pol. Am Schnittpunkt der verlängerten Parallele mit dem *n*-Randmaßstab liest man *n* ab.

Beispiel: Für das Schüttgut Nr. 6 in Bild 1, Seite 472, beträgt die Gleichmäßigkeitszahl $n = 2{,}0$.

Mit den beiden Feinheitsparametern *d'* und *n* ist ein Schüttgut bezüglich seiner Korngrößen und ihrer Verteilung charakterisiert. Sind *d'* und *n* eines Schüttguts bekannt, so kann mit ihrer Hilfe im RRSB-Netz die RRSB-Gerade gezeichnet werden. Daraus können ohne Kenntnis der übrigen Daten der Siebanalyse die D_S-*d*–Wertepaare abgelesen werden. Daraus lassen sich das Histogramm der Durchgangssummen, das Histogramm der Rückstandssummen sowie das Histogramm der Verteilungsdichte zeichnen.

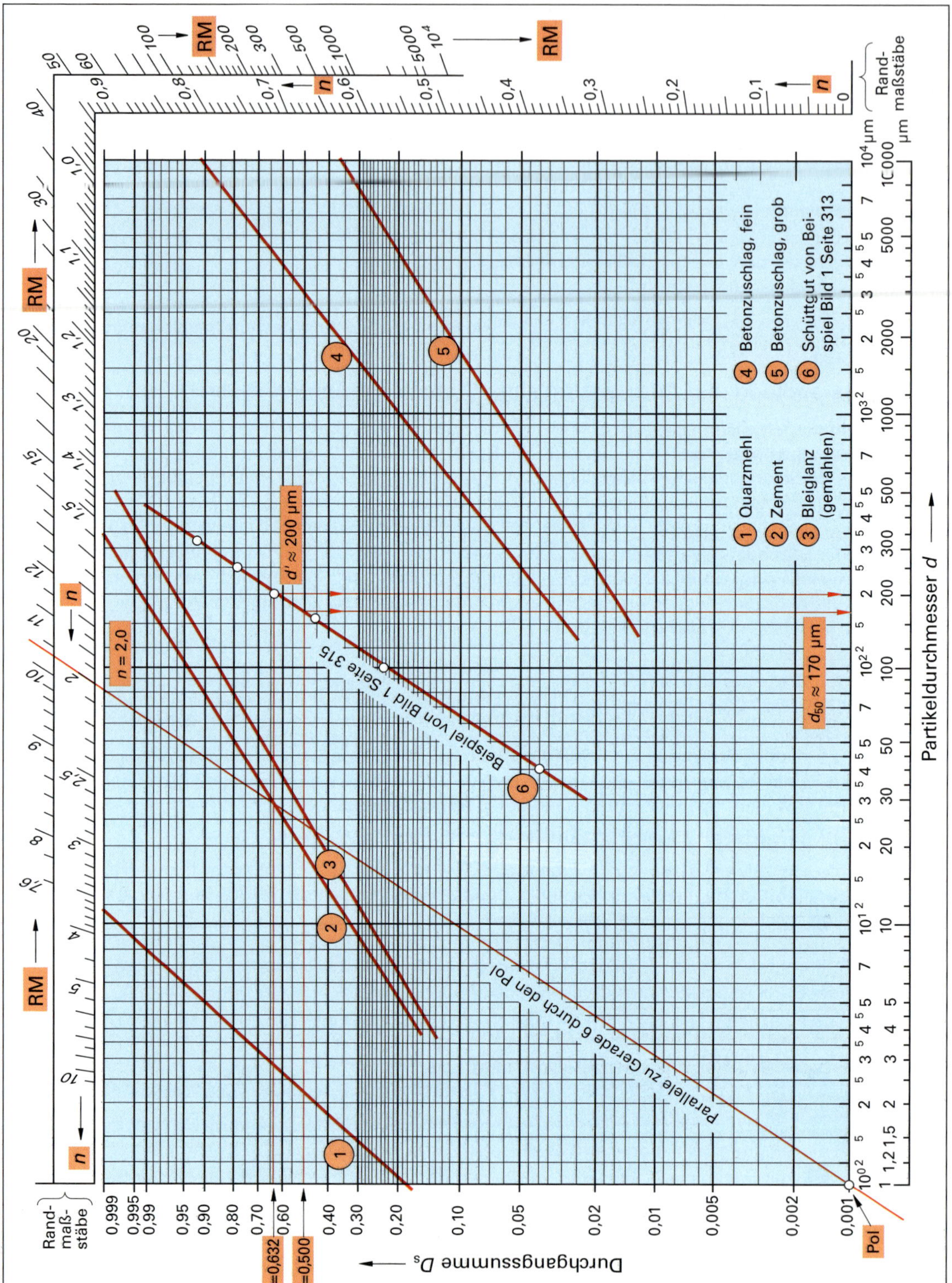

Bild 1: RRSB-Netz (gemäß DIN 66145) mit RRSB-Geraden verschiedener Schüttgüter

Hinweis: Eine Kopiervorlage für ein RRSB-Netz befindet sich auf Seite 534.

14.6.3 Bestimmung der spezifischen Oberfläche von Schüttgütern

Mit dem RRSB-Netz kann die spezifische Oberfläche eines Schüttguts einfach bestimmt werden. Dazu besitzt das RRSB-Netz am oberen und rechten Diagrammrand einen weiteren Randmaßstab (RM in Bild 1, Seite 472). Er verläuft in entgegengesetzter Richtung wie der Randmaßstab *n*.

Mit dem **Randmaßstab RM** kann die **volumenbezogene Oberfläche S_v** eines analysierten und durch eine RRSB-Gerade charakterisierten Schüttguts mit nebenstehender Gleichung bestimmt werden.

- S_v ist die volumenbezogene Oberfläche des Schüttguts. Darunter versteht man die Summe der Oberflächen aller Partikel pro Volumeneinheit des Haufwerks. Die Einheit von S_v ist cm^2/cm^3 oder m^2/cm^3.
- d' ist der Korngrößenmittelwert des Schüttguts (vgl. Seite 471). Er wird aus dem RRSB-Netz mit der $D_S = 0{,}632$-Linie bestimmt.
- φ ist ein stoffspezifischer Formfaktor. Für kugelförmige Teilchen ist $\varphi = 1$, für andere Teilchenformen ist $\varphi > 1$.
- Der RM-Wert eines Schüttguts wird beim Schnittpunkt der Parallelen der Haufwerksgeraden mit dem RM-Maßstab abgelesen (Bild 1, Seite 472).

Volumenbezogene Oberfläche eines Schüttguts

$$S_v = \frac{RM \cdot \varphi}{d'}$$

Die **massenbezogene Oberfläche S_m** erhält man durch Dividieren der volumenbezogenen Oberfläche S_v durch die Dichte ϱ des Schüttguts nach nebenstehender Größengleichung. Die Einheit von S_m ist cm^2/g.

Massenbezogene Oberfläche eines Schüttguts

$$S_m = \frac{S_v}{\varrho}$$

Beispiel: Wie groß ist die volumenbezogene und die massenbezogene Oberfläche des Schüttguts Nr. 6 in Bild 1, Seite 472? (Die Partikel sollen annähernd kugelförmig sein: $\varphi = 1$, ihre Dichte ist $\varrho = 2{,}34\ g/cm^3$)

Lösung: Aus dem RRSB-Netz (Bild 1, Seite 472) liest man für das Schüttgut Nr. 6 ab: Den Korngrößenmittelwert $d' \approx 200\ \mu m = 0{,}0200\ cm$ und den Randmaßstab RM $\approx 10{,}3$. Damit berechnet man:

$$\boldsymbol{S_v} = \frac{RM \cdot \varphi}{d'} \approx \frac{10{,}3 \cdot 1}{0{,}0200\ cm} \approx 515\,\frac{1}{cm} \approx 515\,\frac{1}{cm} \cdot \frac{cm^2}{cm^2} \approx \mathbf{515\,\frac{cm^2}{cm^3}};\quad \boldsymbol{S_m} = \frac{S_v}{\varrho} \approx \frac{515\ cm^2/cm^3}{2{,}34\ g/cm^3} \approx \mathbf{220\,\frac{cm^2}{g}}$$

Aufgaben zu Siebanalyse

(Verwenden Sie die Kopiervorlagen der Seiten 534 und 535).

1. Bei einer Siebanalyse werden die in **Tabelle 1** aufgetragenen Rückstände gemessen.
   a) Berechnen Sie den Rückstand, die Rückstandssumme und die Durchgangssumme, jeweils in Prozent.
   b) Zeichnen Sie die Histogramme der Verteilungsdichte, der Rückstandssummen und der Durchgangssummen.
   c) Zeichnen Sie im RRSB-Netz die RRSB-Gerade ein.
   d) Bestimmen Sie die Feinheitsparameter d', d_{50} und n sowie die volumenbezogene Oberfläche des Schüttguts aus dem RRSB-Netz. ($\varphi = 1{,}24$)

Tabelle 1: Messwerte einer Siebanalyse (Aufgabe 1)

Einwaage: 75,7 g

Kornklassen in µm	Rückstand in g
> 500	0,0
400 bis 500	8,5
315 bis 400	12,2
200 bis 315	16,5
160 bis 200	18,4
100 bis 160	9,0
63 bis 100	8,5
0 bis 63	2,6

2. Bei der Siebanalyse eines Schüttgutes werden auf den Sieben die nebenstehenden Rückstände gemessen **(Tabelle 2)**.
   a) Ermitteln Sie das Histogramm der Verteilungsdichte und das Histogramm der Rückstandssummen.
   b) Bestimmen Sie die Feinheitsparameter d', d_{50} und n im RRSB-Netz sowie die volumenbezogene und die massenbezogene Oberfläche des Schüttguts. ($\varphi = 1{,}4$; $\varrho = 2{,}129\ g/cm^3$)

Tabelle 2: Messwerte einer Siebanalyse (Aufgabe 2)

Siebmaschenweite in mm	Rückstand in g
16,0	0
10,0	1,25
5,0	15,25
2,0	22,0
1,0	7,0
0,5	2,5
Siebteller	2,0

3. Führen Sie die Auswertung der Siebanalysen von Aufgabe 1 und Aufgabe 2 mit einem Tabellenkalkulationsprogramm aus.

4. Bestimmen Sie für den Zement (Schüttgut Nr. ② in Bild 1, Seite 472) aus der RRSB-Geraden die Durchgangssumme und die Rückstandssumme für die Partikeldurchmesser: 5,6 µm, 8 µm, 16 µm, 31,5 µm, 45 µm, 90 µm, 125 µm. Zeichnen Sie ein Histogramm der Verteilungsdichte dieses Schüttguts.

14

14.7 Auswertung einer Siebanalyse mit dem Tabellenkalkulationsprogramm Excel

Die Grundlagen der Auswertung von Messdaten und dem Zeichnen von Diagrammen mit dem Tabellenkalkulationsprogramm (TKP) Excel wurden in Kapitel 2.5.2 beschrieben (Seite 61 bis 69).

Im Folgenden wird die Nutzung des TKP Excel bei der Auswertung einer Siebanalyse erläutert.

Als Datenbasis dienen die in der Siebanalyse von Bild 1, Seite 470, ermittelten Werte der Rückstände bei den entsprechenden Kornklassen.

14.7.1 Rechnerische Auswertung der Siebanalyse mit Excel

Zunächst wird eine Eingabemaske erstellt **(Bild 1).** Sie orientiert sich an der Tabelle der Siebanalyse in Bild 1, Seite 470.

In den Zeilen 1 und 2 werden die Bezeichnung der Aufgabe, die Probennummer und die Einwaage geschrieben. Die Zeilen 3 und 4 werden als Spaltenüberschriften gestaltet.

In die Zellen A5 bis A12 werden die Korngrößen Δd eingetragen. In die Zellen B5 bis B12 werden die Rückstande R der Siebanalyse eingeschrieben (von Seite 470).

Die Berechnungen zur Siebanalyse erfolgen mit Formeleinträgen in Excel-Schreibweise in die entsprechenden Zellen. Sie werden nacheinander in das Excel-Arbeitsblatt eingetragen. Durch Drücken der Enter-Taste oder Anklicken der nächsten Zelle erscheint der berechnete Zahlenwert in der Zelle.

	A	B	C	D
1	Siebanalyse			
2	Probe:	No. 99	Einwaage in g:	103,7
3	Kornklasse	Masse	Massenanteil	Rückstände
4	Δd in mm	Rückstand R in g	Rückstand w_R in %	Summe R_S in %
5	>400	0,0		
6	315...400	7,6		
7	250...315	14,3		
8	200...250	16,2		
9	160...200	18,9		
10	100...160	22,4		
11	40...100	20,2		
12	0...40	4,1		
13	R_{ges}	103,7		

Bild 1: Excel-Arbeitsblatt zur Siebanalyse mit Eingabemaske, Kornklassen und gewogenen Rückständen

Zuerst wird die Summe aller Rückstande R_{ges} ermittelt. Sie ist die Summe der Einzel-Rückstände und wird mit der Excel-Formel =SUMME(B5:B12) in Zelle B13 berechnet. Die Excel-Formel wird in die Zelle B13 eingeschrieben; sie erscheint gleichzeitig im Formelfeld f_x.

Der Betrag von R_{ges} wird mit dem Befehl Format/Zellen/Zahlen/Zahl und „linker Mausklick" LMK auf das Symbol 0,0 in der Menüleiste auf eine Dezimalstelle festgelegt. (Weitere Formatierungen auf Seite 475 in der Menüleiste Tabelle 1).

Als nächstes werden in der Spalte C (Zellen C5 bis C12) aus den Rückständen R der einzelnen Siebe die Massenanteile-Rückstände w_R nach der Formel $w_R = R/R_{ges}$ berechnet.

Die Berechnungsformel in Excel-Schreibweise lautet =(B5/$B$13)*100

Die Zellenadresse B13 ist für die ganze Aufgabe konstant und wird deshalb mit $-Zeichen eingerahmt.

Die Excel-Formel wird zuerst in die Zelle C5 geschrieben. Dann wird sie in die Zellen C6 bis C12 kopiert. Dazu wird die Zelle C5 mit LMK markiert. Nach Verschieben des Cursors auf die rechte untere Zellenecke, Anklicken und Ziehen mit gehaltener Maustaste nach unten bis C12, wird die Formel in die Zellen C6 bis C12 kopiert.

Um w_R in % zu erhalten, klickt man im Register Start im Menüfeld Zahl auf das %-Zeichen.

Um eine Genauigkeit mit **einer** Nachkommastelle zu erhalten, wird im Menüfeld Zahl das Symbol ←,0 ,00 angeklickt. Es erscheint Bild 2, ohne Spalte D.

	A	B	C	D
1	Siebanalyse			
2	Probe:	No. 99	Einwaage in g:	103,7
3	Kornklasse	Masse	Massenanteil	Rückstände
4	Δd in mm	Rückstand R in g	Rückstand w_R in %	Summe R_S in %
5	>400	0,0	0,0%	
6	315...400	7,6	7,3%	7,3%
7	250...315	14,3	13,8%	21,1%
8	200...250	16,2	15,6%	36,7%
9	160...200	18,9	18,2%	55,0%
10	100...160	22,4	21,6%	76,6%
11	40...100	20,2	19,5%	96,0%
12	0...40	4,1	4,0%	100,0%
13	R_{ges}	103,7		

Bild 2: Excel-Arbeitsblatt mit Berechnung des Massenanteil-Rückstands w_R und der Rückstandssumme R_S

Als letztes werden in Spalte D die Summen der Rückstände (Rückstandssummen) R_S berechnet. Die Rückstandssumme einer Zelle ist jeweils die Summe des Massenanteil-Rückstands w_R der Zelle plus der Summe R_S in der vorhergehenden Zelle.

Der Formeleintrag in Excel-Schreibweise in der als erstes zu berechnenden Zelle D6 lautet =SUMME(C6+D5).

Das Prozentformat von R_S wird durch Anklicken von % in der Symbolleiste festgelegt und die Anzahl der Dezimalstellen wird mit dem Symbol 0,0 auf eine Dezimalstelle bestimmt. In Bild 2, Seite 474, wird die Spalte D angezeigt. Damit ist die Auswertung der Siebanalyse abgeschlossen.

Angabe von Werten mit Einheiten in Excel

Bei der Angabe von Werten mit Einheiten müssen die Einheiten vorher festgelegt werden. Die folgende **Tabelle** zeigt einige Beispiele zur Festlegung der Einheit.

Tabelle: Hinweise zur Formatierung von Zelleninhalten mit Excel

Formatierung	RMK/Zellen formatieren/Zahlen/Benutzerdefiniert	Ausgabe-Beispiel
Ziffer 23,23 mit dem Einheitenzeichen mL ausgeben	*Benutzerdefiniert/Eingabe: 0,00 „mL“*	23,23 mL
Ziffer 2,34 mit dem Einheitenzeichen g/cm³ ausgeben	*Benutzerdefiniert/Eingabe 0,00 „g/cm³“* (Eingabe der Ziffer 3 mit den Tasten AltGr + 3)	2,34 g/cm³
Dezimalzahlen nach dem Komma ausrichten (die Zellen rechtsbündig formatieren)	*Benutzerdefiniert/Eingabe: 0,0???* (0??? für Ziffern mit maximal 4 Dezimalstellen)	23,4423 1845,98 2,3

Aufgabe zu Rechnerische Auswertung einer Siebanalyse mit Excel

Bei einer Siebanalyse erhält man die nebenstehend gezeigten Daten. Führen Sie mit Excel eine Siebanalyse-Auswertung durch:

a) Erstellen Sie die Eingabemaske

b) Tragen Sie die gegebenen Daten der Siebanalyse ein

c) Berechnen Sie die Massenanteil-Rückstände w_R in %

d) Berechnen Sie die Rückstandssummen R_S in %.

Kornklassen Δd in mm	Rückstand R in g
> 16	1,4
> 10	4,6
> 5	19,5
> 2	21,7
> 1	9,3
> 0,5	3,8
< 0,5	2,6

14.7.2 Erstellen von Diagrammen zur Siebanalyse mit Excel

Die Diagrammarten zur grafischen Darstellung der Ergebnisse einer Siebanalyse wurden auf den Seiten 470, 471 eingeführt und erläutert. Dies sind vor allem das **Histogramm der Verteilungsdichte** und das **Histogramm der Rückstandssummen.** Sie erlauben einen raschen Überblick über die Rückstände und deren Verteilung über den Korngrößen.

Im vorliegenden Kapitel wird die Erstellung dieser Diagramme mit dem TKP Excel beschrieben. Die nachfolgend gezeigten Diagramme sind mit den Messwerten der Siebanalyse von Seite 470 erstellt.

Im **Histogramm der Verteilungsdichte** (Bild 1, Seite 470) sind die Masseanteil-Rückstände w_R über der Kornklasse Δd aufgetragen. Im erstellten Excel-Arbeitsblatt (Bild 2, Seite 474) ist die Kornklasse Δd in Spalte A und die Masseanteil-Rückstände w_R in Spalte C gelistet.

Zum Erstellen der Histogramme muss das Excel-Berechnungsblatt der Siebanalyse aufgerufen sein (Bild 2, Seite 474).

Zur **Erstellung des Histogramms der Verteilungsdichte** werden mit der linken Maustaste bei gedrückter Strg-Taste die Datenbereiche in der Tabelle für das Diagramm markiert: Dies sind die Zellen A5:A12 und Zellen C5:C12.

Das Histogramm wird über die Befehle Einfügen/Diagramme/Säule/2D-Säule/Gruppierte Säule eingefügt.

Um die Kornklassen in der gewünschten, aufsteigenden Reihenfolge zu formatieren, markiert man das Histogramm durch LMK auf die Diagrammfläche. Dazu gibt man den Befehl Layout/Achsen/Horizontale Primärachse/Achse von rechts nach links zeigen ein.

Damit die Beschriftung der y-Achse auf der linken Diagrammseite angezeigt wird, führt man einen RMK auf die x-Achse aus, und gibt dann den Befehl Achse formatieren/Achsenoptionen/Vertikale Achse schneidet: Bei größter Rubrik ein.

Es erscheint auf dem Excel-Arbeitsblatt das nebenstehende **Bild 1.**

Die Diagrammposition und die Diagrammgröße können durch LMK auf die Diagrammfläche und Verziehen verändert werden.

Die Schrägstellung der Achsenbeschriftung wird erreicht durch einen RMK auf die Optionen Achse/Achse formatieren/Textoptionen/Testfeld/Benutzerdefinierter Winkel und Auswählen des gewünschten Neigungswinkels, z. B. 45°.

Die Überschrift, die Achsenbeschriftung, die Formatierung der Achsen sowie die farbliche Gestaltung der Diagrammflächen können durch Anklicken des +-Zeichens am rechten oberen Diagrammeck und Auswählen der Optionen festgelegt werden. Damit ist das Histogramm der Verteilungsdichte fertig.

Bei der Erstellung des **Histogramms der Rückstandssummen** wird entsprechend der beschriebenen Reihenfolge bei der Erstellung des Histogramms der Verteilungsdichte vorgegangen. Als Datenbasis sind die Zellen A5:A12 und D5:D12 von Bild 2, Seite 474, zu verwenden. Man erhält das in **Bild 2** gezeigte Diagramm.

Die Diagramme bleiben bei der Erstellung und Bearbeitung jeweils mit den Daten in der Tabelle des Siebanalyse-Arbeitsblatts verknüpft. Änderungen von Siebmaschenweiten oder Rückstands-Messwerten in der Arbeitsblatt-Tabelle (Bild 2, Seite 474) führen automatisch zur Änderung der berechneten Werte sowie der Diagramme (Bild 1 und Bild 2).

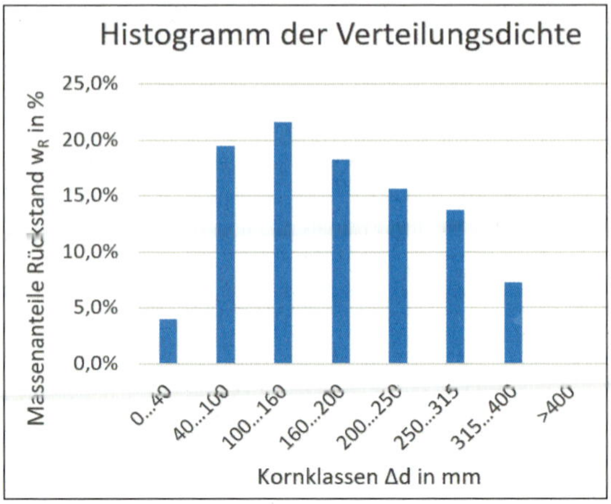

Bild 1: Histogramm der Verteilungsdichte (mit Excel) (Daten des Beispiels von Seite 470)

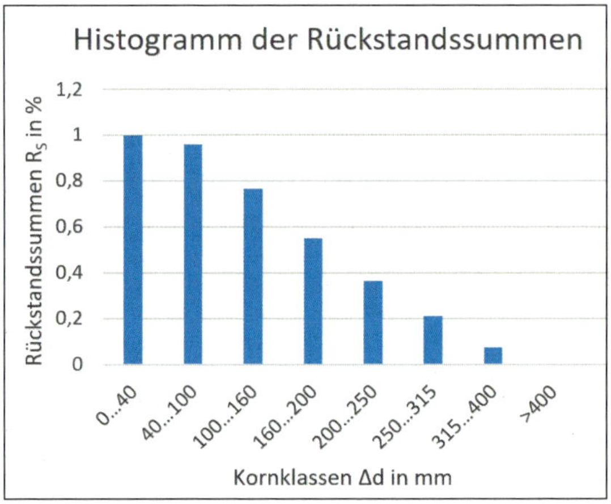

Bild 2: Histogramm der Rückstandssummen (mit Excel) (Daten des Beispiels von Seite 470)

Aufgaben zu Erstellen von Diagrammen zur Siebanalyse mit Excel

1. Übernehmen Sie von der Aufgabe von Seite 475 Mitte das erstellte Excel-Arbeitsblatt mit den Spalten Kornklassen Δd, Massenanteil-Rückstände w_R in % und Rückstandssummen R_S in %.

   Erstellen Sie mit diesen Daten mit Excel die Diagramme
   a) Histogramm der Verteilungsdichte
   b) Histogramm der Rückstandssummen.

2. Bei der Siebanalyse eines Schüttgutes werden auf den Sieben die nebenstehenden Rückstände ausgewogen **(Tabelle).**
   a) Erstellen Sie mit Excel eine Eingabemaske zur Auswertung der Siebanalyse.
   b) Ermitteln Sie die Massenanteil-Rückstände w_R und die Rückstandssummen R_S in Prozent.
   c) Erstellen Sie mit dem TKP Excel das Histogramm der Verteilungsdichte und das Histogramm der Rückstandssummen.

Tabelle: Siebanalyse (Aufgabe 2)

Kornklassen Δd in µm	Rückstand R in g
>400	0
>315	6,6
>250	11,5
>200	16,7
>160	18,2
>100	26,5
>40	14,8
<40	3,6

15 Trennen von Flüssigkeitsgemischen

Das Trennen von Flüssigkeitsgemischen ist eine häufig durchzuführende Aufgabe im Chemielabor und der Chemieproduktion. Flüssigkeitsgemische werden überwiegend durch thermische Trennverfahren, wie Destillieren und Rektifizieren, getrennt. Daneben gibt es noch die Trennung durch Extraktion.

15.1 Destillieren

15.1.1 Dampfdruck von Flüssigkeiten

Aus einer Flüssigkeit verdunsten und kondensieren fortlaufend Stoffteilchen **(Bild 1).** In einem geschlossenen Gefäß bildet sich bei einer bestimmten Temperatur ein bestimmter Dampfdruck. Dieser Dampfdruck (vapor pressure) ist temperaturabhängig. Je höher die Temperatur, umso höher ist der Dampfdruck.

Die Dampfdruckzunahme mit steigender Temperatur ist exponentiell. Jede Flüssigkeit hat eine arteigene, spezifische Dampfdruckkurve **(Bild 2).**

Die Siedetemperatur ϑ_b (boiling temperature) einer Flüssigkeit ist die Temperatur, bei der ihr Dampfdruck so groß wie der Umgebungsdruck ist.

Mit zunehmendem Umgebungsdruck steigt die Siedetemperatur, mit abnehmendem Umgebungsdruck sinkt sie. Die Siedetemperatur eines Stoffes bei einem bestimmten Umgebungsdruck kann aus Bild 2 abgelesen werden.

Beispiel: Wie hoch ist die Siedetemperatur von Ethanol bei 1013 mbar (Normal-Umgebungsdruck) und bei 500 mbar?

Lösung: Aus Bild 2 liest man an der Dampfdruckkurve des Ethanols ab:

bei p_{amb} = 1013 mbar → ϑ_b = 79 °C

bei p_e = 500 mbar → ϑ_b = 63 °C

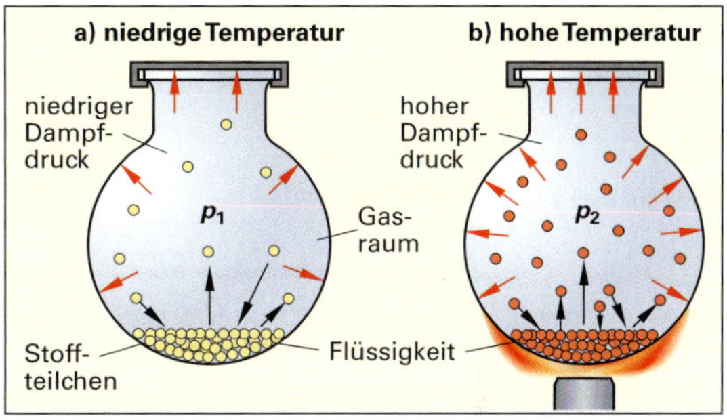

Bild 1: Dampfdruck über einer Flüssigkeit (schematisch)

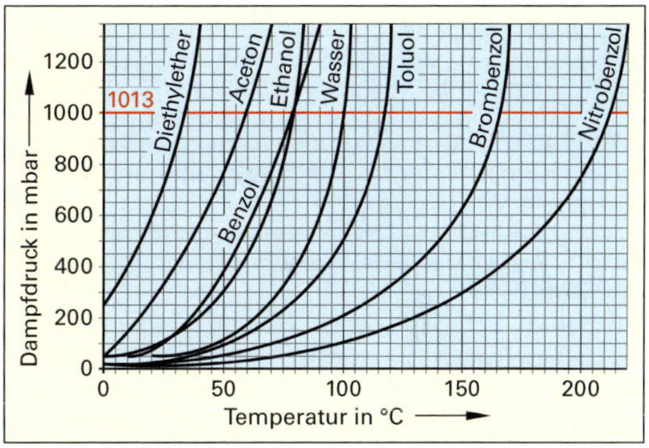

Bild 2: Dampfdruckkurven verschiedener Chemikalien

15.1.2 Siedeverhalten homogener Flüssigkeitsgemische

Ein homogenes Flüssigkeitsgemisch besteht aus zwei oder mehr Einzelflüssigkeiten, die vollständig ineinander löslich sind und eine einheitliche Mischphase bilden.

Im einfachsten Fall setzt es sich aus 2 Komponenten, A und B genannt, zusammen. Mit A bezeichnet man die niedriger siedende Komponente (Leichtersiedendes), mit B die höher siedende Komponente (Schwerersiedendes) des Zweistoffgemisches. Das Gemisch siedet bei der Siedetemperatur ϑ_b.

Die Gehalte der Komponenten werden als Stoffmengenanteil x_A und x_B in der Flüssigphase und als Stoffmengenanteil y_A und y_B in der Gasphase angegeben[1] **(Bild 3).**

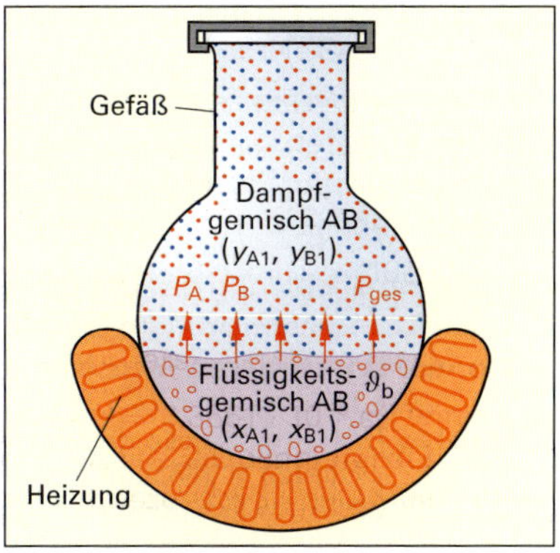

Bild 3: Siedendes Zweikomponenten-Gemisch

[1] Nach DIN 1310 wird der Stoffmengenanteil mit dem griechischen Buchstaben χ (chi) angegeben (siehe Kap. 5 Mischphasen). In diesem Kapitel werden die bei technischen Methoden üblichen Größenzeichen x für die Flüssigkeitsphase und y für die Dampfphase verwendet.

Die Werte der Stoffmengenanteile liegen zwischen 0 und 1.

Die Summe der Stoffmengenanteile $x_A + x_B$ in der Flüssigkeit sowie $y_A + y_B$ in der Dampfphase ist jeweils 1.

$$x_A + x_B = 1$$
$$y_A + y_B = 1$$

Erwärmt man ein Zweistoff-Flüssigkeitsgemisch AB, so beginnt es bei einer bestimmten Temperatur ϑ_b zu sieden (Bild 3, Seite 477).

Über dem siedenden Flüssigkeitsgemisch herrscht ein **Gesamtdampfdruck p_{ges}**, der sich aus den Dampfdrücken der Einzelkomponenten p_A und p_B, auch Partialdrücke genannt, zusammensetzt.

Dalton'sches Gesetz

$$p_{ges} = p_A + p_B$$

Diese Gesetzmäßigkeit wird **Dalton'sches Gesetz** genannt.

Die **Partialdrücke** (partial pressure) der beiden Gemischbestandteile sind von der Art des Flüssigkeitsgemisches und von den Stoffmengenanteilen der Komponenten im Gemisch abhängig.

Ideale Flüssigkeitsgemische

Bei **idealen Flüssigkeitsgemischen** sind die Partialdrücke im Gemischdampf dem Stoffmengenanteil und dem Dampfdruck der einzelnen Komponenten direkt proportional **(Raoult'sches Gesetz).**

Raoult'sches Gesetz

$$p_A = x_A \cdot p_A^\circ$$
$$p_B = x_B \cdot p_B^\circ$$

p_A° und p_B° sind die Dampfdrücke der reinen Komponenten A bzw. B.

Ideale, bzw. annähernd ideale Gemische bilden nur chemisch sehr ähnliche Flüssigkeiten, wie z.B. die gesättigten Kohlenwasserstoffe untereinander, oder z.B. Benzol mit Toluol.

Beispiel 1: Ein Benzol/Toluol-Gemisch mit einem Stoffmengenanteil von jeweils 50,0 % (0,500) hat bei 1013 mbar Umgebungsdruck eine Siedetemperatur von 92,2 °C **(Bild 1).** Wie hoch sind die Partialdampfdrücke der beiden Komponenten und der Gesamt-Dampfdruck über dem siedenden Gemisch?

Lösung: Aus Bild 1 liest man ab: Bei der Siedetemperatur (92,2 °C) haben die reinen Komponenten folgende Partialdrücke:

p^0 (Benzol) = 1456 mbar; p^0 (Toluol) = 570 mbar

Nach dem Raoult'schen Gesetz sind die Partialdrücke in der Misch-Dampfphase:

p(Benzol) = x(Benzol) · p^0 (Benzol) = 0,500 · 1456 mbar = **728 mbar**

p(Toluol) = x(Toluol) · p^0 (Toluol) = 0,500 · 570 mbar = **285 mbar**

Nach dem Dalton'schen Gesetz ist der Gesamt-Dampfdruck im Dampfgemisch die Summe der Partialdrücke:

p_{ges} = p(Benzol) + p(Toluol) = 728 mbar + 285 mbar = **1013 mbar**.

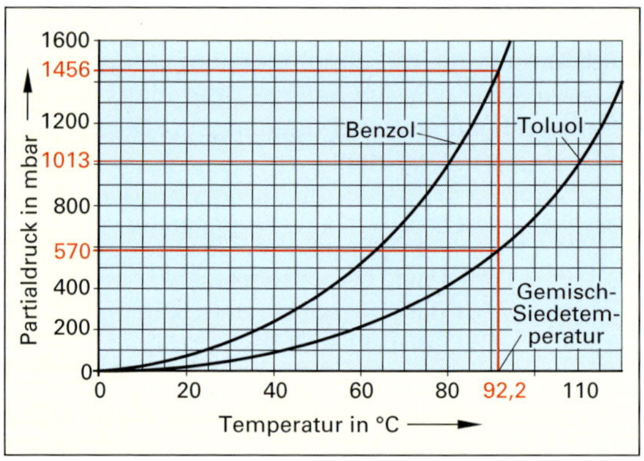

Bild 1: Partialdruck von Benzol und Toluol

Die **Siedetemperatur** des Gemisches ϑ_b liegt zwischen den Siedetemperaturen der reinen Komponenten: 80 °C bzw. 110 °C (Bild 1). Je nach Stoffmengenanteil und Partialdampfdruck liegt sie näher beim Siedepunkt der einen oder anderen Komponente.

Die **Zusammensetzung des Dampfes** y_A, y_B über einem siedenden Flüssigkeitsgemisch entspricht dem jeweiligen Verhältnis des Dampfdrucks der Komponente zum Gesamtdruck.

Zusammensetzung des Dampfes

$$y_A = \frac{p_A}{p_{ges}}; \quad y_B = \frac{p_B}{p_{ges}}$$

15

Beispiel 2: Die Partialdrücke des Benzol/Toluol-Gemisches in obigem Beispiel 1 waren: p(Benzol) = 728 mbar; p(Toluol) = 285 mbar bei einem Gesamtdruck von p_{ges} = 1013 mbar. Welche Zusammensetzung hat der aus dem siedenden Flüssigkeitsgemisch aufsteigende Dampf?

Lösung: $\mathbf{y(Benzol)} = \frac{p(\text{Benzol})}{p_{ges}} = \frac{728\ \text{mbar}}{1013\ \text{mbar}} \approx \mathbf{0{,}719}$; $\mathbf{y(Toluol)} = \frac{p(\text{Toluol})}{p_{ges}} = \frac{285\ \text{mbar}}{1013\ \text{mbar}} \approx \mathbf{0{,}281}$

Trägt man den Partialdruck einer Komponente (p_A) eines idealen Flüssigkeitsgemisches in einem Dampfdruckdiagramm über dem Stoffmengenanteil x_A auf, so erhält man eine ansteigende Gerade **(Bild 1).**

Sie verläuft von $x_A = 0/p_A = 0$ bis $x_A = 1/p_A = p_A°$.

Die Partialdruckkurve der anderen Komponente (p_B) beginnt am rechten Rand des Diagramms bei $x_B = 0/p_B = 0$ und steigt linear bis zum Wertepaar $x_B = 1/p_B = p_B°$.

Der Gesamtdruck in der Gasphase des Gemisches setzt sich nach Dalton bei jedem Stoffmengenanteil aus der Summe der jeweiligen Partialdrücke zusammen: $p_{ges} = p_A + p_B = x_A \cdot p_A° + x_B \cdot p_B°$
Aufgetragen im Diagramm (Bild 1) ergibt p_{ges} ebenfalls eine Gerade. Sie verläuft von $p_B°$ nach $p_A°$.

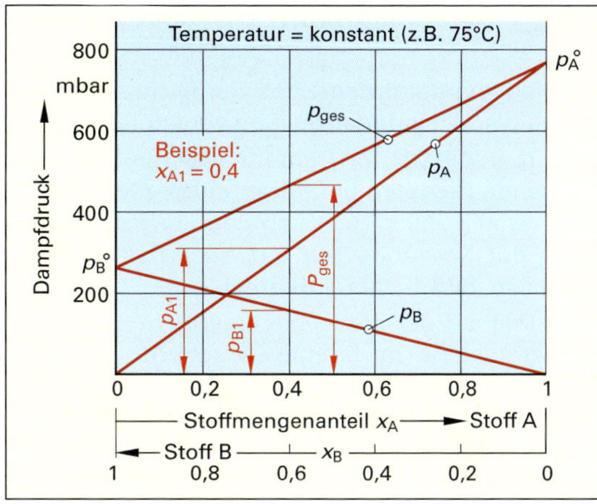

Bild 1: Dampfdruckdiagramm eines idealen Flüssigkeitsgemisches

Reale Flüssigkeitsgemische

Die Mehrzahl der Flüssigkeiten bilden **reale Flüssigkeitsgemische.** Sie weichen in ihrem Verhalten mehr oder weniger stark vom idealen Verhalten ab, das durch das Raoult'sche Gesetz beschrieben wird. Die Partialdrücke der Komponenten p_A und p_B sind bei realen Flüssigkeitsgemischen nicht direkt proportional ihrem Stoffmengenanteil, sondern größer oder kleiner:

$$p_A \lesseqgtr x_A \cdot p_A°; \qquad p_B \lesseqgtr x_B \cdot p_B°$$

Im Dampfdruckdiagramm besitzen reale Flüssigkeitsgemische deshalb keine Geraden für die Partialdrücke, sondern nach oben (schwarz) oder nach unten (rot) ausgebeulte Kurven **(Bild 2).**

Da der Gesamtdruck p_{ges} über die Beziehung $p_{ges} = p_A + p_B$ mit den Partialdrücken verknüpft ist, verläuft auch p_{ges} mit einer nichtlinearen Kurve.

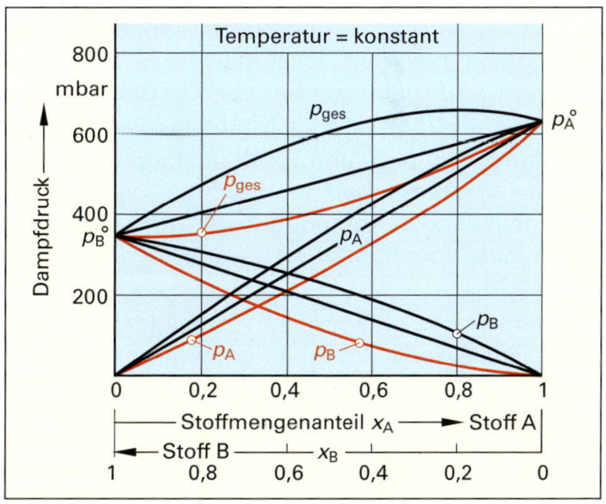

Bild 2: Dampfdruckdiagramme realer Zweistoff-Flüssigkeitsgemische

Aufgaben zu Dampfdruck und Siedeverhalten

Hinweis: Bei allen Aufgaben handelt es sich um ideale Zweistoff-Flüssigkeitsgemische.

1. Welche Siedetemperaturen haben die folgenden Flüssigkeiten bei den genannten Bedingungen?
   a) Diethylether bei 1013 mbar b) Brombenzol bei 300 mbar
   (Hinweis: Entnehmen Sie die Werte aus einem Dampfdruckdiagramm der Stoffe, Bild 2, Seite 477)
2. Ein Wasser/Ethanol-Gemisch mit dem Stoffmengenanteil x(Ethanol) = 0,20 siedet bei einem Umgebungsdruck von 1013 mbar bei 83 °C.
   a) Welche Partialdrücke haben die reinen Komponenten bei dieser Temperatur?
   b) Überprüfen Sie den Gesamt-Dampfdruck mit dem Dalton'schen Gesetz.
3. Benzol hat bei 75 °C einen Dampfdruck von 840 mbar, Toluol einen Dampfdruck von 320 mbar. Welche Partialdrücke und welcher Gesamtdruck stellen sich bei 75 °C für ein Benzol/Toluol-Gemisch mit den Stoffmengenanteilen x(Benzol) = 0,40 und x(Toluol) = 0,60 ein?
   (Hinweis: Werte aus Diagramm Bild 2, Seite 477 entnehmen.)
4. Bei 92 °C hat die Flüssigkeit A den Dampfdruck 860 mbar und die Flüssigkeit B den Dampfdruck 168 mbar. Welcher Gesamtdruck liegt für ein Gemisch dieser Flüssigkeiten mit einem Stoffmengenanteil von x(A) = 0,35 vor?

15.1.3 Siedediagramm

Die Siedetemperaturen eines Gemisches sind von der Gemischzusammensetzung abhängig.

Trägt man die bei konstantem äußeren Druck gemessenen Siedetemperaturen eines Zweistoffgemisches in Abhängigkeit von den Stoffmengenanteilen der Komponenten auf, so erhält man die Siedelinie **(Bild 1, oberer Bildteil)**.

Ein Punkt auf der Siedelinie entspricht der Siedetemperatur einer bestimmten Mischung.

Beispiel 1: Das Flüssigkeitsgemisch in Bild 1 mit einem Stoffmengenanteil von x_A = 0,40 hat eine Siedetemperatur von 125 °C.

Kühlt man Dampfgemische verschiedener Konzentrationen desselben Gemischs ab, so stellt man fest, dass auch die Kondensationstemperaturen eines Gemischs sich mit dem Stoffmengenanteil der Komponenten ändern. Trägt man sie in Abhängigkeit vom Stoffmengenanteil der Komponenten in Bild 1 auf, so erhält man die **Kondensationslinie.**

Die Kondensations- und die Siedelinie eines Gemischs beginnen bei der Siedetemperatur der leichtersiedenden Komponente ϑ_{bA} und enden bei der Siedetemperatur der schwerersiedenden Komponente ϑ_{bB}.

Aus dem Siedediagramm kann die Siedetemperatur eines Flüssigkeitsgemisches entnommen werden, ferner die Zusammensetzung der entstehenden Dampfphase.

Beispiel 2: Welche Zusammensetzung hat das siedende Zweistoffgemisch und der mit ihm im Gleichgewicht stehende Gemischdampf von Bild 1 bei einer Siedetemperatur von ϑ_b = 137 °C?

Lösung: Aus dem Siedediagramm kann bei 137 °C abgelesen werden:

x_{A1} = 0,20 = **20 %**; $x_{B1} = 1 - x_{A1}$ = 0,80 = **80 %**

y_{A1} = 0,50 = **50 %**; $y_{B1} = 1 - y_{A1}$ = 0,50 = **50 %**

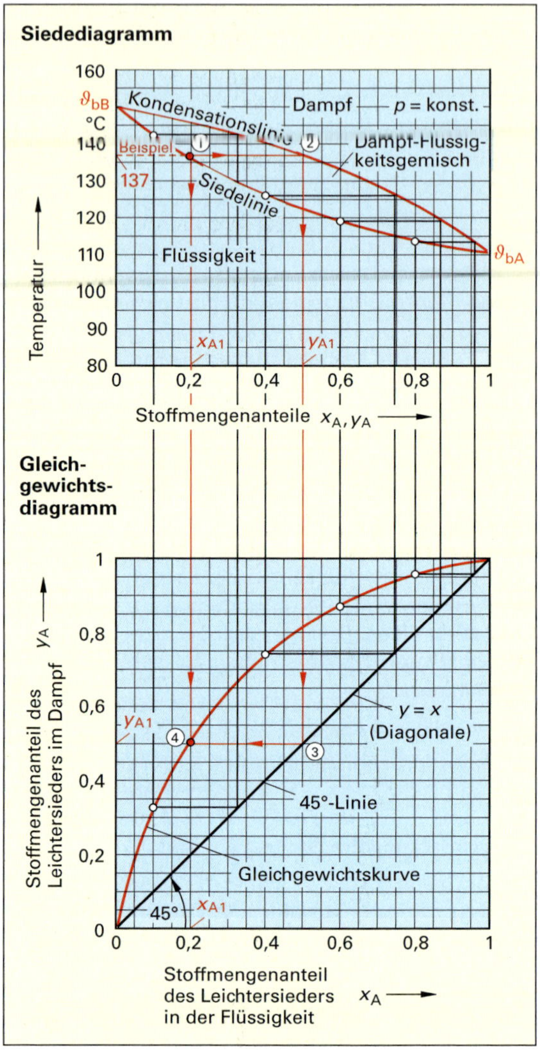

Bild 1: Konstruktion der Gleichgewichtskurve aus der Siede- und Kondensationslinie

15.1.4 Gleichgewichtsdiagramm

Siedet ein Flüssigkeitsgemisch, so hat der daraus aufsteigende Dampf eine andere Zusammensetzung als die siedende Flüssigkeit: Er enthält mehr Leichtersiedendes. Die zueinander gehörenden Flüssigkeits- und Dampfzusammensetzungen können aus waagrechten Linien im Siedediagramm (z. B. ① – ② in Bild 1, oberer Bildteil) ermittelt werden.

Trägt man diese Gleichgewichtszusammensetzungen von siedender Flüssigkeit und daraus aufsteigendem Dampf in einem Schaubild auf, so erhält man die **Gleichgewichtskurve (Bild 1, unterer Bildteil).** Die Gleichgewichtskurve (equilibrium curve) kann punktweise aus dem Siedediagramm entwickelt werden.

Beispiel (Bild 1): Aus der Flüssigkeit mit dem Stoffmengenanteil x_{A1} = 0,20 (Punkt ① auf der Siedelinie) steigt ein Dampf mit dem Stoffmengenanteil y_{A1} = 0,50 (Punkt ②) auf. Man erhält ihn durch den Schnitt der Waagrechten mit der Kondensationslinie. Lotet man von Punkt ② herunter bis zur 45°-Linie im Gleichgewichtsdiagramm ③ und von dort waagrecht nach links, so erhält man am Schnittpunkt mit dem Flüssigkeitsanteil x_{A1} = 0,20 einen Punkt der Gleichgewichtskurve (Punkt ④).

15

15.1.5 Durchführen einer einfachen Destillation

Eine Standard-Destillationsapparatur (destilling apparatus) besteht aus dem Destillierkolben, dem Destillationsaufsatz (Claisen-Aufsatz) mit Kühler, Vorstoß und Auffangkolben, Vorlage genannt **(Bild 1).**

Das Heizbad bringt das Flüssigkeitsgemisch im Destillierkolben zum Sieden. Aus der siedenden Flüssigkeit steigt ein Dampf auf, der im Kühler kondensiert und in der Vorlage als Destillat aufgefangen wird.

Mit einer Standard-Destillationsapparatur können getrennt werden:

- Gemische von gelösten Feststoffen in einem Lösemittel
- Flüssigkeitsgemische, deren Siedetemperaturen weit auseinander liegen ($\Delta\vartheta_b$ > 80 °C)

Die Destillation (destillation) kann bei Normaldruck (1013 mbar) oder bei temperaturempfindlichen Stoffen unter vermindertem Druck als Vakuumdestillation durchgeführt werden.

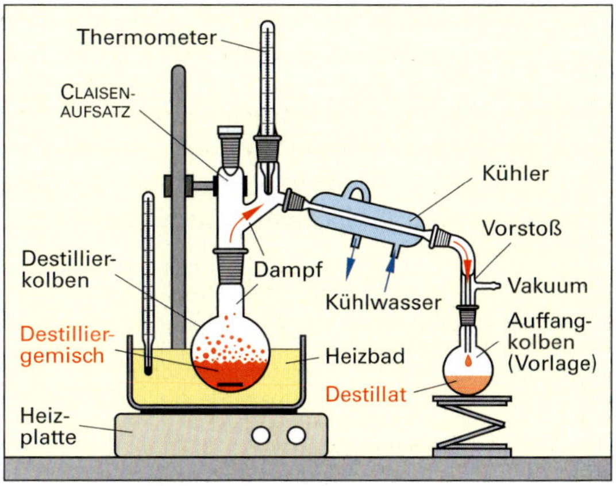

Bild 1: Standard-Destillationsapparatur

Gemischtrennung durch Destillation

Das bei der Destillation zu einem bestimmten Zeitpunkt gewonnene Destillat ist der kondensierte Dampf mit dessen Zusammensetzung. Sie kann aus der Zusammensetzung der siedenden Flüssigkeit mithilfe der Gleichgewichtskurve bestimmt werden **(Bild 2).** Dazu geht man von der Flüssigkeitszusammensetzung (x_A) senkrecht nach oben bis zum Schnittpunkt mit der Gleichgewichtskurve und liest auf der y_A-Achse die Destillatzusammensetzung ab.

Beispiel 1: Welche Zusammensetzung hat das Destillat, das bei der Destillation eines Benzol/Anilin-Gemisches mit x_A = 0,10 entsteht?

Lösung: Aus Bild 2 liest man für x_{A1} = 0,10 am Schnittpunkt mit der Gleichgewichtskurve des Benzol/Anilin-Gemisches ① eine Destillatzusammensetzung von y_{A1} = 0,725 ab.

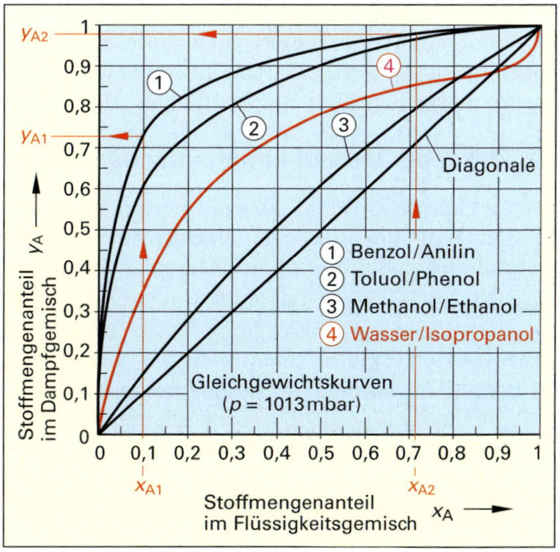

Bild 2: Bestimmung der Gemischtrennung aus dem Gleichgewichtsdiagramm

Gewinnung reiner Komponenten

Wird ein Destillat mit einem hohen Anteil an Leichtersiedendem gefordert, so muss das in der 1. Destillation gewonnene Destillat noch ein zweites Mal destilliert werden.

Beispiel 2: Das in Beispiel 1 gewonnene Destillat mit y_{A1} = 0,725 wird nochmals destilliert. Welche Zusammensetzung hat das daraus gewonnene Destillat?

Lösung: Ausgangsgemisch ist x_{A2} = 0,725 ($\hat{=}$ y_{A1}). Aus Bild 2 liest man für x_{A2} = 0,725 am Schnittpunkt mit der Gleichgewichtskurve y_{A2} = 0,98 ab. Das Destillat hat den Stoffmengenanteil y_{A2} = x_{A3} = 0,98.

Flüssigkeitsgemische, deren Gleichgewichtskurve stark von der Diagonalen weggewölbt sind (Bild 2, Kurve ① und ②), lassen sich in einem Destillationsschritt stark anreichern und in zwei Destillationsschritten weitgehend rein gewinnen. Gemische mit einer nah an der Diagonalen verlaufenden Gleichgewichtskurve (Bild 2, Kurve ③) lassen sich nur in vielen Destillationsschritten anreichern. Solche Gemische werden besser durch Rektifizieren getrennt (Seite 486). Bei azeotrop siedenden Gemischen schneidet die Gleichgewichtskurve die Diagonale (Bild 2, Kurve ④) so, dass mit einer einfachen Rektifikation keine vollständige Trennung möglich ist. Diese kann nur mit speziellen Rektifikationsverfahren, wie z.B. der Extraktiv-Rektifikation, der Azeotrop-Rektifikation oder dem Zweidruckverfahren erfolgen.

Relative Flüchtigkeit

Ein Maß für die Trennbarkeit eines Zweistoffgemisches ist die **relative Flüchtigkeit** α, auch **Trennfaktor** genannt (separation factor). Der Trennfaktor α ist definiert als der Quotient der Dampfdrücke der reinen Komponenten $p_A°$ und $p_B°$.

Mit den Beziehungen für ideale Flüssigkeitsgemische

$$p_A° = \frac{p_A}{x_A};\quad p_B° = \frac{p_B}{x_B} \quad \text{und} \quad p_A = y_A \cdot p_{ges};\quad p_B = y_B \cdot p_{ges}$$

erhält man für den **Trennfaktor** α nebenstehende Größengleichung mit den Stoffmengenanteilen.

Die Gleichung kann nach y_A umgeformt werden. Mit $y_B = y_A - 1$ und $x_B = x_A - 1$ erhält man nebenstehende **Gleichung für die Gleichgewichtskurve.**

Mit ihr kann für ideale oder annähernd ideale Zweistoffgemische die Gleichgewichtskurve punktweise errechnet werden.

Trennfaktor

$$\alpha = \frac{p_A°}{p_B°} = \frac{y_A \cdot x_B}{y_B \cdot x_A}$$

Gleichgewichtskurve

$$y_A = \frac{\alpha \cdot x_A}{1 + x_A \cdot (\alpha - 1)}$$

Beispiel: Ein ideales Zweistoffgemisch hat die relative Flüchtigkeit $\alpha = 2{,}84$. Berechnen Sie für ein Flüssigkeitsgemisch mit dem Stoffmengenanteil $x_A = 0{,}30$ an Leichtersiedendem den Stoffmengenanteil des daraus aufsteigenden Dampfes.

Lösung: $\mathbf{y_A} = \frac{\alpha \cdot x_A}{1 + x_A \cdot (\alpha - 1)} = \frac{2{,}84 \cdot 0{,}30}{1 + 0{,}30 \cdot (2{,}84 - 1)} \approx \mathbf{0{,}55}$

Die nebenstehende **Tabelle** zeigt die relativen Flüchtigkeiten einiger Zweistoffgemische. Die Trennbarkeit eines Gemisches ist umso besser, je größer der Trennfaktor α ist.

Tabelle: Relative Flüchtigkeit α ausgewählter Zweistoffgemische

Niedrigersiedendes	–	Höhersiedendes	α
Benzol	–	Anilin	33,5
Ethan	–	Propan	13,8
n-Hexan	–	n-Heptan	2,6
Propen	–	Propan	1,1

Zeitlicher Verlauf einer einfachen Destillation

Bei der Destillation eines Zweikomponenten-Flüssigkeitsgemisches ändert sich die Zusammensetzung des Destillats und der Flüssigkeit im Destillierkolben während der Destillation fortlaufend. Die Änderung kann durch Ablesen der Sumpf- und Dampf-Zusammensetzungen in Bild 2, Seite 481 ersehen werden:

Aus dem Destilliergemisch (z.B. mit $x_{A2} = 0{,}72$) entweicht zu Beginn der Destillation ein Dampf, der viel Leichtersiedendes enthält ($y_{A2} = 0{,}98$). Dieser wird als Destillat niedergeschlagen. Dadurch nimmt der Stoffmengenanteil an leichtersiedender Komponente im Destillierkolben fortlaufend ab. Aus diesem Rückstand mit weniger leichtersiedendem Anteil (z.B. x_{A1}) entweicht ein Dampf mit geringerem Gehalt an Leichtersieder ($y_{A1} = 0{,}72$). Am Ende der Destillation ist der Leichtersieder fast vollständig verdampft, der Rückstand besteht nahezu vollständig aus der höhersiedenden Komponente.

15.1.6 Fraktionierte Destillation (fractional destillation)

Bei der Destillation eines Mehrkomponenten-Flüssigkeitsgemisches verdampft zu Beginn der Destillation bevorzugt die am niedrigsten siedende Komponente und wird nach der Kondensation als Destillat aufgefangen. Nachdem sie vollständig verdampft ist, beginnt bevorzugt die Verdampfung der nächsthöher siedenden Komponente, bis auch sie vollständig abdestilliert ist usw.

An einem **Beispiel** werden die Vorgänge erläutert:

Ein Gemisch enthält neben mehreren Komponenten mit geringem Anteil, zwei Komponenten mit größerem Anteil. Die beiden Hauptkomponenten sollen durch Destillieren gewonnen werden.

Trägt man die Temperaturen des aus dem Gemisch aufsteigenden Dampfes über der Destillierzeit auf, so erhält man einen gestuften Kurvenverlauf **(Bild 1).** Zu Beginn der Destillation wird ein Gemisch niedrig siedender Verunreinigungen als Destillat gewonnen (Fraktion 1). Dann folgt die niedrig siedende 1. Hauptkomponente (Fraktion 2).

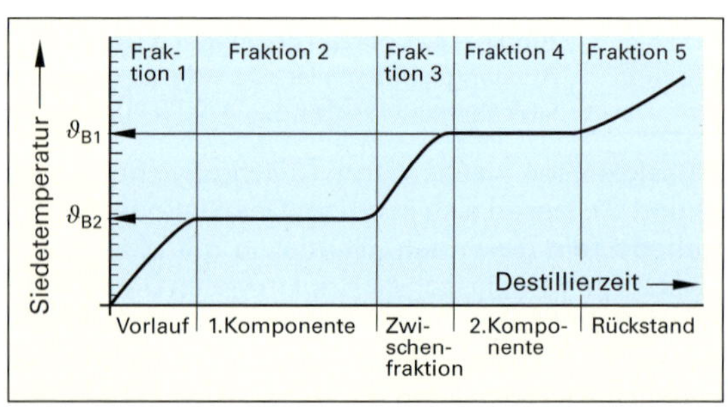

Bild 1: Verlauf einer Mehrkomponenten-Destillation

Ist sie völlig aus dem Destilliergemisch verdampft, kommt eine Zwischenfraktion aus vielen Bestandteilen (Fraktion 3). Dann wird die 2. Hauptkomponente verdampft und als Destillat gewonnen (Fraktion 4). Der danach im Destillationskolben zurück gebliebene Rückstand ist die Fraktion 5.

Sollen die einzelnen Fraktionen getrennt aufgefangen werden, so muss die Destillationsapparatur ein Fraktionierteil, **Destillierspinne** genannt, besitzen **(Bild 1)**. Durch Drehen der Destillierspinne nach dem Zeitplan von Bild 1, Seite 482 werden die einzelnen Destillierfraktionen getrennt in den Kolben aufgefangen.

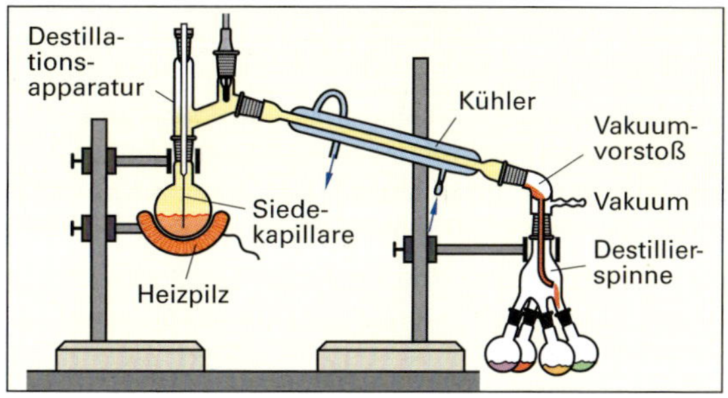

Bild 1: Apparatur zur fraktionierten Destillation

Aufgaben zu Einfache und fraktionierte Destillation

(Bei allen Aufgaben handelt es sich um ideale Zweistoffgemische)

1. Für ein Zweistoffgemisch wurden folgende Werte gemessen:

ϑ_b in °C	136	135	130	125	120	115	110	105	100	95	90	85	80
x_A (Flüss.)	0,0	0,011	0,054	0,103	0,158	0,220	0,290	0,371	0,463	0,570	0,694	0,839	1,0
y_A (Dampf)	0,0	0,043	0,198	0,335	0,456	0,562	0,655	0,737	0,807	0,868	0,920	0,964	1,0

   a) Erstellen Sie aus den Messwerten das Siedediagramm.
   b) Welche Siedetemperatur hat das Gemisch bei einem Stoffmengenanteil $x_B = 0{,}41$?

2. Entwickeln Sie grafisch für das Zweistoffgemisch aus Aufgabe 1 unter Benutzung des Siedediagramms das Gleichgewichtsdiagramm.

3. Ein Benzol-Toluol-Gemisch mit einem Stoffmengenanteil $x(\text{Benzol}) = 0{,}60$ wird destilliert. Bei einer Siedetemperatur von $\vartheta_b = 94{,}4$ °C ist der Dampfdruck der reinen Komponente $p°(\text{Benzol}) = 1{,}560$ bar und $p°(\text{Toluol}) = 0{,}6266$ bar. Welcher Destillatgehalt wird zu Beginn der Destillation erhalten?

4. Aus einem Toluol/Phenol-Destillationsgemisch (Gleichgewichtskurve Bild 2, Seite 480) mit einem Toluol-Anfangs-Stoffmengenanteil von 0,20 soll durch mehrfache Destillation ein Destillat mit einem Toluol-Stoffmengenanteil von mindestens 0,98 gewonnen werden.
   a) Ermitteln Sie die Stoffmengenanteile an Toluol und Phenol im Dampf und Destillat in den aufeinander folgenden Destillationsschritten.
   b) Wie viele Destillationsstufen sind erforderlich, um den gewünschten Stoffmengenanteil an Toluol zu erreichen?

   Hinweis: Lösen Sie die Aufgaben 5 b) und 6 zusätzlich mit einem Tabellenkalkulationsprogramm.

5. Ein Flüssigkeitsgemisch siedet bei 90 °C. Die Dampfdrücke der reinen Komponenten betragen bei Siedetemperatur 1364 mbar und 692 mbar.
   a) Welchen Trennfaktor (relative Flüchtigkeit) hat das Gemisch?
   b) Erstellen Sie das Gleichgewichtsdiagramm für das Gemisch.

6. Stellen Sie in einem Gleichgewichtsdiagramm die Gleichgewichtskurven der Gemische mit den Trennfaktoren $\alpha = 1$, $\alpha = 2$, $\alpha = 3$, $\alpha = 5$, $\alpha = 10$ und $\alpha = 100$ dar.

7. Der Trennfaktor eines Flüssigkeitsgemisches beträgt $\alpha = 42{,}4$.
   a) Welcher Stoffmengenanteil an Leichtersiedendem liegt in der Dampfphase vor, die mit einem Flüssigkeitsgemisch mit $x_A = 6{,}0$ % im Gleichgewicht steht?
   b) Es soll ein Erzeugnis mit einem Stoffmengenanteil $x(\text{Leichtersiedendes}) = 0{,}99$ abdestilliert werden. Welche Stoffmengenanteile müssen in der siedenden Flüssigkeit vorliegen, damit der aus ihr aufsteigende Dampf den erwünschten Erzeugnis-Stoffmengenanteil besitzt?

15.2 Wasserdampfdestillation

Die Wasserdampfdestillation (steam destillation), auch Trägerdampfdestillation genannt, wird eingesetzt, um temperaturempfindliche und hochsiedende organische Stoffgemische unter schonenden Bedingungen zu trennen oder zu reinigen. Anwendbar ist die Wasserdampfdestillation nur bei Flüssigkeitsgemischen, deren Bestandteile nicht mit Wasser mischbar sind, wie z.B. Diethylether, Benzol, Toluol, Anilin.

Eine **Apparatur zur Wasserdampfdestillation** zeigt **Bild 1**. Der im Wasserdampfentwickler erzeugte Wasserdampf wird in das Flüssigkeitsgemisch im Destillierkolben geleitet, sodass es siedet. Das daraus aufsteigende Dampfgemisch aus Wasserdampf und niedrigsiedender Gemischkomponente kondensiert im Kühler und wird in der Vorlage als milchig-trübes Kondensat aufgefangen. Dort entmischen sich die beiden nichtmischbaren Flüssigkeiten Wasser und leichtsiedende Komponente.

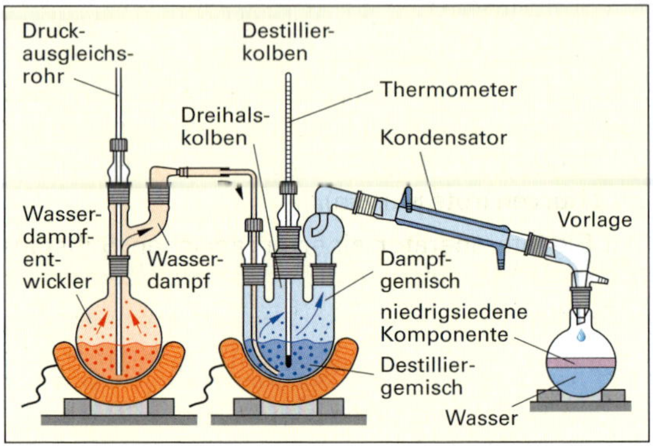

Bild 1: Apparatur zur Wasserdampfdestillation

Nach ausreichend langer Destillierzeit ist die gesamte niedrigsiedende Gemischkomponente in die Vorlage überdestilliert **(Bild 2)**. Im Destillierkolben bleibt die höhersiedende Gemischkomponente als Rückstand zurück.

Prinzip der Wasserdampfdestillation. Durch den eingeblasenen Wasserdampf wird die Siedetemperatur des Gemisches unter die Siedetemperatur des Wassers herabgesetzt, sodass eine temperaturschonende Gemischtrennung möglich ist.

Ursache der Siedetemperaturabsenkung ist, dass der Partialdruck der Komponenten eines Gemisches aus ineinander unlösbaren Stoffen von der Zusammensetzung unabhängig ist und immer den vollen Wert des Partialdampfdrucks der reinen Komponenten hat. Über dem Destilliergemisch herrschen deshalb die Partialdrücke des Wassers $p_W{}^\circ$ sowie der Gemischkomponenten $p_A{}^\circ$ und $p_B{}^\circ$.

Nach Dalton ist der Gesamtdampfdruck die Summe der Partialdrücke: $p_{ges} = p_W{}^\circ + p_A{}^\circ + p_B{}^\circ$

Beim Sieden entspricht der Gesamtdruck p_{ges} über dem siedenden Gemisch dem Umgebungsdruck p_{amb}, sodass gilt:

$$p_{ges} = p_{amb} = p_W{}^\circ + p_A{}^\circ + p_B{}^\circ$$

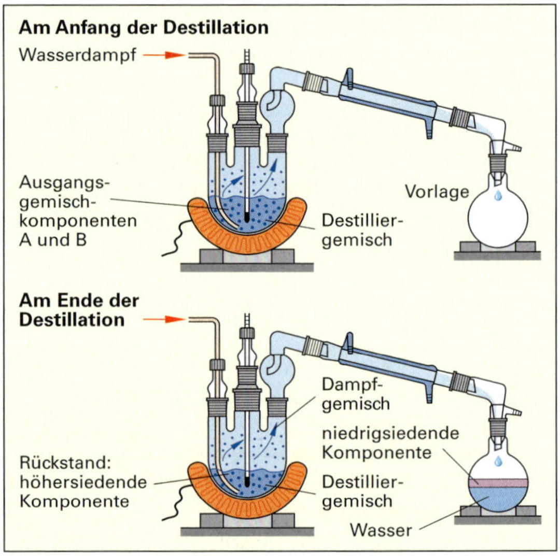

Bild 2: Ablauf der Wasserdampfdestillation

Siedendes Wasser hat bei 100 °C allein einen Dampfdruck von 1013 mbar. Bei einem siedenden Wasser/Mehrkomponenten-Gemisch setzt sich der Gesamtdampfdruck aus dem Partialdruck des Wassers und den Partialdrücken der Komponenten zusammen. Er erreicht den Umgebungsdruck bei einer niedrigeren Temperatur als der Siedetemperatur des Wassers. Dadurch hat das Wasser/Mehrkomponenten-Gemisch eine niedrigere Siedetemperatur als Wasser.

15

Den Partialdruck einer Komponente des siedenden Gemischs kann man durch Umstellen der obigen Gleichung berechnen: $p_A{}^\circ = p_{amb} - p_W{}^\circ - p_B{}^\circ$

Beispiel: Die Siedetemperatur von 1,4-Nitrotoluol beträgt bei pamb = 1013 mbar 239 °C. Wird bei einer Wasserdampfdestillation Wasserdampf bei diesem Druck in 1,4-Nitrotoluol geleitet, so siedet das Wasser/1,4-Nitrotoluol-Gemisch bei 99,7 °C. Wie groß ist der Partialdampfdruck des 1,4-Nitrotoluol im Gemischdampf?

Lösung: Bei 99,7 °C beträgt der Wasser-Partialdampfdruck 1003 mbar (Tabellenwert). Im Gemischdampf herrscht dann der Partialdampfdruck $p°$ (1,4-Nitrotoluol) $= p_{amb} - p_W{}^\circ$ = 1013 mbar – 1003 mbar = 10 mbar.

Die **Siedetemperatur** eines Gemisches ist bei der **Wasserdampfdestillation** erreicht, wenn die Summe der Partialdampfdrücke dem Umgebungsdruck entspricht: $\Sigma p_x° = p_{amb}$

Zur Bestimmung der Gemischsiedetemperatur dient ein spezielles Dampfdruckdiagramm, in dem der Logarithmus des Partialdrucks lg $p°$ über dem Kehrwert der thermodynamischen Temperatur $1/T$ aufgetragen ist **(Bild 1).**

Die Dampfdruckkurven der organischen Flüssigkeiten sind in diesem Diagramm Geraden (die schwarzen Linien). Die Dampfdruckkurven des Wassers sind Kurven (rote Kurven).

Die Siedetemperatur einer organischen Substanz bei der Wasserdampfdestillation erhält man am Schnittpunkt der Dampfdruckkurve des organischen Stoffes (schwarze Linie) mit der Linie des Dampfdruckes des Wassers (rote Kurve). Dort ist die Summe der Dampfdrücke so groß wie der Umgebungsdruck.

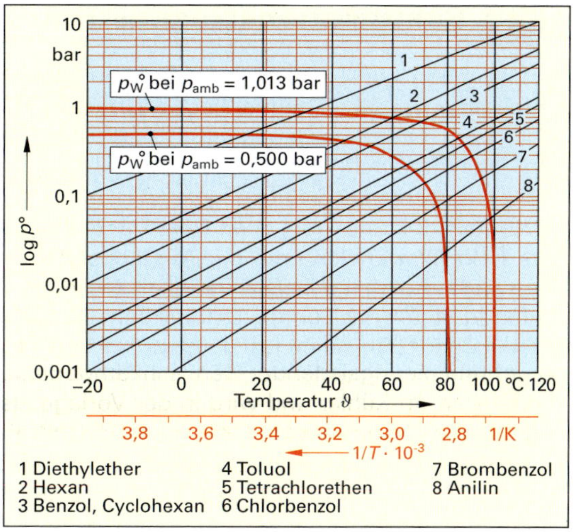

Bild 1: lg p - 1 / T – Diagramm der Dampfdruckkurven organischer Flüssigkeiten für die Wasserdampfdestillation bei 1,013 bar und 0,500 bar Gesamtdruck

Beispiel 1: Bei welcher Siedetemperatur erfolgt die Wasserdampfdestillation von Chlorbenzol C_6H_5Cl bei folgenden Drücken: a) p = 1013 mbar und b) p = 500 mbar?

Lösung: a) In Bild 1 schneidet die Dampfdruckkurve 6 von Chlorbenzol die $p_W{}^0$-Kurve für 1013 mbar bei **90 °C.**
b) In Bild 1 schneidet die Dampfdruckkurve 6 von Chlorbenzol die $p_W{}^0$-Kurve für 500 mbar bei **70 °C.**

Bei der Wasserdampfdestillation kann die Dampfzusammensetzung berechnet werden, wenn die Dampfdrücke der Komponenten bei der Destillationstemperatur bekannt sind: Die Partialdrücke verhalten sich wie die Stoffmengen n der Komponenten des Dampfes.

Für eine wasserdampfflüchtige Komponente X gilt die nebenstehende Größengleichung. Sie zeigt, dass besonders dann eine hohe Masse an wasserdampfflüchtiger Substanz X im Destillat vorliegt, wenn die zu destillierende Substanz X eine große molare Masse hat.

Dampfzusammensetzung

$$\frac{p^0(H_2O)}{p^0(X)} = \frac{n(H_2O)}{n(X)} = \frac{\frac{m(H_2O)}{M(H_2O)}}{\frac{m(X)}{M(X)}}$$

Beispiel 2: Für eine Diazotierung wird 2,750 kg reines Anilin $C_6H_5NH_2$ benötigt (M(Anilin) = 93,13 g/mol). Welche Masse an Wasserdampf, $M(H_2O)$ = 18,016 g/mol, ist zur Reinigung des technischen Anilins erforderlich? Die Partialdrücke betragen bei 1013 mbar: $p^0(H_2O)$ = 955,7 mbar, p^0(Anilin) = 57,3 mbar

Lösung:
$$\frac{p^0(H_2O)}{p^0(\text{Anilin})} = \frac{m(H_2O) \cdot M(\text{Anilin})}{M(H_2O) \cdot m(\text{Anilin})} \Rightarrow m(H_2O) = \frac{p^0(H_2O)}{p^0(\text{Anilin})} \cdot \frac{m(\text{Anilin}) \cdot M(H_2O)}{M(\text{Anilin})}$$

$$\mathbf{m(H_2O)} = \frac{955{,}7\ \text{mbar}}{57{,}3\ \text{mbar}} \cdot \frac{2750\ \text{g} \cdot 18{,}016\ \text{g/mol}}{93{,}1\ \text{g/mol}} = 8873\ \text{g} \approx \mathbf{8{,}87\ kg}$$

Aufgaben zu Wasserdampfdestillation

1. Erstellen Sie mithilfe des Diagramms in Bild 1 die Dampfdruckkurve von Diethylether.
2. Bei welcher Temperatur siedet Anilin bei der Wasserdampfdestillation unter 1013 mbar Druck?
3. Bestimmen Sie die Siedetemperaturen der Stoffe 2, 4 und 6 in Bild 1, wenn sie durch Wasserdampfdestillation aus einem Gemisch bei a) 1013 mbar b) 500 mbar abgetrennt werden sollen.
4. Welche Masse an Wasserdampf ist erforderlich, um bei 1013 mbar Druck aus einem Stoffgemisch 850 g Benzol zu destillieren? Partialdrücke: $p^0(H_2O)$ = 299,4 mbar, p^0(Benzol) = 713,6 mbar
5. Welche Masse an Brombenzol kann pro 1,000 kg Wasserdampf aus einem Stoffgemisch durch Wasserdampfdestillation abgetrennt werden?
   Partialdrücke bei 1013 mbar: $p^0(H_2O)$ = 851,7 mbar, p^0(Brombenzol) = 161,3 mbar

15

15.3 Rektifikation (Gegenstrom-Destillation)

Die Trennung von Flüssigkeitsgemischen, deren Siedetemperaturen dicht beinander liegen (Differenz kleiner als 50 °C), wird durch eine Gegenstrom-Destillation, **Rektifikation** genannt, durchgeführt (column destillation, rectification). Dazu dient eine Rektifikationsapparatur **(Bild 1)**.

Ihr Kernstück ist die über dem Destillierkolben angeordnete **Rektifikationskolonne** mit **Austauschböden** (exchange plate). Auf ihnen fließt Flüssigkeit kaskadenartig von Boden zu Boden nach unten. Der aus dem Destillierkolben aufsteigende Gemischdampf durchströmt von unten nach oben die auf den Austauschböden stehende Flüssigkeit. Über der Kolonne ist der Kondensator angebracht, in dem der Kopfdampf als Destillat niedergeschlagen wird. Es tropft auf einen Verteilerboden. Durch Einstellen der Rücklaufhähne fließt ein Teil des Destillats in die Kolonne zurück (der Rücklauf), der Rest gelangt als Erzeugnis in die Vorlage.

Das Verhältnis des Rücklauf-Volumenstroms $\dot{V}(R)$ zum Erzeugnis-Volumenstrom $\dot{V}(E)$ bezeichnet man als **Rücklaufverhältnis** ν (reflux ratio).

Rücklaufverhältnis

$$\nu = \frac{\dot{V}(R)}{\dot{V}(E)}$$

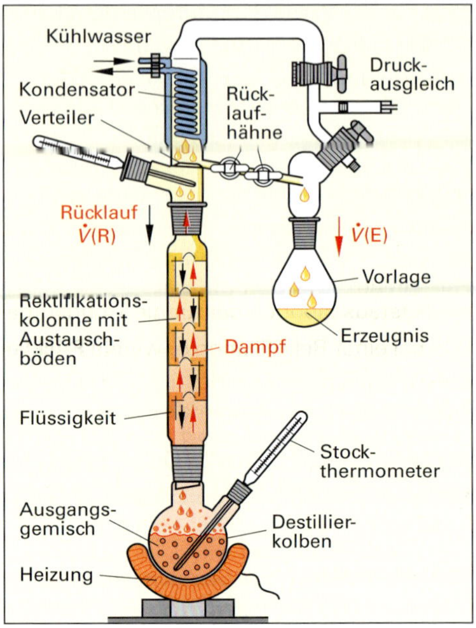

Bild 1: Labor-Rektifikationsapparatur

15.3.1 Vorgänge in der Rektifikationskolonne

Im Destillierkolben verdampft bevorzugt Leichtersiedendes und strömt nach oben durch die Glockenhälse. Der von oben in die Kolonne zurückfließende Rücklauf strömt quer über jeden Austauschboden. Dabei wird er vom hochsteigenden Dampf durchströmt, sodass er siedet, und fließt zum nächsten Kolonnenboden ab **(Bild 2, linker Bildteil)**. Dieser Vorgang wiederholt sich auf jedem Austauschboden.

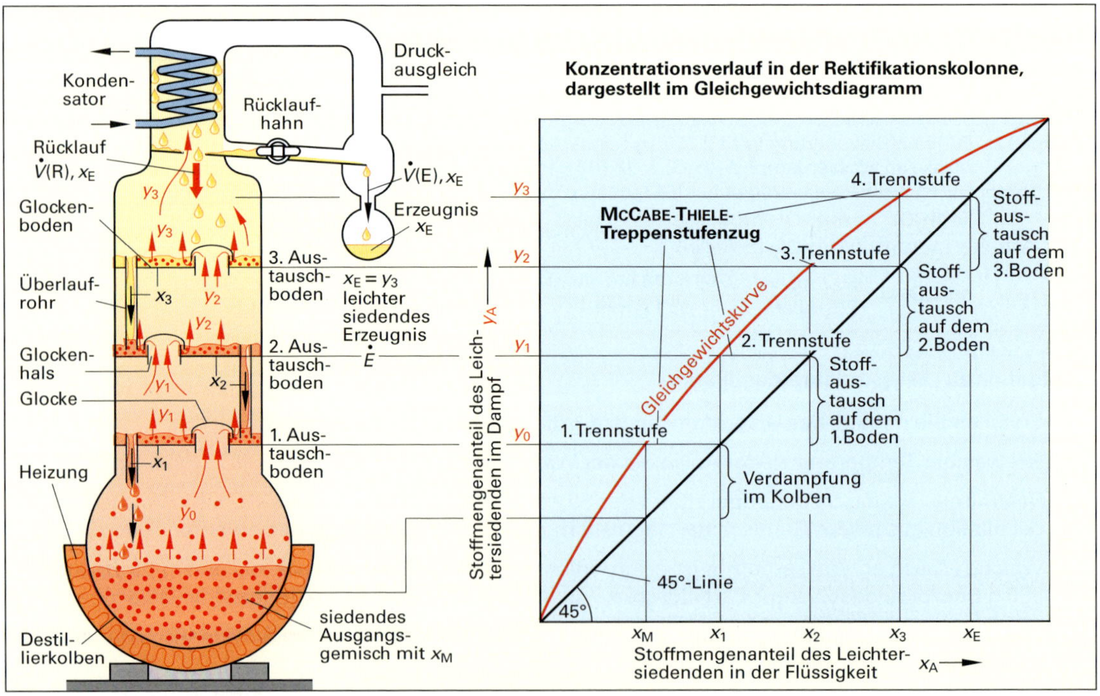

Bild 2: Vorgänge in einer Rektifikationskolonne mit Glockenböden bei vollständigem Rücklauf

Auf jedem Austauschboden findet zwischen den beiden gegenläufigen Stoffströmen **aufsteigender Dampf / herabfließende siedende Flüssigkeit** ein intensiver Stoff- und Wärmeaustausch statt. Auf jedem Austauschboden siedet die Flüssigkeit und es steigt aus ihr Dampf auf. Es findet demnach auf jedem Austauschboden annähernd eine einfache Destillation statt (vergleiche Seite 481).

Trägt man den Verlauf der Flüssigkeits- und Dampfzusammensetzung auf den Austauschböden in ein Gleichgewichtsdiagramm ein (Seite 486, Bild 2, rechter Bildteil), so erhält man einen treppenartigen Stufenzug zwischen Diagonale und Gleichgewichtskurve. Er wird **McCabe-Thiele-Treppenstufenzug**[1] genannt.

Die Stufenzahl des Treppenstufenzugs gibt die Anzahl der für eine Trennaufgabe erforderlichen theoretischen Trennstufen an. Sie wird **theoretische Trennstufenzahl NTS** genannt (von englisch: **n**umber of **t**heoretical **s**tages).

Anzahl der theoretischen Trennstufen	**NTS**

Sie entspricht bei theoretisch optimalem Stoffaustausch und vollständigem Destillatrücklauf der Anzahl der Austauschböden der für die Trennaufgabe erforderlichen Kolonne.

Das bei einer Rektifikation gewählte **Rücklaufverhältnis** $\nu = \frac{\dot{V}(R)}{\dot{V}(E)}$ bestimmt die Stoffströme in der Rektifikationskolonne (Seite 486, Bild 2, linker Bildteil).

Das **Mindestrücklaufverhältnis** ν_{min} ist dasjenige Rücklaufverhältnis, um eine geforderte Trennaufgabe in einer Rektifikationsapparatur mit unendlich vielen Austauschböden zu bewältigen.

Es ist festgelegt durch den Stoffmengenanteil im Erzeugnis x_E sowie die Stoffmengenanteile in der Ausgangsmischung x_M und dem daraus aufsteigenden Dampf y_M (Größengleichung siehe rechts).

Das **real gewählte Rücklaufverhältnis** ν liegt zwischen dem Mindestrücklaufverhältnis ν_{min} und totalem Rücklauf mit $\nu = \infty$.

Rücklaufverhältnis	**Mindestrücklaufverhältnis**
$\nu = \frac{\dot{V}(R)}{\dot{V}(E)}$	$\nu_{min} = \frac{x_E - y_M}{y_M - x_M}$

Reales Rücklaufverhältnis
$\nu_{min} < \nu < \infty$
$\nu = (1{,}3 \text{ bis } 5) \cdot \nu_{min}$

Beispiel: Eine Kolonne soll mit dem 2,5-fachen Mindestrücklaufverhältnis betrieben werden. Es sind: $x_E = 0{,}94$, $x_M = 0{,}40$, $y_M = 0{,}57$. Wie groß ist das Mindestrücklaufverhältnis sowie das reale Rücklaufverhältnis?

Lösung: $\nu_{min} = \frac{x_E - y_M}{y_M - x_M} = \frac{0{,}94 - 0{,}57}{0{,}57 - 0{,}40} \approx \mathbf{2{,}176}$; $\nu = 2{,}5 \cdot \nu_{min} \approx 2{,}5 \cdot 2{,}176 \approx \mathbf{5{,}44}$

15.3.2 Bestimmung der erforderlichen Trennstufen

Bei **totalem Rücklauf** ($\nu = \infty$) ermittelt man die Anzahl der theoretisch erforderlichen Trennstufen NTS für eine Rektifikation mit einem Treppenstufenzug im Gleichgewichtsdiagramm zwischen der Diagonalen und der Gleichgewichtskurve (Bild 2, Seite 486, rechter Bildteil).

Bei einer **praktischen Rektifikation** wird Erzeugnis entnommen, sodass ein reales Rücklaufverhältnis vorliegt. Dann wird die theoretische Trennstufenzahl NTS mit einem Treppenstufenzug zwischen einer Arbeitsgeraden und der Gleichgewichtskurve bestimmt **(Bild 1)**.

Die **Arbeitsgerade** ist durch zwei Punkte festgelegt. Sie schneidet im Gleichgewichtsdiagramm die Diagonale bei x_E und die y-Achse bei y_0.

Der Schnittpunkt y_0 der Arbeitsgeraden mit der y-Achse wird mit dem realen Rücklaufverhältnis ν berechnet.

Achsenabschnitt
$y_0 = \frac{x_E}{\nu + 1}$

Mit den beiden Schnittpunkten y_0 und x_E kann die Arbeitsgerade eingezeichnet werden.

Die Anzahl der theoretischen Trennstufen NTS entspricht der Anzahl der eingezeichneten Treppenstufen, beginnend von x_M und endend bei x_E.

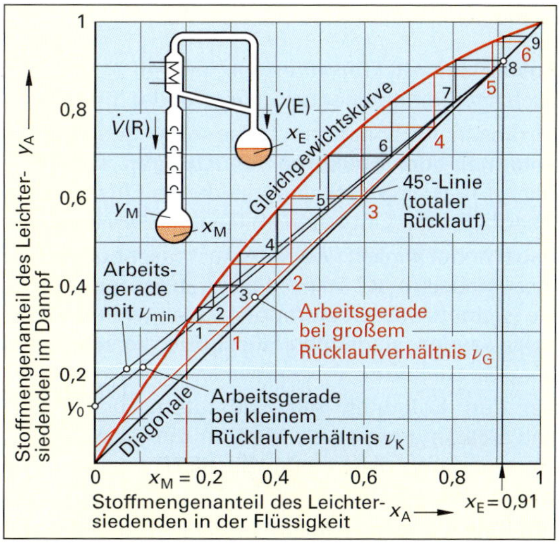

Bild 1: Bestimmung der theoretischen Trennstufenzahl NTS bei realem Rücklauf

[1] W. L. McCabe, amerikanischer Chemiker, E. W. Thiele, deutscher Chemiker

15

Beispiel 1: Berechnen Sie den Ordinatenabschnitt y_0 der Arbeitsgeraden, wenn der Erzeugnisstrom 0,50 mol/min, der Rücklaufstrom 5,2 mol/min und die Kopfproduktzusammensetzung x_E = 0,92 beträgt.

Lösung: Mit $\nu = \frac{\dot{V}(R)}{\dot{V}(E)} = \frac{5{,}2 \text{ mol/min}}{0{,}50 \text{ mol/min}} = 10{,}4$ folgt $\boldsymbol{y_0} = \frac{x_E}{\nu + 1} = \frac{0{,}92}{10{,}4 + 1} \approx \mathbf{0{,}081}$

Beispiel 2: Das Gemisch mit der Gleichgewichtskurve in Bild 1, Seite 487 wird sowohl bei einem kleinen als auch bei einem großen Rücklaufverhältnis rektifiziert. Der Stoffmengenanteil der Ausgangsmischung beträgt 0,20, der Stoffmengenanteil des Erzeugnisses soll mindestens 0,90 sein.

Wie groß ist die erforderliche theoretische Trennstufenzahl NTS

a) bei dem in Bild 1, Seite 487 eingezeichneten kleinen Rücklaufverhältnis ν_K?

b) bei dem in Bild 1, Seite 487 eingezeichneten großen Rücklaufverhältnis ν_G?

Lösung: In Bild 1, Seite 487 wird zwischen der Arbeitsgeraden bei kleinem Rücklaufverhältnis und der Gleichgewichtskurve (schwarzer Treppenstufenzug) bzw. der Arbeitsgeraden bei großem Rücklaufverhältnis und der Gleichgewichtskurve (roter Treppenstufenzug) jeweils ein McCabe-Thiele-Treppenstufenzug gezeichnet und aus der Stufenzahl die theoretische Trennstufenzahl NTS bestimmt.

Man erhält: a) $\nu_K \Rightarrow$ **NTS = 9** b) $\nu_G \Rightarrow$ **NTS = 6**

Bodenwirkungsgrad und praktisch erforderliche Anzahl der Austauschböden

Auf den einzelnen Austauschböden der Kolonne findet keine vollständige Trennung des Zweistoffgemisches gemäß der optimalen theoretischen Trennwirkung statt. Ein realer Austauschboden hat eine geringere Trennwirkung als eine theoretische Trennstufe. Diese geringere Trennwirkung eines realen Austauschbodens wird durch den **Bodenwirkungsgrad** $\boldsymbol{\eta_B}$ (plate efficiency), auch Verstärkungsverhältnis genannt, berücksichtigt.

Der Bodenwirkungsgrad beträgt zwischen 0,5 und 0,9.

Die **praktisch erforderliche Anzahl der Austauschböden *N*** einer Kolonne wird mit nebenstehender Gleichung aus der theoretischen Trennstufenzahl NTS berechnet. Die – 1 in der Gleichung berücksichtigt, dass der Destillierkolben wie ein Austauschboden wirkt.

Praktisch erforderliche Anzahl der Austauschböden

$$N = \frac{\text{NTS} - 1}{\eta_B}$$

Beispiel: Die theoretische Trennstufenzahl einer Rektifikation in einer Kolonne wurde mit einem Treppenstufenzug zu NTS = 6 ermittelt. Wie groß ist die Anzahl der praktisch erforderlichen Austauschböden der Rektifikationssäule bei einem Bodenwirkungsgrad von 65 %?

Lösung: $N = \frac{\text{NTS} - 1}{\eta_B} = \frac{6 - 1}{0{,}65} = 7{,}69 \Rightarrow$ Aufgerundet auf die nächstgrößere ganze Zahl, folgt: **Es sind 8 Austauschböden erforderlich.**

15.3.3 Rektifikation mit Füllkörperkolonnen (packed column)

Anstatt einer Rektifikationskolonne mit Austauschböden werden auch andere Kolonnentypen verwendet **(Bild 1)**.

In diesen Kolonnen mit nasenförmigen Einbauten **(Vigneux-Kolonne)** oder **Füllkörperschüttungen** strömen aufsteigender Dampf und herabrieselnde siedende Flüssigkeit auf der großen Oberfläche der Einbauten im Gegenstrom aneinander vorbei.

Dabei findet ähnlich wie beim Austauschboden ein Stoff- und Wärmeaustausch statt. Im nach oben strömenden Dampf reichert sich die leichtersiedende Komponente an, während in der nach unten abfließenden, siedenden Flüssigkeit die schwerersiedende Komponente zunimmt.

Bei den Kolonnen mit Einbauten und Füllkörpern wird als **Maß für die Trennwirkung** die Kenngröße **HETP** verwendet.

Füllkörperschütthöhe mit einer Trennstufe

HETP

HETP (von englisch: **h**eight **e**quivalent of a **t**heoretical **p**late) gibt die Höhe der Einbauten bzw. der Füllkörperfüllung an, die einer theoretischen Trennstufe entspricht.

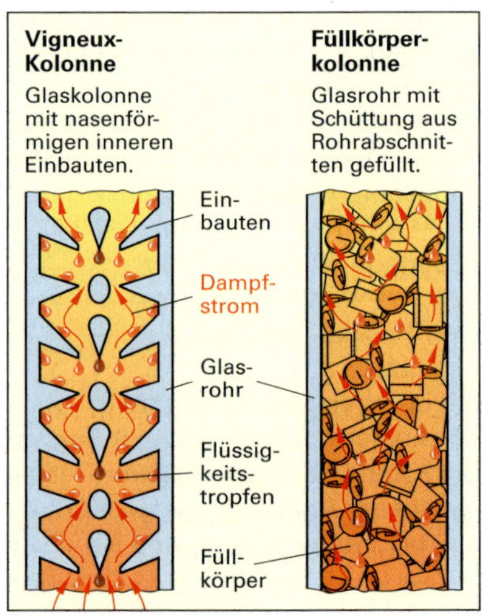

Bild 1: Kolonnentypen

15

Die verschiedenen Füllkörperschüttungen und Kolonneneinbauten haben unterschiedliche HETP-Werte **(Tabelle).**

In der Praxis wird außerdem der Kennwert ***n* = Anzahl der Trennstufen pro 1 m Füllkörperschütthöhe** verwendet. Er ist der Kehrwert von HETP.

Die insgesamt für eine Rektifikation erforderliche Kolonnenhöhe bzw. Füllkörperschüttungshöhe h_F wird mit nebenstehender Gleichung berechnet.

η_F ist der Füllkörperwirkungsgrad.

Trennstufenzahl pro 1 m

$$n = \frac{1}{\text{HETP}}$$

Erforderliche Höhe der Füllkörperschüttung

$$h_F = \frac{(\text{NTS} - 1) \cdot \text{HETP}}{\eta_F}$$

Tabelle: HETP-Werte von Kolonnen

Einbautenkolonnen und Füllkörperschüttungen	HETP in cm
Leeres Rohr	10 ... 20
Vigneux-Kolonne	5 ... 12
Raschigring-Schüttung	5 ... 8
Sattelkörper-Schüttung	5 ... 8
Maschendraht-Schüttung	3 ... 6
Drahtwendel-Schüttung	2 ... 4

Beispiel: Für eine Gemischtrennung wurden mit einem Treppenstufenzug 11 theoretische Trennstufen als erforderlich ermittelt. Es wurde eine Kolonne mit einer Füllkörperschüttung mit HETP = 3 cm und einem Wirkungsgrad von 0,85 eingesetzt. Wie groß ist die erforderliche Füllkörperschütthöhe?

Lösung: $\boldsymbol{h_F} = \frac{(\text{NTS} - 1) \cdot \text{HETP}}{\eta_F} = \frac{(11 - 1) \cdot 3\ \text{cm}}{0{,}85} \approx$ **35 cm** erforderlich

Aufgaben zu Rektifikation (Gegenstromdestillation)

1. Welches Rücklaufverhältnis liegt bei einer Rektifikation vor, wenn der Rücklaufteiler so eingestellt ist, dass von 100 L Kondensat 80 L in die Säule zurückfließen?
2. Für ein ideales Flüssigkeitsgemisch mit einer relativen Flüchtigkeit α = 9,3 ist die Gleichgewichtskurve zu berechnen und zu zeichnen.
3. Ein n-Hexan / n-Heptan-Gemisch (ein annähernd ideales Gemisch) mit einer relativen Flüchtigkeit von α = 2,6 soll durch Rektifikation getrennt werden.
   a) Berechnen und zeichnen Sie die Gleichgewichtskurve des Gemischs.
   b) Welche Mindesttrennstufenzahl ist erforderlich, wenn aus einem Ausgangsgemisch mit einem n-Hexan-Stoffmengenanteil von 15 % ein Erzeugnis mit einem Stoffmengenanteil von 95 % erhalten werden soll?
4. Welche Mindesttrennstufenzahl ist erforderlich, wenn bei der Rektifikation eines idealen Gemisches der Stoffmengenanteil an Leichtersieder im Ausgangsgemisch 0,23 ist und im Erzeugnis mindestens 0,96 betragen soll? Die relative Flüchtigkeit des Gemisches ist α = 1,8, das Rücklaufverhältnis $\nu = 2{,}5 \cdot \nu_{min}$.
5. Ein Benzol /Toluol-Gemisch (annähernd ideales Gemisch) mit einem Ausgangs-Stoffmengenanteil von 12 % Benzol soll bei 2,5-fachem Mindestrücklaufverhältnis bis zu einem Erzeugnis-Stoffmengenanteil von 96 % Benzol rektifiziert werden.
   a) Wie groß ist der Trennfaktor (relative Flüchtigkeit) des Gemisches?
   b) Berechnen und zeichnen Sie die Gleichgewichtskurve des Benzol-Toluol-Gemisches.
   c) Welches theoretische Rücklaufverhältnis muss für diese Trennung vorliegen?
   d) Wie viele theoretische Trennstufen sind für die Trennaufgabe erforderlich, wenn mit 2,5-fachem Mindestrücklaufverhältnis rektifiziert wird?
   e) Bestimmen Sie die erforderliche Zahl der Austauschböden für diese Gemischtrennug, wenn eine Kolonne mit einem Bodenwirkungsgrad von 74 % eingesetzt wird.
6. Ein Methanol/Ethanol-Gemisch (Gleichgewichtskurve Bild 2, Seite 481) mit einem Stoffmengenanteil x(Methanol) = 0,080 soll in einer Füllkörpersäule mit Raschigring-Schüttung rektifiziert werden. Das Erzeugnis soll einen Stoffmengenanteil von x(Methanol) = 0,96 haben. Das Rücklaufverhältnis soll 3 mal so groß wie das Mindestrücklaufverhältnis sein.
   a) Berechnen Sie das Mindestrücklaufverhältnis und das reale Rücklaufverhältnis.
   b) Bestimmen Sie die Arbeitsgerade und zeichnen sie in das Gleichgewichtsdiagramm ein.
   c) Bestimmen Sie die erforderliche Anzahl der theoretischen Trennstufen für die Trennung.
   d) Wie hoch muss die erforderliche Füllkörperschüttung sein, wenn sie einen HETP-Wert von 6 cm und einen Wirkungsgrad von 75 % besitzt?

15

15.4 Flüssig-Flüssig-Extraktion (Solvent-Extraktion)

Bei der **Flüssig-Flüssig-Extraktion** (engl. solvent extraction) wird ein Flüssigkeitsgemisch (Extraktionsgut) getrennt, das aus einer Trägerflüssigkeit sowie dem darin gelösten Extraktstoff (Extrakt) besteht **(Bild 1).**

Die Trennung erfolgt mithilfe eines selektiv wirkenden Lösemittels (Extraktionsmittel, Solvent), das den Extraktstoff herauslöst.

Das Herauslösen des Extraktstoffs, auch kurz Extrakt genannt, erfolgt durch intensives Mischen des Extraktionsgutes und des Lösemittels.

Nach dem Trennen durch Absetzen wird die gewonnene Extraktstofflösung durch Destillieren in den Extraktstoff und das Lösemittel getrennt.

Der ausgelaugte Extraktionsgut-Rückstand ist das Raffinat. Es besteht aus der Trägerflüssigkeit und enthält noch Reste an Extraktstoff sowie andere gelöste Stoffe.

Voraussetzung für die Extraktion ist: Die Trägerflüssigkeit des Extraktionsgutes und das Lösemittel dürfen nicht ineinander mischbar sein und müssen unterschiedliche Dichten besitzen, damit sie sich absetzen.

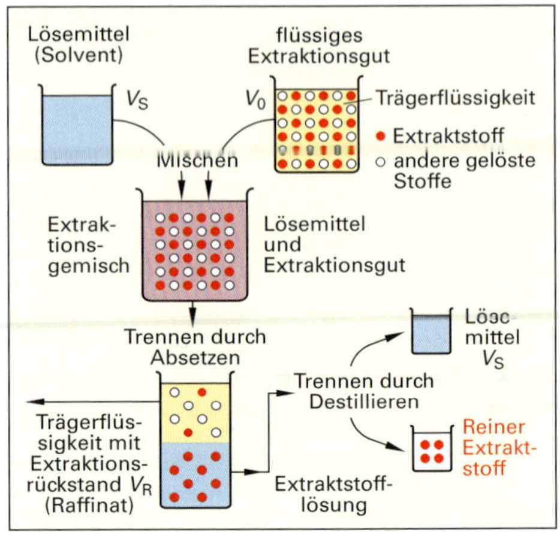

Bild 1: Prinzip der Flüssig-Flüssig-Extraktion

Absatzweise Extraktion im Scheidetrichter

Im Labor wird die Flüssig-Flüssig-Extraktion häufig durch Ausschütteln des Extraktionsgutes mit dem Lösemittel in einem **Scheidetrichter** (separating funnel) durchgeführt **(Bild 2).**

Der ursprünglich im Extraktionsgut vorhandene Extraktstoff löst sich durch intensives Vermischen teilweise im Lösemittel. Er verteilt sich entsprechend den unterschiedlichen Löslichkeiten im Lösemittel (Phase 1) und in der Trägerflüssigkeit des Extraktionsgutes (Phase 2).

Für die Verteilung des gelösten Extraktstoffes in den beiden Phasen gilt im Gleichgewicht das **Nernst'sche Verteilungsgesetz.**

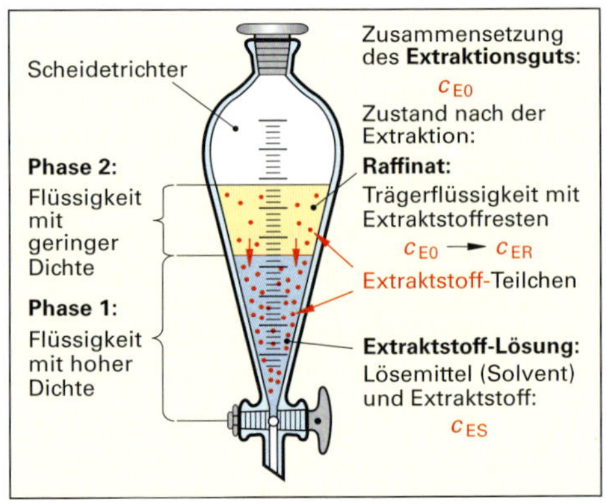

Bild 2: Ausschütteln im Scheidetrichter

> Das Verhältnis der Stoffmengenkonzentration des Extraktstoffes im Lösemittel c_{ES} zur Konzentration des Extraktstoffes im teilweise ausgelaugten Extraktionsgut c_{ER} (Raffinat) ist eine Konstante K.

Als Formel erhält man nebenstehende Größengleichung. K ist der **Nernst'sche Verteilungskoeffizient.**

Setzt man in das Nernst'sche Verteilungsgesetz die Definition der Stoffmengenkonzentration $c = n/V$ ein, so erhält man eine weitere Form des Nernst'schen Verteilungsgesetzes (siehe Formelkasten).

Während des Extrahierens nimmt die Ausgangs-Extraktstoffkonzentration c_{E0} im Extraktionsgut auf die Gleichgewichtskonzentration c_{ER} im Raffinat ab. Die Differenz $(c_{E0} - c_{ER})$ ist die Konzentration des Extraktstoffes im Lösemittel c_{ES}. Es ist $c_{ES} = c_{E0} - c_{ER}$. Eingesetzt in die Definitionsgleichung ergibt sich eine zusätzliche Gleichung.

Der Nernst'sche Verteilungskoeffizient K hat je nach Extraktionssystem einen unterschiedlichen Wert **(Tabelle).**

Nernst'sches Verteilungsgesetz

Definitionsgleichung $$K = \frac{c_{ES}}{c_{ER}}$$

Andere Formen des Nernst'schen Verteilungsgesetzes

$$K = \frac{c_{ES}}{c_{ER}} = \frac{n_{ES} / V_S}{n_{ER} / V_R} = \frac{n_{ES} \cdot V_R}{n_{ER} \cdot V_S}$$

$$K = \frac{c_{ES}}{c_{ER}} = \frac{c_{E0} - c_{ER}}{c_{ER}}$$

Tabelle: Nernst'scher Verteilungskoeffizient *K* von Extraktionssystemen (bei 20 °C)

Extraktionsgut: Träger – Extraktstoff	Lösemittel	*K*
Wasser – Propanon	Toluol	2,05
Wasser – Benzoesäure	Diethylether	5,3
Wasser – Ethanol	Tetrachlormethan	41,0

15

Der Nernst'sche Verteilungskoeffizient K ist abhängig von der Temperatur, aber annähernd unabhängig von der Ausgangskonzentration c_{E0} des Extraktstoffes im Extraktionsgut.

Beispiel: In 100 mL Diethylether sind 40 mmol eines Alkohols gelöst. Welche Stoffmenge an Alkohol enthält der Diethylether noch, nachdem einmal mit 100 mL Wasser extrahiert wurde? (K = 2,1)

Lösung: Extrakt-Anfangskonzentration c_{E0} = 40 mmol/100 mL = 0,40 mol/L.

$$K = \frac{c_{E0} - c_{ER}}{c_{ER}} \Rightarrow \mathbf{c_{ER}} = \frac{c_{E0}}{K+1} = \frac{0{,}40 \text{ mol/L}}{2{,}1+1} = 0{,}1290 \text{ mol/L} \approx \mathbf{0{,}13\ mol/L}$$

Abgeleitete Gleichungen zum Nernst'schen Verteilungsgesetz

Die extrahierte Stoffmenge im Lösemittel n_{ES} berechnet sich aus der Ausgangs-Extraktstoffmenge im Extraktionsgut n_{E0}, reduziert um die Extraktstoff-Stoffmenge im Raffinat n_{ER}.

Es ist $n_{ES} = n_{E0} - n_{ER}$.

Eingesetzt in das Nernst'sche Verteilungsgesetz $K = n_{ES} \cdot V_R / n_{ER} \cdot V_S$ erhält man die nebenstehende Gleichung.

Ferner gilt $n_{ER} = n_{E0} - n_{ES}$. Eingesetzt in K folgt eine weitere Bestimmungsgleichung (siehe rechts).

Umgeformt nach n_{ES} erhält man die nebenstehende Beziehung für die gelöste Extraktstoff-Stoffmenge im Lösemittel (Solvent).

Eine Gleichung für die Extraktstoffmenge n_{ER} im Raffinat erhält man durch Differenzbildung (siehe rechts).

In der Extraktionstechnik wird statt mit Stoffmengen häufig mit Massen- oder Volumenangaben gerechnet. Daher formt man das Nernst'sche Verteilungsgesetz entsprechend um:

$$K = \frac{n_{ES}}{n_{ER}} \cdot \frac{V_R}{V_S}; \quad \text{mit} \quad n_{ES} = \frac{m_{ES}}{M_E} \quad \text{und } n_{ER} = \frac{m_{ER}}{M_E}$$

folgt: $$K = \frac{m_{ES}/M_E \cdot V_R}{m_{ER}/M_E \cdot V_S} = \frac{m_{ES} \cdot V_R}{m_{ER} \cdot V_S}$$

Durch Kürzen von M_E und Auflösen nach m_{ES} bzw. m_{ER} erhält man die nebenstehenden Gleichungen.

Die Volumenänderung des Extraktionsguts (ohne Extraktstoff) während der Extraktion ist bei niedrigen Gehalten vernachlässigbar. Daher ist das Raffinatvolumen V_R gleich dem Extraktionsgutvolumen V_0. Es ist $V_R = V_0$.

Berechnungsgleichungen zum Nernst'schen Verteilungsgesetz

$$K = \frac{n_{ES}}{n_{ER}} \cdot \frac{V_R}{V_S} = \frac{n_{E0} - n_{ER}}{n_{ER}} \cdot \frac{V_R}{V_S}$$

$$K = \frac{n_{ES}}{n_{ER}} \cdot \frac{V_R}{V_S} = \frac{n_{ES}}{n_{E0} - n_{ES}} \cdot \frac{V_R}{V_S}$$

$$n_{ES} = n_{E0} \cdot \frac{K}{V_R/V_S + K}$$

$$n_{ER} = n_{E0} - n_{ES}$$

Berechnungen der Extraktstoff-Massen

$$m_{ES} = m_{E0} \cdot \frac{K}{V_R/V_S + K}$$

$$m_{ER} = m_{E0} \cdot \frac{V_R}{K \cdot V_S + V_R}$$

$$m_{ES} = m_{E0} - m_{ER}$$

$$V_R = V_0$$

Mehrfache Extraktion mit Scheidetrichtern

Ist der Verteilungskoeffizient relativ klein (K zwischen 1 und 5) und soll der Extraktstoff weitgehend herausgelöst werden, ist die Extraktion mehrfach hintereinander mit jeweils frischem Lösemittel durchzuführen.

Das Extraktionsgut wird dabei in einen Scheidetrichter gefüllt, die Lösemittelportion hinzugegeben und intensiv geschüttelt **(Bild 1)**. Nach dem Absetzen wird die 1. Extraktstoff-Lösung abgelassen. Zu dem im Scheidetrichter verbleibenden, teilweise ausgelaugten Extraktionsgut (1. Raffinat) wird die 2. Lösemittelportion gegeben, geschüttelt und die 2. Extraktstoff-Lösung abgelassen. Dieser Vorgang wird wiederholt, bis der geforderte Extraktionsgrad erreicht ist.

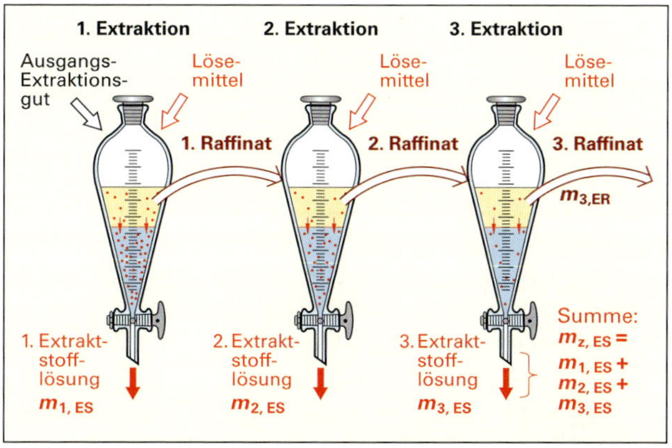

Bild 1: Stoffliche Vorgänge bei der mehrfachen (absatzweisen) Extraktion im Scheidetrichter

Zur Berechnung des Extraktionsergebnisses geht man von der Gleichung bei einfacher Extraktion aus:

$m_{ER} = m_{E0} \cdot \frac{V_R}{K \cdot V_S + V_R}$. Bei der 2. Extraktion ist die Ausgangsstoffmenge nicht n_{E0} sondern n_{ER}.

Daraus folgt: $m_{2,ER} = m_R \cdot \frac{V_R}{K \cdot V_S + V_R} = m_{E0} \cdot \frac{V_R}{K \cdot V_S + V_R} \cdot \frac{V_R}{K \cdot V_S + V_R} = m_{E0} \cdot \left(\frac{V_R}{K \cdot V_S + V_R}\right)^2$

Bei der 3. Extraktion ergibt sich in der Gleichung die 3. Potenz des Klammerausdrucks, bei der 4. Extraktion die 4. Potenz usw.

Bei der absatzweisen mehrfachen Extraktion mit z Extraktionen mit frischem Lösemittel erhält man nebenstehende Gleichung. Eine analog lautende Gleichung erhält man für die Extrakt-Stoffmenge $n_{z,ER}$.

Extraktstoff im Raffinat

$$m_{z,ER} = m_{E0} \cdot \left(\frac{V_R}{K \cdot V_S + V_R}\right)^z$$

Die gesamte Extraktstoffmasse $m_{z,ES}$ in allen z Extraktstoff-Lösungen berechnet sich aus der Differenz der Ausgangs-Extraktstoffmasse m_{E0} und der Extraktstoffmasse im Raffinat $m_{z,ER}$ nach nebenstehender Gleichung.

Extraktstoff in der Extraktstoff-Lösung

$$m_{z,ES} = m_{E0} - m_{z,ER}$$

Beispiel: In 50,0 mL Wasser sind 120,0 mg Propanon gelöst. Dieses Extraktionsgut wird mit 80,0 mL Toluol überschichtet, ausgeschüttelt und das Raffinat durch Absetzen abgetrennt. Das Raffinat wird mit weiteren 80,0 mL frischem Toluol extrahiert, das daraus erhaltene 3. Raffinat mit weiteren 80,0 mL Toluol. Welche Masse an Propanon geht insgesamt in das Toluol über? Der Nernst'sche Verteilungskoeffizient beträgt $K = 2,05$.

Lösung: $V_0 = 50,0$ mL; $V_S = 80,0$ mL; $m_{E0} = 120,0$ mg; $K = 2,05$; $z = 3$

Mit $V_R = V_0 = 50,0$ mL folgt für die im Raffinat nach drei Extraktionen verbleibende Masse an Extraktstoff:

$$m_{3,ER} = m_{E0} \cdot \left(\frac{V_R}{K \cdot V_S + V_R}\right)^z = 120,0\text{ mg} \cdot \left(\frac{50\text{ mL}}{2,05 \cdot 80,0\text{ mL} + 50,0\text{ mL}}\right)^3 \approx 120,0\text{ mg} \cdot 0,2336^3 \approx 1,531\text{ mg}$$

Extraktstoff in den 3 Extraktstofflösungen: $\boldsymbol{m_{3,ES}} = m_{E0} - m_{3,ER} = 120,0$ mg – 1,531 mg ≈ **118,5 mg**

Es werden insgesamt 118,5 mg Propanon in den 3 Toluolportionen gelöst.

Mithilfe der obigen Gleichung zur Berechnung des Extraktstoffes im Raffinat kann durch Logarithmieren und Umformung nach dem Exponenten z auch die Anzahl der Extraktionsvorgänge mit frischem Lösemittel berechnet werden, die erforderlich ist, um eine bestimmte Ausbeute bei der Extraktion zu erzielen.

Anzahl Extraktionsschritte

$$z = \frac{\lg m_{z,ER} - \lg m_{E0}}{\lg\left(\frac{V_R}{K \cdot V_S + V_R}\right)}$$

Aufgaben zu Flüssig-Flüssig-Extraktion

1. Aus einem Ethanol-Wasser-Gemisch soll der Alkohol mittels Tetrachlormethan einmal extrahiert werden. Nach dem Ausschütteln stehen 2,01 mmol Ethanol in 100 mL Wasser und 79,2 mmol Ethanol in 100 mL Tetrachlormethan im Gleichgewicht. Wie groß ist der Verteilungskoeffizient K?

2. 1000 mL einer wässrigen Iod-Lösung der Konzentration $c(I_2) = 2,00$ mmol/L werden mit 50,0 mL Tetrachlormethan CCl_4 ausgeschüttelt. In der wässrigen Phase verbleiben 102 mg Iod, in der Tetra-Phase finden sich 406 mg Iod. Wie groß ist der Nernst'sche Verteilungskoeffizient K?

3. 200 mL wässrige Lösung mit 63,0 g gelöstem Stoff A werden mit 300 mL Diethylether extrahiert. 41,0 g Extrakt konnten durch einen Extraktionsvorgang gewonnen werden.
   a) Welcher Nernst'sche Verteilungskoeffizient K liegt bei dieser Stoffkombination vor?
   b) Bei einer 2. Charge von 200 mL der Lösung wird das Extraktionsmittel Diethylether in drei Portionen zu je 100 mL aufgeteilt. Wie viel Extraktstoff kann auf diese Weise gewonnen werden?

4. In einer Anlage werden 600 L wässriger Lösung von 25 g/L 1,4-Dioxan mit Benzol extrahiert. Welche Extrakt-Masse kann gewonnen werden, wenn dreimal mit je 50 L Benzol extrahiert wird? ($K = 2,8$)

5. Aus 200 mL einer Abwasserprobe sollen 1500 µg gelöstes Phosphat durch einmaliges Ausschütteln mit 50,0 mL Methylisobutylketon (MIBK) extrahiert werden. Wie viel Mikrogramm Phosphat verbleiben in der Abwasserprobe, wenn der Verteilungskoeffizient $K = 909$ beträgt?

6. Aus 1500 mL einer wässrigen Wasserstoffperoxid-Lösung soll das H_2O_2 mit Amylalkohol (1-Pentanol) extrahiert werden. Wievielmal muss mit 150 mL frischem Amylalkohol extrahiert werden, wenn der Anteil des im Wasser verbleibenden H_2O_2 höchstens 25,0 g der ursprünglichen vorhandenen 100 g betragen darf? $K = 7,015$.

16 Berechnungen mit Beschichtungsstoffen

In der Lackindustrie haben Berechnungen mit den Anteilen der Bestandteile eines Beschichtungsstoffes eine zentrale Bedeutung. Sie sind erforderlich, um **Rezepturen** optimal einzustellen und auf die Produktionsmaßstäbe umzurechnen **(Bild 1).**

Der Fachausdruck **Beschichtungsstoff** wird als Oberbegriff für **Lacke, Anstrichstoffe** und ähnliche Produkte verwendet.

Eine **Beschichtung** (coating) kann aus mehreren nacheinander aufgetragenen Beschichtungsstoffen bestehen.

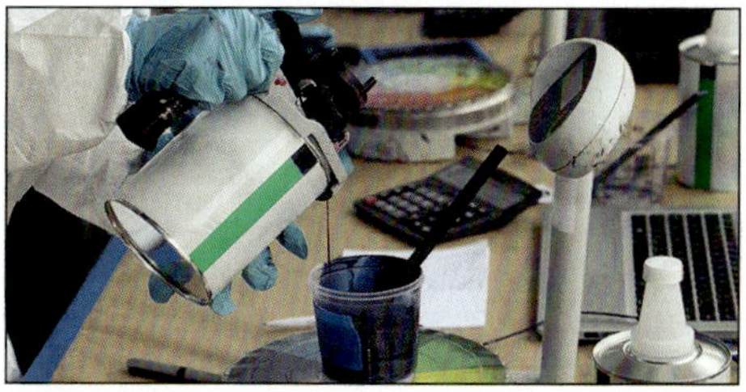

Bild 1: Arbeit im Lacklabor

16.1 Gehaltsgrößen von Beschichtungsstoffen

Als **Beschichtungsstoffe** (coating materials) werden nach DIN EN ISO 4618 flüssige, pastenförmige oder pulverförmige Produkte verstanden, die auf einen Untergrund aufgetragen deckende Beschichtungen mit schützenden, dekorativen oder anderen spezifischen technischen Eigenschaften ergeben.

Die Hauptbestandteile, aus denen Lacke und andere Anstrichstoffe zusammengesetzt sein können, werden nach DIN 55 945 in vier Hauptkomponenten eingeteilt:

- **Bindemittel** (Filmbildner)
- **Farbmittel** (Pigmente, Füllstoffe, Farbstoffe)
- **Flüchtige Bestandteile** (Lösemittel, Verdünner, Nichtlöser)
- **Additive** (Weichmacher, Entschäumer usw.)

Diese Komponenten sind nach ihrem Verhalten während des Aushärtungsprozesses der Beschichtung in zwei Gruppen einzuordnen **(Bild 2):**

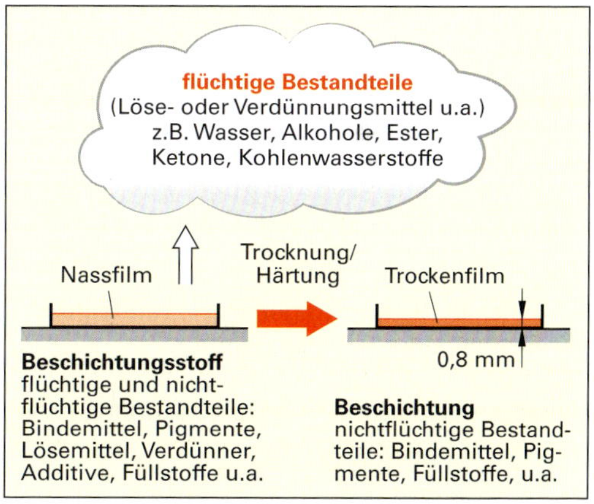

Bild 2: Vorgänge bei einem Beschichtungsstoff während der Trocknung bzw. Härtung

Nichtflüchtige Bestandteile (kurz **nfA**, solid contents): Sie bilden nach der Aushärtung der Beschichtung den zusammenhängenden Trockenfilm.

Flüchtige Bestandteile (kurz **fA**, volatile contents): Sie machen die Applikation (Ausbringung) eines Beschichtungsstoffes erst möglich. Neben der Einstellung der Viskosität beeinflussen sie in chemisch härtenden Beschichtungsstoffen auch die Reaktivität des Systems.

Bindemittel bewirken die Haftung auf dem Untergrund und sind der Grundkörper der Beschichtung, in den Pigmente und Füllstoffe eingelagert sind. Sie bilden nach dem Verdunsten der flüchtigen Bestandteile den Trockenfilm der Beschichtung. Wichtigster Bestandteil des Bindemittels ist der **Filmbildner:** Er ist für das Zustandekommen einer zusammenhängenden Schicht, den Film, wesentlich. Man unterscheidet **natürliche Filmbildner** (Naturharze, Öle), **modifizierte natürliche Filmbildner** (modifizierte Naturharze und Öle) und **synthetische Filmbildner** (gesättigte und ungesättigte Polyester, Alkyd,- Acryl-, Phenol- und Melaminharze, Epoxidharze und Isocyanatharze).

Lösemittel dienen zum Lösen des Filmbildners. **Füllstoffe** werden verwendet, um der Beschichtung bestimmte physikalische Eigenschaften zu geben, z.B. Verstärkung, Verbesserung der Biege-, Haft- und Zugfestigkeit, Steuerung des Glanzgrades. **Pigmente** verleihen der Beschichtung optische, schützende oder dekorative Eigenschaften. **Effektkomponenten** können diese verstärken.

Darüber hinaus können dem Beschichtungsstoff **Additive** zugesetzt sein. Dies sind geringe Mengen von Zusatzstoffen: Katalysatoren (Trockenstoffe bzw. Sikkative für die Vernetzung oxidativ trocknender Öl- und Alkydharze, Säurekatalysatoren, Amine u.a.), Weichmacher, Stabilisatoren, Dispergatoren, Entschäumer, Fungizide. Die Additive verbessern oder modifizieren die Eigenschaften des Beschichtungsstoffes oder des Trockenfilms.

16.1.1 Massenanteile in Beschichtungsstoffen

Aus den Rezepturangaben, die in Masseneinheiten erfolgen, kann der **Massenanteil** $\boldsymbol{w}$**(X, Bs) einer Komponente X** im Beschichtungsstoff (Bs) errechnet werden.

Massenanteil einer Reinkomponente im Beschichtungsstoff

$$w(\text{X, Bs}) = \frac{m(\text{X})}{m(\text{Bs})}$$

Für die Bindemittel und einige andere Rezepturbestandteile ist zu berücksichtigen, dass sie in der Rezeptur nicht als Reinstoff, sondern bereits in einem Lösemittel gelöst vorliegen.

Dies wird bei der Berechnung des **Massenanteils gelöster Komponenten** folgendermaßen berücksichtigt:

Mit $w(\text{X, Bs}) = \frac{m(\text{X})}{m(\text{Bs})}$ und $m(\text{X}) = m(\text{X} - \text{Lsg}) \cdot w(\text{X})$ folgt:

Massenanteil einer gelösten Komponente im Beschichtungsstoff

$$w(\text{X, Bs}) = \frac{m(\text{X} - \text{Lsg}) \cdot w(\text{X})}{m(\text{Bs})}$$

Eine besondere Bedeutung in einem Beschichtungsstoff haben die nichtflüchtigen Bestandteile (nfA). Ihr Anteil bestimmt nach dem Auftrag der Beschichtung und ihrer Aushärtung die Schichtdicke des verbleibenden Trockenfilms und ist somit ein wichtiges Kriterium für die Ergiebigkeit des Beschichtungsstoffes (vgl. Seite 506).

Massenanteil nichtflüchtiger Bestandteile im Beschichtungsstoff

$$w(\text{nfA}) = \frac{m(\text{nfA})}{m(\text{Bs})}$$

Der **Massenanteil nichtflüchtiger Bestandteile** $\boldsymbol{w}$**(nfA)** wird in der Praxis auch als Festkörper, Festkörpergehalt, Trockenrückstand, Trockengehalt oder Einbrennrückstand bezeichnet.

Am Beispiel der nachfolgenden **vereinfachten Rezeptur** eines weißen Alkydharzlackes sollen einige wichtige Berechnungen mit Massenanteilen erläutert werden **(Tabelle)**.

Tabelle: Vereinfachte Rezeptur eines weißen Alkydharzlackes

Position	Funktion im Lack	Substanz	Massenanteil
1	Filmbildner (Bm)/Lösemittel	Alkydharz, w(AK) = 75,0 % in Testbenzin (Festkörper-Dichte: 1,04 g/cm^3)	60,0 %
2	Pigment (Pi)	Titandioxid TiO_2 (Dichte: 4,10 g/cm^3)	27,0 %
3	Sikkativ (Zr-Sik)	Zirkonium-Komplex, w(Zr) = 8,0 %	0,70 %
4	Sikkativ/Dispergierhilfsmittel (Ca-Sik)	Calciumoctoat, w(Ca) = 5,0 %	1,7 %
5	Lösemittel (Lm)	Testbenzin	10,6 %
Summe			Σ = 100,0 %

Beispiel 1: Wie groß ist der Bindemittel-Massenanteil w(Bm, Bs) in der Rezeptur von obiger Tabelle?

Lösung: Bindemittel: Alkydharz mit m(Bm-Lsg) = 60,0 g und w(Bm) = 0,750, m(Bs) = 100,0 g

$$\boldsymbol{w}\textbf{(Bm, Bs)} = \frac{m(\text{Bm} - \text{Lsg}) \cdot w(\text{Bm})}{m(\text{Bs})} = \frac{60{,}0\text{ g} \cdot 0{,}750}{100{,}0\text{ g}} = 0{,}450 = \textbf{45 \%}$$

Beispiel 2: Welchen Massenanteil an nichtflüchtigen Bestandteilen w(nfA) hat der Alkydharzlack von obiger Tabelle?

Lösung:

$$m(\text{nfA}) = m(\text{Bm-Lsg}) \cdot w(\text{Bm}) + m(\text{Pi}) + m(\text{Zr-Sik}) \cdot w(\text{Zr}) + m(\text{Ca-Sik}) \cdot w(\text{Ca})$$

$$m(\text{nfA}) = 60{,}0\text{ g} \cdot 0{,}750 + 27{,}0\text{ g} + 0{,}70\text{ g} \cdot 0{,}080 + 1{,}7\text{ g} \cdot 0{,}050 = 72{,}141\text{ g}$$

$$\boldsymbol{w}\textbf{(nfA)} = \frac{m(\text{nfA})}{m(\text{Bs})} = \frac{72{,}141\text{ g}}{100{,}0\text{ g}} \approx \textbf{72 \%}$$

16

Beispiel 3: Ein Beschichtungsstoff hat folgende vorgeschriebene Zusammensetzung:
$w(TiO_2)$ = 22,0 %, $w(BaSO_4)$ = 16,0 %, w(Bindemittel) = 30,0 %, w(Lösemittel) = 32,0 %.
Bei der Herstellung von 320 kg dieses Beschichtungsstoffes wurde neben Bariumsulfat statt Titandioxid versehentlich die gleiche Masse Bariumsulfat zugegeben. Welche Gesamtmasse an Beschichtungsstoff erhält man bei der Aufarbeitung des Fehlansatzes?

Lösung: Die zugefügte Masse an Bariumsulfat folgt aus $w(X) = m(X) / m(Bs)$ durch Umstellen:

$m_1(BaSO_4) = w(BaSO_4) \cdot m(Bs) = 0{,}160 \cdot 320 \text{ kg} = 51{,}2 \text{ kg}$

Irrtümlich zugefügte Masse an Bariumsulfat: $m_2(BaSO_4) = 0{,}220 \cdot 320 \text{ kg} = 70{,}4 \text{ kg}$

Gesamtmasse an Bariumsulfat: $m_{ges}(BaSO_4) = 51{,}2 \text{ kg} + 70{,}4 \text{ kg} = 121{,}6 \text{ kg}$

Aus dieser Gesamtmasse an Bariumsulfat folgt die Gesamtmasse an erhaltenem Beschichtungsstoff:

$$w(BaSO_4) = \frac{m_{ges}(BaSO_4)}{m_{ges}(Bs)} \Rightarrow \boldsymbol{m_{ges}(Bs)} = \frac{m_{ges}(BaSO_4)}{w(BaSO_4)} = \frac{121{,}6 \text{ kg}}{0{,}160} = 760 \text{ kg}$$

Aufgaben zu Massenanteile in Beschichtungsstoffen

1. Ein Beschichtungsstoff hat die nachfolgende Zusammensetzung:

45,0 g Alkydharz-Lösung, $w(AK) = 60{,}0\ \%$	22,0 g Pigment
10,0 g Harnstoffharz-Lösung, $w(UF) = 75{,}0\ \%$	23,0 g Lösemittel

Wie groß ist der Massenanteil an nichtflüchtigen Bestandteilen $w(nfA)$ und an Bindemittel $w(Bm)$?

2. Berechnen Sie den Massenanteil an nichtflüchtigen Bestandteilen und den Massenanteil an Bindemittel in der folgenden Grundierungsrezeptur.

13,4 kg Alkydharz- Lösung in Xylol, $w(LH) = 75{,}0\ \%$	7,9 kg Lithopone ($ZnS + BaSO_4$)
8,7 kg Alkydharz-Lösung, $w(AK) = 65{,}0\ \%$	15,7 kg Xylol
13,1 kg Titandioxid TiO_2	1,6 kg Butanol
11,7 kg Schwerspat $BaSO_4$	8,0 kg Testbenzin

3. Ein weißer, hochglänzender Bautenschutz-Streichlack hat folgende Rezeptur:

50,0 g Langöl-Alkydharz-Lösung, $w(AK) = 75{,}0\ \%$	1,4 g Bentonepaste, $w(\text{Bentone}) = 10{,}0\ \%$
18,0 g Testbenzin	0,3 g Antihautmittel
28,0 g Titandioxid TiO_2	

Wie groß ist der Massenanteil an nichtflüchtigen Bestandteilen $w(nfA)$ und an Bindemittel $w(Bm)$?

4. Ein Beschichtungsstoff hat folgende vorgeschriebene Zusammensetzung:

$w(TiO_2) = 25{,}0\ \%$, $w(\text{Bindemittel}) = 30{,}0\ \%$, $w(BaSO_4) = 15{,}0\ \%$, $w(\text{Lösemittel}) = 30{,}0\ \%$

Bei der Herstellung von 600 kg eines Beschichtungsstoffes wurde statt Bariumsulfat versehentlich die gleiche Menge Titandioxid zugegeben. Welche Gesamtmenge an Beschichtungsstoff der vorgeschriebenen Zusammensetzung erhält man bei der Aufarbeitung des Fehlansatzes?

5. Ein Industrieeinbrennlack ist nach folgender Rezeptur zusammengesetzt:

32,4 kg Kurzöl-Alkydharz-Lösung, $w(AK) = 75{,}0\ \%$	4,0 kg Methoxypropanol
16,8 kg Melaminharz, $w(MF) = 100\ \%$	2,0 kg Solventnaphtha
12,0 kg Nickeltitangelb	7,0 kg Butanol
6,0 kg Eisenoxidgelb FeOOH	6,8 kg Xylol
1,2 kg organisches Gelbpigment	7,0 kg Butylacetat
4,8 kg Bariumsulfat $BaSO_4$	

Berechnen Sie die Massenanteile an Pigment, an Bindemittel und an nichtflüchtigen Bestandteilen.

6. Ein Einbrennlack wird nach folgender Rezeptur angesetzt:

17,0 kg Polyesterharz-Lösung, $w(SP) = 70{,}0\ \%$	20,0 kg Verlaufmittel
7,7 kg Melaminharz-Lösung, $w(MF) = 55{,}0\ \%$	0,20 kg Netzmittel
26,5 kg Celluloseacetatbutyrat, $w(CAB) = 20{,}0\ \%$	17,7 kg Butylacetat
4,7 kg Al-bronze in Butanol, $w(\text{Al-bronze}) = 64{,}0\ \%$	3,0 kg Butanol
0,20 kg organisches Blaupigment	3,0 kg Butylglycolacetat

Berechnen Sie den Massenanteil an nichtflüchtigen Bestandteilen und an Bindemittel.

7. Die Analyse eines Pigments ergab, dass in 1,0282 g Pigment 62,1 mg Bleisulfat enthalten sind. Wie groß ist der Massenanteil an chemisch gebundenem Blei $w(Pb)$ in einem Beschichtungsstoff, wenn dieser einen Massenanteil $w(\text{Pigment}) = 13{,}5\ \%$ hat?

16.1.2 Pigment-Volumenkonzentration PVK in Beschichtungsstoffen

Die **Pigment-Volumenkonzentration PVK** (pigment volume concentration) ist nach DIN EN ISO 4618 der Quotient aus dem Gesamtvolumen an Pigmenten *V*(Pi), Füllstoffen *V*(Fü) und eventuell vorhandenen anderen nichtfilmbildenden festen Bestandteilen eines Beschichtungsstoffes und dem Gesamtvolumen der nichtflüchtigen Bestandteile *V*(B).

Pigment-Volumenkonzentration PVK

$$\text{PVK} = \frac{V(\text{Pi}) + V(\text{Fü})}{V(\text{B})}$$

Die Pigment-Volumenkonzentration PVK ist in der chemischen Bezeichnung eigentlich ein Pigment-Volumenanteil, da eine Volumenkonzentration nach DIN 1310 auf das *Gesamtvolumen der Mischphase* und nicht auf ein *Teilvolumen* bezogen wird (siehe Seiten 172 und 178). Im Folgenden wird der Begriff Pigment-Volumenkonzentration PVK verwendet.

Der Pigment-Volumenkonzentration PVK ist von Bedeutung für Ergiebigkeits- und Verbrauchsberechnungen. Als Quotient gleicher physikalischer Größen wird er häufig in Prozent angegeben.

Beispiel: Welche Pigment-Volumenkonzentration hat der Beschichtungsstoff mit der nachfolgenden Rezeptur? Die Dichte der Lackfarbe beträgt $\varrho(\text{Bs}) = 1{,}25\ \text{g/cm}^3$.

60,0 g Alkydharz-Lösung, $w(\text{AK}) = 65{,}0\ \%$	0,50 g Netzmittel
17,0 g Titandioxid, (Pigment, $\varrho(\text{Pi}) = 4{,}2\ \text{g/cm}^3$)	0,50 g Antihautmittel
5,0 g Kreide, (Füllstoff, $\varrho(\text{Fü}) = 2{,}7\ \text{g/cm}^3$)	17,0 g Lösemittel, $\varrho = 0{,}86\ \text{g/cm}^3$
Summe der Rezepturbestandteile: 100,0 g	

Lösung:

Volumen der Lackfarbe: $V(\text{Bs}) = \frac{m(\text{Bs})}{\varrho(\text{Lf})} = \frac{100\ \text{g}}{1{,}25\ \text{g/cm}^3} = 80{,}0\ \text{cm}^3$

Lösemittel aus AK-Lösung: $m(\text{Lm}) = m(\text{AK-Lsg}) \cdot w(\text{Lm}) = 60{,}0\ \text{g} \cdot 0{,}350 = 21{,}0\ \text{g}$

Volumen Gesamt-Lösemittel: $V(\text{Lm}) = \frac{m(\text{Lm})}{\varrho(\text{Lm})} = \frac{17{,}0\ \text{g} + 21{,}0\ \text{g}}{0{,}86\ \text{g/cm}^3} \approx 44{,}19\ \text{cm}^3$

Volumen des Pigments: $V(\text{Pi}) = \frac{m(\text{Pi})}{\varrho(\text{Pi})} = \frac{17{,}0\ \text{g}}{4{,}2\ \text{g/cm}^3} = 4{,}0476\ \text{cm}^3$

Volumen des Füllstoffes: $V(\text{Fü}) = \frac{m(\text{Fü})}{\varrho(\text{Fü})} = \frac{5{,}0\ \text{g}}{2{,}7\ \text{g/cm}^3} = 1{,}852\ \text{cm}^3$

Volumen nichtflüchtiger Bestandteile: $V(\text{B}) = V(\text{Bs}) - V(\text{Lm}) = 80{,}0\ \text{cm}^3 - 44{,}19\ \text{cm}^3 = 35{,}81\ \text{cm}^3$

$$\textbf{PVK} = \frac{V(\text{Pi}) + V(\text{Fü})}{V(\text{B})} = \frac{4{,}0476\ \text{cm}^3 + 1{,}852\ \text{cm}^3}{35{,}81\ \text{cm}^3} = 0{,}1647 \approx \mathbf{16\ \%}$$

Der **Volumenanteil nichtflüchtiger Anteile VnfA** (nonvolatile matter) ist der Quotient aus dem Volumen der Beschichtung *V*(B) durch das Volumen des Beschichtungsstoffes *V*(Bs). Er dient in der Beschichtungstechnik zur Ermittlung der Ergiebigkeit eines Beschichtungsstoffes. Die Bestimmung des Volumenanteils der nichtflüchtigen Bestandteile ist ausführlich in Kapitel 16.2 beschrieben (Seite 498).

Volumenanteil nichtflüchtiger Anteile VnfA

$$\text{VnfA} = \frac{V(\text{B})}{V(\text{Bs})}$$

Beispiel: Wie groß ist der Volumenanteil nichtflüchtiger Anteile in einem Chlorkautschuklack der Dichte $1{,}80\ \text{g/cm}^3$, wenn der Massenanteil der nichtflüchtigen Bestandteile $w(\text{nfA}) = 42{,}0\ \%$ beträgt? Die Dichte der Beschichtung wurde zu $2{,}437\ \text{g/cm}^3$ bestimmt.

Lösung:

Masse von 1000 mL Lackfarbe: $\varrho = m/V \Rightarrow m = \varrho \cdot V = 1{,}80\ \text{kg/L} \cdot 1{,}000\ \text{L} = 1{,}80\ \text{kg}$

Masse der nichtflüchtigen Bestandteile: $m(\text{nfA}) = m(\text{Lackfarbe}) \cdot w(\text{nfA}) = 1{,}80\ \text{kg} \cdot 0{,}420 = 0{,}756\ \text{kg}$

Volumen der nichtflüchtigen Bestandteile: $V(\text{nfA}) = m(\text{nfA})/\varrho(\text{nfA}) = 0{,}756\ \text{kg} / 2{,}437\ \text{kg/L} = 0{,}3102\ \text{L}$

$$\textbf{VnfA} = \frac{V(\text{B})}{V(\text{Bs})} = \frac{0{,}3102\ \text{L}}{1{,}000\ \text{L}} = 0{,}3102 \approx \mathbf{31\ \%}$$

Aufgaben zu Pigment-Volumenkonzentration PVK in Beschichtungsstoffen

1. Ein Beschichtungsstoff der Dichte 1,98 g/cm³ hat die folgende Zusammensetzung: w(Bindemittel) = 24,5 %, w(Pigment) = 63,5 % (ϱ = 6,05 g/cm³), w(Lösemittel) = 12,0 % (ϱ = 0,78 g/cm³). Wie groß ist die Pigment-Volumenkonzentration PVK dieses Beschichtungsstoffes?
2. Ein Lack mit der Dichte 1,134 g/cm³ hat folgende Massenanteile:
   24,0 % Bindemittel unbekannter Dichte, 22,0 % Titandioxid (ϱ(Pi) = 4,20 g/cm³) und 54,0 % Testbenzin (ϱ = 0,772 g/cm³). Berechnen Sie die Pigment-Volumenkonzentration PVK des Lacks.
3. Ein weißer, hochglänzender Bautenschutz-Streichlack der Dichte ϱ(Bs) = 1,15 g/cm³ ist nach folgender Rezeptur zusammengesetzt:

50,0 g	Alkydharz-Lösung, w(AK) = 75,0 % in Testbenzin, ϱ(Lm) = 0,77 g/cm³	1,4 g	Netzmittel
		0,30 g	Antihautmittel
18,0 g	Testbenzin, ϱ(Benzin) = 0,734 g/cm³	0,80 g	Sikkativ
28,0 g	Titandioxid, ϱ(Pi) = 4,2 g/cm³	1,5 g	Verlaufmittel

   Welche Pigment-Volumenkonzentration PVK hat der Streichlack?
4. Wie groß ist der Volumenanteil der nichtflüchtigen Bestandteile in einem Polyesterlack der Dichte 1,278 g/cm³, wenn der Massenanteil w(nfA) = 52,5 % beträgt? Die Dichte der Beschichtung wurde zu 2,209 g/cm³ bestimmt.
5. Ein Beschichtungsstoff der Dichte 1,29 g/cm³ hat den Massenanteil an nichtflüchtigen Bestandteilen w(nfA) = 54,1 %. Die nichtflüchtigen Bestandteile haben eine durchschnittliche Dichte von 1,74 g/cm³. Wie groß ist der Volumenanteil der nichtflüchtigen Bestandteile, wenn mit 1,28 L des Beschichtungsstoffes auf einer Fläche von 7,52 m² ein Trockenfilm der Dicke 68 µm erzielt wird?

16.1.3 Pigment-Bindemittel-Massenverhältnis

Eine weitere wichtige Gehaltsangabe von Beschichtungsstoffen ist die **Pigmentierung**, auch das **Pigment-Bindemittel-Massenverhältnis** (pigment binder mass ratio) genannt. Darunter wird das Massenverhältnis Pigment plus Füllstoff zu festem Bindemittel verstanden.

In der Praxis schreibt man statt des Größenzeichens ζ vereinfacht nur den Quotienten m_1/m_2 (ζ: griechischer Buchstabe zeta).

Pigment-Bindemittel-Massenverhältnis

$$\zeta(\text{Pi, Bm}) = \frac{m_1}{m_2} = \frac{m(\text{Pi}) + m(\text{Fü})}{m(\text{Bm})}$$

Beispiel: Welches Pigment-Bindemittel-Massenverhältnis hat der Alkydharzlack mit der Rezeptur in Tabelle Seite 494?

Lösung: **Bindemittel:** Alkydharz (AK), **Pigment:** Titandioxid TiO_2, Zr-Sikkativ, Ca-Sikkativ

$m(\text{Pi}) = m(\text{TiO}_2) + m(\text{Zr-Sik}) \cdot w(\text{Zr}) + m(\text{Ca-Sik}) \cdot w(\text{Ca})$

$m(\text{Pi}) = 27{,}0\ \text{g} + 0{,}70\ \text{g} \cdot 0{,}080 + 1{,}7\ \text{g} \cdot 0{,}050 = 27{,}141\ \text{g}$

$m(\text{Bm}) = m(\text{AK}) \cdot w(\text{AK-Lsg}) = 60{,}0\ \text{g} \cdot 0{,}750 = 45{,}0\ \text{g}$

$$\boldsymbol{\zeta}(\textbf{Pi, Bm}) = \frac{m(\text{Pi}) + m(\text{Fü})}{m(\text{Bm})} = \frac{27{,}141\ \text{g}}{45{,}0\ \text{g}} = 0{,}6031 \approx \mathbf{0{,}60}$$

Aufgaben zu Pigment-Bindemittel-Massenverhältnis

1. Ein Lack ist unter anderem aus folgenden Komponenten zusammengesetzt:
   51,2 % Alkydharz-Lsg. in Testbenzin, w(AK) = 75,0 %
   7,1 % Harnstoffharz-Lsg. in Butanol, w(UF) = 53,0 %
   23,5 % Titandioxid TiO_2
   6,8 % Zinkoxid ZnO
   6,4 % Solvent Naphtha
   Wie groß ist das Pigment-Bindemittel-Massenverhältnis?
2. Ein weißer, hochglänzender Bautenschutz-Streichlack hat folgende Rezeptur:
   50,0 g Alkydharz-Lösung, w(AK) = 75,0 %
   18,0 g Testbenzin
   28,0 g Titandioxid
   1,4 g Schwebemittel-Lsg, w(Schwebemittel) = 10 %
   0,30 g Antihautmittel
   Wie groß ist das Pigment-Bindemittel-Massenverhältnis?

16.1.4 Umrechnung von Rezepturen

In vielen Fällen sind in der Lackindustrie Grundrezepturen auf eine bestimmte Portion an Beschichtungsstoff umzurechnen oder an eine veränderte Zusammensetzung von Grundbestandteilen anzugleichen. Dies wird an einem Beispiel erläutert.

Beispiel: Für einen Lack wurde folgende Grundrezeptur festgelegt:

15,6 kg Alkydharz, w(AK) = 100 %	14,8 kg Xylol
7,2 kg Melaminharz, w(MF) = 100 %	7,3 kg Butanol
1,8 kg Ketonharz, w(KH) = 100 %	6,8 kg Methoxybutylacetat
16,4 kg Titandioxid TiO_2	2,4 kg Butylglycol

Diese Grundrezeptur soll auf folgende Richtrezeptur umgerechnet werden:
Alkydharz-Lösung in Xylol, w(AK) = 70,0 %, Ketonharz in Methoxybutylacetat, w(KH) = 65,0 %
Melaminharz-Lösung in Butanol, w(MF) = 55,0 %.
Welche Masse an Xylol ist zum Komplettieren erforderlich, wenn 100 kg Lack hergestellt werden sollen?

Lösung: Gesamtmasse der Grundrezeptur: $m(\text{Bs}) = 72{,}3\ \text{kg}$

Umrechnung der Massen Alkydharz (AK) und Xylol auf 100 kg Lack:

Mit Schlussrechnung: In 72,3 kg Lack sind 15,6 kg Alkydharz und 14,8 kg Xylol enthalten
In 100 kg Lack sind x kg Alkydharz und y kg Xylol enthalten

$$x = m(\text{AK}) = \frac{15{,}6\ \text{kg} \cdot 100\ \text{kg}}{72{,}3\ \text{kg}} = 21{,}577\ \text{kg}, \quad y = m(\text{Xylol}) = \frac{14{,}8\ \text{kg} \cdot 100\ \text{kg}}{72{,}3\ \text{kg}} = 20{,}470\ \text{kg}$$

Berechnung der Masse an erforderlicher Alkydharz-Lösung, w(AK) = 70,0 %:

$$m(\text{AK-Lsg}) = \frac{m(\text{AK})}{w(\text{AK})} = \frac{21{,}577\ \text{kg}}{0{,}700} = 30{,}824\ \text{kg}$$, darin ist folgende Portion an Xylol enthalten:

$$m(\text{AK-Xylol}) = m(\text{AK-Lsg}) - m(\text{AK}) = 30{,}824\ \text{kg} - 21{,}577\ \text{kg} = 9{,}247\ \text{kg}$$

Restportion an Xylol = Gesamtmasse an Xylol – Masse Xylol aus Alkydharz-Lösung

$\boldsymbol{m}$**(Xylolzusatz)** = 20,470 kg – 9,247 kg ≈ **11,2 kg**

Aufgaben zu Umrechnung von Rezepturen

1. In der Rezeptur für eine bestimmte Masse eines Beschichtungsstoffes waren bisher u.a. enthalten:
   16,0 kg Alkydharz-Lösung in Xylol mit w(AK) = 70,0 % und 14,0 kg Xylol.
   Ab sofort steht nur noch eine Alkydharz-Lösung in Xylol mit w(AK) = 65,0 % zur Verfügung, deshalb muss die Rezeptur geändert werden.
   Welche Massen an Alkydharz-Lösung in Xylol, w(AK) = 65,0 % und an Xylol sind in der geänderten Rezeptur für die gleiche Masse an Beschichtungsstoff festzulegen?

2. Für einen Lack wurde folgende Grundrezeptur festgelegt:

17,6 kg Alkydharz, w(AK) = 100 %	15,4 kg Xylol
7,5 kg Melaminharz, w(MF) = 100 %	8,5 kg Butanol
1,7 kg Ketonharz, w(KH) = 100 %	6,6 kg Methoxybutylacetat
18,4 kg Titandioxid TiO_2	2,5 kg Butylglycol

   Diese Rezeptur soll auf folgende Richtrezeptur umgerechnet werden:
   Alkydharz-Lösung in Xylol, w(AK) = 75,0 %
   Melaminharz-Lösung in Butanol, w(MF) = 60,0 %
   Ketonharz in Methoxybutylacetat, w(KH) = 75,0 %.
   Welche Masse an Butanol ist zum Komplettieren für den Ansatz von 600 kg Lack erforderlich?

3. In der Rezeptur für 100 kg eines Beschichtungsstoffes waren bisher u.a. enthalten:
   17,5 kg Melaminharz-Lösung in Butanol mit w(MF) = 70,0 % und 14,0 kg Butanol.
   Ab sofort steht nur noch Melaminharz-Lösung in Butanol mit w(MF) = 65,0 % zur Verfügung, deshalb muss die Rezeptur geändert werden.
   Welche Massen an Melaminharz-Lösung in Butanol, w(MF) = 65,0 % und an Butanol sind in der geänderten Rezeptur für 800 kg Beschichtungsstoff festzulegen?

Gemischte Aufgaben zu Gehaltsgrößen von Beschichtungsstoffen

1. Eine Phenolharz-Lösung mit $w(\text{PF}) = 55{,}0\,\%$ und eine Alkydharz-Lösung mit $w(\text{AK}) = 70{,}0\,\%$ werden im Massenverhältnis 1,00 : 2,50 gemischt. 800 kg dieser Mischung sind durch Zusatz von Lösemittel auf einen Massenanteil $w(\text{Bindemittel}) = 46{,}0\,\%$ einzustellen. Wie viel Lösemittel ist einzusetzen?

2. Eine Kunststoffdispersion hat den Massenanteil an nichtflüchtigen Bestandteilen $w_1(\text{nfA}) = 32{,}5\,\%$. 120,0 kg dieser Dispersion sollen durch Wasserentzug im Vakuum konzentriert werden, sodass eine Dispersion mit $w_2(\text{nfA}) = 49{,}5\,\%$ entsteht. Welche Masse an Wasser muss entzogen werden?

3. Aus einer Pigmentpaste mit dem Massenanteil $w(\text{Pigment}) = 3{,}50\,\%$ wird durch Trocknen 450 g Wasser entzogen. Der Massenanteil an Pigment beträgt nach dem Trocknen $w(\text{Pigment}) = 18{,}0\,\%$. Wie viel Pigmentpaste wurde zum Trocknen eingesetzt?

4. Für die Rezeptur eines Beschichtungsstoffes sind folgende Daten vorgegeben:
   - Pigment-Volumenanteil $\varphi(\text{Pi}) = 32{,}0\,\%$, • $\varrho(\text{Bindemittel, 100 \%}) = 1{,}1\ \text{g/cm}^3$
   - Massenanteil $w(\text{nfA}) = 54{,}0\,\%$, • $\varrho(\text{Pigmentgemisch}) = 4{,}0\ \text{g/cm}^3$

   Welche Masse an Bindemittel $m(\text{Bm})$ muss für einen Ansatz von 200 kg des Beschichtungsstoffes eingesetzt werden?

5. Berechnen Sie den Massenanteil an nichtflüchtigen Bestandteilen $w(\text{nfA})$, den Massenanteil an Bindemittel $w(\text{Bm})$ und das Pigment-Bindemittel-Massenverhältnis in der folgenden Grundierungsrezeptur eines Einkomponenten-Primers.

7,0 kg Polyvinylbutyral-EP	1,0 kg Antiabsetzmittel
12,0 kg Epoxidharz-Lösung, $w(\text{Harz}) = 60{,}0\,\%$	0,5 kg Antihautmittel
9,0 kg Titandioxid	5,0 kg Phosphorsäure, $w(H_3PO_4) = 85\,\%$
5,0 kg Eisenoxidgelb	15,5 kg Butanol
5,0 kg Talkum	16,5 kg Xylol
8,0 kg Zinkphosphat	15,5 kg Methoxypropylacetat

6. Ein Lack ist nach folgender Grundrezeptur zusammengesetzt:

36,0 kg Alkydharz, $w(\text{AK}) = 100\,\%$	22,0 kg Titandioxid TiO_2
9,5 kg Harnstoffharz, $w(\text{UF}) = 100\,\%$	6,4 kg Zinkoxid ZnO
6,0 kg Solvent Naphtha	7,5 kg Butanol

   Diese Rezeptur soll auf folgende Richtrezeptur umgerechnet werden:
   - Alkydharz-Lösung in Testbenzin, $w(\text{AK}) = 75{,}0\,\%$
   - Harnstoffharz-Lösung in Butanol, $w(\text{MF}) = 63{,}0\,\%$

   Welche Masse an Butanol ist zur Komplettierung für einen Ansatz von 250 kg Lack erforderlich?

7. In der Rezeptur für eine bestimmte Masse eines Beschichtungsstoffes waren bisher u. a. enthalten: 27,6 kg Polyacrylatharz-Lösung in Xylol mit $w(\text{AY}) = 60{,}0\,\%$ und 16,0 kg Xylol.

   Künftig steht nur noch eine Polyacrylatharz-Lösung in Xylol mit $w(\text{AY}) = 65{,}0\,\%$ zur Verfügung.

   Wie viel der neuen Polyacrylatharz-Lösung in Xylol und wie viel Xylol ist in der geänderten Rezeptur für die gleiche Masse an Beschichtungsstoff festzulegen?

8. Ein grauer Einbrennfüller für Karosserielackierungen hat die folgende Grundrezeptur:

20,0 kg Alkydharz, $w(\text{AK}) = 100\,\%$	3,0 kg Bentone-Paste, $w(\text{Bent.}) = 10\,\%$ in Shellsol A
6,0 kg Melaminharz, $w(\text{MF}) = 100\,\%$	0,3 kg Verlaufmittel-Lösung, $w(\text{Stoff}) = 70\,\%$ in Xylol
9,0 kg Talkum	0,2 kg Netzmittel-Lösung, $w(\text{Stoff}) = 85\,\%$ in Xylol
19,9 kg Bariumsulfat $BaSO_4$	13,3 kg Xylol
15,0 kg Titandioxid TiO_2	4,9 kg Butanol/Isobutanol
0,2 kg Ruß	3,2 kg Lösemittelgemisch Shellsol A
0,5 kg Eisenoxidgelb	3,0 kg Methoxypropylacetat
	1,5 kg Lösemittelgemisch Solvesso

   Zur Verfügung steht eine Alkydharz-Lösung in Xylol, $w(\text{AK}) = 60{,}0\,\%$ und eine Melaminharz-Lösung in Butanol/Isobutanol, $w(\text{MF}) = 55{,}0\,\%$.

   a) Berechnen Sie die Arbeitsrezeptur für einen Ansatz von 150 kg Beschichtungsstoff.

   b) Ermitteln Sie den Massenanteil $w(\text{nfA})$ und das Massenverhältnis $w(\text{Pi}) : w(\text{Bm})$.

16.2 Bestimmung der Kenngrößen von Beschichtungen

Beschichtungsstoffe und Beschichtungen sind durch mehrere Kenngrößen gekennzeichnet:

- den Massenanteil w(nfA) der nichtflüchtigen Anteile des Beschichtungsstoffs
- den Volumenanteil φ(nfA) der nichtflüchtigen Anteile des Beschichtungsstoffs
- die Trockenfilmdichte ϱ_{TF} der Beschichtung

16.2.1 Experimentell bestimmte Größen

Massenanteil nichtflüchtiger Anteile des Beschichtungsstoffs

Die Bestimmung wird nach DIN EN ISO 3251 oder DIN EN 16074 durchgeführt **(Bild 1).** Man benötigt dazu: Eine Schale mit flachem Boden aus Metall oder Glas, eine Analysenwaage, einen Wärmeschrank und einen Exsikkator.

Als erstes wird vom Beschichtungsstoff gemäß DIN EN ISO 15528 eine repräsentative Probe genommen. Die Probe wird in die Schale (m_0) gegeben und die Schale wird mit Probe (m_1) gewogen.

Dann wird sie in einem Wärmeschrank erwärmt und eine Zeitlang auf Temperatur gehalten (getempert). Nach dem Abkühlen in einem Exsikkator auf Raumtemperatur wird die Schale erneut gewogen (m_2).

Der Massenanteil der nichtflüchtigen Anteile wird mit der nebenstehenden Gleichung berechnet.

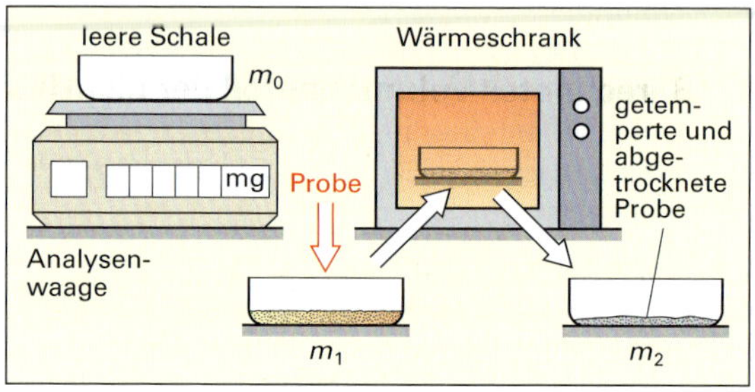

Bild 1: Bestimmung der nf-Anteile in Beschichtungsstoffen (DIN EN ISO 3251)

Ermittelter Massenanteil der nf-Anteile

$$w(\text{nfA}) = \frac{m_1 - m_2}{m_1 - m_0} \cdot 100\ \%$$

Praktische Trockenfilmdichte

Die Bestimmung erfolgt nach DIN EN ISO 3233-2.

Man benötigt dazu neben den oben genannten Geräten zusätzlich eine Farb-Trägerplatte und einen Becher mit Eintauchflüssigkeit **(Bild 2).**

Die Trägerplatte wird zuerst blank in Luft (m_3) und dann in der Eintauchflüssigkeit gewogen (m_4). Nach dem Trocknen wird sie durch Tauchen bzw. Besprühen mit dem Beschichtungsstoff beschichtet (m_6). Dann wird sie getrocknet bzw. ausgehärtet und erneut in der Eintauchflüssigkeit gewogen (m_7).

Die Trockenfilmdichte wird aus den gewogenen Massen mit nebenstehender Gleichung berechnet.

Ermittelte Trockenfilmdichte

$$\varrho_{TF} = \frac{m_6 - m_3}{m_4 + m_6 - m_3 - m_7} \cdot \varrho_{Fl}$$

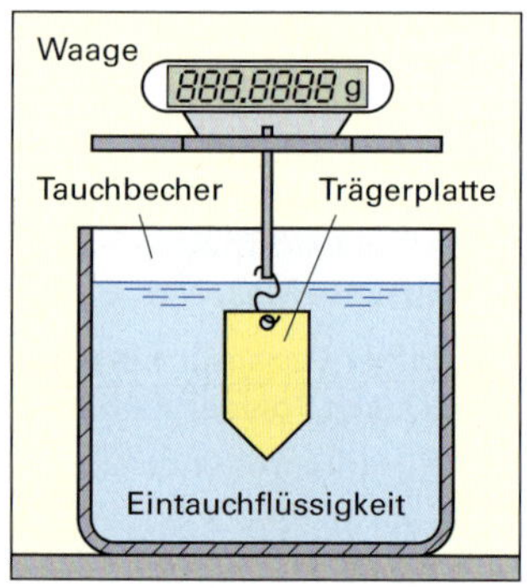

Bild 1: Bestimmung der Trockenfilmdichte

Bezeichnungen sind:

w(nfA)	der nichtflüchtige Anteil des Beschichtungsstoffs, als Massenanteil in Prozent
m_0, m_1 ...	die gewogenen Massen der Schale bzw. Trägerplatte in g
ϱ_{TF}	die praktische Trockenfilmdichte des Beschichtungsstoffs, in g/cm³
ϱ_{Fl}	die Dichte der Eintauchflüssigkeit in g/cm³
ϱ_{Bs}	die Dichte des Beschichtungsstoffs in g/cm³

16

Beispiel 1: Auswertung der Kenngrößen eines Beschichtungsstoffs gemäß DIN EN ISO 3251

Bestimmen Sie mit den folgenden Wägewerten der Schale (Bild 1) den Massenanteil der nichtflüchtigen Anteile w(nfA) des Beschichtungsstoffs: m_0 = 15,6358 g; m_1 = 16,4081 g; m_2 = 15,9836 g;

Lösung: $$\mathbf{w(nFA)} = \frac{m_1 - m_2}{m_1 - m_0} \cdot 100\ \% = \frac{16{,}4081\ \text{g} - 15{,}9836\ \text{g}}{16{,}4081\ \text{g} - 15{,}6358\ \text{g}} \cdot 100\ \% = \mathbf{54{,}97\ \%}$$

Beispiel 2: Ein Testblech mit den Maßen 10,0 cm x 15,0 cm wurde mit einem Buntlack der Dichte 1,24 g/cm³ beschichtet und in einem Ablufttrockenschrank getrocknet. Anschließend wurden bei einer Prüftemperatur von ϑ = 20,0 °C folgende Wägewerte ermittelt. Wie groß ist die Trockenfilmdichte?

Blankes Blech in Luft gewogen: m_3 = 64,81 g; Blankes Blech in Wasser gewogen: m_4 = 49,32g;
Blech mit Trockenfilm in Luft gewogen: m_6 = 66,21 g; Blech mit Trockenfilm in Wasser gewogen: m_7 = 49,94 g

Lösung: $\varrho_{TF} = \frac{m_6 - m_3}{m_4 + m_6 - m_3 - m_7} \cdot \varrho_{Fl} = \frac{66{,}23\,g - 64{,}81\,g}{49{,}32\,g + 66{,}23\,g - 64{,}81\,g - 49{,}94\,g} \cdot 0{,}9982\,\frac{g}{cm^3} \approx$ **1,772 g/cm³**

16.2.2 Berechnete Größen

Aus den experimentell bestimmten Kenngrößen w(nfA) und ϱ_{TF} (Seite 500) können weitere Größen durch Berechnung ermittelt werden.

Berechneter Volumenanteil der nichtflüchtigen Anteile

Aus der Gleichung der Trockenfilmdichte (Seite 500) kann durch Umstellen und Einsetzen eine Gleichung für den Volumenanteil der nichtflüchtigen Anteile erhalten werden.

Berechneter Volumenanteil der nichtflüchtigen Anteile

$$\varphi(\text{nfA}) = w(\text{nfA}) \cdot \frac{\varrho_{BS}}{\varrho_{Fl}} \left(\frac{m_2 + m_3 - m_1 - m_4}{m_3 - m_1}\right) = w(\text{nfA}) \cdot \frac{\varrho_{Bs}}{\varrho_{TF}}$$

Berechnete Ergiebigkeit

Die berechnete Ergiebigkeit S_{TF} kann aus dem Volumen oder der Masse der nichtflüchtigen Anteile berechnet werden.

S_{TF} ist der Quotient aus der beschichteten Fläche A und des für die Beschichtung benötigten Volumens V_0 oder der Masse m_0 des Beschichtungsstoffs.

Berechnete Ergiebigkeit

$$S_{TF,m} = \frac{A}{m_0} = \frac{w(\text{nfA})}{t_{TF} \cdot \varrho_{TF}} \cdot 10$$

$$S_{TF\varphi} = \frac{A}{V_0} = \frac{w(\text{nfA}) \cdot \varrho_{Bs}}{t_{TF} \cdot \varrho_{TF}} \cdot 10 = \frac{\varphi(\text{nfA}_p)}{t_{TF}} \cdot 10$$

Berechnete Trockenfilmdichte

Die berechnete Trockenfilmdichte kann aus dem Massenanteil der nichtflüchtigen Bestandteile w(nfA) (Seite 500) sowie weiteren Größen der Beschichtung mit nebenstehender Gleichung ermittelt werden.

Berechnete Trockenfilmdichte

$$\varrho_{TF,t} = \frac{\varrho_{Bs} \cdot w(\text{nfA})}{100 - \frac{\varrho_{Bs}}{\varrho_{LM}}\,[100 - w(\text{nfA})]}$$

Volumenanteil der nichtflüchtigen Anteile

Den aus der berechneten Trockenfilmdichte berechneten Volumenanteil berechnet man mit der nebenstehenden Gleichung.

Berechneter Volumenanteil der nfA

$$\varphi(\text{nfA})_t = \frac{\varrho_{Bs} \cdot w(\text{nfA})}{\varrho_{TF,t}}$$

Bezeichnungen sind:

S_{TF}	Die praktische Ergiebigkeit aus der Trockenfilmdichte berechnet, in m²/L bzw. m²/kg
A	die beschichtete Fläche in m²
m_0	die zur Beschichtung benötigte Masse in kg
V_0	das zur Beschichtung benötigte Volumen in L
w(nfA)	der nichtflüchtige Anteil des Beschichtungsstoffs, als Massenanteil in Prozent
φ(nfA)	der nichtflüchtige Anteil des Beschichtungsstoffs, als Volumenanteil in Prozent
t_{TF}	die Trockenschichtdicke der Beschichtung, in µm
ϱ_{Bs}	die Dichte des Beschichtungsstoffs in g/cm³
ϱ_{Fl}	die Dichte der Eintauchflüssigkeit in g/cm³
ϱ_{TF}	die praktische Trockenfilmdichte des Beschichtungsstoffs in g/cm³
ϱ_{LM}	die Dichte des Lösemittels mit dem größten Anteil im Beschichtungsstoff in g/cm³

Beispiel: Von einem Chlorkautschuk-Lack wird gemäß DIN EN ISO 3251 der Massenanteil der nichtflüchtigen Anteile zu $w(\text{nfA}) = 0{,}4361$ sowie die Trockenfilmdichte zu $\varrho_{TF} = 2{,}283\ \text{g/cm}^3$ bestimmt.

Die Dichte des Beschichtungsstoffs beträgt $\varrho_{Bs} = 1{,}4936\ \text{g/cm}^3$, die Dichte der Auftriebsflüssigkeit (Wasser plus Netzmittel) $\varrho_{Fl} = 0{,}9985\ \text{g/cm}^3$ (bei 18,5 °C).

Die abgebundene und getrocknete Beschichtung hat eine Schichtdicke von $t_{TF} = 872\ \mu\text{m}$. Das Lösemittel mit dem höchsten Anteil ist Wasser ($\varrho_{LM} = 0{,}9982\ \text{g/cm}^3$).

Welche Werte lassen sich berechnen für:

a) den Volumenanteil der nf-Anteile
b) die praktische Ergiebigkeit
c) die berechnete Trockenfilmdichte
d) den berechneten Volumenanteil der nf-Anteile

Lösung:

a) $\boldsymbol{\varphi(\text{nfA}_p)} = w(\text{nfA}) \cdot \frac{\varrho_{Bs}}{\varrho_{Fl}} = 43{,}61 \cdot \frac{1{,}4936\ \text{g/cm}^3}{0{,}9985\ \text{g/cm}^3} \approx 65{,}23\ \%$

b) $\boldsymbol{S_{TF,\varphi}} = \frac{\varphi(\text{nfA}_p)}{t_{TF}} \cdot 10 = \frac{65{,}23}{872} \cdot 10 \approx \mathbf{0{,}748\ m^2/L}$

c) $\boldsymbol{\varrho_{TF,t}} = \frac{\varrho_{Bs} \cdot w(\text{nfA})}{100 - \frac{\varrho_{Bs}}{\varrho_{LM}}[100 - w(\text{nfA})]} = \frac{1{,}4936 \cdot 65{,}23}{100 - \frac{1{,}4936}{0{,}9982}[100 - 43{,}61]} \approx \mathbf{6{,}229\ g/cm^3}$

d) $\boldsymbol{\varphi(\text{nfA}_t)} = \frac{\varrho_{Bs} \cdot w(\text{nfA})}{\varrho_{TF,t}} = \frac{1{,}4936 \cdot 43{,}61}{2{,}283} \approx \mathbf{28{,}53\ \%}$

Aufgaben zu Bestimmung der Kenngrößen von Beschichtungsstoffen und Beschichtungen

1. Ein Aluminiumblech ($\varrho(\text{Al}) = 2{,}70\ \text{g/cm}^3$) mit den Maßen 15,5 cm × 10,0 cm dient zur Bestimmung der Trockenfilmdichte nach DIN EN ISO 3233-2 (Bild 2, Seite 500). Es hat eine Masse von 79,51 g. Nach dem Applizieren eines einseitig aufgetragenen Trockenfilms beträgt die Masse des Testblechs 80,65 g. In Wasser ($\varrho(H_2O) = 1{,}000\ \text{g/cm}^3$) wird am beschichteten Blech eine Auftriebskraft von 0,298 N gemessen. Berechnen Sie die Dichte des Trockenfilms.

2. Bei der Bestimmung der Kenngrößen von Lackfarben nach DIN EN ISO 3233-2 und -3 wurden die in der Tabelle wiedergegebenen Wägewerte für die verschiedenen Lacke erhalten. Berechnen Sie den Massen- und Volumenanteil der nichtflüchtigen Bestandteile in der jeweiligen Lackfarbe sowie die Trockendichte der Beschichtung.

Tabelle: Messwerte einer Kenngrößenbestimmung

Beschichtungsstoff	Wägewerte in Gramm						
	m_0	m_1	m_2	m_3	m_4	m_6	m_7
a) Dispersionslackfarbe	15,4261	16,1984	15,7599	15,4333	13,4704	15,7671	13,6715
b) Polyurethanlack	14,3827	15,1641	14,8544	14,4328	12,5979	14,9045	12,8980
c) Kunstharzlack	16,9347	17,7472	17,3229	17,4117	15,1976	17,7999	15,4403
d) Alkydharzlack	15,8631	16,6394	16,3341	15,9143	13,8904	16,3853	14,2074
e) Nitrolack	14,8239	15,5628	15,0136	14,8702	12,9795	15,0599	13,0126
f) Polyesterlack	16,2501	17,0626	17,0275	16,2992	14,2266	17,0766	14,5468

Beschichtungsstoff	Prüftemperatur in °C	Dichte der Auftriebsflüssigkeit in g/cm³	Dichte des Beschichtungsstoffs in g/cm³	$w(\text{nfA})$	$\varphi(\text{nfA})$	Dichte der Beschichtung in g/cm³
a) Dispersionslackfarbe	19,0	0,9984	1,3125			
b) Polyurethanlack	21,0	0,9980	1,2879			
c) Kunstharzlack	20,0	0,9982	1,2103			
d) Alkydharzlack	19,5	0,9983	1,1537			
e) Nitrolack	20,5	0,9981	1,1058			
f) Polyesterlack	20,0	0,9982	1,5137			

3. Bei der Bestimmung des Massenanteils der nf-Anteile eines Beschichtungsstoffes nach DIN EN ISO 3251 (Bild 1, Seite 500) erhielt man folgende Massen:
   - Masse des Blechdeckels: m_1 = 12,7803 g
   - Masse des Blechdeckels mit Beschichtungsstoff: m_2 = 13,7941 g
   - Masse des Blechdeckels mit Beschichtung: m_3 = 13,2940 g

   Bestimmen Sie den Massenanteil an nichtflüchtigen Bestandteilen des Beschichtungsstoffes.

16.3 Schichtdicke von Beschichtungen

Beschichtungen werden auf sehr unterschiedliche Materialien wie beispielsweise Metalle, Holz, Beton und Kunststoffe aufgetragen und sollen sehr unterschiedliche Aufgaben erfüllen. Dies sind neben dekorativen vor allem schützende Funktionen. Unter anderem ist das Eindringen von Feuchtigkeit in den Untergrund und der Angriff korrosiver Medien zu verhindern.

Viele Eigenschaften einer Beschichtung hängen von seiner **Schichtdicke** (film thickness) ab **(Bild 1)**:
- der Abbriebschutz
- der Korrosionsschutz
- die dekorative Wirkung
- die Isolierwirkung

Eine Beschichtung kann ihre Aufgabe nur bei einer ausreichenden Dicke erfüllen.

Die Berechnung der Schichtdicke ist aus diesem Grund von besonderer Bedeutung.

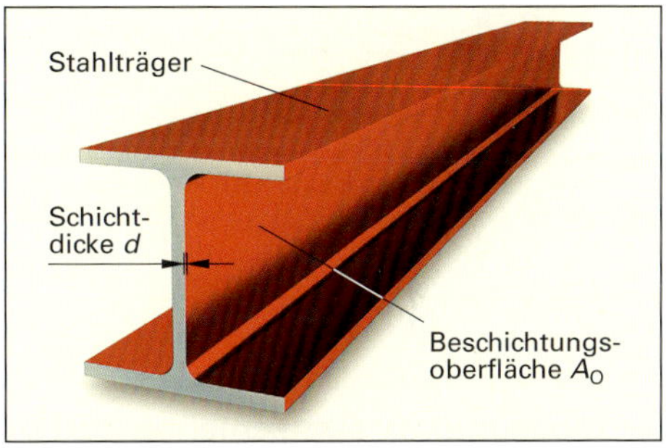

Bild 1: Beschichtung auf einem Stahlträger

Das **Volumen** der Beschichtung berechnet sich aus der Bauteiloberfläche A_0 und der Schichtdicke d zu $V = A_0 \cdot d$.

Durch Umstellen nach der Schichtdicke d und Einsetzen von $V = m/\varrho$ erhält man die nebenstehende Größengleichung zur Berechnung der Schichtdicke d.

Schichtdicke

$$d = \frac{V}{A_0} = \frac{m}{A_0 \cdot \varrho}$$

Beispiel: Das Stahlblechgehäuse eines Brutschranks wird mit einem Pulverlack elektrostatisch beschichtet. Wie groß ist die Schichtdicke, wenn die Gehäusefläche 0,680 m² beträgt und die Massenzunahme des pulverbeschichteten Gehäuses zu m = 94,0 g gemessen wurde (ϱ(Pl) = 1,25 g/cm³)?

Lösung: $$\boldsymbol{d} = \frac{V}{A_0} = \frac{m}{A_0 \cdot \varrho(\text{Pl})} = \frac{94{,}0 \cdot 10^{-3}\,\text{kg}}{0{,}680\,\text{m}^2 \cdot 1{,}25 \cdot 10^3\,\text{kg} \cdot \text{m}^{-3}} = 0{,}1105 \cdot 10^{-3}\,\text{m} = 0{,}1105\,\text{mm} \approx \mathbf{111\,\mu m}$$

Nass- und Trockenfilmdicke (wet and dried film thickness)

Ein lösemittelhaltiger Beschichtungsstoff besteht aus flüchtigen Bestandteilen fA und nichtflüchtigen Bestandteilen nfA. Die Summe der Massen- bzw. Volumenanteile der Beschichtung ist 1 oder 100 %.

Massenanteile

$$w(\text{fA}) + w(\text{nfA}) = 1$$

Volumenanteile

$$\varphi(\text{fA}) + \varphi(\text{nfA}) = 1$$

Beim Auftragen eines lösemittelhaltigen Beschichtungsstoffes bilden die flüchtigen und nichtflüchtigen Bestandteile den Nassfilm mit der **Nassfilmdicke d_{Nf} (Bild 2)**. Nach Verdunsten des Lösemittels sowie anderer flüchtiger Bestandteile und Aushärten des Bindemittels bilden die nichtflüchtigen Bestandteile den Trockenfilm mit der **Trockenfilmdicke d_{Tf}**.

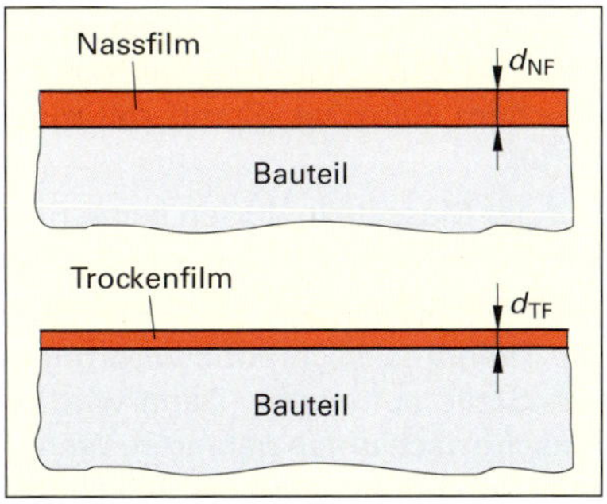

Bild 2: Filmdicken

Die Nass- und Trockenfilmdicken berechnen sich jeweils aus ihren Massen m_{Nf} und m_{Tf}, der Bauteiloberfläche A_o sowie den jeweiligen Filmdichten ϱ_{Nf} und ϱ_{Tf} mit den nebenstehenden Größengleichungen:

Nass- und Trockenfilmdicken

$$d_{Nf} = \frac{m_{Nf}}{A_o \cdot \varrho_{Nf}}; \quad d_{Tf} = \frac{m_{Tf}}{A_o \cdot \varrho_{Tf}}$$

Da die nasse und trockene Beschichtungsfläche A_o gleich ist, kann man beide Gleichungen nach A_o umstellen und gleichsetzen:

$$\frac{m_{Nf}}{d_{Nf} \cdot \varrho_{Nf}} = \frac{m_{Tf}}{d_{TF} \cdot \varrho_{Tf}}; \quad \text{mit} \quad V = \frac{m}{\varrho} \quad \text{folgt:} \quad \frac{V_{Nf}}{d_{Nf}} = \frac{V_{Tf}}{d_{Tf}} \rightarrow$$

$d_{Tf} = \frac{V_{Tf}}{V_{Nf}} \cdot d_{Nf}$. Mit $\varphi(\text{nfA}) = \frac{V_{Tf}}{V_{Nf}}$ folgt daraus ein Zusammenhang zwischen der Nass- und Trockenfilmschichtdicke.

Zusammenhang zwischen Nass- und Trockenfilmdicke

$$d_{Tf} = \varphi(\text{nfA}) \cdot d_{Nf}$$

Beispiel 1: Weisslack hat einen Volumenanteil an flüchtigen Bestandteilen von $\varphi(\text{fA}) = 38\ \%$. Welche Dicke hat der Trockenfilm, wenn eine Nassfilmdicke von 70 µm aufgetragen wurde?

Lösung: $d_{Tf} = \varphi(\text{nfA}) \cdot d_{Nf}$ mit $\varphi(\text{nfA}) = 1 - \varphi(\text{fA})$ folgt: $\mathbf{d_{Tf}} = (1 - \varphi(\text{fA})) \cdot d_{Nf} = (1 - 0{,}38) \cdot 70\ \mu\text{m} \approx \mathbf{43\ \mu m}$

Beispiel 2: Laut Herstellerangabe kann mit 750 mL Buntlack eine Fläche von ca. 8,5 m² bei einmaligem Anstrich beschichtet werden. Welche Trockenfilm-Schichtdicke wird erreicht, wenn der Volumenanteil an nichtflüchtigen Bestandteilen in der Lackfarbe 42 % beträgt und Applikationsverluste vernachlässigt werden?

Lösung: $\mathbf{d_{Tf}} = \varphi(\text{nfA}) \cdot d_{Nf} = \varphi(\text{nfA}) \cdot \frac{m_{Nf}}{A_o \cdot \varrho_{Nf}} = \varphi(\text{nfA}) \cdot \frac{V_{Nf}}{A_o} = 0{,}42 \cdot \frac{0{,}750 \cdot 10^{-3}\ \text{m}^3}{8{,}5\ \text{m}^2} = 0{,}0370 \cdot 10^{-3} \approx \mathbf{37\ \mu m}$

Messung der Filmschichtdicke (DIN EN ISO 2808)

Es gibt mehrere Messmethoden jeweils zum Messen der Nassfilm- und der Trockenfilmdicke. Im Folgenden ist jeweils eine Messmethode erläutert.

Die **Messung der Nassfilmdicke d_{Nf}** erfolgt z.B. mit dem **Messkamm**, einer flachen Scheibe aus nichtrostendem Stahl mit kalibrierten Zähnen an den Kanten **(Bild 1).**

Zur Messung wird der Messkamm senkrecht auf die beschichtete Fläche aufgesetzt; die nasse Beschichtung benetzt die Zähne, die mit dem Nassfilm Kontakt haben. Die nicht in die Nassfilmschicht reichenden Zähne bleiben unbenetzt. Die Nassfilmdicke d_{Nf} ist der letzte Zahn, der noch benetzt wird.

Beispiel: In Bild 1 ist $d_{Nf} = 35\ \mu$m

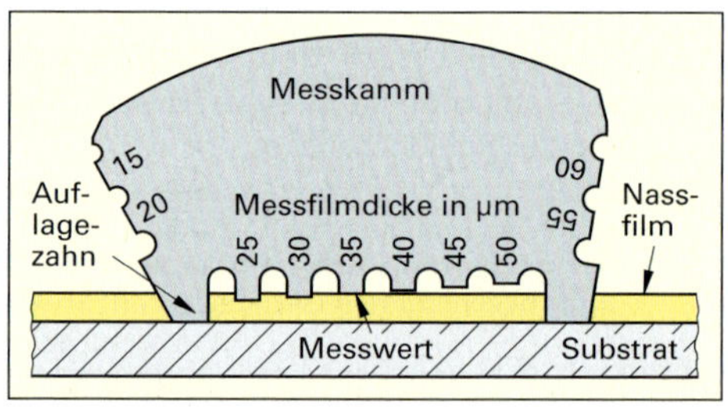

Bild 1: Messen der Nassfilmdicke mit dem Messkamm

Die **Messung der Trockenfilmdicke d_{Tf}** kann z.B. mit einer **Tiefenmessschraube** durchgeführt werden **(Bild 2).**

Zuerst wird an einer planen Referenzplatte der Nullpunkt der Tiefenmessschraube eingestellt.

Dann wird an einer kleinen Stelle der Beschichtung die getrocknete Beschichtung abgelöst. Dies erfolgt bei hartem Substrat (z.B. Glas) mechanisch mit einem Schaber; bei weichem Substrat (Stahl) mit einem chemischen Lösemittel.

Auf der Messstelle dürfen keine Reste bleiben und es darf kein Substrat abgetragen werden. Um die Messstelle muss die Beschichtung unbeschädigt sein.

Die Tiefenmessschraube wird mit dem Fuß an einer ebenen Stelle aufgesetzt. Dann wird der Messtaster mit der Ratsche nach unten gefahren. Wenn er aufsitzt und die Ratsche durchdreht, wird die Schichtdicke an der Tiefenmessschraube abgelesen.

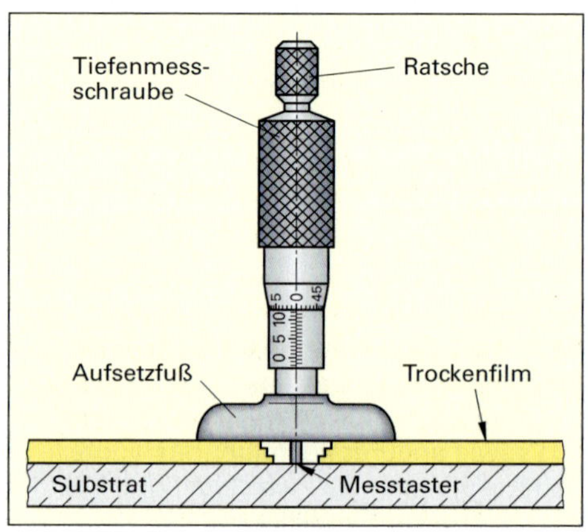

Bild 2: Messen der Trockenfilmdicke mit der Tiefenmessschraube

Aufgaben zu Schichtdicke von Beschichtungen

1. Wie groß ist die Massenzunahme eines Stahlbleches pro Quadratmeter, wenn es beidseitig mit einer Schichtdicke von 50 µm pulverbeschichtet wird? $\varrho(\text{B}) = 2{,}50\ \text{g/cm}^3$
2. Ein Lack hat einen Volumenanteil an flüchtigen Bestandteilen von $\varphi(\text{fA}) = 35\ \%$. Welche Dicke hat der trockene Lackfilm, wenn eine Nassfilmdicke von 60 µm aufgetragen wurde?
3. 2,85 cm^3 Weißlack befinden sich einseitig auf einem Probeblech von 20,0 cm × 12,0 cm. Beim Trocknen tritt ein Volumenschwund von 38,5 % ein. Welche Schichtdicke hat der Trockenfilm?
4. Ein Kunstharzlack hat folgende Volumenanteile an flüchtigen und nichtflüchtigen Bestandteilen: $\varphi(\text{nfA}) = 60\ \%$, $\varphi(\text{fA}) = 40\ \%$. Wie groß ist die Trockenfilmdicke, wenn eine mittlere Nassfilmdicke von 50 µm aufgetragen wurde?
5. Die Dichte eines Decklacks beträgt $\varrho(\text{Bs}) = 1{,}30\ \text{g/cm}^3$, bei einem Massenanteil an nichtflüchtigen Bestandteilen von $w(\text{nfA}) = 58\ \%$. Als Lösemittel wurde Testbenzin der Dichte $\varrho = 0{,}77\ \text{g/cm}^3$ verwendet. Vom Auftraggeber wird eine Trockenfilmdicke von 22 µm verlangt. Welche Nassfilmdicke ist aufzutragen?
6. Von einem Kunstharzlack wurde mit einem Filmziehgerät ein Nassfilm der Dicke $d_{\text{NF}} = 75\ \mu\text{m}$ gezogen. Nach dem Trocknen ergab die Schichtdickenmessung mit der Tiefenmessschraube die Trockenfilmdicke $d_{\text{TF}} = 45\ \mu\text{m}$. Welchen Volumenanteil an flüchtigen und nichtflüchtigen Bestandteilen hat die Lackfarbe?
7. Ein Seidenglanzlack hat folgende Kenndaten: $\varrho(\text{Bs}) = 1{,}25\ \text{g/cm}^3$, $w(\text{nfA}) = 55\ \%$, $\varrho(\text{nfA}) = 1{,}80\ \text{g/cm}^3$. Zum Beschichten einer Fläche von 10,0 m^2 wurden 1,72 L Lackfarbe verbraucht. Welche theoretische Dicke hat der Trockenfilm?
8. Ein chemikalienbeständiger Chlorkautschuklack (CR) mit der Dichte $\varrho(\text{Bs}) = 1{,}50\ \text{g/cm}^3$ und einem Gehalt an nichtflüchtigen Bestandteilen von $w(\text{nfA}) = 43{,}6\ \%$ dient zum Beschichten eines zylindrischen Tanks mit den Maßen $l = 3{,}40$ m, $d = 1{,}50$ m. Die mittlere Dichte der nichtflüchtigen Bestandteile beträgt $\varrho(\text{nfA}) = 2{,}23\ \text{g/cm}^3$. Welche Dicke hat der Trockenfilm, wenn 3,75 L Lackfarbe auf die Oberfläche des Tanks aufgetragen wurden?
9. Mit einem Filmziehgerät wird von einem pigmentierten Alkydharzlack der Dichte $\varrho = 1{,}15\ \text{g/cm}^3$ ein Nassfilm ($l = 200$ mm, $b = 150$ mm) gezogen. Seine Dicke wird mit einem Messkamm zu $d_{\text{NF}} = 110\ \mu\text{m}$ gemessen. Welche Masse Alkydharzlack ist dazu mindestens erforderlich?
10. Zur Bestimmung der nichtflüchtigen Bestandteile eines Beschichtungsstoffes sollen ca. 1,5 g Probe auf einer Fläche von ca. 50 cm^2 aufgetragen werden. Welche Nass- und Trockenfilmschichtdicken werden erreicht, wenn die Dichte des Beschichtungsstoffes 1,17 g/cm^3 und der Volumenanteil an flüchtigen Bestandteilen $\varphi(\text{fA}) = 65\ \%$ beträgt?
11. Ein Kunstharzlack der Dichte $\varrho(\text{Bs}) = 1{,}20\ \text{g/cm}^3$ hat einen Massenanteil an flüchtigen Bestandteilen von 55 %. Die Dichte der nichtflüchtigen Bestandteile beträgt $\varrho(\text{nfA}) = 1{,}67\ \text{g/cm}^3$. Laut Herstellerangabe können mit 750 mL dieser Lackfarbe 6,0 m^2 bei einem einmaligen Anstrich lackiert werden. Welche Dicke hat der Trockenfilm?
12. Ein Testblech mit den Maßen 10,0 cm × 15,0 cm wird einseitig mit einem pigmentierten Acryllack beschichtet. Nach dem Trocknen wurde eine Massenzunahme von 1,18 g ermittelt. Wie groß ist die theoretische Dicke des Trockenfilms, wenn die Dichte der nichtflüchtigen Bestandteile im Lack $\varrho(\text{nfA}) = 2{,}63\ \text{g/cm}^3$ beträgt?
13. Ein zylindrischer Lösemitteltank hat einen Außendurchmesser von 2,00 m und eine Länge von 7,00 m. Er soll von Außen einschließlich der ebenen Tankböden einen neuen Deckanstrich mit einer Trockenfilmdicke von 40 µm erhalten. Der eingesetzte Decklack hat eine Dichte von $\varrho(\text{Bs}) = 1{,}28\ \text{g/cm}^3$ und einen Massenanteil von $w(\text{nfA}) = 55{,}3\ \%$. Der Decklack enthält Xylol der Dichte $\varrho(\text{Xylol}) = 0{,}860\ \text{g/cm}^3$ als Lösemittel. Welche Masse an Lackfarbe wird für einen einmaligen Anstrich des Lösemitteltanks benötigt, wenn die Verarbeitungsverluste 10 % betragen?
14. Welche Fläche kann mit 750 mL Kuntharzlack ($\varrho = 2{,}31\ \text{g/cm}^3$, $w(\text{nfA}) = 60\ \%$) beschichtet werden, wenn die geforderte Trockenfilm-Schichtdicke 45 µm und die Verarbeitungsverluste 10 % betragen? Die nichtflüchtigen Bestandteile im Lack haben die mittlere Dichte $\varrho(\text{nfA}) = 3{,}21\ \text{g/cm}^3$.

16.4 Verbrauch und Ergiebigkeit von Beschichtungsstoffen

Die Ermittlung des Verbrauchs und der Ergiebigkeit eines Beschichtungsstoffs sind in DIN EN 16074 und DIN EN ISO 3251 (Seite 500) genormt.

Die Berechnung des Verbrauchs und der Ergiebigkeit können auch aus der praktischen Verwendung berechnet werden

Bild 1 zeigt die einzelnen Schritte der Lackverarbeitung mit Ausgangsstoff, Beschichtung und Lackresten.

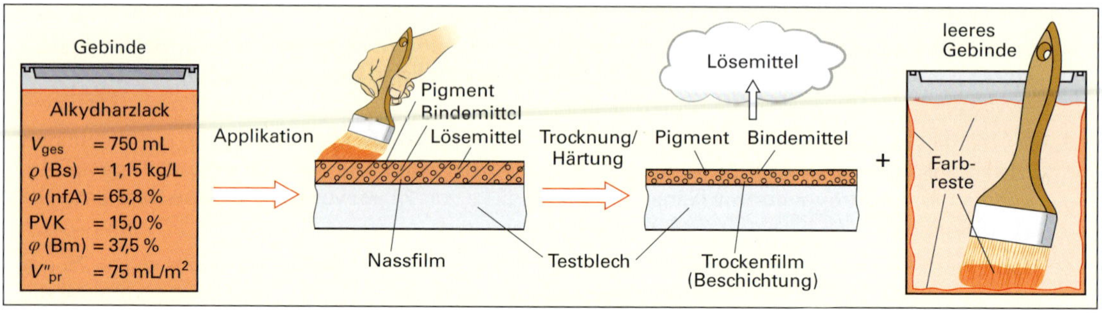

Bild 1: Von der Lackfarbe im Gebinde zur fertigen Beschichtung in der praktischen Ausführung

Verbrauch (application rate)

Der Verbrauch ist die Menge an Beschichtungsstoff, die erforderlich ist, um eine bestimmte Fläche unter gegebenen Arbeitsbedingungen mit einer definierten Trockenfilmdicke zu beschichten.

Der Verbrauch ist eine flächenbezogene Größe, bei der entweder die Masse oder das Volumen an Beschichtungsstoff auf eine bestimmte Oberfläche A_o bezogen wird.

Die flächenbezogene Masse wird mit ***m"***, das flächenbezogene Volumen mit ***V"*** gekennzeichnet. Das abgeleitete SI-Einheitenzeichen des Verbrauchs ist kg/m² oder L/m².

Verbrauch

$$m'' = \frac{m}{A_o} = \frac{\varrho_{Bs} \cdot V}{A_o}$$

$$V'' = \frac{V}{A_o} = \frac{m}{\varrho_{Bs} \cdot A_o}$$

Beispiel: Mit 750 mL Acryllack kann laut Herstellerangabe eine Fläche von 6 bis 8 m² bei einmaligem Anstrich beschichtet werden. Wie groß ist der Verbrauch m'' und V'', wenn die Dichte des Beschichtungsstoffes 1,45 kg/L beträgt?

Lösung:

$$V''_{max} = \frac{V}{A_o} = \frac{0{,}750\ \text{L}}{6\ \text{m}^2} = 0{,}125\ \text{L/m}^2 \qquad m''_{max} = \frac{\varrho_{Bs} \cdot V}{A_o} = \frac{1{,}45\ \text{kg/L} \cdot 0{,}750\ \text{L}}{6\ \text{L}} = 0{,}181\ \text{kg/m}^2$$

$$V''_{min} = \frac{V}{A_o} = \frac{0{,}750\ \text{L}}{8\ \text{m}^2} = 0{,}094\ \text{L/m}^2 \qquad m''_{min} = \frac{\varrho_{Bs} \cdot V}{A_o} = \frac{1{,}45\ \text{kg/L} \cdot 0{,}750\ \text{L}}{8\ \text{m}^2} = 0{,}136\ \text{kg/m}^2$$

$$\mathbf{0{,}094\ L/m^2 \leq V'' \leq 0{,}125\ L/m^2} \qquad \mathbf{0{,}136\ kg/m^2 \leq m'' \leq 0{,}181\ kg/m^2}$$

Ergiebigkeit (spreading rate)

Statt des Verbrauchs an Beschichtungsstoff kann auch seine Ergiebigkeit angegeben werden. Die **Ergiebigkeit *E*** ist der Kehrwert des Verbrauchs. Sie ist demzufolge eine massenbezogene Größe E_{mas} oder eine volumenbezogene Größe E_{vol}.

Die abgeleitete SI-Einheit der Ergiebigkeit ist Quadratmeter durch Kilogramm m²/kg oder Quadratmeter durch Kubikmeter m²/L.

Zusammenhang zwischen Verbrauch und Ergiebigkeit

$$\text{Ergiebigkeit} = \frac{1}{\text{Verbrauch}}$$

Beispiel: Wie groß ist die mittlere massen- und volumenbezogene Ergiebigkeit E_{med} des im oberen Beispiel genannten Acryllacks?

Lösung:

$$\mathbf{E}_{\text{mas, med}} = \frac{A_o}{\varrho \cdot V} = \frac{7{,}0\ \text{m}^2}{1{,}45\ \text{kg/L} \cdot 0{,}750\ \text{L}} \approx \mathbf{6{,}4\ m^2/kg}$$

$$\mathbf{E}_{\text{vol, med}} = \frac{A_o}{V} = \frac{7{,}0\ \text{m}^2}{0{,}750\ \text{L}} \approx \mathbf{9{,}3\ m^2/L}$$

Ergiebigkeit

$$E_{mas} = \frac{1}{m''} = \frac{A_o}{m} = \frac{A_o}{\varrho \cdot V}$$

$$E_{vol} = \frac{1}{V''} = \frac{A_o}{V} = \frac{\varrho \cdot A_o}{m}$$

16

Berechneter (theoretischer) Verbrauch (theoretical application rate)

Der berechnete (theoretische) Verbrauch m''_{th}, V''_{th} ist nach DIN EN ISO 3251 ein aus dem Volumen der nichtflüchtigen Bestandteile φ(nfA) berechneter Verbrauch. Es ist die Menge an Beschichtungsstoff BS, dessen Volumenanteil an nichtflüchtigen Bestandteilen φ(nfA) auf einer Fläche A_o bestimmter Größe nach der Beschichtung einen Trockenfilm mit einer gleichmäßigen theoretischen Dicke d_{th} ergibt.

Die berechnete (theoretische) Ergiebigkeit ist der Kehrwert des berechneten Verbrauchs.

Der theoretische Verbrauch an Beschichtungsstoff ist umso höher, je dicker der Trockenfilm und je kleiner der Volumenanteil an nichtflüchtigen Bestandteilen in der Lackfarbe sind.

Der berechnete (theoretische) Verbrauch ist über die Definition des Volumenanteils der nichtflüchtigen Bestandteile mit der allgemeinen Verbrauchsdefinition $V'' = V/A_o$ verknüpft, wie die folgende Ableitung zeigt:

$$\varphi(\text{nfA}) = \frac{V(\text{nfA})}{V(\text{BS})} \quad \Rightarrow \quad V(\text{BS}) = \frac{V(\text{nfA})}{\varphi(\text{nfA})}$$

$$\text{In} \quad V''_{th} = \frac{V(\text{BS})}{A_o} \quad \text{eingesetzt} \Rightarrow \quad V''_{th} = \frac{V(\text{nfA})}{A_o \cdot \varphi(\text{nfA})}$$

$$\text{Mit} \quad d_{th} = \frac{V(\text{nfA})}{A_o} \quad \text{folgt:} \quad V''_{th} = \frac{d_{th}}{\varphi(\text{nfA})}$$

$$\text{Mit} \quad m''_{th} = \varrho_{Bs} \cdot V''_{th} \quad \text{folgt:} \quad m''_{th} = \frac{d_{th} \cdot \varrho_{Bs}}{\varphi(\text{nfA})}$$

Berechneter (theoretischer) Verbrauch

$$V''_{th} = \frac{d_{th}}{\varphi(\text{nfA})}$$

$$m''_{th} = \frac{d_{th} \cdot \varrho_{Bs}}{\varphi(\text{nfA})}$$

Beispiel: Der Volumenanteil an nichtflüchtigen Bestandteilen in einem Polyesterlack beträgt φ(nfA) = 90 %. Wie groß ist der Verbrauch V''_{th} und m''_{th}, wenn die theoretische Trockenfilm-Schichtdicke 45 µm beträgt. Die Dichte des Polyesterlacks ist 1,50 g/cm³.

Lösung:

$$\boldsymbol{V''_{th}} = \frac{d_{th}}{\varphi(\text{nfA})} = \frac{45\ \mu\text{m}}{0{,}90} = 50 \cdot 10^{-6}\ \text{m} = 50 \cdot 10^{-6}\ \frac{\text{m}^3}{\text{m}^2} = 50 \cdot 10^{-6} \cdot 10^3\ \frac{\text{L}}{\text{m}^2} = 50 \cdot 10^{-3}\ \frac{\text{L}}{\text{m}^2} = \mathbf{50\ \frac{mL}{m^2}}$$

$$\boldsymbol{m''_{th}} = \frac{d_{th} \cdot \varrho_{BS}}{\varphi(\text{nfA})} = \frac{45\ \text{m} \cdot 1{,}50 \cdot 10^3\ \text{kg} \cdot \text{m}^{-3}}{0{,}90} = \frac{45 \cdot 10^{-6}\ \text{m} \cdot 1{,}50 \cdot 10^3\ \text{kg} \cdot \text{m}^{-3}}{0{,}90} = 75 \cdot 10^{-3}\ \frac{\text{kg}}{\text{m}^2} = \mathbf{75\ \frac{g}{m^2}}$$

Praktischer Verbrauch (practical application rate)

Der praktische Verbrauch m''_{pr}, V''_{pr} ist die flächenbezogene Menge an Beschichtungsstoff (BS), die in der Praxis benötigt wird, um ein bestimmtes Bauteil unter gegebenen Bedingungen mit einer vorgegebenen Mindest-Trockenfilm-Schichtdicke d_{min} zu versehen.

Der praktische Verbrauch berechnet sich durch Addition der Applikationsverluste m''_A, V''_A (vgl. Seite 508) und der Welligkeitsverluste m''_W, V''_W zum berechneten theoretischen Verbrauch m''_{th}, V''_{th}.

Praktischer Verbrauch m''_{pr}	=	Berechneter theoretischer Verbrauch m''_{th}	+	Applikationsverluste m''_A	+	Welligkeitsverluste m''_W

Praktischer Verbrauch

$$m''_{pr} = m''_{th} + m''_A + m''_W$$

$$V''_{pr} = V''_{th} + V''_A + V''_W$$

Die praktische Ergiebigkeit $E_{mas,\,pr}$, $E_{vol,\,pr}$ ist der Kehrwert des praktischen Verbrauchs.

Beispiel: Der berechnete (theoretische) Verbrauch eines Acryl-Buntlacks wurde zu V''_{th} = 50 mL/m² berechnet. Wie groß ist der praktische Verbrauch, wenn die Applikationsverluste 10 % und die Welligkeitsverluste 50 % des theoretischen Verbrauchs betragen?

Lösung: $\boldsymbol{V''_{pr}} = V''_{th} + V''_A + V''_W = 50\ \text{mL/m}^2 + 50\ \text{mL/m}^2 \cdot 0{,}10 + 50\ \text{mL/m}^2 \cdot 0{,}50 \approx \mathbf{80\ mL/m^2}$

Praktischer Verbrauch und praktische Ergiebigkeit eines Beschichtungsstoffes werden von vielen Einflussfaktoren bestimmt. Hierzu zählen neben Art und Verlauf des Beschichtungsstoffes insbesondere die Gestalt, Saugfähigkeit und Rauheit der zu beschichtenden Fläche. Ferner ist die Art des Beschichtungsverfahrens, die Umgebungstemperatur sowie die Handlungskompetenz des Ausführenden von Bedeutung.

Im Folgenden werden die beiden wichtigsten Faktoren, die den praktischen Verbrauch beeinflussen, beschrieben und Größengleichungen zur Berechnung dieser Faktoren genannt.

Applikationsverlustfaktor

Bei der Verarbeitung eines Beschichtungsstoffes treten Applikationsverluste auf. Beim **Pinselauftragen** z.B. durch Beschichtungsstoffreste an Werkzeugen, in Geräten und in Behältern (Bild 1, Seite 506). Beim **Spritzlackieren** führt das Tropfen oder Vorbeispritzen zu Verlusten. Die Summe der Applikationsverluste wird in der Praxis durch den Applikationsverlustfaktor *a* erfasst. Er liegt in der Regel zwischen 1,1 und 1,3.

Der Applikationsverlustfaktor *a* ist der Proportionalitätsfaktor zwischen dem Gesamtverbrauch V''_{res} und dem berechneten (theoretischen) Verbrauch V''_{th}: $V''_{ges} = a \cdot V''_{th}$.

Mit $V''_{th} = \frac{d_{th}}{\varphi(\text{nfA})}$ erhält man: $V''_{ges} = \frac{a \cdot d_{th}}{\varphi(\text{nfA})}$.

Nach dem Umstellen lässt sich der Applikationsfaktor *a* nach der nebenstehenden Gleichung berechnen.

Applikationsverlustfaktor

$$a = \frac{V''_{ges} \cdot \varphi(\text{nfA})}{d_{th}}$$

In der Gleichung stellt die Größe V''_{ges} den praktischen Verbrauch an Beschichtungsstoff einschließlich aller Applikationsverluste V''_A dar. Der praktische Verbrauch V''_{ges} ist mit der Summe aus dem berechneten (theoretischen) Verbrauch V''_{th} und den Applikationsverlusten V''_A identisch.

Praktischer Verbrauch

$$V''_{ges} = V''_{th} + V''_A$$

Beispiel: Ein zylinderförmiger Behälter für Epoxidharze soll von außen mit einem Chlorkautschuklack (RUC: $\varphi(\text{nfA}) = 35\,\%$, $\varrho = 1{,}25\ \text{g/cm}^3$) beschichtet werden. Der Verbrauch beträgt $m''_{ges} = 260\ \text{g/m}^2$. Die mittlere Schichtdicke wurde zu $d_{th} = 65\ \mu\text{m}$ berechnet. Wie groß ist der Applikationsverlustfaktor?

Lösung: $$\boldsymbol{a} = \frac{V''_{ges} \cdot \varphi(\text{nfA})}{d_{th}} = \frac{m''_{ges} \cdot \varphi(\text{nfA})}{\varrho \cdot d_{th}} = \frac{0{,}260\ \text{kg} \cdot \text{m}^{-2} \cdot 0{,}35}{1{,}25\ \text{kg} \cdot 10^3 \cdot \text{m}^{-3} \cdot 65 \cdot 10^{-6}\ \text{m}} = 1{,}12 \approx \mathbf{1{,}1}$$

Welligkeitsfaktor

Unter Welligkeit versteht man die Gestaltabweichung einer Objekt- bzw. Beschichtungsoberfläche von der geometrisch-idealen Form **(Bild 1)**.

In der Praxis besitzt jeder zu beschichtende Untergrund eine bestimmte Welligkeit. Dies führt bei festgelegter Sollschichtdicke d_{min} zu einem Mehrbedarf an Beschichtungsstoff. Dieser Mehrbedarf wird durch den **Welligkeitsfaktor *w*** berücksichtigt.

Der Welligkeitsfaktor *w* ist ein verbrauchsbeeinflussender Faktor, der in der Regel zwischen 1,5 und 1,8 liegt. Er ist als Quotient aus der theoretisch berechneten, mittleren Schichtdicke d_{th} und der geforderten Mindestschichtdicke d_{min} definiert (siehe rechts).

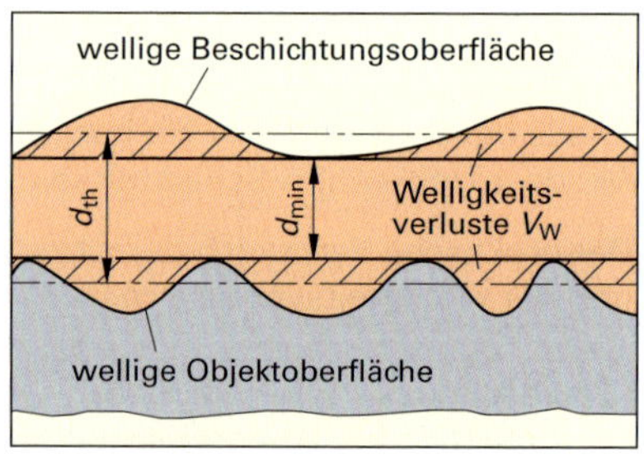

Bild 1: Welligkeit und Schichtdicke (schematisch)

Welligkeitsfaktor

$$w = \frac{d_{th}}{d_{min}}$$

Beispiel: Wie groß ist der Welligkeitsfaktor, wenn ein Werkstück mit einer Mindestschichtdicke von 45 µm beschichtet werden soll und der arithmetische Mittelwert aller örtlichen Schichtdicken 70 µm beträgt?

Lösung: $$\boldsymbol{w} = \frac{d_{th}}{d_{min}} = \frac{70\ \mu\text{m}}{45\ \mu\text{m}} = 1{,}5\overline{5} \approx \mathbf{1{,}6}$$

16

Unter Berücksichtigung des Welligkeitsfaktors *w* und des Applikationsverlustfaktors *a* berechnet sich der praktische Verbrauch m''_{pr} und V''_{pr} mit den nebenstehenden Größengleichungen. Mit ihnen kann der praktische Verbrauch einschließlich aller Verluste berechnet werden.

Praktischer Verbrauch

$$m''_{pr} = \frac{d \cdot \varrho(\text{Bs})}{\varphi(\text{nfA})} \cdot a \cdot w$$

$$V''_{pr} = \frac{d}{\varphi(\text{nfA})} \cdot a \cdot w$$

Beispiel: Wie groß ist der praktische Verbrauch des Polyesterlacks aus dem Beipiel von Seite 507 Mitte, wenn der Welligkeitsfaktor 1,6 und der Applikationsverlustfaktor 1,1 beträgt? Welche praktische Ergiebigkeit $E_{vol,\,pr}$ und $E_{mas,\,pr}$ hat der Polyesterlack?

Lösung: $\boldsymbol{V''_{pr}} = V''_{th} \cdot a \cdot w = 50\,\frac{mL}{m^2} \cdot 1{,}1 \cdot 1{,}6 \approx \mathbf{88\,\frac{mL}{m^2}}$ $\quad \boldsymbol{m''_{pr}} = m''_{th} \cdot a \cdot w = 75\,\frac{g}{m^2} \cdot 1{,}1 \cdot 1{,}6 \approx \mathbf{132\,\frac{g}{m^2}}$

$\boldsymbol{E_{vol,\,pr}} = \frac{1}{V''_{pr}} = \frac{1}{88} \cdot \frac{m^2}{mL} = \frac{1\,m^2}{88 \cdot 10^{-3}\,L} \approx \mathbf{11\,\frac{m^2}{L}}$ $\quad \boldsymbol{E_{mas,\,pr}} = \frac{1}{m''_{pr}} = \frac{1}{132} \cdot \frac{m^2}{g} = \frac{1\,m^2}{132 \cdot 10^{-3}\,kg} \approx \mathbf{7{,}6\,\frac{m^2}{kg}}$

Aufgaben zu Verbrauch und Ergiebigkeit von Beschichtungsstoffen

1. Ein Behälter für Entschäumer soll von außen mit einem Schutzanstrich der Dicke d = 45 µm versehen werden. Die zu verwendende Lackfarbe hat einen Volumenanteil an nichtflüchtigen Bestandteilen von φ(nfA) = 25 %. Wie groß ist die theoretische Ergiebigkeit?

2. Der Fußboden eines Lagerraums für Feinchemikalien (8,45 m lang, 4,85 m breit) soll mit einem chemikalienbeständigen Chlorkautschuklack (φ(nfA) = 35 %) beschichtet werden. Die Schichtdicke soll 65 µm betragen. Welches Volumen an Lackfarbe wird benötigt, wenn mit einem Welligkeitszuschlag von 0,60 und einem Verarbeitungsverlustzuschlag von 0,10 zu rechnen ist?

3. Für zwei Buntlacke sind folgende Verbrauchswerte angegeben. Buntlack A: 70 mL/m², Buntlack B: 80 g/m² (ϱ = 1,25 g/cm³). Welcher Buntlack hat die größere Ergiebigkeit?

4. Für einen Hochglanzlack wurde eine theoretische Ergiebigkeit von 10 m²/L ermittelt. Wie groß ist der Praxisverbrauch, wenn mit einem Welligkeitszuschlag von 0,50 und einem Verarbeitungsverlustzuschlag von 0,10 zu rechnen ist?

5. Für einem Emaillelack wurde eine theoretische Ergiebigkeit von 17,5 m²/L berechnet. Welchen Zahlenwert hat der Welligkeitszuschlag, wenn sich auf einer Testfläche ein Mehrverbrauch von 34 mL/m² ergibt und die Applikationsverluste unberücksichtigt bleiben?

6. Ein Lagerraum für Lack-Additive mit den Maßen 6,50 m × 4,80 m × 2,50 m soll einschließlich der Decke einen neuen Anstrich erhalten. Welche Masse an Dispersionsfarbe ϱ = 1,7 kg/L mit einer Ergiebigkeit von 5,5 m²/L wird benötigt?

7. Wie groß ist der theoretische Verbrauch m''_{th} an Unterbodenschutz (ϱ = 1,3 kg/L, ϱ(nfA) = 40 %), wenn er mit einer mittleren Schichtdicke von 2,0 mm aufgetragen wird?

8. Auf einer 50,0 cm × 50,0 cm großen Testfläche wurden 38 g Hammerschlagfarbe (ϱ = 1,15 g/cm³, φ(nfA) = 45 %) mit einer Schichtdicke von 50 µm aufgetragen. Welchen Verarbeitungsverlustzuschlag hat der Lack?

9. Eine Holzschutzlasur (ϱ = 0,85 kg/L) hat einen Verbrauch von 200 g/m². Berechnen Sie die Ergiebigkeit E_{vol}.

10. Der praktische Verbrauch einer Heizkörper-Lackfarbe wurde zu V''_{pr} = 130 mL/m² bei einem Welligkeitsfaktor von 1,55 ermittelt. Welchen Zahlenwert hat der Applikationsverlustfaktor, wenn der Volumenanteil an nichtflüchtigen Bestandteilen in der Lackfarbe φ(nfA) = 65 % und die mittlere Trockenfilmschichtdicke d = 50 µm beträgt?

11. Ein Stahlbauteil wird zum Korrosionsschutz mit einem Rostschutz auf Alkydharzbasis beschichtet. Die Mindestschichtdicke soll 80 µm betragen. Die örtlichen Schichtdicken wurden an fünf repräsentativen Stellen am Objekt zu d = 75, 150, 135, 120 und 125 µm gemessen.
    a) Wie groß ist der arithmetische Mittelwert aller örtlichen Schichtdicken?
    b) Welchen Zahlenwert hat der Welligkeitsfaktor?

12. Welche theoretische Ergiebigkeit hat ein Weißlack, der mit einer Trockenschichtdicke von 60 µm aufgetragen wurde? Die Lackfarbe ist folgendermaßen zusammengesetzt:
    - Bindemittel: w(Bm) = 35 %, ϱ(Bm) = 1,13 g/cm³
    - Pigment: $w(TiO_2)$ = 30 %, $\varrho(TiO_2)$ = 4,5 g/cm³
    - Lösemittel: w(Xylol) = 35 %, ϱ(Xylol) = 0,86 g/cm³

16.5 Maßanalytische Kennzahlen von Beschichtungsstoffen

Zur quantitativen Bestimmung der Bestandteile von Beschichtungsstoffen kommen neben den in Kapitel 8.6 behandelten maßanalytischen Kennzahlen Säurezahl, Verseifungszahl, Esterzahl, Hydroxylzahl und Iodzahl weitere Beschichtungsstoff-spezifische Kennzahlen zur Anwendung **(Tabelle)**. Diese sind die Grundlage für die Beurteilung der Zusammensetzung vernetzender Mehrkomponentensysteme.

Tabelle: Wichtige maßanalytische Kennzahlen von Beschichtungsstoffen

Kennzahl Norm	**Aminzahl Am-Z DIN 53 176**	**Isocyanat-Massenanteil *w*(NCO) DIN EN ISO 11909**	**Hydroxylzahl OHZ DIN EN ISO 2554**	**Epoxidwert EP DIN EN ISO 7142**
Englische Bezeichnung	amine value	isocyanate content	hydroxyl value	epoxy value
Analysierte Substanzen (Beispiele)	wasserverdünnbare Bindemittel (Harze, Harzlösungen), Epoxidhärter	Zusatzlacke auf Polyisocyanatbasis (Härter für Polyole, Polyester)	Bindemittel auf Basis von ungesättigten Polyesterharzen	Bindemittel auf Epoxidharzbasis, Epoxidharzester
Zweck der Bestimmung (Beispiele)	Bestimmung der Aminzahl von wasserverdünnbaren Bindemitteln	Bestimmung des Isocyanat-Massenanteils	Bestimmung des Hydroxyl-Massenanteils	Bestimmung des Epoxidwerts
Untersuchte funktionelle Gruppe	Aminogruppe $R_1R_2\rangle N-H$; $R-NH_2$	Isocyanatgruppe $R-N=C=O$	Hydroxylgruppe $R-OH$	Epoxidgruppe $H_2C-CH-R$ (Ring über O)
Definition	$\text{Am-Z} = \frac{m(\text{KOH})}{m(\text{Probe})}$	$w(\text{NCO}) = \frac{m(\text{NCO})}{m(\text{Probe})}$	$\text{OHZ} = \frac{m(\text{OH})}{m(\text{Probe})}$	$\text{EP} = \frac{1}{m(\text{eq, EP})}$

16.5.1 Aminzahl, H-aktiv-Äquivalentmasse

Aminzahl

Die **Aminzahl Am-Z** ist eine Kennzahl für den Gesamtgehalt an protonierbaren (basischen) Stickstoffatomen in Amin-Härtern.
Zur Bestimmung der Aminzahl nach DIN 53176 wird eine Probe in 100 mL Aceton/Wasser-Lösemittelgemisch gelöst. Mit Salzsäure-Maßlösung wird bis zum Farbumschlag titriert (Bild 1, Seite 246). Mit der nebenstehenden Gleichung wird die Aminzahl berechnet.

Aminzahl

$$\text{Am-Z} = \frac{m(\text{KOH})}{m(\text{Probe})}$$

Die Aminzahl entspricht der Masse an Kaliumhydroxid in Milligramm, die ebenso viele Protonen einer sehr starken Säure binden kann wie ein Gramm Substanz.

Speziell bei wasserverdünnbaren Beschichtungsstoffen und Bindemitteln auf der Basis saurer Kunstharze, die mit Aminen ganz oder teilweise neutralisiert sind (z. B. Polycarbonsäuren), dient die Aminzahl zur Qualitätskontrolle.

Beispiel: Zur Aminzahl-Bestimmung wurden 2,5346 g Zusatzlack in 100 mL eines Lösemittelgemisches aus Methylisobutylketon/Butanol heiß gelöst. Nach Abkühlen und Zusatz von 50 mL Ethanol wird mit 8,55 mL Salzsäure-Maßlösung, $\tilde{c}$ = 0,5 mol/L (t = 0,979), gegen Bromkresolgrün (Bromkresolblau) bis zum Farbumschlag von Blau nach Gelb titriert. Bei der Blindwertbestimmung verbraucht das Lösemittelgemisch 1,15 mL der Salzsäure. Welche Aminzahl hat der Zusatzlack?

Reaktionsgleichung: $\text{R-NH}_2 + \text{HCl} \longrightarrow \text{R-NH}_3\text{Cl}$

Lösung: $\ddot{A}(\text{KOH}) = c(\text{HCl}) \cdot M(\text{KOH}) = 0{,}5\ \text{mol/L} \cdot 56{,}1056\ \text{g/mol} = 28{,}053\ \text{mg/mL}$

$\text{Am-Z} = \frac{m(\text{KOH})}{m(\text{Probe})}$, mit $m(\text{KOH}) = (V_\text{p} - V_\text{b}) \cdot t \cdot \ddot{A}(\text{KOH})$ folgt:

$$\textbf{Am-Z} = \frac{(V_\text{p} - V_\text{b}) \cdot t \cdot \ddot{A}(\text{KOH})}{m(\text{Probe})} = \frac{(8{,}55\ \text{mL} - 1{,}15\ \text{mL}) \cdot 0{,}979 \cdot 28{,}053\ \text{mg/ml}}{2{,}5346\ \text{g}} \approx \mathbf{80{,}2\ \frac{mg\ KOH}{g\ Probe}}$$

H-aktiv-Äquivalentmasse

Aliphatische, cycloaliphatische oder aromatische Polyamine und deren Addukte, in denen aktiver Wasserstoff enthalten ist, dienen als Vernetzer in Zweikomponenten-Lacken auf der Basis von Polyurethanen und Epoxidharzen. Das richtige Mengenverhältnis von Harz und Polyamin (Härter) ist wesentlich für die Eigenschaften der ausgehärteten Polyaddukte. Das nachfolgende Reaktionsschema beschreibt exemplarisch den Härtungsprozess eines Epoxidharzes mit einem Diamin:

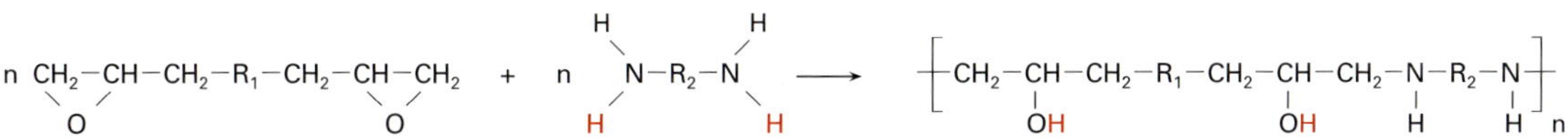

Epoxidharz (Bindemittel) **Diamin (Härter)** **vernetzte Epoxid-Beschichtung**

Für die Berechnung der erforderlichen Portion an Härter für ein Mehrkomponentensystem auf der Basis eines Polyamins ist aus der Struktur des Polyamins und seiner molaren Masse die molare Masse des Wasserstoff-aktiv-Äquivalents $M(\text{eq, H})$ abzuleiten.

H-aktiv-Äquivalentmasse

$$M(\text{eq, H}) = \frac{M(\text{Amin})}{z^*(\text{H}) \cdot w(\text{Amin})}$$

Die H-aktiv-Äquivalentmasse gibt an, in welcher Masse an Amin die Stoffmenge ein Mol aktiver Wasserstoff enthalten ist. Dabei kennzeichnet $z^*(\text{H})$ die Anzahl der NH-Bindungen pro Molekül.

Die H-aktiv-Äquivalentmasse wird berechnet in Gramm Amin pro Mol Wasserstoff.

Beispiel: Aus Dipropylentriamin $H_2N\text{-}(CH_2)_3\text{-}NH\text{-}(CH_2)_3\text{-}NH_2$ wurde eine Lösung mit einem Massenanteil $w(\text{Amin}) = 40{,}0\ \%$ hergestellt. Wie groß ist die H-aktiv-Äquivalentmasse dieser Amin-Lösung?

Lösung: $M(C_6N_3H_{17}) = 131{,}2$ g/mol, $w(\text{Amin}) = 0{,}400$, Struktur: $H_2N\text{–}(CH_2)_3\text{–}NH\text{–}(CH_2)_3\text{-}NH_2 \Rightarrow z^*(\text{H}) = 5$

$$\boldsymbol{M(\text{eq, H})} = \frac{M(\text{Amin})}{z^*(\text{H}) \cdot w(\text{Amin})} = \frac{131{,}2\ \text{g/mol}}{5 \cdot 0{,}400} = \mathbf{65{,}6\ g/mol}$$

Aufgaben zu Aminzahl, H-aktiv-Äquivalentmasse

1. Bei der Aminzahlbestimmung einer Harzlösung wurden für 0,2754 g Probe im Hauptversuch 16,25 mL und im Blindversuch 0,97 mL Salzsäure-Maßlösung, $\tilde{c}(\text{HCl}) = 0{,}1$ mol/L ($t = 1{,}013$), verbraucht. Berechnen Sie die Aminzahl der Lösung.

2. In einem Zusatzlack mit Ethylendiamin $NH_2\text{-}CH_2\text{-}CH_2\text{-}NH_2$ ($M = 60{,}1$ g/mol) wird die Aminzahl bestimmt. 0,3245 g Probe verbrauchen 12,5 mL Salzsäure-Maßlösung, $\tilde{c}(\text{HCl}) = 0{,}1$ mol/L ($t = 0{,}982$). Beim Blindversuch wurden 0,15 mL der Salzsäure verbraucht. Welche Aminzahl Am-Z und welche H-aktiv-Äquivalentmasse $M(\text{eq, H})$ hat die Probe?

3. Von einem Zusatzlack mit Triethylendiamin $M(C_6H_{12}N_2) = 112{,}2$ g/mol wird die Aminzahl bestimmt. 0,3271 g Probe verbrauchen 12,7 mL Salzsäure-Maßlösung, $\tilde{c}(\text{HCl}) = 0{,}1$ mol/L ($t = 0{,}985$). Beim Blindversuch wurden 0,15 mL der Salzsäure verbraucht. Welche Aminzahl Am-Z und welche H-aktiv-Äquivalentmasse $M(\text{eq, H})$ hat der Lack?

4. Ein Bindemittel mit der Säurezahl 114 soll mit einer Triethylamin-Lösung, $w(\text{Amin}) = 39{,}5\ \%$, neutralisiert werden. Welche Masse an Triethylamin-Lösung ist zur Neutralisation von 500 g Bindemittel erforderlich? $M((CH_3\text{-}CH_2)_3N) = 101{,}2$ g/mol

5. Zur Neutralisation von 160 g Bindemittel werden 58,0 g Diethylamin-Lösung mit einem Amin-Massenanteil $w(\text{Amin}) = 36{,}5\ \%$, benötigt. Welche Säurezahl hat das Bindemittel? $M((CH_3\text{-}CH_2)_2NH) = 73{,}1$ g/mol

6. Welche Portion an Bindemittel mit der Säurezahl 132 kann mit 118 g einer Triethylamin-Lösung mit dem Amin-Massenanteil $w(\text{Triethylamin}) = 42{,}5\ \%$ neutralisiert werden? $M((CH_3\text{-}CH_2)_3N) = 101{,}2$ g/mol

7. Aus Ethylendiamin $NH_2\text{-}CH_2\text{-}CH_2\text{-}NH_2$ wurde eine Lösung mit $w(\text{Amin}) = 60{,}0\ \%$ hergestellt. Wie groß ist die H-aktiv-Äquivalentmasse $M(\text{eq, H})$ dieser Lösung?

8. Aus Hexamethylendiamin $NH_2\text{-}(CH_2)_6\text{-}NH_2$ wurde eine Zusatzlack mit $w(\text{Amin}) = 65\ \%$ hergestellt. Berechnen Sie die H-aktiv-Äquivalentmasse $M(\text{eq, H})$ des Zusatzlacks.

16.5.2 Isocyanatmassenanteil, Isocyanat-Äquivalentmasse

Der **Isocyanatmassenanteil** ist ein Maß für die in der Probesubstanz enthaltene Masse an Isocyanatgruppen –N=C=O.

Polyisocyanatharze dienen als Vernetzungspartner für Stammharz-Komponenten mit hydroxyfunktionellen Polyestern oder Acrylharzen, aber auch Kurzöl-Alkydharzen, höheren Epoxidharzen und Polyethern. Dabei entstehen Polyurethan-Beschichtungsstoffe.

Für die Berechnung der Zusammensetzung von Einkomponenten- (*1K*-) und Zweikomponenten-Polyurethan-Lacksystemen (*2K-PUR-Lacke*) verwendet man am besten die **Isocyanat-Äquivalentmasse** $\boldsymbol{M}$**(eq, NCO)**. Sie wird aus nebenstehender Größengleichung erhalten.

Isocyanatmassenanteil
$w(\text{NCO}) = \dfrac{m(\text{NCO})}{m(\text{Probe})}$

Isocyanat-Äquivalentmasse
$M(\text{eq, NCO}) = \dfrac{M(\text{NCO})}{w(\text{Probe})}$

Zur Ermittlung des Isocyanatmassenanteils wird nach DIN EN ISO 11909 die Probesubstanz nach Lösen in Monochlorbenzol mit einer Portion Dibutylamin versetzt. Dabei setzten sich die Isocyanatgruppen mit dem Dibutylamin durch Addition zu den entsprechenden Alkylharnstoffen um:

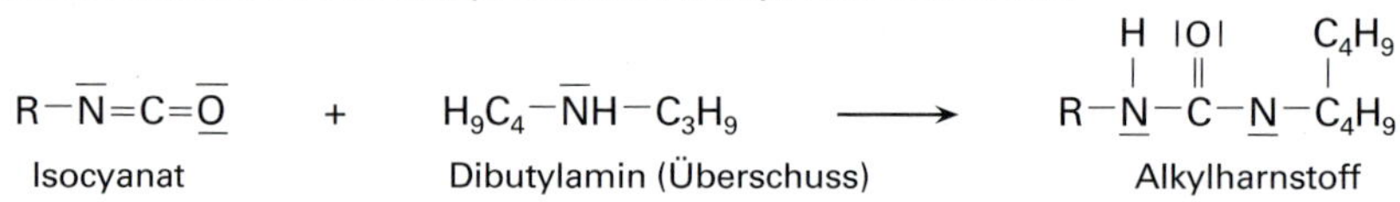

Überschüssiges Dibutylamin wird mit Salzsäure-Maßlösung zurücktitriert, wobei sich Dibutylammoniumchlorid bildet.

Reaktionsgleichung: $H_9C\text{–}NH\text{–}C_4H_9 + HCl \longrightarrow [H_9C_4\text{–}NH_2\text{–}C_4H_9]Cl$

Die gleiche Portion Dibutylamin wird als Blindprobe mit der Salzsäure-Maßlösung titriert. Die Verbrauchs-Differenz an Maßlösung im Blind- und Hauptversuch dient zur Berechnung des Isocyanatmassenanteils.

Beispiel: Zur Bestimmung des Isocyanatmassenanteils eines Polyurethanharzlacks werden 3,800 g Probe eingewogen und mit Dibutylamin versetzt. Überschüssiges Dibutylamin verbraucht bei der Titration 24,5 mL Salzsäure-Maßlösung, $\tilde{c}(\text{HCl}) = 0{,}5$ mol/L ($t = 1{,}009$). Beim Blindversuch verbrauchte die eingesetzte Portion Dibutylamin 49,5 mL der Maßlösung. Welchen Isocyanatmassenanteil hat der Lack, wie groß ist die Isocyanat-Äquivalentmasse?

Lösung: $M(\text{NCO}) = 42{,}017$ g/mol, $z^*(\text{NCO}) = 1$, $V_p = 24{,}5$ mL, $V_b = 49{,}5$ mL;

$$w(\text{NCO}) = \frac{m(\text{NCO})}{m(\text{Probe})}; \quad \text{mit} \quad m(\text{NCO}) = \frac{(V_b - V_p) \cdot \tilde{c}(\text{HCl}) \cdot t \cdot M(\text{NCO})}{z^*(\text{NCO})} \quad \text{folgt:}$$

$$w(\text{NCO}) = \frac{(V_b - V_p) \cdot \tilde{c}(\text{HCl}) \cdot t \cdot M(\text{NCO})}{z^*(\text{NCO})} = \frac{(49{,}5\,\text{mL} - 24{,}5\,\text{mL}) \cdot 0{,}5\,\frac{\text{mmol}}{\text{mL}} \cdot 1{,}009 \cdot 42{,}017\,\frac{\text{mg}}{\text{mmol}}}{1 \cdot 3800\,\text{mg}}$$

$$\boldsymbol{w}\textbf{(NCO)} = 0{,}13946 \approx \textbf{13,9 \%}$$

$$\boldsymbol{M}\textbf{(eq, NCO)} = \frac{M(\text{NCO})}{w(\text{Probe})} = \frac{42{,}017\,\text{g/mol}}{0{,}13946} \approx \textbf{301 g/mol}$$

16.5.3 Hydroxylzahl, Hydroxyl-Äquivalentmasse

Bindemittel auf der Basis hydroxy-funktioneller Polyester oder Acrylharze werden praxisüblich mit Polyisocyanatharzen vernetzt. Der Hydroxylgehalt von Polyolen wird meist in Form der **Hydroxylzahl OHZ** angegeben (vergl. Seite 293).

Die Hydroxylzahl OHZ ist die Masse an Kaliumhydroxid in Milligramm, die die gleiche Menge an Hydroxylgruppen besitzt wie ein Gramm Probesubstanz. Sie wird in der Einheit mg KOH pro g Probesubstanz angegeben.

Die Bestimmung der Hydroxylzahl ist in DIN EN ISO 2554 genormt. Ausführliche Beschreibung auf Seite 293 und 513, Beispiel.

Hydroxylzahl
$\text{OHZ} = \dfrac{m(\text{KOH})}{m(\text{Probe})}$

16

Der Gehalt an Hydroxylgruppen kann auch als **Hydroxyl-Massenanteil w(OH)** angegeben werden. Für Praxisberechnungen ergibt sich mit der Hydroxylzahl in mg/g durch Einsetzen der molaren Masse für M(OH) und M(KOH):

Hydroxyl-Massenanteil

$$w(\mathrm{OH}) = \frac{\mathrm{OHZ} \cdot M(\mathrm{OH})}{M(\mathrm{KOH})}$$

$$w(\mathrm{OH}) = \frac{\mathrm{OHZ} \cdot M(\mathrm{OH})}{M(\mathrm{KOH})} = \frac{\mathrm{OHZ} \cdot 17{,}01\ \mathrm{g/mol}}{56{,}11\ \mathrm{g/mol}} = \mathrm{OHZ} \cdot 0{,}0303$$

Die Berechnung der Zusammensetzung von Härterlösung und Stammlack mit hydroxy-funktionellen Harzen erfolgt am besten mit der **Hydroxyl-Äquivalentmasse M(eq, OH)**. Sie wird aus nebenstehender Größengleichung erhalten.

Hydroxyl-Äquivalentmasse

$$M(\mathrm{eq,\ OH}) = \frac{M(\mathrm{OH})}{w(\mathrm{OH})}$$

Beispiel: 0,8764 g eines hydroxylgruppenhaltigen Polyesterharzes werden eingewogen und mit Essigsäureanhydrid/Pyridin vollständig acetyliert. Der Essigsäure-Überschuss wird mit V_p = 21,7 mL Kalilauge-Maßlösung, $\tilde{c}$(KOH) = 0,1 mol/L (t = 0,991), zurücktitriert. Das Acetylierungsgemisch erfordert im Blindversuch V_b = 42,3 mL der gleichen Kalilauge. Die Säurezahl wurde zu 73,5 mg/g ermittelt. Wie groß ist die Hydroxylzahl OHZ, der Massenanteil w(OH) und die Hydroxyl-Äquivalentmasse M(eq, OH)?

Lösung: Mit $\ddot{A}$(KOH) = c(KOH) · M(KOH) = 0,1 mol/L · 56,1056 g/mol = 5,61056 g/L = 5,61056 mg/mL folgt:

$$\mathrm{OHZ} = \frac{(V_b - V_p) \cdot t \cdot \ddot{A}(\mathrm{KOH})}{m(\mathrm{Probe})} + \mathrm{SZ} = \frac{(42{,}3\ \mathrm{mL} - 21{,}7\ \mathrm{mL}) \cdot 0{,}981 \cdot 5{,}61056\ \mathrm{mg/mL}}{0{,}8764\ \mathrm{g}} + 73{,}5\ \frac{\mathrm{mg}}{\mathrm{g}}$$

$$\mathbf{OHZ} = 130{,}81\ \mathrm{mg/g} + 73{,}5\ \mathrm{mg/g} = 204{,}31\ \mathrm{mg/g} \approx \mathbf{204\ \frac{mg\ KOH}{g\ Probe}}$$

$$\mathbf{w(OH)} = \frac{\mathrm{OHZ} \cdot M(\mathrm{OH})}{M(\mathrm{KOH})} = \frac{204{,}31\ \mathrm{mg/g} \cdot 17{,}0073\ \mathrm{g/mol}}{56{,}1056\ \mathrm{g/mol}} = 61{,}932\ \mathrm{mg/g} = 0{,}061932\ \mathrm{g/g} \approx \mathbf{6{,}19\ \%}$$

$$\mathbf{M(eq,\ OH)} = \frac{M(\mathrm{OH})}{w(\mathrm{OH})} = \frac{17{,}0073\ \mathrm{g/mol}}{0{,}061932} = 274{,}612\ \mathrm{g/mol} \approx \mathbf{275\ g/mol}$$

Aufgaben zu Isocyanatmassenanteil und Hydroxylzahl

1. 3,4683 g Härterlösung für ein Beschichtungssystem auf Polyesterbasis werden zur Bestimmung des Isocyanatmassenanteils mit Dibutylamin versetzt. Nach vollständiger Umsetzung wird das überschüssige Dibutylamin mit 24,35 mL Salzsäure-Maßlösung, c(HCl) = 0,5 mol/L zurücktitriert. Bei der Blindwertbestimmung wurden 41,8 mL der Salzsäure verbraucht. Wie groß ist der Isocyanatmassenanteil w(NCO) der Probe?

2. Im Zusatzlack für einen Zweikomponenten-Lack auf Polyesterharzbasis ist der Isocyanatmassenanteil zu ermitteln. Bei einer Einwaage von 4,2813 g verbraucht überschüssiges Dibutylamin nach erfolgter Umsetzung 17,7 mL Salzsäure-Maßlösung $\tilde{c}$(HCl) = 0,5 mol/L (t = 1,019). Die Blindwertbestimmung ergibt einen Verbrauch von 43,6 mL der Salzsäure-Maßlösung. Welchen Isocyanatmassenanteil hat der Zusatzlack?

3. Zur Bestimmung des Isocyanatmassenanteils eines Polyurethanharzlacks auf Polyesterbasis werden 2,3418 g Probe mit Dibutylamin vollständig umgesetzt. Bei der Rücktitration verbraucht das nicht umgesetzte Dibutylamin 22,7 mL Salzsäure-Maßlösung, $\tilde{c}$(HCl) = 1 mol/L (t = 0,983). Bei der Blindwertbestimmung beträgt der Verbrauch 29,7 mL Salzsäure-Maßlösung. Berechnen Sie den Isocyanatmassenanteil des Lacks.

4. Zur Bestimmung der Hydroxylzahl einer Harzlösung wurden 0,7632 g Probe eingewogen und vollständig acetyliert, überschüssige Essigsäure mit 17,85 mL Kalilauge-Maßlösung, c(KOH) = 0,1 mol/L, zurücktitriert. Im Blindversuch wurden 37,2 mL Kalilauge verbraucht. Bei der Bestimmung der Säurezahl reagieren 2,6584 g Probe mit 8,65 mL der Kalilauge-Maßlösung. Wie groß ist die Hydroxylzahl OHZ, der Massenanteil w(OH) und die Hydroxyl-Äquivalentmasse M(eq, OH) der Harzlösung?

Weitere Aufgaben zur Hydroxylzahl befinden sich auf Seite 294.

16.5.4 Epoxid-Äquivalentmasse, Epoxidwert

Reaktionsfähige Gruppen der Epoxidharze sind die endständigen Epoxidgruppen. Epoxidharze vernetzen bei Zusatz von Diaminen oder cyclischen Anhydriden von Dicarbonsäuren wie beispielsweise Phthalsäureanhydrid zu höhermolekularen Produkten. Diese Reaktion führt zur Aushärtung der Harze.

Epoxid-Gruppe

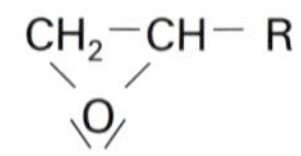

Die **Epoxid-Äquivalentmasse *M*(eq, EP)** gibt an, in welcher Masse Substanz die Stoffmenge ein Mol EP-Gruppen, d.h. 16,0 g epoxidisch gebundener Sauerstoff, enthalten ist. Die Epoxid-Äquivalentmasse wird in der Einheit g/mol angegeben.

Epoxid-Äquivalentmasse

$$M(\text{eq, EP}) = \frac{m_{\text{Probe}}}{n(\text{eq, EP})}$$

Der **Epoxidwert EP** ist ein Maß für die in der Probesubstanz enthaltenen Epoxid-Gruppen (EP-Gruppen). Er ist somit ein wichtiges Kriterium für den erforderlichen Zusatz an Härter in der Rezeptur von Zweikomponenten-Systemen. Der Epoxidwert gibt die Stoffmenge Epoxid-Gruppen in Mol an, die in 100 g Probesubstanz enthalten ist.

Epoxidwert

$$\text{EP} = \frac{1}{M(\text{eq, EP})}$$

Zur Bestimmung des Epoxidwerts nach DIN EN ISO 7142 wird die Probesubstanz in einem Dichlormethan/Eisessig-Gemisch gelöst. Nach Abkühlen wird Tetra-n-butylammoniumiodid (vereinfacht: Kat^+Hal^-) zugegeben und mit Perchlorsäure-Maßlösung gegen Kristallviolett bis zu Farbumschlag von Blau nach Gelbgrün titriert.

Reaktionsschema:

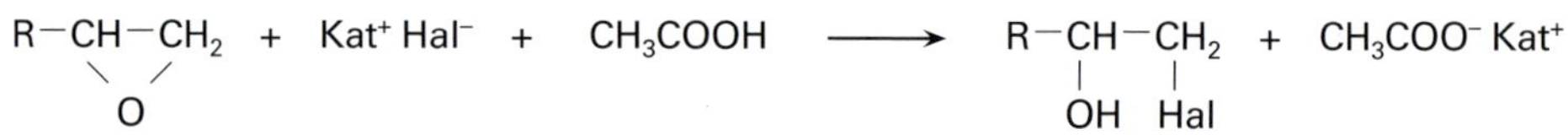

Durch die sehr starke Säure $HClO_4$ der Maßlösung wird das freigesetzte Acetat protoniert:

$$CH^3COO^- \, Kat^+ + HClO_4 \longrightarrow CH_3COOH + Kat^+ \, ClO_4^-$$

Die Differenz des Verbrauchs an Perchlorsäure-Maßlösung im Blind- und Hauptversuch dient zur Berechnung der Epoxidwertes.

Beispiel: Zur Bestimmung des Epoxidwertes werden 0,7920 g Probe eingewogen und mit 20,3 mL Perchlorsäure-Maßlösung, $\tilde{c}(\frac{1}{1}\,HClO_4) = 0{,}1$ mol/L ($t = 1{,}013$) titriert. Im Blindversuch wurden 0,10 mL der Maßlösung verbraucht. Welchen Epoxidwert hat die Probe?

Lösung: $M(\text{eq, EP}) = \frac{m(\text{Probe})}{n(\text{eq, EP})}$; mit $n(\text{eq, Ep}) = (V_p - V_b) \cdot \tilde{c}(\frac{1}{1}\,HClO_4) \cdot t$ folgt:

$$M(\text{eq, EP}) = \frac{m(\text{Probe})}{(V_p - V_b) \cdot \tilde{c}(HCl_4) \cdot t} = \frac{792{,}0 \text{ mg}}{(20{,}3 \text{ mL} - 0{,}10 \text{ mL}) \cdot 0{,}1 \text{ mmol/mL} \cdot 1{,}013} = 387{,}05 \text{ g/mol}$$

$$\textbf{EP} = \frac{1}{M(\text{eq, EP})} = \frac{1}{387{,}05 \text{ g/mol}} = 0{,}0025837 \text{ mol/g} \approx \mathbf{0{,}258 \frac{mol}{100\,g}}$$

Aufgaben zu Epoxid-Äquivalentmasse, Epoxidwert

1. Zur Bestimmung des Epoxidwertes werden 0,8708 g Epoxidharz-Lösung eingewogen. Für die Probe werden 28,35 mL Perchlorsäure-Maßlösung, $\tilde{c}(\frac{1}{1}\,HClO_4) = 0{,}1$ mol/L ($t = 1{,}015$), verbraucht. Der Verbrauch im Blindversuch beträgt 0,20 mL Maßlösung. Wie groß ist die Epoxid-Äquivalentmasse und der EP der Epoxidharz-Lösung?
2. Bei der Bestimmung des Epoxidwertes verbrauchen 0,7592 g Epoxidharz-Lösung 22,7 mL Perchlorsäure-Maßlösung, $\tilde{c}(\frac{1}{1}\,HClO_4) = 0{,}1$ mol/L ($t = 0{,}998$). Als Verbrauch beim Blindversuch wurden 0,15 mL ermittelt. Welchen EP hat die Harzlösung?
3. Welche Portion einer Epoxidharz-Lösung mit einem vermuteten EP-Wert von 0,315 mol/100 g ist einzuwiegen, wenn bei der Bestimmung des EP-Wertes ein Verbrauch von 24 mL Perchlorsäure-Maßlösung der Konzentration $c(HClO_4) = 0{,}1$ mol/L angestrebt wird?

16.6 Mischen von Zweikomponenten-Lacken (2-K – Lacke)

Bei Zweikomponenten-Lacken wird die Komponente 1, das Bindemittel (Bm), mit einem Zusatzlack mit geeignetem Härter (Komponente 2) vernetzt **(Bild 1)**. Dabei legen Art und Anzahl der funktionellen Gruppen im Bindemittel und im Härter das Mischungsverhältnis beider Komponenten fest.

Bei 2-K – Lacken werden Stammlack und Härter getrennt voneinander hergestellt und gelagert. Sie werden erst kurz vor der Verarbeitung im stöchiometrischen Verhältnis, d.h. im Verhältnis der Äquivalentmassen, gemischt und unmittelbar danach verarbeitet (1:1-Vernetzung).

Man spricht bei 2-K – Lacken von Über- bzw. Untervernetzung, wenn die Masse an Zusatzlack den stöchiometrischen Wert übersteigt. bzw. unterschreitet.

Überwiegend kommen 2-K – Lacke auf der Basis von Isocyanat- und Epoxidharzen zum Einsatz.

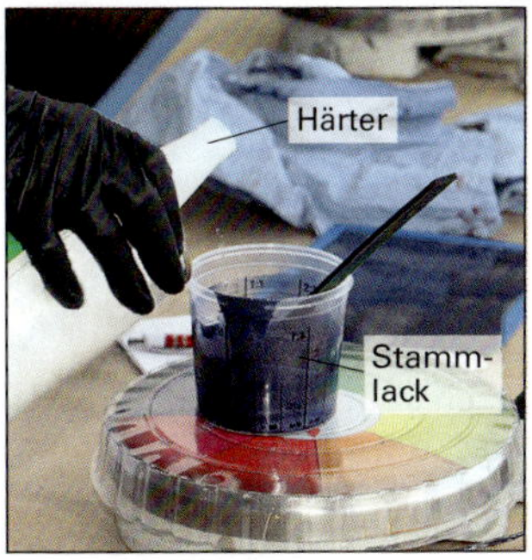

Bild 1: Ansetzen eines 2-K – Lacks

16.6.1 2-Komponenten-Lacke mit Hydroxylgruppen und Isocyanatgruppen

Die Polyurethan-Lacke (2-K – PUR) zählen zu den klassischen 2-K – Lacken mit hochwertigen Eigenschaften. Der **Stammlack** enthält neben dem Lösemittel das Polyol mit aktiven Hydroxyl-Gruppen R – OH und die anderen Komponenten, wie Pigmente, Füllstoffe und Additive. Im **Zusatzlack** ist neben dem Lösemittel das Di- oder Polyisocyanat mit den aktiven Isocyanat-Gruppen R–N=C=O als Härter enthalten. In der Lackindustrie werden heute die längerkettigen, physiologisch unbedenklichen Diisocyanate eingesetzt.

Nach dem Mischen beginnt die Vernetzung durch Polyaddition und das Material kann nur noch innerhalb einer bestimmten Zeit **(Topfzeit)** verarbeitet werden. Die Vernetzung eines 2-K – PUR-Lackes erfolgt durch Polyaddition nach folgendem Reaktionsschema:

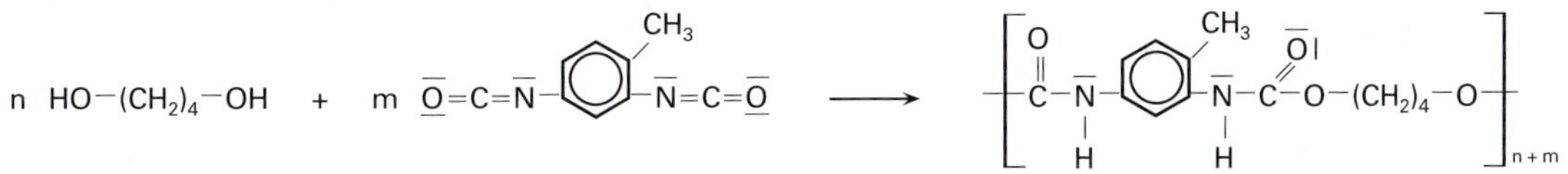

Diol (1,4-Butandiol) + Diisocyanat (Toluylen-2,4-diisocyanat) Polyurethan

Das stöchiometrische Bindemittel-Härter-Mischungsverhältnis für einen 2-K – PUR-Lack leitet sich aus folgenden Überlegungen ab:

Stoffmengenbilanz: Ein Mol Hydroxyl-Gruppen reagiert mit einem Mol Isocyanat-Gruppen.

Stoffmengenrelation: $n(\frac{1}{1}\,\text{OH}) = n(\frac{1}{1}\,\text{NCO})$ bzw. $n(\text{OH}) = n(\text{NCO})$

Mit $n(\text{OH}) = \dfrac{m(\text{OH})}{M(\text{OH})}$ und $n(\text{NCO}) = \dfrac{m(\text{NCO})}{M(\text{NCO})}$ folgt nach dem Gleichsetzen: $\dfrac{m(\text{OH})}{M(\text{OH})} = \dfrac{m(\text{NCO})}{M(\text{NCO})}$

Mit $m(\text{OH}) = w(\text{Bm}) \cdot w(\text{OH}) \cdot m(\text{Bs})$ sowie $m(\text{NCO}) = w(\text{NCO}) \cdot m(\text{Zu-Lsg})$ folgt durch Einsetzen das nebenstehende Bindemittel-Härter-Mischungsverhältnis:

Bindemittel-Härter-Mischungsverhältnis

$$\frac{m(\text{Bs}) \cdot w(\text{Bm}) \cdot w(\text{OH})}{M(\text{OH})} = \frac{m(\text{Zu-Lsg}) \cdot w(\text{NCO})}{M(\text{NCO})}$$

Beispiel: Eine Lackfarbe (Bs) hat einen Bindemittel-Massenanteil von 25,0 % (OH-gruppenhaltiges Polyacrylatharz mit dem Hydroxyl-Massenanteil 9,00 %). Der Lack soll mit einer isocyanathaltigen Zusatzlösung (Zu-Lsg) vernetzt werden, deren NCO-Massenanteil 11,0 % beträgt. Wie viel Zusatzlösung ist für 100 g Lackfarbe erforderlich?

Lösung: Mit $m(\text{Bs}) = 100$ g, $w(\text{Bm}) = 25{,}0$ %, $w(\text{OH}) = 9{,}00$ %, $M(\text{OH}) = 17{,}007$ g/mol, $w(\text{NCO}) = 11{,}0$ %, $M(\text{NCO}) = 42{,}017$ g/mol folgt:

$$\boldsymbol{m(\text{Zu-Lsg})} = \frac{m(\text{Bs}) \cdot w(\text{Bm}) \cdot w(\text{OH}) \cdot M(\text{NCO})}{M(\text{OH}) \cdot w(\text{NCO})} = \frac{100\text{ g} \cdot 0{,}250 \cdot 0{,}0900 \cdot 42{,}017\text{ g/mol}}{17{,}007\text{ g/mol} \cdot 0{,}110} \approx \mathbf{50{,}5\ g}$$

16

Aufgaben zu 2-K – Lacke mit Hydroxylgruppen und Isocyanatgruppen

1. 100 g eines Beschichtungsstoffes enthalten 45,0 g einer Polyester-Lösung mit $w(\text{SP}) = 63{,}5\ \%$. Der Hydroxyl-Massenanteil im Polyester beträgt $w(\text{OH}) = 8{,}25\ \%$. Wie viel Härter mit dem Massenanteil $w(\text{NCO}) = 11{,}5\ \%$ muss 500 g Beschichtungsstoff zugesetzt werden?
2. In einem Beschichtungsstoff haben die beiden gesättigten Polyesterkomponenten folgende Massenanteile an reinem Polyester (SP):
   $w(\text{SP1}) = 17{,}5\ \%$ mit $w(\text{OH}) = 9{,}50\ \%$, $w(\text{SP2}) = 11{,}5\ \%$ mit $w(\text{OH}) = 7{,}00\ \%$.
   Welche Masse an Härter-Lösung mit $w(\text{NCO}) = 18{,}5\ \%$ ist für 2000 g des Beschichtungsstoffes zur vollständigen Vernetzung erforderlich?
3. 100 g Polyesterharzlack enthalten 34,0 g Polyesterharz mit dem Massenanteil $w(\text{OH}) = 7{,}60\ \%$. Zur Herstellung einer Beschichtung sind 500 g Polyesterharzlack und 245 g Isocyanat-Lösung anzusetzen. Welchen Massenanteil $w(\text{NCO})$ hat der Zusatzlack?
4. Ein hydroxylgruppenhaltiger Polyester mit einem Massenanteil $w(\text{OH}) = 9{,}8\ \%$ ist in einem PUR-Beschichtungsstoff (Stammlack) mit dem Massenanteil $w(\text{Polyester}) = 28{,}5\ \%$ enthalten. Als Reaktionspartner wird eine Isocyanat-Lösung mit $w(\text{NCO}) = 10{,}5\ \%$ eingesetzt. Zur Erzielung spezieller Eigenschaften wird eine Vernetzung von 96 % (Untervernetzung) angestrebt. Welche Masse der Isocyanat-Lösung ist für 500 g des PUR-Beschichtungsstoffes erforderlich?
5. Ein PUR-Stammlack hat einen Massenanteil an hydroxylgruppenhaltigem Polyester von 22 %. Zur Vernetzung sind laut Vorschrift auf 100 g Stammlack 35 g der NCO-haltigen Komponente mit einem Massenanteil $w(\text{NCO}) = 12\ \%$ zuzusetzen. Wie groß ist der Hydroxyl-Massenanteil $w(\text{OH})$ des Polyesters, wenn bei dem angegebenen Mischungsverhältnis von einer vollständigen Vernetzung ausgegangen wird?
6. Der Hersteller eines 2-Komponenten-Beschichtungsstoffes auf der Basis hydroxylgruppenhaltiger Polyester/Isocyanat gibt ein stöchiometrisches Mischungsverhältnis von 100 : 45 an. Im Stammlack wurde eine Bindemittel-Massenanteil $w(\text{Bm}) = 22\ \%$, im Zusatzlack ein Isocyanat-Massenanteil $w(\text{NCO}) = 12\ \%$ ermittelt. Welcher Hydroxyl-Massenanteil $w(\text{OH})$ ergibt sich daraus für das reine Bindemittel?

16.6.2 2-Komponenten-Lacke mit Epoxid-Gruppen und aktivem Wasserstoff

Beschichtungsstoffe auf der Basis von Epoxidharzen haben allein keine filmbildenden Eigenschaften, sodass sie durch Zusatz anderer Komponenten ausgehärtet werden müssen. Die Vernetzung kann über die Epoxidgruppen oder die Hydroxylgruppen erfolgen.

Geeignete Reaktionspartner zur Vernetzung sind Verbindungen mit aktiven Wasserstoff-Atomen, wie Polyamine und deren Addukte, Polyaminoamide, Ketimine sowie Polyisocyanate. Die Aushärtung eines Epoxidharzes mit einem Diamin z.B. verläuft durch Polymerisation nach folgendem Reaktionsschema:

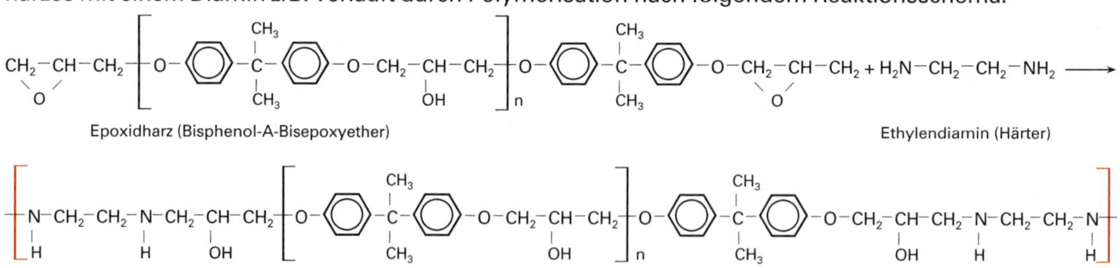

Epoxidharz (Bisphenol-A-Bisepoxyether) Ethylendiamin (Härter)

ausgehärteter (vernetzter) Epoxidharz-Lack

Mit $n(\text{eq, EP}) = \dfrac{m(\text{eq, EP})}{M(\text{eq, EP})}$ und $n(\text{eq, H}) = \dfrac{m(\text{eq, H})}{M(\text{eq, H})}$ folgt durch Gleichsetzen $\dfrac{m(\text{eq, EP})}{M(\text{eq, EP})} = \dfrac{m(\text{eq, H})}{M(\text{eq, H})}$

Mit $m(\text{eq, EP}) = m(\text{EP-Lsg}) \cdot w(\text{EP})$ sowie $m(\text{EP-Lsg}) = m(\text{Bs}) \cdot w(\text{EP-Lsg})$ und mit $m(\text{eq, H}) = m(\text{Zu-Lsg}) \cdot w(\text{Amin})$ folgt durch Einsetzen das nebenstehende Bindemittel-Härter-Mischungsverhältnis:

Bindemittel-Härter-Mischungsverhältnis

$$\frac{m(\text{Bs}) \cdot w(\text{EP-Lsg}) \cdot w(\text{EP})}{M(\text{eq, EP})} = \frac{m(\text{Zu-Lsg}) \cdot w(\text{Amin})}{M(\text{eq, H})}$$

16

Beispiel: Eine Lackfarbe (Bs) enthält 50,0 % einer Epoxidharz-Lösung mit dem Massenanteil $w(\text{EP}) = 55,0\ \%$. Der Epoxidwert des Epoxidharzes beträgt 0,210 mol/100 g. Die Lackfarbe soll mit einem aminhaltigen Zusatzlack mit dem Massenanteil $w(\text{Amin}) = 5,0\ \%$ vernetzt werden. Wie viel Zusatzlack ist für 100 g Lackfarbe erforderlich, wenn er Ethylendiamin $H_2N-CH_2-CH_2-NH_2$ enthält?

Lösung: Mit $m(\text{Bs}) = 100\ \text{g}$, $w(\text{Bm}) = 50,0\ \%$, $w(\text{EP}) = 55,0\ \%$, $\text{EP} = 0,210\ \text{mol/100 g}$
$w(\text{Amin}) = 5,0\ \%$, $M(H_2N-CH_2-CH_2-NH_2) = 60,099\ \text{g/mol}$, $z^*(\text{H}) = 4$ folgt:

$$M(\text{eq, H}) = \frac{M(\text{Amin})}{z^*(\text{H})} = \frac{60,099\ \text{g/mol}}{4} = 15,025\ \text{g/mol}$$

$$\text{EP} = \frac{1}{M(\text{eq, EP})} \Rightarrow M(\text{eq, EP}) = \frac{1}{\text{EP}} = \frac{1}{0,210\ \text{mol/100 g}} = 476,19\ \text{g/mol}$$

$$\boldsymbol{m(\text{Zu-Lsg})} = \frac{m(\text{Bs}) \cdot w(\text{EP} - \text{Lsg}) \cdot w(\text{EP}) \cdot M(\text{eq, H})}{M(\text{eq, EP}) \cdot w(\text{Amin})} = \frac{100\ \text{g} \cdot 0,500 \cdot 0,550 \cdot 15,025\ \text{g/mol}}{476,19\ \text{g/mol} \cdot 0,050} \approx \mathbf{17,4\ g}$$

Aufgaben zu 2-K – Lacke mit Epoxid-Gruppen und aktivem Wasserstoff

1. Eine Lackfarbe hat einen Massenanteil $w(\text{EP-Harzlösung}) = 54,0\ \%$. Der Massenanteil an Epoxidharz in der Lösung beträgt $w(\text{EP-Harz}) = 56,0\ \%$. Der Epoxidwert des Harzes beträgt 0,231 mol/100 g. Die Lackfarbe soll mit einer Amin-Lösung, $w(\text{Amin}) = 12,5\ \%$, vollständig vernetzt werden. Die H-aktiv-Äquivalentmasse des Amins beträgt 27,0 g/mol. Welche Masse der Amin-Lösung wird für 128 kg der Lackfarbe benötigt?

2. 100 g eines Epoxidharz-Lackes enthalten 60,0 g einer EP-Harzlösung mit $w(\text{Harz}) = 53,0\ \%$. Das reine Harz hat einen Epoxidwert von 0,170 mol/100 g. Die H-aktiv-Äquivalentmasse des reinen Amins beträgt 131,2 g/mol. Auf welchen Massenanteil $w(\text{Amin})$ müsste der Härter in der Lösung gebracht werden, damit bei der Härtung auf 100 g Epoxidharz-Lack 20,0 g Amin-Lösung zugesetzt werden müssen, also ein Mischungsverhältnis von 5 : 1 erreicht wird?

3. Eine Epoxidharz-Lackfarbe hat einen Massenanteil an Epoxidharz-Lösung von 58,0 % mit $w(\text{EP-Harz}) = 54,0\ \%$. Die Lackfarbe soll mit einer Amin-Lösung vollständig vernetzt werden. Das Massenverhältnis der Mischung aus Stammlack und Zusatzlack soll 100 : 40 betragen. Der Epoxidwert des Harzes ist mit 0,258 mol/100 g, die H-aktiv-Äquivalentmasse des reinen Amins mit 27,0 g/mol angegeben. Wie groß muss der Massenanteil $w(\text{Amin})$ der eingesetzten Amin-Lösung sein?

4. In einem Amin-härtenden Epoxidharz-Lack mit einem Massenanteil $w(\text{EP-Harz}) = 24,0\ \%$ hat das Harz einen Epoxidwert von 0,210 mol/100 g. Der Lack soll mit einer Amin-Lösung, $w(\text{Amin}) = 12,0\ \%$, vollständig vernetzt werden. Die H-aktiv-Äquivalentmasse des Amins ist 115 g/mol. Welche Masse an Härter-Lösung ist für 600 g Lackfarbe erforderlich?

5. 200 kg Lackfarbe mit dem Massenanteil $w(\text{EP-Harzlösung}) = 54,0\ \%$ mit $w(\text{EP-Harz}) = 55,5\ \%$ sollen mit 22,4 kg einer Amin-Lösung, $w(\text{Amin}) = 14,5\ \%$, vollständig vernetzt werden. Die H-aktiv-Äquivalentmasse des Amins beträgt 27,0 g/mol. Welchen Epoxidwert hat der Lack?

Übersicht der in Kap. 16 verwendeten Abkürzungen und englische Bezeichnungen

Allgemeine Begriffe:

(B) ≙ Beschichtung (coating)
(Bs) ≙ Beschichtungsstoff (coating material)
(Bm) ≙ Bindemittel (bond)
(fA) ≙ flüchtige Bestandteile (volatile matter)
(nfA) ≙ nichtflüchtige Bestandteile (non-volatile matter)
(Sik) ≙ Sikkativ (drier)
(Pi) ≙ Pigment (pigment)
(Fü) ≙ Füllstoff (extender)
(Lm) ≙ Lösemittel (resolvent)
(Lsg) ≙ Lösung (solution)
(Nf) ≙ Nassfilm (wet film)
(Tf) ≙ Trockenfilm (dried film)

Bindemittel (DIN 55 950):

(AK) ≙ Alkydharz (alkyd resin)
(AY) ≙ Acrylatharz (acrylic resin)
(MF) ≙ Melamin-Formaldehyd-Harz (melamine resin)
(SP) ≙ gesättigter Polyester (saturated polyester resin)
UF) ≙ Harnstoff-Formaldehyd-Harz (urea resin)
(UP) ≙ ungesättigter Polyester (unsaturated polyester resin)
(CAB) ≙ Celluloseacetobutyrat (cellulose acetobutyrate)
(PUR) ≙ Polyurethan (polyurethane)
(EP) ≙ Epoxidharz (epoxide resin)
(PF) ≙ Phenol-Formaldehyd-Harz (phenolic resin)

17 Anhang

Griechische Buchstaben							
$A\ \alpha$ Alpha	$B\ \beta$ Beta	$\Gamma\ \gamma$ Gamma	$\Delta\ \delta$ Delta	$E\ \varepsilon$ Epsilon	$Z\ \zeta$ Zeta	$H\ \eta$ Eta	$\Theta\ \vartheta$ Theta
$I\ \iota$ Iota	$K\ \varkappa$ Kappa	$\Lambda\ \lambda$ Lambda	$M\ \mu$ My	$N\ \nu$ Ny	$\Xi\ \xi$ Xi	$O\ o$ Omikron	$\Pi\ \pi$ Pi
$P\ \varrho$ Rho	$\Sigma\ \sigma$ Sigma	$T\ \tau$ Tau	$\Upsilon\ \upsilon$ Ypsilon	$\Phi\ \varphi$ Phi	$X\ \chi$ Chi	$\Psi\ \psi$ Psi	$\Omega\ \omega$ Omega

Physikalische Konstanten (nach DIN 1304-1 und DIN 1301-1)

Größe	Formelzeichen, Zahlenwert, Einheit	gerundeter Größenwert
Avogadro-Konstante	$N_A = 6{,}0224199 \cdot 10^{23}$ 1/mol	$\approx 6{,}022 \cdot 10^{23}$ 1/mol
Molares Volumen idealer Gase	$V_{m,0} = 22{,}413994$ L/mol	$\approx 22{,}41$ L/mol
Universelle Gaskonstante	$R = 8{,}314472$ J/(mol · K)	$\approx 0{,}08314$ bar · L/(K · mol)
Normdruck	$p_n = 1{,}01325$ bar	$\approx 1{,}013$ bar
Normtemperatur	$T_n = 273{,}15$ K	≈ 273 K
Atomare Masseneinheit	1 u $= 1{,}66053873 \cdot 10^{-24}$ g	$\approx 1{,}66 \cdot 10^{-24}$ g
Faraday-Konstante	$F = 96\,485{,}3415$ C/mol	$\approx 96\,485$ A · s/mol
Boltzmann-Konstante	$k = 1{,}3806503 \cdot 10^{-23}$ J/K	$\approx 1{,}38 \cdot 10^{-23}$ J/K
Elementarladung	$e = 1{,}602176462 \cdot 10^{-19}$ C	$\approx 1{,}60 \cdot 10^{-19}$ C
Fallbeschleunigung	$g = 9{,}80665$ m/s²	$\approx 9{,}81$ m/s² = 9,81 N/kg
Lichtgeschwindigkeit	$c_0 = 2{,}99792458 \cdot 10^8$ m/s	$\approx 3{,}00 \cdot 10^8$ m/s $\approx$ 300 000 km/s

Vorsätze und Vorsatzzeichen für dezimale Teile und Vielfache von Einheiten

Vorsatz	Vorsatz-zeichen	Faktor	Potenz-schreibweise	Beispiele		
Tera	T	1 000 000 000 000	10^{12}	1 Tt	= 1 Teratonne	= 10^{12} Tonnen
Giga	G	1 000 000 000	10^{9}	1 GW	= 1 Gigawatt	= 10^{9} Watt
Mega	M	1 000 000	10^{6}	1 MN	= 1 Meganewton	= 10^{6} Newton
Kilo	k	1000	10^{3}	1 kg	= 1 Kilogramm	= 10^{3} Gramm
Hekto	h	100	10^{2}	1 hL	= 1 Hektoliter	= 10^{2} Liter
Deka	da	10	10^{1}	1 dam	= 1 Dekameter	= 10^{1} Meter
Dezi	d	0,1	10^{-1}	1 dm	= 1 Dezimeter	= 10^{-1} Meter
Zenti	c	0,01	10^{-2}	1 cN	= 1 Zentinewton	= 10^{-2} Newton
Milli	m	0,001	10^{-3}	1 mmol	= 1 Millimol	= 10^{-3} Mol
Mikro	µ	0,000001	10^{-6}	1 µL	= 1 Mikroliter	= 10^{-6} Liter
Nano	n	0,000000001	10^{-9}	1 nm	= 1 Nanometer	= 10^{-9} Meter
Pico	p	0,000000000001	10^{-12}	1 pF	= 1 Picofarad	= 10^{-12} Farad

Symbole und molare Massen der Elemente

Element	Symbol	Molare Masse g/mol
Aluminium	Al	26,981539
Antimon	Sb	121,75
Argon	Ar	39,948
Arsen	As	74,92159
Astat	At	209,9871
Barium	Ba	137,327
Beryllium	Be	9,012182
Bismut (früher Wismut)	Bi	208,98037
Blei	Pb	207,2
Bor	B	10,811
Brom	Br	79,904
Cadmium	Cd	112,411
Caesium	Cs	132,90543
Calcium	Ca	40,078
Cer	Ce	140,115
Chlor	Cl	35,4527
Chrom	Cr	51,9961
Cobalt	Co	58,93320
Eisen	Fe	55,847
Erbium	Er	167,26
Europium	Eu	151,965
Fluor	F	18,9984032
Gadolinium	Gd	157,25
Gallium	Ga	69,723
Germanium	Ge	72,61
Gold	Au	196,96654
Hafnium	Hf	178,49
Helium	He	4,002602
Holmium	Ho	164,93032
Indium	In	114,82
Iod	I	126,90447
Iridium	Ir	192,22
Kalium	K	39,0983
Kohlenstoff	C	12,011
Krypton	Kr	83,80
Kupfer	Cu	63,546
Lanthan	La	138,9055
Lithium	Li	6,941
Lutetium	Lu	174,967
Magnesium	Mg	24,3050
Mangan	Mn	54,93805
Molybdän	Mo	95,94
Natrium	Na	22,989768
Neodym	Nd	144,24
Neon	Ne	20,1797
Neptunium	Np	237,0482
Nickel	Ni	58,69
Niob	Nb	92,90638
Osmium	Os	190,2
Palladium	Pd	106,42
Phosphor	P	30,973762
Platin	Pt	195,08
Praseodyn	Pr	140,90765
Protactinium	Pa	231,0359
Quecksilber	Hg	200,59
Radium	Ra	226,0254
Rhenium	Re	186,207
Rhodium	Rh	102,90550
Rubidium	Rb	85,4678
Ruthenium	Ru	101,07
Sauerstoff	O	15,9994
Scandium	Sc	44,955910
Schwefel	S	32,066
Selen	Se	78,96
Silber	Ag	107,8682
Silicium	Si	28,0855
Stickstoff	N	14,00674
Strontium	Sr	87,62
Tantal	Ta	180,9479
Tellur	Te	127,60
Terbium	Tb	158,92534
Thallium	Tl	204,3833
Thorium	Th	232,0381
Thulium	Tm	168,93421
Titan	Ti	47,88
Uran	U	238,0289
Vanadium	V	50,9415
Wasserstoff	H	1,00794
Wolfram	W	183,85
Xenon	Xe	131,29
Ytterbium	Yb	173,04
Yttrium	Y	88,90585
Zink	Zn	65,39
Zinn	Sn	118,710
Zirkonium	Zr	91,24

Tabelle: Tabellenwert des Korrelationskoeffizienten r_{tab} für eine Korrelation (Erläuterung auf Seite 339) (f = Freiheitsgrad = $n-2$; n ist Anzahl der Stichprobe; α = Irrtumswahrscheinlichkeit)

f ↓	α → 0,10	0,05	0,02	0,01	0,001	f ↓	α → 0,10	0,05	0,02	0,01	0,001
1	.988	.997	.9995	.9999	.999999	18	.378	.444	.516	.561	.679
2	.900	.950	.980	.990	.9990	19	.369	.433	.503	.549	.665
3	.805	.878	.934	.959	.991	20	.360	.423	.492	.537	.652
4	.729	.811	.882	.917	.974	25	.323	.381	.445	.487	.597
5	.669	.754	.833	.874	.951	30	.296	.349	.409	.449	.554
6	.622	.707	.789	.834	.925	35	.275	.325	.381	.418	.520
7	.582	.666	.750	.798	.898	40	.257	.304	.358	.393	.490
8	.549	.632	.716	.765	.872	45	.243	.288	.338	.372	.465
9	.521	.602	.685	.735	.874	50	.231	.273	.322	.354	.443
10	.497	.576	.658	.708	.823	60	.211	.250	.295	.325	.408
11	.476	.553	.634	.684	.801	70	.195	.232	.274	.302	.380
12	.458	.532	.612	.661	.780	80	.183	.217	.256	.283	.357
13	.441	.514	.592	.641	.760	90	.173	.20e	.242	.267	.338
14	.426	.497	.574	.623	.742	100	.164	.195	.230	.254	.321
15	.412	.482	.558	.606	.725						
16	.400	.468	.542	.590	.708						
17	.389	.456	.528	.575	.693						

Die Wahrscheinlichkeiten α beziehen sich auf den zweiseitigen Test. Für den einseitigen Test sind die Wahrscheinlichkeiten zu halbieren.

17

Tabelle: t - Verteilung (Student-Verteilung); (Erläuterungen zur t - Verteilung auf Seite 342)
(t_{tab} - Werte in Abhängigkeit von Freiheitsgrad $f = n - 1$ und Irrtumswahrscheinlichkeit α)

f ↓	→ Irrtumswahrscheinlichkeit α für einseitige Fragestellung (P)							
	0,25	0,125	0,05	0,025	0,01	0,005	0,001	0,0005
	→ Irrtumswahrscheinlichkeit α für zweiseitige Fragestellung (2 P)							
	0,50	0,25	0,10	0,05	0,02	0,01	0,002	0,001
1	1,00	2,41	6,31	12,71	31,82	63,66	318,31	636,62
2	0,816	1,60	2,92	4,30	6,97	9,92	22,33	31,60
3	0,765	1,42	2,35	3,18	4,54	5,84	10,21	12,92
4	0,741	1,34	2,13	2,78	3,75	4,60	7,17	8,61
5	0,727	1,30	2,01	2,57	3,37	4,03	5,89	6,87
6	0,718	1,27	1,94	2,45	3,14	3,71	5,21	5,96
7	0,711	1,25	1,89	2,36	3,00	3,50	4,79	5,41
8	0,706	1,24	1,86	2,31	2,90	3,36	4,50	5,04
9	0,703	1,23	1,83	2,26	2,82	3,25	4,30	4,78
10	0,700	1,22	1,81	2,23	2,76	3,17	4,14	4,59
11	0,697	1,21	1,80	2,20	2,72	3,11	4,03	4,44
12	0,695	1,21	1,78	2,18	2,68	3,05	3,93	4,32
13	0,694	1,20	1,77	2,16	2,65	3,01	3,85	4,22
14	0,692	1,20	1,76	2,14	2,62	2,98	3,79	4,14
15	0,691	1,20	1,75	2,13	2,60	2,95	3,73	4,07
16	0,690	1,19	1,75	2,12	2,58	2,92	3,69	4,01
17	0,689	1,19	1,74	2,11	2,57	2,90	3,65	3,96
18	0,688	1,19	1,73	2,10	2,55	2,88	3,61	3,92
19	0,688	1,19	1,73	2,09	2,54	2,86	3,58	3,88
20	0,687	1,18	1,73	2,09	2,53	2,85	3,55	3,85
21	0,686	1,18	1,72	2,08	2,52	2,83	3,53	3,82
22	0,686	1,18	1,72	2,07	2,51	2,82	3,51	3,79
23	0,685	1,18	1,71	2,07	2,50	2,81	3,49	3,77
24	0,685	1,18	1,71	2,06	2,49	2,80	3,47	3,74
25	0,684	1,18	1,71	2,06	2,49	2,79	3,45	3,72
26	0,684	1,18	1,71	2,06	2,48	2,78	3,44	3,71
27	0,684	1,18	1,70	2,05	2,47	2,77	3,42	3,69
28	0,683	1,17	1,70	2,05	2,47	2,76	3,41	3,67
29	0,683	1,17	1,70	2,05	2,46	2,76	3,40	3,66
30	0,683	1,17	1,70	2,04	2,46	2,75	3,39	3,65
40	0,681	1,17	1,68	2,02	2,42	2,70	3,31	3,55
60	0,679	1,16	1,67	2,00	2,39	2,66	3,23	3,46
120	0,677	1,16	1,66	1,98	2,36	2,62	3,17	3,37
∞	0,674	1,15	1,64	1,96	2,33	2,58	3,09	3,29

Tabelle: *F*-Verteilung (F_{tab}-Werte in Abhängigkeit von: α, f_1, f_2; Erläuterungen auf Seite 343)

f_1 = Freiheitsgrade für die größere Varianz →

f_2 ↓	1	2	3	4	5	6	7	8	9	10	11	12	14	16	20	24	30	40	50	75	100	200	500	∞	f_2
1	161	200	216	226	230	234	237	230	241	242	243	244	245	246	248	249	250	251	252	253	253	253	254	254	1
	4052	**4999**	**5403**	**5625**	**5764**	**5859**	**5928**	**5981**	**6022**	**6056**	**6082**	**6106**	**6142**	**6169**	**6208**	**6234**	**6258**	**6286**	**6302**	**6323**	**6334**	**6352**	**6361**	**6366**	
2	18,51	19,00	19,16	19,25	19,30	19,33	19,36	19,37	19,38	19,30	19,40	19,41	19,42	19,43	19,44	19,45	19,46	19,47	19,47	19,48	19,49	19,49	19,50	19,50	2
	98,49	**99,00**	**99,17**	**99,25**	**99,30**	**99,33**	**99,34**	**99,36**	**99,38**	**99,40**	**99,41**	**99,42**	**99,43**	**99,44**	**99,45**	**99,46**	**99,47**	**99,48**	**99,48**	**99,49**	**99,49**	**99,49**	**99,50**	**99,50**	
3	10,13	9,55	9,28	9,12	9,01	8,94	8,88	8,84	8,81	8,78	8,76	8,74	8,71	8,69	8,66	8,64	8,62	8,60	8,58	8,57	8,56	8,54	8,54	8,53	3
	34,12	**30,82**	**29,46**	**28,71**	**28,24**	**27,91**	**27,67**	**27,49**	**27,34**	**27,23**	**27,13**	**27,05**	**26,92**	**26,83**	**26,69**	**26,60**	**26,50**	**26,41**	**26,35**	**26,27**	**26,23**	**26,18**	**26,14**	**26,12**	
4	7,71	6,94	6,59	6,39	6,26	6,16	6,09	6,04	6,00	5,96	5,03	5,91	5,87	5,84	5,80	5,77	5,74	5,71	5,70	5,68	5,66	5,65	5,64	5,63	4
	21,20	**18,00**	**16,59**	**15,98**	**15,52**	**15,21**	**14,98**	**14,80**	**14,66**	**14,54**	**14,45**	**14,37**	**14,24**	**14,15**	**14,02**	**13,93**	**13,83**	**13,74**	**13,69**	**13,61**	**13,57**	**13,52**	**13,48**	**13,46**	
5	6,61	5,79	5,41	5,19	5,05	4,95	4,88	4,82	4,78	4,74	4,70	4,68	4,64	4,60	4,56	4,63	4,50	4,46	4,44	4,42	4,40	4,38	4,37	4,36	5
	16,26	**13,27**	**12,06**	**11,39**	**10,97**	**10,67**	**10,45**	**10,27**	**10,15**	**10,05**	**9,96**	**9,89**	**9,77**	**9,68**	**9,55**	**9,47**	**9,38**	**9,29**	**9,24**	**9,17**	**9,13**	**9,07**	**9,04**	**9,02**	
6	5,99	5,14	4,76	4,53	4,39	4,28	4,21	4,15	4,10	4,06	4,03	4,00	3,96	3,92	3,87	3,84	3,81	3,77	3,75	3,72	3,71	3,69	3,68	3,67	6
	13,74	**10,92**	**9,78**	**9,15**	**8,75**	**8,47**	**8,26**	**8,10**	**7,98**	**7,87**	**7,79**	**7,72**	**7,60**	**7,52**	**7,39**	**7,31**	**7,23**	**7,14**	**7,09**	**7,02**	**6,99**	**6,94**	**6,90**	**6,88**	
7	5,59	4,74	4,35	4,12	3,97	3,87	3,79	3,73	3,68	3,63	3,60	3,57	3,52	3,49	3,44	3,41	3,38	3,34	3,32	8,29	3,28	3,25	3,24	3,23	7
	12,25	**9,55**	**8,45**	**7,85**	**7,46**	**7,19**	**7,00**	**6,84**	**6,71**	**6,62**	**6,54**	**6,47**	**6,35**	**6,27**	**6,15**	**6,07**	**5,98**	**5,90**	**5,85**	**5,78**	**5,75**	**5,70**	**5,67**	**5,65**	
8	5,32	4,46	4,07	3,84	3,69	3,58	3,50	3,44	3,39	3,34	3,31	3,28	3,23	3,20	3,15	3,12	3,08	3,05	3,03	3,00	2,98	2,96	2,94	2,93	8
	11,26	**8,65**	**7,59**	**7,01**	**6,63**	**6,37**	**6,19**	**6,03**	**5,91**	**5,82**	**5,74**	**5,67**	**5,56**	**5,48**	**5,36**	**5,28**	**5,20**	**5,11**	**5,06**	**5,00**	**4,96**	**4,91**	**4,88**	**4,86**	
9	5,12	4,26	3,86	3,63	3,48	3,37	3,29	3,23	3,18	3,13	3,10	3,07	3,02	2,98	2,93	2,90	2,86	2,82	2,80	2,77	2,76	2,73	2,72	2,71	9
	10,56	**8,02**	**6,99**	**6,42**	**6,06**	**5,80**	**5,62**	**5,47**	**5,35**	**5,26**	**5,18**	**5,11**	**5,00**	**4,92**	**4,80**	**4,73**	**4,64**	**4,56**	**4,51**	**4,45**	**4,41**	**4,36**	**4,33**	**4,31**	
10	4,96	4,10	3,71	3,48	3,33	3,22	3,14	3,07	3,02	2,97	2,94	2,91	2,86	2,82	2,77	2,74	2,70	2,67	2,64	2,61	2,59	2,56	2,55	2,54	10
	10,04	**7,56**	**6,55**	**5,99**	**5,64**	**5,39**	**5,21**	**5,06**	**4,95**	**4,85**	**4,78**	**4,71**	**4,60**	**4,52**	**4,41**	**4,33**	**4,25**	**4,17**	**4,12**	**4,05**	**4,01**	**3,96**	**3,93**	**3,91**	
11	4,84	3,98	3,59	3,36	3,20	3,09	3,01	2,96	2,00	2,86	2,82	2,79	2,74	2,70	2,65	2,61	2,57	2,53	2,50	2,47	2,45	2,42	2,41	2,40	11
	9,65	**7,20**	**6,22**	**5,67**	**5,32**	**5,07**	**4,88**	**4,74**	**4,63**	**4,54**	**4,46**	**4,40**	**4,29**	**4,21**	**4,10**	**4,02**	**3,94**	**3,86**	**3,80**	**3,74**	**3,70**	**3,66**	**3,62**	**3,60**	
12	4,75	3,88	3,49	3,26	3,11	3,00	2,92	2,85	2,80	2,76	2,72	2,69	2,64	2,60	2,54	2,50	2,46	2,42	2,40	2,36	2,35	2,32	2,31	2,30	12
	9,33	**6,93**	**5,95**	**5,41**	**5,06**	**4,82**	**4,65**	**4,50**	**4,39**	**4,30**	**4,22**	**4,16**	**4,05**	**3,98**	**3,86**	**3,78**	**3,70**	**3,61**	**3,56**	**3,49**	**3,46**	**3,41**	**3,38**	**3,36**	
13	4,67	3,80	3,41	3,18	3,02	2,92	2,84	2,77	2,72	2,67	2,63	2,60	2,55	2,51	2,46	2,42	2,38	2,34	2,32	2,28	2,26	2,24	2,22	2,21	13
	9,07	**6,70**	**5,74**	**5,20**	**4,86**	**4,62**	**4,44**	**4,30**	**4,19**	**4,10**	**4,02**	**3,96**	**3,85**	**3,78**	**3,67**	**3,59**	**3,51**	**3,42**	**3,37**	**3,30**	**3,27**	**3,21**	**3,18**	**3,16**	
14	4,60	3,74	3,34	3,11	2,96	2,85	2,77	2,70	2,65	2,60	2,56	2,53	2,48	2,44	2,39	2,35	2,31	2,27	2,24	2,21	2,19	2,16	2,14	2,13	14
	8,86	**6,51**	**5,56**	**5,03**	**4,69**	**4,46**	**4,28**	**4,14**	**4,03**	**3,94**	**3,86**	**3,80**	**3,70**	**3,62**	**3,51**	**3,43**	**3,34**	**3,26**	**3,21**	**3,14**	**3,11**	**3,06**	**3,02**	**3,00**	
15	4,54	3,68	3,29	3,06	2,90	2,79	2,70	2,64	2,59	2,55	2,51	2,48	2,43	2,39	2,33	2,29	2,25	2,21	2,18	2,16	2,li	2,10	2,08	2,07	15
	8,68	**6,36**	**5,42**	**4,89**	**4,56**	**4,32**	**4,14**	**4,00**	**3,89**	**3,80**	**3,73**	**3,67**	**3,56**	**3,48**	**3,36**	**3,29**	**3,20**	**3,12**	**3,07**	**3,00**	**2,97**	**2,92**	**2,89**	**2,87**	

Irrtumswahrscheinlichkeit α = 0,05 und α = 0,01 (fett gedruckt)

Fortsetzung Tabelle S. 521: *F*-Verteilung (F_{tab}-Werte in Abhängigkeit von: α, f_1, f_2; Erläuterungen auf S. 343)

f_2 ↓	f_1 = Freiheitsgrade für die größere Varianz →																							
	1	**2**	**3**	**4**	**5**	**6**	**7**	**8**	**9**	**10**	**11**	**12**	**14**	**16**	**20**	**24**	**30**	**40**	**50**	**75**	**100**	**200**	**500**	**∞**	f_2
16	4,49	3,63	3,24	3,01	2,85	2,74	2,66	2,59	2,54	2,49	2,45	2,42	2,37	2,33	2,28	2,24	2,20	2,16	2,13	2,09	2,07	2,04	2,02	2,01	16
	8,53	**6,23**	**5,29**	**4,77**	**4,44**	**4,20**	**4,03**	**3,89**	**3,78**	**3,69**	**3,61**	**3,55**	**3,45**	**3,37**	**3,25**	**3,18**	**3,10**	**3,01**	**2,96**	**2,89**	**2,86**	**2,80**	**2,77**	**2,75**	
17	4,45	3,59	3,20	2,96	2,81	2,70	2,62	2,55	2,60	2,45	2,41	2,38	2,33	2,29	2,23	2,19	2,15	2,11	2,08	2,04	2,02	1,99	1,97	1,96	17
	8,40	**6,11**	**5,18**	**4,67**	**4,34**	**4,10**	**3,93**	**3,79**	**3,68**	**3,59**	**3,52**	**3,45**	**3,35**	**3,27**	**3,16**	**3,08**	**3,00**	**2,92**	**2,86**	**2,79**	**2,76**	**2,70**	**2,67**	**2,65**	
18	4,41	3,55	3,16	2,93	2,77	2,66	2,58	2,51	2,46	2,41	2,37	2,34	2,29	2,25	2,19	2,15	2,11	2,07	2,04	2,00	1,98	1,95	1,93	1,92	18
	8,28	**6,01**	**5,09**	**4,58**	**4,25**	**4,01**	**3,85**	**3,71**	**3,60**	**3,51**	**3,44**	**3,37**	**3,27**	**3,19**	**3,07**	**3,00**	**2,91**	**2,83**	**2,78**	**2,71**	**2,68**	**2,62**	**2,59**	**2,57**	
19	4,38	3,52	3,13	2,90	2,74	2,63	2,55	2,48	2,43	2,38	2,34	2,31	2,26	2,21	2,15	2,11	2,07	2,02	2,00	1,96	1,94	1,91	1,90	1,88	19
	8,18	**5,93**	**5,01**	**4,50**	**4,17**	**3,94**	**3,77**	**3,63**	**3,52**	**3,43**	**3,36**	**3,30**	**3,19**	**3,12**	**3,00**	**2,92**	**2,84**	**2,76**	**2,70**	**2,63**	**2,60**	**2,54**	**2,51**	**2,49**	
20	4,35	3,49	3,10	2,87	2,71	2,60	2,52	2,45	2,40	2,35	2,31	2,28	2,23	2,18	2,12	2,08	2,04	1,99	1,96	1,92	1,90	1,87	1,85	1,84	20
	8,10	**5,85**	**4,94**	**4,43**	**4,10**	**3,87**	**3,71**	**3,56**	**3,45**	**3,37**	**3,30**	**3,32**	**3,13**	**3,05**	**2,94**	**2,86**	**2,77**	**2,69**	**2,63**	**2,56**	**2,53**	**2,47**	**2,44**	**2,42**	
21	4,32	3,47	3,07	2,84	2,68	2,57	2,49	2,42	2,37	2,32	2,28	2,25	2,20	2,15	2,09	2,05	2,00	1,96	1,93	1,89	1,87	1,84	1,82	1,81	21
	8,02	**5,78**	**4,87**	**4,37**	**4,04**	**3,81**	**3,65**	**3,51**	**3,40**	**3,31**	**3,24**	**3,17**	**3,07**	**2,99**	**2,88**	**2,80**	**2,72**	**2,63**	**2,58**	**2,51**	**2,47**	**2,42**	**2,38**	**2,36**	
22	4,30	3,44	3,05	2,82	2,66	2,55	2,47	2,40	2,35	2,30	2,26	2,23	2,18	2,13	2,07	2,03	1,98	1,93	1,91	1,87	1,84	1,81	1,80	1,78	22
	7,94	**5,72**	**4,82**	**4,31**	**3,99**	**3,76**	**3,59**	**3,45**	**3,35**	**3,26**	**3,18**	**3,12**	**3,02**	**2,94**	**2,83**	**2,75**	**2,67**	**2,58**	**2,53**	**2,46**	**2,42**	**2,37**	**2,33**	**2,31**	
23	4,28	3,42	3,03	2,80	2,64	2,53	2,45	2,38	2,32	2,28	2,24	2,20	2,14	2,10	2,05	2,00	1,96	1,91	1,88	1,84	1,82	1,79	1,77	1,76	23
	7,88	**5,66**	**4,76**	**4,26**	**3,94**	**3,71**	**3,54**	**3,41**	**3,80**	**3,21**	**3,14**	**3,07**	**2,97**	**2,89**	**2,78**	**2,17**	**2,62**	**2,53**	**2,48**	**2,41**	**2,37**	**2,32**	**2,28**	**2,26**	
24	4,26	3,40	3,01	2,78	2,62	2,51	2,43	2,36	2,30	2,26	2,22	2,18	2,13	2,09	2,02	1,98	1,94	1,89	1,86	1,82	1,80	1,76	1,74	1,13	24
	7,82	**5,61**	**4,72**	**4,22**	**3,90**	**3,67**	**3,50**	**3,36**	**3,25**	**3,17**	**3,09**	**3,03**	**2,93**	**2,85**	**2,74**	**2,66**	**2,58**	**2,49**	**2,44**	**2,36**	**2,33**	**2,27**	**2,23**	**2,21**	
25	4,24	3,38	2,99	2,76	2,60	2,49	2,41	2,34	2,28	2,24	2,20	2,16	2,11	2,06	2,00	1,96	1,92	1,87	1,84	1,80	1,77	1,74	1,72	1,71	25
	7,77	**5,57**	**4,68**	**4,18**	**3,86**	**3,63**	**3,46**	**3,32**	**3,21**	**3,11**	**3,05**	**2,99**	**2,89**	**2,81**	**2,70**	**2,62**	**2,54**	**2,45**	**2,40**	**2,32**	**2,29**	**2,23**	**2,19**	**2,17**	
26	4,22	3,37	2,98	2,74	2,59	2,47	2,39	2,32	2,27	2,22	2,18	2,15	2,10	2,05	1,99	1,95	1,90	1,85	1,82	1,78	1,76	1,72	1,70	1,69	26
	7,72	**5,53**	**4,64**	**4,14**	**3,82**	**3,59**	**3,42**	**3,29**	**3,17**	**3,09**	**3,02**	**2,96**	**2,86**	**2,77**	**2,66**	**2,58**	**2,50**	**2,41**	**2,36**	**2,28**	**2,25**	**2,19**	**2,15**	**2,13**	
27	4,21	3,35	2,96	2,73	2,57	2,46	2,37	2,30	2,25	2,20	2,16	2,13	2,08	2,03	1,97	1,93	1,88	1,84	1,80	1,76	1,74	1,71	1,68	1,67	27
	7,68	**5,49**	**4,60**	**4,11**	**3,79**	**3,56**	**3,39**	**3,26**	**3,14**	**3,06**	**2,98**	**2,93**	**2,83**	**2,74**	**2,63**	**2,55**	**2,47**	**2,38**	**2,33**	**2,25**	**2,21**	**2,16**	**2,12**	**2,10**	
28	4,20	3,34	2,95	2,71	2,56	2,44	2,36	2,29	2,24	2,19	2,15	2,12	2,06	2,02	1,96	1,91	1,87	1,81	1,78	1,75	1,72	1,69	1,67	1,65	28
	7,64	**5,45**	**4,57**	**4,07**	**3,76**	**3,53**	**3,36**	**3,23**	**3,11**	**3,03**	**2,95**	**2,90**	**2,80**	**2,71**	**2,60**	**2,62**	**2,44**	**2,35**	**2,30**	**2,22**	**2,18**	**2,13**	**2,09**	**2,06**	
29	4,18	3,33	2,93	2,70	2,54	2,43	2,35	2,28	2,22	2,18	2,14	2,10	2,05	2,00	1,94	1,90	1,85	1,80	1,77	1,73	1,71	1,68	1,65	1,64	29
	7,60	**5,42**	**4,54**	**4,04**	**3,73**	**3,50**	**3,33**	**3,20**	**3,08**	**3,00**	**2,92**	**2,87**	**2,77**	**2,68**	**2,57**	**2,49**	**2,41**	**2,32**	**2,27**	**2,19**	**2,15**	**2,10**	**2,06**	**2,03**	
30	4,17	3,32	2,92	2,69	2,53	2,42	2,34	2,27	2,21	2,16	2,12	2,00	2,04	1,99	1,93	1,89	1,84	1,79	1,76	1,72	1,69	1,66	1,64	1,62	30
	7,56	**5,39**	**4,51**	**4,02**	**3,70**	**3,47**	**3,30**	**3,17**	**3,06**	**2,98**	**2,90**	**2,84**	**2,74**	**2,66**	**2,55**	**2,47**	**2,38**	**2,29**	**2,24**	**2,16**	**2,13**	**2,07**	**2,03**	**2,01**	

Irrtumswahrscheinlichkeit α = 0,05 und α = 0,01 (fett gedruckt)

Fortsetzung Tabelle S. 522: F-Verteilung (F_{tab}-Werte in Abhängigkeit von: α, f_1, f_2; Erläuterungen auf S. 343)

f_1 = Freiheitsgrade für die größere Varianz

f_2 ↓	1	2	3	4	5	6	7	8	9	10	11	12	14	16	20	24	30	40	50	75	100	200	500	∞	f_2
32	4,15	3,30	2,90	2,67	2,51	2,40	2,32	2,25	2,19	2,14	2,10	2,07	2,02	1,97	1,91	1,86	1,82	1,76	1,74	1,69	1,67	1,64	1,61	1,59	32
	7,50	**5,34**	**4,46**	**3,97**	**3,66**	**3,42**	**3,25**	**3,12**	**3,01**	**2,94**	**2,86**	**2,80**	**2,70**	**2,62**	**2,51**	**2,42**	**2,34**	**2,25**	**2,20**	**2,12**	**2,08**	**2,02**	**1,98**	**1,96**	
34	4,13	3,28	2,88	2,85	2,49	2,38	2,30	2,23	2,17	2,12	2,08	2,05	2,00	1,95	1,89	1,84	1,80	1,74	1,71	1,67	1,64	1,61	1,59	1,57	34
	7,44	**5,29**	**4,42**	**3,93**	**3,61**	**3,38**	**3,21**	**3,08**	**2,97**	**2,89**	**2,82**	**2,76**	**2,66**	**2,58**	**2,47**	**2,38**	**2,30**	**2,21**	**2,15**	**2,08**	**2,04**	**1,98**	**1,94**	**1,91**	
36	4,11	3,26	2,86	2,63	2,48	2,36	2,28	2,21	2,15	2,10	2,06	2,03	1,98	1,93	1,87	1,82	1,78	1,72	1,69	1,65	1,62	1,59	1,56	1,56	36
	7,39	**5,25**	**4,38**	**3,89**	**3,58**	**3,35**	**3,18**	**3,04**	**2,94**	**2,86**	**2,78**	**2,72**	**2,62**	**2,54**	**2,43**	**2,35**	**2,26**	**2,17**	**2,12**	**2,04**	**2,00**	**1,94**	**1,90**	**1,87**	
38	4,10	3,25	2,85	2,69	2,46	2,35	2,26	2,19	2,14	2,09	2,05	2,02	1,96	1,92	1,85	1,80	1,76	1,71	1,67	1,63	1,60	1,57	1,54	1,53	38
	7,35	**5,21**	**4,34**	**3,86**	**3,54**	**3,32**	**3,15**	**3,02**	**2,91**	**2,82**	**2,15**	**2,69**	**2,59**	**2,51**	**2,40**	**2,32**	**2,22**	**2,14**	**2,08**	**2,00**	**1,97**	**1,90**	**1,86**	**1,84**	
40	4,08	3,23	2,84	2,61	2,45	2,34	2,25	2,18	2,12	2,07	2,04	2,00	1,95	1,90	1,84	1,79	1,74	1,69	1,66	1,61	1,59	1,55	1,53	1,51	40
	7,31	**5,18**	**4,31**	**3,83**	**3,51**	**3,29**	**3,12**	**2,99**	**2,88**	**2,80**	**2,73**	**2,66**	**2,56**	**2,49**	**2,37**	**2,29**	**2,20**	**2,11**	**2,05**	**1,97**	**1,94**	**1,88**	**1,84**	**1,81**	
42	4,07	3,22	2,83	2,59	2,44	2,32	2,24	2,17	2,11	2,06	2,02	1,99	1,94	1,89	1,82	1,78	1,73	1,68	1,64	1,60	1,57	1,54	1,51	1,49	42
	7,27	**5,15**	**4,29**	**3,80**	**3,49**	**3,26**	**3,10**	**2,96**	**2,86**	**2,77**	**2,70**	**2,64**	**2,54**	**2,46**	**2,35**	**2,26**	**2,17**	**2,08**	**2,02**	**1,94**	**1,91**	**1,85**	**1,80**	**1,78**	
44	4,06	3,21	2,82	2,58	2,43	2,31	2,23	2,16	2,10	2,05	2,01	1,98	1,92	1,88	1,81	1,76	1,72	1,66	1,63	1,58	1,56	1,52	1,50	1,48	44
	7,24	**5,12**	**4,26**	**3,78**	**3,46**	**3,24**	**3,07**	**2,94**	**2,84**	**2,75**	**2,68**	**2,62**	**2,52**	**2,44**	**2,32**	**2,24**	**2,15**	**2,06**	**2,00**	**1,92**	**1,88**	**1,82**	**1,78**	**1,75**	
46	4,05	3,20	2,81	2,57	2,42	2,30	2,22	2,14	2,09	2,04	2,00	1,97	1,91	1,87	1,80	1,75	1,71	1,65	1,62	1,67	1,54	1,51	1,48	1,46	46
	7,21	**5,10**	**4,24**	**3,76**	**3,44**	**3,22**	**3,05**	**2,92**	**2,82**	**2,73**	**2,66**	**2,60**	**2,50**	**2,42**	**2,30**	**2,22**	**2,13**	**2,04**	**1,98**	**1,90**	**1,86**	**1,80**	**1,76**	**1,72**	
48	4,04	3,19	2,80	2,56	2,41	2,30	2,21	2,14	2,08	2,03	1,99	1,96	1,90	1,86	1,79	1,74	1,70	1,64	1,61	1,56	1,53	1,50	1,47	1,45	48
	7,19	**5,08**	**4,22**	**3,74**	**3,42**	**3,20**	**3,04**	**2,90**	**2,80**	**2,71**	**2,64**	**2,58**	**2,48**	**2,40**	**2,28**	**2,20**	**2,11**	**2,02**	**1,96**	**1,88**	**1,84**	**1,78**	**1,73**	**1,70**	
50	4,03	3,18	2,79	2,56	2,40	2,29	2,20	2,13	2,07	2,02	1,98	1,95	1,90	1,85	1,78	1,74	1,69	1,63	1,60	1,55	1,52	1,48	1,46	1,44	50
	7,17	**5,06**	**4,20**	**3,72**	**3,41**	**3,18**	**3,02**	**2,88**	**2,78**	**2,70**	**2,62**	**2,56**	**2,46**	**2,39**	**2,26**	**2,18**	**2,10**	**2,00**	**1,94**	**1,86**	**1,82**	**1,76**	**1,71**	**1,68**	
55	4,02	3,17	2,78	2,54	2,38	2,27	2,18	2,11	2,05	2,00	1,97	1,93	1,88	1,83	1,76	1,72	1,67	1,61	1,58	1,52	1,50	1,46	1,43	1,41	55
	7,12	**5,01**	**4,16**	**3,68**	**3,37**	**3,15**	**2,98**	**2,85**	**2,75**	**2,66**	**2,59**	**2,53**	**2,43**	**2,35**	**2,23**	**2,15**	**2,06**	**1,96**	**1,90**	**1,82**	**1,78**	**1,71**	**1,66**	**1,64**	
60	4,00	3,15	2,76	2,52	2,37	2,25	2,17	2,10	2,04	1,99	1,95	1,92	1,86	1,81	1,75	1,70	1,65	1,59	1,56	1,50	1,48	1,44	1,41	1,30	60
	7,08	**4,98**	**4,13**	**3,65**	**3,34**	**3,12**	**2,95**	**2,82**	**2,72**	**2,63**	**2,56**	**2,50**	**2,40**	**2,32**	**2,20**	**2,12**	**2,03**	**1,93**	**1,87**	**1,79**	**1,74**	**1,68**	**1,63**	**1,60**	
65	3,99	3,14	2,75	2,51	2,36	2,24	2,15	2,08	2,02	1,98	1,94	1,90	1,85	1,80	1,73	1,68	1,63	1,57	1,54	1,49	1,46	1,42	1,39	1,37	65
	7,04	**4,95**	**4,10**	**3,62**	**3,31**	**3,09**	**2,93**	**2,79**	**2,70**	**2,61**	**2,54**	**2,47**	**2,37**	**2,30**	**2,18**	**2,09**	**2,00**	**1,90**	**1,84**	**1,76**	**1,71**	**1,64**	**1,60**	**1,56**	
70	3,98	3,13	2,74	2,50	2,35	2,23	2,14	2,07	2,01	1,97	1,93	1,89	1,84	1,79	1,72	1,67	1,62	1,56	1,53	1,47	1,45	1,40	1,37	1,35	70
	7,01	**4,92**	**4,08**	**3,60**	**3,29**	**3,07**	**2,91**	**2,77**	**2,67**	**2,59**	**2,51**	**2,45**	**2,35**	**2,28**	**2,15**	**2,07**	**1,98**	**1,88**	**1,82**	**1,74**	**1,69**	**1,62**	**1,56**	**1,53**	
80	3,96	3,11	2,72	2,48	2,33	2,21	2,12	2,05	1,99	1,95	1,91	1,88	1,82	1,77	1,70	1,65	1,60	1,54	1,61	1,45	1,42	1,38	1,35	1,32	80
	6,96	**4,88**	**4,04**	**3,56**	**3,25**	**3,04**	**2,87**	**2,74**	**2,64**	**2,55**	**2,48**	**2,41**	**2,32**	**2,24**	**2,11**	**2,03**	**1,94**	**1,84**	**1,78**	**1,70**	**1,65**	**1,57**	**1,52**	**1,49**	

Irrtumswahrscheinlichkeit α = 0,05 und α = 0,01 (fett gedruckt)

17

Tabelle: χ^2 - Verteilung: χ^2_{tab} - Werte in Abhängigkeit vom Freiheitsgrad *f* und Irrtumswahrscheinlichkeit α (Erläuterungen auf Seite 344)

f_2 ↓	Irrtumswahrscheinlichkeit α →											
	0,99	0,975	0,95	0,90	0,70	0,50	0,30	0,10	0,05	0,025	0,01	0,001
1	0,03157	0,03982	0,02393	0,158	0,148	0,455	1,07	2,71	3,84	5,02	6,62	10,8
2	0,0201	0,0506	0,103	0,211	0,713	1,39	2,41	4,61	5,99	7,38	9,21	13,8
3	0,115	0,216	0,352	0,584	1,42	2,37	3,67	6,25	7,81	9,35	11,3	16,3
4	0,297	0,484	0,711	1,06	2,19	3,36	4,88	7,78	9,49	11,1	13,3	18,5
5	0,554	0,831	1,15	1,61	3,00	4,35	6,06	9,24	11,1	12,8	15,1	20,5
6	0,872	1,24	1,64	2,20	3,83	5,35	7,23	10,6	12,6	14,4	16,8	22,5
7	1,24	1,69	2,17	2,83	4,67	6,35	8,38	12,0	14,1	16,0	18,5	24,3
8	1,65	2,18	2,73	3,49	5,53	7,34	9,52	13,4	15,5	17,5	20,1	26,1
9	2,09	2,70	3,33	4,17	6,39	8,34	10,7	14,7	16,9	19,0	21,7	27,9
10	2,56	3,25	3,94	4,87	7,27	9,34	11,8	16,0	18,3	20,5	23,2	29,6
11	3,05	3,82	4,57	5,58	8,15	10,3	12,9	17,3	19,7	21,9	24,7	31,3
12	3,57	4,40	5,23	6,30	9,03	11,3	14,0	18,5	21,0	23,3	26,2	32,9
13	4,11	5,01	5,89	7,04	9,93	12,3	15,1	19,8	22,4	24,7	27,7	34,5
14	4,66	5,63	6,57	7,79	10,8	13,3	16,2	21,1	23,7	26,1	29,1	36,1
15	5,23	6,26	7,26	8,55	11,7	14,3	17,3	22,3	25,0	27,5	30,6	37,7
16	5,81	6,91	7,96	9,31	12,6	11,3	11,4	23,5	26,3	28,8	32,0	39,3
17	6,41	7,56	1,67	10,1	13,5	16,3	19,1	24,1	27,1	30,2	33,4	40,8
18	7,01	8,23	9,39	10,9	14,4	17,3	20,6	26,0	28,9	31,5	34,9	42,3
19	7,63	8,91	10,1	11,7	15,4	18,3	21,7	27,2	30,1	32,9	36,2	43,8
20	8,26	9,59	10,9	12,4	16,3	19,3	22,8	28,4	31,4	34,2	37,6	45,3
21	8,90	10,3	11,6	13,2	17,2	20,3	23,9	29,6	32,7	35,5	38,9	46,8
22	9,54	11,0	12,3	14,0	18,1	21,3	24,9	30,8	33,9	36,8	40,3	48,3
23	10,2	11,7	13,1	14,8	19,0	22,3	26,0	32,0	35,2	38,1	41,6	49,7
24	10,9	12,4	13,8	15,7	19,9	23,3	27,1	33,2	36,4	39,4	43,0	51,2
25	11,5	13,1	14,6	16,5	20,9	24,3	28,2	34,4	37,7	40,6	44,3	52,6
26	12,2	13,8	15,4	17,3	21,8	25,3	29,2	35,6	38,9	41,9	45,6	54,1
27	12,9	14,6	16,2	18,1	22,7	26,3	30,3	36,7	40,1	43,2	47,0	55,5
28	13,6	15,3	16,9	18,9	23,6	27,3	31,4	37,9	41,3	44,5	48,3	56,9
29	14,3	16,0	17,7	19,8	24,6	28,3	32,5	39,1	42,6	45,7	49,6	58,3
30	15,0	16,8	18,5	20,6	25,5	29,3	33,5	40,3	43,8	47,0	50,9	59,7
40	22,2	24,4	26,5	29,1	34,9	39,3	44,2	51,8	55,8	59,3	63,7	73,4
50	29,7	32,4	34,8	37,7	44,3	49,3	54,7	63,2	67,5	71,4	76,2	86,7
60	37,5	40,5	43,2	46,5	53,8	59,3	65,2	74,4	79,1	83,3	88,4	99,6
70	45,4	48,8	51,7	55,3	63,3	69,3	75,1	85,5	90,5	95,0	100,4	112,3
80	53,5	57,2	60,4	64,3	72,9	79,3	86,1	96,6	101,9	106,6	112,3	124,8
90	61,8	65,6	69,1	73,3	82,5	89,3	96,5	107,6	113,1	118,1	124,1	137,2
100	70,1	74,2	77,9	82,4	92,1	99,3	106,9	118,5	124,3	129,6	135,8	149,4

Kopiervorlage: **Wahrscheinlichkeitsnetz**

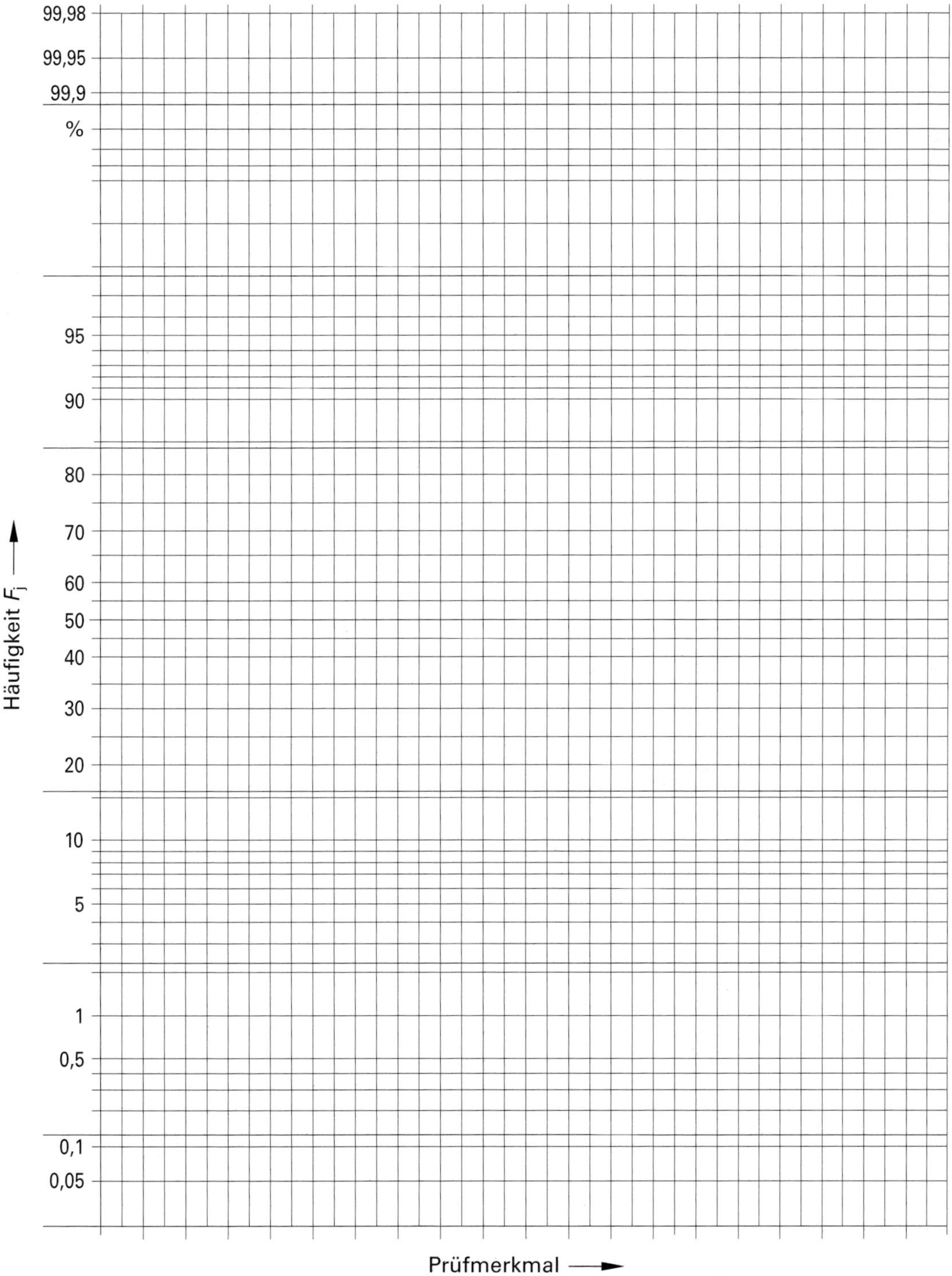

Tabelle: Tabellenwerte zur Prüfung auf Normalverteilung mit dem David-Hartley-Pearson-Test (Erläuterungen auf Seite 356)

Stichproben-umfang	Spanne des Prüfwerts PW nach David-Hartley-Pearson bei Normalverteilung							
	untere Schranke G_u bei Vertrauenswahrscheinlichkeit				obere Schranke G_o bei Vertrauenswahrscheinlichkeit			
n	99,9 %	99 %	95 %	90 %	90 %	95 %	99 %	99,9 %
3	1,732	1,737	1,758	1,782	1,997	1,999	2,000	2,000
4	1,732	1,87	1,98	2,04	2,409	2,429	2,445	2,449
5	1,826	2,02	2,15	2,22	2,712	2,753	2,803	2,828
6	1,826	2,15	2,28	2,37	2,949	3,012	3,095	3,162
7	1,871	2,26	2,40	2,49	3,143	3,222	3,338	3,464
8	1,871	2,35	2,50	2,59	3,308	3,399	3,543	3,742
9	1,897	2,44	2,59	2,68	3,440	3,552	3,720	4,000
10	1,897	2,51	2,67	2,76	3,57	3,685	3,875	4,243
11	1,915	2,58	2,47	2,48	3,68	3,80	4,012	4,472
12	1,915	2,64	2,80	2,90	3,78	3,91	4,134	4,690
13	1,927	2,70	2,86	2,96	3,87	4,00	4,244	4,899
14	1,972	2,75	2,92	3,02	3,95	4,09	4,34	5,099
15	1,936	2,80	2,97	3,07	4,02	4,17	4,44	5,292
16	1,936	2,84	3,01	3,12	4,09	4,24	4,52	5,477
17	1,944	2,88	3,06	3,17	4,15	4,31	4,60	5,657
18	1,944	2,92	3,10	3,21	4,21	4,37	4,67	5,831
19	1,949	2,96	3,14	3,25	4,27	4,43	4,74	6,000
20	1,949	2,99	3,18	3,29	4,32	4,49	4,80	6,163
25	1,961	3,15	3,34	3,45	4,53	4,71	5,06	6,93
30	1,966	3,27	3,47	3,59	4,70	4,89	5,26	7,62
35	1,972	3,38	3,58	3,70	4,84	5,04	5,42	8,25
40	1,975	3,47	3,67	3,79	4,96	5,16	5,56	8,83
45	1,978	3,55	3,75	3,88	5,06	5,26	5,67	9,38
50	1,980	3,62	3,83	3,95	5,14	5,35	5,77	9,90
60	1,983	3,75	3,96	4,08	5,29	5,51	5,94	10,86
70	1,986	3,85	4,06	4,19	5,41	5,63	6,97	11,75
80	1,987	3,94	4,16	4,28	5,51	5,73	6,18	12,57
90	1,989	4,02	4,14	4,36	5,60	5,82	6,27	13,34
100	1,990	4,10	4,31	4,44	5,68	5,90	6,36	14,07
150	1,993	4,38	4,59	4,72	5,96	6,18	6,64	17,26
200	1,995	4,59	4,78	4,90	6,15	6,39	6,84	19,95
500	1,998	5,13	5,37	5,49	6,72	6,94	7,42	31,39
1000	1,999	5,57	5,79	5,92	7,11	7,33	7,80	44,70

Tabelle: Tabellenwerte zum Ausreißertest nach Grubbs (Erläuterungen auf Seite 360)

Stichproben-umfang	Prüfwert r_m (einseitig) für das Signifikanzniveau		Stichproben-umfang	Prüfwert r_m (einseitig) für das Signifikanzniveau	
n	P = 95 % α = 0,05	P = 99 % α = 0,01	n	P = 95 % α = 0,05	P = 99 % α = 0,01
			30	2,745	3,103
			35	2,811	3,178
3	1,153	1,155	40	2,866	3,240
4	1,463	1,492	45	2,914	3,292
5	1,672	1,749	50	2,956	3,336
6	1,822	1,944	55	2,992	3,376
7	1,938	2,097	60	3,025	3,411
8	2,032	2,221	65	3,055	3,442
9	2,110	2,323	70	3,082	3,471
10	2,176	2,410	75	3,107	3,496
11	2,234	2,485	80	3,130	3,521
12	2,285	2,550	85	3,151	3,543
13	2,331	2,607	90	3,171	3,562
14	2,371	2,659	95	3,189	3,582
15	2,409	2,705	100	3,207	3,600
16	2,443	2,747	105	3,224	3,617
17	2,475	2,785	110	3,239	3,632
18	2,504	2,821	115	3,254	3,647
19	2,532	2,854	120	3,267	3,662
20	2,557	2,884	125	3,281	3,675
21	2,580	2,912	130	3,294	3,688
22	2,603	2,939	135	3,306	3,700
23	2,624	2,963	140	3,318	3,712
24	2,644	2,987	145	3,328	3,723
25	2,663	3,009			
26	2,681	3,029			
27	2,698	3,049			
28	2,714	3,068			
29	2,730	3,085			

Tabelle: Tabellenwerte zum Ausreißertest nach Dixon (Erläuterungen auf Seite 362)

Festlegung der Indizes:
Ausreißer nach unten: $x_1 \leq x_2 \leq x_3 \ldots \leq x_{n-2} \leq x_{n-1} \leq x_n$
Ausreißer nach oben: $x_1 \geq x_2 \geq x_3 \ldots \geq x_{n-2} \geq x_{n-1} \geq x_n$

Stichprobenumfang	Prüfwert r_m (einseitig) für das Signifikanzniveau		Prüfwerte PW für Ausreißer
n	P = 95 % α = 0,05	P = 99 % α = 0,01	
3	0,941	0,988	
4	0,765	0,889	
5	0,642	0,780	$PW = \frac{x_1 - x_2}{x_1 - x_n}$
6	0,560	0,698	
7	0,507	0,637	
8	0,554	0,683	
9	0,512	0,635	$PW = \frac{x_1 - x_2}{x_1 - x_{n-1}}$
10	0,477	0,597	
11	0,576	0,679	
12	0,546	0,642	$PW = \frac{x_1 - x_3}{x_1 - x_{n-1}}$
13	0,521	0,615	
14	0,546	0,641	
15	0,525	0,616	
16	0,507	0,595	
17	0,490	0,577	
18	0,475	0,561	
19	0,462	0,547	
20	0,450	0,535	
21	0,440	0,524	$PW = \frac{x_1 - x_3}{x_1 - x_{n-2}}$
22	0,430	0,514	
23	0,421	0,505	
24	0,413	0,497	
25	0,406	0,489	
26	0,399	0,482	
27	0,393	0,475	
28	0,387	0,469	
29	0,381	0,463	

Tabelle: Umrechnungsformeln für Gehaltsgrößen

von \ **zu**	**Massenanteil w(X)** $w(X) = \frac{m(X)}{m(Lsg)}$	**Massenkonzentration β(X)** $\beta(X) = \frac{m(X)}{V(Lsg)}$	**Stoffmengenkonzentration c(X)** $c(X) = \frac{n(X)}{V(Lsg)}$	**Volumenkonzentration σ(X)** $\sigma(X) = \frac{V(X)}{V(Lsg)}$
Massenanteil w(X) z.B. g/100 g Lsg = % g/1000 g Lsg = ‰	—	$\beta(X) = \frac{m(X) \cdot \varrho(Lsg)}{m(Lsg)}$ $\beta(X) = w(X) \cdot \varrho(Lsg)$ ϱ = Dichte in g/L	$c(X) = \frac{m(X) \cdot \varrho(Lsg)}{M(X) \cdot m(Lsg)}$ $c(X) = \frac{w(X) \cdot \varrho(Lsg)}{M(X)}$ M = molare Masse in g/mol	$\sigma(X) = \frac{m(X) \cdot \varrho(Lsg)}{m(Lsg) \cdot \varrho(X)}$ $\sigma(X) = \frac{w(X) \cdot \varrho(Lsg)}{\varrho(X)}$
Massenkonzentration β(X) z.B. in g/L, mg/m^3	$w(X) = \frac{\beta(X)}{\varrho(Lsg)}$	—	$c(X) = \frac{\beta(X)}{M(X)}$	$\sigma(X) = \frac{\beta(X)}{\varrho(X)}$
Stoffmengenkonzentration c(X) z.B. in mol/L, mmol/L	$w(X) = \frac{c(X) \cdot M(X)}{\varrho(Lsg)}$	$\beta(X) = c(X) \cdot M(X)$	—	$\sigma(X) = \frac{c(X) \cdot M(X)}{\varrho(X)}$
Volumenkonzentration σ(X) z.B. in L/L, L/100 L Lsg = %, ppm	$w(X) = \frac{V(X) \cdot \varrho(X)}{V(Lsg) \cdot \varrho(Lsg)}$ $w(X) = \sigma(X) \cdot \frac{\varrho(X)}{\varrho(Lsg)}$	$\beta(X) = \sigma(X) \cdot \varrho(X)$	$c(X) = \frac{\sigma(X) \cdot \varrho(X)}{M(X)}$	—

17

Kopiervorlage: **Millimeterpapier**

Kopiervorlage: **Einfach-Logarithmen-Papier**

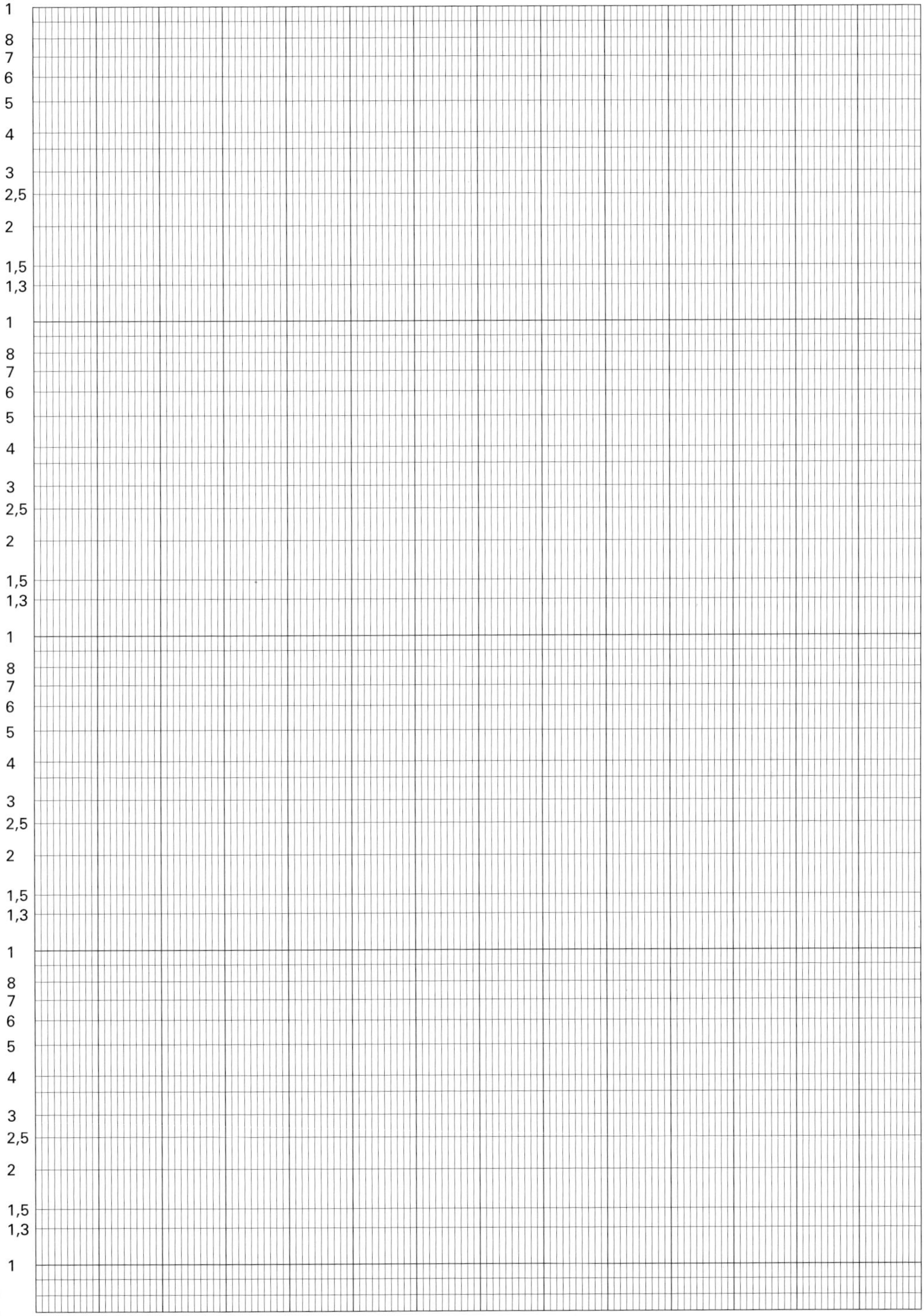

Kopiervorlage: **Doppelt-Logarithmen-Papier**

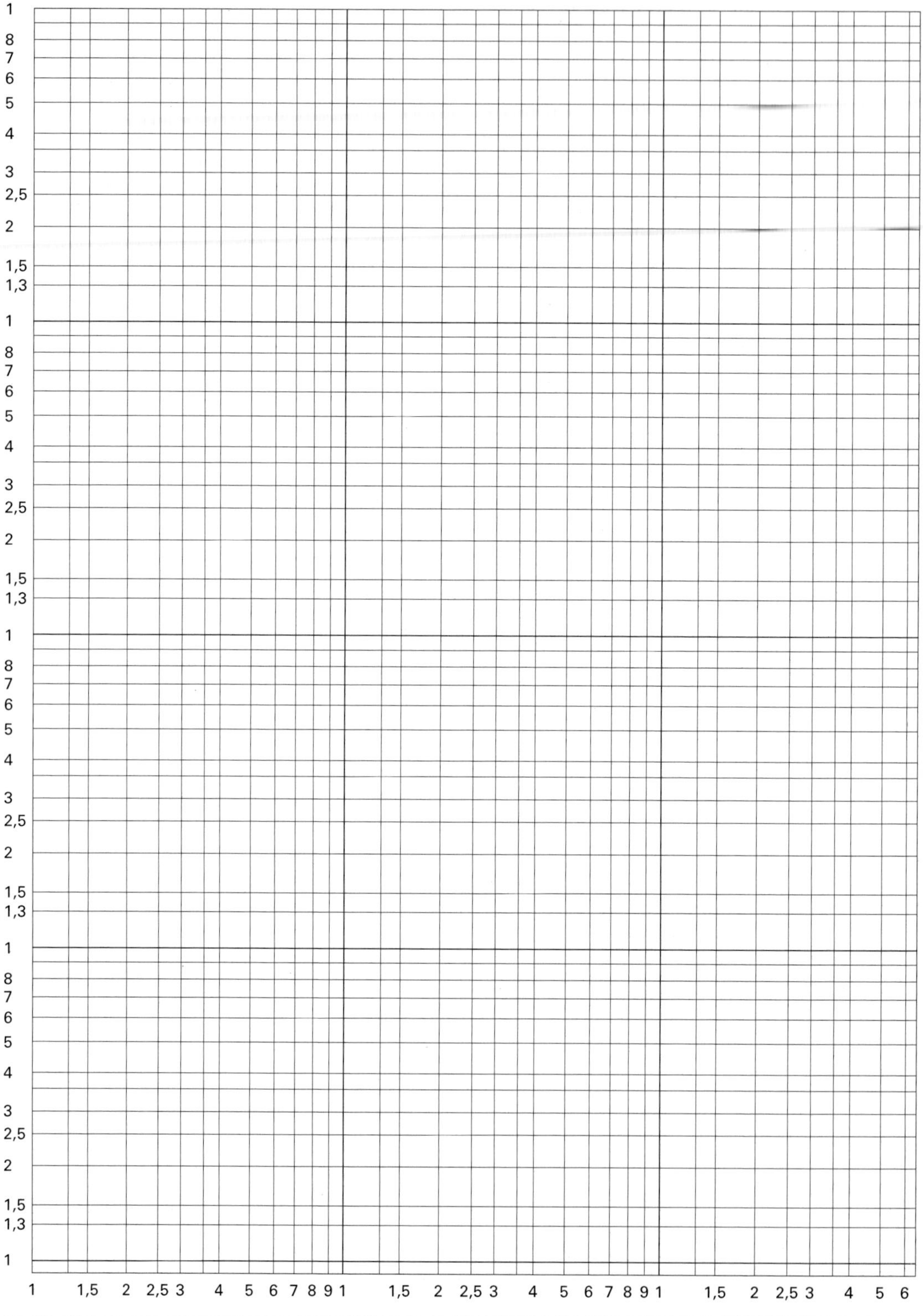

Kopiervorlage: **Vordruck zur Datenerfassung einer Siebanalyse**

Analysenproben Nr.: ________ Material: ______________ Probenmasse: ________ Datum: ______

Siebdauer: ________ Bearbeiter: __________________

Maschinelle Siebung mit Metalldrahtsieben gemäß ISO 3310

1	2	3	4	5	6	7
Maschenweite Prüfsiebsatz in µm	Kornklassenbreite in µm	Rückstand Nr.	Masse Rückstand R in g	Massenanteil Rückstand w_R in %	Rückstandssumme R_S in %	Durchgangssumme D_S in %
		R_9				
		R_8				
		R_7				
		R_6				
		R_5				
		R_4				
		R_3				
		R_2				
		R_1				
		R_0				
		R_{ges} =				

Kopiervorlage: **Histogramm**

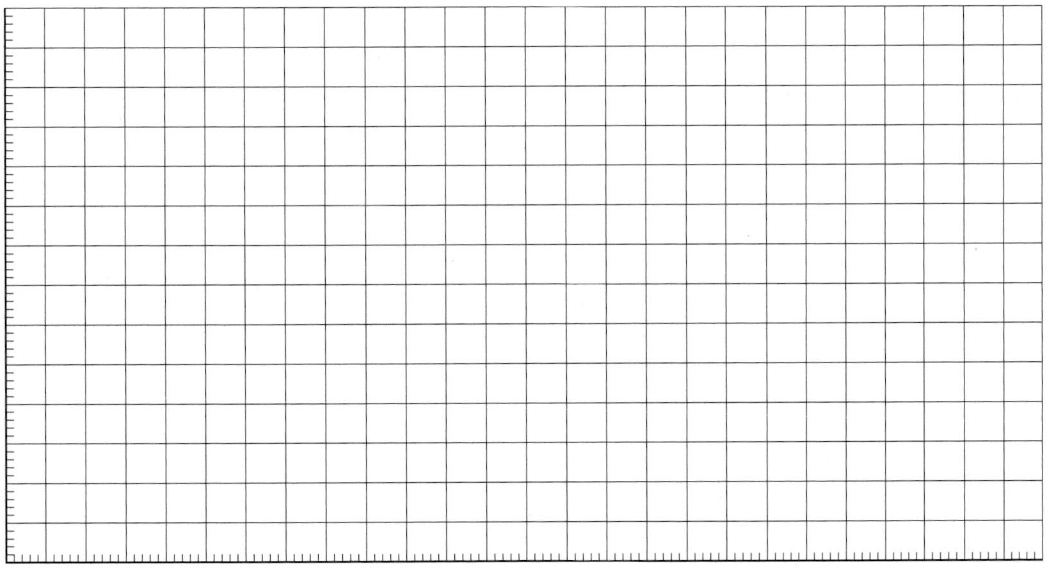

0

Kornklassen Δd →

Kopiervorlage: **RRSB-Netz für die Siebanalyse**

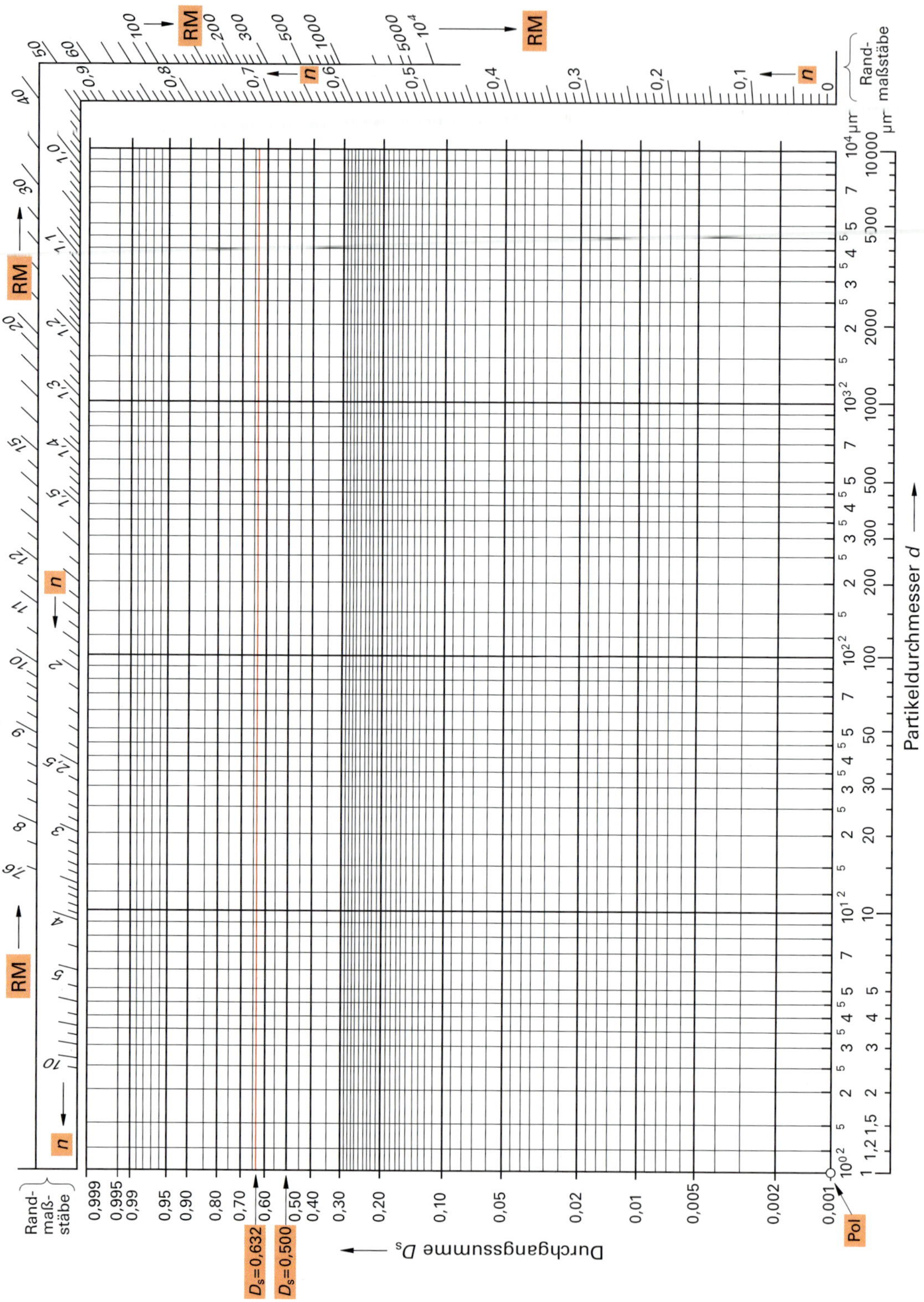

Kopiervorlage: **Qualitätsregelkarte**

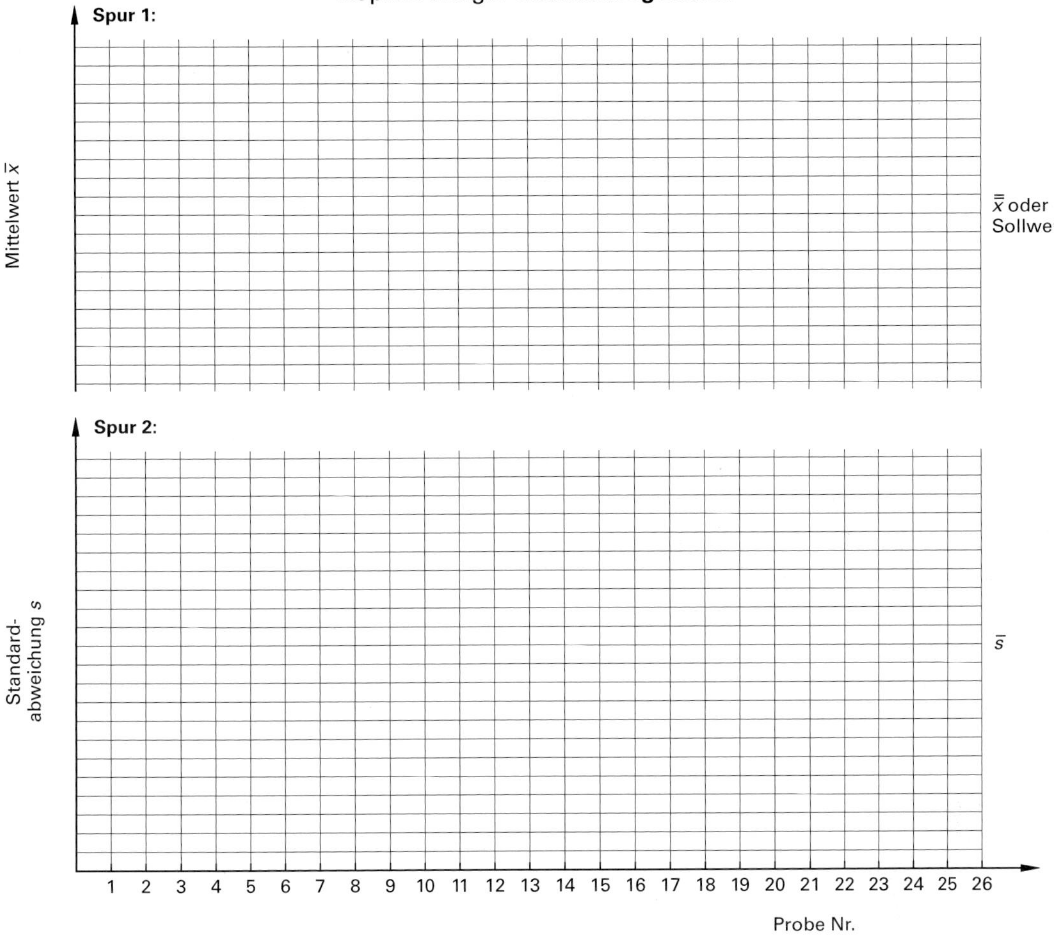

Sachwortverzeichnis

mit englischen Sachwörtern

C

D

E

F

G

H

I

K

L

M

N

O

P

T

U

V

Danksagung

Die Autoren und der Verlag bedanken sich bei den nachfolgend genannten Firmen und Institutionen für die Überlassung von Druckschriften sowie für die Erlaubnis zum Abdruck von Bildmaterial.

Sie haben einen wichtigen Beitrag geleistet, dem Lehrbuch einem modernen labortechnischen Standard zu geben und den Text und die Bilder anschaulich zu gestalten.

Agilent Technologies, Waldbronn
Altmann Analytik, München
Anders + Redelfs, Weißenburg
Aos Aluminiumoxid Stade GmbH
Arbeitskreis Fachtechnische Berufsbildung im Verband der Lackindustrie
Bayer AG, Leverkusen
Bohlin Instruments, Mühlacker
Bruker Analytik GmbH, Rheinstetten
Bürkle GmbH, Bad Bellingen
Carbolite Gero, Neuhausen
Deutsches Institut für Normung, Berlin
Dow Deutschland Anlagengesellschaft mbH, Werk Stade
Fiz Chemie Berlin, Fachinformationszentrum Chemie GmbH
Wolfgang Glock KG, Frankfurt
Gonotek GmbH, Berlin
Gebrüder Haake GmbH, Karlsruhe
Hewlett-Packard, Böblingen
Hoffmann-Qss, Qualitätssicherungs- und Statistiksoftware, Gießen
Ingold Messtechnik AG, Urdorf/Schweiz
Jumo Mess- und Regeltechnik GmbH & Co.
Dr. Kernchen GmbH, Seelze-Letter
Kern & Sohn GmbH, Balingen
Dr. Knauer GmbH, Wissenschaftlicher Gerätebau, Berlin
Leybold Didaktik GmbH, Hürth
Maassen GmbH, Reutlingen
Maihak AG, Hamburg
Merck AG, Darmstadt
Mettler Toledo GmbH, Gießen
Nabertherm, Lilienthal
Netzsch-Gerätebau GmbH, Selb
Aanton Paar GmbH, Graz/Österreich
Polytec GmbH, Waldbronn
Sartorius AG, Göttingen
Schott AG, Mainz
Shimadzu Deutschland GmbH, Duisburg
Stähler Agrochemie, Stade
Synthopol Chemie Dr. rer. pol. Koch GmbH & Co.KG, Buxtehude
Ta Instruments, Alzenau
Umweltsensortechnik GmbH, Geschwenda
Verband der Lackindustrie e.V. Frankfurt/M.
Karlwillers Laborbedarf, Münster

Bilder von Adobe Systems Software Ireland Ltd, Adobe Stock, Dublin, Irland:
S. 87/1 © Dr. N. Lange, S. 93/5 © slonme, S. 363/1 © Rainer, S. 393/1 © euthymia, S. 394/1 © Michael, S. 397/1 © zigzagmtart, S. 398/1 © lcrribeiro33, S. 399/1b © Gudellaphoto, S. 408/1 © mipan, S. 493/1 © Dmitry Vereshchagin, S. 503/1 © belov1409, S. 515/1 © Dmitry Vereshchagin

In der Entstehungsphase und bei der Weiterentwicklung dieser Werkes haben viele Kolleginnen und Kollegen durch Gespräche, Vorschläge und konstruktive Kritik sowie durch die Überlassung von Unterlagen zum Gelingen des Buches beigetragen. Unser besonderer Dank gilt den Damen und Herren:

Dorothea Junga-Ruch, Zürich, Schweiz
Britta Sommerfeld, Ahrenswohlde
Helmuth Behrens, Stade
Prof. Dr. Claus Bliefert, Schöppingen
Hand-Dieter Blohm, Stade
Peter Ernst, Olfen
Dr. Detlef Hadbavnik, Waldbronn
Reinhold Weiss, Köln
Karl Wieden, Hilden
Ulrich Servos, Duisburg
Martina Strüber, Buxtehude
Tina Schlegel, Stade

Nachsatz und Bitte

Die Autoren bedanken sich bei allen Benutzern des Buches aus der Lehrer- und Schülerschaft, die durch zahlreiche Hinweise die Behebung von Fehlern ermöglicht haben.
Auch Vorschläge und Anregungen haben zur Verbesserung und Aktualisierung des Buchinhalts beigetragen.

Verlag und Autoren danken im Voraus den Benutzern des Buches für weitere konstruktive Verbesserungsvorschläge. Senden Sie Ihre Korrekturen sowie Anregungen und Vorschläge mit Angabe des Buchtitels an die folgende E-Mail-Adresse des Verlags: lektorat@europa-lehrmittel.de

Die Autoren, der Verlag — Sommer 2021

W

X

Z